工控技术精品丛书·跟李老师学PLC

三菱 FX_{2N} PLC 功能指令应用详解（修订版）

李金城　编著

電子工業出版社
Publishing House of Electronics Industry
北京·BEIJING

内 容 简 介

本书主要内容为三菱 FX_{2N} PLC 顺控程序设计和功能指令讲解，重点是功能指令讲解。为了使读者能够在较短的时间内正确理解、掌握和应用功能指令，书中除了对指令本身作了详细的说明外，还增加了与功能指令相关的基础知识、专业知识和应用知识。同时，针对指令的应用编写了许多实例，说明指令的应用技巧。最后还对 FX_{3U} PLC 新增功能指令作了介绍。

本书既可以作为工控技术人员的自学用书，也可以作为培训教材和大专院校相关专业的教学参考，同时，还可以作为编程手册查询使用。

图书在版编目（CIP）数据

三菱 FX2N PLC 功能指令应用详解/李金城编著. —修订本. —北京：电子工业出版社，2018.7
（工控技术精品丛书. 跟李老师学 PLC）
ISBN 978-7-121-34217-2

Ⅰ. ①三… Ⅱ. ①李… Ⅲ. ①PLC 技术 Ⅳ. ①TM571.61

中国版本图书馆 CIP 数据核字（2018）第 099217 号

策划编辑：陈韦凯
责任编辑：陈韦凯
印　　刷：涿州市般润文化传播有限公司
装　　订：涿州市般润文化传播有限公司
出版发行：电子工业出版社
　　　　　北京市海淀区万寿路 173 信箱　邮编　100036
开　　本：787×1 092　1/16　印张：36　字数：922 千字
版　　次：2011 年 11 月第 1 版
　　　　　2018 年 7 月第 2 版
印　　次：2025 年 1 月第 13 次印刷
定　　价：78.00 元

凡所购买电子工业出版社图书有缺损问题，请向购买书店调换。若书店售缺，请与本社发行部联系，联系及邮购电话：（010）88254888，88258888。

质量投诉请发邮件至 zlts@phei.com.cn，盗版侵权举报请发邮件至 dbqq@phei.com.cn。

本书咨询联系方式：chenwk@phei.com.cn，（010）88254441。

谈谈功能指令的学习
（代前言）

在培训工作中，经常碰到学员询问关于三菱 FX 系列 PLC 功能指令的学习问题，于是就萌生了一个想法，即编写一本重点讲述功能指令应用的参考书籍。这个想法得到了广大培训学员及电子工业出版社陈韦凯编辑的支持，正是在他们的支持和鼓励下才能够完成本书的编写工作。

功能指令又称为应用指令，是对 PLC 的基本逻辑指令的扩充，它的出现使 PLC 的应用从逻辑顺序控制领域扩展到模拟量控制、运动量控制和通信控制领域，因此，学习功能指令应用是掌握 PLC 在这些扩展领域中使用的前提。

很多参加培训的学员和从事工控技术工作的朋友都感觉功能指令难学、不好掌握，这是为什么呢？主要有三方面的原因：一是功能指令数量多、门类广，FX_{2N} PLC 有 139 条功能指令，FX_{3U} PLC 有 190 条功能指令，未学之前就会有一种畏难情绪，不知从哪儿学起，不知如何学习。二是许多功能指令的学习涉及一些工控技术基础知识、专业知识和应用知识，编程手册对这些知识的介绍既简单，文字又晦涩。许多 PLC 的入门书籍限于篇幅，对功能指令往往只是进行一些简单罗列和一般性介绍，也不够全面。对于需要进一步提高 PLC 控制技术而又缺乏相关知识的读者来说，增加了学习功能指令的难度。三是功能指令学习必须与实践紧密结合才能学好。初学者往往实践较少，经验缺乏，学习上有点急于求成，总希望仅仅通过阅读编程手册和一些 PLC 书籍就能很快地掌握功能指令的应用，结果是欲速则不达，碰到实际问题还是不知道如何使用功能指令编程。

那么如何学习功能指令呢？本书提出以下几点供广大读者参考。

第一，先要学习有关功能指令的预备知识，即编程手册的“功能指令预备知识”（本书第 5 章）。很多初学者一开始就跳过这一章，直接寻找指令学习，结果就出现了找不到 DMOV 指令、INCP 指令在哪里、K4X0 是什么等问题。其实，这些问题都可以在预备知识中找到答案，因此，对功能指令预备知识的学习是非常重要的，这些知识主要有指令格式、指令执行形式、指令数值表示和指令寻址方式。这些知识是针对所有指令的，必须先要学习和了解，当然这些知识也必须结合具体的指令去理解，不是学习一次就够了，要反复结合指令学习理解。

第二，对指令进行浏览性的学习。浏览就是泛泛地看，随意翻翻，任意记记，没有前后顺序，没有时间长短。浏览的目的是对指令的分类有大致的了解，对查找指令的位置大致清楚，对指令的功能有印象。浏览就是浏览，不要刻意地去记什么，浏览的次数多了，就自然会在脑子中留下印象，也就“无心插柳柳成荫”了。

第三，对基础指令要重点学、反复学。功能指令可以大致分为两大类：一类是基础性的指令；另一类是高级应用指令。基础性指令指步进指令、程序流程指令、传送指令和比较指令、位移指令、数值运算指令和部分数据处理指令。这类指令是编程中最常用的指令，在一般控制程序中都用得上，对这类功能指令就要专门拿出时间来重点学习。初学者主要是学习它们的操作功能，并在实践中去理解它们，每一个功能指令在实际使用中都会有一些应用规则，对这些应用规则不必一开始就非要弄清楚，而是要通过对指令的反复学习和应用才能逐步掌握的。基础性指令也会涉及一些指令外的知识，如 PLC 知识、数制码制知识、数的表示和运算知识等。因此，在学习功能指令的同时，也要去补充这方面的知识，这样才能更好地学好功能指令。

第四，采用实用主义的态度去学习 PLC 高级应用功能指令，高级应用功能指令是指模拟量控制、PID 控制、定位控制、高速输入/输出和通信控制等有关的指令。学习这类指令需要一些专业知识才能掌握。对这些指令建议采用实用性态度学习，就是用到就学，不用不学，边用边学，边学边用；专业知识和功能指令一起学，学了马上就用，加深理解和使用。当然，这种学习方法也适用于部分不常用的基础指令学习。

第五，对于“休眠”指令暂时不学。在 PLC 的功能指令中，有一些功能指令是在早期为适应当时的需要而开发的，这些指令随着时代的变迁，一些功能指令被后来开发的指令代替，一些随着工控技术的发展已基本不用。还有一些指令是针对某些特定的外部设备而开发的，现在也很少用。虽不学习，但要了解它们在编程手册中的位置，万一在读程序时碰到就可以通过手册来了解它们。

学习有法，法无定法，没有一种学习方法是适合所有人的，因此，读者还是要根据自身的条件，参考上述方法，寻找出最适合自己的学习方法。这样，才能收到学习功能指令事半功倍的效果。

本书的内容除了重点讲述 FX_{2N} PLC 的步进指令和功能指令外，还增加了如下内容：FX 系列小型可编程逻辑控制器、编程和仿真软件使用、基本逻辑控制指令和 FX_{3U} PLC 新增指令介绍，其目的是希望本书不但是读者学习功能指令的参考书，也希望能成为读者经常查询的参考手册。

本书的阅读对象是从事工业控制自动化的工程技术人员、刚毕业的工科院校机电专业学生和在生产第一线的初、中、高级维修电工，因此，编写时力求深入浅出、通俗易懂，同时联系实际、注重应用。书中精选了大量的应用实例，供读者在实践中参考。

在本书编写的过程中，付明忠工程师就 FX_{3U} PLC 新增指令给出了宝贵参考意见，也得到了曾鑫、李金龙、李震涛等的协助。同时还参考了一些书刊内容，并引用了其中一些资料，难以一一列举，在此一并表示衷心感谢。

由于编著者水平有限，书中有疏漏和不足之处，恳请广大读者批评指正。编著者联系邮箱：jc1350284@163.com。

李金城

修订说明

《三菱 FX_{2N} PLC 功能指令应用详解》第 1 版自 2011 年出版以来，市场反应良好，受到了广大读者的欢迎，7 年来共印刷了 14 次，共计 38000 册。广大读者在阅读该书的同时，也指正了书中存在的不少错误，并给疏漏和不足之处提出了宝贵意见。我在此向广大读者表示衷心的感谢。

应读者和出版社要求，近期对本书做了一次修订工作。本次修订对全书的章节结构没有改动，仅是对部分内容做了一点修改和补充。同时，对全书做了一次全面校对。本次修订最大的变动是取消了原书附带的配套光盘。其原因有二：一是当前信息存储的方式发生了很大变化。原来采用光盘保存的信息现已基本上由 U 盘替代。而目前的家用电脑或笔记本电脑均不配装光驱，光盘也无法播放。二是部分读者对配套光盘的内容有不同意见，认为光盘仅自带了 10 讲视频课程有为技成培训公司做广告之嫌，为什么不把 108 讲全部放到光盘中呢？事实也确实如此，当初配套光盘的用意也是告诉读者，本书有配套视频课程，在技成培训公司网站上，读者可自行联系付费观看。108 讲视频课程是技成培训公司的知识产权，其中 10 讲放到光盘上也是经技成培训公司同意的。既然这样做会引起读者误解，所以本次修订干脆取消配套光盘，这一点还请广大读者理解。

本书配套有《功能指令详解》和《三菱 FX 系列 PLC SFC 顺序控制应用》两门视频课程，共 108 节课（简称 108 讲）。书和视频课程配套学习，效果会更好。读者如需购买视频课程，请自行访问技成培训公司网站联系，网址：www.jcpeixun.com，联系电话：4001114100。

这次修订，虽然我想尽力做到最好，但由于本人水平、学识及精力有限，书中难免还会存在错漏之处，恳请广大读者继续给予批评指正。

读者在阅读本书时，如有疑问之处或指正书中错漏之处都可给我来信，联系邮箱：jc1350284@163.com。

三菱 FX_{2N} PLC 已经停产，其替代产品是 FX_3 系列 PLC。因此，很多读者给我来信，希望我能在本书的基础上，增补介绍 FX_3 系列 PLC 新增加的功能指令。的确，我也有此考虑，并正在编写中，到时会另行成书出版，敬请读者关注。

李金城

2018 年 3 月于深圳

目　　录

第 1 章　FX 系列小型可编程逻辑控制器介绍

这一章对三菱 FX 系列 PLC 作一些简单的综合性介绍。在这一章中罗列的许多关于 FX 系列 PLC 的数据表格也可作为资料进行查询。因此，这一章并非所有读者都需要阅读，大多数读者都可以跳过这一章，直接阅读以后的章节。

1.1　FX 系列 PLC 产品综合介绍

1.1.1　产品结构与产品系列介绍

1．PLC 的物理结构

PLC 是 Programmable Logic Controller 的缩写，即可编程逻辑控制器。

IEC 对 PLC 的定义：PLC 是一种数字运算操作的电子系统，专为在工业环境下应用而设计。它采用可编程序的存储器，用来在其内部存储执行逻辑运算、顺序控制、定时、计数和算术运算等操作的指令，并通过数字的、模拟的输入和输出，控制各种类型的机械或生产过程。

现代社会要求制造业对市场需求做出迅速的反应，生产出小批量、多品种、多规格、低成本和高质量的产品。PLC 就是在这种工业需求和市场需求的情况下出现的。从 1969 年美国数字设备公司（DEC）研制出世界上第一台 PLC 以来，也不过才短短的 40 年，但 PLC 控制技术已得到异常迅猛的发展。并在各种工业控制领域、公用事业、新闻传播等各个方面都获得了广泛的应用。可以预见将来 PLC 技术和变频器技术会和普通的电工技术一样被越来越多的技术人员所掌握。

PLC 的物理结构是指如何把 PLC 的硬件结构各部分组成可使用的 PLC 实体。

1）整体式 PLC

整体式又称单元式或箱体式，它把 CPU 模块、I/O 模块和电源模块装在一个箱状的机壳内，结构非常紧凑，体积小，价格低。小型 PLC 一般采用整体式结构。整体式 PLC 提供多种不同的 I/O 点数的基本单元和扩展单元供用户选用，基本单元内有 CPU 模块、I/O 模块和电源。扩展单元内只有 I/O 模块和电源，基本单元和扩展单元之间用扁平电缆连接。各单元的输入点和输出点的比例是固定的，有些 PLC 有单输入型和单输出型的扩展单元。选择不同的基本单元和扩展单元，可以满足用户的不同需求。

三菱的 FX_{1S} PLC 为典型的整体式 PLC 产品。

2）模块式 PLC

模块式 PLC 用搭积木的方式组成系统，它由框架和模块组成。模块插在模块插座上，模块插座焊在框架中的总线连接板上。PLC 的电源可能是单独的模块，也可能包含在 CPU 模块中。PLC 厂家备有不同槽数的框架供用户选用，如果一个框架容纳不下所有的模块，可以增设一个或数个扩展框架，各框架之间用 I/O 扩展电缆相连。有的可编程序控制器没有框架，各种模块安装在基板上。

用户可以选用不同档次的 CPU 模块、品种繁多的 I/O 模块和特殊功能模块，对硬件配置的选择余地较大，维修时更换模块也很方便。模块式 PLC 的价格较高，大、中型 PLC 一般采用模块式结构。

三菱的 Q 系列 PLC、西门子的 S7-300/400 PLC 为典型的模块式 PLC 产品。

3）混合式 PLC

混合式 PLC 吸收了那上面两种 PLC 的优点，它有整体式的基本单元，又有模块式的扩展单元、特殊应用单元。这些单元等高等宽，仅长度不同。各单元之间用扁平电缆连接，紧密拼装在导轨上，组成一个整齐的长方体。组合形式非常灵活，完全按需要而定。它是模块式的结构，整体式的价格，目前中小型 PLC 均采用混合式结构。

三菱的 FX_{1N} / FX_{2N} / FX_{3U} PLC 为典型的混合式 PLC 产品。

2. 产品系列介绍

三菱电机小型 PLC 经历了从 F 系列到 FX_{3U} PLC 的发展历程。

F 系列包括其改进型的 F1、F2 系列 PLC 为其第一代产品，20 世纪 90 年代曾经有很高的市场占有率。目前已经停产，属于淘汰产品。

FX 系列是在 F1、F2 系列基础上开发的小型 PLC。早期产品有 FX_2 系列和 FX_0 系列，其性能已经比 F 系列有很大的提高。后来又推出来 FX_{0S}、FX_{0N} 和 FX_{2N} PLC 产品，接着又推出了 FX_{0S}、FX_{0N} PLC 的代替产品 FX_{1S} PLC 和 FX_{1N} PLC。而 FX_2、FX_0、FX_{0S}、FX_{0N} 等 PLC 产品也都已停产和淘汰。FX_{1S}、FX_{1N} 和 FX_{2N} PLC 为其第二代产品。

FX_{3U} PLC 是三菱电机在 2005 年开发的第三代产品，在整个 FX 系列中是功能最强、速度最快、I/O 点数最多的小型 PLC，而且它完全可以兼容 FX_{1S}、FX_{1N}、FX_{2N} PLC。因此，是目前三菱电机强力推广的机型。

目前，三菱销售的 FX 系列 PLC 产品有 FX_{1S} / FX_{1N} / FX_{2N} / FX_{3U} 这 4 种基本型号及其同类型紧凑型结构产品 FX_{1NC} / FX_{2NC} / FX_{3UC}。这些 PLC 产品点数逐渐增多，功能依次增强，如图 1-1 所示。

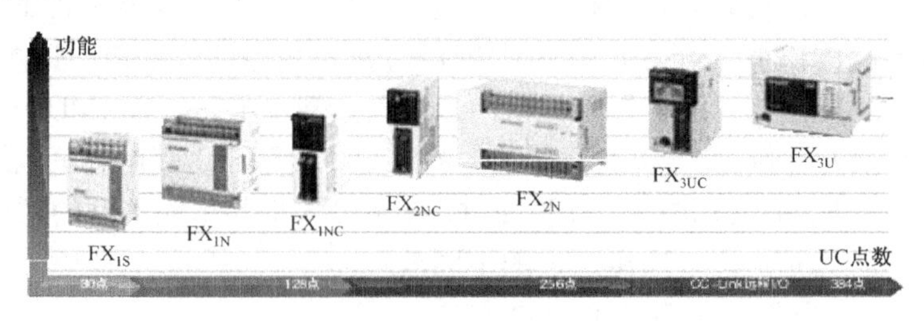

图 1-1　三菱 FX 系列 PLC 产品系列

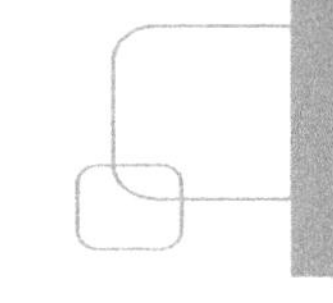

1.1.2　产品性能指标及扩展说明

1. PLC 的性能指标

PLC 的性能指标较多，现介绍与构建 PLC 控制系统关系较直接的几个指标。

1）输入/输出点数

如前所述，输入/输出点数是 PLC 组成控制系统时所能接入的输入/输出信号的最大数量，表示 PLC 组成系统时可能最大的规模。这里有个问题要注意，在总的点数中，输入点和输出点总是按一定的比例设置的，往往是输入点数大于输出点数，且输入点数与输出点数不能相互替代。

2）应用程序的存储容量

应用程序的存储容量是存放用户程序的存储器的容量。通常用千字（KW）、千字节（KB）为单位，1K=1024。也有的 PLC 直接用所能存放的程序量表示。在一些文献中称 PLC 中存放程序的地址单位为“步”，每一步占用两个字，一条基本指令一般为 1 步。功能复杂的指令，特别是功能指令，往往有若干步，因而用“步”来表示程序容量，往往以最简单的基本指令为单位，称为多少千步（K 步）。若还是用字节表示，一般小型机内存为 1KB 到几 KB，大型机内存为几十 KB 甚至可达 1～2MB。

3）扫描速度

一般以执行 1000 条基本指令所需要的时间来衡量。单位为 ms/千步，也有以执行一步指令时间计的，如μs/步。一般逻辑指令与运算指令的平均执行时间有较大的差别，因而大多场合，扫描速度还往往需要标明是执行哪类程序。

以下是扫描速度的参考值：由目前 PLC 采用的 CPU 的主频考虑，扫描速度比较慢的为 2.2ms/千步逻辑运算程序；更快的能够达到 0.75ms/千步逻辑运算程序或更短。

4）编程语言

编程语言是指用户与 PLC 进行信息交换的方法，方法越多则容易被更多人使用。IEC 在 1994 年 5 月公布了 PLC 编程语言的标准 IEC1131-3。其详细地说明了 PLC 可使用的 5 种编程语言：指令表（IL）、梯形图（LD）、顺序功能图（SFC）、功能图（FBD）和结构文本（ST）。目前，指令表、梯形图、顺序功能图是使用最多的编程语言，特别是梯形图，所有的 PLC 都支持这一编程方法，但也必须注意，不同厂家的 PLC 编程语言不同且互不兼容，即使同为梯形图语言、指令表语言也不通用。

5）指令功能

指令功能是编程能力的体现。而衡量指令功能的强弱有两个方面：一是指令条数的多少；二是综合性指令的多少。一个综合指令一般能完成一项专门的操作，相当于内置了一个应用子程序，如 PID,CRC 指令等。指令的功能越强，使用这些指令完成一定的控制目的就越容易。

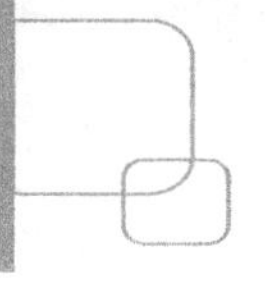

6）可扩展性

可扩展性的含义有两个：一是指 PLC 的功能扩展，即 PLC 从开关量控制扩展到模拟量控制、运动量控制、通信和网络控制的功能扩展；二是指生产商为上述扩展功能开发的功能扩展选件的多少。好的扩展性表示 PLC 的应用范围广，能进行多种方式的控制。

此外，PLC 的可靠性，易操作性及性价比等性能指标也常常用来作为 PLC 的比较指标。

2. FX 系列扩展选件的说明

三菱电机为 FX 系列 PLC 开发了众多的扩展选件，有内置扩展板、扩展模块、扩展单元、适配器等。现对这些选件作以下说明。

（1）基本单元：为 PLC 控制系统的主机，内含电源、CPU、I/O 接口及程序内存。基本单元是控制系统必须有的单元，所有的扩展选件都是在基本单元的基础上进行扩展的。

（2）扩展单元：为基本单元的 I/O 扩展，内置电源。

（3）扩展模块：为基本单元的 I/O 扩展，不带内置电源，需从基本单元、扩展单元获得电源供给。

（4）特殊功能单元：为基本单元的模拟量、运动量、通信及网络控制功能的扩展。内置电源，占用 I/O 点数，与基本单元外部连接。

（5）特殊功能模块：为基本单元的模拟量、运动量、通信及网络控制功能的扩展。不带内置电源，需从基本单元、扩展单元或外部获得电源供给。占用 I/O 点数。与基本单元外部连接。特殊功能模块一般安装在基本单元的右侧。

（6）功能扩展板：为基本单元的功能扩展，是直接内置于基本单元上，每个基本单元仅能内置一块功能扩展板。不占用 I/O 点数。

（7）特殊适配器：将外置信号（模拟量信号、通信信号）直接转换成 PLC 可接收的数字量信号或用 PLC 指令可以控制的信号的接口转换装置扩展选件。特殊适配器不占用 I/O 点数，与基本单元外部连接，一般安装在基本单元的左侧。

（8）存储器盒：是基本单元的程序内存的扩充。直接内置于基本单元上，一个基本单元仅能内置一块存储器盒。

（9）显示模块：直接内置于基本单元上的显示选件。可实现实时时钟、错误信息的显示；实现对定时器、计数器和数据寄存器进行监控和设定值修改。

1.2 FX_{1S} PLC

1.2.1 产品简介与产品规格

1. 产品简介

FX_{1S} PLC 是三菱 FX 系列 PLC 中体积最小、功能最简单、I/O 点数最少、扩展性能最低的 PLC，它的出现将 PLC 应用扩展到了传统上由于体积、性价比等方面原因而不宜使用 PLC 控制的领域。

FX_{1S} PLC 采用整体式结构，集 CPU、I/O 接口、电源、内存于一体，安装简单，使用方便，性价比较高。

FX_{1S} PLC 使用 EEPROM，不需要定期更换锂电池，成为几乎不用维护的 PLC。

FX_{1S} PLC 可以在基本单元上安装内置模拟量扩展板，扩展其实现模拟量应用。其基本单元上有高速 I/O 点数，可实现高速计数和高速脉冲输出。高速计数输入可以接最高 60kHz 的脉冲信号。高速脉冲输出可以输出两个通道最高频率为 100kHz 的脉冲信号，并具有相对/绝对定位、多速定位、回原点等定位指令。因此，在定位控制中应用性价比较高。

FX_{1S} PLC 可以在基本单元上安装内置式通信扩展板，实现 PLC 与外部设备的标准 RS-232C、RS-422 及 RS-485 通信，或是进行 PLC 与计算机及 PLC 与 PLC 的互联通信，但 FX_{1S} 不具备网络控制功能。图 1-2 所示为 FX_{1S} PLC 的产品构成。

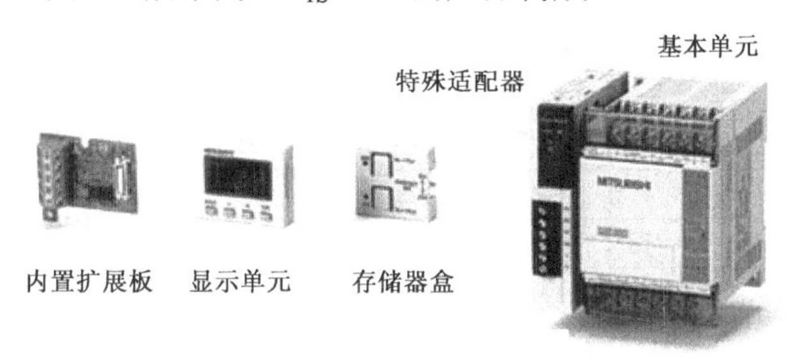

图 1-2　FX_{1S} PLC 的产品构成

2. 产品规格

FX_{1S} PLC 只有基本单元，没有扩展 I/O 的扩展单元和扩展模块。其基本单元产品型号规格见表 1-1。

表 1-1　FX_{1S} PLC 基本单元产品型号规格

型　号（AC 电源）	输　入		输　出		型　号（DC 电源）	输　入		输　出	
	点	规　格	点	形　式		点	规　格	点	形　式
FX_{1S}-10MR	6	DC24V	4	继电器	FX_{1S}-10MR-D	6	DC24V	4	继电器
FX_{1S}-10MT	6	DC24V	4	晶体管	FX_{1S}-10MT-D	6	DC24V	4	晶体管
FX_{1S}-14MR	8	DC24V	6	继电器	FX_{1S}-14MR-D	8	DC24V	6	继电器
FX_{1S}-14MT	8	DC24V	6	晶体管	FX_{1S}-14MT-D	8	DC24V	6	晶体管
FX_{1S}-20MR	12	DC24V	8	继电器	FX_{1S}-20MR-D	12	DC24V	8	继电器
FX_{1S}-20MT	12	DC24V	8	晶体管	FX_{1S}-20MT-D	12	DC24V	8	晶体管
FX_{1S}-30MR	16	DC24V	14	继电器	FX_{1S}-30MR-D	16	DC24V	14	继电器
FX_{1S}-30MT	16	DC24V	14	晶体管	FX_{1S}-30MT-D	16	DC24V	14	晶体管

1.2.2　编程功能与扩展选件

1. 编程功能

FX_{1S} PLC 的编程功能见表 1-2。

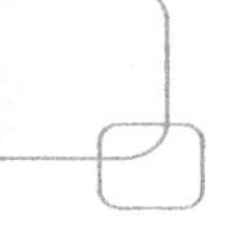

表 1-2　FX_{1S} PLC 的编程功能

项　　目		功　　能
编程语言		指令表、梯形图、SFC
用户存储器容量		内置 EEPROM：2 000 步，扩展存储器盒 8 000 步（可使用 2 000 步）
基本逻辑控制指令		顺控指令 27 条，步进梯形图指令 2 条
应用指令		85 种
指令处理速度		基本逻辑指令：0.7μs/条，基本应用指令：3.7μs/条
I/O 点数		最大输入 16 点，最大输出 14 点
辅助继电器	一般用	M0～M383，共 384 点
	保持性	M384～M511，共 128 点
	特殊用	M8000～M8255，共 256 点
状态元件	初始状态	S0～S9，共 10 点
	一般状态	S10～S127，共 118 点
	保持区域	S0～S127，共 128 点
定时器	100ms	T0～T62，共 63 点
	10ms	T32～T62，共 31 点（前提：M8028 =“1”）
	1ms	T63，共 1 点
计数器	16 位通用	C0～C15，共 16 点（加计数）
	16 位保持	C16～C31，共 16 点（加计数）
	32 位高速	C235～C255，可用 8 点（加减计数）
模拟电位器		D8031 和 D8031，共 2 点
数据寄存器	16 位通用	D0～D127，共 128 点
	16 位保持	D128～D255，共 128 点
	文件寄存器	D1000～D2499，共 1500 点
	16 位特殊	D8000～D8255，共 256 点
	6 位变址	V0～V7，Z0～Z7，共 16 点
指针	跳转用	P0～P63，共 64 点
嵌套	主控用	N0～N7，共 8 点
常数输入	十进制	16 位：–32 768～32 767，32 位：–2147483648～2 147 483 647
	十六进制	16 位：0～FFFF，32 位：0～FFFFFFFF

2．扩展选件

FX_{1S} PLC 的扩展选件见表 1-3。

表 1-3　FX_{1S} PLC 的扩展选件

型　　号		名　　称	功　　能
内置式扩展板	FX_{1N}-4EX-BD	内置式输入扩展板	4 点 DC24V 输入
	FX_{1N}-2EYT-BD	内置式输出扩展板	2 点晶体管输出
	FX_{1N}-2AD-BD	内置式模拟量输入扩展板	2 通道模拟量输入
	FX_{1N}-1DA-BD	内置式模拟量输出扩展板	1 通道模拟量输出
	FX_{1N}-8AV-BD	8 模拟电位器扩展板	8 模拟量条件电位器

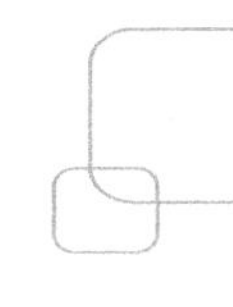

续表

型号		名称	功能
内置式扩展板	FX_{1N}-232-BD	内置式 RS-232 通信扩展板	RS-232C 接口通信
	FX_{1N}-485-BD	内置式 RS-485 通信扩展板	RS-485 接口通信
	FX_{1N}422-BD	内置式 RS-422 通信扩展板	RS-422C 接口通信
	FX_{1N}-CNV-BD	通信接口模块适配器	直接外置式通信模块
扩展模块	FX_{2NC}-232ADP	外置式 RS-232 通信模块	RS-232 通信
	FX_{2NC}-485ADP	外置式 RS-485 通信模块	RS-485 通信
其他附件	FX_{1N}-5DM	简易操作显示单元	状态监视，数据设定
	FX-10DM-E-SETO	外置简易操作显示单元	状态监视，数据设定
	FX_{1N}-EEPROM-8L	存储器盒	存储容量 2 000 步

1.3 FX_{1N} PLC

1.3.1 产品简介与产品规格

1. 产品简介

FX_{1S} PLC 推出后，三菱电机又推出了 FX_{2N} PLC，功能比 FX_{1S} PLC 强大很多，由于 PLC 在单机设备上的应用发展很快，FX_{1S} PLC 显得性能不足，而 FX_{2N} PLC 又显得性价比不高，因此，在 FX_{2N} PLC 推出 5 年后，又开发了适用于单个机械设备上一般控制的功能精简型的 FX_{1N} PLC，图 1-3 所示为 FX_{1N} PLC 的产品构成。

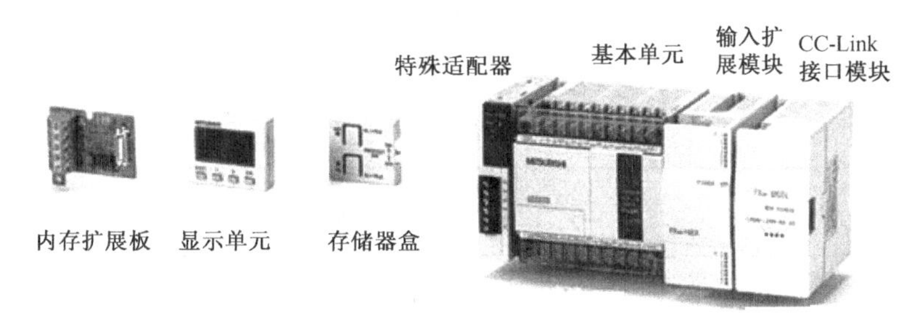

图 1-3 FX_{1N} PLC 的产品构成

FX_{1N} PLC 体积比 FX_{1S} PLC 稍大，其性能完全兼容 FX_{1S} PLC 全部基本功能，并在编程功能、扩展功能上有很大的提高，主要表现如下：

（1）FX_{1N} PLC 的 I/O 点数可扩展至最多 128 个点。

（2）FX_{1N} PLC 的应用指令比 FX_{1S} 多 4 种，程序容量可扩充至 8000 步。编程元件的数量扩充为 FX_{1S} PLC 的 3～4 倍。

（3）由于 FX_{1N} PLC 是在 FX_{2N} PLC 基础上开发的精简型 PLC，因此，FX_{1N} PLC 除了可以应用于与 FX_{1S} PLC 相同的功能扩展板外，还可以直接使用 FX_{2N} PLC 的扩展模块和扩展单元。这样，使 FX_{1N} PLC 的扩展性能得到了极大的提高。对于 FX_{2N} PLC 的特殊功能模块，三菱电机并没有具体说明是否能应用于 FX_{1N} PLC 的扩展，但实践结果说明部分特殊功能模块能够用于 FX_{1N} PLC。

（4）FX_{1N} PLC 可使用 FX_{2N} PLC 的通信与网络模块。使 FX_{1N} PLC 的通信和网络控制功能远强于 FX_{1S} PLC。

2. 产品规格

FX_{1N} PLC 的基本单元见表 1-4，FX_{1N} PLC 的 I/O 扩展可直接使用 FX_{2N} PLC 的扩展模块和扩展单元，见表 1-5、表 1-6。

表 1-4　FX_{1N} PLC 的基本单元

型　号	输　入		输　出		型　号	输　入		输　出	
(AC 电源)	点	规　格	点	形　式	(DC 电源)	点	规　格	点	形　式
FX_{1N}-24MR	14	DC24V	10	继电器	FX_{1N}-24MR-D	14	DC24V	10	继电器
FX_{1N}-24MT	14	DC24V	10	晶体管	FX_{1N}-24MT-D	14	DC24V	10	晶体管
FX_{1N}-40MR	24	DC24V	16	继电器	FX_{1N}-40MR-D	24	DC24V	16	继电器
FX_{1N}-40MT	24	DC24V	16	晶体管	FX_{1N}-40MT-D	24	DC24V	16	晶体管
FX_{1N}-60MR	36	DC24V	24	继电器	FX_{1N}-60MR-D	36	DC24V	24	继电器
FX_{1N}-60MT	36	DC24V	24	晶体管	FX_{1N}-60MT-D	36	DC24V	24	晶体管

表 1-5　FX_{1N} PLC 的扩展单元

继 电 器	晶 体 管	晶 闸 管	电 源 电 压	输 入 信 号	输　入　点	输　出　点
FX_{2N}-32ER	FX_{2N}-32ET	FX_{2N}32ES	AC100～AC240V	DC24V	16	16
FX_{0N}-40ER	FX_{0N}-40ET	—			24	16
FX_{0N}-40ER-D	—	—	DC24V		24	16
FX_{2N}-48ER	—	—	AC100～AC240V		24	24
—	FX_{2N}-48ET	—			24	24
FX_{2N}-48ER-UA1/UL	—	—		AC100V	24	24

表 1-6　FX_{1N} PLC 的扩展模块

DC、AC 输入	继电器输出	晶体管输出	晶闸管输出	输　入　点	输　出　点
FX_{2N}-8ER（DC24V）		—	—	4	4
FX_{0N}-8EX（DC24V）	—	—	—	8	—
FX_{2N}-48ER-UA1/UL (AC100V)	—	—	—	8	—
—	FX_{2N}-8EYR	FX_{2N}-8EYT FX_{2N}-8EYT-H	—	—	8
FX_{2N}-16EX（DC24V）	—	—	—	16	—
—	FX_{2N}-16EYR	FX_{2N}-16EYT	FX_{2N}-16EYS	—	16
FX_{2N}-16EX-C（DC24V）	—	—	—	16	—
FX_{2N}-16EXL-C（DC24V）	—	—	—	16	—
—	—	FX_{2N}-16EYT-C	—	—	16

1.3.2　编程功能与扩展选件

1．编程功能

FX_{1N} PLC 编程功能见表 1-7。

表 1-7　FX_{1N} PLC 编程功能

项　　目		功　　能
编程语言		指令表、梯形图、SFC
用户存储器容量		内置 EEPROM：2 000 步，扩展存储器盒 8 000 步（可使用 2 000 步）
基本逻辑控制指令		顺控指令 27 条，步进梯形图指令 2 条
应用指令		85 种
指令处理速度		基本逻辑指令：0.7μs/条，基本应用指令：3.7μs/条
I/O 点数		最大 I/O 点数：128 点
辅助继电器	一般用	M0～M383，共 384 点
	保持性	M384～M1535，共 1152 点
	特殊用	M8000～M8255，共 256 点
状态元件	初始状态	S0～S9，共 10 点
	一般状态	S10～S127，共 118 点
	保持区域	S128～S899，共 772 点
定时器	100ms	T0～T199，T250～T255 共 206 点
	10ms	T200～T245，共 46 点
	1ms	T246～T249，共 4 点
计数器	16 位通用	C0～C15，共 16 点（加计数）
	16 位保持	C16～C199，共 184 点（加计数）
	32 位通用	C200～C219，共 20 点（加减计数）
	32 位保持	C220～C234，共 15 点（加减计数）
	32 位高速	C235～C255，可用 8 点（加减计数）
模拟电位器		D8030 和 D8031，共 2 点
数据寄存器	16 位通用	D0～D127，共 128 点
	16 位保持	D128～D7999，共 7 872 点
	文件寄存器	D1000～D7999，最大 7 000 点
	16 位特殊	D8000～D8255，共 256 点
	6 位变址	V0～V7，Z0～Z7，共 16 点
指针	跳转用	P0～P127，共 128 点
嵌套	主控用	N0～N7，共 8 点
常数输入	十进制	16 位：–32 768～32 767，32 位：–2147483648～2 147 483 647
	十六进制	16 位：0～FFFF，32 位：0～FFFFFFFF

2．扩展选件

FX_{1N} PLC 内置扩展板见表 1-8，FX_{1N} PLC 特殊功能模块（含存储器盒）见表 1-9。

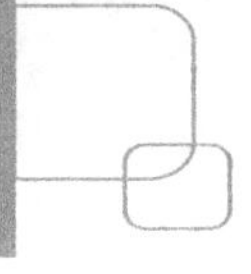

表 1-8　FX_{1N} PLC 内置扩展板

型号		名称	功能
I/O 扩展板	FX_{1N}-4EX-BD	输入内置扩展板	4 点 DC24V 输入
	FX_{1N}-2EYT-BD	输出内置扩展板	2 点晶体管输出
模拟量 I/O 扩展板	FX_{1N}-2AD-BD	模拟量输入内置扩展板	2 通道模拟量输入
	FX_{1N}1DA-BD	模拟量输出内置扩展板	1 通道模拟量输出
	FX_{1N}-8AV-BD	模拟电位器内置扩展板	8 模拟电位器
通信接口扩展板	FX_{1N}-232-BD	内置式通信扩展板	RS-232C 接口通信
	FX_{1N}-485-BD	内置式通信扩展板	RS-485 接口通信
	FX_{1N}-422-BD	内置式通信扩展板	RS-422C 接口通信
特殊通信扩展	FX_{1N}-CNV-BD	通信适配器	接口扩展板
	FX_{2NC}-232ADP	外置式通信模块	RS-232 通信
	FX_{2NC}-485ADP	外置式通信模块	RS-485 通信

表 1-9　FX_{1N} PLC 特殊功能模块

型号	名称功能
FX_{0N}-3A	2 通道 A/D，1 通道 D/A，模拟量输入/输出模块
FX_{2N}-16CCL-M	cc-link 用主站模块
FX_{2N}32CCL	cc-link 用接口模块
FX_{2N}-64CL-M	cc-link/LT 用主站模块
FX_{2N}-16LNK-M	MELSEC-I/O LINK 主站模块
FX_{2N}-32ASI-M	AS-i 主站模块
FX_{1N}-5DM	简易操作显示单元，数据显示和设定
FX_{1N}-EEPROM-8L	EEPROM 存储盒，可使用 8 000 步

1.4　FX_{2N} PLC

1.4.1　产品简介与产品规格

1. 产品简介

在第二代 FX 系列产品中，FX_{2N} PLC 是端子排型的高性能标准型规格机型。它的市场占有率也相当高，其适用于绝大多数单机控制，生产线控制和简单网络控制的场合。图 1-4 所示为 FX_{2N} PLC 的产品构成。

FX_{2N} PLC 具有以下特点：

（1）较高的运算速度。FX_{2N} PLC 的基本逻辑控制指令的执行时间为 0.08μs/条，缩短为 FX_{1S} / FX_{1N} PLC 的 1/6～1/3。功能指令的执行时间由 FX_{1S} / FX_{1N} PLC 的 3.7μs/条缩短到 1.52μs/条。

（2）较大的存储容量。FX_{2N} PLC 内置 8 000 步 RAM 存储器，如果扩展一个存储器盒，最大可以扩展到 16 000 步存储容量，可以满足中型系统对程序容量要求。

（3）强大的编程功能。FX_{2N} PLC 有丰富的编程软元件，有辅助继电器 3328 点，状态元件 900 点，定时器 256 点，计数器 243 点，数据寄存器 8212 点，基于 Windows 平台，使用 GX Developer 编程软件和 GX Simulator6 仿真软件可以快速地开发应用程序。

（4）灵活的 I/O 点数配置。FX_{2N} PLC 的基本单元有 6 种规格，每个规格中又有 AC100/200V 和 DC24V 两种输入方式，有继电器、晶体管、双向晶闸管三种输出形式。并配套开发了既有混合 I/O 扩展，又有单独输入扩展、输出扩展的众多的扩展单元和扩展模块，使 FX_{2N} PLC 的 I/O 点数配置十分灵活。从 16 点到 256 点都可以进行多种形式的组合。

（5）丰富的功能指令集。FX_{2N} PLC 的功能指令数目增加到 132 种 309 条，增加了传送、移位、求补、浮点数运算、方根、三角运算等功能指令，使其应用范围得到了扩大。

（6）众多的扩展功能模块和单元。FX_{2N} PLC 为扩展其应用领域范围，开发了众多的特殊功能模块和单元，它们是模拟量（A/D 与 D/A 转换）模块、温度测量与调节模块、高速计数模块、脉冲输出与定位模块、位置控制单元、转角检测单元、网络扩展模块等。

（7）特有的网络控制能力。FX_{2N} PLC 通过内置式通信扩展板进行 RS-232C、RS-422 和 RS-485 标准通信接口扩展，实现 PLC 与 PLC 及计算机与 PLC 的互联，也可以通过网络主站与从站模块，实现网络控制功能，FX_{2N} PLC 可作为分布式 PLC 系统的主站，链接远程 I/O 模块，构成 cc-link，AS-i 分布式 PLC 系统。

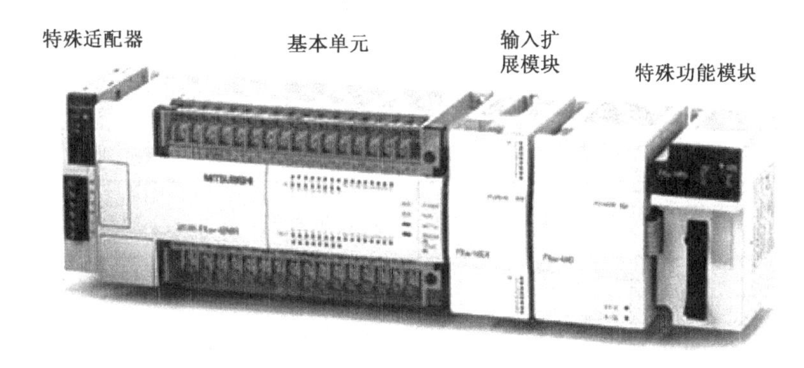

图 1-4　FX_{2N} PLC 的产品构成

2. 产品规格

FX_{2N} PLC 基本单元见表 1-10、表 1-11，扩展单元见表 1-12，扩展模块见表 1-13。

表 1-10　FX_{2N} PLC 基本单元

型号	输入		输出		型号	输入		输出	
（AC 电源）	点	规格	点	形式	（DC 电源）	点	规格	点	形式
FX_{2N}-16MR	8	DC24V	8	继电器	FX_{2N}-32MR-D	16	DC24V	16	继电器
FX_{2N}-16MS				晶闸管	FX_{2N}-32MT-D				晶体管
FX_{2N}-16MT				晶体管	FX_{2N}-48MR-D	24	DC24V	24	继电器
FX_{2N}-32MR	16	DC24V	16	继电器	FX_{2N}-48MT-D				晶体管
FX_{2N}-32MS				晶闸管	FX_{2N}-64MR-D	32	DC24V	32	继电器
FX_{2N}-32MT				晶体管	FX_{2N}-64MT-D				晶体管

续表

型号（AC 电源）	输入		输出		型号（DC 电源）	输入		输出	
	点	规格	点	形式		点	规格	点	形式
FX$_{2N}$-48MR	24	DC24V	24	继电器	FX$_{2N}$-80MR-D	40	DC24V	40	继电器
FX$_{2N}$-48MS				晶闸管	FX$_{2N}$-80MT-D				晶体管
FX$_{2N}$-48MT				晶体管					
FX$_{2N}$-64MR	32	DC24V	32	继电器					
FX$_{2N}$-64MS				晶闸管					
FX$_{2N}$-64MT				晶体管					
FX$_{2N}$-80MR	40	DC24V	40	继电器					
FX$_{2N}$-80MS				晶闸管					
FX$_{2N}$-80MT				晶体管					
FX$_{2N}$-128MR	64	DC24V	64	继电器					
FX$_{2N}$-128MT				晶体管					

表 1-11 FX$_{2N}$ PLC 基本单元（续）

型号（AC 电源）	输入		输出	
	点	规格	点	形式
FX$_{2N}$-16MR-UA1/UL	8	AC100V	8	继电器
FX$_{2N}$-32MR-UA1/UL	16		16	继电器
FX$_{2N}$-48MR-UA1/UL	24		24	继电器
FX$_{2N}$-60MR-UA1/UL	32		32	继电器

表 1-12 FX$_{2N}$ PLC 扩展单元

继电器	晶体管	晶闸管	电源电压	输入信号	输入点	输出点
FX$_{2N}$-32ER	FX$_{2N}$-32ET	FX$_{2N}$-32ES	AC100～AC240V	DC24V	16	16
FX$_{2N}$-48ER	FX$_{2N}$-48ET	—			24	24
FX$_{2N}$-48ER-D	FX$_{2N}$-48ER-D	—	DC24V		24	24
FX$_{2N}$-48ER-UA1/UL	—	—	AC100～AC240V	AC100V	24	24

表 1-13 FX$_{2N}$ PLC 扩展模块

DC,AC 输入	继电器输出	晶体管输出	晶闸管输出	输入点	输出点
FX$_{2N}$-8ER（DC24V）		—	—	4	4
FX$_{0N}$-8EX（DC24V）	—	—	—	8	—
FX$_{2N}$-48ER-UA1/UL (AC100V)	—	—	—	8	—
—	FX$_{2N}$-8EYR	FX$_{2N}$-8EYT FX$_{2N}$-8EYT-H	—	—	8
FX$_{2N}$-16EX（DC24V）	—	—	—	16	—
—	FX$_{2N}$-16EYR	FX$_{2N}$-16EYT	FX$_{2N}$-16EYS	—	16
FX$_{2N}$-16EX-C（DC24V）	—	—	—	16	—
FX$_{2N}$-16EXL-C（DC5V）	—	—	—	16	—
—	—	FX$_{2N}$-16EYT-C	—	—	16

1.4.2　编程功能与扩展选件

1. 编程功能

FX_{2N} PLC 的编程功能见表 1-14。

表 1-14　FX_{2N} PLC 的编程功能

项　目		功　能
编程语言		指令表、梯形图、SFC
用户存储器容量		内置 EEPROM：8 000 步，扩展存储器盒 16 000 步
基本逻辑控制指令		顺控指令 27 条，步进梯形图指令 2 条
应用指令		132 种
指令处理速度		基本逻辑指令：0.08μs/条，基本应用指令：1.52μs/条
I/O 点数		最大 I/O 点数：256 点
辅助继电器	一般用	M0～M499，共 500 点
	保持性	M500～M3071，共 2 572 点
	特殊用	M8000～M8255，共 256 点
状态元件	初始状态	S0～S9，共 10 点
	一般状态	S10～S499，共 490 点
	保持区域	S500～S899，共 400 点
定时器	100ms	T0～T199，T250～T255 共 206 点
	10ms	T200～T245，共 46 点
	1ms	T246～T249，共 4 点
计数器	16 位通用	C0～C99，共 100 点（加计数）
	16 位保持	C100～C199，共 100 点（加计数）
	32 位通用	C200～C219，共 20 点（加减计数）
	32 位保持	C220～C234，共 15 点（加减计数）
	32 位高速	C235～C255，可用 8 点（加减计数）
数据寄存器	16 位通用	D0～D199，共 200 点
	16 位保持	D200～D7999，共 7 800 点
	文件寄存器	D1000～D7999，最大 7 000 点
	16 位特殊	D8000～D8195，共 106 点
	6 位变址	V0～V7，Z0～Z7，共 16 点
指针	跳转用	P0～P127，共 128 点
嵌套	主控用	N0～N7，共 8 点
常数输入	十进制	16 位：–32768～32767，32 位：–2 147 483 648～2 147 483 647
	十六进制	16 位：0～FFFF，32 位：0～FFFFFFFF

2. 扩展选件

FX_{2N} PLC 在基本单元上可直接安装内置扩展板、存储器扩展盒，见表 1-15。

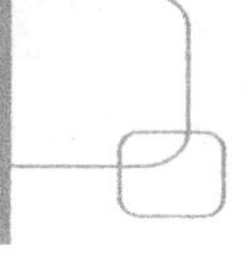

表 1-15　FX_{2N} PLC 的扩展选件

型　号		功　能
内置扩展板	FX_{1N}-8AV-BD	模拟电位器内置扩展板，8 模拟电位器
	FX_{2N}-232-BD	内置式通信扩展板，RS-232C 接口通信
	FX_{2N}-485-BD	内置式通信扩展板，RS-485 接口通信
	FX_{2N}-422-BD	内置式通信扩展板，RS-422C 接口通信
	FX_{2N}-CNV-BD	通信适配器，接口扩展板
	FX_{2N}-232ADP	外置式通信模块，RS-232 通信
	FX_{2N}-485ADP	外置式通信模块，RS-485 通信
存储器扩展盒	FX-EEPROM-4	4 000 步存储器扩展盒
	FX-EEPROM-8	8 000 步存储器扩展盒
	FX-EEPROM-16	16 000 步存储器扩展盒
	FX-RAM-8	电池支持 8 000 步存储器扩展盒
	FX-EPROM-16	16 000 固化存储器扩展盒
	FX_{2N}-ROM-E1	16 000 步存储器扩展盒

FX_{2N} PLC 特殊功能模块和单元种类较多，分为模拟量转换、温度测量与调节、高速计数、脉冲输出、定位单元、旋转角度检测单元和通信与网络控制等共 22 种。这些特殊功能模块和单元，不但可以为 FX_{2N} PLC 所用，部分也可以为 FX_{1N} PLC 所用，并全部可以为 FX_{3U} PLC 所用。FX_{2N} PLC 的特殊功能模块见表 1-16。

表 1-16　FX_{2N} PLC 的特殊功能模块

型　号		功　能
模拟量输入/输出	FX_{0N}-3A	2 通道：A/D，1 通道 D/A，模拟量转换
	FX_{2N}-5A	4 通道：A/D，1 通道 D/A，模拟量转换
	FX_{2N}-2AD	2 通道模拟量输入模块
	FX_{2N}-4AD	4 通道模拟量输入模块
	FX_{2N}-8AD	8 通道模拟量输入模块
	FX_{2N}-2DA	2 通道模拟量输出模块
	FX_{2N}-4DA	4 通道模拟量输出模块
温度传感器输入	FX_{2N}-4AD-PT	4 通道 PT100 型热电阻温度传感器用模块
	FX_{2N}-4AD-TC	4 通道热电偶型温度传感器用模块
	FX_{2N}-2LC	2 通道温度控制模块
高速计数	FX_{2N}-1HC	1 通道高速计数模块
脉冲输出和定位	FX_{2N}-1PG	1 轴用脉冲输出模块
	FX_{2N}-10PG	1 轴用脉冲输出模块
	FX_{2N}-10GM	1 轴用定位单元
	FX_{2N}-20GM	2 轴用定位单元
	FX_{2N}-1RM-SET	旋转角度检测单元

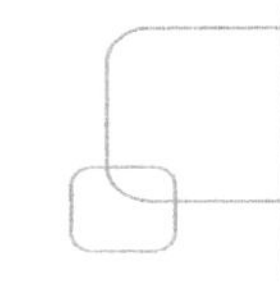

续表

型　号		功　能
通信和网络	FX_{2N}-232IF	RS-232C 通信用模块
	FX_{2N}-16CCL-M	cc-link 用主站模块
	FX_{2N}-32CCL	cc-link 用接口模块
	FX_{2N}-16LIK-M	MELSEC-I/O LINK 主站模块
	FX_{2N}-32ASI-M	AS-i 主站模块

1.5　FX_{3U} PLC

1.5.1　产品简介与产品规格

1．产品简介

FX_{3U} PLC 是三菱公司最新开发的第三代小型 PLC 系列产品，也是目前三菱电机公司小型 PLC 中性能最高、运算速度最快、定位控制和通信网络控制功能最强、I/O 点数最多的产品，完全兼容 FX_{1S} / FX_{1N} / FX_{2N} PLC 的全部功能，图 1-5 所示为 FX_{3U} PLC 的产品构成。

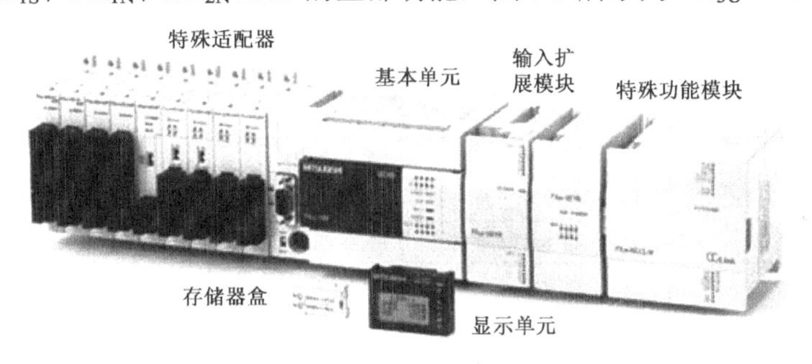

图 1-5　FX_{3U}PLC 的产品构成

FX_{3U} PLC 的主要特点如下：

（1）业界最高的运算速度。FX_{3U} PLC 基本逻辑指令的执行时间为 0.065μs / 条，应用指令的执行时间为 1.25μs / 条，是 FX_{2N} PLC 的 1/2，FX_{1N} PLC 的 1/10 倍，其运算速度是目前各种品牌的小型 PLC 中最高的。

（2）最多的 I/O 点数。基本单元加扩展可以控制本地的 I/O 点数为 256 点，通过远程 I/O 连接，PLC 的最大点数为 384 点。I/O 的连接也可采用源极或漏极（又称汇点输入）两种方式，使外电路设计和外接有源传感器的类型（PNP,NPN）更为灵活方便。

（3）最大的存储容量。用户程序（RAM）的容量可达 64 000 步，还可以扩展采用 64 000 步的“闪存（Flash ROM）”卡。

（4）通信与网络控制。FX_{3U} PLC 除了具有标准的 RS-232 / RS-422 / RS-485 通信接口外，还增加了 USB 接口模式，可以很方便地与计算机等外部设备连接。其通信通道也增加了 3 个。

（5）定位控制功能。FX_{3U} PLC 在定位控制上也是功能最强大的。输入口可接收 100kHz 的高速脉冲信号。高速输出口有 3 个，可独立控制三轴定位。最高输出脉冲频率达 100kHz。还开发了网络控制定位扩展模块，与三菱公司的 MR-J3 系列伺服驱动器连接，直接进行高速定位控制功能。

（6）编程功能。FX_{3U} PLC 在应用指令上除了全部兼容 FX_{1S} / FX_{1N} / FX_{2N} PLC 的所有指令外，还增加了如变频器通信、数据块运算、字符串读取等多条指令，使应用指令多达 209 种 486 条。在编程软元件上，不但元件数量大大增加，还增加了扩展寄存器 R 和扩展文件寄存器 ER。在应用常数上增加了实数（小数）和字符串的输入，还增加了非常方便应用的字位（字中的位）和缓冲存储器 BFM 直接读写方式。

2．产品规格

FX_{3U} PLC 基本单元见表 1-17。

表 1-17　FX_{3U}PLC 基本单元

型　号	输　入		输　出		型　号	输　入		输　出	
（AC 电源）	点	规　格	点	形　式	（DC 电源）	点	规　格	点	形　式
FX_{3U}-16MR/ES	8	DC24V	8	继电器	FX_{3U}-16MR/DS	8	DC24V	8	继电器
FX_{3U}-16MT/ES				晶体管（漏型）	FX_{3U}-16MT/DS				晶体管（漏型）
FX_{3U}-16MT/ESS				晶体管（源型）	FX_{3U}-16MT/DSS				晶体管（源型）
FX_{3U}-32MR/ES	16	DC24V	16	继电器	FX_{3U}-32MR/DS	16	DC24V	16	继电器
FX_{3U}-32MT/ES				晶体管（漏型）	FX_{3U}-32MT/DS				晶体管（漏型）
FX_{3U}-32MT/ESS				晶体管（源型）	FX_{3U}-32MT/DSS				晶体管（源型）
FX_{3U}-48MR/ES	24	DC24V	24	继电器	FX_{3U}-48MR/DS	24	DC24V	24	继电器
FX_{3U}-48MT/ES				晶体管（漏型）	FX_{3U}-48MT/DS				晶体管（漏型）
FX_{3U}-48MT/ESS				晶体管（源型）	FX_{3U}-48MT/DSS				晶体管（源型）
FX_{3U}-64MR/ES	32	DC24V	32	继电器	FX_{3U}-64MR/DS	32	DC24V	32	继电器
FX_{3U}-64MT/ES				晶体管（漏型）	FX_{3U}-64MT/DS				晶体管（漏型）
FX_{3U}-64MT/ESS				晶体管（源型）	FX_{3U}-64MT/DSS				晶体管（源型）
FX_{3U}-80MR/ES	40	DC24V	40	继电器	FX_{3U}-80MR/DS	40	DC24V	40	继电器
FX_{3U}-80MT/ES				晶体管（漏型）	FX_{3U}-80MT/DS				晶体管（漏型）
FX_{3U}-80MT/ESS				晶体管（源型）	FX_{3U}-80MT/DSS				晶体管（源型）
FX_{3U}-128MR/ES	64	DC24V	64	继电器					
FX_{3U}-128MT/ES				晶体管（漏型）					
FX_{3U}-128MT/ESS				晶体管（源型）					

FX_{3U} PLC 没有自身的 I/O 扩展单元和扩展模块，但 FX_{2N} PLC 的全部扩展单元和扩展模块都可用作 FX_{3U} PLC 的 I/O 扩展选件。FX_{3U} PLC 扩展单元见表 1-18，扩展模块见表 1-19。

表 1-18　FX_{3U} PLC 扩展单元

继 电 器	晶 体 管	晶 闸 管	电 源 电 压	输 入 信 号	输 入 点	输 出 点
FX_{2N}-32ER	FX_{2N}-32ET	FX_{2N}-32ES	AC100～AC240V	DC24V	16	16
FX_{2N}-48ER	FX_{2N}-48ET	—			24	24

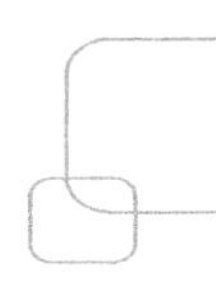

续表

继电器	晶体管	晶闸管	电源电压	输入信号	输入点	输出点
FX_{2N}-48ER-D	FX_{2N}-48ER-D	—	DC24V	DC24V	24	24
FX_{2N}-48ER-UA1/UL	—	—	AC100～AC240V	AC100V	24	24

表 1-19　FX_{3U} PLC 扩展模块

DC、AC 输入	继电器输出	晶体管输出（漏型）	晶闸管输出	输入点	输出点
FX_{2N}-8ER（DC24V）		—	—	4	4
FX_{0N}-8EX（DC24V）	—	—	—	8	—
FX_{2N}-48ER-UA1/UL（AC100V）	—	—	—	8	—
—	FX_{2N}-8EYR	FX_{2N}-8EYT FX_{2N}-8EYT-H	—	—	8
FX_{2N}-16EX（DC24V）	—	—	—	16	—
—	FX_{2N}-16EYR	FX_{2N}-16EYT	FX_{2N}-16EYS	—	16
FX_{2N}-16EX-C（DC24V）	—	—	—	16	—
FX_{2N}-16EXL-C（DC5V）	—	—	—	16	—
—	—	FX_{2N}-16EYT-C	—	—	16

1.5.2　编程功能与扩展选件

1．编程功能

FX_{3U} PLC 的编程功能见表 1-20。

表 1-20　FX_{3U} PLC 的编程功能

项目		功能
编程语言		指令表、梯形图、SFC
用户存储器容量		内置 RAM 64 000 步，扩展存储器盒闪存 16 000 步
基本逻辑控制指令		顺控指令 27 条，步进梯形图指令 2 条
应用指令		209 种
指令处理速度		基本逻辑指令：0.065μs/条，基本应用指令：0.642μs/条
I/O 点数		最大 I/O 点数：384 点
辅助继电器	一般用	M0～M499，共 500 点
	保持性	M500～M7679，共 7 180 点
	特殊用	M8000～M8511，共 512 点
状态元件	初始状态	S0～S9，共 10 点
	一般状态	S10～S499，共 490 点
	保持区域	S500～S4095，共 3 596 点
定时器	100ms	T0～T199，T250～T255 共 206 点
	10ms	T200～T245，共 46 点
	1ms	T246～T249，T256～T511，共 260 点

续表

项　目		功　能
计数器	16 位通用	C0～C99，共 100 点（加计数）
	16 位保持	C100～C199，共 100 点（加计数）
	32 位通用	C200～C219，共 20 点（加减计数）
	32 位保持	C220～C234，共 15 点（加减计数）
	32 位高速	C235～C255，可用 8 点（加减计数）
数据寄存器	16 位通用	D0～D199，共 200 点
	16 位保持	D200～D7999，共 7 800 点
	文件寄存器	D1000～D7999，最大 7 000 点
	16 位特殊	D8000～D8511，共 512 点
	6 位变址	V0～V7，Z0～Z7，共 16 点
指针	跳转用	P0～P4095，共 4 096 点
嵌套	主控用	N0～N7，共 8 点
常数输入	十进制	16 位：-32768～32767，32 位：-2 147 483 648～2 147 483 647
	十六进制	16 位：0～FFFF，32 位：0～FFFFFFFF
	实数	32 位：-1.0×2^{126}～-1.0×2^{-126}，0、1.0×2^{-126}～-1.0×2^{126}。小数表示
	字符串	最多可以使用半角 32 个字符

2. 扩展选件

FX_{3U} PLC 开发了众多的内置式扩展选件及适配器，见表 1-21 和表 1-22。

表 1-21　FX_{3U} PLC 内置扩展板

型　号		功　能
内置扩展板	FX_{3U}-232-BD	内置式通信扩展板，RS-232 接口通信
	FX_{3U}-485-BD	内置式通信扩展板，RS-485 接口通信
	FX_{3U}-422-BD	内置式通信扩展板，RS-422 接口通信
	FX_{3U}-CNV-BD	通信适配器，接口扩展板
	FX_{3U}-USB-BD	内置式通信扩展板，USB 接口扩展板
存储器扩展盒	FX_{3U}-FLROM-16	16 000 步闪存卡
	FX_{3U}-FLROM-64	64 000 步闪存卡
	FX_{3U}-FLROM-64L	带程序传送功能的 64 000 步闪存卡
显示模块	FX_{3U}-7DM	显示模块

表 1-22　FX_{3U} PLC 特殊适配器

型　号	功　能
FX_{3U}-232ADP	RS-232C 通信用适配器
FX_{3U}-485ADP	RS-485 通信用适配器
FX_{3U}-4AD-ADP	4 通道模拟量输入用适配器
FX_{3U}-4DA-ADP	4 通道模拟量输出用适配器
FX_{3U}-4AD-PT-ADP	4 通道 PT100 型温度传感器用适配器

续表

型　号	功　能
FX_{3U}-4AD-TC-ADP	4 通道热电偶型温度传感器用适配器
FX_{3U}-4HSX-ADP	4 通道高速输入用适配器
FX_{3U}-2HSY-ADP	2 通道高速输出用适配器

FX_{3U} PLC 除了可以使用 FX_{2N} PLC 的全部特殊功能模块外，还开发了两块自己的模拟量扩展模块，见表 1-23。

表 1-23　FX_{3U} PLC 特殊功能模块

型　号		功　能
模拟量输入/输出	FX_{0N}-3A	2 通道 A/D，1 通道 D/A，模拟量转换
	FX_{2N}-5A	4 通道 A/D，1 通道 D/A，模拟量转换
	FX_{2N}-2AD	2 通道模拟量输入模块
	FX_{2N}-4AD	4 通道模拟量输入模块
	FX_{2N}-8AD	8 通道模拟量输入模块
	FX_{3U}-4AD	4 通道模拟量输入模块
	FX_{2N}-2DA	2 通道模拟量输出模块
	FX_{2N}-4DA	4 通道模拟量输出模块
	FX_{3U}-4DA	4 通道模拟量输出模块
温度传感器控制	FX_{2N}-4AD-PT	4 通道 PT100 型热电阻温度传感器用模块
	FX_{2N}-4AD-TC	4 通道热电偶型温度传感器用模块
	FX_{2N}-2LC	2 通道温度控制模块
高速计数	FX_{2N}-1HC	1 通道高速计数模块
脉冲输出和定位	FX_{2N}-1PG	1 轴用脉冲输出模块
	FX_{2N}-10PG	1 轴用脉冲输出模块
	FX_{2N}-10GM	1 轴用定位单元
	FX_{2N}-20GM	2 轴用定位单元
	FX_{2N}1RM-SET	旋转角度检测单元
通信和网络	FX_{3U}-20SSC-H	RS-232C 通信用模块
	FX_{2N}-232IF	cc-link 用主站模块
	FX_{2N}-16CCL-M	cc-link 用接口模块
	FX_{2N}-32CCL	cc-link/LT 用主站模块
	FX_{2N}-64CL-M	MELSEC-I/O LINK 主站模块
	FX_{2N}-16LIK-M	AS-i 主站模块
	FX_{2N}-32ASI-M	RS-232C 通信用模块

第 2 章　编程与仿真软件使用

把用户程序写入 PLC 中必须使用专门的编程工具。PLC 的编程工具大体上分为两类：第一类为可以随身携带的手持式编程器；第二类为通用个人计算机（PC）加编程软件进行编程。

由于笔记本电脑的普及，已越来越少使用手持式编程器。本章主要介绍与 PC 配合的编程及仿真软件的使用。

本章是比较独立的一章，已经掌握编程软件使用的读者可以跳过不看，而未掌握的读者可以在学习了基础指令后，再来学习这一章。

2.1　三菱 PLC 的编程

2.1.1　概述

1. 手持编程器

手持式编程器（Handy Programming Panel，HPP）又称为便携式编程器或简易编程器。在早期的 PLC 编程中，由于 PC 价格较高且体积大，而手持编程器体积小、方便携带、易操作，所以在生产现场得到了广泛的使用。

FX 系列 PLC 使用的手持编程器有 FX-10P 和 FX-20P 两种，这两种编程器的使用方法基本相同，不同的是 FX-10P 的液晶显示屏只有 2 行×16 字符，且离开 PLC 后程序不能保存。而 FX-20P 的显示屏为 4 行×16 字符，在 PLC 上连接 1 小时以上，程序可以保持 3 天。

FX-20P 编程器操作面板及与 PLC 连接如图 2-1 所示，其适用于所有 FX 系列 PLC，对 FX_{3U} PLC、FX_{3UC} PLC 来说，仅为 FX_{2N} PLC 的功能范围。它有联机（在线）和脱机（离线）两种工作方式。在联机方式下，它对 PLC 具有如下操作功能：

（1）程序输入。可先将 PLC 内部程序全部清除，然后用编程器将用户程序写入 PLC 的 RAM。

（2）程序读出。可将 PLC 内的用户程序在没有密码保护或者解码后上传到编程器中。

（3）监控。在 PLC 运行时，可以监视 PLC 内的程序运行状况，PLC 的位软元件的 ON/OFF 状态及字元件的实时数值。

（4）赋值。可以强制对位元件进行 ON/OFF 状态设置及对字元件内容进行赋值。

（5）编程。利用操作面板上各种功能键对用户程序进行指令语句表输入。

手持编程器优点是体积小、携带方便和监控数据反应速度快，但是由于其显示屏太小，不能监控梯形图的运行，监控的范围也有限，不能满足程序调试的高要求。目前，随着计算机特别是笔记本电脑的价格下调和越来越普及，无论是编程还是现场调试都已被编程软件代替。新一代的工控技术人员连手持编程器的实物可能都没有见过。但是作为一个工控技术人员，如果有机会能够掌握手持编程器的使用等于多了一个工具。

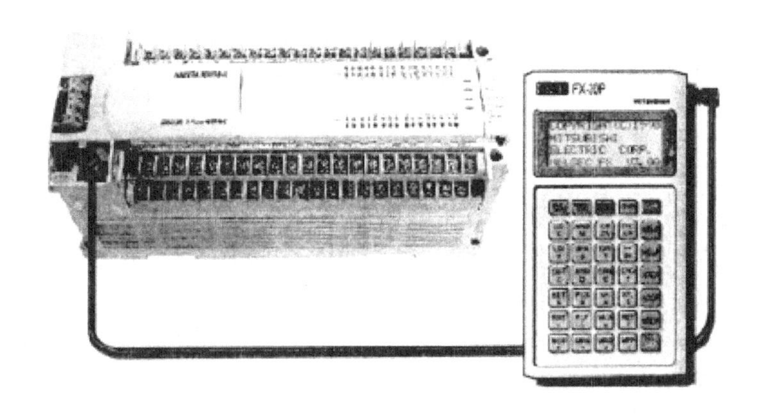

图 2-1　FX-20P 操作面板及与 PLC 连接

2．编程软件

相比于手持编程器，在计算机上用编程软件对 PLC 进行编程具有更强大的功能，但是体积稍大。不同品牌的 PLC 都有各自开发的编程软件，不能混用。

三菱 PLC 的计算机编程软件有小型机专用的 SWOPC-FXGP/WIN-C 编程软件和适用于大型机（Q 系列）、中型机（A 系列）、小型机（FX 系列）的 GX Developer 编程软件两种。

SWOPC-FXGP/WIN-C 是三菱公司早期专门为 FX 系列 PLC 开发的编程软件，其占用空间小、功能较强，该软件可以采用 3 种编程语言（指令表、梯形图和 SFC）编程，相互之间可以互相转换，可以在程序中加入中、英文注释，可以对梯形图、元件进行监控，可以强制位元件 ON/OFF，可以改变字元件的当前值等，而且还具有程序和监控结果的打印功能。在 GX Developer 编程软件未推出之前，是在 FX 系列小型 PLC 上广泛应用的编程软件。

GX Developer 是三菱 PLC 的新版编程软件，它能够进行 FX 系列、Q/QnA 系列、A 系列（包括运动控制 CPU）PLC 的梯形图、指令表和 SFC 等编程。使用 GX Developer 可以读取 SWOPC-FXGP/WIN-C 格式（FXGP 格式）的文件，也可以将程序存储为 FXGP 格式的文件，完全实现了对 SWOPC-FXGP/WIN-C 的兼容。但是使用 SWOPC-FXGP/WIN-C 则无法读取或存储于 GX Developer 格式的文件，因此，GX Developer 编程软件有取代 SWOPC-FXGP/WIN-C 的趋势。

与 SWOPC-FXGP/WIN-C 相比，GX Developer 编程软件的主要特点如下：

（1）GX Developer 编程软件可以采用标号编程、功能块编程、宏编程等多种方式编程，还可以将 Word、Excel 等常用软件编辑的文字与表格复制、粘贴到 PLC 程序中，使用非常方便。

（2）把三菱公司开发的 GX Simulator6 仿真软件和 GX Developer 编程软件装在一个软件包时，该软件包（简称 GX 软件）不仅具有编程功能，还具有仿真功能，能在脱机（无 PLC）状态下对程序进行调试，这对初学者学习 PLC 的编程有很大帮助。

（3）GX Developer 编程软件在 SWOPC-FXGP/WIN-C 的基础上新增了回路监视、软件同时监视、软件登录监视等多种功能，可以进行 PLC 的 CPU 诊断、CC-link 网络诊断功能。

本章主要介绍 GX 软件的程序编辑功能、仿真功能和一些基本功能的使用，让不熟悉该软件的读者能学会基本使用，更多的功能希望读者在实际应用中再逐步学习和掌握。

2.1.2 GX Developer 编程软件的安装

1. 安装环境

运行 GX Developer 编程软件的计算机最低配置如下。

- CPU：奔腾 133MHz 以上，推荐奔腾 300MHz 以上；
- 内存：32MB 以上，推荐 64MB 以上；
- 硬盘、CD-ROM：安装运行均需 80MB 以上，需要 CD-ROM 驱动器用于安装；
- 显示器：分辨率 800×600 点以上，16b 以上；
- 操作系统：Windows95,98,NT,2000,Me,XP,7 等。

2. 软件安装

安装前，做好将 GX Developer 编程软件和仿真软件 GX Simulator6 放到一个文件夹下的准备。例如，新建文件夹并命名为“三菱编程仿真软件包”，如图 2-2 所示。

打开“三菱编程仿真软件包”文件夹，里面有两个子文件夹，如图 2-3 所示。

图 2-2 文件夹“三菱编程仿真软件包”

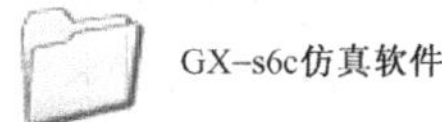

图 2-3 “三菱编程仿真软件包”内的子文件夹

打开文件夹“GX 7.0 编程软件”，其中的文件如图 2-4 所示。

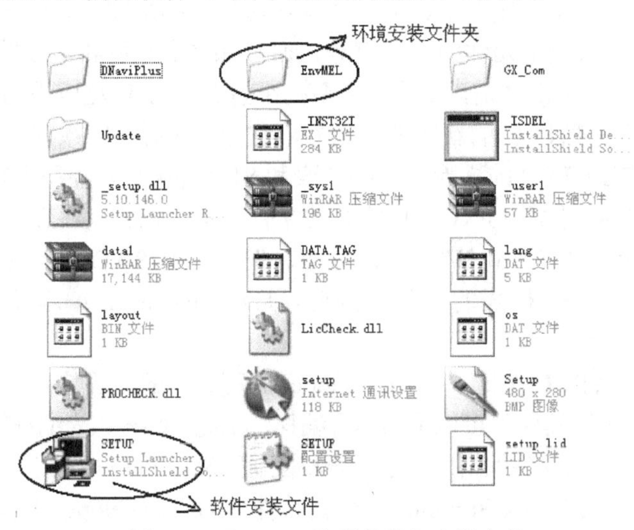

图 2-4 “GX 7.0 编程软件”中的文件

图中 EnvMEL 文件夹是对三菱编程软件的环境安装，SETUP 图标是三菱编程软件的正

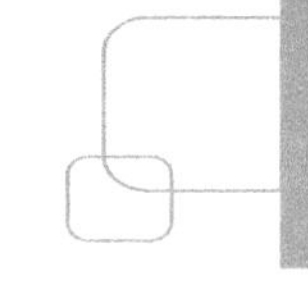

式安装包。

初次安装三菱编程软件时，首先运行环境安装 EnvMEL 文件夹内的 SETUP.EXE 程序，这是对三菱编程软件的环境安装。

具体操作：双击 EnvMEL 文件夹，弹出图 2-5 所示画面后，双击 SETUP.EXE 进行环境安装。

图 2-5　EnvMEL 文件夹中的文件

注意：在安装过程中，“监视专用”选项不能勾选（见图 2-6），其他两个选项可以勾选。

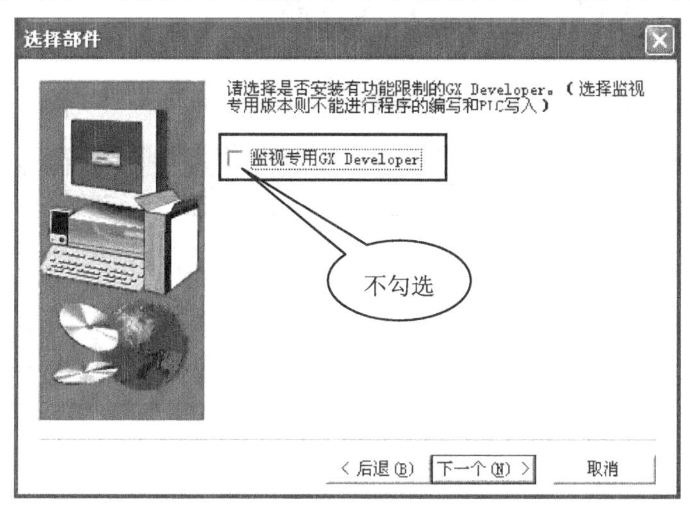

图 2-6　监视专用画面

环境安装完成后，回到图 2-4 所示画面，双击 SETUP.EXE 文件，对 GX Developer 编程软件进行安装。安装完成，即 GX Developer 编程软件安装结束。

必须先安装 GX Developer 编程软件后，才可以安装 GX Simulator 仿真软件。

打开“GX-s6c 仿真软件”文件夹，如图 2-7 所示。

双击 SETUP.EXE 文件，对仿真软件进行安装，安装成功后三菱 PLC 的编程软件和仿真软件即安装结束。

安装好编程软件和仿真软件后，在桌面或者开始菜单中并没有仿真软件的图标。因为 GX Simulator 仿真软件被集成到 GX Developer 编程软件中了，其实这个仿真软件相当于编程软件的一个插件。

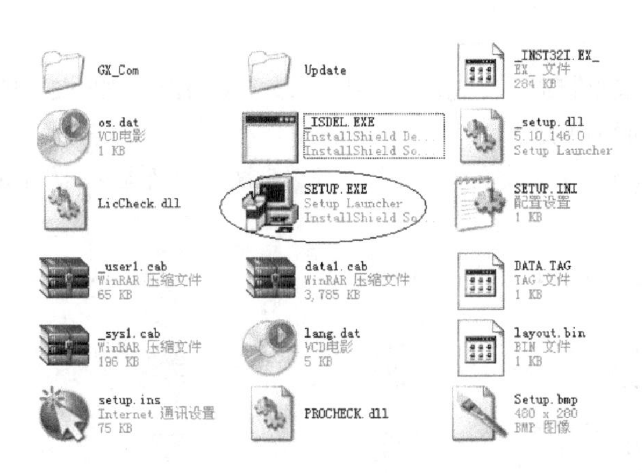

图 2-7　“GX-s6c 仿真软件”文件夹中的文件

2.2　三菱 GX Developer 编程软件的使用

2.2.1　GX Developer 编程软件界面

GX Developer 编程软件打开程序后的编辑界面如图 2-8 所示，该界面分成以下 4 个区：

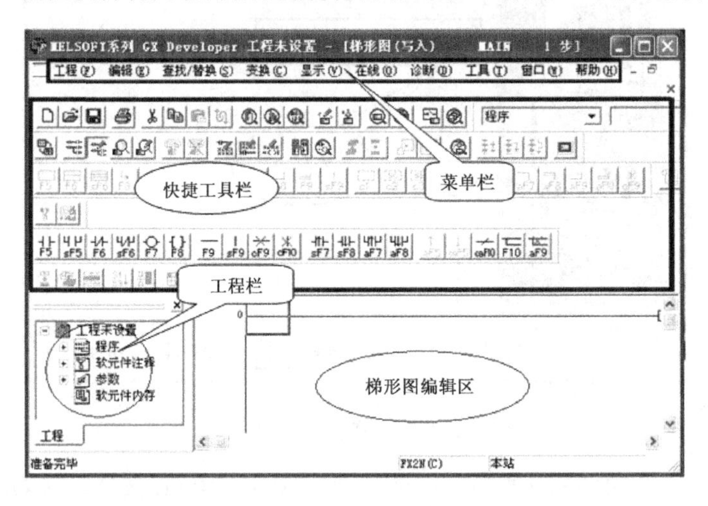

图 2-8　GX Developer 编程软件的编辑界面

（1）菜单栏。共 10 个下拉菜单。

（2）快捷工具栏。工具栏又可分为主工具栏、图形编辑工具栏、视图工具栏等，工具栏内容快捷图标仅在相应的操作范围才可见。

（3）梯形图编辑区。在编辑内对程序注释、注解、参数等进行梯形图编辑，也可转换为指令表编辑区或 SFC 图形编辑区进行指令表或 SFC 图形编辑。

（4）工程栏。以树状结构显示工程的各项内容，如显示程序、软元件注释、PLC 参数设置等。

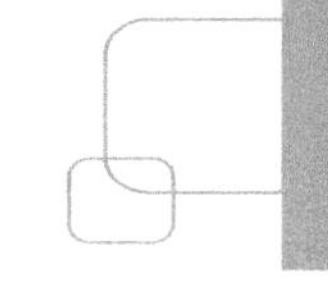

2.2.2 创建新工程

进入编程软件界面后，界面上的工具栏是灰色的，表示未进入程序编辑界面。这时，利用“创建工程”或者“打开工程”才能进入程序编辑界面。

在工程菜单中选择“创建新工程”，或选择快捷图标，如图 2-9 所示，按图中 1、2、3、4、5 顺序操作，创建工程结束便可进入程序编辑界面。在程序编辑完成并保存后，所创建的新工程可以在下次重新启动 GX Developer 编程软件时打开与编辑。

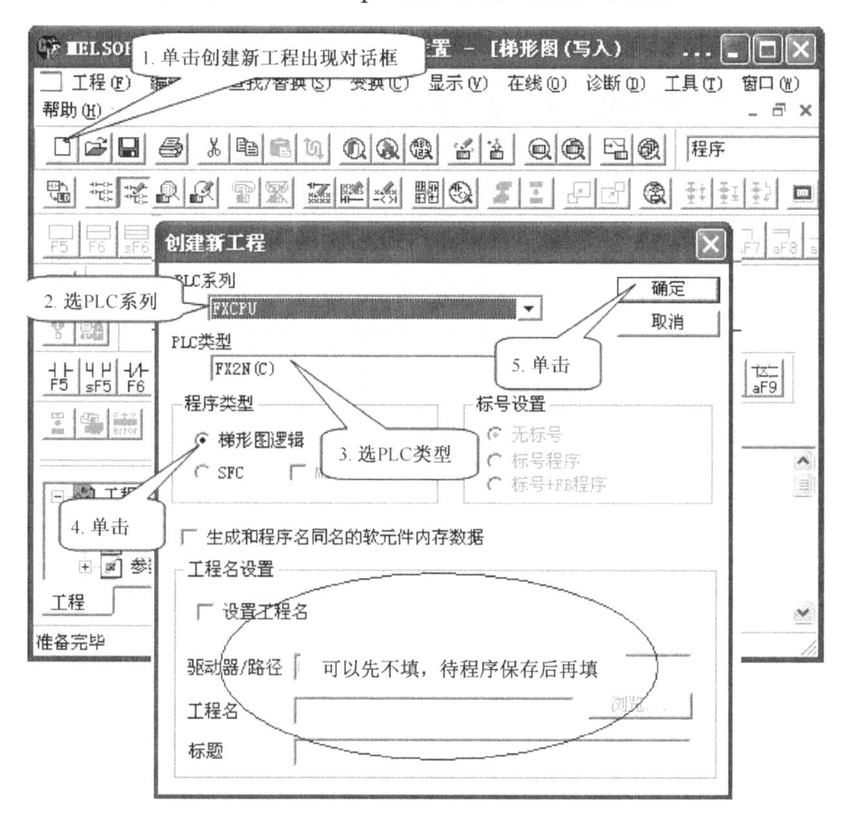

图 2-9　创建新工程画面

2.2.3 梯形图编辑

建完新工程后，会弹出梯形图编辑画面如图 2-10 所示。画面左边是参数区，主要设置 PLC 的各种参数；右边是编程区，程序都编在这一块。程序区的两端有两条竖线，是两条模拟的电源线，左边的称为左母线，右边的称为右母线。程序从左母线开始，到右母线结束。

程序区有一蓝色光标，在输入梯形图时要把它移动到需要进行程序编辑的位置，进行输入。如果出现蓝色光块，说明未进入“写入”状态，单击“写入”图标，蓝色光块变成蓝色光标，才可以进行梯形图编辑，如图 2-10 所示。

梯形图输入的 3 种方法，各有千秋，可以根据自己的习惯和爱好选择其中一种。

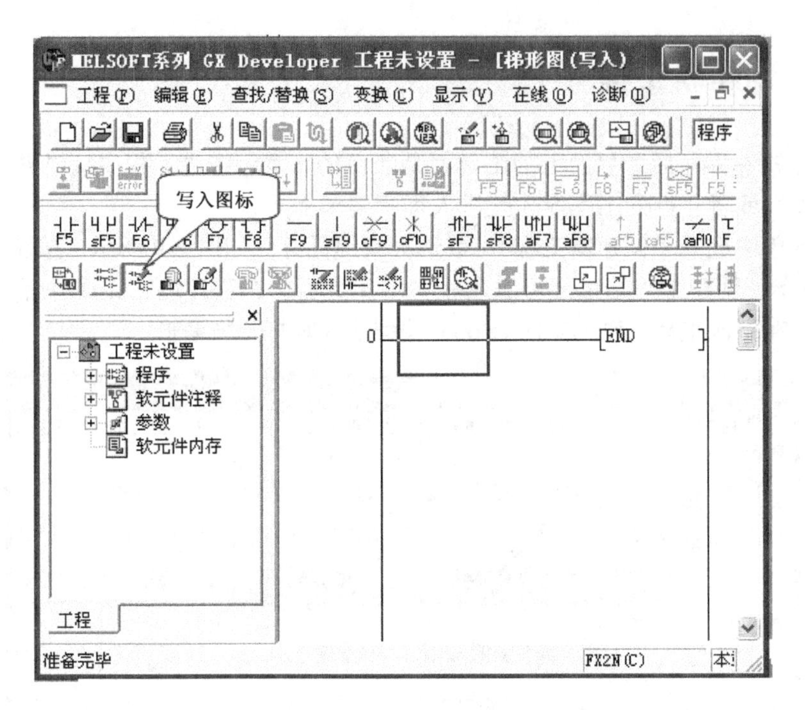

图 2-10　梯形图编辑画面

1．快捷方式

利用工具条中的快捷图标进行梯形图编辑。工具条中各种快捷图标所表示的编辑含义如图 2-11 所示。

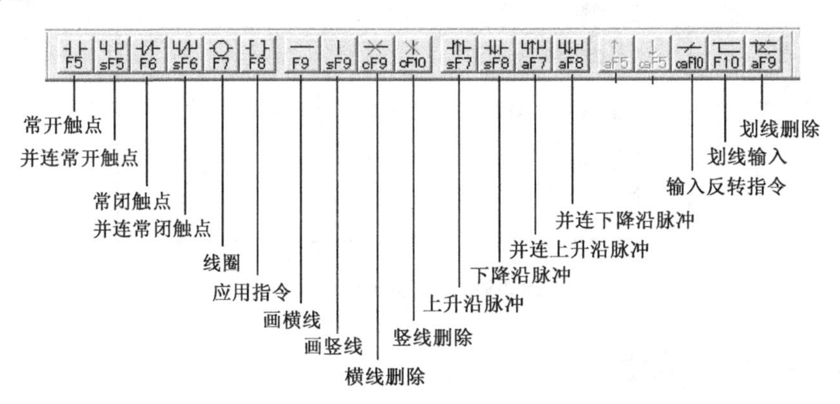

图 2-11　工具条中的快捷图标

快捷方式的操作方法如下：要在某处输入触点、指令、划线和分支等，先要把蓝色光标移动到要编辑梯形图的地方，然后在菜单上单击相应的快捷图标，或按一下快捷图标下方所表示的快捷键即可。

举例加以说明：要在开始输入 X000 常开触点，单击输入常开触点快捷图标，或按一下快捷键 F5，出现如图 2-12 所示的对话框。

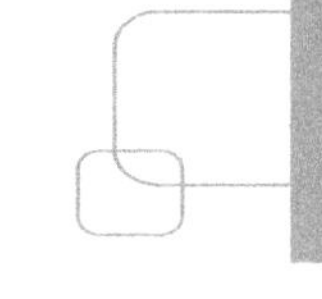

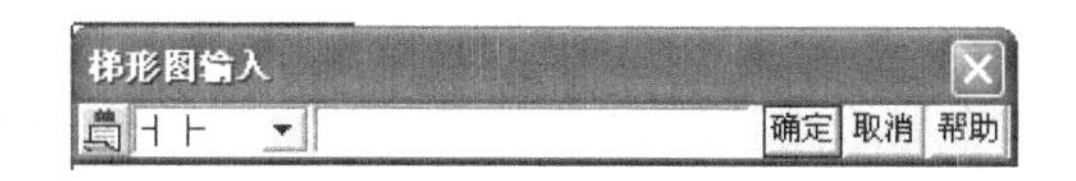

图 2-12　“梯形图输入”对话框

键盘输入 X000，单击“确定”按钮，这时，在程序区里出现了一个标号为 X00 的常开触点，且其所在程序行变成灰色，表示该程序行进入编辑区。实际上，一条指令（LD X000）已经编辑完成。

其他的触点、线圈、指令、划线等都可以通过单击相应快捷图标来编辑完成。但唯独“划线输入（F10）”图标单击后会呈按下状，这时，用鼠标左键压住光标进行拖动就形成了下拉右撇的分支线，如图 2-13 所示。

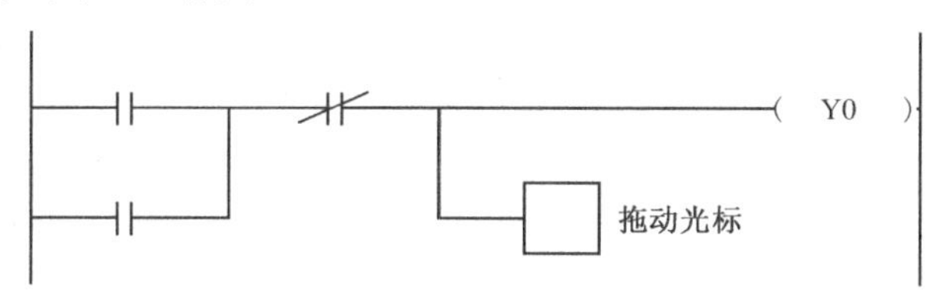

图 2-13　梯形图划线输入

一个完整的应用程序可以全部通过单击快捷图标来编辑完成。

如果修改或者删除，也先要把蓝色光标移动到需要修改或者删除之处，修改只要重新单击输入即可；删除只要按下键盘上的“DEL”键即可。但“横直线”与“竖直线”必须单击快捷图标才能删除，同样划线操作相同。

快捷输入方式的优点是工具化、简单快捷。一个对 PLC 一点不懂的人只要掌握工具条中各个图标的使用，都可以完整地把梯形图输入进去。

2．键盘输入

用键盘输入一条一条的指令。

现举例加以说明：

在开始输入 X000 常开触点时，刚输入字母“L”后，就出现“梯形图输入”对话框，如图 2-14 所示。

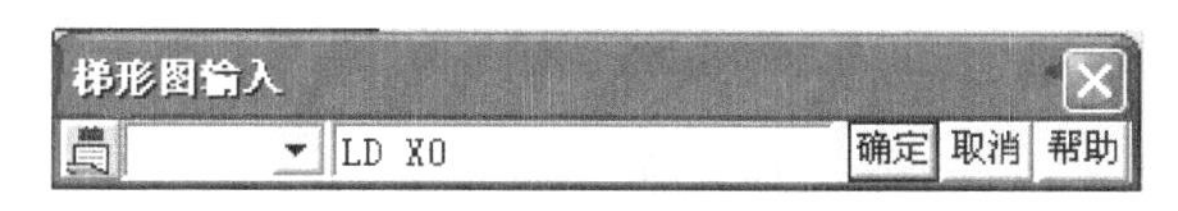

图 2-14　“梯形图输入”对话框

继续输入指令“LD　X0”，单击“确定”按钮，常开触点 X0 已经编辑完成。然后，按照梯形图在相应的位置上把一条一条指令输入即可。但是，碰到“画竖线”，“画横线”划线输入仍然需要单击图标完成。梯形图的修改、删除和快捷方式相同。

3．菜单输入

单击菜单中的“编辑 / 梯形图标记 / 常开触点”后，同样出现“梯形图输入”对话框，输入“X0”后单击“确定”按钮，常开触点 X0 就已经编辑完成。

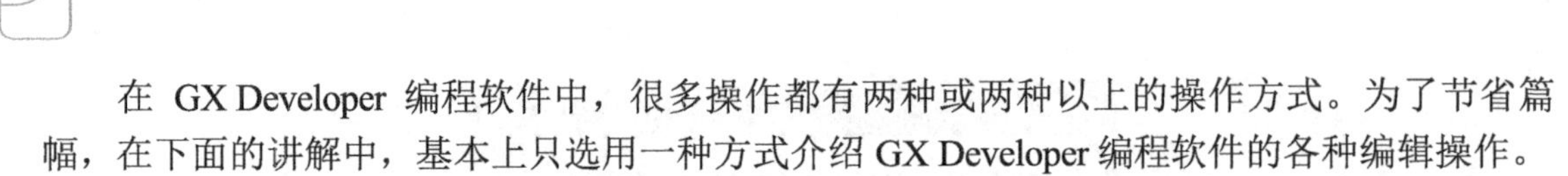

在 GX Developer 编程软件中，很多操作都有两种或两种以上的操作方式。为了节省篇幅，在下面的讲解中，基本上只选用一种方式介绍 GX Developer 编程软件的各种编辑操作。

2.2.4 梯形图程序编译、与指令表程序切换及保存

1. 梯形图程序的编译（变换）

在输入完一段程序后，其颜色是灰色状态，此时虽然程序输入好了，但若不对其进行编译，则程序是无效的，也不能进行保存、传送和仿真。程序编译，又称程序变换。通过编译，灰色的程序自动变白，说明程序编译成功。

可以用 3 种方法进行编译操作：①在变换菜单里单击变换；②用键盘快捷键 F4；③单击工具栏“程序变换”图标，如图 2-15 所示。编译无误后，程序灰色部分变白。

图 2-15 程序的编译

若所写的程序在格式上或语法上有错误，则单击编译，系统会提示错误，重新修改错误的程序，然后重新编译，直到使灰色程序变成白色。

2. 梯形图与指令表程序切换

梯形图编译好后，还可以转换成指令语句表程序，其操作方法极为简单，单击“梯形图/指令表切换”图标，显示已经切换好的指令语句表程序。再次单击，又切换为梯形图程序，如图 2-16 所示。

图 2-16 程序切换

编程软件的这个功能，使得在编辑梯形图时，无须考虑块或指令（ORB）和块与指令（ANB）的位置，甚至不需要去理解这两个指令的使用。但如果使用手持编程器输入，则必须考虑 ORB 和 ANB 的输入位置。

3. 程序保存

保存操作和其他软件操作一样，单击“工程 / 另存工程为”，出现“另存工程为”对话框如图 2-17 所示。

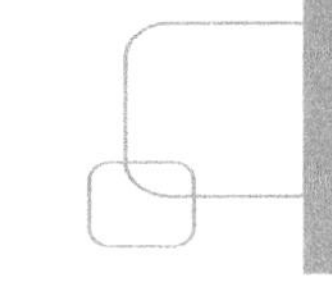

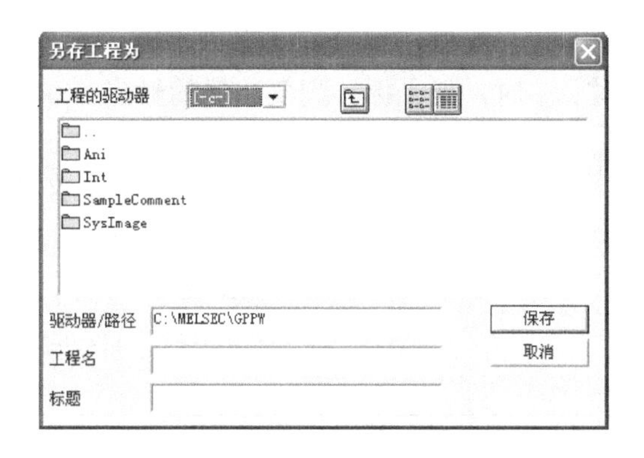

图 2-17　“另存工程为”对话框

选择“驱动器 / 路径”，输入“工程名”，单击“保存”按钮，完成梯形图的保存。

2.2.5　程序注释

梯形图程序完成后，如果不加注释，那么过一段时间，就会看不明白。这是因为梯形图程序的可读性较差。加上程序编制因人而异，完成同样的控制功能有许多不同的程序编制方法。给程序加上注释，可以增加程序的可读性，方便交流和对程序进行修改。

编程软件 GX Developer 对梯形图有 3 种注释内容，3 种注释均有两种操作方法。

① 单击“编辑菜单 / 文档生成 / 选择注释类型”进行注释编辑。

② 单击工具条上注释图标进行注释编辑。

此处仅介绍单击图标方法。工具条上关于注释的图标有 3 个，表示 3 种注释内容。3 个图标及其名称如图 2-18 所示。

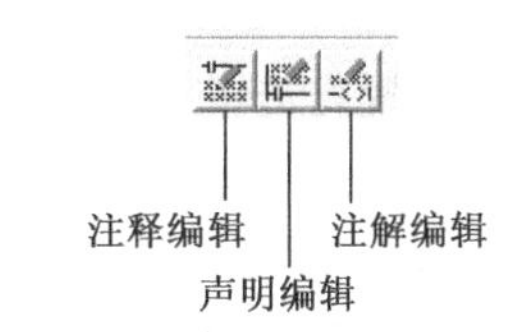

图 2-18　程序注释图标

图 2-19 所示为一“启保停”梯形图，以它为例介绍 3 种注释的操作。

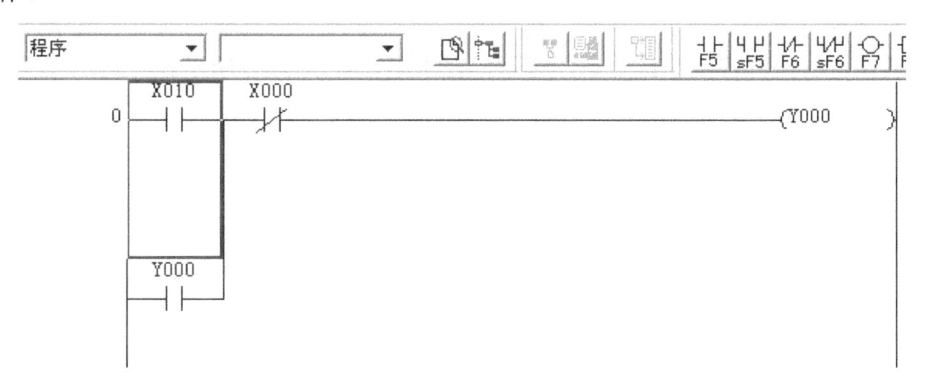

图 2-19　程序注释例图

1. 注释编辑

这是对梯形图中的触点和输出线圈添加注释。操作方法如下：

图 2-20 “输入注释”对话框

单击“注释编辑”图标，梯形图之间的行距拉开。这时，把光标移到要注释的触点 X010 处，双击光标，出现如图 2-20 所示“输入注释”对话框。

在框内填上“启动”（假设 X010 为启动按钮输入点），单击“确定”按钮，注释文字出现在 X010 下方。把光标移到 X000 处，双击光标，在对话框内填上“停止”，单击“确定”按钮，文字“停止”出现在 X000 下方，如图 2-21 所示。

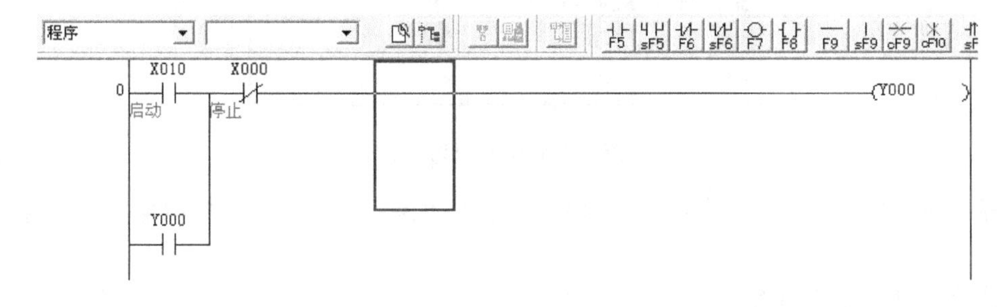

图 2-21 注释编辑

光标移到哪个触点处，就可以注释哪个触点。对一个触点进行注释后，梯形图中所有这个触点（常开、常闭）都会在其下方出现注释内容。

2．声明编辑

这是对梯形图中某一行程序或某一段程序进行说明注释。操作方法如下：

单击“声明编辑”图标，将光标放在要编辑行的行首，双击光标，出现如图 2-22 所示的对话框。

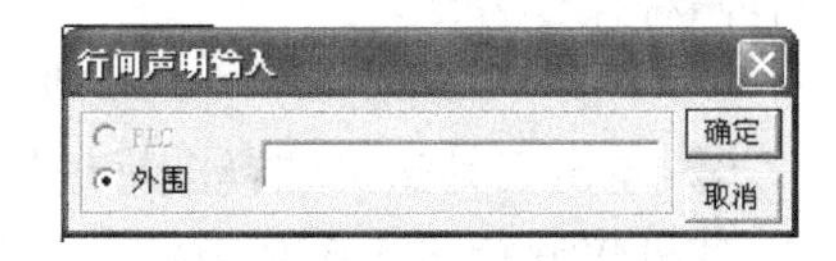

图 2-22 “行间声明输入”对话框

对话框内填上声明文字，单击“确定”按钮，声明文字加到相应的行首。

以“启保停”程序为例，将光标移到第一行 X010 处，双击光标，在对话框中填入“启保停程序”字样。单击“确定”按钮，这时会出现程序为灰色状态，单击“编译”图标，程序编译完成，这时，程序说明出现在程序行的左上方，如图 2-23 所示。

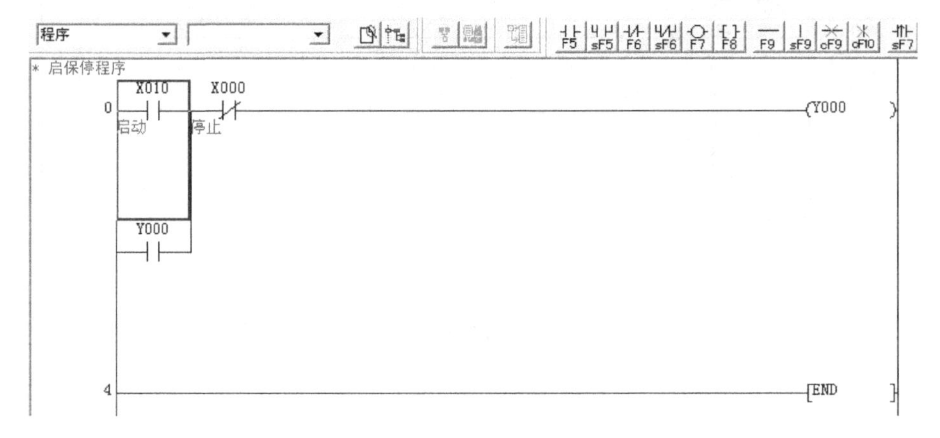

图 2-23 声明编辑

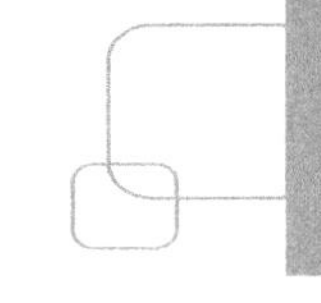

3. 注解编辑

这是对梯形图中输出线圈或功能指令进行说明注释。操作方法如下：

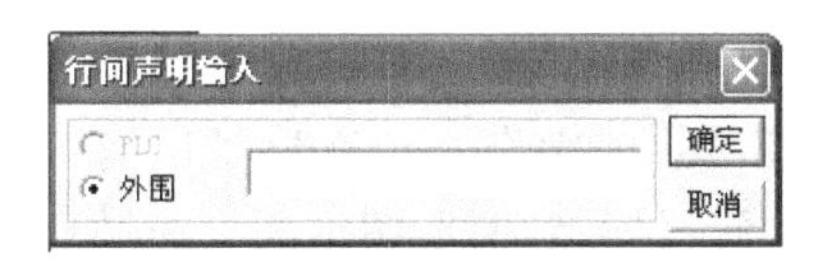

图 2-24　“行间声明输入”对话框

单击“注解编辑”图标，将光标放在要注解的输出线圈或功能指令处，双击光标，出现如图 2-24 所示的对话框（与图 2-22 对话框相同）。

对话框内填上注解文字，单击“确定”按钮，注解文字加到相应的输出线圈或功能指令的左上方。

现仍以“启保停”程序为例，将光标移动输出线圈 Y000 处，双击光标，在对话框中填入“电动机”字样，单击“确定”按钮。程序行变灰色状态，再次进行程序编译，这时，输出线圈的注解说明出现在 Y000 的左上方，如图 2-25 所示。

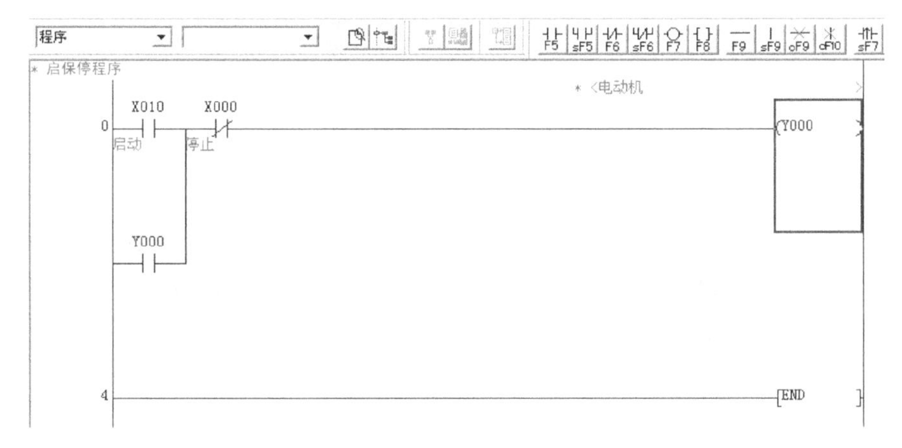

图 2-25　注解编辑

上面介绍了使用图标进行梯形图注释的操作方法，从菜单进入，其过程完全一样。可自行去体会。

4. 批量表注释

对于软元件的注释，GX Developer 编程软件还设计了专门的批量表注释，其操作如下：

在工程栏内（梯形图左侧栏），单击“软元件注释 / COMMENT”，出现如图 2-26 所示批量表注释。

图 2-26　批量表注释

这时，可在“注释”栏内，编辑软元件名相应的内容，例如，“X010 启动”，“X000 停止”。然后，在上面的软元件名，把 X0 换成 Y0，单击“显示”按钮，在填入“Y000 电动机”，照此操作，一次性把所有需要注释的编程元件注释完。然后单击“窗口 / 梯形图（写入）”，又回到梯形图画面，在触点和输出线圈处都出现了所有注释的内容，如图 2-27 所示。

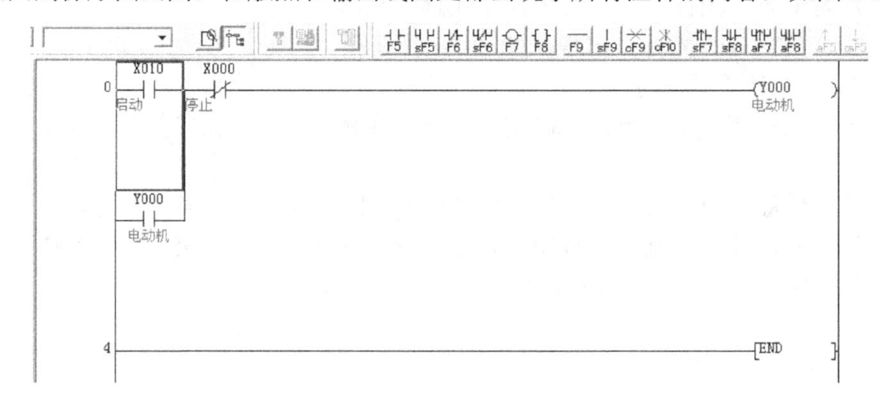

图 2-27　批量表注释显示

5. 程序转移标号的输入

当程序运行发生转移时（条件转移、调用子程序和中断处理），必须在梯形图的要转移去的程序入口地址处写入指针标号 P 或 I。程序转移标号的输入方法如下：

（1）将光标移动至程序转移入口地址处左母线外侧。

（2）输入转移指针标号如 P1，回车，在该行程序行左母线外侧出现标号“P1”，标号输入完成。

2.2.6　程序的写入与读取

程序的写入，是指把在 GX Developer 编程软件上已经完全编制好的程序输入 PLC，而程序的读出刚好是相反，是把 PLC 中原有的程序读取到 GX Developer 编程软件中。

程序的读写实际上涉及计算机与 PLC 的通信控制，因此，首先要讲解一下计算机与 PLC 的连接及通信设置知识。

1. PLC 与计算机（PC）的通信连接

（1）首先，准备好一条三菱 PLC 的通信线，用来连接计算机和 PLC，如图 2-28 所示，连接后给 PLC 上电。

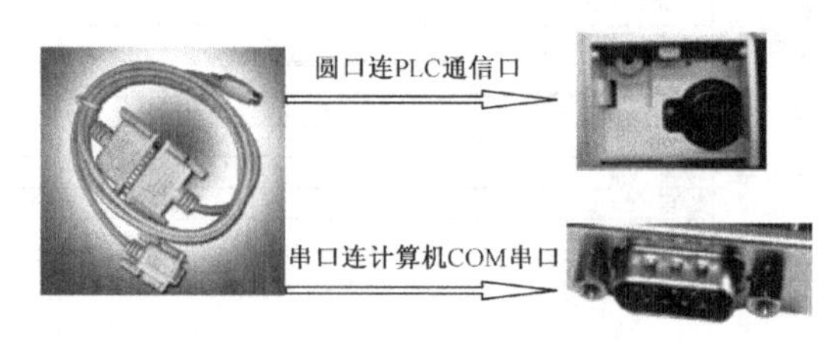

图 2-28　PLC 与计算机（PC）的通信连接

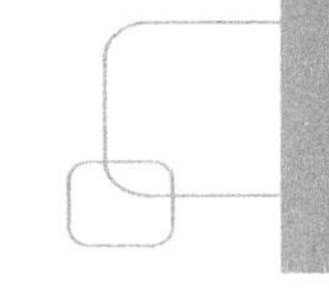

（2）设置通信端口参数。

先查看计算机的串行通信端口编号，方法：右键单击“我的电脑 / 属性 / 硬件 / 设备管理 / 端口（COM 和 LPT）/ 通信端口 COM1 或 COM2”。

再设置串口通信参数，操作如下：

单击“在线菜单 / 传输设置（C）…”，出现“传输设置”对话框，双击图中“串行”，出现“PCI / F 串口详细设置”对话框，如图 2-29 所示。

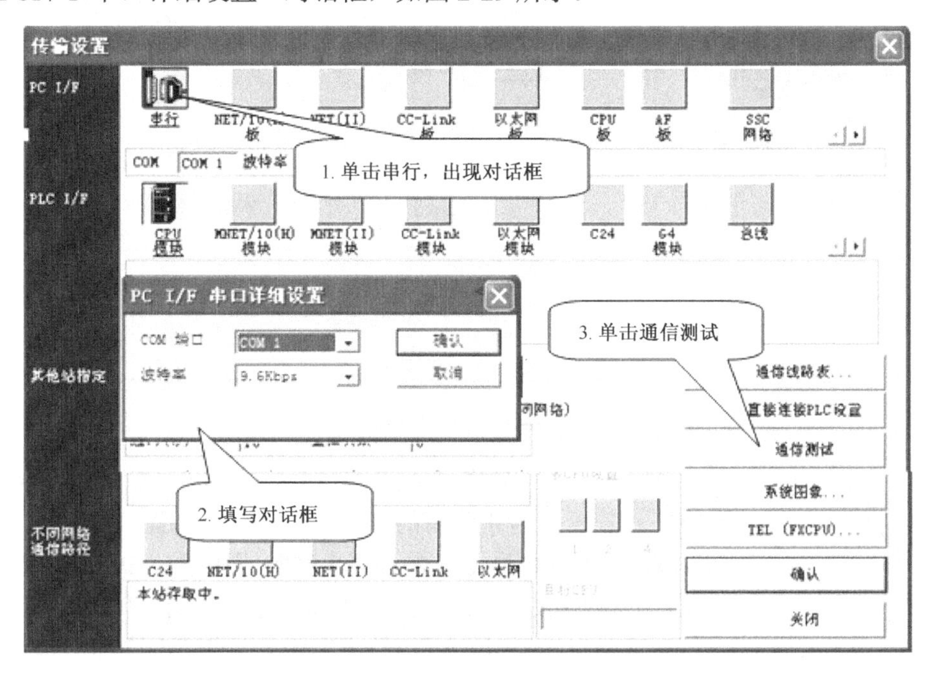

图 2-29　“传输设置”对话框与“PCI / F 串口详细设置”对话框

用一般的串口通信线连接计算机和 PLC 时，串口都是“COM1”，而 PLC 系统默认情况下也是“COM1”，所以，不需要更改设置就可以直接与 PLC 通信。

当使用 USB 通信线连接计算机和 PLC 时，通常计算机侧的 COM 串口不是 COM1，此时在计算机属性的设备管理器中，查看所连接的 USB 串口，然后在图 2-29 所示的“COM 端口”中选择与计算机 USB 口一致。“波特率”一般选 9.6Kbps。单击“确认”按钮，至此通信参数的设置已经完成。

串口设置正确后，在图 2-29 中有一个“通信测试”选项，单击此按键，若出现“与 FX PLC 连接成功”对话框，则说明可以与 PLC 进行通信。若出现“不能与 PLC 通信，可能原因……”对话框，则说明计算机和 PLC 不能建立通信，确认 PLC 电源有没有接通，电缆有没有正确连接等事项，直到单击“通信测试后”，显示“连接成功”。

2．PLC 写入和 PLC 读取

在讲解 PLC 写入和读取操作前，先对 GX Developer 编程软件的功能做个简短的说明。GX Developer 编程软件的通信对象较多，这一点从其“传输设置”对话框中就可以看出。这里仅讨论对 FX 系列 PLC 的使用，不讨论其他使用。前面所介绍的 PLC 与计算机的通信连接及通信参数设置也是针对 FX 系列 PLC 的。同时，在讲解程序写入、读取及监视等，也只

是针对 FX 系列 PLC 的，而且，在程序写入和读取上，GX Developer 编程软件可以读写全部程序，也可读写其中一段程序；对程序的“软元件注释”、“参数”也可单独选择。

通信测试连接成功后，单击“确认”按钮，则会回到工程主画面，如图 2-30 所示。

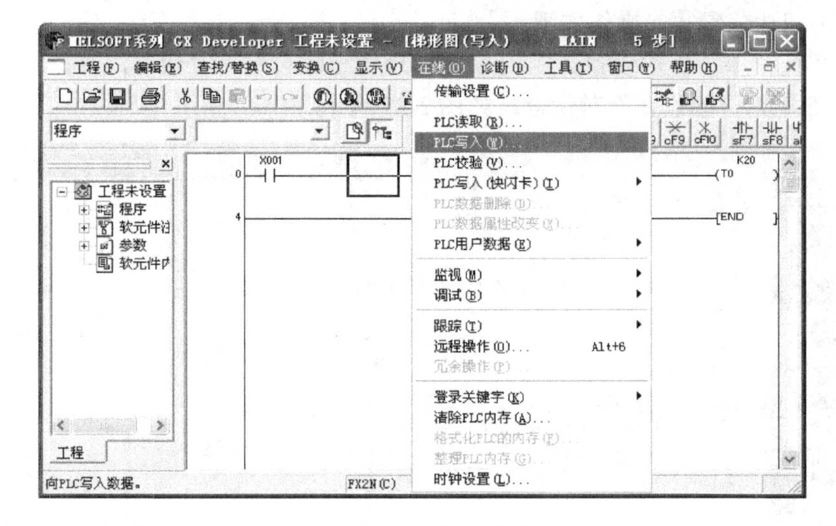

图 2-30　工程主画面

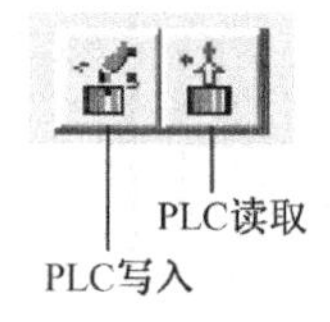

图 2-31　PLC 读写图标

单击“在线”菜单，在下拉菜单中有“PLC 读取”、“PLC 写入”等操作，若要把刚才所写的程序写到 PLC 里面，则选择“PLC 写入”，若要把 PLC 中原有的程序读出来，则选择“PLC 读取”，“PLC 写入”还是“PLC 读取”也可单击图标进行，如图 2-31 所示。

不管是“PLC 写入”还是“PLC 读取”，选择后都会出现如图 2-32 所示对话框。

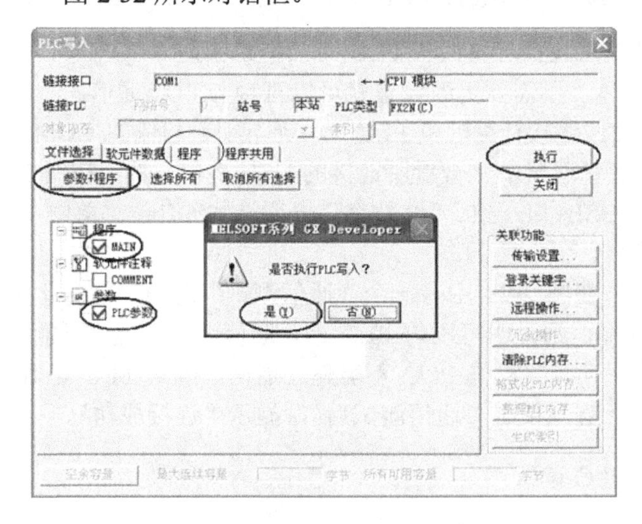

图 2-32　“PLC 写入”对话框

注意：口选择错误，或电缆连接有问题等，在单击 PLC 读取或写入后，会显示 PLC 连接有问题，此时检查线路，确认连接正确后，再次操作。

首先在画面中选择“参数+程序”（表示读写程序全部和参数），单击后，在下面的程序及参数框内，会自动打上红色“√”，说明程序及参数已选中了（若要取消选中的，则单击一下已选择“√”），传输时，PLC 会自动把程序及参数进行传输。

此时选择“执行”，系统提示是否要执行想要的操作，单击“是”，出现“PLC 写入”对话框，并显示写入或读取进度。写入或读取完毕，显示“已完成”对话框，单击“确定”按钮写入或读取成功。如果出现“不成功”，则返回前面各步检查，再试，直到成功。

如果选择某段程序进行写操作，单击上图中“程序”栏，填入“起始”步，“结束”步等参数即可。而读取程序步数不能设定，为默认值。详细情况这里不作介绍。

2.2.7　读取 FXGP/WIN 生成梯形图文件

在 GX Developer 编程软件推出来以前，三菱 FX 系列 PLC 是用 SWOPC-FXGP/WIN-C 来编辑程序的。GX Developer 编程软件推出后，读取并修改 FXGP 格式文件就成为实际的需要。GX Developer 编程软件设置了读取 FXGP 格式文件和转存为 GX 格式文件的功能。

假如在“E:\梯形图\FXGP”文件夹中有一个 FXGP 格式的梯形图文件——“组合机床”，则把它转换成 GX 格式梯形图文件的操作如下：

单击“工程/读取其他格式文件/读取 FXGP（WIN）格式文件”，出现如图 2-33 所示“读取 FXGP（WIN）格式文件”对话框。

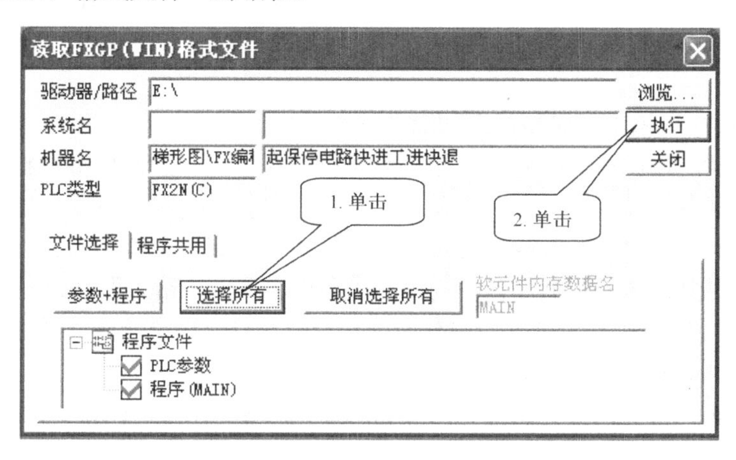

图 2-33　“读取 FXGP（WIN）格式文件”对话框

单击“浏览”按钮在“打开系统名，机器名”对话框中按上面路径找到名为“组合机床”的文件，如图 2-34 所示，单击“确认”按钮。在“读取 FXGP（WIN）格式文件”对话框内出现了“程序文件”树状结构。

单击“选择所有”按钮，树状结构的“PLC 参数”和“程序（MAIN）”前都打了钩。单击“执行”按钮，程序读取完毕，关闭对话框后在程序编辑区显示该读出程序。

单击“工程/另存工程为”，在“另存工程”对话框内设置驱动器/路径及工程名，单击“保存”则该程序已经用 GX 格式保存。

如果想用 SWOPC-FXGP/WIN-C 软件打开 GX 格式文件，则必须在 GX Developer 编程软件中把程序转换为 FXGP 格式并保存，然后再用 SWOPC-FXGP/WIN-C 软件打开。

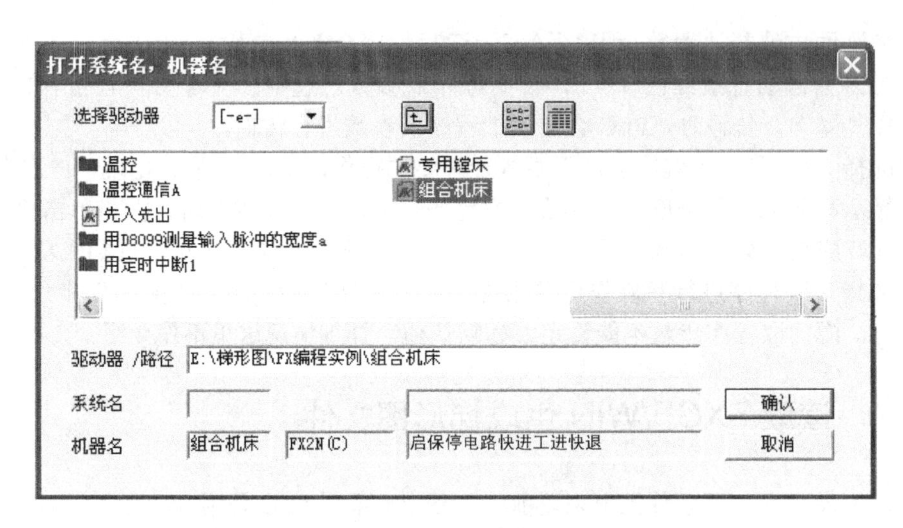

图 2-34 “打开系统名，机器名”对话框

2.2.8 其他功能简介

在 PLC 与计算机通信连接无误并通信成功状态下，GX Developer 编程软件还有查找和替换、监视、程序调试等功能。这里不再详细说明，仅作如下简单介绍。

1）查找和替换功能

GX 软件为用户提供了查找和替换功能。

（1）查找功能：可以查找软元件、指令、字符串和触点线圈在梯形图程序中的位置，还可以快速查找程序步位置。

查找可以从起始位置开始查找，也可以从光标所在位置向上或向下查找。查找时是按顺序逐步显示查找对象在梯形图中位置，查找完毕会出现“查找结束”对话框。

查找功能可以用 3 种方式选择：①在菜单“查找 / 替换”中选择；②在梯形图编辑区单击右键选择；③单击如图 2-35 所示图标选择。

（2）替换功能：替换是指用新的变量代替原有的变量，在梯形图所存位置上一次替换成功。替换功能又分下面几种。

① 编程元件替换：又称地址修改替换，它可以一次性修改 1 个或连续多个指令编程元件。但不能改变指令功能，例如，可以用 M0 代替 X0，但不能把常开触点 X0 编程常闭触点 M0。

② 指令替换：它可以一次性修改指令操作码和指令的操作数。指令替换操作一次只能改变一条逻辑指令的指令操作码与操作数，不能对连续多个编程元件的常开 / 常闭触点进行成批互换。例如，可以将常开触点 X0 一次性修改为常闭触点 M0，但不能一次性将常开触点 X0,X1 改为常闭触点 M0,M1。

③ 常开常闭触点互换：如果仅仅是常开和常闭触点间的互换可以直接单击“常开，常闭触点互换”进行，它可以将一个或连续多个操作数的常开 / 常闭触点进行一次性互换。但它只能改变指令的操作码（常开或常闭）不能改变操作地址。

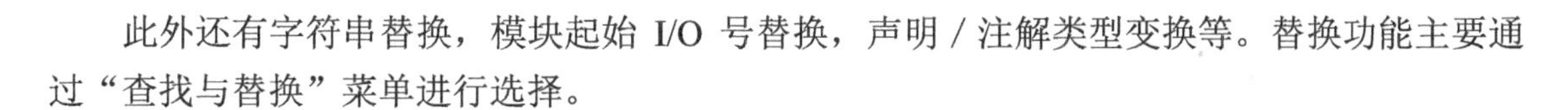

此外还有字符串替换，模块起始 I/O 号替换，声明 / 注解类型变换等。替换功能主要通过“查找与替换”菜单进行选择。

2）监视功能

单击“监视模式”图标，如图 2-36 所示，出现“监视状态”窗口。这时，在梯形图程序中，可以监视哪些编程元件是接通的（其梯形图符号显示为蓝色），在“监视状态”窗口上，可以看到扫描时间、PLC 的 CPU 的运行状态及监视实现状态等。

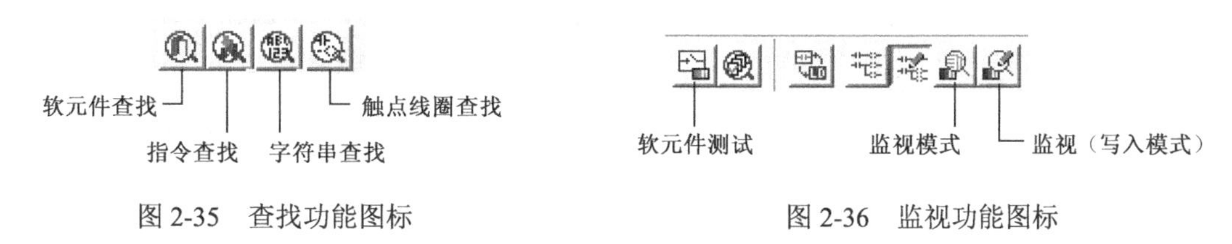

图 2-35　查找功能图标　　　图 2-36　监视功能图标

3）在线写入功能

单击“监视（写入模式）”图标，出现“监视（写入）模式”对话框。设置为“在线写入”模式后，可以对程序进行修改，修改后同样要先进行编译，编译后，修改后的程序已写入 PLC。这样就不需要再进行“PLC 写入”操作，这一点，对现场调试带来了很大的方便。

4）程序调试

单击“软元件测试”图标，弹出“软元件测试”对话框，填入编程软元件编号后，单击“强制 ON”或“强制 OFF”等。梯形图中相应软元件则会“ON”或“OFF”，这时可以检查程序执行结果是否正确。

上述功能可以单击图标，也可以单击“在线”菜单中相关项目进行。

2.3　三菱 GX Simulator 仿真软件的使用

GX Simulator 仿真软件是在安装 GX Developer 编程软件的计算机内追加的软元件包，和 GX Developer 一起就能够实现不带 PLC 的仿真模拟调试，调试内容包括软元件的监视测试、外部输入、输出的模拟操作等。

GX Simulator 仿真软件的开发给 PLC 程序设计人员带来了极大的方便。当编制出一个梯形图程序时，可以马上利用 GX Simulator 仿真软件对它进行离线仿真测试，直到完全满足设计要求，节省了大量的设备和时间。

GX Simulator 仿真软件对初学者来说也非常重要，利用它，可以检验自己的程序是否正确。可以发现程序的问题所在，可以在不需要 PLC 的情况下就可以很快提高自己的水平和程序设计能力。

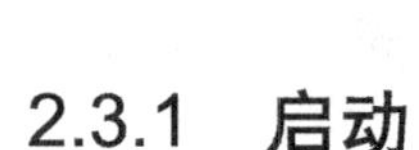

2.3.1 启动

仿真软件必须在程序编译后（由灰色转为白色后）才能启动。

启动方法有两种：①单击“工具（T）菜单 / 梯形图逻辑测试启动（L）”；②单击“梯形图逻辑测试启动 / 结束”图标，如图 2-37 所示。

单击后会出现如图 2-38 所示“LADDER LOGIC TESTTOOL”（梯形图逻辑测试）对话框，框中“RUN”和“ERROR”均为灰色。同时，出现“写 PLC”窗口，显示程序写入进度，写入完成，单击“取消”按钮， GX Simulator 仿真软件启动成功。

梯形图逻辑测试启动/结束

图 2-37　梯形图逻辑测试启动 / 结束图标

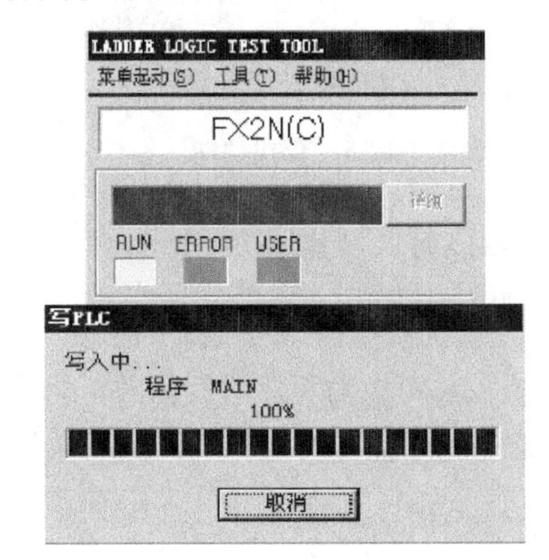

图 2-38　“梯形图逻辑测试”对话框

启动成功后，对话框中“RUN”变成黄色，同时，在梯形图中，蓝色光标变成蓝色方块，凡是当前接通的触点均显示蓝色。所有的定时器显示当前计时时间，计数器则显示当前计数值，梯形图程序已进入仿真监控状态。下面就可以对程序进行仿真测试了。

在讲解仿真操作前，先对“梯形图逻辑测试”对话框做一些了解。图 2-39 所示为对话框各部分表示，其所表示内容见表 2-1。

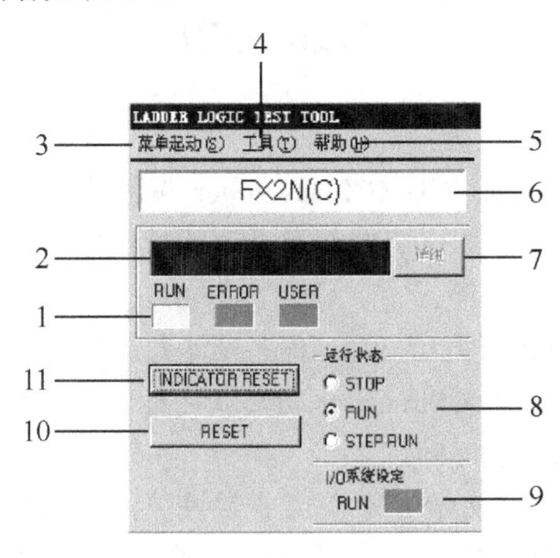

图 2-39　“梯形图逻辑测试”对话框

表 2-1　梯形图逻辑测试对话框各部分表示

序　号	名　称	内　容
1	运行状态显示	RUN：监控运行中，ERROR：出错
2	错误显示	CPU 运行错误时表示的内容
3	菜单启动	软元件监视，I/O 系统设定
4	工具	工具功能
5	帮助	软件版本
6	CPU 类型	显示 PLC 的 CPU 类型
7	详细	发生错误内容，错误步显示
8	运行状态设定	监控程序运行状态设定
9	I/O 系统设定	现在 I/O 系统设定的内容
10	复位按钮	（仅对 A.QnA.Q 系列有效）
11	显示清除	清除 LED 显示

2.3.2　启动软元件的强制操作

软元件的强制操作是指在仿真软件中模拟 PLC 的输入元件动作（强制 ON 或强制 OFF），观察程序运行情况，运行结果是否和设计结果一致。

有 3 种方法进入软元件的强制操作：

（1）单击“在线”菜单/“测试（B）”/“软元件测试（D）”。

（2）单击“软元件测试”图标（图标见图 2-36）

（3）将蓝色方块移动至需强制的触点处，单击右键“软元件测试（D）”。不管用哪种方法，都会出现如图 2-40 所示“软元件测试”对话框。

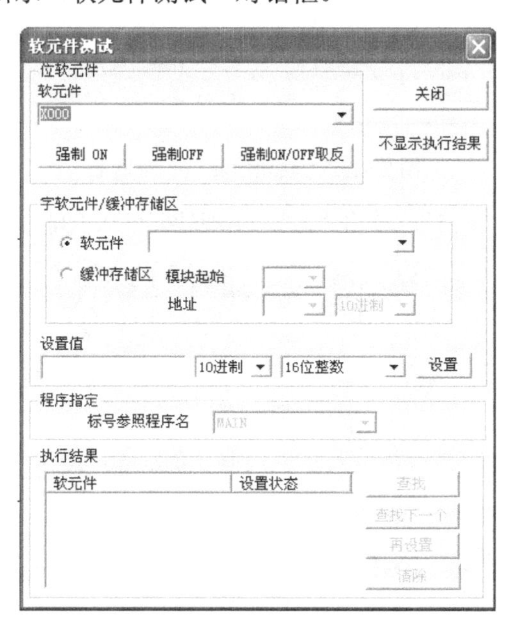

图 2-40　“软元件测试”对话框

在“软元件”中，填入需要强制操作的位元件。例如，X001、M10 等，单击“强制 ON”或“强制 OFF”，单击后，程序会按强制后状态进行运行。这时，可以仔细观察程序中各个触点及输出线圈的变化，看它们动作结果是否和设想的一致。如果触点变成蓝色，表示处于接通状态；输出线圈两边显示蓝色，表示该输出线圈接通。

如果要停止“强制 ON”，可单击“强制 OFF”。但如果要停止程序运行，则必须打开“LADDER LOGIC TEST”对话框。单击运行状态栏“STOP”，再单击“RUN”，程序恢复未仿真运行前状态。

2.3.3 软元件的监控

在 2.3.2 节的仿真测试中，会感到蓝方块跳来跳去，输出元件一闪一闪的，叫人眼花缭乱、应接不暇。特别是它们之间的时序关系不易看清。这时，可以利用软元件监控来观察各个软元件的通断状态和它们之间的时序关系。

软元件监控操作如下：打开“梯形图逻辑测试”对话框，单击“启动”菜单/“继电器内存监视”，出现如图 2-41 所示对话框。

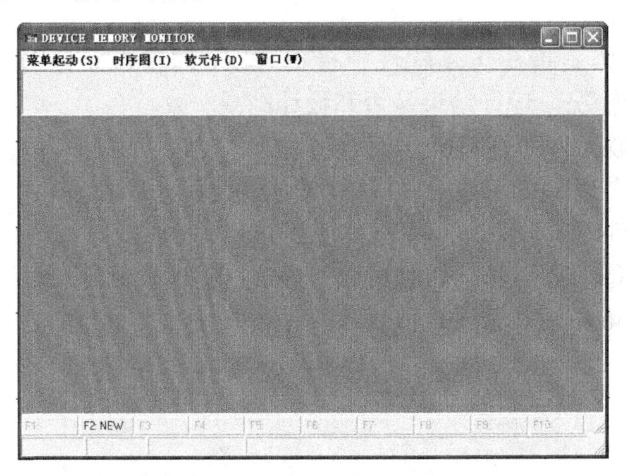

图 2-41 “软元件测试”对话框

单击“软元件 / 位元件窗口”，单击“X”，出现软元件 X 的监控窗口，如图 2-42 所示。

X 0000-0237

0000	0020	0040	0060	0100	0120	0140	0160	0200	0220
0001	0021	0041	0061	0101	0121	0141	0161	0201	0221
0002	0022	0042	0062	0102	0122	0142	0162	0202	0222
0003	0023	0043	0063	0103	0123	0143	0163	0203	0223
0004	0024	0044	0064	0104	0124	0144	0164	0204	0224
0005	0025	0045	0065						
0006	0026	0046	0066						
0007	0027	0047	0067						
0010	0030	0050	0070						
0011	0031	0051	0071						
0012	0032	0052	0072						
0013	0033	0053	0073	0113	0133	0153	0173	0213	0233
0014	0034	0054	0074	0114	0134	0154	0174	0214	0234

可以拉动这条边缩小显示范围

图 2-42 软元件 X 的监控窗口

同样操作，可以调出所需要监视的各个位元件（Y,M 等）的窗口，并把它们缩小并列在一起，如图 2-43 所示。

启动仿真后，会看到监视窗口里，显示黄色表示相应的软元件为接通，显示白色为关断。这样，就可以同时监控多个软元件的变化过程。比看梯形图方便、清晰多了。

在“继电器内存监视”内，也可以对位元件进行强制操作。方法如下：对准需要操作的位元件，左键双击，该元件被强制“ON”，显示黄色；再次双击，被强制“OFF”，显示白色。非常方便，不需要打开“软元件测试”对话框进行强制操作。

在“继电器内存监视”上方，有两个黑色三角按钮（见图 2-43），它的功能是当软元件的编号不在所显示的屏上，单击按钮 1，则一屏一屏往下显示；单击按钮 2，显示该元件最大编号屏。

如果监控结果导致要对程序进行修改时，就要退出 PLC 仿真运行，退出时单击“梯形图逻辑测试 / 退出”选项，出现停止梯形图逻辑测试的窗口，如图 2-44 所示，单击“确定”按钮就可以退出仿真测试。

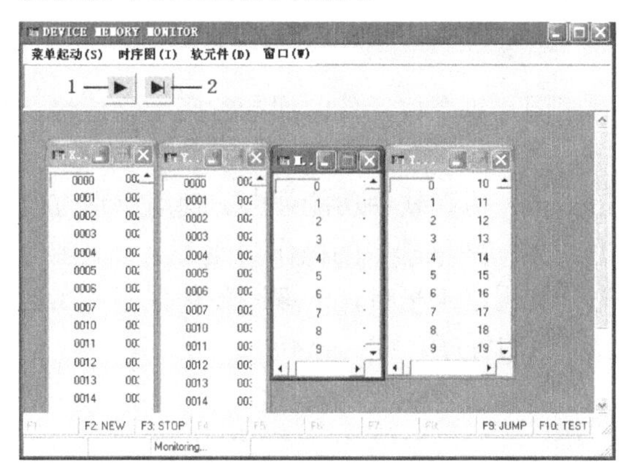

图 2-43　软元件监控窗口

图 2-44　停止梯形图逻辑测试

2.3.4　时序图监控

在“继电器内存监视”对话框中，单击“时序图”，出现如图 2-45 所示窗口。

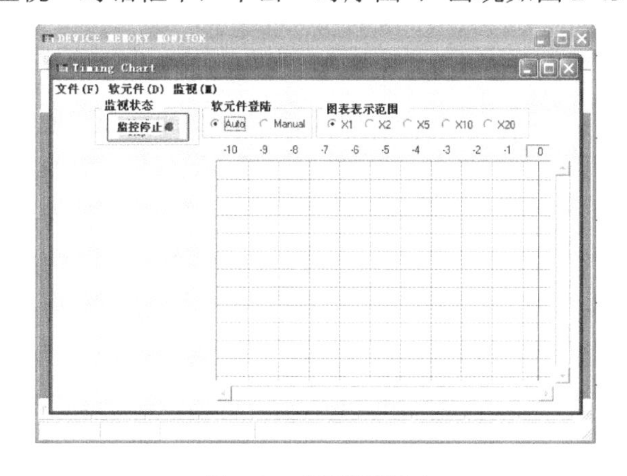

图 2-45　时序图窗口

单击“监控停止”（红灯），变成“正在进行监控”（绿灯），这时，在左面出现了程序中的位元件和定时器、计数器等，如图 2-46 所示。

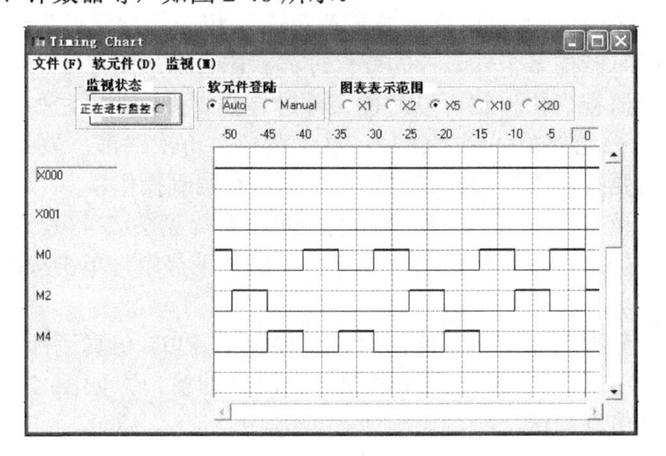

图 2-46　时序图窗口

左键双击强制元件，出现了脉冲波形的时序图，每个位元件的通断时间十分清楚，非常方便分析它们之间的时序逻辑关系。

三菱 GX Developer 编程软件和 GX Simulator 仿真软件功能强大、使用特别方便，给 PLC 爱好者提供了便利的学习条件。这里仅介绍了一些最基本的操作功能，至于更多的功能留待大家去深入了解、熟练掌握。希望大家充分利用这个平台，多编制各种程序，在这个平台上练习，掌握更多的编程技巧，编出有自己特色的程序。

第3章　基本逻辑控制指令

基本指令系统、定时器和计数器的知识应用是学习顺控程序设计和功能指令应用的基础。但本书的重点是顺控程序设计和功能指令应用，所以，这一章仅对基本指令及定时器、计数器作一般性介绍，更进一步的详细讲解可参看其他书籍。

3.1　基本指令系统

基本指令系统分两部分：一部分是基本逻辑运算及输出指令，包括取、与、或及它们的反运算、置位、复位和输出指令。这些指令是 PLC 的基本逻辑指令，加上定时器和计数器的综合应用，基本上可以实现继电器控制系统的程序编制。在程序中，这部分指令用触点、线圈及连线可以很方便地在梯形图中表示。另一部分是逻辑处理指令。这些指令在程序并不表示一定的逻辑运算，而是对复杂逻辑运算的处理，它包括电路块、堆栈、主控操作、边沿处理指令等。

3.1.1　逻辑运算指令

1．逻辑取、输出及结束指令

助记符	名称	功能	梯形图表示及可用软元件	程序步
LD	取	常开触点运算开始	LD　X. Y. M S. T. C	1
LDI	取反	常闭触点运算开始	LDI　X. Y. M S. T. C	1
OUT	输出	线圈驱动	OUT　Y. M. S T. C	Y，M：1　特M：2 T：3　C：3–5
END	结束	程序结束，返回开始	END　无	1

（1）编程规则。梯形图中，每一梯级的第一个触点必须用取指令 LD（常开）或取反指令 LDI（常闭），并与左母线相连。

LD,LDI 指令也可用在电路块的第一个触点上，也可用在主控指令的子母线相连的触点上，如何用法，这在指令语句表程序设计中是必须要熟练掌握的。如果用得不恰当，编译时会出错。但在使用编程软件编辑梯形图程序时，由于可以用快捷键或快捷图标输入，可以根本不考虑在什么情况下用取指令 LD,LDI，当梯形图被切换成指令语句表程序时，会自动安排取指令的使用。类似这样的情况还有电路块指令和堆栈指令等。

（2）OUT 指令为继电器线圈驱动指令。将线圈前的逻辑运算结果输出到指定的继电器，使其触点产生相应的动作。逻辑运算结果为 1，继电器闭合；结果为 0，断开。

（3）END 指令为程序结束指令。表示程序结束，返回起始地址。在调试程序时可利用 END 指令进行分段调试。

2. 触点串并联指令

助 记 符	名　称	功　能	梯形图表示及可用软元件	程 序 步
AND	与	串接　常开触点	AND　X. Y. M S. T. C	1
ANI	与反	串接　常闭触点	ANI　X. Y. M S. T. C	1
OR	或	并接　常开触点	OR　X. Y. M S. T. C	1
ORI	或反	并接　常闭触点	ORI　X. Y. M S. T. C	1

（1）AND 指令为常开触点串联连接，进行逻辑“与”运算。ANI 指令为常闭触点串联连接，进行逻辑“与”运算。

（2）OR 指令为常开触点并联连接，进行逻辑“或”运算。ORI 指令为常闭触点并联连接，进行逻辑“或”运算。

（3）触点串、并联指令仅是用来描述单个触点与其他触点的电路连接关系。如果所串联的是一个并联电路块或并联的是一个串联电路块（见图 3-1），则不能使用串、并联指令，要用后述的电路块指令 ANB 和 ORB。

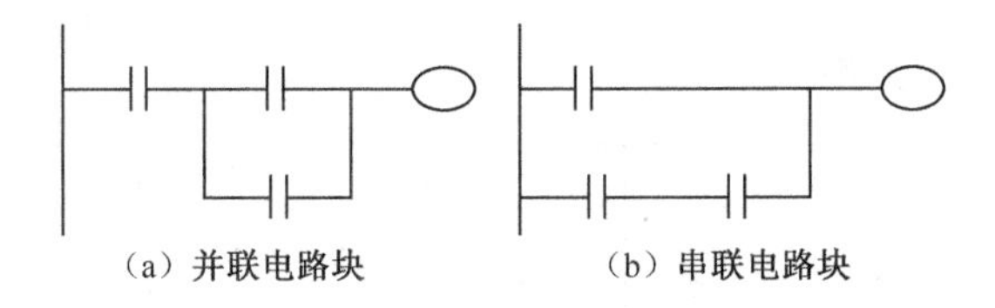

图 3-1　电路块梯形图

（4）触点串、并联指令的串联、并联的次数不受限制，可反复使用。

（5）常开、常闭触点输入信号的梯形图处理。

在 PLC 输入端，既可接入常开开关信号，也可接入常闭开关信号，这两种信号接入后，在梯形图中处理是不一样的，如图 3-2 所示。

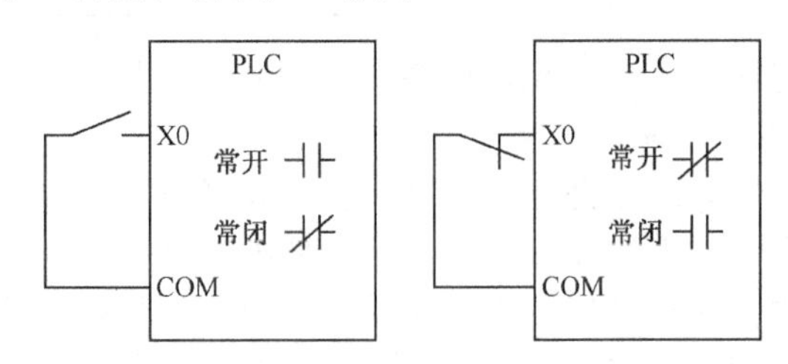

图 3-2　常开开关和常闭开关信号接入图

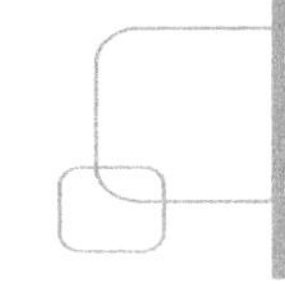

由图 3-2 可以看出，梯形图中有一个常开触点符号，如果外接常开开关，则它是常开的，如果外接的是一个常闭开关，则它又可看作是闭合的。

从这一点来看，梯形图设计远比继电控制设计灵活。但在实际应用中，带来了很多不便。在设计和分析梯形图中的常开和常闭触点时，还必须先了解配线图上是接入常开开关信号还是常闭开关信号，初学者常常在这一点上花费很多时间。如果统一规定接入信号均为常开触点信号，则设计和分析就要方便很多。这门课程里按这种方法处理以后，梯形图中涉及输入继电器 X 的常开触点与常闭触点在没有特殊说明情况下均按接入信号为常开开关信号来理解。

在实际应用中，如果某些输入信号只能接入常闭开关信号，可以先按输入为常开开关信号来设计，再将梯形图中相应的输入继电器触点改成相反的即可，即常开改为常闭、常闭改为常开。

3. 置位、复位指令

助记符	名称	功能	梯形图表示及可用软元件	程序步
SET	置位	动作保持，为 ON	SET Y. M. S	Y，M：1 S，持 M：2 D，V，Z：3
RST	复位	动作复位，为 OFF，且当前值及触点复位	RST Y. M. S，T. C. D	

置位和复位指令的功能是对操作元件进行强制操作。置位是把操作元件强制置“1”，即 ON；而复位则是把操作元件强制置“0”，即 OFF。强制操作与操作元件的过去状态无关。

（1）SET 指令为置位指令，强制操作元件置“1”，并具有自保持功能，即驱动条件断开后，操作元件仍维持接通状态。

（2）RST 为复位指令，强制操作元件置“0”，同样具有自保持功能。RST 指令除了可以对位元件进行置“0”操作外，还可以对字元件进行清零操作，即把字元件数值变为 0。RST 指令对定时器和计数器进行复位操作时，除把当前值清零外，还把所有的常开触点、常闭触点进行复位操作（恢复原来状态）。

（3）对于同一操作元件可以多次使用 SET,RST 指令。顺序可任意，但以最后执行的一条指令为有效。

（4）在实际使用时，尽量不要对同一位元件进行 SET 和 OUT 操作。因为这样应用，虽然不是双线圈输出，但如果 OUT 的驱动条件断开时，SET 的操作不具有自保持功能。

4. 运算结果取反指令

助记符	名称	功能	梯形图表示及可用软元件	程序步
INV	取反	运算结果取反	INV 无软元件	1

INV 指令在梯形图中用一条 45° 的短斜线表示，无操作数。INV 指令的功能是将指令之前的逻辑运算结果取反。INV 指令除不能直接与左母线相连之外，可以在任意地方出现。但必须注意，它仅是把所在逻辑行的指令之前的逻辑运算取反。

编程示例：图 3-3 所示为含有 INV 指令的梯形图。

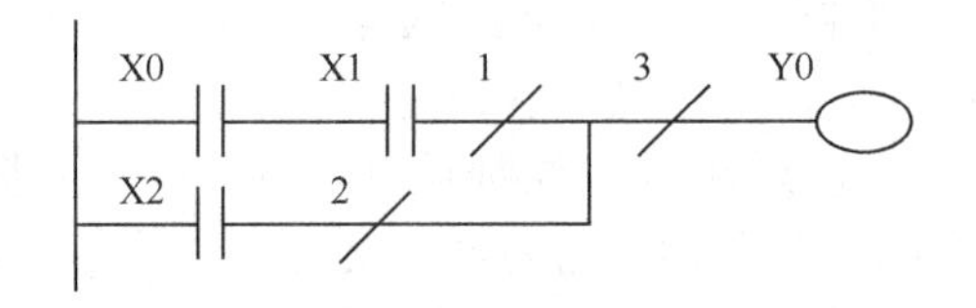

图 3-3　含有 INV 指令的梯形图

表 3-1 为 X0,X1,X2 不同情况下输出 Y0 的执行结果。

表 3-1　执行结果

X0	X1	X2	INV1	INV2	INV3	Y0
0	0	0	1	1	0	0
0	0	1	1	0	0	0
0	1	0	1	1	0	0
0	1	1	1	0	0	0
1	0	0	1	1	0	0
1	0	1	1	0	0	0
1	1	0	0	1	0	0
1	1	1	0	0	1	1

5. 空操作指令

助 记 符	名 称	功 能	梯形图表示及可用软元件	程 序 步
NOP	空操作	无动作	无	1

（1）空操作指令无操作数，也无操作内容，CPU 不执行指令仅占用一个程序步。

（2）执行程序全部清除操作后，全部指令变为 NOP。

（3）在程序中事先插入 NOP 指令，将来在修改或增加指令时，可使程序的步序号的编号变化减至最低。

（4）可用 NOP 指令代替已写入的某些指令，会改变程序结构。实际上，上述（2）、（3）两点在使用编程软件的情况，可以不用考虑。所关心的仅是，当程序中有转移时，必须重新审核转移地址的变化。

3.1.2　操作及逻辑处理指令

1. 微分输出指令

助 记 符	名 称	功 能	梯形图表示及可用软元件	程 序 步
PLS	上升沿脉冲	上升沿微分输出	PLS Y, M　除特殊M外	1
PLF	下降沿脉冲	下降沿微分输出	PLF Y, M　除特殊M外	1

（1）PLS 指令指在驱动条件成立时，在输入信号的上升沿使输出继电器接通一个扫描周期时间。PLF 指令指在驱动条件成立时，在输出信号的下降沿使输出继电器接通一个扫描周期时间。

PLS 指令在输入信号接通后的一个扫描周期，而 PLF 则是在输入信号断开后接通一个扫描周期，如图 3-4 所示。

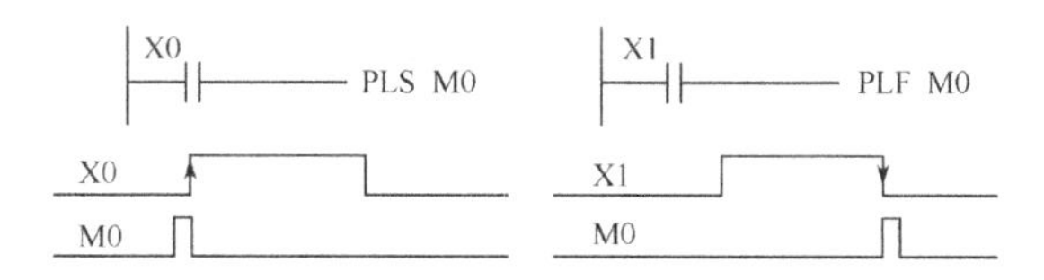

图 3-4　PLS,PLF 指令时序图

（2）应用注意：

① 特殊用途继电器 M 不能进行 PLS 和 PLF 操作。

② PLS 和 PLF 指令主要用在程序只需要执行一次操作的场合。这在模拟量控制程序和通信控制程序中应用较多。

2．脉冲边沿检测指令

助 记 符	名　称	功　能	梯形图表示及可用软元件	程 序 步
LDP	取上升沿检出	常开触点上升沿检出运算开始	X, Y, M S, T, C	2
LDF	取下降沿检出	常开触点下降沿检出运算开始	X, Y, M S, T, C	2
ANDP	串接上升沿检出	常开触点上升沿检出串接连接	X, Y, M S, T, C	2
ANDF	串接下降沿检出	常开触点下降沿检出串接连接	X, Y, M S, T, C	2
ORP	并接上升沿检出	常开触点上升沿检出并接连接	X, Y, M S, T, C	2
ORF	并接下降沿检出	常开触点下降沿检出并接连接	X, Y, M S, T, C	2

PLS,PLF 指令也是脉冲边沿检测指令，但是编程元件仅限于 Y 和 M。对功能指令应用很不方便，也增加程序的容量。脉冲边沿检测指令则补充了这个不足。

1）在梯形图中表示

在梯形图中，脉冲边沿检测指令如图 3-5 表示。

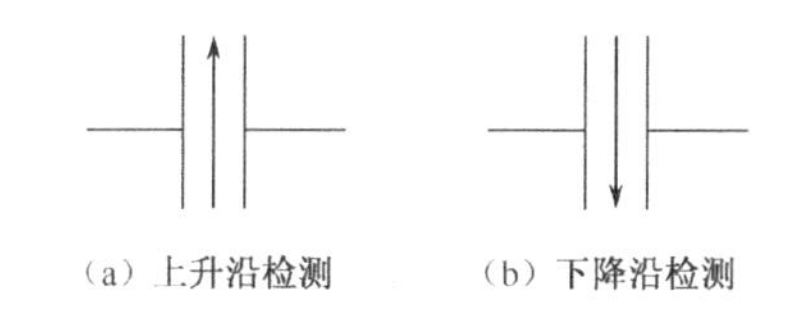

（a）上升沿检测　　（b）下降沿检测

图 3-5　脉冲边沿检测指令在梯形图中的表示

2）指令功能与使用

LDP,ANDP,ORP 为脉冲上升沿检测指令。在驱动信号的上升沿使输出元件或功能操作仅接通一个扫描周期。

LDF,ANDF,ORF 为脉冲下降沿检测指令。在驱动信号的下降沿使输出元件或功能操作仅接通一个扫描周期。

图 3-6 所示为脉冲边沿检测指令的梯形图及其时序图。

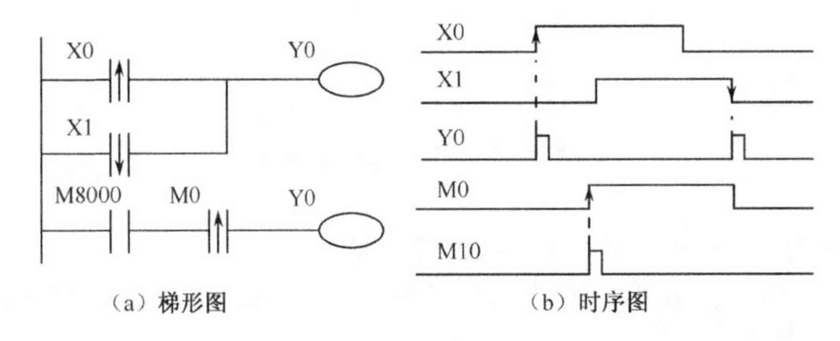

（a）梯形图　　（b）时序图

图 3-6　脉冲边沿检测指令梯形图及其时序图

图 3-7 中的两个程序图程序的执行功能是完全一样的，所以，在实际应用中，一般都用脉冲边沿检测指令代替微分输出指令。

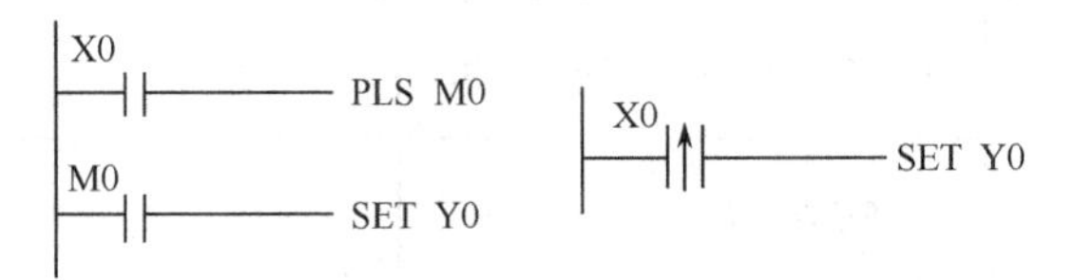

图 3-7　微分输出指令与脉冲边沿检测指令程序图

3. 电路块指令

助 记 符	名　称	功　能	梯形图表示及可用软元件	程 序 步
ORB	并接电路块	串联电路块的并接	无软元件	1
ANB	串接电路块	并联电路块的串接	无软元件	1

当梯形图中触点的串、并联关系稍微复杂一些时，用前面所讲的取指令和触点串并联指令就不能准确地、唯一地写出指令语句表程序。例如，图 3-8 所示两种梯形图，就不能够用上述指令来写出指令语句表程序。

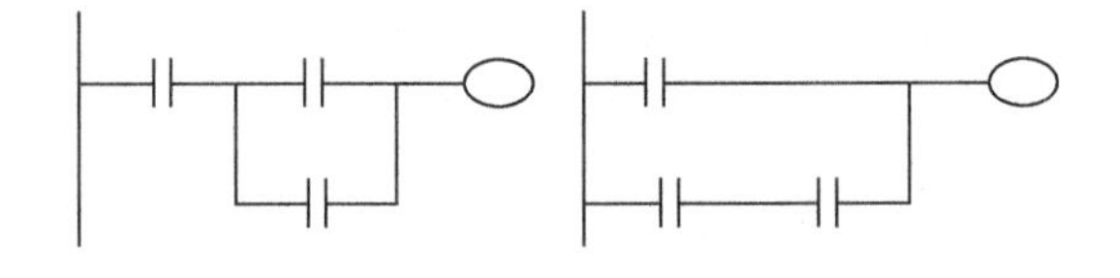

图 3-8　电路块梯形图

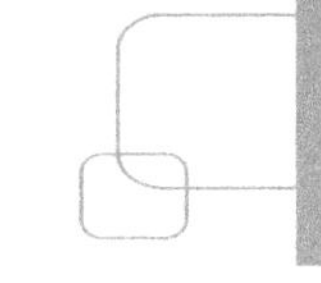

电路块指令就是为解决这个问题而设置的。电路块指令有两个：并接电路块指令 ORB 和串接电路块指令 ANB。

什么叫作电路块？电路块是指当梯形图的梯级出现了分支，而且分支中出现了多于一个触点相串联和并联的情况，把这个相串联或相并联的支路称为电路块。两个或两个以上触点相串联的称为串联电路块，两个或两个以上触点相并联的电路称为并联电路块。如表中用椭圆圈所表示的电路块。

1）指令功能与使用

（1）编程规则：并联电路块与其他电路串联时，电路块起点用取指令 LD,LDI，电路块结束用 ANB 指令。

（2）编程规则：串联电路块与其他电路并联时，分支开始用取指令 LD,LDI，分支结束用 ORB 指令。

（3）编程规则：凡初始支路或初始电路块均无须结束时使用 ORB 或 ANB。

（4）编程规则：凡单个触点与其他电路相串联、并联时，均直接应用触点串并联指令 AND,ANI,OR,ORI，而不再添加电路块指令 ORB,ANB。

（5）ORB 指令和 ANB 指令可反复使用，但重复使用次数应在 8 次以下。上述规则可画出如图 3-9 所示的使用图示。

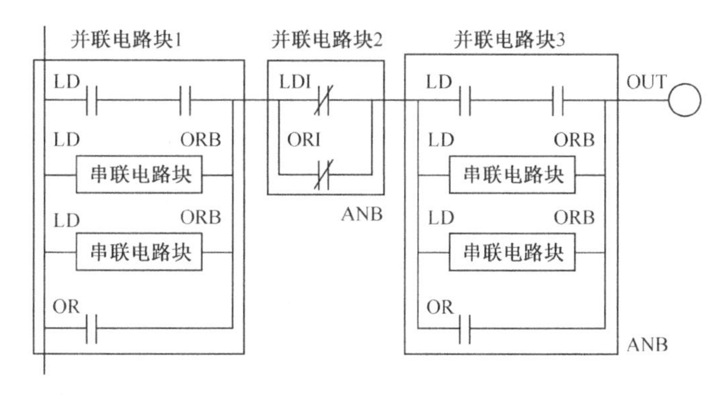

图 3-9　电路块指令应用图

2）编程示例

【例 1】　试写出如图 3-10 所示梯形图中的指令语句表程序。

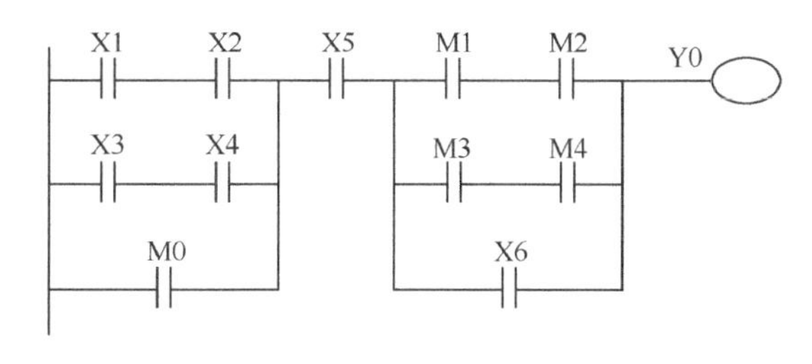

图 3-10　例 1 梯形图

其电路块分析如图 3-11 所示。

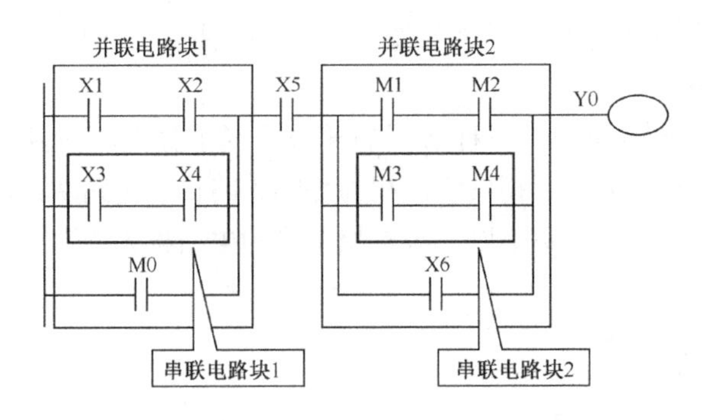

图 3-11　例 1 梯形图分析

很快，可以写出其指令语句表程序：

```
LD    X1
AND   X2
LD    X3
AND   X4
ORB
OR    M0
AND   X5
LD    M1
AND   M2
LD    M3
AND   M4
ORB
OR    X6
ANB
OUT   Y0
```

4．堆栈指令

助 记 符	名　称	功　能	梯形图表示及可用软元件	程 序 步
MPS	进栈	进入堆栈	MPS	1
MRD	读栈	读栈顶数	MRD	1
MPP	出栈	弹出堆栈	MPP	1

堆栈指令又称多输出指令。当梯形图中，一个梯级有一个公共触点，并从该公共触点分出两条或两条以上支路且每个支路都有自己的触点及输出时，必须用堆栈指令来编写指令语句表程序。

图 3-12 所示为一层堆栈的梯形图程序。图中，已经标出了堆栈指令的使用之处（类似电路块指令用法理解）。

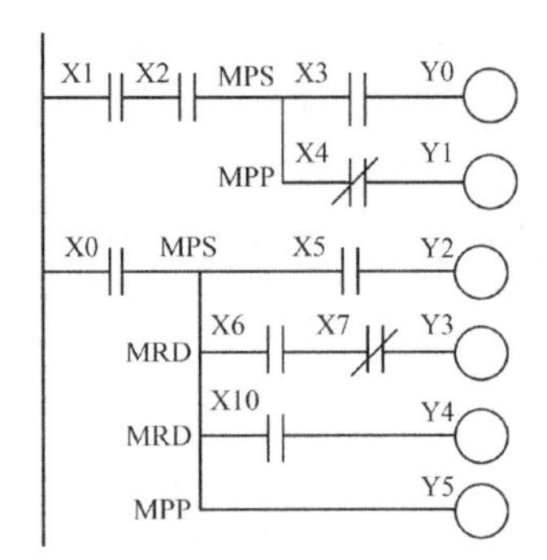

图 3-12　一层堆栈的梯形图程序

由图 3-12 中可以看出，MPS 指令用于分支的起点，MRD 指令用于分支的中间段，MPP 指令用于分支的结束处。每一个分支都相对应一个梯级的输出。堆栈指令 MPS 和 MPP 必须成对出现，即有进栈就必须有出栈，最后堆栈中是空的。当支路中又出现支路时，可以反复使用堆栈指令 MPS,MPP，这就出现了多层堆栈。FX_{2N} 的堆栈只有 11 个栈存储器，所以最多也只能有 11 层堆栈。

电路块指令 ORB,ANB 和堆栈指令 MPS,MPR,MPP 均为不带操作数的指令。

【例 2】　图 3-13 所示为既有堆栈又有电路块的梯形图程序。如果按照上面所叙述的指令功能，其对应的指令语句表程序如图 3-12（b）所示。

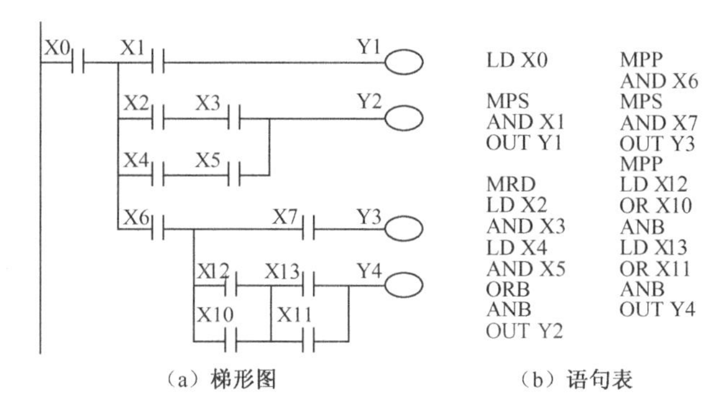

（a）梯形图　　　　（b）语句表

图 3-13　例 2 梯形图及语句表

在 PLC 应用的早期，用户应用程序编制完成后必须用手持编程将程序输入 PLC，而手持编程器是用指令语句一条指令一条指令地输入的。梯形图程序是不能直接输入 PLC 的。这就需要将梯形图程序转换成指令语句表程序，再用手持编程器输入。后来，出现了计算机和编程软件，但由于计算机价格较高，普及率受到影响，所以，在现场调试程序仍然以手持编程器为主。在这种情况下，要求工程技术人员对梯形图转换成指令语句表程序要非常熟练。特别是对电路块指令和堆栈指令的应用要求较高。要求能正确理解和熟练掌握。但是，随着科学技术特别是 IT 的迅猛发展，到今天，计算机（包括手提计算机）已经普及了，PLC 的编程软件已成为所有学习和应用 PLC 技术的工程技术人员、教学人员所必须掌握的工具。在编程软件内，只要会编辑梯形图程序（就是不懂 PLC 的人也可以学会输入的），编程软件会自动地把梯形图切换成指令语句表程序，不需要去考虑如何加入电路块指令和堆栈指令。所以，对电路块指令、堆栈指令的理解和应用不熟悉也不要紧，它不会妨碍对 PLC 的学习和提高。但作为指令系统的组成部分，必须给予介绍和讲解。特别是关于电路块、堆栈的基本知识还是要求大家学习和了解的。

5．主控指令

助 记 符	名　称	功　能	梯形图表示及可用软元件	程 序 步
MC	主控	公共串联触点开始	MC N Y, M	3
			M除特殊辅助继电器以外	
MCR	主控复位	公共串联触点结束	MCR N	2

先看如图 3-14 所示的一段梯形图程序。

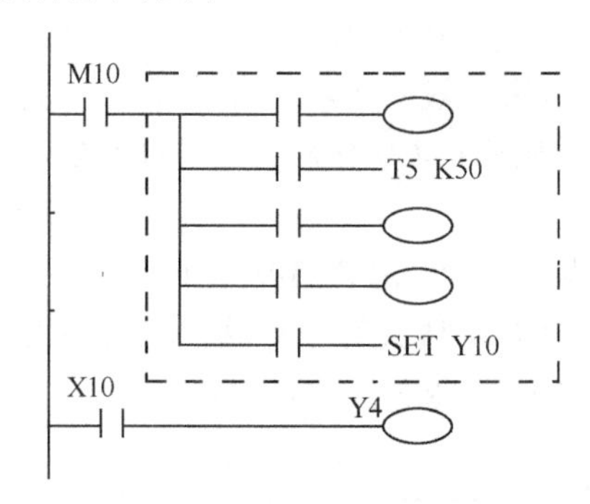

图 3-14　梯形图程序

触点 M10 相当于其后电路块（虚线所画）的总开关，M10 闭合，电路块中各个程序段得到执行；如果 M10 断开，则跳过电路块程序段，直接转入电路块后面的程序行执行。像这样的程序，当然也可以用前面所讲的堆栈指令来完成，但是却多占用很多存储单元。而使用主控指令可以使程序得到简化。

1）指令功能和使用

（1）MC　N　S 为主控指令，又称公共触点串联的连接指令。其中，N 为主控指令嵌套的层数 N0～N7，N0 为最外层，N7 为最内层。如没有嵌套，通常用 N0 编程，如有嵌套，则依次以 N0,N1,…,N7 编程。S 为主控继电器，只能用 Y 或 M（不包括特殊 M）位元件。

（2）MCR　N 为主控复位指令，又称公共触点串联的清除指令。表示主控电路块的结束。

（3）主控指令 MC　N　S 与主控复位指令 MCR　N 必须成对出现，其 N 值相同。主控指令里的继电器 Y 或 M 不能重复使用。

主控指令的功能可以用图 3-15 示意说明。

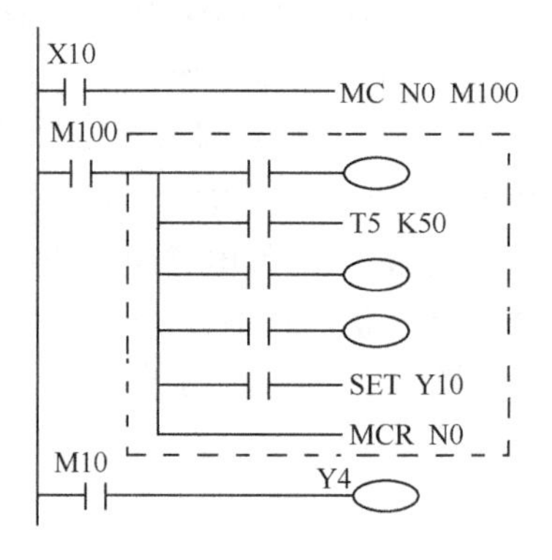

图 3-15　主控指令的功能示意梯形图

与图 3-14 比较，图 3-15 中多了主控指令 MC　N0　M100 和主控复位指令 MCR　N0。

主控指令的功能：当其驱动条件成立时（X10 闭合），执行 MC 到 MCR 之间的指令；当 X10 断开时，则不执行 MC 到 MCR 之间的指令，这时，主控电路块中的编程元件做如下处理：

（1）非积算定时器，用 OUT 指令输出的编程元件均复位。

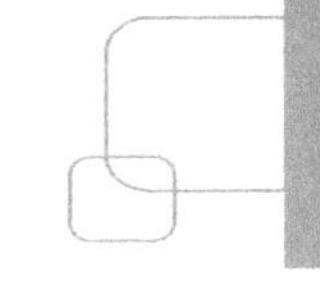

（2）积算定时器、计数器，用 SET,RST 指令输出的编程元件保持当前状态。

在指令语句表程序编制上，要把电路块中公共连线也当作一条母线，称为子母线。凡与子母线相连的触点必须用取指令（LD,LDI）连接。而在执行 MCR 指令后，其后面的取指令又与左母线相连。当然，在编程软件上，这些取指令的安排都是由编译程序自动完成的。

2）主控指令的嵌套

在 MC,MCR 指令的电路中再次使用 MC,MCR 指令称为 MC 指令的嵌套。

图 3-16 所示为一两级嵌套的梯形图示意图。

其外层是 MC N0 电路块，内层是 MC N1 电路块，从逻辑顺序可以看到，当 X0 闭合时，电路块 N0 被执行；而当 X0 闭合且 X10 也闭合时，电路块 N1 才被执行。MCR N1 表示支母线 N1 执行完毕，回到支母线 N0 上。MCR N0 表示支母线 N0 执行完毕，回到左母线。

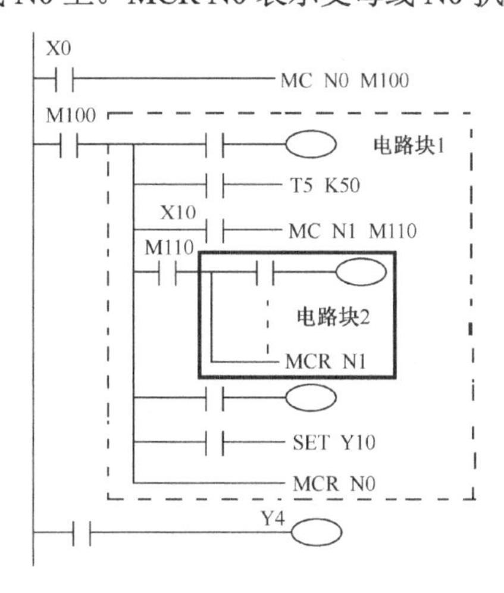

图 3-16　两级嵌套的梯形图

3）主控指令的编程软件编辑

在 GX Developer 编程软件上进行主控指令编辑时应按照如图 3-17（a）所示写入模式下编辑并转换，而编辑软件会自动转换成如图 3-17（b）所示形式写入 PLC。如果编辑完成后单击“读出模式”快捷图标，就会出现图 3-17（b）所示的梯形图形式。

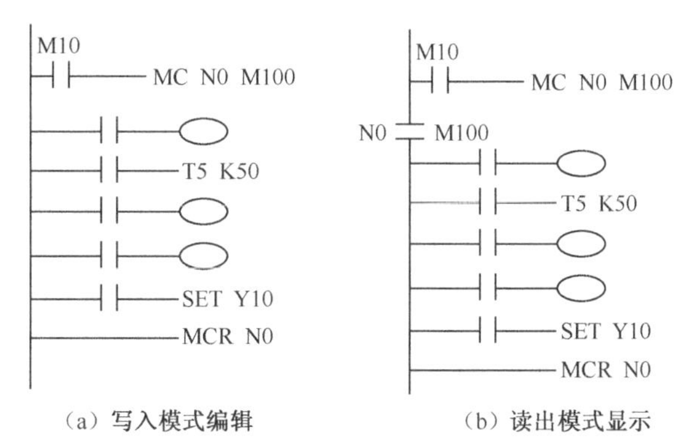

图 3-17　主控指令的写入模式编辑和读出模式显示

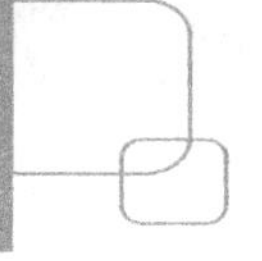

3.2 定 时 器

定时器和计数器是两个非常主要的编程元件。对定时器和计数器的学习关键在于其应用的设定值、当前值、驱动和复位及其触点应用时序图。同样，掌握一些定时器和计数器常用基本控制电路，对在程序中套用是非常有帮助的。

PLC 中定时器相当于继电控制系统中的时间继电器，它在程序中的基本功能是延时控制，但利用定时器可以组成丰富多彩的时序逻辑电路。

3.2.1 时间继电器与定时器

1. 时间继电器

在继电控制线路中，如要用到时间控制，就必须要用到时间继电器，根据结构不同，时间继电器有空气式、电动式及电子式。但不管哪一种，其工作原理和在电路中的作用都是一样的，了解时间继电器的控制组成及其工作时序图对学习定时器是很有帮助的。

在控制线路中，时间继电器是需要驱动的，当驱动条件成立时（线圈通电）其触点要发生变化。根据变化的不同，时间继电器有 3 种类型的触点，见表 3-2。

表 3-2 时间继电器有 3 种类型的触点

类　型	符　号	功　能
瞬时动作	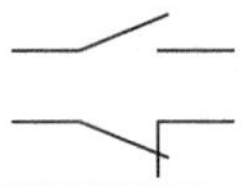	与线圈同时动作
通电延时	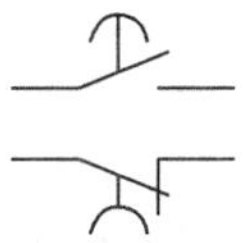	通电延时，断电瞬时
断电延时	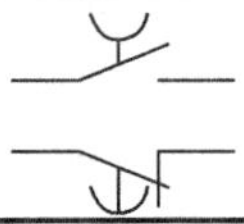	通电瞬时，断电延时

图 3-18 所示为时间继电器常开触点动作时序图，图中 t1、t2 为延时时间。

2. 定时器

在 PLC 中，软元件定时器就相当于继电控制系统中的时间继电器。每个定时器有一个设定定时时间的寄存器（16 位），一个对标准时钟脉冲进行计数的当前值计数器（16 位），以及一个用来存储其输出触点的映像寄存器（1 位），这 3 个量使用同一地址编号。

图 3-19 所示为定时器的工作原理图。

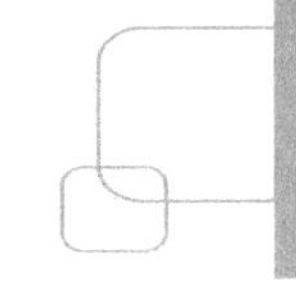

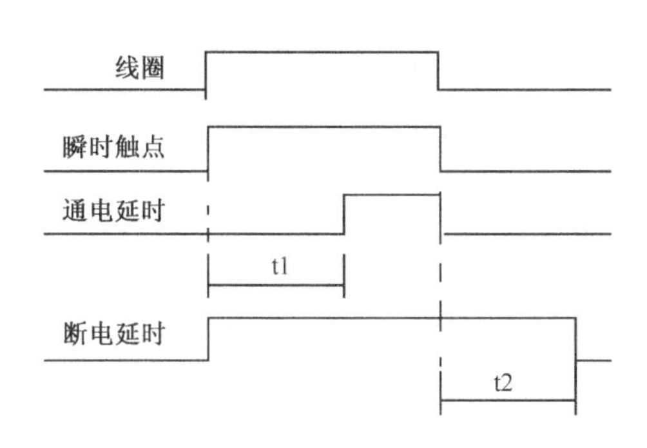

图 3-18　时间继电器触点动作时序图

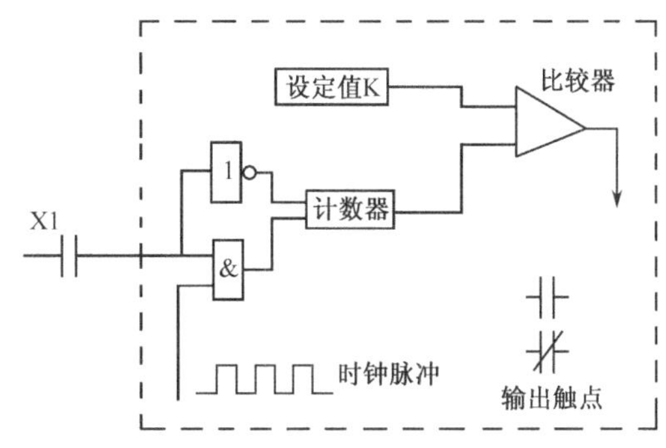

图 3-19　定时器的工作原理图

X1 为定时器的驱动条件，当 X1 接通时定时器从 0 开始对 100ms 的时钟脉冲开始计数，如果计数的数值与定时时间设定的值相同时，则定时器的常开、常闭触点动作。和时间继电器相比，它们有相同和不同之处。相同之处是它们都有驱动条件，都有触点延时动作的功能，当驱动条件断开时或发生停电时，都自动进行复位操作，时间继电器回归原样，而定时器的计数值变为 0。不同之处则是时间继电器的触点有瞬时、通电延时和断电延时 3 种之多，而定时器只有通电延时触点；时间继电器的触点仅有几对，且它们是并行工作的；而定时器的触点有无数个，可任意取用，而且每个触点都是按照扫描周期工作原理进行动作的。

图 3-20 所示为定时器在梯形图中的表示及其触点动作的时序图，在梯形图中，定时器是按照继电器线圈来处理的。

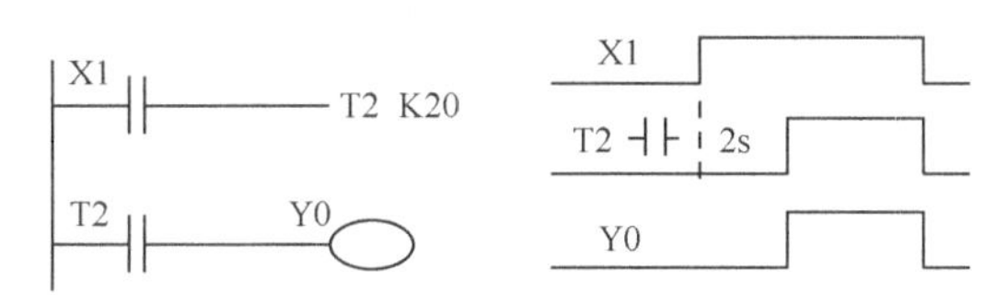

图 3-20　定时器触点动作时序图

对于定时器，重点关心的是它的驱动、定时时间和复位方式，把它称为定时器的三要素。驱动是指定时器线圈开始工作的时刻，定时时间则是从线圈工作到其相应触点动作的延时时间，而复位则是指定时器线圈断开的时刻。掌握定时器三要素对分析时序控制是大有帮助的。

3.2.2　三菱 FX_{2N} PLC 内部定时器

三菱 FX_{2N} PLC 的内部定时器分为通用定时器和积算定时器两类。

1．通用定时器 T0～T245

通用定时器又称非积算定时器或常规定时器。根据计数时钟脉冲不同又分为 100ms 定时器和 10ms 定时器。其区分由定时器编号（地址）来决定，见表 3-3。

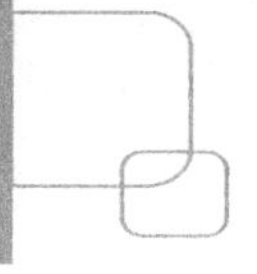

表 3-3　通用定时器

时钟脉冲	定时器	定时时间
100ms	T0～T199，200 点	0.1～3276.7s
10ms	T200～T245，46 点	0.01～327.67s

定时器的定时时间为设定值×计数时钟周期，例如：

T20　K20　定时时间：20×100=2000ms=2s

T205　K20　定时时间：20×10=200ms=0.2s

显然，在定时时间较短时，10ms 定时器的定时精度较高。

定时时间除用十进制数 K 表示外，也可以用数据寄存器 D 的内容来确定，例如，D10=K100，则 T20D10 的定时时间为 100×100=10000ms=10s。这就给在程序中随时改变定时器的定时时间带来了方便。可以通过外部数字开关或触摸屏来改变数据寄存器 D 的值，从而达到改变定时时间的设定。

通用定时器的复位是由驱动信号决定的，当驱动信号断开时，定时器也立即复位。在定时器被驱动后，如果计时时间当前值未达到设定值时，定时器被复位，则该次计时无效，定时器计数清零。到再次驱动，又重新开始计时。

2. 积算定时器 T246～T255

积算定时器又称断电保持定时器，它和通用定时器的区别在于积算定时器在定时的过程中，如果驱动条件不成立或停电引起计时停止时，积算定时器能保持计时当前值，等到驱动条件成立或复电后，计时会在原计时基础上继续进行，当累积时间到达设定值时，定时器触点动作。

积算定时器不因驱动信号断开或停电而复位，因此，三菱 FX_{2N} PLC 规定了积算定时器复位只能用 RST 指令进行强制复位。图 3-21 所示为积算定时器的工作原理图、梯形图及其时序图。

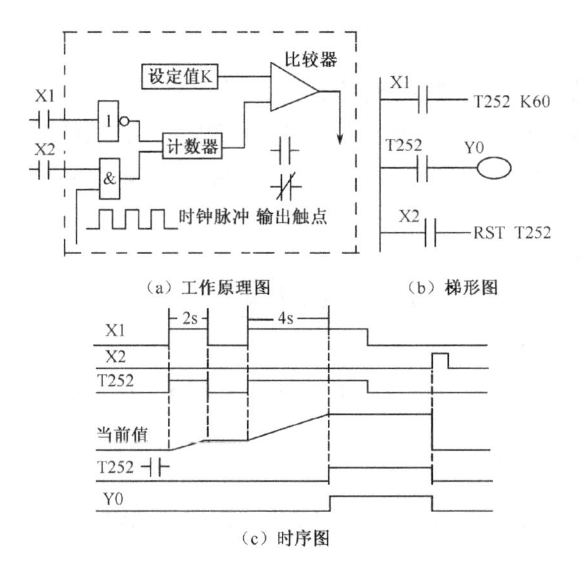

图 3-21　积算定时器的工作原理图、梯形图及时序图

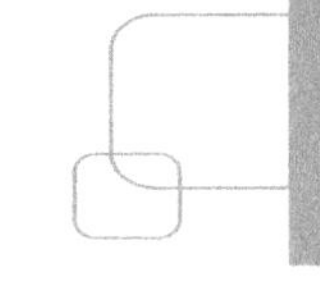

图 3-21 中，X2 为积算定时器强制复位驱动条件。

积算定时器根据计数时钟脉冲的不同分为 1ms 和 100ms 两类，见表 3-4。

表 3-4　积算定时器

时钟脉冲	定时器	定时时间
1ms	T246～T249，4 点	0.001～32.767s
100ms	T250～T255，6 点	0. 1～3276.7s

3.2.3　定时器程序编制

一般带有定时器控制的程序称为时序控制，而时序图则是分析和设计时序控制梯形图程序的强有力的工具。

下面，通过介绍一些定时器常用控制程序来加深对定时器三要素和时序图的理解与提高其应用能力。

1. 瞬时动作触点

FX_{2N} PLC 的定时器仅仅是一个通电延时的时间继电器，它不带有瞬时触点和断电延时触点，但是可以通过程序来获得。

如果需要与定时器线圈同时动作的瞬动触点，可以在定时器两端并联一个辅助继电器 M，它的触点为定时器的瞬动触点，但一般情况下，则都设计成如图 3-22 所示程序，同样，辅助继电器 M0 的触点为定时器 T2 的瞬动触点。

图 3-22　瞬时动作触点应用程序梯形图

2. 断电延时断开

图 3-23 所示为完成断电延时断开功能的梯形图，当 X1 接通时，M0 接通，Y0 接通，而当 X2 接通（断电），虽然 M0 断开，但 Y0 通过其自身触点 Y0 仍然闭合，同时定时器 T1 开始工作，到达定时时间 2s 后，常闭触点 T1 断开使 Y0 断开，达到了延时断开的目的。

图 3-23　断电延时断开功能梯形图

3．通电延时接通，断电延时断开控制

图 3-24 所示为一个电动机控制程序，要求按下启动按钮 X1，5s 后电动机才启动，按下停止按钮 X2，3s 后电动机才停止。

图 3-24　通电延时接通、断电延时断开控制功能梯形图

4．可改变定时时间的控制

这是一个通过输入接口 X10-X17 的开关信号来改变定时器 T0 的定时时间的控制程序，如图 3-25 所示。

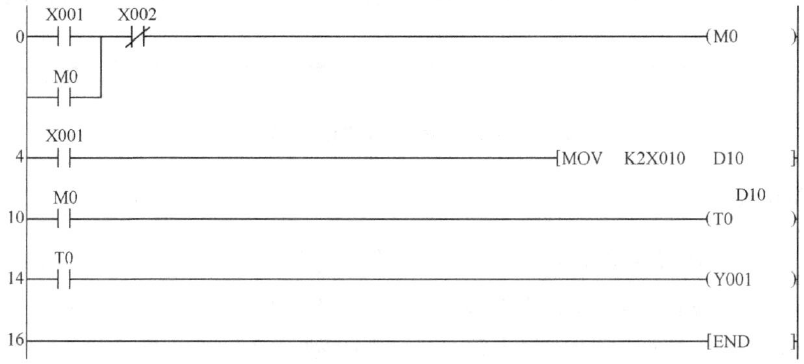

图 3-25　可改变定时时间的控制功能梯形图

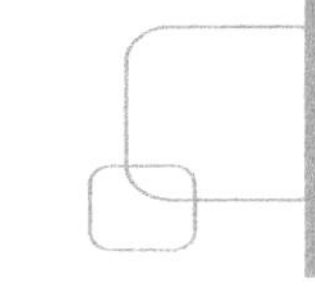

K2X010 是组合位元件，根据 X017-X010 的开关量信号组成一组 8 位二进制数，凡闭合为 1，断开为 0，而指令 MOV　K2X010　D10 的功能是把 X017-X010 所组成的 8 位二进制数送到 D10 存储起来，D10 又是定时器 T0 的设定值。这样通过调节 X017-X010 的开关量输入达到调节定时时间的目的，在没有触摸屏的情况下，这是一种比较好的定时时间调试手段。

5. 长时间延时控制

FX_{2N} PLC 定时器最长定时时间为 32 767s。如果需要更长的定时时间，可以采用多个定时器组合的方法来获得较长的延时时间，这种方法又称为定时接力。

图 3-26 所示为 3 个定时器接力的长时间延时控制程序，当 X1 闭合，T1 得电并开始延时（3 000s），延时达到 3 000s 后，其常开触点闭合又使 T2 得电延时（3 000s），同样又延时 3 000s 后 T3 得电，T3 延迟 1 200s 后，其常开触点闭合才使 Y1 闭合，因此，从 X1 闭合到 Y1 闭合总共延时 3 000+3 000+1 200=7 200s=120min=2h。

```
    X001    X002
 0 ─┤ ├──┬──┤/├──────────────────────(M0    )
    M0   │
   ─┤ ├──┘
    M0                                K30000
 4 ─┤ ├──────────────────────────────(T1    )
    T1                                K30000
 8 ─┤ ├──────────────────────────────(T2    )
    T2                                K30000
12 ─┤ ├──────────────────────────────(T3    )
    T3
16 ─┤ ├──────────────────────────────(Y001  )

18 ──────────────────────────────────[END   ]
```

图 3-26　长时间延时控制功能梯形图

6. 振荡电路

振荡电路又称为闪烁电路，是一种被广泛应用的实用控制电路，它可以控制灯光的闪烁频率，也可以控制灯光的通断时间比（也就是占空比），这里介绍的是基本控制程序，如果与计数器配合，还可以做到闪烁几次后自动停止。

图 3-27 所示为振荡电路控制功能梯形图。

振荡电路实际上是一个 T0 和 T1 互相控制的反馈电路。开始时，T0 和 T1 均处于断开，当 X1 启动后，T0 闭合，经过 2s 后，其常开触点 T0 闭合，使 T1 闭合。经过 1s 后，T1 的常闭触点动断使 T0 复位，其常开触点 T0 使 T1 断开，T1 的常闭触点使 T0 再次闭合，如此反复，直到按下 X2 停止为止，时序图如图 3-28 所示。

从时序图中可以分析到振荡器的振荡周期 T=t0+t1，占空比为 t1/T。调节 T 可以调节闪烁频率，调节占空比可以调节通断时间比。

图 3-27　振荡电路控制功能梯形图

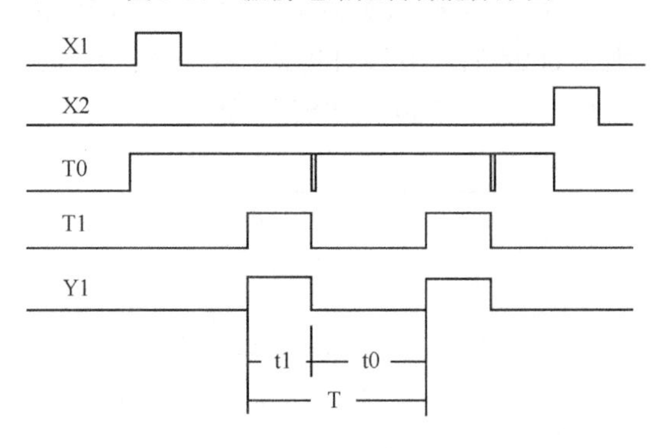

图 3-28　振荡电路时序图

3.3　计　数　器

3.3.1　计数器介绍

在继电控制线路中，计数器是作为一种仪表在电路中使用的，其基本功能是对输入开关量信号进行计数。下面以日本 OMRON 电子计数器 H7CX 为例进行介绍。是从使用者的角度来介绍的，所以，不关心它的内部电子电路的结构和工作原理，仅仅关心它所呈现在继电控制线路中的控制组成和功能。

图 3-29 所示为 H7CX-A 计数器的端口说明图示。

H7CX 电子计数器的功能较多，其基本功能是计数功能。在应用时首先要设置预置计数值，计数器对从 CP 输入端的开关量信号进行检测并计数。当计数值到达预置值时，其 OUT 输出触点动作，达到控制外电路的目的。这时，如果要重新开始计数，则必须进行复位操作，输入复位信号，计数器计数值复位归零，输出触点复位原来状态。由以上分析可知，除了必须了解它的控制电路外，一个计数器的基本参数有预置值、计数值、复位及触点动作。这也是学习 PLC 计数器的切入点。

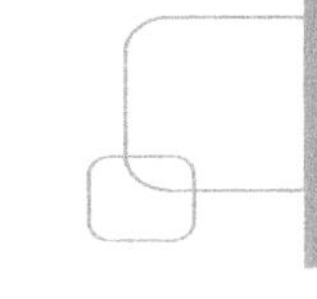

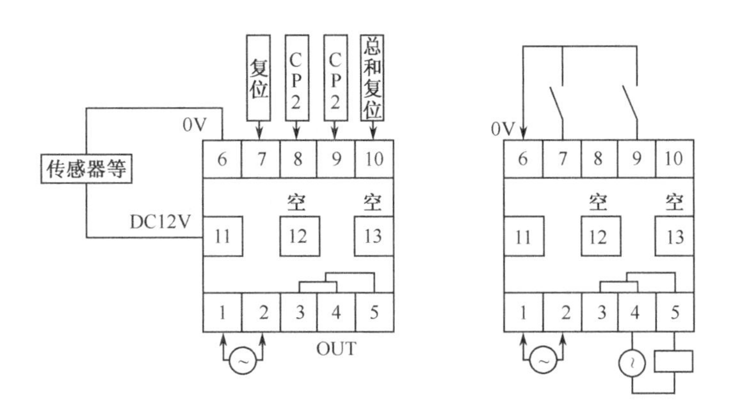

图 3-29　H7CX-A 计数器的端口说明图示

和定时器一样，软元件计数器也用十进制编号，在程序中也作为输出线圈处理。但计数器的复位必须由 RST 指令完成。图 3-30 所示为 PLC 计数器的应用梯形图及时序图。

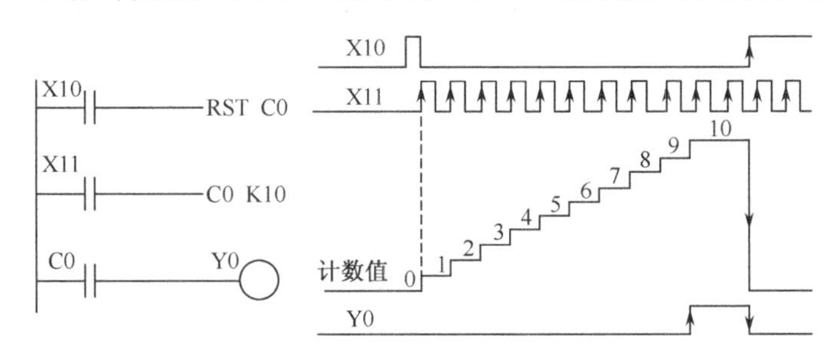

图 3-30　PLC 计数器的应用梯形图及时序图

在梯形图中，X10 为计数器 C0 的复位信号，当 X10 闭合时，其上升沿使计数器复位归零。计数器在应用时，要求在计数前都要先清零，因为如果不清零，则其残留计数值不会自动去除，必然会影响到计数。计数器 C0　K10 的 K10 为预置值，计数器的预置值可以用十进制数 K 来表示，也可以用数据寄存器 D0 间接表示。X11 为计数器的计数对象，X11 每闭合断开一次，其上升沿使计数器的当前值加 1。当计数值等于预置值时，在第 10 个脉冲上升沿，其常开触点 C0 闭合，使 Y0 得到驱动闭合。如果此后不对 C0 进行复位，则计数器的当前值永远保持为预置值，相应的触点也保持动作状态，直到下一个复位信号到来，计数器的当前计数值和相应触点才复归为 0 和恢复原态。

3.3.2　三菱 FX_{2N} PLC 内部信号计数器

三菱 FX_{2N} PLC 内部计数器分为内部信号计数器和高速计数器两大类，内部信号计数器是在执行扫描操作时对内部编程元件 X,Y,M,S,T,C 的信号进行计数，其接通和断开的时间应长过 PLC 的扫描周期。而高速计数器则是专门对外部输入的高速脉冲信号（从 X0～X7 输入）进行计数，脉冲信号的周期可以小于扫描周期，高速计数器是以中断方式工作的。

PLC 的内部计数器都有一个设定值寄存器（16 位或者 32 位），设定值就是上面所讲的预置值；一个当前值寄存器（16 位或者 32 位）及一对常开常闭触点，触点可多次引用。

PLC 的内部信号计数器又分为 16 位加计数器和 32 位加/减计数器两大类，下面分别加以介绍。

1．16 位加计数器

16 位加计数器又称为 16 位增量计数器，共 200 个。它又分为通用型和断电保持型两种，见表 3-5。

表 3-5　16 位加计数器

类　型	计 数 器	设 定 值
通用型	C0～C99，100 点	1～32 767
断电保持型	C100～C199，100 点	1～32 767

通用型计数器工作原理、梯形图和时序图如 3.2 节所叙述的一样，这里不再赘述。在计数器工作过程中，通用型计数器会因断电而自动复位，断电前所记数值会全部丢失。

断电保持式计数器和断电保持式定时器类似。它们能够在断电后保持已经记下来的数值，再次通电后，只要复位信号没有对计数器进行过复位，计数器就在原来的基础上继续计数。断电保持式计数器其他特性和通用型计数器相同。

PLC 要求计数器输入脉冲信号的频率不能过高，一般要求脉冲信号的周期要大于 2 倍的扫描周期，实际上这已经能满足大部分实际工程的需要。如果脉冲信号的周期小于扫描周期就会丢失脉冲信号，造成计数不准确。

2．32 位加/减计数器

32 位加/减计数器又称为双向计数器。双向计数器就是可以由 0 开始增 1 计数到设定值，也可以由设定值开始减 1 计数到 0。

32 位加/减计数器共 35 个，也分为通用型和断电保持型两种见表 3-6。

表 3-6　32 位加/减计数器

类　型	计 数 器	设 定 值
通用型	C200～C219，20 点	–2 147 483 648～2 147 483 648
断电保持型	C220～C234，　15 点	–2 147 483 648～2 147 483 648

32 位计数器的设定值可由常数 K 表示，也可以通过数据寄存器 D 来间接表示。FX_{2N} PLC 规定如果用寄存器表示，其设定值为两个元件号相连的寄存器内容。例如，C200 D0 则设定值存放在 D1,D0 两个寄存器中，且 D1 为高位，D0 为低位。

那么双向计数器的方向是如何确定的呢？双向计数器的计数脉冲只能有一个，其计数方向是由特殊辅助继电器 M82××来定义的。M82××中的××与计数器 C2××相对应，即 C200 由 M8200 定义，C210 由 M8210 定义等。方向定义规定 M82××为 ON，则 C2××为减计数；M82××为 OFF，则 C2××为加计数。由于 M82××的初始状态是断开的，因此，默认的 C2××都是加计数。只有当 M82××置位时，C2××才变为减计数。

图 3-31 所示是双向计数器的梯形图与时序图。

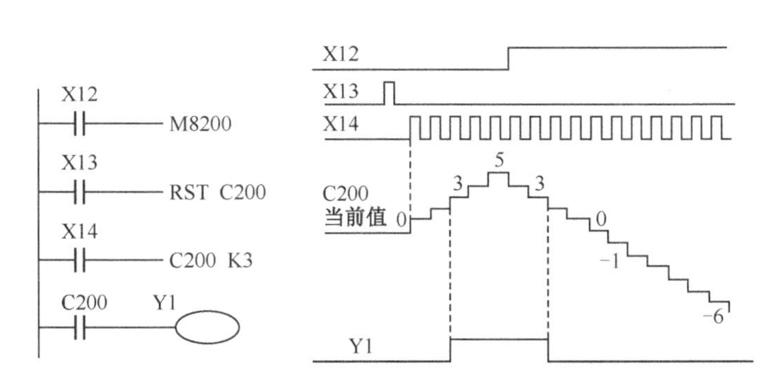

图 3-31　双向计数器梯形图及时序图

双向计数器与增量计数器在性能上有很大的差别。增量计数器当脉冲输入计数值达到设定值后，即使继续有计数脉冲输入，计数器的当前值仍然为设定值。而双向计数器则不相同，当前值等于设定值后，如果继续有脉冲输入，其当前值仍然在变化，变化的方向由加/减计数决定，直到变至最大值为止。如果在变化的过程中，计数方向发生变化，则当前值马上按新的方向变化。其次，增量计数器的触点动作后，直到对计数器复位或断电，其触点才恢复常态。而双向计数器则不同，在双向计数过程中，只要当前值等于设定值时，其触点就动作一次。如图 3-31 所示，当加计数时，计数当前值为 3 时，Y1 闭合，而当减计数时，计数当前值为 3 时，Y1 由闭合变为断开，这点在应用时必须加以注意。

三菱 FX 系列 PLC 内部高速计数器共 21 个，编号为 C235～C255。高速计数器的选择和应用都远比信号计数器复杂，还专门有高速计数器处理的功能指令 HSCS 和 HSCR 等。因此，把这一部分内容放到第 12 章高速处理和 PLC 控制指令中介绍。

3.3.3　计数器程序编制

内部信号计数器由于其输入信号频率较低，一般多用来进行统计计数，比较简单。下面举几个例子给予说明。

1．单按钮控制电动机启/停

单按钮控制电动机启停是用一个按钮控制电机的启动和停止。按一下，电动机启动，再按一下，电动机停止，又按一下启动……如此循环。用 PLC 设计的单按钮控制电动机启停的程序有十几种之多，这里，用两个计数器也可以得到同样控制功能，程序梯形图如图 3-32 所示。

在数字电子技术中，这种控制功能称为双稳态电路，它只有两种状态，并且这两种状态交替出现。后一种状态永远是对前一种状态的否定。

2．循环计数器

循环计数器的含义是当计数器达到预置设定值后，其触点闭合，给出一个输出控制信号，在下一个扫描周期里，利用本身的触点给计数器复位，计数器又重新开始计数，如此循环，每到设定值给出一个输出控制信号，程序梯形图如图 3-33 所示。

图 3-32　单按钮控制电动机启/停梯形图

```
0   C0                                   [RST  C0 ]
3   X010                                  K10
                                         (C0      )
7   C0                                   (Y000    )
9                                        [END     ]
```

图 3-33　循环计数器梯形图

3. 定时器-计数器长时间延时

在 3.2.3 节中介绍了利用定时器接力的方法来获得长时间延时控制。图 3-34 所示是利用定时器和计数器相结合的办法来获得同样长延时时间控制的梯形图程序。

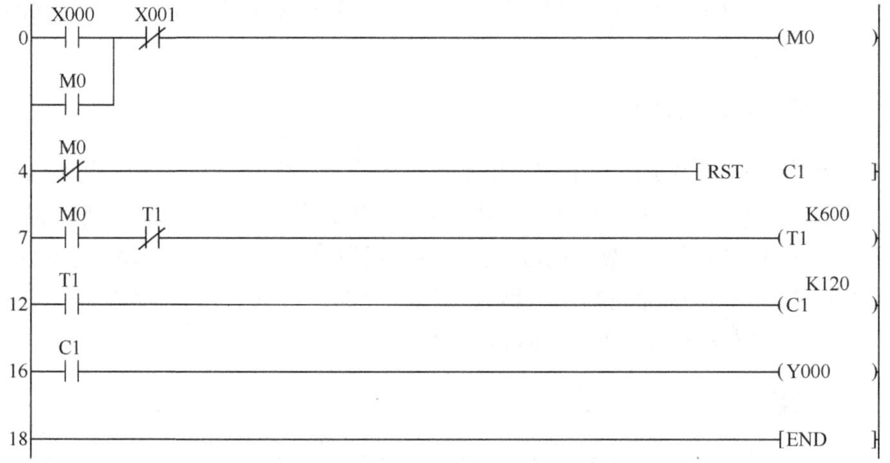

```
0   X000   X001(常闭)                    (M0      )
    M0
4   M0(常闭)                             [RST  C1 ]
7   M0     T1(常闭)                        K600
                                         (T1      )
12  T1                                     K120
                                         (C1      )
16  C1                                   (Y000    )
18                                       [END     ]
```

图 3-34　定时器-计数器长时间延时梯形图

图 3-34 中，当 T1 的时间延时 60s 到，它的常开触点，使计数器计数一次。而常闭触点动断后，使它自己复位，复位后，T1 的当前值为 0，其常闭触点又闭合，使 T1 又重新开始

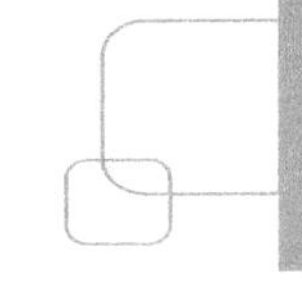

计时，每一次延时计数器累加一次，直到累加到 120 后，才使 Y0 闭合。则整个延时时间为 T=100ms×600×120=7 200s=2h。

4．24h 时钟控制

利用 3 个计数器可以组成一个标准的 24h 时钟。梯形图程序如图 3-35 所示。

图 3-35 中，巧妙地使用了 PLC 内部 1s 时钟脉冲继电器 M8013，程序开始后，由 M8013 对 C0 进行计数，一次 1s，到 60 次，即 60 h 后，对 C1 计数（1min 一次）同时，复位 C0。同样，对 C2 计数（1 h 一次）同时复位 C。而到达 24 h 时，利用 C2 的常开触点对自己复位，计数又从头开始。

```
    M8013                                      K60
 0 ─┤ ├──────────────────────────────────────(C0       )
    C0                                         K60
 4 ─┤ ├──┬───────────────────────────────────(C1       )
         └──────────────────────────────[RST      C0   ]
    C1                                         K24
10 ─┤ ├──┬───────────────────────────────────(C2       )
         └──────────────────────────────[RST      C1   ]
    C2
16 ─┤ ├─────────────────────────────────[RST      C2   ]
19 ──────────────────────────────────────[END          ]
```

图 3-35　24 h 时钟控制梯形图

第4章　步进指令与顺控程序设计

在工业控制中，除了模拟量控制系统外，大部分的控制系统都属于顺序控制系统。为方便顺控系统的梯形图程序设计，各种品牌的 PLC 都开发了与顺控程序有关的指令。在这类指令中，三菱 FX 系列 PLC 的步进指令 STL 极具特色。使用 STL 指令，可以很方便地从顺序功能图直接写出梯形图程序。步进指令 STL 易于理解学习，便于实际应用，可以节省大量的设计时间。

在这一章中，主要讲解步进指令 STL 及其顺控程序设计。

4.1　顺序控制与顺序功能图

4.1.1　顺序控制

在第 3 章中，已经初步学习了基本逻辑指令和逻辑控制程序设计。在工业控制中，除了模拟量控制之外，大部分控制都是一种顺序控制。顺序控制，就是按照生产预先规定的顺序，在各个输入信号的作用下，根据内部状态和时间的顺序，在生产过程中各个执行机构自动、有序地进行操作。

工业控制特别是开关量逻辑控制中，往往是通过输出与输入的逻辑控制关系来设计程序的。这种设计方法与个人经验有很大关系。经验少的人没有方法可循，程序设计有很大的试探性和随意性。经验多的人可以采用时序图设计法，即根据整个控制过程的逻辑时序图写出逻辑关系，再对逻辑关系进行简化，然后根据逻辑关系式设计程序。这种方法在控制系统较为简单时，是可行的。但控制系统一旦复杂一些，输入、输出较多时，有时候连时序图都很难画出。上面的设计方法称为经验设计法。经验设计法没有一套固定的方法和步骤可以遵循。对不同控制系统，没有一种通用的容易掌握的设计方法。在设计复杂梯形图时，要用大量的中间单元来完成互锁、联锁、记忆等功能。设计时往往会遗漏一些应该考虑的问题。修改某一局部电路时，会对其他部分产生意想不到的影响。用经验法设计出的梯形图一般很难阅读，别人看不懂，时间长了甚至自己也看不懂。因此，用经验设计法来设计较为复杂的顺序控制是不适宜的，而顺序控制设计法却解决了复杂顺序控制系统程序设计问题。

将逻辑控制看成顺序控制的基本思路是逻辑控制系统在一定的时间内只能完成一定的控制任务。这样，就可以把一个工作周期内的控制任务划分成若干个时间连续和顺序相连的工作段，而在某个工作段，只要关心该工作段的控制任务和该工作段在什么情况下结束，转移到下一个工作段就行了。

因此，在顺序控制中，生产过程是按照顺序一步一步地连续完成的。这样，就将一个较复杂的生产过程分解成为若干个工作步骤，每一步对应生产过程中的一个控制任务，即一个工步或一个状态。且每个工作步骤往下进行都需要一定的条件，也需要一定的方向。这就是转移条件和转移方向。

下面以电动机“星-三角”降压启动为例说明，表 4-1 所示为基本元件及功能，图 4-1 所示出了“星-三角”降压启动的顺序控制过程。

表 4-1　“星-三角”降压启动的基本元件及功能

符　　号	名　　称	功 能 说 明
SB1	启动信号	启动“星-三角”降压启动
SB2	停止信号	停止电动机运转
KM1	主接触器	
KM2	星形启动接触器	KM1,KM2 接通为星形启动
KM3	三角形运转接触器	KM1,KM3 接通为三角形运转
SJ	启动时间控制信号	控制“星-三角”转换时间

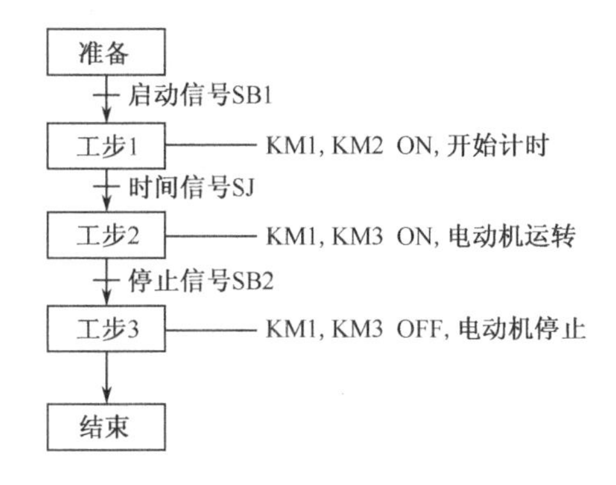

图 4-1　“星-三角”降压启动顺序控制过程

从图 4-1 可以看出，每个方框表示一个工步（准备和结束也算作工步）。工步之间用带箭头的直线相连，箭头方向表示工步转移方向，直线旁边指的是工步之间转移条件。而在每个工步方框的右边写出了该工步应完成的控制任务。

这种用图形来表示顺序控制过程的图形称为控制流程图，也称为顺序控制状态流程图。而顺序功能图就是在状态流程图的基础上发展起来并成为一种居顺序控制首位的编程语言。

4.1.2　顺序功能图（SFC）

1. 概述

绝大多数逻辑控制系统（包括运动量控制）都可以看成顺序控制系统，而如何方便、高效地设计顺序控制系统则摆到了工程技术人员的面前。继电控制系统中，顺序控制是由硬件电路来完成的。早期的继电器式步进选择器，穿孔带式程控器及后来的电子式的环形计数器、二极管矩阵板都是。虽然它们是硬件电路，但其顺序控制设计方法却被 PLC 的设计人

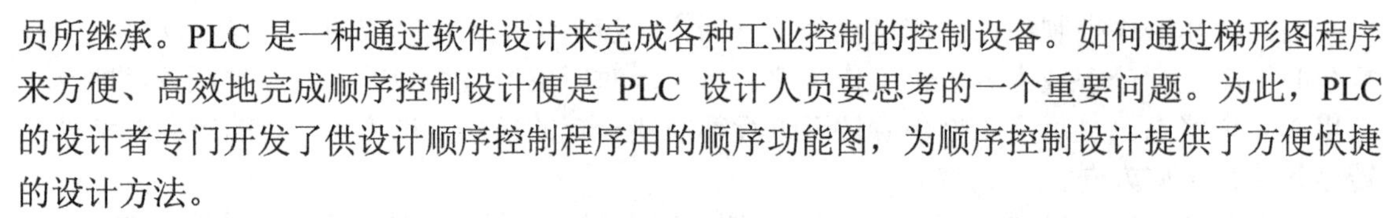

员所继承。PLC 是一种通过软件设计来完成各种工业控制的控制设备。如何通过梯形图程序来方便、高效地完成顺序控制设计便是 PLC 设计人员要思考的一个重要问题。为此，PLC 的设计者专门开发了供设计顺序控制程序用的顺序功能图，为顺序控制设计提供了方便快捷的设计方法。

顺序功能图（Sequential Function Chart，SFC）又称状态转移图或功能表图，它是描述控制系统的控制流程功能和特性的一种图形语言。它并不涉及所描述的控制功能的具体技术，而是一种通用的技术语言，很容易被初学者所接受，也可以供不同专业之间的人员进行技术交流使用。

顺序功能图已被国际电工委员会（IEC）在 1994 年 5 月公布的《IEC 可编程序控制器标准 IEC1131》中确定为 PLC 的居首位的编程语言。SFC 虽然是居首位的 PLC 编程语言，但目前仅仅作为组织编程的工具使用，不能为 PLC 所执行。因此，还需要其他编程语言（主要是梯形图）将它转换成 PLC 可执行的程序。在这方面，三菱 FX 系列 PLC 的步进指令 STL 是很好的设计，用 STL 指令可以非常方便地（一边看 SFC，一边写出梯形图或指令语句表）把 SFC 转换成梯形图程序。

2．顺序功能图的组成

SFC 是用状态元件描述工步状态的工艺流程图，通常由步（初始步、活动步、一般步）、有向连线、转移条件、转移方向及命令和动作组成。

1）步（状态）

SFC 中的步是指控制系统的一个工作状态，则分为顺序相连的阶段中的一个阶段。SFC 就由这些顺序相连的步所组成。在三菱 FX 系列 PLC 中，把步称为“状态”，即一个步就是一个工作状态，下面就以“状态”术语代替“步”进行分析。

状态又分为“初始状态”和“激活状态”（“初始步”和“活动步”）。

（1）初始状态。系统的初始状态为系统等待启动命令而相对静止的状态。初始状态可以有命令与动作，也可以没有命令和动作。在 SFC 中，初始状态用双线矩形框表示，如图 4-2 所示。

（2）状态。“状态”即步。除初始状态以外的状态均为一般性状态。每一个状态相当于控制系统的一个阶段。状态用单线矩形框表示，如图 4-2 所示。状态框（包括初始状态框）中都有一个表示该状态的元件编号，称为“状态元件”。状态元件可以按状态顺序连续编号，也可以不连续编号。

（3）活动状态。在 SFC 中，如果某一个状态被激活，则这个状态为活动状态，又称活动步。状态被激活的含义：该状态的所有命令与动作均会得到执行，而未被激活的状态中的命令与动作均不能得到执行。SFC 中，被激活的状态有一个或几个，当下一个状态被激活时，前一个激活状态一定要关闭。整个顺序控制就是这样一个一个状态被顺序激活而完成全部控制任务的。

S0　　S21

（a）初始状态　　（b）状态

图 4-2　状态与初始状态步

2）与状态对应的命令和动作

“命令”是指控制要求，而“动作”是指完成控制要求的程序。与状态对应则是指每一个状态中所发生的命令和动作。在 SFC 中，命令和动作是用相应的文字和符号（包括梯形图程序行）写在状态矩形框的旁边，并用直线与状态框相连。

状态内的动作有两种情况。一种称为非保持型的，其动作仅在本状态内有效，没有连续性，当本状态变为非激活状态时，动作全部 OFF；另一种称为保持型，其动作也有连续性，它会把动作结果延续到后面的状态中去。例如，“启动电动机运转并保持”则为保持型命令和动作，它要求在该状态中启动电动机，并把这种结果延续到后面的状态中去。而“启动电动机”可以认为其非保持型指令，它仅仅指在该状态中启动电动机，如果该状态被关闭，则电动机也会停止运转。命令和动作的说明中应对这种区分有清楚的表示。

3）有向连线

有向连线是状态与状态之间的连接线。它表示了 SFC 的各个状态之间的成为活动状态的先后顺序，如图 4-2 所示中，状态的方框所示的上、下直线。一般活动状态的进展方向习惯是从上到下，因此，这两个方向上有向连线箭头可以省略。如果不是上述方向，例如，发生跳转、循环等，必须用带箭头的有向连线表示转移方向。当顺序控制系统太复杂时，会产生中断的有向连线，这时，必须在中断处注明其转移方向。

4）转移与转移条件

两个状态之间用有向连接相连。与有向连线相垂直的短划线表示转移，转移将相连的两个状态隔开。状态活动情况的进展是由转移条件的实现来完成的，并与控制过程的发展相对应。状态与状态之间的转移必须满足条件时，才能进行。转移条件可以是信号、信号的逻辑组合等。在 SFC 中，转移条件是用文字语言、逻辑代数表达式或图形符号标注在表示转移条件的短划线旁边。

状态、有向连线、转移和转移条件是 SFC 的基本要素。一个 SFC 就是由这些基本元素所构成，如图 4-3 所示。

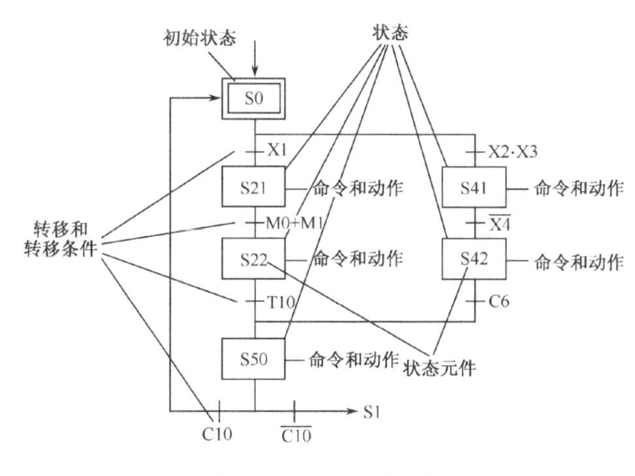

图 4-3　SFC 组成结构

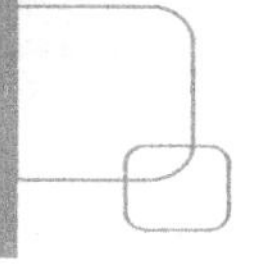

3. 顺序功能图的编写注意事项

SFC 在编程时，需要注意以下几点：

（1）状态与状态之间不能直接相连，必须有转移将它们隔开，如图 4-4 所示。

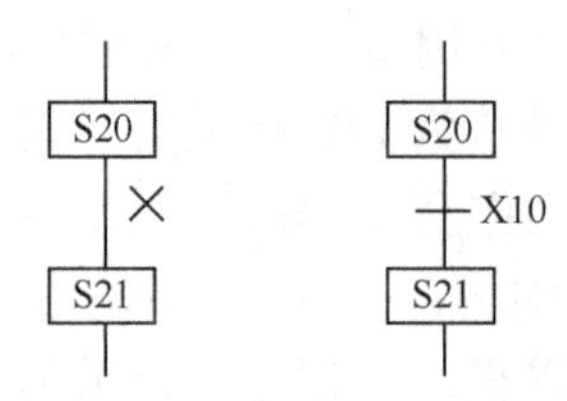

图 4-4　状态与状态之间的连接

（2）转移与转移之间不能直接相连，必须用状态将它们隔开，这种情况多发生在一个状态向多个状态发生转移（称为分支）或多个状态向一个状态转移（称为汇合）时，图 4-5 所示为两个分支情况。由于每个支路都需要不同的转移条件，发生了转移与转移直接相连的情况如图 4-5（a）所示，这时，可采用合并转移条件的方法解决，如图 4-5（b）所示。

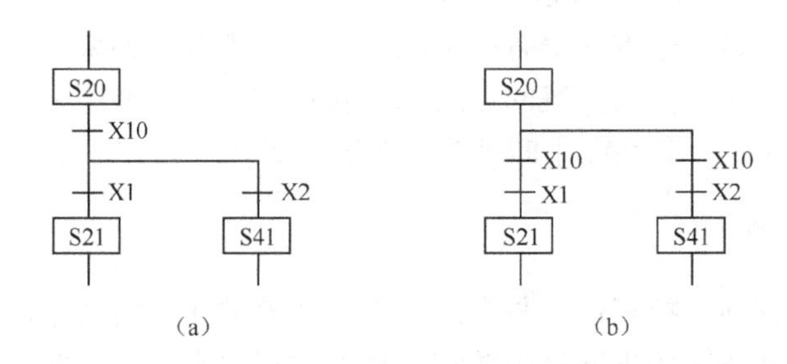

图 4-5　转换条件合并之间的连接

图 4-6 所示为从汇合到分支的情况，这时应在汇合和分支间插入空状态方法来解决，如图（b）所示。空状态是指该状态中不存在命令和动作，仅存在转移条件与转移。这是一种人为地对转移条件进行隔离的措施。

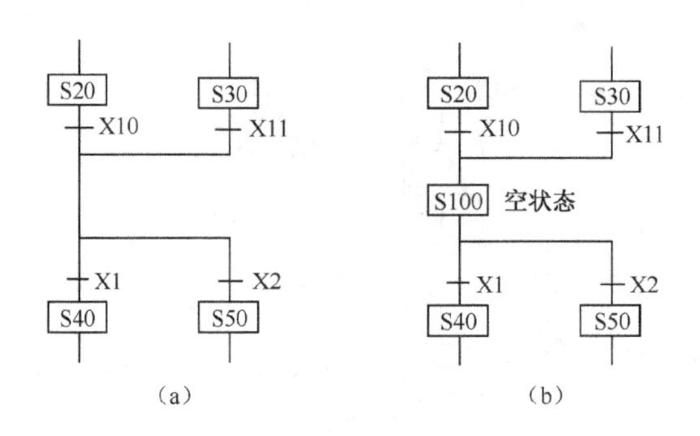

图 4-6　插入空状态的连接

（3）在 SFC 中，必须有初始状态，而且至少应有一个初始状态，它必须位于 SFC 的最前面。它是 SFC 程序在 PLC 启动后能够立即生效的基本状态，也是系统返回停止位置的状态。初学者在画 SFC 时，也容易忽略这一点，务必注意。

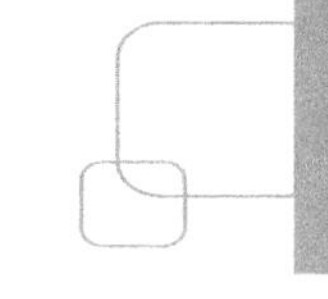

4.1.3　顺序功能图的基本结构

SFC 按其流程可分为单流程 SFC 和分支 SFC 两大类结构。分支 SFC 又有选择性分支、并行性分支和流程跳转、循环等。

1. 单流程结构

当 SFC 仅有一个通道时，称为单流程结构。单流程的特点是，从初始状态开始，每一个状态后面只有一个转移，每一个转移后面只有一个状态，如图 4-7 所示。

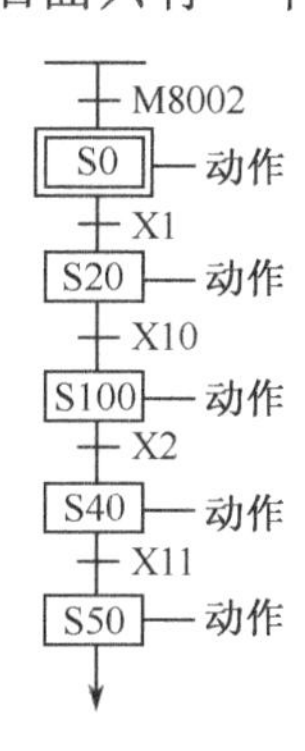

图 4-7　单流程 SFC

单流程 SFC 中，由初始状态 S0 开始，按上下顺序依次将各个状态激活。但在整个控制周期内，除转移瞬间外，只能有一个状态处于激活状态，也就是只有一个状态是工作状态，其中的命令和动作正在被执行，不允许出现两个或两个以上状态同时被激活。单流程 SFC 只能有一个初始状态。

单流程结构是最简单的 SFC，容易理解，也容易编写。

2. 选择性分支与汇合

当 SFC 有两个或两个以上的流程通道时，便称为分支，根据分支的性质不同，有选择性分支和并行性分支的区别。

选择性分支含义：当由单流程向分支转移时，根据转移条件成立与否只能向其中一个流程进行转移。它是一种多选一的过程，如图 4-8 所示。状态 S20 只能向 S21,S50,S40 这 3 个状态中的一个进行转移。

多个流程向单流程进行合并的结构称为汇合。同样，汇合也有选择性汇合和并行性汇合之分。

选择性汇合是指当分支流程向单一流程合并时，只有一个符合转移条件的分支转换到单流程的状态，如图 4-9 所示。S20,S50,S40 这 3 个状态只能有一个向 S21 进行转移。

3. 并行性分支与汇合

并行性分支为单流程向多个分支流程转移时，多个分支的转移条件均相同，一旦转移条件成立，则同时激活各个分支流程。在编制 SFC 时，为了区别选择性分支与并行分支，规定了选择性分支用单线表示，且各个分支均有其转移条件，而并行性分支用双线表示，只允许有一个条件。并行性分支如图 4-10 所示。当 X1 为 ON 时，状态 S20 同时向 S21,S50,S40 转移。S21,S50,S40 同时被激活，同时执行其命令和动作。

并行性分支的各个分支流程向单流程合并称为并行性汇合。当每个流程都完成后并转移条件成立时，单流程状态被激活。如图 4-11 所示，当 S20,S50,S40 这 3 个状态动作均结束，并转移条件 X2 成立时，激活状态 S21。

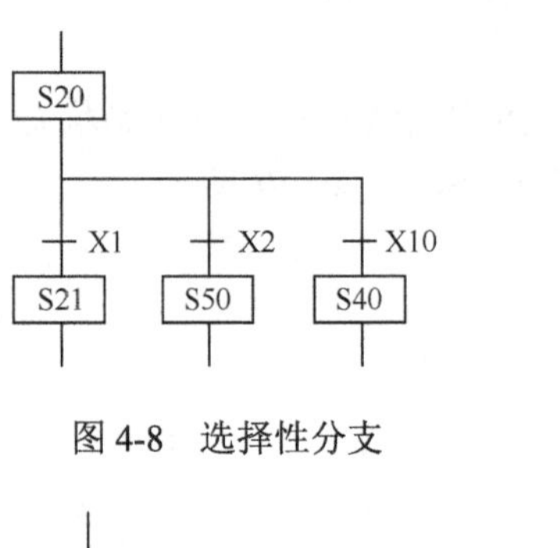

图 4-8　选择性分支

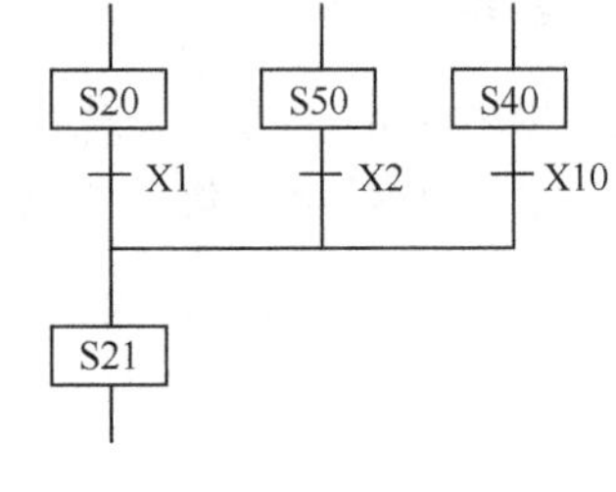

图 4-9　选择性汇合

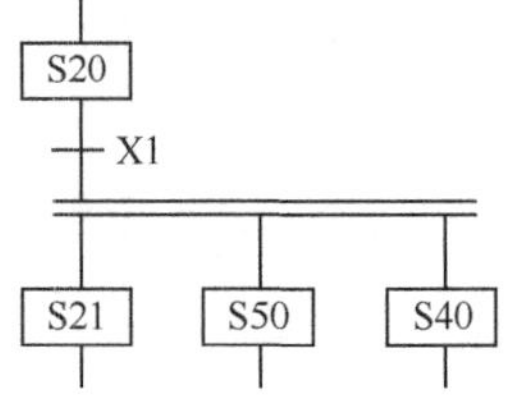

图 4-10　并行性分支

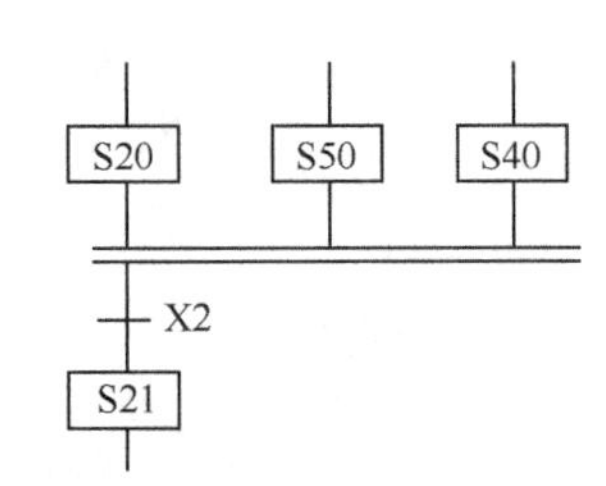

图 4-11　并行性汇合

4．跳转、重复和循环

SFC 除了上述几种类型外，还存在一些非连续性的状态转移类型。

1）跳转与分离

当 SFC 中某一状态，在转移条件成立时，跳过下面的若干状态而进行的转移。这是一种特殊的转移，它与分支不同的是它仍然在本流程里进行转移。如图 4-12 所示，如果转移条件 X1=OFF，X2=ON，则状态 S20 直接跳转到状态 S40 去转移激活执行，而 S21,S50 则不再被顺序激活。

如果跳转发生在两个 SFC 程序流程之间，则称为分离。这时，跳转的转移已不在本流程内，跳转到另外一个流程的某个状态，如图 4-13 所示。

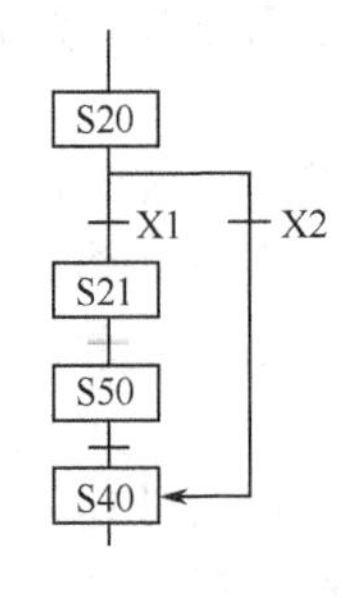

图 4-12　转移

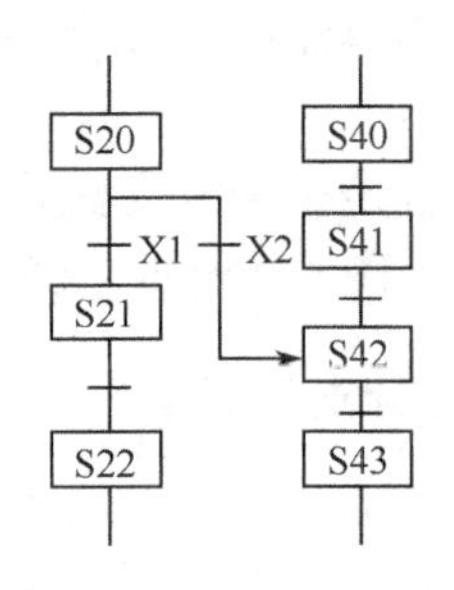

图 4-13　分离

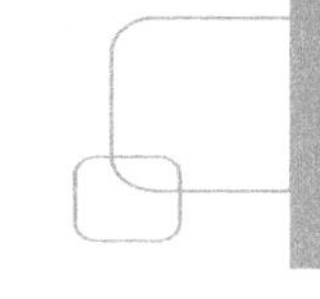

2）重复与复位

重复就是反复执行流程中的某几个状态动作，实际上这是一种向前的跳转。重复的次数由转换条件确定，如图 4-14 所示。如果只是向本状态重复，称为复位，如图 4-15 所示。

3）循环

在 SFC 流程结束后，又回到了流程的初始状态，则为系统的循环。回到初始状态有两种可能，一种是又自动地开始一个新的工作周期；另一种可能是进入等待状态，等待指令才开始新的工作周期。具体由初始状态的动作所决定，循环如图 4-16 所示。

上面介绍的 SFC 的结构仅是一些基本的结构形式。一般而言，除了比较简单的控制系统，可以直接采用基本结构编制出 SFC 外，稍微复杂一些的控制系统都需要将不同的基本结构组合在一起，才能组成一个完整地 SFC。

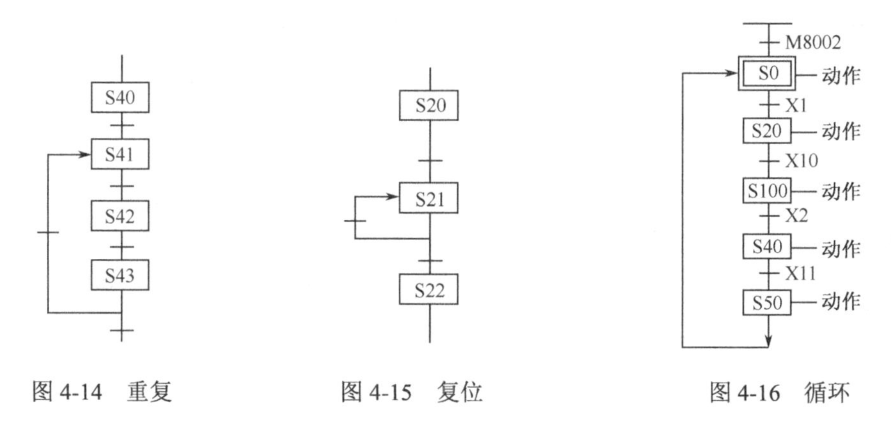

图 4-14　重复　　图 4-15　复位　　图 4-16　循环

4.1.4　顺序功能图的梯形图编程方法

1. 编程原则

如前所述，SFC 虽然是居首位的 PLC 编程语言，但目前仅仅作为组织编程的工具使用，不能为 PLC 所执行。因此，还需要其他编程语言（主要是梯形图）将它转换成 PLC 可执行的程序。根据 SFC 而设计梯形图的方法，称为 SFC 的编程方法。SFC 是由一个状态一个状态顺序组合而成的。各个状态它们的不同点就是在各自的状态中所执行的命令和动作不同，其他的控制是相同的。因此，只要能设计出针对一个状态的控制梯形图就能完成 SFC 对梯形图的转换。对于一个状态的控制要求，结合图 4-17 来进行说明。

图 4-17 所示是一个顺序相连的 3 个状态的 SFC，用辅助继电器 M 表示状态的编号，当某个状态被激活时，其辅助继电器为 ON，取 M_i 状态来说明状态的控制要求。

（1）M_i 被激活的条件是它的前步 M_{i-1} 为激活状态（活动步）且转移条件 X_i=ON。当 M_i 激活后，前步 M_{i-1} 变为非激活状态。

（2）一般来讲，转移条件 X_i 大都为短信号，因此，M_i 被激活后，能够自保持一段时间以保证状态内控制命令和动作的完成。

（3）当转移条件 X_{i+1} 成立，M_{i+1} 状态被激活后，M_i 应马上变为非激活状态（非活动步）。

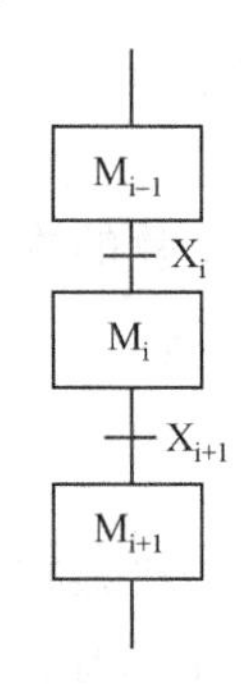

图 4-17　SFC 图

以上 3 点，为 SFC 中的各个状态（初始状态除外）的控制要求共同点，即状态的梯形图编程的原则。

目前，常用的 SFC 的编程方法有 3 种：一是应用启保停电路进行编程；二是应用置位/复位指令进行编程；三是应用 PLC 特有的步进顺控指令进行编程。不管哪种编程方法，均必须满足上面编程三原则的控制要求。

在 3 种编程方法中，提倡应用步进指令法，对前面两种方法只作一般性介绍（仅用单流程结构说明），重点放在步进指令的介绍见 4.2 节。进一步了解启保停电路和置位/复位指令进行 SFC 梯形图编程的请参阅相关书籍和资料。

2. 应用启保停电路的 SFC 编程方法

启保停电路是最基本的梯形图电路。它仅仅使用基本的逻辑指令，而任何一种品牌的 PLC 的指令系统都会有这些指令。因此，这种编程方法是通用的编程方法，可用于任一品牌、任一型号的 PLC。

根据编程三原则设计的 SFC 的状态控制梯形图如图 4-18 所示，图中已经把三原则的应用一并说明了。

对初始状态来说，如果仍按照一般状态编程，则当 PLC 开始运行后，由于全部状态都处于非激活状态，初始状态不能激活，这样，整个系统将无法工作。因此，对初始状态 M0 来说，应在其转移激活条件电路上并联启动脉冲 M8002，如图 4-19 所示。这样，一开机 M0 就被激活，系统进入工作状态。图 4-19 中，Mn 为最终状态，X1 为转移条件。

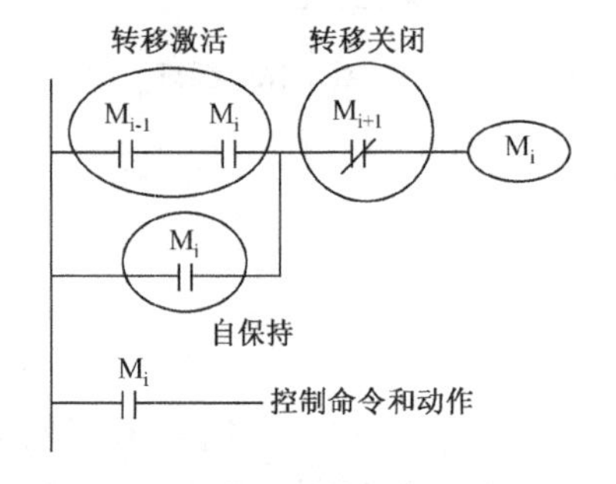

图 4-18　启保停电路的 SFC 状态梯形图

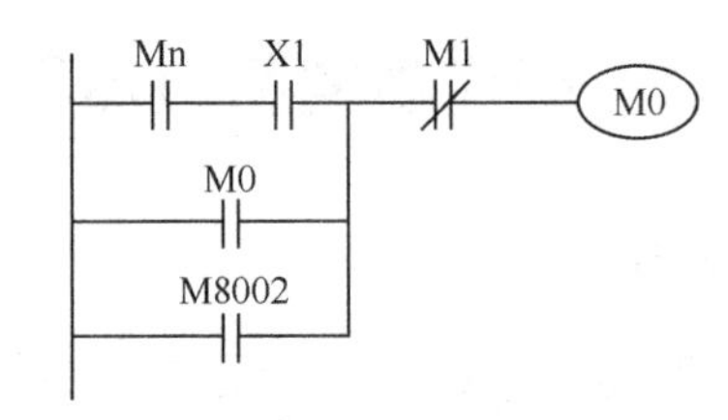

图 4-19　启保停电路的初始状态梯形图

【例 1】　试根据图 4-20 所示，编制应用启保停电路之 SFC 梯形图程序。

梯形图程序如图 4-21 所示。

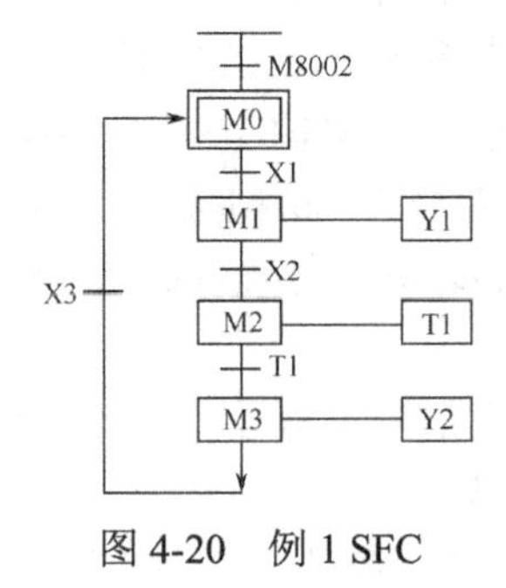

图 4-20　例 1 SFC

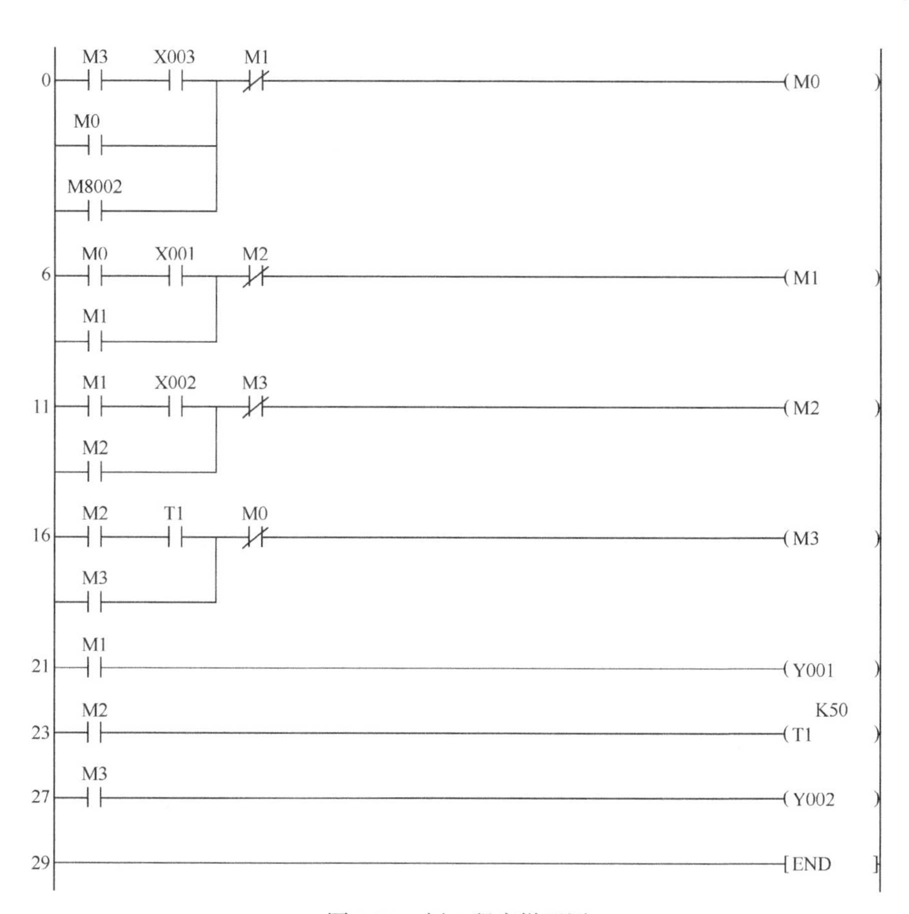

图 4-21　例 1 程序梯形图

3．应用置位/复位指令的 SFC 编程方法

如果用指令 SET 在激活条件成立时，激活本状态并维持其状态内控制命令和动作的完成，用指令 RST 将前步状态变为非激活状态。这就是置位/复位指令 SFC 的编程方法。这种编程方法与转移之间有着严格的对应关系，用它编制复杂的 SFC 时，更能显示出它的优越性。图 4-22 所示为这种方法的单流程状态梯形图。同样，初始状态也必须用 M8002 来激活。

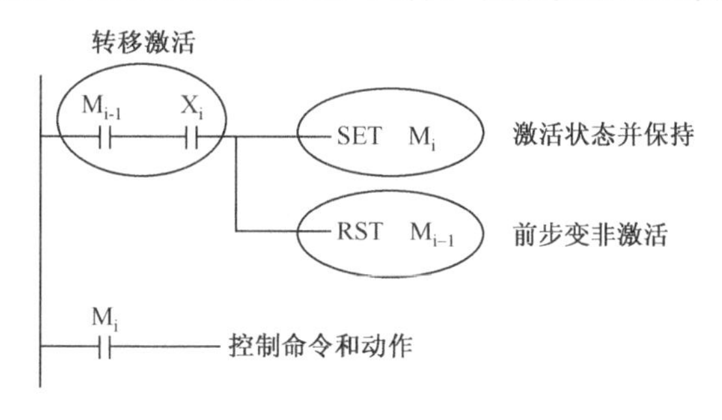

图 4-22　置位/复位的 SFC 状态梯形图

【例 2】　图 4-23 所示为两条输送带顺序相连，为了防止物料在 2 号带上堆积，要求 2 号带启动 5 s 后，1 号带开始运行。停机的顺序和启动的顺序相反，1 号带停止 5 s 后，2 号带才停止。试画出 SFC 和用置位/复位编程方法编制程序梯形图。

SFC 如图 4-23 所示，梯形图程序如图 4-24 所示。

1号带
Y0
2号带
Y1
M8002
M100
X1
M101
Y1
T1
T1
T2
M102
Y0
Y1
X2
M103
Y1
T2

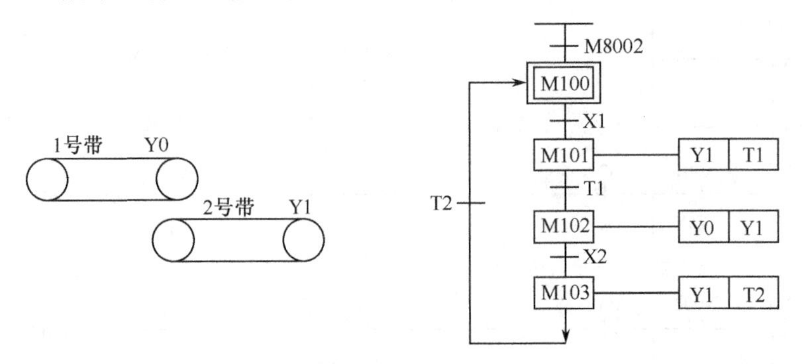

图 4-23　例 2 示意图和 SFC

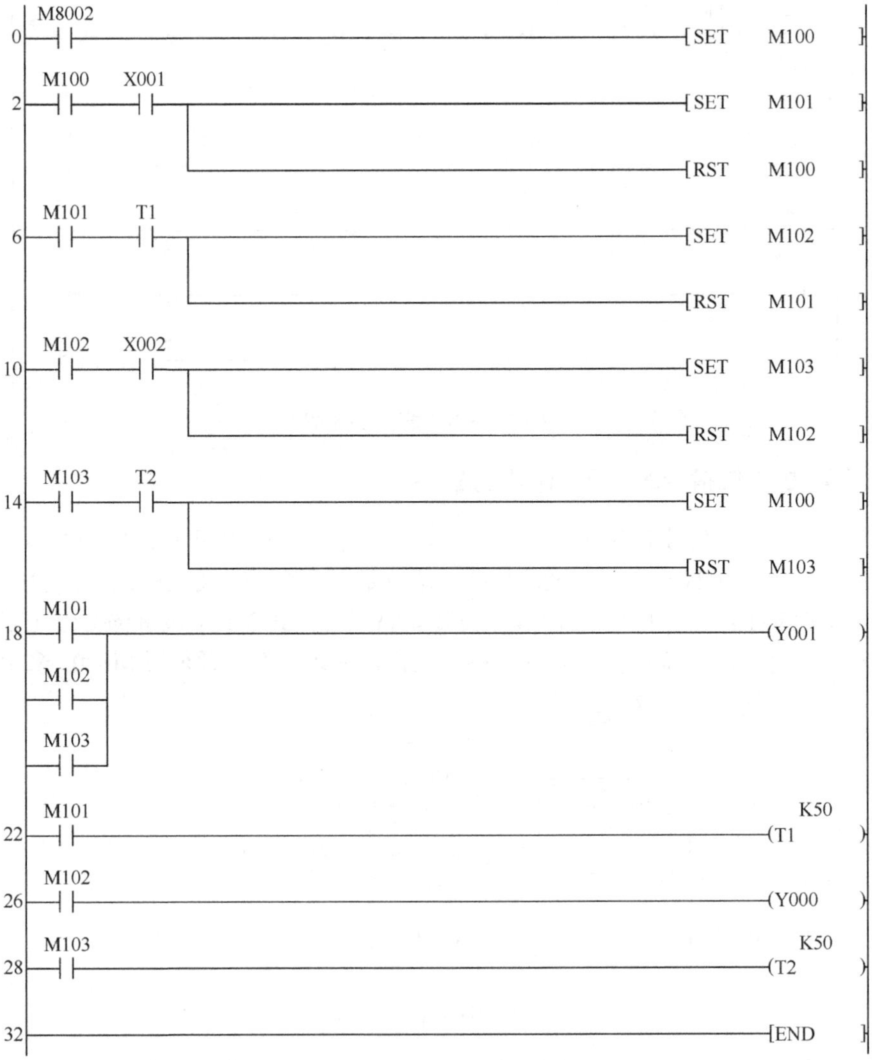

M8002
0
SET
M100
M100
X001
2
SET
M101
RST
M100
M101
T1
6
SET
M102
RST
M101
M102
X002
10
SET
M103
RST
M102
M103
T2
14
SET
M100
RST
M103
M101
18
Y001
M102
M103
M101
22
K50
T1
M102
26
Y000
M103
28
K50
T2
32
END

图 4-24　例 2 程序梯形图

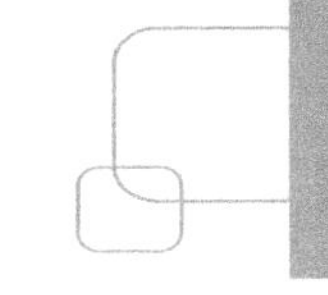

4.2 步进指令和步进梯形图

4.2.1 步进指令与状态元件

为方便顺控系统的梯形图程序设计，各种品牌的 PLC 都开发了与顺控程序有关的指令。在这类指令中，三菱 FX 系列 PLC 的步进指令 STL 是设计得很好、很具特色的。使用 STL 指令，可以很方便地从顺序功能图直接写出梯形图程序。程序编制十分直观、有序，初学者易于理解学习，便于实际应用，可以节省大量的设计时间。同时，也非常方便工控人员之间阅读和交流。

1. 步进指令

助记符	名称	梯形图表示及可用软元件	程序步
STL	步进指令	或 STL S	1
RET	步进返回指令	RET 无	1

步进指令 STL 又称为步进梯形指令。STL 指令必须和状态继电器 S 一起组成一个常开触点，为与一般继电器触点相区别，这个触点称为 STL 触点。在梯形图中，STL 触点用空心的常开触点表示，如图 4-25 所示。

在梯形图中，STL 触点一边和主母线相连，一边生成状态母线。与状态母线相连的是控制命令和动作（下称输出驱动）、转移条件和转移方向。因此，一个 STL 触点就表示了 SFC 控制流程中的一个状态（或一步）。整个顺序控制就是由许多 STL 触点组成的，控制流程就是在这些 STL 触点所表示的状态中一步一步地完成的。

CPU 不执行处于断开状态的 STL 触点驱动的电路块中的指令，在没有并行性分支时，只有一个 STL 触点接通，因此，使用 STL 指令可以显著地缩短用户程序的执行时间，提高 PLC 的输入、输出响应速度。

STL 指令执行过程：如果 STL 触点闭合（也就是状态被激活），其状态母线上的梯形图处于工作状态，输出驱动得到执行。当转移条件成立时，使下一个 STL 触点闭合（激活下个状态）。同时，自动地断开自身的 STL 触点（变为非激活状态）。

由于不需要考虑把前一状态变为非激活状态的编程，STL 触点的操作就只有 3 个操作内容：输出驱动、转移条件和转移方向，如图 4-25 所示。这 3 个操作被称为 STL 指令三要素。在某些情况下，输出驱动操作可以没有（空操作），但是转移条件及转移方向则不可缺少。

RET 指令为步进返回指令，它的出现表示 SFC 流程的结束。SFC 程序返回到普通的梯形图指令程序，母线也从状态母线返回到主母线。一个 SFC 控制流程仅需一条 RET 指令，安排在最后一个 STL 触点的状态母线的最后一行，如图 4-26 所示。

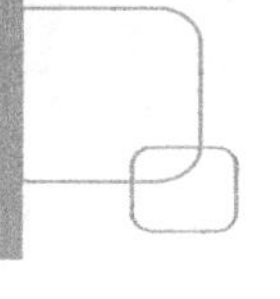

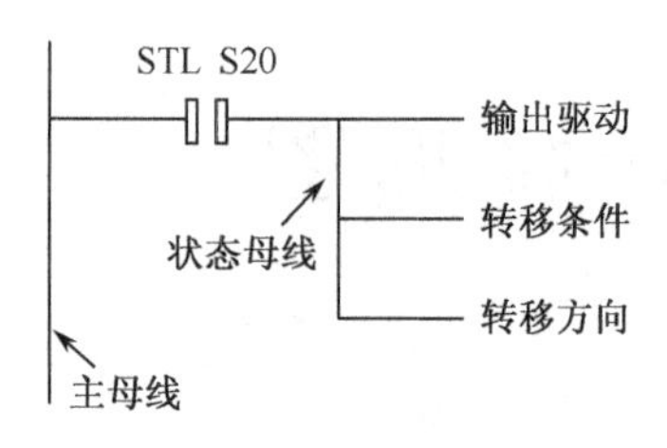

图 4-25 STL 指令图示说明

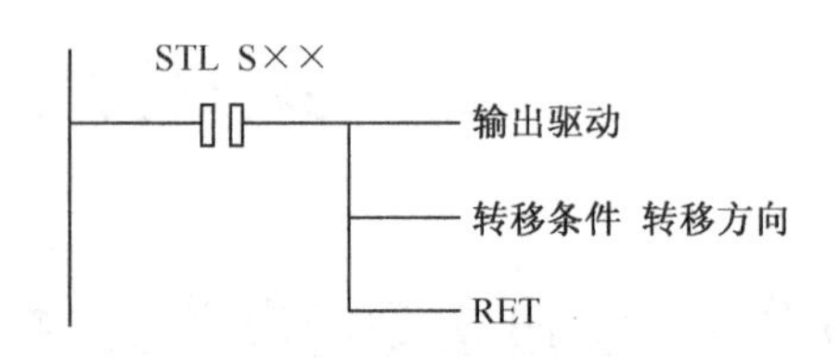

图 4-26 RET 指令图示说明

RET 指令可以在程序中多次编写。如果程序中有几个 SFC 程序流程，则每个 SFC 流程都必须有 RET 指令。如果希望中断 SFC 程序流程而回到主母线编程时，同样需要 RET 指令。如果没有编写 RET 指令，程序会出错并停止运行。

2. 状态继电器 S

状态继电器 S 是三菱 FX 系列 PLC 专门用来编制 SFC 程序的一种编程元件，它与步进指令 STL 配合使用，就成为 SFC 程序控制中的状态标志。

FX 系列 PLC 的状态元件见表 4-2。

表 4-2 FX 系列 PLC 状态元件

型　号	初始状态用	IST 指令用	通　用	报　警　用
FX_{1S}	S0～S9	S10～S19	S20～S127（全部为停电保持型）	—
FX_{1N}	S0～S9	S10～S19	S20～S899（S10～S127 为停电保持型）	S900～S999
FX_{2N}	S0～S9	S10～S19	S20～S899（S500～S899 为停电保持型）	S900～S999

S0～S9 规定为初始状态专用状态元件，S10～S19 为功能指令 IST 应用时回归原点的专用状态元件（有关 IST 指令详见第 15 章 15.1 节），S900～S999 为供信号报警或外部故障诊断用（详见第 10 章 10.5 节）。状态继电器也分为非停电保持型和停电保持型两种，FX_{1S} 中均为停电保持型，而 FX_{1N}、FX_{2N} 分为两种，但是其停电保持区的范围可以通过 PLC 参数进行设定，表中为 PLC 出厂时的设定。普通用状态继电器在电源断开后，都会自动复位变为 OFF 状态，但停电保持型能记住停电前一刻的 ON/OFF 状态，因此，当再次得电后，能记住停电前的状态并继续运行。状态继电器也和辅助继电器一样，有无数个常开、常闭触点，在不作为 STL 触点时，一样可在梯形图程序中使用。

3. 相关特殊辅助继电器

在 SFC 控制中，经常会用到一些特殊辅助继电器（见表 4-3）。

表 4-3 相关特殊辅助继电器

编　号	名　称	功能和用途
M8000	RUN 运行	PLC 运行中接通，可作为驱动程序的输入条件或作为 PLC 运行状态显示
M8002	初始脉冲	在 PLC 接通瞬间，接通一个扫描周期，用于程序的初始化或 SFC 的初始状态激活
M8040	禁止转移	该继电器接通后，禁止在所有状态之间的转移，但激活状态内的程序仍然运行，输出仍然执行
M8046	STL 动作	任一状态激活时，M8046 自动接通。用于避免与其他流程同时启动或用于工序的动作标志
M8047	STL 监视有效	该继电器接通，编程功能可自动读出正在工作中的状态元件编号并加以显示

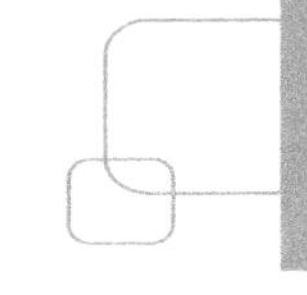

4.2.2　步进指令梯形图编程方法

1．步进梯形图编程方法

如同应用启保停电路和应用置位/复位指令一样，步进指令的梯形图也必须满足编程三原则。

由图 4-25 可知，当状态激活后，如果转移条件不成立，STL20 触点就一直处于导通状态（相当于自保持）；当转移条件一旦成立，马上就激活下一个状态（转移方向），而自动地复位本状态（变为非激活状态）。对某一个状态来说，梯形图的内容就是输出驱动、转移条件和转移方向的设计。输出驱动必须根据控制要求编制，最后，STL 指令的状态编程仅是对转移条件和转移方向的处理。

图 4-27 所示为一个状态 SFC 的步进指令程序梯形图编程，它同时也表示了步进指令的编程方法。

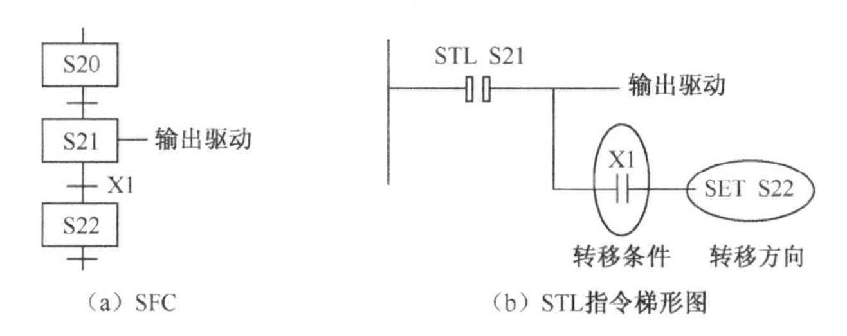

（a）SFC　　（b）STL指令梯形图

图 4-27　STL 指令梯形图

在指令梯形图中，其梯形图顺序是不能颠倒的，输出驱动程序在前，而转移条件及转移方向程序一定放在最后。如果有输出驱动程序放在转移程序行后面，则不会得到执行。

某些状态可允许无输出驱动（空操作）。这时，STL 触点本身可作为转移条件，如图 4-28 所示。

1）初始状态的步进梯形图编程

初始状态是 SFC 必备状态。在 STL 指令编程中，初始状态的状态元件一定为 S0～S9，不可为其他编号的状态元件。初始状态在 PLC 运行 SFC 时一定要用步进梯形图以外的程序激活（一般用 M8002 激活）。初始状态一定在步进梯形图的最前面，如图 4-29 所示。初始状态可以有驱动，也可以没有驱动。

图 4-28　STL 指令空操作梯形图

图 4-29　STL 指令初始状态梯形图

2）单流程结构的步进梯形图编程

单流程结构如图 4-30 所示。编程时，状态元件的编号可以顺序连续，也可以不连续，建议顺序连续。但是转移方向必须指向与本状态相连的下一个状态。

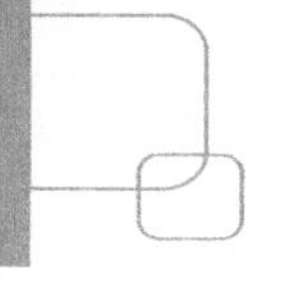

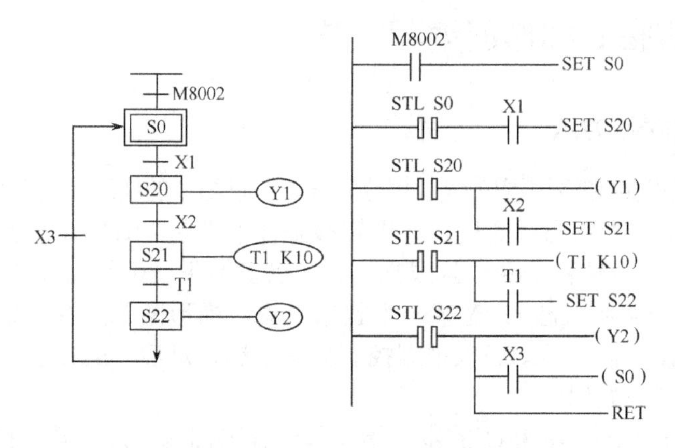

图 4-30　单流程结构的步进梯形图编程

图 4-30 中，在最后一个状态触点 STL S22 内，循环回初始状态不是用 SET 指令而是用 OUT 指令，其原因说明见后文。仔细对比一下 SFC 和梯形图，就会发现步进指令梯形图编写很有规律。一边看 SFC，一边就可以写出步进指令的梯形图。

3）结束状态的步进梯形图编程

步进指令程序的最后一个状态编号为结束状态（如图 4-30 中的 STL S22），一般地说，为构成 PLC 程序的循环工作，在最后一个状态内应设置返回到初始状态或工作周期起始状态的循环转移。这时，不能用 SET 指令，而用 OUT 指令进行方向转移（图 4-30）。同时必须编制 RET 指令表示 SFC 状态流程结束。

4）单操作继电器在步进梯形图的编程应用

辅助继电器 M2800-M3071 为边沿检测一次有效继电器，又称单操作标志继电器。这一批继电器的工作特点：当继电器被接通后，其普通触点和其他继电器触点一样，均发生动作；但其边沿检测触点仅在其后面的第一个触点有效，且仅一次有效。现以图 4-31 为例来做说明。

如图 4-31（a）所示，当 X0 闭合驱动 M2800 时，其后面的第一个上升沿触点会产生一个扫描周期的接通，驱动 Y0 输出，但第二个上升沿触点无效，Y1 无驱动输出。其常规触点闭合驱动，Y2 输出。

如果在上升沿触点串联普通触点 X2，如图 4-31（b）所示。则当 X2 接通时，驱动 Y0 输出。而当 X0 断开时，M2800 后面的第一个上升沿触点为第三行的 M2800，所以，这时为 Y1 被驱动输出，而 Y0 无输出。

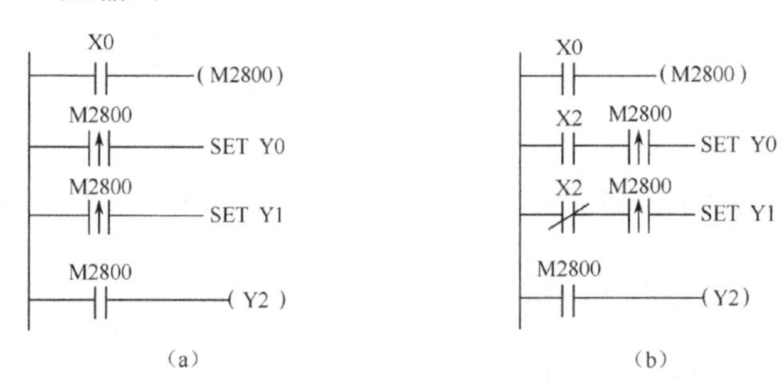

图 4-31　单操作继电器工作特点说明及应用

利用 M2800 的这个特点，把它应用到步进指令 SFC 中，就可以编制只利用一个信号（如按钮）对控制进行单步操作的梯形图程序。每按一次按钮，进行一次状态转移控制流程前进一步。这种程序对顺序控制的设备调试十分有用。程序如图 4-32 所示，读者可自行分析其工作过程。

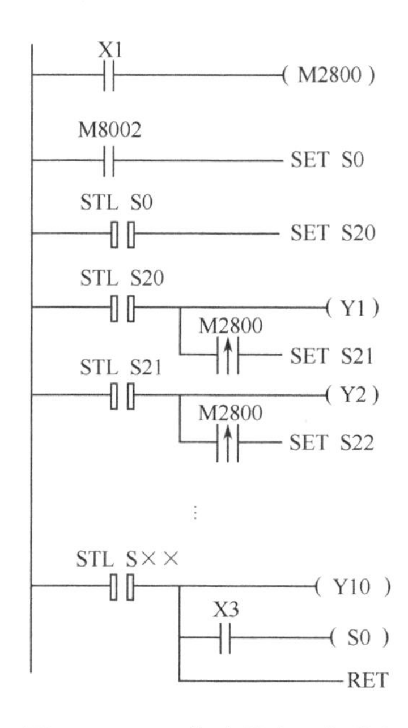

图 4-32　STL 指令单步运行编程

2. 选择分支与汇合的步进梯形图编程

图 4-33 表示了一个 3 个选择性分支流程的编程。由梯形图可知，如果 S20 为激活状态，则转移条件 X1 成立时，状态 S21 被激活；X2 成立时，S50 被激活；X10 成立则 S40 被激活。如果分支流程增加，就再并联上相应分支支路即可，对应关系十分清晰，程序编制非常方便。必须注意，选择性分支每一条支路都必须有一个转移条件，不能有相同的转移条件。

选择性汇合的编程方法如图 4-34 所示，这是一个由 3 条分支流程组成的选择性分支的汇合。3 条分支中，总有一个状态处于激活状态，当该状态转移条件成立时，都会使状态 S50 被激活，这一点从梯形图中可以看出。

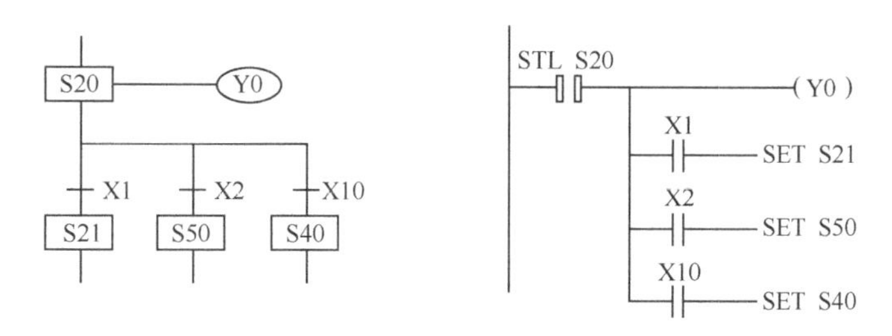

图 4-33　选择性分支步进梯形图编程

SFC 出现分支后，步进梯形图是按照由上到下、由左到右的顺序编程的。因此，图中 STL26,STL S38,STL S45 不是相邻状态。

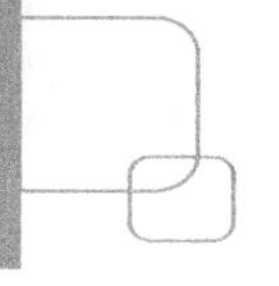

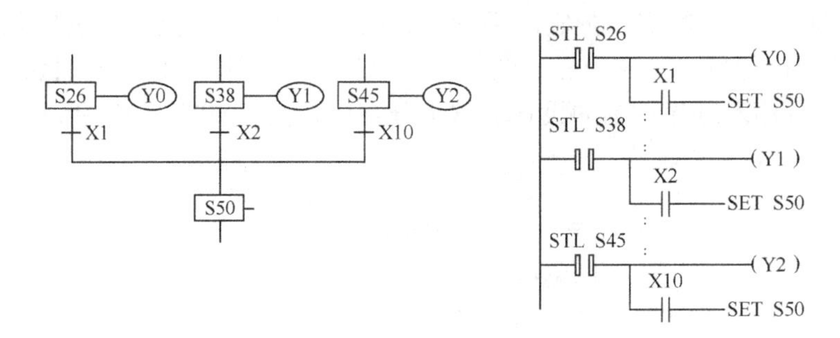

图 4-34　选择性汇合步进梯形图编程

3. 并行性分支与汇合的步进梯形图编程

图 4-35 所示为并行性分支步进梯形图编程方法，当转移条件 X1 成立时，3 条分支流程 S21,S50,S40 同时被激活。梯形图中，X1 接通时，S21,S50,S40 同时被置位激活，而 S20 变为非激活状态。

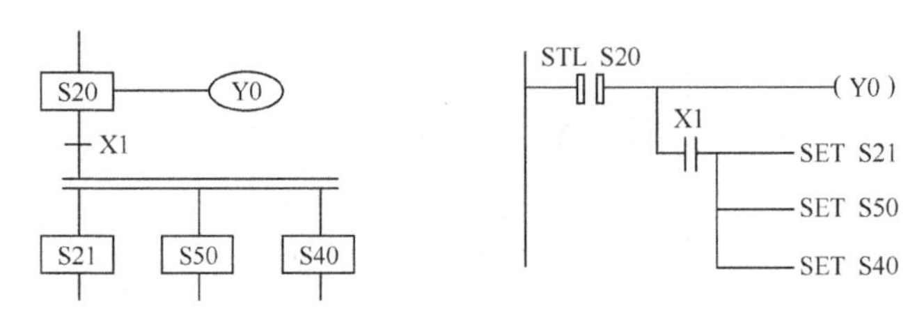

图 4-35　并行性分支步进梯形图编程

图 4-36 所示为并行性分支汇合的编程方法。并行性分支汇合必须等全部支路流程动作完成并 S20,S50,S40 处于激活状态且转移条件 X2 成立时，才汇合到状态 S21。因此，在梯形图中用 S20,S50,S40 的 STL 触点和转移条件 X2 组成串联使 S21 状态激活。这里，产生了同一编号的 STL 触点在梯形图中出现了二次，这是一个特殊的允许情况。如果不涉及并行性分支汇合的情况，一个编号的 STL 触点在梯形图中只能应用一次，也就是说，在步进梯形图中，不能有相同编号的 STL 触点。

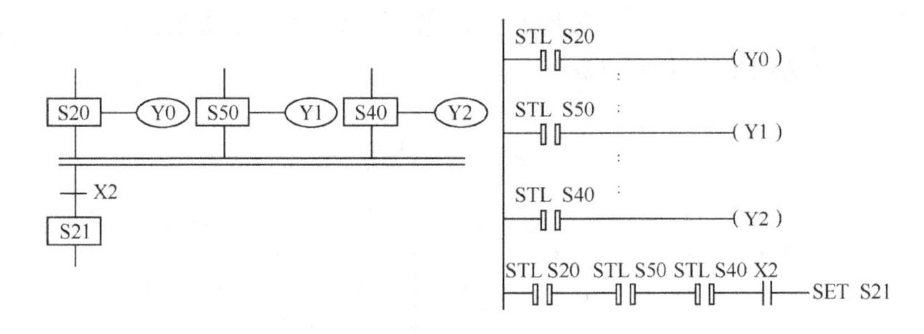

图 4-36　并行性分支汇合的步进梯形图编程

4. 跳转、重复、分离和循环的步进梯形图编程

步进指令梯形图对程序转移方向可以用 SET 指令，但也可用 OUT 指令，它们具有相同的功能，都会将原来的激活状态复位并使新的激活状态 STL 触点接通。但它们在具体应用

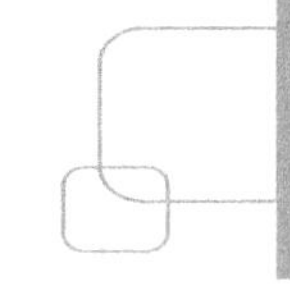

上有所区别，SET 指令用于相连状态（下一个状态）的转移，而 OUT 指令则用于非相连状态（跳转、循环、分离）的转移，而对自身重复转移则用 RST 指令，如图 4-37 所示。

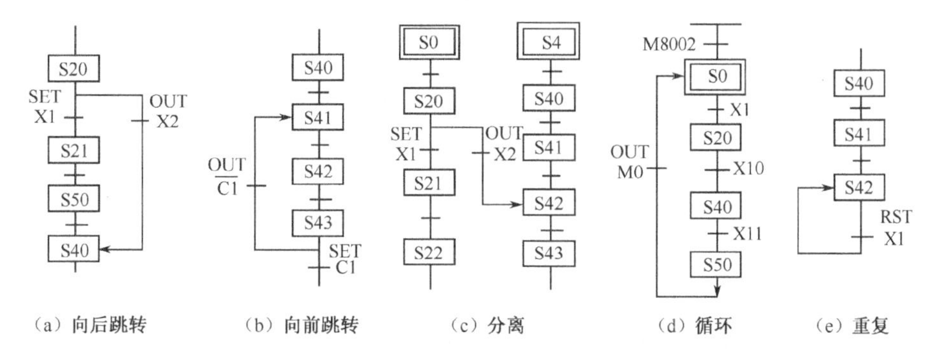

图 4-37　转移方向 OUT 指令应用

图 4-38 所示为转移方向 OUT 指令和重复转移 RST 指令步进梯形图编程。

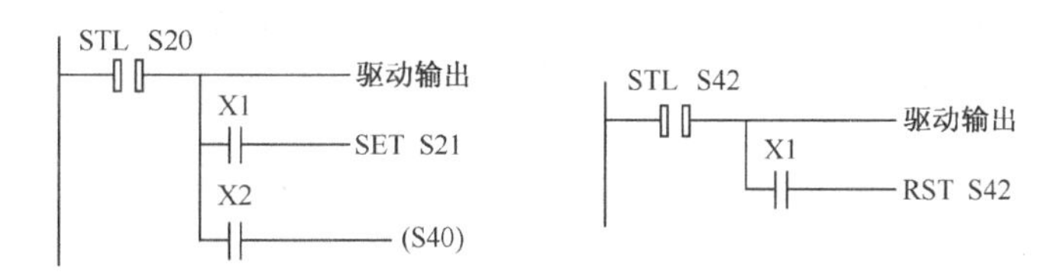

图 4-38　转移方向 OUT 指令和重复转移 RST 指令步进梯形图编程

4.2.3　应用步进指令 SFC 编程时的注意事项

1．输出驱动的保持性

在 4.1.2 节中曾经介绍过，状态内的动作分保持型和非保持型两种，并要求对这种区分要有清楚的表示。步进指令梯形图内当驱动输出时，如果用 SET 指令则为保持型的动作，即使发生状态转移，输出仍然会保持为 ON，直到使用 RST 指令使其复位。如果用 OUT 指令驱动则为非保持型的动作，一旦发生状态转移，输出随着本状态的复位而 OFF。如图 4-39 所示，Y0 为非保持型输出，状态发生转移，马上自动复位为 OFF，而 Y1 为保持型输出，其输出 ON 状态一直会延续到以后的状态中。

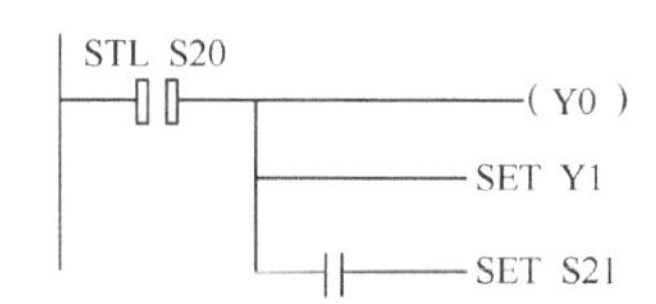

图 4-39　保持型与非保持型输出驱动

2．状态转移的动作时间

步进指令在进行状态转移过程中，有一个扫描周期的时间是两种状态都处于激活状态。因此，对某些不能同时接通的输出，除了在硬件电路上设置互锁环节外，在步进梯形图上也应设置互锁环节，如图 4-40 所示。

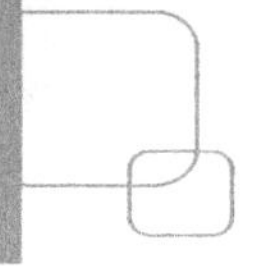

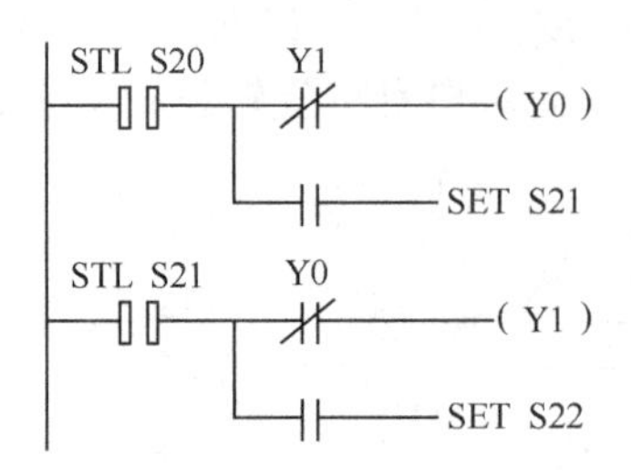

图 4-40　输出的互锁

3．双线圈处理

由于步进梯形图工作过程中，只有一个状态被激活（并行性分支除外），因此，可以在不同的状态中使用同样的编号的输出线图。而在普通梯形图中，因为双线圈的处理动作复杂，极易出现输出错误，故不可采用双线圈编程。而在步进梯形图中，只要是在不同的状态中，可以应用双线圈编程，这一点给 SFC 设计带来了极大的方便。当然，如果是在主母线上或在同一状态母线上编程，仍然不可以使用双线圈，请务必注意。

对定时器计数器来说，也可以和输出线圈一样处理。在不同的状态中对同一编号定时器计数器进行编程。但是，由于相邻两个状态在一个扫描周期里会同时接通，如在相邻两个状态使用同一编号定时器计数器，则状态转移时，定时器计数器线圈不能断开使当前值复位而发生错误。所以，同一编号的定时器计数器不能在相邻状态中出现，如图 4-41 所示。

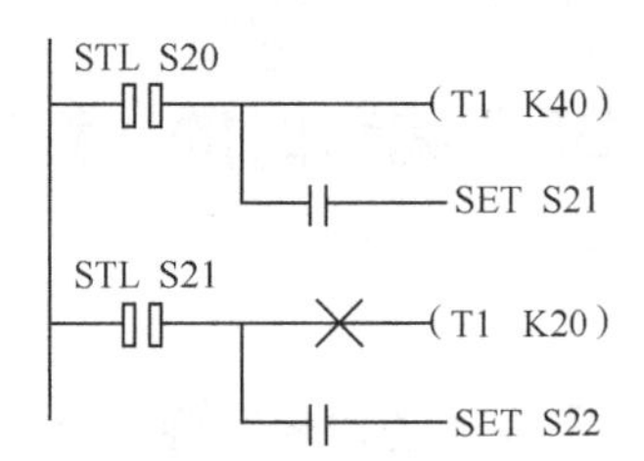

图 4-41　定时器处理

4．输出驱动的序列

在状态母线内，输出有直接驱动和触点驱动两种。步进梯形图编程规定，无触点输出应先编程，一旦有触点输出编程后，则其后不能再对无触点输出编程，如图 4-42 所示。

5．状态母线内指令的应用

（1）STL 指令的状态母线也和主控指令 MC 的子母线一样，与母线相连的触点必须用取指令 LD 或取反指令 LDI 输入。不同的是在主母线和子母线中，不能直接驱动输出，必须有驱动条件。而在状态母线中，由于 STL 触点本身就可以作为驱动条件，所以可以直接驱动输出。如图 4-42（b）中之输出 Y0,Y1 就是这样的。

（2）堆栈指令应用。

① 分支和汇合状态内不可使用块指令（ANB,ORB）和堆栈指令（MPS,MRD,MPP）。

② 在初始状态和一般状态里可以使用块指令和堆栈指令，但不能直接在状态母线上应用堆栈指令，必须在触点之后应用堆栈指令编制程序，如图 4-43 所示。

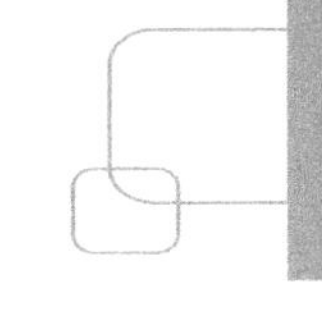

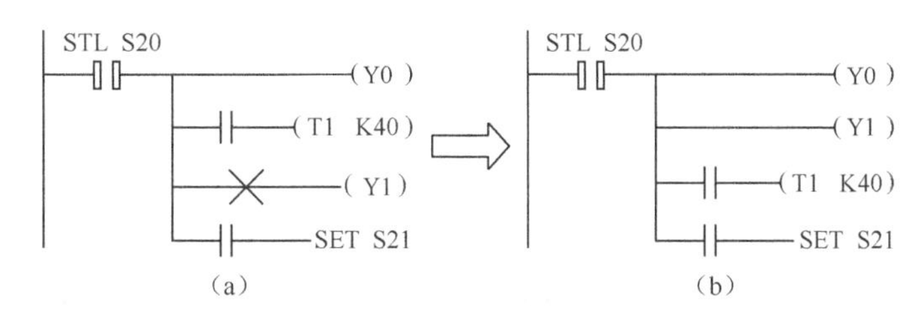

图 4-42　输出驱动的序列

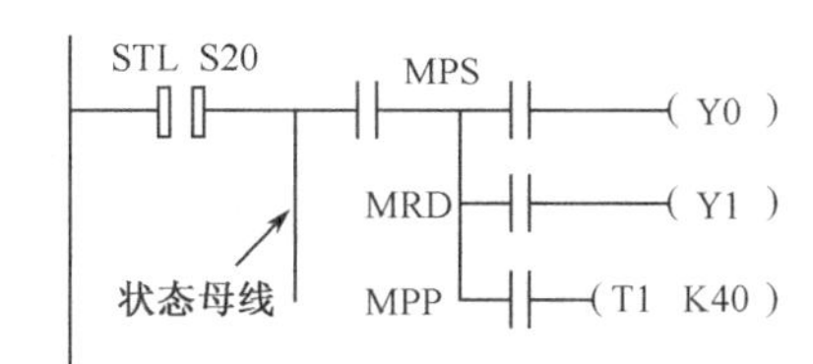

图 4-43　堆栈指令应用

③ 在转移条件支路中，不能使用电路块和堆栈指令，如果转移条件过于复杂，如图 4-44（a）所示，则应用图 4-44（b）所示的方法编程。

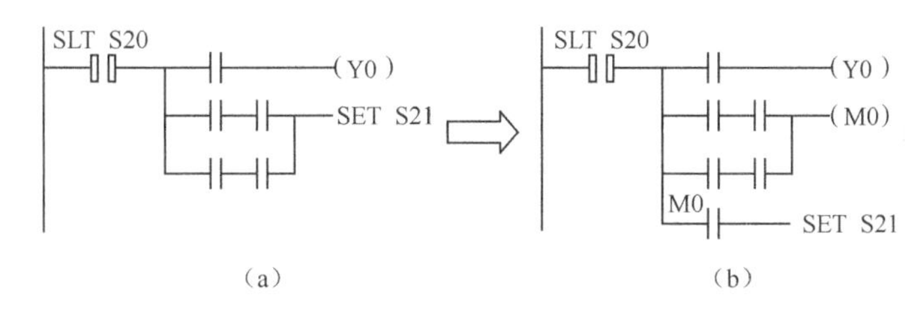

图 4-44　转移条件变形处理

（3）在中断程序与子程序内，不能使用 STL 触点。在状态内部可以使用跳转指令，但因其动作过于复杂，建议不要使用。

6．分支数目的限定

当状态转移产生分支（选择性分支、并行性分支或分离状态的转移）时，STL 指令规定一个初始状态下分支不得多于 8 条（SET 和 OUT 转移指令之和不能超过 8 个）。如果在分支状态流程中又产生新的分支，那么每个初始状态下的分支总和不能超过 16 条。

7．停电保持

在许多机械设备中，控制要求在失电再得电后能够继续失电前的状态运行，或希望在运转中能停止工作以备检测、调换工具等，再启动运行时也能继续以前的状态运转。这时，状态元件请使用停电保持型状态元件（见表 4-2）。

8．多流程程序编程

具有多个初始状态的步进梯形图，要按各个初始状态分开编写。一个初始状态的流程全部编写结束后，再对另一个初始状态的流程进行编写。编程时必须注意，各个状态流程的

STL 触点编号是唯一的，不能互相混用。除了 STL 触点外，状态流程之间可以进行分离转移，如图 4-37（c）所示。

9．停止的处理

“停止”功能是所有控制系统所必须具备的。这里仅讨论一下对 PLC 控制系统停止功能的处理。在 PLC 控制系统中，停止可以由外部电路进行处理，也可以由 PLC 控制程序进行处理，也可以两者结合进行。停止的处理分成两类。一类是暂时停止，这种停止大部分是控制过程所要求的正常停止。例如，一个工作周期后的暂停，工作过程中的工件装卸和检测工艺流程的检查等暂停，PLC 的读写操作停止等。另一类为紧急停止，这是非正常的停止，但也是控制过程中所要求的。当控制过程因违规操作、设备故障、干扰等发生了意外，如不能及时停止，轻则会发生产品质量事故，重则会发生设备人身安全事故时，必须马上停止所有的输出或断电保护。

在继电控制系统中，这两种处理方式区分得不是很清楚，多数统一采用断电保护方式进行。但在 PLC 控制系统中，其处理方式可以有所区别。

1）外部电路处理紧急停止

在外部设计启保停电路，利用继电器触点控制 PLC 的供电电源和 PLC 输出负载电源的通断，达到紧急停止的目的，控制电路如图 4-45 所示。

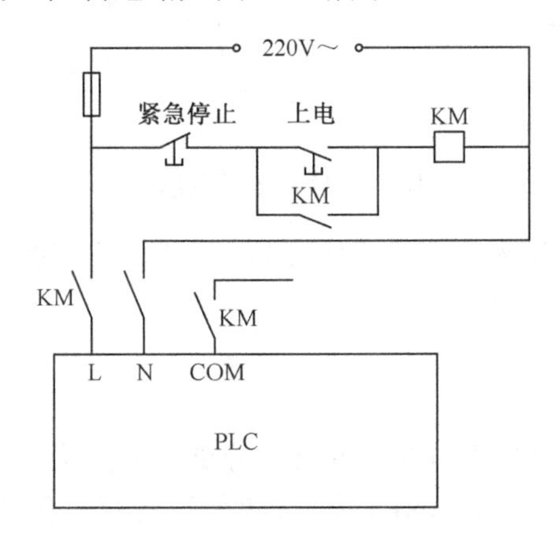

图 4-45　紧急停止电路处理方式

2）PLC 内部程序处理停止

PLC 内部有两个特殊继电器，它们的状态与 PLC 的停止功能有关（见表 4-4）。

表 4-4　与停止相关特殊辅助继电器

编　号	名　称	功能和用途
M8034	禁止输出	该继电器接通后，PLC 的所在输出触点在执行 END 指令后断开
M8040	禁止转移	该继电器接通后，禁止在所有状态之间的转移，但激活状态内的程序仍然运行，输出仍然执行

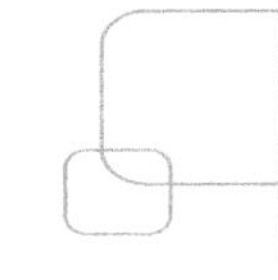

控制这两个特殊继电器状态，就可达到停止或紧急停止的目的。图 4-46 所示为在梯形块中编辑的顺序控制中任意状态停止梯形图程序。

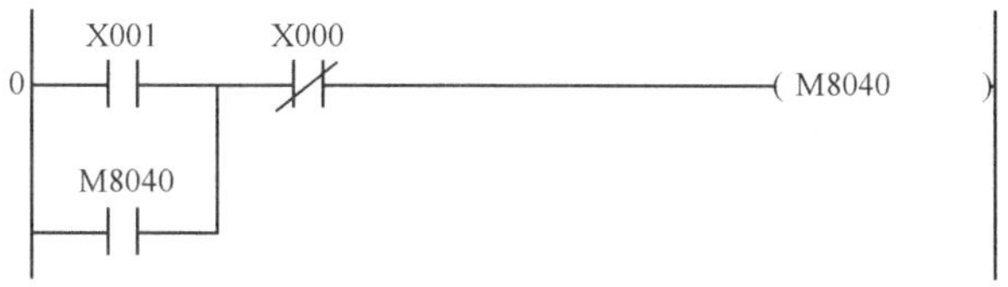

图 4-46　SFC 程序停止转移处理方式

图 4-46 中，按下停止按钮 X01，M8040 驱动，SFC 块中的正在运行的状态继续运行，输出也得到执行，但转移条件成立时，不能发生转移。直到按下启动按钮 X0，又开始下一状态的继续运行。

如果进行单步操作，则直接用自锁按钮控制 M8040，如图 4-47 所示。

图 4-47　SFC 程序单步操作处理方式

在 PLC 中也可以利用这两个特殊继电器实现紧急停止功能，而不需要在每个状态中去添加停止转移分支流程。PLC 实现紧急停止仅是断开所有的输出触点，并不能断开 PLC 电源，这点必须注意。如图 4-48 所示为在梯形图块编辑的紧急停止处理程序。

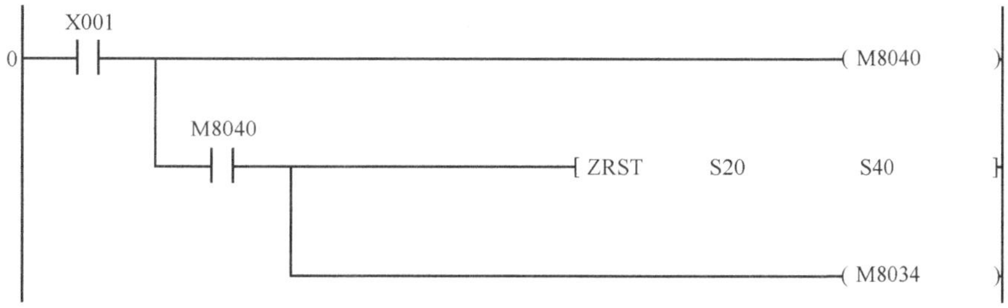

图 4-48　SFC 程序紧急停止处理程序

当执行到某状态时，按下 X1，当前状态仍然运行并执行输出，同时接通 M8034，所有输出被禁止。ZRST 指令对程序中使用的所有状态继电器复位（如 S20-S40）。复位的目的是当需要重新运行时，能从最初状态开始运行。

最后，必须向读者提醒，紧急停止是停止所有的输出。这在某些控制系统中，必须要结合设备运行综合考虑。如果某些执行元件在某种条件下（如高速）紧急停止会发生重大事故，则执行紧急停止的同时，必须在这些执行元件上加装安全防护措施，以避免因紧急停止而带来重大的设备人身事故。

4.3 GX Developer 编程软件中的 SFC 编程

4.3.1 GX Developer 编程软件中的 SFC 编程说明

在讲解顺序控制时，重点介绍了两种顺序控制的表示方法。一种是 SFC 表示，一种是 STL 指令步进梯形图表示，如图 4-49 所示。

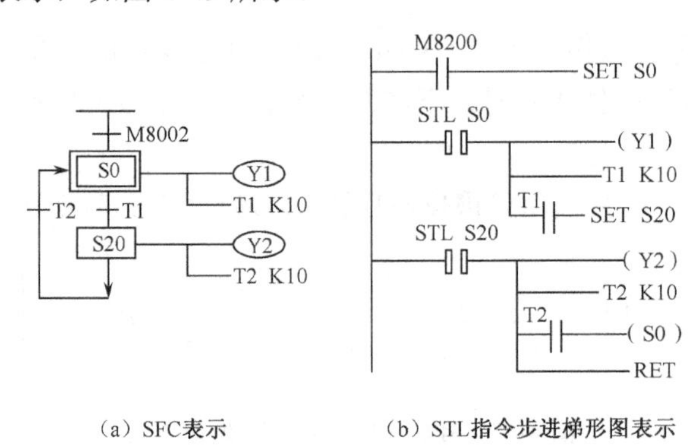

（a）SFC表示　　（b）STL指令步进梯形图表示

图 4-49　顺序控制表示方法

SFC 是专门为顺序控制而设计的，它把顺序控制的流程表示的非常清晰、简单，对控制的内容也进行了描述，对转移条件也做了清楚的指示。而 STL 指令步进梯形图则是三菱专门针对顺序控制而开发的，它的特点是根据 SFC 可以马上写出 STL 指令梯形图。但是这两种表示方法均不能在 GX Develop 编程软件中编辑。在 GX Develop 编程软件中，顺序控制程序有 3 种编辑方法，如图 4-50 所示。

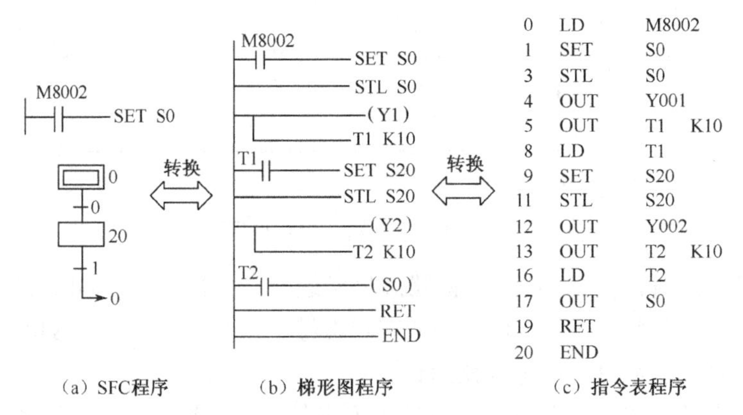

（a）SFC程序　　（b）梯形图程序　　（c）指令表程序

图 4-50　顺序控制程序的 GX 编程

SFC 程序是仿照 SFC 而设计的，同样具有控制流程清晰的优点。但它不能被 PLC 所执行，编辑以后必须转换为梯形图程序（由 GX 软件完成）。梯形图程序和指令表程序是 PLC 最常用的两种编程方法，互相之间也可以通过编程软件 GX 进行转换。SFC 程序和指令表程序则不能直接进行转换。

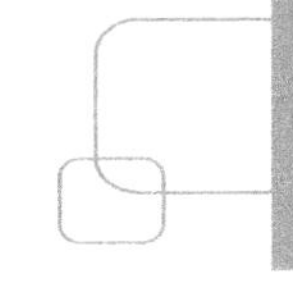

在这一节中，将介绍 SFC 程序和梯形图程序的 GX 软件编辑方法。首先用图 4-51 所示最简单的 SFC 程序对 SFC 程序的结构做一些简单的介绍。SFC 程序分成两大块：

（1）梯形图块，这是在 SFC 程序中与主母线相连的程序段。例如，在程序开始时用于激活初始状态的程序段，用于紧急停止的程序段或是在 RET 指令后的用户程序段。它们的编辑方法与普通梯形图编辑相同。

（2）SFC 块，如图 4-52 所示，这是用方框、连线、横线和箭头等图像所表示的 SFC 程序，在 SFC 程序中，一个 SFC 块表示一个 SFC 流程，一般以其初始状态的状态元件命名。一个 SFC 程序最多只能 10 个 SFC 块。

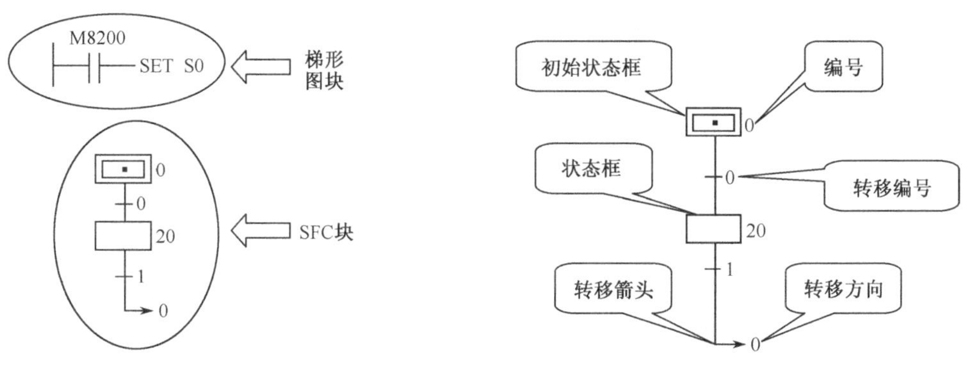

图 4-51　SFC 程序的块　　　　图 4-52　SFC 块的结构组成

在 SFC 块上，是看不到与状态母线相连的有关驱动输出、转移条件和转移方向等梯形图程序的。把这些看不到的梯形图程序称为 SFC 内置梯形图。

对 SFC 块的编辑就是生成这些 SFC 图形，对它们进行编号和输入相应的内置梯形图。

4.3.2　STL 指令单流程 SFC 程序编制

图 4-53 所示为输出 Y1 和 Y2（指示灯）轮流闪烁的 STL 指令步进梯形图，现以该图为例讲解 STL 指令单流程 SFC 程序的编制。

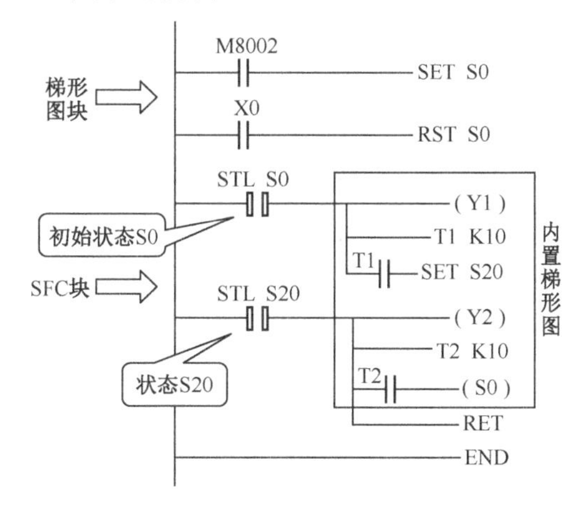

图 4-53　闪烁程序 STL 指令梯形图

1. 启动 SFC 编程窗口

启动 GX Develop 编程软件，单击“工程”菜单，单击创建新工程项或单击新建工程按钮 ，弹出“创建新工程”对话框，如图 4-54 所示。

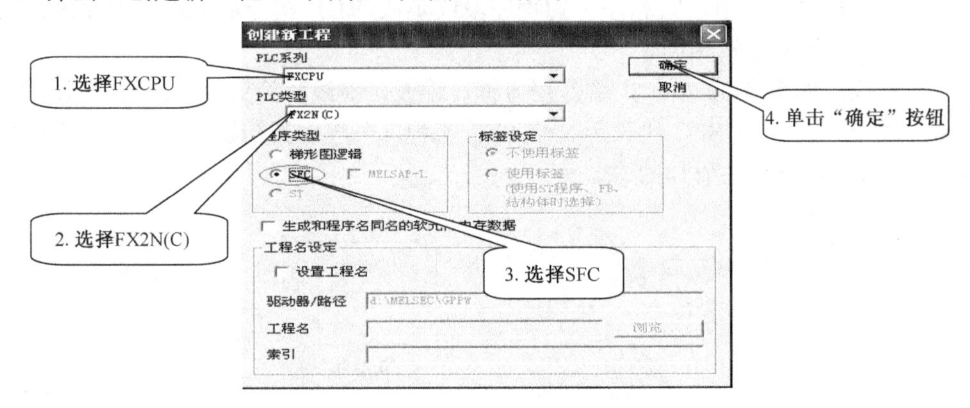

图 4-54　“创建新工程”对话框

按图中 1,2,3,4 顺序进行选择并单击“确定”后，出现如图 4-55 所示的块列表窗口。

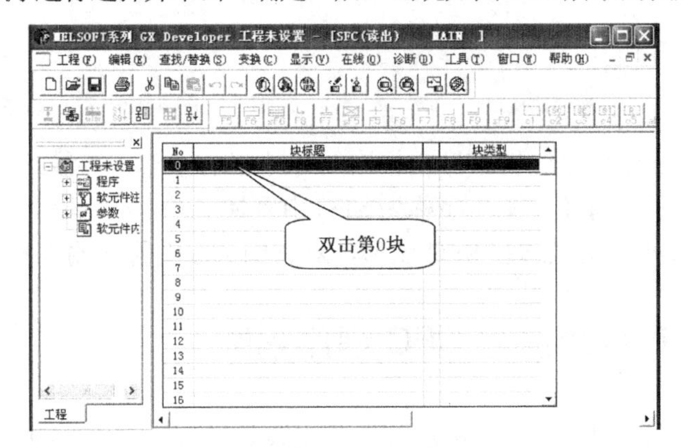

图 4-55　块列表窗口

2. 梯形图块编辑

双击第 0 块，弹出“块信息设置”对话框，如图 4-56 所示。

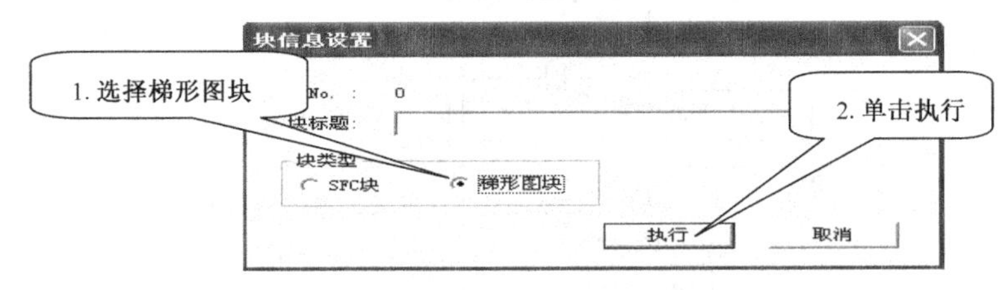

图 4-56　“块信息设置”对话框

现在要编辑的是激活初始状态 S0 的程序行。该梯形图程序是与主母线相连的“梯形图块”。在“块信息设置”对话框内，块标题栏可以根据需要填写，也可以不填。块类型为“梯形图块”，单击“执行”按钮，出现 SFC 编辑窗口，如图 4-57 所示。

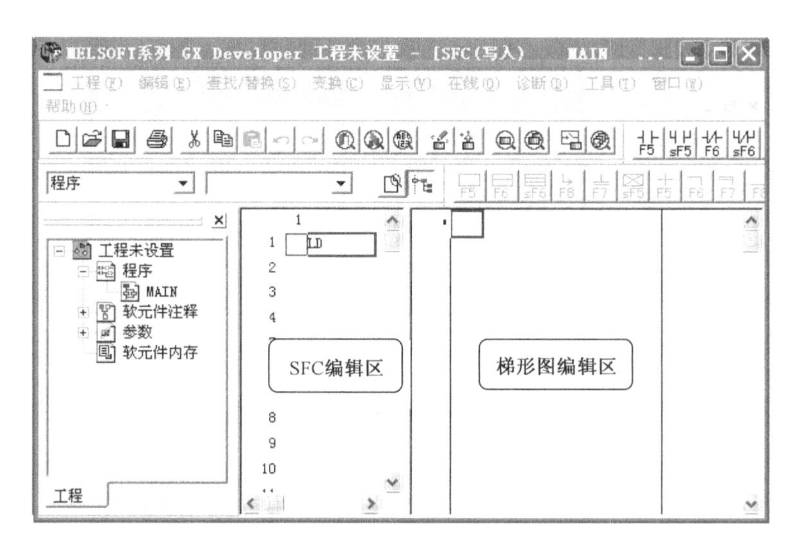

图 4-57　SFC 编辑窗口

SFC 编辑窗口有两个区，一个是 SFC 编辑区，一个是梯形图编辑区。SFC 编辑区是编辑 SFC 程序的，而梯形图编辑区是用来编辑梯形图的。不管是主母线相连梯形图块还是 SFC 程序的内置梯形图，都在这里编辑。

将光标移入梯形图编辑区，编辑激活初始状态程序块。编辑完毕后，发现该程序块为灰色的，说明该程序段还未编译。单击“程序变换”图标，如图 4-58 所示，程序块变为白色，说明程序编译完成。在以后的梯形图区中编辑的程序块在编辑完成后都要进行“程序变换”操作。

3．SFC 块编辑

SFC 块编辑包括驱动输出程序编辑、转移条件编辑和程序转移编辑。

1）SFC 块信息设置

单击右上角“关闭”图标，如图 4-59 所示。出现“块列表”窗口，如图 4-55 所示。

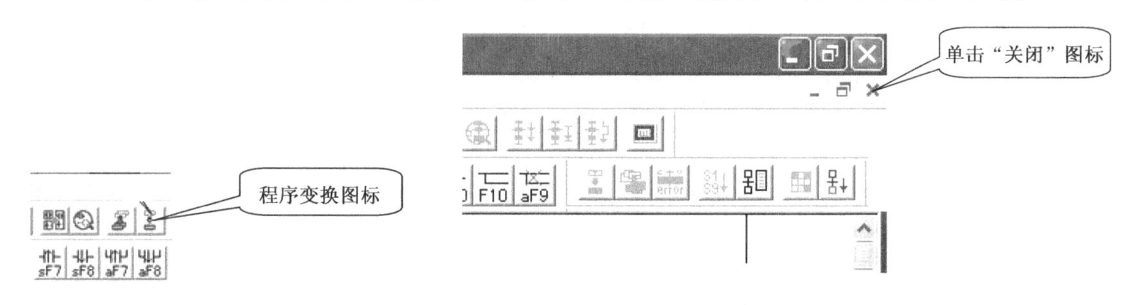

图 4-58　程序变换图标　　　　图 4-59　关闭 SFC 编辑窗口

双击第 1 块，弹出“块信息设置”对话框，如图 4-60 所示。

在块标题中填入“S0”，表示是以 S0 为初始状态的一个 SFC 控制流程。在 SFC 编辑中，一个流程为一个块，以其初始状态编号为块标题，因此，块标题只能填入 S0～S9。单击“执行”按钮，重新出现 SFC 编辑窗口，如图 4-61 所示。

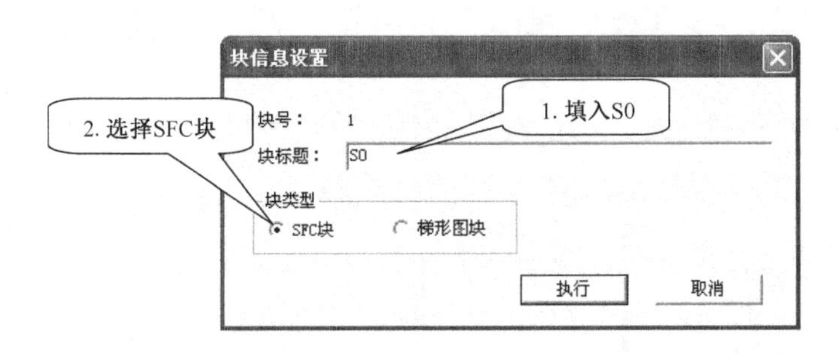

图 4-60 “块信息设置”对话框

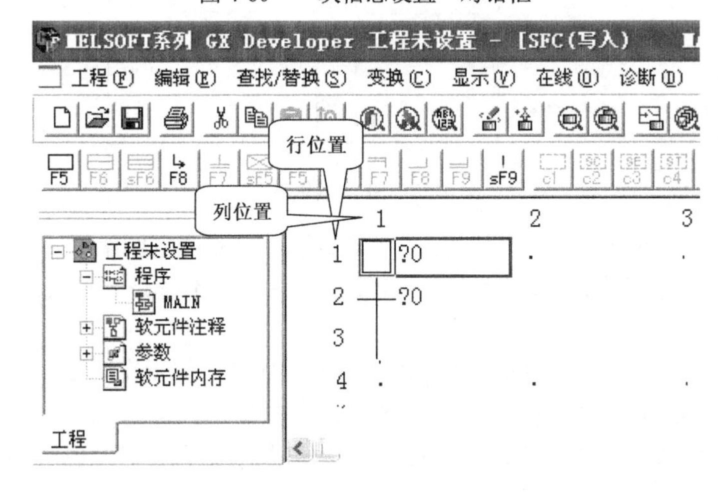

图 4-61 SFC 块编辑窗口

2）初始状态 S0 的内置梯形图编辑

在 SFC 编辑区出现了表示初始状态的双线框及表示状态相连的有向连线和表示转换条件的横线。若方框和横线旁有两个“？0”，“？0”表示初始状态 S0 内还没有驱动输出梯形图。图标的左边有一列数字，为图标所在行位置编号；图标的上边有一行数字，为图标所在列位置编号。例如，双线方框的位置为 1×1（行×列）。

现对初始状态 S0 进行驱动输出梯形图编辑。

（1）双击双线方框，弹出“SFC 符号输入”对话框，如图 4-62 所示。

该对话框是 SFC 的编号输入对话框。“STEP”表示对状态框进行编号，要求编号与状态框所用状态元件编号相同。现为初始状态 S0，则其编号为 0（注意：不是 S0），单击“确定”按钮，编号完成。

（2）单击双线方框，将鼠标移入梯形图编辑区单击，现在可对初始状态 S0 的驱动输出进行梯形图编辑。编辑完毕，单击“程序变换”图标，这时 SFC 编辑区的对话框旁边的“？”号已经消失。它表示状态 S0 的驱动输出梯形图已经内置。

如果状态为空操作，即无内置梯形图，则无须输入内置梯形图，仍然保留“？”号，继续往下编辑，并不影响 SFC 程序整体转换。

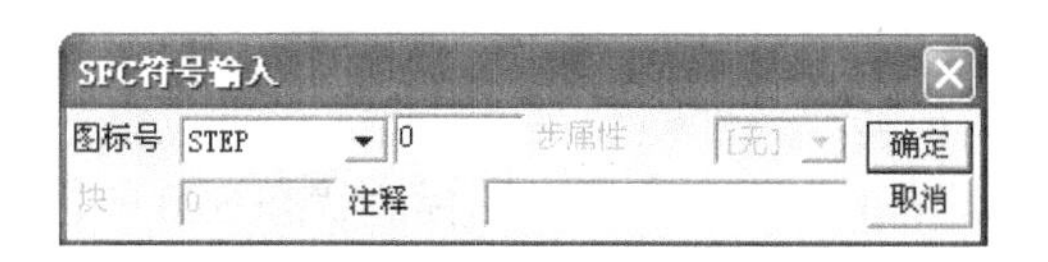

图 4-62　“SFC 符号输入”对话框

3）初始状态 S0 的转移条件编辑

双击横线，弹出“SFC 符号输入”对话框，如图 4-63 所示。这是对转移条件（横线）进行了编号的对话框。“TR”表示对转移条件进行编号。转换条件不能像 SFC 图上一样，在横线边上标注“X0”等符号，而是在按顺序编号“0,1,2,…”等，“0”表示第 0 个转移条件。单击“确定”按钮，进行转移条件梯形图编辑。

单击横线“？0”，将鼠标移入梯形图编辑区单击，输入 T1、TRAN，如图 4-64 所示。单击“程序转换”图标，这时横线旁边“？”已经消失，说明转移条件输入已经完成。

在 GX 编辑软件里，是用“TRAN”代替“SET S20”进行编辑的。可以把“TRAN”看成一个编辑软件转移指令，转移方向由软件自动完成。

图 4-63　“SFC 符号输入”对话框

图 4-64　TRAN 指令输入

4）状态 S20 的内置梯形图编辑

将鼠标移到 SFC 编辑区位置 4×1 处，单击鼠标左键，出现光标，再单击“状态图标”F5，弹出 STEP“SFC 符号输入”对话框，如图 4-65 所示。依据初始状态 S0 驱动输出梯形图编辑说明，填入编号“20”。单击“确定”后在位置 4×1 处，出现状态 S20 方框及“？20”。单击状态 20 方框，将鼠标移入梯形图编辑区单击，编辑状态 S20 的内置驱动输出梯形图，并单击“程序变换”图标进行转换。

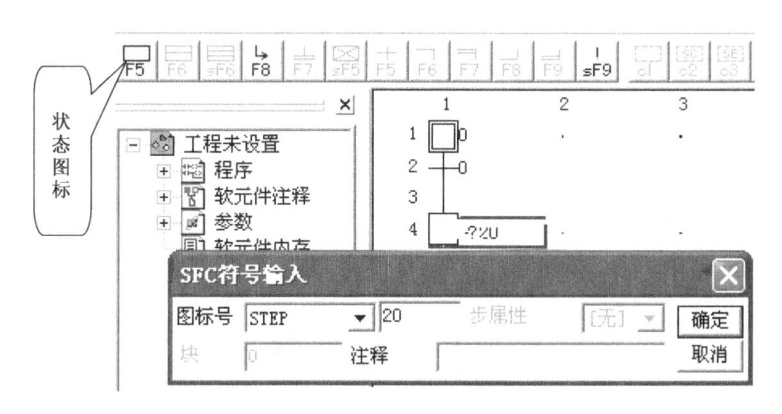

图 4-65　状态 S20 方框生成图

双击位置 5×1 处，弹出 TR“SF 符号输入”对话框，如图 4-66 所示。按顺序填入编号“1”，单击“确定”按钮，出现转移条件横线及“？1”。单击位置横线 1 处，编辑转移条件内置梯形图。输入 LD T2,TRAN，单击“程序变换”图标，状态 S20 的转换条件输入已经完成。

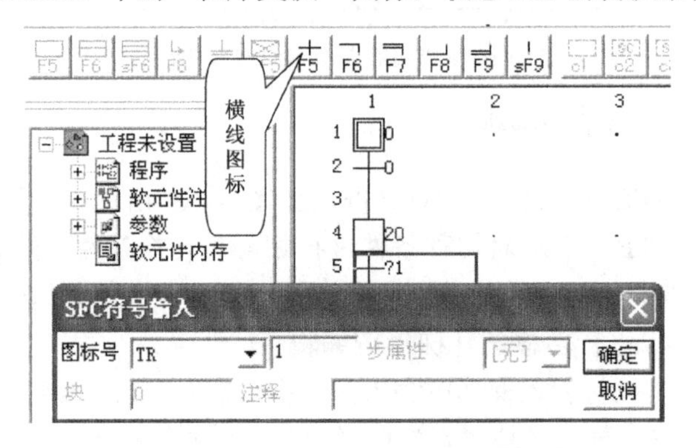

图 4-66　状态 S20 转换横线生成图

如果在 SFC 块中，控制流程状态存在多个，则每一个状态都必须按照状态 S20 的方法顺序编辑各个状态的内置驱动输出梯形图块和转移条件内置梯形图输入。当所有状态的梯形图编辑完毕，则转入循环跳转编辑。

5）循环跳转编辑

为保证 SFC 控制流程构成 PLC 程序的循环工作。应在最后一个状态里设置返回到初始状态或工作周期开始状态的循环跳转转移。本例中，状态 S20 已完成一个周期的控制流程，应编辑循环跳转到状态 S0 的 SFC 工作环节。

将鼠标移到 SFC 编辑区的位置 7×1，单击后，出现光标。单击“跳转”图标。弹出 JUMP“SFC 符号输入”对话框，如图 4-67 所示。图标号“JUMP”表示跳转，其编号应填入跳转转移到所在状态的编号。这里跳转到初始状态 S0，其编号为“0”，填入“0”，不是“S0”。单击“确定”按钮，这时，会看到位置 7×1 有一转向箭头指向 0。同时，在初始状态 S0 的方框中多了一个小黑点儿，这说明该状态为跳转的目标状态，这也为阅读 SFC 程序流程提供了方便。至此，SFC 程序编辑完成。

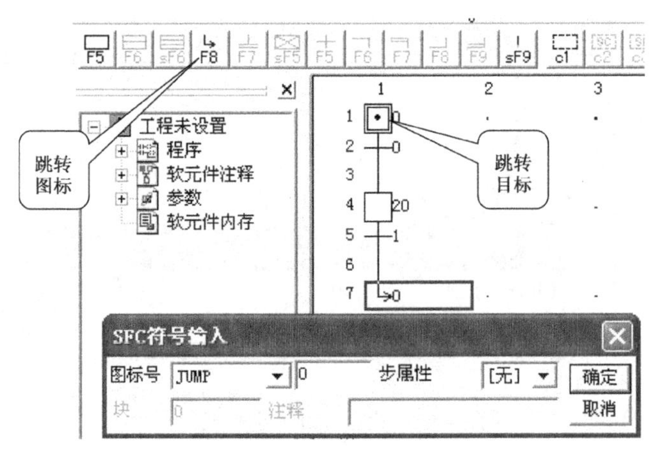

图 4-67　循环跳转箭头生成图

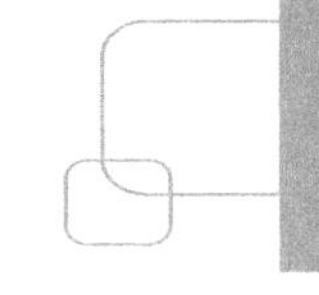

4．SFC 程序整体转换

上面的操作是梯形图块和 SFC 块的程序分别编制。整体 SFC 及其内置梯形图块并未串接在一起，因此，需要在 SFC 中进行 SFC 程序整体转换操作。其操作：按下键盘上的功能键 F4 或单击“程序变换”图标，这样，SFC 的 GX 软件编程才算全部完成。

注意：如果 SFC 程序编辑完成，未进行整体转换，一旦离开 SFC 编辑窗口，那刚刚编辑完成的 SFC 及其内置梯形图则前功尽弃。

5．SFC 程序编辑要点

上面是按照单流程 SFC 程序的顺序进行编辑操作的。它是画出一个 SFC 图形，进行一次内置梯形图操作，但实际上不一定按顺序操作。也可以先画出全部 SFC 程序图形（图 4-67 中的 SFC 编辑图形），然后，再逐个图形地输入内置梯形图。也可以先画几个 SFC 图形，输入几个内置梯形图，再画几个 SFC 图形，输入几个内置梯形图，直至完成。具体操作因人而异，但基本操作是一致的，必须熟练掌握。SFC 编辑的基本操作见表 4-5。

表 4-5　SFC 程序编辑基本操作一览表

SFC 图形名称	操　作	备　注
状态	① 单击图标 F5 ，生成状态方框； ② 单击方框，输入 STEP 编号； ③ 编辑内置梯形图，单击图标“程序变换”	初始状态双线方框自动生成
转换条件	① 单击图标 F5 ，生成转移条件横线； ② 单击横线，输入 TR 编号； ③ 编辑内置梯形图，单击图标“程序变换”	初始状态转移条件横线自动生成
转移方向	① 单击图标 F8 ，生成转移方向箭头； ② 单击箭头，输入 JUMP 编号	转移目标状态方框内生成黑点
整体转换	按下“F4”或单击图标“程序变换”	

6．SFC 程序与梯形图程序之间的转换

编辑好的 SFC 程序 PLC 不能执行，还必须把它转换成梯形图程序才能执行。其操作顺序如图 4-68 所示。

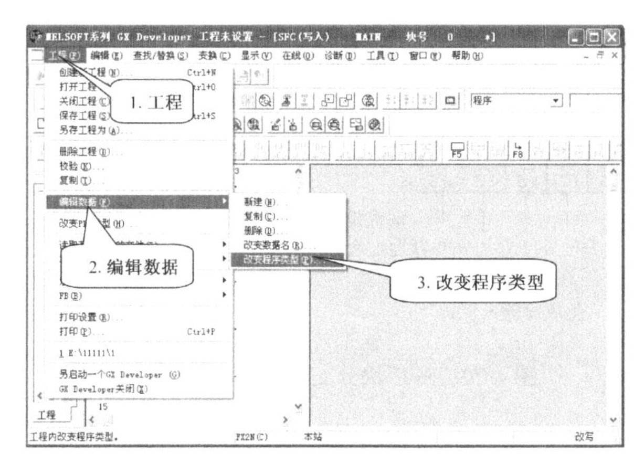

图 4-68　SFC 程序转换为梯形图程序操作

转换后界面为灰色，这时可在工程栏内，双击程序/MAIN，如图 4-69 所示。出现转换后的梯形图程序，仔细观察梯形图，可以发现虽然没有编辑 RET,END 指令，但 GX 软件自动生成 RET,END 指令。

如果想从梯形图转换成 SFC 程序，操作方法一样。转换后会发现“块列表”窗口，双击 SFC 块，再按图 4-57 所示打开程序，出现 SFC 编辑窗口。

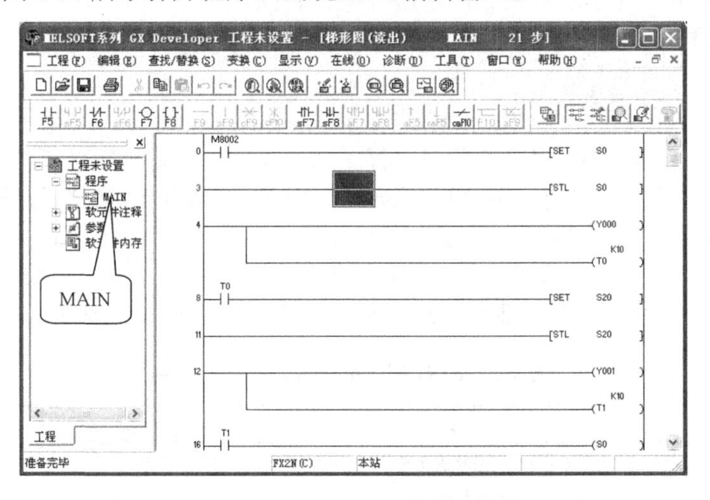

图 4-69　SFC 程序转换为梯形图程序操作图示

4.3.3　STL 指令分支流程 SFC 程序编制

1．分支连线工具图标介绍

上面介绍的是单流程 SFC 程序编制。但其中关于图形编辑的基本操作是通用的，在介绍分支流程 SFC 程序编制之前，先介绍一下关于分支图形的应用图标工具。

图 4-70 所示为所用工具图标，图标的作用是在 SFC 编辑区画出分支的各种连线。图标分两类，它们的作用是一样的，但操作方法不同。

（1）生成线输入图标：这类图标生成指定的长度连线。

（2）划线输入图标：这类图标为动态画线，单击图标后，在指定的位置上按住鼠标左键横向移动，就会划出一条连线，划到一定位置后，松开左键，一条连线被画出。其中“划线删除”图标用于删去已画连线（包括由生成线输入所画连线）。

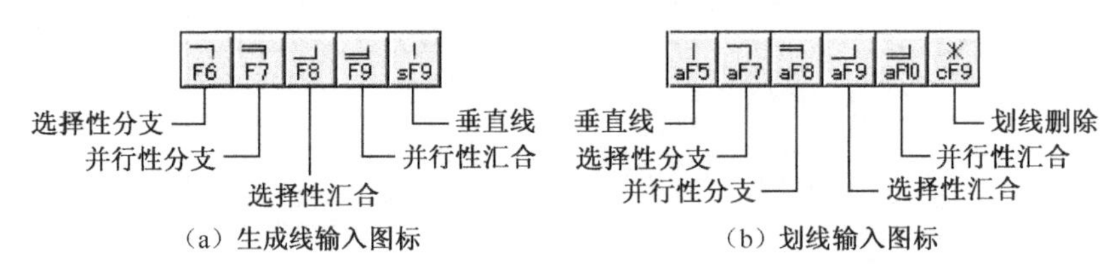

（a）生成线输入图标　（b）划线输入图标

图 4-70　SFC 块分支流程应用工具图标

图 4-71 所示为一个含有分支流程的 SFC 程序。图中各个状态的驱动输出程序均未表示。下面将通过图例来学习分支流程 SFC 块的编辑。

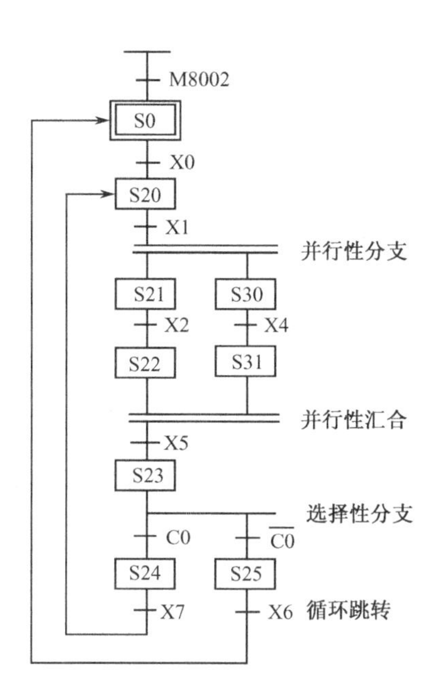

图 4-71　含有分支的 SFC 程序例图

2. 分支流程 SFC 块图形编辑

换一种方式来学习 SFC 块的编辑。先将 SFC 快的所有流程图形全部画出，然后再输入内置梯形图。

首先，按照 4.3.2 节所讲进入如图 4-61 所示的 SFC 块编辑窗口。然后再按表 4-6 的步序进行操作。操作完成，形成如图 4-72 所示的 SFC。图 4-72 中，各个状态框和转换条件横线都常有问号，表示内置梯形图还未输入，这是下一步要做的工作。

表 4-6　分支流程 SFC 块图形编辑步序

步　序	光 标 位 置	操　　作	图 形 结 果
1	4×1	单击 F5，输入编号 20	生成状态框 20
2	5×1	单击 F5，输入编号 1	生成横线 1
3	6×1	单击 F7，输入长度 1	生成并行分支
4	7×1	单击 F5，输入编号 21	生成状态框 21
5	8×1	单击 F5，输入编号 2	生成横线 2
6	10×1	单击 F5，输入编号 22	生成状态框 22
7	7×2	单击 F5，输入编号 30	生成状态框 30
8	8×2	单击 F5，输入编号 3	生成横线 3
9	10×2	单击 F5，输入编号 31	生成状态框 31
10	11×1	单击 F9，输入长度 1	生成并行汇合
11	12×1	单击 F5，输入编号 4	生成横线 4
12	13×1	单击 F5，输入编号 23	生成状态框 23
13	14×1	单击 F6，输入长度 1	生成选择分支

续表

步　序	光标位置	操　　作	图形结果
14	15×1	单击[F5]，输入编号 5	生成横线 5
15	16×1	单击[F5]，输入编号 24	生成状态框 24
16	17×1	单击[F5]，输入编号 6	生成横线 6
17	19×1	单击[F8]，输入编号 20	生成转移方向 20
18	15×2	单击[F5]，输入编号 7	生成横线 7
19	16×2	单击[F5]，输入编号 25	生成状态框 25
20	17×2	单击[F5]，输入编号 8	生成横线 8
21	19×2	单击[F8]，输入编号 0	生成转移方向 20

说明：（1）光标位置 4×1 表示光标所在（行×列）位置。

（2）输入选择或并行性分支与汇合时，会出现“SFC 符号输入”对话框，编号数字为生成线的长度。例如，“2”为 2 个基本单位长度（1 个基本单位 0 长度为 1 个列宽）。

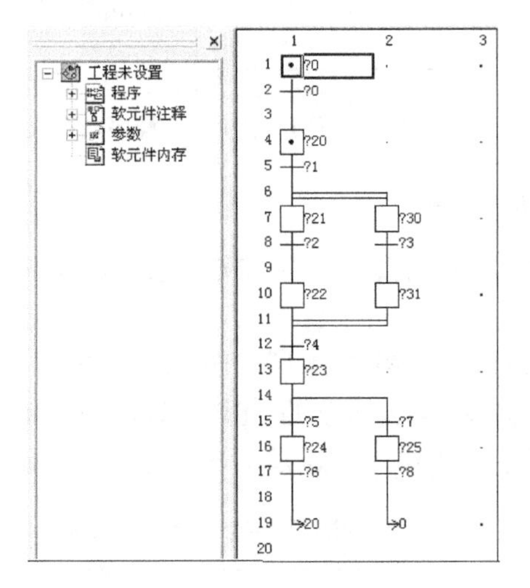

图 4-72　含有分支的 SFC 程序例图

3. 分支流程 SFC 块内置梯形图编辑

对每一个状态框和转换条件横线都必须进行内置梯形图输入，其步骤：

（1）将光标移到状态框或转移条件横线位置处。

（2）单击“梯形图编辑区”。

（3）输入相应的内置梯形图，并单击“程序转换”图标进行编译。

（4）重复步骤（1）～（3），直到所有内置梯形图输入完毕。

（5）单击“程序转换”，进行整体程序转换。

4.3.4　SFC 仿真

SFC 程序编辑完毕，和普通梯形图一样也可以在仿真软件上进行仿真。

双击“块列表”窗口之“SFC 块”，进入 SFC 编辑窗口，单击仿真图标。

现以如图 4-53 所示闪烁程序为例说明 SFC 程序的仿真过程。闪烁程序的运行结果是输出 Y1 和 Y2（指示灯）轮流显示 1s，直到按下停止按钮 X0 为止。

仿真中的画面如图 4-73 所示。一个蓝色的方块在初始状态 S0 和状态 S20 轮流跳跃。状态呈现蓝色，表示这一状态为有效状态即正在执行中的状态。如果鼠标单击某个状态框，则该状态内置梯形图会同步显示在梯形图编辑区。当该状态为有效状态时，状态内各个元件输出情况一目了然。如欲退出仿真，再次单击仿真图标。

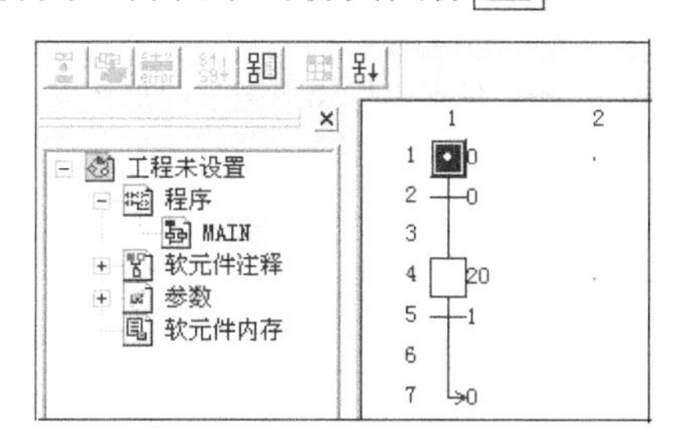

图 4-73　SFC 程序仿真画面

4.3.5　STL 指令程序梯形图编制

三菱 FX 系列 PLC 顺序控制的最大特点是有了 SFC，就可以一边观察 SFC，一边写出 STL 指令步进梯形图。同样，有了 STL 指令步进梯形图就可以马上写出 PLC 可执行的梯形图程序。有了梯形图程序，也可以马上写出指令表程序。正是这个特点，使应用梯形图程序直接编制 SFC 程序变得十分简单和方便。

在编制 SFC 程序梯形图时，重点是掌握 STL 指令梯形图和梯形图之间的联系及其规律。下面分别给予介绍。

1. 一个状态的对应关系

图 4-74 表示了一个状态的 STL 步进梯形图和梯形图的对应关系。由图中可以看出，STL 触点在梯形图变成了与主母线直接相连的 STL 指令，驱动输出与转移程序一样。

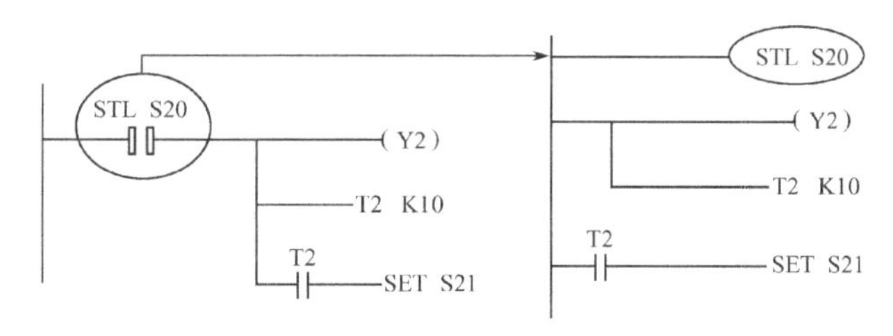

图 4-74　一个状态步进梯形图与梯形图对应关系

2. 分支流程的对应关系

1）选择性分支与汇合

选择性分支、汇合步进梯形图与梯形图的对应关系如图 4-75 和 4-76 所示。图中已清楚表达了它们的联系规律，不再赘述。

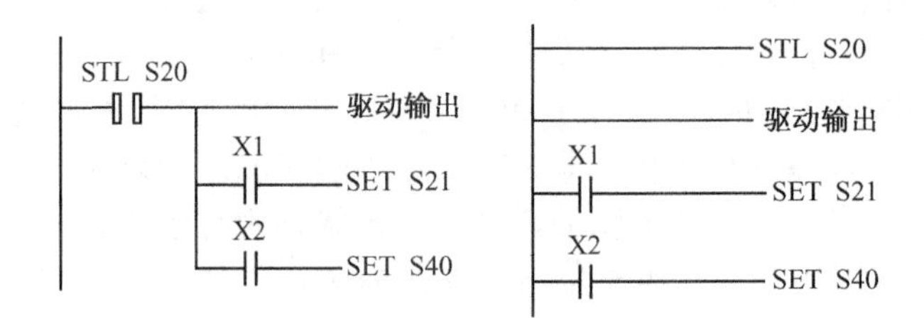

图 4-75　选择性分支步进梯形图与梯形图对应关系

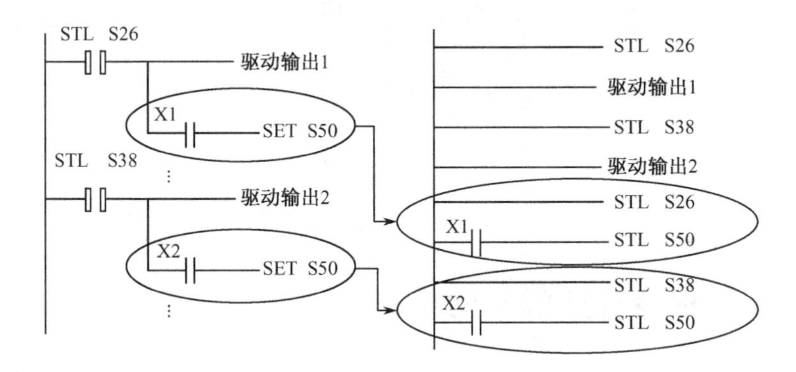

图 4-76　选择性汇合步进梯形图与梯形图对应关系

2）并行性分支与汇合

并行性分支、汇合步进梯形图与梯形图的对应关系如图 4-77、图 4-78 所示。

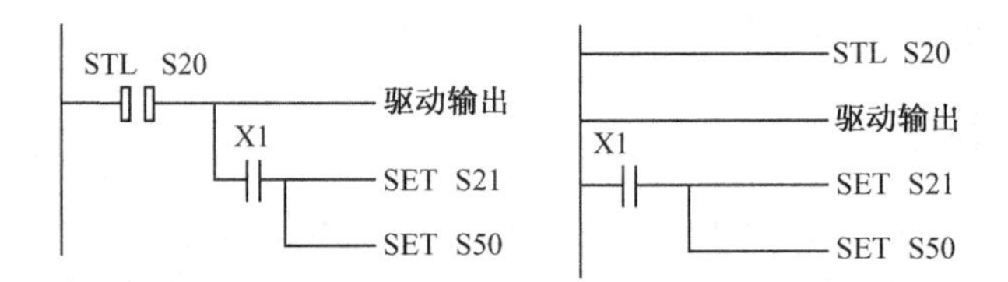

图 4-77　并行性分支步进梯形图与梯形图的对应关系

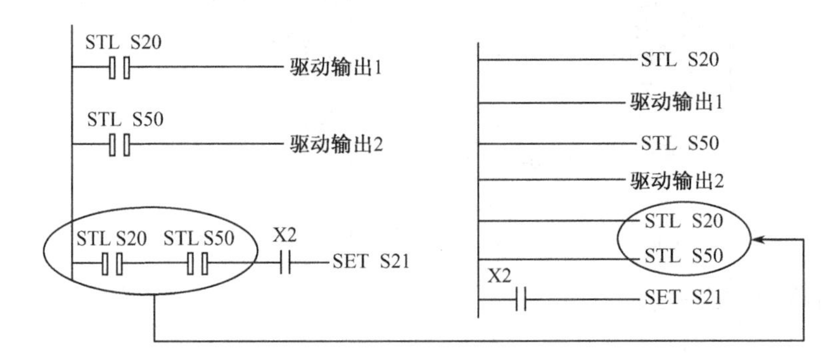

图 4-78　并行性汇合步进梯形图与梯形图的对应关系

【例 1】 如图 4-79 所示为某控制系统的顺序控制 SFC。试根据该图直接画出 STL 指令步进梯形图和梯形图程序。

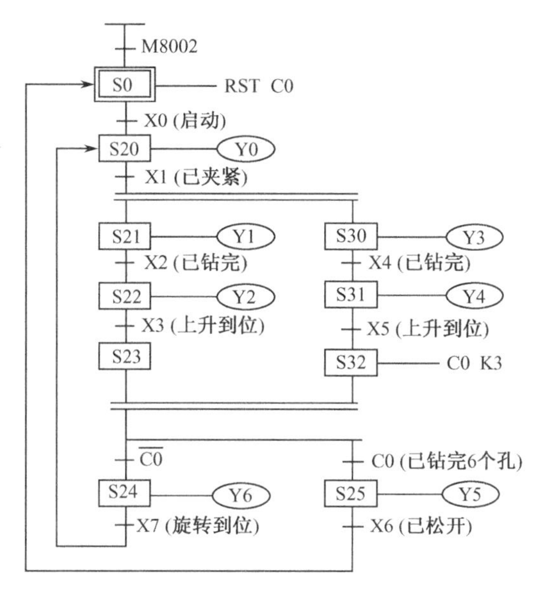

图 4-79　控制系统 SFC

与 SFC 对应的 STL 指令步进梯形图如图 4-80 所示。相应梯形图程序如图 4-81 所示。

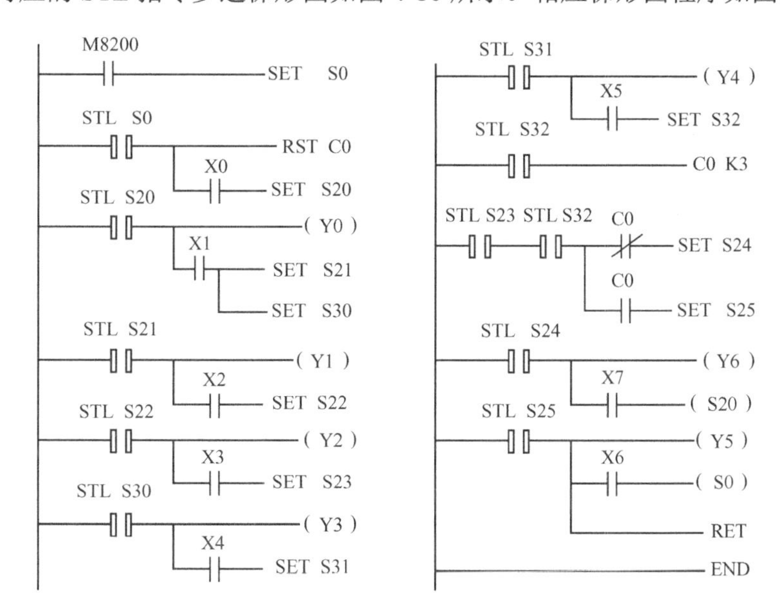

图 4-80　与 SFC 对应的 STL 指令步进梯形图

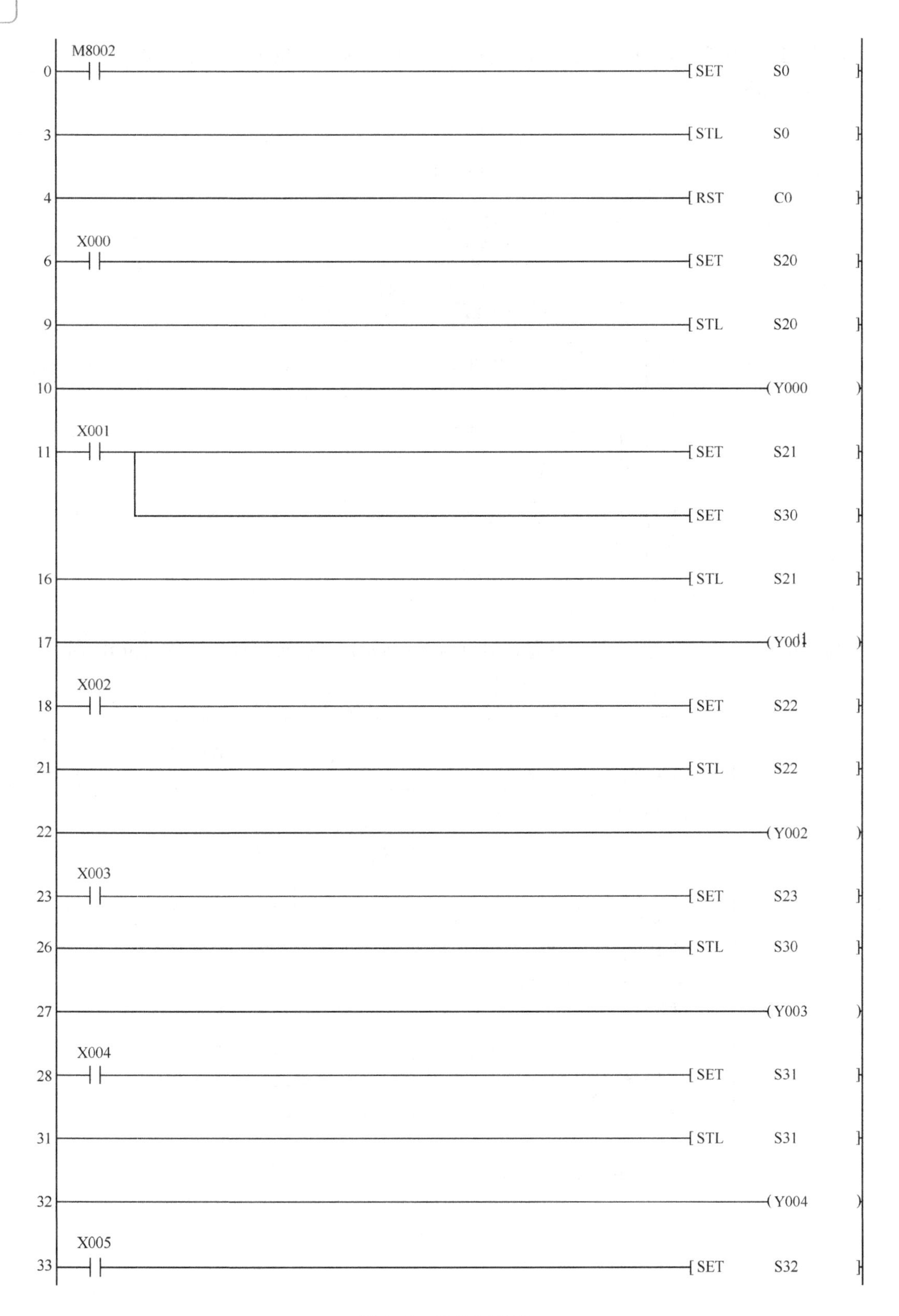
M8002
0
SET S0
3
STL S0
4
RST C0
X000
6
SET S20
9
STL S20
10
Y000
X001
11
SET S21
SET S30
16
STL S21
17
Y001
X002
18
SET S22
21
STL S22
22
Y002
X003
23
SET S23
26
STL S30
27
Y003
X004
28
SET S31
31
STL S31
32
Y004
X005
33
SET S32

图 4-81　梯形图程序

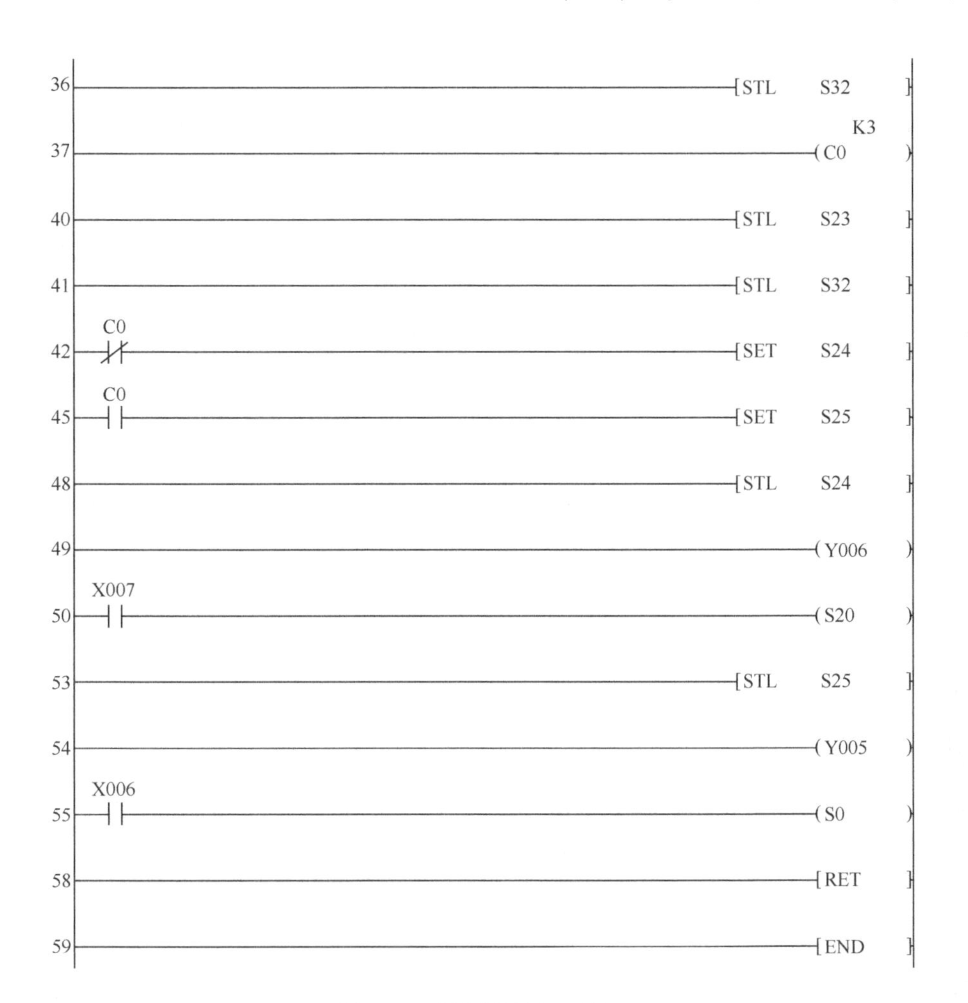

图 4-81　梯形图程序（续）

4.4　步进顺序控制编程实例

4.4.1　SFC 编程步骤

应用 STL 指令编制顺序控制程序时，一般需要以下几个步骤：

（1）分析工艺控制过程。

（2）根据控制要求，把控制过程分解为顺序控制的各个工步。

（3）根据分解的工步，画出顺序控制功能图（SFC）。

（4）列出 I/O 地址分配表（含重要编程元件功能表）。

（5）画出 PLC 电路接线图。

（6）根据 SFC 直接编辑梯形图或指令语句表。

（7）输入程序到 PLC，进行仿真或调试。

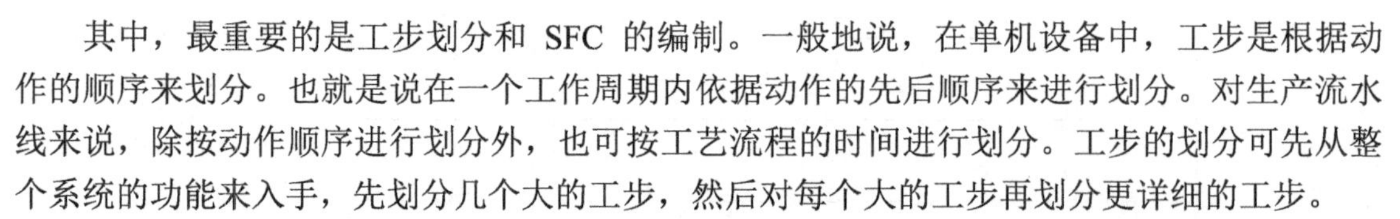

其中，最重要的是工步划分和 SFC 的编制。一般地说，在单机设备中，工步是根据动作的顺序来划分。也就是说在一个工作周期内依据动作的先后顺序来进行划分。对生产流水线来说，除按动作顺序进行划分外，也可按工艺流程的时间进行划分。工步的划分可先从整个系统的功能来入手，先划分几个大的工步，然后对每个大的工步再划分更详细的工步。

在编制 SFC 时，建议先用文字描述各个状态工步的内容和转移条件，再根据 I/O 地址分配进行置换，这样可以减少错误发生和缩短查错时间。

SFC 的编制重点是每个状态工步所执行的驱动输出和转移条件的实现。驱动输出必须要从整个系统出发考虑，在该段时间里的所有驱动输出，不能有遗漏。对于一些在整个工作周期里都在工作的输出（如主电动机运转），可以在梯形图块中安排，不要在 SFC 块中设计。转移条件一般为开关量器件（各种有源、无源开关），但根据控制要求也可用定时器、计数器触点作为转移条件，如果转移条件是较复杂的逻辑组合时，可采用如图 4-44 所示的方式处理。

4.4.2 单流程 SFC 编程

【例 1】 4 台电动机的顺序启动和逆序停止。

1）控制要求

（1）按下启动按钮，4 台电动机 M1,M2,M3 和 M4 按每隔 3 s 时间顺序启动，按下停止按钮，按 M4,M3,M2,M1 的顺序每隔 1 s 时间分别停止。

（2）如在启动过程中，按下停止按钮，电动机仍然按逆序进行停止。

2）I/O 地址分配

I/O 地址分配见表 4-7。

表 4-7 I/O 地址分配

输入		输出	
功能	接口地址	控制作用	接口地址
启动按钮	X0	电动机 M1	Y0
停止按钮	X1	电动机 M2	Y1
		电动机 M3	Y2
		电动机 M4	Y3

3）SFC 和 STL 指令步进梯形图

SFC 和 STL 指令步进梯形图如图 4-82、4-83 所示。

4.4.3 选择性分支 SFC 编程

【例 2】 图 4-84 所示为一大小球分拣控制系统工作示意图。

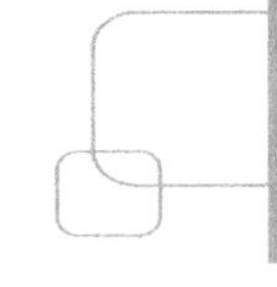

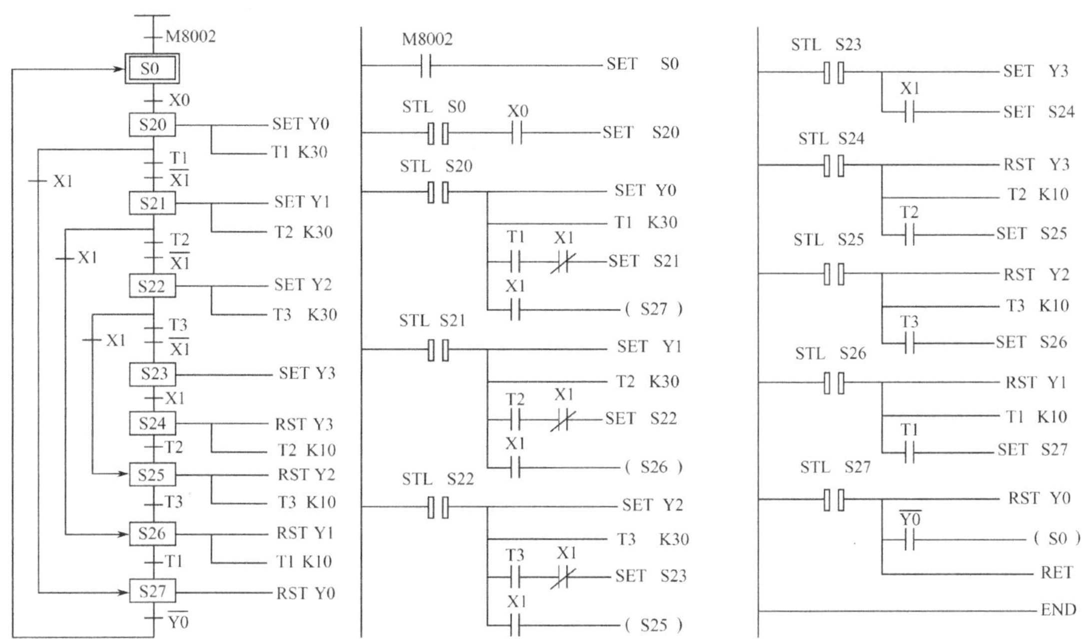

图 4-82　顺序启动和逆序停业 SFC 图　　　　图 4-83　顺序启动和逆序停业 STL 指令步进梯形图

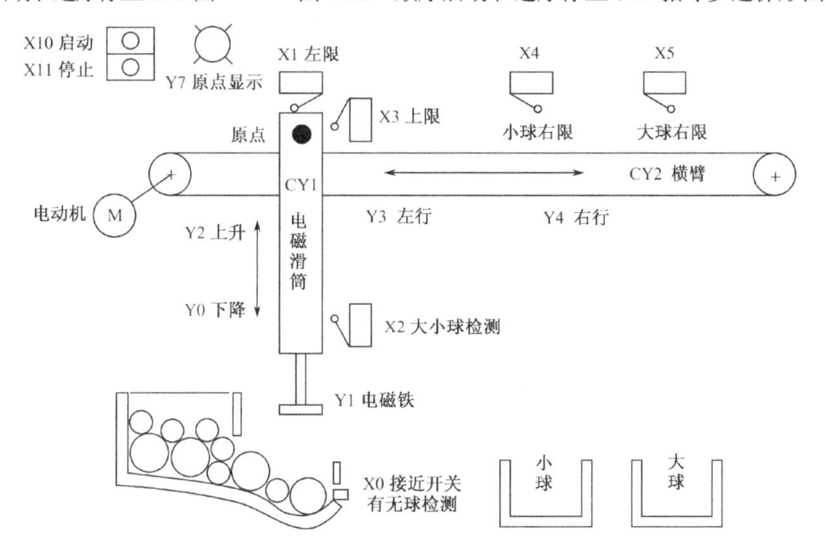

图 4-84　大小球检测分拣系统示意图

（1）CY1 为电磁滑筒，CY2 为机械横臂。电磁铁 Y1 可在电磁滑筒 CY1 内上下滑动，CY1 可在机械横臂 CY2 上左右移动。

（2）图中黑点为原点位置。原点是指系统从这里开始工作，工作一个周期（分拣一个球）后仍然要回到该位置等待下次动作。

（3）X2 为大小球检测开关。如果是大球，则电磁铁下降时不能碰到 X2,X2 不动作；如果是小球，则电磁铁下降后会碰到 X2,X2 动作。

（4）X0 为球检测传感开关。只要盘中有球，不管大球小球，它都会感应动作。

（5）X3 为上限开关，是电磁铁 Y1 在电磁滑筒内上升的极限位置。X1 为左限开关，是

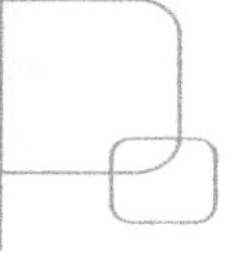

电磁滑筒在横臂上向左移动的极限位置。当这两个开关都动作时，表示了系统正处于原点位置。原点显示 Y7 灯亮。

（6）电磁铁 Y1 在电磁滑筒内滑动下限由时间控制。当电磁铁开始下滑时，滑动 2s 表示已经到达吸球位置（小球）。如果是大球，则会压住大球零点几秒时间。

（7）电磁铁 Y1 在吸球和放球时都需要 1s 时间完成。

控制要求：

当系统处于原点位置时，按下启动按钮 X10 后，系统自动进行大小球分拣工作。其动作过程：电磁铁 Y1 下降，吸住大球（或小球）后上升，到达上限位置后，电动机启动，带动电磁滑筒右移，当电磁滑筒右移碰到大球右限开关（或小球右限开关）时，停止移动。电磁铁下降，碰到大小球检测开关 X2 时，电磁铁释放大球（或小球）到大球箱（或小球箱），释放完毕，电磁铁上升，电磁滑筒左行，碰到左限开关 X1 后停止。如果这时，X0 检测到有球，则自动重复上述分拣动作。

系统在工作时，如按下停止按钮 X11，则系统应完成一个工作周期后才停止工作。

分析：这是一个典型的选择性分支流程。X2 是否动作是大小球分支的条件。因此，控制流程可根据 X2 的动作作为分支流程的分支点。当电磁滑筒右行碰到大小球右限开关时，以后的动作是一致的（下滑—释放—上升—左移开关），因此，大小球右限开关是分支流程的汇合点。图中，已经把所有开关位置、功能及所用的输入、输出口地址一一列明。这里就不再重新列出 I/O 地址分配表了。

根据控制要求和分析所画出的 SFC 如图 4-85 所示。

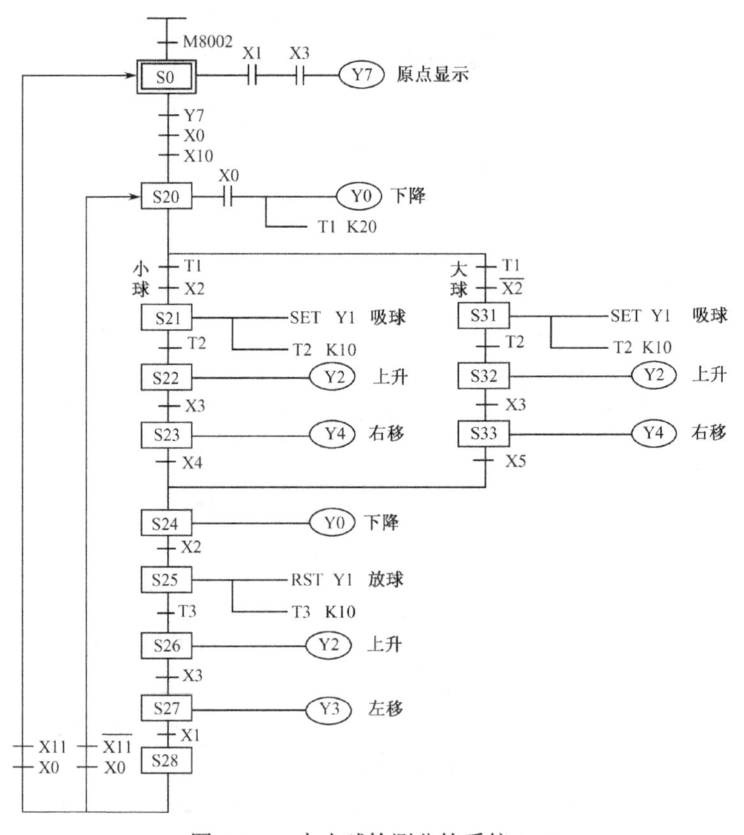

图 4-85　大小球检测分拣系统 SFC

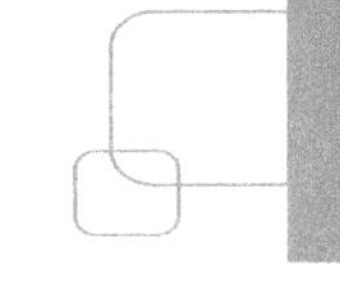

4.4.4　并行性分支 SFC 编程

【例 3】　图 4-86 所示为一圆盘工作台控制示意图，这是一个典型的并行性分支流程的控制系统。

圆盘工作台有 3 个工位，按下启动按钮后，3 个工位同时对工件进行加工，一个工件要经过 3 个工位的顺序加工后才算加工好。因此，这是一个流水作业法的机械加工设备。这种设备的控制流程在半自动生成设备上具有典型意义。

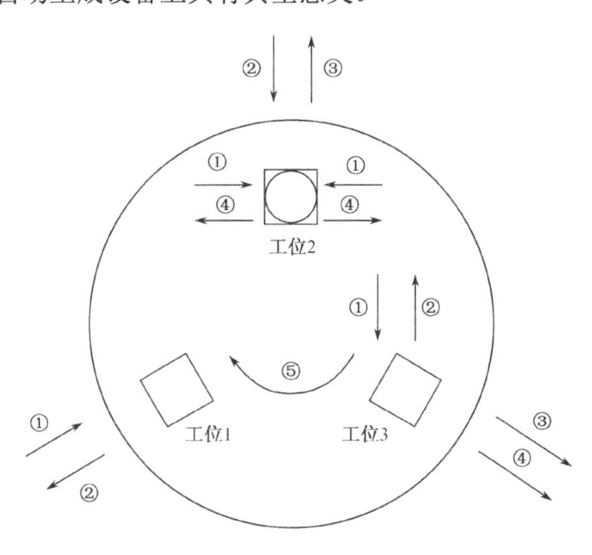

图 4-86　圆盘工作台控制示意图

其控制过程可用下面流程表示。

工位 1：① 推料杆推进工件——工件到位。
　　　　② 推料杆退出——退出到位，等待。
工位 2：① 夹紧工件——夹紧到位。② 钻头下降到钻孔——钻到位。
　　　　③ 钻头上升——上升到位。④ 松开工件——松开到位，等待。
工位 3：① 测量头下降检测——检测到位或检测时间到位。
　　　　② 测量头升起——升起到位。
　　　　③ 检测到位，推料杆推出工件——工件到位，推料杆返回，等待。
　　　　④ 检测时间到位，人工取下工件——人工复位，等待。
　　　　⑤ 工作台转动 120°，旋转到位。

圆盘工作台 I/O 地址分配见表 4-8。

表 4-8　圆盘工作台 I/O 地址分配

输　入		输　出	
功　能	接口地址	控制作用	接口地址
启动	X0	上料电磁阀	Y1
上料到位	X1	夹紧电磁阀	Y2

续表

输　入		输　出	
功　能	接口地址	控制作用	接口地址
上料退回到位	X2	钻头进给	Y3
夹紧到位	X3	钻头升起	Y4
钻孔到位	X4	检测头下降	Y5
钻头升起到位	X5	检测头升起	Y6
松开到位	X6	工作台旋转	Y7
检测到位	X7	废品指示	Y10
检测头升起到位	X10	卸料电磁阀	Y11
卸料到位	X11		
卸料退回到位	X12		
旋转到位	X14		

根据控制要求和分析所画出的 SFC 如图 4-87 所示。

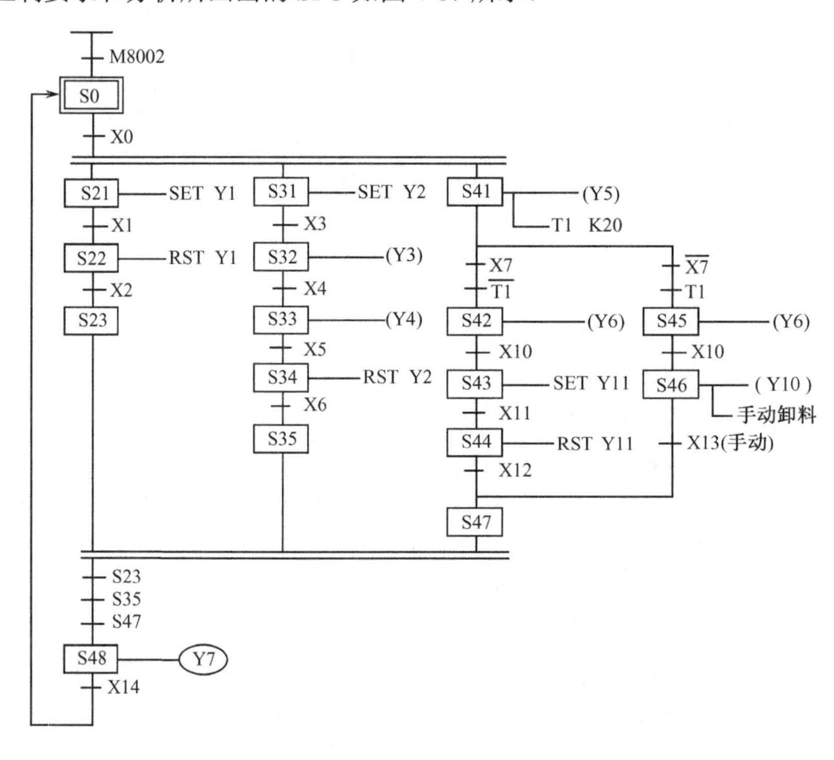

图 4-87　圆盘工作台控制系统 SFC

第 5 章　功能指令预备知识

PLC 除了能处理逻辑开关量外，还能对数据进行处理。基本逻辑指令主要用于逻辑量的处理，而功能指令则用于对数字量的处理，包括数据的传送、变换、运算，以及程序流程控制，此外功能指令还用来处理 PLC 与外部设备的数据传送和控制。

本章主要介绍与功能指令应用相关的基础知识，这些知识对学习、掌握和应用功能指令非常有帮助，特别是对初学者而言。后面学习功能指令时，对这些相关的基础知识就不再复述。

5.1　功能指令分类

PLC 最初是结合计算机和继电器控制的一种通用控制装置。第一台 PLC 就是代替传统的继电控制系统而获得成功的。因此，早期的 PLC 在控制功能上只能实现逻辑量控制（继电控制的开关量控制）。但随着技术的发展特别是计算机技术的发展，使 PLC 的功能发生了很大的变化。当 PLC 采用 CPU 作为中央处理器后，PLC 不仅具有逻辑处理功能，还具有了数据处理和数值运算等功能，这就为 PLC 在模拟量控制和运动量控制等领域的应用奠定了基础。因此，在 20 世纪 80 年代后，一些小型 PLC 就逐步添加了一些功能指令（又称为应用指令，以区别基本逻辑控制指令）。功能指令的出现，使得 PLC 的控制功能越来越强大，应用范围也越来越广泛。

在 PLC 中，功能指令实际上是一个个完成不同功能的子程序。在应用中，只要按照功能指令操作数的要求填入相应的操作数，然后在程序中驱动它们（实际上是调用相应子程序），就会完成该功能指令所代表的功能操作。因为是子程序，所以，PLC 的功能指令越来越多，功能也越来越强，应用也越来越方便。

三菱 FX_{2N}PLC 的功能指令目前有 137 种，并且还在不断增加中，这些功能可以分成下面几种类型。

1）基本功能指令

这是一些经常用到功能指令，有程序流程控制指令、传送与比较指令、移位指令等。

2）数值运算指令

主要是对数值进行各种运算的指令，有二进制运算指令、浮点运算指令、逻辑位运算指令等。

3）数据处理指令

主要是对数据进行转换、复位等处理功能的指令，有码制转换、编码解码、信号报警及各种数据处理指令等。

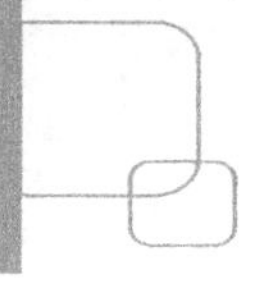

4）外部设备指令

主要包括针对输入/输出接口的一些简单设备进行数据输入和显示的 I/O 接口外部设备指令。PLC 与外围设备进行联系和控制应用的外围设备指令，如通信、特殊模块读/写、PID 运算及变频器通信控制指令等。

5）高速处理指令

PLC 内部置高速计数器处理指令和影响 PLC 操作系统处理的 PLC 控制指令。

6）脉冲输出和定位指令

这是与定位控制有关的指令，有脉冲输出控制指令、定位控制指令等。

7）方便指令

这是在程序中以简单的指令形式来完成复杂的控制功能的指令。

8）时钟运算指令

是对时间和实时时钟数据的运算、比较等处理的指令。
在下面的章节中，将会对这些指令特别是常用指令和一些控制指令作详细介绍。

5.2 指令格式解读

5.2.1 指令格式解读

在三菱电机的三菱微型可编程控制器 FX 系列的编程手册中（JY992D69801），对功能指令是按图 5-1 所示的方式表示，阅读和理解图 5-1 所示的功能指令对学习编程手册很有帮助。下面，根据图中的组成来进行解读。

1. 执行形式

执行形式用图 5-2 所示形式表示，该图表示了 3 种含义。

1）功能码和助记符

“FNC 20”表示该指令的功能码（或操作码）、ADD（加法指令）表示该指令的助记符（编程软件输入符），而在其右侧的“BIN 加算”为指令的简称。

2）执行位数

功能指令在进行数字处理时，有 16 位、32 位之分，如为 32 位指令则在指令前添加 D 以示区别。如 ADD 为 16 位指令，而 DADD 为 32 位指令。

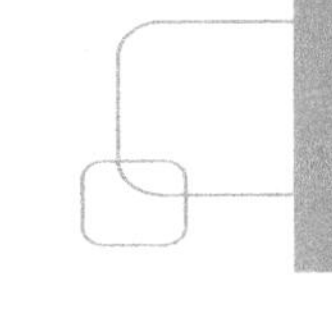

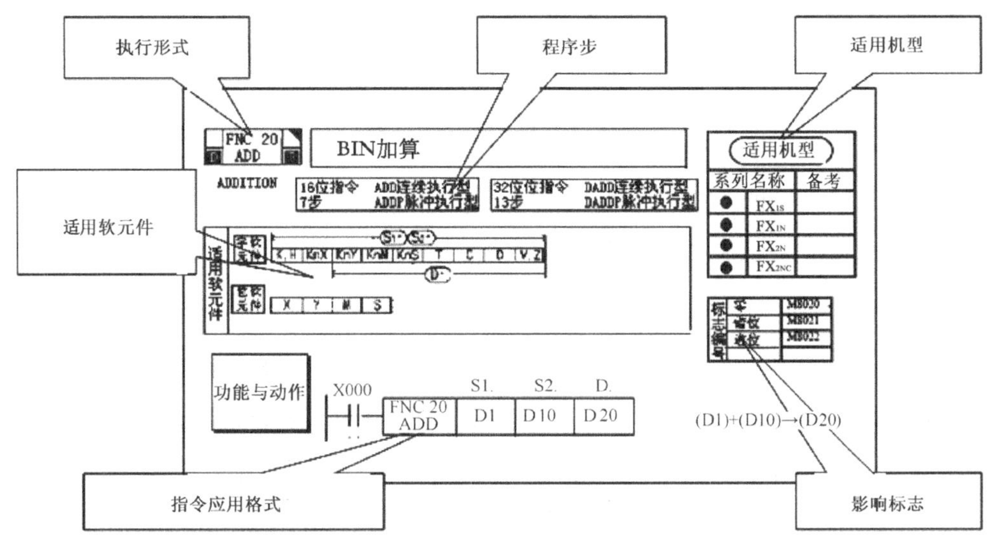

图 5-1　功能指令表示方式

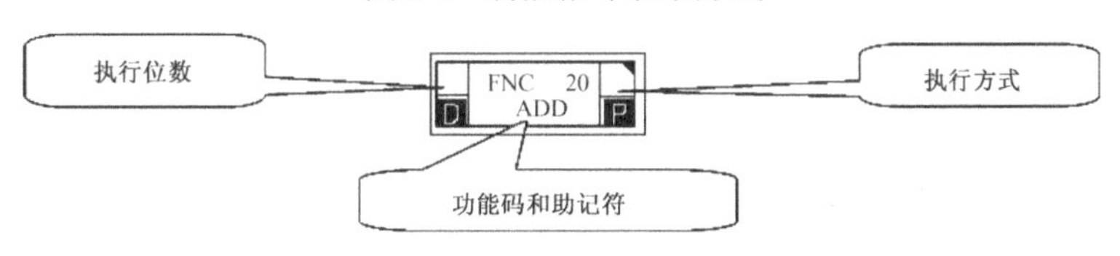

图 5-2　执行形式示意图

功能码左侧有上下两个方格（图 5-2 居左部分），表示执行位数，其中上方格表示 16 位的选择，下方格表示 32 位的选择。具体含义是：如方格为虚线，表示指令与该位无关；如方格为实线，表示指令可以用于该位（见图 5-3）。

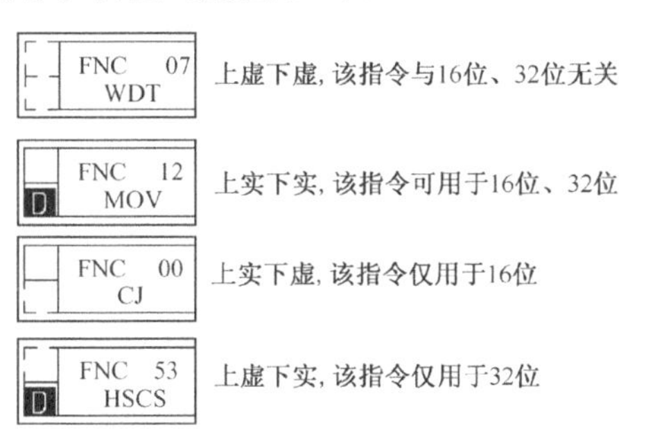

图 5-3　16 位、32 位的表示形式

3）执行方式

功能指令在执行时，有两种执行方式可选。

（1）连续执行型：驱动条件成立，在每个扫描周期都执行一次。

（2）脉冲执行型：驱动条件成立一次，指令执行一次，与扫描无关。

功能指令的执行方式用功能码右侧的上下两个方格表示（图 5-2 居右部分），上方格表示连续执行型的选择，下方格表示脉冲执行型的选择。所有功能指令的执行方式有 3 种情况可供选择，如图 5-4 所示。

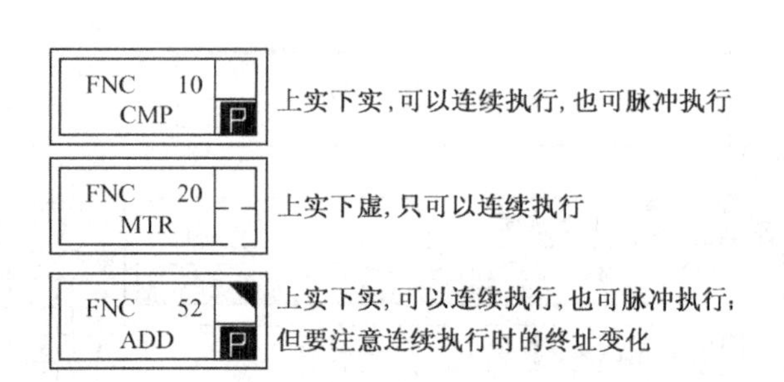

图 5-4 执行方式的选择

2. 程序步

在指令名称下方，列出了指令执行的程序步，程序步与执行的数据位有关，32 位要比 16 位的程序步多。程序步也表示了功能指令的执行时间，程序步越多，指令的执行时间越长。程序步还表示了 PLC 的内存容量，FX_{2N} PLC 程序最大容量为 8 000 程序步，也就是说用户程序的所有指令的程序步相加不能超过 8 000 步。

3. 适用机型

FX 系列 PLC 编程手册（JY992D62001）是三菱 FX_{1S},FX_{1N},FX_{2N},FX_{2NC} 机型的统一编程手册，由于它们之间会稍有不同，手册中相应给出了说明。功能指令也随机型不同而有所不同，某些机型并不是所有指令都支持。在该栏中，凡标有●的机型均支持该指令，而未标●，则说明该机型不支持该指令（没有这个指令），在应用时必须注意。

4. 影响标志

标志是 PLC 中设置的特殊软元件 M，一般称为标志位。该栏目表明功能指令执行结果所影响的标志位，或某些标志位对功能指令执行的影响。

关于标志位的知识将在后面介绍。

5. 指令应用格式

图 5-5 所示为指令在梯形图中的应用格式。

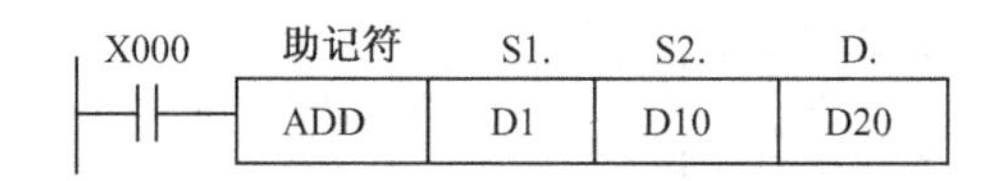

图 5-5 指令在梯形图中的应用格式

其中，X000 为指令的驱动条件，在应用时，仅当驱动条件成立时（X000=ON），功能指令才能执行操作功能，驱动条件可以为如图 5-5 所示的控制位元件，也可以是一系列控制元件的逻辑组合等。

助记符栏表示了指令的功能编号和助记符。在编程软件中，输入和显示均为助记符，不需要功能编号。

助记符后面各栏表示指令的操作数。功能指令的操作数远比基本指令复杂，它分为源址、终址（目标）和操作量 3 种，分别解读如下。

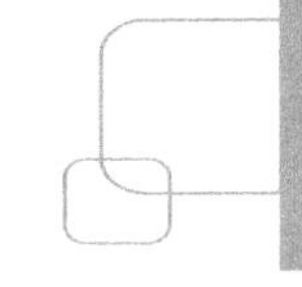

（1）源址 S：参与功能操作的数的地址，也称为源操作数。它的内容在指令执行时不会改变。当功能指令的源址较多时，以 S,S1,S2…表示。如果该地址可以利用变址寻址方式改变源地址，则在 S 后面加“●”表示。

（2）终址 D：又称目标地址，也称为目标操作数。它是参与操作的源操作数（源址）经过功能操作后得到的操作结果所存放的地址。当终址较多时，用 D,D1,D2…表示。终址内容是随源址内容的变化而变化的。

（3）操作量 m,n：在指令中，它既不是源址，也不是终址，仅表示源址和终址的操作数量或操作位置。m,n 在应用中，以常数 K,H 表示。

在以后的功能指令学习过程中就会发现，功能指令的源址、终址和操作量的变化是丰富多彩的。有些指令无操作数（如 IRET,WDT）；有些指令没有源址，只有终址（如 XCH）。当然，大部分指令是源址和终址都具备的。

6．适用软元件

适用软元件是指源址、终址可采用 PLC 的软元件。在图 5-1 中，是用范围表示适用软元件。

在后面的讲解中，用表 5-1 来表示源址、终址所适用的软元件类型。表中“●”表示该软元件可以出现在源址或终址中，而没有“●”的，则不能出现在源址或终址中。

表 5-1　适用软元件说明

操作数	位元件				字元件									常数	
	X	Y	M	S	KnX	KnY	KnM	KnS	T	C	D	V	Z	K	H
S1					●	●	●	●	●	●	●	●	●	●	●
S2					●	●	●	●	●	●	●	●	●	●	●
D						●	●	●	●	●	●	●	●		

5.2.2　16 位与 32 位

1．位、数位、字节、字和双字

在学习资料或和他人进行交流时，经常会碰到位、字节、字、双字等这些名词，这里，对这些名词术语做一些介绍。这些知识是学习和掌握 PLC 所必需的，务必要正确理解和应用。

PLC 所处理的量有两种：一种是开关量，即只有“1”和“0”两种状态的量，一个开关量就是一位，像输入端 X 和输出端 Y 均是一位开关量。另一种是模拟量，模拟量要通过一定的转换（模数转换）转换成开关量才能由 PLC 进行处理。这种由模拟量转换过来的开关量，可以把它称为数据量。数据量虽然也是开关量，但它是由多位开关量组成的一个存储单元整体，这个多位开关量在同一时刻是同时被处理的。根据计算机发展的过程，产生了 4 位、8 位、16 位、32 位等整体处理的数据存储单元，同时也形成了位、数位、字节、字、双字等名词术语。

位（bit）：数据量是由多个开关量组成的，其中每一个开关量也是只有两种状态，我们把每一个开关量称为数据量的位，也称二进制位（bit）。

数位（digit）：由 4 个二进制位组成的数据量。数位这个名词因 4 位很快被 8 位所代替，现在已经很少用到这个名词了。

字节（byte）：由 8 个二进制位组成的数据量。8 位机曾经存在很长一段时间，并由此派生出来一些高、低位的术语。如高 4 位（高址）、低 4 位（低址）、高位、低位等，如图 5-6 所示 b0 为低位，b7 为高位。

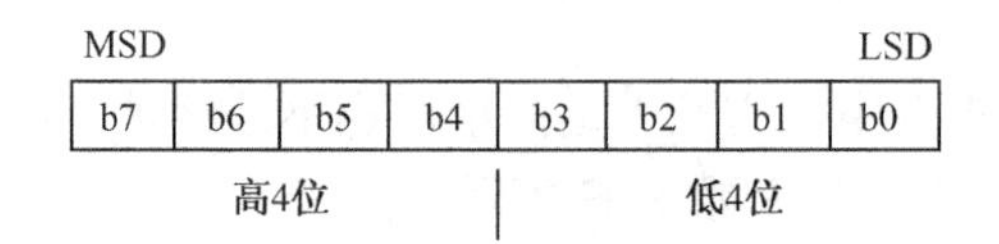

图 5-6　字节组成

字（word）：由 16 个二进制位组成的数据量。如图 5-7 所示 b0 为低位，b15 为高位。b7～b0 为低 8 位（低字节），b15～b8 为高 8 位（高字节）。

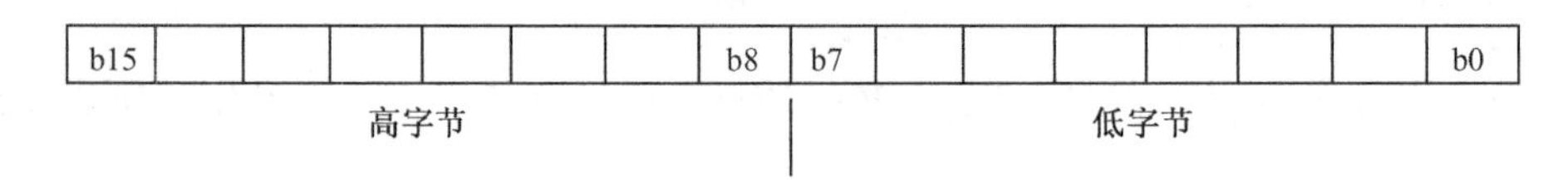

图 5-7　字组成

双字（D）：由 32 个二进制位组成的数据量。在 FX_{2N} PLC 中，双字是由两个相邻的 16 位存储单元所组成的数据量整体。当用字来处理数据量时，碰到所表达的数不够或处理精度不能满足时，就用双字来进行处理。但是，在硬件中，并没有 32 位的整体存储单元（32 位机才是 32 位存储单元）。同样，Dn 为低 16 位，Dn+1 为高 16 位，b31 为高位，b0 为低位等，如图 5-8 所示。

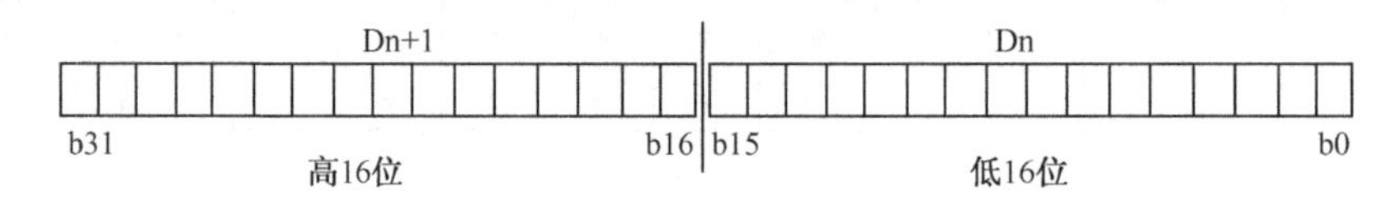

图 5-8　双字组成

关于位、字节、字、双字的含义，PLC 基本上是一致的，没有什么不同。但关于位、字节、双字的关系处理，不同的 PLC 是不一样的。

例如，PLC 的数据存储器容量，三菱 FX_{2N} PLC 是以字计的，而西门子 PLC 则是以字节计。例如，在三菱 FX_{2N} PLC 中，16 位的字其高 8 位（b15～b8）在前，低 8 位（b7～b0）在后，而在西门子 PLC 中则相反，低 8 位（b15～b8）在前，高 8 位（b7～b0）在后。在三菱 FX_{2N} PLC 中基本上没有字节的使用，数据量的处理一律按 16 位进行，而在西门子 PLC 中，可以以字节、字、双字等单位进行处理。

2. 三菱 FX 系列 PLC 的双字处理

三菱 FX 系列 PLC 的数据寄存器为 16 位寄存器。16 位数据量所表示的数值和数据的精度不能满足控制要求时，一般采用两个数据寄存器组成双字进行扩展。

三菱 FX 系列 PLC 的功能指令的助记符为 16 位操作的助记符，为表示 16 位和 32 位操作的区别，采用在助记符前加前缀“D”表示所执行的功能操作为 32 位操作，例如，加法指令的助

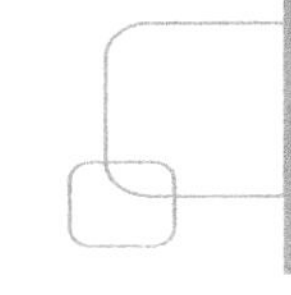

记符 ADD，如为 ADD 则为 16 位操作，如为 DADD 则为 32 位操作。两者不能混淆。但有些指令，例如，浮点运算指令，它没有 16 位操作，只有 32 位操作，因此，在应用时必须加 D。

FX 系列 PLC 规定，采用双字处理时，两个数据寄存器必须为编号相邻之数据寄存器。同时规定，编号大的为高 16 位，编号小的为低 16 位。例如，D0,D1 可为双字寄存器，D1 存高 16 位，D0 存低 16 位。原则上讲，采用双字时，起始编号可以为偶号，也可以为单号，但建议采用偶号起始，如 D2,D3；D20,D21；等。在指令格式中，都用低位编号写入源址或终址。

【例 1】　说明指令 DADD　D0　D2　D10 的操作功能。

ADD 为加法指令，DADD 表示 32 位加法操作，其操作功能将（D1,D0）的数与（D3,D2）的数相加，加的结果送到（D11,D10）中。

三菱 FX 系列 PLC 中不存在高于 32 位的操作。但在应用乘法指令时，结果会是一个 64 位数，其存储方式依然是编号相邻的 4 个数据寄存器，编号最小的为低位，编号最大的为高位。

5.2.3　连续执行与脉冲执行

1．连续执行型

PLC 是按一定顺序周而复始地循环扫描工作的。在每一个扫描周期内，总是先进行输入采样处理，以端口扫描方式依次读入所有输入状态和数据。然后将他们保存在相应的 I/O 映像寄存器内。采样结束后，才进行用户程序扫描和输出端口的输出刷新锁存。这种工作方式对基本逻辑控制程序没有什么影响，但对功能指令来说，却会影响到功能操作结果。

图 5-9 所示为连续执行型加 1 指令的梯形图程序，其设计本意是输入端 X0 每通断一次，寄存器 D0 就加 1。但在执行过程中，如果 X0 接通时间远大于 PLC 扫描周期，则在 X0 接通时间内，在每一个 PLC 扫描周期内，D0 都会自动加 1，直到 X0 断开。这就与设计本意不相符了。

图 5-9　连续执行型加 1 指令的梯形图程序

所有功能指令都是连续执行型功能指令。为了防止上述类似加 1 指令所产生的操作错误，在功能指令的执行功能上又派生了脉冲执行型。

2．脉冲执行型

指令的脉冲执行型是指当指令的驱动条件成立时，仅在信号的上升沿（由 OFF 变至 ON 时），指令执行一次，其他时间不执行。

与连续执行型相区别，三菱 FX 系列 PLC 规定在指令助记符加后缀“P”表示脉冲执行型。例如，加法指令 ADD，ADD 为 16 位连续执行型，ADDP 为 16 位脉冲执行型，DADDP 为 32 位脉冲执行型。

图 5-10 所示为脉冲执行型加 1 指令梯形图程序，该指令在 X0 每断通一次才执行寄存器 D0 加 1 操作。

M8002
0
MOV K0 D0
X000
6
INCP D0

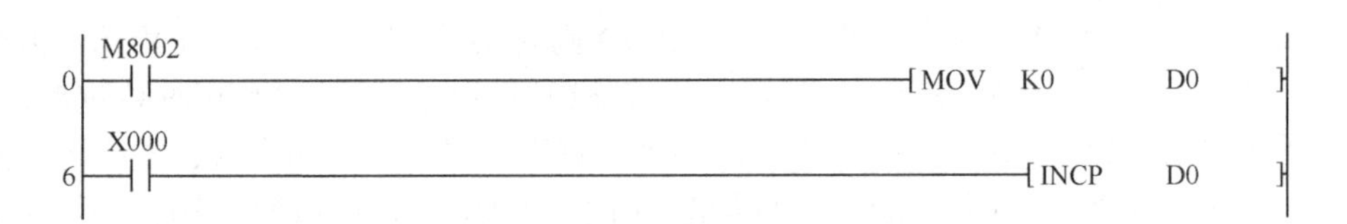

图 5-10　脉冲执行型加 1 指令的梯形图程序

在基本逻辑指令中，微分输出指令 PLS 和脉冲边沿检测指令 LDP,ANDP,ORP 也具有脉冲执行型的功能。图 5-11 所示为脉冲边沿检测 LDPX0 的加 1 指令梯形图程序，图 5-12 所示为微分输出指令 PLS 的梯形图程序，它们都可以完成如图 5-10 所示的操作功能。

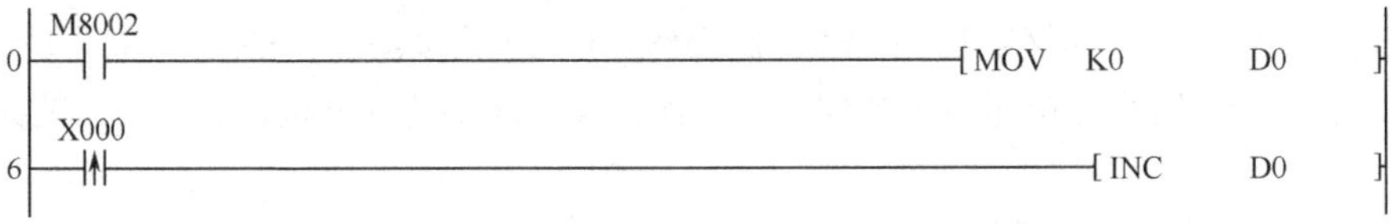

M8002
0
MOV K0 D0
X000
6
INC D0

图 5-11　脉冲边沿检测加 1 指令的梯形图程序

M8002
0
MOV K0 D0
X000
6
PLS M0
M0
INC D0

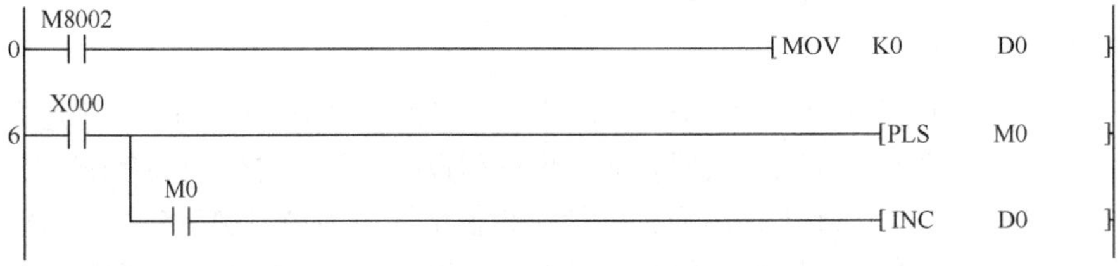

图 5-12　上升沿微分输出加 1 指令的梯形图程序

如果希望在 PLC 的整个运行期间，功能指令仅执行一次，则可利用特殊辅助继电器 M8002 进行驱动。M8002 为开机脉冲特殊辅助继电器，其动作时当 PLC 由 STOP 转到 RUN 状态时，M8002 仅接通一个扫描周期。如图 5-12 中首行程序，指令“MOV　K0　D0”仅在 PLC 开机后的第一个扫描周期被执行一次，在以后的扫描周期内不再被执行。M8002 常用在初始化程序和一次性写入规定值时使用。

5.3　编程软元件

在继电控制线路中，控制系统是由各种器件组成的，例如，按钮、开关、继电器、计数器及各种电磁线圈等，把这些器件称为元件。这些元件都是实实在在的东西，而在 PLC 控制系统中，PLC 的控制也是由许多控制元件来完成控制任务的。而这些元件都是由 PLC 内部的电路结构来完成的，所以，把这些元件称为软元件，以区别于继电器控制线路中的元件。

学习 PLC，必须学习 PLC 的编程。而学习编程，首先要详细了解 PLC 内各种软元件的属性及其应用，再学习系统的指令（基本指令和功能指令），然后再针对控制要求进行编程。因此，在学习功能指令前，先对三菱 FX 系列 PLC 的内部编程软元件作详细的介绍。

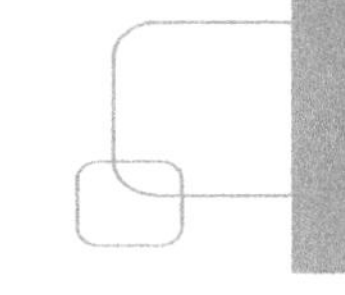

5.3.1　数据类型与常数 K,H

PLC 是一个数字控制设备，其处理的信号为两种状态（“1”和“0”）的开关量信号。信号的传送与寄存都是二进制数的组合（字节、字、双字）的数字量进行的。在实际应用中希望 PLC 对各种数据类型都能够进行处理，这也是比较 PLC 的性能的一个指标。

常用的数据类型有：布尔数（1 位二进制数）、整数、实数（小数）、时间数据、字符串和组合位元件数。三菱 FX 系列不同型号 PLC 能够处理的数据类型是不同的，见表 5-2。

表 5-2　FX 系列 PLC 数据类型表

型　号	布 尔 数	整　数	实　数	时 间 数 据	字 符 串	组合位元件
FX_{1S}	●	●	—	●	—	●
FX_{1N}	●	●	—	●	—	●
FX_{2N}	●	●	●	●	—	●
FX_{3U}	●	●	●	●	●	●

由表中可以看出，FX_{3U} 可以处理整数、实数和字符串，而 FX_{2N} 不能处理字符串，FX_{1S}/FX_{1N} 却只能处理整数，连小数都不能处理。

PLC 在编程时，功能指令的地址（源址和终址）是否能直接用常规的数据类型输入是 PLC 的编程功能之一。它用“常数输入”来表示（见表 1-2、表 1-14 和表 1-20）。这种“常数输入”的功能给使用者带来了极大的方便。当然“常数输入”是通过 PLC 编译程序自动转换成 PLC 所能接受的两进制数组后再进行处理的。例如，FX_{3U} PLC 能够在编程中直接输入十进制整数、小数和字符，而 $FX_{1S}/FX_{1N}/FX_{2N}$ PLC 只能直接输入整数，FX_{2N} PLC 的小数运算必须通过程序先把整数转换成小数才能进行。

在三菱 FX_{2N} PLC 中，整数的输入有两种表示，一种是十进制数，加前缀 K；一种是十六进制数加前缀 H。（关于数值知识请参看第 10 章 10.1.1 节数制）在指令中直接输入十进制数或十六进制数称为立即寻址。本来，K,H 常数不是软元件，是数值。但一般把它看作软元件，必须注意，在使用编程软件输入十进制数或十六进制数时，前面必须加 K,H，例如 K16,H10 等，而不加则不能输入。

5.3.2　位软元件

位软元件是指其元件状态只有两种状态（ON 和 OFF）的开关量元件，属于数据类型中的布尔数。FX_{2N}PLC 中位软元件有输入继电器 X，输出继电器 Y，辅助继电器 M 和状态继电器 S。

1．输入继电器 X

输入继电器 X 为与 PLC 的输入接口 X 相对应的内部软元件。其编址与输入接口编号相同，输入接口地址是按照八进制数进行顺序编址的，8 个为一组，从 X001～X007,X010～X017,X020～X027 等，具体编址与所用基本单元和扩展单元（模块）有关。

输入继电器 X 有无数个常开和常闭软触点，可以在程序中随意使用，这一点是 PLC 的软元件和继电器控制中的继电器的触点元件最大的区别。

这些触点直接受输入接口的信号状态控制，当输入信号为 ON 时（外接常开触点闭合），则 X 的常开触点闭合，常闭触点断开；反之亦然。因此，在梯形图程序中，软元件 X 没有线圈，也不能用程序驱动。在程序中只能使用它的触点去控制其他软元件或作为功能指令的驱动条件。

2. 输出继电器 Y

输出继电器 Y 是与输出接口相对应的内部软元件。其编址也是和输出接口相同，按照八进制数顺序编址，具体编址与基本单元及扩展单元（模块）有关。

输出继电器 Y 是控制输出接口 Y 的状态的，它相当于一个接触器的线圈。输出接口 Y 是它的一个硬件触点，当线圈为 ON 时（程序中能被驱动），输出接口 Y 触点就闭合，接通与之相连的外电路。同时，它和 X 一样，有无数个常开、常闭软触点，可以在程序中随意使用。

PLC 的运行是按照周而复始的扫描方式工作的，而其输入 X 和输出 Y 的状态是采用集中采样输入刷新和输出刷新集中输出方式进行的（关于扫描和刷新知识见第 12 章 12.3.1 节输入输出刷新指令 REF）。因此，必须注意输出继电器 Y 在程序中一般不能出现双线圈的问题。

3. 通用型辅助继电器 M0～M3071

辅助继电器 M 是 PLC 内部位软元件，类似于继电器控制线路中的中间继电器。但其作用与中间继电器有所不同，中间继电器有扩大触点数量、信号传送和功率放大作用，可以直接驱动外部负载。而辅助继电器 M 则不能直接驱动外部负载，它仅在程序中起信号传递和逻辑控制作用。

辅助继电器 M 有线圈和无数个常开、常闭触点，其线圈由 PLC 的各种软元件触点或功能指令驱动，其触点可任意使用。M 的编址采用十进制，在 FX 系列 PLC 中，除了 X 和 Y 采用八进制编址外，其余软元件均采用十进制编址。

辅助继电器 M 分为通用型辅助继电器与特殊辅助继电器两大类。

通用型辅助继电器 M 的分类及编址见表 5-3。

表 5-3　通用型辅助继电器 M 的分类及编址

型　号	一　般　用	停电保持用	停电保持专用
FX_{1S}	M0～M383，384 点	—	M384～M511，128 点 ※1
FX_{1N}	M0～M383，384 点	M384～M511，128 点 ※1	M512～M5135，1024 点 ※1
FX_{2N}	M0～M499，500 点 ※2	M500～M1023，524 点 ※3	M1024～M3071，2048 点 ※4

注：※1 保持区域和非保持区域是固定的，不可以用参数改变，为了能确实地保持状态和数据，PLC 通电时间须在 5min 以上。

※2 非停电保持用，但可以通过参数设定变为停电保持区域。

※3 停电保持用，但可以通过参数设定变为非停电保持区域。

※4 停电保持专用，不能用参数改变。

PLC 在运行中停电时，输出继电器 Y 及一般用辅助继电器都会停止驱动。当再次上电时除了其驱动条件仍为 ON 的情况外，都为停止驱动状态，但在实际控制中，某些控制要求希望能够记忆停电前状态。等到再上电时，仍然继续停电前的状态运行，这就要用到停电保持用继电器 M。停电保持用继电器是利用 PLC 内置备用电池或 EEPROM 进行停电保持的。

FX 系列 PLC 一般和停电保持用 M 均可通过参数设定（用编程工具进行）变更其性质，但停电保持专用 M 则不能变更，在将停电保持用 M 作为一般非停电保持用 M 时，最好在程序的最前面用 RST 或 ZRST 指令清零。

某些辅助继电器 M 被 PLC 网络 N:N 通信和 PLC 网络 1:1 通信时作为链接元件占用，这时这些链接 M 不能再做他用（参考第 11 章 11.5.7 节）。

4．特殊辅助继电器 M8000～M8255

特殊辅助继电器 M8000～M8255，共 256 点，特殊辅助继电器是 PLC 用来表示 PLC 的某些状态，提供时钟脉冲和标志位，设定 PLC 的运行方式或者用于步进顺控、禁止中断、计数器的加减设定等。

特殊辅助继电器中，有许多编号未定义其功能，这是属于生产厂商专业用于系统处理的元件，用户不能在程序中使用。

附录 A 为全部特殊辅助继电器的编号及功能定义。

特殊辅助继电器分为两类，触点利用型和线圈驱动型。

1）触点利用型特殊辅助继电器

由 PLC 自行驱动其线圈，用户只能利用其触点，因而在用户程序中不能出现其线圈，但可利用其常开或常闭触点作为驱动条件。在下面的表格中及附录 A 中，用【】表示触点利用型特殊辅助继电器，如【8002】。

下面介绍几种常用的触点利用型特殊辅助继电器及其功能含义。

（1）PLC 运行状态

PLC 运行状态特殊继电器是说明 PLC 从停止向运行状态变化时或反映 PLC 内部锂电池状况等功能的特殊继电器，一共有 10 个，常用的见表 5-4 所列。

表 5-4　PLC 运行状态特殊辅助继电器

特殊继电器	名　称	功能说明
【M8000】	运行监视	当 PLC 开机运行后，M8000 为 ON；停止执行时，M8000 为 OFF。M8000 可作为“PLC 正常运行”标志上传给上位计算机
【M8001】	运行监视	当 PLC 开机运行后，M8001 为 OFF；停止执行时，M8001 为 ON
【M8002】	初始脉冲	当 PLC 开机运行后，M8002 仅在 M8000 由 OFF 变为 ON 时，自动接通一个扫描周期。可以用 M8002 的常开触点来使用断电保持功能的元件初始化复位，或给某些元件置初始值
【M8003】	初始脉冲	当 PLC 开机运行后，M8003 仅在 M8000 由 OFF 变为 ON 时，自动断开一个扫描周期
【M8005】	锂电电池降低	电池电压下降至规定值时变为 ON，可以用它的触点驱动输出继电器和外部指示灯，提醒工作人员更换锂电池

运行监视及初始化脉冲特殊继电器的动作可用图 5-13 所示的时序图表示。

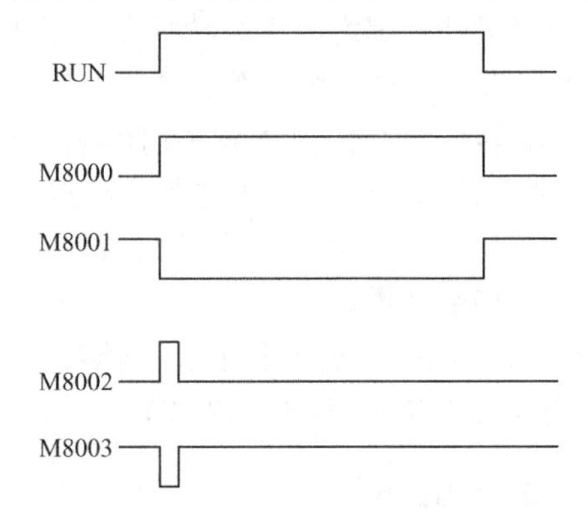

图 5-13　运行监视和初始脉冲时序图

（2）时钟脉冲特殊辅助继电器

内部时钟脉冲继电器是利用其定时通断而产生周期固定的脉冲序列。时钟脉冲的占空比为 50%，即其通、断时间均为脉冲周期的一半。时钟脉冲特殊继电器共有 4 个，见表 5-5。

表 5-5　时钟脉冲特殊辅助继电器

特殊继电器	名　称	功能说明
【M8011】	10ms 时钟	当 PLC 上电后（不管运行与否），自动产生周期为 10ms 的时钟脉冲
【M8012】	100ms 时钟	当 PLC 上电后（不管运行与否），自动产生周期为 100ms 的时钟脉冲
【M8013】	1s 时钟	当 PLC 上电后（不管运行与否），自动产生周期为 1s 的时钟脉冲
【M8014】	1min 时钟	当 PLC 上电后（不管运行与否），自动产生周期为 1min 的时钟脉冲

（3）标志位特殊辅助继电器

三菱 FX 系列 PLC 标志继电器有两种，一种是功能指令执行结果会影响到该继电器的状态，另一种是功能指令的执行模式受该继电器状态的控制。

表 5-6 为常用标志位特殊辅助继电器，一般称为标志位。

表 5-6　标志位特殊辅助继电器

特殊继电器	名　称	功能说明
【M8020】	零标志位	运算结果为 0 时置 ON
【M8021】	借位标志位	减法结果小于负数最大值时置 ON
【M8022】	进位标志位	加法结果发生进位时，换位结果发生溢出时置 ON
【M8024】	BMOV 方向指标志位	标志位置 ON，终止向源址传送
【M8025】	HSC 模式标志位	参看指令说明
【M8026】	RAMP 模式标志位	参看指令说明
【M8027】	PR 模式标志位	参看指令说明
【M8028】	允许中断标志位	标志位置 ON 时，在执行 FROM/TO 指令过程中允许中断
【M8029】	指令执行完成标志位	当 DSW 等指令执行完成后置 ON

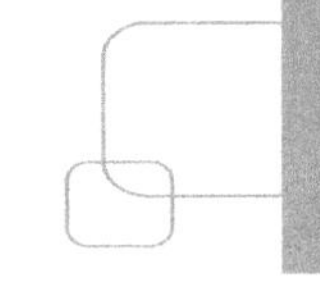

2）线圈驱动型特殊辅助继电器

这类特殊继电器用户可以在程序中驱动其线圈，使 PLC 执行特定的操作。用户也可以在程序中使用它们的触点，完成 PLC 指定的功能。

这类继电器很多，有些与 PLC 方式有关，有些与指令执行功能相关，还有些与中断、通信、计数器有关，其功能也不尽相同。下面仅介绍几个与 PLC 方式有关的线圈驱动型特殊继电器，有些将结合功能指令的讲解给予介绍。

与 PLC 方式相关的线圈驱动型特殊继电器见表 5-7。

表 5-7　PLC 方式特殊辅助继电器

特殊继电器	名　称	功 能 说 明
M8030	锂电池欠压指示灯（BATTLED）熄灭	为 ON 时，即使电池电压过低，面板指示灯也不会亮灯
M8031	非保持寄存器全部清除	驱动为 ON 时，可将 Y,M,S,T,C 及 T,C,D 当前值全部清除，特殊寄存器和文件寄存器不清除
M8032	保持寄存器全部清除	
M8033	PLC 停电时输出保持	为 ON 时，当 PLC RUN-STOP 时，将映像寄存器和数据寄存器中的内容全部保留下来
M8034	程序正常运行禁止所有输出	为 ON 时，将 PLC 的所有外部输出接点置于关闭状态
M8035	强制运行模式	为 ON 时，强制外部输入点 RUN/STOP 模式
M8036	强制运行指令	为 ON 时，由外部输入点强制 RUN
M8037	强制停止指令	为 ON 时，由外部输入点强制 STOP
M8039	恒定扫描模式	当 M8039 变为 ON 时，PLC 的扫描时间由 D8039 指定的扫描时间执行

PLC 有两种工作模式，RUN（运行模式）和 STOP（编程模式）。在运行模式下，执行用户程序；在编程模式下，写入或读出用户程序，用户程序运行停止。一般情况下，这两种模式可以通过 PLC 基本单元上的内置 RUN/STOP 开关进行转换。其缺点是 PLC 装置在配电箱内，需人工拨动，不能自动执行。如果利用特殊辅助继电器 M8035,M8036,M8037 则可通过外部接线及编写程序来控制 PLC 的运行和停止。

外部接线如图 5-14 所示。右侧为梯形图程序，其中 RUN 控制可为基本单元上的 X000～X017 中任一点（FX_{2N}-16M 型为 X000～X007 点），STOP 控制可为任一输入点。使用前还必须对 PLC 参数进行设置。具体操作如下：

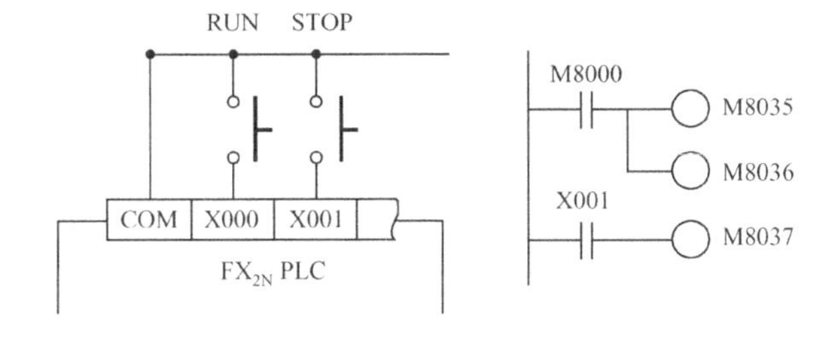

图 5-14　外部接线及编写程序控制 PLC 的运行和停止图

如用编程软件 GX 时，单击画面左侧“工程”栏之“参数”前的 [+]，双击“PLC 参数”出现“FX 参数设置”对话框，单击“PLC 系统（1）”，出现图 5-15 所示画面，在“运行端子输入”栏填入 X000，单击“结束设置”参数设置成功。如果用手持编程器，应将 X0 设置成 RUN INPUT USE X000，然后下载到 PLC。

这时，PLC 的工作模式就可用外部两个按钮进行点动转换。必须注意，这时应将内置 RUN/STOP 开关拨向 STOP 模式。如果拨向 RUN 模式，X1 可以停止 PLC 运行，但 X0 不能使 PLC 运行。

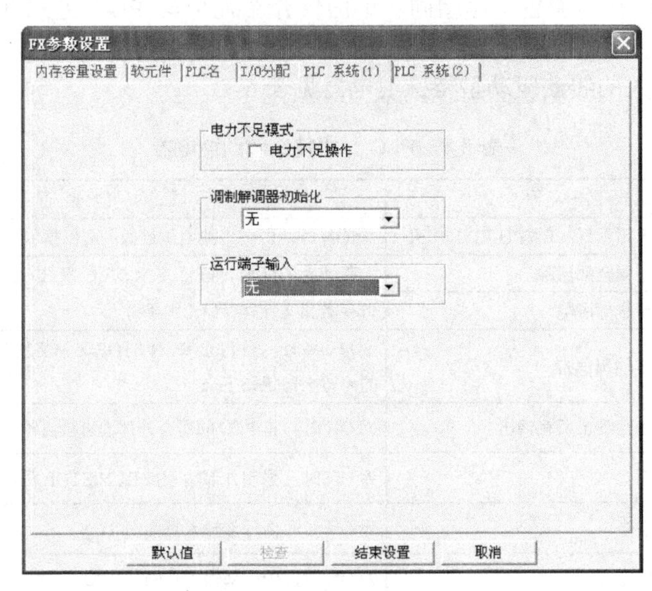

图 5-15 “FX 参数设置”对话框

5. 状态继电器 S

状态继电器 S 是专门针对步进顺序控制程序而设计的内部位软元件，经常与步进指令 STL 结合使用完成步进顺序控制梯形图的编制。与辅助继电器 M 一样，有无数个常开、常闭触点，在顺控程序中随便使用。当状态继电器不用于步进梯形图时，可以和 M 一样用于顺控程序中。

状态继电器 S 的编址见表 5-8。

表 5-8 状态继电器编址

型 号	一般应用	一般应用之初始化用	一般应用之 IST 命令原点回归用	停电保持用	停电保持用之初始化用	停电保持用之 IST 命令原点回归用	报警器用
FX_{1S}	—	—	—	S0～S127 128 点 ※3	S0～S9 10 点	S10～S19 10 点	—
FX_{2N}	S0～S499 500 点 ※1	S0～S9 10 点	S10～S19 10 点	S500～S899 400 点 ※2	—	—	S900～S999 100 点 ※4

注：※1 非停电保持区域，但可以通过参数设定变更为停电保持区域。

※2 停电保持区域，但可以通过参数设定变更为非停电保持区域。

※3 停电保持专用，不能用参数改变。

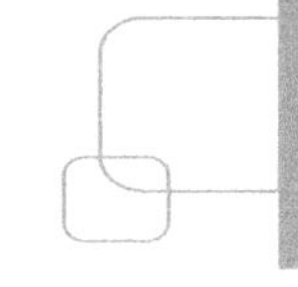

关于状态继电器 S 在步进顺控程序中的使用请参考第 4 章的步进指令与顺控程序设计及第 15 章 15.1 节的状态初始化指令。

关于状态继电器 S 在报警程序中的使用请参看第 10 章 10.5 节。

5.3.3　字软元件

1. 定时器 T

软元件定时器与继电控制系统中的时间继电器类似，定时器是一个身兼位元件和字元件双重身份的软元件，它的常开、常闭触点是位元件，而它的定时时间设定值是一个字元件。

关于定时器的基本知识和应用参见第 3 章 3.2 节定时器，三菱 FX 系列 PLC 定时器编址见表 5-9。

表 5-9　定时器编址

型　号	100ms 型 0.1～3276.7s	100ms 型 0.1～3276.7s 0.01～327.67s	10ms 型 0.01～327.67s	1ms 累计型 0.001～32.767s	100ms 累计型 0.1～3276.7s	电位器型 0～255 值
FX_{1S}	T0～T62 63 点	T32～T62 31 点　※1	—	T31 1 点	—	内藏 2 点
FX_{1N}	T0～T199 200 点	—	T200～T245 46 点	T246～T249 4 点　※2	T250～T255 6 点　※2	功能扩展板 8 点
FX_{2N}	T0～T199 200 点※3	—	T200～T245 46 点	T246～T249 4 点　※4	T250～T255 6 点　※2	功能扩展板 8 点

注：※1　当 M8028 为 ON 时，T32～T62 变为 100ms 定时器。

※2　停电保持型。

※3　其中 T192～T199 为子程序与中断程序中采用。

※4　执行中断的停电保持型。

表中关于电位器型的内容参看第 11 章 11.3 节模拟电位器指令。

定时器在程序中主要使用其两种控制功能。一是定时控制功能，定时器从定时开始计时到其设定值时，相应的定时器触点动作；二是定时器当前值比较控制功能，定时器在计时过程中，其当前值是在不断变化的。结合触点比较指令，把当前值当作其中一个比较字元件，当时间到达比较值时，触点动作。这种功能在某些控制中可以用一个定时器代替多个定时器工作。

图 5-16 是一个每隔 1 秒顺序点亮一个彩灯的梯形图程序，5 个彩灯全亮后，又重新开始。

2. 计数器 C

计数器 C 和继电控制系统中的计数器类似，它也是位元件和字元件的组合，其触点为位元件，而其预置计数值则为字元件。

三菱 FX 系列 PLC 内置计数器分内部信号计数器和高速输入信号计数器两种。内部信号计数器又分为 16 位加计数器和 32 位加/减计数器，其编址见表 5-10。

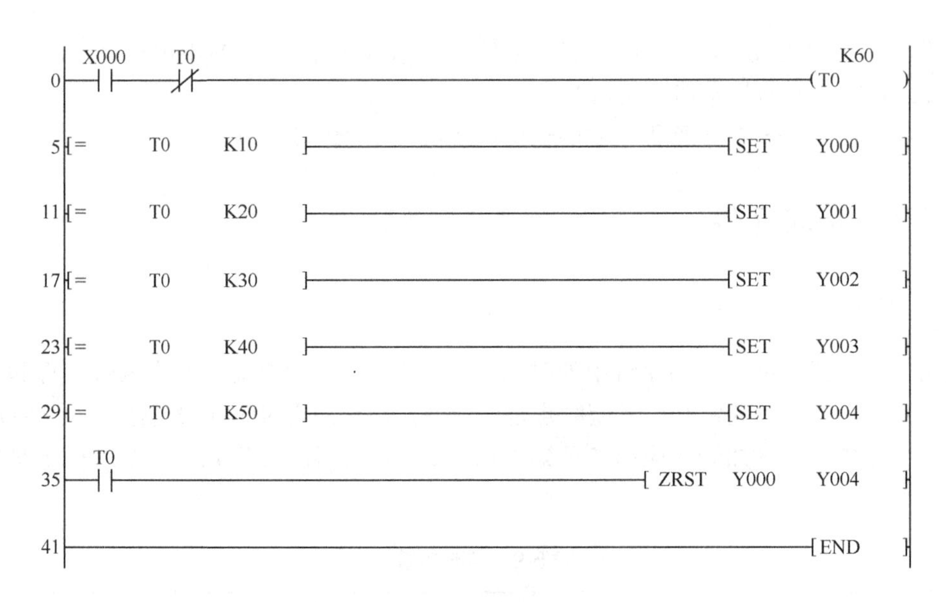

图 5-16　彩灯顺序点亮程序梯形图

表 5-10　内部信号计数器编址

型　号	16 位加计数器		32 位加/减计数器	
	一般应用	停电保持用	一般应用	停电保持用
FX_{1S}	C0～C15 16 点　※1	C16～C31 16 点　※1	—	—
FX_{1N}	C0～C15 16 点　※1	C16～C199 200 点　※1	C200～C219 20 点	C220～C234 15 点　※1
FX_{2N}	C0～C99 100 点　※2	C100～C199 100 点　※2	C200～C219 20 点　※2	C220～C234 15 点　※2

注：※1　不可用参数变更指定的非保持和停电保持区域。

※2　可通过参数设定变更其为停电保持或非保持区域。

关于内部信号计数器的讲解见第 3 章 3.3 节三菱 FX_{2N} PLC 内部信号计数器。关于高速输入信号计数器的讲解见第 12 章 12.1.1 节高速计数器介绍。

计数器在程序中的应用也是主要使用其两种功能，一是计数控制功能，二是其当前值比较控制功能。和定时器的应用类似，不再叙述。

3. 数据寄存器 D

在 5.2.2 节中介绍了 PLC 除了能处理开关量外，还能处理数据量，是由多个开关量所组成的存储单元整体。不同的 PLC 对这个存储单元整体会有不同的结构。在三菱 FX 系列 PLC 中，这个存储整体就是软元件数据寄存器 D。数据寄存器 D 结构统一为一个 16 位寄存器，即参与各种数值处理的是一个 16 位整体的数据。这个 16 位的数据量通常称为“字”，也称为字元件。如果一个“字”的数据量所表示的数值和数据的精度不能满足控制要求时，可以采用两个相邻的 16 位寄存器组成“双字”进行扩展。关于字、双字等相关知识可参看 5.2.2 节。

数据寄存器分为非保持用、停电保持用的通用型数据寄存器和文件寄存器、特殊数据寄存器和变址寄存器。其编址见表 5-11。

表 5-11　数据寄存器编址

型　号	非保持用	停电保持用	停电保持专用	文件用	特殊用	指定用
FX_{1S}	D0～D127 128 点　※1	—	D128～D255 128 点　※1	D1000～D2499 1500 点　※2	D8000～D8255 256 点	V0～V7 Z0～Z7 16 点
FX_{1N}	D0～D127 128 点　※1	D128～D255 128 点　※1	D256～D7999 7744 点　※1	D1000～D7999 7000 点　※2		
FX_{2N}	D0～D199 200 点　※3	D200～D511 312 点　※3	D512～D7999 7488 点　※1	D1000～D7999 7000 点　※2	D8000～D8195 106 点	

注：※1　不可用参数改变的非保持用和停电保持用区域。

※2　根据参数设定元件用区域，设定时以 500 点为一个单元。

※3　可通过参数对非保持区和停电保持区进行变更为停电保持区和非保持区。

1）通用数据寄存器 D0～D7999

所有的数据寄存器均为 16 位存储器，处理的数据位 16 位二进制数。当它表示带符号整数时，其处理的数值为–32 768～+32 767。如果程序中仅处理 8 位数据，那么寄存器的低 8 位用做处理的数据存储，而高 8 位则全部为 0。

数据寄存器的存储特点是“一旦写入，长期保持，存新除旧，断电归 0”。数据寄存器，一般是用指令或编程工具等外围设备写入数据，写入后则其内容长期保存，但一旦存入新的数据，原有的数据就自动消失。因此，在程序中可以反复进行读写，当 PLC 断电或停止运行（由 RUN→STOP）时，非保持用数据寄存器马上清零，而断电保持用则会保持断电前数据不变。

数据寄存器是功能指令中重要软元件，功能指令通过利用数据寄存器进行各种数据类型的处理和控制。有关灵活运用数据寄存器的方法将在以后的指令讲解中逐渐介绍。

2）特殊数据寄存器 D8000～D8255

特殊数据寄存器编号为 D8000～D8255，共 256 个。这些特殊寄存器用来存放一些特定的数据。例如，PLC 状态信息、时钟数据、错误信息、功能指令数据存储、变址寄存器当前值等。按照其使用功能可分为两种，一种是只能读取其内容，不能改写其内容，例如，可以从 D8067 中读出错误代码，找出错误原因，从 D8005 中读取锂电池电压值等；另一种是可以进行读写的特殊寄存器，例如，D8000 为监视扫描时间数据存储，出厂值为 200ms。如果程序运行一个扫描周期时间大于 200ms 时，可以修改 D8000 的设定值，使程序扫描时间延长。

特殊数据寄存器的编号在很多情况下与特殊辅助继电器有呼应关系，例如，M8066 为用户程序发生回路错误时 ON，而 D8066 则为该错误错误代码寄存器。

特殊数据寄存器有许多编号未定义或没有使用，这些编号的特殊数据寄存器用户也不能使用。

附录 A 为全部特殊数据寄存器的编号及内容含义。

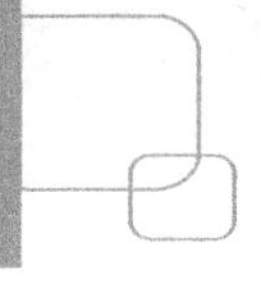

3）文件寄存器 D1000～D7999

什么是文件寄存器？文件寄存器实际上是一类专用数据寄存器，用于存储大量的 PLC 应用程序需要用到的数据，例如，采集数据、统计计算数据、产品标准数据、数表、多组控制参数等。文件寄存器的数据通常是先输入到程序存储区中，当 PLC 上电时自动地复制到数据寄存器的设定的文件寄存器区域（由参数在 D1000～D7999 中指定一块区域），然后可以通过指令与其他数据寄存器进行读/写操作。关于文件寄存器的知识及操作请参看第 7 章 7.1.4 节成批传送指令 BMOV 与文件寄存器。

4）变址寄存器 V、Z

三菱 FX 系列 PLC 有两个特别的数据寄存器，它们称为变址寄存器 V 和 Z，寄存器 V 和 Z 各 8 个，即 V0～V7 和 Z0～Z7，共 16 点。V0 和 Z0 也可用 V 和 Z 表示。它们和通用数据寄存器一样可以用作数值存储外，主要是用作运算操作数地址的修改。利用 V、Z 来进行地址修改的寻址方式称为变址寻址。因此，变址寄存器是有着特殊用途的数据寄存器。

关于变址寻址和变址寄存器 V、Z 在变址寻址中的应用见 5.4.2 节变址寻址。

4．组合位元件

位元件 X,Y,M,S 是只有两种状态的软元件，而字元件是以 16 位寄存器为存储单元的处理数据的软元件。但是字元件也是只有两种状态的一位一位的 bit 位组成的。如果把位元件进行组合，例如，用 16 个 M 元件组成一组位元件并规定 M 元件的两种状态分别为“1”和“0”，例如，把通表示为“1”，断表示为“0”，这样由 16 个 M 元件组成的 16 位二进制数则也可以视为一个“字”元件。例如，K4M0 为 16 个 M 软元件，为 M0～M15。并规定其顺序为 M15,M14,…,M0，则如果其通断状况为 0000 0100 1100 0101（M0,M2,M6,M7,M10 为通，其余皆断），这也是一个十六进制数 H04D5。这样就把位元件和字元件联系起来了。这种由连续编址的位元件所组成的一组位元件称为组合位元件。

三菱 FX 系列 PLC 对组合位元件做了一系列规定：

（1）组合位元件的编程符号是 Kn+组件起始地址。其中，n 表示组数，起始地址为组件最低编址。按照规定，三菱 FX 系列 PLC 组合位元件的类型有 KnX,KnY,KnM,KnS 共 4 种，这 4 种组合位元件均按照字元件进行处理。

（2）组合位元件的位组规定一组有四位位元件，表示四位二进制数。多于一组以 4 的倍数增加，组合位元件的编址必须是连续的。例如：

K2X0 表示 2 组 8 位 X 组合位元件 X7～X0。

K3Y0 表示 3 组 12 位 Y 组合位元件 Y13～Y0。

K8M10 表示 8 组 32 位 M 组合位元件 M41～M10。

组件的起始地址没有特别的限制，一般可自由指定，但对于位元件 X,Y 来说，它们的编址是八进制的，因此，起始地址最好设定为尾数为 0 的编址。例如，X0,X10,…,Y0,Y10 等，同时还应注意，由于 X,Y 的数量是有限的，设定的组数不要超过实际应用范围。对于 M,S 位元件，为了避免引起混乱，建议把起始地址设定为 M0,M10,M20 等。

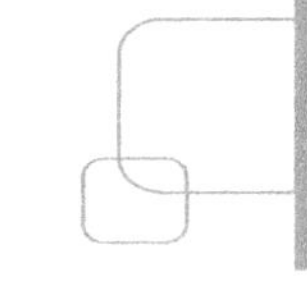

（3）组合位元件在使用时统一规定为位元件状态 ON 为“1”，OFF 为“0”。

（4）组合位元件在与数据寄存器进行数据处理时因为数值处理是分 16 位和 32 位进行的，而组合位元件则会有位数不够和位数超过的问题。

当组合位元件向数据寄存器传送时，如果组合位元件位数不够，则传送后，数据寄存器的不足部分高位自动为 0。例如，当 K2M0 向 D0 传送时，K2M0 是 8 位，D0 是 16 位，位数不够，则 K2M0 向 D0 的低 8 位（b7～b0）传送，而 D0 的高 8 位自动为 0,反过来，D0 向 K2M0 传送时，D0 有 16 位，K2M0 是 8 位，则 D0 的低 8 位向 K2M0 传送，而 D0 的高 8 位则不传送。当组合位元件的位数多于 16 位或 32 位时，指令不能输入。

组合位元件在编制程序时，带来了很多方便，以后将结合功能指令的讲解给予说明。

5. 指针 P 和 I

当程序发生转移（跳转、调用子程序、中断）时，需要一个要转移去的程序入口地址，这个入口地址在三菱 FX 系列 PLC 的程序中是用指针来表示的。

指针按其用途分为分支指针 P 和中断指针 I 两种，其编址见表 5-12。

表 5-12　指针 P、I 编址

型　号	分　支　用	结束跳转用	外部输入中断	内部定时器中断	高速计数器中断
FX_{1S}	P0～P62 63 点	P63 1 点	I00□(X0) I10□(X1) I20□(X2) I30□(X3) I40□(X4) I50□(X5)	—	—
FX_{1N}	P0～P127 128 点	P63 1 点	I00□(X0) I10□(X1) I20□(X2) I30□(X3) I40□(X4) I50□(X5)	—	—
FX_{2N}	P0～P127 128 点	P63 1 点	I00□(X0) I10□(X1) I20□(X2) I30□(X3) I40□(X4) I50□(X5)	I6□□ I7□□ I8□□	I010 I020 I030 I040 I050 I060

关于分支指针 P 的详细讲解参见第 6 章 6.2.1 节条件转移指令 CJ。

关于中断指针 I 的详细讲解参见第 6 章 6.4 节中断服务。

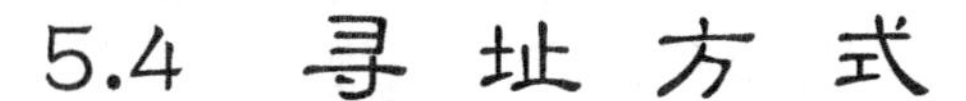

5.4.1 直接寻址与立即寻址

寻址就是寻找操作数的存放地址。大部分指令都有操作数，而寻址方式的快慢直接影响到 PLC 的扫描速度。了解寻址方式也有助于加强对指令特别是功能指令的执行过程的理解。单片机、计算机中的寻址方式较多，而 PLC 的指令寻址方式相对较少，一般有 3 种寻址方式：直接寻址、立即寻址和变址寻址。

1. 直接寻址

操作数就是存放在数据的地址。基本逻辑指令都是直接寻址方式，功能指令中，多数也是直接寻址方式。例如：

LD　X0　X0　就是操作地址，直接取 X0 状态。

MOV　D0　D10　源址就是 D0，终止就是 D10，把 D0 内的数据传送到 D10。

2. 立即寻址

其特点是操作数（一般为源址）就是一个十进制或十六进制的常数。例如：

MOV　K100　D10 源址就是操作数 K100，为立即寻址，终址为 D10，为直接寻址把数 K100 送到 D0 中。

5.4.2 变址寻址

1. 什么是变址寻址

三菱 FX 系列 PLC 有两个特别的数据寄存器，它们主要是用作运算操作数地址的修改。利用 V,Z 来进行地址修改的寻址方式称为变址寻址。什么是变址呢？试举一例加以说明：

MOV　D5V0　D10Z0

这是一条传送指令，D5V0 表示操作数的源址，即要传送数据存放的地址，而 D10Z0 表示操作数的终址，即要传送数据到存放的地址。简单地说就是把 D5V0 中的数传送到 D10Z0 中存起来。那么 D5V0 地址是多少？D10Z0 地址是多少？D5V0 表示从 D5 开始向后偏移（V0）个单元寄存器是要传送数据存放的地址寄存器。如果 V0=K8，则从 D5 开始向后偏移 8 个单元的寄存器，即 D5+8=D13 是要传送数据存放的源址。同样理解，如果 Z0=K10，D10Z0 表示从 D10 开始向后偏移 10 个单元的寄存器，即 D10+10=D20 是传送数据存放的终址。这条传送指令执行的解读是把 D13 所存的数据传送到 D20 寄存器中去。

由以上分析可以看出，变址寻址是利用变址寄存器 V,Z 来进行地址的修改。V,Z 是地址的修改偏移量。变址寻址实际上是一种间接寻址方式，是一种最复杂的寻址方式。

现对变址寻址的操作数做一些说明。变址操作数是两个编程元件的组合，例如：

D5V2

其中，D5 为可以进行变址操作的编程软元件，V2 为变址寄存器。

对 FX 系列 PLC 来说，可进行变址操作的软元件有 X,Y,M,S,KnX,KnY,KnM,KnS,T,C,D,P 及常数 K,H。变址寄存器为 V0～V7，Z0～Z7 共 16 个，其中，V0,Z0 也可写成 V,Z。

变址操作数的操作地址为编程元件的编号，其编址号加上变址寄存器的数值为地址的编程元件。关于操作数地址的理解将在下面做详细说明。

FX_{2N} PLC 的基本指令中的操作和步进指令的操作数都不能为变址操作数，也不存在变址寻址。而 FX_{3U} PLC 的基本指令中的 LD,LDI,AND,ANI,OR,ORI,OUT,SET,RST,PLS,PLF 等指令中使用的软元件 X,Y,M（特殊辅助 M 除外）,T,C（0～199）均可使用变址操作数进行变址寻址。本书对 FX_{3U} PLC 的基本指令的变址寻址不作介绍。

2．功能指令的变址寻址及应用

变址寻址主要用在功能指令中，在功能指令的操作数中，也不是所有操作数都可以进行变址操作的。在以后的指令讲解中，凡是可进行变址操作的操作数均在其右下角加点表示，如图 5-17 所示。

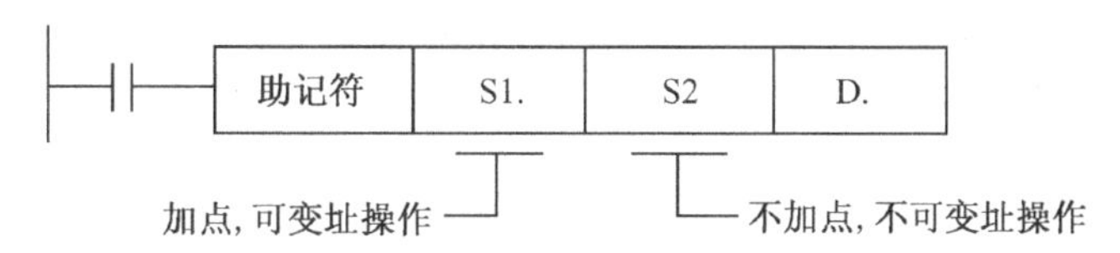

图 5-17　功能指令中变址操作表示

下面对各种软元件的变址操作做进一步地解读，同时也举一些例子说明它的应用。这些例子都涉及相关的功能指令和应用知识，初学者可先不看这些应用实例，待学到功能指令时再回过头来仔细品味。

1）位元件 X,Y,M,S

【例 1】　请说明变址操作数的 X0V2 地址，设（V2）= K10。

X0V2，变址操作后的地址编号为 K0+K10=K10。但输入口 X 是八进制编址的，偏移 10 个后，不是 X10 而应为 X12，即变址操作后的地址为 X12。这一点在使用时务必注意。

【例 2】　某些功能指令在使用时受到使用次数的限制。例如，脉宽指令 PWM（参见 13.2.5 节），如果想要在程序中使用多次则可应用变址操作，其效果和同一指令在程序使用多次效果一样。图 5-18 表示了输出脉宽指令 PWM 可以分别在 Y0 或 Y1 口输出的梯形图程序。

图中，当 X=ON 时，Z0=0，PWM 指令的脉冲从 Y0 口输出；当 X0=OFF 时，Z0=1，发生地址偏移，PWM 指令的脉冲从 Y1 口输出。这样，利用变址操作等于二次使用了 PWM 指令。

【例 3】　请说明变址操作数的 M3V 地址，设（V0）= K10。

M3V，变址地址编号为 K3+K10=K13，即变址后操作地址为 M13。同为十进制编址的状态继电器 S 类似。

X010
0
MOV K0 Z0
偏移量为0
X010
6
MOV K1 Z0
偏移量为1
X012
12
PWM D10 K50 Y000Z0
脉冲输出

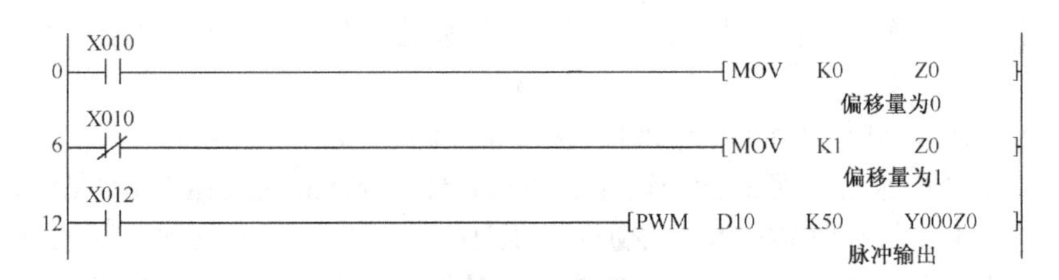

图 5-18 例 2 程序梯形图

【例 4】 请对图 5-19 所示的梯形图执行过程进行说明。

X000
0
MOV K0 V3
偏移量为0
X000
6
MOV K10 V3
偏移量为10
X001
12
CMP D0 D10 MOV3
比较输出

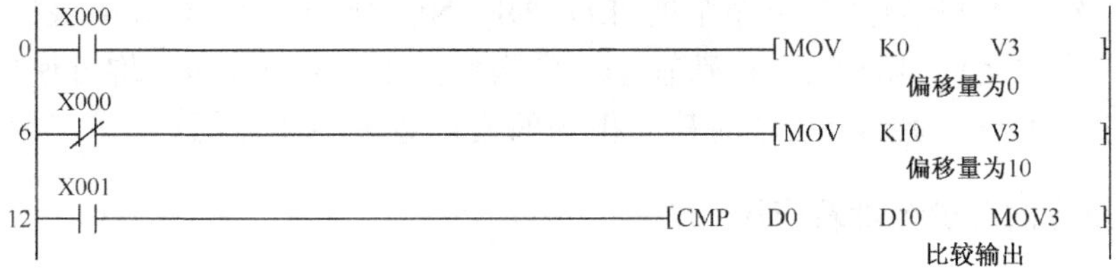

图 5-19 例 4 程序梯形图

CMP 为比较输出指令（参见第 7 章 7.2.1 节）。当 X0 为 ON 时，偏移量为 0，则比较输出 M0～M2。当 X0 为 OFF 时，偏移量为 K10，则比较输出为 M10～M12。利用变址操作，可以得到二组不同的输出继电器 M。

2）组合位元件 KnX,KnY,KnM,KnS

【例 5】 请说明变址操作数的 K2X0V4 地址，设（V4）= K5。

K2X0V4，同样，X 为八进制编制的，变址后的组合位元件应为 K2X5，即由 X5,X6,X7,X10,X11,X12,X13,X14,8 个位元件组合的组合位元件，这对使用很不方便。因此，建议当用组合位元件 KnX ,KnY 时，位元件首址最好为 X0,X10 等，而变址寄存器的值最好为 K0,K8,K16 等，这样变址后地址为 KnX0, KnX10,KnX20 等。组合位元件的组数 n 不能变址操作，不能出现 K3V0X0 这样的变址操作数。

【例 6】 请对图 5-20 所示的梯形图执行过程进行说明。

X000
0
MOV K0 Z0
X000
6
MOV K10 Z0
X001
12
MOV K2M0Z0 K2Y000

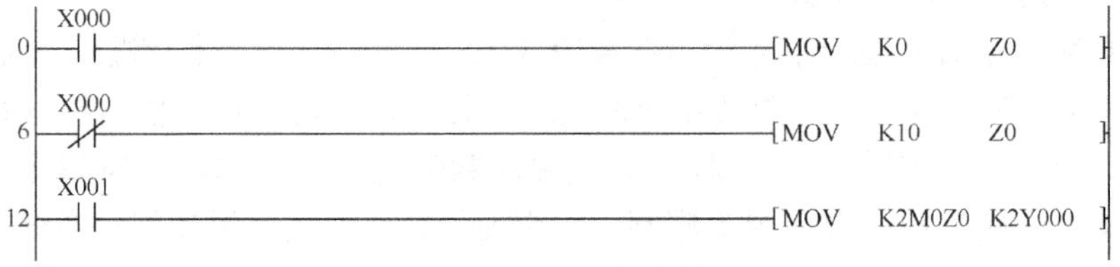

图 5-20 例 6 程序梯形图

可以很快理解，X0 为 ON，M7～M0 的状态控制输出为 Y7～Y0，而 X0 为 OFF 时，M17-M10 的状态控制输出为 Y7～Y0。

3）数据寄存器 D

【例 7】 请说明变址操作数的 D0Z6 地址，设（Z6）= K10。

数据寄存器 D 是最常用的变址操作编程元件，其为十进制编制，所以，变址后地址编

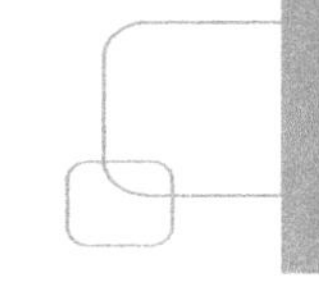

号为 K0+K10=K10，即 D10。

【例 8】 如图 5-21 所示，如果(D0) =H0032，(V2) =H0010，(D10) = H000F，(D16)=H0020，指令执行后，那几个输出口 Y 置“1”。

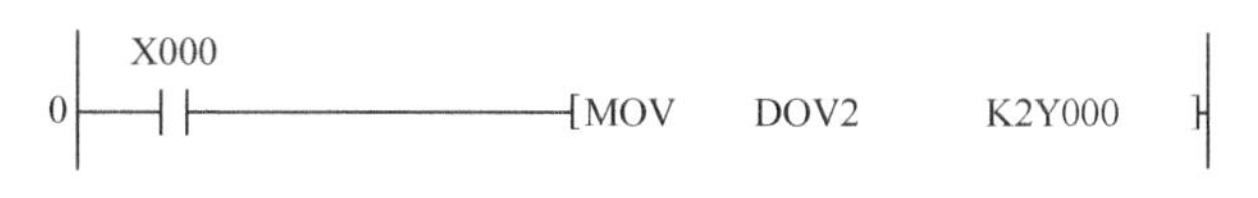

图 5-21　例 8 程序梯形图

分析：（V2）=H0010=K16，D0V2=D0+16=D16，即把 D16 内容对输出口 Y0～Y7 进行控制，对应关系如下：

(D16)	0 0 0 0	0 0 0 0	0	0	1	0	0	0	0	0	(H0020)
Y			Y_7	Y_6	Y_5	Y_4	Y_3	Y_2	Y_1	Y_0	

可见，仅 Y5 输出置“1”。

在控制程序中，经常用到数据求和。如果要设计一个累加程序，不用间接寻址的话，那就要每两个数用一次加法指令 ADD，直到所有被加数加完才得到结果，程序非常冗长，占用很多存储空间，而且指令执行时间也加长。如果利用变址寻址，则程序设计变得非常简单。

【例 9】 把 D11～D20 的内容进行累加，结果送 D21。应用变址寻址程序设计如图 5-22 所示。

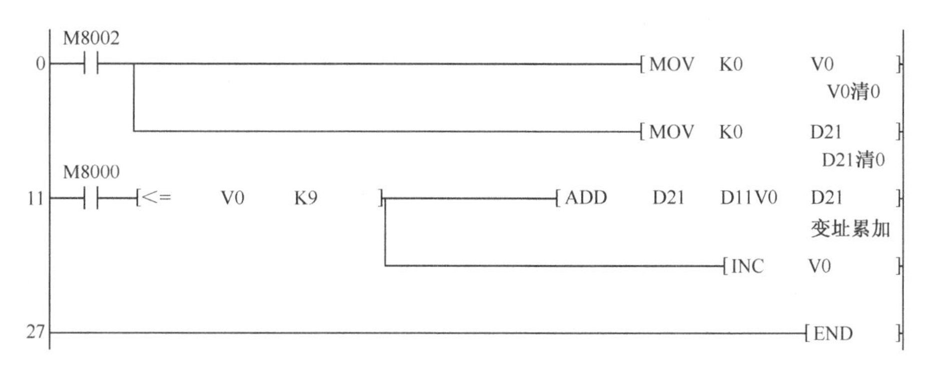

图 5-22　变址寻址累加程序

第一次执行，V0=0，为(D21) + (D11) → (D21)，D21 中数为 D11；

第二次执行，V0=1，为(D21) + (D12) → (D21)，D21 中数为(D11) + (D12)。

以后每执行一次 V0 加 1，则 D11 加 V0 为新的被加数地址，依次类推，直到 V0 等于 9 为止。最后就是(D11) + (D12) + (D13) +…+ (D20）→ (D21)。

4）定时器 T、计数器 C

【例 10】 请说明变址操作数的 T0Z2 地址，设（Z2）= K8。

变址操作数的地址编号为 K0+K8=K8，即变址后的操作为 T 8。

【例 11】 利用定时器变址操作编写的显示定时器 T0～T9 当前值的程序，如图 5-23 所示，BIN 指令和 BCD 指令的解读参见第 10 章 10.2.1 节。计数器的变址操作和定时器类似，不再赘述。

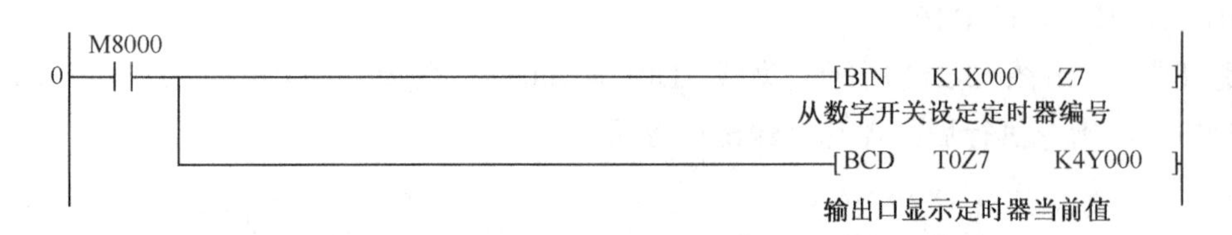

图 5-23 例 11 程序梯形图

5）指针 P

指针 P 也可进行变址操作，这时，表示转移的地址发生了偏移。一般在程序中用的很少。

6）常数 K、H

常数 K、H 也可进行变址操作，但操作结果不是偏移的地址，而仍然是一个数。

【例 12】 请说明下面常数变址操作数的结果。

(V0) =K10　　K20V0=K30
(V1) =H12　　K20V1=K38
(Z0) =H25　　H02Z0=H27=K39
(Z4) =K103　　H123Z4=H18A=K394

3. 32 位指令变址寻址应用

当指令于 32 位应用时，也可以进行变址操作，其变址操作仍然为两个编程元件的组合，例如：

D0Z0

其中，D0 表示 32 位可以进行变址操作的编程元件(D1,D0)，而 Z0 则表示 32 位的变址寄存器(V0,Z0)，三菱 FX 系列 PLC 规定，变址寄存器组成 32 位寄存器时，必须(V,Z)配对组成，其中 V 为高 16 位，Z 为低 16 位。配对时必须编号相同，只能配对为(V0,Z0),(V1,Z1),(V2,Z2),⋯,(V7,Z7)。编号不同不能配对，变址操作数由各自的低 8 位组合而成，这样，变址操作数的变址寄存器只能是 Z。

【例 13】 下面为一个 32 位指令变址寻址应用程序，如图 5-24 所示，请给予说明。

X002
0 DMOVP K0 Z4
K0存(V4, Z4)
X002
10 DMOVP K10 Z4
K10存(V4, Z4)
X003
20 DMOVP H1234 D0Z4
X2 ON, (D1, D0) = H1234
X2 OFF, (D11, D10) = H1234

图 5-24 例 13 程序梯形图

第 6 章　程序流程指令

程序流程转移是指程序在顺序执行过程中，发生了转移的现象，却跳过一段程序去执行指定程序。造成这种程序转移的有条件转移、子程序调用、中断服务和循环程序。

6.1　程序流程基础知识

6.1.1　PLC 程序结构和程序流程

PLC 的用户程序一般分为主程序区和副程序区。主程序区存有用户控制程序，简称主程序，是完成用户控制要求的 PLC 程序，是必不可少的。而且，主程序只能有一个，副程序区存有子程序和中断服务程序，子程序和中断服务程序是一个个独立的程序段，完成独立的功能，他们依照程序设计人员的安排依次的放在副程序区。

主程序区和副程序区用主程序结束指令 FEND 间隔。PLC 在扫描工作时，只扫描主程序区，不扫描副程序区。也就是说，当 PLC 扫描到主程序结束指令 FEND 时，和扫描到 END 结束指令一样，执行各种刷新功能，并返回到程序开始，继续扫描工作。

在小型控制程序中，可以只有主程序而没有副程序。其程序结束指令为 END。这时，程序流程有两种情况，一种是从上到下，从左到右的顺序扫描；另一种情况是程序会发生转移。当转移条件成立时，扫描会跳过一部分程序，向前或向后转移到指定程序行继续扫描下去。

图 6-1 所示表示了这两种程序流程。

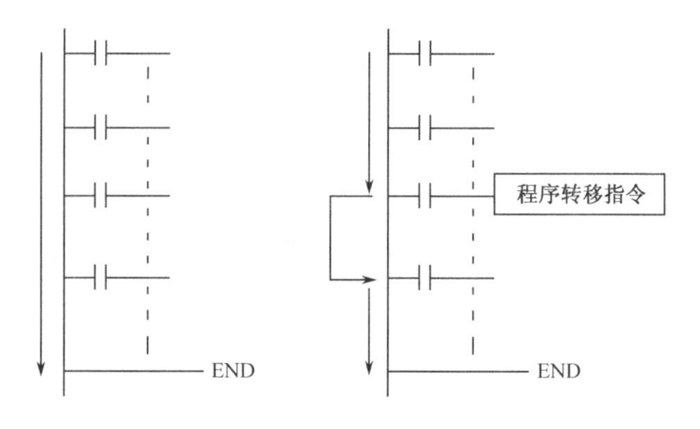

图 6-1　程序流程示意图

当系统规模很大、控制要求复杂时，如果将全部控制任务放在主程序中，主程序将会非常复杂，既难以调试，也难以阅读。而且，有一些随机发生的事件，也难以在主程序中安排处理，这时，就会把一些程序编成程序块而放到副程序区。PLC 是不会扫描副程序区的，这些程序块只能通过程序流程转移才能执行。这种程序转移与上面所讲的有程序转移指令所引起的转移有很大区别。如果上面的程序转移称为条件转移的话，这里的程序转移可以称为断点转移。

条件转移时在主程序区内进行，其转移后，PLC 扫描仍按顺序进行。直到执行到主程序结束指令或 END 指令又从头开始，它不存在转移断点和返回。

断点转移则不同，当 PLC 碰到断点转移时，会停止主程序区的扫描工作，在主程序区产生一个程序中断的点。然后转到副程序区去执行相应的程序块，执行完毕后，必须再次从副程序区回到主程序区的断点处，由断点处的下一条指令继续扫描下去，其转移流程如图 6-2 所示。

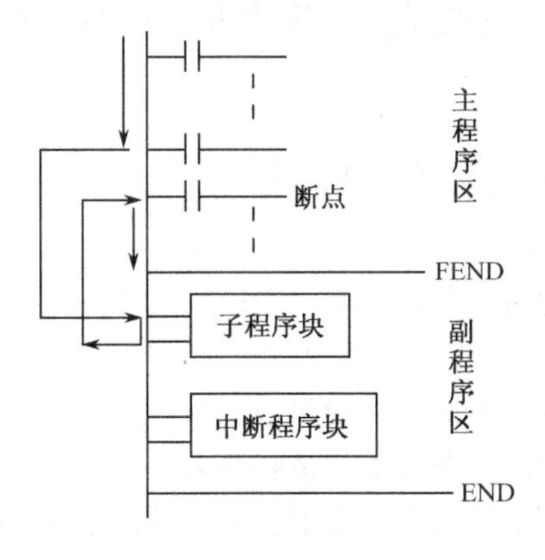

图 6-2　副程序流程示意图

由图中程序流程可见，完成这种程序转移，下面的内容是不能缺少的：必须要有引起转移的条件，告诉 PLC 什么时候发生转移；发生转移时，PLC 必须能记住主程序的断点，必须告诉 PLC 程序转移的地址入口；必须在程序块执行完告诉 PLC 需要返回的信息。后面将从这几方面来介绍子程序和中断服务程序的结构及运行。

6.1.2　主程序结束指令 FEND

FNC 06：FEND　　程序步：1　　无操作数

指令梯形图如图 6-3 所示。

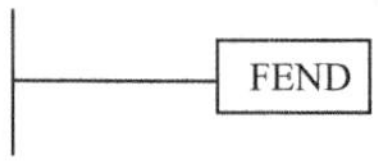

FEND

图 6-3　FEND 指令格式

FEND 指令无驱动条件，执行 FEND 指令和执行 END 指令功能一样。执行输出刷新，输入刷新，WDT 指令刷新和向 0 步程序返回。

在主程序中，FEND 指令可以多次使用，但 PLC 扫描到任一 FEND 指令即向 0 步程序返回。在多个 FEND 指令时，副程序区的子程序和中断服务程序块必须在最后一个 FEND 指令和 END 指令之间编写。

FEND 指令不能出现在 FOR…NEXT 循环程序中，也不能出现在子程序中，否则程序会出错。

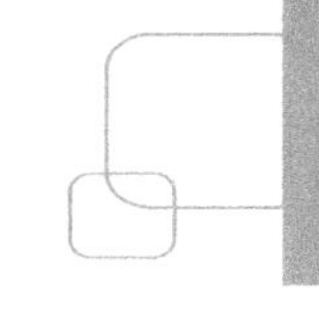

图 6-4 所示为两个 FEND 指令程序流程示意图。

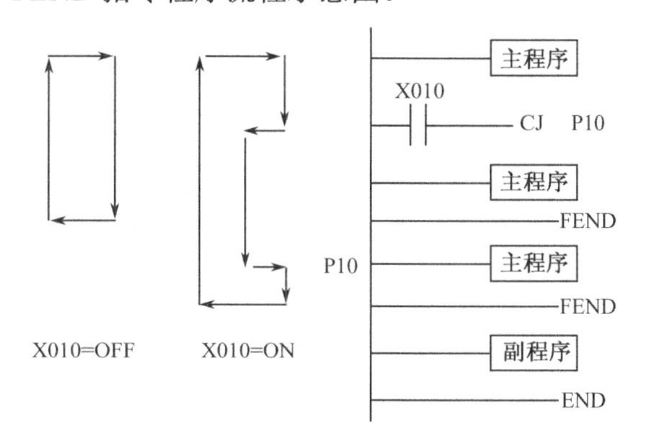

图 6-4　两个 FEND 指令流程

6.1.3　子程序

1. 子程序及其调用

什么是子程序？子程序是相对于主程序而言的独立的程序段，子程序完成的是各自独立的程序功能。它和中断服务程序一样，存放在副程序区，因此，PLC 扫描时，是有条件地执行子程序的。仅当条件成立时，PLC 才由主程序区转移到副程序区去执行相应的子程序段，这个过程一般称为子程序调用，也称为呼叫子程序。

那么在什么情况下，会用到子程序呢？有两种情况，使编写子程序成为必要。一是在一些用户程序中，有一些程序功能会在程序中反复执行，如某些标定变换程序、报警程序、通信程序中的校验码程序等，这时，可将这些程序段编写成子程序，需要时，对其进行调用，而不需要在主程序中反复重写这些程序段。这样，可使主程序简单清晰，程序容量减少，扫描时间也相应缩短。另一种情况是当系统规模很大、控制要求复杂时，如果将全部控制任务放在主程序中，主程序将会非常复杂，既难以调试，也难以阅读。使用子程序可以将程序分成容易管理的小块，使程序结构简单，易于阅读、调试、查错和维护。三菱 FX 系列 PLC 的功能指令实际上就是一个个子程序，在梯形图中应用功能指令时，实质上就是调用相应的子程序完成功能指令的操作功能。

在讲解程序流程时，曾经讲到当程序执行由主程序转移到子程序时，会在主程序区保存断点，这断点保存是由 PLC 自动完成的。而子程序调用指令必须指出程序转移地址。当 PLC 执行相应的子程序段后还必须返回到主程序区，因此，在子程序里必须有返回指令。这样，子程序的结构应如图 6-5 所示。子程序入口标志因 PLC 不同而不同，但子程序调用指令和子程序返回指令在子程序调用时应成对出现，这对所有品牌 PLC 都一样。

一般来说，子程序调用都有驱动条件的，仅当驱动条件成立时才调用子程序。如果想无条件调用子程序，可以用特殊继电器来驱动子程序调用指令，例如，用三菱 FX 系列 PLC 的 M8000 的常开触点作为驱动条件即可。

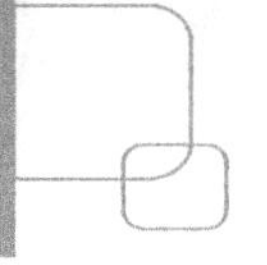

子程序可以在主程序中调用，也可以在中断服务程序中调用，还可以在其他子程序中调用，其调用执行过程都是相同的。

2. 子程序嵌套

子程序嵌套是指在子程序中应用子程序调用指令去调用其他子程序。这时，其调用过程和主程序调用子程序一样。图 6-6 所示为三次调用子程序的程序扫描执行过程。

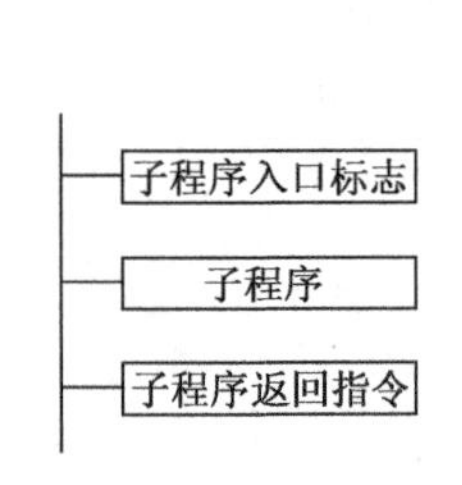

图 6-5 子程序的结构

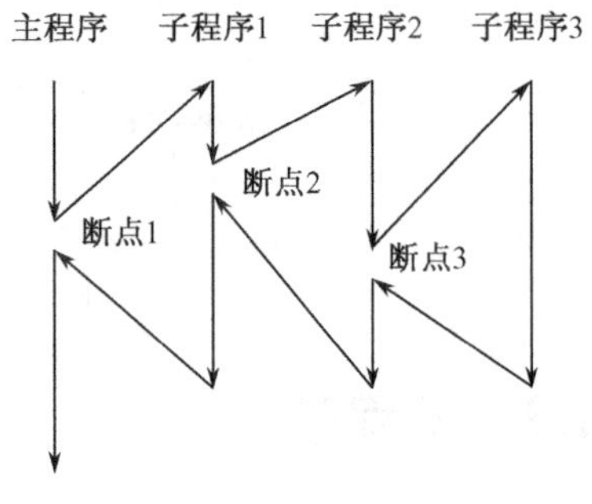

图 6-6 子程序嵌套

PLC 对子程序嵌套应用的层次是有限制的，也就是在子程序内对子程调用指令的使用次数是有限制的，三菱 FX 系列 PLC 最多只能使用 4 次子程序调用指令，对主程序来说最多有 5 成嵌套，西门子 S-200 PLC 最多为 8 层。

3. 子程序编写

子程序是按照所完成的独立功能来编写的，但它完成后必须把相关控制数据通过软元件传送给主程序，而子程序本身也在使用软元件。由于三菱 FX 系列 PLC 的软元件是所有程序共享的，这就存在着一个软元件冲突问题（主要体现在数据寄存器 D 的地址冲突），当主程序和子程序都用某一地址的 D 寄存器时，如果它的含义在主程序和子程序中不同时，就会出现混乱。因此，当程序复杂，子程序较多时，必须对所用软元件做统一分配以避免混乱发生。同时，同样功能的子程序在不同控制系统中移植时，必须要检查子程序与新的主程序软元件有无地址冲突，如果有，则必须对子程序软元件进行修改或对主程序软元件进行修改。

子程序在调用时，其中各软元件的状态受程序执行的控制，但当调用结束，其软元件则保持最后一次调用时的状态不变。如果这些软元件状态没有受到其他程序的控制，就会长期保持不变，哪怕是驱动条件发生了改变，软元件的状态也不会改变。

关于子程序编写的进一步说明将在子程序调用指令中讲解。

6.1.4 中断

1. 中断的有关概念

中断是指 PLC 在平常按照顺序执行的扫描循环中，当有需要立即反应的请求发生时，立即中断其正在执行的扫描工作，优先地去执行要求所指定的服务工作；等该服务工作完成后，再回到刚才被中断的地方继续执行未完成的扫描工作。

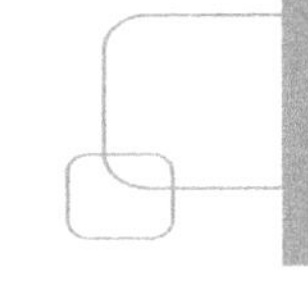

可以举一个例子来说明中断的基本概念。某公司老总正坐在办公桌前批阅文件（正在执行扫描），突然电话铃响了（有中断请求），老总放下手头的工作（中断扫描工作）去接电话（执行中断服务），电话接听完毕（中断服务完成），老总又继续批阅文件（继续执行扫描）。

这个例子已经通俗的说明了中断的几个基本概念。

1）中断请求与中断源

中断也是一种程序流程转移，但这种转移大都是随机发生的，例如，故障报警、计数器当前值等于设定值、外部设备的动作等，事先并不知道这些事件发生的时刻，可这些事件出现后就必须尽快地对他们进行相应的处理，这时可用中断功能来快速完成上述事件的处理。另一种情况是对于大部分的应用，上述按照顺序扫描的控制方式都已经足够了，但对某些需要高速反应的应用场合（如模拟量控制、定位控制等），扫描时间的延时即代表误差的扩大，其反应时间甚至要求到微秒的速度，才能达到精度要求。在这种情况下，只有利用中断功能才能实现。

要求实行中断功能首先必须向 PLC 发生中断请求信号，发出中断信号的设备称为中断源。中断源可以是外部设备（各种开关信号）也可以是内部定时器、计数器及根据需要人为设置的中断源等。

2）断点与中断返回

当中断源向 PLC 发出中断请求信号后，PLC 正在执行的扫描程序在当前指令执行完成后被停止执行，这样就在程序中产生一个断点，PLC 必须记住这个断点，然后就转移去执行在副程序区的中断服务程序。

中断程序被执行完后，PLC 会再回到刚才被中断的地方（称为中断返回），从断点处的下一条指令开始继续执行未完成的扫描工作。这一过程不受 PLC 扫描工作方式的影响，因此，使 PLC 能迅速响应中断事件。换句话说，中断程序不是在每次扫描循环中处理，而是在需要时被及时地处理。

2. 中断优先与中断控制

继续上面电话事例，如果该老总面前有三部电话，当老总正在接第一个电话时，又有一部电话铃响了，这时老总是听完第一个电话后，去接第二电话还是中断第一个电话，马上去接第二个电话？这就涉及当发生多重中断时中断优先的问题。

什么是中断优先呢？在多重中断输入结构时，会将各个中断输入按照其重要性给予其不同的中断优先顺序。当 CPU 接受某一个中断请求而正执行该中断的服务程序的同时，如果有另一个中断请求发生，CPU 将比较两个中断源的中断优先级。如果其优先顺序低于正在执行的中断，CPU 将不理会该中断，必须等执行完该中断服务程序返回后才会接受，并按照产生中断请求的先后次序进行处理。但如果其优先顺序高于正在执行的，CPU 将立即停止其正在执行的中断服务程序，而立即跳入更高优先顺序中断的中断服务程序去执行。等其完成后，再回到刚才被中断的较低优先级服务程序中去继续完成未完成的工作。这种处理方式称为中断程序的嵌套应用。

回到上面的事例，如果第二个电话是董事长直线电话，其优先顺序为最高，该老总会立即放下第一个电话去接第二个电话，如果第二个电话是下属来电，该老总会听完第一个电话后，再听第二个电话，听完第二个电话后，再继续其批阅文件工作。

不同品牌的 PLC 关于中断优先的设定是不同的，三菱 FX 系列 PLC 的中断功能原则是不能嵌套的。也就是说，如正在执行某一中断程序时，是不能再接受其他中断程序的处理。但作为特殊处理，FX_{2N} PLC 运行可以使用一次且仅一次中断嵌套。

不是所有的应用程序都需要 PLC 的中断功能，用户一般也不需要处理所有的中断事件，因此，PLC 都设置了中断控制指令来控制是否需要中断和需要哪些中断。中断控制指令一般为允许中断指令（又称开中断）和禁止中断指令（又称关中断）。在程序中设置允许中断指令后，则后面的扫描程序中，允许处理事先设置的中断处理功能。而在程序中设置了禁止中断指令后，则后面的扫描程序中，禁止处理所有的中断功能，直到重新执行允许中断指令后。

3. 中断服务程序结构与编写

中断和子程序调用虽然同样用到副程序，但其调用（跳到副程序去执行）的方式却不同。子程序调用是在主程序中利用执行到子程序调用指令（一般为 CALL）时，PLC 会记下 CALL 指令所指定的副程序名称，并到副程序区执行该标记名称的副程序，一直执行到子程序返回指令后，才会返回主程序。中断的调用则不是利用软件指令，而是由硬件电路发出中断信号给 PLC，由 PLC 自行去辨别该中断的名称而自动跳入副程序中以该中断名称为标记的“中断服务程序”去执行，执行到中断返回指令后，才返回到主程序。如上所述中断服务程序其结构如图 6-7 所示。由“头”、“尾”及中断服务程序组成。“头”即该中断的唯一的中断标志名称，而“尾”就是中断返回指令，是告诉 PLC 中断程序的结束。而头尾中间则为中断服务程序本身，用来告知 PLC 在该中断发生时必须执行哪些控制操作。中断服务程序编写要注意下面两个问题：

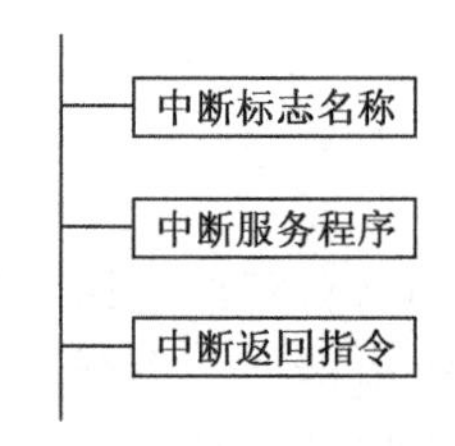

图 6-7　中断子程序结构

（1）设计中断程序时应遵循“越短越好”的原则。中断服务程序的执行会延迟主程序执行的时间，如果中断服务程序执行时间过长，则有可能引起主程序所控制的设备操作发生异常。因此，必须对中断服务程序进行优化，使其尽量短小，以减少其执行时间，从而减少对主程序处理的延迟。

（2）中断服务程序是随机调用的，必须谨慎地设计中断服务程序的各种软元件，弄清楚中断服务子程序中软元件和主程序中软元件关系，最好是中断服务程序中软元件是独立的。当然，与主程序相关的除外。

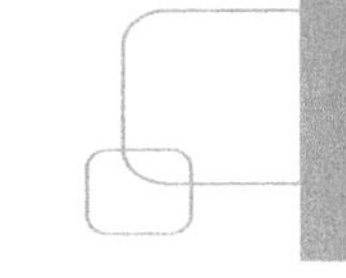

6.2　条 件 转 移

6.2.1　条件转移指令 CJ

1. 指令格式

FNC 00:　CJ 【P】　　　　　　　　　程序步：3

可用软元件见表 6-1。

表 6-1　CJ 指令可用软元件

操作数	位元件				字元件								常数		指针
	X	Y	M	S	KnX	KnY	KnM	KnS	T	D	V	Z	K	H	P
S.															●

指令梯形图如图 6-8 所示。

解读：当驱动条件成立时，主程序转移到指针为 S 的程序段往下执行。当驱动条件断开时，主程序按顺序执行指令的下一行程序并往下继续执行。

CJ　S.

图 6-8　CJ 指令梯形图

2. 关于分支指针 P

（1）指针又称标号、标签。在 FX 系列 PLC 里，指针有分支指针 P 和中断指针 I 两种。

（2）当程序发生转移时，必须要告诉 PLC 程序转移的入口地址，这个入口地址就是用指针来指示的。因此，指针的作用就是指示程序转移的入口地址。

分支指针 P 主要用来指示条件转移和子程序调用转移时的入口地址。条件转移时分支指针 P 在主程序区；子程序调用时分支指针 P 在副程序区。

（3）FX 系列 PLC 的分支指针 P 的个数见表 6-2。

表 6-2　指针 P 点数

型　号	FX_{1S}	FX_{1N}	$FX_{2N/NC}$	$FX_{3U/UC}$
指针 P	P0～P63	P0～P127	P0～P127	P0～P4095
特殊指针	P63：跳转到 END			

（4）分支指针 P 必须和转移指令 CJ 或子程序调用指令 CALL 组合使用。

（5）指针 P63 为 END 指令跳转用特殊指针，当出现指令 CJ P63 时驱动条件成立后，马上转移到 END 指针，执行 END 指令功能。因此，P63 不能作为程序入口地址标号而进行编程。如果对标号 P63 编程时，PLC 会发生程序错误并停止运行，如图 6-9 所示。

（6）在编程软件 GX 上输入梯形图时，标号的输入方法：找到转移后的程序首行，将光标移到该行左母线外侧，直接输入标号即可。

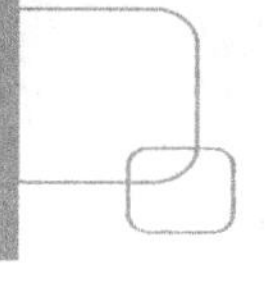

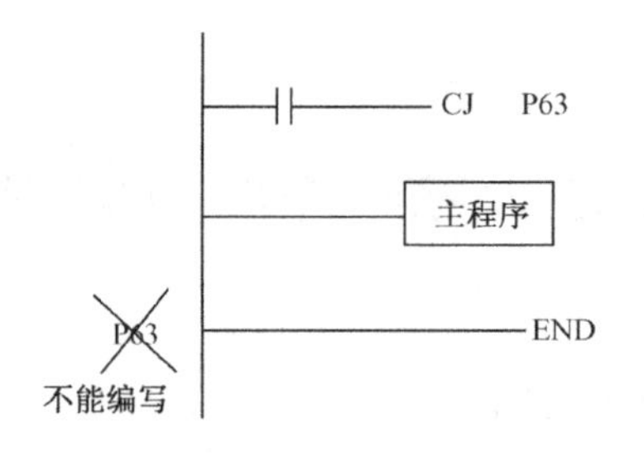

图 6-9 P63 的应用

3. 转移指令 CJ 应用注意

1）连续执行与脉冲执行

CJ 指令有两种执行形式：连续执行型 CJ 和脉冲执行型 CJP。它们的执行形式是不同的，如图 6-10 所示。

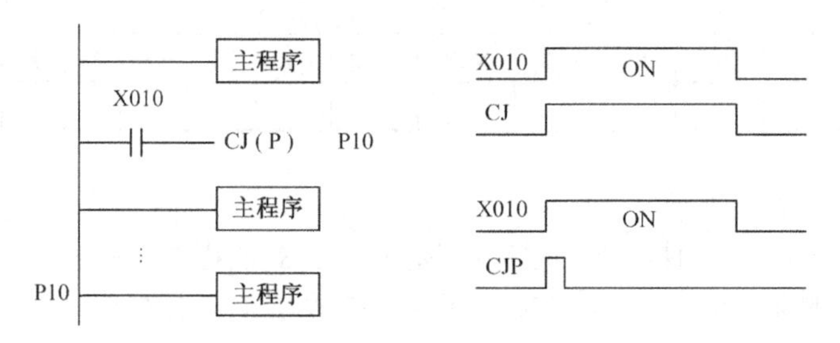

图 6-10 CJ 指令的连续执行与脉冲执行

对连续执行型指令 CJ，在 X10 接通期间，每个扫描周期都要执行一次转移。对脉冲执行型指令 CJP,X10 每通断一次，才执行一次程序转移。

2）转移方式

利用 CJ 转移时，可以向 CJ 指令的后面程序进行转移，也可以向 CJ 指令的前面程序进行转移，如图 6-11 所示。但在向前面程序进行转移时，如果驱动条件一直接通，则会在转移地址入口（标号处）到 CJ 指令之间不断运行。这就会造成死循环和程序扫描时间超过监视定时器时间（出厂值为 200ms）而发生看门狗动作，程序停止运行。一般来说，如需要向前转移时，建议用 CJP 指令，仅执行一次。下一个扫描周期，即使驱动条件仍然接通，也不会再次执行转移。

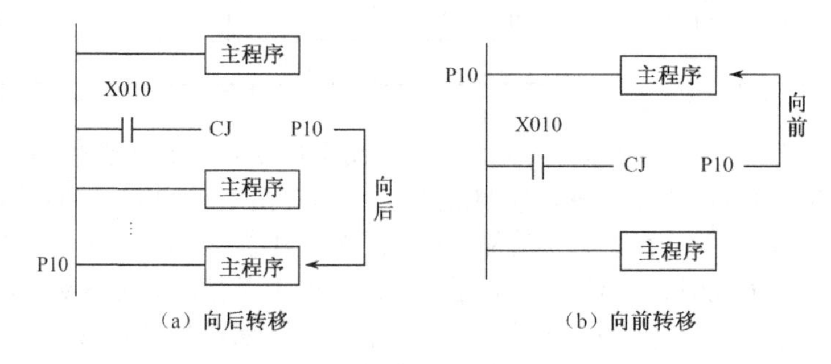

图 6-11 CJ 指令的向前、向后转移

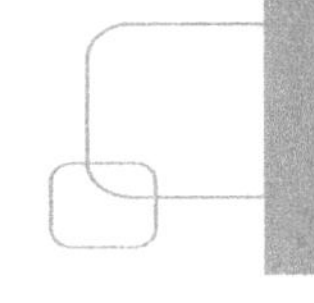

3）标号使用的唯一性

标号在程序中具有唯一性，即在程序中不允许出现标号相同的两个或两个以上程序转移入口地址，如图 6-12 所示。

4）标号重复使用

在程序中，标号是唯一的，但却可以是多个 CJ 指令的程序转移入口地址，如图 6-13 所示。当 X10 接通时，从上一个 CJ 转移到 P10，当 X10 断开，X20 接通时，从下一个 CJ 转向 P10。但是 CJ 指令和子程序调用指令 CALL 不能共用一个标号，如图 6-14 所示。

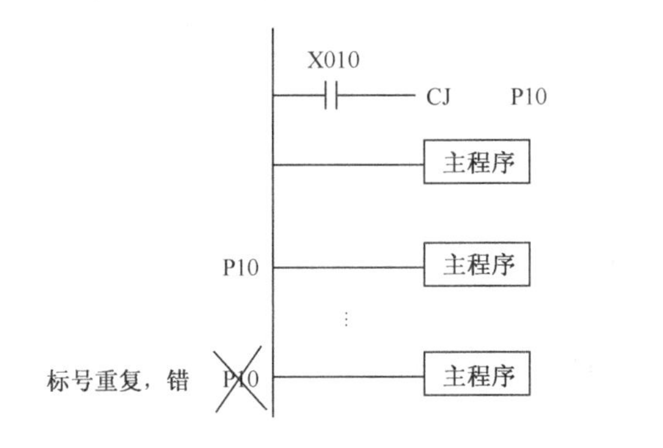

图 6-12　CJ 指令的标号重复

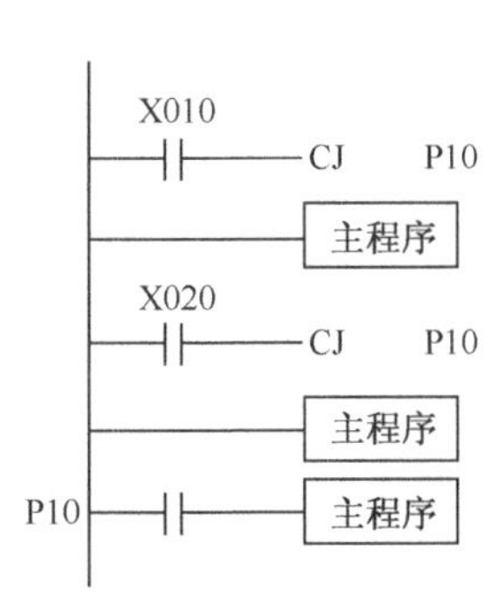

图 6-13　CJ 指令的标号重复使用

5）无条件转移

CJ 是条件转移指令，但如果驱动条件常通（如用特殊继电器 M8000 作为 CJ 指令的驱动条件），则变成无条件转移指令，如图 6-15 所示。

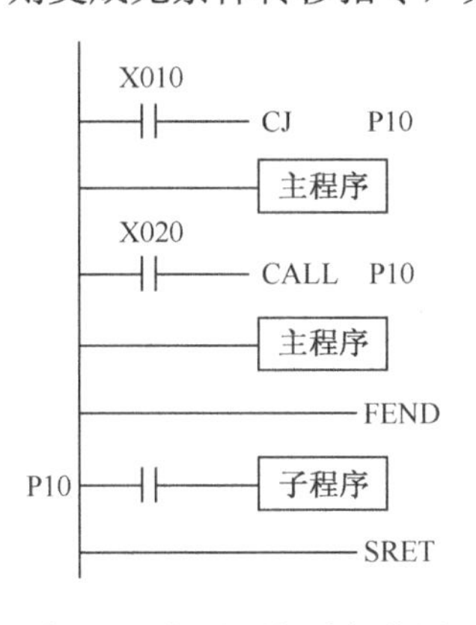

图 6-14　标号不能重复使用

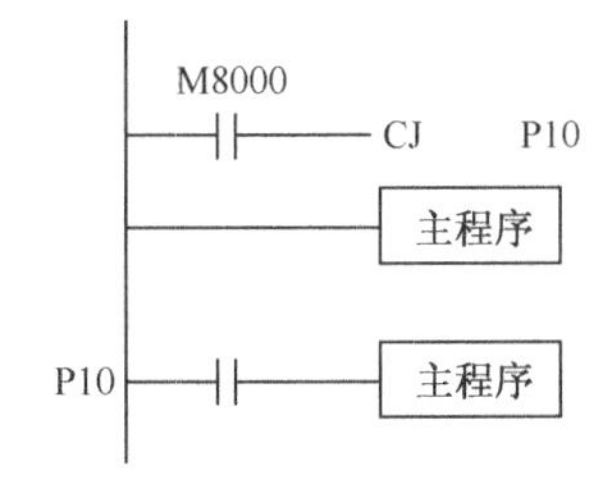

图 6-15　无条件转移

6）输出关断后转移

图 6-16 所示程序，由于使用了上升沿检测指令 PLS，所以，CJ 指令要等到 1 个扫描周期才能生效。采用这种方法，可以将 CJ 指令到转移标号之间的输出全部关断后才进行跳转。

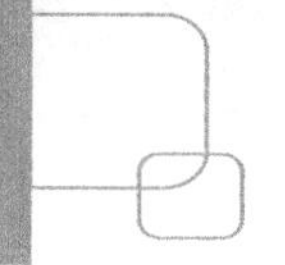

7）标号的变址应用

标号也可变址寻址应用，这样，利用一条条件转移指令可以转移到多个标号的程序转移地址入口，如图 6-17 所示。

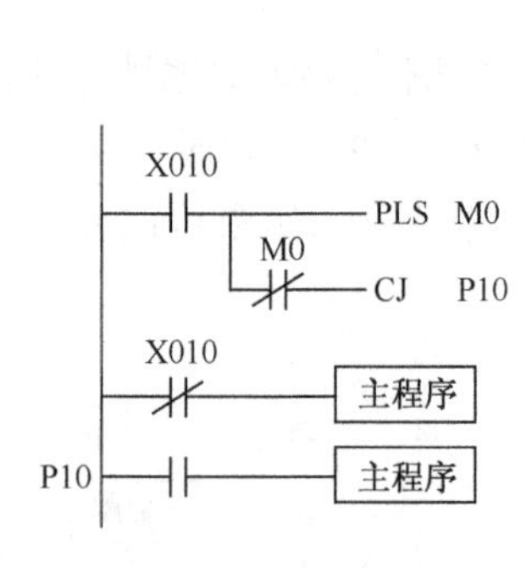

图 6-16　输出关断后转移

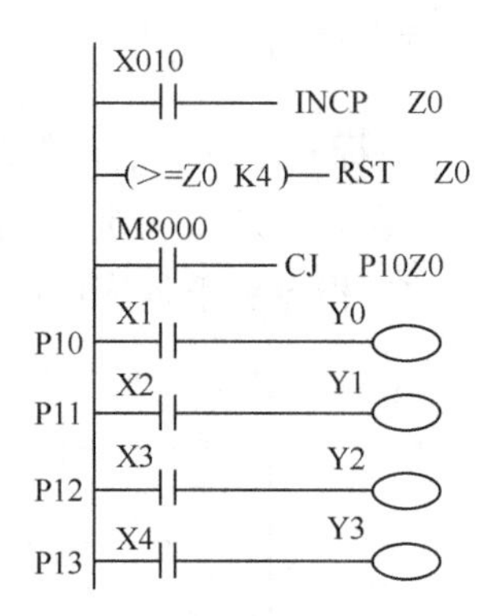

图 6-17　标号的变址应用

6.2.2　跳转区域的软元件变化与功能指令执行

当程序执行条件转移指令发生跳转时，把指令 CJ 到转移标号之间的程序段称为跳转区域，如图 6-18 所示。跳转区域中会有位元件、定时器、计数器和功能指令等。如果在未执行 CJ 指令前，这些软元件的状态是一定的。但在执行 CJ 指令后，跳转区域指令虽并未执行，而驱动条件会随输入口状态变化或程序运行变化而改变，这时，对跳转区域的软元件会产生什么影响呢？下面分别加以讨论。

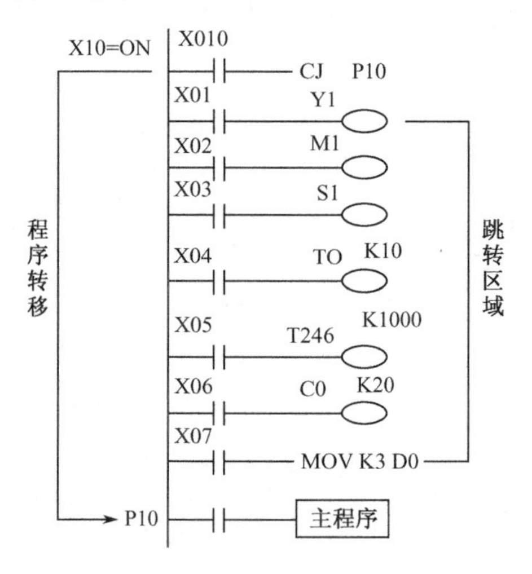

图 6-18　程序转移与跳转区域

1．位元件 Y,M,S

如图 6-19（a）所示，Y1 为跳转区域中的位元件。程序在未执行转移时，Y1 的状态由

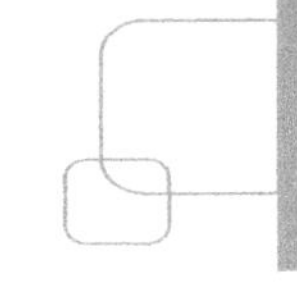

驱动元件 X3 决定。分两种情况讨论，X3=ON，时序图如图 6-19（b）所示；X3=OFF，时序图如图 6-19（c）所示。可以从时序图中看出，不论 Y1 的初始状态是 ON 还是 OFF，当程序发生转移后，如果其驱动条件 X3 的状态发生变化（图 6-19（b）中的①变到②），Y1 均保持其状态不变。但如果在跳转区域外，再次驱动 Y1，则按双线圈处理。以上结论同样适用于位元件 M,S。

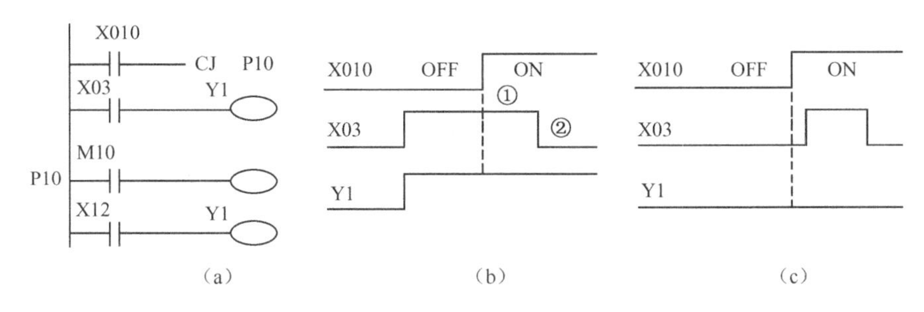

图 6-19　位元件跳转状态

2．定时器

1）10ms、100ms 定时器（T0～T199,T200～T245,T250～T255）

这类定时器如果程序转移前未启动，则一直保持停止状态，与位元件类似，如图 6-20（a）所示。如果程序转移前已启动，则发生程序转移，会马上停止计时，在转移期间保持当前值不变，如图 6-20（b）所示的①处。转移结束后，如果 X04 仍为 ON，则计时继续，直到达到设定值为止。如果又发生程序转移，并在转移期间，X04 由 ON 变为 OFF 时，则当转移结束后，定时器马上复位，当前值也归 0，触电动作如图 6-20（b）所示的②处。

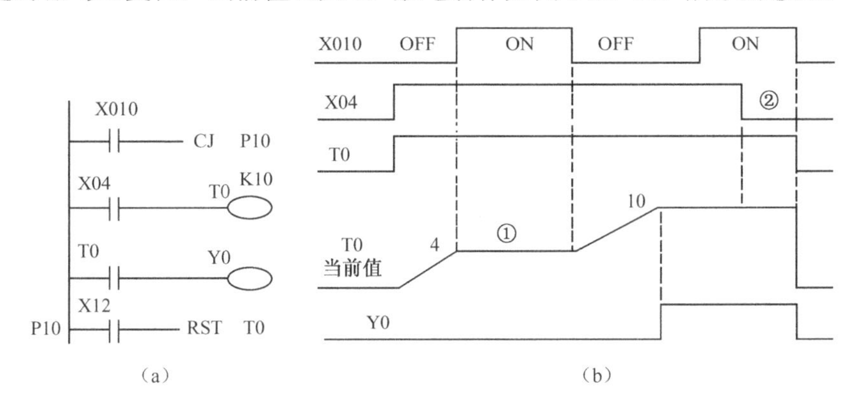

图 6-20　10ms、100ms 定时器跳转状态

2）1ms 定时器（T246～249）

与 10ms,100ms 类似，定时器如果程序转移前未启动，则一直保持停止状态。与 10ms,100ms 定时器不同之处在于定时器如果程序转移前已启动，则在发生程序转移期间，定时器继续计时，直到当前值为设定值，如图 6-21（b）所示的①处。但其触点动作在转移结束后才发生，如图 6-21（b）所示的②处。如果定时器驱动条件由 ON 变 OFF 后，转移结束后，定时器当前值仍维持设定值，其相应触点也不动作，直到有信号使定时器复位，当前值才归 0，触点也动作，如图 6-21（b）所示的③处。

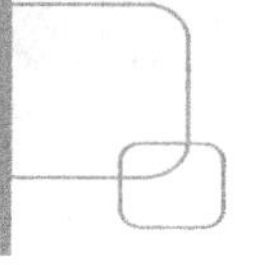

对跳转区域中的定时器来说，程序转移后如果出现了驱动跳转区域中定时器的 RST 指令，只要驱动条件成立，都会使定时器复位。当前值为 0，触点动作。但在跳转区域中的 RST 指令，程序转移后，即使驱动条件成立，定时器也不会复位。

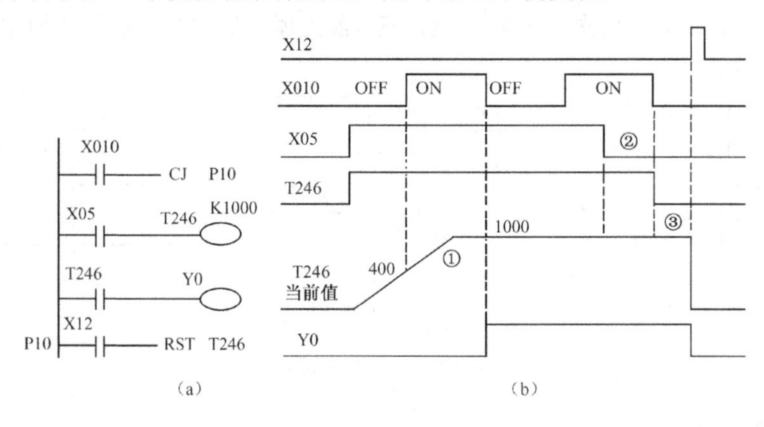

图 6-21　1ms 定时器跳转状态

3. 计数器

跳转区域中的计数器的状态和 10ms,100ms 定时器类似，如图 6-22 所示。读者可以自行分析。

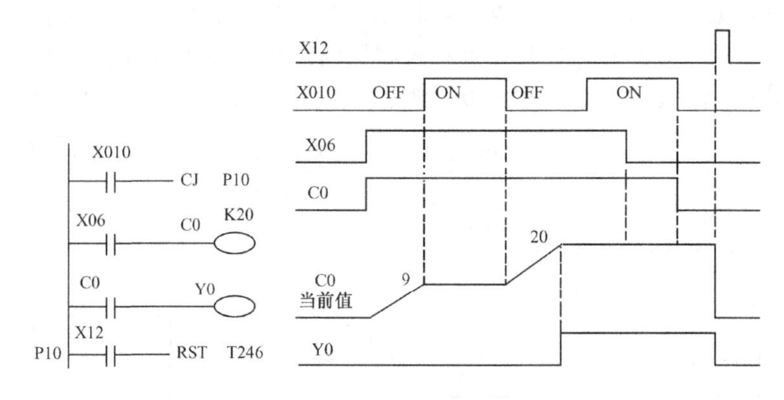

图 6-22　计数器跳转状态

4. 功能指令

如果在跳转区域中有功能指令时，则当程序发生转移后，即使功能指令的驱动条件成立，功能指令也不执行，但是功能指令 MTR,HSCC,HSCR,HSZ,SPD PLSY,PWM,PLSR 的动作继续，不受程序转移的影响。

5. 与主控指令的关系

主控指令和转移指令的关系及动作如图 6-23 所示。

其转移动作说明如下：

（1）从 MC 外向 MC 外转移。

这种转移，基本上与主控程序无关，可以随意转移。

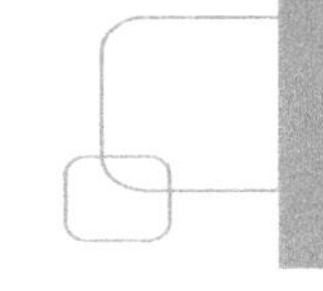

（2）从 MC 外向 MC 内转移。

这时，如果主控指令不被驱动（M0=OFF），转移到 P1 以后的程序照样执行，视 M0=ON。

（3）从 MC 内向 MC 内转移。

这是在 MC 内的转移，能够执行转移的条件是主控指令必须被驱动，如果不被驱动（M0=OFF），转移不被执行。

（4）从 MC 内向 MC 外转移。

分两种情况，如果主控指令被驱动（M0=ON）则可以进行转移，但主控复位指令 MCR 变为无效。如果主控指令不被驱动（M0=OFF），转移不能执行。

（5）从一个 MC 内向另一个 MC 内转移。

仅当 MC N0 M 1 指令被驱动时，转移才能进行。一旦发生转移，则于 MC N1 M2 指令是否被驱动无关，而且上一个 MCR N0 被忽略。

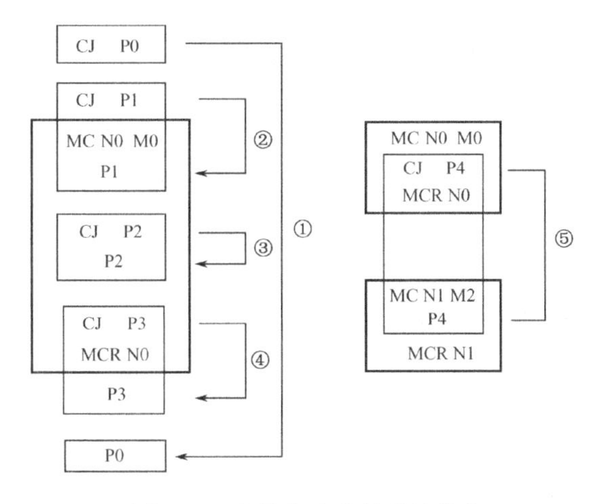

图 6-23　主控指令中的跳转状态

6.2.3 CJ 指令应用实例

【例 1】 在工业控制中，常常有自动、手动两种工作方式选择，一般情况下，自动方式作为控制正常运行的程序。手动方式则作为工作设定、调试等用。用 CJ 指令设计程序既简单又有较强的可读性。图 6-24 所示两种程序梯形图均可达到控制要求。

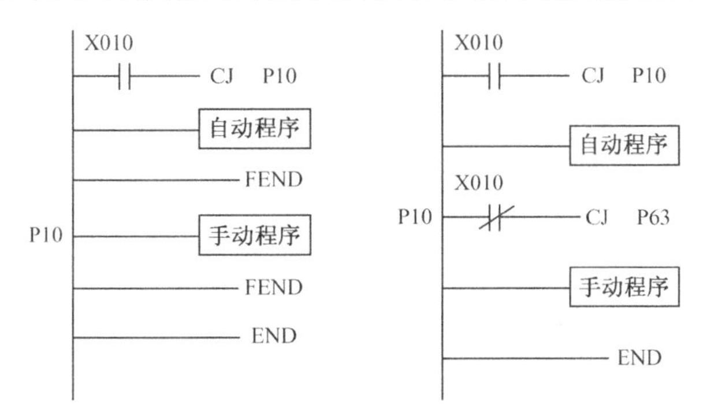

图 6-24　手动、自动程序梯形图

【例 2】 CJ 指令也常用来执行程序初始化工作。程序初始化是指在 PLC 接通后，仅需要一次执行的程序段。利用 CJ 指令，可以把程序初始化放在第一个扫描周期内执行，而在以后的扫描周期内，则被 CJ 指令跳过不再执行，如图 6-25 所示。

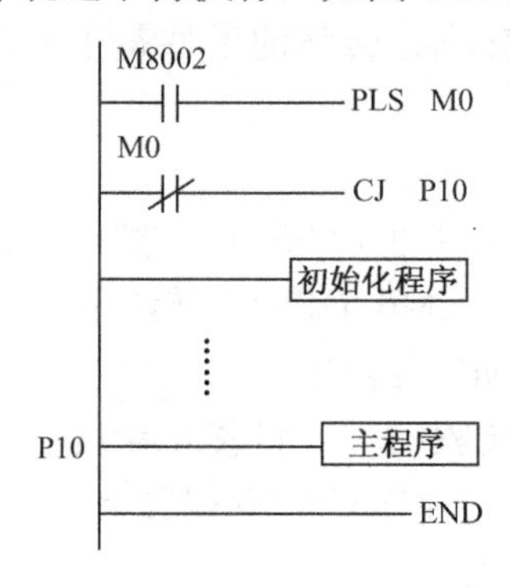

图 6-25 初始化程序梯形图

6.3 子程序调用

6.3.1 子程序调用指令 CALL,SRET

1. 指令格式

FNC 01： CALL 【P】 子程序调用 程序步：3

FNC 02： SRET 子程序返回 程序步：1

可用软元件见表 6-3。

表 6-3 CALL 指令可用软元件

操作数	位元件				字元件								常数		指针
	X	Y	M	S	KnX	KnY	KnM	KnS	T	D	V	Z	K	H	P
S.															•

指令梯形图如图 6-26、图 6-27 所示。

解读：当驱动条件成立时，调用程序入口地址标号为 S 的子程序，即转移到标号为 S 的子程序去执行。

图 6-26 CALL 指令梯形图 图 6-27 SRET 指令梯形图

解读：在子程序中，执行到子程序返回指令 SRET 时，立即返回到主程序调用指令的下一行继续往下执行。

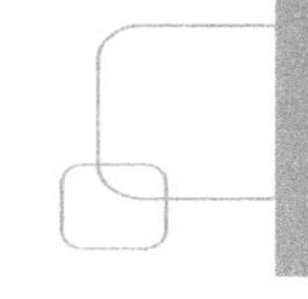

2. 指令应用

1）指令执行流程

子程序调用也是一种程序转移操作，和 CJ 指令不同的是：CJ 指令是在主程序区中进行转移，而子程序调用是转移到副程序区进行操作；CJ 指令转移后不产生断点，无须再回到 CJ 指令的下一行程序，而子程序调用在完成子程序的运行后，还必须回到子程序调用指令，并从下一行继续往下运行。它们的相同之处是程序转移入口地址都用分支标号 P 来表示子程序调用的程序流程图，如图 6-28 所示。

子程序调用指令可以嵌套使用。三菱 FX 系列 PLC 在子程序内的调用子程序指令 CALL 最多允许使用 4 次，也就是说一个用户程序最多允许进行 5 层嵌套。图 6-29 表示一个二次调用子程序的流程图。

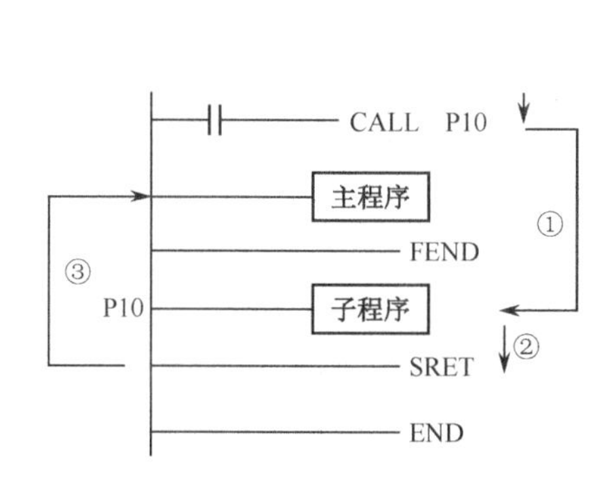

图 6-28　子程序调用的程序流程图

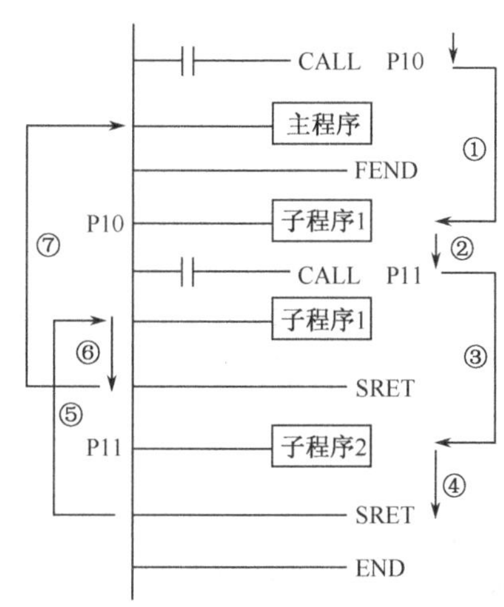

图 6-29　子程序嵌套的程序流程图

2）指针 P 的使用

指针 P 的标号不能重复使用，也不能与 CJ 指令共用同一个标号，但一个标号可以供多个调用子程序指令调用。

子程序必须放在副程序区，在主程序结束指令 FEND 后面，子程序必须以子程序返回指令 SRET 结束。

3）脉冲执行型

调用子程序指令 CALL 有连续执行型和脉冲执行型，当为连续执行型 CALL 时，在每个扫描周期都会被执行。而 CALLP 仅在驱动条件的上升沿出现时执行一次，用 CALLP 指令也可以执行程序初始化，且比 CJ 指令还要方便，如图 6-30 所示。

4）子程序调用

子程序可以在主程序中调用，也可以在中断服务程序中调用，还可以在其他子程序中调用，其调用执行过程都是相同的。

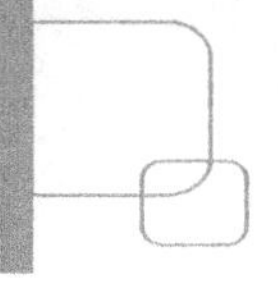

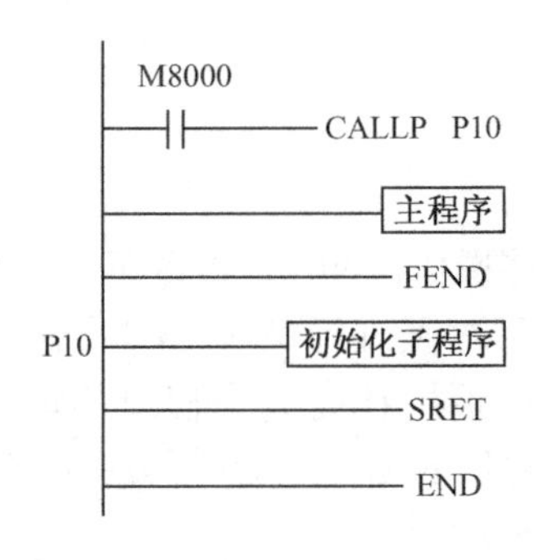

图 6-30 CALLP 指令应用

3．子程序内软元件使用

1）定时器 T 的使用

由于一般的定时器只能在线圈被驱动时计时，因此，如果用于仅在某种条件下才驱动线圈的子程序中，则不能进行计时，因此，FX 系列 PLC 规定了在子程序里使用专用的子程序用定时器 T192～T199，该定时器在线圈被驱动时或是执行 END 指令时进行计时。如果达到设定值，在线圈被驱动或执行 END 指令时期相应触点动作。

在子程序内使用 1ms 定时器（T246～T249）时，到达设定值后，输出触点会在最初驱动线圈指令时（执行子程序时）动作，请务必注意。

2）软元件状态

子程序在调用时，其中各软元件的状态受程序执行的控制。但当调用结束，其软元件则保持最后一次调用时的状态不变。如果这些软元件状态没有受到其他程序的控制，就会长期保持不变，哪怕是驱动条件发生了改变，软元件的状态也不会改变。

如果在程序中对定时器、计数器执行 RST 指令后，定时器和计数器的复位状态也被保持，因此，对这些软元件编程时或在子程序结束后的主程序中复位，或是在子程序中进行复位。

6.3.2 子程序编制与应用实例

如前所述，有两种情况会用到子程序，使编写子程序成为必要。一是系统规模很大、控制要求复杂时，使用子程序可以将程序分成容易管理的小块，使程序结构简单，易于阅读、调试、查错和维护。这类子程序是在特定系统中编制的，相当于主程序的分支转移。子程序中所涉及的各种软元件相对比较独立，也不存在所谓的移植问题。二是有一些程序功能会在程序中反复执行，如某些标定变换运算程序、查询程序、排序程序、报警程序、通信程序中的校验码程序等，这时可将这些程序段编写成子程序，需要时对其进行调用，而不需要在主程序中反复重写这些程序段。这样，可使主程序简单清晰，程序容量减少，扫描时间也相应缩短。这类子程序所完成的功能相对比较独立，一个子程序可以视为一个功能块，通用性很强。可以在任何一个控制系统中进行移植应用。对这类子程序进行开发和收集，会对程序设计工作带来很大的方便。这也是要重点讨论的子程序。

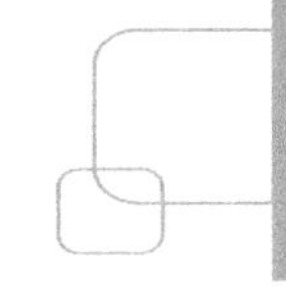

和主程序一样，子程序中也使用到编程软元件，子程序中所涉及的软元件有两种，一种是子程序功能本身所需要的软元件，它们的主要特点是仅在本程序中运用，与主程序没有关联，这些软元件是子程序所独有的，可以称为局部软元件。一种是与主程序相关联的软元件。这些软元件，一类为主程序传递给子程序的数据（子程序的入口数据），一类为子程序完成功能后所需把处理结果送回主程序的数据（子程序的出口数据），这些软元件是主程序和子程序共有的，可以称为全局软元件。不同品牌的 PLC 对局部软元件和全局软元件的处理是不同的。

西门子 PLC 的局部软元件和全局软元件是互相独立的（西门子称为局部变量和全局变量）。因此，一个功能块只需要关心它的入口和出口软元件即可，功能块可以很方便地进行移植，控制程序可以像搭积木似的编制。

三菱 FX 系列 PLC 软元件是不分局部软元件和全局软元件的。所有软元件都是主程序和子程序共享的，这就存在着一个软元件冲突问题，主要体现在数据寄存器 D 的地址冲突。在子程序中出现的局部软元件是不能在主程序中出现的，而主程序中的软元件也不能出现在子程序的局部软元件中。

当主程序和子程序都用某一地址的 D 寄存器时，如果它的含义在主程序和子程序中不同时，就会出现混乱。这就给子程序的编制和移植带来了很大的不便。因此，在编制子程序时。必须对所用软元件作统一分配以避免混乱发生。同样功能的子程序在不同控制系统中移植时，必须要检查子程序与新的主程序有无地址冲突，如果有，则必须对子程序软元件进行修改或对主程序软元件进行修改。在收集各种功能的子程序时，除了记录它的功能外，还必须记录子程序的入口软元件、出口软元件和局部软元件。

下面仅举一例给予说明。

【例 1】　在 PLC 与控制设备的通信控制中，如果采用了 MODBUS 通信协议 RTU 通信方式时，其通信数据规定采用 CRC 校验码。当 PLC 无 CRC 校验码指令时（FX 系列 PLC 仅 FX_{3U}/FX_{3UC} PLC 有，其他均无），必须编制 CRC 校验码子程序进行 CRC 校验码计算，其算法是：

（1）设置 CRC 寄存器为 HFF。

（2）把第一个参与校验的 8 位数与 CRC 低 8 位进行异或运算，结果仍存 CRC。

（3）把 CRC 右移 1 位，最高位补 0，检查最低位 b0 位。

（4）b0=0，CRC 不变，b0=1，CRC 与 HA001 进行异或运算，结果仍存 CRC。

（5）重新（3），（4），直到右移 8 次，这样第一个 8 位数进行了处理，结果仍存 CRC。

（6）重复（2）到（5），处理第二个 8 位数。

如此处理，直到所有参与校验的 8 位数全部处理完毕。结果 CRC 寄存器所存即 CRC 校验码。

注意：CRC 校验码是 16 位校验码，通信程序要求，必须把 16 位校验码的高 8 位和低 8 位分别送至两个存储单元再送回主程序。

该子程序所用软元件清单见表 6-4。

程序编制如图 6-31 所示（作为子程序 P1 编制）。

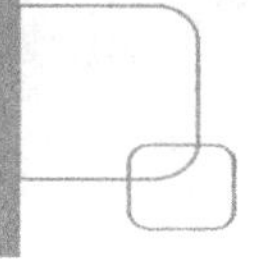

表 6-4　CRC 校验码子程序所用软元件

类　型	编　号	说　明
入口软元件	D0	参与校验数据的个数（n）
	D1～Dn	参与校验的 n 个数据存放地址
出口软元件	D110	存 CRC 校验码低 8 位
	D111	存 CRC 校验码高 8 位
局部软元件	V0	变址寄存器
	D100	CRC 校验码寄存器
	D101	校验数据低 8 位暂存

```
P1  M8000
    ─┤├─┬──────────────[MOV    K0       V0     ]
        │                               清V0
        └──────────────[WXOR HOFFFF K0    D100   ]
                                  置CRC为HFFFF
    ───────────────────[FOR    D0              ]
    M8000
    ─┤├─┬──────────────[WAND  HOFF  D10V0  D101 ]
        │                               取数据低8位
        ├──────────────[WXOR  D100  D101   D100 ]
        │                          与CRC异或存CRC
        └──────────────[INC    V0              ]
                                        下一个
    ───────────────────[FOR    K8              ]
                                        数据处理
    M8000
    ─┤├─┬──────────────[RST    M8022           ]
        │                               M8022置0
        ├──────────────[RCR   D100   K1        ]
        │  循环右移数据的b0位，为0，CRC不变取下一位
        │ M8022
        └─┤├───────────[WXOR  D100  H0A001  D100 ]
                为1，与HA001异或存CRC取下一位
    ───────────────────[NEXT                   ]

    ───────────────────[NEXT                   ]
    M8000
    ─┤├─┬──────────────[WAND  HOFF   D100   D110 ]
        │                  取校验码低8位存D110低8位
        ├──────────────[WAND HOFFOO D100   D111 ]
        │                  取校验码高8位存D110高8位
        └──────────────[SWAP   D111            ]
                                D111高低8位交换
    ───────────────────[SRET                   ]
```

图 6-31　CRC 校验码子程序

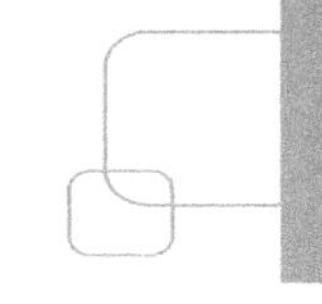

6.4 中断服务

6.4.1 中断指令 EI,DI,IRET

1．指令格式

FX 系列 PLC 关于中断的指令有 3 个。

1）中断允许指令 EI

FNC 04：　EI　　　　　　　程序步：1

EI 指令梯形图如图 6-32 所示。

解读：执行中断允许指令 EI 后，在其后的程序直到出现中断禁止指令 DI 之间均允许去执行中断服务程序，EI 又称开中断指令。三菱 FX 系列 PLC 的开机后为中断禁止状态，因此，如果希望能进行中断处理，必须要在程序中首先编制中断允许指令。

2）中断禁止指令 DI

FNC 05：　DI　　　　　　　程序步：1

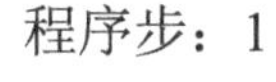

DI 指令梯形图如图 6-33 所示。

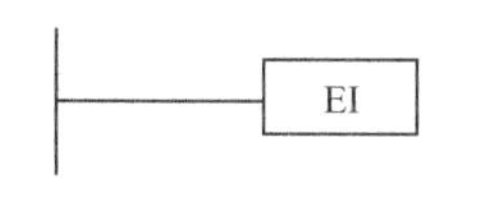

图 6-32　EI 指令梯形图

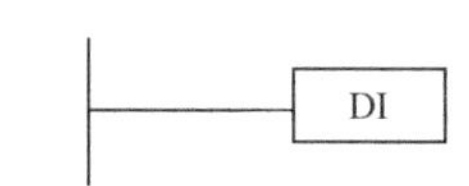

图 6-33　DI 指令梯形图

解读：执行 EI 指令后，如果不希望在某些程序段进行中断处理，则在该程序段前编制中断禁止指令 DI。执行中断禁止指令 DI 后，则下面的程序段直到出现 EI 指令之前均不能进行中断处理。DI 指令又称关中断指令。

3）中断返回指令 IRET

FNC 03：　IRET　　　　　　程序步：1

IRET 指令梯形图如图 6-34 所示。

解读：在中断服务程序中，执行到中断返回指令 IRET，表示中断服务程序执行结束，无条件返回到主程序继续往下执行。

EI,DI 和 IRET 指令在程序中的位置与作用可用图 6-35 说明。

EI,DI 指令可以在程序中多次使用。凡是在 EI～DI 之间或 EI～FEND 之间的为中断允许，凡是在 DI～EI 之间或是 DI～FEND 之间的为中断禁止。

如果 PLC 只需要对某些特定的中断源进行禁止中断，也可以利用特殊辅助继电器置 ON 给予中断禁止。详见下述。

图 6-34 IRET 指令梯形图

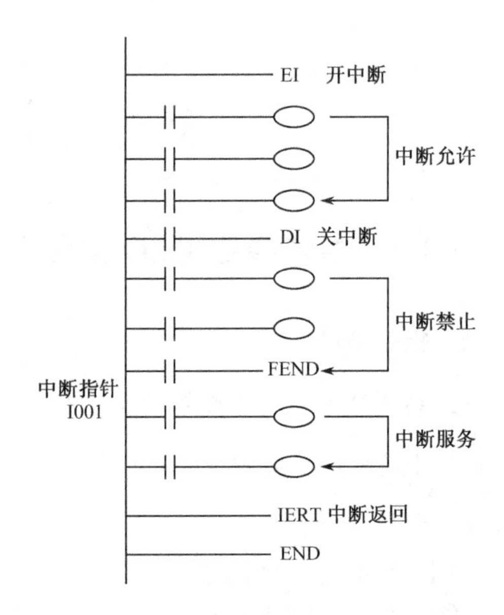

图 6-35 EI,DI,IERT 指令位置说明图

2. 关于中断指针 I

FX 系列 PLC 有 3 种中断源：外部输入中断、内部定时器中断和高速计数器中断。这 3 种中断的指针是不一样的，见表 6-5。关于它们的详细说明在下面分别介绍 3 种中断时给予讲解。

表 6-5 中断指针

外部输入中断	定时器中断	高速计数器中断
I000,I001 I100,I101 I200,I201 I300,I301 I400,I401 I500,I501	I6□□ I7□□ I8□□	I010 I020 I030 I040 I050 I060

注：□□=10～99

中断指令表示中断服务程序的入口地址，因此，它只能出现在主程序结束指令 FEND 之后，中断服务程序也和子程序一样必须位于副程序区。

中断指针不能在程序中重复使用。

3. 关于中断和中断优先处理

1）中断允许

PLC 只能在中断允许的状态下才能进行中断处理。

2）中断服务

在中断允许状态下，PLC 一旦接到中断请求必须立即停止主程序或副程序的执行而转移到相应中断服务程序的处理，直到处理完毕才返回原来的程序继续执行。

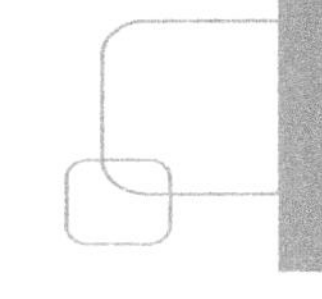

3）中断优先

PLC 在任意时刻只能执行一个中断服务程序。当没有多个中断请求同时发生时，PLC 按照先来先中断的时间优先原则进行中断处理。

当有多个中断请求时，三菱 FX 系列 PLC 会按照中断指针的不同进行优先处理，其原则是指针的编号越小，其优先级越高，例如，I001 优先于 I501，I501 优先于 I610 等。

4）中断嵌套

三菱 FX 系列 PLC 的中断优先仅限于多个中断请求时的优先处理，但当 PLC 正在执行某一个中断服务程序时，如果又发生中断请求，PLC 将不管这个中断请求是否优先于正在执行的中断服务，一概不给予处理。只有该中断服务结束后，才能进行下一个中断处理。也就是说，三菱 FX 系列 PLC 不接受中断嵌套处理。但是如果在执行的中断服务程序中编写了 EI,DI 指令时，则可以（也仅可以）执行一次中断嵌套处理。

4．中断处理的使用注意

1）中断源的禁止重复使用

三菱 FX 系列 PLC 的外部输入中断和高速计数器中断都使用输入口 X0～X5，因此，当输入口 X0～X5 用于高速计数器,SPD,ZRN,DSZR 等指令和普通开关量输入时，不能再重复使用它们作外部中断输入。

2）中断程序中定时器的使用

在中断服务程序中如需要应用定时器，请使用子程序中定时器 T192～T199。使用普通的定时器不能执行计时功能，如果使用了 1ms 计算型定时器 T246～T249，当它达到设定值后，在最初执行线圈指令处输出触点动作。

3）中断程序中软元件

在中断程序中被驱动输出置 ON 的软元件，中断程序结束后仍然被保持置 ON。在中断程序中对定时器、计数器执行 RST 指令后，定时器计数器的复位状态也被保持。

4）关于 FROM/TO 指令执行过程中的中断

FROM/TO 指令为 PLC 的特殊模块读/写指令。该指令执行过程中，能否进行中断服务与特殊继电器 M8028 的状态有关。

（1）M8028=OFF：在 FROM/TO 指令执行中自动处于中断禁止状态，不执行外部输入中断和定时中断。如果在此期间，发生中断请求，则在指令执行后会立即执行中断服务。这时，FROM/TO 指令可以在中断服务中使用。

（2）M8028=ON：在 FROM/TO 指令执行过程中自动处于中断允许状态。一有中断请求，马上执行中断服务。这时，不能在中断服务程序中使用 FROM/TO 指令。

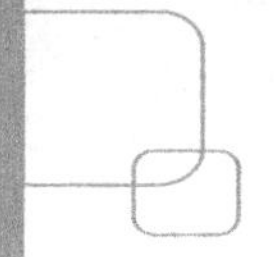

6.4.2 外部输入中断

外部输入中断是一种硬件信号中断，在输入端口 X0～X5 被分配为中断信号端口时，接在端口上的开关量信号一旦接通，就向 PLC 发出中断请求，PLC 马上无条件的转向该端口规定的中断服务程序区执行。外部输入中断常用于外部紧急事件的处理，如报警等。

1. 输入中断指针

外部中断指针有 6 个，对应于输入口 X0～X5，其标号如图 6-36 所示。

外部输入中断可以单独对其中一个或 n 个设置中断禁止，每一个中断都对一个特殊继电器，如果该继电器为 ON，则在该程序中断被禁止，对应关系见表 6-6。

表 6-6　中断指针

外部输入	下降沿中断	上升沿中断	禁止中断继电器
X0	I000	I001	M8050
X1	I100	I101	M8051
X2	I200	I201	M8052
X3	I300	I301	M8053
X4	I400	I401	M8054
X5	I500	I501	M8055

如图 6-37 所示程序，当 M0 接通时，M8054 为 ON，则下面的程序运行中，I400 及 I401 均被禁止中断。这时候，即使 X4 输入口有中断请求，也不会转去中断服务程序。

I□0□
0：下降沿中断；1：上升沿中断
0～5对应于X0～X5

图 6-36　外部输入中断指针说明

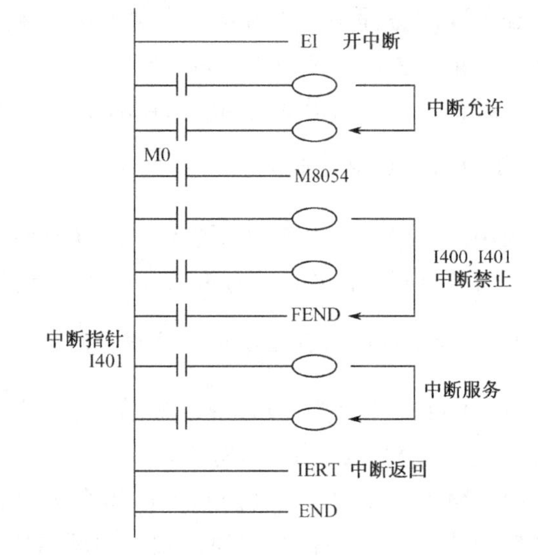

图 6-37　外部输入中断禁止程序说明

外部输入中断指针虽然有 12 个，但对于使用同一输入口的两个指针并不能同时被编写，所以，实际上最多只能使用 6 个中断指针。

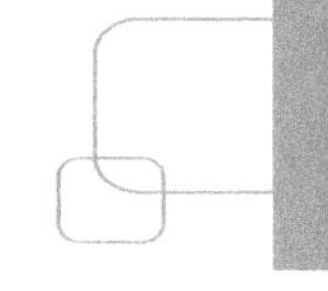

2. 输入中断信号脉冲宽度

外部输入中断对输入信号的宽度有一定的要求，见表 6-7。

表 6-7　输入中断信号脉冲宽度

机　型	输入中断信号脉冲宽度	
	X0,X1	X2～X5
FX_{1S},FX_{1N}	10μs 以上	50μs 以上
FX_{2N},FX_{2NC}	20μs 以上	

3. 输入滤波时间常数的自动调整

当把输入口指定为外部中断输入口时，该输入口的输入滤波时间会自动更改为 50μs（X0,X1 为 20μs），而不需要采用 REFF 指令及特殊寄存器 D8020 进行调整，但非外部中断输入口的输入滤波时间仍然为 10ms。

4. 外部输入中断应用程序例

【例 1】　急停告警。

引入中断的一个主要优点是可以马上进行实时处理，如图 6-38 所示的急停告警程序。

图 6-38　紧急停止中断程序梯形图

中断指针为 I000，即 X0 输入口上升沿中断，当 X0 一有告警信号，马上转入中断服务程序，置 Y0 为 ON，并通过刷新指令 REF 立即将 Y0 状态刷新送到输出口进行告警信号控制（关于 REF 指令的讲解见第 12 章 12.3.1 节）。

【例 2】　窄脉冲信号的计数。

在上面程序中，如果在中断中对输入中断信号进行计数，则相当于完成对一个窄脉冲信号（>50μs）的计数。程序梯形图如图 6-39 所示。

X10 为计数开始，当 X1 有脉冲信号发生时，即转入中断服务程序，对其进行加 1 计数，并将结果存为 D0。加 1 指令 INC，原来是每个扫描周期都要执行指令，但因中断程

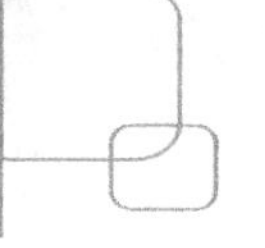

序，每次中断仅执行一次，所以，不需要脉冲执行型 INCP。这个程序与单相高速计数器作用类似。

0 EI
X010
1 MOVP K0 D0
计数清0
7 FEND
I101
M8000
8 INC D0
中断计数加1
13 IRET
14 END

图 6-39 脉冲计数中断程序梯形图

【例 3】 脉冲捕捉。

利用输入中断可以对短时间脉冲（大于 50μs 远小于扫描周期的脉冲信号）进行监测，即脉冲捕捉功能。程序梯形图如图 6-40 所示。

0 EI
M0
1 Y010
捕捉到脉冲Y10显示
M0
K10
3 T0
显示时间1秒
T0
7 RST M0
1秒到M0复位
9 FEND
I401
M8000
10 SET M0
捕捉X4脉冲信号
13 IRET
14 END

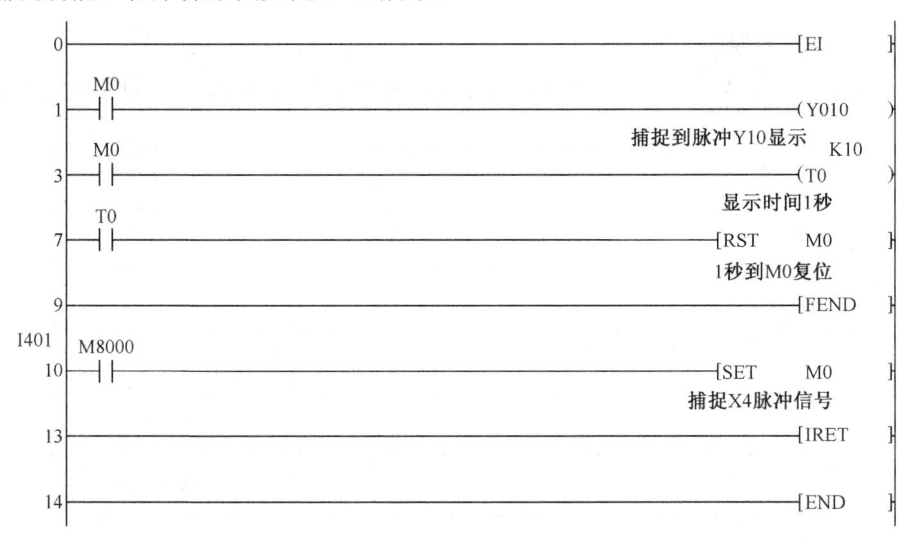

图 6-40 脉冲捕捉中断程序梯形图

脉冲捕捉功能也可以直接利用特殊继电器 M8170～M8175 来完成，PLC 设置了 M8170～M8175 对输入口 X0～X5 进行脉冲捕捉，其工作原理是：开中断后，当输入口 X0～X5 有脉冲输入时，其相应的特殊继电器（X0 对应 M8170，X1 对应 M8171，以下类推）马上在上升沿进行中断置位。利用置位的继电器触点接通捕捉显示。当捕捉到脉冲后，M8170～M8175 不能自动复位，必须利用程序进行复位，准备下一次捕捉。而且这种捕捉与中断禁止用特殊继电器 M8050～M8057 的状态无关。

程序梯形图如图 6-41 所示。

【例 4】 脉冲宽度测量。

利用上、下沿中断可以对输入脉冲宽度进行测量，其原理如图 6-42 所示。

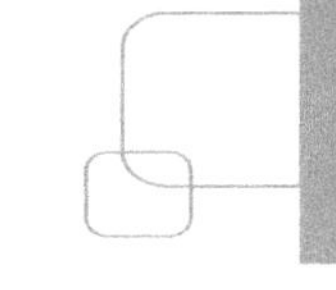

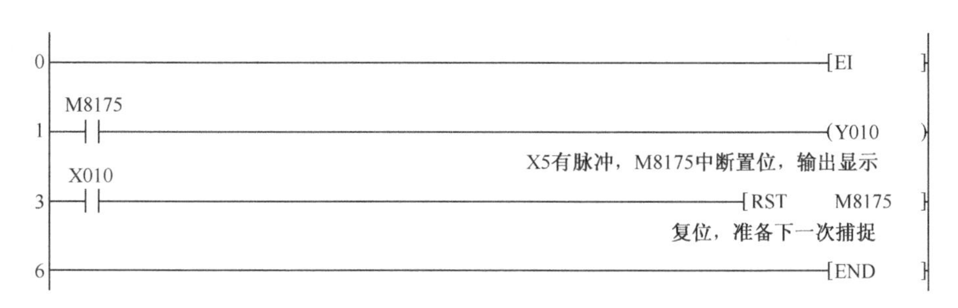

图 6-41　利用 M8175 脉冲捕捉程序梯形图

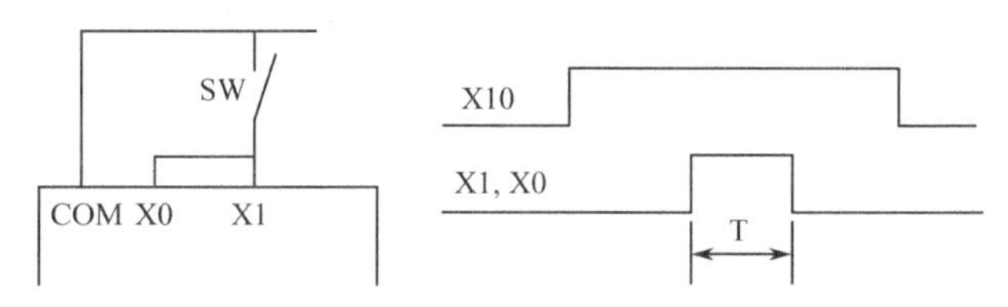

图 6-42　脉冲宽度测量示意图

将脉冲输入同时接入输入口 X0,X1，利用 X0 的上升沿中断捕捉到脉冲，同时启动 1ms 定时器计时，利用 X1 的下降沿保存定时器当前值（脉宽 T）。这样就巧妙地测量了脉冲宽度，程序梯形图如图 6-43 所示。

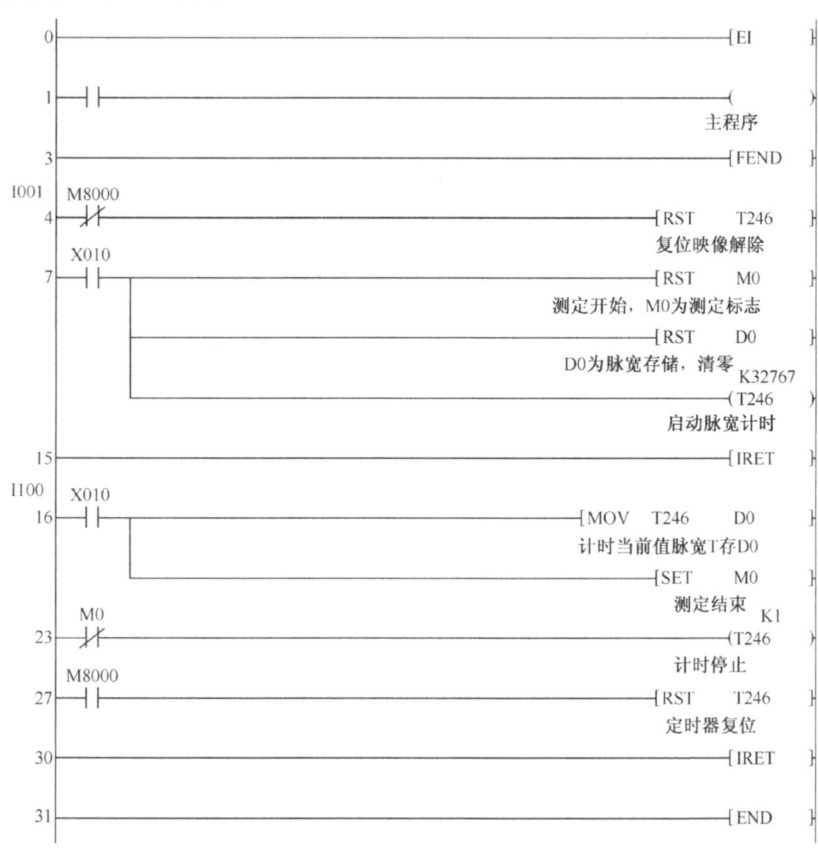

图 6-43　1ms 脉冲宽度测量示意图

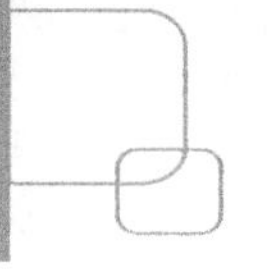

如果要求测量精度较高，则可利用 FX_{2N} PLC 的 0.1ms 的计时器 D8099，而特殊继电器 M8099 为其启动元件，当 M8099 被驱动后，随着 END 指令执行，0.1ms 的高速环形计数器开始动作，程序梯形图如图 6-44 所示。

```
0  ───────────────────────────────────[EI            ]
1  ──┤├───────────────────────────────(              )
                                       主程序
     X010
3  ──┤├───────────────────────────────(M8099         )
                                 启动0.1ms环形计数器
6  ───────────────────────────────────[FEND          ]
I001 X010
7  ──┤├──┬────────────────────────[RST     D8099     ]
         │                    复位环形计数器，开始计时
         └────────────────────────[RST     M0        ]
                              测定开始，M0为测定标志
12 ───────────────────────────────────[IRET          ]
I100 X010
13 ──┤├──┬─────────────────[MOV    D8099     D0      ]
         │                     计时当前值脉宽T存D0
         └────────────────────────[SET     M0        ]
                                         测定结束
20 ───────────────────────────────────[IRET          ]
21 ───────────────────────────────────[END           ]
```

图 6-44　0.1ms 脉冲宽度测量示意图

6.4.3　内部定时器中断

内部定时器中断是一种按一定时间自动进行的中断。其间隔时间可以设置，不受扫描周期的影响。

内部定时器中断适用于扫描时间较长而又需及时处理数据的场合，例如，外部开关输入的刷新，模拟量输入的定时采样，模拟量输出的定时刷新等。

1. 内部定时器中断指针

定时器中断指针有 3 个，其标号如图 6-45 所示。

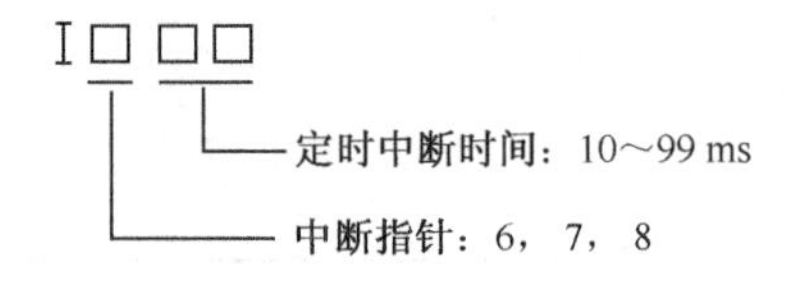

图 6-45　定时中断指针说明

与其相对应禁止中断继电器 M8056～M8058，对应关系见表 6-8。其程序编制和应用与外部输入中断类似。

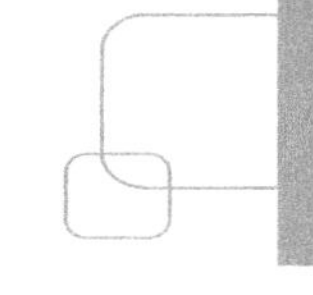

表 6-8　定时中断指针

中断指针	中断周期	禁止中断继电器
I6□□	□□：10～99ms 例如，I610：每隔 10ms 的定时中断	M8056
I7□□		M8057
I8□□		M8058

定时器中断指令不能重复使用，因此，定时器中断在一个程序中最多只能使用 3 次。

2．内部定时器中断应用程序例

【例 5】　功能指令中，有一些外部设备指令 HKY,SEGL,ARWS,PR 等是与扫描时间同步的，它们会出现整体时间过长和时间波动上的问题，使输入或输出不能及时响应，而是用定时器中断，可以将其输入或输出状态得到及时响应（关于这些外部设备指令的详解见第 11 章 11.2 节）。

程序梯形图如图 6-46 所示。

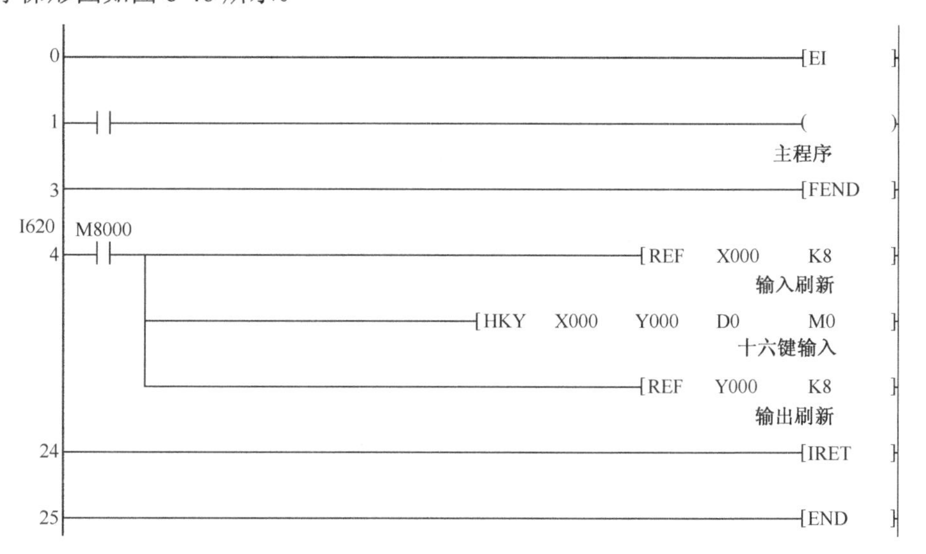

图 6-46　十六键中断执行程序梯形图

【例 6】　图 6-47 所示程序为 RAMP 指令的定时中断处理。

RAMP 指令为斜坡信号输出指令（详见第 15 章），PLC 执行主程序时，X0=ON 时，K1 送入 D1，K255 送入 D2，并同时启动中断服务程序，在中断服务程序中每隔 10ms 执行一次 D3 加 1，在 1 000×10ms=10s 时间内将 D3 的值从 D1（K1）加到 D2（K255），M8029 为指令执行完成标志位，当 D3 为 K255 时，M1 复位，等待下一次中断，其动作过程如图 6-48 所示。

【例 7】　模拟量控制对实时值要求较高，总是希望输入当前值能及时参与控制处理，这时候用定时器中断来定时读取实时值比较及时。图 6-49 所示为每隔 50ms 对 FX_{2N}-2AD 模拟量模块两个通道当前值读入的程序。关于数值的数字滤波处理程序未列入，读者可参看第 10 章。

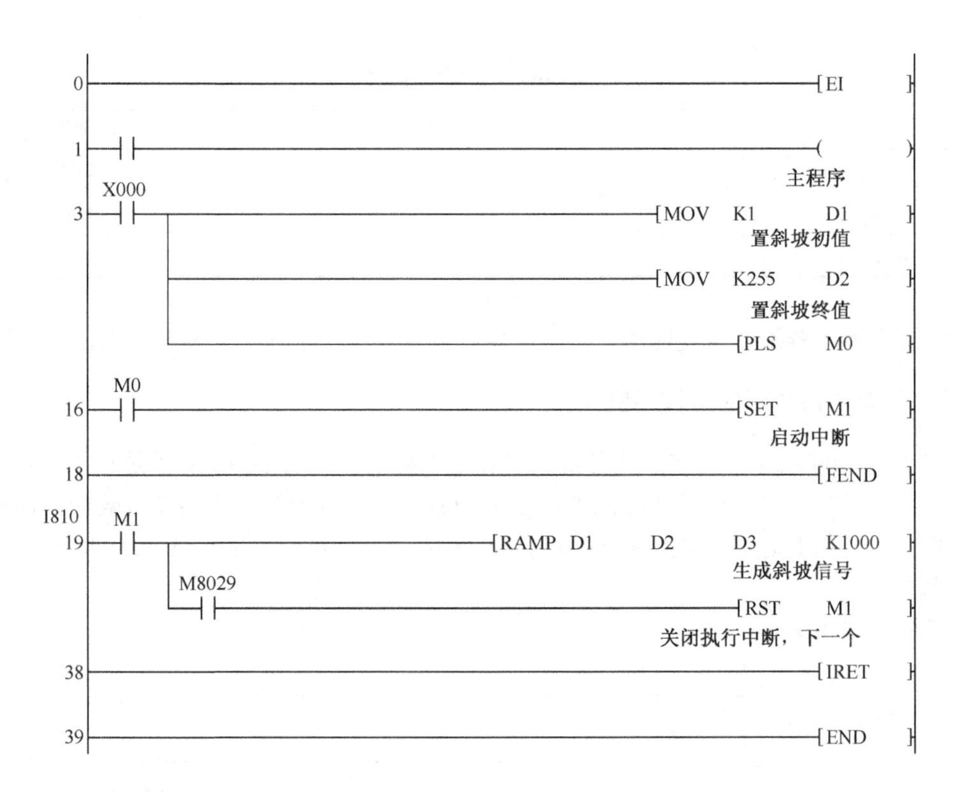

图 6-47 斜坡信号中断生成程序梯形图

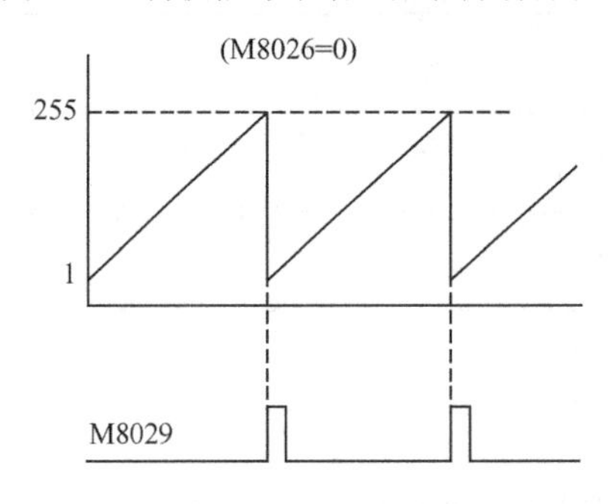

图 6-48 斜坡信号生成图示

6.4.4 高速计数器中断

高速计数器中断是一种软件中断，必须与高速计数器指令 DHSCS 一起使用，当高速计数器的当前值与设定值相符时，执行指令中的指定的中断服务程序。

高速计数器中断功能可以用于高速的定位控制、速度测量等。

1. 高速计数器中断指针

高速计数器中断指针有 6 个，标号如图 6-50 所示。

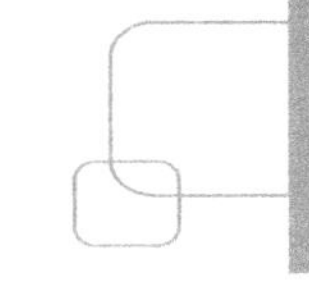

```
├────────────────────────────────────────[EI                              ]
├──┤ ├───────────────────────────────────(                                )
                                          主程序
├────────────────────────────────────────[FEND                            ]
I650  M8000
├──┤ ├──┬────────────────────[T0    K0    K17    H0      K1               ]
        │                                        选择通道CH1
        ├────────────────────[T0    K0    K17    H2      K1               ]
        │                                        CH1开始转换
        ├────────────────────[FROM  K0    K0     K2M100  K2               ]
        │                                        读当前值
        └─────────────────────────────[MOV     K4M100  D100               ]
                                                 存D100
├──┤ ├──┬────────────────────[T0    K0    K17    N1      K1               ]
  M8000 │                                        选择通道CH2
        ├────────────────────[T0    K0    K17    H3      K1               ]
        │                                        CH2开始转换
        ├────────────────────[FROM  K0    K0     K2M100  K2               ]
        │                                        读当前值
        └─────────────────────────────[MOV     K4M100  D110               ]
                                                 存D110
├────────────────────────────────────────[IRET                            ]
├────────────────────────────────────────[END                             ]
```

图 6-49　模拟量中断读取程序梯形图

```
I0□0
  └──中断指针：1～6
```

图 6-50　高速计数器中断指针说明

其禁止中断继电器只有一个 M8059，当 M8059 为 ON 时，所有中断指针均禁止中断。见表 6-9。同样，中断指针编号不能重复使用。

表 6-9　中断指针

中 断 指 针	禁止中断继电器
I010,I020 I030,I040 I050,I060	M8059

2．高速计数器中断应用程序例

【例 8】　高速计数器中断基本程序样例如图 6-51 所示。

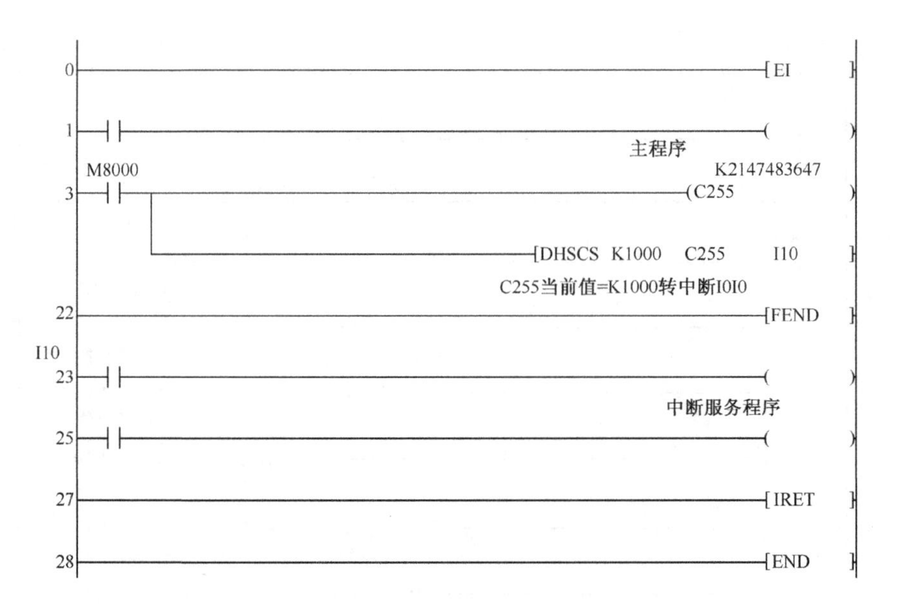

图 6-51　高速计数器中断程序样例

6.5　循　　环

6.5.1　循环指令 FOR,NEXT

1．指令格式

FNC 08：FOR　　循环开始　　程序步：3

FNC 09：NEXT　　循环结束　　程序步：1

可用软元件见表 6-10。

表 6-10　FOR 指令可用软元件

操作数	位元件				字元件									常数	
	X	Y	M	S	KnX	KnY	KnM	KnS	T	C	D	V	Z	K	H
S.					●	●	●	●	●	●	●	●	●	●	●

指令梯形图如图 6-52 所示。

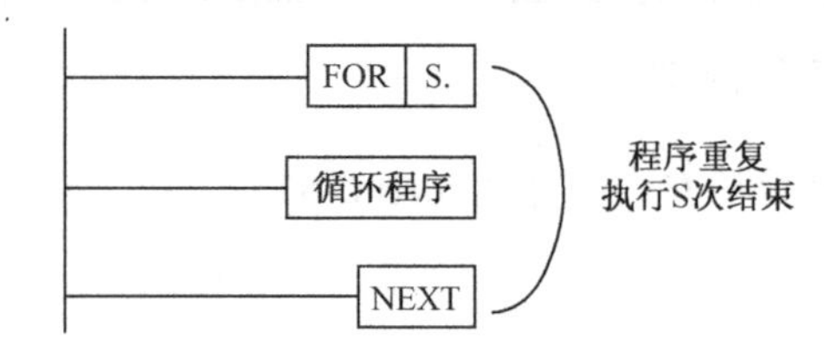

图 6-52　循环指令格式

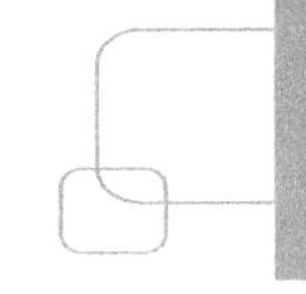

解读：在程序中扫描到 FOR-NEXT 指令时，对 FOR,NEXT 指令之间的程序重复执行 S 次。执行后转入 NEXT 指令下一行程序继续执行。

2. 指令应用

（1）FOR-NEXT 指令必须成对出现在程序中，图 6-53 所示是一些编程容易出现的错误类型。

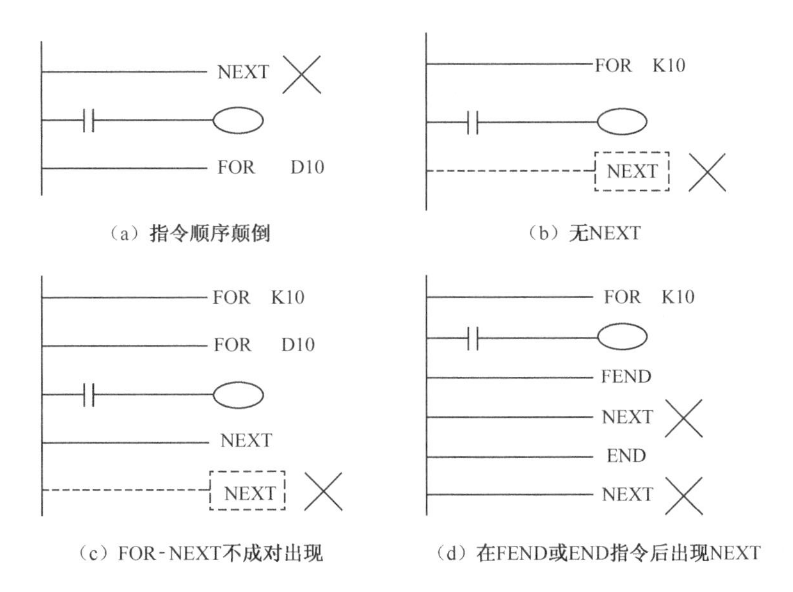

图 6-53　循环指令错误类型

（2）S 为循环重复次数，取值为 1～32 767。如果取值为–32 768～0，则 PLC 自动作 S=1 处理。

（3）FOR-NEXT 指令可以嵌套编程，但嵌套的层数不得超过 5 层。而在 FOR-NEXT 指令间的并立嵌套（图 6-54（b））则以嵌套一层计算。

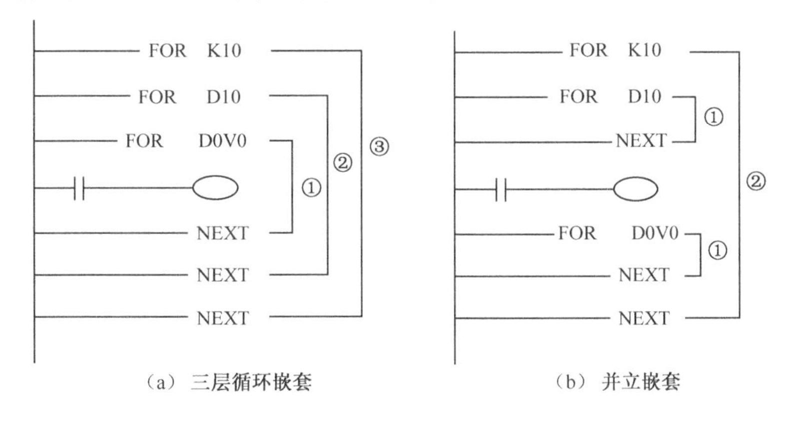

图 6-54　循环嵌套

（4）必须注意，当循环次数设置较大，或循环嵌套层次过多时，则程序运算时间会加长。运算时间过长，会引起 PLC 的响应时间变慢，对实时控制会有影响，运算时间超过程

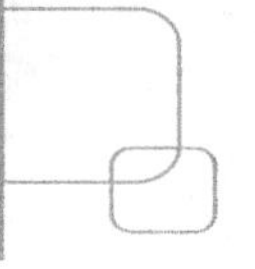

序扫描时间（D8000），则会发生看门狗定时器出错。因此，为避免这种情况发生，可在循环程序中对看门狗定时器指令 WDT 进行一次或多次编程，如图 6-55 所示。

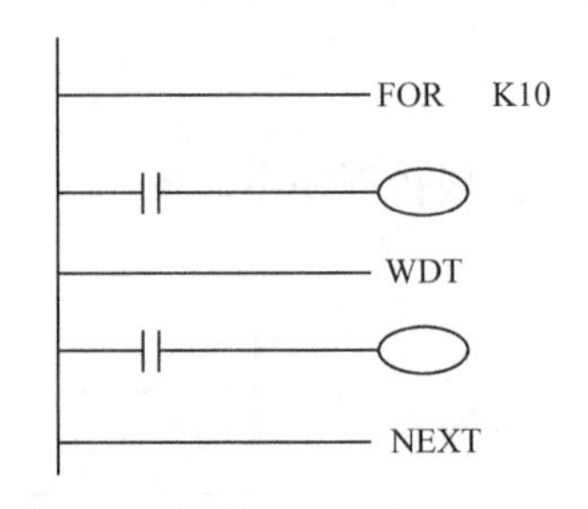

图 6-55　循环中插入 WDT 指令

6.5.2　循环程序编制与应用实例

循环程序的设计，主要是要掌握循环次数 S 的确定和循环程序的执行动作，下面通过几个例子加以说明。

【例 1】　试编制从 1 加到 100 的求和程序。

图 6-56 所示为利用循环指令编制的求和程序。

```
0  ──────────────────────────[FOR    K101          ]
    X001
3  ─┤├──┬────────────────────[ADD    D0   D1   D0  ]
        └────────────────────[INC    D1            ]
14 ──────────────────────────[NEXT                 ]
15 ──────────────────────────[END                  ]
```

图 6-56　循环程序求和程序梯形图一

先讨论一下循环次数的确定，如果一开始就是 1+2 然后加到 100，循环的数应为 K99。但在该程序中，D0,D1 的初始值均为 0，所以，第一次相加为 0+0，第二次相加为 0+1，第三次才是 1+2，则循环次数为 k101。

再将程序进行仿真，如果程序正常，D0 的数应该是 5050。但当接通 X1，又断开 X1 后，D0 的数字每次都会有不同，但都远大于 5050。为什么会这样呢？这是因为 FOR-NEXT 指令是一条无驱动条件的指令，程序的每个扫描周期都会执行一次循环，如果 X1 的接通时间只要大于一个扫描周期的时间，则在下一个扫描周期，仍然又会进行一次循环运算。实际上，X1 的接通时间总是大于一个扫描周期的时间，所以，循环又再进行，其和就远大于 5050 了。如果将 X1 改变上升沿检测指令，那也不行，因为 X1 每接通一次，只执行一次 ADD 与 INC 指令，不能达到循环相加的要求。

改进后的程序如图 6-57 所示。

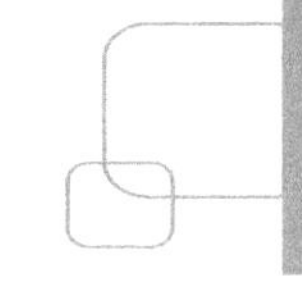

```
   M8000
0 ─┤├─┬──────────────[MOV  K1   D0  ]
      └──────────────[MOV  K2   D1  ]
11 ──────────────────[FOR  K99      ]
   X001
14 ─┤├─┬─────────[ADD  D0   D1   D0 ]
       └─────────────[INC  D1       ]
26 ──────────────────[NEXT          ]
27 ──────────────────[END           ]
```

图 6-57　循环程序求和程序梯形图二

与图 6-56 程序不同的是，在循环程序前，增加 D0,D1 赋值程序（循环次数与 D0,D1 赋值有关），这是，每次扫描到循环程序前，先给 D0 和 D1 重新赋值，再送入循环程序求和，这就保证了求和结果与 X1 的接通时间无关。

另外一种解决的方法是把循环程序设计成子程序，需要时进行调用，如图 6-58 所示。

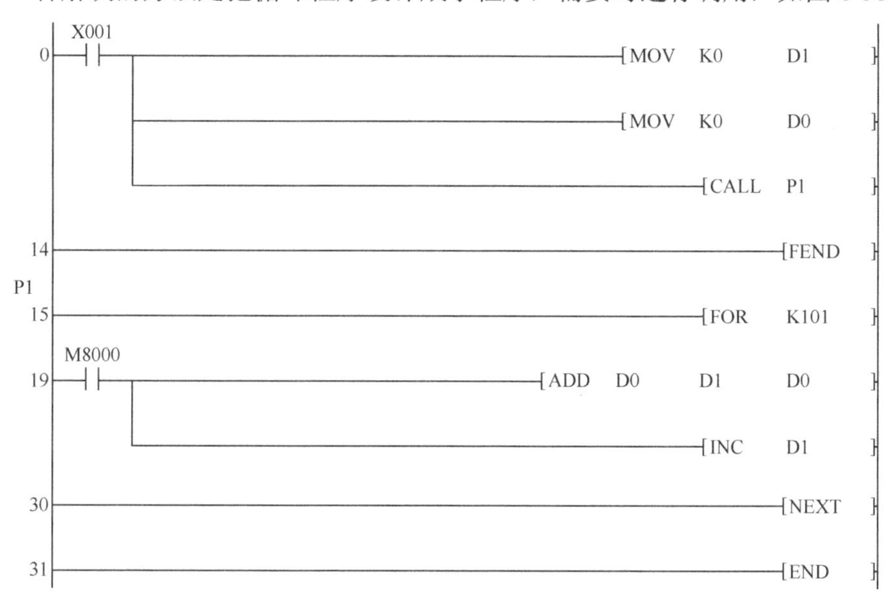

图 6-58　循环程序求和程序梯形图三

在实际应用中，循环程序经常被做成子程序调用。例如，在本章 6.3.2 节中所介绍的求 MODBUS 之 RTU 方式的 CRC 校验码程序，就是一个具有二层嵌套循环的子程序。

【例 2】　有 10 个数，分别存于 D0～D9，试编一程序找出其中最大数并存于 D100。

采用循环指令 FOR-NEXT 设计的程序梯形图如图 6-59 所示。

在第 7 章中会介绍触点比较指令，在很多情况下，采用触点比较指令也可以编制由循环指令所完成的循环功能，而且程序简单、易理解。

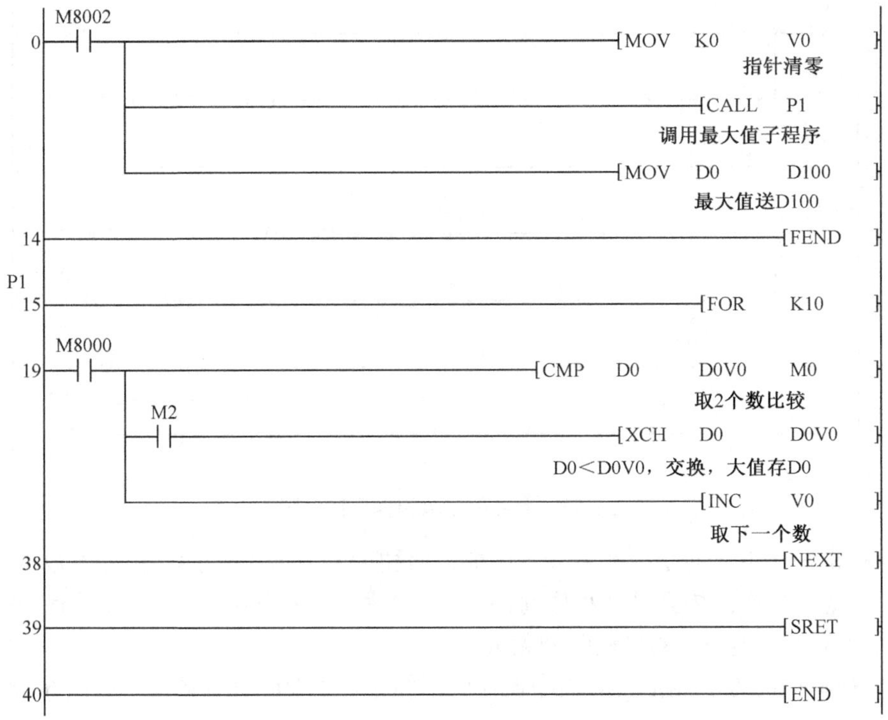

```
    M8002
 0 ─┤├──┬─────────────────────[MOV   K0     V0    ]
        │                            指针清零
        ├─────────────────────[CALL  P1           ]
        │                        调用最大值子程序
        └─────────────────────[MOV   D0     D100  ]
                                 最大值送D100
14 ───────────────────────────[FEND               ]
P1
15 ───────────────────────────[FOR   K10          ]
    M8000
19 ─┤├──┬─────────────────[CMP   D0    D0V0   M0  ]
        │                        取2个数比较
        │  M2
        ├─┤├──────────────────[XCH   D0     D0V0  ]
        │          D0＜D0V0，交换，大值存D0
        └─────────────────────[INC   V0           ]
                                 取下一个数
38 ───────────────────────────[NEXT               ]
39 ───────────────────────────[SRET               ]
40 ───────────────────────────[END                ]
```

图 6-59　求最大数程序梯形图一

图 6-60 所示为采用触点比较指令的程序梯形图。

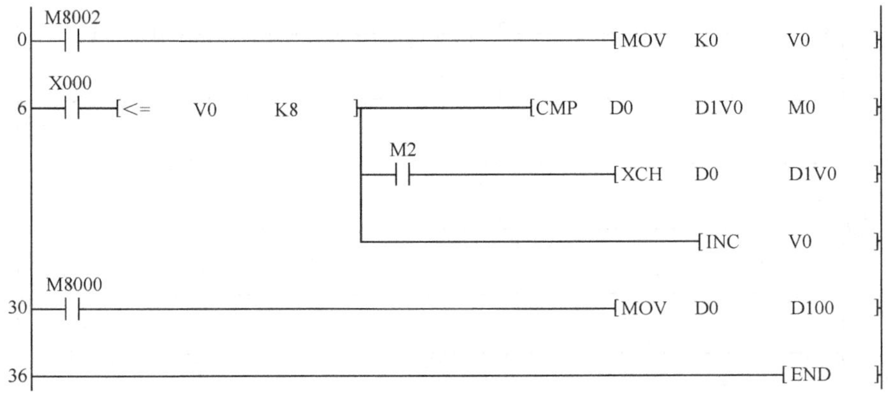

```
    M8002
 0 ─┤├────────────────────────[MOV   K0     V0    ]
    X000
 6 ─┤├──[<=   V0    K8   ]─┬──[CMP   D0    D1V0   M0  ]
                           │  M2
                           ├─┤├───[XCH   D0     D1V0  ]
                           └──────[INC   V0           ]
    M8000
30 ─┤├────────────────────────[MOV   D0     D100  ]
36 ───────────────────────────[END                ]
```

图 6-60　求最大数程序梯形图二

第 7 章　传送与比较指令

传送指令和比较指令是功能指令中最常用的指令，在应用程序中使用十分频繁。可以说，这些指令是功能指令中的基本指令。其主要功能就是对软元件的读写和清零，字元件的比较、交换等，这些指令是 PLC 进行各种数据处理和数值运算的基础，而其本身的应用也可以使一些逻辑运算控制程序得到简化和优化。

7.1　传送指令

7.1.1　传送指令 MOV

1．指令格式

FNC 12:【D】MOV 【P】　　　　　　　　　　程序步：5/9

可用软元件见表 7-1。

表 7-1　MOV 指令可用软元件

操作数	位元件				字元件									常数	
	X	Y	M	S	KnX	KnY	KnM	KnS	T	C	D	V	Z	K	H
S.					●	●	●	●	●	●	●	●	●	●	●
D.						●	●	●	●	●	●	●	●		

指令梯形图如图 7-1 所示。

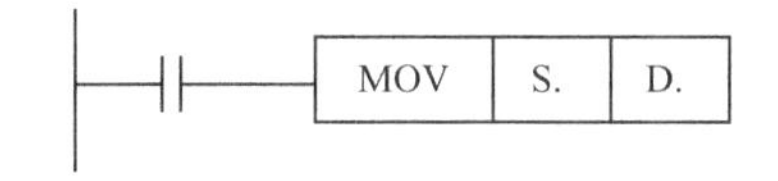

图 7-1　MOV 指令梯形图

操作数内容与取值如下：

操作数	内容与取值
S.	进行传送的数据或数据存储字软元件地址
D.	数据传送目标的字软元件地址

解读：当驱动条件成立时，将源址 S 中的二进制数据传送至终址 D。传送后，S 的内容保持不变。

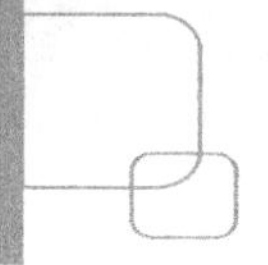

2．指令应用

传送指令 MOV 是功能指令中应用最多的基本功能指令。其实质上是一个对位元件进行置位和对字元件进行读写操作的指令。应用组合位元件也可以对位元件进行复位和置位操作。

【例 1】 解读指令执行功能：MOV K25 D0。

执行功能是将 K25 写入 D0,(D0) = K25。常数 K,H 在执行过程中会自动转成二进制数写入 D0，在程序中，D0 可多次写入，存新除旧，以最后一次写入为准。

【例 2】 解读指令执行功能：MOV K2 K2Y0。

执行功能是将 K2 用二进制数表示，并以其二进制数的位值控制组合位元件 Y0～Y7 状态，如图 7-2 所示。

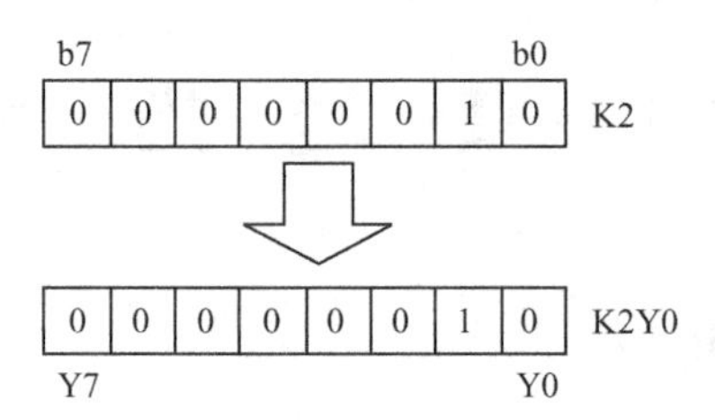

图 7-2 MOV 指令例 2 图

【例 3】 解读指令执行功能：MOV K2X0 K2Y0。

执行功能是相当于输入口的状态控制输出口的状态。如输入口 X 接通（ON），则相应输出口 Y 有输出（ON），反之亦然。如用基本逻辑指令编制，程序要写成 8 行，由此可见，合适的功能指令可以代替繁琐的基本逻辑指令程序编制。

【例 4】 解读指令执行功能：MOV D2 K4M10。

和例 2 类似，执行功能是 D2 所存的二进制数的位值控制 M10～M25 的状态。如(D2)=K25，则传送过程如图 7-3 所示。

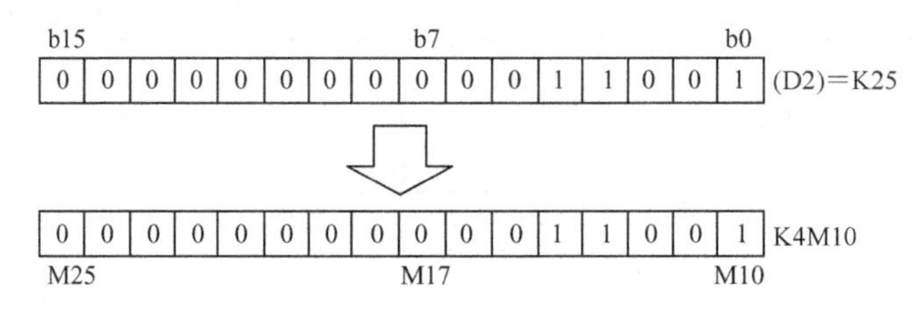

图 7-3 MOV 指令例 4 图

【例 5】 解读指令执行功能：DMOV D10 D20。

这是一个 32 位传送指令，执行功能是把（D11,D10）的存储数值传送到（D21,D20）中，在字元件 D 的传送中，源址执行前后均不变，终址执行前不管是多少，执行后与源址一样。

【例 6】 解读指令执行功能：MOV C1 D20。

指令中，C1 为计数器 C1 的当前值，当驱动条件成立时，把计数器 C1 的当前值马上存入 D20。如果是 32 位计数器 C200～C235，则必须用 32 位指令 DMOV。

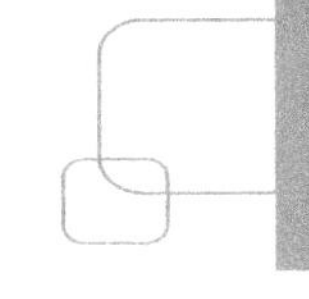

【例 7】　解读指令执行功能：MOVP　T1　D10。

指令中 T1 为定时器 T1 的计时当前值，注意，该指令为脉冲执行型，执行功能是在驱动条件成立的扫描周期内仅执行一次把计数器的当前值马上传送到 D10 中存储起来。而且，驱动条件每 ON/OFF 一次，执行一次。如果使用的连续执行型传送指令 MOV，则驱动条件成立期间，每个扫描中周期均会执行一次，应用时必须加以注意。

【例 8】　解读指令执行功能：MOVP　K0　D10。

把 K0 送到 D10，即(D10)=0。利用 MOV 指令可以对位元件或字元件进行复位和清零，其功能与 RST 指令相仿。但是与 RST 指令不同的是，RST 指令在对定时器和计数器进行复位时，其相应的常开、常闭触点也同时回归复位状态，而 MOV 指令仅能对定时或计数的当前值复位，不能使其相应的触点复位，即相应触点仍然保持执行指令前的状态。

【例 9】　通过驱动条件的 ON/OFF，可以对定时器设定两个设定值。当两个以上的时候，则需要使用多个驱动条件 ON/OFF，程序梯形图如图 7-4 所示。

图 7-4　MOV 指令例 9 图

7.1.2　数位传送指令 SMOV

1. 指令格式

FNC 13：　SMOV 【P】　　　　　　　　程序步：11

可用软元件见表 7-2。

表 7-2　SMOV 指令可用软元件

操作数	位元件				字元件									常数	
	X	Y	M	S	KnX	KnY	KnM	KnS	T	C	D	V	Z	K	H
S.					●	●	●	●	●	●	●	●	●		
m1														●	●
m2														●	●
D.						●	●	●	●	●	●	●	●		
n														●	●

指令梯形图如图 7-5 所示。

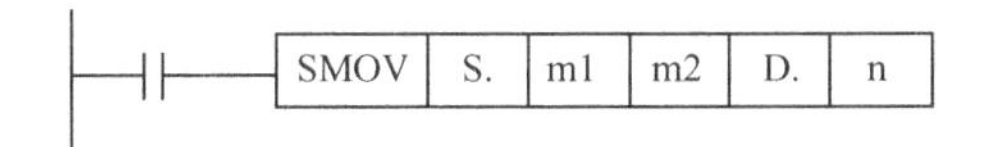

图 7-5　SMOV 指令梯形图

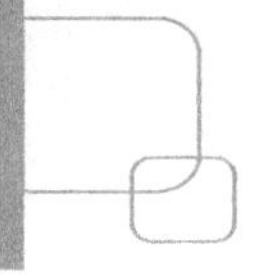

操作数内容与取值如下：

操 作 数	内容与取值
S.	进行数位移动的数据存储字元件地址
m1	S 中要移动的起始位的位置，1≤m1≤4
m2	S 中要移动的位移动位数，1≤m2≤4
D.	移入数位移动数据目标的存储字软元件地址
n	移入 D 中的起始位的位置，1≤n≤4

解读：在驱动条件成立时，将 S 中以 m1 数位为起始的共 m2 数位的数位数据移动到终址 D 中以 n 数位为起始的共 m2 数位中去。

上述的移动数位是指由 4 位二进制数构成的一位，一个 D 寄存器共 4 位，由低位到高位顺序以 K1,K2,K3,K4 排列。

2．指令应用

1）数位传送

SMOV 指令是一个按数位进行位移传送指令，这里的数位不是二进制位，而是由 4 个二进制位所组成的数位。如图 7-6 所示，一个 16 位 D 寄存器由 4 个位组成，由低位到高位分别以 K1,K2,K3,K4 编号表示。

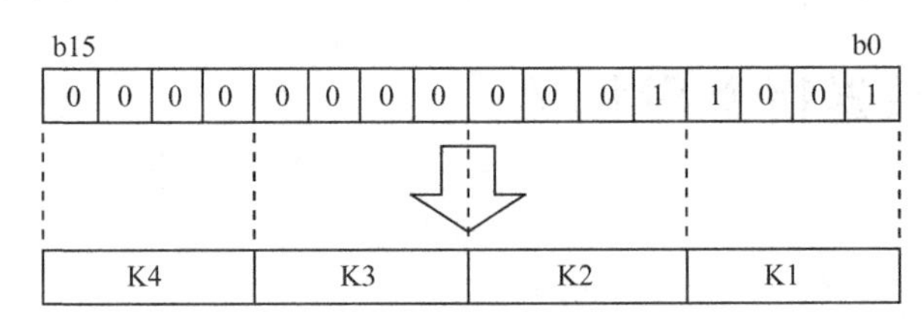

图 7-6 SMOV 指令位移动之位含义

2）两种执行模式

SMOV 指令执行有两种模式，以标志继电器 M8168 的状态来区分。

（1）M8168＝OFF，BCD 码执行模式。

在这种模式下，源址 S 和终址 D 中所存放的是以数位表示的 BCD 码数（0000～9999）。即源址 S 和终址 D 中的数必须小于 K9999，如果大于 K9999 会出现非 BCD 码数，则指令会出现超出 BCD 码范围错误，不再执行。

指令执行传送前，会自动先把源址 S 和终址 D 中的十进制转换成 BCD 码，如图 7-7 所示。然后再进行数位传送，传送完毕，又会自动转换成十进制数。

【例 10】 如(D10)＝K9876，(D20)＝K4321。

解读指令执行功能：SMOV D10 K4 K2 D20 K3 。

指令执行数位移动传送可用图 7-7 说明。该指令是把 D10 中的 K4 位的连续 2 位 BCD 码数即 98 传送到 D20 中的 K3 位的连续 2 位中，即用 98 代替 32，对于 D20 中未被移动的位(H4,H1)则保持不变，这样移动后的寄存器内容为(D10)=K9876，(D20)=K4981。

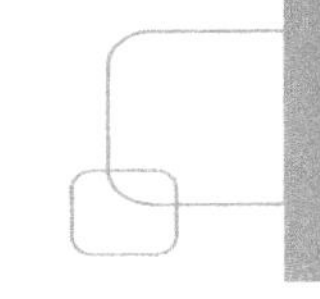

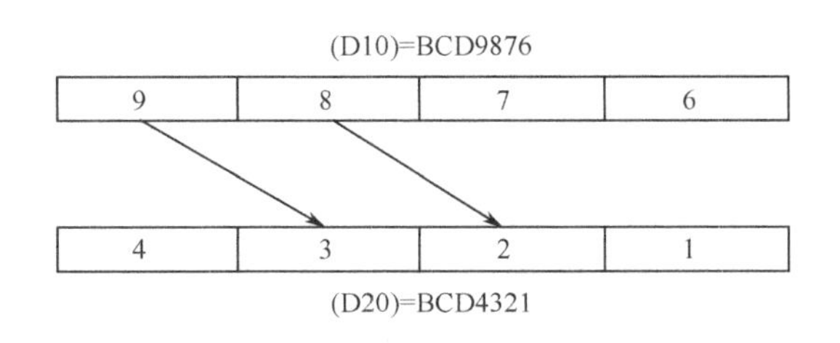

图 7-7　SMOV 指令位移动图解

【例 11】　数字开关接线如为不连续的 X 输入口时，可用通过 SMOV 指令对其进行重新组合，合成连续的 BCD 码输入值。

图 7-8 所示为 3 位数字开关输入示意图，3 位数字开关与不连续的输入口相连。设计程序把 3 位数字开关按图中指定的百位、十位、个位合成一个 3 位十进制数送入寄存器 D10。

程序梯形图如图 7-9 所示。

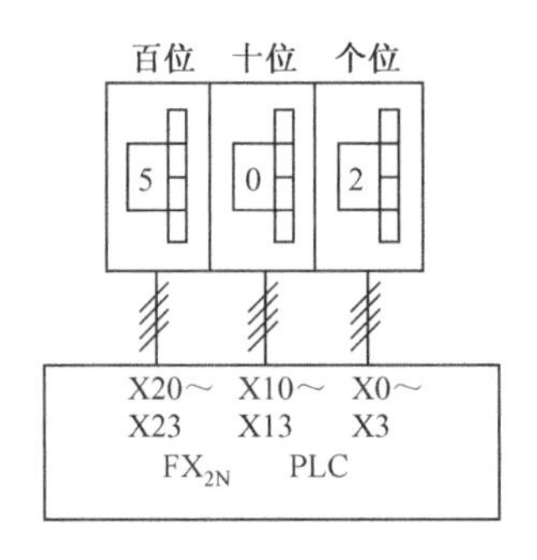

图 7-8　BCD 数字开关输入口不连续接线图

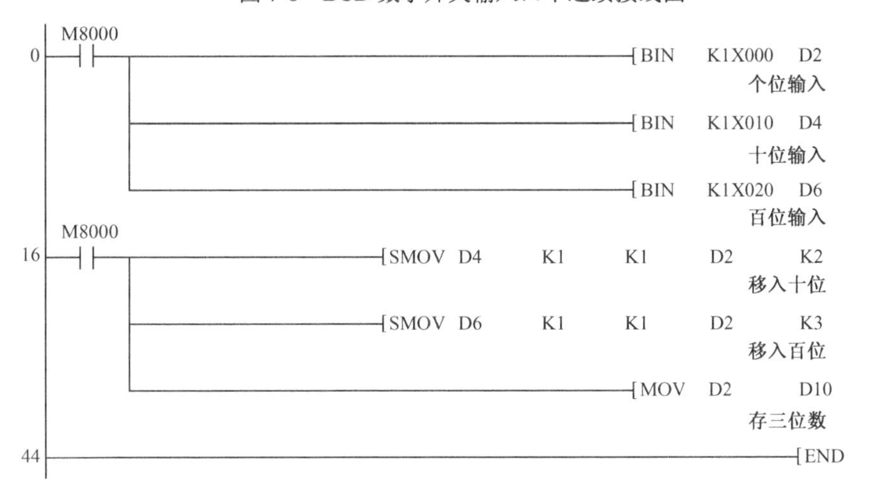

图 7-9　BCD 数字开关输入程序梯形图

（2）M8168 = ON，十六进制数执行模式。

在这种模式下，仍然执行数位移位传送功能，但并不要求一定是 BCD 码数，而是普通的十六进制数。

【例 12】　设计移位程序，将 D0 的高 8 位移动到 D2 的低 8 位，将 D0 的低 8 位移动到 D4 的低 8 位。

程序梯形图如图 7-10 所示。

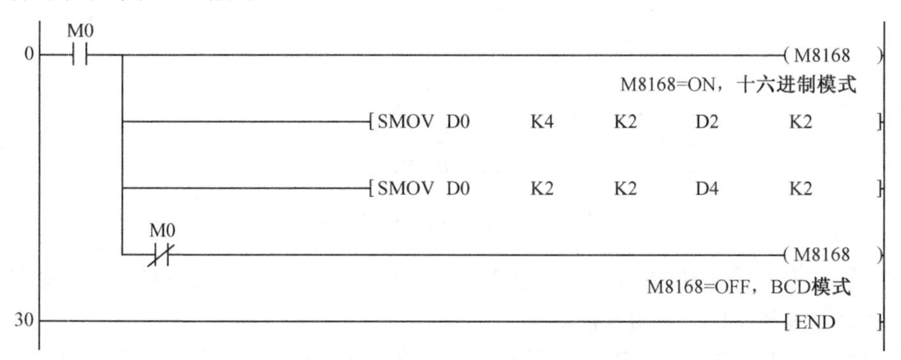

图 7-10　例 12 程序梯形图

7.1.3　取反传送指令 CML

1．指令格式

FNC 14：【D】CML 【P】　　　　　　　　　　程序步：5/9

可用软元件见表 7-3。

表 7-3　CML 指令可用软元件

操作数	位元件				字元件									常数	
	X	Y	M	S	KnX	KnY	KnM	KnS	T	C	D	V	Z	K	H
S.					●	●	●	●	●	●	●	●	●	●	●
D.						●	●	●	●	●	●	●	●		

指令梯形图如图 7-11 所示。

图 7-11　CML 指令梯形图

操作数内容与取值如下：

操作数	内容与取值
S.	进行传送的数据或数据存储字软元件地址
D.	传送数据目标的字软元件地址

解读：当驱动条件成立时，将源址 S 所指定的数据或数据存储字软元件按位求反后传送至终址 D。

2. 指令应用

（1）源址中为常数 K,H 时，会自动转换成两进制数再按位求反传送，如图 7-12 所示。

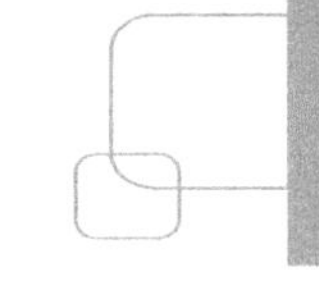

【例 13】　解读指令执行功能：CML　K25　D10。

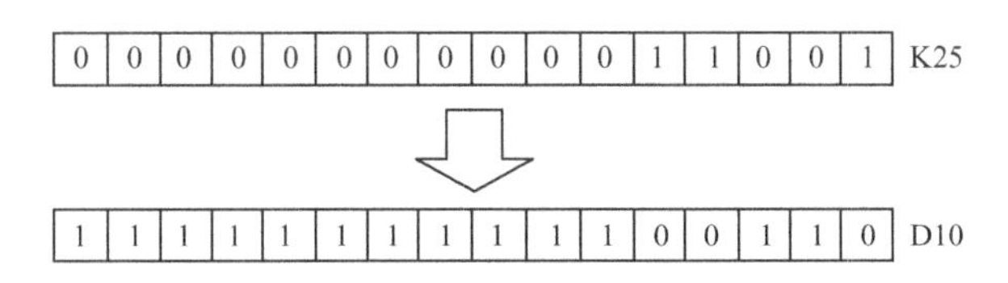

图 7-12　CML 指令例 13 图

（2）组合位元件与字元件传送。

【例 14】　解读指令执行功能：CML　D0　K1Y0。

该指令中，源址 D0 为 16 位，而终址 D0 仅 4 位位元件，传送时，仅把 D0 中的最低位 4 位（b3～b0）求反后传送至（Y3～Y0），如(D0) =H1234，则 K1Y0=1011。

【例 15】　解读指令执行功能：CML　K2Y0　D10。

该指令中，源址为组合位元件且仅 8 位，而 D0 为 16 位字元件。凡组合位元件少于字元件位数时，高位一律补齐“0”再按位求反，传送至字元件。如果 K2Y0=H78，则（D0）=HFF87。

（3）CML 指令常用在需要 PLC 的输出为反转输出时。

【例 16】　有 16 个小彩灯，安在 Y0～Y15 上，要求每隔 1s 间隔交替闪烁，利用 CML 指令编制控制程序。程序梯形图如图 7-13 所示。

```
       M8013
 0 ────┤ ├──────────────────────────────[MOV   H0AAAA  K4Y000 ]
       M8013
 6 ────┤/├──────────────────────────────[CML   H0AAAA  K4Y000 ]

12 ─────────────────────────────────────────────────[END      ]
```

图 7-13　CML 指令例 16 程序梯形图

7.1.4　成批传送指令 BMOV 与文件寄存器

1．指令格式

FNC 15：　　BMOV 【P】　　　　　　　　程序步：7

可用软元件见表 7-4。

表 7-4　BMOV 指令可用软元件

操 作 数	位 元 件				字 元 件									常 数	
	X	Y	M	S	KnX	KnY	KnM	KnS	T	C	D	V	Z	K	H
S.					●	●	●	●	●	●	●	●	●		
D.						●	●	●	●	●	●	●	●		
n											●			●	●

指令梯形图如图 7-14 所示。

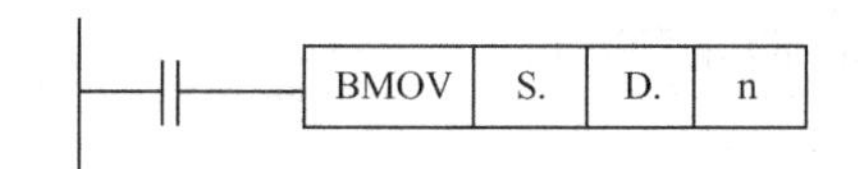

图 7-14　BMOV 指令梯形图

操作数内容与取值如下：

操　作　数	内容与取值
S.	进行传送的数据存储字软元件首址
D.	传送数据目标的字软元件首址
n	传送的字元件的点数，n≤512

解读：当驱动条件成立时，将以 S 为首址的 n 个寄存器的数据一一对应传送到以 D 为首址的 n 个寄存器中。

2．指令应用

1）BMOV 指令

又称数据块传送指令，它是把一个连续的数据存储区的数据传送到另一个连续的数据存储区，传送时按照寄存器编号由小到大一一对应地传送。但在具体传送时，又会稍有不同。

【例 17】　解读指令执行功能：BMOV　D0　D10　K3。

指令执行后，将 D0,D1,D2 中的数据分别传送到 D10,D11 和 D12 中，传送后，D0,D1,D2 中的数据不变，传送数据的对应关系是 D0→D10，D1→D11，D2→D12。

【例 18】　解读指令执行功能：BMOVP　D10　D9　K3。

这条指令中，源址 S 和终址 D 中有一部分寄存器编号是相同的。在传送中，传送顺序仍然由编号小的到编号大的，但在传送过程中，当 D11→D10 时，D10 中的数据已经改变。因此，执行结束后，D10,D11,D12 中的数据部分已经改变，不再是传送前的数据。例如：

(D10) =K1，(D11) =K2，(D12) =K3，则执行后 (D9) =K1，(D10) =K2，(D11) =K3，(D12) =K3。

【例 19】　解读指令执行功能：BMOVP　D10　D11　K3。

这条指令中，同样有一部分寄存器编号是重复的，如果仍然按例 18 中传送顺序，则 D10～D14 中数据全部和 D10 数据中一样，因此，在这种情况下（指终址首址编号大于源址首址编号，且有一部分寄存器的编号重复时），其传送顺序发生变化，是由编号大的开始传送到编号小的结束，例如：

(D10) =K1，(D11) =K2，(D12) =K3，则执行后(D10) =K1，(D11) =K1，(D12) =K2，(D13) =K3。

注意：例 17 用的是 BMOV 指令，而例 18 和例 19 使用的是 BMOVP 指令。这是因为在例 18 和例 19 中如为连续执行型，每个扫描周期里都会执行一次，执行结果会完全不一样。因此，当源址和终址有一部分重复编号寄存器时，应使用 BMOVP 指令。

对重复编号的寄存器传送，结合无重复编号的寄存器传送，可以这样理解：

（1）当终址编号小于源址编号时，其传送顺序是由编号小的到编号大的，如图 7-15（a）所示称为顺序传送。

（2）当终址编号大于源址编号时，其传送顺序是由编号大的到编号小的，如图 7-15（b）所示称为逆序传送。

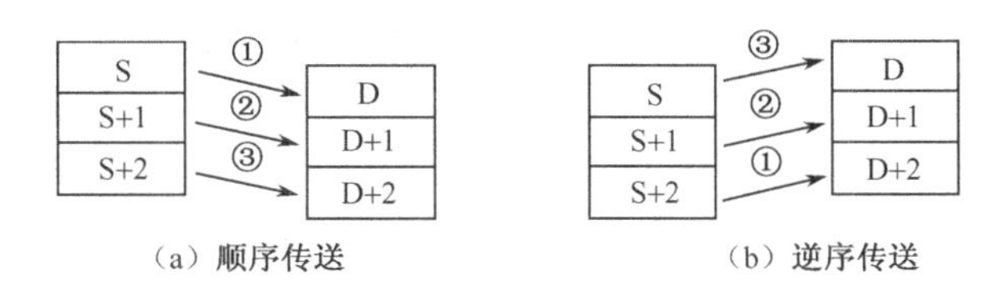

图 7-15　顺序传送与逆序传送

不论顺序传送还是逆序传送，传送过程中一律存新除旧，依次传送。

【例 20】　解读指令执行功能：BMOV　K4M0　D0　K2。

该指令是将 K4M0 所表示的数据传送给 D0,K4M16 所表示的数据传送给 D1。在这种传送指令中，如果源址的组数不是 K4，则指令不执行。

【例 21】　解读指令执行功能：BMOV　K1M0　K1Y0　K2。

这是一条源址和终址都是组合位元件的指令。K2 表示两组位元件 K1M0,K1M4，传送到 K1Y0,K1Y4。这时，源址和终址中组数必须相同，否则指令不执行。

【例 22】　解读指令执行功能：BMOV　D10　C100　K4。

指令执行后，把 D10～D13 中的数据分别传送到 C100～C103 中，执行这种指令必须注意计数器 C 的编号不能出现 32 位计数器编号（C200～C239）。否则，指令仅执行 16 位计数器的传送，不执行 32 位计数器的传送。

2）两种传送模式

BMOV 指令还有一个特殊之处，它有双向传送功能，其传送方向由特殊继电器 M8024 状态决定。

（1）M8024＝OFF，正向传送功能。

这时，传送方向由源址 S 向终止 D 传送，如上面例题所示。

（2）M8024＝ON，反向传送功能。

这时，由终址 D 向源址 S 传送数据，传送过程及注意之点均同正向传送，不再赘述。

3. BMOV 指令在文件寄存器中的应用

BMOV 指令的另一个重要应用是对 PLC 的文件寄存器进行读 / 写操作。

什么是文件寄存器？文件寄存器实际上是一类专用数据寄存器，用于存储大量的 PLC 应用程序需要用到的数据，例如，采集数据、统计计算数据、产品标准数据、数表、多组控制参数等。在 PLC 内部，根据存储性质的不同，可以分为程序存储区、数据存储区和位元件存储区。其中，程序存储区是用来存储 PLC 参数、用户程序、注释和文件寄存器的。数据存储区是用来存储定时器和计数器当前值、数据寄存器 D 和变址寄存器 V,Z 等数据。位元件存储区则是用来存储 I/O 触点映像、继电器 M,S 及定时器、计数器的触点和线圈等数据。程序存储区的内容需要长期保持，一般为 EEPROM 或电池保持 RAM。数据存储区和位元件存储区的数据根据需要有一般用及停电保持用。

当应用程序需要文件寄存器时，必须首先对程序存储区进行容量分配（相当于计算机硬盘分区）操作，这个是通过外部编程器（FX-10P/20P）或计算机编程软件来完成的。FX_{2N} PLC 规定，文件寄存器在程序存储区中是以“块”来分配的，1 块为 500 个寄存器，最多 7 000 个寄存器（14 块），由于程序存储器容量是一定的（FX_{2N} PLC 为 8K），所以，文件存储区所占得容量越大，则用户程序区的容量就越少。1 块文件寄存器占用 500 步的用户程序区的容量。因此，当文件寄存器较大时，往往需要加扩展内存 EEPROM 来扩充程序存储区。一旦在程序存储区中分配了文件寄存器后（一般编号为 D1000～D7999），同时，也将数据存储区的数据寄存器 D1000～D7999 分配为数据存储区的文件寄存器。文件寄存器的操作是这样的，当 PLC 上电或由 STOP-RUN 时，程序存储区中的文件寄存器（下称【块 A】）马上被分批次传送到数据寄存的文件寄存器（下称【块 B】），如图 7-16 所示。

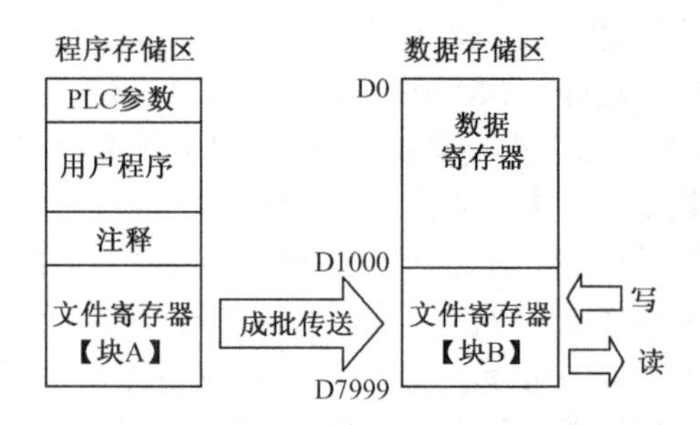

图 7-16　文件寄存器示意图

在应用程序中的指令均是针对【块 B】进行操作的（BMOV 指令除外），不能直接对【块 A】进行操作。当需要用到文件寄存器的数据时，可以应用 MOV 指令或其他应用指令直接对【块 B】的文件寄存器中的寄存器进行读、写等各种处理。而利用 BMOV 指令是将文件寄存器的全部或一部分批量读出到一般数据寄存器中，如图 7-17 所示。

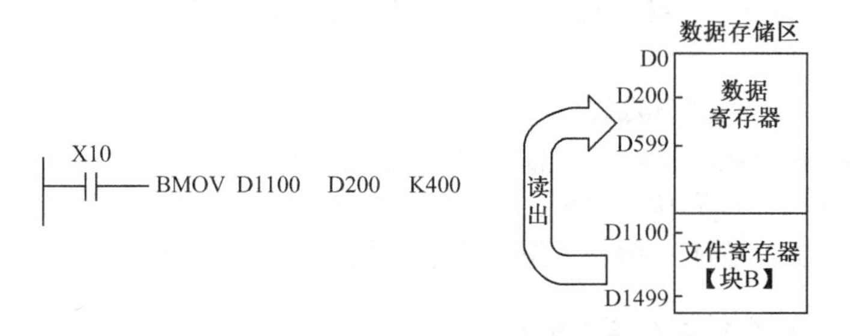

图 7-17　文件寄存器读出程序与示意图

图 7-17 中，当驱动条件成立时，将文件寄存器【块 B】中 D1100 开始的 400 个连续单元的数据（D1100～D1499）传送到 D200 开始的 400 个连续单元中（D200～D599）。

BMOV 指令的一个特殊功能是可以对【块 B】和【块 A】同时进行写入操作，如图 7-18 所示。图 7-18 中，当驱动条件成立时，将数据寄存器 D200～D599 共 400 个数据传送到文件寄存器【块 B】的 D1100～D1499 中去。这时，如果【块 A】的 EEPROM 或电池保持 RAM 的保护开关状态为 OFF 时，则同时将数据传送到【块 A】的 D1100～D1499 中去。

如果 BMOV 指令的原址 S 和终址 D 是相同的数据寄存器编号，则为文件寄存器的更新模式执行。

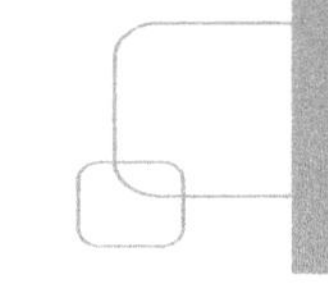

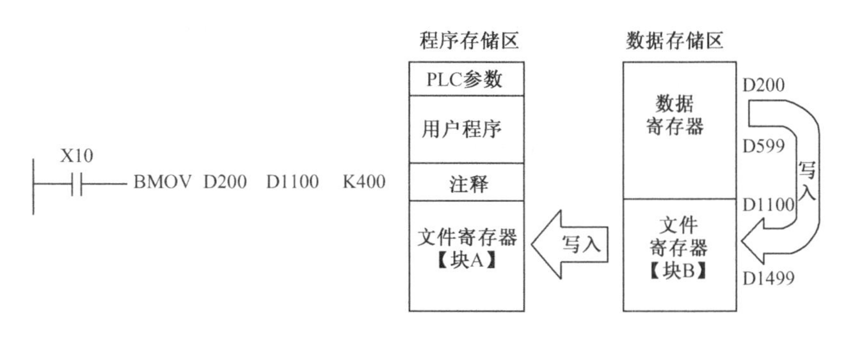

图 7-18　文件寄存器写入程序与示意图

更新模式是指【块 A】和【块 B】之间直接通过 BMOV 指令进行读写操作，不涉及到一般数据寄存器。当需要利用程序来保存在数据存储区中变化的数据时，必须利用更新模式写入到【块 A】中去保存。由于原址 S 和终址 D 都为指定的相同编号的文件寄存器，因此，其读写操作是由特殊继电器 M8024 的状态所决定的。当 M8024 为 OFF 时，传送方向由【块 A】到【块 B】为文件寄存器数据读出，如图 7-19 所示。

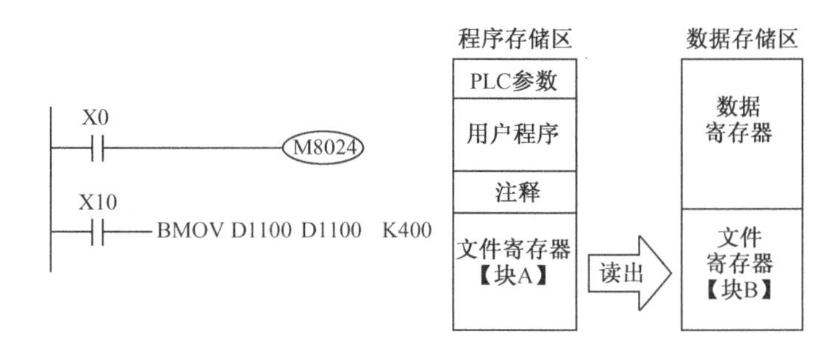

图 7-19　文件寄存器更新模式读出程序与示意图

当 M8024 为 ON 时，传送方向由【块 B】到【块 A】，为写入文件寄存器数据，如图 7-20 所示。

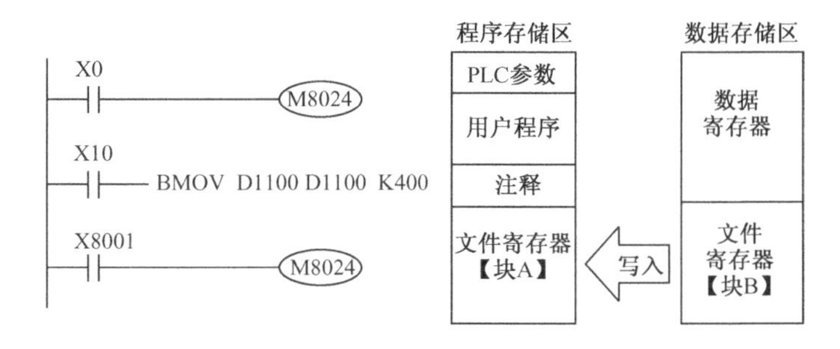

图 7-20　文件寄存器更新模式写入程序与示意图

文件寄存器操作的注意之点：

（1）如果用外围设备来监控文件寄存器数据，是【块 B】的数据读出。如果从外围设备对文件寄存器进行“当前值变更”、“强制复位”或“PC 内存全部清除”的情况下，是对【块 A】进行的修改，随后，将修改后的【块 A】数据自动地向【块 B】传送。

（2）【块 B】虽然是停电保持软元件。但由于在重启电源或 PLC 由 STOP-RUN 时，【块 A】数据自动传向【块 B】，而在【块 B】中发生变化的数据将不会保存。应用时务必注意。

（3）【块 A】为 EEPROM 存储器件时，其写入次数必须少于 1 万次。如采用连续执行型 BMOV 指令写入时，则每个扫描周期都会写入。为防止这种情况发生，请采用脉冲执行型指令 BMOVP 进行写入操作。

（4）对于 EEPROM 的写入，每 8 点约 10ms。这期间会中断程序的执行，因此，需要在程序中采取插入 WDT 指令等对应措施，以防止看门狗定时器出错。

7.1.5 多点传送指令 FMOV

1. 指令格式

FNC 16:【D】FMOV 【P】　　　　　　　　　　程序步：5/9

可用软元件见表 7-5。

表 7-5 FMOV 指令可用软元件

操作数	位元件				字元件									常数	
	X	Y	M	S	KnX	KnY	KnM	KnS	T	C	D	V	Z	K	H
S.					●	●	●	●	●	●	●	●	●	●	●
D.						●	●	●	●	●	●	●	●		
n														●	●

指令梯形图如图 7-21 所示。

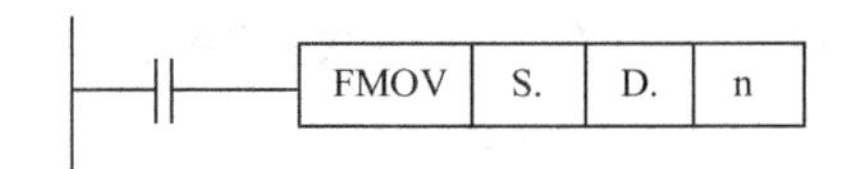

图 7-21 FMOV 指令梯形图

操作数内容与取值如下：

操作数	内容与取值
S.	进行传送的数据或数据存储字软元件地址
D.	传送数据目标的字软元件首址
n	传送的字软元件的点数，n≤512

解读：当驱动条件成立时，把源址 S 的数据（1 个数据）传送到以 D 为首址的 n 个寄存器中（1 批数据）。

2. 指令应用

FMOV 指令又称一点多传送指令，它的操作就是把同一个数传送到多个连续的寄存器中，传送结果所有寄存器都存储同一数据。

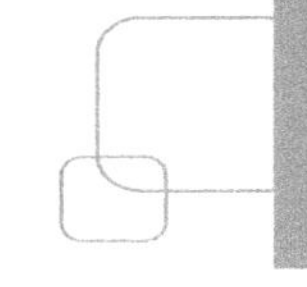

【例 23】 解读指令执行功能：FMOV　K0　D0　K10。

该指令把 K0 传送到 D0～D9 的 10 个寄存器中，即对寄存器组清零。故 FMOV 指令常用在对字元件清零和位元件复位上，应用在定时器和计数器复位时仅能对定时器和计数器的当前值复位，不能对其触点进行复位。

7.2 比 较 指 令

7.2.1 比较指令 CMP

1. 指令格式

FNC 10:【D】CMP 【P】　　　　　　　　程序步：5/9

可用软元件见表 7-6。

表 7-6　CMP 指令可用软元件

操 作 数	位 元 件				字 元 件									常 数	
	X	Y	M	S	KnX	KnY	KnM	KnS	T	C	D	V	Z	K	H
S1.					●	●	●	●	●	●	●	●	●	●	●
S2.					●	●	●	●	●	●	●	●	●	●	●
D.		●	●	●											

指令梯形图如图 7-22 所示。

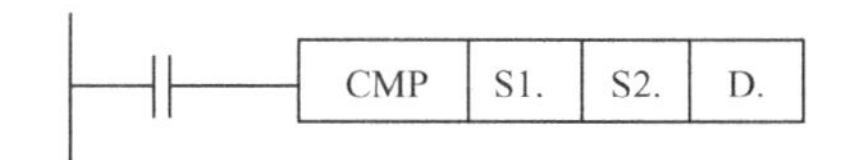

图 7-22　CMP 指令梯形图

操作数内容与取值如下：

操 作 数	内容与取值
S1.	比较值一数据或数据存储字软元件地址
S2.	比较值二数据或数据存储字软元件地址
D.	比较结果 ON/OFF 位元件首址，占用 3 个点

解读： 当驱动条件成立时，将源址 S1 与 S2 按代数形式进行大小比较，并根据比较结果（S1＞S2,S1=S2,S1＜S2）置终址位元件 D,D+1,D+2，其中一个为 ON。

2. 指令应用

指令应用程序梯形图如图 7-23 所示。

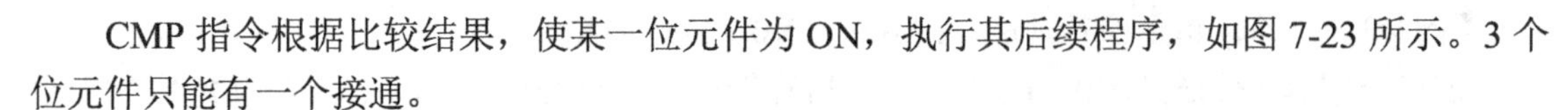

CMP 指令根据比较结果，使某一位元件为 ON，执行其后续程序，如图 7-23 所示。3 个位元件只能有一个接通。

一旦指定终址 D 后，3 个连续位元件 D,D+1,D+2 已被指令占用，不能再作他用。

指令执行后即使驱动条件 X10 断开，D,D+1,D+2 均会保持当前状态。不会随 X10 断开而改变。

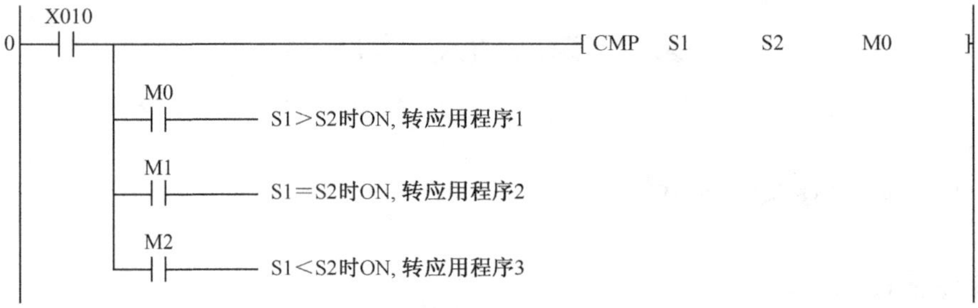

X010
0
CMP S1 S2 M0
M0
S1＞S2时ON, 转应用程序1
M1
S1＝S2时ON, 转应用程序2
M2
S1＜S2时ON, 转应用程序3

图 7-23　CMP 指令程式梯形图

CMP 指令和 MOV 指令一样，是功能指令常用指令之一。它可以对两个数据进行判别，并根据判别结果进行处理。在实际应用中，常常只需要其中一个判别结果。这时，程序中需要编写需要的程序段。终址位元件 D 也可直接和母线相连。如果需要在指令不执行时清除比较结果，请用 RST 指令或 ZRST 指令对终址进行复位。

【例 1】 图 7-24 所示为一密码锁接线图，密码锁由 3 位数字开关输入组成，设其密码为 K258。试编写其开锁控制程序梯形图。

控制要求： 先输入 3 位密码。再按确认键，如输入密码正确，则密码锁打开（Y0 输出），20s 后，又恢复关锁状态。如果输入密码不正确，则指示灯 Y1 输出，闪烁 3s 停止，并重新输入。

百位
十位
个位
COM X0 X1 X2 X3 X4 X5 X6 X7 X10 X11 X12 X13 X20
FX2N PLC
COM1 Y0 Y1
电源

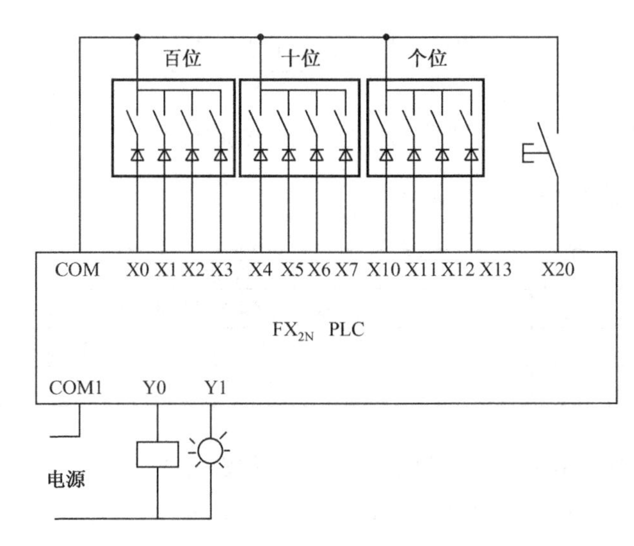

图 7-24　CMP 指令例 1 接线图

程序梯形图如图 7-25 所示。

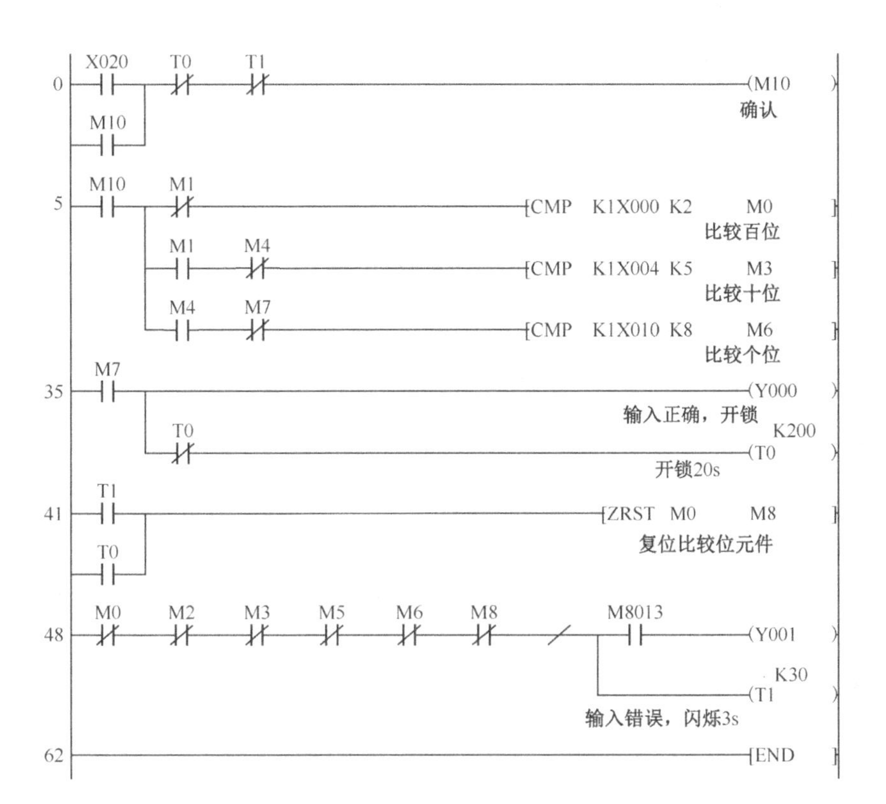

图 7-25　CMP 指令例 1 程序梯形图

7.2.2　区间比较指令 ZCP

1．指令格式

FNC 11：【D】ZCP 【P】　　　　　　　　　程序步：9/17

可用软元件见表 7-7。

表 7-7　ZCP 指令可用软元件

操作数	位元件				字元件									常数	
	X	Y	M	S	KnX	KnY	KnM	KnS	T	C	D	V	Z	K	H
S1.					•	•	•	•	•	•	•	•	•	•	•
S2.					•	•	•	•	•	•	•	•	•	•	•
S.					•	•	•	•	•	•	•	•	•	•	•
D.		•	•	•											

指令梯形图如图 7-26 所示。

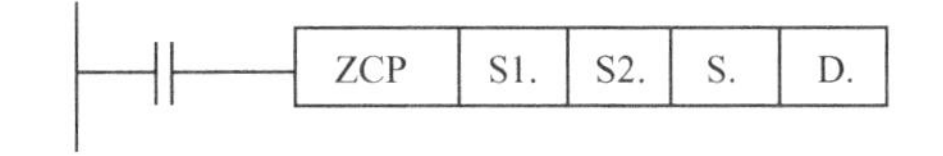

图 7-26　ZCP 指令梯形图

操作数内容与取值如下：

操 作 数	内容与取值
S1.	比较区域下限值数据或数据存储字软元件地址
S2.	比较区域上限值数据或数据存储字软元件地址
S.	比较值数据或数据存储字软元件地址
D.	比较结果 ON/OFF 位元件首址，占用 3 个点

解读：当驱动条件成立时，将源址 S 与源址 S1,S2 分别进行比较，并根据比较结果，（S<S1,S1≤S≤S2,S>S2）置终址位元件 D,D+1,D+2，其中一个为 ON。

2. 指令应用

ZCP 指令与 CPM 指令都是比较指令，CMP 为数据值比较，ZCP 则为数据区域比较，可以用图 7-27 来说明比较结果与终址位元件 ON 的关系。

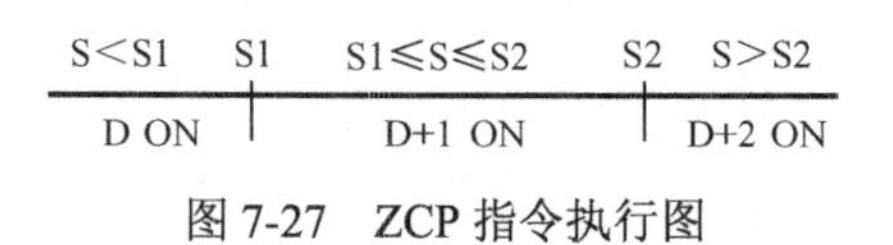

图 7-27　ZCP 指令执行图

ZCP 指令在正常执行情况下，S1<S2，如果发生了 S1>S2 的情况，则 PLC 自动把 S2 作为 S1 处理。

指定终址位元件后，D,D+1,D+2 被指令占用，不能再作其他控制用。

指令执行后，即使驱动条件断开，D,D+1,D+2 仍然保持当前状态，不会随驱动条件断开而改变。

如需要指令执行后欲使 D,D+1,D+2 复位，请使用 RST 指令或 ZRST 指令。

【例 2】　在模拟量控制中，经常要对被控制模拟量进行范围检测，超出范围则给予信号报警。某温度控制系统，温度输入用 FX_{2N}-4AD-PT 温度传感器模拟量模块（位置编号 2）。温度控制范围为 23～28℃，超出范围用灯光闪烁报警。

程序梯形图如图 7-28 所示。

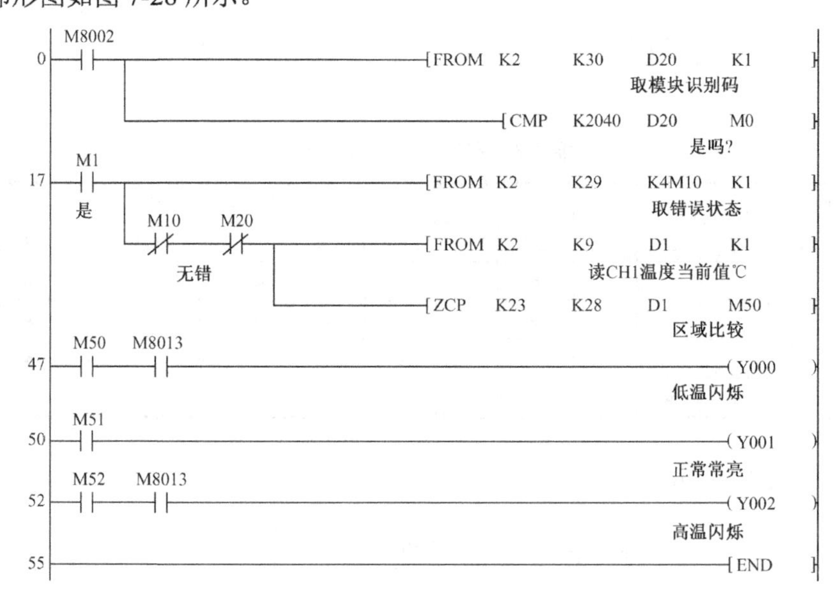

图 7-28　ZCP 指令例 2 程序梯形图

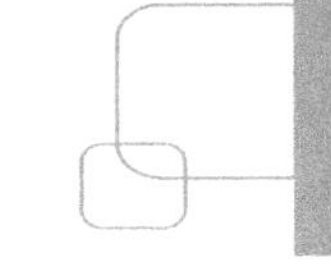

7.2.3　浮点数比较指令 ECMP,EZCP

1．指令格式

浮点数比较指令格式见表 7-8。

表 7-8　浮点数比较指令格式

功 能 号	助 记 符	名　称	程 序 步
FNC 110	【D】 ECMP 【P】	浮点数比较	13
FNC 111	【D】 EZCP 【P】	浮点数区间比较	13

可用软元件见表 7-9。

表 7-9　浮点数比较指令可用软元件

操 作 数	位 元 件				字 元 件									常	数
	X	Y	M	S	KnX	KnY	KnM	KnS	T	C	D	V	Z	K	H
S1.											•			•	•
S2.											•			•	•
S.											•			•	•
D.		•	•	•											

指令梯形图如图 7-29、图 7-30 所示。

操作数内容与取值如下：

操 作 数	内容与取值
S1.	比较值源址 1 数据或数据存储地址
S2.	比较值源址 2 数据或数据存储地址
D.	比较结果 ON/OFF 位元件首址，占用 3 个点

解读：当驱动条件成立时，将源址 S1 与 S2 按代数形式进行大小的比较，并根据比较结果（S1＞S2,S1=S2,S1＜S2）置终址位元件 D,D+1,D+2，其中一个为 ON。

图 7-29　DECMP 指令梯形图　　　　图 7-30　DEZCP 指令梯形图

操作数内容与取值如下：

操 作 数	内容与取值
S1.	比较区域下限值数据或数据存储地址
S2.	比较区域上限值数据或数据存储地址
S.	比较值数据或数据存储地址
D.	比较结果 ON/OFF 位元件首址，占用 3 个点

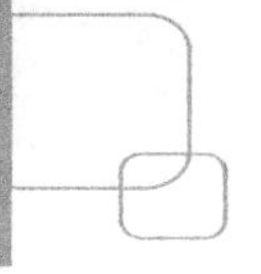

解读：当驱动条件成立时，将源址 S 与源址 S1,S2 分别进行比较，并根据比较结果，（S<S1,S1≤S≤S2,S>S2）置终址位元件 D,D+1,D+2，其中一个为 ON。

2. 指令应用

ECMP 指令和 EZCP 指令均为浮点数比较指令，它们的应用及注意事项均与 CMP 指令和 ZCP 指令一样。可参考上述指令讲解进行学习和应用。

浮点数运算为 32 位运算，所以，浮点数比较指令在使用时，必须为 DECMP 和 DEZCP，如指令梯形图所示。

源址 S1,S2 和 S 均可指定常数 K,H,指定了 K,H 常数时，指令会自动把他们转换成浮点数再进行比较。但指定源址为字元件 D 时，如果 D 中为整数，则必须先把 D 转换成浮点数，才能进行比较操作，否则指令不执行，并且特殊继电器 M8067 置 ON。

关于浮点数和浮点数运算的知识，请学习第 9 章数值运算指令。

7.3 触点比较指令

触点比较指令实质上是一个触点，影响这个触点动作的不是位元件输入（X）或位元件线圈（Y,M,S），而是指令中两个字元件 S1 和 S2 相比较的结果。如果比较条件成立则该触点动作，条件不成立，触点不动作。

触点比较指令有 3 种形式：起始触点比较指令、串接触点比较指令和并接触点比较指令。每种形式又有 6 种比较方式：=（等于）、<>（不等于）、<（小于）、>（大于）、<=（小于等于）和>=（大于等于）。指令的源址 S1 和 S2 必须是字元件。比较的数据也有 16 位和 32 位两种，与其他功能指令不同的是，32 位指令是在助记符加后缀 D，如 LDD,ANDD,ORD。数据比较是按照二进制数代数形式进行，如 5>3、−5<−3 等。

和比较指令 CMP 相比，触点比较指令在功能上完全可以取代 CMP 指令，而且应用远比 CMP 指令直观、简单、灵活、方便。触点比较指令的操作数可以使用变址寻址方式。在应用中，利用源址的变址寻址可以代替循环指令 FOR-NEXT 的功能，熟悉掌握、灵活运用触点比较指令会给程序设计特别是模拟量控制程序设计带来很大的方便。

7.3.1 起始触点比较指令

1. 指令格式

起始触点比较指令格式见表 7-10。

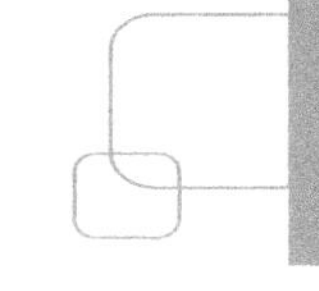

表 7-10　起始触点比较指令格式

功能号	助记符	导通条件	不导通条件	程序步
FNC 224	【D】 LD=　S1　S2	S1=S2	S1≠S2	5/9
FNC 225	【D】 LD>　S1　S2	S1>S2	S1<=S2	5/9
FNC 226	【D】 LD<　S1　S2	S1<S2	S1>=	5/9
FNC 228	【D】 LD<>　S1　S2	S1≠S2	S1=S2	5/9
FNC 229	【D】 LD<=　S1　S2	S1<=S2	S1>S2	5/9
FNC 230	【D】 LD>=　S1　S2	S1>=S2	S1<S2	5/9

可用软元件见表 7-11。

表 7-11　起始触点比较指令可用软元件

操作数	位元件				字元件									常数	
	X	Y	M	S	KnX	KnY	KnM	KnS	T	C	D	V	Z	K	H
S1.					●	●	●	●	●	●	●	●	●	●	●
S2.					●	●	●	●	●	●	●	●	●	●	●

指令梯形图如图 7-31 所示。

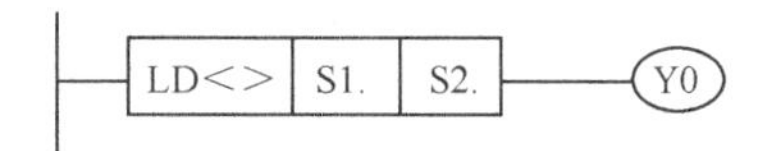

图 7-31　LD<>指令梯形图

操作数内容与取值如下：

操作数	内容与取值
S1.	比较值一数据或数据存储字软元件地址
S2.	比较值二数据或数据存储字软元件地址

解读：源址 S1 和 S2 不相等时（条件成立）输出 Y0 被驱动。

2. 指令应用

（1）在 PLC 的梯形图中，凡是触点都是位元件的触点，他们用来组合成驱动输出的条件，字元件是不能作为触点使用的，触点比较指令却是由字元件组成的，在梯形图中，触点比较指令等同于一个常开触点，但这个常开触点的 ON/OFF 是由指令的两个字元件 S1 和 S2 的比较结果所决定的。比较结果成立时触点闭合，不成立触点断开，如图 7-32 所示。

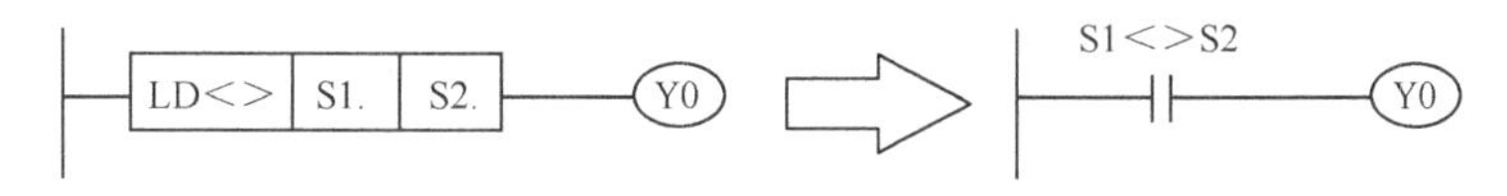

图 7-32　LD<>指令等同触点示意图

起始触点比较指令是能直接与梯形图左母线相连的指令，相当于基本指令中的 LD 指令，它和 LD 指令一样，可以单独或者与其他触点一起组成逻辑组合条件驱动输出，如图 7-33 所示。

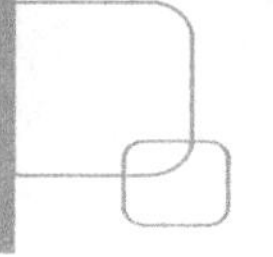

第一行程序解读是当(D0) = (D2)时，把 D0 和 D1 的数据进行交换。

第二行程序解读是当组合位元件 K1X0 不等于 K4，且 M0 为 ON 时，驱动输出 Y0。

第三行程序解读是当(D10)≥K100 时或 M3 为 ON 时，执行传送指令，将 K100 传送到 D100。

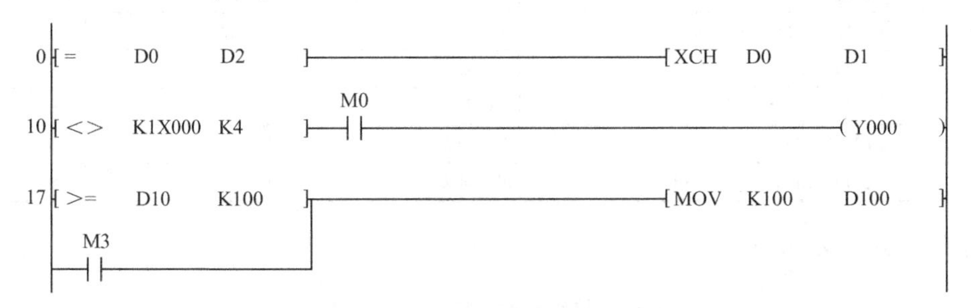

图 7-33　起始触点比较指令应用

（2）当在指令中使用到计数器比较时，务必指令执行形式与使用计数器的位数（16 位或 32 位）一致，两个源址都为计数器时，所使用的计数器的位数也必须一致。如果发生不一致情况，会发生程序出错（执行形式与位数不一致）或运算出错（计数器位数不一致）。

（3）触点比较指令的编程输入。

使用 GX Developer 编程软件时，请按图 7-34 所显示方式输入，但在梯形图上显示时 16 位不会显示助记符，32 位在比较符号前加 D 表示。

比较符号大于等于不能输入≥，应分别输入>=。同样小于等于应分别输入<=。

图 7-34　触点比较指令编程输入

7.3.2　串接触点比较指令

1. 指令格式

串接触点比较指令格式见表 7-12。

表 7-12　串接触点比较指令格式

功 能 号	助 记 符	导 通 条 件	不导通条件	程 序 步
FNC 232	【D】 AND = S1 S2	S1=S2	S1≠S2	5/9
FNC 233	【D】 AND > S1 S2	S1>S2	S1<=S2	5/9
FNC 234	【D】 AND < S1 S2	S1<S2	S1>=	5/9
FNC 236	【D】 AND <> S1 S2	S1≠S2	S1=S2	5/9
FNC 237	【D】 AND <= S1 S2	S1<=S2	S1>S2	5/9
FNC 238	【D】 AND >= S1 S2	S1>=S2	S1<S2	5/9

可用软元件见表 7-13。

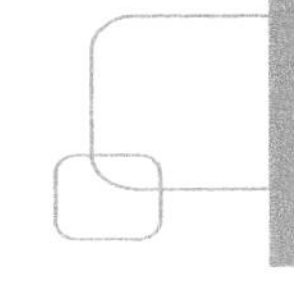

表 7-13　串接触点比较指令可用软元件

操作数	位元件				字元件									常数	
	X	Y	M	S	KnX	KnY	KnM	KnS	T	C	D	V	Z	K	H
S1.					•	•	•	•	•	•	•	•	•	•	•
S2.					•	•	•	•	•	•	•	•	•	•	•

指令梯形图如图 7-35 所示。

操作数内容与取值如下：

操作数	内容与取值
S1.	比较值一数据或数据存储字软元件地址
S2.	比较值二数据或数据存储字软元件地址

解读：当 X10 为 ON 且 S1≥S2 时，驱动输出 Y0。

2．指令应用

串接触点比较指令相当于基本指令中的 AND 指令。在梯形图组成与其他触点相与的逻辑关系，如图 7-36 所示。串接触点比较指令的应用注意事项及编程输入均与起始触点比较指令相同，不再赘述。

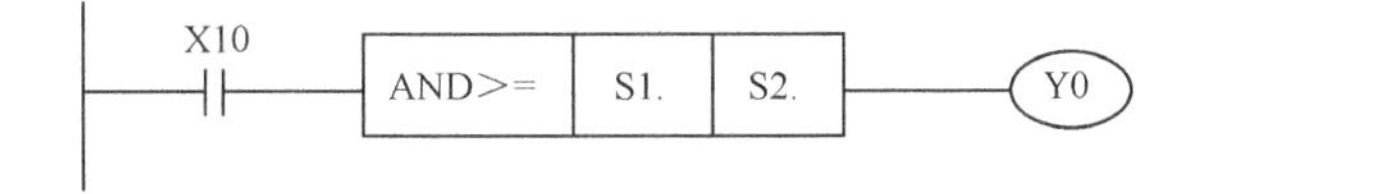

图 7-35　AND>=指令梯形图

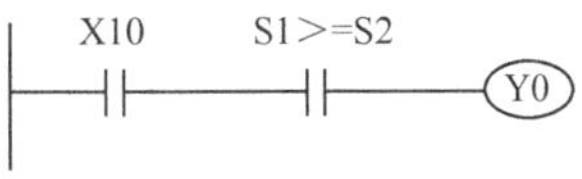

图 7-36　AND>=指令逻辑关系梯形图

7.3.3　并接触点比较指令

1．指令格式

并接触点比较指令格式见表 7-14。

表 7-14　并接触点比较指令格式

功能号	助记符	导通条件	不导通条件	程序步
FNC 240	【D】 OR = S1 S2	S1=S2	S1≠S2	5/9
FNC 241	【D】 OR > S1 S2	S1>S2	S1<=S2	5/9
FNC 242	【D】 OR < S1 S2	S1<S2	S1>=	5/9
FNC 244	【D】 OR <> S1 S2	S1≠S2	S1=S2	5/9
FNC 245	【D】 OR <= S1 S2	S1<=S2	S1>S2	5/9
FNC 246	【D】 OR >= S1 S2	S1>=S2	S1<S2	5/9

可用软元件见表 7-15。

表 7-15　并接触点指令可用软元件

操作数	位元件				字元件									常数	
	X	Y	M	S	KnX	KnY	KnM	KnS	T	C	D	V	Z	K	H
S1.					●	●	●	●	●	●	●	●	●	●	●
S2.					●	●	●	●	●	●	●	●	●	●	●

指令梯形图如图 7-37 所示。
操作数内容与取值如下：

操作数	内容与取值
S1.	比较值一数据或数据存储字软元件地址
S2.	比较值二数据或数据存储字软元件地址

解读：当 X10 为 ON 或 S1＞S2 时，驱动输出 Y0。

2．指令应用

并接触点比较指令相当于基本指令中的 OR 指令。在梯形图组成与其他触点相与的逻辑关系，如图 7-38 所示。并接触点比较指令的应用注意事项及编程输入均与起始触点比较指令相同，不再赘述。

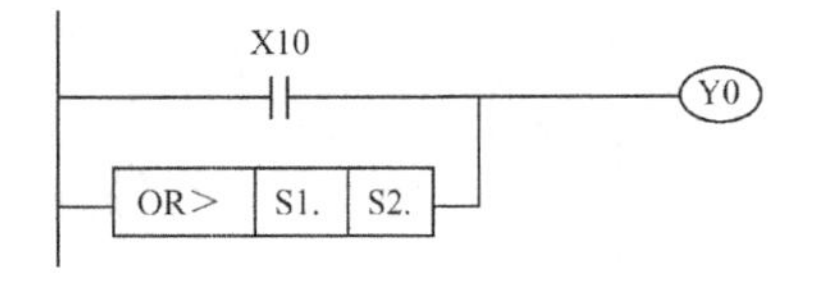

图 7-37　OR＞指令梯形图

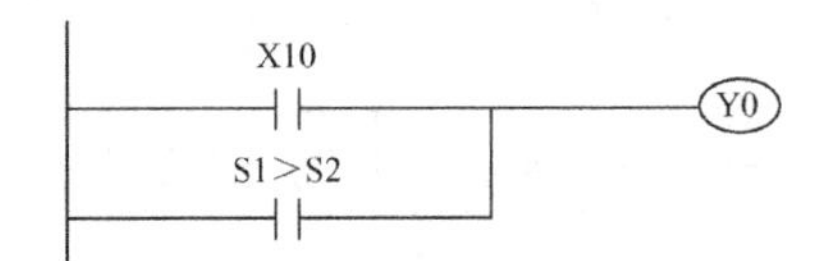

图 7-38　OR＞指令逻辑关系梯形图

7.4　数据交换指令

7.4.1　数据交换指令 XCH

1．指令格式

FNC 17：　【D】XCH　【P】　　　　　　　　程序步：5/9
可用软元件见表 7-16。

表 7-16　XCH 指令可用软元件

操作数	位元件				字元件									常数	
	X	Y	M	S	KnX	KnY	KnM	KnS	T	C	D	V	Z	K	H
D1.						●	●	●	●	●	●	●	●		
D2.						●	●	●	●	●	●	●	●		

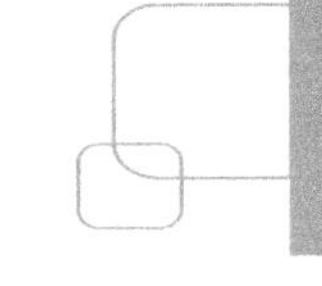

指令梯形图如图 7-39 所示。

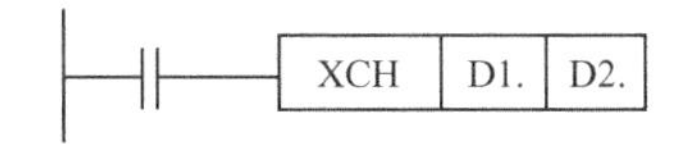

图 7-39　XCH 指令梯形图

操作数内容与取值如下：

操　作　数	内容与取值
D1.	进行交换的数据存储字软元件地址 1
D2.	进行交换的数据存储字软元件地址 2

解读：当驱动条件成立时，将终址 D1 和 D2 的数据进行交换，即（D1）→（D2），（D2）→（D1）。

2．指令应用

（1）XCH 指令一般情况下应采用脉冲执行型。因为如果驱动条件成立期间每个扫描周期都执行一次，结果来去交换都很难保证执行结果是什么。

（2）扩展功能，当终址 D1 和 D2 为同一终址时，XCH 指令对终址本身进行字节交换。这时，必须首先将特殊继电器 M8160 置 ON。程序梯形图如图 7-40 所示。

图 7-40　XCH 指令扩展功能梯形图

图 7-41 表示了 16 位数据形式和 32 位数据形式的执行前后的示意图。不管是 16 位还是 32 位都是对 D 寄存器本身的高 8 位和低 8 位进行交换。

应用 XCH 指令的扩展功能时，终址 D1,D2 必须为同一编号的字元件，如果不一致，则运算出错，出错标志位 M8067 置 ON。

XCH 指令的扩展功能与指令 SWAP 的功能是一样的。所以，在程序编制时，请直接使用 SWAP 指令。

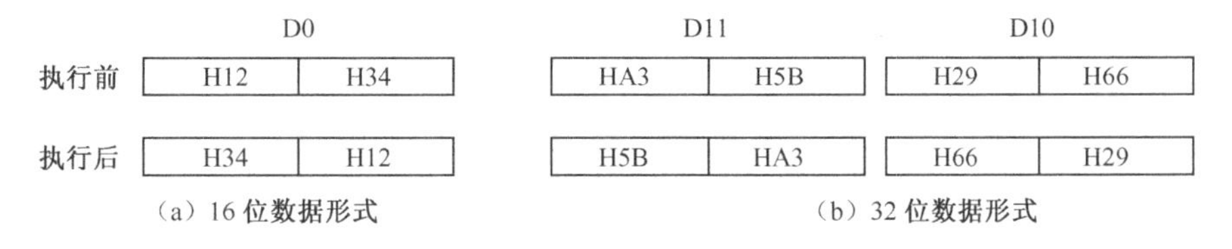

图 7-41　XCH 指令扩展执行前后图

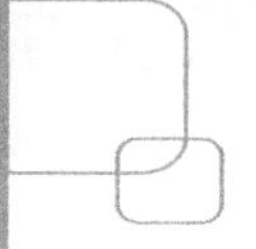

7.4.2 上下字节交换指令 SWAP

1. 指令格式

FNC 147：【D】SWAP【P】 程序步：3/5

可用软元件见表 7-17。

表 7-17 SWAP 指令可用软元件

操作数	位元件				字元件									常数	
	X	Y	M	S	KnX	KnY	KnM	KnS	T	C	D	V	Z	K	H
S.						●	●	●	●	●	●	●	●		

指令梯形图如图 7-42 所示。

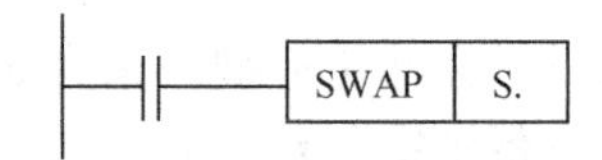

图 7-42 SWAP 指令梯形图

解读：当驱动条件成立时，将字元件 S 的高 8 位和低 8 位进行互换。

2. 指令应用

SWAP 指令和 XCH 指令的扩展功能一样，但该指令不需要将特殊继电器 M8160 置 ON。所以，一般需要字元件上下字节交换是都使用 SWAP 指令。

同样，在 32 位数据形式时，SWAP 指令执行的是高位（S+1）和低位（S）寄存器各自的低 8 位和高 8 位的互换。

使用连续执行型指令在每个扫描周期都会执行一次，所以，常使用的是脉冲执行型指令 SWAPP。

7.5 应用实例

7.5.1 程序设计算法和框图

1. 程序设计的算法

学完了第 6 章、第 7 章就可以用功能指令来设计一些简单的 PLC 应用程序了。在讲解实例之前，先简单介绍一下有关程序设计的基本知识——算法和框图。

什么是算法？算法就是解决问题的思路。不管是工程控制还是数据处理，在设计程序前，总是要对问题进行分析，并找出解决这个问题的方法步骤。这个方法步骤就是算法。例

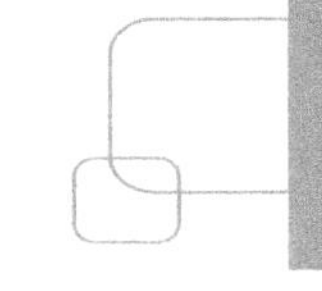

如，黑板上有 10 个数，叫你找出最大值。有人说我一眼就看出某数是最大的数，这个“一眼看出”不是算法。有人说我是一个数一个数进行比较，比较时总是保留大的数，舍去小的数，最后那个数就是最大的数，这种一一比较的方法就是算法。因此，在 PLC 程序设计中（其他程序设计也一样）算法不但是一种思路，还应该是解决问题的具体步骤，而 PLC 程序则是应用指令完成算法的具体体现和成果。所以，一般来说，设计程序前，先要思考算法，正如写文章前先要构想一个文章的大纲一样。

算法是解决问题的思路，不同的人可能思路会不完全相同。也就说，一个问题的思路可能有多种，那形成的算法也会有多种。同一个问题有多种算法，有多种程序设计都是正常的，不要轻易说别人设计的程序不对。

一个问题可以有多种算法，但这多种算法还是可以比较的，比较的标准涉及对算法进行评价和优化的问题。具体来说一个算法如果它能使用较少的硬件资源，梯形图程序占用较少的内存，执行时间较短，这种算法就较好。

PLC 是解决实际控制任务的，而针对控制任务的算法是解决问题的前提，可以说，对 PLC 的硬件知识，编程知识的学习都是有限的，而对算法的学习则是无形的，无限的，算法不但涉及 PLC 知识，还涉及控制任务的相关工艺工程知识，还涉及大量的数学、物理等专业基础知识，试想一个连方程是什么都不知道的人，能有解一次方程的算法吗？

2. 算法和框图

有了算法，还必须应用 PLC 指令编写成 PLC 程序。在编写程序前，首先要把算法表示出来。

算法的表示方法很多，最重要的是表达方式能表示算法的步骤，以便程序设计时，能很快地根据算法的步骤编写出程序。这里介绍一种常用的算法表示方法——程序框图。

在高级语言里，程序框图又称为程序流程图，它是用框图来表示执行的内容和程序的流转，用带箭头的连线表示程序执行的步骤和流程。图 7-43 表示了程序框图中的两种组成图框——运算框和转移框。

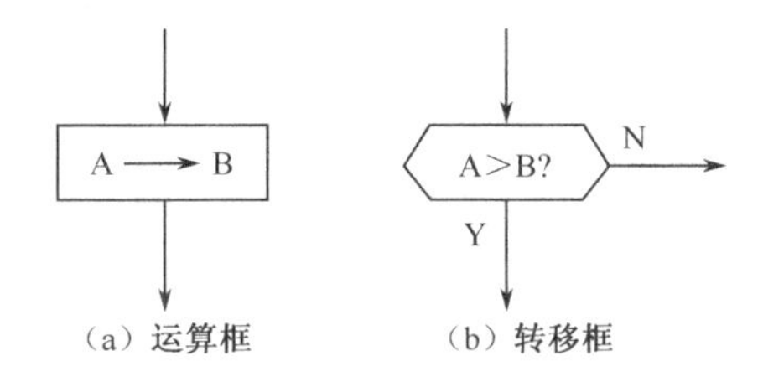

图 7-43　程序框图之图框

算法框表示算法在该步骤要执行的内容；转移框则表示程序到这一步要根据框中所表示的运算结果进行程序转移。如图中 A>B？如 A>B 则转向 Y，A≤B 则转向 N。连线箭头表示算法的步骤流程，每一个算法都可以先画出由运算框和转移框所组成的程序框图。然后，根据程序框图选用适当的指令编制出梯形图程序。

在下一节中，将通过应用实例了解算法、程序框图和程序梯形图编制之间的联系。

7.5.2 两个应用实例

【例 1】 有 10 个数，分别存于 D0～D9，试编一程序找出其中最大数并存于 D100。

设计算法可以用如图 7-44 所示之程序框图说明。6 工位小车程序框图如图 7-45 所示。

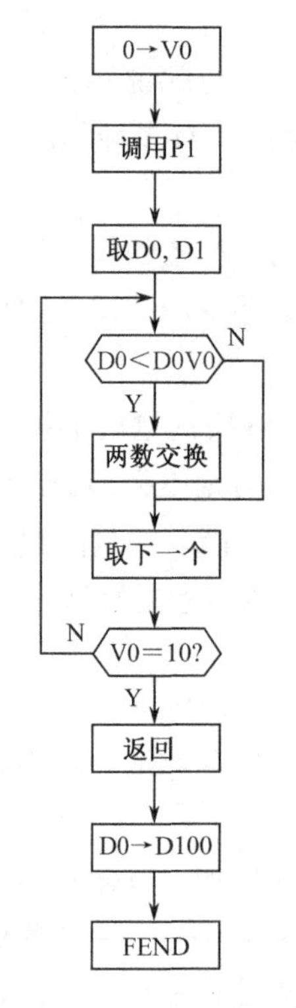

0→V0
调用P1
取D0, D1
D0<D0V0
N
Y
两数交换
取下一个
V0=10?
N
Y
返回
D0→D100
FEND

图 7-44 求最大数程序框图

启保停
取呼叫m
m=0?
Y
N
n=0?
Y
N
m>0?
Y
小车右行
N
m<0?
Y
小车左行
N
m=0清m

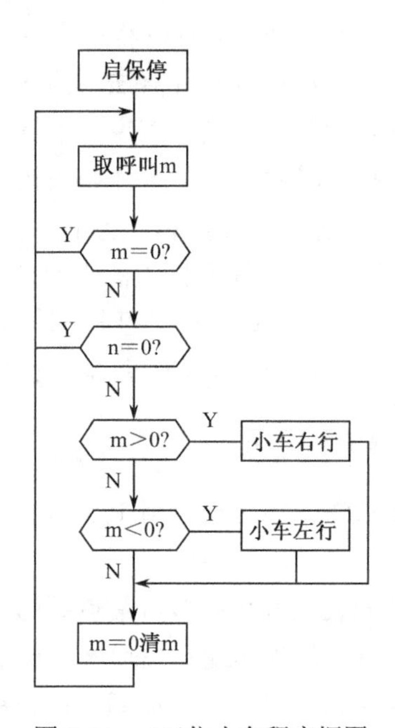

图 7-45 6 工位小车程序框图

采用循环指令 FOR-NEXT 设计的程序梯形图见第 6 章 6.5.2 节例 2 图 6-59。

如图 7-46 所示为采用触点比较指令的程序梯形图，程序更为简单。

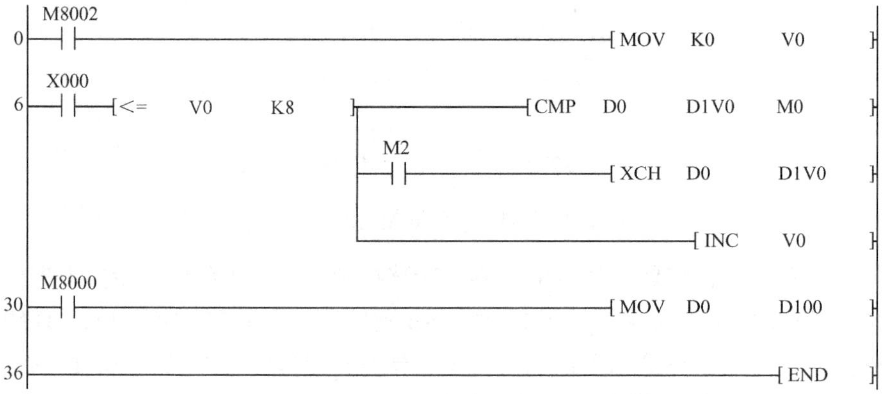

M8002
0
MOV K0 V0
X000
6
<= V0 K8
CMP D0 D1V0 M0
M2
XCH D0 D1V0
INC V0
M8000
30
MOV D0 D100
36
END

图 7-46 采用触点比较指令的程序梯形图

【例 2】　某处有一电动小车，供 6 个加工点使用，电动车在 6 个工位之间运行，每个工位均有一个位置行程开关和呼叫按钮。图 7-45 为 6 工位小车程序框图具体控制要求：送料车开始可以在 6 个工位中的任意工位上停止并压下相应的位置行程开关。PLC 启动后，任一工位呼叫后，电动小车均能驶向该工位并停止在该工位上，图 7-47 为工作示意图。

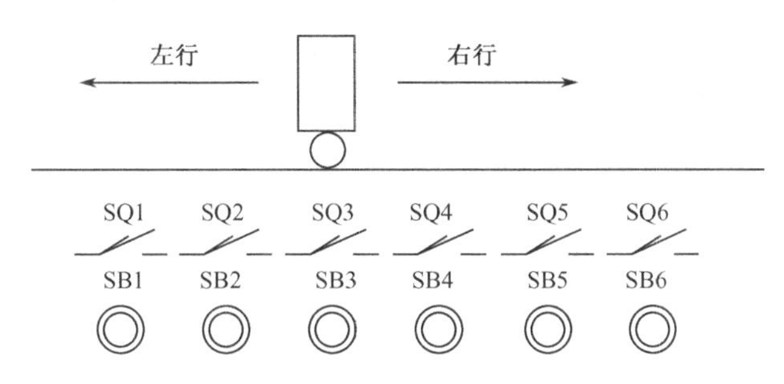

图 7-47　6 工位小车工作示意图

6 工位小车 PLC 控制的 I/O 地址分配见表 7-18。

表 7-18　I/O 地址分配表

输入接口		功　能	输出接口		功　能
SB0	X21	启动按钮	KM1	Y0	左行接触器
SB1	X0	1 号工位按钮	KM1	Y1	右行接触器
SB2	X1	2 号工位按钮			
SB3	X2	3 号工位按钮			
SB4	X3	4 号工位按钮			
SB5	X4	5 号工位按钮			
SB6	X5	6 号工位按钮			
SQ0	X22	停止按钮			
SQ1	X10	1 号工位开关			
SQ2	X11	2 号工位开关			
SQ3	X12	3 号工位开关			
SQ4	X13	4 号工位开关			
SQ5	X14	5 号工位开关			
SQ6	X15	6 号工位开关			

程序设计思路：因为呼叫每次只能按一个按钮，小车不论行走或停止时只能压住一个位置开关。所以，可以用组合位元件 K2X0 来表示呼叫位置的值，K2X10 表示小车停在位置的值。如 K2X0=m，K2X10=n，则 m>n 呼叫值>停止值，小车右行。m<n 呼叫值<停止值，小车左行。m=n　呼叫值=停止值，小车停在原地呼叫或行至呼叫位置。

程序设计有 3 个问题需要解决。

（1）一开始未按呼叫，K2X0=0，该值会进入比较指令 CMP 而使小车误动作，故必须进行连锁处理。

（2）小车行走时，如在两个位置开关之间，则 K2X10=0，这在右行时没有问题。但在左行时，就会出现 m>n 情况，这时小车会在该位置来去摆动行走。因此，必须对这种情况进行连锁处理。

（3）为防止小车到位后，误动其他位置行程开关而引起小车行走，所以，当小车行到位后，同时将 D0 清零，使系统处于等待状态。

设计算法可以用如图 7-45 所示之程序框图说明。

利用 MOV 指令和比较指令 CMP 设计程序如图 7-48 所示。

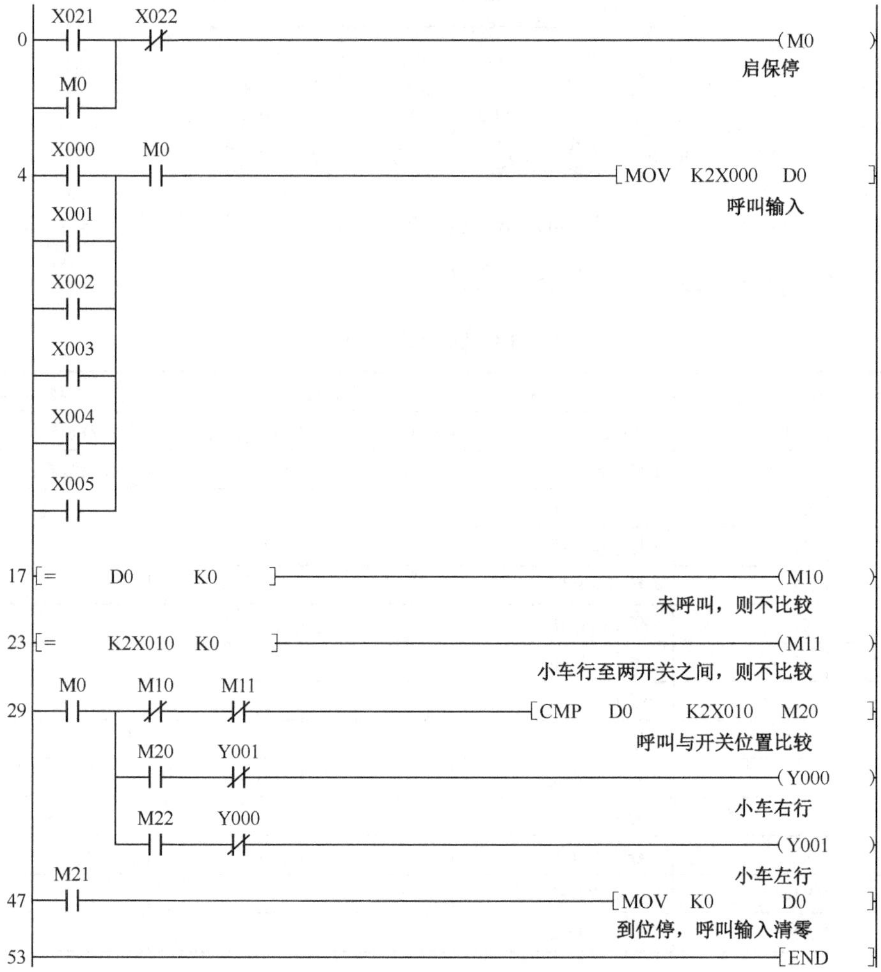

```
     X021   X022
0  ──┤ ├──┬──┤/├────────────────────────────(M0          )
     M0   │                                   启保停
   ──┤ ├──┘
     X000   M0
4  ──┤ ├──┬──┤ ├──────────────────[MOV  K2X000  D0      ]
     X001 │                                   呼叫输入
   ──┤ ├──┤
     X002 │
   ──┤ ├──┤
     X003 │
   ──┤ ├──┤
     X004 │
   ──┤ ├──┤
     X005 │
   ──┤ ├──┘
17 [=   D0   K0   ]─────────────────────────(M10         )
                                            未呼叫，则不比较
23 [=   K2X010  K0 ]────────────────────────(M11         )
                                            小车行至两开关之间，则不比较
     M0     M10    M11
29 ──┤ ├──┬──┤/├────┤/├──────────[CMP  D0   K2X010  M20  ]
          │                                 呼叫与开关位置比较
          │  M20    Y001
          ├──┤ ├────┤/├─────────────────────(Y000        )
          │                                 小车右行
          │  M22    Y000
          └──┤ ├────┤/├─────────────────────(Y001        )
     M21                                    小车左行
47 ──┤ ├──────────────────────────[MOV  K0       D0     ]
                                            到位停，呼叫输入清零
53 ─────────────────────────────────────────[END         ]
```

图 7-48　6 工位小车程序梯形图

第8章　移位指令

移位指令的功能是对数据进行左、右移动。有对字元件的二进制位进行左右移位的指令ROR,ROL,RCR,RCL，有对位元件组合进行左右移位的指令 SFTR,SFTL，有对字元件组合进行左右移位的指令 WSFR,WSFL。另外，将数据依次写入和依次读出的指令 SFWR、SFRD也放在本章中讲解。

8.1　循环移位指令

8.1.1　循环右移指令 ROR

1. 指令格式

FNC 30：　【D】ROR　【P】　　　　　　　　程序步：5/9

可用软元件见表 8-1。

表 8-1　ROR 指令可用软元件

操作数	位元件				字元件									常数	
	X	Y	M	S	KnX	KnY	KnM	KnS	T	C	D	V	Z	K	H
D.						●	●	●	●	●	●	●	●		
n														●	●

梯形图如图 8-1 所示。

图 8-1　ROR 指令梯形图

操作数内容与取值如下：

操作数	内容与取值
D.	循环右移数据存储字元件地址
n	循环移动位数，n≤16，n≤32

解读：当驱动条件成立时，D 中的数据向右移动 n 个二进制位，移出 D 的低位数据循环进入 D 的高位。最后移出 D 的低位同时将位值传送给进位标志位 M8022。

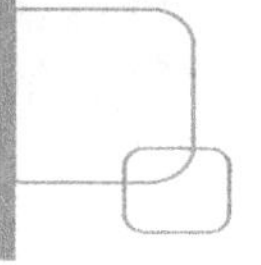

2. 指令应用

1）指令执行功能

ROR 指令的执行功能可以用如图 8-2 所示来说明，图中，假设 n=K4。即 D 中数据一次右移 4 位。

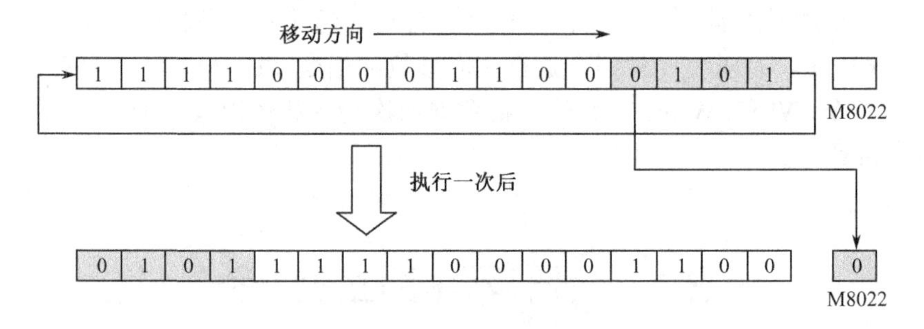

图 8-2　ROR 指令执行功能图示

ROR 指令是一个循环移位，其移出的低位顺序进入空出的高位，移动 4 次后，相对于整体把 b3～b0 移动到 b15～b12，而 b15～b4 则整体移动到 b11～b0，其最后移出的 b3 位的位值（图中为 0）同时传送给进位标志位 M8022。

2）指令应用

（1）如果使用连续执行型指令 ROR，则每个扫描周期都要执行一次，因此，在使用时，最好使用脉冲执行型指令 RORP。

（2）当终址 D 使用组合位元件时，位元件的组数在 16 位指令 ROR 时，为 K4；在 32 位指令 DROR 时，为 K8，否则指令不能执行。

【例 1】　当 n=K4（或 K8）时，利用循环移位指令可以输出循环的波形信号，例如，有 A,B,C 三个灯（代表“欢迎您”三个字），控制要求是 A,B,C 各轮流亮 1s，然后一起亮 1s，如此反复循环。其时序图如图 8-3 所示。

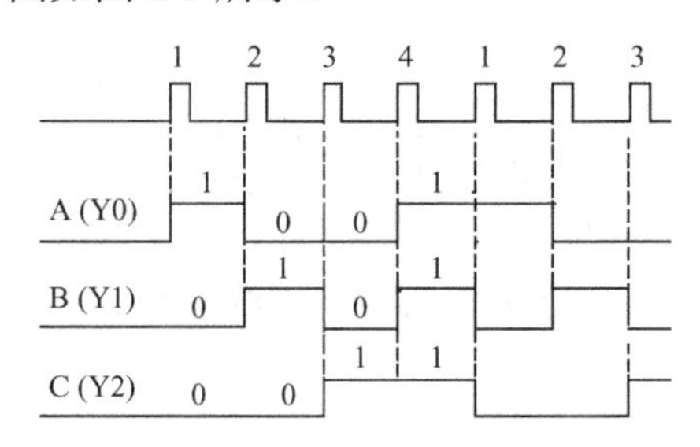

图 8-3　例 1 控制时序图

如果把 Y2～Y0 看成一组三位二进制数，则每次其输出为 001,010,100,111。为保证循环输出，取 n=K4，则其输出为 0001(H1),0010(H2),0100(H4),0111(H7)，因此，只要将 Y15～Y0 的值设定为 H7421 并且按 1s1 次的速度向右移位，每次移动 4 位，那么在 Y3～Y0 的输出就会得到如图 8-3 所示的时序输出，Y15～Y10 的控制赋值如图 8-4 所示。

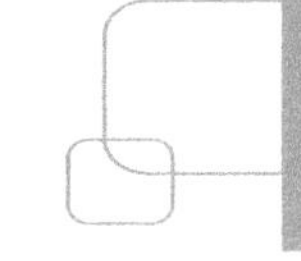

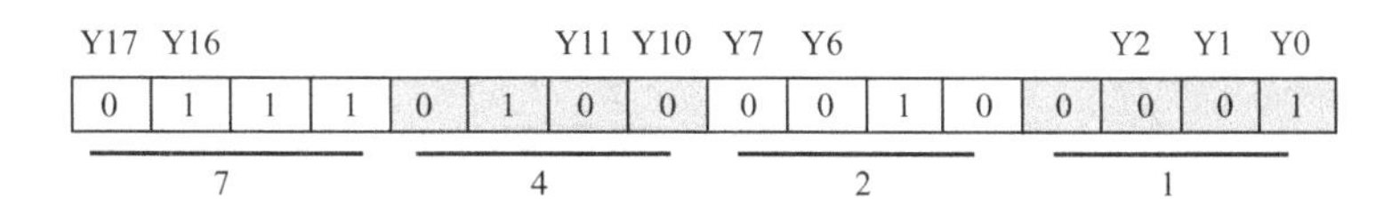

图 8-4　Y15～Y0 设定控制值图

图 8-5 所示为控制程序梯形图，这个程序有一个严重缺点，实际输出仅为 Y2～Y0 三个口，但程序却占用了 Y15～Y0 共 16 个口。

图 8-5　例 1 控制程序梯形图一

图 8-6 所示程序对此作了改进，先用数据寄存器 D10 进行移位处理，然后将移位结果送到 Y3～Y0 输出。这个程序只占用了 4 个输出口。

```
0   X000  T0                                  K10
    ─┤├───┤/├─────────────────────────────────(T0 )
    M8002
5   ─┤├────────────────────────────[MOV   H7421   D10 ]
                                    送循环数据
    X001  T0
11  ─┤├───┤/├──┬───────────────────[RORP  D10     K4 ]
               │                    右移循环
               └───────────────────[MOV   D10     K1Y000 ]
                                    D10中低4位送Y0～Y3输出
23  ───────────────────────────────[END ]
```

图 8-6　例 1 控制程序梯形图二

8.1.2　循环左移指令 ROL

1. 指令格式

FNC 31：　【D】ROL 【P】　　　　　　　　　　程序步：5/9

可用软元件见表 8-2。

表 8-2　ROL 指令可用软元件

操作数	位元件				字元件									常数	
	X	Y	M	S	KnX	KnY	KnM	KnS	T	C	D	V	Z	K	H
D.						●	●	●	●	●	●	●	●		
n														●	●

梯形图如图 8-7 所示。

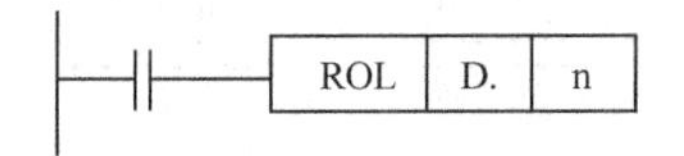

图 8-7 ROL 指令梯形图

操作数内容与取值如下：

操 作 数	内容与取值
D.	循环左移数据存储字元件地址
n	循环移动位数，n≤16，n≤32

解读：当驱动条件成立时，D 中的数据向左移动 n 个二进制位，移出 D 的高位数据循环进入 D 的低位。最后移出 D 的高位同时将位值传送给进位标志位 M8022。

2. 指令应用

1）指令执行功能

ROL 指令的执行功能可以用图 8-8 来说明，图中，假设 n=K4，即 D 中数据一次左移 4 位。

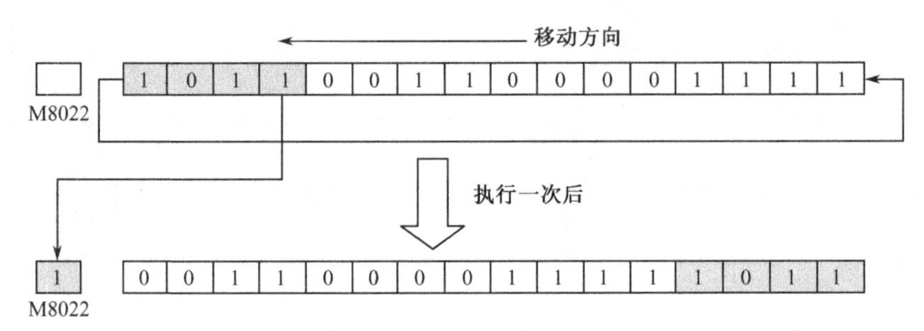

图 8-8 ROL 指令执行功能图示

ROL 指令是一个循环移位，其移出的高位顺序进入空出的低位，移动 4 次后，相对于整体把 b15～b12 移动到 b3～b0，而 b15～b4 则整体移动到 b11～b0。其最后移出的 b12 位的位值（图中为 0）同时传送给进位标志位 M8022。

2）指令应用

（1）如果使用连续执行型指令 ROL，则每个扫描周期都要执行一次，因此，在使用时，最好使用脉冲执行型指令 ROLP。

（2）当终址 D 使用组合位元件时，位元件的组数在 16 位指令 ROL 时，为 K4；在 32 位指令 DROL，为 K8，否则指令不能执行。

【例 2】 试利用循环移位指令编制如下流程的应用程序。有 5 个灯，启动后，先是按照顺序轮流各自亮 1s，亮完后，全部一起亮 5s，如此反复循环。这是一个 5 个输出 5 步控制的程序，不能利用上节所述方法编制，程序梯形图如图 8-9 所示。

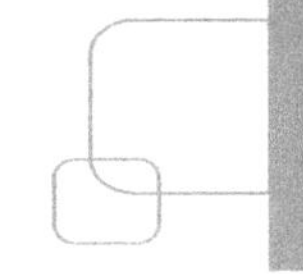

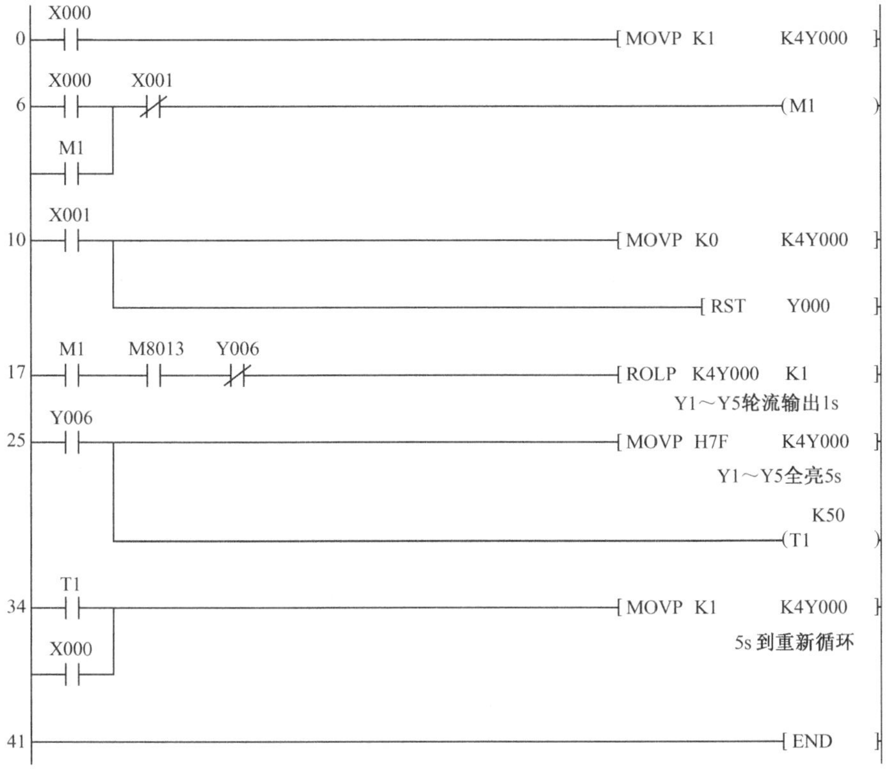

```
     X000
0 ──┤├──────────────────────────────────[MOVP K1      K4Y000 ]
     X000     X001
6 ──┤├──┬────┤/├────────────────────────────────────(M1     )
     M1  │
    ─┤├──┘
     X001
10 ─┤├──┬───────────────────────────────[MOVP K0      K4Y000 ]
        └───────────────────────────────────[RST      Y000   ]
     M1      M8013    Y006
17 ─┤├──────┤├──────┤/├─────────────────[ROLP K4Y000  K1     ]
                                          Y1～Y5轮流输出1s
     Y006
25 ─┤├──┬───────────────────────────────[MOVP H7F     K4Y000 ]
        │                                  Y1～Y5全亮5s
        │                                            K50
        └───────────────────────────────────────────(T1     )
     T1
34 ─┤├──┬───────────────────────────────[MOVP K1      K4Y000 ]
     X000│                                   5s到重新循环
    ─┤├──┘
41 ─────────────────────────────────────────────────[END     ]
```

图 8-9　ROL 指令例程序梯形图

8.1.3　带进位循环右移指令 RCR

1．指令格式

FNC 32：【D】RCR【P】　　　　　　　　　　程序步：5/9

可用软元件见表 8-3。

表 8-3　RCR 指令可用软元件

操作数	位元件				字元件									常数	
	X	Y	M	S	KnX	KnY	KnM	KnS	T	C	D	V	Z	K	H
D.						●	●	●	●	●	●	●	●		
n														●	●

梯形图如图 8-10 所示。

图 8-10　RCR 指令梯形图

操作数内容与取值如下：

操 作 数	内容与取值
D.	循环右移数据存储字元件地址
n	循环移动位数，n≤16，n≤32

解读： 当驱动条件成立时，D 中的数据连带进位标志位 M8022 一起向右移动 n 个二进制位，移出的低位连带标志位 M8022 的数据循环进入 D 的高位，最后移出的位值移入标志位 M8022。

2. 指令应用

1）指令执行功能

RCR 指令的执行功能可以用图 8-11 说明，图中，假设 n=K4，即 D 中数据一次右移 4 位。

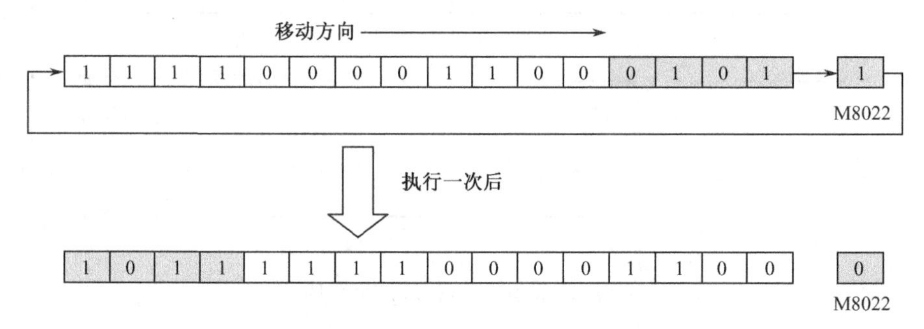

图 8-11　RCR 指令执行功能图

和 ROR 指令不同的是，RCR 是带进位标志位 M8022 一起进行右移，实际上它是一个 17 位（或 33 位）数据进行（n+1）个数据右移 n 次的处理功能，由图中可见，b3 位进入 M8022，而 M8022 则移至 b12。

2）指令应用

（1）如果使用连续执行型指令 RCR，则每个扫描周期都要执行一次，因此，在使用时，最好使用脉冲执行型指令 RCRP。

（2）当终址 D 使用组合位元件时，位元件的组数在 16 位指令 RCR 时，为 K4；在 32 位指令 DRCR，为 K8，否则指令不能执行。

8.1.4　带进位循环左移指令 RCL

1. 指令格式

FNC 33：　【D】RCL　【P】　　　　　　　　程序步：5/9

可用软元件见表 8-4。

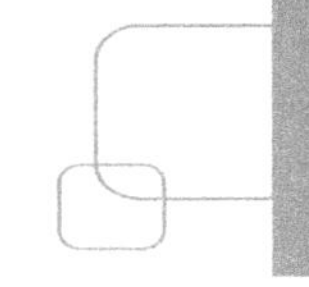

表 8-4　RCL 指令可用软元件

操作数	位元件				字元件									常数	
	X	Y	M	S	KnX	KnY	KnM	KnS	T	C	D	V	Z	K	H
D.						●	●	●	●	●	●	●	●		
n														●	●

梯形图如图 8-12 所示。

图 8-12　RCL 指令梯形图

操作数内容与取值如下：

操作数	内容与取值
D.	循环左移数据存储字元件地址
n	循环移动位数，n≤16，n≤32

解读：当驱动条件成立时，D 中的数据连带进位标志位 M8022 一起向左移动 n 个二进制位，移出的高位连带标志位 M8022 的数据循环进入 D 的低位，最后移出的位值移入标志位 M8022。

2．指令应用

1）指令执行功能

RCL 指令执行功能和 RCR 指令一样，只不过其移动方向为左移而已，这里不再说明，如图 8-13 所示。

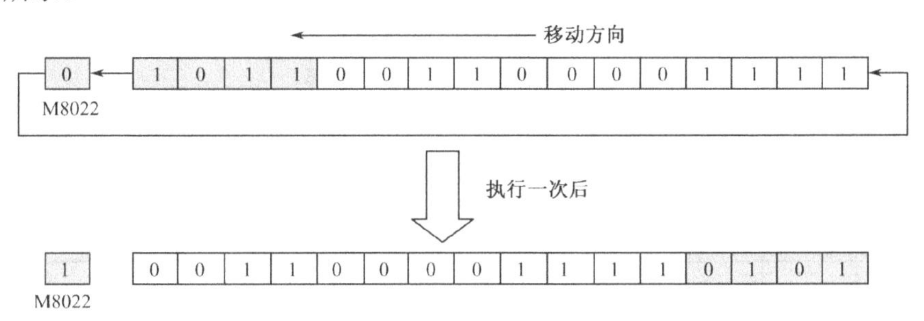

图 8-13　RCL 指令执行功能图

2）指令应用

（1）如果使用连续执行型指令 RCL，则每个扫描周期都要执行一次，因此，在使用时，最好使用脉冲执行型指令 RCLP。

（2）当终址 D 使用组合位元件时，位元件的组数在 16 位指令 RCL 时，为 K4；在 32 位指令 DRCL，为 K8，否则指令不能执行。

8.2 位移字移指令

8.2.1 位右移指令 SFTR

1. 指令格式

FNC 34：　SFTR 【P】　　程序步：9

可用软元件见表 8-5。

表 8-5　SFTR 指令可用软元件

操作数	位元件				字元件									常数	
	X	Y	M	S	KnX	KnY	KnM	KnS	T	C	D	V	Z	K	H
S.	•	•	•	•											
D.		•	•	•											
n1														•	•
n2														•	•

梯形图如图 8-14 所示。

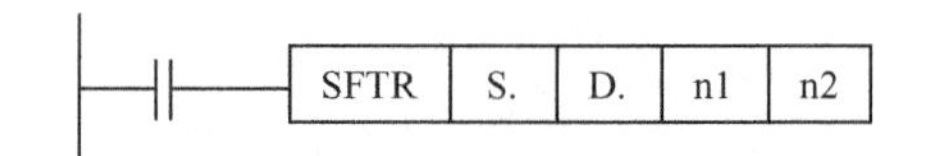

图 8-14　SFTR 指令梯形图

操作数内容与取值如下：

操作数	内容与取值
S.	移入移位位元件组成的位元件组合首址，占用 n2 个点
D.	移位位元件组合首址，占用 n1 个点
n1	移位位元件组合长度，n2≤n1≤1024
n2	移位的位数，n2≤n1

解读：当驱动条件成立时，将以 D 为首址的位元件组合向右移动 n2 位，其高位由 n2 位的位元件组合 S 移入，移出的 n2 个低位被舍弃，而位元件组合 S 保持原值不变。

2. 指令应用

1）指令执行功能

前面所介绍的循环右移（左移）或带进位循环右移（左移）的指令是一种对字元件本身的二进制位进行的移动指令，虽然其操作数也用到组合位元件，但是把组合位元件当做字元

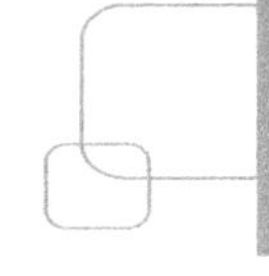

件看待的，组合仅限于 K4 或 K8。而这一节所介绍的位元件移动，是指位元件组合（以区别组合位元件）的移动。其位元件的组合的个数是没有限制的（n≤1024）。一次移位的位数也比循环移位指令多，在实际应用中，也比循环移位指令方便。

现以图 8-15 指令应用例讲解指令执行功能。

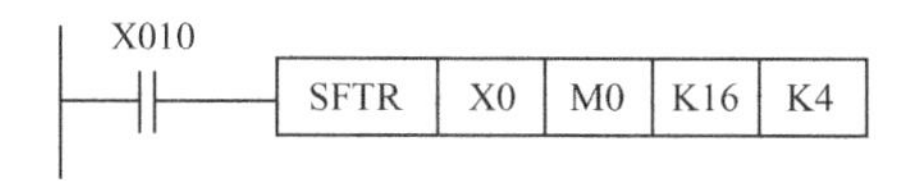

图 8-15　SFTR 指令应用梯形图

在指令中，有两个位元件组合，一个是位元件 X 的组合，它的个数是 4 个（n2），即 X3～X0。一个是位元件 M 的组合，它的个数是 16 个（n1），即 M15～M0。指令的执行功能可由图 8-16 来说明。

在驱动条件成立时，指令执行两个功能。

（1）对位元件组合 M15～M0 进行右移 4 次（n2）。移出的 M3～M0 这 4 位数值为舍弃。

（2）将位元件组合 X3～X0 的值复制到位元件组合 M 的高位 M15～M12。位元件组合 X3～X0 值保持不变。

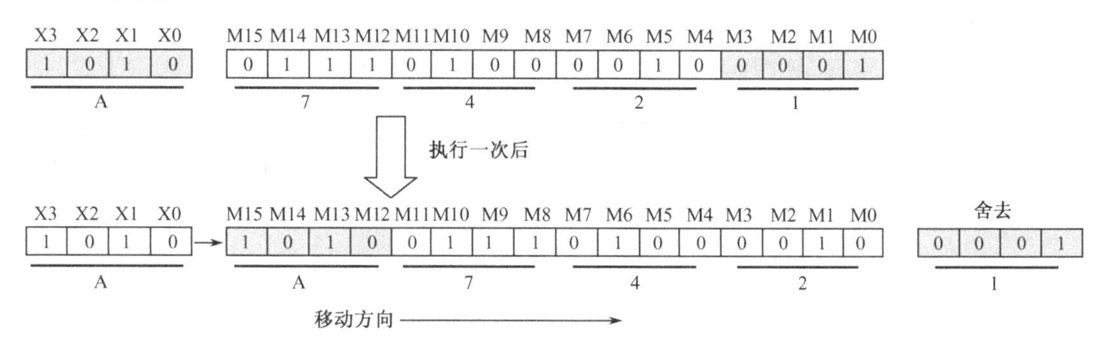

图 8-16　SFTR 指令移位示意图

2）指令应用

（1）如果使用连续执行型指令 SFTR，则每个扫描周期都要执行一次，因此，在使用时，最好使用脉冲执行型指令 SFTRP。

（2）位元件组合 S 和位元件组合 D 的编号可用同一类型软元件，但编号不能重叠，否则会发生运算错误（错误代码：K6710）。

8.2.2　位左移指令 SFTL

1. 指令格式

FNC 35:　　SFTL 【P】　　　　　　程序步：9

可用软元件见表 8-6。

梯形图如图 8-17 所示。

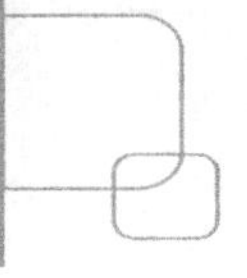

表 8-6　SFTL 指令可用软元件

操作数	位元件				字元件									常数	
	X	Y	M	S	KnX	KnY	KnM	KnS	T	C	D	V	Z	K	H
S.	●	●	●	●											
D.		●	●	●											
n1														●	●
n2														●	●

SFTL	S.	D.	n1	n2

图 8-17　SFTL 指令梯形图

操作数内容与取值如下：

操作数	内容与取值
S.	移入移位位元件组成的位元件组合首址，占用 n2 个点
D.	移位位元件组合首址，占用 n1 个点
n1	移位位元件组合长度，n2≤n1≤1024
n2	移位的位数，n2≤n1

解读：当驱动条件成立时，将以 D 为首址的位元件组合向左移动 n2 位，其低位由 n2 位的位元件组合 S 移入，移出的 n2 个高位被舍弃，而位元件组合 S 保持原值不变。

2．指令应用

1）指令执行功能

其执行功能和位右移指令 SFTR 一样，只不过是其方向为向左移动而已。如图 8-18 所示为指令应用例及其移位功能图示。

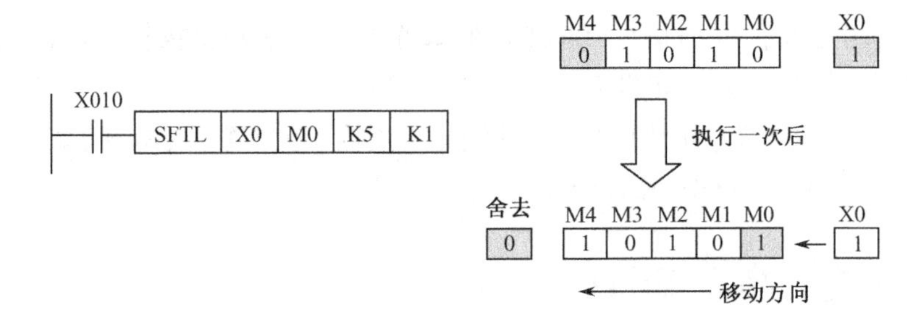

图 8-18　SFTL 指令移位示意图

2）指令应用

（1）如果使用连续执行型指令 SFTL，则每个扫描周期都要执行一次，因此，在使用时，最好使用脉冲执行型指令 SFTLP。

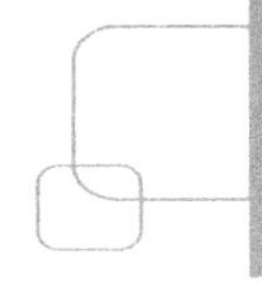

（2）位元件组合 S 和位元件组合 D 的编号可用同一类型软元件，但编号不能重叠，否则会发生运算错误（错误代码：K6710）。

3．SFTR、SFTL 指令应用例

位移位指令可以像循环移位指令那样有多种形式输出外，还可以用来进行顺控程序编制，但由于步进指令 STL 对顺控程序编制特别方便，现在已很少用位移位指令来编制顺序控制程序了。

【例 1】　图 8-19 所示为单工位多工序顺序控制钻孔动力头控制示意图，M1 为主电机，M2 为钻头快进快退电机，YV 为钻头工进电磁阀。其控制流程比较简单，不再作详细说明。

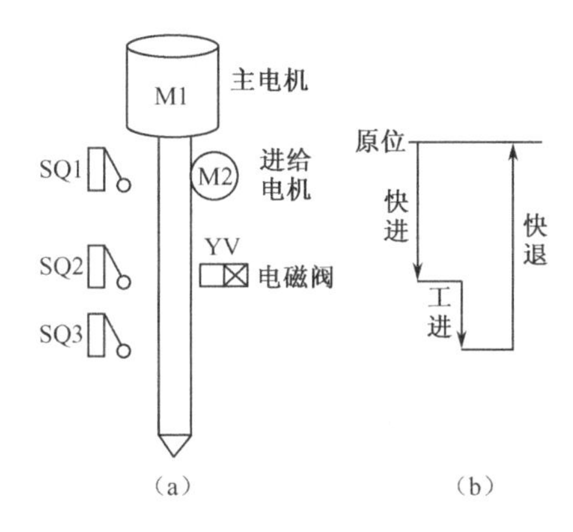

图 8-19　钻孔动力头控制示意图

I/O 地址分配见表 8-7。

表 8-7　I/O 地址分配表

符　　号	输 入 口	功　　能	符　　号	输 出 口	功　　能
QA	X0	启动	M1	Y1	主电机
SQ1	X1	原位、快退限位	M2	Y2	快进
SQ2	X2	快进限位	M2	Y3	快退
SQ3	X3	工进限位	YV	Y4	工进

程序梯形图如图 8-20 所示。当按下启动按钮 X0 后，M0=“1”，同时，使位左移指令向 S0 移动一位。使 S0=1，主电机及快进工作台，当快进工作台碰到限位开关 SQ2（X2）时，触发一次位移指令，使 S0=1 转移为 S1=1，使 S1 的输出得到执行。同样，工进时碰到限位开关 SQ3（X3）时，又触发一次移位指令，使 S1=1 转移为 S2=1，S2 的输出执行。快退时碰到 SQ1（X1），输出均停止，等待下一次启动。

【例 2】　图 8-21 所示为单工件多工位加工控制示意图，旋转工作台上有 4 个工位，各工位控制要求如图 8-21 所示。工作台由机械机构带动作间歇运动，每转动一次，4 个工位按各自的控制要求动作。在应用 SFC 设计时，这是一个并行分支的 SFC 程序。现针对如下控制要求给出程序设计。当工位 1 上料时，工料间歇转至工位 2，工位 3，工位 4，相应地控

制动作均执行，当工位 1 未上料，则工位 2，工位 3，工位 4 相应的控制动作均不执行。利用位移指令可以非常简洁地完成这个控制任务。程序梯形图如图 8-22 所示。

```
    M8000
0 ──┤├────────────────────────────────────────(M8047   )
    X001
3 ──┤├──────────────────────────[ZRST  Y001    Y004    ]
                                 原位, 全部输出停止
    X000    X001    M8046
9 ──┤├──────┤├──────┤/├───────────────────────(M0      )
                                 在原位, 启动
    X000    M8046
13──┤├──────┤/├──┬──────[SFTLP M0    S0    K3    K1    ]
    S0      X002 │                步进接通 S0, S1, S2
  ──┤├──────┤├───┤
    S1      X003 │
  ──┤├──────┤├───┤
    S2      X001 │
  ──┤├──────┤├───┘
    S0
33──┤├──┬─────────────────────────────[SET     Y001    ]
        │                                      M1工作
        │   Y003
        └───┤/├───────────────────────[SET     Y002    ]
                                               M2快进
    S1
36──┤├──┬─────────────────────────────[RST     Y002    ]
        │                                      M2停止
        └─────────────────────────────[SET     Y004    ]
                                               YV工进
    S2
42──┤├──┬─────────────────────────────[RST     Y004    ]
        │                                      YV停止
        │   Y002
        └───┤/├───────────────────────[SET     Y003    ]
                                               M2快退
46────────────────────────────────────[END             ]
```

图 8-20　钻孔动力头 SFTL 指令程序梯形图

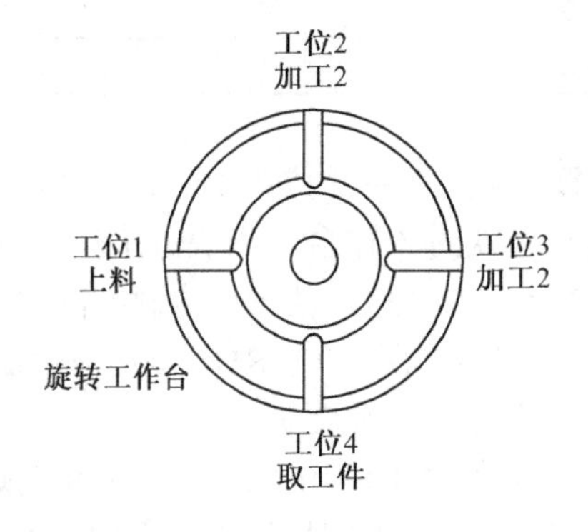

图 8-21　单工件多工位加工控制示意图

M8002
0
ZRST M0 M40
X010 X011
6
M0
启动 停止
M0
X000 M0
10
SFTLP X001 M10 K2 K1
工件检测
间歇信号
左移工位2
SFTLP X001 M20 K3 K1
左移工位3
SFTLP X001 M30 K4 K1
左移工位4
M10
39
Y001
工位2控制
M21
41
Y002
工位3控制
M32
43
Y003
工位4控制
45
END

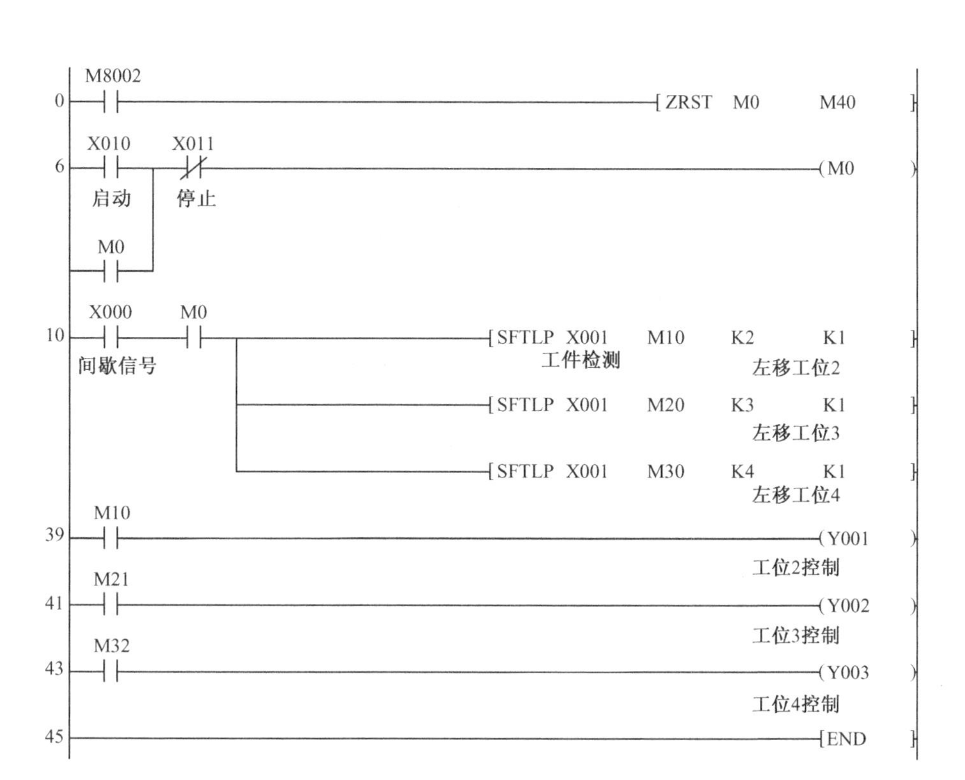

图 8-22　单工件多工位加工控制程序梯形图

【例 3】　循环灯控制，有 10 个灯，要求从左到右依次点燃，全部点燃后，又从右到左依次熄灭，直到全部熄灭后，又重新开始，如此循环。

程序梯形图如图 8-23 所示。

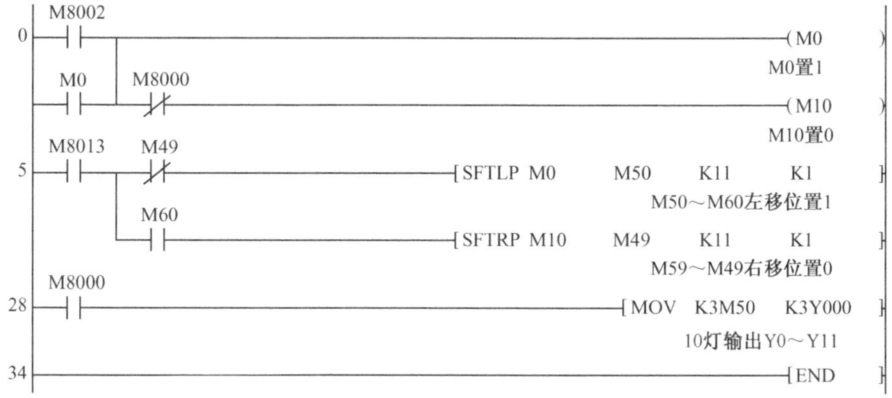

M8002
0
M0
M0置1
M0 M8000
M10
M10置0
M8013 M49
5
SFTLP M0 M50 K11 K1
M50～M60左移位置1
M60
SFTRP M10 M49 K11 K1
M59～M49右移位置0
M8000
28
MOV K3M50 K3Y000
10灯输出Y0～Y11
34
END

图 8-23　10 个灯循环控制程序梯形图

【例 4】　位移位指令也可以和循环移位指令一样，输出各种不同需要的波形组合，控制步进电机的旋转。图 8-24 所示为三相步进电机双三拍工作电压波形时序图。其正转通电顺序为 AB-BC-CA-AB，用位左移指令 SFTLP 可实现，反转通电顺序 AB-CA-BC-AB，用位右移指令 SFTRP 可实现，程序梯形图如图 8-25 所示。

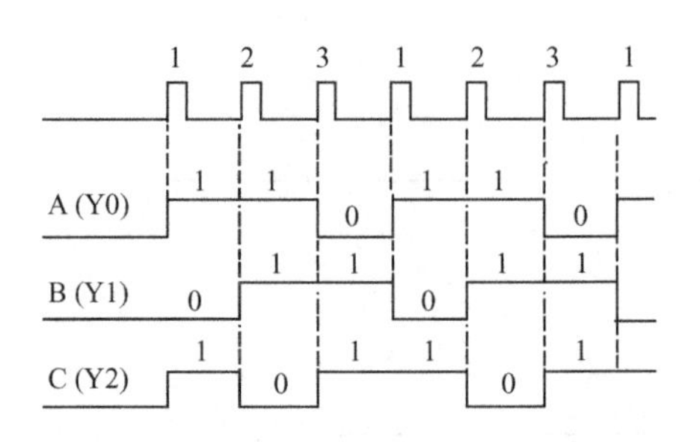

图 8-24 三相步进电机双三拍工作电压波形时序图

```
 0  M8002 ─┤├─┬──────────[MOV   K500   D0      ]  步进电机脉冲频率
              ├──────────[MOV   K3     K1M0    ]  M2M1M0=011
              └──────────[SET   Y001           ]  Y2Y1Y0=010
12  X000 ─┤├──────────────────────────(T246  D0)
16  X001 ─┤/├─ T246 ─┤├─┬─[SFTLP M0  Y000  K3  K1]  输出正转序列脉冲
                        └─[SET   M0            ]
28  Y000 ─┤├─ Y001 ─┤├───[RST   M0            ]
31  X001 ─┤├─ T246 ─┤├─┬─[SFTLP M1  Y000  K3  K1]  输出反转序列脉冲
                       └─[SET   M1            ]
43  Y001 ─┤├─ Y002 ─┤├───[RST   M1            ]
46  T246 ─┤├─────────────[RST   T246          ]
49  ─────────────────────[END                 ]
```

图 8-25 三相步进电机双三拍程序梯形图

8.2.3 字右移指令 WSFR

1. 指令格式

FNC 36： WSFR 【P】 程序步：9

可用软元件见表 8-8。

表 8-8 WSFR 指令可用软元件

操作数	位元件				字元件									常数	
	X	Y	M	S	KnX	KnY	KnM	KnS	T	C	D	V	Z	K	H
S.					●	●	●	●	●	●	●				
D.							●	●	●	●	●				

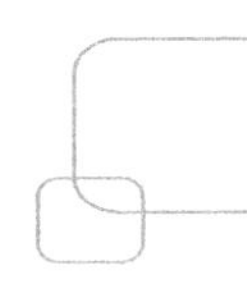

续表

操作数	位元件				字元件									常数	
	X	Y	M	S	KnX	KnY	KnM	KnS	T	C	D	V	Z	K	H
n1														•	•
n2														•	•

梯形图如图 8-26 所示。

操作数内容与取值如下：

操作数	内容与取值
S.	移入移位字元件组合的字元件组合首址，占用 n2 个点
D.	移位字元件组合首址，占用 n1 个点
n1	移位字元件组合长度，n2≤n1≤512
n2	移位的位数，n2≤n1

解读：当驱动条件成立时，将以 D 为首址字元件组合向右移动 n2 位，其高位由 n2 位字元件组合 S 移入，移出的 n2 个低位被舍弃，而字元件组合 S 保持原值不变。

2. 指令应用

1）指令执行功能

字移和位移的执行功能是一样的，只不过把位移中的位元件换成了字元件，位移移动的是开关量的状态，字移移动的是寄存器数值（16 位二进制数据）。通过组合位元件，也可以是位元件的组合状态。

字右移指令 WSFR 执行功能如图 8-27、图 8-28 所示。

图 8-26　WSFR 指令梯形图　　　图 8-27　WSFR 指令应用梯形图

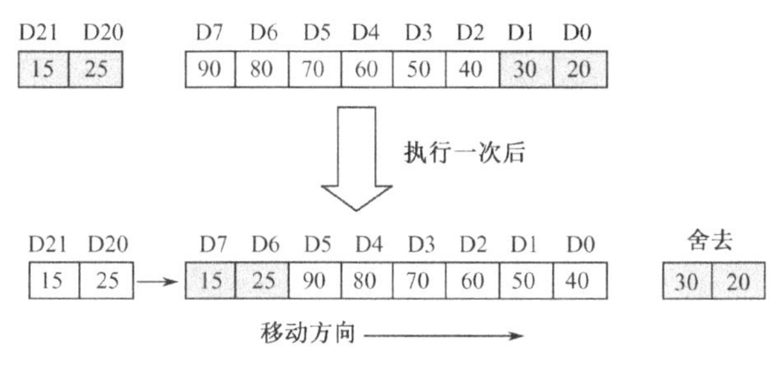

图 8-28　WSFR 指令移位示意图

2）指令应用

（1）如果使用连续执行型指令 WSFR，则每个扫描周期都要执行一次，因此，在使用时，最好使用脉冲执行型指令 WSFRP。

（2）字元件组合 S 和字元件组合 D 的编号可用同一类型软元件，但编号不能重叠，否则会发生运算错误（错误代码：K6710）。

8.2.4 字左移指令 WSFL

1. 指令格式

FNC 37：　　WSFL 【P】　　　　　　　程序步：9

可用软元件见表 8-9。

表 8-9 WSFL 指令可用软元件

操作数	位元件				字元件									常数	
	X	Y	M	S	KnX	KnY	KnM	KnS	T	C	D	V	Z	K	H
S.					•	•	•	•	•	•	•				
D.							•	•	•	•	•				
n1														•	•
n2														•	•

梯形图如图 8-29 所示。

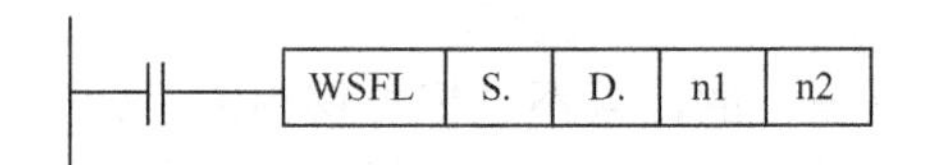

图 8-29 WSFL 指令梯形图

操作数内容与取值如下：

操作数	内容与取值
S.	移入移位字元件组合的字元件组合首址，占用 n2 个点
D.	移位字元件组合首址，占用 n1 个点
n1	移位字元件组合长度，n2≤n1≤512
n2	移位的位数，n2≤n1

解读：当驱动条件成立时，将以 D 为首址字元件组合左移动 n2 位，其低位由 n2 位字元件组合 S 移入，移出的 n2 个高位被舍弃，而字元件组合 S 保持原值不变。

2. 指令应用

1）指令执行功能

字左移指令 WSFL 执行功能如图 8-30 所示。

2）指令应用

（1）如果使用连续执行型指令 WSFL，则每个扫描周期都要执行一次，因此，在使用时，最好使用脉冲执行型指令 WSFLP。

（2）字元件组合 S 和字元件组合 D 的编号可用同一类型软元件，但编号不能重叠，否则会发生运算错误（错误代码：K6710）。

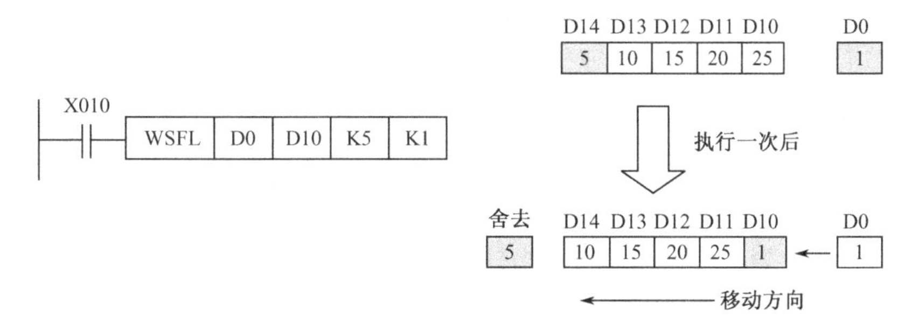

图 8-30　WSFL 指令移位示意图

8.3　移位读写指令

8.3.1　移位写入指令 SFWR

1. 指令格式

FNC 12:　　SFWR 【P】　　　　　　　　程序步：7

可用软元件见表 8-10。

表 8-10　SFWR 指令可用软元件

操作数	位元件				字元件									常数	
	X	Y	M	S	KnX	KnY	KnM	KnS	T	C	D	V	Z	K	H
S.					•	•	•	•	•	•	•	•	•		
D.						•	•	•	•	•	•				
n														•	•

梯形图如图 8-31 所示。

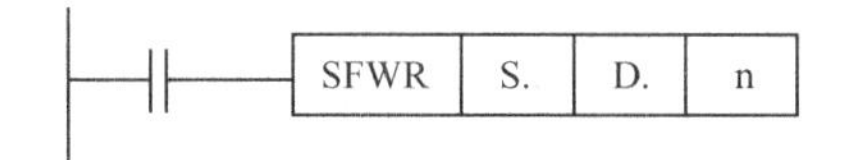

图 8-31　SFWR 指令梯形图

操作数内容与取值如下：

操作数	内容与取值
S.	要写入数据区的数据存储字元件地址
D.	数据区存储字元件首址，占用 n 个点
n	写入的数据区数据个数，2≤n≤512（含指针）

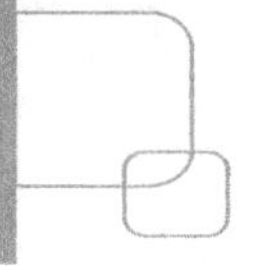

解读：当驱动条件成立时，在长度为 n 的数据寄存器区中向以 D+1 开始的数据寄存器中依次写入 S 中所存储的当前值。每写入一个数据到数据库中，指针 D 就自动加 1。

2. 指令应用

1）指令执行功能

在 PLC 的早期应用中，移位读写指令常用于仓库库存物品的出入库管理中。

在数据存储区中，指定 n 个连续的数据寄存器来登记出入库物品的编号，称为数据区，这个数据区的首址 D 为入库物品的数量指针。而其后的 D+1…D+n–1 的 n–1 个数据寄存器为入库物品编号的寄存地址。每次进行入库登记时，物品的编号必须先存在数据寄存器 S 里，然后通过驱动条件的接通依次将入库物品的编号顺序存入从 D+1 到 D+n–1 的 n–1 个寄存器中，每存入一个数据，指针 D 就加 1，这样指针 D 的数值就是数据区中所存物品的个数，上述的指令执行功能可以通过图 8-32 来示意说明。

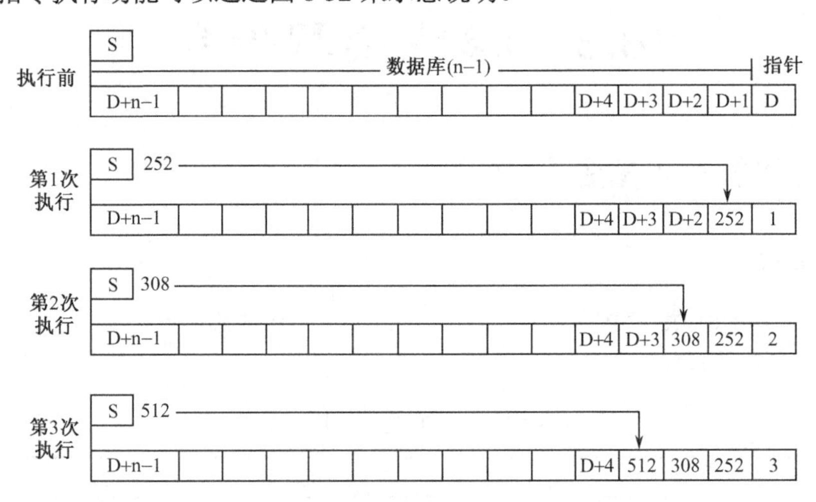

图 8-32　SFWR 指令执行功能示意图

执行前，数据区与指针都为 0，第一次执行后将 S 的当前值 252 送至 D+1，指针 D 为 1。第二次执行后，将 S 当前值送到 D+2，指针 D 又加 1 为 2，表示区内有二个数据，以此类推，直到数据区存满。

2）指令应用

（1）如用 SFWR 指令，则在每个扫描周期都会执行一次。因此，在应用时请使用脉冲执行型指令 SFWRP 或用边沿触发触点作为驱动条件。

（2）源址 S 和数据存储区均采用数据寄存器 D 时，注意其编号不能重复，否则会发生运算错误（错误代码 K6710）。

（3）指针 D 的内容不能超过数值（n–1），如果超过（含义是数据区已满）则指令不执行写入，且进位标志位 M8022 置 ON。

（4）如需要保存数据区的数据，请使用停电保持型数据寄存器（D512～D7999）。

【例 1】　利用 SFWR 指令编制在 D1～D100 内依次存入 1～100 的数字。存储完毕，显示完成存储工作。

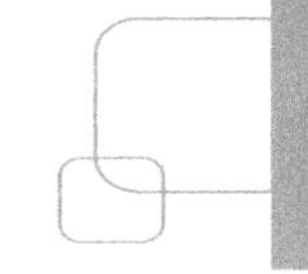

程序梯形图如图 8-33 所示。

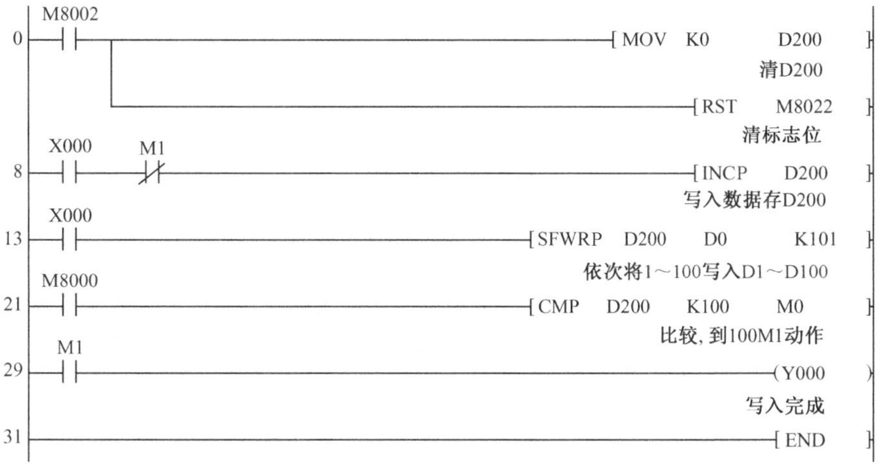

```
    M8002
0 ──┤ ├──┬──────────────────────[ MOV   K0      D200  ]
         │                                     清D200
         └──────────────────────[ RST   M8022         ]
                                               清标志位
    X000    M1
8 ──┤ ├────┤/├──────────────────[ INCP  D200          ]
                                        写入数据存D200
    X000
13 ─┤ ├─────────────────[ SFWRP  D200   D0     K101   ]
                                依次将1～100写入D1～D100
    M8000
21 ─┤ ├─────────────────[ CMP    D200   K100   M0     ]
                                      比较，到100M1动作
    M1
29 ─┤ ├─────────────────────────────────────( Y000    )
                                               写入完成
31 ─────────────────────────────────────────[ END     ]
```

图 8-33　例 1 程序梯形图

8.3.2　移位读出指令 SFRD

1．指令格式

FNC 12:　　SFRD 【P】　　　　　　　程序步：7

可用软元件见表 8-11。

表 8-11　SFRD 指令可用软元件

操作数	位元件				字元件									常数	
	X	Y	M	S	KnX	KnY	KnM	KnS	T	C	D	V	Z	K	H
S.					●	●	●	●	●	●	●	●	●		
D.						●	●	●	●	●	●				
n														●	●

梯形图如图 8-34 所示。

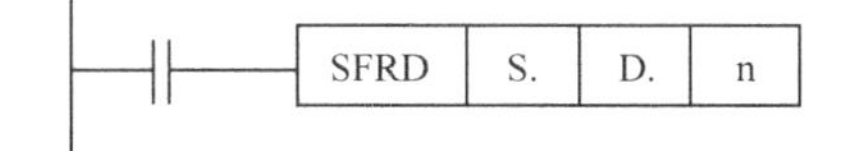

图 8-34　SFRD 指令梯形图

操作数内容与取值如下：

操作数	内容与取值
S.	要读出数据的数据区存储字元件首址，占用 n 个点
D.	读出数据存储的字元件地址
n	数据区存储数据的个数，2≤n≤512（含指针）

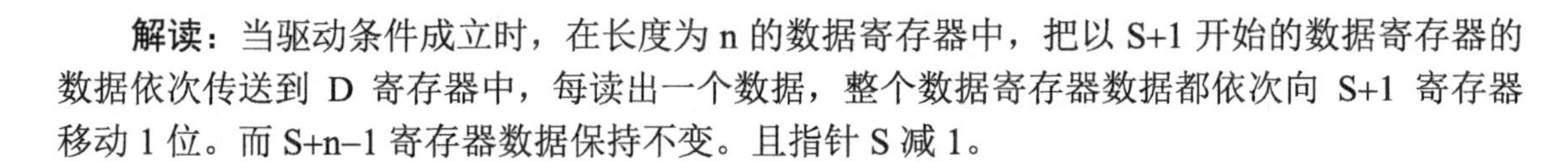

解读：当驱动条件成立时，在长度为 n 的数据寄存器中，把以 S+1 开始的数据寄存器的数据依次传送到 D 寄存器中，每读出一个数据，整个数据寄存器数据都依次向 S+1 寄存器移动 1 位。而 S+n−1 寄存器数据保持不变。且指针 S 减 1。

2．指令应用

1）指令执行功能

当数据区存有一定量的数据后，就可以进数据读取操作。读取操作根据其读取数据方式的不同有两种读取方式：一是先入先出，后入后出，即按数据存入数据区的先后，最先存入的数，最先取出，好像储米桶一样，因出米口在底部，所以，先倒入储米桶的米先从出米口出来。二是先入后出，后入先出，即按数据存入的先后，最先存入的数据最后取出，好像出米口就是入米口的米缸，最上面的米是最后进去的，取米时即最先取出。上面两种读取方法可用图 8-35 说明。

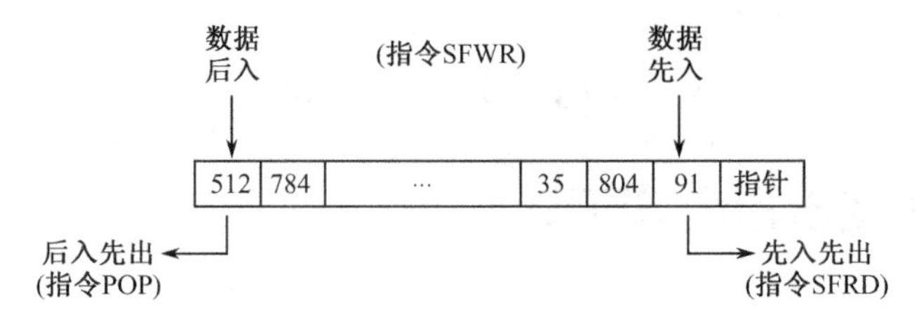

图 8-35　先入先出和后入先出

数据是按照 91,804,…,35,784,512 顺序写入的，最先写入数据是 91，最后写入为 512，如最先读出是 91，则为先入先出，如最先读出是 512，则为后入先出。FX_{2N} PLC 没有后入先出指令，FX_{3U} PLC 才有后入先出指令 POP。

SFRD 指令为先入先出读取指令，其功能可以用图 8-36 来说明。

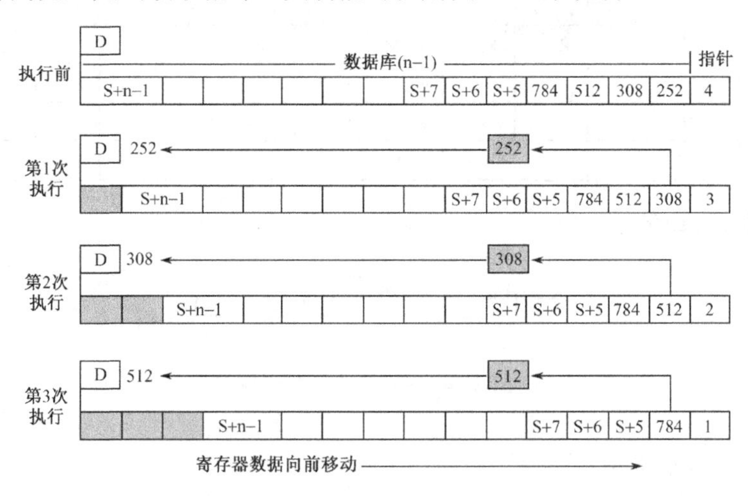

图 8-36　SFRD 指令执行功能示意图

执行前，数据区中有 4 个数，指针 S=4。第一次执行读取指令时，将最前面的数 252 传送到 D，同时，后面所有的数据均向前移动一位，S+1 变成了 308，S+2 变成了 512 等。最后一位数据，S+n−1 也向前移动一位，但 S+n−1 位图中灰色格本身数据仍然保持不变。指针

S 自动减 1 变为 3。以后每执行一次，均按上述功能进行，当指针为 0 时，不再执行指令功能，且零标志位 M8020 置 ON。

2）指令应用

（1）和 SFWR 指令一样，在应用时请用脉冲执行型指令 SFRDP 或用边沿触发触点作为驱动条件。

（2）指令运行前，必须选用比较指令判断指针 S 中的数据当前值是否在 1≤S≤(n−1)期间。如 S 为 0，哪怕数据区中有数据，执行也不会进行。

（3）实际应用时为保持数据区的数据，最好使用停电保持型数据寄存器（D512～D7999）。

【例 2】　编制 100 个产品出入库管理程序，产品入库用 4 位数字开关对产品进行编号，并按照先入先出的原则，进行出库产品编号显示。

程序梯形图如图 8-37 所示。PLC 外部电路连接如图 8-38 所示。

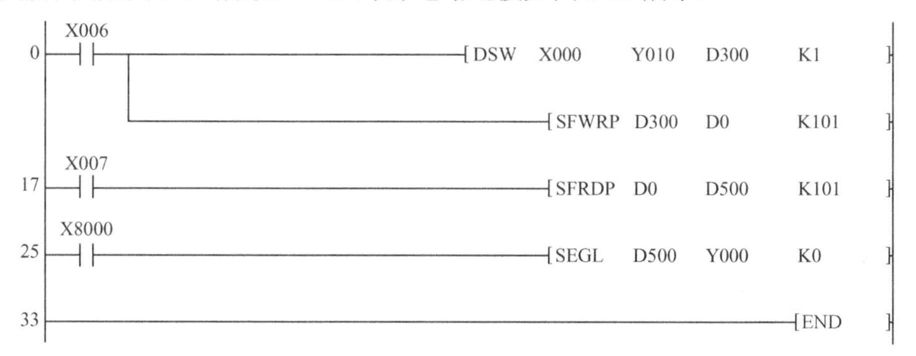

图 8-37　例 2 程序梯形图

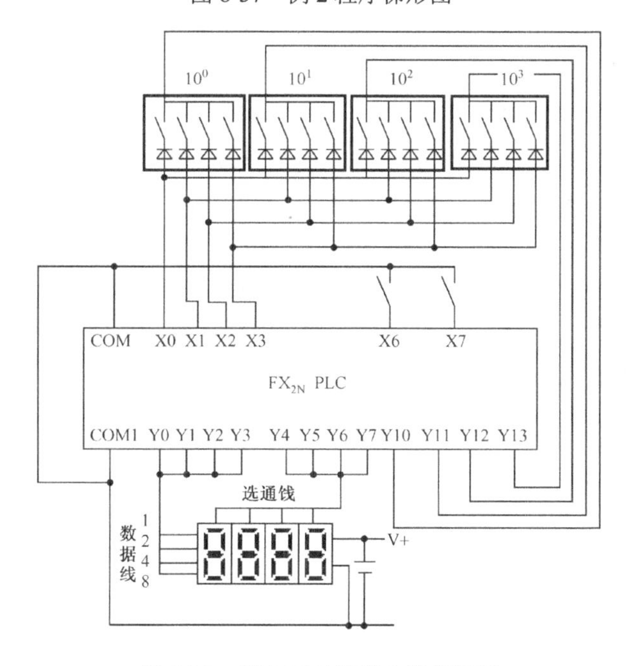

图 8-38　例 2 PLC 外部电路接线图

第 9 章　数值运算指令

PLC 数值运算指令包含 3 种运算：定点运算、浮点运算和逻辑位运算，定点运算又称整数运算，浮点运算又称小数运算，而逻辑位运算则是二进制数的数与数之间按位进行逻辑运算的数据量运算。

9.1　PLC 的数值处理方式

9.1.1　定点数和浮点数

1．定点数

定点数是人为地将小数点的位置定在某一位。一般有两种情况，一种是小数点位置定在最高位的左边，则表示的数为纯小数；一种是把小数点位置定在最低位的右边，则表示的数为整数。大部分数字控制设备都采用整数的定点数表示。

那么正数、负数又是如何表示的呢？这里要先介绍一下原码和补码的概念。

原码就是指用纯二进制编码表示的二进制数，而补码就是对原码进行按位求反，再加 1 后的二进制数。

【例 1】　求 K25 的原码和补码（以 16 位二进制计算）。

K25 的原码是 B0000 0000 0001 1001（H0019）

对原码求反 B1111 1111 1110 0110（HFFE6）

加 1 为 K25 的补码是 B1111 1111 1110 0111（HFFE7）

定点数是这样规定正负数的：取最高位为符号位，0 表示正数，1 表示负数，后面各位为表示的值。如果为正数，则以其原码表示，如果为负数则用原码的补码表示。如图 9-1 所示为 16 位二进制定点数的图示。

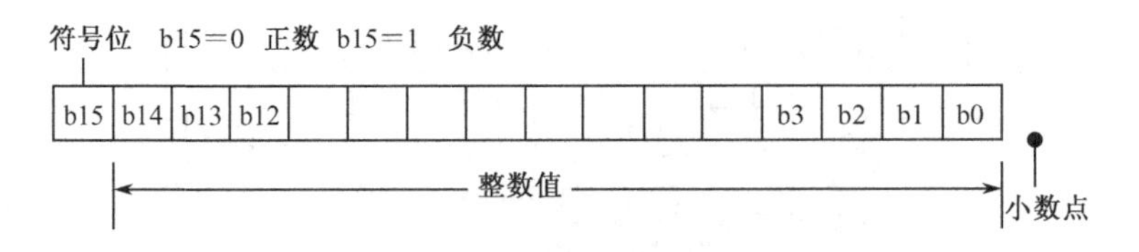

图 9-1　16 位定点数图示

下面通过一个例子理解上面所讲定点数的表示。

【例 2】　写出 K78 和 K–40 的定点数表示。

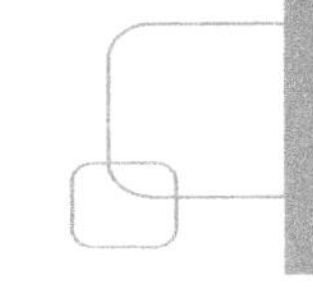

K78 为正数，用原码表示：B0000 0000 0100 1110（H004E）

K−40 是负数，先写出 K40 的原码，再求反加 1，K−40 的定点数表示：

B1111 1111 1101 1000（HFFD8）

用定点数表示的整数，其符号位是固定在最高位，后面才是真正的数值。其数值的大小范围与位数有关。常用的是 16 位和 32 位，它们的范围：

16 位：（−32768～32767）

32 位：（−2147483648～2147483647）

有两个定点数的表示是规定的，不照定义求出（以 16 位为例）

K0：B0000 0000 0000 0000（H0000）

K−32768：B1000 0000 0000 0000（H8000）

在下面的讲解中，整数运算就是指带符号位的定点数运算。

2．浮点数

定点数虽然解决了整数的运算，但不能解决小数运算的问题，而且定点数在运算时总是把相除后的余数舍去，这样经多次运算后就会产生很大的运算误差。定点数运算范围也不够大，16 位运算仅在−32768～+32767 之间。这些原因都使定点数运算的应用受到了限制，而浮点数的表示不但解决了小数的运算，也提高了数的运算精度及数的运算范围。

浮点数和工程上的科学记数法类似。科学记数法是任何一个绝对值大于 10（或小于 1）的数都可以写成 $a\times10^{n}$ 的形式，（其中 a 为基数，1<a<10）。例如，$325=3.25\times10^{2}$，$0.0825=8.254\times10^{-2}$ 等。如果写出原数，就会发现，其小数点的位置与指数 n 有关。例如：

$$3.14159\times10^{2}=314.159$$

$$3.14159\times10^{4}=31415.9$$

就好像小数点的位置随着 n 在浮动。把这种方法应用到数字控制设备中就出现浮点数表示方法。

浮点数就是尾数（相当于科学记数法的 a）固定，小数点的位置随指数的变化而浮动的数的表示方法。不同的数字控制设备其浮点数的表示方法也不同。这里仅介绍 FX_{2N} PLC 的浮点数表示方法。

FX_{2N} PLC 中浮点数有两种，分别介绍如下：

1）十进制浮点数

如图 9-2 所示，用两个连续编号的数据寄存器 D_n 和 D_{n+1} 来处理十进制浮点数，其中 D_n 存浮点数的尾数，D_{n+1} 存浮点数的指数。

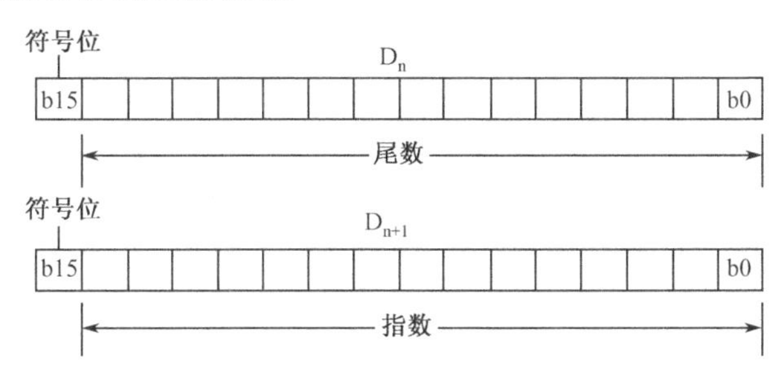

图 9-2　十进制浮点数图示

则十进制浮点数=$D_n\times10^{Dn+1}$。

【例 3】 如寄存器存储数值如下：（D0）=K356，（D1）=K4，试写出十进制浮点数。

十进制浮点数=356×10^4=3560000。

FX_{2N} PLC 对十进制浮点数有一些规定：

（1）D_n,D_{n+1} 的最高位均为符号位。0 为正，1 为负。

（2）D_n,D_{n+1} 的取值范围：

尾数 D_n = ±（1000～9999）或 0

指数 D_{n+1} =−41～35。

此外，在尾数 D_n 中，如不存在 100，如为 100 的场合变成 1000×10^{-1}。

（3）十进制浮点数的处理范围为最小绝对值 1175×10^{-41}，最大绝对值 3402×10^{35}

【例 4】 D2,D3 为十进制浮点数存储单元。（D2）= H0033,（D3）= HFFFD，试问十进制浮点数为多少？

（D2）= H0033 = K51，（D3）= HFFFD = K−3，

十进制浮点数=51×10^{-3}=0.051

在 FX_{2N} PLC 中，十进制浮点数不能直接用来进行运算，它和二进制浮点数之间可以互相转换。十进制浮点数主要是用来进行数据监示。

2）二进制浮点数

二进制浮点数也是采用一对数据寄存器 D_n,D_n+1。其规定如图 9-3 所示。

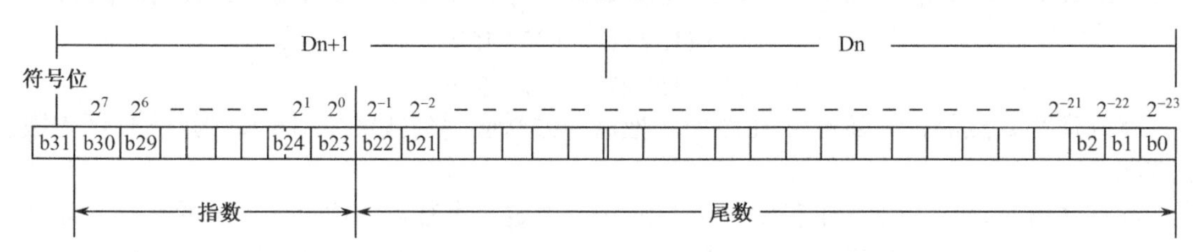

图 9-3　二进制浮点数图示

各部分说明如下：

符号位 S：b31 位，b31=0，正数；b31=1 负数

指数 N：b23～b30 位共 8 位，（b23～b30）=0 或 1

$$N = b23\times2^0+b24\times2^1+\cdots+b29\times2^6+b30\times2^7$$

尾数 a：b0～b22 位共 23 位，（b0～b22）=0 或 1

$$a = b22\times2^{-1}+b21\times2^{-2}+\cdots+b2\times2^{-21}+b1\times2^{-22}+b0\times2^{-23}$$

$$\text{两进制浮点数} = \pm\frac{(1+a)\cdot2^N}{2^{127}}$$

二进制浮点数远比十进制浮点数复杂得多。其最大的缺点是难于判断它的数值。在 PLC 内部，其浮点运算全部都是采用二进制浮点数进行。

采用浮点数运算不但可以进行小数运算，而且大大提高运算精度和速度。这正是 PLC 控制所要求的。

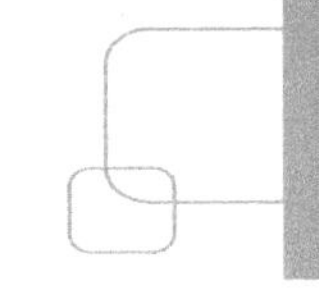

三菱 FX_{1S},FX_{1N} PLC 没有浮点数运算指令，FX_{2N},FX_{3U},FX_{3G} PLC 均有浮点数运算指令。

9.1.2　逻辑位运算

逻辑位运算在数据量处理中非常有用，在数据量的处理中，经常要把两个 n 位二进制数进行逻辑运算处理，其处理的方法是把两个数的相对应的位进行位与位的逻辑运算，这就称为数据量的逻辑位运算。

1．位与

参与运算的数据量，如果相对应的两位都为 1，则该位的结果值为 1，否则为 0。

	0001	0010	0011	0100
×	0000	0000	1111	1111
	0000	0000	0011	0100

2．位或

参与运算数据量，如果相对应的两位都为 0，则该位的结果值为 0，否则为 1。

	0001	0010	0011	0100
+	0000	0000	1111	1111
	0001	0010	1111	1111

3．位反

将参与运数据量的相对应位的值取反，即 1 变 0，0 变 1。

A	0001	0010	0011	0100
$\overline{A}$	1110	1101	1100	1011

4．按位异或

参与运算数据量，如果相对应的两位相异，则该位的结果为 1，否则为 0。

	0001	0010	0011	0100
⊕	0000	0000	1111	1111
	0001	0010	1100	1011

9.2　整 数 运 算

9.2.1　四则运算指令 ADD,SUB,MUL,DIV

1．指令格式

四则运算指令有 4 种：加、减、乘、除。指令格式见表 9-1。

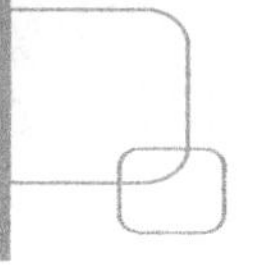

表 9-1 四则运算指令格式

功 能 号	助 记 符	名 称	程 序 步
FNC 20	【D】 ADD 【P】	BIN 加法运算	7/13
FNC 21	【D】 SUB 【P】	BIN 减法运算	7/13
FNC 22	【D】 MUL 【P】	BIN 乘法运算	7/13
FNC 23	【D】 DIV 【P】	BIN 除法运算	7/13

可用软元件见表 9-2。

表 9-2 四则运算指令可用软元件

操 作 数	位 元 件				字 元 件									常 数	
	X	Y	M	S	KnX	KnY	KnM	KnS	T	C	D	V	Z	K	H
S1.					•	•	•	•	•	•	•	•	•	•	•
S2.					•	•	•	•	•	•	•	•	•	•	•
D.						•	•	•	•	•	•	•	•		

注：对乘法、除法指令、操作数 D 仅在 16 位运算时可指定字元件 V,Z。

指令梯形图如图 9-4、图 9-5、图 9-6、图 9-7 所示。

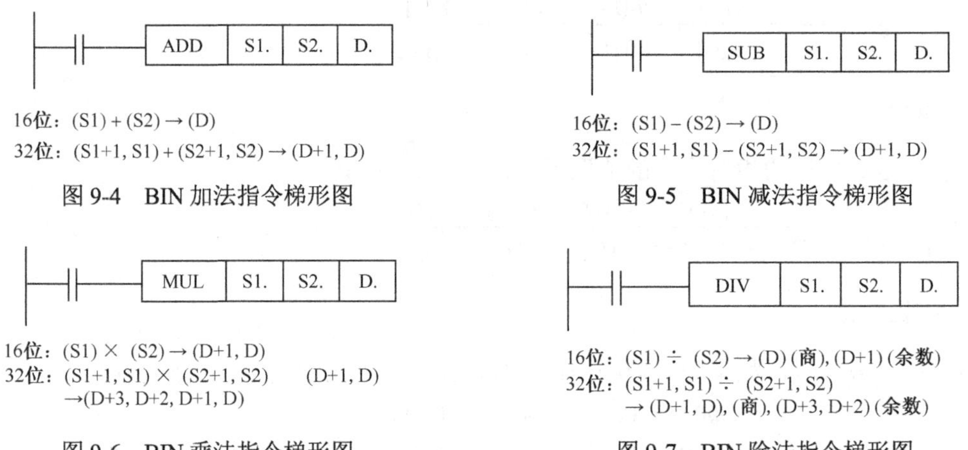

图 9-4 BIN 加法指令梯形图

图 9-5 BIN 减法指令梯形图

图 9-6 BIN 乘法指令梯形图

图 9-7 BIN 除法指令梯形图

2．指令应用

四则运算指令功能比较容易理解，这里不做进一步说明。在具体应用时，必须注意以下几点。

（1）当应用连续执行型指令时，在驱动条件成立期间。每一个扫描周期，指令都会执行一次。在程序中，如果两个源址内容都不改变时，对终址内容没有影响。但如果源址发生变化，例如，某个源址和终址都使用同一个软元件时，则每一个扫描周期，终址内容都会改变，如图 9-8 所示的加法指令例。

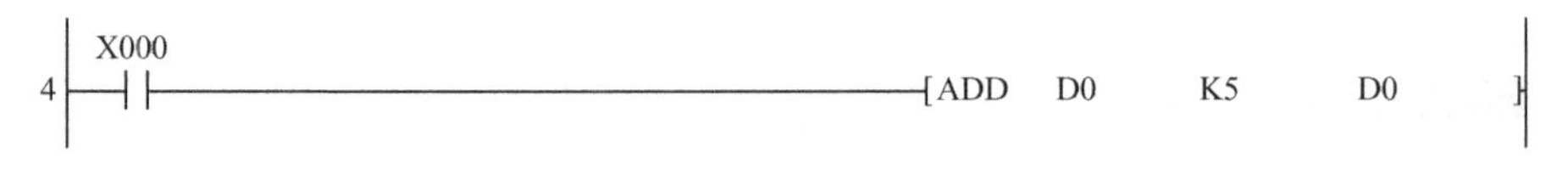

图 9-8 BIN 加法指令例

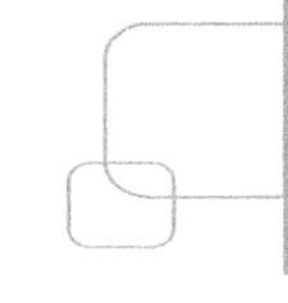

设 D0 初始值为 0，则当 X0 闭合期间，第一次扫描后(D0) =K5，而第二次扫描后(D0)=K10，以后的每次扫描（D0）都会自动加上 5，直到 X0 断开。很多情况下，这不是所希望的。如果仅希望 X0 通断一次，指令执行一次，则可采用脉冲执行型指令 ADDP 或边沿触发型驱动条件，如图 9-9 所示。

图 9-9　一次执行 BIN 加法指令例

（2）加、减运算标志位。

加减法指令在执行后要影响 3 个标志位，见表 9-3。

表 9-3　相关特殊软元件

编　号	名　称	功能和用途
M8020	零标志位	ON：运算结果为 0
M8021	借位标志位	ON：当运算结果小于–32768（16 位）或–2147483648（32 位）时，负数溢出标志
M8022	进位标志位	ON：当运算结果大于 32767（16 位）或 2147483648（32 位），正数溢出标志

3 个标志是相互独立的，如果出现进位和结果又为零的情况，则 M8020 和 M8022 同时置 ON。

（3）执行除法指令时，除数不能为“0”，否则指令不能执行。错误标志 M8067=ON。

（4）位元件的使用。

在乘法指令中，当终址 D 为位元件时，其组合只能进行 K1～K8 的指定，在 16 位运算中，可以将乘积用 32 个位元件表示，如制定为 K4 时，只能取得乘积运算的低 16 位。但在应用 32 位运算时，乘积为 64 位位元件，只能得到低 32 位的结果，而不能得到高 32 位的结果。如果要想得到全部结果，则可利用传送指令，分别将高 32 位和低 32 位送至位元件中，如图 9-10 所示程序例。

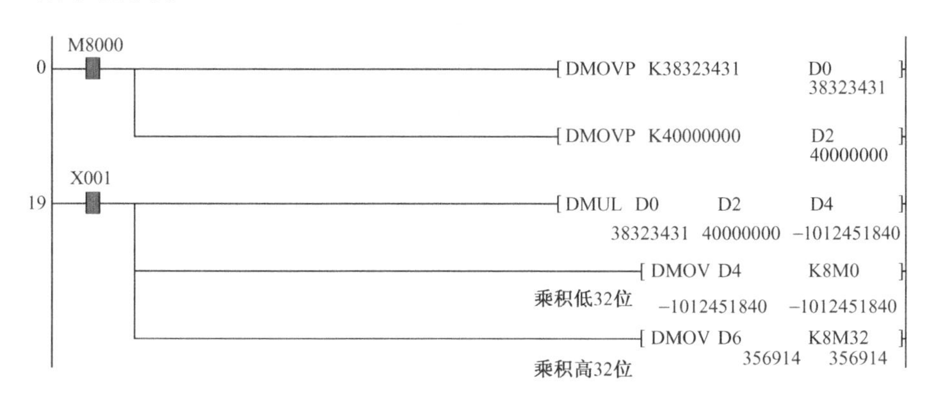

图 9-10　乘法指令位元件例

同样，在除法指令中，当终址为位元件时，不能用 K8 来保存商和余数，因为在除法指令中用指定位元件作终址时，得到的余数是错误的。要想保留商和余数必须先将商和余数传送到位元件中，如图 9-11 所示程序例。

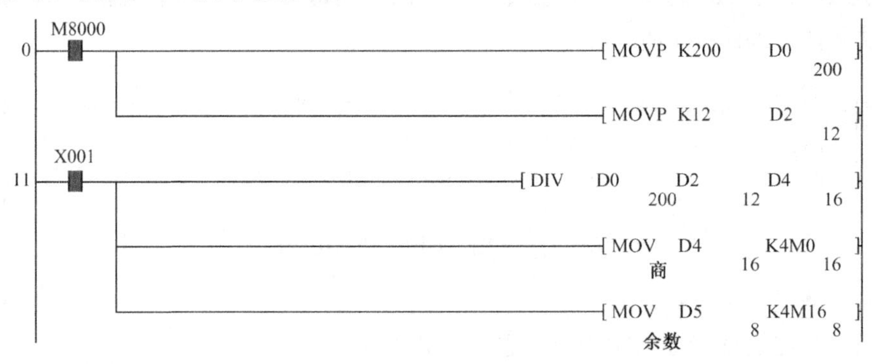

图 9-11　除法指令位元件例

（5）利用除法指令相除时，如果除不尽，其余数一般不再参加后续运算。因此，计算精度较低，在多次连续运算后，最后结果会产生较大的错误，这时，建议采用浮点运算代替整数运算。

【例 1】　编写计算函数值 Y= (3+2X/7) ×6−8 的 PLC 程序。

程序如图 9-12 所示，D10 存函数值 Y。

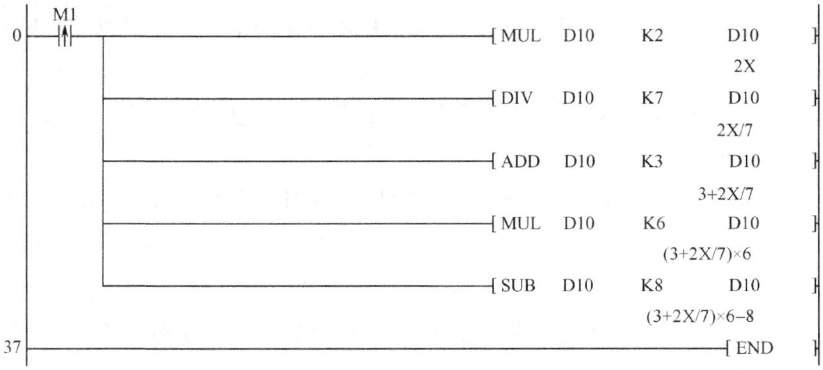

```
    M1
0 ──┤↑├──┬──[ MUL  D10  K2  D10 ]
         │                 2X
         ├──[ DIV  D10  K7  D10 ]
         │                 2X/7
         ├──[ ADD  D10  K3  D10 ]
         │                 3+2X/7
         ├──[ MUL  D10  K6  D10 ]
         │                 (3+2X/7)×6
         └──[ SUB  D10  K8  D10 ]
                           (3+2X/7)×6−8
37 ─────────────────────[ END ]
```

图 9-12　计算函数值程序一

如果整理一下代数式，Y=18+12X/7−8=10+12X/7。根据整理后的函数表达式进行编程，不但程序简单（见图 9-13）而且精度提高了很多，不妨试一试。

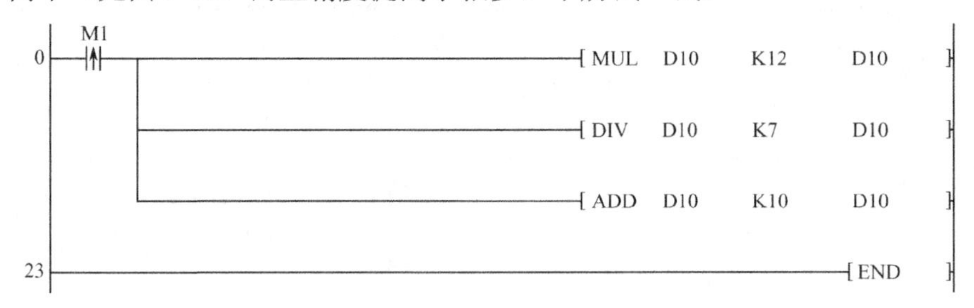

图 9-13　计算函数值程序二

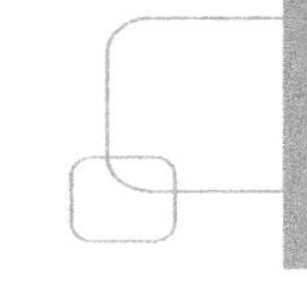

9.2.2　加 1 减 1 指令 INC,DEC

1. 指令格式

指令格式见表 9-4。

表 9-4　加 1 减 1 指令格式

功 能 号	助 记 符	名　称	程 序 步
FNC 24	【D】 INC 【P】	BIN 加 1 运算	3/5
FNC 25	【D】 DEC 【P】	BIN 减 1 运算	3/5

可用软元件见表 9-5。

表 9-5　加 1 减 1 指令可用软元件

操 作 数	位 元 件				字 元 件									常　数	
	X	Y	M	S	KnX	KnY	KnM	KnS	T	C	D	V	Z	K	H
D.						●	●	●	●	●	●	●	●		

指令梯形图如图 9-14、图 9-15 所示。

图 9-14　BIN 加 1 指令梯形图　　图 9-15　BIN 减 1 指令梯形图

2. 指令应用

（1）和四则运算指令一样，当驱动条件成立时，在连续执行型指令中，每个扫描周期都将执行加 1（减 1）运算，当驱动条件成立时间大过扫描周期时，就很难预料指令执行结果，因此，建议这时采用脉冲执行型。

（2）与加法、减法指令不同，加 1 减 1 指令执行结果对零标志 M8020、溢出标志 M8021 及 M8022 没有影响，实际上 INC 和 DEC 指令是一个单位累加（累减）环形计数器，如图 9-16 所示。

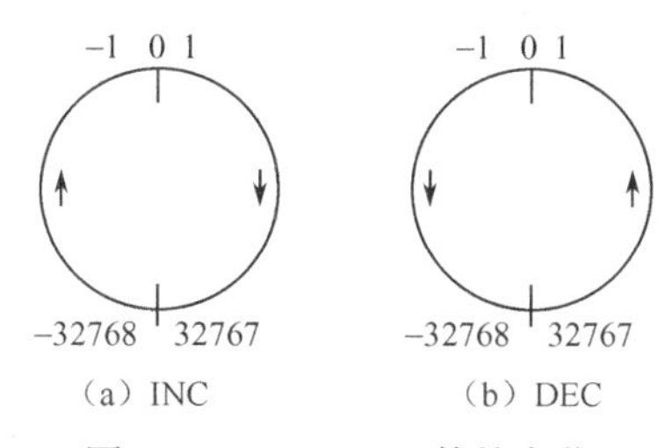

图 9-16　INC,DEC 数的变化

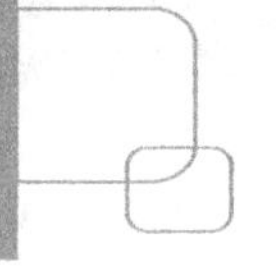

如图 9-16 可见，对加 1 指令来说，当前值为 32767 时再加 1 变成–32768（减 1 指令为–32768 再减 1 时为 32767），当前值为–1 时，加 1 变成 0（减 1 指令为 1 时，再减 1 为 0）。上述变化时溢出及结果为 0 都不会影响标志位。

INC,DEC 指令常和变址寻址配合在累加、累减及检索等程序中得到较多应用。

【例 2】 把 D11～D20 的内容进行累加，结果送 D21。程序设计如图 9-17 所示。

```
     M8002
0  ──┤ ├──┬──────────────────────────[MOV  K0     V0   ]
          │                                       V0清零
          └──────────────────────────[MOV  K0     D21  ]
                                                 D21清零
     M8000
11 ──┤ ├──[<=  V0  K9 ]──┬──────────[ADD  D21  D11V0  D21 ]
                         │                         变址累加
                         └──────────────────[INC   V0 ]
                                        不够10个，加下一个。
27 ─────────────────────────────────────────────[END ]
```

图 9-17　INC 指令累加程序

【例 3】 将计数器 C0～C9 当前值转换成 BCD 码向 K4Y0 输出显示，程序设计如图 9-18 所示。

```
     X001
0  ──┤ ├──┬─────────────────────────[MOVP  K0      Z0 ]
     M1   │                                     Z0清零
   ──┤ ├──┘
     X002
7  ──┤ ├──┬─────────────────────────[BCDP  C0Z0   K4Y000 ]
          │                C0～C9当前值转BCD送输出Y0～Y17
          ├─────────────────────────────[INCP   Z0 ]
          │                                     下一个
          └────────────────────[CMPP  K10   Z0    M0 ]
                                        Z0＝10则Z0清零
23 ─────────────────────────────────────────────[END ]
```

图 9-18　计数器当前值转换成 BCD 码显示程序

每按一次 X02，依次输出 C0～C9 的当前计数值，为 4 位 BCD 码显示，计数最大值为 9999。

当操作数为组合位元件时，利用加 1 减 1 指令对电路进行控制，程序设计会有意想不到的方便。

【例 4】 用一个按钮控制 3 台电机的顺序启动、逆序停止，即按一下，电机按 Y0,Y1,Y2 顺序启动，再按一下，电机按 Y2,Y1,Y0 顺序停止。

程序设计如图 9-19 所示。

程序中，比较难以理解的是 INCP　K1Y0 和 INCP　K1Y0Z0 的功能含义。实际上，它们是利用加 1 计数的功能对输出 Y 口进行巧妙控制，表 9-6 表示了当 INCP　K1Y0 每驱动一次输出口的变化。

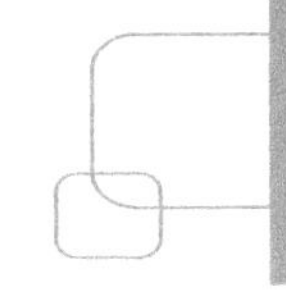


```
     X000
0 ───┤├──────────────────────────────────────[PLS    M0     ]

     M0      M1
3 ───┤├──┬───┤/├──┬──────────────────────────(M1           )
     M1  │   M0   │                          单按钮控制M1导通断开
  ───┤├──┴───┤/├──┘

     M0      T0                                        K20
9 ───┤/├─────┤/├─────────────────────────────(T0           )
                                             电机启动停止间隔时间自定2s
     T0      M1      Y002
14 ──┤├──┬───┤/├─────┤/├──┬──────────────────[INCP   K1Y000Z0]
     M0  │                │
  ───┤├──┤                └──────────────────[INCP   Z0      ]
         │                                   顺序启动
         │   M1      Y000
         └───┤├──────┤├───┬──────────────────[DECP   Z0      ]
                          │
                          └──────────────────[DECP   K1Y000Z0]
                                             逆序停止
34 ──────────────────────────────────────────[END            ]
```

图 9-19　例 4 程序

表 9-6　INCP K1Y0 取值输出变化表

INCP	K1Y0 值	Y3	Y2	Y1	Y0
初始	K1Y0 = 0	0	0	0	0
加 1	K1Y0 = 1	0	0	0	1
加 1	K1Y0 = 2	0	0	1	0
加 1	K1Y0 = 3	0	0	1	1
加 1	K1Y0 = 4	0	1	0	0
· ·	· ·	· ·	· ·	· ·	· ·

指令 INCP　K1Y0Z0 是一个变址寻址。当 Z0=0 时，变址为 Y0+0=Y0，加 1 就是 K1Y0 加 1，即 Y3Y2Y1Y0=0001。当 Z0=1 时，变址为 Y0+1=Y1，加 1 就是 K1Y1 加 1，即 Y4Y3Y2Y1=0001，以此类推，得到表 9-7。由表可以看出，INCP　K1Y0Z0 每通断一次，输出口接按照 Y0,Y1,Y2 顺序接通。当 Y2 接通后 Y2 的常闭触点断开，使 INCP　K1Y0Z0 处于断开状态，不再继续加 1 操作，这时 Z0=3 顺序启动已完成。停止时再按下 X0，M1 断开，其常闭触点 M1 闭合，因为这时 Y0 是闭合的，驱动减 1 指令作逆序停止，具体分析读者可自行完成。

表 9-7　INCP K1Y0Z0 取值输出变化表

INCP	Z0	K1Y0Z0 变址值	Y6	Y5	Y4	Y3	Y2	Y1	Y0
初始	0	K1Y0 = 0	0	0	0	0	0	0	0
加 1	0	K1Y0 = 1	0	0	0	0	0	0	1

续表

INCP	Z0	K1Y0Z0 变址值	Y6	Y5	Y4	Y3	Y2	Y1	Y0
加 1	1	K1Y1 = 1	0	0	0	0	0	1	0
加 1	2	K1Y2 = 1	0	0	0	0	1	0	0
⋮	⋮	⋮	⋮	⋮	⋮	⋮	⋮	⋮	⋮

9.2.3 开方指令 SQR

1. 指令格式

FNC 48:【D】 SQR 【P】 程序步：5/9
可用软元件见表 9-8。

表 9-8 SQR 指令可用软元件

操作数	位元件				字元件									常数	
	X	Y	M	S	KnX	KnY	KnM	KnS	T	C	D	V	Z	K	H
S.											•			•	•
D.											•				

指令梯形图如图 9-20 所示。

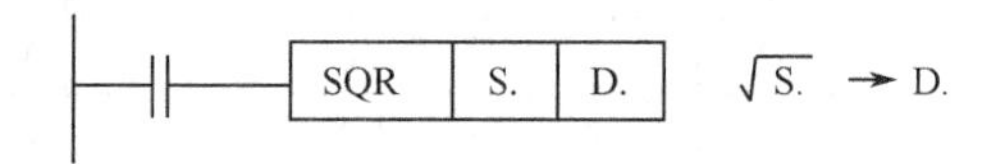

图 9-20 开方指令梯形图

2. 指令应用

开方指令 SQR 用于对整数求平方根运算，其运算结果只保留整数部分，小数部分舍弃；对非平方数的整数而言，运算结果误差较大，一般多用浮点数开方指令 ESQR。

当舍去小数时，借位标志位 M8021=ON，当计算结果为 0 时，“0”标志 M8020=ON，该指令只对正数有效，如为负数，则错误标志 M8067=ON，指令不执行。

9.3 小数运算

9.3.1 浮点数转换指令 FLT,INT,EBCD,EBIN

1. 十进制整数与二进制浮点数转换指令 FLT,INT

PLC 在进行小数运算时，浮点数指令的源址必须是二进制浮点数，因此，当寄存器的数

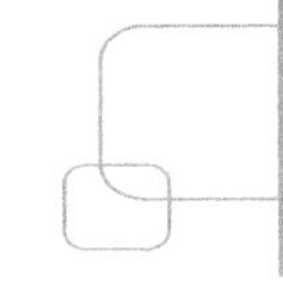

据内容为整数时，必须要先把整数转换成浮点数，然后才参与浮点数运算。这个转换是通过指令来完成的。

FX PLC 规定如果是 K,H 常数，则可直接作为浮点数运算的源址写入到指令中，而浮点数运算指令会在执行过程中自动地把 K,H 常数转换成浮点数。

1）指令格式

指令格式见表 9-9。

表 9-9　整数浮点数转换指令格式

功能号	助记符	名称	程序步
FNC 49	【D】 FLT 【P】	整数转换二进制小数	5/9
FNC 129	【D】 INT 【P】	二进制小数转换整数	5/9

可用软元件见表 9-10。

表 9-10　整数浮点数转换指令可用软元件

操作数	位元件				字元件									常数	
	X	Y	M	S	KnX	KnY	KnM	KnS	T	C	D	V	Z	K	H
S.											●				
D.											●				

指令梯形图如图 9-21、图 9-22 所示。

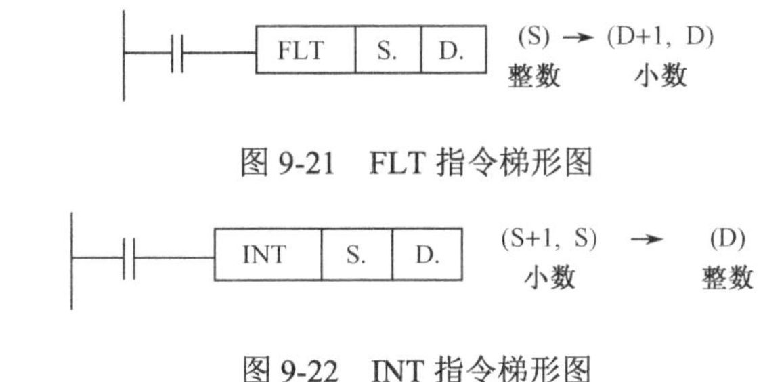

图 9-21　FLT 指令梯形图

图 9-22　INT 指令梯形图

2）指令应用

（1）FLT 和 INT 是一对互为逆变换的指令，它们的源址和终址只能是寄存器 D，不能是常数 K、H 或其他软元件。

（2）在进行浮点数运算时，除了必须将整数转成浮点数外，小数常数也不能直接写入源址中，也必须先将它们转成浮点数后才能进行运算。小数常数转换成浮点数的方法：先乘以一个 10 的倍数变成整数，再通过指令 FLT 转成浮点数，再把这个浮点数除以 10 的倍数复原为小数的浮点数。

【例 1】　试编写将整数 K330 和小数 3.14 转换成浮点数小数的程序。

程序如图 9-23 所示。

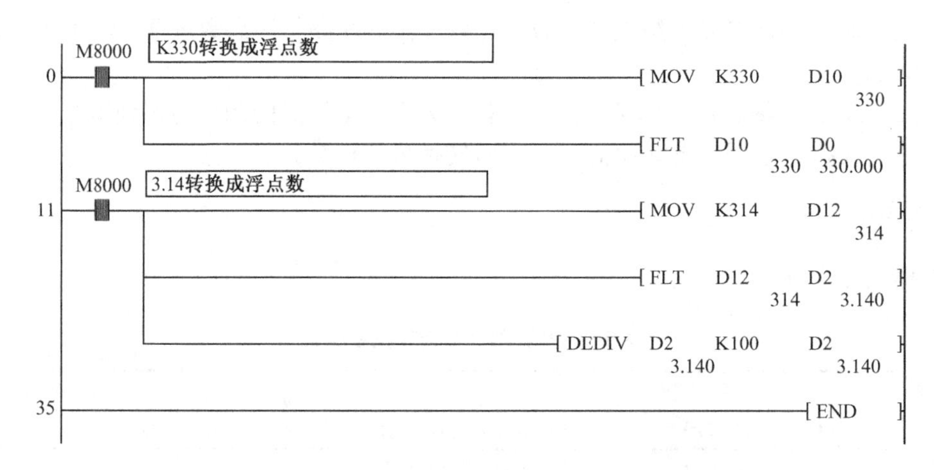

图 9-23 整数 330 和小数 3.14 转换成浮点数小数的程序

（3）INT 指令实际为取整指令，即取出浮点小数的整数部分存入终址单元。在执行 INT 指令时，如果浮点数的整数部分为 0，则取整数为“0”，舍去小数部分，这时，借位标志 M8021=ON，当结果为 0 时，标志 M8020=ON，结果发生溢出时（超出 16 位或 32 位整数范围）溢出标志 M8022=ON。

2．十进制浮点数与二进制浮点数转换指令 EBCD,EBIN

1）指令格式

指令格式见表 9-11。

表 9-11 十进制、二进制浮点数转换指令格式

功 能 号	助 记 符	名 称	程 序 步
FNC 118	【D】 EBCD 【P】	二进制小数转换十进制小数	9
FNC 119	【D】 EBIN 【P】	十进制小数转换二进制小数	9

可用软元件见表 9-12。

表 9-12 十进制、二进制浮点数转换指令可用软元件

操 作 数	位 元 件				字 元 件									常 数	
	X	Y	M	S	KnX	KnY	KnM	KnS	T	C	D	V	Z	K	H
S.											•				
D.											•				

指令梯形图如图 9-24、图 9-25 所示。

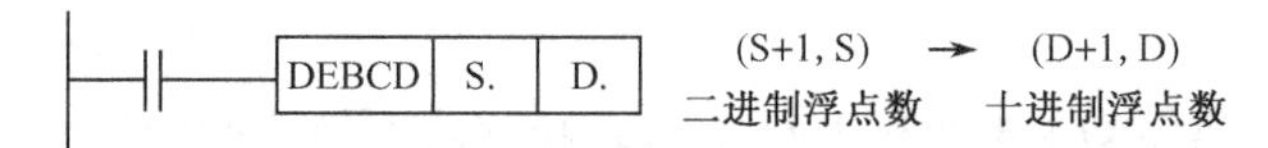

图 9-24 EBCD 指令梯形图

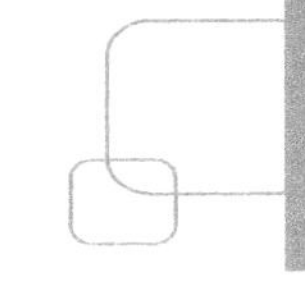

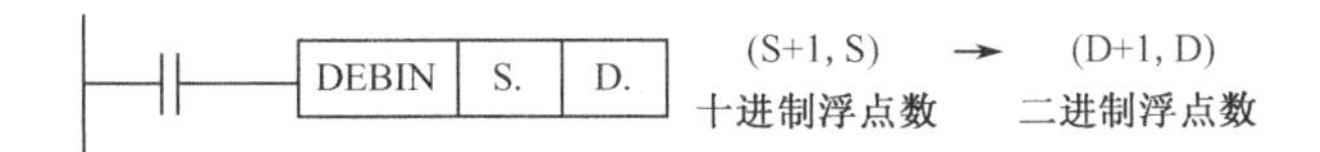

图 9-25　EBIN 指令梯形图

EBCD 与 EBIN，均为 32 位指令，故在指令应用时，助记符前必须加“D”，为 DEBCD 与 DEBIN。

2）指令应用

（1）二进制浮点数和十进制浮点数都是用两个相邻的寄存器单元，但其表示方法却是不一样的。这在 9.1 节中已经介绍。浮点数运算在 PLC 内部全部是以二进制浮点数来运算的。但是由于二进制浮点数值不易判断，因此，把二进制浮点数转换成十进制浮点数，就可以通过外部设备对数据进行监测。

（2）DEBIN 指令为小数转换成二进制浮点数提供了另一种转换方法。其方法是先将小数变成十进制浮点数，再通过 DEBIN 指令转换成二进制浮点数。

【例 2】　将 3.14 转换成二进制浮点数。

程序如图 9-26 所示。

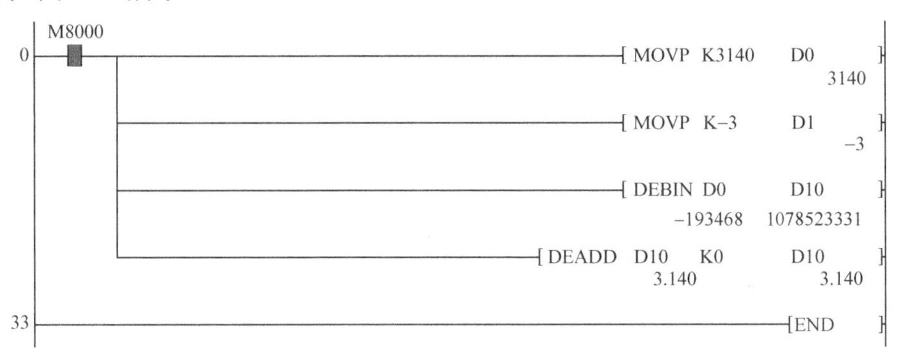

图 9-26　将 3.14 转换成二进制浮点数程序

程序中，DEADD 指令行为说明(D1,D0)中为 3.14 演示用。

9.3.2　浮点数四则运算指令 EADD,ESUB,EMUL,EDIV

1．指令格式

指令格式见表 9-13。

表 9-13　浮点数四则运算指令格式

功 能 号	助 记 符	名　称	程 序 步
FNC　120	【D】 EADD 【P】	小数加法运算	13
FNC　121	【D】 ESUB 【P】	小数减法运算	13
FNC　122	【D】 EMUL 【P】	小数乘法运算	13
FNC　123	【D】 EDIV 【P】	小数除法运算	13

可用软元件见表 9-14。

表 9-14　浮点数四则运算指令可用软元件

操作数	位元件				字元件									常数	
	X	Y	M	S	KnX	KnY	KnM	KnS	T	C	D	V	Z	K	H
S1											●			●	●
S2											●			●	●
D											●				

指令梯形图如图 9-27、图 9-28、图 9-29、图 9-30 所示。

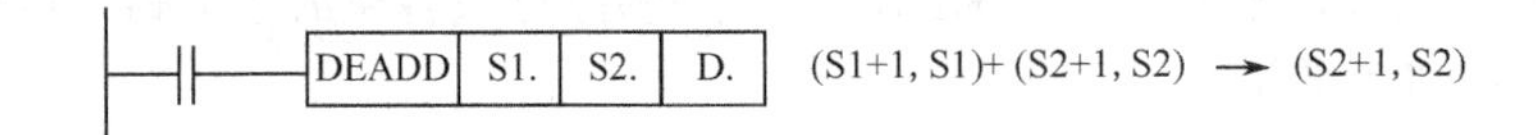

图 9-27　BIN 加法指令梯形图

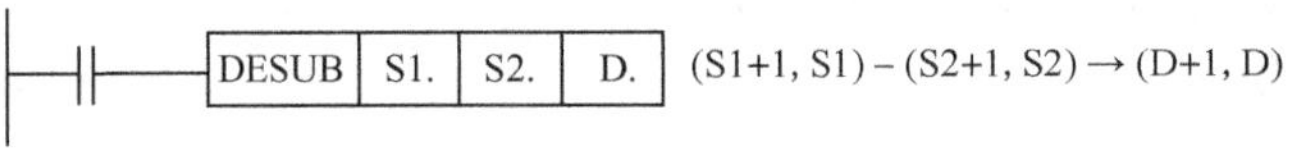

DESUB　S1.　S2.　D.　(S1+1, S1) – (S2+1, S2) → (D+1, D)

图 9-28　BIN 减法指令梯形图

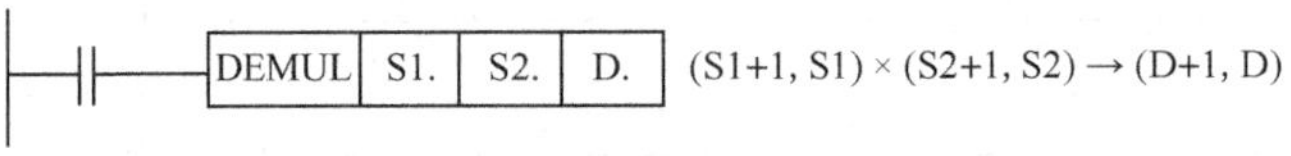

DEMUL　S1.　S2.　D.　(S1+1, S1) × (S2+1, S2) → (D+1, D)

图 9-29　BIN 乘法指令梯形图

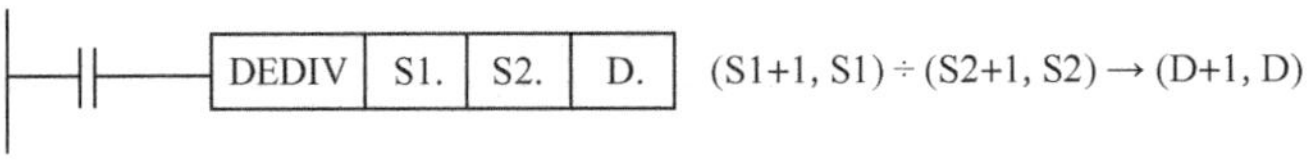

DEDIV　S1.　S2.　D.　(S1+1, S1) ÷ (S2+1, S2) → (D+1, D)

图 9-30　BIN 除法指令梯形图

EADD 与 ESUB,EMUL,EDIV 均为 32 位指令，故在指令应用时，助记符前必须加“D”，为 DEADD 与 DESUB,DEMUL,DEDIV。

2. 指令应用

（1）常数 K,H 作为源址时，会在程序执行时自动转化为二进制浮点数处理。

（2）当应用连续执行型指令时，在驱动条件成立期间，每一个扫描周期指令都会执行一次。可参考整数四则运算指令的应用说明。

（3）如果除数（S2）为 0，则运算错误，指令不执行，且错误标志 M8067=ON。

【例 3】 试编写棱锥体积公式运算程序：

$$V=1/3\times(2\pi rh)$$

其中，r 为底圆半径，h 为高。

程序编制如图 9-31 所示。

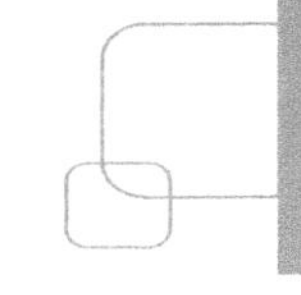

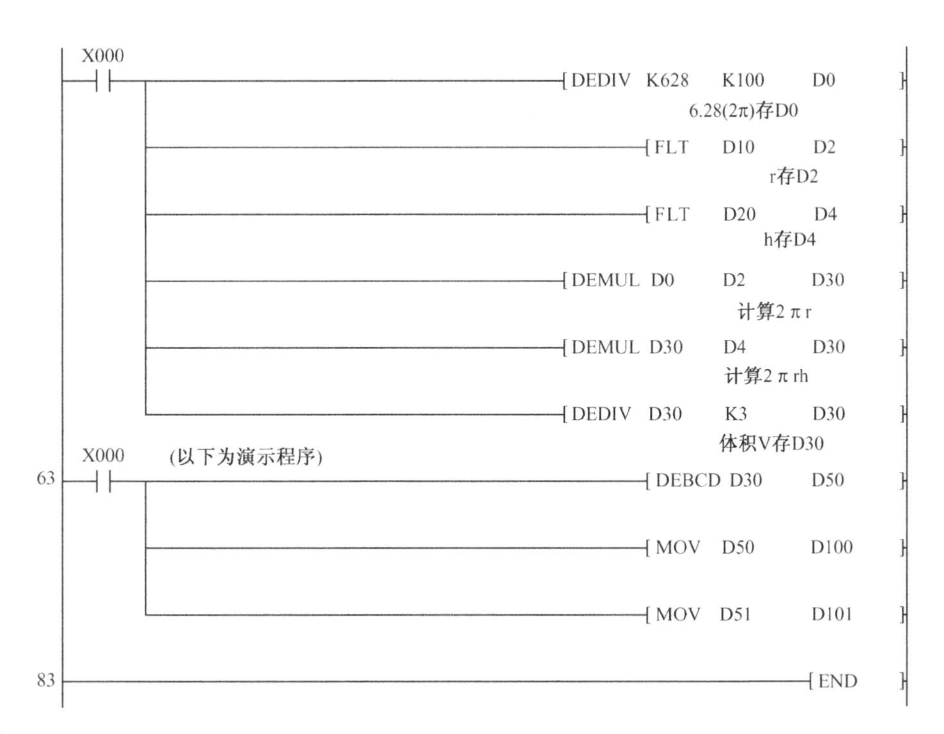

图 9-31　例 3 程序梯形图

9.3.3　浮点数开方指令 ESQR

1．指令格式

FNC 127:【D】 ESQR 【P】　　程序步：9

可用软元件见表 9-15。

表 9-15　ESQR 指令可用软元件

操作数	位元件				字元件									常数	
	X	Y	M	S	KnX	KnY	KnM	KnS	T	C	D	V	Z	K	H
S.											•			•	•
D.											•				

指令梯形图如图 9-32 所示。

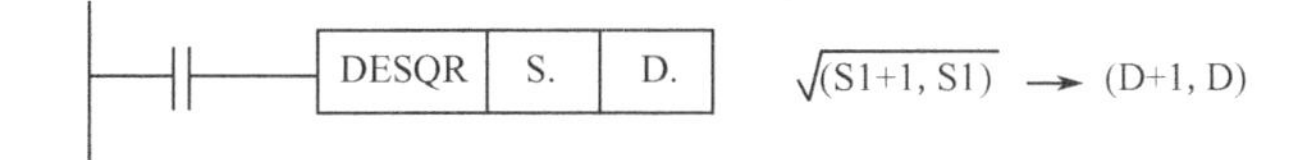

图 9-32　开方指令梯形图

2．指令应用

常数 K,H 为源址时，自动转换成二进制浮点数处理。当运算结果为零时，零标志 M8020 为 ON。如果被开方数为负数时，指令不能执行，且错误标志 M8067 为 ON。

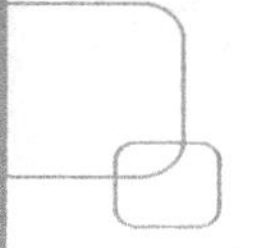

9.3.4 浮点数三角函数值指令 SIN,COS,TAN

1. 指令格式

指令格式见表 9-16。

表 9-16 浮点数三角函数值指令格式

功 能 号	助 记 符	名 称	程 序 步
FNC 130	【D】 SIN 【P】	小数正弦运算	9
FNC 131	【D】 COS 【P】	小数余弦运算	9
FNC 132	【D】 TAN 【P】	小数正切运算	9

可用软元件见表 9-17。

表 9-17 浮点数三角函数值指令可用软元件

操 作 数	位 元 件				字 元 件									常 数	
	X	Y	M	S	KnX	KnY	KnM	KnS	T	C	D	V	Z	K	H
S.											●				
D.											●				

注：0 ≤ 角度 < 2π。

指令梯形图如图 9-33、图 9-34、图 9-35 所示。

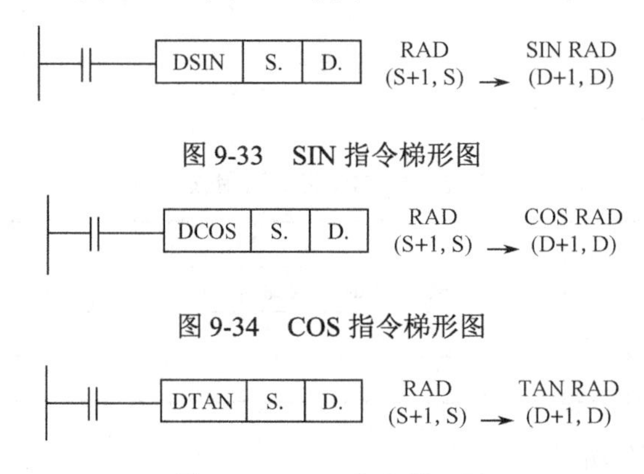

图 9-33 SIN 指令梯形图

图 9-34 COS 指令梯形图

图 9-35 TAN 指令梯形图

2. 指令应用

浮点数三角函数数值指令用来求浮点数弧度值所对应的三角函数值。弧度不能直接作为源址，必须先存入寄存器中。如所求为角度，则必须先转换成弧度后才进行运算。其计算公式：弧度=角度×π÷180。

【例 4】 求 sin30°、cos30°和tan30°的值。

程序如图 9-36 所示。

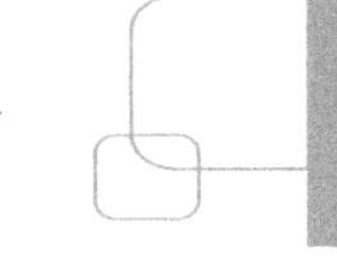

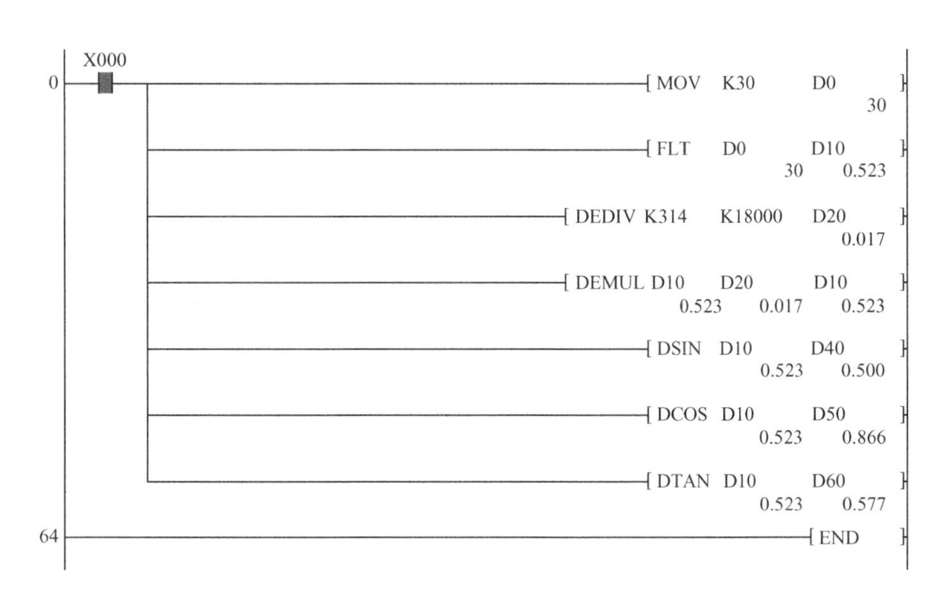

图 9-36　例 4 程序梯形图

9.4　逻辑位运算

逻辑位运算的规则参看本章 9.1 节所述。在 FX 系列 PLC 数据量的处理中，经常要把两个 16 位或 32 位的二进制数进行逻辑运算处理，其处理的方法是把两个数的相对应的位进行位与位的逻辑运算。

9.4.1　逻辑字与指令 WAND

1．指令格式

FNC 26:【D】WAND 【P】　　　程序步：7/13

可用软元件见表 9-18。

表 9-18　WAND 指令可用软元件

操作数	位元件				字元件									常数	
	X	Y	M	S	KnX	KnY	KnM	KnS	T	C	D	V	Z	K	H
S1.					●	●	●	●	●	●	●	●	●	●	●
S2.					●	●	●	●	●	●	●	●	●	●	●
D.						●	●	●	●	●	●	●	●		

指令梯形图如图 9-37 所示。

解读： 驱动条件成立时，将 S1 和 S2 按位进行逻辑与运算，并将结果存于 D 中。

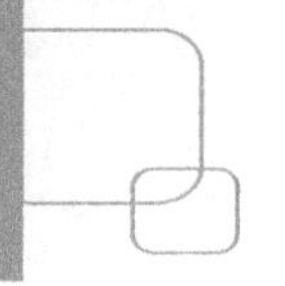

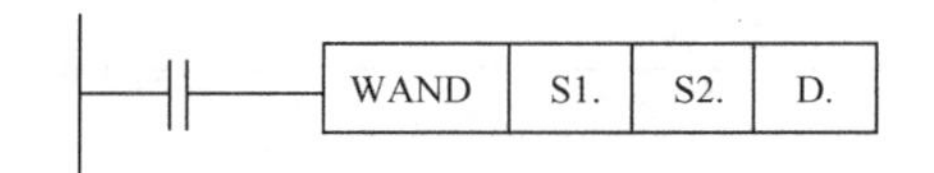

图 9-37　WAND 指令梯形图

2．指令应用

位与常用于将某个运算量的某些位清零或提取某些位的值，用“0 与”则清零，用“1 与”则保留或提取位值。

【例 1】　指令 WAND 的应用。

WAND	H0000	D20	D20	对 D20 清零
WAND	H00FF	D10	D11	取 D10 低 8 位存 D11
WAND	HFF00	D10	D12	取 D10 高 8 位存 D12
WAND	H0010	D10	K4M0	取 D10 的 b5 位送 M4

9.4.2　逻辑字或指令 WOR

1．指令格式

FNC 27:【D】WOR 【P】　　程序步：7/13

可用软元件见表 9-19。

表 9-19　WOR 指令可用软元件

操作数	位元件				字元件									常数	
	X	Y	M	S	KnX	KnY	KnM	KnS	T	C	D	V	Z	K	H
S1.					●	●	●	●	●	●	●	●	●	●	●
S2.					●	●	●	●	●	●	●	●	●	●	●
D.						●	●	●	●	●	●	●	●		

指令梯形图如图 9-38 所示。

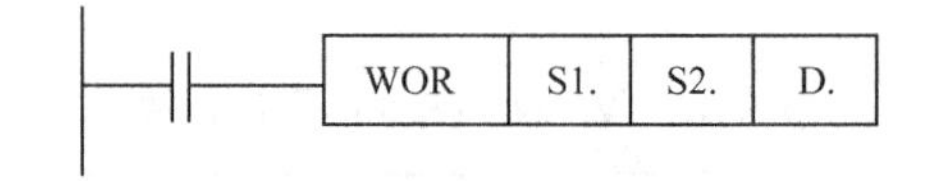

图 9-38　WOR 指令梯形图

解读：驱动条件成立时，将 S1 和 S2 按位进行逻辑或运算，并将结果存于 D 中。

2．指令应用

位或常用于将某个运算量的某些位置 1，用“1 或”则置 1，用“0 或”则保留或提取位值。

【例 2】　指令 WOR 的应用。

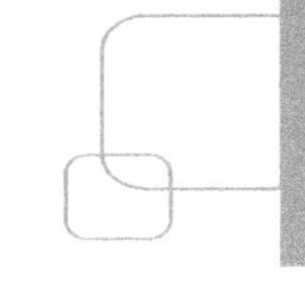

WOR　HFFFF　D20　D20　　　对 D20 置全 1
WOR　HFFDF　D10　K4M0　　取 D10 的 b5 位送 M4

9.4.3 逻辑字异或指令 WXOR

1. 指令格式

FNC 28:【D】WXOR 【P】　　程序步：7/13
可用软元件见表 9-20。

表 9-20　WXOR 指令可用软元件

操作数	位元件				字元件									常数	
	X	Y	M	S	KnX	KnY	KnM	KnS	T	C	D	V	Z	K	H
S1.					•	•	•	•	•	•	•	•	•	•	•
S2.					•	•	•	•	•	•	•	•	•	•	•
D.						•	•	•	•	•	•	•	•		

指令梯形图如图 9-39 所示。

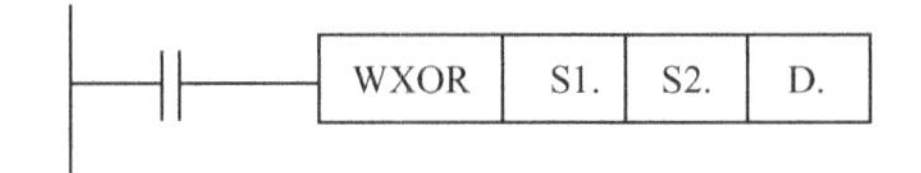

图 9-39　WXOR 指令梯形图

解读：驱动条件成立时，将 S1 和 S2 按位进行逻辑异或运算，并将结果存于 D 中。

2. 指令应用

按位异或有“与 1 异或”该位翻转，“与 0 异或”该位不变的规律，即用“异或 1”则置反，用“异或 0”则保留。

9.4.4 求补码指令 NEG

1. 指令格式

FNC 29:【D】NEG 【P】　　程序步：3/5
可用软元件见表 9-21。

表 9-21　NEG 指令可用软元件

操作数	位元件				字元件									常数	
	X	Y	M	S	KnX	KnY	KnM	KnS	T	C	D	V	Z	K	H
D.						•	•	•	•	•	•	•	•		

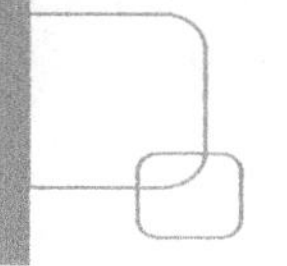

指令梯形图如图 9-40 所示。

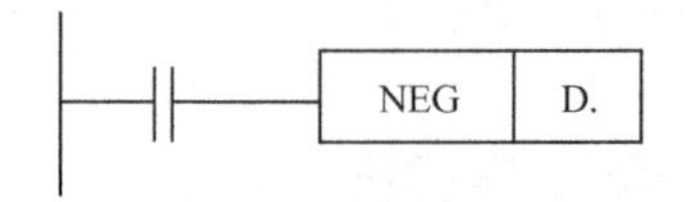

图 9-40　NEG 指令梯形图

解读：驱动条件成立时，对 D 进行求补码运算（按位求反加 1），并将结果送回 D 中。

2．指令应用

在 9.1 节中，介绍了补码的概念，并指出在带符号的定点数表示中，正数为二进制原码，负数则为原码的补码。这就是说，正数的补码是相反数，如+5 的补码为–5，+32767 的补码为–32 767。因此，绝对值相同的正负数是一对互为补码的数，这里有两个例外，0 的补码仍为 0，–32 768 的补码仍为–32 768。

求补指令在实际应用中，除了对数值求补外（求补在某些通信程序中对通信数据校验是会用到，例如，MODBUS 通信协议中 ASCII 方式规定的 LRC 校验算法就是对参与校验的数据求和，取其低 8 位的补码为校验码），还可以用来求绝对值。

【例 3】　求任意两数相减所得的绝对值，试编写运算程序。

程序如图 9-41 所示。

```
    X000
0 ─┤↑├─┬──────────────[SUB    D2      D0     D10  ]
       │                              (D2-D0)存D10
       ├──────────────[WAND   H8000   D10    K4M0 ]
       │        取D10的b15位置M15状态，M15为0，为正数不变
       │  M15
       └─┤ ├──────────────────────────[NEGP   D10  ]
                                    M15为1，为负数求补
19 ───────────────────────────────────[END         ]
```

图 9-41　任意两数相减所得绝对值

第 10 章　数据处理指令

广义地讲，数据处理是针对数据的采集、存储、检索、变换、传送显示及数表的处理。实际上，PLC 的控制功能就是对控制系统的数据处理功能。因此，可以说全部功能指令都是数据处理指令。

本章要谈论的数据处理指令含义要狭窄一些，它仅包括了码制的转换，编码解码、数据的采集，检索、排序及一些不能归于其他门类的指令。

10.1　数制与码制

10.1.1　数制

数制就是数的计数方法，也就是数的进位法。在数字电子技术中，数制是必须掌握的基础知识。

1. 数制三要素

数制是指计算数的方法。其基本内容有两个，一个是如何表示一个数，一个是如何表示数的进位。公元 400 年，印度数学家最早提出了十进制计数系统，当然，这种计数系统与人的手指有关，这也是很自然的事。这种计数系统（就是数制）的特点是逢十进一，有 10 个不同的数码表示数（也就是 0～9 个阿拉伯数字），把这个计数系统称为十进制。

十进制计数内容已经包含了数制的三要素：基数、位权、复位和进位。下面就以十进制为例来讲解数制的三要素。

表 10-1 是一个十进制表示的数：6505。

表 10-1　位、位权、位符、位值

MSD　　　　　　　　　　　　　　　　　　　　LSD

位　权	10^3	10^2	10^1	10^0
位	b3	b2	b1	b0
位　符	6	5	0	5
位　值	6×10^3	5×10^2	0×10^1	5×10^0

这是一个 4 位数，其中，6,5,0 是它的数码，也称位符。我们知道：十进制数有 10 个数码 0～9，把这 10 个数码称为十进制数的数符，10 为十进制数的基数。基数即表示了数制所包含数符的个数，同时也包含了数制的进位，即逢十进一。*N* 进制必须有 *n* 个数符，基数为

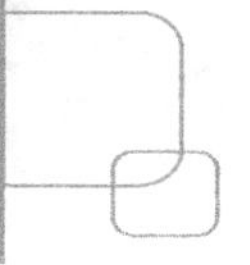

N，逢 N 进一。

我们把这 4 位数的位分别以 b0 位、b1 位、b2 位、b3 位表示数符所在的位个位、十位、百位、千位。

注意： 规定最右位（个位）为 b0 位，然后依次往左为 b1,b2,b3 位。我们会发现 b2 位的 5 和 b0 位的 5 虽然都是数码 5，但它们表示的数值是不一样的。b2 位的 5 表示 500，b0 位的 5 只表示 5，为什么呢？这是因为不同的位的位权是不一样的。位权是数制的三要素之一，它表示位符所在位的权值。位权一般是基数的正整数幂，从 0 开始，按位递增。b0 位位权为 10^0,b1 位位权为 10^1…以此类推。N 进制的位权为 $n^0,n^1,n^2,\cdots$，而该位的位值为位符×位权。

当数中某一位（如 b0 位）到达最大数码值后，必须产生复位和进位的运转。当 b0 数到 9（最大数码）后则 b0 位会变为 0，并向 b1 位进 1。复位和进位是数制必须的运算处理。

基数、位权、进位和复位称为数制三要素。一般地说，数制的数值由各位数码乘以位权然后相加得到，即

$$6505 = 6\times10^3+5\times10^2+0\times10^1+5\times10^0$$

把数制中数的位权最大的有效值（最左边的位）称为最高有效位 MSD（Most Siginfical Digit）。而把最右边的有效位称为最低有效位 LSD（Least Siginfical Digit）。在二进制中，常常把 LSD 位称为低位，而把 MSD 位称为高位。

上面虽然是以十进制来介绍数制的知识的，但是数制的三要素对所有的进制都是适用的。

一个 N 进制的 n 位数，则基数为 N，有 n 个不同的数码，逢 N 进一，其位权由 LSD 位到 MSD 位分别位 $n^0,n^1,n^2,\cdots,n^N$。当某位计数到最大数码时，该位复位为最小数码，并向上一位进 1，而其数值为

$$\text{数值} = b_{N-1}\cdot n^{N-1}+b_{N-2}\cdot n^{N-2}+\cdots+b_1\cdot n^1+b_0\cdot n^0$$

2. 二、八、十、十六进制数

下面介绍在数字电子技术中，特别是在 PLC 中常用二、八、十、十六进制。

根据上节所讲的知识，我们很快得到关于二、八、十、十六进制的三要素，见表 10-2。

表 10-2　二、八、十、十六进制的三要素

进　制	符　号	数　符	位　权	例　举
2	B	0,1	2^n	B1101
8		0～7	8^n	
10	K	0～9	10^n	K255
16	H	0～9,A,B,C,D,E,F	16^n	H3AE

本来，N 进制数制的数符 n 个数码是人为随意规定的。但是，目前国际上关于二、八、十、十六进制的位数符都已做了明确的规定，见表 10-2。我们发现这 4 个进制的数符有部分相同的，这就出现了数制如何表示的问题。例如，1101 是二进制、八进制、十进制还是十六进制数呢？为了明确区分，在数的前面（或者后面）加上前缀（或者后缀），以示区分。这

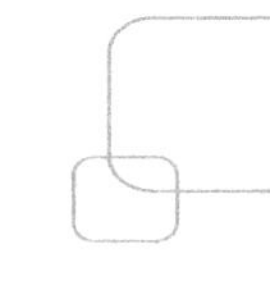

就是表中“符号”的含义。例如，B1101 是二进制数，K1101 是十进制数，而 H1101 是十六进制数。今后在程序编写时必须严格按这个规定进行。

既然十进制已经用了 2000 多年，而且也很方便应用，为什么还要提出二进制呢？这实际是数字电子技术发展的必然。因为在脉冲和数字电路中，所处理的信号只有两种状态：高电位和低电位，这两种状态刚好可以用 0 和 1 来表示。当把二进制引入数字电路后，数字电路就可以对数进行运算了，也可以对各种信息进行处理了。可以说，计算机今天能够发挥如此大的作用是与二进制数的应用分不开的。我们要学习数字电子技术就必须要学习二进制。

八进制在约 40 年前比较流行，因为当时很多微型计算机的接口是按八进制设计的（3 位为 1 组）然而今天已经用得不多了。目前，仅在 PLC 的输入 / 输出（I/O）接口的编址上还在使用八进制。

二进制数的优点是只用两个数码，和计算机信号状态相吻合，直接被计算机所利用。它的缺点是表示同样一个数，它需要用到更多的位数。例如，十进制数 K14 只有两位，而二进制数为 B1110 有 4 位，如果用十六进制数表示，只有一位 H E。太多的二进制数数位使得阅读和书写都变得非常不方便，例如，B11000110 根本看不出是多少，如果是 K97，马上就有了数量大小的概念。因此，在数字电子技术中引入十进制数就是为了阅读和书写的方便。而引进十六进制数除了表示数的位数更少、更简约之外，还因为它与二进制的转换极其简单方便。

3. 数制间转换

1）二、十六进制数转换成十进制数

前面已经有初步的讲解，其值为各个位码乘以位权然后完全相加。一般地说，一个 n 进制数如果有 N 位（从 0,1,…,N−1 位），则其十进制数值公式为

十进制数值 $=b_{N-1}\cdot n^{N-1}+b_{N-2}\cdot n^{N-2}+\cdots+b_1\cdot n^1+b_0\cdot n^0$

式中，$b_0,b_1,\cdots,b_{N-2},b_{N-1}$ 为 N 进制基数；$n^0,n^1,\cdots,n^{N-2},n^{N-1}$ 为 N 进制的位权。

这里就以二、十六进制为例说明。

【例 1】 试把二进制数 B11011 转换成等值的十进制数。n=2,N=5。

十进制数值 $=b_{N-1}\cdot n^{N-1}+b_{N-2}\cdot n^{N-2}+\cdots+b_1\cdot n^1+b_0\cdot n^0$

$=1\times2^4+1\times2^3+0\times2^2+1\times2^1+1\times2^0=\mathrm{k}27$

从中可以看出，bi 为 0 的位，其值也为 0，可以不用加，这样把一个二进制数转换为十进制数只要把位码为 1 的权值相加即可。

【例 2】 试把十六进制数 H3E8 转换成十进制数。n=16,N=3。

十进制数值 $=b_{N-1}\cdot n^{N-1}+b_{N-2}\cdot n^{N-2}+\cdots+b_1\cdot n^1+b_0\cdot n^0$

$=3\times16^2+14\times16^1+8\times16^0=\mathrm{k}1000$

其计数过程和二进制完全一样。

2）十进制数转换成二、十六进制数

十进制数转换成 N 进制的口诀：

整数部分　除 N 取余　逆序排到

小数部分　乘 N 取整　顺序排到

【例 3】 K200 = B？ K0.13 = B？

这是十进制数转换成二进制数，N=2。

整数部分：

200÷2 = 100…0
100÷2 = 50… 0
50÷2 = 25… 0
25÷2 = 12… 1
12÷2 = 6… 0
6÷2 = 3… 0
3÷2 = 1… 1
1÷2 = 0… 1

K200 = B11001000

小数部分：

0.13×2 = 0.26 整数部分 0
0.26×2 = 0.52 整数部分 0
0.52×2 = 1.04 整数部分 1

K0.13 ≈ B0.001

注意：小数部分应乘至为 0 为止，但一般乘到相应要求就可以了。

【例 4】 K1425 = H？ K0.85 = H？

整数部分：

1425÷16= 89…1
89÷16= 5…9
5÷16= 0…5

K1425 = H591

小数部分 ：

0.85×16 = 13.6 整数部分 13 (D)
0. 6×16 = 9.6 整数部分 9
0.6×16 = 9.6 整数部分 9

K0.85 ≈ H0.D99

注意：如果除以权值后商如果大于 9，必须用十六进制数 A,B,C,D,E,F 表示。

【例 5】 K1425.85 = H？

K1425.85 = H591.D99

3）二、十六进制数互换

二、十六进制数互换有如下口诀：

2 转 16：4 位并 1 位，按表查数。

16 转 2：1 位变 4 位，按数查表。

二进制数和十六进制数的对应关系见表 10-3。

表 10-3 二进制数和十六进制数对应表

二进制	0000	0001	0010	0011	0100	0101	0110	0111
十六进制	0	1	2	3	4	5	6	7
二进制	1000	1001	1010	1011	1100	1101	1110	1111
十六进制	8	9	A	B	C	D	E	F

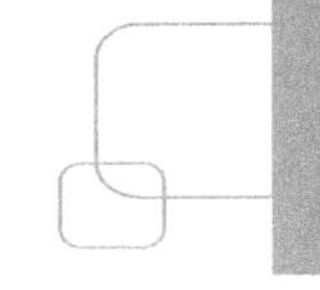

【例 6】　试把二进制数 B01111010010011 转换成十六进制数。

把二进制数 B01111010010011 由最低位 b0 开始，4 位划一，高位不足 4 位时，前面补 0 凑成 4 位，然后按表查数直接写出十六进制数。

0001	1110	1001	0011
1	E	9	3

【例 7】　试把十六进制数 H3AC8 转换成二进制数。

按数查表直接写出二进制数：

3	A	C	8
0011	1010	1100	1000

10.1.2　码制

编码是指用一组 n 位二进制数码来表示数据、各种字母符号、文本信息和控制信息的二进制数码的集合。

表示的方式不同，就形成了不同的码制。

这里仅介绍在 PLC 中常用的 8421BCD 码、ASCII 字符编码、7 段数码管显示码和格雷码。

1. 8421BCD 码

二进制数的优点是数字系统可以直接应用它，但是阅读和书写不符合人们的习惯，如何在既不改变数字系统处理二进制数的特征，又能在外部显示十进制数字，这就产生了用二进制数表示十进制数的编码——BCD 码。

数字 0～9 一共有 10 种状态。3 位二进制数只能表示 8 种不同的状态，显然不行。用 4 位二进制数来表示 10 种状态是有余了，因为 4 位二进制数有 16 种状态组合，还有 6 种状态没有用上。

从 4 位二进制数中取出 10 种组合表示十进制数的 0～9，可以有很多种方法，因此，BCD 码也有多种。如 8421BCD 码、2421BCD 码、余 3 码等，其中最常用的是 8421BCD 码。

用 4 位二进制数来表示十进制数的 8421BCD 码码表见表 10-4。

表 10-4　8421BCD 码码表

二进制	0000	0001	0010	0011	0100
8421BCD	0	1	2	3	4
二进制	0101	0110	0111	1000	1001
8421BCD	5	6	7	8	9

从表中可以看出，8421BCD 码实际上就是二进制数的 0～9 来表示十进制数的 0～9。为了区分二进制数和 8421BCD 码的不同，把二进制数的码称为纯二进制码。

4 位二进制数的组合中，还有六种组合没有使用，称为未用码，它们是从 1010～1111。在实际应用中，未用码是绝对不允许出现在 8421BCD 码的表中。

表示一个十进制数，用纯二进制码和 8421BCD 码表示有什么不同呢？下面通过一个实例加以说明。

【例 8】 十进制数 58 的二进制数表示和 BCD 码表示。

① 二进制数表示：

K58＝B 111010

② 8421BCD 码表示：

5　　　8

0101　　1000

K58 ＝ 0101 1000　BCD

【例 9】 1001010100000010BCD 表示多少？

1001 0101 0000 0010

9　5　0　2

2. ASCII 字符编码

上面所讨论的纯二进制码、8421BCD 码、格雷码都是用二进制码来表示数值的，事实上，数字系统所处理的绝大部分信息是非数值信息，例如，字母、符号、控制信息等。用二进制码来表示这些字母、符号等就形成了字符编码。其中 ASCII 码是使用最广泛的字符编码。

ASCII 码是美国国家标准学会制定的信息交换标准代码，它包括 10 个数字、26 个大字母、26 个小字母及大约 25 个特殊符号和一些控制码。ASCII 码规定用 7 位或者 8 位二进制数组合来表示 128 种或 256 种的字符及控制码。标准 ASCII 码是用 7 位二进制组合来表示数字、字母、符号和控制码。

标准的 ASCII 码码表见表 10-5。ASCII 码表有两种表示方法，一种是二进制表示这是在数字系统中如计算机、PLC 中真正的表示。一种是十六进制表示，这是为了阅读和书写方便的表示。

如何通过 ASCII 码表查找字符的 ASCII 码？下面举例加以说明。例如，查找数字 E 的 ASCII 码，首先在表中找到“E”然后向上，向左找到相应的二进制和十六进制数如图 10-1 所示。

	二进制		100	
二进制	十六进制		4	
			⇧	
101	5	⇦	E	

图 10-1　查找字符的 ASCII 码

则“E”的 ASCII 码由上面的和左面的二进制数或十六进制数相拼而成。“E”=B1000100。

或“E”=H45。为了和二、十六进制数相区别，常常把数制符放在数的后面，就是“E”=1000100 B 或“E”=45 H。以此类推，可查到“W”=1010111 B 或“W”=57 H 等。

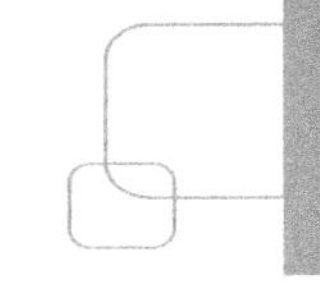

表 10-5　标准 7 位 ASCII 码码表

	二进制	000	001	010	011	100	101	110	111
二进制	十六进制	0	1	2	3	4	5	6	7
0000	0	NUL	DLE	SP	0	@	P	、	P
0001	1	SOH	DC1	!	1	A	Q	a	q
0010	2	STX	DC2	”	2	B	R	b	r
0011	3	ETX	DC3	#	3	C	S	c	s
0100	4	EOT	DC4	$	4	D	T	d	t
0101	5	ENQ	NAK	%	5	E	U	e	u
0110	6	ACK	SYN	&	6	F	V	f	v
0111	7	BEL	ETB	’	7	G	W	h	w
1000	8	BS	CAN	(	8	H	X	h	x
1001	9	HT	EM	)	9	I	Y	i	y
1010	A	LF	SUB	*	:	J	Z	j	z
1011	B	VT	ESC	+	;	K	[	k	{
1100	C	FF	FS	,	〈	L	\	l	:
1101	D	CR	GS	-	=	M	]	m	}
1110	E	SO	RS	.	〉	N	↑	n	～
1111	F	SI	US	/	?	O	—	o	DEL

在 ASCII 码表中，有一部分是表示非打印字符的控制字符的缩写词，例如，开始“STX”、回车“CR”、换行“LF”等，也称控制码。控制码含义如下：

ACK	应答	BEL	振铃	BS	退格
CAN	取消	CR	回车	DC1～DC4	直接控制
DEL	删除	DLE	链路数据换码	EM	媒质终止
ENQ	询问	EOT	传输终止	ESC	转义
ETB	传输块终止	ETX	文件结束	FF	换页
FS	文件分隔符	GS	组分隔符	HT	横向制表符
LF	换行	NAK	否认应答	NUL	零
RS	记录分隔符	SI	移入	SO	移出
SOH	报头开始	SP	空格	STX	文件开始
SUB	替代	SYN	同步空闲	US	单位分隔符
VT	纵向制表符				

3. 7 段数码管显示码

在数字系统中，经常需要将数字、文字和符号用人们习惯的形式很直观地显示出来。显示的方式有叠加显示、分段显示和点阵式显示。其中最常用的是 7 段数码管分段显示。

7 段数码管内部有 8 个发光二极管，其中 7 个发光二极管为字段，另一个为小数点，7 个字段按一定方式组成一个 8 字型（见表 10-6 中的 7 段数码组成的 8 字）。图中未画出小数点段，每个二极管为一段。在使用中，点亮不同的段，可形成不同的字形，例如，只要点亮

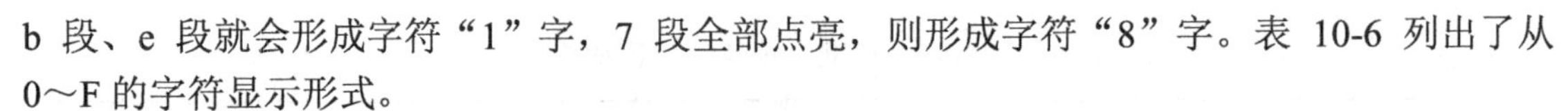

b 段、e 段就会形成字符“1”字，7 段全部点亮，则形成字符“8”字。表 10-6 列出了从 0～F 的字符显示形式。

7 段数码管按其连接方式，其结构又分为共阴极型和共阳极型两种，共阴极型，内部发光二极管的阴极（负极）连在一起作为公共端，外接高电平；共阳极型，内部发光二极管的阳极（正极）连接在一起作为公共端，外接低电平，如图 10-2 所示。

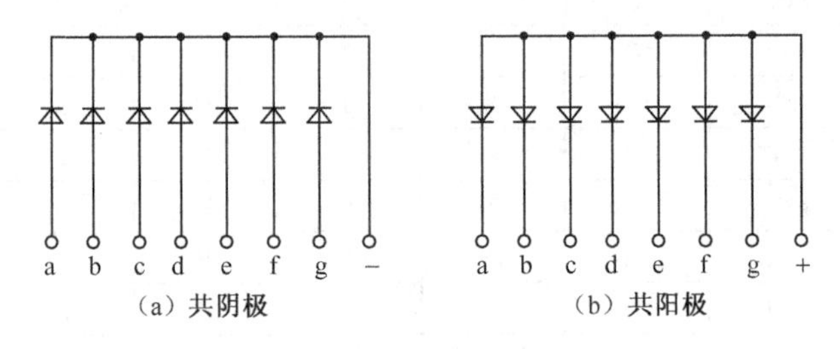

（a）共阴极　　（b）共阳极

图 10-2　7 段数码管连接方式

共阴极和共阳极的区别是共阴极用输入高电平来点亮发光二极管，而共阳极则是用低电平来点亮发光段。7 段数码管的输入端，按照 g-f-e-d-c-b-a 排列，并规定输入端信号为“1”时，相应的发光段点亮，输入端为“0”时，相应的发光段熄灭，这样，每一种字形都会对应一组 7 位二进制数。把这全部对应的二进制数组合称为 7 段数码管显示码。比较常用的显示十六进制符 0～F 的显示码见表 10-6。

表 10-6　7 段数码管显示码码表

7 段数码组成	B7	g	f	e	d	c	b	a	字　符
a f g b e c d	0	0	1	1	1	1	1	1	0
	0	0	0	0	0	1	1	0	1
	0	1	0	1	1	0	1	1	2
	0	1	0	0	1	1	1	1	3
	0	1	1	0	0	1	1	0	4
	0	1	1	0	1	1	0	1	5
	0	1	1	1	1	1	0	1	6
	0	0	1	0	0	1	1	1	7
	0	1	1	1	1	1	1	1	8
	0	1	1	0	1	1	1	1	9
	0	1	1	1	0	1	1	1	A
	0	1	1	1	1	1	0	0	b
	0	0	1	1	1	1	0	0	C
	0	1	0	1	1	1	1	0	d
	0	1	1	1	1	0	0	1	E
	0	1	1	1	0	0	0	1	F

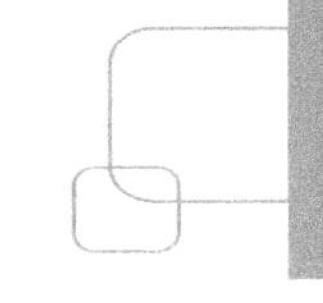

4. 格雷码

定位控制是自动控制的一个重要内容。如何精确地进行位置控制在许多领域里面有着广泛的引用，例如，机器人运动、数控机床的加工、医疗机械和伺服传动控制系统等。

编码器是一种把角位移或者是直线位移转换成电信号（脉冲信号）的装置。按照其工作原理，可分为增量式和绝对式两种。增量式编码器是将位移产生周期性的电信号，再把这个电信号转换成计数脉冲，用计数脉冲的个数来表示位移的大小，而绝对式编码器则是用一个确定的二进制码来表示其位置，其位置和二进制码的关系是用一个码盘来传送的。

图 10-3 所示为一个仅作说明的 3 位纯二进制码的码盘示意图。

一组固定的光电二极管用于检测码盘径向一列单元的反射光，每个单元根据其明暗的不同输出相对于二进制数 1 或者 0 的信号电压，当码盘旋转时，输出一系列的 3 位二进制数，每转一圈，有 8 个二进制数从 000～111 每一个二进制数表示转动的确定位置（角位移量）。图中是以纯二进制编码来设计码盘的。但是这种编码方式在码盘转至某些边界时，编码器输出便出现了问题。例如，当转盘转至 001～010 边界时（图 10-4）这里有两个编码改变，如果码盘刚好转到理论上的边界位置，编码器输出多少？由于是在边界，001 和 010 都是可以接受的编码。然后由于机械装配的不完美，左边的光电二极管在边界两边都是 0，不会产生异议，而中间和左边的光电二极管则可能会是“1”或者“0”假定中间是 1 左边也是 1，则编码器就会输出 011，这是与编码盘所转到的位置 010 不相同的编码，同理，输出也可能是 000，这也是一个错码。通常在任何边界只要是一个以上的数位发生变化时都可能产生此类问题，最坏的情况是 3 位数位都发生变化的边界如 000～111 边界和 011～100 边界，错码的概率极高。因此，纯二进制编码是不能作为编码器的编码的。

格雷码解决了这个问题。图 10-4 所示为一格雷码编制的码盘。

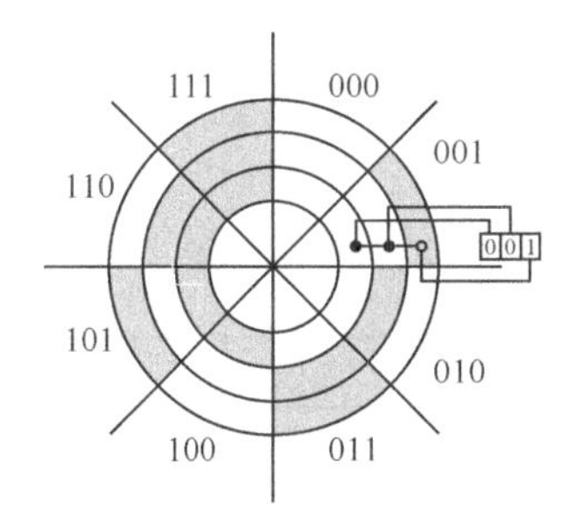

图 10-3　纯二进制码码盘

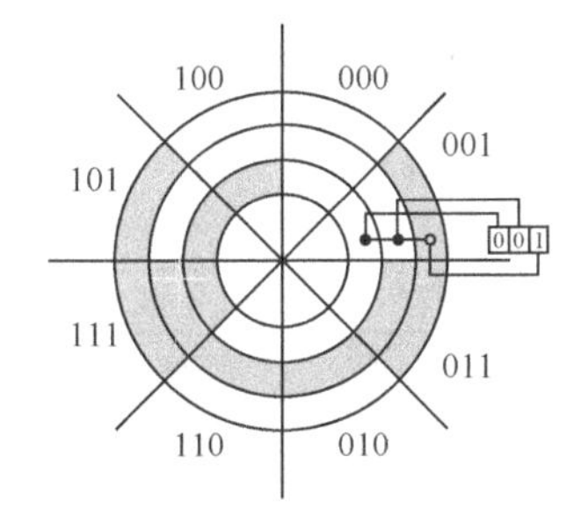

图 10-4　格雷码码盘

与上面纯二进制码相比，格雷码的特点是：任何相邻的码组之间只有一位数位变化。这就大大地减少了由一个码组转换到相邻码组时在边界上所产生的错码的可能。因此，格雷码是一种错误少的编码方式，属于可靠性编码，而且格雷码与其所对应的角位移量是绝对唯一的，所以采样格雷格码的编码器又称绝对式旋转编码器。这种光电编码器已经越来越广泛的应用于各种工业系统中的角度、长度测量和定位控制中。

格雷码是无权码，每一位码没有确定的大小，因此，不能直接进行比较大小和算术运算，要利用格雷码进行定位，还必须经过码制转换，变成纯二进制码，再由上位机读取和运算。

但是格雷码的编制还是有规律的，它的规律：最后一位的顺序为 01,10,01 等，倒数第二位为 0011,1100,0011 等，倒数第三位为 00001111,11110000,00001111 等，倒数第四位为 0000000011111111,1111111100000000 等，以此类推。

表 10-7 是 4 位编制的纯二进制码与格雷码对照表。

表 10-7　4 位纯二进制码与格雷码对照表

十进制	二进制	格雷码	十进制	二进制	格雷码
0	0000	0000	8	1000	1100
1	0001	0001	9	1001	1101
2	0010	0011	10	1010	1111
3	0011	0010	11	1011	1110
4	0100	0110	12	1100	1010
5	0101	0111	13	1101	1011
6	0110	0101	14	1110	1001
7	0111	0110	15	1111	1000

10.2　码制转换指令

10.2.1　二进制与 BCD 转换指令 BCD,BIN

1. 指令格式

指令格式见表 10-8。

表 10-8　BCD,BIN 指令格式

功能号	助记符	名称	程序步
FNC 18	【D】 BCD 【P】	BIN→BCD 转换传送	5/9
FNC 19	【D】 BIN 【P】	BCD→BIN 转换传送	5/9

可用软元件见表 10-9。

表 10-9　BCD，BIN 指令可用软元件

操作数	位元件				字元件									常数	
	X	Y	M	S	KnX	KnY	KnM	KnS	T	C	D	V	Z	K	H
S.					●	●	●	●	●	●	●	●	●		
D.						●	●	●	●	●	●	●	●		

梯形图如图 10-5、图 10-6 所示。

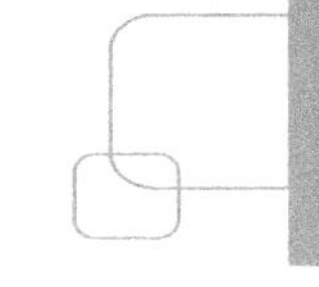

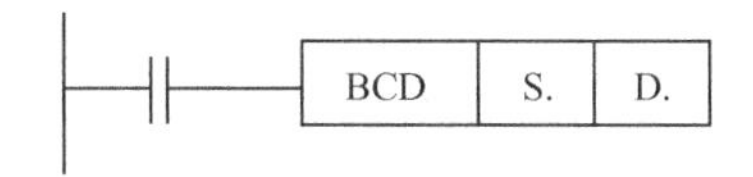

图 10-5　BCD 指令梯形图

操作数内容与取值如下：

操　作　数	内容与取值
S.	二进制数存储字元件地址
D.	8421BCD 码存储字元件地址

解读：当驱动条件成立时，将源址 S 中的二进制数转换成 8421BCD 码数传送至终址 D。

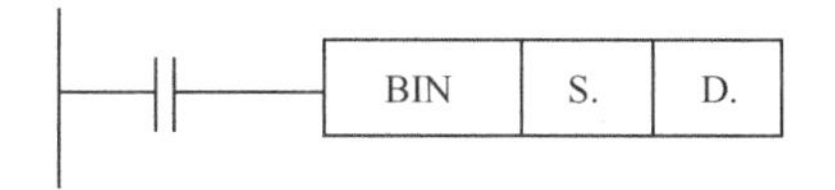

图 10-6　BIN 指令梯形图

操作数内容与取值如下：

操　作　数	内容与取值
S.	8421BCD 码存储字元件地址
D.	二进制数存储字元件地址

解读：当驱动条件成立时，将源址 S 中的 8421BCD 码数转换成二进制数传送至终址 D。

【例 1】　设（D0）=0000 0010 0001 0010 执行指令 BCD　D0　D10 后，(D 10)=?

(D0)=0000 0010 0001 0010=K528。

(D10)=0000 0101 0010 1000=0528BCD=K1320，如图 10-7 所示。

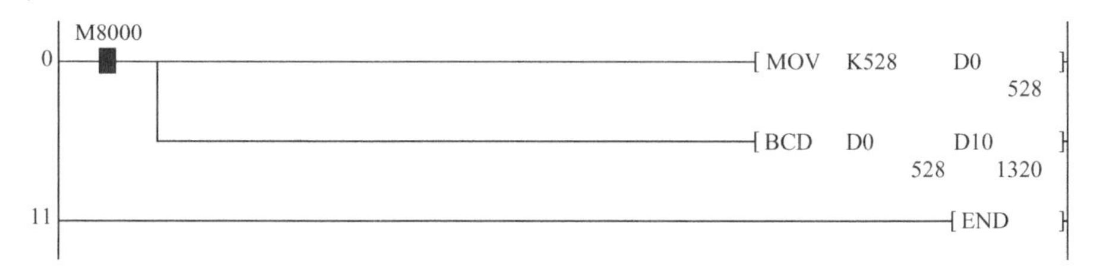

图 10-7　BCD 指令梯形图程序

【例 2】　设（D0）=0000 0000 0101 1000 执行指令 BIN　D0　D10 后（D10）=?

（D0）=0000 0000 0101 1000=0058BCD=k88。

（D10）=0000 0000 0011 1010=K58，如图 10-8 所示。

2. 指令应用

1）数据范围

对 BCD 指令，其中源址 S 所表示的二进制数 16 位应用时，不能超过 K9999；32 位应用不能超过 K99999999。对 BIN 指令，其中源址 S 为 8421BCD 码数，所以不能出现非 8421BCD 码表示。超出范围或出现非 BCD 码，则运算出错特殊继电器 M8067 为 ON。

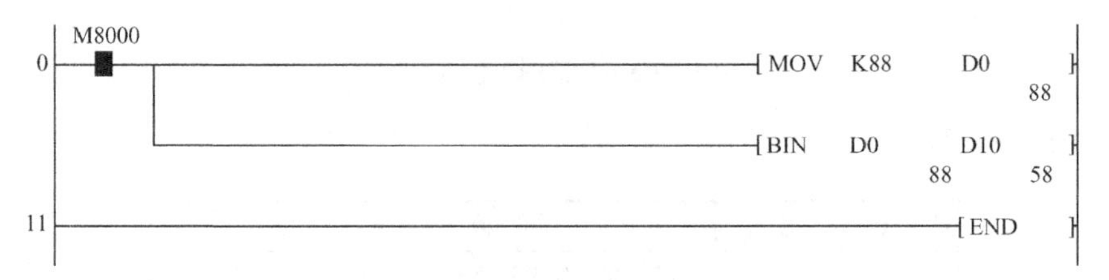

图 10-8 BIN 指令梯形图程序

2）指令应用

BIN 指令和 BCD 指令常结合对 I/O 接口的组合位元件操作，从 X 口输入由数字开关代表的 BCD 码，从 Y 口输出 BCD 码到 7 段数码显示管。

图 10-9 所示为从 PLC 的输入口 X 接入数字开关及应用指令的梯形图。

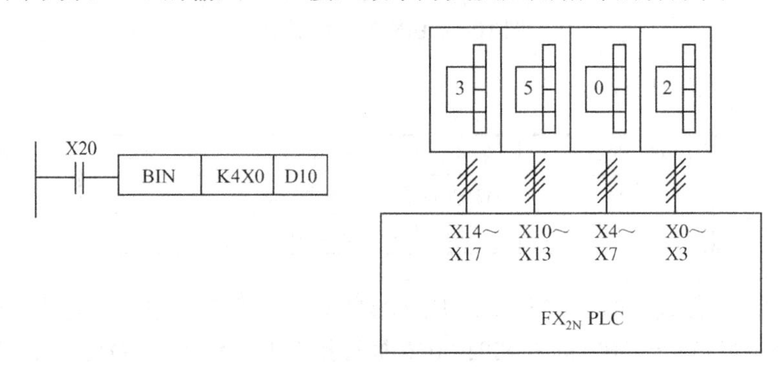

图 10-9 BIN 指令数字开关接入图

组合位元件的组数与接入数字开关的位数有关。K1X0 表示接入 1 位数字开关，数据范围为 0～9。K2X0 表示接入 2 位数字开关，数据范围为 0～99。依此类推最多可以接 8 位数字开关，数据范围为 0～99 999 999。

图 10-10 表示了从 PLC 输出口 Y 接入 7 段数码管及应用指令梯形图。同样，显示的位数与输出组合位元件的组数有关，K1Y0 表示仅接入 1 位数码管仅能显示 0～9。K8Y0 表示可接入 8 位数码管，显示 0～99 999 999 等。

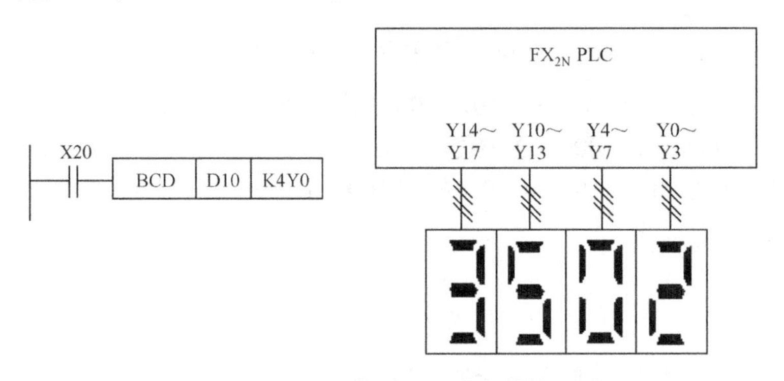

图 10-10 BCD 指令 7 段数码管接入图

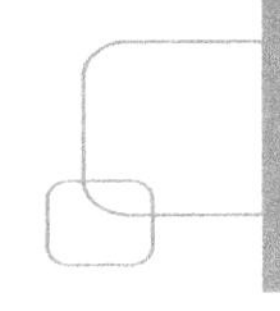

图中，7 段数码管为带 8421BCD-7 段数码译码器的数码管。详细知识可参看 10.3.1 节。

BCD 和 BIN 指令常常就是应用在上述的 BCD 码的输入和输出上。这样通过 BCD 和 BIN 指令形成了一个人机界面。人可以通过数字开关和 7 段数码管来设定和显示 PLC 内部的某些数值（如定时器和计数器的设定值等），但这种方法占用硬件资源相当多，成本很高。功能指令的进一步发展，开发了外围 I/O 设备指令 DSW（FNC72),SEGL（FNC74），ARWS（FNC75）。这些指令都能自动进行 BCD 数和二进制数之间的转换，而且使用的硬件资源比 BCD 指令和 BIN 指令要少。基本上取代了 BCD 和 BIN 指令的应用。关于外接 I/O 设备指令的详解见第 11 章外围设备指令。

10.2.2　二进制与格雷码转换指令 GRY,GBIN

1. 指令格式

指令格式见表 10-10。

表 10-10　GRY、GBIN 指令格式

功能号	助记符	名称	程序步
FNC 170	【D】 GRY 【P】	BIN→GRY 转换传送	5/9
FNC 171	【D】 GBIN 【P】	GRY→BIN 转换传送	5/9

可用软元件见表 10-11。

表 10-11　GRY、GBIN 指令可用软元件

操作数	位元件				字元件									常数	
	X	Y	M	S	KnX	KnY	KnM	KnS	T	C	D	V	Z	K	H
S.					●	●	●	●	●	●	●	●	●	●	●
D.						●	●	●	●	●	●	●	●		

梯形图如图 10-11、图 10-12 所示。

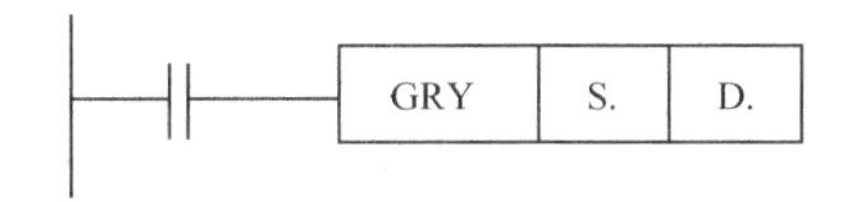

图 10-11　GRY 指令梯形图

操作数内容与取值如下：

操作数	内容与取值
S.	二进制数或其存储字元件地址
D.	转换后格雷码存储字元件地址

解读：当驱动条件成立时，将源址 S 中的二进制数据转换成格雷码传送到终址 D 中。

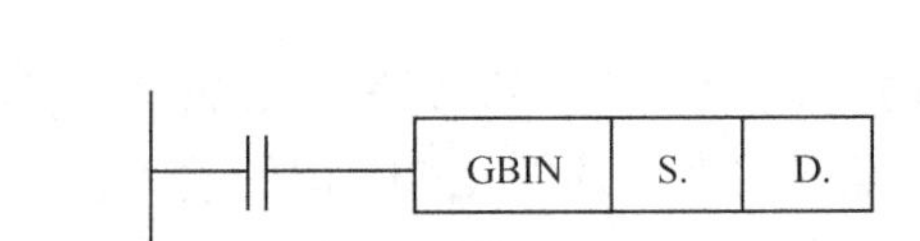

图 10-12　GBIN 指令梯形图

操作数内容与取值如下：

操　作　数	内容与取值
S.	格雷码或其存储字元件地址
D.	转换后二进制数存储字元件地址

解读：当驱动条件成立时，将源址 S 中的格雷码转换成二进制数据传送到终址 D 中。

2. 指令应用

1）数据范围

16 位应用时数值范围 0～32 767。
32 位应用时数值范围 0～2 147 483 647。

2）指令应用

GRY 和 GBIN 指令主要是用在定位控制中使用格雷码方式的绝对编码器检测绝对位置时使用（关于格雷码的知识可参看本章 10.1.2 节。关于绝对位置和相对位置概念可参看本身第 13 章脉冲输出和定位控制指令）。

在执行格雷码指令时格雷码绝对值编码的输出，是接在 PLC 的输出端口上。执行指令 GRY　K1234　K3Y10 转换过程如图 10-13 所示。转换的速度取决于 PLC 的扫描时间。

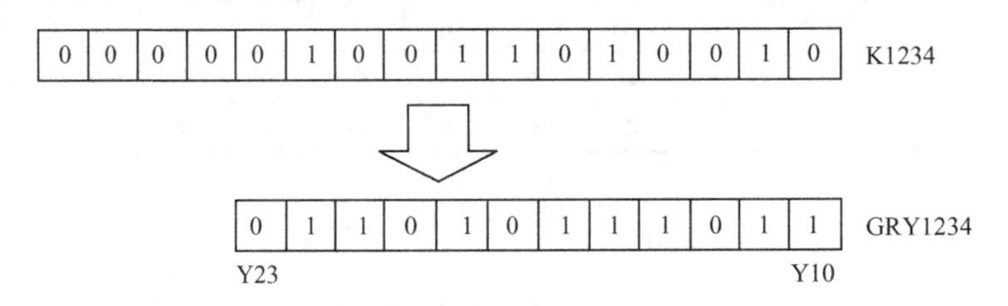

图 10-13　GRY 指令执行图

当执行格雷码逆变换指令 GBIN 时，需接入 PLC 的输入口上，这时，由于输入继电器响应延迟（为 PLC 的扫描时间+输入滤波常数）。可以通过使用输入刷新指令 REFF（FNC51）或 D8020 数值调节，可以去除 X0～X17 的输入滤波值，从而去掉输入滤波常数的延迟。执行指令 GBIN　K3X0　D0 的转换过程如图 10-14 所示。

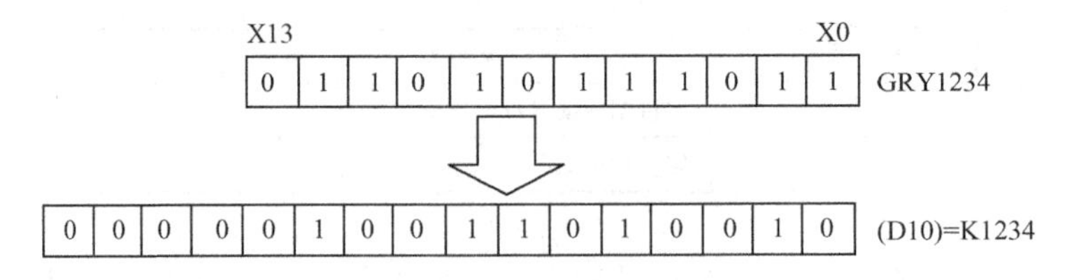

图 10-14　GBIN 指令梯形图

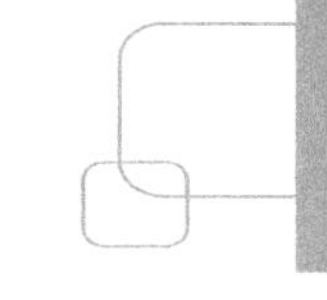

10.3 译码编码指令

10.3.1 译码器和编码器

在数字系统中，由输出的状态来表示输入代码的逻辑组合的数字电路称为译码器。可以说，所有组合电路都是某种类型的译码器。

译码器又称解码器。实际上，译码器的译码过程就是一种翻译的过程。译码器分为 3 类：一是变量译码器，又称二进制译码器、最小项译码器。它是用输出端的状态来表示输入端数据线的编码，有 3 线-8 线译码器、4 线-10 线译码器、4 线-16 线译码器等。二是码制转换译码器，有 8421BCD 转换十进制译码器、余 3 码转换十进制码译码器等。三是显示译码器，这是将代码译成用显示器进行数字、文字、符号显示的电路。

二进制译码器的译码功能如图 10-15（a）所示。图中为 3 线-8 线译码器 74LS138，输入端为 3 根数据线 A,B,C。3 根线有 8 种组合状态（000～111），代表二进制数（0～7）。输出有 8 根线 Y0～Y7，它们对应于输入的 8 种组合状态，如当输入为“000”时，则 Y0 有输出；输入为“101”时，则 Y5 有输出等。如果输入有 4 根数据线，则输出应用 16 根线，同样，对应于输入的 16 种组合状态，一般来说，如果译码器的输入有 n 个输入端，则其输出有 2^n 个输出端，每一个输出端都对应输入端一种编码状态，如图 10-15（b）所示。

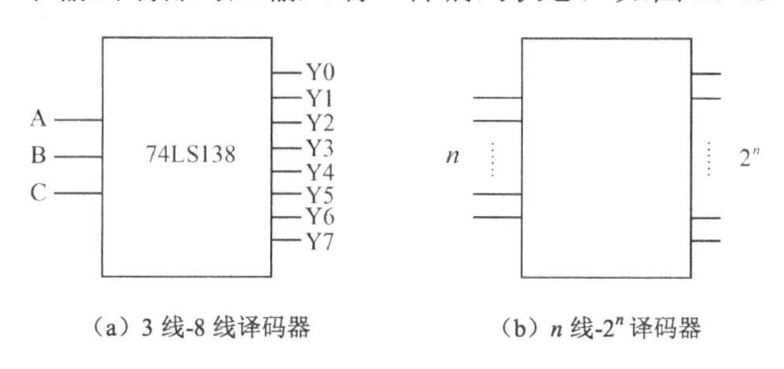

（a）3 线-8 线译码器　（b）n 线-2^n 译码器

图 10-15　译码器功能图

这是用硬件电路实现的二进制译码器，在 PLC 中，则是通过指令来完成二进制译码器功能的。指令 DECO 就是完成上述功能的应用指令。

同样，显示译码器则是把输入端的二进制编码翻译成 7 段数码管显示码，如图 10-16 所示。在第 11 章外部设备指令所介绍的 7 段数码管的接入都是带有锁存显示译码器的数码管的接入。

编码器为译码器的反操作，把译码器的输入和输出交换一下就是一个 8 线-3 线编码器，如图 10-17 所示。这时，每一个输入端信号对应于一个输出二进制码。其功能可参考译码器理解，不再叙述。在 PLC 中，编码器也是通过指令来实现的，指令 ENCO 就是完成上述功能的应用指令。

只要掌握了上述译码器和编码器的基本知识，再去学习译码指令 DECO 和编码指令 ENCO 就会感到容易理解得多。

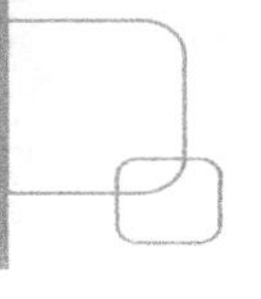

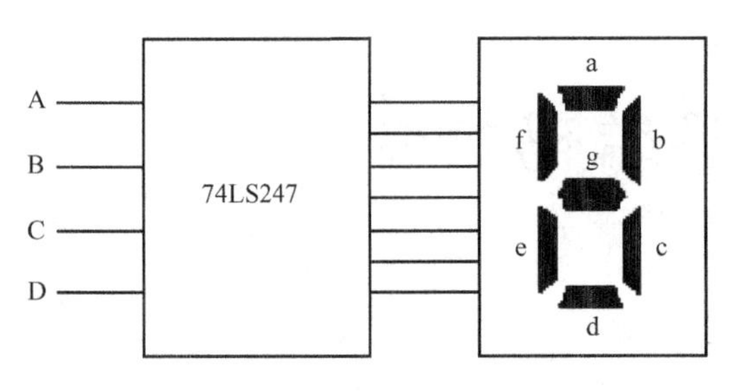

图 10-16　显示译码器功能图

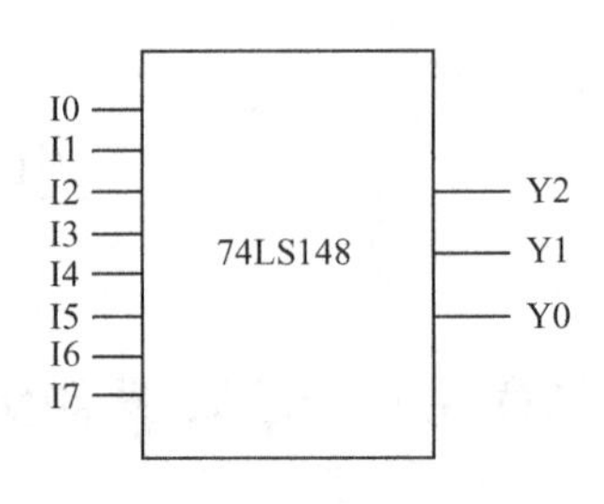

图 10-17　编码器功能图

10.3.2　译码指令 DECO

1. 指令格式

FNC 41：　DECO　【P】　　　　　　　　程序步：7

可用软元件见表 10-12。

表 10-12　DECO 指令可用软元件

操作数	位元件				字元件									常数	
	X	Y	M	S	KnX	KnY	KnM	KnS	T	C	D	V	Z	K	H
S.	●	●	●	●					●	●	●	●	●	●	●
D.		●	●	●					●	●	●				
n														●	●

梯形图如图 10-18 所示。

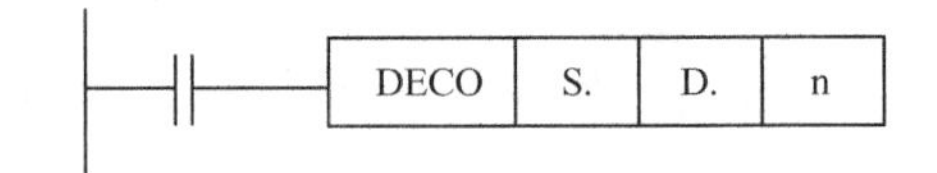

图 10-18　DECO 指令梯形图

操作数内容与取值如下：

操作数	内容与取值
S.	译码输入数据或其存储字元件地址或其位元件组合首址
D.	译码输出数据存储字元件地址或其位元件组合首址
n	S 中数据的位点数，n=1～8

解读：在驱动条件成立时，由源址 S 所表示的二进制值 m 使终址 D 中编号为 m 的位元件或字元件中 b_m 位置 ON。S 的位数指定为 2^n 位。

2. 指令应用

（1）根据上一节译码器知识，指令 DECO 时间功能就是把源址 S 中所表示数值（相当于译码器输入）来控制终址中编号为 m 的位元件或字元件中 b_m 位置 ON。

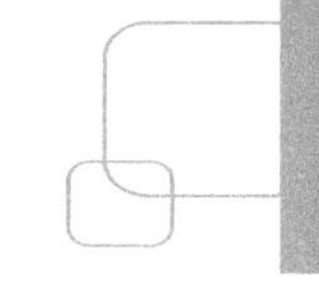

【例 1】　说明指令 DECO　X0　M10　K3 执行功能。

分析：K3 表示源址为 3 位位元件 X2,X1,X0 组成的输入编码。M10 表示译码输出控制为 M10～M17 这 8 个位元件。

执行功能：(X2 X1 X0)=Km 则编号为 M（10+m）置 ON。如图 10-19 所示，(X2,X1,X0)=(101)=K5，则 M15 置 ON。

【例 2】　说明指令 DECO　X0　D0　K4 执行功能。

分析：K4 表示源址是 4 位位元件 X3,X2,X1,X0 组成的输入编码。D0 表示译码输出控制为 D0 的 b0～b15 这 16 个二进制位。

执行功能：(X4,X3,X2,X1)=Km，则 D0 中 bm 位置 ON。如图 10-20 所示，(X4,X3,X2,X1)=(1001)=K 9，则 D0 中的 b9 置 ON。

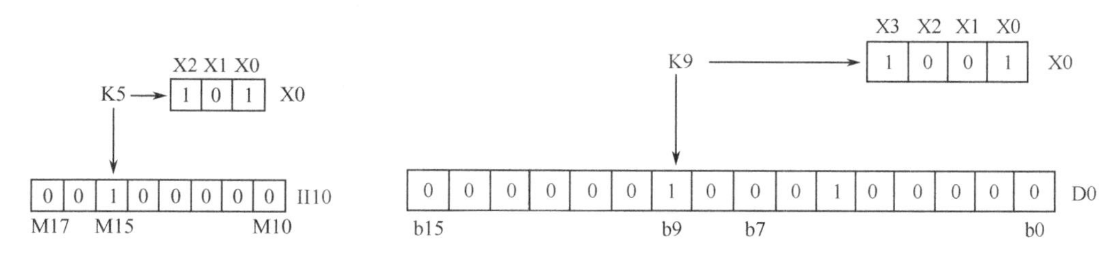

图 10-19　DECO 指令例 1 示意图　　　图 10-20　DECO 指令例 2 示意图

【例 3】　说明指令 DECO　D0　M0　K3 执行功能。

分析：K3 表示源址时寄存器 D0 的低 3 位 b2b1b0 组成的输入编码，M0 表示译码输出控制为 M0～M7 这 8 个位元件。

执行功能：D0 的低 3 位 b2b1b0 的值为 Km，则编号为 M（0+Km）置 ON，如图 10-21 所示，(D0)=K7，则 M7 置 ON。

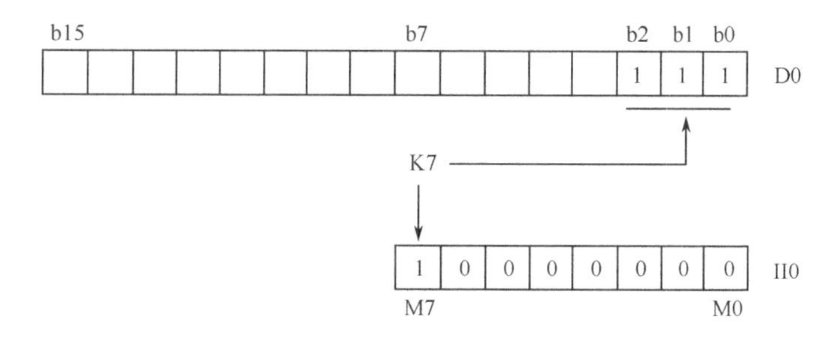

图 10-21　DECO 指令例 3 示意图

【例 4】　说明指令 DECO　D0　D10　K4 执行功能。

分析：K4 表示源址时寄存器 D0 的低 4 位 b3b2b1b0 组成的输入编码，D10 表示译码输出控制 D10 的 b0～b15 这 16 个二进制位。

执行功能：(D0)=Km。则 D10 中的 bm 位置 ON。如图 10-22 所示，(D0)=K12，则 D10 中的 b12 置 ON。

（2）应用注意。

① n 的取值。当终址为字元件时，1≤n≤4。当终址为位元件时，1≤n≤8。当 n=0，指令为不执行。

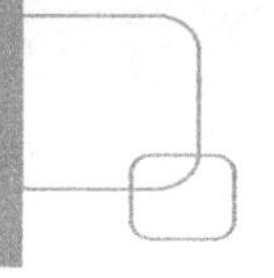

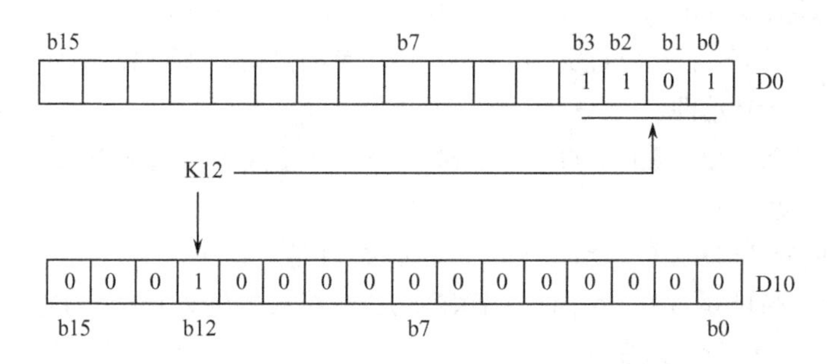

图 10-22　DECO 指令例 4 示意图

② 当终址为位元件时，如 n 在 K1～K8 之间变化，则相应位元件编号为 0～255 的值，但如果这样做，则编号为 0～255 的位元件全部被占用，不能被其他控制所用。

③ 驱动条件为 OFF 时，指令停止执行，但已经在运行的译码输出会保持之前的 ON/OFF 状态。

译码指令 DECO 在使用中常用作软开关，以补充输入点不足。

【例 5】 试用一个按钮控制三台电机 A,B,C 的启动，控制要求是：按一下，启动 A，又按一下，停止 A，启动 B，又按一下，停止 B，启动 C，又按一下，停止 C……如此循环。

梯形图程序如图 10-23 所示。

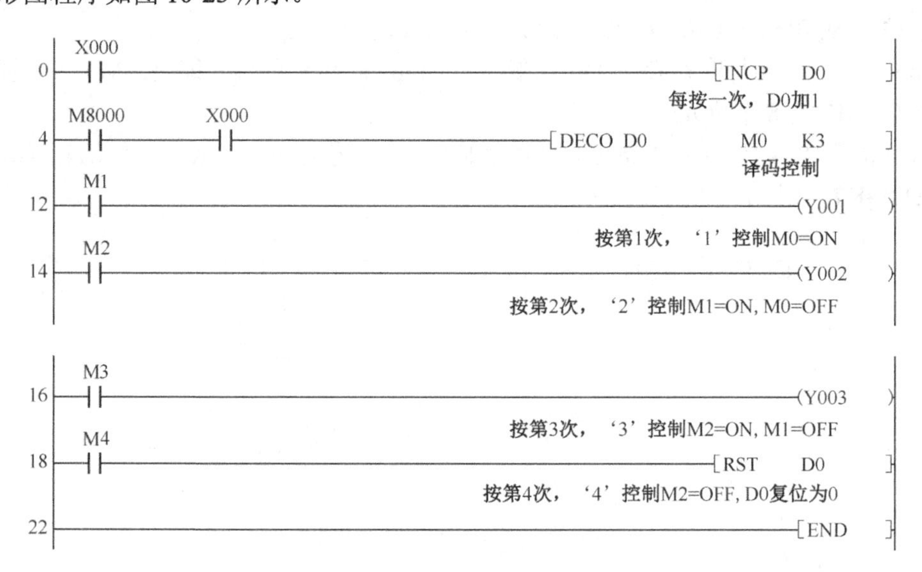

图 10-23　DECO 指令例 5 程序梯形图

此题中，稍作改动，就是一个 3 波段软开关，如图 10-24 所示。

【例 6】 图 10-25 所示为一三相六拍步进电机脉冲系列，要求编制梯形图程序输出符合要求的脉冲系列。

梯形图程序如图 10-26 所示。

程序中，DECO 指令起着指定输出的功能。当第一个脉冲未到时，D0=0,M20 输出；同时 D0 加 1 变 D0=1。第二个脉冲来到就变为 M21 输出，同时 D0 加 1 变 D0=2；以此类推，第 2,4,5,6 个脉冲输出为 M22,M23,M24,M25，输出到第 7 个脉冲时，M26 输出复位 D0，一个新的周期脉冲开始。

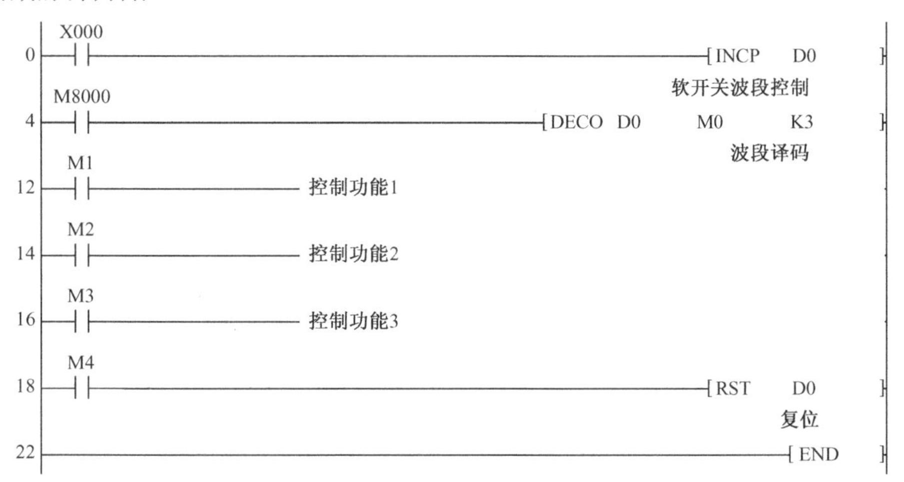

图 10-24　DECO 指令软开关程序梯形图

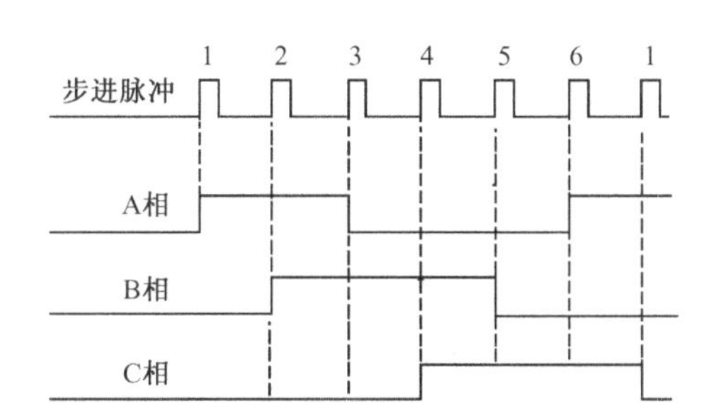

图 10-25　三相六拍步进电机脉冲序列

10.3.3　编码指令 ENCO

1. 指令格式

FNC 42：　ENCO　　程序步：7

可用软元件见表 10-13。

表 10-13　ENCO 指令可用软元件

操作数	位元件				字元件									常数	
	X	Y	M	S	KnX	KnY	KnM	KnS	T	C	D	V	Z	K	H
S.	●	●	●	●					●	●	●	●	●		
D.									●	●	●	●	●		
n														●	●

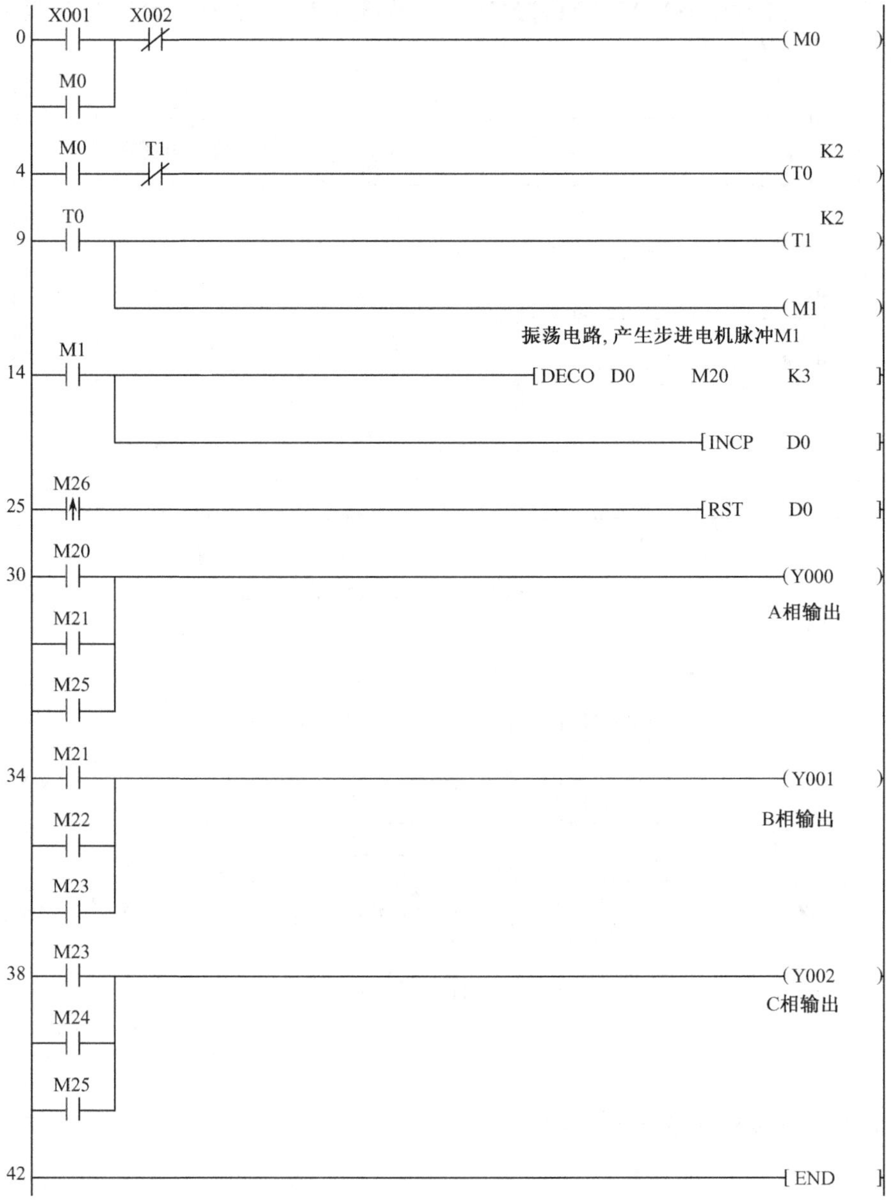

```
     X001   X002
0  ──┤ ├────┤/├──────────────────────────────( M0    )
     M0
   ──┤ ├──┘
     M0     T1                                  K2
4  ──┤ ├────┤/├──────────────────────────────( T0    )
     T0                                         K2
9  ──┤ ├─────────────────────────────────────( T1    )
          └──────────────────────────────────( M1    )
                              振荡电路，产生步进电机脉冲M1
     M1
14 ──┤ ├──────────────────────[DECO  D0   M20   K3  ]
          └───────────────────────────[INCP   D0    ]
     M26
25 ──┤↑├──────────────────────────────[RST    D0    ]
     M20
30 ──┤ ├─────────────────────────────────────( Y000  )
     M21                                       A相输出
   ──┤ ├──┤
     M25
   ──┤ ├──┘
     M21
34 ──┤ ├─────────────────────────────────────( Y001  )
     M22                                       B相输出
   ──┤ ├──┤
     M23
   ──┤ ├──┘
     M23
38 ──┤ ├─────────────────────────────────────( Y002  )
     M24                                       C相输出
   ──┤ ├──┤
     M25
   ──┤ ├──┘
42 ──────────────────────────────────────────[ END   ]
```

图 10-26　DECO 指令用于步进电机梯形图

梯形图如图 10-27 所示。

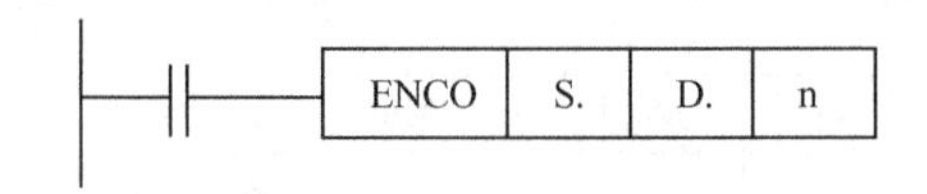

图 10-27　ENCO 指令梯形图

操作数内容与取值如下：

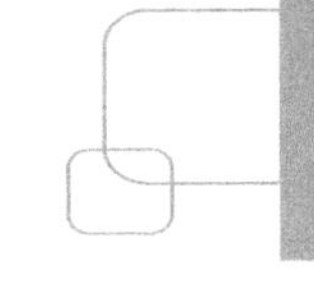

操　作　数	内容与取值
S.	编码输入数据存储字元件地址或其位元件组合首址
D.	编码输出数据存储字元件地址
n	D 中数据的位点数，n=1～8

解读：当驱动条件成立时，把源址 S 中置 ON 的位元件或字元件中置 ON 的 bit 的位置值转换成二进制整数传送到终址 D。S 的位数指定为 2^n 位。

2. 指令应用

（1）ENCO 指令是 DECO 指令的逆指令，其功能正好与 DECO 相反。它是把置 ON 的位元件或 Bit 位的位置值变成 BCD 码送到终址。

ENCO 指令的源址可为位元件或字元件，而其终址只能是字元件。

【例 7】　说明指令 ENCO　M0　D10　K4 的执行功能。

分析：K4 表示源址时 2^4=16 个位元件，从 M0～M15。

执行功能：将 M0～M15 中置 ON 的位元件的位置编号转换成 BIN 码传送到 D10 中，如图 10-28 所示。

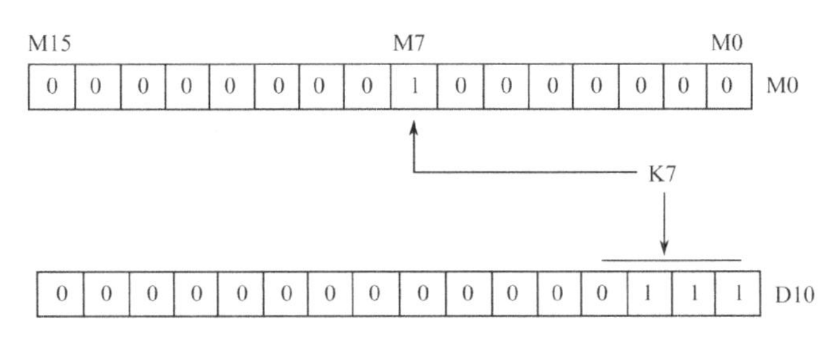

图 10-28　ENCO 指令例 1 示意图

【例 8】　说明指令 ENCO　D0　D10　K3 的执行功能。

分析：K3 表示取源址 D0 的低 2^3=8 位，从 b0～b7。

执行功能：将 b0～b7 中置 ON 的 bit 位的位置编号转换成 BIN 码传送到 D10 中，如图 10-29 所示。

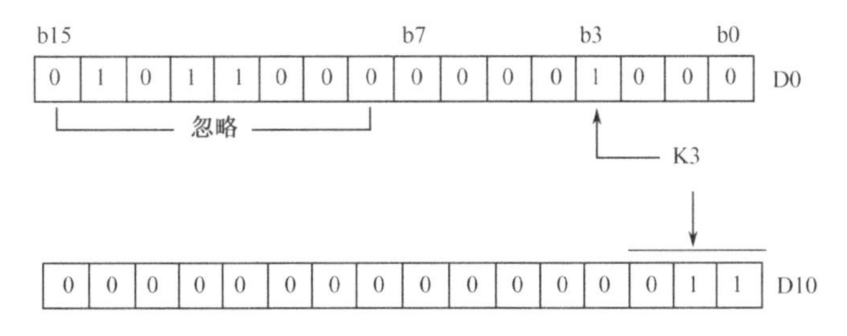

图 10-29　ENCO 指令例 2 示意图

（2）应用注意。

① n 的取值。当源址为位元件时，1≤n≤8，其编码范围 0～255；当源址为字元件时，1≤n≤4，其编码范围为 0～15。

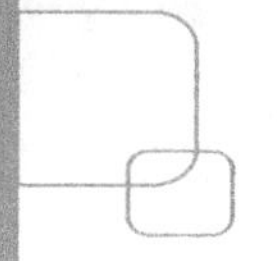

② 如果源址中有多个“1”时，对最高位的“1”位进行编码，而忽略其余的“1”位。

③ 驱动条件位 OFF 时，指令停止执行，但已经运行的编码输出会保持状态。

（3）ENCO 指令常用在位置显示中，例如，电梯的楼层显示。电梯的每一层都有一个检测开关，电梯行至该层时，检测开关 ON，相对于一组位元件中“1”的位置值，通过 ENCO 指令转换成该楼层的 BCD 编码，然后再把编码显示到轿厢的显示板上。梯形图程序如图 10-30 所示。

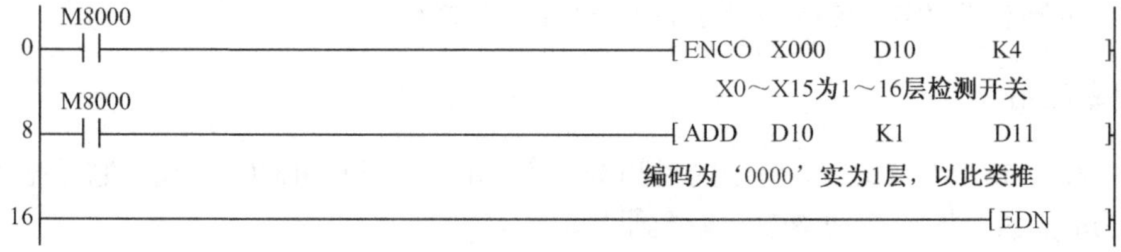

```
    M8000
0 ──┤ ├──────────────────[ENCO  X000   D10   K4 ]
                          X0～X15为1～16层检测开关
    M8000
8 ──┤ ├──────────────────[ADD   D10    K1    D11]
                          编码为‘0000’实为1层，以此类推
16 ──────────────────────[EDN                   ]
```

图 10-30　ENCO 指令电梯楼层显示应用梯形图

【例 9】 在第 7 章中，曾经以 6 工位料车控制为例，并给出了采用传送和比较指令编制的控制程序。在这里，利用 ENCO 指令来编制控制程序。有关 6 工位送料小车的控制要求及 I/O 地址分配等可参看第 7 章 7.5.2 节例 2。

程序梯形图如图 10-31 所示。

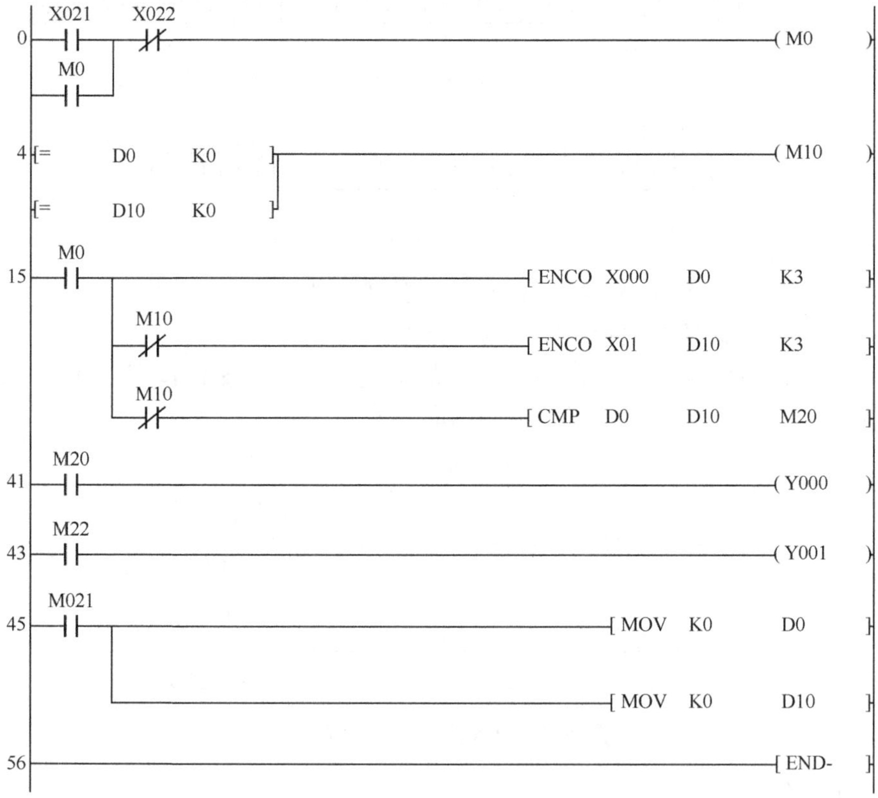

```
    X021    X022
0 ──┤ ├──┬──┤/├─────────────────────────( M0   )
    M0   │
    ┤ ├──┘
4 [=   D0    K0  ]┬─────────────────────( M10  )
  [=   D10   K0  ]┘
    M0
15 ─┤ ├──┬──────────────[ENCO  X000   D0    K3 ]
         │  M10
         ├──┤/├─────────[ENCO  X01    D10   K3 ]
         │  M10
         └──┤/├─────────[CMP   D0     D10   M20]
    M20
41 ─┤ ├─────────────────────────────────( Y000 )
    M22
43 ─┤ ├─────────────────────────────────( Y001 )
    M021
45 ─┤ ├──┬──────────────[MOV   K0     D0       ]
         └──────────────[MOV   K0     D10      ]
56 ─────────────────────[END-                  ]
```

图 10-31　ENCO 指令 6 工位小车控制应用梯形图

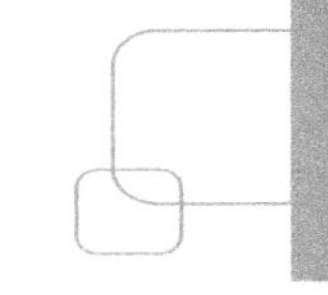

10.4　位“1”处理指令

10.4.1　位“1”总和指令 SUM

1. 指令格式

FNC 43:【D】SUM 【P】　　　　　　　　　　程序步：5/9

可用软元件见表 10-14。

表 10-14　SUN 指令可用软元件

操作数	位元件				字元件									常数	
	X	Y	M	S	KnX	KnY	KnM	KnS	T	C	D	V	Z	K	H
S.					●	●	●	●	●	●	●	●	●	●	●
D.						●	●	●	●	●	●	●	●		

梯形图如图 10-32 所示。

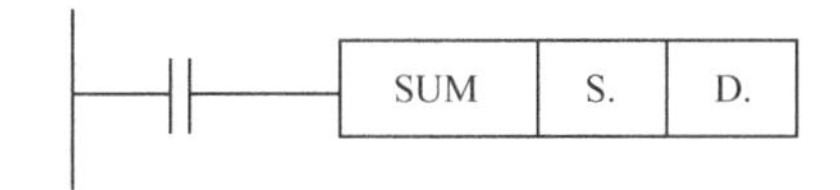

图 10-32　SUM 指令梯形图

操作数内容与取值如下：

操 作 数	内容与取值
S.	被统计的二进制数或其存储字元件地址
D.	统计结果存储字元件地址

解读：当驱动条件成立时，对源址 S 表示的二进制数（16 位或 32 位）中为“1”的个数进行统计，并将统计结果送到终址 D。

2. 指令应用

（1）SUM 指令是对源址中含有“1”的位数进行计数。当源址为组合位元件时，对位元件为“ON”的个数进行计数；当源址为字元件或常数 K,H 时，对其二进制数表示的位值为“1”的二进制位计数。计数结果以二进制数传送到终址。

【例 1】　试求指令 SUM　K21847　D0　执行后 (D0)=?

K21847 写成二进制数如图 10-33 所示，其中为“1”的二进制位共 9 个，则 (D0)=K9。

（2）指令在 32 位运算时，是统计 S 和 S+1 中为“1”的个数，而终址低位 (D) 保持统计结果，高位 (D+1)=K0。

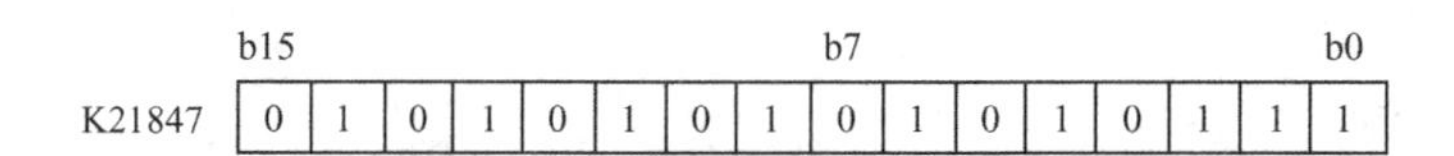

图 10-33　例 1 图示

（3）仅当源址 S=K0 时，零标志位 M8020 置 ON。
（4）驱动条件为 OFF 时，指令不执行，但已经运行的程序结果输出会保持。

10.4.2　位“1”判别指令 BON

1. 指令格式

FNC 44:【D】BON 【P】　　　　　　　　　　程序步：7/13
可用软元件见表 10-15。

表 10-15　BON 指令可用软元件

操作数	位元件				字元件									常数	
	X	Y	M	S	KnX	KnY	KnM	KnS	T	C	D	V	Z	K	H
S.					●	●	●	●	●	●	●	●	●	●	●
D.		●	●	●											
n											●			●	●

梯形图如图 10-34 所示。

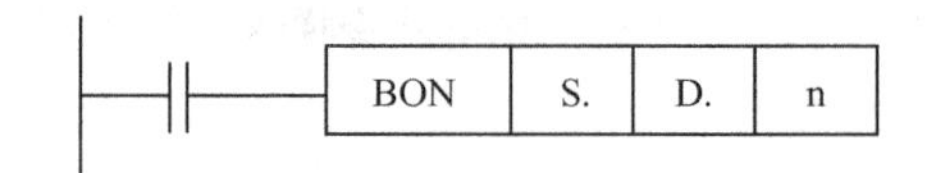

图 10-34　BON 指令梯形图

操作数内容与取值如下：

操作数	内容与取值
S.	用来进行控制 D 的状态数据或其存储字元件地址
D.	被控制状态的位元件地址
n	源址 S 中指定位的位置，n=K0～K15 或 n=K0～K31

解读： 当驱动条件成立时，将源址中指定的第 n 位位元件或字元件中第 b_n 位的状态（1 或 0）控制终址位元件 D 状态。

2. 指令应用

（1）BON 指令中，n 为源址的指定位。指令功能就是将该位状态（1 或 0）来控制终址 D（位元件）的状态。用指令 BON　D0　M0　n 的图示来说明，如图 10-35 所示。

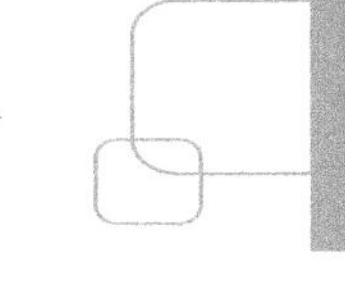

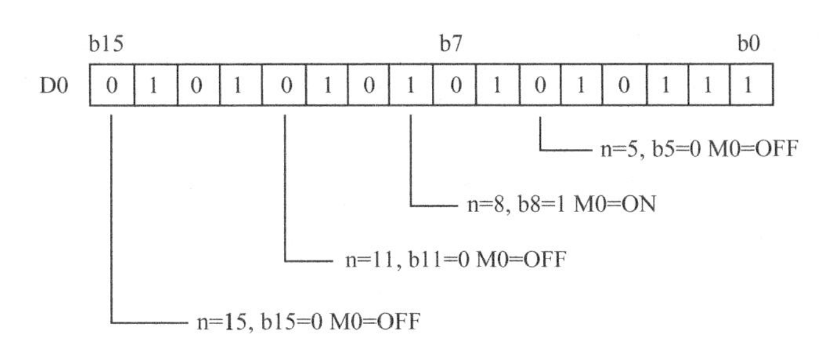

图 10-35　BON 指令执行图

（2）如果源址 S 为常数 K,H 时，会自动转换成二进制数才执行 BON 指令。

BON 指令常常用来判断某数是正数还是负数（n 指定为最高位）或者是奇数还是偶数（n 指定为最低位）等功能。

【例 2】　编写求某数（D0）的绝对值程序，程序梯形图如图 10-36 所示。

```
    M8000
0 ──┤ ├──[<>   D0   K-32768]──────────[BON   D10   M0   K15]

    M0
13──┤ ├──┬────────────────────────────[NEGP  D0]
         │
         └────────────────────────────[RST   M10]

18────────────────────────────────────[END]
```

图 10-36　例 2 程序梯形图

注意：K–32768 的补码仍为 K–32768，必须排除在外。如为 32 位指令，则同样 K–2147483648 必须排除在外。

10.5　信号报警指令

10.5.1　控制系统的信号报警

故障报警程序是 PLC 工业控制程序中一个非常重要的组成部分，工业控制系统中的故障是多种多样的，有些在程序设计时已分析考虑到，而有些直到故障出现才知道还有这样的故障。本节仅就信号报警指令所涉及的故障报警知识作一些介绍。

最常用的报警方式是限位报警。这种报警方式是当被控制量超过所规定的范围时，通过机械的、气动的、液动的和电子电路带动一个机械开关或电磁继电器，并通过它的触点的动作去完成报警处理功能及报警信号的输出。

限位报警一般是控制系统本身的要求，也是程序设计中所必须考虑的问题，但在实际控制系统中，有些故障虽然不是经常发生，却存在发生的可能。而且故障的原因大都是因为系统外部的原因所产生，例如，机械的、气动及液动的硬故障，而且，它们都不发生在限位值

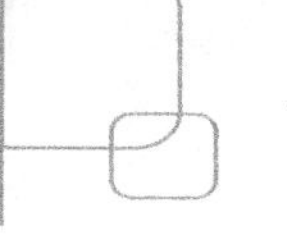

上，而是发生在过程中。有些虽发生在限位上，但由于限位开关的失灵而不能报警或者是虽发生限位处，但由于被控制量的波动，经常会瞬时限位，如仍按照限位报警方式会引起频繁地报警，具体的实际例子可参看 10.5.2 节。

当发生上述情况时，一般都采用时间作为故障的判别条件。即在一定的时间段内，如果应该检查到信号而未检测到，或者检测到的时间超过规定值，则立刻给出报警信号，例如，小车在前进时，本应在 2s 到达 B 点，后因小车机械故障停止前进。这时，可在 B 点设置一信号开关。小车开车后，启动定时器工作，如果在 2s 内未停止定时器的计时，表示小车未按时到达 B 点，发生故障启动报警输出（当然，如果小车无故障，而信号开关失灵也一样报警）。程序梯形图如图 10-37 所示。

```
     Y000     X000                                              K20
0 ───┤ ├──────┤/├────────────────────────────────────────────( T0     )
     运行     开关B
     T0
5 ───┤ ├──┬──────────────────────────────────────────────────( Y010   )
          │                                                   报警输出
          │  X010
          └──┤ ├─────────────────────────────────────────────[ RST  Y000 ]
             复位
9 ───────────────────────────────────────────────────────────[ END    ]
```

图 10-37　时间报警程序梯形图

FX_{2N} PLC 为上述定时报警功能专门开发了一个功能指令——信号报警设置指令 ANS。利用 ANS 指令编制报警程序则简单得多。

一般报警信号均由电铃、警示灯声光显示。发生报警时，如果故障不排除，则声光信号也不消失，而声光信号长期报警会影响故障排除工作。在继电控制中，是设计一段声光信号解除电路完成声光信号复位的。在 PLC 的报警程序中，同样也设置声光信号解除复位按钮如图 10-37 所示中 X10 完成声光信号复位。

针对 ANS 指令中的报警专用状态继电器 S900～S999 的复位，FX_{2N} PLC 又开发了与 ANS 指令配套使用的信号报警复位指令 ANR。

10.5.2　信号报警设置指令 ANS

1. 指令格式

FNC 46:　　ANS　　　　　　程序步：7

可用软元件见表 10-16。

表 10-16　ANS 指令可用软元件

操作数	位元件				字元件									常数	
	X	Y	M	S	KnX	KnY	KnM	KnS	T	C	D	V	Z	K	H
S.									●						
m											●			●	●
D.				●											

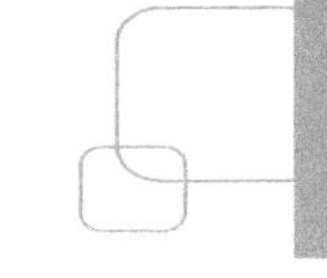

梯形图如图 10-38 所示。

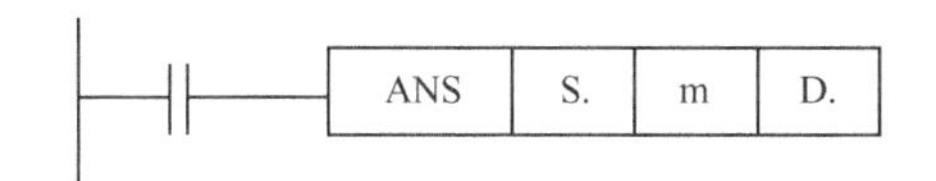

图 10-38　ANS 指令梯形图

操作数内容与取值如下：

操　作　数	内容与取值
S.	故障发生判断时间的定时器编号，T0～T199
m	定时器的定时设定值或其存储字元件地址，m=1～32 767（单位 100ms）
D.	设定的信号报警位元件，S900～S999

解读： 当驱动条件成立的时间大于由 S 所设置的定时器的定时时间（定时时间 =m×100ms）时，则报警信号位元件 D 为 ON。

2. 指令应用

（1）相关特殊软元件，见表 10-17。

表 10-17　相关特殊软元件

编　　号	名　　称	功能和用途
M8049	信号报警器监视继电器	M8049 置 ON 后，D8048 才能保存报警位元件 S 的编号，M8048 才能置 ON
[M8048]	信号报警继电器	仅当 M8049=ON 且 S900～S999 中任一位元件动作时，M8048 才置 ON，M8048 是触点利用型特殊继电器
D8048	信号报警状态继电器最小位元件编号	仅保存 S900～S999 中动作的最小位元件编号且内容随 ANR 指令执行一次修改一次
S900～S999	信号报警用状态继电器	共 100 个，在信号报警设置指令 ANS 中设置，如果指令 ANS 执行中该继电器被接通的话，则指令的驱动条件断开后状态继电器仍保持接通状态（相当于被 SET 置位），仅能用 RST 指令和信号报警复位指令 ANR 对其进行复位

（2）指令执行时，如驱动条件为 ON 的时间小于指令中定时器的设定值（m×100ms）时，由 D 设定报警状态位元件则不动作，且定时器的当前值复位。此外，驱动条件一旦为 OFF，定时器复位。时序如图 10-39 所示。

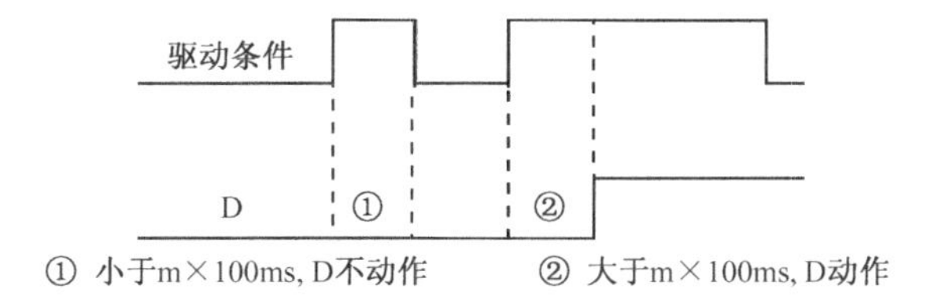

图 10-39　ANS 指令时序图

（3）指令的应用情况试用下面例子说明。

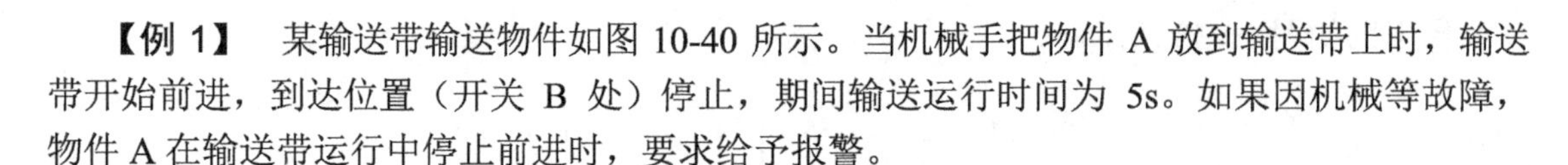

【例 1】 某输送带输送物件如图 10-40 所示。当机械手把物件 A 放到输送带上时，输送带开始前进，到达位置（开关 B 处）停止，期间输送运行时间为 5s。如果因机械等故障，物件 A 在输送带运行中停止前进时，要求给予报警。

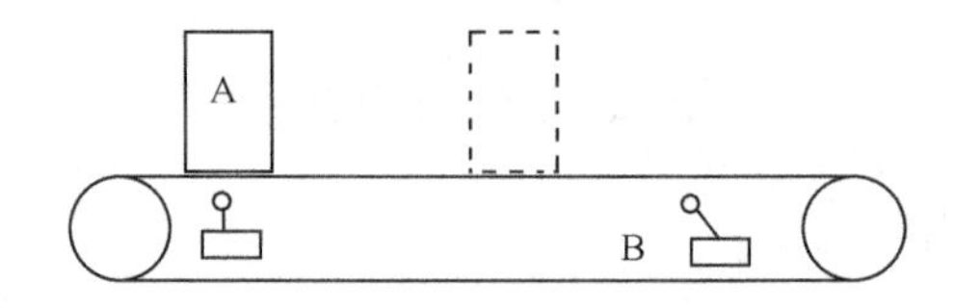

图 10-40　例 1 示意图

报警程序如图 10-41 所示。

```
      Y000    X001
 0 ──┤ ├────┤/├──────────────────[ANS   T0    K50    S900 ]
      运行    开关B                             5s
      S900
 9 ──┤ ├─────────────────────────────────────────(Y010    )
                                                 报警输出
11 ──────────────────────────────────────────────[END     ]
```

图 10-41　例 1 程序梯形图

实际运行中，该程序可对两种情况进行信号报警，一是由于机械故障，物件 A 停止前进，二是物件 A 虽前进，但由于开关 B 失灵而不能使物件停止时。

【例 2】 卧式铣床工作台在往复运动时，两边有 4 个限位开关，其中内侧两个是控制往复运动的换向开关。外侧两个是限位开关，防止换向开关失灵时，紧急停止（图 10-42）。如果工作台往复一次时间为 4s，试设计当换向开关和限位开关都失灵时的报警程序。

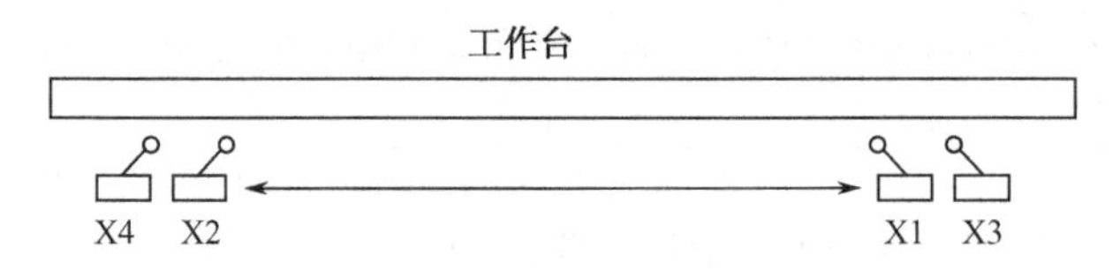

图 10-42　例 2 示意图

报警程序如图 10-43 所示。

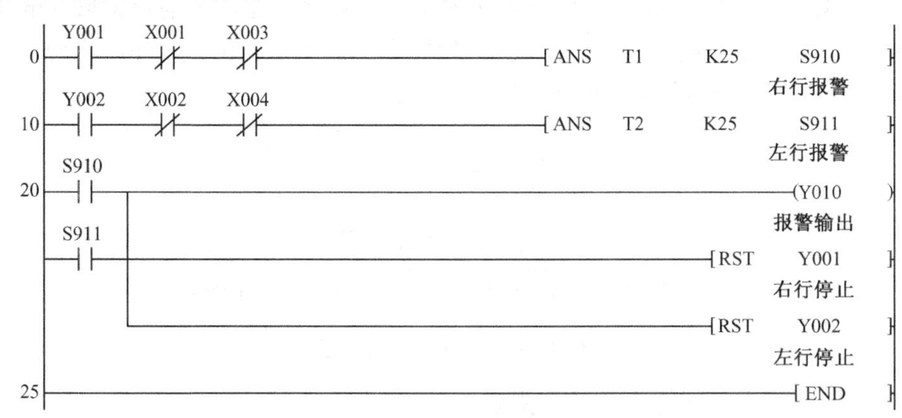

图 10-43　例 2 程序梯形图

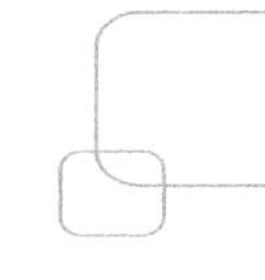

【例 3】 在水位检测中，当水位超过限制水位时，必须报警输出。为防止水位波动而瞬时超限引起频繁报警。希望水位超过限制水位一定时间后，才确认水位超限，发出报警信号。

分析： 这种情况下，可采取 ANS 指令设计，其中延迟时间由时间工况决定。梯形图程序由读者自行完成。

10.5.3　信号报警复位指令 ANR

1. 指令格式

FNC 47：　　ANR 【P】　　　　　　　程序步：1

指令无可用软元件。梯形图如图 10-44 所示。

解读： 当驱动条件成立时，对信号报警状态继电器 S900～S999 中已经置 ON 的编号 S 的状态继电器进行复位。

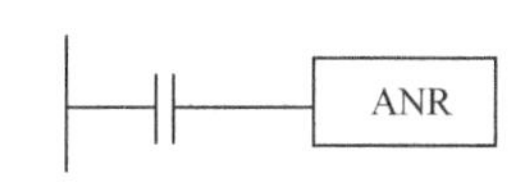

图 10-44　ANR 指令梯形图

2. 指令应用

（1）复位工作过程。

当程序中有一个信号报警器置 ON 时，驱动条件成立后，即对该信号报警器复位。

如果程序中有多个报警器置 ON 时，驱动条件每动作一次就复位一个编号最小的信号报警器。由编号小到编号大依次将信号报警器全部复位。而 D8049 寄存器始终保存未复位的信号报警器的最小编号。了解信号报警器的编号，就可以知道故障源的所在。

ANR 指令仅对已经排除故障源的信号报警器复位有效。不能对故障源未排除的信号报警器（引起信号报警器置 ON 的条件仍然成立）进行复位。

图 10-45 所示为多个信号报警器典型应用程序梯形图。

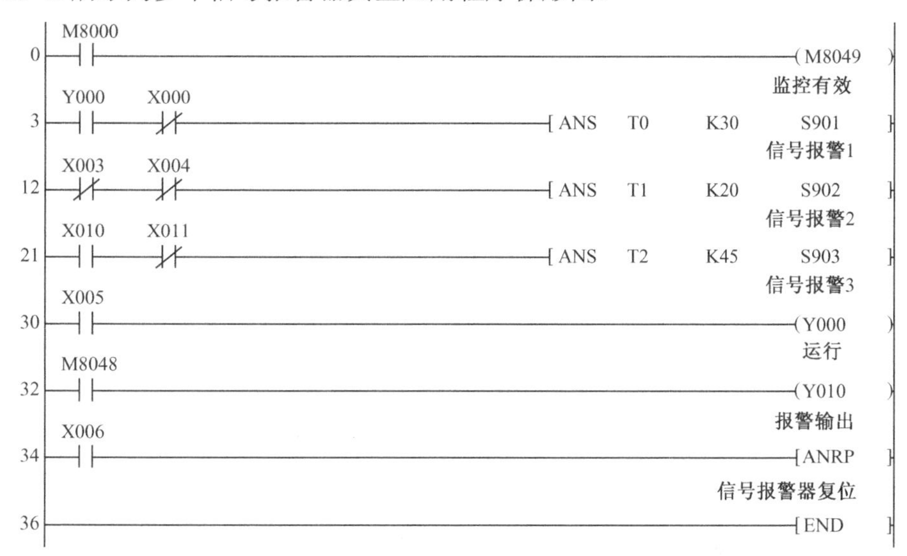

图 10-45　ANS,ANR 指令应用程序梯形图

ANR 指令可以对由指定 ANS 引起置位的信号报警器 S900～S999 进行复位，也可以对

用指令 SET 或 OUT 置位的信号报警器进行复位。这说明 ANR 指令可以和 ANS 指令配合使用，也可以单独应用。

（2）脉冲执行型。

使用指令 ANR（连续执行型），在驱动条件成立时，每个扫描周期都会执行一次。使用指令 ANRP（脉冲执行型），驱动条件每通断一次，指令执行一次。一般应用建议采用 ANRP。

（3）图 10-45 所示的程序，ANR 指令使用每次只能复位一个信号报警器，而且，当最低编号的信号报警器的故障源未排除时，不能复位编号较大的信号报警器，在这某些场合下，对故障源的寻找会有困难。因此，希望不管编号大小，找到一个复位一个。图 10-46 所示的程序能完成这种要求。图中，最后一行为演示程序，在仿真时可以看到当 S903 最先复位时，D8049 中仍为 901。

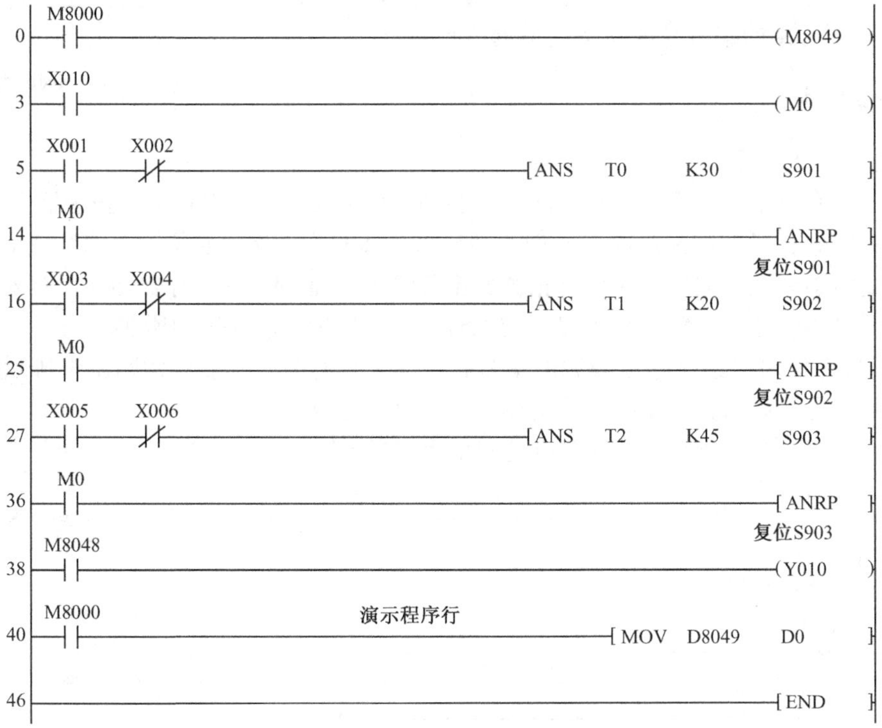

```
0   M8000                                         (M8049)
3   X010                                          (M0)
5   X001   X002(常闭)          [ANS   T0   K30   S901]
14  M0                                            [ANRP]   复位S901
16  X003   X004(常闭)          [ANS   T1   K20   S902]
25  M0                                            [ANRP]   复位S902
27  X005   X006(常闭)          [ANS   T2   K45   S903]
36  M0                                            [ANRP]   复位S903
38  M8048                                         (Y010)
40  M8000        演示程序行    [MOV   D8049   D0]
46                                                [END]
```

图 10-46　多个 ANR 指令应用程序梯形图

10.6　数据处理指令

10.6.1　分时扫描与选通

本节介绍的 3 种数据处理指令都是对一组数据而言，功能指令中，大多数指令是对单个数据进行处理的。指令 MTR 为数据采集指令（又称矩阵输入指令），其功能是对外部开关量进行采集，最多可输入 64 个开关状态信号。指令 SER 和 SORT 数据表处理指令。数据表是在存储区中连续存储的一组数据，数据可大可小，大的占到某个存储区，小的只有几个十几个数据。数据表由行和列组成，代表某种实际含义，例如，学生的学科成绩、商品的销售数量等。对数据表进行处理的内容有检索、排序、求极值、求和、求平均值、清零等。SER 为数据表检索指令，检索一组数据是否有要查找的数，其最大值和最小值。SORT 指令为数据表排序指令对数据表中指定的列进行升序排列。

PLC 的开关量状态信号都是通过输入口 X 输入的，如果需要输入 64 个开关量信号，那就需要 64 个输入口，显然这是很不经济的，在实际应用中一般是通过分时扫描选通输入的方式来解决的。

那么，什么是分时扫描和选通呢？下面通过图 10-47 来说明。图中，PLC 的输入口接入两列开关。这两列开关都接入 X10～X17，而且其公共端分别通过开关 K1,K2 接入 PLC 的公共端。如果没有 K1,K2 则当输入口 X10 为 ON 时，PLC 就无法判断是第 1 列的开关为 ON 还是第 2 列的开关为 ON 或是两列开关都为 ON，而有了 K1 和 K2 后，则可以通过 K1,K2 的分别接通来控制第 1 列还是第 2 列的输入。把这种由开关的选择来控制信号的输入称为选通，而 K1,K2 也称选通开关。如果把 K1,K2 接通的时间按图 10-48 那样的时序进行，称为分时扫描。利用这种信号控制不同列的信号为分时扫描选通输入。

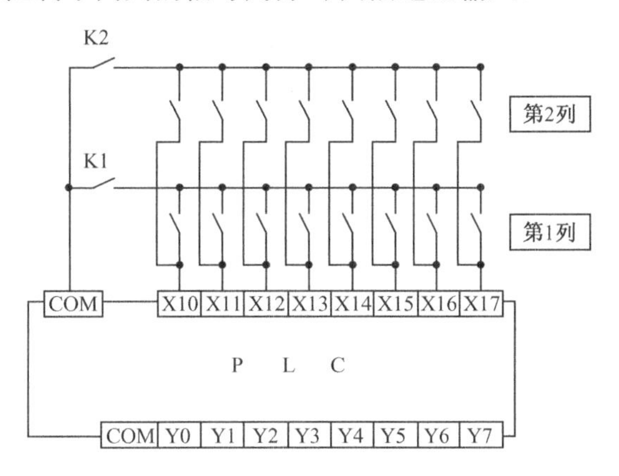

图 10-47　选通示意图

通过分时扫描选通的方式，使信号的输入接口数量大为减少，同样，如果在 PLC 的输出口上需要 7 段数码管方式显示，也可采用分时扫描选通的方式使输出口大为减少，如图 11-48 所示。

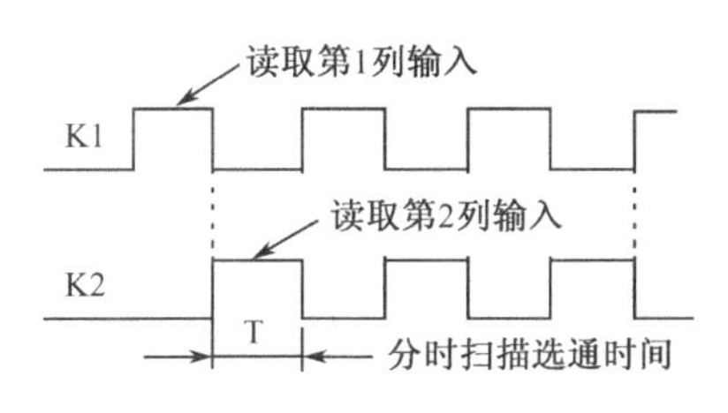

图 10-48　分时扫描选通时序图

在 PLC 控制中，一般选通信号是通过输出口 Y 的分时扫描信号完成的。其示意图及时序图如图 10-49 所示。

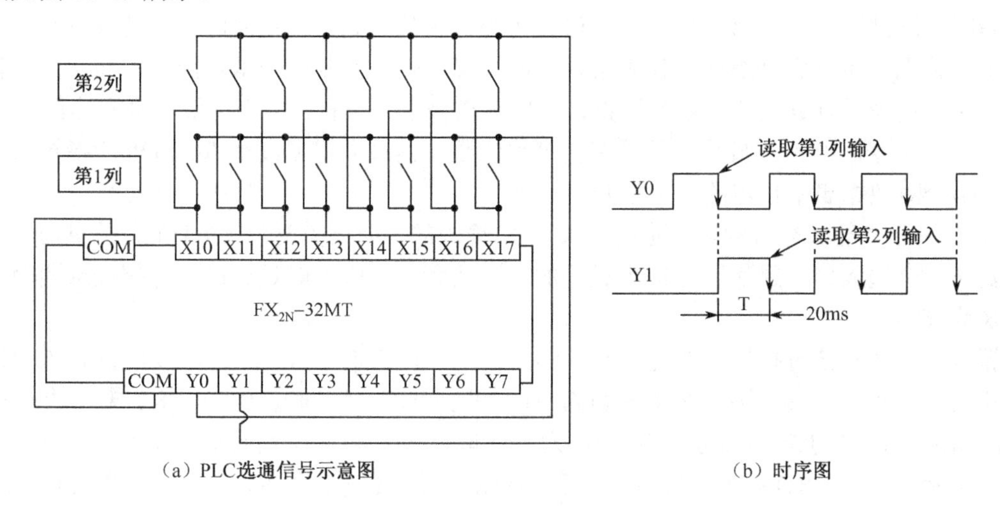

（a）PLC选通信号示意图　　（b）时序图

图 10-49　PLC 分时扫描选通时序图

在 PLC 的模拟量控制中也会经常用到分时扫描程序来分时接收输入模拟量信号和输出控制或显示信号，在通信控制中，利用同一 RS 指令传送不同的控制信号也会用到分时扫描程序。分时扫描程序设计有很多种，图 10-50 所示为 3 个选通分时扫描程序梯形图，图 10-51 所示为其时序图。D0 为扫描选通时间。

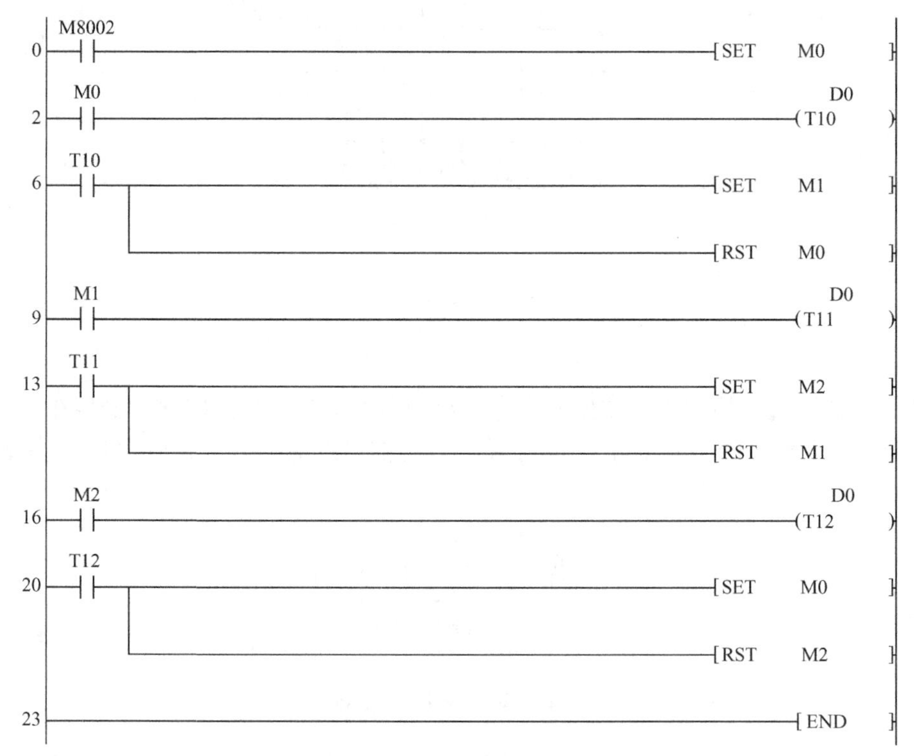

图 10-50　分时扫描程序梯形图

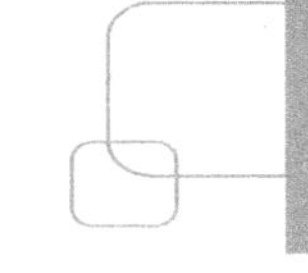

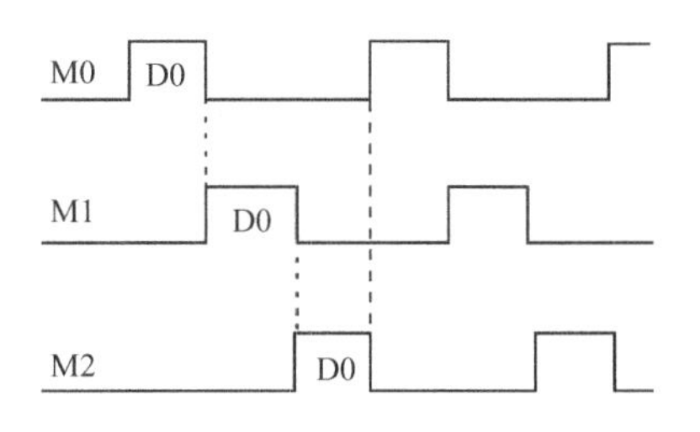

图 10-51　分时扫描程序时序图

10.6.2　数据采集指令 MTR

1. 指令格式

FNC 52:　　MTR　　　　　　　　　　程序步：9

可用软元件见表 10-18。

表 10-18　MTR 指令可用软元件

操作数	位元件				字元件									常数	
	X	Y	M	S	KnX	KnY	KnM	KnS	T	C	D	V	Z	K	H
S	●														
D1		●													
D2		●	●	●											
n														●	●

梯形图如图 10-52 所示。

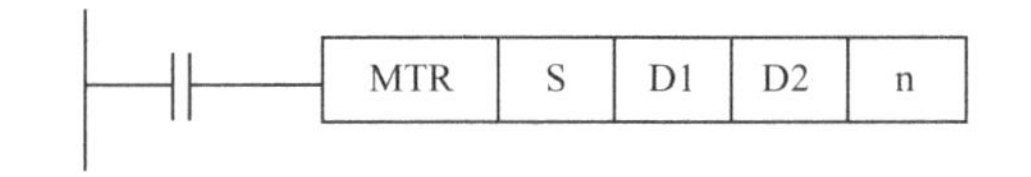

图 10-52　MTR 指令梯形图

操作数内容与取值如下：

操作数	内容与取值
S	采集信号输入口位元件首址，只能以 X0,X10,X20 等作为首址，占用 8 个点
D1	选通信号输出口位元件首址，只能以 Y0,Y10,Y20 等作为首址，占用 n 个点
D2	采集信号存储位元件首址，只能以 Y0,Y10,Y20 等及 M0,M10,M20 等和 S0,S10,S20 等作为首址，占用 n×8 点或 n×8 点个位软元件，不能与 D1 取值重复
n	采集信号矩阵输入的列数，每列 8 个信号输入，2≤n≤8

解读：当驱动条件成立时，指令以选通的方式，依次从 S 所确定的输入口分时读取 n 列开关量状态信号送入以 D2 为首址所确定的位元件中。分时选通信号由 D1 为首址所确定输出口发出。

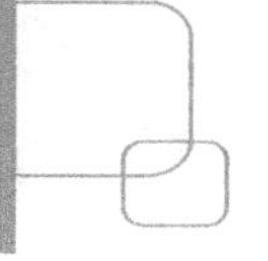

2. 指令应用

（1）外部接线与读取时序。

MTR 指令实际上是一采集 PLC 外接开关矩阵的开关量状态信息的指令，现以图 10-53 所示指令说明。

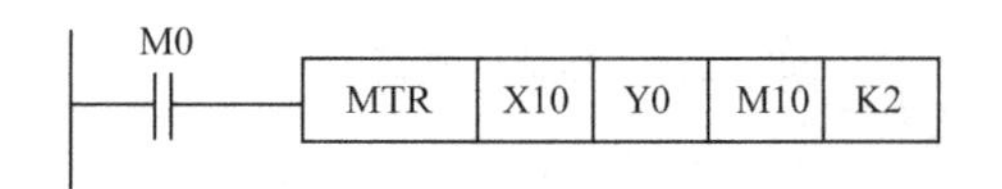

图 10-53　MTR 指令应用

如图 10-53 所示指令操作相对应的外部接线图如图 10-54 所示。

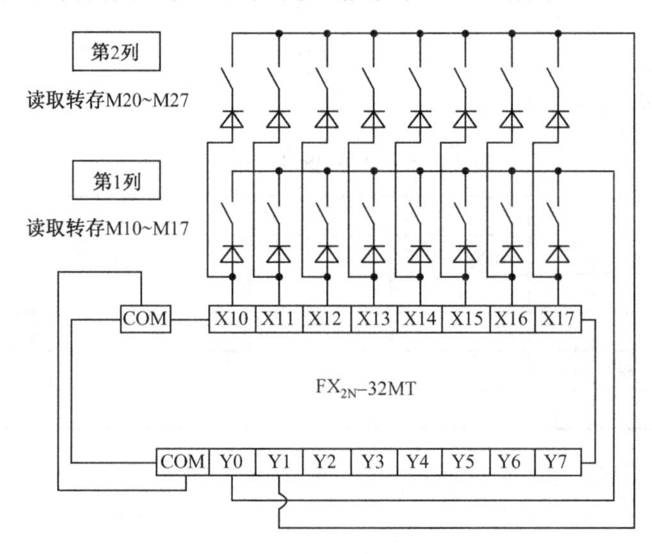

图 10-54　MTR 指令接线图

图中，有两列开关量信号需要采集，选通信号为 Y0,Y1。在驱动条件常 ON 时，Y0 和 Y1 按 20ms 的导通时间依次对第 1 列和第 2 列进行分时扫描，并将它们的开关量状态读取到 M10～M17 和 M20～M27 位元件中，分时读取完后，指令执行结束标志位 M8029=ON。其时序图如图 10-55 所示。

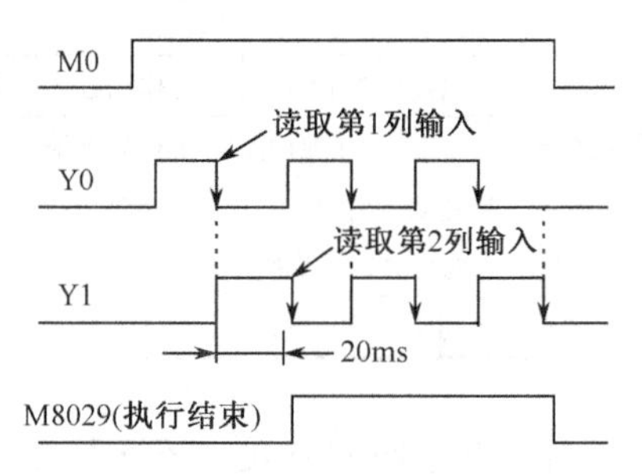

图 10-55　MTR 指令时序图

在开关接入输入口时，每个开关必须串接一个 0.1A,50V 的二极管。

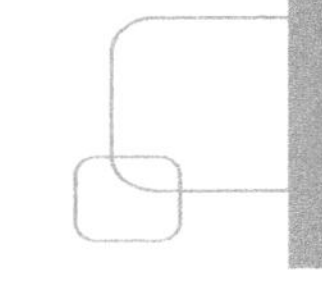

MTR 指令的驱动，要求常置 ON，可以采用 M8000 作为指令的驱动条件。

开关矩阵输入的列数，最少 2 列，最多 8 列。也就是说明多能采集 8×8 个开关量的状态。

不论是源址还是终址，其位元件起始编号最低位的位数编号只能是 0，例如，10,20,30 等。而对于源址输入，通常请使用 X20 以后编号。

（2）开关接通时间。

为了防止信号的丢失，MTR 指令对外接开关的 ON/OFF 时间有一定要求。在读取期间，开关的 ON/OFF 时间必须大于 n×20ms 时间。当输入为 2 列时，必须大于 40ms。以此类推，最大为 8×20ms=160ms，如图 10-56 所示。

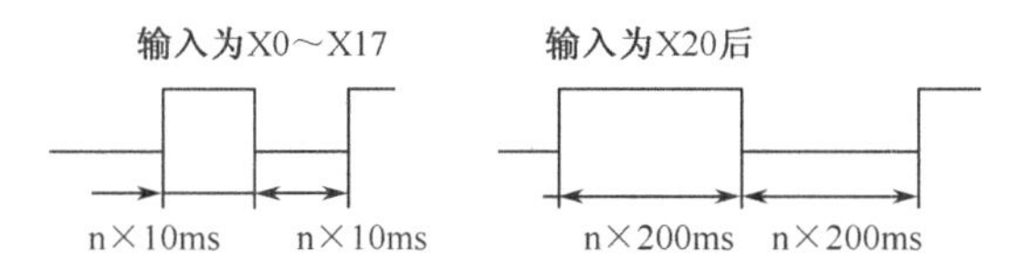

图 10-56　输入开关接通时间

如使用 X0～X17 输入口时，读取速度会加快至 10ms，但由于晶体管的还原时间长且输入灵敏度高，因此，会产生误输入的情况，这时需在选通信号输出口上加接负载电阻 3.3kΩ/0.5W，如图 10-57 所示。

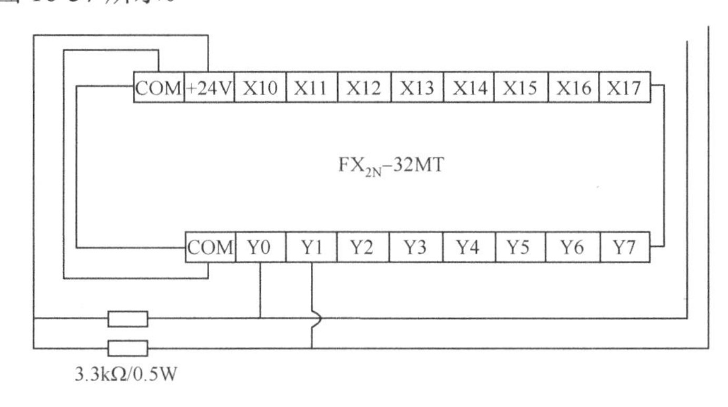

图 10-57　负载电阻接入

（3）输出数据状态保存。

在驱动条件为 ON/OFF 的瞬间，自指定选通口的输出首址开始的 16 点变为 OFF。如果这 16 点输出状态需要保存，则可在 MTR 指令执行前后对这 16 点数进行保存和复位。参看图 10-58 所示的梯形图程序。

```
     M100
 0 ──┤/├──────────────────────────[MOV   K4Y040  D100  ]
                                         保存Y40～Y57
     M100
 6 ──┤ ├─────────────────[MTR  X020   Y040    M0    K8 ]
                                         执行MTR指令
     M100
16 ──┤/├──────────────────────────[MOV   D100    K4Y040]
                                         复位Y40～Y57
22 ────────────────────────────────────────────[END    ]
```

图 10-58　输出数据状态保存程序梯形图

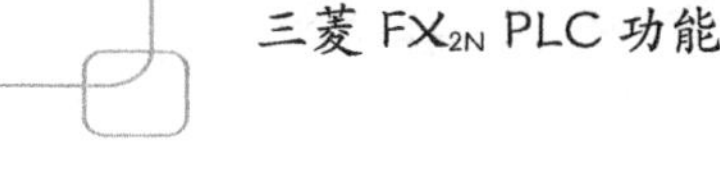

（4）该指令在编程只能使用一次。

10.6.3　数据检索指令 SER

1. 指令格式

FNC 61：【D】SER 【P】　　　　　　　　　　　　程序步：9/17

可用软元件见表 10-19。

表 10-19　SER 指令可用软元件

操作数	位元件				字元件									常数	
	X	Y	M	S	KnX	KnY	KnM	KnS	T	C	D	V	Z	K	H
S1.					●	●	●	●	●	●	●				
S2.					●	●	●	●	●	●	●	●	●	●	●
D.						●	●	●	●	●	●				
n											●			●	●

梯形图如图 10-59 所示。

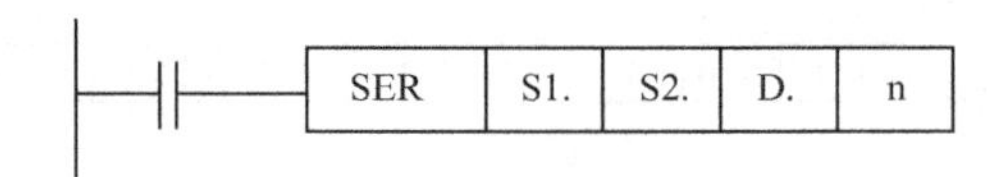

图 10-59　SER 指令梯形图

操作数内容与取值如下：

操　作　数	内容与取值
S1.	要检索的 n 个数据存储字元件首址，占用 S1～S1+n 个寄存器
S2.	检索目标数据或其存储字元件地址
D.	检索结果存储字元件首址，占用 D～D+5 个寄存器
n	要检索数据的个数，16 位：n=1～256；32 位：n=1～128

解读：当驱动条件成立时，从源址 S1 为首址的 n 个数据中检索出符合条件 S2 的数据的位置值，并把它们存放在以 D 为首址的 5 个寄存器中。

2. 指令应用

（1）SER 指令是对一组带符号整数以代数方式进行比较检索。它是把该组数据与目标数据进行逐个比较，找出相同数的个数、初次出现相同数的位置和最终出现相同数的位置；同时，还对数据进行排序找出最大数和最小数的最终位置，并把检索结果存放在指定寄存器中。下面通过表 10-20 和表 10-21 给予说明（16 位运算）。

表 10-20 是 n=10 时的 10 个检索数据，它们的大小，数据的位置见表中所示，比较数据及检索结果均已在表中列出。

表 10-21 是检索结果一览。必须强调，检索结果不是数据本身，而是数据所在的位置编号值。

表 10-20　检索数据及检索结果一览

检索数据寄存器	数　据　值	目 标 数 据	数据位置编号	检 索 结 果		
				最大值	相同数	最小值
S1	K-20	K50	0			◎
S1+1	K50		1		◎（初次）	
S1+2	K100		2	◎（初次）		
S1+3	K20		3			
S1+4	K15		4			
S1+5	K100		5	◎（最终）		
S1+6	K50		6		◎	
S1+7	K35		7			
S1+8	K50		8		◎（最终）	
S1+9	K-5		9			

表 10-21　检索结果寄存一览

结果寄存器	检 索 内 容	检 索 结 果
D	相同数据个数	3
D+1	相同数据初次出现位置编号	1
D+2	相同数据最终出现位置编号	8
D+3	最小值最终出现位置编号	0
D+4	最大值最终出现位置编号	5

（2）检索结果如不存在相同数据时，仅在 D+3,D+4 寄存器中保持最小值和最大值的位置值，而 D,D+1,D+2 三个寄存器均保存 0 值。

（3）在模拟量控制中，由于工业控制对象的环境比较恶劣，干扰较多，如环境温度、电场、磁场等。因此，为了减少对采样值的干扰，对输入的数据进行滤波是非常必要的。模拟量控制的滤波就有硬件滤波和软件滤波两种方式。软件滤波又称为数字滤波。它是利用计算机强大而快速的运算功能，对采样信号编制滤波处理程序，由计算机用滤波程序进行运算处理从而消除或削弱干扰信号的影响，提高采样值的可靠性和精度，达到滤波的目的。

数字滤波中，有一种称中位值平均滤波，其算法：连续采集 n 个数据，去掉一个最大值，去掉一个最小值。然后计算剩下的 n–2 个数据的平均值。

【例 1】　编制中位值平均滤波程序。

程序要求：基本单元为 FX_{2N}-32MR,A/D 模块为 FX_{2N}-2AD（位置编号 1#），采样次数 10，电压输入。

寄存器分配：A/D 转换后数据输入 D1～D10，采样次数 10，中位值平均滤波后输出数据 D100。

程序设计的思路是取 10 个数据，并对 10 个求和，然后对这 10 个数据进行检索，求得最大值和最小值，再用和减去最大值、最小值，剩下的 8 个数据求平均值。

利用 SER 指令编写的中位值平均滤波程序，如图 10-60 所示。

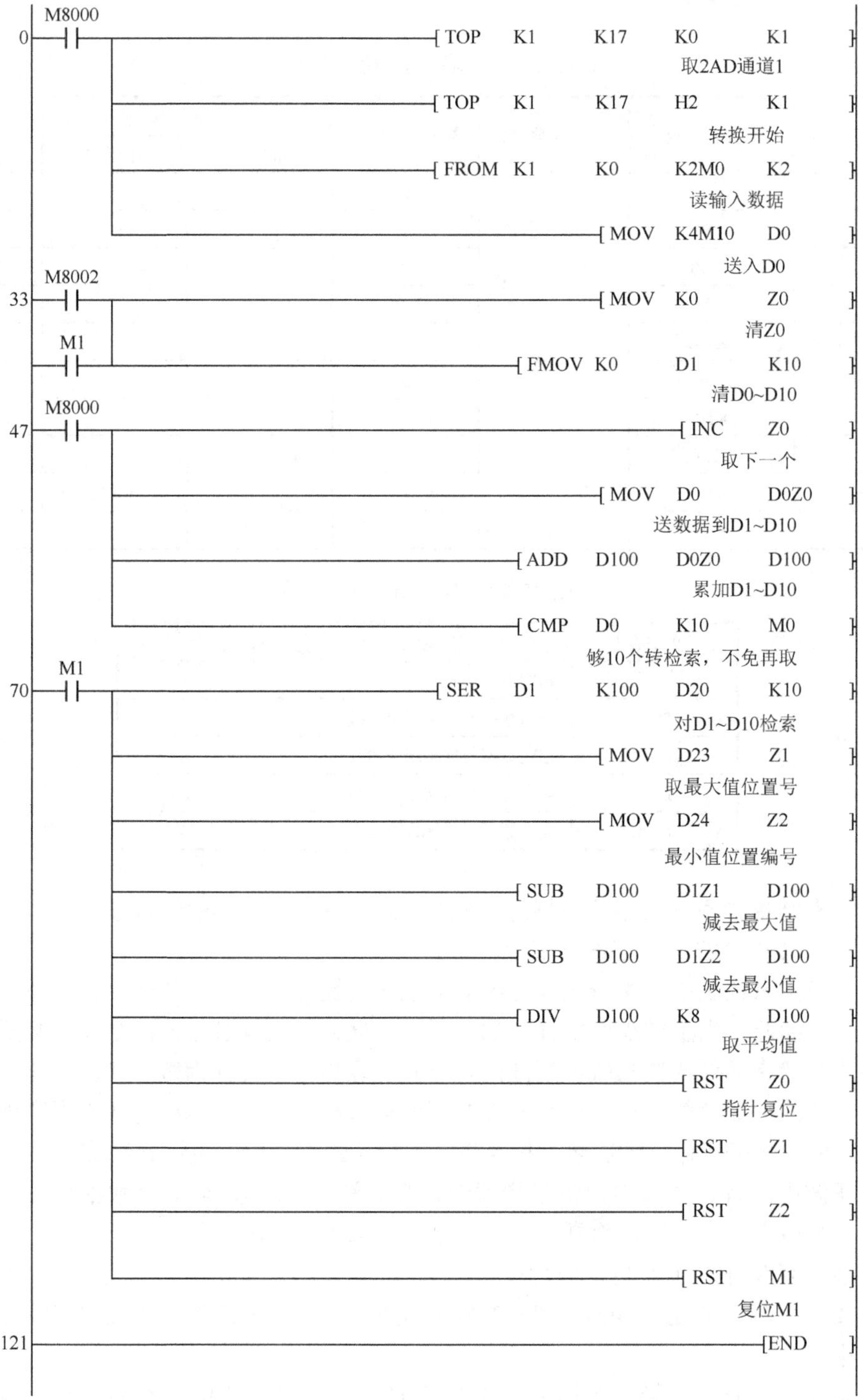

```
     M8000
  0 ─┤├─┬──────────[TOP   K1    K17   K0    K1  ]
        │                        取2AD通道1
        ├──────────[TOP   K1    K17   H2    K1  ]
        │                        转换开始
        ├──────────[FROM  K1    K0    K2M0  K2  ]
        │                        读输入数据
        └──────────────────[MOV   K4M10 D0  ]
                                 送入D0
     M8002
 33 ─┤├─┬──────────────────[MOV   K0    Z0  ]
        │                        清Z0
     M1 │
   ─┤├──┴─────────────[FMOV  K0    D1    K10 ]
                                 清D0~D10
     M8000
 47 ─┤├─┬────────────────────────[INC   Z0  ]
        │                        取下一个
        ├──────────────────[MOV   D0    D0Z0 ]
        │                        送数据到D1~D10
        ├─────────────[ADD   D100  D0Z0  D100 ]
        │                        累加D1~D10
        └─────────────[CMP   D0    K10   M0  ]
                                 够10个转检索，不免再取
     M1
 70 ─┤├─┬──────────[SER   D1    K100  D20   K10 ]
        │                        对D1~D10检索
        ├──────────────────[MOV   D23   Z1  ]
        │                        取最大值位置号
        ├──────────────────[MOV   D24   Z2  ]
        │                        最小值位置编号
        ├─────────────[SUB   D100  D1Z1  D100 ]
        │                        减去最大值
        ├─────────────[SUB   D100  D1Z2  D100 ]
        │                        减去最小值
        ├─────────────[DIV   D100  K8    D100 ]
        │                        取平均值
        ├────────────────────────[RST   Z0  ]
        │                        指针复位
        ├────────────────────────[RST   Z1  ]
        ├────────────────────────[RST   Z2  ]
        └────────────────────────[RST   M1  ]
                                 复位M1
121 ─────────────────────────────────[END  ]
```

图 10-60　SER 指令中位值平均滤波程序

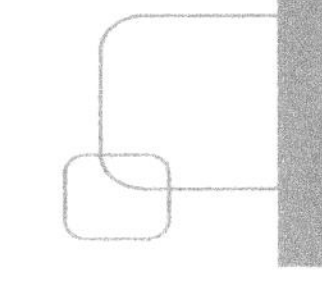

10.6.4　数据排序指令 SORT

1. 指令格式

FNC 69:　　SORT　　　　　　　　　程序步：11

可用软元件见表 10-22。

表 10-22　SORT 指令可用软元件

操作数	位元件				字元件									常数	
	X	Y	M	S	KnX	KnY	KnM	KnS	T	C	D	V	Z	K	H
S											●				
m1														●	●
m2														●	●
D											●				
n											●			●	●

梯形图如图 10-61 所示。

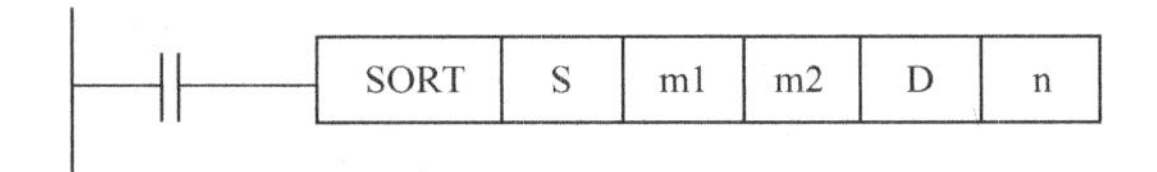

图 10-61　SORT 指令梯形图

操作数内容与取值如下：

操　作　数	内容与取值
S	数据表格存储字元件首址，占用 m1×m2 点
m1	数据表格行数，m1=k1～k32
m2	数据表格列数，m2= k1～k6
D	排列结果存储字元件首址，占用 m1×m2 点
n	指定排序的列数，n=1～m2

解读：当驱动条件成立时，在数据表格 S 中，对以 n 指定的列数重新进行升序排列（由小到大）。排列结果重新存储到数据表格 D 中。

2. 指令应用

1）数据表格寄存器编号排列方式

SORT 指令所排序的表格为 m1 行×m2 列，其存储方式：一列一列依顺序存入相应寄存器，例如，有一数据表格是 5 行×4 列，寄存器首址 D100，则存储单元寄存器编号排列顺序见表 10-23。

表 10-23　寄存器编号排列方式

		列　数　m2			
		1 列	2 列	3 列	4 列
行数m1	1 行	D100	D105	D110	D115
	2 行	D101	D106	D111	D116
	3 行	D102	D107	D112	D117
	4 行	D103	D108	D113	D118
	5 行	D104	D109	D114	D119

执行 SORT 指令后，由重新排序结果会重新得到以终止 D 为首址的 m1×m2 的数据表格。结果数据表的寄存器编号排列顺序与源址表格相同。

2）指令执行功能列举

下面以 16 位指令执行形式说明指令执行功能，某班 5 位同学 4 科成绩的数据表格见表 10-24。

表 10-24　学科成绩数据表格

		学　科　m2			
		语文	数学	英语	科学
姓名m1	李小明	75	88	92	74
	张子华	66	72	86	78
	吴佳妮	81	68	94	63
	王　锐	92	96	98	85
	陈玉婷	53	63	81	61

现对其中数学成绩进行排序，并设排序前数据存储寄存器首址为 D100，排序后数据存储寄存器首址为 D200，则执行指令格式如图 10-62 所示。

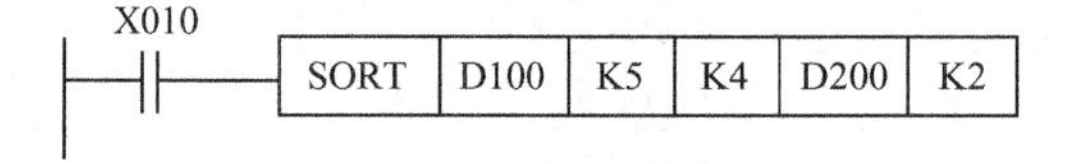

图 10-62　SORT 指令应用图

指令执行后，数据表格为表 10-25。对比一下两个表格，发现已经对第 2 列数学成绩进行了排序处理，其成绩按分数由小到大顺序排列。同时其他成绩也随数学成绩成行移动。

表 10-25　排序后学科成绩数据表格

		学　科　m2			
		语文	数学	英语	科学
姓名m1	陈玉婷	53	63	81	61
	吴佳妮	81	68	94	63
	张子华	66	72	86	78
	李小明	75	88	92	74
	王　锐	92	96	98	85

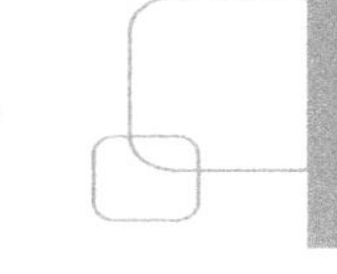

3）应用注意

（1）SORT 指令在程序中仅可以使用 1 次，但如果需要多次执行时，请将驱动条件 OFF/ON 一次。

在指令执行过程中，请勿改变操作数和数据表格存储内容，但排序的列数 n 可以改变。

源址 S 和终址 D 可以指定同一寄存器。这样指令执行后，源址 S 的数据结构就变成写入排序结果的数据结构。如果并不需要保留原来的数据结构，这样做可以节省很多内存。

如果在设计数据表格时，将第一列设计成行的编号，则排序后可以由第一列的内容判断出原来所在的行号，这对使用非常方便。

（2）SORT 指令影响执行完成标志位 M8029。当数据表格行数较多些，指令执行时间也较长，这时，可利用 M8029 转入后续运行。

（3）利用 SORT 指令也可以编写求中位值平均滤波程序。程序设计思路是取 10 个数据，编制成 10 行×1 列数据表格，对其进行排序。因其最小数存 D1，最大数存 D10，仅对其中间 8 个数（D2～D9）求平均值即可。

【例 2】　利用 SORT 指令编制中位值平均滤波程序。

程序要求和寄存器分配与例 1 相同。

程序梯形图如图 10-63 所示。

```
    M8000
0 ──┤ ├──┬──────────[TOP   K1    K17   K0     K1  ]
         │                              取2AD通道1
         ├──────────[TOP   K1    K17   H2     K1  ]
         │                              转换开始
         ├──────────[FROM  K1    K0    K2M20  K2  ]
         │                              读输入数据
         └──────────[MOV   K4M20 D0               ]
                                        送入D0
    M8002
33──┤ ├──┬──────────[MOV   K0    Z0               ]
    M1   │                              清Z0
  ──┤ ├──┴──────────[FMOV  K0    D1    K20        ]
                                        清D1～D20
    M8000
47──┤ ├──┬──────────[INC   Z0                     ]
         │                              取下一个
         ├──────────[MOV   D0    D0Z0             ]
         │                              送数据到D1～D10
         └──────────[CMP   Z0    K10   M0         ]
                                        够10个转排序，不够再取
    M1
63──┤ ├──┬──────────[SORT  D1    K10   K1    D1    K1 ]
         │                              D1～D10排序，排好序D1～D10
         └──────────[MEAN  D2    D100  K8         ]
                                        取中间8个数平均值送D100
82──────────────────[END                          ]
```

图 10-63　利用 SORT 指令编制中位值平均滤波程序

10.6.5 求平均值指令 MEAN

1. 指令格式

FNC 45：【D】MEAN 【P】　　　　　　　　　　程序步：7/13

可用软元件见表 10-26。

表 10-26 MEAN 指令可用软元件

操作数	位元件				字元件									常数	
	X	Y	M	S	KnX	KnY	KnM	KnS	T	C	D	V	Z	K	H
S.					●	●	●	●	●	●	●				
D.						●	●	●	●	●	●	●	●		
n											●			●	●

梯形图如图 10-64 所示。

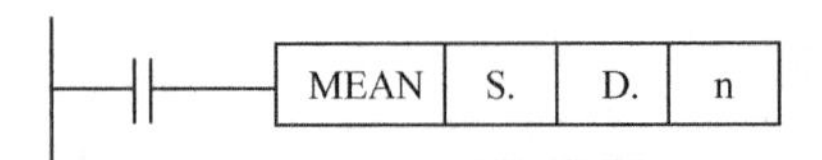

图 10-64 MEAN 指令梯形图

操作数内容与取值如下：

操作数	内容与取值
S.	参与求平均值的数据存储字元件首址
D.	求得平均值的数据存储字元件地址
n	参与求平均值的数据个数或其存储字元件地址，n=1～64

解读：当驱动条件成立时，将以源址 S 为首址的 n 个数据求其算术平均值并传送至终址 D 中。

2. 指令应用

算术平均值指参与计算的 n 个数据相加后再除以 n 得到的值。MEAN 指令执行时，只保留整数部分，余数会舍去。N 取值为 1～64。N 为负数或大于 64 时，运算出错标志 M8067 置 ON。

算术平均值处理也是模拟量控制中一种常用的数字滤波方法。

【例 3】 将 D1～D10 的 10 个数编制算术平均值滤波程序，平均值存 D100。

程序梯形图如图 10-65 所示。

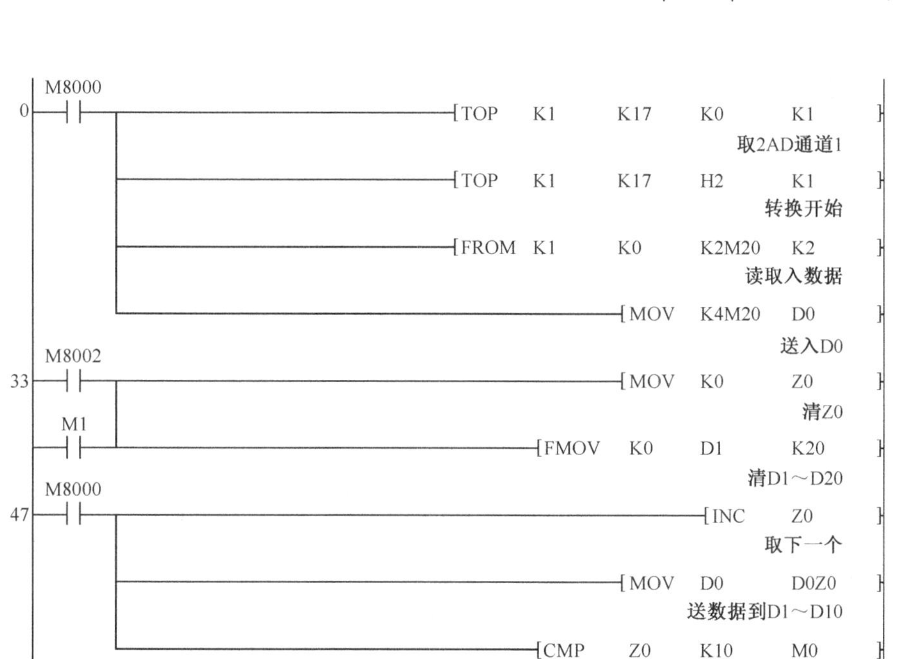

图 10-65　例 6 程序梯形图

10.6.6　区间复位指令 ZRST

1. 指令格式

FNC 40:　　ZRST 【P】　　　　　　　　程序步：5

可用软元件见表 10-27。

表 10-27　ZRST 指令可用软元件

操作数	位元件				字元件									常数	
	X	Y	M	S	KnX	KnY	KnM	KnS	T	C	D	V	Z	K	H
D1.		●	●	●					●	●	●				
D2.		●	●	●					●	●	●				

梯形图如图 10-66 所示。

图 10-66　ZRST 指令梯形图

操作数内容与取值如下：

操 作 数	内容与取值
D1.	进行区间复位的软元件存储首址
D2.	进行区间复位的软元件存储终址

解读：当驱动条件成立时，将终址 D1 和终址 D2 之间的所有软元件进行复位处理。对位元件，全部置于 OFF，对字元件，全部写入 K0。

2. 指令应用

（1）D1 和 D2 必须是同一类型软元件，且软元件编号必须为 D1≤D2。如果出现不同类型的软元件或 D1>D2 的情况，指令虽能够执行，但仅对 D1 软元件进行复位处理。如出现下述情况指令：

ZRST　D10　D0

指令虽然执行但仅对 D10,D0 进行复位处理。而当 D1 为位元件且 D2 为不同类型软元件时，指令不执行，产生运算错误，M8067 置 ON，例如：

ZRST　M0　D0

ZRST　S0　M10

（2）ZRST 指令是 16 位处理指令，一般不能对 32 位软元件进行区间复位处理。但对 32 位计数器 C200～C234 来说，也可以应用 ZRST 指令进行区间复位。但不允许出现 D1 指令为 16 位计数器而 D2 指定为 32 位计数器的混在情况，例如，ZRST　C180　C230 就不行，因为 C180 是 16 位计数器，C230 是 32 位计数器。

（3）ZRST 指令在对定时器、计数器进行区间复位时，不但将 T,C 的当前值写入 K0，还将其相应的触点全部复位。

（4）几种复位指令的应用比较。

能够完成对位元件置 OFF 和对字元件写入 K0 的复位处理的指令有 RST,MOV（FNC12），FMOV（FNC16）和 ZRST（FNC40）。但是它们之间的功能还是有差别的，现列表 10-28 比较供学习参考。

表 10-28　RST,MOV,FMOV,ZRST 指令使用比较

功 能 号	助 记 符	名　称	操作软元件	功 能 特 点
—	RST	复位	Y,M,S T,C,D,V,Z	① 只能对单个软元件复位； ② 对 T,C 复位，同时其触点也复位
FNC12	MOV	传送	KnY,KnM,KnS, T,C,D,V,Z	① 只能对单个字元件复位，不能单独对单个位元件复位； ② 对 T,C 复位，不能使其触点同时复位
FNC16	FMOV	多点传送	KnY,KnM,KnS, T,C,D,	① 只能对字元件进行区间复位（V,Z 除外）； ② 对 T,C 复位，单不能使其触点同时复位
FNC40	ZRST	区间复位	Y,M,S T,C,D,	① 可对位元件，字元件进行区间复位（V,Z 除外）； ② 对 T,C 复位，同时其触点也复位

第 11 章　外部设备指令

外部设备指令有两类，一类是外部 I/O 设备指令，这类指令与连接在 PLC 的 I/O 接口上的按键、数字开关、数码显示器、打印机等有关；另一类是外部选用设备指令，这类指令是与外接模拟电位器、特殊功能模块和通信设备等有关。

另外，将并行数据传送指令和 PID 指令也放在这一章中讲解。

11.1　概　　述

11.1.1　外部 I/O 设备指令

PLC 自研制成功后，在替代继电控制系统上获得了巨大的成功。但是 PLC 也存在一个严重的缺点，即人机界面差。程序一旦编好送入 PLC 后，如果要修改某些数据，例如，定时器和计数器的设定值，则必须停止 PLC 运行进行读出、修改、重新写入步骤才能完成，人机对话十分不便。为了进行人机对话，早期的应用是在 PLC 的输入接口 X 端口上安上一组开关，通过编制程序把这一组的开关的组态读入 PLC，再转换成所需要的数据，这样通过改变外接开关的组态就等于改变 PLC 内数据的修改和设定。但是这种方法要占用大量的硬件资源和软件资源，而且输入数据是开关量表示，人机对话也很不方便。在这个基础上，三菱电机开发出了能较好进行人机对话的外部 I/O 设备功能指令。在实际应用中，只要按照要求在 I/O 接口上连接相关的按键、数字开关、数码显示器、打印机等，在功能指令的操作数填入所需要的数据信息，然后在程序中执行指令，就自动完成人机对话功能。界面也比较人性化，可以做成十进制按键形式，因此，三菱 FX　PLC 的外部 I/O 设备功能指令又称人机界面指令。

外部 I/O 设备功能指令有 8 种，其 I/O 接口外接设备及人机界面功能见表 11-1。

表 11-1　外部 I/O 设备指令

功能号	助记符	名　称	X 端口接	Y 端口接	界面功能
FNC70	TKY	10 键输入	按键	—	输入十进制数
FNC71	HKY	16 键输入	按键	—	输入十六进制数
FNC72	DSW	数字开关	数字开关	—	输入 8421BCD 数
FNC73	SEGD	7 段码显示	—	7 段数码管	输出 7 段数码
FNC74	SEGL	7 段码锁存显示	—	2 组 4 位 7 段数码管	输出 2 组 4 位 7 段数码
FNC75	ARWS	方向开关	按键、数字开关	1 组 4 位 7 段数码管	输入 8421BCD 数码 输出 1 组 4 位 7 段数码
FNC76	ASC	ASCII 码输入	（外接计算机）	—	输入字符串
FNC77	PR	ASCII 码输出	—	打印机或显示器	输出字符串

这种通过外接开关，数码管的人机界面方式在早期的生产设备上应用较多。但其使用仍然要占用较多的硬件资源，而且界面功能也十分有限，为改变这种状况，生产厂家又开发了与 PLC 配套的显示模块（又称显示终端），例如，三菱的 FX_{1N}-5DM、FX-10DM-SETO 显示模块等。它们有的直接安装在 PLC 上；有的可安装在控制柜上，用一根电缆与 PLC 相连，它们完全代替了按键、数字开关和 7 段数码显示，而且功能也加强了许多，不但可对定时器、计数器和数据寄存器 D 值进行设定、修改、复位，而且还有监控、出错显示等功能。操作十分简单，如果对界面要求不多，并考虑到设备成本，显示模块仍然是一个很好的选择。

技术的发展又进一步开发了人机界面的高端产品——图形显示终端。图形显示终端又称触摸屏。触摸屏的出现给工业控制的人机界面带来了非常大的变化，它不但可以显示设备的工作状况，直接省略了按钮指示灯等硬件设备，还能显示文字、图形、曲线，能够方便地修改 PLC 中字元件和位元件的设定值和显示当前值。触摸屏还有许多其他强大的功能，这里不作介绍。随着触摸屏的价格走低，其应用也越来越广泛了，触摸屏的普及应用使得这一章所介绍的外部 I/O 设备指令在实际中已经很少应用。

11.1.2 外部选用设备指令

外部选用设备是指通过数据线与 PLC 相连的特殊功能模块和通过通信传输线与 PLC 相连的各种智能数字控制设备如变频器、温控仪、变送器等。当 PLC 与这些选用设备相连进行控制和信息交换时就必须用到外部选用设备指令。

外部选用设备指令一共有 10 种，见表 11-2。其中，并行数据传送指令 PRUN 实际是一个传送指令，因为多用在 PLC 并行连接的数据传送通信中，所以也放在这里。

表 11-2 外部选用设备指令

分 类	功 能 号	助 记 符	名 称	功 能
模拟电位器数据读	FNC85	VRRD	模拟电位器数据读	读入模拟电位器数据
	FNC86	VRSC	模拟电位器开关设定	
特殊功能模块读写	FNC78	FROM	特殊功能模块读	与特殊功能模块进行数据交换
	FNC79	TO	特殊功能模块写	
串行异步通信	FNC80	RS	串行数据传送	与外部设备进行通信控制
	FNC82	ASCI	HEX→ASCII 变换	
	FNC83	HEX	ASCII→HEX 变换	
	FNC84	CCD	校验码	
并行数据传送	FNC81	PRUN	并行数据传送	并行数据传送

外部选用指令是 PLC 和外部特殊功能模块、各种智能设备之间联系的唯一指令，因此，它对学习 PLC 模拟量控制、运动量控制和通信控制的应用就特别重要，是必须要学好掌握好的功能指令。

PID 控制是目前在模拟量控制中应用最广泛的一种控制方式。它解决了控制的稳定性、快速性和准确性的问题。在 PLC 中，PID 控制是通过软件来完成其控制功能的。PLC 所提

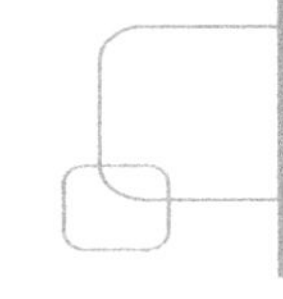

供的 PID 控制功能指令实际上是一个 PID 控制运算的子程序调用指令，使用者只要根据指令要求写入设定值、控制参数和输入被控制量的测定值，PLC 就自动进行 PID 运算，并将运算结果送到指定的寄存器。一般情况下 PLC 必须和 AD/DA 模块一起用，所以，把 PID 指令也归入第 11 章中进行讲解。

11.2　外部 I/O 设备指令

11.2.1　10 键输入指令 TKY

1. 指令格式

FNC 70:【D】TKY　　　　　　　　　　程序步：7/13

可用软元件见表 11-3。

表 11-3　TKY 指令可用软元件

操作数	位元件				字元件									常数	
	X	Y	M	S	KnX	KnY	KnM	KnS	T	C	D	V	Z	K	H
S.	●	●	●	●											
D1.						●	●	●	●	●	●	●	●		
D2.		●	●	●											

梯形图如图 11-1 所示。

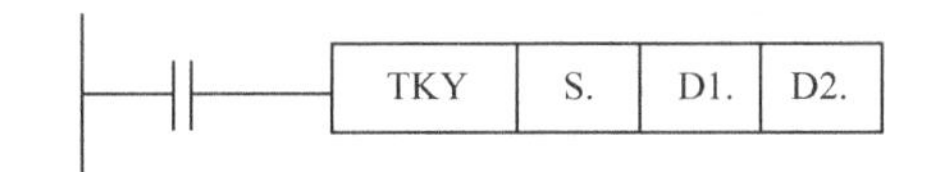

图 11-1　TKY 指令梯形图

操作数内容与取值如下：

操作数	内容与取值
S.	按键输入接口位元件首址，占用（S～S+9）10 个点
D1.	十进制数存储字元件地址
D2.	与按键相对应动作的位元件首址，占用（D2～D2+10）11 个点

解读：TKY 指令的功能是从 PLC 的以 S 为首址的输入口通过按键的动作顺序把一个 4 位十进制数（或 8 位十进制数）送入指定字元件（一般为数据寄存器 D）中，同时，驱动相应的位元件动作。

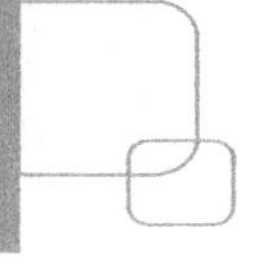

2. 指令应用

（1）执行 TKY 指令必须在 PLC 的输入口 X 接上 10 个按键开关，如图 11-2 所示（对应于图 11-3）。

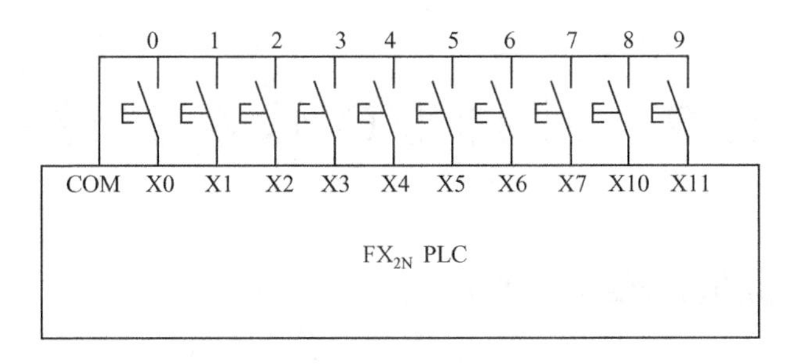

图 11-2　TKY 指令外部接线图

图中每一个按键都对应一个十进制数，当按下某个按键后，相应的十进制数会送入 PLC 软元件，并接通一个辅助继电器 M。现用图 11-3 指令来进行说明。

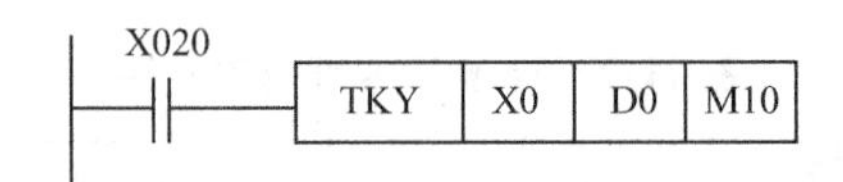

图 11-3　TKY 指令应用

当 X20=1 时，可以按四次输入按键，把一个 4 位十进制数送入 D0。例如，顺序按下 X2-X1-X0-X3，则相应的数字组合 2103 被送入到 D0。TKY 指令输入仅为 4 位十进制数，超过 4 位输入时，则按照先按先出、后按后出的规定进行溢出处理。例如，输入 2103 后再按下 X5，则十进制数变成 1035，第 1 位 2 被溢出，以后均如此办理，输入最大数为 9999。如果使用 32 位指令 DTKY，可输入 8 位十进制数，超过部分仍按上述原则处理，32 位指令高位存 D1，低位存 D0 输入最大数为 99 999 999。当 X20=0 时，D0 中的数据保持不变。如果同时有多个按键按下，先按下的键有效。

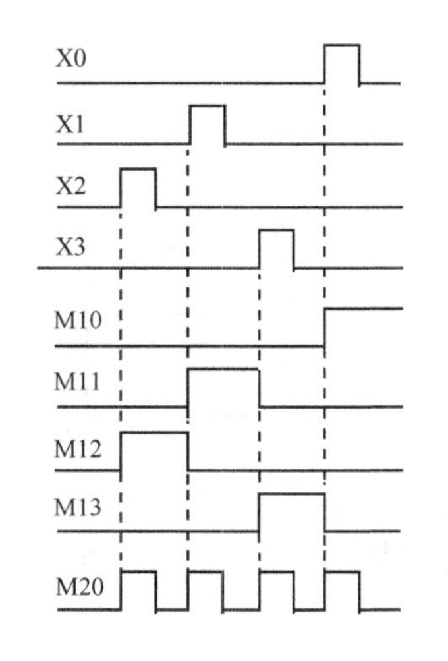

图 11-4　TKY 指令执行时序说明

（2）数字键按下同时，还使相对应的继电器 M10～M19 动作，X0 使 M10 动作，X2 使 M12 动作，以此类推，X11 使 M19 动作，M10～M19 的动作是随相应按键按下动作，并保持到下一个按键按下时复位。当 X20=0 时，M10～M19 全部复位。

任何一个键被按下，M20 都会动作，并随按键恢复而复位。在实际应用中，M20 可作为按键输入的确定信号而利用。例如，利用 M20 控制蜂鸣器，按一下，响一下，没响表示没有按到，响两声表示连续按了两次等。相应时序图如图 11-4 所示。

（3）该指令在编程只能使用一次，可以用做从外部按键来设定 PLC 内部定时器和计数器的设定值，也可作为某些需要经常做调整的参数输入，其缺点是需要占用 10 个输入口。

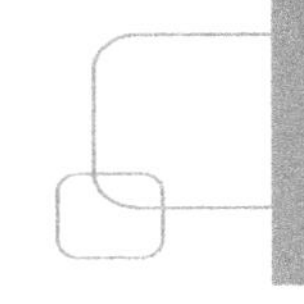

11.2.2　16 键输入指令 HKY

1. 指令格式

FNC 71:【D】HKY　　　　　　　　程序步：9/17

可用软元件见表 11-4。

表 11-4　HKY 指令可用软元件

操作数	位元件				字元件									常数	
	X	Y	M	S	KnX	KnY	KnM	KnS	T	C	D	V	Z	K	H
S.	●														
D1.		●													
D2.									●	●	●	●	●		
D3.		●	●	●											

梯形图如图 11-5 所示。

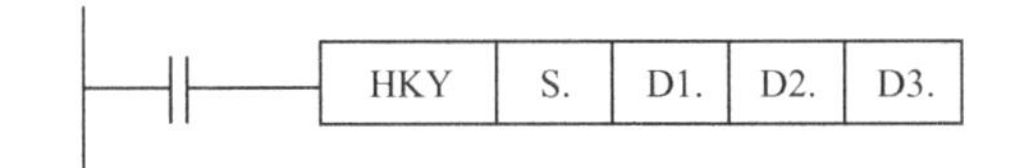

图 11-5　HKY 指令梯形图

操作数内容与取值如下：

操作数	内容与取值
S.	按键输入接口位元件首址，占用（S～S+3）4 个点
D1.	按键选通接口位元件首址，占用（D1～D1+3）4 个点
D2.	按键输入数据存储字元件地址
D3.	与按键相对应动作的位元件首址，占用（D3～D3+6）7 个点

解读：HKY 指令功能是根据不同的模式从 PLC 输入口 S 通过按键的动作顺序选通输入 1 个十进制数（4 位或 8 位）或输入 1 个十六进制数到字元件 D2 中，同时，驱动相应位元件动作。

2. 指令应用

（1）相关特殊软元件。

与 HKY 指令相关的几个特殊辅助继电器和数据寄存器见表 11-5。

表 11-5　相关特殊软元件

编号	名称	功能和用途
M8029	执行结束标志位	指令执行结束 D=S2 时，置 ON
M8039	恒定扫描模式标志位	为 ON 时，程序执行恒定的扫描周期
M8167	数据处理模式标志位	OFF：十进制处理模式；ON：十六进制处理模式

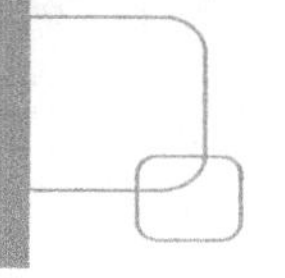

（2）两种数据处理模式。

执行 HKY 指令必须在 PLC 的 I/O 端口接 16 个键开关，这 16 个按键开关接法如图 11-6 所示（对应于图 11-7）。

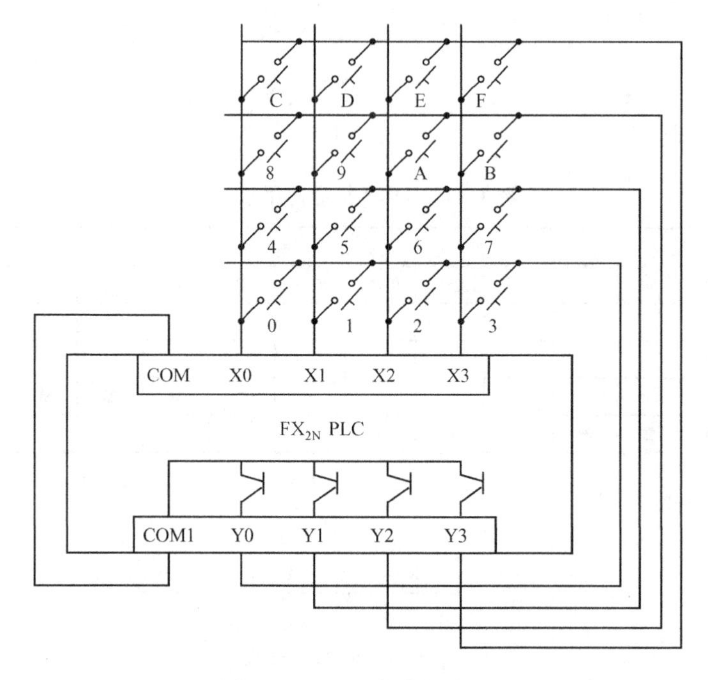

图 11-6　HKY 指令接线图

图 11-6 中，16 个按键组成一个 4×4 输入矩阵，接入输入端口 X0～X3 按键的另一端分别接入选通端口 Y0～Y3。HKY 指令是按照循环扫描接通 Y0,Y1,Y2,Y3 方式检测 16 个按键的接通。当你按下一个按键后，相应的十进制数（或十六进制数）被送入 PLC 软元件，并接通相应的辅助继电器。现对如图 11-7 所示指令梯形图来说明两种不同模式下指令的执行功能。

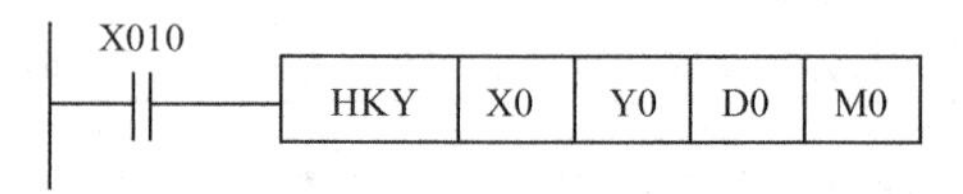

图 11-7　HKY 指令应用

① M8167=0，十进制处理模式。

在这种模式下，键盘分成两部分：

数字键 0～9：按键向 PLC 输入 4 位十进制数，超过 4 位，溢出情况同指令 TKY，同时，相应的辅助继电器 M7 为 ON，并随按键松开而复位。32 位指令 DHKY 可输入 8 位十进制数。

功能键 A～F：按下任一功能键，其相对应的继电器接通，对应关系见表 11-6。

表 11-6　功能键对应继电器动作

按　键	A	B	C	D	E	F
ON	（D3）	（D3+1）	（D3+2）	（D3+3）	（D3+4）	（D3+5）
	M0	M1	M2	M3	M4	M5
	按下 A～F 键：（D3+6）M6；按下 0～9 键：（D3+7）M7					

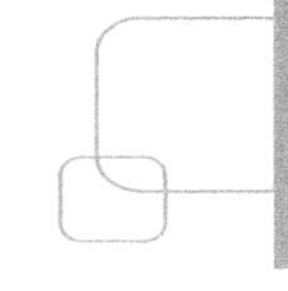

按下一个功能键，一个相应的继电器接通。利用这个继电器接通的期间，执行一个功能程序如复位、置位、加一、减一等，当任一功能键接通时，继电器 M6 都接通，并随按键复位而复位。

② M8167=1，十六进制处理模式。

这种模式下，键盘为十六进制数输入键盘，将一个 4 位的十六进制数输入 D0。32 位指令 DHKY 将一个 8 位十六进制数输入到 D1,D0 中。

（3）恒定扫描。

指令在使用时，如与 PLC 的扫描周期同期执行，则完成一个循环扫描需要 8 个扫描周期，为防止键输入的滤波延时所造成存储错误，应使用恒定扫描模式和定时器中断处理。有的时候为了编程的需要，如 RAMP 指令需要指定的整数时间，就需要恒定扫描模式。

什么是恒定扫描模式，实际上就是利用 PLC 的特殊辅助继电器 M8039 和数据寄存器 D8039 的状态设定和指定数值来固定 PLC 的扫描时间。一旦扫描模式确定后，PLC 的扫描时间就已固定，假使 PLC 的运算提早结束，PLC 也不会马上返回零步，而是要等到固定的扫描时间结束才返回零步。

恒定扫描模式的设定：置 M8039 为 ON，并在 D8039 中写入确定的恒定扫描时间（单位：1ms）。置 M8039 为 OFF 时，PLC 又执行自身的扫描时间。

建议在使用了 RAMP,HKY,SEGL,ARWS,PR 等与扫描周期同步的指令时，采用恒定扫描模式或定时器中断处理，而使用 HKY 指令，恒定扫描时间要大于 20ms。

HKY 指令使用恒定扫描模式时，先置位 M8039 为 ON，并在 D8039 中存入 20ms 以上的扫描时间，其程序梯形图如图 11-8 所示。

图 11-8　HKY 指令恒定扫描模式程序梯形图

（4）HKY 指令在编程时只能使用一次，必须使用晶体管输出型的基本单元或扩展单元。

11.2.3　数字开关指令 DSW

1. 指令格式

FNC 72:　　DSW　　　　　　　　程序步：9

可用软元件见表 11-7。

表 11-7　DSW 指令可用软元件

操作数	位元件				字元件									常数	
	X	Y	M	S	KnX	KnY	KnM	KnS	T	C	D	V	Z	K	H
S.	●														

续表

操作数	位元件				字元件									常数	
	X	Y	M	S	KnX	KnY	KnM	KnS	T	C	D	V	Z	K	H
D1.		●													
D2.									●	●	●	●	●		
n														●	●

梯形图如图 11-9 所示。

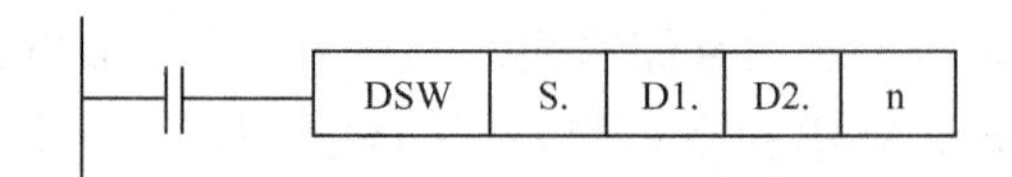

图 11-9　DSW 指令梯形图

操作数内容与取值如下：

操作数	内容与取值
S.	连接数字开关的输入口位元件首址，占用 4 点或 8 点
D1.	连接选通信号的输出口位元件首址，占用 4 点
D2.	数字开关数值的存储字元件地址
n	数字开关的组数，n=1 或 2（4 位/1 组）

解读：当驱动条件成立时，把 S 中 X 接口所连接的数字开关的值（BCD 码表示）通过 D1 选通口选通信号的处理转换成相应的二进制数保存在 D2 中。如果 n=1，则为 1 组数字开关（4 位），若 n=2，为 2 组数字开关（各 4 位）。

2. 指令应用

1）外部接线与读取时序

DSW 指令实际上就是一个读取 PLC 外接数字开关设定值的指令，现以如图 11-10 所示指令说明。

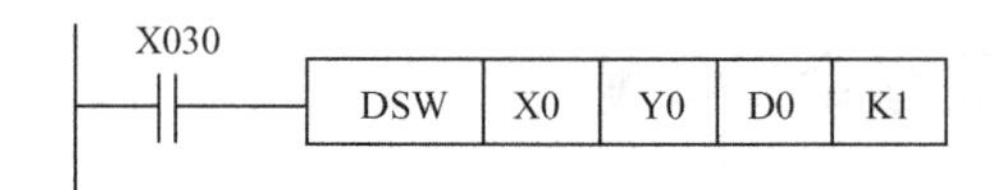

图 11-10　DSW 指令应用

图 11-10 所示指令操作相对应的外部接线图如图 11-11 所示。

和 HKY 指令外部接线类似，Y0～Y3 为选通信号，在 X030 为 ON 期间，Y0～Y3 每隔 100ms 依次置 ON，循环一次后，结束标志位 M8029 置 ON。如果 X030 继续为 ON，则重复 Y0～Y3 依次置 ON，直到 X030 为 OFF，Y0～Y3 全部置 OFF，其时序如图 11-12 所示。

指令中 n 值决定数字开关的组数，每一组由 4 个数字组成。

当 n=K1 时，（本例）通过选通信号 Y0～Y3 依次读取 X0～X3 所连接的 BCD 码输出的 4 位数的数字开关，并将其值转换成二进制数保存到 D0 中，其最大输入值为 9999。

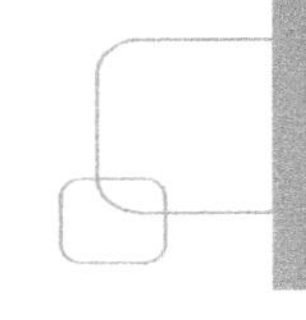

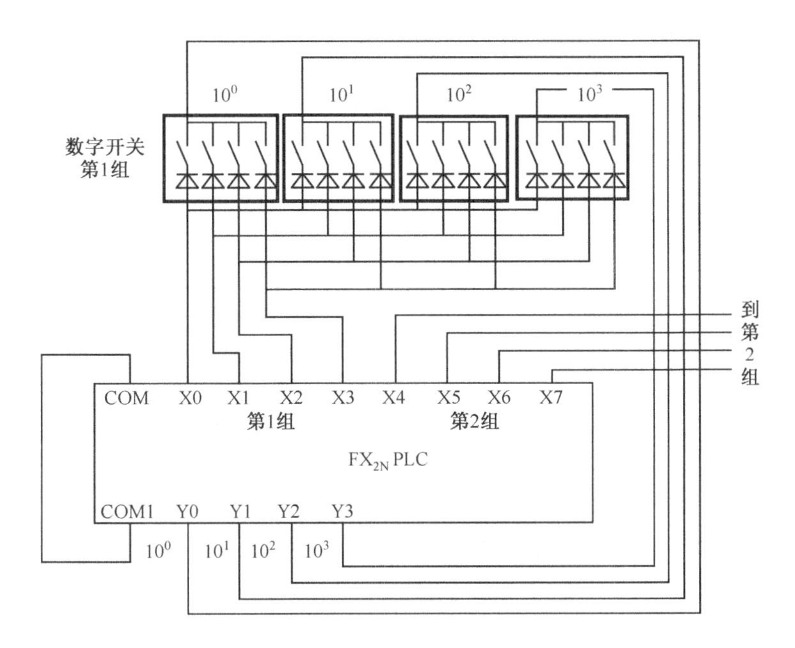

图 11-11　DSW 指令外部接线图

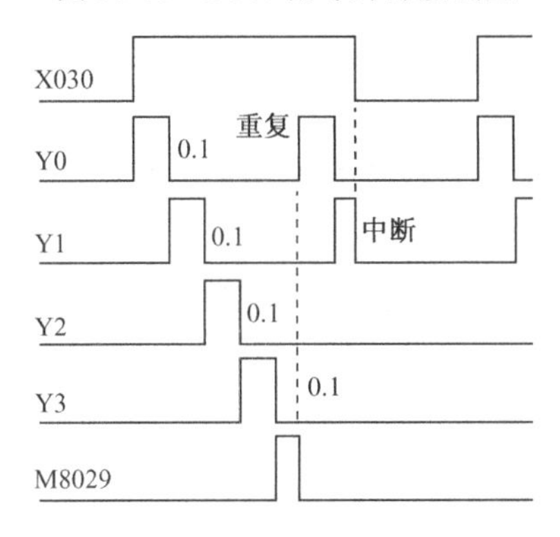

图 11-12　DSW 指令执行时序图

当 n=K2 时，表示有二组 4 位 BCD 码输出的数字开关分别接入 X0～X3 和 X4～X7（图中，数字开关第 2 组未画出），这时，通过选通信号 Y0～Y3 分别将第一组数字开关读入 D0，而将第二组数字开关读入 D1。DSW 指令是 16 位指令，这两组数字开关不能组成 8 位十进制数，而是互相独立的，最大输入值均为 9999。

2）关于数字开关使用

在实际使用中，常常只需要 1 位、2 位或 3 位数字开关，对于没有使用的位数，其相应的选通信号输出 Y 可以不接线，但这个输出口已被指令占用了，所以，也不能用于其他用途，只能空着。

3）PLC 选型

外部接数字开关，一定要选用 8421BCD 码输出的数字开关。对于 PLC 的选型，如果需要连续的读取数字开关的值，请务必使用晶体管输出型的 PLC。但如果为按键输入，且仅当

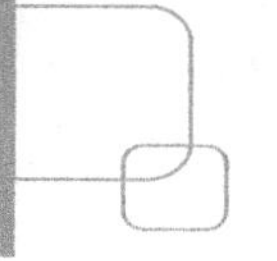

按键接通为读入一次数字开关值，也可使用继电器输出型的 PLC。读取的梯形图程序如图 11-13 所示。

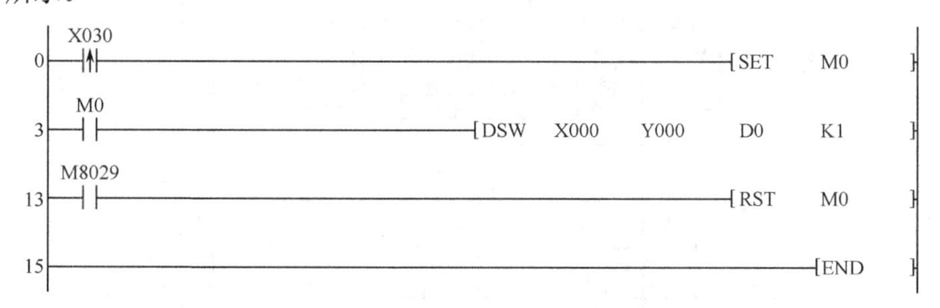

图 11-13　继电器型 PLC DSW 指令梯形图程序

4）外接数字开关指令的比较

DSW,BIN,TKY 指令及 HKY 指令都可以把接入 X 输入端口上的有开关设定的值读到 PLC 的软元件中，现对它们进行一些比较说明。

DSW 指令和 BIN 指令都可以把 BCD 码的数字开关的设定值转换成二进制数读入软元件。但同样 4 位十进制数，BIN 指令占用 16 个输入口，而 DSW 指令仅占用 4 个输入口和 4 个输出口，占用的点数少了一半，所以，当外接 BCD 数字开关时，基本上不用 BIN 指令，而用 DSW 指令。

DSW 指令和 TKY,HKY 指令相比，DSW 指令的特点是人机界面较人性化，可以直接看到外面数字开关的具体值。而 TKY,HKY 指令都不行，因此，作为需改变参数的设定值输入（如定时器的定时时间、计数器的计数值等）用 DSW 指令较好，所以，一般设备上用 DSW 指令较多，而用 TKY,HKY 指令作为数字输入相对较少，但 DSW 指令的缺点是输入数值仅为 0～9 999。

实际上，自触摸屏在工业控制中被广泛应用后，这种通过外接开关方式输入数值的方法已越来越少用，其相应的指令也越来越少用。

11.2.4　7 段码显示指令 SEGD

1. 指令格式

FNC 73：　SEGD 【P】　　　　　　　　程序步：5

可用软元件见表 11-8。

表 11-8　SEGD 指令可用软元件

操作数	位元件				字元件									常数	
	X	Y	M	S	KnX	KnY	KnM	KnS	T	C	D	V	Z	K	H
S.					●	●	●	●	●	●	●	●	●	●	●
D.						●	●	●	●	●	●	●	●		

梯形图如图 11-14 所示。

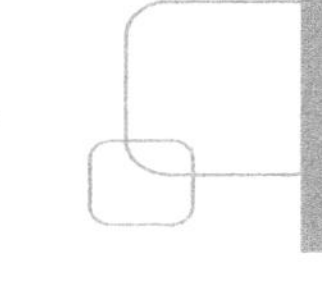

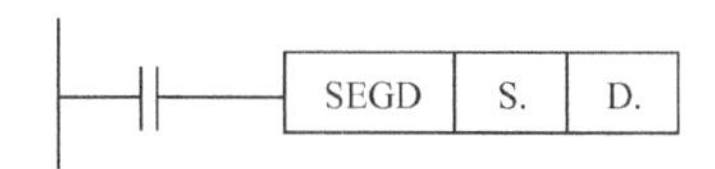

图 11-14　SEGD 指令梯形图

操作数内容与取值如下：

操　作　数	内容与取值
S.	存放译码数据或其存储字元件地址，其低 4 位存一位十六进制数 0～F
D.	7 段码存储字元件地址，其低 8 位存 7 段码，高 8 位为 0

解读：当驱动条件成立时，把 S 中所存放低 4 位十六进制数编译成相应的 7 段显示码保存在 D 中的低 8 位。

2. 指令应用

关于 7 段显示器及 7 段显示码的知识在第 10 章 10.1.2 节中已有介绍。在学习本指令前，应先学习和掌握上面所讲的知识。

一般采用组合位元件 K2Y 作为指令的终址，这样，只要在输出口 Y（如 Y0～Y6）接上 7 段显示器，可直接显示源址中的十六进制数。7 段显示器有共阳极和共阴极二种结构，如果 PLC 的晶体管输出为 NPN 型，则应选共阳极 7 段显示器，PNP 型则选择共阴极。

一个 SEGD 指令只能控制一个 7 段显示器，且要占用 8 个输出口，如果要显示多位数，占用的输出口点数更多，显然在实际控制中，很少采用这样的方法。

【例 1】　7 段数码管循环点亮程序控制。

控制要求：（1）能手动/自动切换。

（2）手动控制时，按一次手动按钮，数码管按 0～9 依次轮流点亮。

（3）自动控制时，每隔 1s，数码管按 0～9 依次轮流点亮。

试画出接线图及梯形图程序。

接线图如图 11-15 所示。

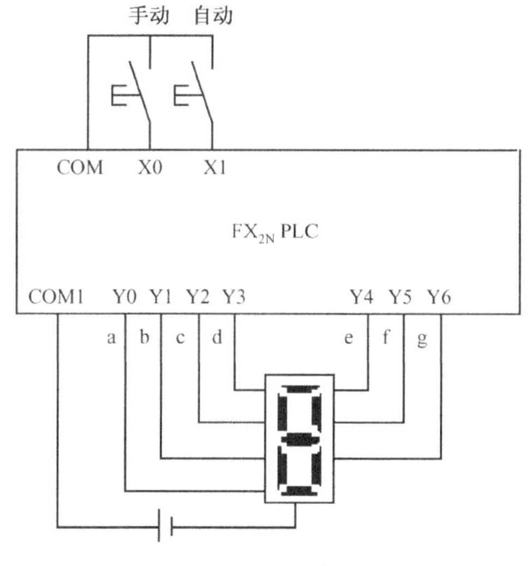

图 11-15　例 1 接线图

梯形图程序如图 11-16 所示。

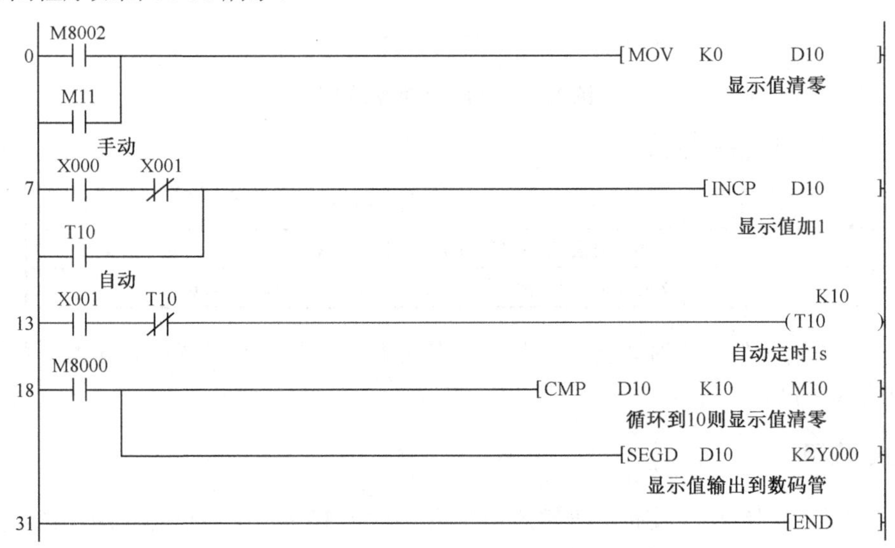

图 11-16　例 1 梯形图程序

11.2.5　7 段码锁存显示指令 SEGL

1. 指令格式

FNC 74：　SEGL　　　　　　　程序步：　7

可用软元件见表 11-9。

表 11-9　SEGL 指令可用软元件

操作数	位元件				字元件									常数	
	X	Y	M	S	KnX	KnY	KnM	KnS	T	C	D	V	Z	K	H
S.					●	●	●	●	●	●	●	●	●	●	●
D.		●													
n														●	●

梯形图如图 11-17 所示。

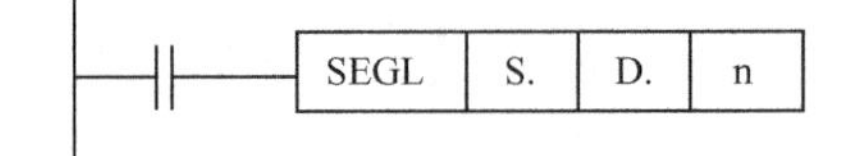

图 11-17　SEGL 指令梯形图

操作数内容与取值如下：

操作数	内容与取值
S.	需显示的数据或其存储字元件地址，范围 0～9999
D.	7 段码显示管所接输出口位元件首址，占用 8 个点
n	PLC 与 7 段码显示管的逻辑选择，K0～K7

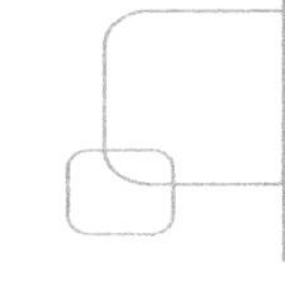

解读：当驱动条件成立时，如 n=K0～K3，把 S 中的二进制数（0～9 999）转换成 BCD 码数据，采用选通方式依次将每一位数输出到连接在（D）～（D+3）输出口上带锁存 BCD 译码器的 7 段数码管显示，如 n=4～7。把 S 和 S+1 两组二进制数转换成 BCD 码数据，采用选通方式分别送到连接在（D）～（D+3）输出口上第 1 组和连接在（D+4）～（D+7）输出口上第 2 组的带锁存 BCD 译码器的两组数码管显示。

2. 指令应用

1）外部接线与输出时序

外部接线与输出时序，分两种情况：

（1）n=K 0～K3，输出一组 4 位 7 段数码管。接线图如图 11-19 所示，其对应指令如图 11-18 所示。

图 11-18　SEGL 指令 1 组输出

由于指令的输出是 8421BCD 码，因此，不能直接和 7 段数码管相连接，中间必须有 BCD 码-7 段码的译码器，详细知识可参看第 10 章 10.3.1 节。

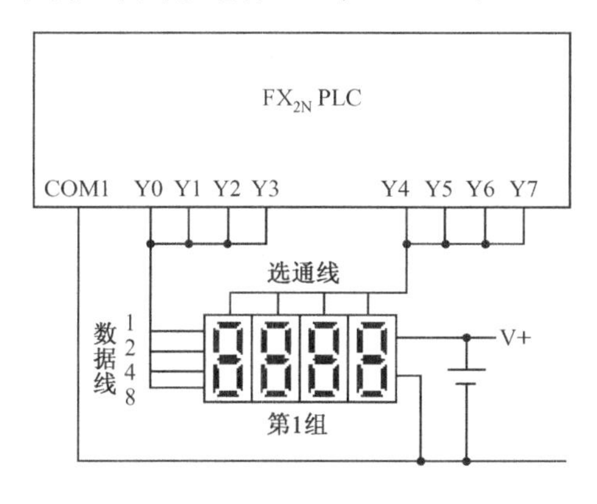

图 11-19　SEGL 指令 1 组输出接线图

其数据信号选通的输出过程与 DSW 指令类似，Y0～Y3 为数据线输出口，Y4～Y7 为相应的选通并锁存信号输出口，当 X10 接通后把 D0 中的数转换成 BCD 码并从 Y0～Y3 依次对每一位数进行输出，并根据相应位的选通信号送入相应位的 7 段数码管锁存显示。

（2）n=K4～K7，这时，输出 2 组 4 位 7 段数码管，接线图如图 11-20 所示。这时，除了把 D0 中的数据送到第 1 组的 4 个数码管，还把 D1 中的数据转换成 BCD 码后，从 Y10～Y13 依次对每一位数据进行输出，并根据相应位的选通信号 Y4～Y7 送入第 2 组相应位的 7 段数码管锁存及显示。

2）应用注意

（1）更新 1 组或 2 组的 4 位数字的显示时间为 PLC 扫描时间的 2 倍。

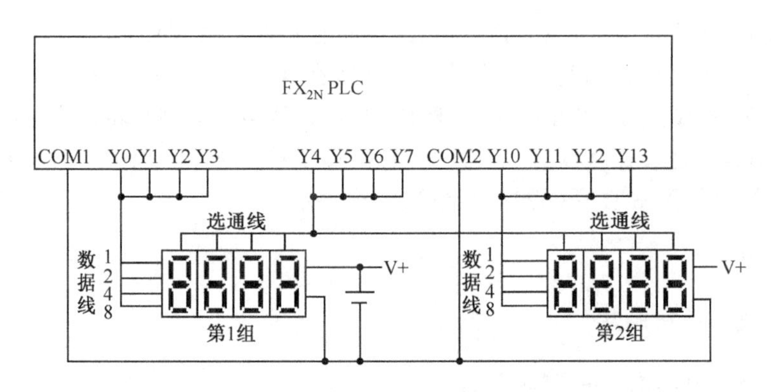

图 11-20 SEGL 指令 2 组输出接线图

（2）驱动条件为 ON 时，指令重复执行输出过程，当驱动条件变为 OFF 时，马上中断输出。当驱动条件再次为 ON 时，重新开始执行输出，选通信号依次执行后，结束标志 M8029 置 ON。

（3）如果实际应用位不是 4 位，则相应的选通信号口 Y4～Y7 可以空置，但不能用于他用。

（4）SEGL 指令与 PLC 的扫描周期同步执行。为执行一连串的显示，PLC 的扫描周期应大于 10ms，如不满足 10ms，需使用恒定扫描模式，设定扫描时间大于 10ms，梯形图程序如图 11-8 所示。

（5）执行 SEGL 指令请选择晶体管输出型的 PLC。

3）关于参数 n 的设置

SEGL 指令格式中操作量 n 的设置比较复杂，它不仅与外接 7 段数码显示器的组别有关，还与 PLC 输入逻辑（正/负），7 段数码显示器的数据信号输入的逻辑（正/负）及其选通信号的逻辑（正/负）有关，表 11-10 列出了 n 的选值与它们之间的关系。

表 11-10 n 取值的逻辑关系表

PLC 晶体管输出类型		数码管数据输入		选通信号输入		n 取值	
PNP	NPN	高电平有效	低电平有效	高电平有效	低电平有效		
正逻辑	负逻辑	正逻辑	负逻辑	正逻辑	负逻辑	1 组	2 组
●		●		●		0	4
●		●			●	1	5
●			●	●		2	6
●			●		●	3	7
	●	●		●		3	7
	●	●			●	2	6
	●		●	●		1	5
	●		●		●	0	4

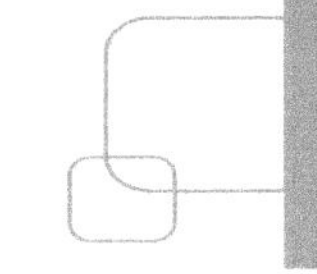

11.2.6　方向开关指令 ARWS

1. 指令格式

FNC 75:　ARWS　　　　　程序步：9

可用软元件见表 11-11。

表 11-11　ARWS 指令可用软元件

操作数	位元件				字元件									常数	
	X	Y	M	S	KnX	KnY	KnM	KnS	T	C	D	V	Z	K	H
S.	●	●	●	●											
D1.									●	●	●	●	●		
D2.		●													
n														●	●

梯形图如图 11-21 所示。

图 11-21　ARWS 指令梯形图

操作数内容与取值如下：

操作数	内容与取值
S.	方向开关接到输入口的位元件首址，占用 4 个点
D1.	7 段数码管显示值存储字元件，范围 0～9999
D2.	7 段数码管数据线及选通线输出口的位元件首址，占用 8 个点
n	PLC 与 7 段数码管的逻辑选择，n=K0～K3

解读：当驱动条件成立时，通过使用连接在 S 输入口的 4 个方向开关的动作对连接在输出口上的 7 段数码管的显示值进行设定调整。

2. 指令应用

1）外部接线与动作说明

外部接线和按键功能以图 11-22 为例讲解。

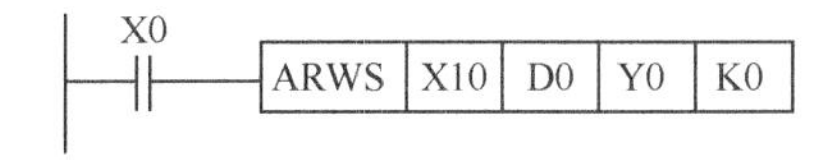

图 11-22　ARWS 指令应用

应用指令对应的接线图如图 11-23 所示。

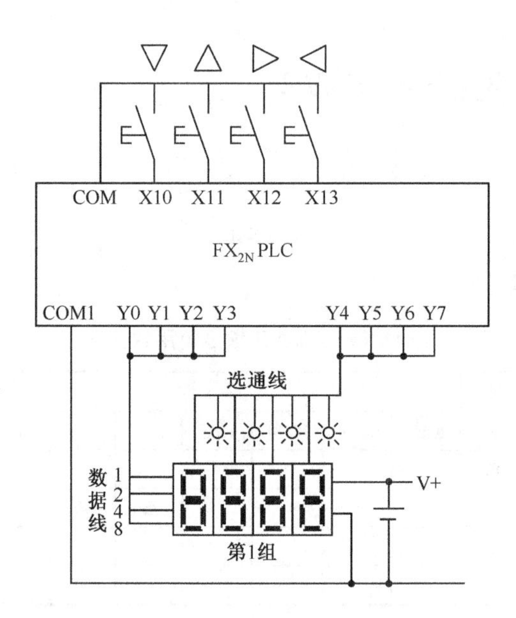

图 11-23　ARWS 指令接线图

假定这时 D0 中数值为 K206，则 4 位数码管显示为 0206。当 X0=ON 时，可利用连接在 X10～X13 输入口上的 4 个键对显示值进行调整，这 4 个功能键的含义如图 11-24 所示。

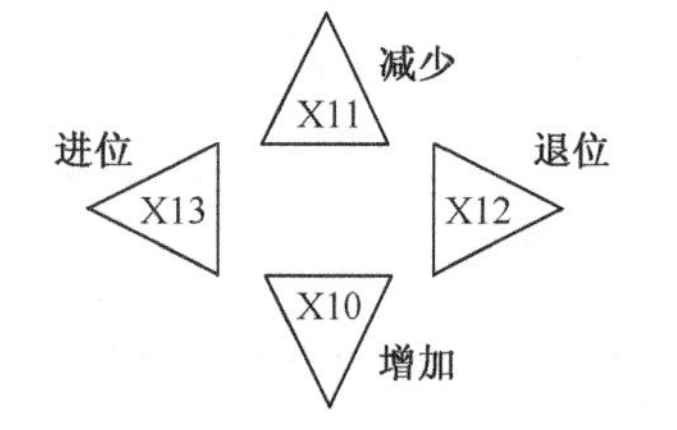

图 11-24　ARWS 指令按键功能图

调整分两步进行：

（1）选择要调整的位数

X13：进位功能键，每按一次，由个位→十位→百位→千位→个位……循环移动。选中的位数，其相应的位指示灯不亮（因本例选通逻辑为负逻辑）。

X12：退位功能键和 X13 键一样，仅是移动方向相反。

（2）选择调整位的数据。

确定要调整的位后，即可对该位数据进行设定，设定方法：

X10：数据加 1 键，每按一次数字按加 1 变化。例如，调整个位数据则按 6—7—8—9—0—1—2…循环变化。

X11：数据减 1 键，每按一次数字按减 1 变化。例如，调整十位数据则按 0—9—8—7—6—5—4…循环变化。

（3）调整时 7 段数码管会及时显示调整的数据，调整后的数据被写入到 D0 中。

2）应用注意

（1）ARWS 指令在程序中只可以使用 1 次，要是用多个时，可采用变址寻址方式编程，参看第 5 章 5.4 节。

（2）ARWS 指令 PLC 的扫描周期同步执行。为了执行一连串的显示，PLC 的扫描周期必须大于 10ms，如不足 10ms，请使用恒定扫描模式，如图 11-8 所示或定时中断，按一定时间间隔运行。

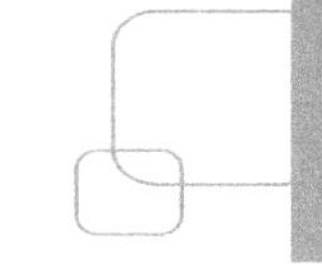

（3）ARWS 指令执行必须选用晶体管输出型 PLC。

3）关于参数 n 的设置

参数 n 的设置和 SEGL 指令的 n 设置一样，这是仅有一组 4 位 7 段数码管，所以，n 只能是 K0～K3，具体选择可参看表 11-10。

【例 2】 某一控制系统，其控制要求是用 3 位数字开关指定 PLC 内部定时器 T0～T199 的编号。使用 4 位带锁存的 7 段数码显示器显示定时器的设定值，并利用外接按键输入修改定时器的设定值，画出接线图及编制梯形图程序。

接线图如图 11-25 所示。

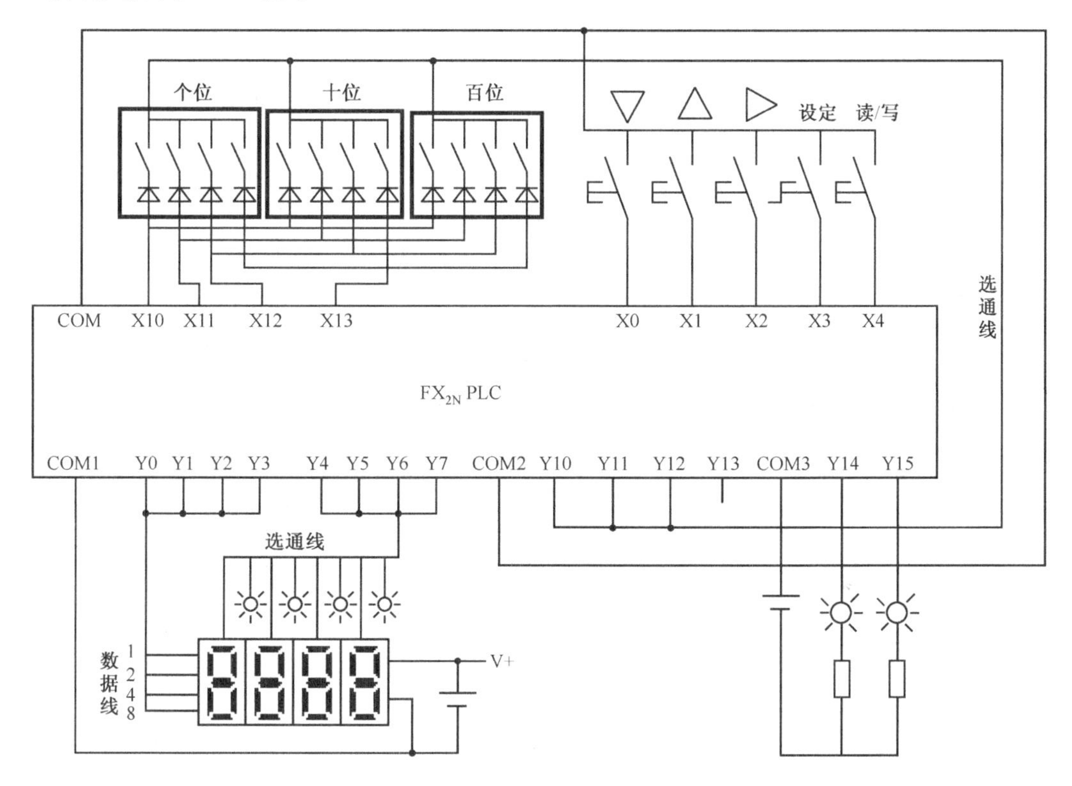

图 11-25　例 2 接线图

梯形图程序如图 11-26 所示。

11.2.7　ASCII 码输入指令 ASC

1. 指令格式

FNC 76:　　ASC　　　　　　　　程序步：11

```
0   M100                                             D300
    ─┤├──────────────────────────────────────────(T0    )
                                  需设定和显示之定时器T0～T199
4   M101                                             D301
    ─┤├──────────────────────────────────────────(T1    )
8   M199                                             D399
    ─┤├──────────────────────────────────────────(T199  )
12  X000
    ─┤├──────────────────────────────────────────(M0    )
                                                    减1
14  X001
    ─┤├──────────────────────────────────────────(M1    )
                                                    加1
16  X002
    ─┤├──────────────────────────────────────────(M2    )
                                                    退位
18  M8000
    ─┤/├─────────────────────────────────────────(M3    )
                                                    进位
20  X004
    ─┤├─────────────────────────────────[ALTP    M200   ]
                                              读出/写入交替
24  M200
    ─┤/├─────────────────────────────────────────(Y014  )
                                                    读出
26  M200
    ─┤├──────────────────────────────────────────(Y015  )
                                                    写入
28  Y014    X003
    ─┤├─────┤├──────────────[DSW    X010    Y010    Z0    K1 ]
                                     数字开关指定定时器编号
39  Y014
    ─┤├─────────────────────────[SEGL    T0Z0    Y000    K1 ]
                                           显示定时器设定值
47  Y015
    ─┤├──┬──────────────────────────[MOVP  D300Z0     D511 ]
         │                                 调出定时器设定值
         └──────────────────[ARWS  M0    D511    Y000    K1 ]
                                   用方向开关修改定时器设定值
62  Y015    X003
    ─┤├─────┤├──────────────────────[MOVP  D511     D300Z0 ]
                                                 写入设定值
69  ─────────────────────────────────────────────[END       ]
```

图 11-26　例 2 梯形图程序

可用软元件见表 11-12。

表 11-12　ASC 指令可用软元件

操作数	位元件				字元件									常数	
	X	Y	M	S	KnX	KnY	KnM	KnS	T	C	D	V	Z	K	H
S															
D.									●	●	●				

梯形图如图 11-27 所示。

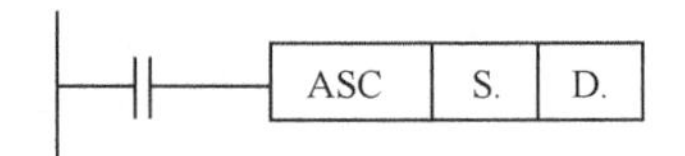

图 11-27　ASC 指令梯形图

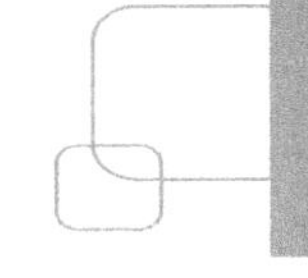

操作数内容与取值如下：

操 作 数	内容与取值
S	由计算机输入的 8 个半角英文字符串
D.	S 中转换成 ASCII 码存放字元件首址

解读：当驱动条件成立时，将由计算机输入到 S 的 8 个半角英文、数字字符串转换成 ASCII 码存放在以 D 为首址的寄存器中。

2. 指令应用

1）全角与半角输入

ASC 指令是从计算机向 PLC 输入一个 8 个字符的字符串，并要求为半角输入。在计算机上显示英文数字字符时，有两种方式，一种是全角输入，另一种是半角输入。

全角是指中 GB2312-80（《信息交换用汉字编码字符集・基本集》）中的各种符号，如 A,B,C,1,2,3 等，应将这些符号理解为汉字。和汉字一样占用二个字节；半角指用 ASCII 码表示的各种符号，同样 A,B,C,1,2,3 等输入，但只占用一个字节。 这两种输入的标志也不同，全角输入为圆形标志，而半角输入为半月形标志，如图 11-28 所示。

字符串的输入在计算机上使用编程工具时输入。

2）两种数据处理模式

ASC 指令有两种处理模式。这两种模式与特殊继电器 M8161 有关。M8161 的状态不同，指令执行数据处理的方式也不同。现以图 11-29 所示指令梯形图来说明。

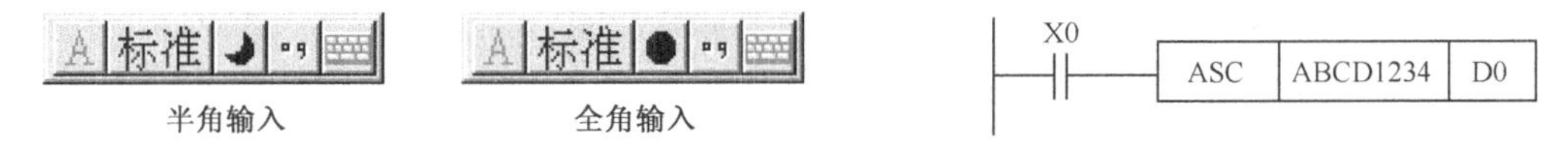

图 11-28　全角与半角输入标志　　图 11-29　ASC 指令应用

（1）M8161=0，16 位数据处理模式。

在这种模式下，指令先将 S 中所指定的 8 个字符的字符串转换成 ASCII 码（一个字符转换成两个十六进制数）。然后按照低 8 位、高 8 位的顺序依次将 ABCD1234 的 ASCII 码存放在 D0～D3 中。也就是说，每一个寄存器 D 存放两个字符，前一个字符存放在 D 的低 8 位，后一个字符存放在 D 的高 8 位。执行结果见表 11-13。

表 11-13　16 位数据处理模式

ASCII 码存放寄存器	高 8 位	低 8 位
D0	H42(B)	H41(A)
D1	H44(D)	H43(C)
D2	H32(2)	H31(1)
D3	H34(4)	H33(3)

（2）M8161=1，8 位数据处理模式。

这种模式与上面不通的是，转换后的 ASCII 码仅存储在 D 寄存器的低 8 位，其高 8 位为 0。也就是说，每一个寄存器 D 仅存一个字符，存放在低 8 位。这时，寄存器 D 的个数比 16 位模式多 1 倍。执行结果见表 11-14。

表 11-14　8 位数据处理模式

ASCII 码存放寄存器	高 8 位	低 8 位
D0	H0	H41(A)
D1	H0	H42(B)
D2	H0	H43(C)
D3	H0	H44(D)
D4	H0	H31(1)
D5	H0	H32(2)
D6	H0	H33(3)
D7	H0	H34(4)

3）应用注意

（1）ASC 指令的操作数 S 规定输入是 8 个字符，如果少于 8 个字符。指令自动以空格符 SP（H20）补充到 8 个。如果多于 8 个字符，指令会自动取消多余的字符。

（2）状态标志 M8161，是与通信指令 RS（FNC80）,ASCI（FNC82）,HEX（FNC83）,CCD（FNC84）共同使用的标志，不论在哪一个指令中设定了 M8161 的状态，这 5 个指令都必须按照设定状态处理数据。在后面讲解通信指令时，会强调这个问题。状态标志 M8161 初始状态为 0。

11.2.8　ASCII 码输出指令 PR

1. 指令格式

FNC 77：　PR　　　　　　　程序步：5

可用软元件见表 11-15。

表 11-15　PR 指令可用软元件

操作数	位元件				字元件									常数	
	X	Y	M	S	KnX	KnY	KnM	KnS	T	C	D	V	Z	K	H
S.									●	●	●				
D.		●													

梯形图如图 11-30 所示。

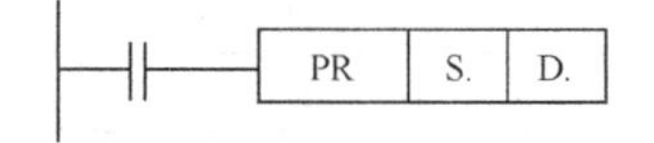

图 11-30　PR 指令梯形图

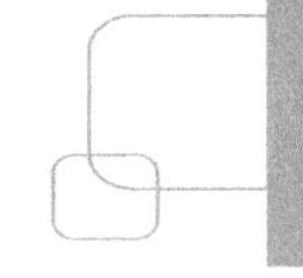

操作数内容与取值如下：

操 作 数	内容与取值
S.	存储 ASCII 码字符串存储字元件首址
D.	输出 ASCII 码字符串输出口位元件首址，占用 10 个点

解读：当驱动条件成立时，根据输出字符的模式，把 S 中所存储的 ASCII 码字符通过 D 输出口串行输出到打印机或显示器中。

2. 指令应用

1）外部接线

PR 指令是专为打印机或显示器输送字符串用。PLC 与型号为 A6FD 的外部显示单元连接例子如图 11-31 所示（注：型号为 A6FD 的外部显示单元于 2002 年 11 月停产）。

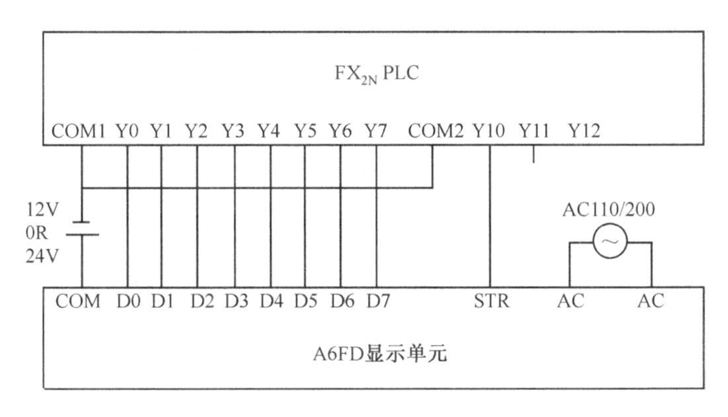

图 11-31　PR 指令接线图

图 11-31 中，Y0 为输出数据首址，一共占用 Y0～Y011 十个点，其中，Y0～Y7 为数据线，一个字符的 ASCII 码（8 位二进制数）是并行输出的。Y010 是选通信号，仅当 Y010 输出选通信号有效时，这 8 位二进制数才输出到显示器中。而字符串则是一个字符接一个字符逐个串行输出的，Y011 为数据输出执行中标志，数据开始输出为 ON，直到数据传输结束为 OFF。详细传输过程可参看下面时序图。

2）输出字符模式与时序

特殊继电器 M8027 的状态会引起 PR 指令中输出字符数的变化。M8027=0 时固定为 8 个字符的输出；M8027=1 时为 1～16 个字符的串行输出。

（1）M8027 = 0 时固定 8 个字符输出。

在这种模式下，指令固定输出 8 个字符，不管这些字符是存放在 S～S+3 单元中（M8161=0）还是存放在 S～S+7 单元的低 8 位中（M8161=1），其输送时序都是按先后顺序将 8 个字符依次传输到打印或显示设备上。其时序如图 11-32 所示。

（2）M8027 = 1 时 1～16 个字符输出。

这种模式其输出的字符不是固定的，在 1～16 个字符之间。少于 16 个字符时应加符号

“0”（ASCII 码 H00）为结束符。传送数据中，出现 H00，表示字符传输结束，其前一个字符为最后字符，H00 之后的字符则不能再输出，运行结束。这种模式下，指令执行完成，结束标志位 M8029=1。其时序如图 11-33 所示。

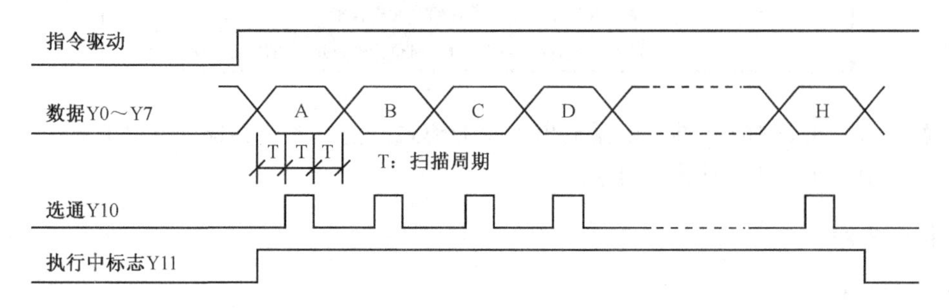

图 11-32　指令 PR 固定 8 个字符输出时序图

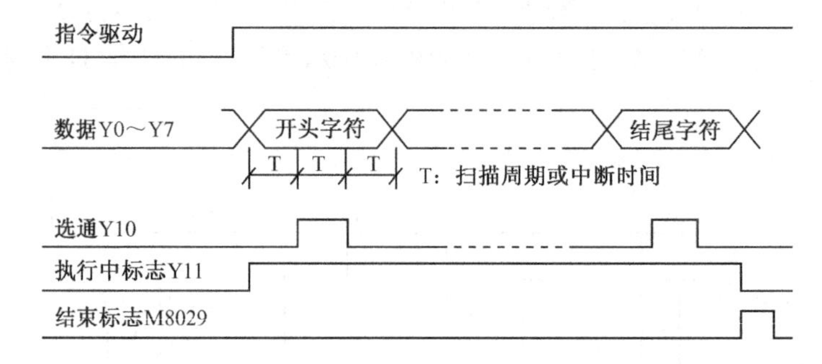

图 11-33　指令 PR 1～16 个字符输出时序图

3）应用注意

（1）不管是执行连续为 ON 的指令或执行脉冲指令，只要循环一次的输出结束，则执行就结束。当指令为 OFF 时，输出全部为 OFF。

（2）该指令与扫描周期同步，由时序图可见，输出一个字符要三个扫描周期或定时中断时间，扫描周期较短时，请用恒定扫描模式或使用定时中断驱动。PLC 应使用晶体管输出型。

（3）指令 ASC 与指令 PR 一般都同时在程序中使用，用 ASC 指令存放设备的工作状态或错误代码等文字信息。在用相应的驱动条件驱动 PR 指令，使这些状态信息或错误代码在显示器上显示出来，和其他外部 I/O 设备指令一样，现在已很少使用。

（4）该指令在编程只能使用一次。

11.3　模拟电位器指令

11.3.1　模拟电位器介绍

三菱电机为模仿数字式时间继电器的定时时间调节。开发了 FX_{2N}-8AV-BD 模拟电位器

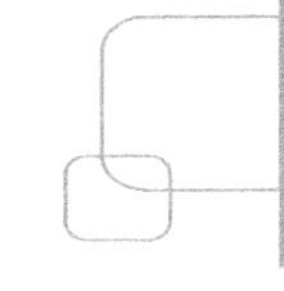

功能扩展板。使用时直接安装在 FX_{2N} 系列 PLC 的基本单元的数据线接口上。板上有 8 个小型电位器 VR0～VR7，位置编号如图 11-34 所示。转动电位器旋钮，就好像调节数字式时间继电器的电位器一样，可以控制 PLC 的内部定时器的定时时间。

模拟电位器 VR0～VR7 的数值由 PLC 通过指令 VRRD 和 VRSC 读取到数据寄存器 D 中。

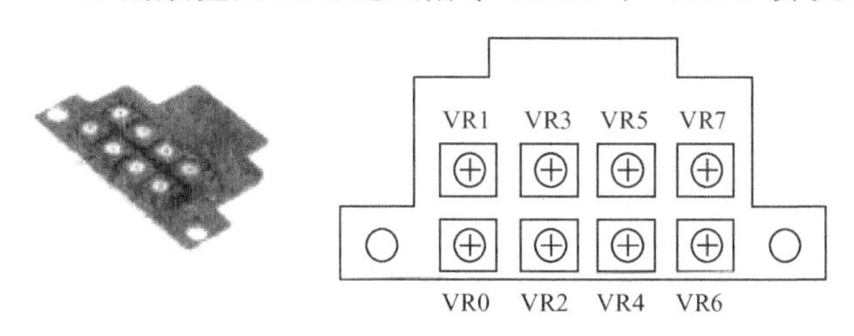

图 11-34　FX_{2N}-8AV-BD 模拟功能扩展板

11.3.2　模拟电位器数据读指令 VRRD

1. 指令格式

FNC 85:　　VRRD 【P】　　　　　　　　程序步：5

可用软元件见表 11-16。

表 11-16　VRRD 指令可用软元件

操作数	位元件				字元件									常数	
	X	Y	M	S	KnX	KnY	KnM	KnS	T	C	D	V	Z	K	H
S.														●	●
D						●	●	●	●	●	●	●	●		

梯形图如图 11-35 所示。

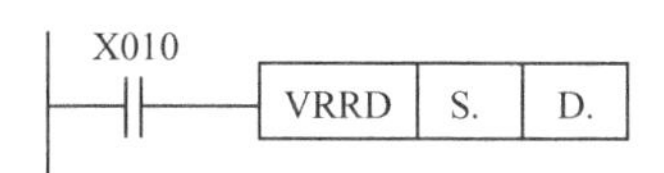

图 11-35　VRRD 指令梯形图

操作数内容与取值如下：

操作数	内容与取值
S.	功能扩展板 FX_{2N}-8AV-BD 上的电位器 VR0～VR7 编号，S=0～7
D.	电位器模拟量转换为数值存储字元件地址，存储数值为 0～255

解读：当驱动条件成立时，把 S 值所表示的电位器的位置值读取到寄存器 D 中，位置值范围为 0～255。

2. 指令应用

S 取值为 K0～K7，相对于功能扩展板上的电位器 VR0～VR7。读取数值在 0～255 之

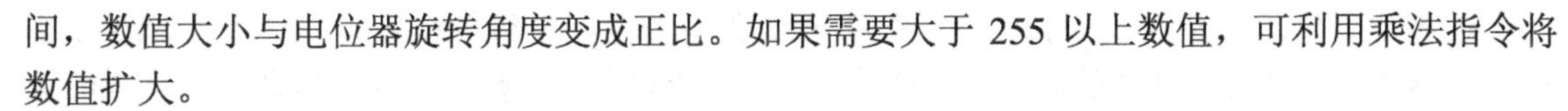

间，数值大小与电位器旋转角度变成正比。如果需要大于 255 以上数值，可利用乘法指令将数值扩大。

模拟电位器的数值读到数据寄存器 D 后，可作为 PLC 内部定时器或计数器的设定值。这样，只要通过转动外部模拟电位器的旋钮，就可以调整定时器的定时值或计数器的计数值。图 11-36 所示为转动电位器 VR0 来设定计数器 C0 的计数值的梯形图程序。

```
      X001
 0 |--| |------------------------------------[VRRD  K0    D0  ]
      X002                                               D0
 6 |--| |------------------------------------------(C0        )
10 |-------------------------------------------[END           ]
```

图 11-36　VR0 调节计数器 C0 计数值梯形图

【例 1】　编写利用 FX_{2N}-8AV-BD 模拟电位器功能扩展板设定 PLC 内部定时器 T0～T7 的定时设定值的梯形图程序。

梯形图程序如图 11-37 所示。

```
      M8000
 0 |--| |------------------------------------[RST        Z0   ]
                                              变址寄存器清零
 4 |-----------------------------------------[FOR        K8   ]
                                  循环取VR0～VR7到D100～D107
      M8000
 7 |--| |--+------------------------[VRRD    K0Z0    D100Z0   ]
           |
           +-------------------------------[INC        Z0     ]
16 |-------------------------------------------[NEXT          ]
      X000                                              D100
17 |--| |------------------------------------------(T0        )
                                                 VR0为T0设定值
      T0
21 |--| |---------------------------
             ⋮                      ⋮
      X007                                              D107
   |--| |------------------------------------------(T7        )
                                                 VR7为T7设定值
      T7
   |--| |-----------------
   |-------------------------------------------[END           ]
```

图 11-37　VR0～VR7 调节定时器 T0～T7 定时时间梯形图

VR0～VR7 的数值范围在 0～255 之间，定时器 T0～T7 为 100ms 型定时器，所以，最大延时时间为 25.5s，如需要大于 25.5s 以上时间，可先将 D100～D107 中数值变大，再设为定时设定值。

11.3.3　模拟电位器开关设定指令 VRSC

1. 指令格式

FNC 86:　　VRSC 【P】　　　　　　　　程序步：5

可用软元件见表 11-17。

表 11-17　VRSC 指令可用软元件

操作数	位元件				字元件									常数	
	X	Y	M	S	KnX	KnY	KnM	KnS	T	C	D	V	Z	K	H
S.														●	●
D						●	●	●	●	●	●	●	●		

注：S 取值为 0～7。

梯形图如图 11-38 所示。

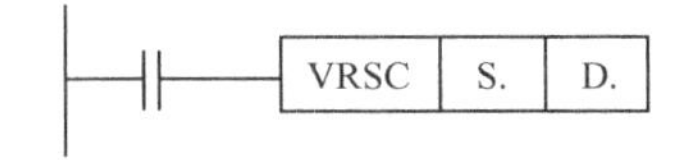

图 11-38　VRSC 指令梯形图

操作数内容与取值如下：

操　作　数	内容与取值
S.	功能扩展板 FX_{2N}-8AV-BD 上的电位器 VR0～VR7 编号，S=0～7
D.	电位器模拟量转换为数值存储字元件地址，存储数值为 0～10

解读：当驱动条件成立时，把 S 值所表示的电位器的位置值读取到寄存器 D 中，位置值范围为 0～10。

2. 指令应用

VRSC 指令和 VRRD 指令一样，都是读取模拟量电位器 VR 值转换成数字存入 D，但 VRRD 转换为 0～255，而 VRSC 是把模拟电位器的全部量程转换成 0～10 的 11 个整数值存入 D，旋转的角度按四舍五入处理。

在实际应用中，利用 VRSC 指令对模拟电位器 VR 的读取特点，可以编写程序将 VR 变成一个具有多挡（最多 11 挡）的软波段开关。

【例 2】　利用模拟电位器 VR 设计一个具有 11 挡的旋转波段开关。

梯形图程序如图 11-39 所示。

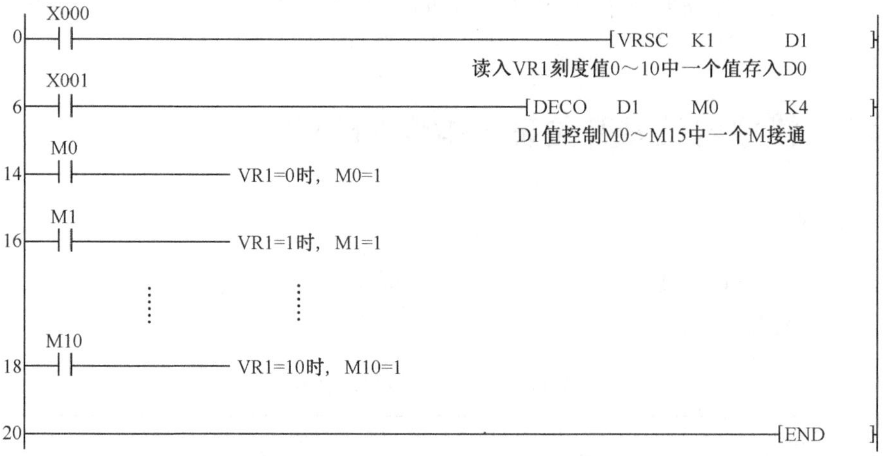

```
      X000
 0 ──┤ ├──────────────────────────[VRSC   K1      D1    ]
                        读入VR1刻度值0～10中一个值存入D0
      X001
 6 ──┤ ├──────────────────────────[DECO   D1   M0   K4  ]
                        D1值控制M0～M15中一个M接通
      M0
14 ──┤ ├──────── VR1=0时，M0=1
      M1
16 ──┤ ├──────── VR1=1时，M1=1
        ⋮           ⋮
      M10
18 ──┤ ├──────── VR1=10时，M10=1

20 ───────────────────────────────[END                  ]
```

图 11-39　VRSC 指令软波段开关梯形图

11.4　特殊功能模块读写指令

11.4.1　FX 特殊功能模块介绍

1．特殊功能模块

最初，PLC 是代替继电器控制系统而出现的一种新型控制装置。早期的 PLC 最基本最广泛的应用是开关量逻辑控制。但是随着现代工业控制对 PLC 提出了许多控制要求，例如，对温度、压力等连续变化的模拟量控制；对直线运动或圆周运动的运动量定位控制；对各种数据完成采集、分析和处理的数据运算、传送、排列和查表功能等。这些要求，如果仅用开关量逻辑控制方式是不能完成的。但 IT 技术和计算机技术的发展，对 PLC 完成现代工业控制要求又成为可能。为了增加 PLC 的控制功能，扩大 PLC 的应用范围，PLC 生产厂家开发了品种繁多的与 PLC 相配套的特殊功能模块。这些功能模块和 PLC 一起就能完成上述控制要求。

三菱电机为 FX 系列 PLC 开发了众多的特殊功能模块，它们大致分成：模拟量输入/输出模块、温度传感器输入模块、高速计数模块、定位控制模块、定位专用单元和通信模块。这些特殊的功能模块实质上都是带微处理器的智能模块。

特殊功能模块通过数据线与 PLC 的基本单元直接相连接。PLC 和特殊功能模块的数据交换是通过对特殊功能模块的读写指令来完成的。

2．特殊功能模块位置编号

当多个特殊功能模块与 PLC 相连时，PLC 对模块进行的读写操作必须正确区分是对哪一个特殊功能模块进行的。这就产生了区分不同模块的位置编号。

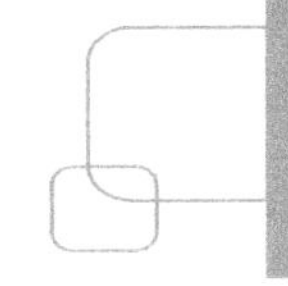

当多个模块相连时，PLC 特殊功能模块的位置编号是这样确定的：从基本单元最近的模块算起，由近到远分别是 0#,1#,2#,…,7#特殊模块编号，如图 11-40 所示。

	单元 #0	单元 #1	单元 #2
基本单元	A/D	D/A	温度传感器
FX_{2N}-48MR	FX_{2N}-4AD	FX_{2N}-4DA	FX_{2N}-4DA-PT

图 11-40　特殊功能模块位置编号

但如果其中含有扩展模块或扩展单元时，扩展模块或单元不算入编号，特殊模块编号则跳过扩展单元仍由近到远从 0#编起，如图 11-41 所示。

		单元 #0	单元 #1		单元 #2
基本单元	扩展模块	A/D	脉冲输出	扩展模块	D/A
FX_{2N}-48MR	FX_{2N}-16EYS	FX_{2N}-4AD	FX_{2N}-10FG	FX_{2N}-16EX	FX_{2N}-4DA

图 11-41　含有扩展单元的特殊功能模块位置编号

一个 PLC 的基本单元最多能够连接 8 个特殊模块，编号从 0#～7#。FX_{2N} PLC 的 I/O 点数最多是 256 点，它包含了基本单元的 I/O 点数、扩展模块或单元的 I/O 点数和特殊模块所占用的 I/O 点数。特殊模块所占用的 I/O 点数可查询手册得到。FX_{2N} 的特殊功能模块一般占用 8 个 I/O 点，计算在输入点、输出点均可。

3.　特殊功能模块缓冲存储器 BFM

每个特殊功能模块里面有若干个 16 位存储器，手册上面称为缓冲存储器 BFM。缓冲存储器 BFM 是 PLC 与特殊功能模块进行信息交换的中间单元。输入时，由特殊功能模块将外部数据量转换成数字量后先暂存在 BFM 内，当 PLC 需要时再由 PLC 通过特殊功能模块读取指令复制到 PLC 的字软元件进行处理。输出时，PLC 将数字量通过特殊功能模块写入指令送入到特殊功能模块的 BFM 内，再由特殊功能模块自动转换成数据量送入外部控制器或执行器中，这是特殊功能模块的 BFM 的主要功能，除此之外，BFM 还具有以下功能。

模块应用设置功能：特殊功能模块在具体应用时，要求对其各种参数进行选择性设置，例如，模拟量模块通道的选择、转换速度、采样等，这些都是通过特殊功能模块写入指令针对 BFM 不同单元的内容设置来完成的。

识别和查错功能：每一个都有一个识别码，固化在某个 BFM 单元里用来进行模块识别。当模块发生故障时，BFM 的某个单元会存有故障状态信息。通过特殊功能模块读取指令复制到 PLC 内进行识别和监示。

特殊功能模块的 BFM 数量并不相同，但 FX_{2N} 模拟量模块大都为 32 个 BFM 缓冲存储单元，它们的编号是从 BFM#0～BFM#31，每个 BFM 缓冲存储器都是一个 16 位的二进制寄存器。在数字技术中，16 位二进制数位一个“字”，因此，每个 BFM 缓冲存储器都是一个“字”单元。在介绍模拟量模块的 BFM 功能时，常常把某些 BFM 缓冲存储器的内容称为“××字”，如通道字、状态字等。当需要两个 16 位 BFM 组成 32 位时，一般都是由相邻的两个 BFM 单元组成。

对特殊功能模块的学习和应用，除了选型、输入/输出接线和它的位置编号外，对其 BFM 缓冲存储器的学习是个关键，这是学习特殊功能模块难点和重点。实际上学习这些模块的应用就是学习这些缓冲存储器的内容跟它的读写。

PLC 与特殊功能模块的信息交换是通过编制读指令 FROM 和写指令 TO 的程序来完成的。

11.4.2 特殊功能模块读指令 FROM

1. 指令格式

FNC 78：【D】 FROM 【P】　　　　程序步：9/17

可用软元件见表 11-18。

表 11-18 FROM 指令可用软元件

操作数	位元件				字元件									常数	
	X	Y	M	S	KnX	KnY	KnM	KnS	T	C	D	V	Z	K	H
m1														●	●
m2														●	●
D						●	●	●	●	●	●	●	●		
n														●	●

梯形图如图 11-42 所示。

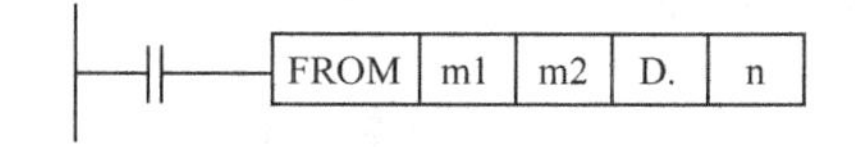

图 11-42 FROM 指令梯形图

操作数内容与取值如下：

操作数	内容与取值
m1	特殊模块位置编号，m1=0～7
m2	读出数据的特殊模块缓冲存储器 BFM 首址，m2=0～32 767
D	BFM 数据传送到 PLC 的存储字元件首址
n	传送数据个数，n=1～32 767

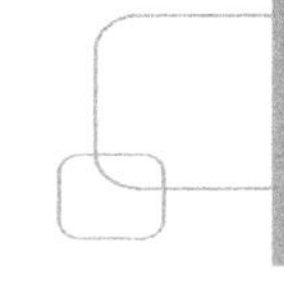

解读：当驱动条件成立时，把位置编号为 m1 的特殊模块中以 BFM# m2 为首址的 n 个缓冲存储器的内容读到 PLC 中以 D 为首址的 n 个字元件中。

2. 指令功能说明

下面通过例子来具体说明指令功能。

【例 1】 试说明指令执行功能含义。

（1） FROM K1 K30 D0 K1

把 1#模块的 BFM#30 单元内容复制到 PLC 的 D0 单元中。

（2） FROM K0 K5 D10 K4

把 0# 模块的 (BFM#5～BFM#8) 4 个单元内容复制到 PLC 的(D10～D13)单元中。其对应关系：

(BFM#5) → (D10)，(BFM#6) → (D11)

(BFM#7) → (D12)，(BFM#8) → (D13)

（3） FROM K1 K29 K4 M10 K1

用 1#模块 BFM#29 的位值控制 PLC 的 M10～M25 继电器的状态。位值为 0，M 断开；位值为 1，M 闭合。例如，BFM#29 中的数值是 1000 0000 0000 0111，那么它所对应的继电器是 M10,M11,M12 和 M25 是闭合的，其余继电器都是断开的。

FROM 指令也可 32 位应用，这时传送数据个数为 2n 个。

【例 2】 试说明指令执行功能含义。

DFROM K0 K5 D100 K2

这是 FROM 指令的 32 位应用，注意这个 K2 表示传送 4 个数据，指令执行功能含义是把 0#模块(BFM#5～BFM#8) 4 个单元内容复制到 PLC 的(D100～D103)单元中。其对应关系：

(BFM#6) (BFM#5) → (D101) (D100)

(BFM#8) (BFM#7) → (D103) (D102)

在 32 位指令中处理 BFM 时，指令指定的 BFM 为低位，编号紧接的 BFM 为高位。

11.4.3 特殊功能模块写指令 TO

1. 指令格式

FNC 79：【D】 TO 【P】　　　　程序步：9/17

可用软元件见表 11-19。

表 11-19　TO 指令可用软元件

操作数	位元件				字元件									常数	
	X	Y	M	S	KnX	KnY	KnM	KnS	T	C	D	V	Z	K	H
m1														●	●
m2														●	●
S.					●	●	●	●	●	●	●	●	●	●	●
n														●	●

梯形图如图 11-43 所示。

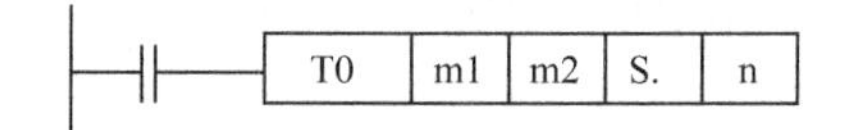

图 11-43　TO 指令梯形图

操作数内容与取值如下：

操 作 数	内容与取值
m1	特殊模块位置编号，m1=0～7
m2	要写入数据到特殊模块缓冲存储器 BFM 首址，m2=0～32 767
S	写入到 BFM 数据的字元件存储首址
n	传送数据个数，n=1～32 767

解读：当驱动条件成立时，把 PLC 中以 S 为首址的 n 个字元件的内容写入到位置编号为 m1 的特殊模块中以 m2 为首址的 n 个缓冲存储器 BFM 中。

TO 指令在程序中常用脉冲执行型 TOP。

2. 指令功能说明

下面通过例子来具体说明指令功能：

【例 3】 试说明指令执行功能含义。

（1）　TOP　K1　K0　H3300　K1

把十六进制数 H3300 复制到 1# 模块的 BFM#0 单元中。

（2）　TOP　K0　K5　D10　K4

把 PLC 的(D10～D13)4 个单元的内容写入到位置编号为 0#模块的(BFM#5～BFM#8)4 个单元中。其对应关系：

(D10)→(BFM#5)
(D11)→(BFM#6)
(D12)→(BFM#7)
(D13)→(BFM#8)

（3）　TOP　K1　K4　K4 M10　K1

把 PLC 的 M10～M25 继电器的状态所表示的 16 位数据的内容写入到位置编号为 1# 模块 BFM#4 缓冲存储器中。M 断开位值为 0；M 闭合位值为 1。

TO 指令也可 32 位应用，这时传送数据个数为 2n 个。

【例 4】 试说明指令执行功能含义。

DTOP　K0　K5　D100　K2

这是 TO 指令的 32 位应用，注意，这个 K2 表示传送 4 个数据，指令执行功能含义是把 PLC 的(D100～D103)单元中内容复制到位置编号为 0#模块(BFM#5～BFM#8)缓冲存储器中。

(D101)　(D100) → (BFM#6)　(BFM#5)
(D103)　(D102) → (BFM#8)　(BFM#7)

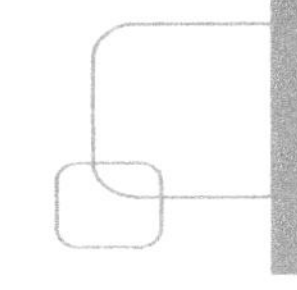

在 32 位指令中处理 BFM 时，指令指定的 BFM 为低位，编号紧接的 BFM 为高位。

11.4.4　指令应用

1. 中断标志位 M8028

当 M8028=0 时，FROM,TO 指令执行时自动进入中断禁止状态，在这期间发生的输入中断或定时器中断均不能执行，在 FROM,TO 指令执行完毕后，立即执行。另外 FROM,TO 指令可以在中断程序中使用。

当 M8028=1 时，在 FROM,TO 指令执行期间，可以进入中断状态，但 FROM,TO 指令却不能在中断程序中使用。

2. 运算时间延长的处理

当一台 PLC 直接连接多台特殊功能模块时，可编程控制器对特殊功能模块的缓冲存储器初始化运行时间会变长，运算的时间也会变长。另外，当执行多个 FROM,TO 指令或传送多个缓冲存储器的时间也会变长，过长的运算时间则会引起监视定时器超时。为了防止这种情况，可以在程序的初始步加入如第 12 章中所介绍的延长监视定时器时间的程序来解决（参看第 12 章 12.3.3 节监视定时器刷新指令）。也可错开 FROM,TO 指令执行的时间。

3. 指令应用实例

下面举一个实例说明 FROM,TO 指令的应用，在这个程序中，模拟量输入模块 FX_{2N}-4AD 的各个缓冲存储器 BFM 的详细内容见表 11-20。

表 11-20　FX_{2N}-4AD 缓冲存储器 BFM 分配

BFM	内　容	出厂值	BFM	内　容	出厂值
#0	通道字	H0000	#13～#14	保留	
#1	通道 1 采样平均次数	K8	#15	A/D 转换速度，0：15ms/通道，1：6ms/通道	0
#2	通道 2 采样平均次数	K8	#16～#19	保留	
#3	通道 3 采样平均次数	K8	#20	复位出厂值	0
#4	通道 4 采样平均次数	K8	#21	允许调整选择。K1：允许，k2：禁止	K1
#5	通道 1 采样平均值输入		#22	通道允许调整选择。位 0：禁止，位 1：允许	
#6	通道 2 采样平均值输入		#23	偏移调整值	K0
#7	通道 3 采样平均值输入		#24	增益调整值	K5000
#8	通道 4 采样平均值输入		#25～#28	保留	
#9	通道 1 当前值输入		#29	错误信息状态	H0
#10	通道 2 当前值输入		#30	模块识别码	K2010
#11	通道 3 当前值输入		#31	禁用	
#12	通道 4 当前值输入				

【例 5】 试编制特殊功能模拟量输入模块 FX_{2N}-4AD 应用程序。设计要求：

（1）FX_{2N}-4AD 为 0# 模块。

（2）CH1 为电压输入，CH3 为电流（4～20mA）输入，要求调整为（7～20mA）输入。

（3）平均值滤波平均次数为 4。

（4）转换速度均为 15ms。

（5）用 PLC 的 D0,D10 接受 CH1,CH3 的平均值。

分析：先分析通道组态：第 1 个通道为电压输入，那么第 1 个通道应该是 0；第 2 个通道它是关闭的，那么应该是 3；第 3 个通道是电流输出 4～20mA，应该是 1，第 4 个通道也是关闭的，也是 3；因此，它的通道字是 H3130。平均次数都是 4，因此，它的采样字是 K4，转换速度数是 15ms，15ms 就是出厂值，这个字可以不用写。要求调整为（7～20mA）输入，零点值为 7000，增益值为 20000。

梯形图程序设计如图 11-44 所示。关于三菱 PLC 在模拟量中应用请参看资料（1）《PLC 模拟量与通信控制应用实践》。

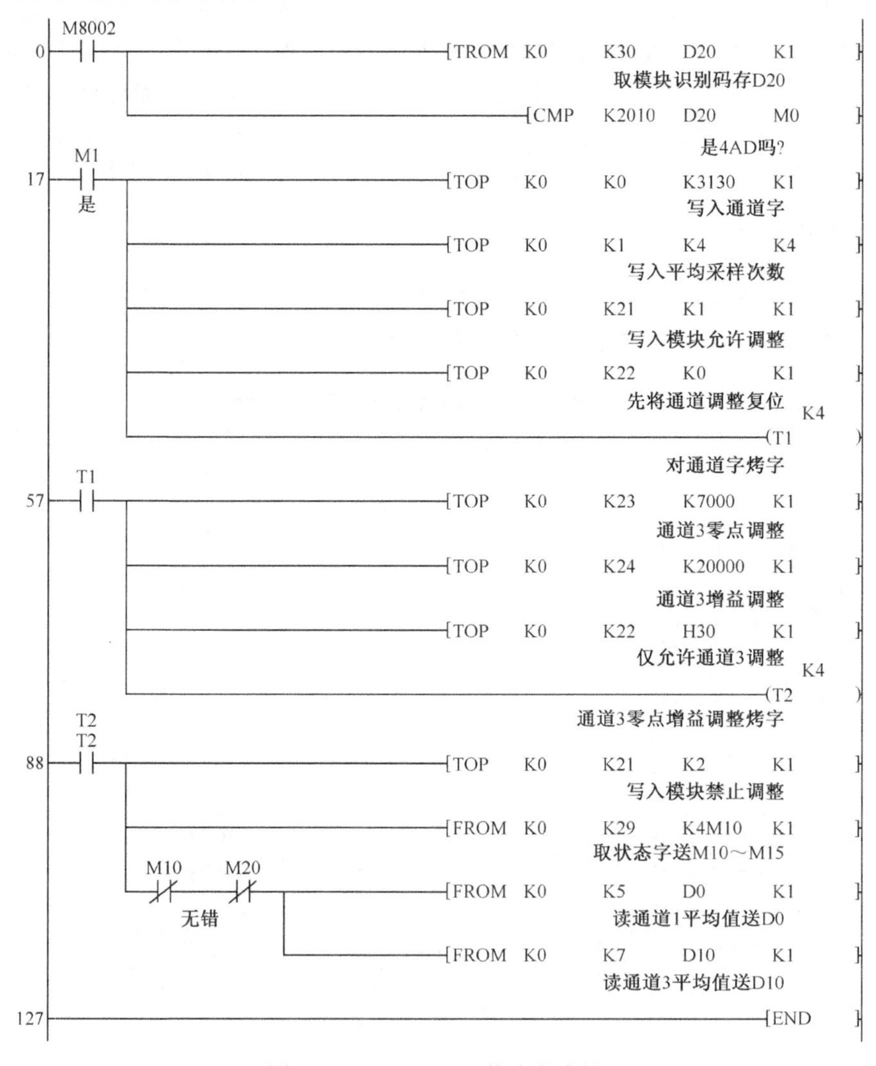

图 11-44　FROM,TO 指令程序例

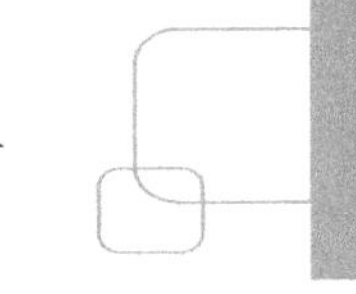

11.5 串行异步通信指令

11.5.1 串行异步通信基础

1. 串行异步通信和通信协议介绍

什么是串行通信？串行通信是以二进制的位（bit）为单位的数据传输方式，每次只传送一位，除了地线外，在一个数据传输方向上只需要一根数据线，这根线既作为数据线又作为通信联络控制线，数据和联络信号在这根线上按位进行传送。什么是异步传送？异步传送是指在数据传送过程中，发送方可以在任意时刻传送字串（一组二进制数或一个字符），两个字串之间的时间间隔是不固定的。接收端必须时刻做好接收的准备，但在传送一个字串时，所有的比特位（bit）是连续发送的。

串行异步传送需要的信号线少，最少的只需要两三根线，但通信方式简单可靠、成本低、容易实现。但异步通信传送附加的非有效信息较多，它的传输效率较低，一般用于低速通信，这种通信方式广泛地应用在工业控制中。计算机、PLC 和工业控制设备都备有通用的串行通信接口。PLC 与计算机之间、多台 PLC 之间和 PLC 对外围设备的数据通信。一般使用串行异步通信。

通信协议是指通信双方对数据传送控制的一种约定。约定中包括对通信接口、同步方式、通信格式、传送速度、传送介质、传送步骤、数据格式及控制字符定义等一系列内容做出统一规定，通信双方必须同时遵守。通信协议又称通信规程。通信协议应该包含两部分内容：一是硬件协议，即接口标准；二软件协议，即通信协议。下面分别给予介绍。

2. 串行通信数据接口标准

串行数据接口标准是对接口的电气特性要做出规定，例如，逻辑状态的电平、“0”是几伏、“1”是几伏、信号传输方式、传输速率、传输介质、传输距离等，还要给出使用的范围，是点对点还是点对多。同时，标准还要对所用硬件做出规定，例如，用什么连接件，用什么数据线，连接件的引脚定义及通信时的连接方式等，必要时还要对使用接口标准的软件通信协议提出要求。在串行数据接口标准中，最常用的是 RS-232 和 RS-485 串行接口标准。

当通信双方需要进行数据通信时，必须有统一的通信数据接口标准。接口标准不一样，不但不能通信，还会损坏设备。如果一方的接口标准与另一方的不一样，则必须通过转换电路转换成另一方的接口标准才能进行通信，例如，三菱 FX_{2N} PLC 其通信接口是 RS-422 接口标准，而三菱 FR-E500 变频器是 RS-485 接口标准，如果欲使 PLC 与变频器通信，则必须在 PLC 上加一块 FX_{2N}-485-BD 通信板，该通信板的作用就是把 RS-422 转换成 RS-485 接口标准。

相同的数据接口标准是通信双方与进行通信控制的前提。

3. 通信格式

串行异步通信在传送一个字串时，所有的比特位是连续发送的，但两个字串之间的时间间隔是不固定的。接收端必须时刻做好接收的准备。也就是说，接收方不知道发送方是什么时候发送信号，很可能会出现当接收方检测到的数据并作出响应前，第一位比特已经过去了。因此，首先要解决的问题就是，如何通知传送的数据到了。其次，接收方如何知道一个字符发送完毕，要能够区分上一个字串和下一个字串。再次，接收方接收到一个字串后如何知道这个字串有没有错。这些问题是通过传送方式的设置来解决的。常用的方式有起止式异步传送。

图 11-45 所示显示的是起止式异步传送一个字串的数据格式。

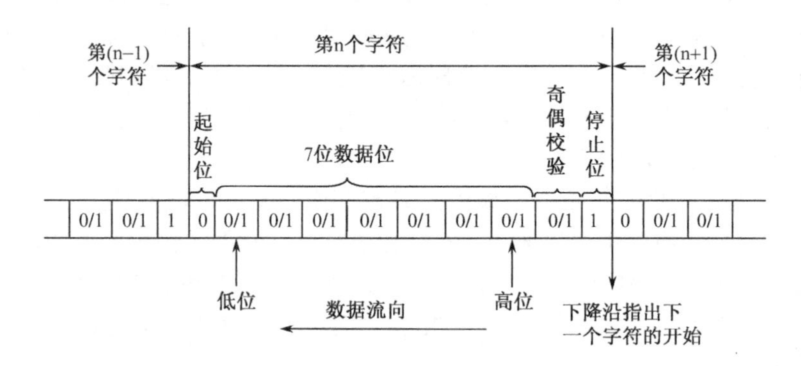

图 11-45　起止式异步传送一个字串的格式

起止式异步传送的特点：一个字串一个字串地传输，每个字串一位一位连续地传输，并且传输一个字串时，总是以“起始位”开始，以“停止位”结束，字串之间没有固定的时间间隔要求。每一个字串的前面都有一位起始位（低电平，逻辑值 0），字串本身由 5～8 位数据位组成，接着数据位后面是一位校验位（也可以没有校验位），最后是一位或二位的停止位，停止位后面是不定长的空闲位（字串间隔）。停止位和空闲位都规定为高电平（逻辑值 1），这样就保证起始位开始处一定有一个下跳沿。这种格式是靠起始位和停止位来实现字串的界定或同步的，故称为起止式。

在起止式异步传送一个字串的格式中，除了起始位是固定一个比特位外，数据位长度可以选择 7 位或 8 位，校验位可以选择有无校验，有校验是奇校验还是偶校验。停止位可以选择 1 位还是 2 位。

在串行通信中，用“波特率”来描述数据的传输速率。波特率，即每秒钟传送的二进制位数，其单位为 bps（bits per second）。它是衡量串行数据速度快慢的重要指标。国际上规定了一个标准波特率系列：110,300,600,1200,1800,2400,4800,9600,14.4K,19.2K,28.8K,33.6K,56Kbps。例如，9600bps，指每秒传送 9600bit 位，包含字串的数据位和其他必须的数位，如起始位、奇偶校验位、停止位等。大多数串行接口电路的接收波特率和发送波特率可以分别设置，但接收方的接收波特率必须与发送方的发送波特率相同，否则数据不能传送。

上面所讲的异步传送之字串数据格式和波特率，称为串行异步通信之通信格式。在串行异步通信中，通信双方必须就通信格式进行统一规定，也就是就一个字串的数据位长度、有

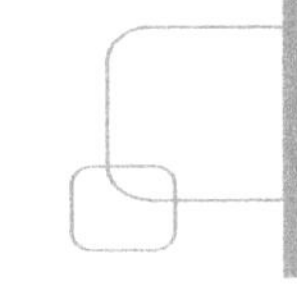

无校验位、校验方法和停止位的长度及传输速率（波特率）进行统一设置，这样才能保证双方通信的正确。如果不一样，哪怕一个规定不一样，都不能保证正确进行通信。

当 PLC 与变频器或智能控制装置通信时，对 PLC 来说，通信格式的内容变成一个 16 位二进制的数（又称通信格式字）存储在指定的存储单元中，而对变频器和智能装置来说，则是通过对相关通信参数的设定来完成通信格式的设置。

通信格式实际上是通信双方在硬件上所要求的统一规定。通信格式的设置是由硬件电路来完成的。也就是说通信格式中的数据位、停止位及奇偶校验位均是由电路来完成的。控制设备中通信参数的设定实际上是控制硬件电路的变化。有些控制设备的通信格式是规定的，不能变化。在具体应用中必须注意这一点。

通信格式是通信双方对一个字串传送规格的约定，它是数据通信报文的基础，必须在通信前进行设置。

4. 通信数据格式（报文格式）

把一个一个的字串组织在一起，形成了一个字串串，这个由多个字串组成的数据信息就是通信控制的具体内容，称为一帧信息。全部通信就是由多个以帧为单位的数据信息来完成的。人们发现，设计一个合适的数据信息帧结构，再加上合适的控制规程，就可以使通信变得比较可靠。因此，设计一个能够控制出错的数据信息帧结构是通信协议的主要内容。

在 PLC 与变频器等智能设备中，其数据信息帧结构基本上都是根据 HDLC（高级数据链路控制）信息帧设计的。一个 HDLC 的完整的帧结构如图 11-46 所示。

起始码	地址码	控制码	信息码	校验码	停止码

图 11-46　HDLC 的数据信息帧结构

上面介绍的是 HDLC 的帧结构，而许多通信协议的信息帧结构与 HDLC 的帧结构会有所不同，但上述基本内容都是相同的。不同的通信协议仅是对起始码、地址码、控制码、信息码、校验码及停止码作出不同的规定而已。一帧数据信息到底有多少个字串，是没有具体规定的，主要取决于通信协议。

根据三菱 FR-500 系列变频器的专用通信协议就可以写出通信控制变频器正转的信息帧，见表 11-21。

表 11-21　三菱变频器正转控制信息帧

	起 始 码	站	号	指 令 代 码		等 待	数	据	校	验 码
HEX 数	‘ENQ’	0	1	F	A	1	0	2	X	X

一帧数据信息的发送，是从起始码开始到停止码结束，依次一个字串、一个字串的发送。而对每个字串则是一位一位地连续依次发送。而一个字串、一个字串的发送，中间是可以有间隔的。

把异步传送之字串数据格式和波特率一起称为异步传送通信格式。这里把由多个字串组成数据信息帧结构称为异步传送数据格式。异步传送数据格式又称报文、报文格式、信息帧、数据信息帧等。

在实际应用中，PLC 通信控制信息的发送是通过编写通信控制程序来完成的，或者通过组态软件对通信格式和数据格式的参数设置来完成。

11.5.2 串行数据传送指令 RS

1. 指令格式

FNC 80： RS 程序步：9

可用软元件见表 11-22。

表 11-22 RS 指令可用软元件

操作数	位元件				字元件									常数	
	X	Y	M	S	KnX	KnY	KnM	KnS	T	C	D	V	Z	K	H
S.											●				
m											●			●	●
D.											●				
n											●			●	●

梯形图如图 11-47 所示。

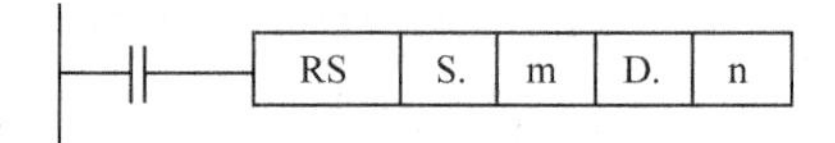

图 11-47 RS 指令梯形图

操作数内容与取值如下：

操作数	内容与取值
S.	发送数据存储字元件首址
m	发送数据个数或其存储字元件地址，m=0～4096
D.	接收数据存储字元件首址
n	接收数据个数或其存储字元件地址，0～4096,(m+n)8000

解读：当驱动条件成立时，告诉 PLC 以 S 为首址的 m 个数据等待发送并准备接收最多 n 个的数据存在以 D 为首址的寄存器中。

下面通过例子来具体说明指令功能。

【例 1】 串行指令 RS 如图 11-48 所示，试说明其执行功能。

图 11-48 串行指令 RS 例

这个指令的意思是，有 10 个存在 PLC 的 D100～D109 的数据等待发送，接收最多为 5

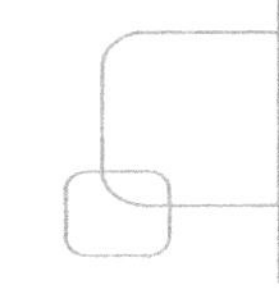

个的数据并依次存在 PLC 的 D500～D504 中。S 和 m 是一组，D 和 n 是一组，这是两组不相干的数据，具体多少根据通信程序确定。但 S 和 D 不能使用相同编号的数据寄存器。m 和 n 也可以使用 D 寄存器，这时，其发送和接收的数据个数由 D 寄存器内容所决定。

2. 指令应用

1）通信格式字

表 11-23 为三菱 FX_{2N} PLC 的通信格式字设置。

表 11-23　三菱 FX_{2N} PLC 通信格式字设置

<table>
<tr><th rowspan="2">位　号</th><th rowspan="2">名　称</th><th colspan="4">内　容</th></tr>
<tr><th colspan="3">0</th><th>1</th></tr>
<tr><td>b0</td><td>数据长</td><td colspan="3">7</td><td>8</td></tr>
<tr><td>b1
b2</td><td>奇偶性</td><td colspan="4">b2b1　（0,0）　无校验（N）
（0,1）　奇校验（O）
（1,1）　偶校验（E）</td></tr>
<tr><td>b3</td><td>停止位</td><td colspan="3">1</td><td>2</td></tr>
<tr><td>b4
b5
b6
b7</td><td>波特率</td><td colspan="4">0011：300　　0111：4800
0100：600　　1000：9600
0101：1200　　1001：19200
0110：2400</td></tr>
<tr><td>b8</td><td>起始符</td><td colspan="3">无</td><td>有（D8124）　初始值 STX（02H）</td></tr>
<tr><td>b9</td><td>终止符</td><td colspan="3">无</td><td>有（D8125）　初始值 ETX（03H）</td></tr>
<tr><td rowspan="2">b10
b11</td><td rowspan="2">控制线</td><td>无顺序</td><td>b11b10</td><td colspan="2">（0,0）　无　（RS-232C）
（0,1）　普通模式　（RS-232C）
（1,0）　互锁模式　（RS-232C）
（1,1）　调制解调模式　（RS-232C）（RS-485）</td></tr>
<tr><td>计算机链接通信</td><td>b11b10</td><td colspan="2">（0,0）　（RS-485）
（0,1）　（RS-232C）</td></tr>
<tr><td>b12</td><td colspan="5">不可使用</td></tr>
<tr><td>b13</td><td>和校验</td><td colspan="3">不附加</td><td>附加</td></tr>
<tr><td>b14</td><td>协议</td><td colspan="3">不使用</td><td>使用</td></tr>
<tr><td>b15</td><td>控制顺序</td><td colspan="3">方式 1</td><td>方式 4</td></tr>
</table>

注：（1）起始符、终止符的内容可由用户变更。使用计算机通信时，必须将其设定为 0。

（2）b13～b15 是计算机链接通信时的设定项目。使用 RS 指令时，必须设定为 0。

（3）RS-485 未考虑设置控制线的方法，使用 FX_{2N}-485BD 和 FX_{0N}-485ADP 时，设定(b11,b10)=(1,1)。

（4）适应机种是 FX_{2NC} 及 FX_{2N} 版本 V2.00 以上。

当 PLC 为主站时，其通信格式字是由从站的通信参数设置而设置的。也就是说，先对从站的通信参数进行设置，再针对从站的通信参数来设置 PLC 的通信格式。现举例加以说明。

【例 2】 三菱 E500 变频器通信参数设置如下：

Pr.118=96　　（波特率 9600）
Pr.119=10　　（数据位 7 位，停止位 1 位）
Pr.120=1　　（奇校验）

且 FX_{2N} PLC 使用通信板卡 FX_{2N}-485-BD 与 E500 变频器进行通信控制。试写出 FX_{2N} PLC 之通信格式字。

分析如下：

Pr.118=96　　（波特率 9600），　　则　b7 b6 b5 b4 = 1000
Pr.119=10　　（7 位，停止位 1 位），　　则　b0 = 0，b3 = 0
Pr.120=1　　（奇校验），　　则　b2 b1 = 01
当使用通信板卡 FX2N-485-BD 时，　　则　b11 b10 =11

根据上述要求，结合 RS-485 的接口通信格式，分析如下：

b15	b14	b13	b12	b11	b10	b9	b8	b7	b6	b5	b4	b3	b2	b1	b0
0	0	0	0	1	1	0	0	1	0	0	0	0	0	1	0
0				C				8				2			

然后把这 16 位二进制数转换成十六进制就是 0C82H。

所以通信格式字：H 0 C 8 2。

【例 3】 某条码机的通信参数如下：

数据长度　　8 位
奇偶性　　偶
停止位　　1 位
起始符　　有
终止符　　有
传输速率　　2400bps
接口标准　　RS-232C

试设置 FX_{2N} PLC 的通信格式。

分析如下：

数据位 8 位　　b0 = 1
偶校验　　b2 b1 = 11
停止位 1 位　　b3 = 0
波特率 2400　　b7 b6 b5 b4 = 0110
起始符有　　b8 = 1
终止符有　　b9 = 1

b15	b14	b13	b12	b11	b10	b9	b8	b7	b6	b5	b4	b3	b2	b1	b0
0	0	0	0	0	0	1	1	0	1	1	0	0	1	1	1
0				3				6				7			

所以通信格式字：H 0 3 6 7。

通信格式字确定后，用传送指令 MOV 将其传送入特殊寄存器 D8120（图 11-49）。同时，对 PLC 进行一次断电、上电操作，确认通信格式字的写入。在 RS 指令驱动期间，即使变更 D8120 的设置，也不会被接收。

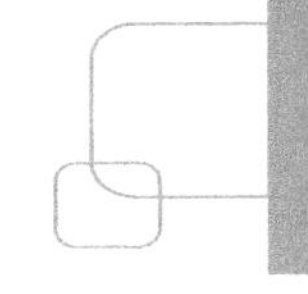

2）数据处理模式

RS 指令执行时，对所传送或接收数据的处理有两种处理模式，这两种模式分别由特殊继电器 M8161 的状态所决定。

M8161=ON，处理 8 位数据模式。这时，RS 指令只对发送数据寄存器 D 的低 8 位数据进行传送，接收到的数据也只存放在接收数据寄存器 D 的低 8 位。

M8161=OFF，处理 16 位数据模式。这时 RS 指令对发送数据寄存器 D 的 16 位进行处理，按照先低 8 位后高 8 位的顺序进行传送，接收到的数据按先低 8 位后高 8 位的方式存放在接收数据寄存器 D 中。

下面通过举例来对两种存放方式给予说明。

【例 4】　三菱 FX_{2N} PLC 利用 RS 指令发送 10 个数据和接收 8 个数据，发送数据存放首址为 D10，接收数据存放地址首址为 D20，试分别写出两种模式下数据发送和接收的存放地址内容。

发送数据：0,2,F,B,4,7,2,E,3,0

接收数据：0,3,4,0,8,0,3,0

M8161=ON。8 位数据模式下，发送数据和接收数据的存放地址及内容见表 11-24。

表 11-24　8 位数据处理模式

数据发送存放		数据接收存放	
D	内容	D	内容
D10 低 8	0　2	D20 低 8	0　3
D11 低 8	F　B	D21 低 8	4　0
D12 低 8	4　7	D22 低 8	8　0
D13 低 8	2　E	D23 低 8	3　0
D14 低 8	3　0		

M8161=OFF，16 位数据模式下，发送数据和接收数据的存放地址及内容见表 11-25。

表 11-25　16 位数据处理模式

数据发送存放		数据接收存放	
D	内容	D	内容
D10	F　B　0　2	D20	4　0　0　3
D11	2　E　4　7	D21	3　0　8　0
D12	0　0　3　0	D22	

在通信控制中，这两种模式都有采用，在 PLC 与变频器及智能设备通信中，大都采用 8 位数据模式。

数据处理模式特殊继电器 M8161 是 RS 指令和 ASCI,HEX,CCD 指令的共用状态继电器，一旦 M8161 的状态设定，RS,ASCI,HEX 和 CCD 指令四个指令的数据处理模式均相同。

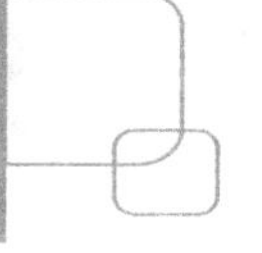

M8161 出厂值为 OFF，如果是 8 位数据处理模式，则需在 RS 指令前先把 M8161=ON。把通信格式字确认和 8 位数据处理器模式的确定称为 RS 指令的前置程序，如图 11-49 所示。

```
   M8000
0 ─┤ ├──────────────────────────────────(M8162    )
                                          8位模式
   M8002
3 ─┤ ├──────────────────────────[MOV   H96    D8120   ]
                                          写通信格式字
9 ─────────────────────────────────────[END         ]
```

图 11-49　串行指令 RS 前置程序

3）通信程序相关特殊数据寄存器特殊继电器

三菱 FX_{2N} PLC 利用串行通信传送指令 RS 进行串行通信时，涉及表 11-26 几个特殊数据寄存器和特殊标志继电器。

表 11-26　相关特殊软元件

编　号	名　称	功能和用途
D8120	通信格式字数据寄存器	① 通信前必须先将通信格式字写入该寄存器，否则不能通信； ② 通信格式写入后，应将 PLC 断电再上电，这样通信设置才有效； ③ 在 RS 指令驱动时，不能改变 D8120 的设定
M8161	数据处理模式标志继电器	① M8161=ON 处理低 8 位数据，M8161=OFF 处理 16 位数据； ② M8161 为 RS,ASCI,HEX,CCD 指令通用，即该 4 个指令处理数据位数相同； ③ 如果处理低 8 位数据，必须在使用 RS 等指令前，先对 M8161 置 ON
M8122	数据发送标志继电器	① 在 RS 指令驱动时，为发送等待状态，仅当 M8122=ON 时数据开始发送； ② 发送完毕 M8122 自动复位
M8123	数据接收标志继电器	① 数据发送完毕，PLC 接收回传数据，回传数据接收完毕 M8123 自动转为 ON。但其不能自动复位； ② M8123 自动转为 ON 期间，应先将回传数据传送至其他寄存器地址后，再对 M8123 复位，则再次转为回传数据接收等待状态

4）通信程序样式

三菱 FX_{2N} PLC 编程手册里给出了 RS 指令的发送接收通信梯形图程序样式如图 11-50 所示。

这个是 RS 指令经典法通信程序的样本。来解读一下，解读对将来编写 RS 指令经典法通信程序会有很大帮助。

X10 是 RS 指令驱动条件，当 X10 接通后，PLC 处于等待状态，其发送的数据的个数为 D0 寄存器的内容。数据存储在以 D200 为首址的（D0）个寄存器中。同时，也做好接收数据的准备，接收数据的个数不超过 K10。接收数据的存储是以 D500 为首址的寄存器中，在实际应用中，D0 常以十进制数来表示。这行程序在正式发送前，必须要把要传输的数据准备到相关的寄存器中。RS 仅是一个通信指令，在通信前必须将发送数据存在规定的数据单元里。同时，RS 不是一个发送指令，仅是一个发送准备指令，也就是说，当 X0 闭合时，

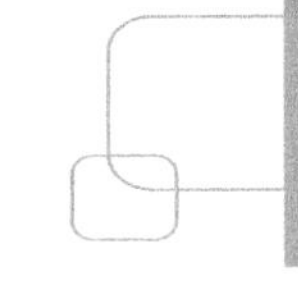

PLC 处于发送准备状态，也做好了接收准备工作。只有当发送请求 M8122=ON 时，才把数据发送出去。

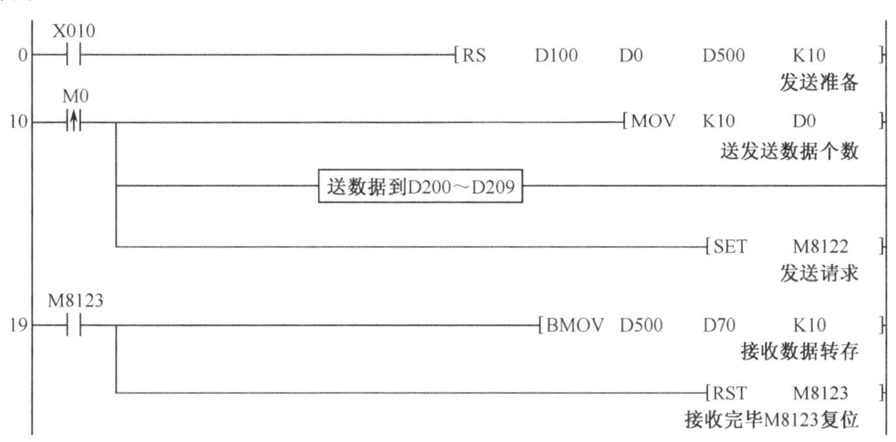

图 11-50　顺控程序样式

M0 是发送驱动条件，当 M0 接通时，M8122 置位，马上将以 D200 为首址的（D0）个数据发送出去，发送完毕，M8122 自动复位，等待下一次发送。因此，在程序中间，将要发送的数据要先存入到 D200～D209 中（M8161=ON 时）。程序的 MOV 指令是送入发送数据的个数。当 RS 指令中 m,n 直接用 K,H 数值时，该程序行不要。M8122 的置位必须用脉冲执行型指令驱动。

数据发送完后，在两个扫描周期后，PLC 自动接收回传的应答数据，接收完毕，M8123 自动接通，利用 BMOV 指令将回传数据传存到以 D70 为首址的 10 个存储单元中。因为 M8123 不会自动复位，所以，利用指令使其复位。如果不使其复位，那就要等到 RS 指令的驱动条件断开时，才能使其复位。在 M8123 接通期间，如果发生数据发送，就会产生数据干扰而影响传输的准确性。所以，在转存接收数据后，一定要按样式程序那样使 M8123 复位。在应用中，如果所回传的数据并不需要转存，那么该程序行也可以不用，这时，RS 指令中 K10 也可设为 K0。

RS 指令在程序中可多次使用，但每次使用的发送数据地址和接收数据地址不能相同。而且不能同时接通两个或两个以上 RS 指令，一个时间只能接通一个 RS 指令。

为什么会使用多次 RS 指令，一是不同的从站设备，二是数据格式不同。RS 指令在一个程序中可以根据不同的数据格式分时进行数据准备，这时，不同的 RS 指令，其发送数据和接收数据的地址不能相同。

初学者常常碰到数据个数确定的问题，m 和 n 主要是根据数据格式的字符数来确定，m 和 n 不一定相同。不需要发送数据，m 可设为 K0；不需要回传数据，n 可设为 K0。m,n 也可设为大于数据格式的字符数。每种格式的字符数都不一样，一旦选好数据格式（查询及应答），则马上就可以确定 m,n 的数值。

在实际应用时，为了节省寄存器容量，常常用一条 RS 指令对多种内容的数据格式信息帧进行发送准备。这时，编制程序时要求：

① 指令中 m 应为多种数据格式信息帧中长度最长的确定，同样，回传数据中也以数据格式最长的来确定 n。

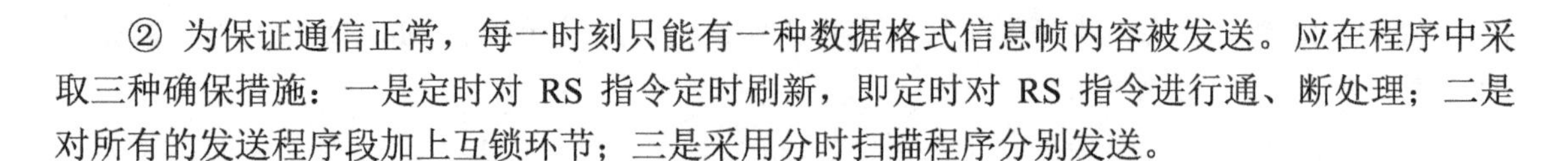

② 为保证通信正常，每一时刻只能有一种数据格式信息帧内容被发送。应在程序中采取三种确保措施：一是定时对 RS 指令定时刷新，即定时对 RS 指令进行通、断处理；二是对所有的发送程序段加上互锁环节；三是采用分时扫描程序分别发送。

3. RS 应用通信程序例

【例 5】 PLC 与条形码读出器的通信程序。

条形码读出器的通信格式字是 H0367，它的接口标准为 RS-232C。在 FX 系列 PLC 上必须安装一块 FX_{2N}-232-BD 通信板，用通信电缆将条码器与通信板相连接，控制程序如图 11-51 所示。

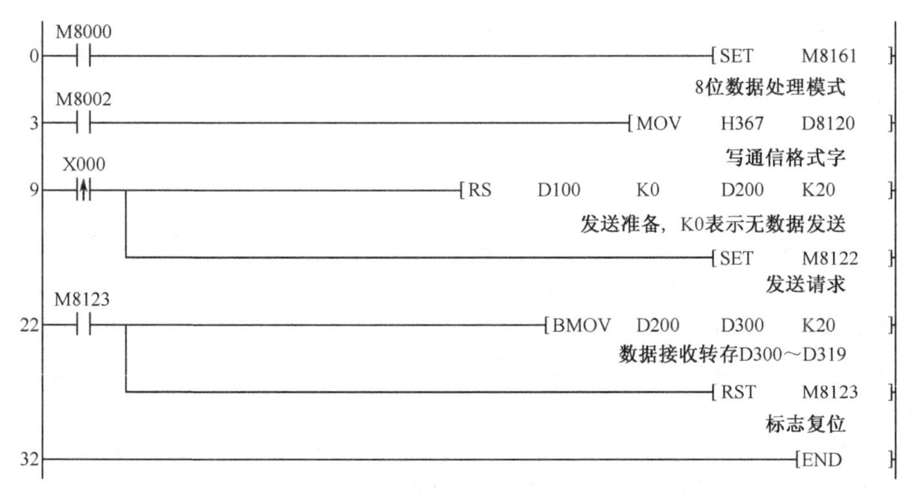

图 11-51 PLC 与条码器通信程序

11.5.3 HEX→ASCII 变换指令 ASCI

1. 指令格式

FNC 82：ASCI 【P】　　　　　程序步：3

可用软元件见表 11-27。

表 11-27 ASCI 指令可用软元件

操作数	位元件				字元件									常数	
	X	Y	M	S	KnX	KnY	KnM	KnS	T	C	D	V	Z	K	H
S.					●	●	●	●	●	●	●			●	●
D.						●	●	●	●	●	●	●	●		
n														●	●

梯形图如图 11-52 所示。

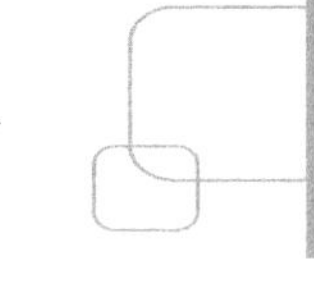

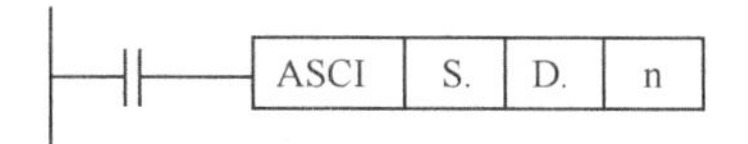

图 11-52 ASCI 指令梯形图

操作数内容与取值如下：

操 作 数	内容与取值
S.	HEX 数（十六进制数符）或其存储字元件首址
D.	ASCII 码存储字元件首址
n	要转换的十六进制字符数，n=1～256

解读：将存储在以 S 为首址的寄存器的十六进制字符，转换成相应 ASCII 码存放在以 D 为首址的寄存器中，n 为转换的十六进制字符个数。

2. 指令应用

（1）16 位数据模式和 8 位数据模式。

ASCI 指令也有两种数据模式，16 位数据模式和 8 位数据模式。一个 16 位的 D 寄存器存 4 个十六进制数，如果转换成 ASCII 码，则要两个 16 位的 D 寄存器存放。如果仅用寄存器的低 8 位存放 ASCII 码，那就要 4 个 16 位 D 寄存器，这就是 16 位数据模式和 8 位数据模式的区别。

当 M8161 设定为 16 位模式时，ASCI 指令的解读变成：将 S 为首址的寄存器中的十六进制数的各位转换成 ASCII 码，向 D 的高 8 位、低 8 位分别传送。转换的字符个数用 n 指定（十六位进制字符数）。一个 S 是 4 个十六进制数，转换后 ASCII 码必须有两个 D 来存放。

当 M8161 设定为 8 位模式时，ASCI 指令的解读变成：将 S 为首址的寄存器中的十六进制数的各位转换成 ASCII 码，向 D 的各个低 8 位传送，D 的高 8 位为 0。n 为转换 ASCII 码的字符个数（十六位进制字符数）。一个 S 是 4 个十六进制数，转换后 ASCII 码必须有 4 个 D 来存放。其具体存放方式通过一个例题来说明。

【例 6】 程序如图 11-53 所示，如果执行前(D10)=DCBAH，(D11)=1234H。试说明 16 位数据模式和 8 位数据模式转换后的 ASCII 码存放地址。

图 11-53 ASCI 指令应用

则 16 位数据模式执行后见表 11-28。

表 11-28 16 位数据模式执行后 ASCII 码存放地址

n	K1	K2	K3	K4	K5	K6
D100 低 8	【A】	【B】	【C】	【D】	【4】	【3】
D100 高 8		【A】	【B】	【C】	【D】	【4】
D101 低 8			【A】	【B】	【C】	【D】

续表

n	K1	K2	K3	K4	K5	K6
D101 高 8				【A】	【B】	【C】
D102 低 8					【A】	【B】
D102 高 8						【A】

注：（1）【A】表示 A 的 ASCII 码，即 H41。其余同，下表同。

（2）空白处表示存储内容无变化，下表同。

则 8 位数据模式执行后见表 11-29。

表 11-29　8 位数据模式执行后 ASCII 码存放地址

n	K1	K2	K3	K4	K5	K6
D100 低 8	【A】	【B】	【C】	【D】	【4】	【3】
D101 低 8		【A】	【B】	【C】	【D】	【4】
D102 低 8			【A】	【B】	【C】	【D】
D103 低 8				【A】	【B】	【C】
D104 低 8					【A】	【B】
D105 低 8						【A】

在实际应用中常采用 8 位数据模式。因此，这里重点研究一下 8 位数据模式下的转换规律。

表 11-29 显示了 8 位数据模式执行转换后字符的 ASCII 码存放规律。这个规律是被转换字符的最低位（表中【A】）转换后存放在（D+n–1）单元，然后按字符由低到高次存放在（D+n–2),（D+n–3）…（D+n–n）单元。例如，n=K3 时，表示有三个字符被转换，即 A,B,C。最低位 A 的 ASCII 码 41H 存放在(D100+3-1)=D102 单元，而 B,C 则依次存放在 D101,D100 单元。

因此，指令的关键数是 n，n 既是被转换字符的个数，也是存放 ASCII 码的存储器的个数，同时，n 还显示了最低位字符转换成 ASCII 码后的存储单元地址，即 D+n–1。由低位数向高位数去第 m 个字符存储单元地址是 D+n–m。

（2）在许多通信协议中，它的数据传输要求是以 ASCII 码进行传输，例如，MODBUS 协议的 ASCII 通信方式、三菱变频器专用通信协议等。把 HEX 数转换成 ASCII 码，有两种方法：一种是用人工查表转换；另一种是利用 ASCII 指令设计程序自动转换。

11.5.4　ASCII→HEX 变换指令 HEX

1. 指令格式

FNC 83：HEX 【P】　　程序步：7

可用软元件见表 11-30。

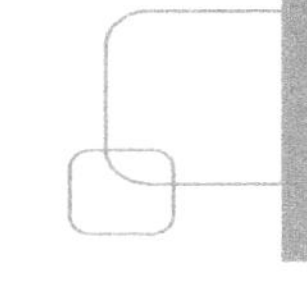

表 11-30　HEX 指令可用软元件

操作数	位元件				字元件									常数	
	X	Y	M	S	KnX	KnY	KnM	KnS	T	C	D	V	Z	K	H
S.					●	●	●	●	●	●	●			●	●
D.						●	●	●	●	●	●	●	●		
n														●	●

梯形图如图 11-54 所示。

图 11-54　HEX 指令梯形图

操作数内容与取值如下：

操作数	内容与取值
S.	ASCII 码或其存储字元件首址
D.	HEX 数（十六进制数符）存储字元件首址
n	要转换的十六进制字符数，n=1～256

解读：把存储在以 S 为首址的寄存器中的 ASCII 码转换成十六进制字符，存放在 D 为首址的寄存器中，n 为转换的十六进制字符数。

2. 指令应用

同样，HEX 指令也有两种数据模式。

当 M8161 设定为 16 位模式时，HEX 指令的解读是把 S 为首址的寄存器中的高低各 8 位的 ASCII 码转换成十六进制数符，每 4 位十六进制数符存放在 1 位 D 寄存器中。转换的字符个数用 n 指定。

HEX 指令 8 位数据模式解读是这样的：把 S 为首址的寄存器中的低 8 位存储的 ASCII 码转换成十六进制数，存放在 D 寄存器中。每 4 位十六进制数存放在 1 位 D 寄存器中。转换的字符个数用 n 指定。

它的转换正好与 ASCI 指令相反，ASCI 指令是把 1 位十六进制数变成两位 ASCII 码，它是把两位 ASCII 码变成 1 位十六进制数存进去。16 位模式时，每两个 S 向 1 位 D 传送。8 位模式时，每 4 个 S 向 1 位 D 传送。通过例题来说明存放方式。

【例 7】　程序如图 11-55 所示，16 位数据模式。设

(D100) = 【1,0】

(D101) = 【3,2】

(D102) = 【B,A】

(D103) = 【D,C】

试说明 16 位数据模式和 8 位数据模式时转换后的 HEX 存放地址。

说明：【1,0】表示（D101）存两个十六进制符的 ASCII 码，高 8 位存【1】，低 8 位存【0】。其他同。

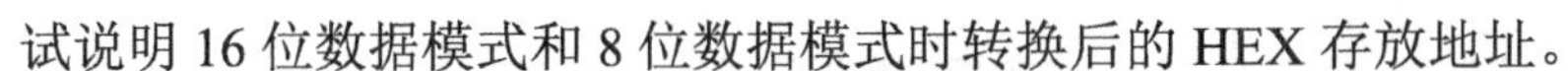

图 11-55　HEX 指令应用

16 位数据模式执行后见表 11-31。

表 11-31　16 位数据模式执行后表

n	D201	D200
K1		0H
K2		01H
K3		012H
K4		0123H
K5	0H	123AH
K6	01H	23ABH
K7	012H	3ABCH
K8	0123H	ABCDH

8 位数据模式执行后见表 11-32。

表 11-32　8 位数据模式执行后表

n	D201	D200
K1		0H
K2		02H
K3		02AH
K4		02ACH

对照这两个表就会发现 16 位模式是把每个 S 寄存器的两个 ASCII 码都转换成十六进制符存到 D 寄存器，8 位模式仅把每个 S 寄存器的低 8 位的 ASCII 码转换到 D 寄存器，而忽略高 8 位。

HEX 指令应用时必须注意，S 寄存器的数据如果不是 ASCII 码，则运算错误，不能进行转换，尤其是 16 位模式中 S 的高 8 位也必须是 ASCII 码。

在 PLC 通信控制中，如果通信协议规定是用 ASCII 码进行传送，则应答回传回来的数据也是 ASCII 码，所以，必须利用 HEX 指令把它转换成十六进制数后，PLC 才能进行处理。

11.5.5　校验码指令 CCD

1. 求和检验和异或校验

CCD 指令是针对求和校验和异或校验设计的，三菱变频器专用通信协议采用的是求和校验码。

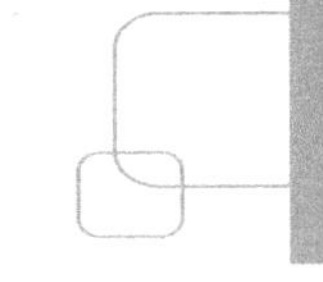

1）求和校验码

算法：将参与校验的数据求和，取其低 8 位为校验码。

【例 8】 求数据 01H,03H,21H,02H,00H,02H 之求和校验码。

求和：01H + 03H + 21H + 02H + 00H + 02H = 29H

求和校验码：H 29

【例 9】 求数据 01H,D3H,21H,0EH,00H,A2H 之求和校验码。

求和：01H + D3H + 21H + 0EH + 00H + A2H = 1A5H

求和校验码取低 8 位：H A5

2）异或校验码

算法：将参与校验的数据依次进行逐位异或位运算，最后异或结果为校验码。

【例 10】 求数据 01H,03H,EFH,4DH 之异或校验码。

```
        01H     0 0 0 0 0 0 0 1
  ⊙     03H     0 0 0 0 0 0 1 1
  ---------------------------------
                0 0 0 0 0 0 1 0
  ⊙     EFH     1 1 1 0 1 1 1 1
  ---------------------------------
                1 1 1 0 1 1 0 1
  ⊙     4DH     0 1 0 0 1 1 0 1
  ---------------------------------
                1 0 1 0 0 0 0 0
                   A       0
```

异或校验码：H A0

如果求按所有数据列方向的偶校验位，看得到的列校验位所组成的二进制校验码是多少，分析如下：

```
                    01H     0 0 0 0 0 0 0 1
                    03H     0 0 0 0 0 0 1 1
                    EFH     1 1 1 0 1 1 1 1
                    4DH     0 1 0 0 1 1 0 1
                  -----------------------------
按列方向逐位偶校验          1 0 1 0 0 0 0 0
                               A       0
```

结果完全一样。在三菱校验码指令 CCD 中，其存有两个校验码，一个是求和校验码，另一个就是列偶校验码。因此，如果碰到是异或校验码时，可以直接使用校验码指令 CCD 而得到异或校验码。

异或校验码在变频器，特别是在智能化设备中用的比较多，如西门子、丹佛斯变频器。

2. 指令格式

FNC 84：CCD 【P】　　　　　　　程序步：7

可用软元件见表 11-33。

表 11-33　CCD 指令可用软元件

操作数	位元件				字元件									常数	
	X	Y	M	S	KnX	KnY	KnM	KnS	T	C	D	V	Z	K	H
S.					●	●	●	●	●	●	●				
D.						●	●	●	●	●	●				
n											●			●	●

梯形图如图 11-56 所示。

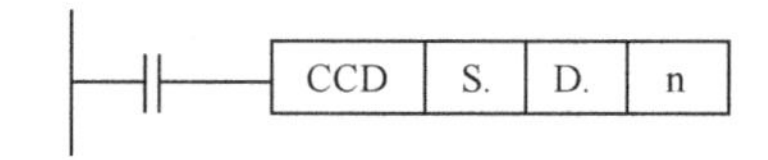

图 11-56　CCD 指令梯形图

操作数内容与取值如下：

操 作 数	内容与取值
S.	参与校验数据的存储字元件首址
D.	求和校验码存储字元件首址
n	参与校验数据的个数，n=1～256

解读：将以 S 为首址的寄存器中的 n 个数据进行求和校验，和校验码存（D）中，列偶校验码（异或校验码）存（D+1）中。

3. 指令应用

同样，CCD 指令也有两种数据模式。

CCD 指令 16 位数码模式解读是把以 S 为首址的寄存器中的 n 个 8 位数据，将其高低各 8 位的数据进行求和与列偶校验，和存 D 寄存器中，列偶校验码存（D+1）中。注意，一个寄存器有两个 8 位数据参与校验。例如，易能变频器 EDS1000 系列采用 16 位模式求和校验码。

CCD 指令 8 位数据模式解读是把以 S 为首址的寄存器中的 n 个低 8 位进行求和与列偶校验，和存 D 寄存器中，列偶校验码存（D+1）中。

求和校验码和异或校验码虽然也可以通过人工计算得到，但一般情况下都是通过校验码指令 CCD 计算自动获得，然后再到相关的寄存器中。

11.5.6　通信指令综合应用实例

【例 11】　根据三菱 FR-500 系列变频器的专用通信协议，通信控制变频器正转的信息帧为‘ENQ’,0,1,F,A,1,0,2,X,X。其中：‘ENQ’为起始码，ASCII 码为 H05。X,X 为求和校验码。

控制要求如下：

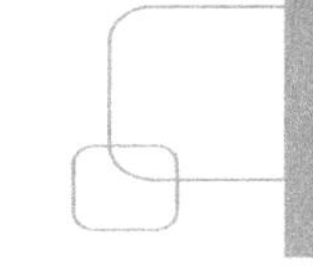

（1）三菱 E500 变频器通信参数设置如下：

Pr.118=96　　（波特率 9600）
Pr.119=10　　（数据位 7 位，停止位 1 位）
Pr.120=1　　（奇校验）

且 FX_{2N} PLC 使用通信板卡 FX_{2N}-485-BD 与三菱 FR-E500 变频器进行通信控制。

（2）通信数据传输采用 8 位数据模式。

（3）通信数据用十六进制符的 ASCII 码发送。

（4）校验为求和校验，参与求和的数据为 0,1,F,A,1,0,2 的 ASCII 码，取其和的低 8 位的 ASCII 码作为校验码。

（5）PLC 不处理变频器的应答回传数据。

在设计通信程序前，先对以上控制要求进行分析，得出通信程序所需要的数据。

① 由控制要求（1）可写出通信格式为 HOC82。

② 通信数据传输采用 8 位数据模式，M8161=ON。

③ 由控制要求（3）可知，需将十六进制符转换成 ASCII 码，转换有两种方法，一是人工查表转换；二是利用指令 ASCI 编制程序自动转换。这里采用人工查表转换，并指定相应的发送数据寄存器，见表 11-34。

表 11-34　发送数据表

发送字符	ENQ	0	1	F	A	1	0	2	X	X
ASCII 码	H05	H30	H31	H46	H41	H31	H30	H32		
寄存地址	D10	D11	D12	D13	D14	D15	D16	D17	D18	D19

④ 校验方法为求和校验，求和校验可以人工计算得到，也可以通过指令 CCD 编写程序得到，这里应用编制程序完成，并将校验码送入相应发送数据寄存器。

⑤ 因不需要处理回传数据，所以，RS 指令中回传数据个数可设为 K0，而发送数据个数为 K10。

通信控制梯形图程序如图 11-57 所示。

11.5.7　并行数据位传送指令 PRUN

1. 指令格式

FNC 81：【D】 PRUN 【P】　　　　程序步：5/9

可用软元件见表 11-35。

表 11-35　PRUN 指令可用软元件

操作数	位元件				字元件									常数	
	X	Y	M	S	KnX	KnY	KnM	KnS	T	C	D	V	Z	K	H
S.					●		●								
D.						●	●								

注：Kn 之中 n 取值为 1～8。

```
     M8002
0  ──┤├──────────────────────────[MOV   H0C82   D8120 ]
                                        送通信格式字
     M8000
6  ──┤├──┬───────────────────────[SET   M8161 ]
         │                              设定8位数据模式
         └──────────[RS   D10   K10   D50   K0 ]
                                        发送准备
     X001
18 ──┤↑├─┬───────────────────────[MOV   H5    D10 ]
         │                              存“ENQ”
         ├───────────────────────[MOV   H30   D11 ]
         │                              存“0”
         ├───────────────────────[MOV   H31   D12 ]
         │                              存“1”
         ├───────────────────────[MOV   H46   D13 ]
         │                              存“F”
         ├───────────────────────[MOV   H41   D14 ]
         │                              存“A”
         ├───────────────────────[MOV   H31   D15 ]
         │                              存“1”
         ├───────────────────────[MOV   H30   D16 ]
         │                              存“0”
         ├───────────────────────[MOV   H32   D17 ]
         │                              存“2”
         ├──────────────────[CCD   D11   D20   K7 ]
         │                              求和校验
         ├───────────────────────[MOV   D20   K2M10 ]
         │                              取校验码
         ├──────────────────[ASCI  K1M14 D18   K1 ]
         │                              低位变ASCII码存D18
         ├──────────────────[ASCI  K1M10 D19   K1 ]
         │                              高位变ASCII码存D19
         └───────────────────────[SET   M8122 ]
                                        发送请求
88 ──────────────────────────────[END ]
```

图 11-57　通信指令应用程序梯形图

梯形图如图 11-58 所示。

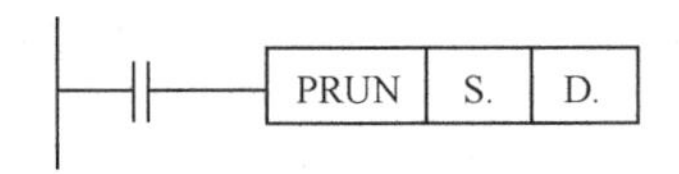

图 11-58　PRUN 指令梯形图

操作数内容与取值如下：

操 作 数	内容与取值
S.	传送源址的组合位元件（八进制或十进制）
D.	传送终址的组合位元件（八进制或十进制）

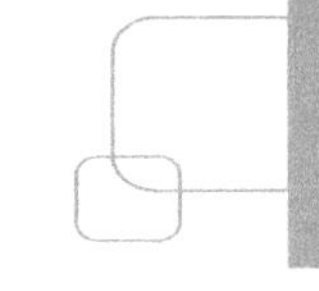

解读：在驱动条件成立时，将 S 中的组合位元件状态传送至 D 中的组合位元件。

2. 指令应用

（1）PRUN 指令实际功能是一个八进制数的组合位元件传送指令。因为 PLC 的 X,Y 口均是按照八进制数编制的，所以，组合位元件的元件号末位数必须为 0，如 KnX0,KnY10, KnM800,KnX20 等。

X,Y 是八进制元件，M 是十进制元件，传送时，按八进制编号进行一一传送，如图 11-59 所示。

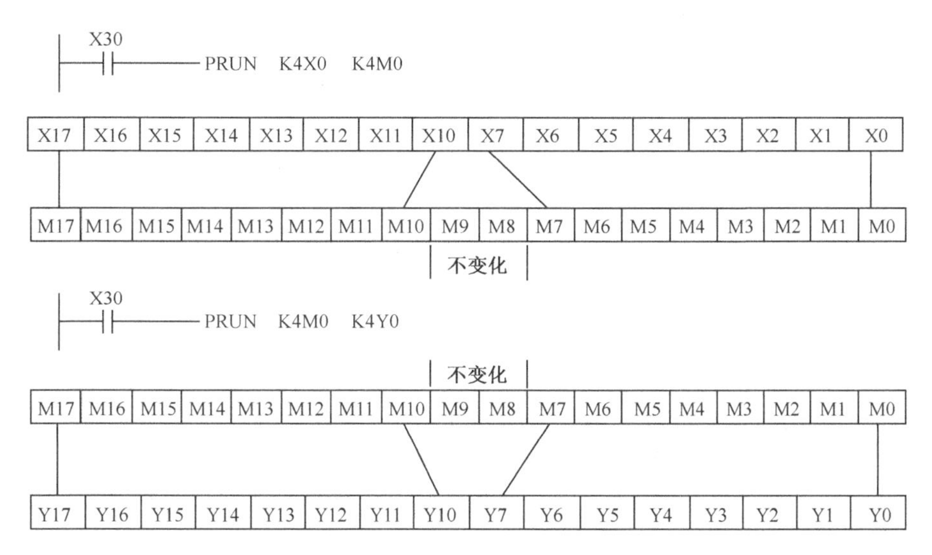

图 11-59　PRUN 指令传送对应图

（2）PRUN 指令最初是为两台 PLC 之间通信控制设计的。三菱 FX 系列 PLC 两台 PLC 之间通信为 PLC 网络 1∶1 通信，又称并联连接通信。两台 PLC 的连接如图 11-60 所示。

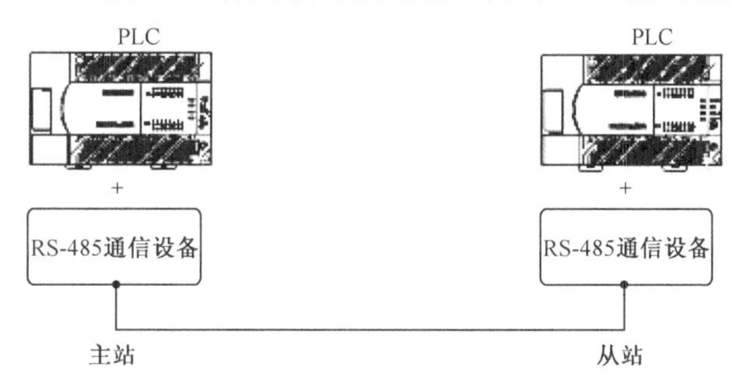

图 11-60　FX_{2N} PLC 1∶1 主从方式通信

PLC 网络 1∶1 通信方式的优点是在通信过程中不会占用系统的 I/O 点数，而是在辅助继电器 M 和数据寄存器 D 中专门开辟一块地址区域，按照特定的编号分配给 PLC。在通信过程中，两台 PLC 的这些特定的地址区域是不断交换信息的。信息的交换是自动进行的。每毫秒（70ms+主站扫描周期）刷新一次。图 11-61 表示了两台 FX_{2N} PLC 的普通模式信息交换的特定区域示意。

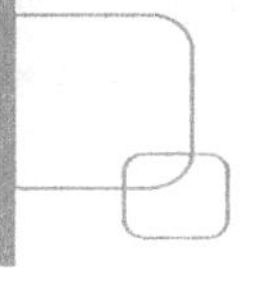

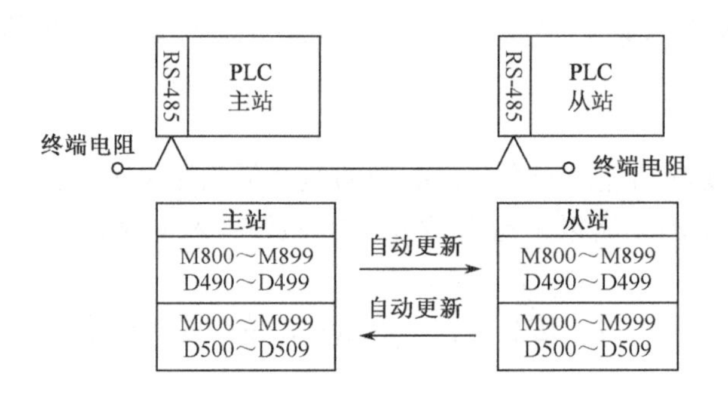

图 11-61　FX_{2N} PLC 1:1 主从方式通信链接软元件

由图 11-61 可见，主站中辅助继电器 M800～M899 的状态不断地被送到从站的辅助继电器 M800～M899 中去，这样，从站的 M800～M899 和主站的 M800～M899 的状态完全对应相同。同样，从站的辅助继电器 M900～M999 的状态也不断地被送到主站的 M900～M899 中去，两者状态相同。对数据寄存器来说，主站的 D490～D499 的存储内容不断地传送到从站的 D490～D499 中，而从站的 D500～D509 存储内容则不断地传送到主站的 D500～D509 中去，两边数据完全一样。这些状态和数据相互传送的软元件，称为链接软元件。两台 PLC 的并联连接的通信控制就是通过链接软元件进行的。

在进行通信控制时，先对自己的链接软元件进行编程控制，另一方则根据相应的链接软元件按照控制要求进行编程处理。因此，两台 PLC 并联连接进行通信控制时，双方都要进行程序编制，才能达到控制要求。

【例 12】　在网络 1:1 PLC 通信中，编制主站 PLC 的输入口 X0～X7 控制从站 PLC 的 Y0～Y7 的程序。程序如图 11-62 所示。

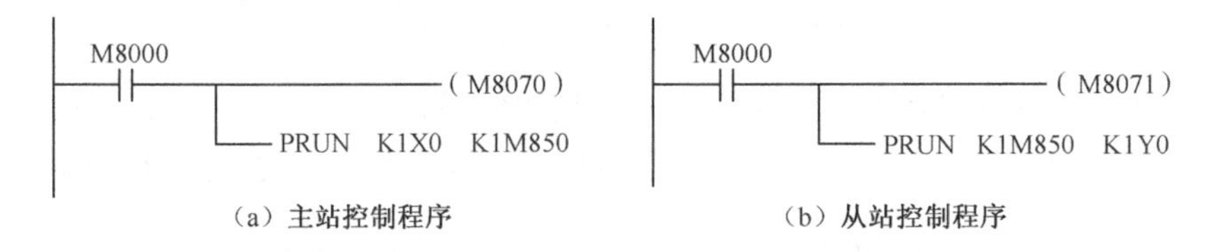

图 11-62　FX_{2N} PLC 1:1 主从方式通信控制程序

（3）实际应用时 PRUN 指令已被传送指令 MOV 代替。利用 MOV 指令，可以同样完成例 12 所示功能。不同的是，用 MOV 指令时，不存在 PRUN 指令那样的对应关系。“MOV K4X0　K4M0”是把 X0～X7,X10～X17 状态传送给 M0～M7,M8～M15，而“MOV　K4M0 K4Y0”则是把 M0～M7 状态传送给 Y0～Y7，M8～M15 状态传送给 Y10～Y15。

11.6　PID 控制指令

11.6.1　PID 控制介绍

在工程实际中，应用最为广泛的调节器控制规律为比例、积分、微分控制，简称 PID 控制，又称 PID 调节。PID 控制器问世至今已有近 70 年历史，它以其结构简单、稳定性好、工作可靠、调整方便而成为工业控制的主要技术之一。目前，在工业控制领域尤其是控制系统的底层，PID 控制器仍然是应用最广泛的工业控制器。

PID 控制是由偏差、偏差对时间的积分和偏差对时间的微分所叠加而成。它们分别为比例控制、积分作用和微分输出。把三种控制规律组合在一起，并根据被控制系统的特性选择合适的比例系数、积分时间和微分时间，就得到了在模拟量控制中应用最广泛并解决了控制的稳定性、快速性和准确性问题的无静差控制——PID 控制。

PID 控制是一个模拟量闭环控制，一个 PID 控制系统的框图如图 11-63 所示。

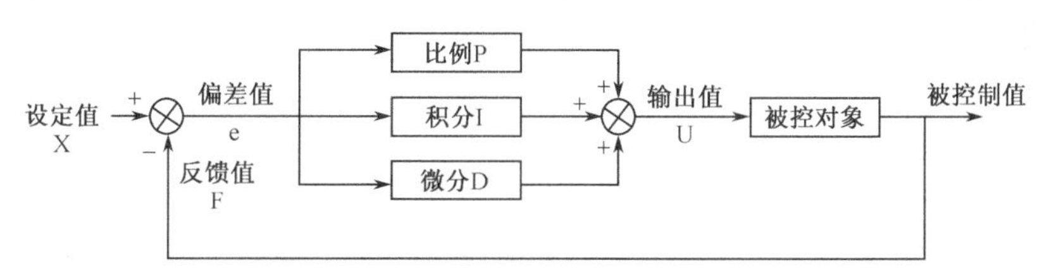

图 11-63　PID 控制系统原理框图

现在以某空调温度调节来说明 PID 控制过程，假设温度的设置为 26°（设定值，又称目标值），并希望维持 26° 不变。在温度达到设定温度 26° 后，房间里进来 3 个人，这 3 个人所散发的热量使室内温度升高了，如升高到 27°，这时候由现场检测到的实际温度值（反馈值 F，又称测定值）被反馈到输入端，与设定值作比较。比较所产生的偏差送到 PID 控制器进行处理，处理后的输出值 U 会调整压缩机的转速导致制冷量加大使室内温度下降，只要偏差存在，控制过程就一直在进行，直到被控制值与设定值一致，偏差为 0 才停止。这时，压缩机的转速就维持在这个转速上运行而不会停止。这个控制过程说明，PID 控制是一个动态平衡过程，只要被控制值与设定值不一致，产生了偏差，控制就开始进行，直到偏差为 0（无静差），到达新的平衡为止。而且其控制过程稳定，快速且控制精度也较高。

PLC 是基于计算器技术发展而产生的数字控制型产品。其本身只能处理开关量信号，不能直接处理模拟量。但其内部的存储单元是一个多位开关量的组合，可以表示为一个多位的二进制数，称为数字量。只要能进行适当的转换，把一个连续变化的模拟量转换成在时间上是离散的，在取值上可以表示模拟量变化的一连串的数字量。那 PLC 就可以通过对这些数字量的处理来进行模拟量控制了。同样，经过 PLC 处理的数字量也是不能直接送到执行器中，也必须经过转换变成模拟量后才能去控制执行器动作。这种把模拟量转换成数字量的电路称为“模数转换器”，简称 A/D 转换器；把数字量转换成模拟量的电路称为“数模转换器”，简称 D/A 转换器。一个 PLC 模拟量控制系统组成框图如图 11-64 所示。

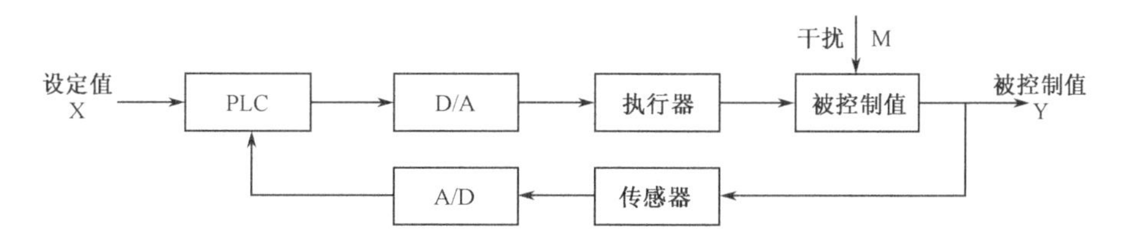

图 11-64　PLC 模拟量控制系统组成框图

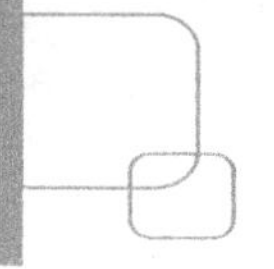

为方便 PLC 在模拟量控制中的运用，许多 PLC 生产商都开发了与 PLC 配套使用的 A/D 和 D/A 控制模块。三菱 FX_{2N} PLC 模拟量模块有输入模块、输出模块、输入/输出混合模块及温度控制模块。

PLC 是一个数字式控制设备，在 PLC 的模拟量控制中，PID 控制功能的实现是通过编制 PID 的运算程序，由软件来完成 PID 控制功能。自编 PID 控制运算程序非一般人可以做到，必须具有较多的 PLC 编程知识和 PID 控制知识才行。因此，很多品牌 PLC 都提供了 PID 控制用的 PID 应用功能指令。PID 应用功能指令实际上是一个 PID 控制算法的子程序调用指令。使用者只要根据指令所要求的方式写入设定值、PID 控制参数和被控制量的测定值，PLC 就会自动进行 PID 运算，并把运算结果输出值送到指定的寄存器。一般情况下，它必须和模拟量输入/输出模块一起使用。学习和掌握 PID 控制指令就成为利用 PLC 进行 PID 控制应用的主要内容。

当一个模拟量 PID 控制系统组成之后，控制对象的静态、动态特性都已确定。这时，控制系统能否自动完成控制功能，就完全取决于 PID 的控制参数（比例系数 P、积分时间 I、微分时间 D）的取值了。只有控制参数的选择与控制系统相配合时，才能取得最佳的控制效果。因此，PID 的控制参数整定就显得非常重要。

P,I,D 的控制作用如下：

① 比例控制是 PID 控制中最基本的控制，起主导作用。系统一出现误差，比例控制立即产生作用以减少偏差。比例系数越大，控制作用越强，但也容易引起系统不稳定。比例控制可减少偏差，但无法消除偏差，控制结果会产生余差。

② 积分作用与偏差对时间的积分及积分时间有关。加入积分作用后，系统波动加大，动态响应变慢，但却能使系统最终消除余差，使控制精度得到提高。

③ 微分输出与偏差对时间的微分及微分时间有关。它对比例控制起到补偿作用，能够抑制超调，减少波动，减少调节时间，使系统保持稳定。

PID 的控制参数整定目前多采用试凑法参数现场整定。试凑法整定步骤是“先是比例后积分，最后再把微分加”。PID 参数整定还带有神秘性，对于两套看似一样的系统，可能通过调试得到不同的参数值。甚至同一套系统，在停机一段时间后重新启动都要重新整定参数。因此，各种 PID 参数整定的经验和公式只供参考，实际的 PID 参数整定值必须在调试中获取。

11.6.2 PID 控制指令

1. 指令格式

FNC 88： PID 程序步：9

可用软元件见表 11-36。

表 11-36 PID 指令可用软元件

操作数	位元件				字元件									常数	
	X	Y	M	S	KnX	KnY	KnM	KnS	T	C	D	V	Z	K	H
S1.											●				

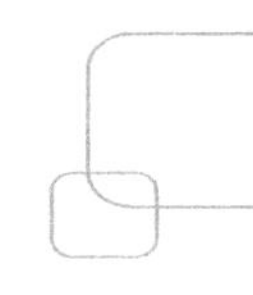

续表

操作数	位元件				字元件									常数	
	X	Y	M	S	KnX	KnY	KnM	KnS	T	C	D	V	Z	K	H
S2.											●				
S3.											●				
D											●				

梯形图如图 11-65 所示。

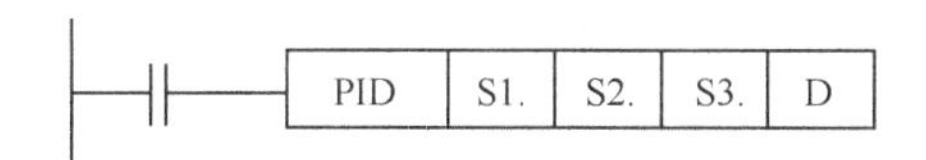

图 11-65　PID 指令梯形图

操作数内容与取值如下：

操　作　数	内容与取值
S1.	PID 控制设定值 SV 存储字元件
S2.	PID 控制测定值 PV 存储字元件
S3.	PID 控制参数存储字元件首址
D	PID 控制输出值 MV

解读：当驱动条件成立时，每当到达采样时间后的扫描周期内，把设定值 SV 与测定值 PV 的差值用于 S3 为首址的 PID 控制参数进行 PID 运算，运算结果送到 MV。

【例 1】　试说明图 11-66 指令执行功能。

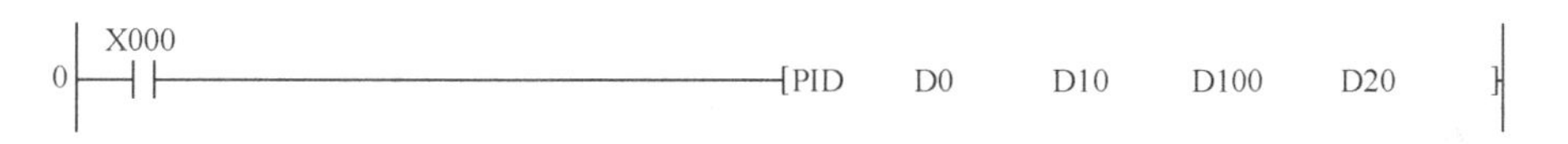

图 11-66　PID 指令例 1

指令的执行功能是当驱动条件 X0 闭合时，每当到达采样时间后的扫描周期内把寄存在 D0 寄存器中的设定值 SV 与寄存在 D10 寄存器中的测定值 PV 进行比较，其差值进行 PID 控制运算，运算结果为输出值 MV，送至 D20 中。PID 运算控制参数（Ts,P,I,D 等）寄存在以 D100 为首址的寄存器群组中。

2. 指令应用

（1）设定值 SV、测定值 PV 和输出值 MV 在 PLC 模拟量控制系统中的相应位置如图 11-67 所示。

测定值 PV 就是被控制值的反馈值，它表示被控制值的实际值。输出值 MV 是 PID 控制的数字量输出控制值，如果执行器为模拟量控制，必须通过 D/A 转换模块才能控制执行器动作，也可直接用脉冲序列输出去控制执行器。设定值一般在 PLC 内通过程序给定，如果设定值需要调整，可以通过触摸屏进行，在没有触摸屏的情况下，也可以通过 A/D 转换模块输入或通过在输入开关量接口接入开关量组合位元件方式输入。

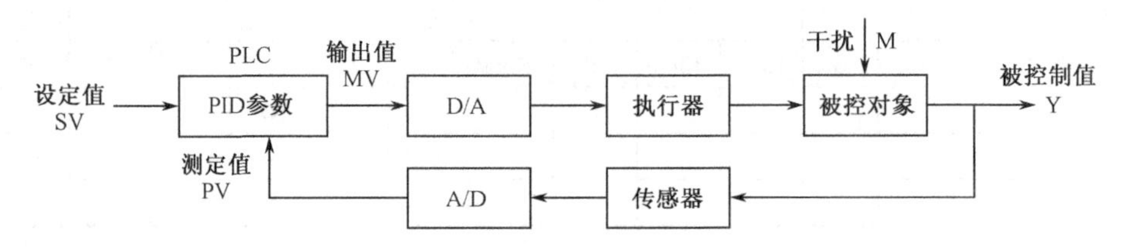

图 11-67　PID 指令参数值位置

（2）如果控制系统中需要 PID 控制的回路不止 1 个，PID 指令可多次使用，使用次数不受限制。但必须注意，多个 PID 指令应分别使用不同的源址 SV,PV，终址 MV 和参数群地址，不能有重复。多个 PID 指令的执行，势必要延长扫描时间，使系统的动态响应变慢。

（3）PID 指令可以在定时器中断、子程序、步进梯形图和跳转指令中使用，但在执行 PID 指令前必须将 S+7 寄存器清零，如图 11-68 所示。

```
    X000
0 ──┤ ├──┬──────────────────[MOV   K0    D107      ]
         │                         S+7 (D107) 清零
         └──────────────[PID   D0   D1   D100   D150 ]
                                      执行PID运算
```

图 11-68　PID 指令中断前 S+7 清零程序

3. 控制参数表

在指令中，S 是 PID 控制参数群首址，它一共占用了 25 个 D 存储器，从 S 到 S+24，每一个存储器有它规定的内容，见表 11-37。

表 11-37　PID 控制参数表

<table>
<tr><th>寄存器地址</th><th>参数名称（符号）</th><th>设 定 内 容</th></tr>
<tr><td>S</td><td>采样时间　（Ts）</td><td>1～32 767（ms）</td></tr>
<tr><td>S+1</td><td>动作方向（ACT）</td><td>
<table>
<tr><td>位</td><td>0</td><td>1</td></tr>
<tr><td>bit0</td><td>正动作</td><td>逆动作</td></tr>
<tr><td>bit1</td><td>输入变化量报警无</td><td>输入变化量报警有</td></tr>
<tr><td>bit2</td><td>输出变化量报警无</td><td>输出变化量报警有</td></tr>
<tr><td>bit3</td><td colspan="2">不可使用</td></tr>
<tr><td>bit4</td><td>自动调谐不动作</td><td>执行自动调谐</td></tr>
<tr><td>bit5</td><td>不设定输出上下限</td><td>设定输出上下限</td></tr>
<tr><td>bit6～
bit15</td><td colspan="2">不可使用</td></tr>
<tr><td colspan="3">Bit5 和 bit2 不能同时为 ON</td></tr>
</table>
</td></tr>
<tr><td>S+2</td><td>输入滤波常数（a）</td><td>0～99（%）　设定为 0 时无输入滤波</td></tr>
<tr><td>S+3</td><td>比例增益（P）</td><td>1～32 767（%）</td></tr>
</table>

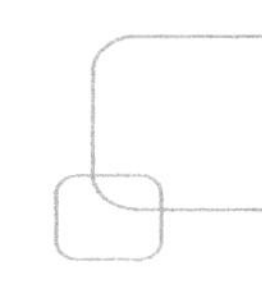

续表

寄存器地址	参数名称（符号）	设 定 内 容
S+4	积分时间（I）	0～32 767（×100ms）　设定为 0 时无积分处理
S+5	微分增益（KD）	0～100%　设定为 0 时无微分增益
S+6	微分时间（D）	0～32 767（×100ms）　设定为 0 时无微分处理
S+7→S+19	PID 运算的内部处理用	
S+20	输入变化量（增加）报警设定	0～32 767　（bit1=1 时有效）
S+21	输入变化量（减少）报警设定	0～32 767　（bit1=1 时有效）
S+22	输出变化量（增加）报警设定 或输出上限设定	0～32 767　（bit2=1，bit5=0 时有效） –32 768～32 767　（bit2=0，bit5=1 时有效）
S+23	输出变化量（减少）报警设定 或输出下限设定	0～32 767　（bit2=1，bit5=0 时有效） –32 768～32 767　（bit2=0，bit5=1 时有效）
S+24	报警输出	bit0 输入变化量（增加）溢出 bit1 输入变化量（减少）溢出　（bit1=1 或 bit2=1 时有效） bit2 输出变化量（增加）溢出 bit3 输出变化量（减少）溢出

这 25 个 D 存储器其选取范围是 D0～D7975，但要求输出值 MV 必须选取非停电保持存储器，即 D0～D199。如果选取 D200 以上存储器，必须在 PLC 编写程序开始运行时，即对 MV 寄存器清零。

在实际应用中，如果动作方向寄存器（S+1）的位设定 bit1=0,bit2=0,bit5=0，即无须报警设定和输出上下限设定，仅占用 S 到 S+19 共 20 个寄存器单元。

关于控制参数的详细说明见下节内容。

11.6.3　PID 指令控制参数详解

1. 采样时间（Ts）

这里的采样时间 Ts 与模拟量采样的采样周期不一样，它所指的是 PID 指令相邻两次计算的时间间隔。一般情况下，不能小于 PLC 的一个扫描周期。确定了采样时间后，实际运行时，仍然会存在误差，最大误差为 –（1 个扫描周期+1ms）～+（1 个扫描周期）。因此，当采样时间 Ts 较小时（接近一个扫描周期时或小于 1 个扫描周期时）可采用定时器中断（I6□□～I8□□）来运行 PID 指令或恒定扫描周期工作。

2. 动作方向（ACT）

动作方向是指当反馈测定值增加时，输出值是增大还是减小。如图 11-69 所示，当输出值随反馈测定值增加而增加时，就称为正动作、正方向。例如，变频控制空调机温度控制中，温度越高，则要求压缩机的转速也越高。反之，当输出值随反馈测定值的增加而减小时，则称为逆动作、反方向。例如，在变频控制恒压供水中，如果一旦发现压力超过设定值，则要求水泵电机的转速要降低。

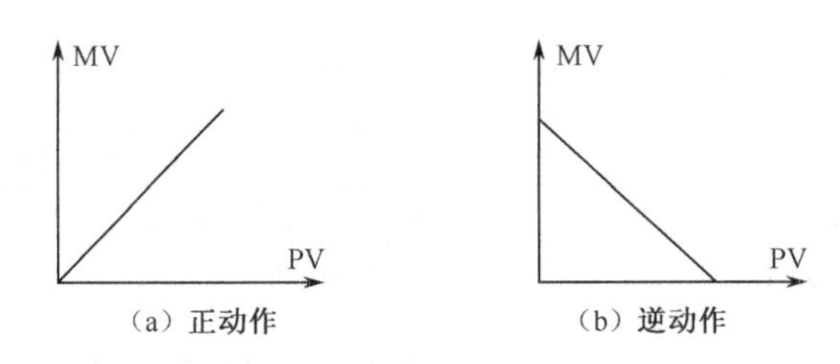

（a）正动作　　（b）逆动作

图 11-69　PID 动作方向图解

3. 输入滤波常数（a）

三菱 PLC 在设计 PID 运算程序时，使用的是位置式输出的增量式 PID 算法，控制算法中使用了一阶惯性数字滤波，当被控对象所反馈的控制量的测定值输入到 PLC 后，先进行一阶惯性数字滤波处理，再进行 PID 运算，这样做，能起到使测点值平滑变化的控制效果。

一阶惯性数字滤波可以很好的去除干扰噪声。以百分比（0～99%）来表示大小，滤波常数越大，滤波效果越好，但过大会使系统响应变慢，动态性能变坏，取 0 则表示没有滤波，一般可先取 50%，待系统调试后，再观察系统的响应情况，如果响应符合要求，可适当加大滤波常数。而如果调试过程始终存在响应迟缓的问题，可先设为 0，观察该参数是否影响动态响应，再慢慢由小到大加入。

4. 比例增益、积分时间、微分时间

这 3 个参数是 PID 控制的基本控制参数，其设置时对 PID 控制效果影响极大。有关它们的相关知识和整定知识在本章其他部分已详细讲述，这里不再赘述。

5. 微分增益

微分增益 KD 是在进行不完全微分和反馈量微分 PID 算法中的一个常数（<1），它和微分时间 TD 的乘积组成了微分控制的系数，它有缓和输出值激烈变化的效果，但又有产生微小振荡的可能。不加微分控制时，可设为 0。

6. 输出限定

输出限定的含义是如果 PID 控制的输出值超过了设定的输出值上限值或输出值下限值，则按照所设定的上、下限定值输出，好像电子电路中的限幅器一样。使用输出限定功能时，不但输出值被限幅，而且还有抑制 PID 控制的积分项增大的效果，如图 11-70 所示。

图 11-7 中 1 处出现了输出值超过上限情况，在设置输出限定时，输出值按照上限输出，同时，由于限定抑制了积分项，使后面的输出向前移动了一段时间，当输出值变化至 2 处时，与 1 处相同，不但输出按照下限值输出，同时也向前移动一段时间，这就形成了如图中所示的输出限定的波形。

FX_{2N} PLC PID 指令规定，该功能使用有两个设定内容。首先进行功能应用设定，设置 S+1 寄存器（动作方向）的 bit5=1，bit2=0，然后在 S+22 寄存器中设置输出上限值，在 S+23 中设定输出下限值。

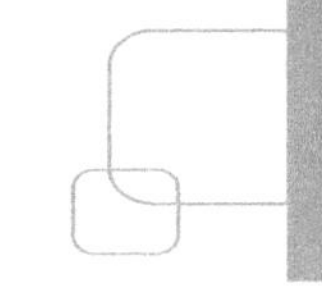

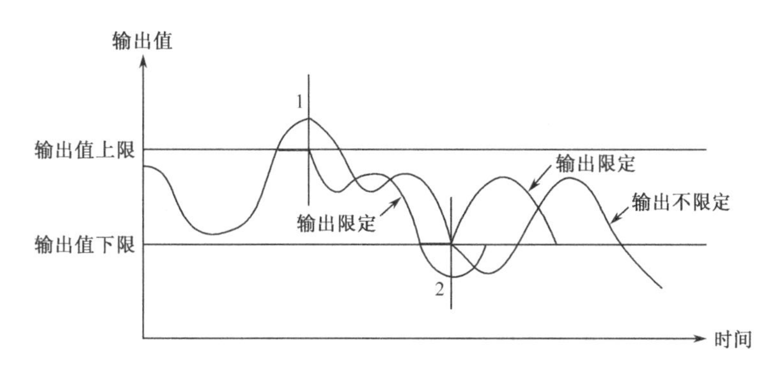

图 11-70　PID 输出限定图解

7. 报警设定

报警设定的含义是当输入或输出发生较大变化量时，可对外进行报警。变化量是指前后两次采样的输入量或输出量的比较，即本次变化量=上次值－本次值。如果这个差值超过报警设定值，则发出报警信号。一般来说，模拟量是连续光滑变化的曲线，前后两次采样的输入值不应相差太大，如果相差太大，则说明输入有较大变化或有较大干扰。严重时会使 PID 控制变坏，甚至失去控制作用。

图 11-71 为 PID 指令报警示意图。

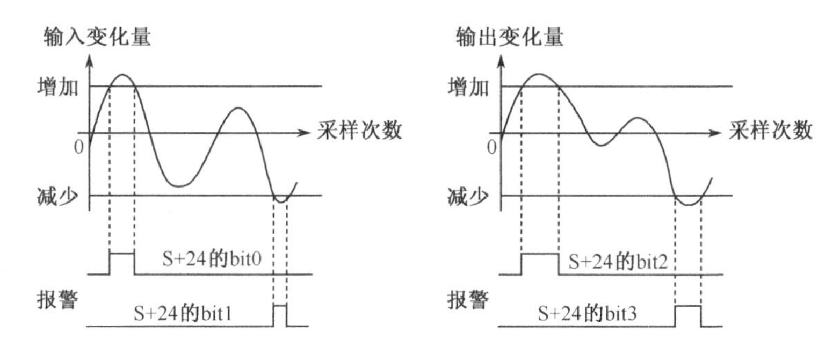

图 11-71　PID 指令报警功能示意图

FX_{2N} PLC 的 PID 指令的报警设定有 3 个设定内容：功能应用设定、变化量设定和报警位指定，详细情况见表 11-37。

表 11-37 指出，输出报警设定和输出上下限设定都使用两个相同寄存器：S+22 和 S+23。因此，这两个设定只能选择其中一个，由 S+1 的 bit2 和 bit5 的设定来区别。如果 bit2=0，bit5=1，则为输出上下限设定；如果 bit2=1，bit5=0 则为输出报警设定；如果 bit2=bit=5=0，则都不设定，不允许出现 bit2 和 bit5 同时为 1 的情况。应用时，应根据实际情况选用。

如果输出报警和上下限都不设定（bit2=bit5=0），则寄存器 S+20 到 S+24 都不被占用，可移作他用。这时 PID 指令的参数群仅用了 20 个寄存器。

11.6.4　PID 指令应用错误代码

PID 指令应用中如果出现错误，则标志继电器 M8067 变为 ON，发生的错误代码存

D8067 寄存器中。为防止错误产生，必须在 PID 指令应用前，将正确的测定值读入 PID 的 PV 中。特别对模拟量输入模块输入值进行运算时，需注意其转换时间。

D8067 寄存器中的错误代码所表示的错误内容、处理状态及处理方法见表 11-38。

表 11-38 PID 指令运用出错代码表

代 码	错 误 内 容	处 理 状 态	处 理 方 法
K6705	应用指令的操作数在对象软元件范围外	PID 命令运算停止	请确认控制数据的内容
K6706	应用指令的操作数在对象软元件范围外		
K6730	采样时间在对象软元件范围外（T<0）		
K6732	输入滤波常数在对象软元件范围外（a<0 或 100≤a）		
K6733	比例增益在对象软元件范围外（P<0）		
K6734	积分时间在对象软元件范围外（I<0）		
K6735	微分增益在对象软元件范围外（KD<0 或 201≤KD）		
K6736	微分时间在对象软元件范围外（D<0）		
K6740	采样时间≤运算周期	PID 命令运算继续	请确认控制数据的内容
K6742	测定值变化量超过（PV<-32 768 或 2 767<PV）		
K6743	偏差超过（EV<-32 768 或 32 767<EV）		
K6744	积分计算值超过（-32 768～32 767 以外）		
K6745	由于微分增益超过，微分值也超过		
K6746	微分计算量超过（-32 768～32 767 以外）		
K6747	PID 运算结果超过（-32 768～32 767 以外）		
K6750	自动调谐结果不良	自动调谐结束	自动调谐开始时的测定值和目标值的差为 150 以下或自动调谐开始时的测定值和目标值的差为 1/3 以上，则结束确认测定值、目标值后，再次进行自动调谐
K6751	自动调谐动作方向不一致	自动调谐继续	从自动调谐开始时的测定值预测的动作方向和自动调谐用输出时实际动作方向不一致，使目标值、自动调谐用输出值、测定值的关系正确后，再次进行自动调谐
K6752	自动调谐动作不良	自动调谐结束	自动调谐中的测定值因上下变化不能正确动作，使采用时间远远大于输出的变化周期，增大输入滤波常数，设定变更后，再次进行自动调谐

11.6.5 PID 指令应用程序设计

1. PID 程序设计的数据流程

图 11-72 为用 PID 指令执行 PID 控制的数据流向。对图进行进一步分析，就可以得到 PID 指令控制程序的结构与内容。

（1）PID 指令控制必须通过 A/D 模块将模拟量测定值转换成数字量 PLC。因此，对于 A/D 模块的初始化及其采样程序也是必不可少的一部分。

（2）PID 的指令的设定值 SV 及 PID 控制参数群参数必须在指令执行前送入相关的寄存器。这一部分内容称为 PID 指令的初始化，PID 指令的初始化程序必须在执行 PID 指令前完成。

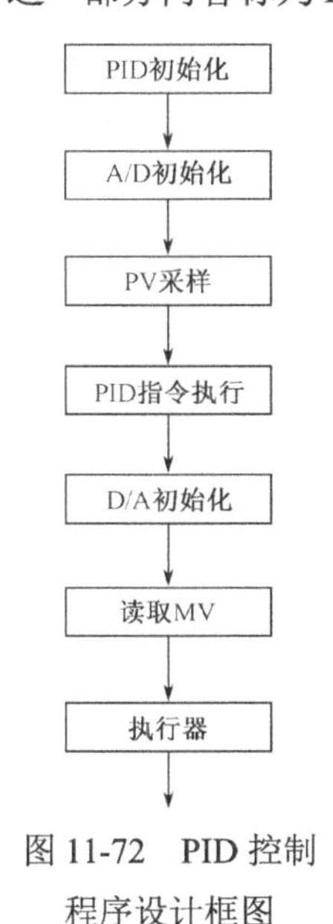

图 11-72　PID 控制程序设计框图

（3）用 PID 指令对设定值 SV 和测定值 PV 的差值进行 PID 运算，并将运算结果送至 MV 寄存器。

（4）如果是模拟量输出，则还要经过 D/A 模块将数字量转换成模拟量送到执行器，因此，D/A 模块的初始化及其读取程序也是必不可少的一部分。

（5）如果是脉冲量输出，则直接通过脉宽调制指令 PWM 在 YO 或 Y1 输出口输出占空比可调的脉冲串。

综上所述，就有 PID 指令的 PID 控制程序设计框如图 11-73 所示。

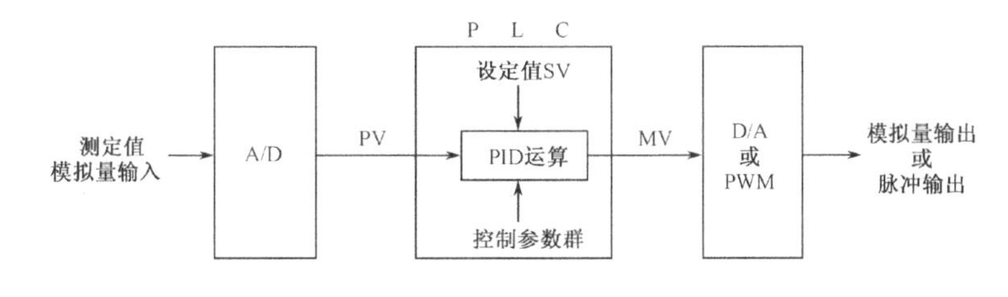

图 11-73　PID 程序设计数据流向

2. 动作方向字的设定

在 PID 指令控制参数群中，有一个动作方向寄存器。它的存储内容可称为动作方向字。由于这个字涉及众多内容，这里做进一步讲解。

动作方向字除了确定控制动作方向外（这是 PID 指令必须要求设置的），还与输入/输出变化量报警、输出上下限设定和 PID 自动调谐有关。在实际应用中，用得最多的是单独确定控制方向，这时正方向动作方向字为 H0，反方向为 H1。如果还用到输入/输出报警等，动作方向字也随之改变。表 11-39 以表格的方式列出可能存在的动作方向字，供读者在应用时参考。

表 11-39　PID 指令动作方向字

正动作	逆动作	输入变化量报警	输出变化量报警	设定输出上下限	执行自动调谐	动作方向字
○						H0000
	○					H0001
○		○	○			H0006
○		○		○		H0022
○				○		H0020
	○	○	○			H0007
	○	○		○		H0023
	○			○		H0021
				○	○	H0030

说明：1. ○表示有该项设置。其中动作方向设置是必须设置项。

2. 输出变化量报警和输出上下限不能同时设置，只能取其一。

3. 自动调谐时，一般要求设定输出上下限，以防止调谐时发生意外。

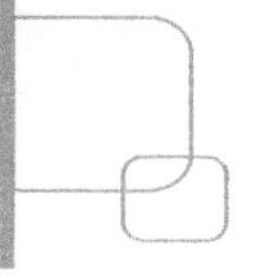

3. PID 指令程序设计

在了解 PID 控制的数据流程、程序框图及动作方向字的设置后，PID 指令控制程序设计就变得比较简单了。PID 指令可以在程序扫描周期内执行也可在定时器中断中执行。其区别是在扫描周期内执行时，采样时间大于扫描周期，而当采样时间 Ts 较小时，采用定时器中断程序执行。

1）PID 指令程序设计

在程序样例中，采用了 FX_{2N}-2AD 模拟量输入模块位置（编号 1#）作为测定值 PV 的输入，并对输入采样值进行了中位值平均滤波处理。PID 控制的输出采用脉冲序列输出，用输出值去调制一个周期为 10s 的脉冲序列占空比，以达到控制目的。

中位值平均滤波法相当于“中位值滤波法”+“算术平均滤波法”。中位值平均滤波法算法是连续采样 N 个数据，去掉一个最大值和一个最小值，然后计算 N-2 个数据的算术平均值。N 值的选取：3～14。它的优点是融合了两种滤波法的优点，这种方法既能抑制随机干扰，又能滤除明显的脉冲干扰。缺点是测量速度较慢，和算术平均滤波法一样，比较浪费内存。

程序中各寄存器分配见表 11-40。

表 11-40　寄存器分配表

寄　存　器	内　　容	寄　存　器	内　　容
Z0	采样次数	D100	采样时间
D0	采样值	D101	动作方向
D1～D10	排序前采样值	D102	滤波系数
D11～D20	排序后采样值	D103	比例增益
D200	设定值 SV	D104	积分时间
D202	测定值 PV	D105	微分增益
D204	输出值 MV	D106	微分时间

PID 指令执行程序如图 11-74 所示。

2）PID 指令定时器中断程序设计

PID 指令也可在定时器中断中应用。在这个样例中，采用了 FX_{2N}-4AD 模拟量输入模块（位置编号 0#）作为测定值 PV 的输入，采用了 FX_{2N}-4DA（位置编号 1#）作为 PID 控制输出值 MV 的模拟量输出。中断指针为 I690，I6 表示采用定时器中断，90 表示 90ms，也就是说该中断服务子程序每隔 90ms 就自动执行一次。PID 指令的中断执行方式保证了有较快的响应速度。

PID 指令中断执行程序如图 11-75 所示。

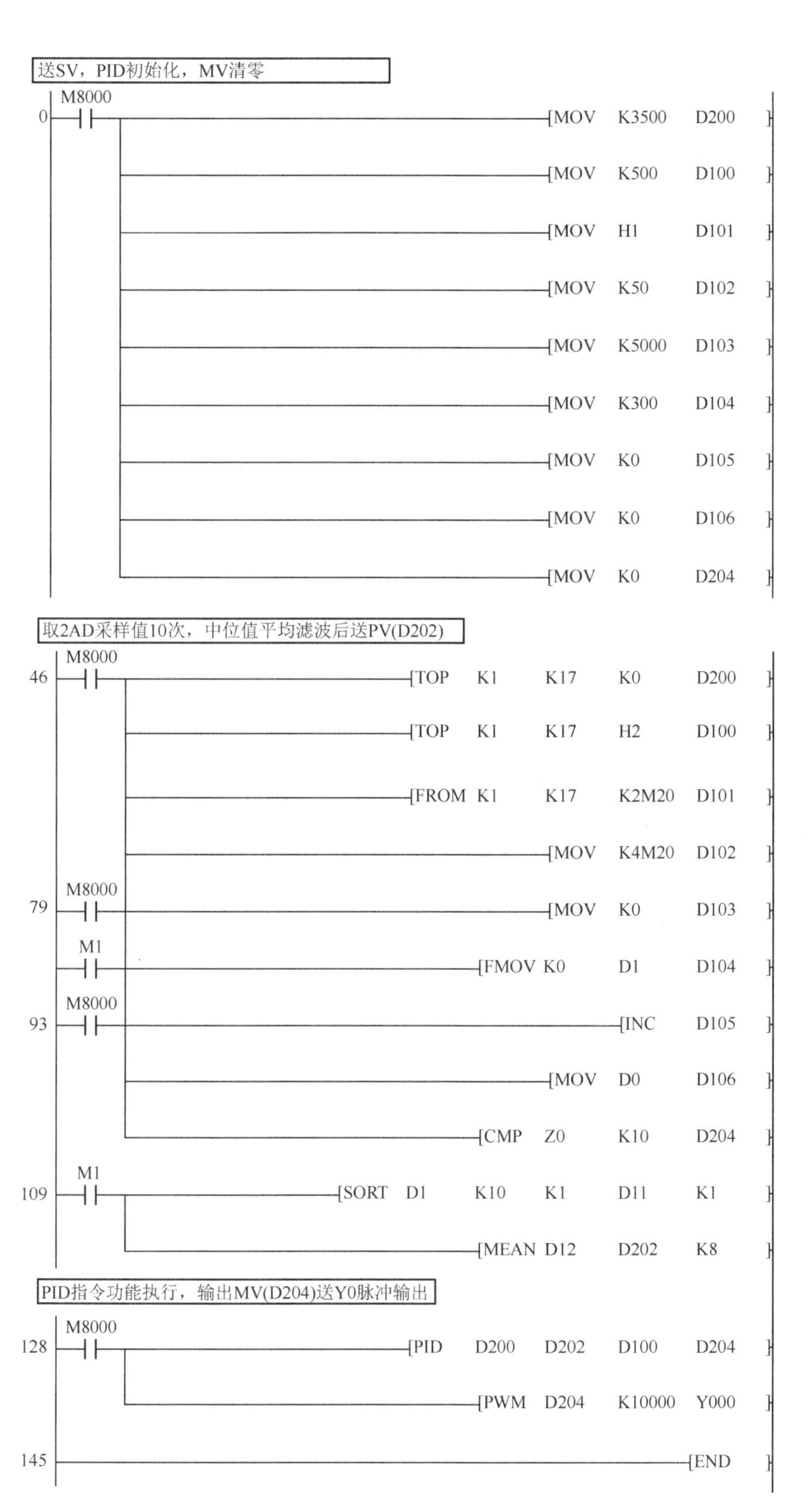

图 11-74　PID 指令执行程序

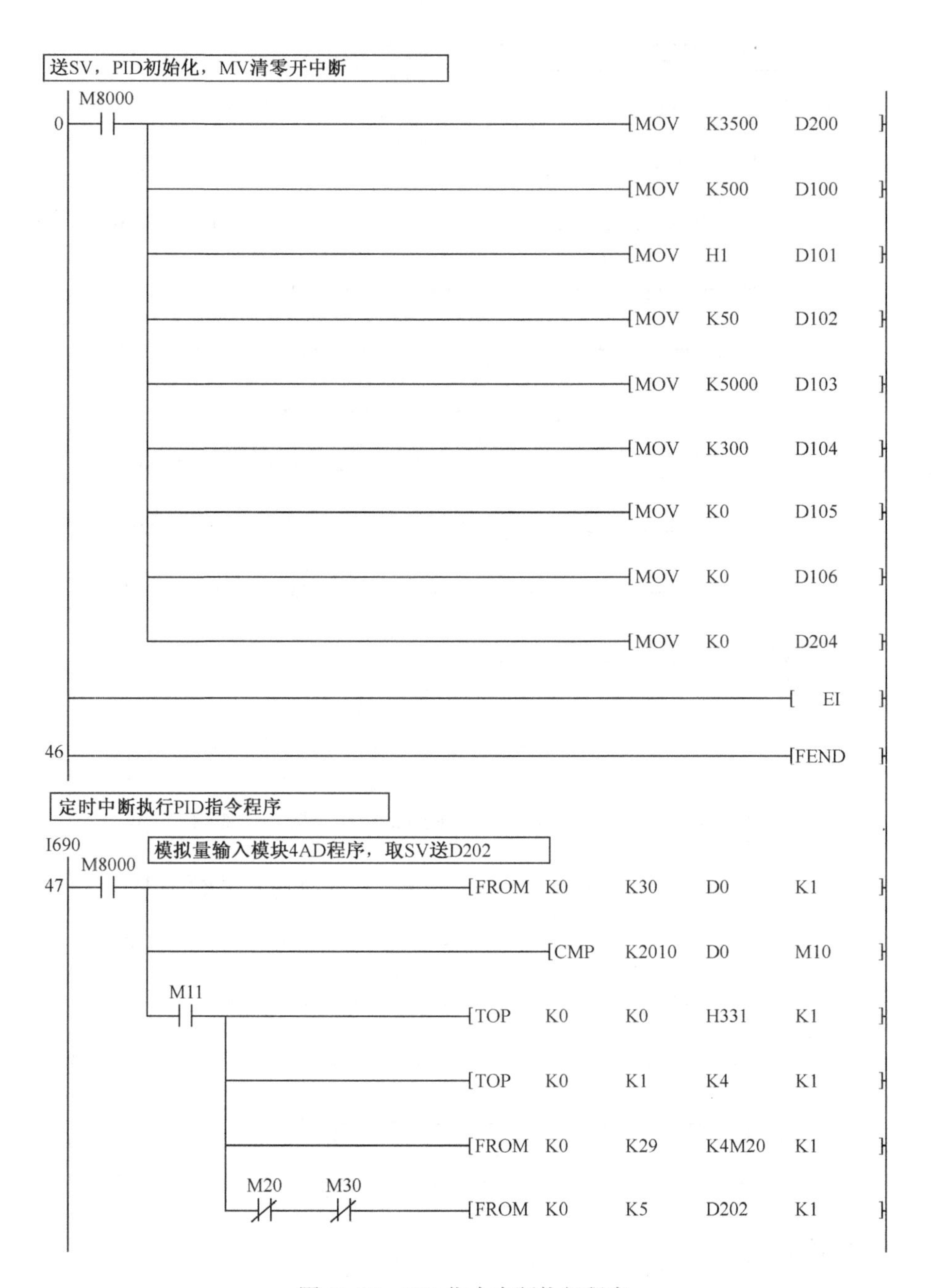

图 11-75　PID 指令中断执行程序

11.6.6　PID 控制参数自整定

当 PID 控制参数的选择与控制系统的特性和工况相配合时，才能取得最佳控制效果。而控制对象是多种多样的，它们的工况也是千变万化的，PID 参数整定方法往往是经验与技巧多于科学。整定参数的选择往往决定于调试人员对 PID 控制过程的理解和调试经验。因此，参数整定的结果并不是最佳的。在这种情况下就产生了参数自整定和自适应的整定方法。

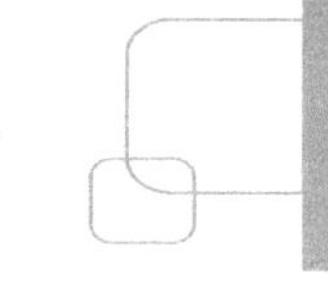

1. 参数自整定和自适应

什么是 PID 控制参数自整定？自整定是 PID 控制器的一个功能。这个功能的含义是当按照控制器的说明按下某个控制键（自整定功能键）或在功能参数里设置了自整定方式后，PID 控制器能自识别控制对象的动态特性，并根据控制目标，自动计算出 PID 控制的优化参数，并把它装入到控制器中，完成参数整定功能。因为控制参数的整定是由控制器自己完成的，所以称为自整定，自整定功能又称自动调谐功能。

PID 控制器的自整定功能是随着计算机技术，人工智能、专家系统技术的发展而发展的。能实现 PID 参数自整定的方法有采用工程阶跃响应法、波形识别法的，也有采用专家智能自整定法的。不管采用哪种方法，都是对控制过程进行多次测定，多次比较和多次校正的结果，当测定结果符合一定要求后自整定结束。

目前，各种智能型的数字显示调节仪表，一般都具有 PID 参数自整定功能。仪表在初次使用时，就可进行参数自整定，使用也非常方便。通过参数自整定能满足大多数控制系统的要求。对不同的系统，由于特性参数不同，整定的时间也不同，从几分钟到几小时不等。

自整定功能虽然解决了令人头疼的人工整定问题，但其整定值是与控制系统的工况密切相关的，如果工况一改变，例如，设定值改变，负荷发生变化等，通过自整定的控制参数值在新的工况下就不一定是最优了，因此，就期望出现一种具有能随控制系统的改变不断自动去整定控制参数值以适应控制系统的变化的自整定方法，这种自整定控制方法称为自适应控制。而自整定可以认为是一种简单的自适应控制。目前，自适应 PID 控制器还在不断发展中。

2. 三菱 FX 系列 PLC 的 PID 自动调谐

三菱 FX 系列 PLC 的 PID 指令设置参数自动调谐功能，其自整定的方法是采用阶跃响应法。对系统施加 0～100%的阶跃输出，由输入变化识别动作特性（R 和 L）、自动求得动作方向、比例增益、积分时间和微分时间。

自动调谐是通过执行 PID 指令自动调谐程序完成的，对 PID 指令自动调谐程序有以下一些要求：

（1）设定自动调谐不能设定的参数值，如采样时间、滤波常数、微分增益和设定值。

（2）自动调谐的采样时间必须在 1s 以上，尽量设置成远大于输出变化周期的时间值。

（3）自动调谐开始的测定值和设定值的差在 150 以上，否则不能正确自动调谐。如果不是 150 时，可把自动调谐设定值暂时设置大一些，待自动调谐结束后，再重新调整设定值。

（4）自动调谐时，一般要求设定输出上下限，所以，自动调谐动作方向字为 H0030（见表 11-39）。

（5）用 MOV 指令将自动调谐用输出值送入 PID 指令的输出值寄存器 MV 中。其值的大小为系统输出值的 50%～100%范围的值。

上述 PID 指令自动调谐用初始化程序后，只要自动调谐用 PID 指令驱动条件成立，就开始执行自动调谐 PID 指令。在测定值达到自动调谐开始时的测定值与设定值的差值的 1/3 以上时【实际测定值=开始测定值+1/3·（设定值–测定值）】，自动调谐结束，系统自动设置自动调谐为失效状态，并自动将自动调谐的控制参数——动作方向、比例增益、积分时间、微分时间送入相应寄存器中。自动调谐求得的控制参数的可靠性除了编写正确的自动调谐程序外，还取决于控制系统是否在稳定状态下执行 PID 指令，如果不在稳定状态下执行，那么求出的控制参数可靠性就差，因此，应该在系统处于稳定状态下才投入 PID 指令自动调谐运行。

执行 PID 指令自动调谐时如果出错，错误代码见表 11-38。

很多情况下，由自动调谐求得的控制参数值并不是最佳值。因此，如果在自动调谐后 PID 控制过渡过程不是很理想，还可以对调谐值进行适当修正，以求得较好的 PID 控制效果。

下面通过编程手册上的程序例对 PID 指令的自动调谐程序编制和操作做进一步了解。

1）系统结构

图 11-76 为一个电加热炉温度控制系统组成图，测温热电偶（K 型）通过模拟量温度输入模块 FX_{2N}-4DA-TC 将加温炉的实测温度差送入 PLC。在 PLC 中设计 PID 指令控制程序控制加温炉电热器的通电时间从而达到控制炉温的目的。

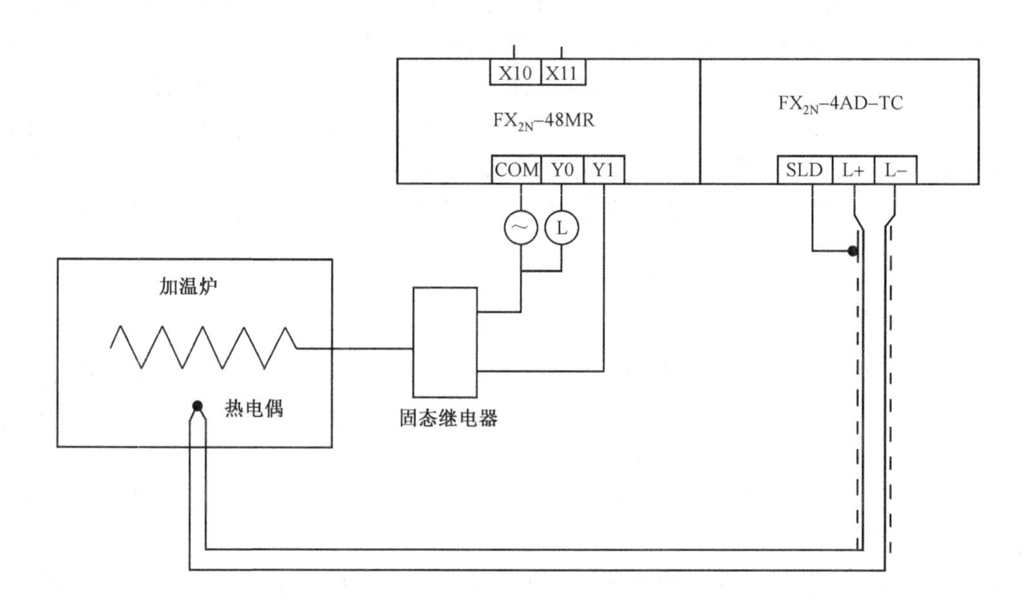

图 11-76　电加热炉温度控制系统组成图

2）I/O 分配与 PID 控制参数设置

I/O 分配见表 11-41，PID 控制参数设置及内存分配见表 11-42。

表 11-41　PLC I/O 分配表

输　入		输　出	
X10	执行自动调谐	Y0	自动调谐出错指示
X11	执行 PID 控制	Y1	加热器控制

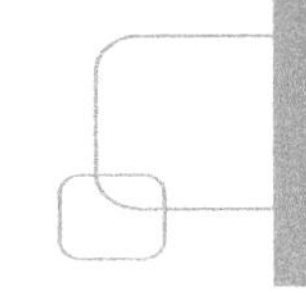

表 11-42　PID 控制参数设置及内存分配表

参 数 设 置		自 动 调 谐	PID 控 制	内 存 分 配
设定值 SV		500（50℃）	500（50℃）	D200
采样时间		3000ms	500ms	D210
输入滤波常数		70%	70%	D212
微分增益		0	0	D215
输出上限		2000（2s）	2000（2s）	D232
输出下限		0	0	D233
动作方向（ACT）	输入变化量报警	无	无	D211
	输出变化量报警	无	无	
	输出上下限设定	有	有	
输出值 MV		1800（1.8s）	根据运算	D202
测定值 PV				D201

3）FX_{2N}-4AD-TC 初始化

模块位置编号：0#。
通道字：BFM#0,H3330（CH1：K 型热电偶输入，其余关闭）。
温度读取：BFM#5，当前摄氏（℃）温度。

4）电加热器动作

电加热器采用可调脉宽的脉冲量控制输出进行电加热。设定可调制脉冲序列周期为 2s（2000ms）PID 控制输出值为脉冲序列的导通时间，如图 11-77 所示。在自动调谐时，强制输出值为系统输出的 50%～100%，这里取 90%输出值：2000ms×90%=1800ms，如图 11-78 所示。

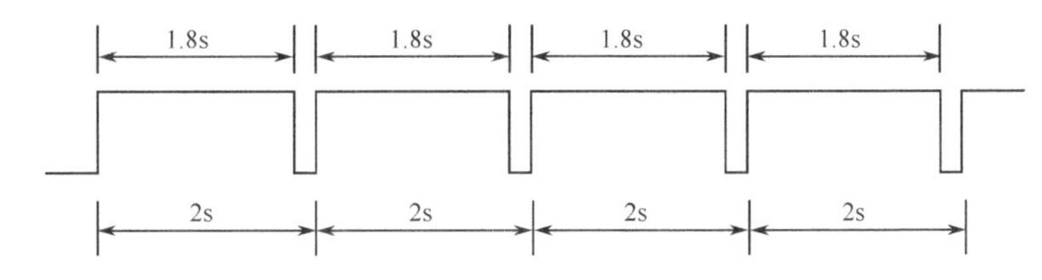

图 11-77　PID 输出电加热器通电时间

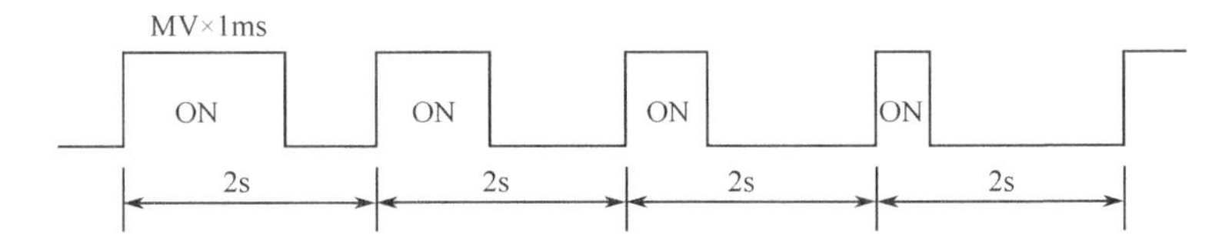

图 11-78　PID 自动调谐电加热器通电时间

5）程序设计

（1）PID 自动调谐程序
PID 自动调谐程序如图 11-79 所示。

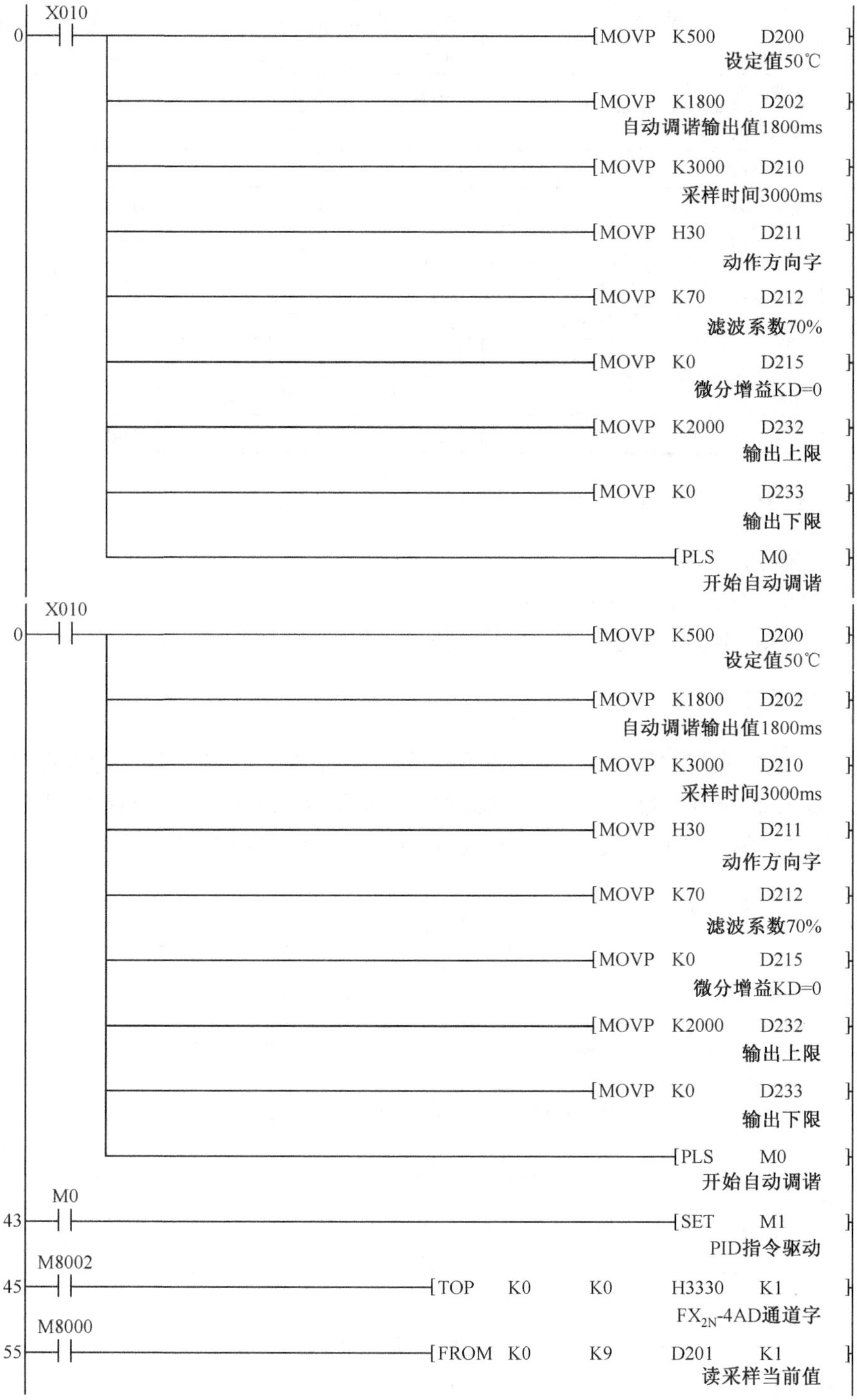

X010
0 ┤├ [MOVP K500 D200] 设定值50℃
[MOVP K1800 D202] 自动调谐输出值1800ms
[MOVP K3000 D210] 采样时间3000ms
[MOVP H30 D211] 动作方向字
[MOVP K70 D212] 滤波系数70%
[MOVP K0 D215] 微分增益KD=0
[MOVP K2000 D232] 输出上限
[MOVP K0 D233] 输出下限
[PLS M0] 开始自动调谐

X010
0 ┤├ [MOVP K500 D200] 设定值50℃
[MOVP K1800 D202] 自动调谐输出值1800ms
[MOVP K3000 D210] 采样时间3000ms
[MOVP H30 D211] 动作方向字
[MOVP K70 D212] 滤波系数70%
[MOVP K0 D215] 微分增益KD=0
[MOVP K2000 D232] 输出上限
[MOVP K0 D233] 输出下限
[PLS M0] 开始自动调谐

M0
43 ┤├ [SET M1] PID指令驱动

M8002
45 ┤├ [TOP K0 K0 H3330 K1] FX_{2N}-4AD通道字

M8000
55 ┤├ [FROM K0 K9 D201 K1] 读采样当前值

图 11-79 PID 自动调谐程序

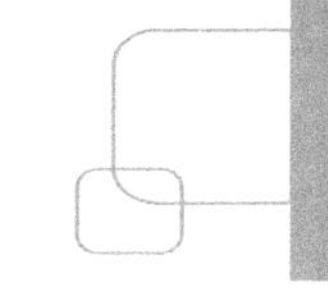

```
43   M0
     ─┤├──────────────────────────────[SET    M1              ]
                                       PID指令驱动
45   M8002
     ─┤├──────────────[TOP   K0    K0    H3330   K1           ]
                                       FX2N-4AD通道字
55   M8000
     ─┤├──────────────[FROM  K0    K9    D201    K1           ]
                                       读采样当前值
65   M010
     ─┤/├─┬───────────────────────────[RST    D202            ]
     M1   │
     ─┤/├─┘                            输出清零
70   M1
     ─┤├──┬───────────[PID   D200  D201  D210    D202         ]
          │                            自动调谐开始
          ├──────────────────[MOV   D211    K2M10             ]
          │                            取动作方向字
          │ M14
          ├─┤├────────────────────────[PLF    M2              ]
          │                            自动调谐完成
          │ M2
          └─┤├────────────────────────[RST    M1              ]
                                       断开自动调谐驱动
92   M1                                       K2000
     ─┤├──────────────────────────────────────(T246           )
                                       加热周期
96   T246
     ─┤├──┬───────────────────────────[RST    T246            ]
     M1   │
     ─┤/├─┘
100                          M1
     [<    T246    D202   ]─┤├────────────────(Y001           )
                                       加热器输出
107  M8067
     ─┤├──────────────────────────────────────(Y000           )
                                       自动调谐有错
109  ─────────────────────────────────────────[END            ]
```

图 11-79　PID 自动调谐程序（续）

（2）PID 控制+PID 自动调谐程序

PID 控制+PID 自动调谐程序如图 11-80 所示。

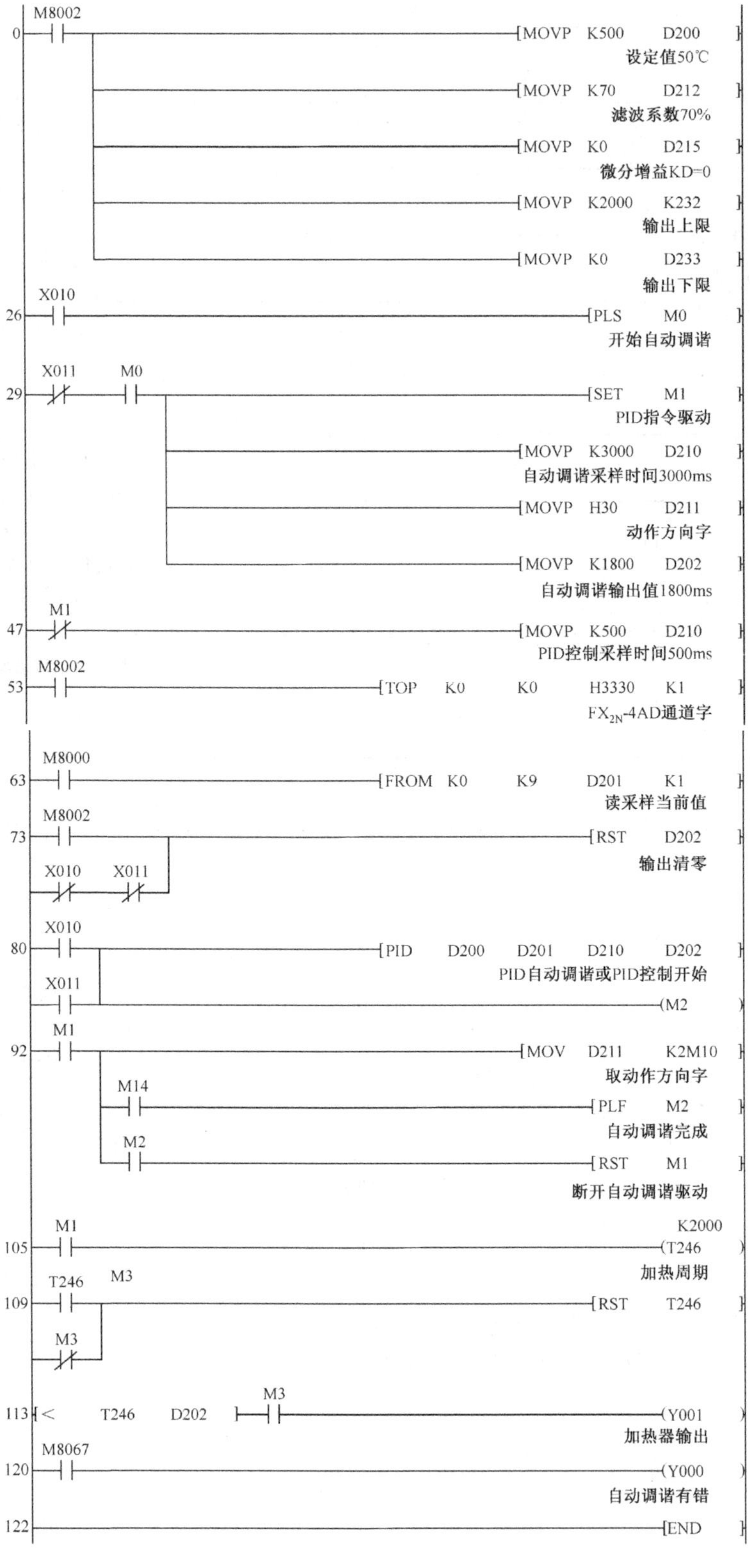

```
0    M8002 ─┤├─┬─[MOVP  K500   D200 ]  设定值50℃
               ├─[MOVP  K70    D212 ]  滤波系数70%
               ├─[MOVP  K0     D215 ]  微分增益KD=0
               ├─[MOVP  K2000  K232 ]  输出上限
               └─[MOVP  K0     D233 ]  输出下限
26   X010 ─┤├─[PLS  M0 ]  开始自动调谐
29   X011 ─┤/├─ M0 ─┤├─┬─[SET  M1 ]  PID指令驱动
                        ├─[MOVP  K3000  D210 ]  自动调谐采样时间3000ms
                        ├─[MOVP  H30    D211 ]  动作方向字
                        └─[MOVP  K1800  D202 ]  自动调谐输出值1800ms
47   M1 ─┤/├─[MOVP  K500  D210 ]  PID控制采样时间500ms
53   M8002 ─┤├─[TOP  K0  K0  H3330  K1 ]  FX2N-4AD通道字
63   M8000 ─┤├─[FROM  K0  K9  D201  K1 ]  读采样当前值
73   M8002 ─┤├─┬─[RST  D202 ]  输出清零
     X010 ─┤/├─ X011 ─┤/├─┘
80   X010 ─┤├─┬─[PID  D200  D201  D210  D202 ]  PID自动调谐或PID控制开始
     X011 ─┤├─┴─(M2)
92   M1 ─┤├─┬─[MOV  D211  K2M10 ]  取动作方向字
             ├─ M14 ─┤├─[PLF  M2 ]  自动调谐完成
             └─ M2 ─┤├─[RST  M1 ]  断开自动调谐驱动
105  M1 ─┤├─(T246  K2000)  加热周期
109  T246 ─┤├─┬─[RST  T246 ]
     M3 ─┤/├──┘
113  [<  T246  D202 ]─ M3 ─┤├─(Y001)  加热器输出
120  M8067 ─┤├─(Y000)  自动调谐有错
122  ─[END]
```

图 11-80　PID 自动调谐+PID 控制程序

第 12 章　高速处理和 PLC 控制指令

PLC 内部高速计数器是计数功能的扩展，高速计数器指令和定位控制指令使 PLC 的应用范围从逻辑控制、模拟量控制扩展到了运动量控制领域。

高速处理指令的最大特点是其执行处理输出不受 PLC 扫描周期的影响，而是按中断方式工作并立即输出的。

PLC 控制指令是能够直接控制和影响 PLC 操作系统处理的指令，有 I/O 刷新、输入滤波时间设定和监视定时器调整。一并放在这里讲解，就不再单独另外成章。

12.1　三菱 FX_{2N} PLC 内部高速计数器

12.1.1　高速计数器介绍

在第 3 章 3.3.2 节中，曾介绍过内部信号计数器，它可以对编程元件 X,Y,M,S,T,C 信号进行计数。当它对输入端口 X 的信号计数时，要求 X 的断开和接通一次的时间应大于 PLC 的扫描时间，否则就会产生计数丢步现象，如果 PLC 的扫描时间为 40ms，则一秒钟里 X 的信号频率最高为 25Hz。这么低的速度限制了 PLC 在高速处理范围里的应用，例如，编码器脉冲输入测速、定位等。而高速计数器就在这些地方得到了应用。

三菱 FX 系列 PLC 的高速计数器共 21 个，其编号为 C235～C255。在实际使用时，高速计数器的类型有下面 4 种：

（1）一相无启动无复位高速计数器 C235～C240。

（2）一相带启动带复位高速计数器 C241～C245。

（3）一相双输入（双向）高速计数器 C246～C250。

（4）二相输入（A-B 相）高速计数器 C251～C255。

高速计数器均为 32 位双向计数器，与内部信号计数器不同的是，高速计数器信号只能由端口 X 输入。表 12-1 列出了各个高速计数器对应的信号输入端口编号及端口功能表。

表 12-1　高速计数器类型表

类　型	计 数 器	X0	X1	X2	X3	X4	X5	X6	X7
一相单输入 无启动 无复位	C235	U/D							
	C236		U/D						
	C237			U/D					
	C238				U/D				
	C239					U/D			

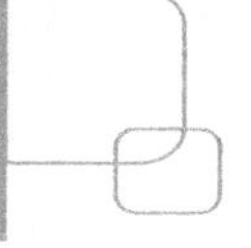

续表

类型	计数器	X0	X1	X2	X3	X4	X5	X6	X7
	C240						U/D		
一相单输入 带启动 带复位	C241	U/D	R						
	C242			U/D	R				
	C243					U/D	R		
	C244	U/D	R					S	
	C245			U/D	R				S
一相双输入 （双向）	C246	U	D						
	C247	U	D	R					
	C248				U	D	R		
	C249	U	D	R				S	
	C250				U	D	R		S
二相输入 （A-B 相）	C251	A	B						
	C252	A	B	R					
	C253				A	B	R		
	C254	A	B	R				S	
	C255				A	B	R		S

注：U 为加计数输入，D 为减计数输入，A 为 A 相输入，B 为 B 相输入，R 为复位输入，S 为启动输入。

高速计数器除了只能由端口 X 输入计数器脉冲外，还有一些特点也是和内部信号计数器不相同的。

（1）高速计数器为什么能对高速脉冲信号计数，这是因为高速计数器的工作方式是中断工作方式，中断工作方式与 PLC 的扫描周期无关，所以，高速计数器能对频率较高的脉冲信号进行计数。但是，即使高速计数器能对高速脉冲信号计数，速度也是有限制的。

（2）高速计数器只能与输入端口 X0～X7 配合使用，也就是说，高速计数器只能与 PLC 基本单元的输入端口配合使用。其中，X6,X7 只能用作启动/复位信号输入，不能用作计数器输入，所以实际上仅有 6 个高速计数器输入端口。

（3）6 个高速输入端口，也不是由高速计数器任意选择的，一旦某个高速计数器占用了某个输入口，便不能再给其他的高速计数器占用。例如，C235 占用了 X0 口，则 C241,C244,C246,C247,C249,C251,C254 就不能再使用。因此，虽然高速计数器有 21 个，但最多只能同时使用 6 个。

（4）所有高速计数器均为停电保持型，其当前值和触点状态在停电时都会保持停电之前的状态，也可以利用参数设定变为非停电保持型。如果高速计数器不作为高速计数器使用，可作为一般 32 位数据寄存器用。

（5）高速计数器有停电保持功能，但其触点只有在计数脉冲输入时才能动作，如果无计数信号输入，即使满足触点动作条件，其触点也不会动作。

（6）作为高速计数器的高速输入信号，建议使用电子开关信号，而不要使用机械开关触点信号，由于机械触点的振动会引起信号输入误差，从而影响到正确计数。

对于高速计数器，还应注意以下两点内容。

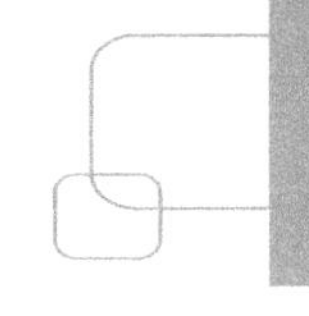

1. 计数方向与相关特殊软元件

高速计数器都是 32 位双向计数器，其计数方向（加计数还是减计数）的控制随计数器的类型不同而不同，见表 12-2。

表 12-2　高速计数器计数方向控制表

类　型	高速计数器	计数方向控制	计数方向监控
一相单输入	C235～C245	由 M8235～M8245 状态决定，ON：减计数，OFF：加计数	—
一相双输入	C246～C250	由输入口决定，U：输入加计数，D：输入减计数	M8246 ～ M8255 状态，0 加计数，1 减计数
二相输入	C251～C255	A 相导通期间，B 相上升沿加计数，下降沿减计数	

和第 3 章所述 32 位双向计数器方向控制一样。对一相单输入高速计数器来说，计数方向是由特殊辅助继电器 M82××来定义的。M82××中的××与计数器 C2××相对应，即 C235 由 M8235 定义，C240 由 M8240 定义等。方向定义规定 M82××为 ON，则 C2××为减计数；M82××为 OFF，则 C2××为加计数。由于 M82××的初始状态是断开的，因此，默认的 C2××都是加计数。只有当 M82××置位时，C2××才变为减计数。同样，对一相双输入和二相输入来说，其监控继电器也是和计数器编号相对应的，即 M8246 监控 C246 的计数方向，M8246 为 ON，C246 为减计数，为 OFF，C246 为加计数，以此类推。

2. 硬件计数器和软件计数器

根据高速计数器的计数不同，高速计数器有硬件计数器和软件计数器之区分。

硬件计数器是指通过硬件进行计数的计数器，C235,C236,C246,C251 均为硬件计数器。硬件计数器的响应频率，可达 60kHz（单相）和 30kHz（双相）。

软件计数器是指通过 CPU 中断处理进行计数的计数器，C237～C245,C247～C250,C252～C255 均为软件计数器，其响应频率较低仅为 10kHz（单相）和 5kHz（双相）。

硬件计数器当被高速计数指令 DHCS,DHCR,DHSZ 中指定时。此时，硬件计数器被当作为软件计数器处理，其使用频率限制，见表 12-3。

12.1.2　高速计数器的使用

计数器的控制可以分为计数输入、计数方向控制、计数器复位和计数的启动与停止，对 PLC 内部信号计数器上述控制都比较简单，图 12-1 为 16 位计数器 C0 的控制程序，图 12-2 为 32 位双向计数器 C200 的控制程序。从图中可以看出与计数器线圈相连的 X11 为计数器的计数脉冲输入口，X10 则为复位计数器控制端。X10 闭合时，计数器停止计数并进行复位，X10 断开时，计数器开始对 X11 输入脉冲进行计数。双向计数器则由 X12 控制计数方向，当 X12 闭合时，M8200 为 ON，C200 为减计数；而 X12 断开时，C200 为加计数。

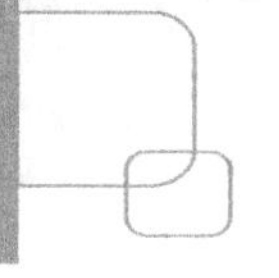

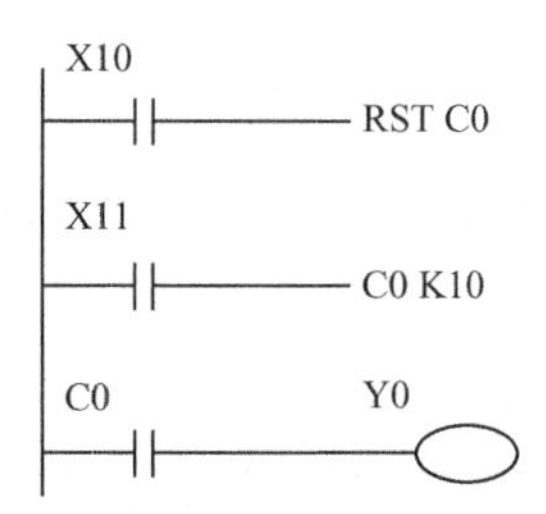

图 12-1　16 位计数器控制程序图

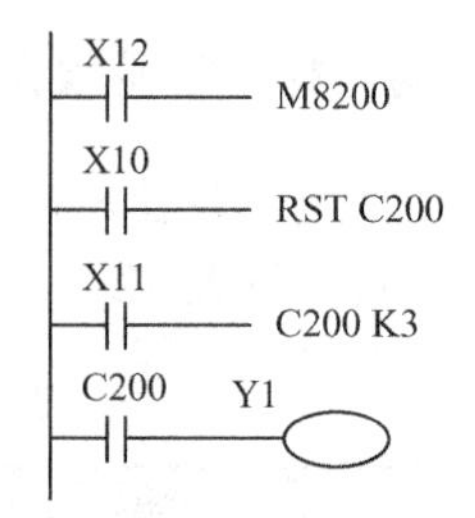

图 12-2　32 位双向计数器控制程序

高速计数器比普通计数器要复杂一些。其类型不同，计数器的控制也有所区别，必须分别加以讨论。

1. 一相单输入无启动无复位

一相单输入无启动无复位高速计数器有 6 个，编号为 C235～C240。其计数方式及触点动作均与上述 32 位双向计数器一样，唯一不同的是计数器的计数脉冲输入端口不是计数器线圈控制端口，而是由高速计数器规定的相应的 X0～X5 端口。现以如图 12-3 所示的高速计数器 C236 为例，说明该类计数器的控制过程。

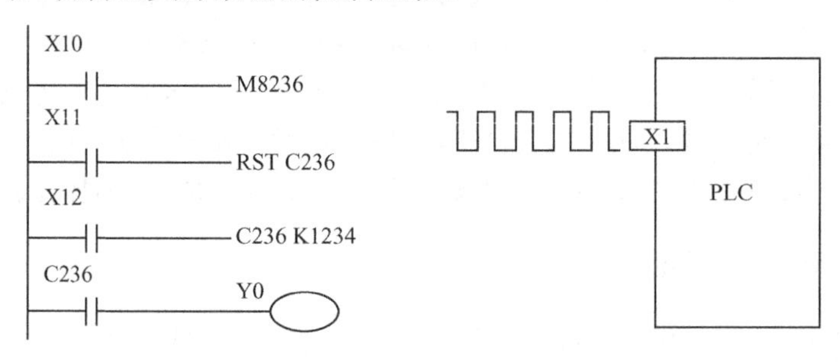

图 12-3　一相单输入无启动无复位计数器控制程序图

（1）C236 的计数脉冲输入端口是 X1。

（2）X10 为计数方向控制端口，X10 接通，则 M8236 为 ON，C236 为减计数，反之为加计数。

（3）X11 为 C236 复位控制端口，当 X11 接通时，C236 马上进行复位操作，计数停止，当前值归 0，所有触点动作恢复常态。

（4）X12 为 C236 的线圈控制端，当 X12 接通时，C236 开始计数，当 X12 断开时，C236 停止计数。当前值保持不变，在计数期间，X12 是不能断开的，必须保持常通。

把 C236 的控制过程和上面所讲的 32 位双向普通计数器的控制过程比较一下，有 3 个比较明显的差别。

（1）普通计数器的脉冲输入端为其线圈控制端，而高速计数器脉冲输入端则是由 PLC 分配的。

（2）普通计数器的线圈控制端虽然也是计数器的启动与停止端，但其停止是表示脉冲信号也停止了，而高速计数器的线圈控制端只能是启动、停止端。当其停止时，脉冲信号仍然在向 X1 端口输入，只是高速计数器停止计数而已。

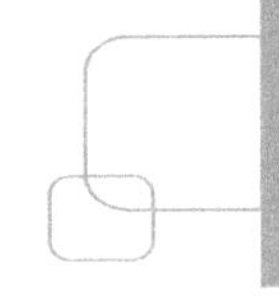

（3）因此，普通高速计数器可以用其本身触点作为自己线圈的控制信号，而高速计数器不能在程序中用本身触点作为自己的线圈控制信号。

2. 一相单输入带启动带复位

一相单输入带启动带复位高速计数器有 5 个，编号为 C241～C245。其中，C241～C243 只带复位，C244～C245 为带启动、带复位。高速计数器的带启动带复位是指除了指定高速计数器的脉冲输入端口外，还可以指定端口为高速计数器的复位端（R）和启动端（S），通过 PLC 的外部端口输入信号控制高速计数器的启动和复位。复位端口和启动端口不是统一的，而是随计数器的地址编号而变化的，详见表 12-1。使用中如需要这些端口必须严格按照表中规定执行。

它们的控制过程可用图 12-4 来说明。

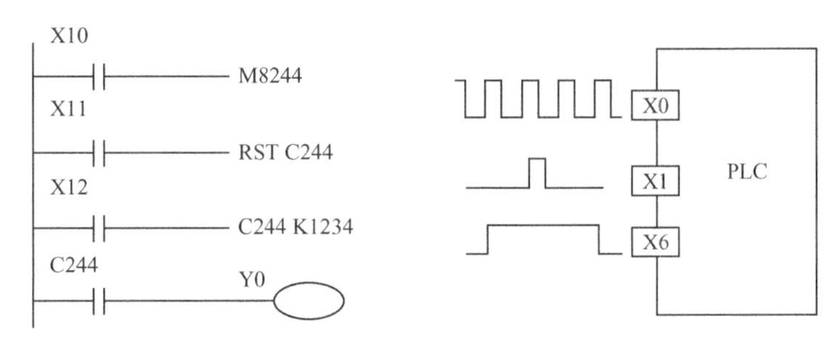

图 12-4　一相单输入带启动带复位计数器控制程序图

（1）C244 的计数脉冲输入口为 X0。

（2）X10 为计数方向控制端口，控制方式同上。

（3）X11 为程序控制复位指令 RST 控制端口，同时，C244 还接有外部复位输入控制端 X1（R）。这两个控制端口都可以对 C244 进行复位操作。只要两者其中有一个接通时，C244 就复位，其区别在于 RST 指令复位受扫描周期影响，响应有点滞后。一般情况下，程序中复位可不编程，而只使用外部端口复位。

（4）X12 为 C244 线圈控制端口，控制作用同上。但这时 C244 还连接有外部启动控制端 X6（S），这两个端口的关系是只有它们同时都接通时，计数器才开始计数。为区别起见，一般把 X12 称为选中信号，把 X6 称为启动信号。

3. 一相双输入（双向）

一相双输入（双向）高速计数器共 5 个，编号为 C246～C250。其中 C246 无复位无启动，C247～C248 带复位，而 C249～C250 带启动、带复位。它们的控制过程用图 12-5 来说明。

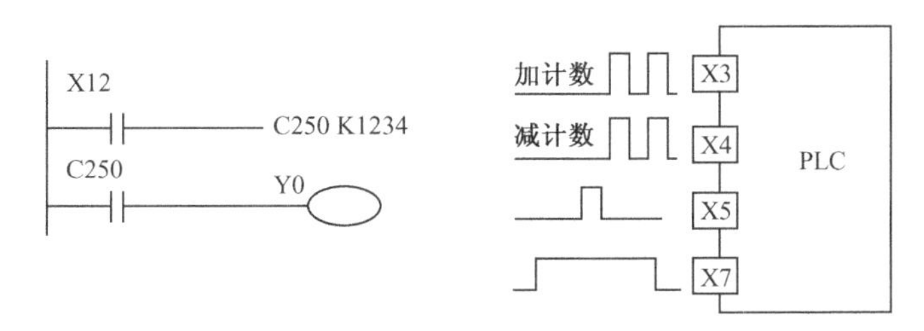

图 12-5　一相双输入（双向）带启动带复位计数器控制程序图

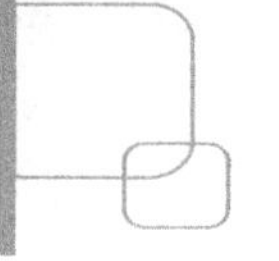

这类高速计数器的计数脉冲输入口有两个，一个为加计数输入，一个为减计数输入，实际工作中，脉冲从那个口输入就决定了脉冲控制方向，如图 12-5 所示的 C250，从 X3 输入则为加计数，从 X4 输入则为减计数，这时，M8250 加计数为“0”，减计数为“1”。

（1）X5 为 C250 的复位控制端，如上所述，程序中 RST 指令不再需要。

（2）X12 为选中 C250 为高速计数器信号，X7 为外部启停信号，其工作过程同上面所述。

4. 二相双输入（A-B 相）

二相双输入（A-B 相）高速计数器共有 5 个，编号为 C251～C255。这类高速计数器有两个输入，但与一相双输入不同，它的两个输入脉冲信号是同时输入的，仅是在相位上相差 90°。在脉冲定位控制中，增量式旋转编码器的输出就是一个两个脉冲信号相位相差 90°的输出，可以说，这类高速计数器是专为编码器信号而设计的。

这类高速计数器也分为 3 种类型，C251 为无复位无启动，C252～C253 为带复位，C254～C255 为带复位、带启动。

这类高速计数器多的计数方向控制是由 A 相脉冲和 B 相脉冲的相位关系所决定的，如图 12-6 所示。当 A 相信号为“1”期间，B 相信号在该期间为上升沿，为加计数，如图中（a）所示，反之，B 相信号为下降沿，为减计数，如图中（b）所示。

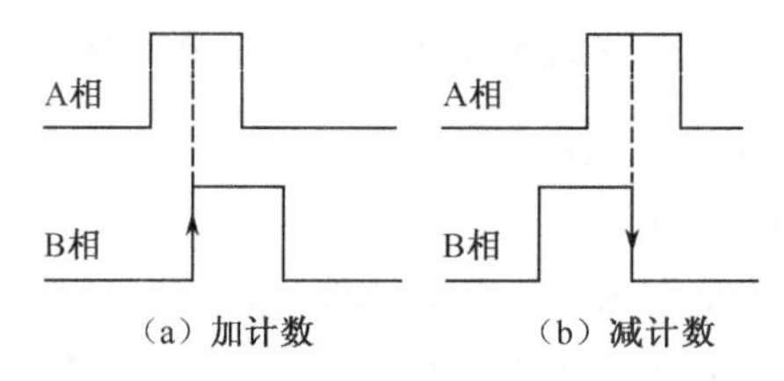

图 12-6　二相双输入计数控制方向说明

现以图 12-7 说明该类计数器的控制过程。

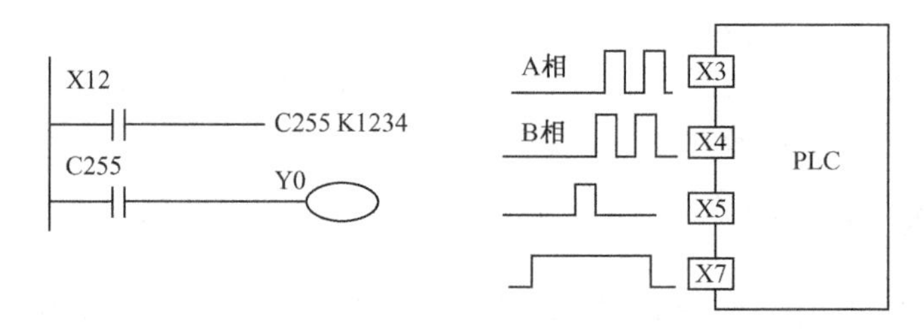

图 12-7　二相双输入计数器控制程序图

（1）脉冲输入为双输入，由 X3 输入 A 相脉冲，X4 输入 B 相脉冲，A,B 相脉冲相位差 90°。控制方向由 A，B 相脉冲的相位关系决定，A 相超前 B 相时为加计数，A 相滞后 B 相时，为减计数。同样，M8255 为计数方向监控继电器。

（2）X5 为复位输入，X12 为信号选择，X7 为启动输入，其含义和应用与上面所述相同。

二相双输入高速计数器主要应用在对增量式旋转编码器的输出脉冲计数。增量式旋转编码器的输出有的有 A,B,Z 三相脉冲，有的只有 A,B 相两相脉冲，最简单的只有 A 相脉冲。图 12-8 为只有 A,B 两相的旋转编码器与 PLC 的连接图。

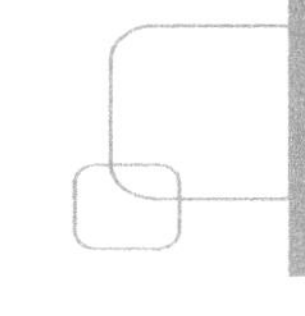

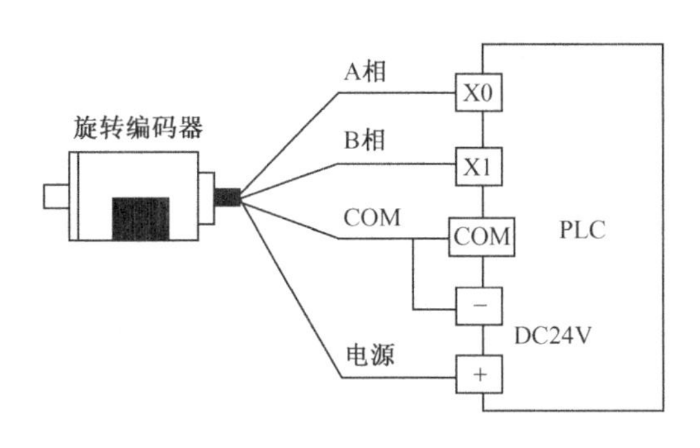

图 12-8　旋转编码器与 PLC 连接图

旋转编码器正转时，A 相超前 B 相为加计数，反转时，A 相滞后 B 相为减计数。图中为 A,B 相由 X0,X1 输入，且无启动无复位输入。查表可知，高速计数器应为 C251。

12.1.3　高速计数器使用频率限制

高速计数器是按中断方式工作的，不受扫描时间的影响，按理说，其计数频率是没有限制的。但两大因素使高速计数器的计数频率受到了限制。

一是硬件电路的影响，高速计数器的输入端口都是由集成电子电路组成，其响应速度总是有一定的时间的。这就限制了计数器的最高频率。

二是高速计数器一般均用于高速处理控制场合，这种控制输出还需要在程序中应用高速处理指令 HSCS,HSCR 等才能完成。这是一种把硬件计数转换成软件进行处理的过程，这个过程是要有一定时间的，这就限制高速计数器的计数频率，这也是高速计数器计数频率受到限制的主要原因。

高速计数器的计数频率限制见表 12-3。

表 12-3　高速计数器使用频率限制

场　合	C235,C236	C237～C245	C246	C247～C250	C251	C252～C255
脉冲捕捉	60kHz	10kHz	60kHz	10kHz	30kHz	5kHz
采用指令 DHSCS,DHSCR	10kHz	10kHz	10kHz	10kHz	5kHz	4kHz
采用指令 DHSZ	5.5kHz	5.5kHz	5.5kHz	5.5kHz	4kHz	4kHz

在多个高速计数器同时使用的情况下，或高速计数器与指令 SPD,PLSY,PLSR 同时使用情况下，合计处理的频率范围不得超过表 12-4 所示的总计频率限制。

表 12-4　高速计数器使用总计频率限制

场　合	FX_{1S}, FX_{1N}	FX_{2N}, FX_{2NC}
程序中无 DHSCS,DHSCR,DHSZ 指令	60kHz	20kHz
程序中仅有 DHSCS,DHSCR 指令	30kHz	11kHz
程序中有 DHSZ 指令	—	5.5kHz

在进行总计频率核算时，作为硬件计数器使用的计数器不要计入，但如果在程序中被高速处理指令换成软计数器使用时，要计入其使用频率。同时二相双输入高速计数器输入频率应加倍计入。

12.2 高速计数器指令

高速计数器指令有 3 个：比较置位指令 HSCS、比较复位指令 HSCR 和区间比较指令 HSZ，这 3 个指令功能虽不相同，但在指令实际应用中，有很多应用说明和使用注意的理解是相同的，因此，用高速计数器指令 HS（或 DHS）代表 3 个指令的全体。在介绍某一个指令的应用时，如果其应用说明是 3 个指令所共有的，就以高速计数器指令 DHS 为例给以讲解，而在后面的指令中不再重复叙述，希望读者阅读时注意。

12.2.1 比较置位指令 HSCS

1. 指令格式

FNC 53： 【D】HSCS　　　　　　　　　程序步：13

可用软元件见表 12-5。

表 12-5 HSCS 指令可用软元件

操作数	位元件				字元件									常数	
	X	Y	M	S	KnX	KnY	KnM	KnS	T	C	D	V	Z	K	H
S1.					●	●	●	●	●	●	●		●	●	●
S2.										●					
D.		●	●	●											

指令梯形图如图 12-9 所示。

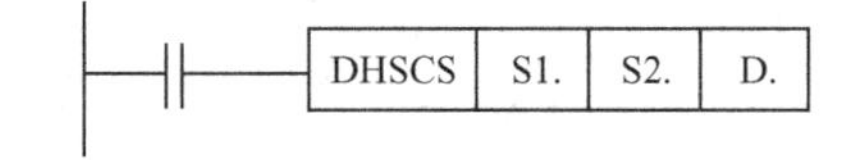

图 12-9 DHSCS 指令梯形图

操作数内容与取值如下：

操作数	内容与取值
S1.	与高速计数器当前值比较的数据或数据存储地址
S2.	高速计数器，C235～C255
D.	当前值为 S1 时置位的位元件或指定计数器中断指针 I010～I060

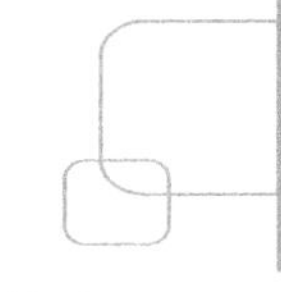

解读：当驱动条件成立时，在高速计数器计数期间，将高速计数器的计数值与设定值比较，如果计数值等于设定值时，立即以中断处理方式置 D 为 ON 或立即转移至指定的中断服务子程序执行。

2. 指令应用

1）32 位应用

比较置位指令 HCSC 用于 32 位高数计数器，因此，在编程时应用 32 位指令 DHSCS。所有的高数计数器指令 HS 都是 32 位指令，编程应用时都必须为 DHS。

2）执行功能

（1）DHSCS 指令的执行功能和图 12-10（a）普通计数器程序执行功能是一样的，但其执行过程完全不一样，图 12-10（a）的 Y0 输出 ON，要等到程序扫描一次结束后才输出。而 DHSCS 指令是中断处理方式，当前值达到设定值时，Y0 立即有输出，不受扫描时间影响。显然，其输出响应要比普通计数器快，如图 12-10（b）所示。

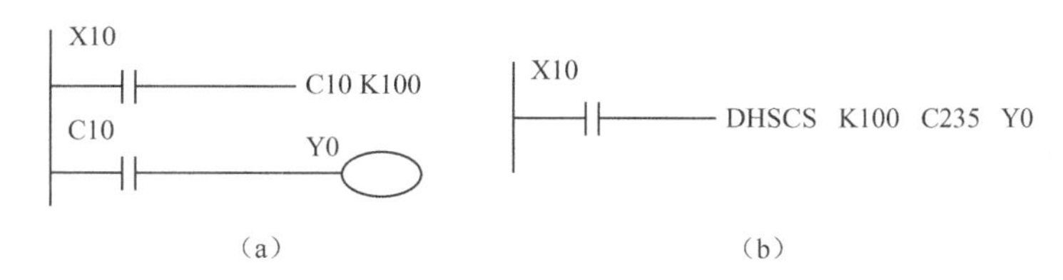

图 12-10　DHSCS 指令执行功能

（2）图中，X10 接通时，普通计数器 C10 启动并开始计数（计数输入为 X10）。但对高速计数器 C235 来说，其计数输入为 X0，虽然 X10 接通，但如果没有计数输入，指令不会得到执行。这是高速计数器指令 DHS 的显著特点，应用高速计数器指令 DHS 时，其前提是指令中指定的高速计数器所对应的脉冲输入口必须有脉冲输入，且高速计数器本身必须被启动。

3）使用次数与频率限制

高速计数器指令 DHS 可以和普通指令一样在程序中多次使用，但是可以同时驱动这些指令的数量是有限制的。FX_{2N} PLC 限制在 6 个指令以内，而 FX_{3U} PLC 最多可同时驱动 32 个指令。

在高速计数器指令 DHS 中，所应用的高速计数器均受到表 12-3 及表 12-4 所列出的计数器的频率限制和总计频率限制，实际应用时必须加以注意。

4）关于输出 Y 编号的执行

当使用多个相同的高速计数器指令 DHS 时，如输出 Y 的编号不同会产生不同的输出响应。

如图 12-11 所示梯形图程序，当 C255 当前值为 K100 时，Y0 以中断处理方式立即输出驱动，而 Y10 则按扫描方式在 END 指令后扫描处理时才输出驱动。

M8000
0
DHSCS K100 C255 Y000
DHSCS K100 C255 Y010

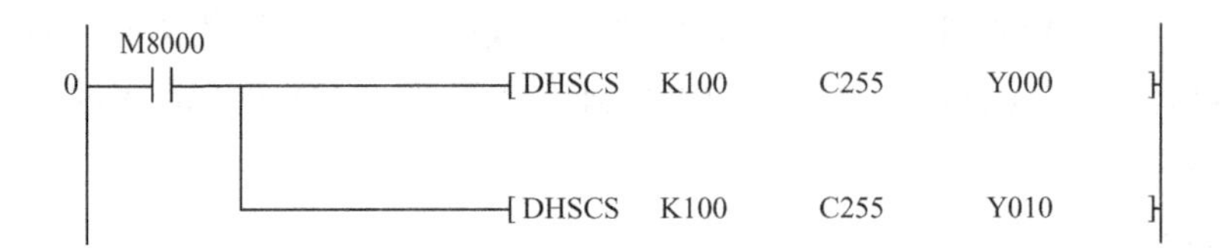

图 12-11　不同组 Y 输出执行

再看图 12-12 梯形图程序，当 C255 当前值为 K100 时，Y0,Y1 均按中断处理方式立即驱动输出。

M8000
0
DHSCS K100 C255 Y000
DHSCS K100 C255 Y001

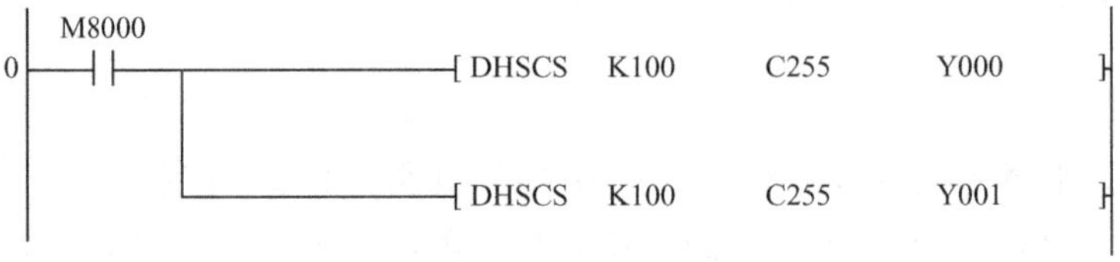

图 12-12　同组 Y 输出执行

在实际应用中，如果希望多个输出均采用中断处理方式立即驱动输出时，输出 Y 的编号应在同一组内，如使用 Y0，Y0～Y7 为一组，使用 Y10 时，Y10～Y17 为一组等。

5）比较值与当前值更改

高速计数器在输入口有脉冲输入时，高速计数器指令 DHS 才进行比较，并在条件满足时驱动输出。但是，如果使用 DMOV 指令等改写高速计数器的当前值，或在程序中复位计数器当前值，在这种情况，即使当前值等于设定值，只要计数器没有脉冲输入，指令虽执行但输出驱动不会发生。

如图 12-13 所示梯形图程序，当 X10 接通时，C235 的当前值改为 K10，这时，如果 C235 没有脉冲输入，Y0 也不会输出。只有在 C235 的输入口 X0 有脉冲输入时，且当前值等于 K10 时，才会驱动 Y0 输出。同样，如果比较设定值为 K0，则在程序中使 C235 复位，当前值为 0 时，如果没有脉冲输入，也不会有输出动作。

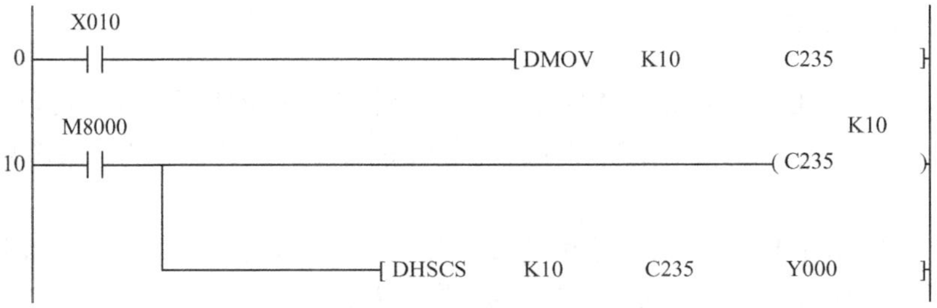

X010
0
DMOV K10 C235
M8000
K10
10
C235
DHSCS K10 C235 Y000

图 12-13　更改高速计数器当前值

6）外部复位端子动作影响（M8025 模式）

有部分高速计数器是接有外部复位端子 R 的（C241 等），都是在复位信号的输入上升沿执行指令后，输出比较结果。这时如果用 K0 作为高速计数器的设定值时，外部复位信号会影响高速计数器指令 DHSCR 的执行。这个影响是由特殊继电器 M8025 的状态来决定。在

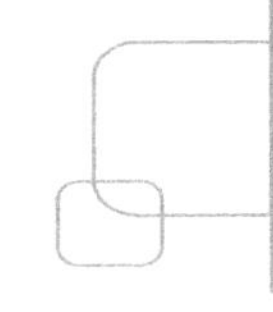

M8025 为 ON 的状态下使用高速计数器指令时，不管计数器当前值为多少，如通过外部复位端子清除当前值时，即使没有计数输入，指令也会得到执行。

如图 12-14 所示，当外部复位端子 X1 有信号时，不管 X0 是否有脉冲输入，Y0 会置位，Y1 会复位。

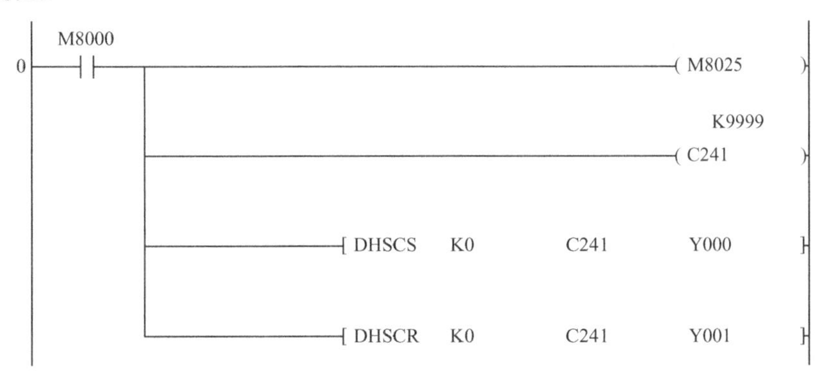

图 12-14　M8025 模式执行

7）中断服务

如指令解读中所述，当高速计数器当前值等于比较设定值时，也可利用中断处理方式，转入中断服务子程序去执行，这种中断称为计数器中断。计数器中断指针共 6 点，为 I010～I060，不可重复使用中断指针号。如要执行中断处理，在指令 DHSCS 的终址 D 中写入中断指针，并且编写中断服务子程序，如图 12-15 所示。

特殊继电器 M8059 为允许计数器中断继电器，当 M8059 为 ON 时，计数器中断 I010～I060 全部被禁止。M8059 初始状态为 OFF。

0　EI　开中断
主程序段
M8000　K9999　C235
DHSCS　K1000　C235　I10
C235当前值为K1000转中断服务I010
FEND
I10　23　中断服务子程序
IRET
END

图 12-15　高速计数器中断服务程序

12.2.2 比较复位指令 HSCR

1. 指令格式

FNC 54： 【D】HSCR 程序步：13

可用软元件见表 12-6。

表 12-6 HSCR 指令可用软元件

操作数	位元件				字元件									常数	
	X	Y	M	S	KnX	KnY	KnM	KnS	T	C	D	V	Z	K	H
S1.					●	●	●	●	●	●	●		●	●	●
S2.										●	●	●	●		
D.		●	●	●											

指令梯形图如图 12-16 所示。

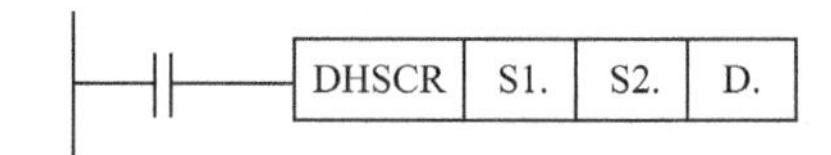

图 12-16 DHSCR 指令梯形图

操作数内容与取值如下：

操作数	内容与取值
S1.	与高速计数器当前值比较的计数数据或数据存储地址
S2.	高速计数器，C235～C255
D.	当前值为 S1 时，复位的位元件或指定计数器中断指针 I010～I060

解读：当驱动条件成立时，在高速计数器计数期间，将高速计数器的计数值与设定值比较，如果计数值等于设定值时，立即以中断处理方式将 D 复位或立即转移至指定的中断服务子程序执行。

2. 指令应用

（1）DHSCS 和 DHSCR 执行时序图。

高速计数器的置位指令 DHSCS 和复位指令 DHSCR 均为采用中断方式直接处理驱动输出。可以用图 12-17 表示它们的执行时序。

C241 为带复位输入高速计数器，其复位端口为 X1，当 X1 接通时，C241 从当前值马上复位到 0。待 X1 断开后，又重新开始计数。当前值为 K2000 时，Y1 立即输出；当前值为 K4000 时，Y1 立即复位，与程序扫描周期无关。

（2）自我复位。

DHSCR 指令的终址如为指令中指定计数器本身时，有特殊功能——计数器自行复位，如图 12-18 所示。DHSCR 指令是执行位元件 Y,M,S 复位的功能，不能控制计数器本身的触点，而这条指令可对自身触点进行复位控制，这就增加了高速计数器应用范围。

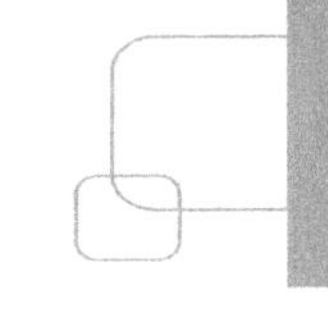

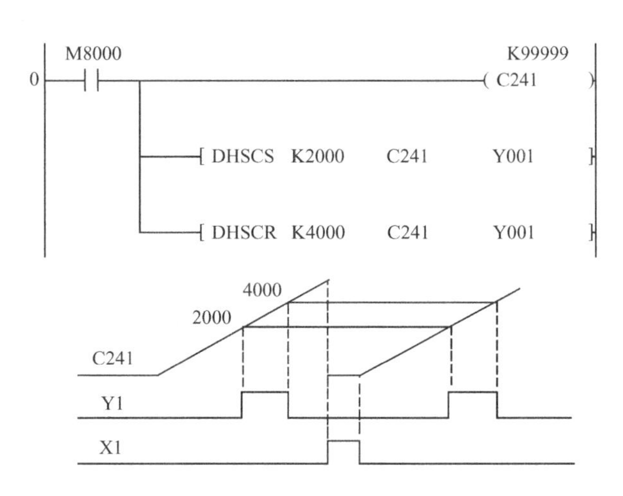

图 12-17　高速计数器 DHSCS，DHSCR 执行时序图

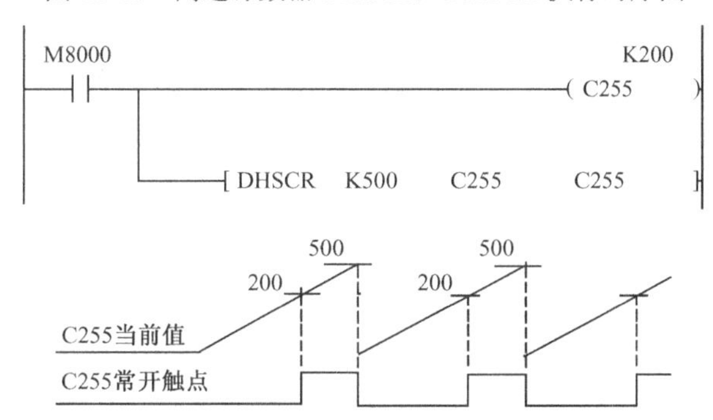

图 12-18　DHSCR 指令的自我复位

（3）DHSCR 指令的很多应用说明与使用注意与 DHSCS 指令类同，读者可以参看 DHSCS 指令的讲解，这里不再赘述。

12.2.3　区间比较指令 HSZ

1. 指令格式

FNC 55：【D】HSZ　　　　　　　　　　程序步：17

可用软元件见表 12-7。

表 12-7　HSZ 指令可用软元件

操作数	位元件				字元件									常数	
	X	Y	M	S	KnX	KnY	KnM	KnS	T	C	D	V	Z	K	H
S1.					●	●	●	●	●	●	●		●	●	●
S2.					●	●	●	●	●	●	●		●	●	●
S.										●					
D.		●	●	●											

指令梯形图如图 12-19 所示。

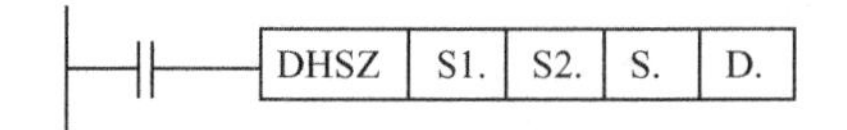

图 12-19　DHSZ 指令梯形图

操作数内容与取值如下：

操 作 数	内容与取值
S1.	与高速计数器当前值比较的数据下限值或保存数据值字元件
S2.	与高速计数器当前值比较的数据上限值或保存数值字元件，S1≤S2
S.	高速计数器，C235～C255
D.	根据比较结果驱动的位元件首址

解读：当驱动条件成立时，将 S 所指定的高速计数器当前值与 S1 和 S2 进行比较，并根据比较结果（S<S2,S1≤S≤S2,S>S2）驱动 D,D+1,D+2，其中一个为 ON。

2. 指令应用

1）执行功能

高速计数器区间比较指令 DHSZ 与第 7 章中所介绍的区间指令 ZCP 的执行功能类似。高速计数器的当前值与 S1,S2 比较关系和比较结果所驱动的位元件编号如图 12-20 所示。

图 12-20　DHSZ 指令执行图

2）初始化启动

但 ZCP 与 DHSZ 指令的执行过程不同，ZCP 是扫描方式执行输出结果，而 DHSZ 是采用中断方式立即执行输出结果，不受扫描周期影响。

DHSZ 指令的应用说明和使用注意与 DHSCS 指令类同，请参看 DHSCS 指令阐述。图 12-21 所示为 DHSZ 指令程序，当电源刚接通或 PLC 由 STOP 拨向 RUN 时，这时，C235 的当前值为 0，但由于计数器 C235 没有计数脉冲输入，所以，指令并不执行，而 Y0,Y1,Y2 均保持 OFF 状态。等到计数脉冲输入后，才进行比较输出。这在某些情况下，例如，当旋转编码器与电机安装在一起，只有电机启动后才有脉冲输出时，就必须希望在启动时，虽然计数器当前值为 0，也能有 Y0 输出（当前值<S1），这称为 Y0 动作初始化。图 12-22 为完成上述初始化启动的梯形图程序。

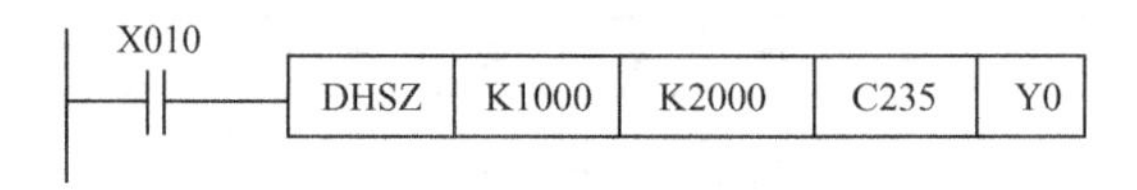

图 12-21　DHSZ 指令程序

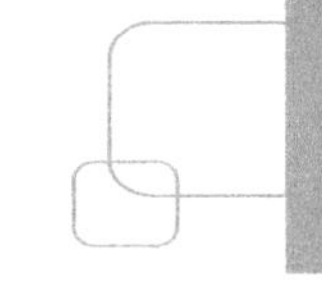

```
      X010
0 ----|/|----+------------------------------------[RST    C235    ]
             |
             +----------------------------[ZRST   Y000    C235    ]
      M8000                                                K9999
8 ----| |-------------------------------------------------( C235   )
      X010
14 ---| |----+--------------[DZCPP  K100   K200   C235   Y000    ]
             |               起始化启动，仅执行一个扫描周期，Y0置ON
             +--------------[DHSZ   K1000  K1500  C235   Y000    ]
                                                   计数区间比较
49 -----------------------------------------------------[END     ]
```

图 12-22　DHSZ 指令初始化启动程序

程序中，普通比较指令 DZCPP 为初始化启动功能。其仅在电源接通第一个扫描周期内执行，因为 C235 当前值为 0，所以执行结果是 Y0 置 ON。电机启动，启动后，相连的编码器脉冲从 X0 口输入，高速计数器区间比较指令会得到执行，其时序图如图 12-23 所示。图 12-23 中①为普通比较指令 DZCPP 所产生的 Y0 初始化启动时间段。

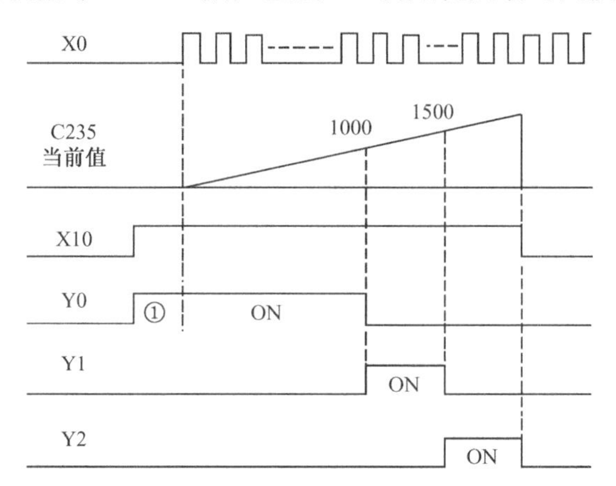

图 12-23　DHSZ 指令初始化启动时序图

12.2.4　DHSZ 指令的表格高速比较模式

1. 表格高速比较模式功能介绍

DHSZ 指令主要用于区间比较。但是如果将指令中的终址 D 指定为特殊辅助继电器 M8130，这时 DHSZ 指令执行表格高速比较模式功能。

什么是表格高速比较模式功能？简单地说就是在高速计数器的过程中，进行多点比较和多次输出。例如，有一控制要求见表 12-8。

表 12-8　多点控制多点输出

比 较 条 件	比 较 输 出
C 当前值 ＝ K100	Y10 置位
C 当前值 ＝ K200	Y11 置位
C 当前值 ＝ K300	Y10 复位
C 当前值 ＝ K400	Y11 复位

完成该控制任务可以多次使用 DHSCS,DHSCR 指令，程序如图 12-24 所示。但是高速计数器指令的多次使用的次数受到限制，最多只能使用 6 条指令。这就给多点比较、多次输出的应用带来了不便。而 DHSZ 指令的表格高速比较模式的特殊功能则弥补了这个不足。

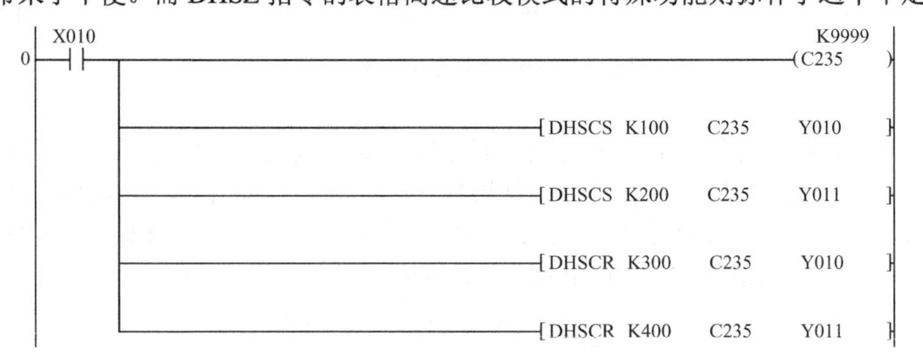

图 12-24　多点控制多次输出梯形图

2. 表格高速比较模式指令格式

指令梯形图如图 12-25 所示，注意指令中的终址 D 固定为 M8130。

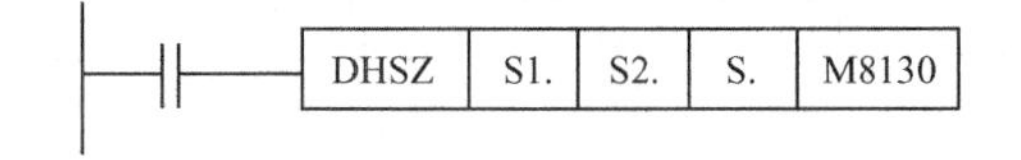

图 12-25　DHSZ 指令表格高速比较模式梯形图

可用软元件见表 12-9。

表 12-9　DHSZ 指令表格高速比较模式可用软元件

操作数	位元件				字元件									常数	
	X	Y	M	S	KnX	KnY	KnM	KnS	T	C	D	V	Z	K	H
S1.											●				
S2.														●	●
S.										●					

操作数内容与取值如下：

操 作 数	内容与取值
S1.	比较表格之数据寄存器 D 首址，占用 S2×4 个连续编址的存储寄存器 D

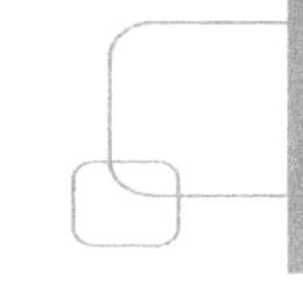

续表

操　作　数	内容与取值
S2.	比较表格的行数，1≤K≤128（1≤H≤80）
S.	高速计数器，C235～C255

解读：当驱动条件成立时，高速计数器 S 的当前值与由 S1,S2 所组成的比较表格中的各行比较值进行比较，如果相等，则以中断方式对相应的输出进行置位或复位驱动。

3. 表格高速比较模式指令应用

1）比较表格的结构与数据设定

作为表格高速比较模式应用的指令 DHSZ 在执行前，必须在存储区中设置一个表格存储区，其首址为 S1，共占用连续 S2×4 个寄存器单元，表格形式见表 12-10。

表 12-10　DHSZ 指令表格高速比较模式比较表格

比较值（32 位）	输出 Y 编号（16 位）	置位/复位（16 位）	表格计数器（D8130）
S1+1,S1	S1+2	S1+3	0
S1+5,S1+4	S1+6	S1+7	1
S1+9,S1+8	S1+10	S+11	2
⋮	⋮	⋮	⋮
S1+[(n−1)×4+1]， S1+(n−1)×4	S1+[(n−1)×4+2]	S1+[(n−1)×4+3]	n−1→从 0 开始

注：表中 n 为行数，n=S2。

表格的编制和数据设定必须遵守如下规则：

（1）比较值（32 位）

比较值为 32 位数，每一个值占两个连续的存储单元，编号大的为高 16 位，编号小的为低 16 位。数据表格中最多有 128 个比较值，当计数器当前值与表中比较值相符时，就会以中断方式驱动输出 Y。

（2）输出 Y 编号

输出 Y 的编号，占一个存储单元。Y 的编号要求以十六进制指定，如指定 Y10 时，为 H10，指定 Y20 时，为 H20。

（3）置位/复位

驱动输出口 Y 的状态。如置位 Y，则写入 K1 或 H1，如复位，则写入 K0 或 H0。

（4）表格计数器（D8130）

表格计数器 D8130 是一个特殊的数据寄存器，在 DHSZ 指令的表格比较模式执行中，作为记录执行行数的指针。执行前当前值为 0，每执行一行，当前值自动加 1。执行到 n 行时，指针自动复位（D8130=K0）。

（5）在执行表格比较模式指令 DHSZ 前，上述比较表格的数据必须在程序中通过 DMOV 指令或 MOV 指令进行设定，也可以通过外部设备进行数据输入。

2）表格高速比较模式指令执行

表格高速比较模式指令执行动作：

（1）执行该指令后，表上数据第一行表格被设置成比较对象数据，与高速计数器的当前值比较。

（2）如高速计数器的当前值与比较对象数据行的比较值一致，比较对象数据行中的输出 Y 编号以中断处理方式立即执行置位/复位中规定的驱动输出处理。

（3）表格计数器 D8130 当前值自动加 1，比较对象数据移到下一行。

（4）在表格计数器当前值变为（n–1）之前，重复（2）～（3）的动作，当前值为（n–1）时，返回动作（1），并且表格计数器当前值由（n–1）变 0。同时，结束标志位特殊继电器 M8131 置 ON。

4. 应用注意

（1）表格高速比较模式指令 DHSZ 在程序中只能编程 1 次，此外，若与高速计数器指令 DHS 配合使用，可以同时驱动指令在 6 个以内。

（2）当指令的驱动条件断开时，表格计数器 D8130 被复位为 K0，但在之前的被置位/复位的输出会保持状态不变。因此，在执行过程中，不要断开驱动条件。

（3）该指令在首次扫描周期内才完成比较表格的存储，在第二次扫描周期及以后才生效，执行动作也是从第二次扫描周期开始。

（4）指令在执行前，高速计数器的当前值应小于比较表格的第一行的比较值。因此，必须在执行前使计数器当前值清零。表格执行完毕后，为保证下次使用，需要对计数器当前值清零。

（5）表格高速比较模式指令在驱动中请不要变动比较表格中的数据。

【例 1】 利用表格高速比较模式指令 DHSZ 可以设计一个简易的电子凸轮开关。

假设与机械相连的旋转编码器一周能发出 800 个脉冲。其发出脉冲数与相应的位置符号 A,B,C,D,E,F,G,H 如图 12-26 所示。当编码器旋转向 PLC 输出脉冲时，PLC 利用高速计数器对脉冲进行计数，就可以模仿机械凸轮的动作，利用表格高速比较模式指令 DHSZ 编制程序对输出进行控制。图中用 Y10,Y11,Y12 代替凸轮 A,B,C。

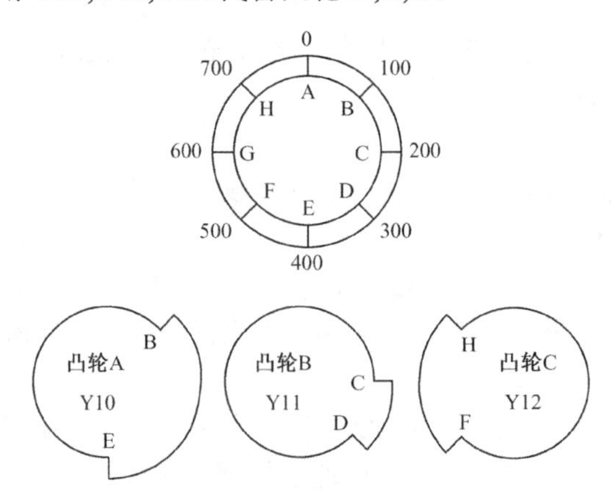

图 12-26　例 1 电子凸轮图示

控制程序时序图如图 12-27 所示。

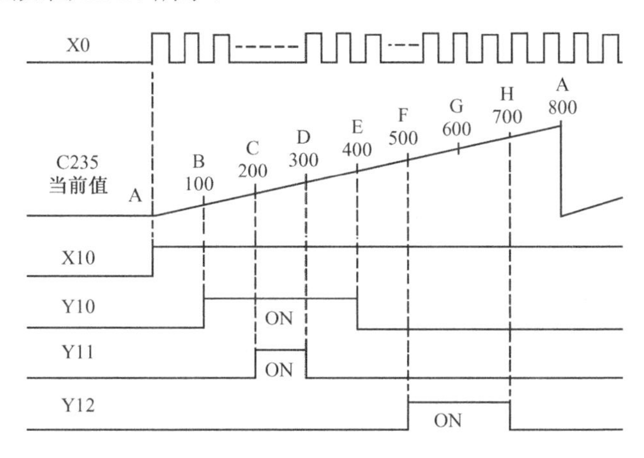

图 12-27　例 1 电子凸轮时序图

在编制程序前，先编写比较表格的数据内容及数据寄存器地址表，见表 12-11。

表 12-11　例 1 比较表格

对　应　点	比　较　值	输　出　Y	置位/复位
B	D301,D300	D302	D303
	K100	H10	K1
C	D305,D304	D306	D307
	K200	H11	K1
D	D309,D308	D310	D311
	K300	H11	K0
E	D313,D312	D314	D315
	K400	H10	K0
F	D317,D316	D318	D319
	K500	H12	K1
H	D321,D320	D322	D323
	K700	H12	K0

程序梯形图如图 12-28 所示。

12.2.5　DHSZ 指令的频率控制模式

1. 频率控制模式功能介绍

将终址 D 指定为特殊辅助继电器 M8132,DHSZ 指令还可以作为频率控制模式使用，指令执行频率控制模式功能。

频率控制模式和表格比较模式都是在高速计数的过程中，进行多点比较和多次输出。表格比较是针对 PLC 的输出口 Y 的 ON/OFF 操作。而频率控制是针对脉冲输出指令 PLSY 的输出频率控制。因此，DHSZ 指令的频率控制模式必须和 DPLSY 指令组合使用，才能完成频率控制功能。

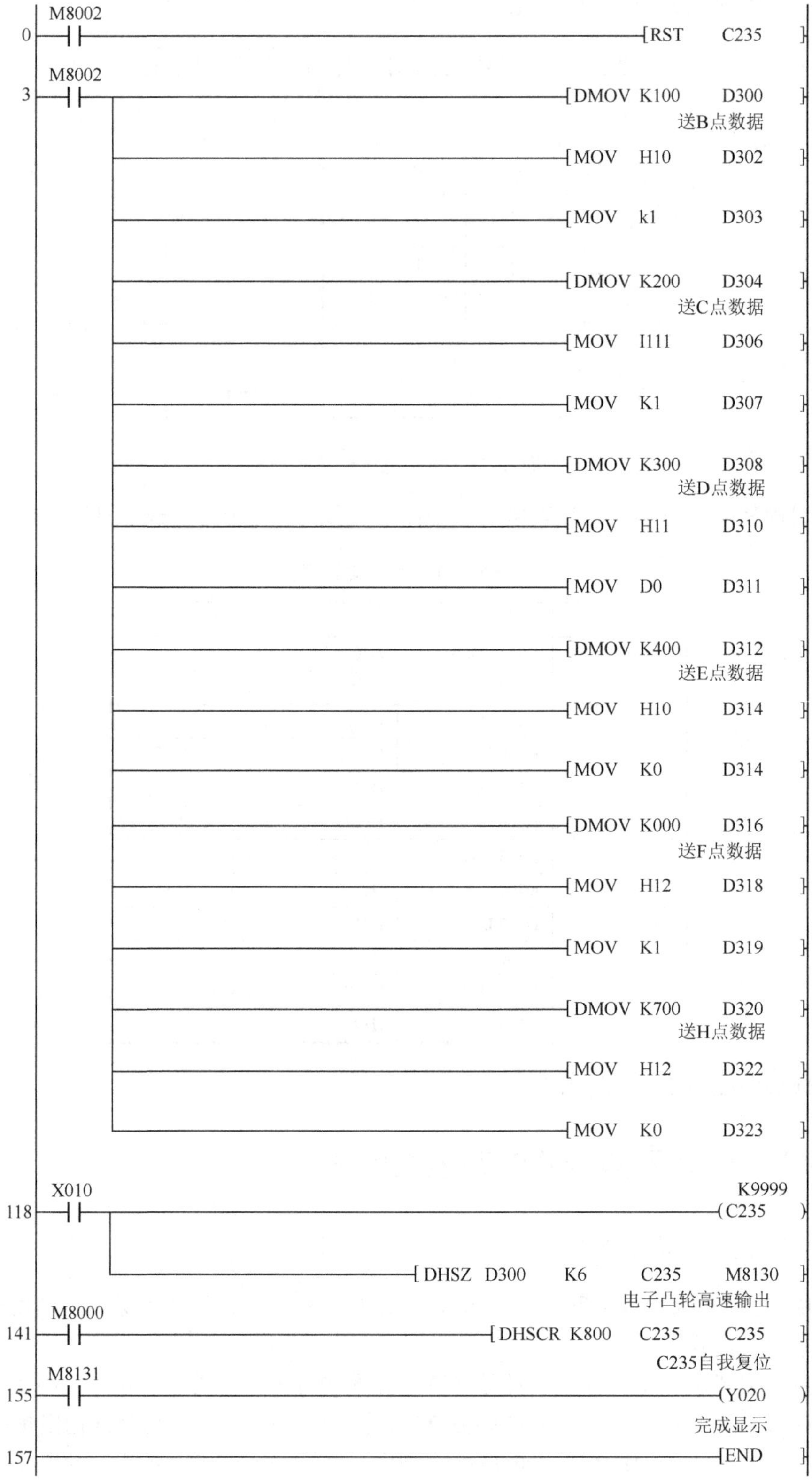

```
      M8002
0   ──┤├──────────────────────────────────[RST     C235    ]
      M8002
3   ──┤├──┬───────────────────────────[DMOV K100    D300    ]
          │                                 送B点数据
          ├───────────────────────────[MOV  H10     D302    ]
          ├───────────────────────────[MOV  k1      D303    ]
          ├───────────────────────────[DMOV K200    D304    ]
          │                                 送C点数据
          ├───────────────────────────[MOV  I111    D306    ]
          ├───────────────────────────[MOV  K1      D307    ]
          ├───────────────────────────[DMOV K300    D308    ]
          │                                 送D点数据
          ├───────────────────────────[MOV  H11     D310    ]
          ├───────────────────────────[MOV  D0      D311    ]
          ├───────────────────────────[DMOV K400    D312    ]
          │                                 送E点数据
          ├───────────────────────────[MOV  H10     D314    ]
          ├───────────────────────────[MOV  K0      D314    ]
          ├───────────────────────────[DMOV K000    D316    ]
          │                                 送F点数据
          ├───────────────────────────[MOV  H12     D318    ]
          ├───────────────────────────[MOV  K1      D319    ]
          ├───────────────────────────[DMOV K700    D320    ]
          │                                 送H点数据
          ├───────────────────────────[MOV  H12     D322    ]
          └───────────────────────────[MOV  K0      D323    ]
      X010                                            K9999
118 ──┤├──┬─────────────────────────────────────(C235     )
          └──────────────────[DHSZ  D300   K6   C235   M8130 ]
                                              电子凸轮高速输出
      M8000
141 ──┤├───────────────────────[DHSCR K800   C235   C235     ]
                                              C235自我复位
      M8131
155 ──┤├────────────────────────────────────────(Y020     )
                                                  完成显示
157 ────────────────────────────────────────────[END      ]
```

图 12-28 电子凸轮程序梯形图

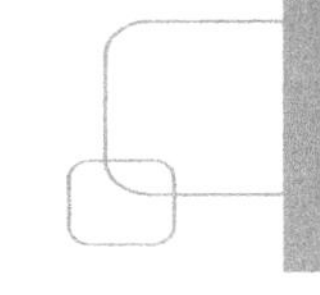

2. 频率控制模式指令格式

指令梯形图如图 12-29 所示。注意，指令中终址 D 固定为 M8132。

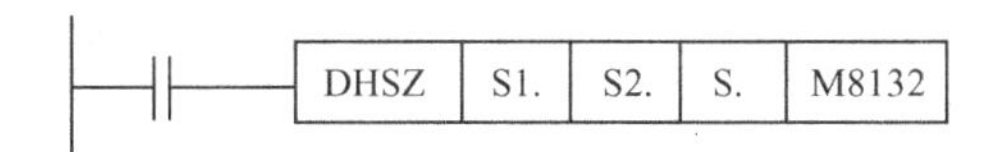

图 12-29　DHSZ 指令频率控制模式梯形图

可用软元件见表 12-12。

表 12-12　DHSZ 指令表格高速比较模式可用软元件

操作数	位元件				字元件									常数	
	X	Y	M	S	KnX	KnY	KnM	KnS	T	C	D	V	Z	K	H
S1.											●				
S2.														●	●
S.										●					

操作数内容与取值如下：

操作数	内容与取值
S1.	比较表格之数据寄存器 D 首址，占用 S2×4 个连续编址的存储寄存器 D
S2.	比较表格的行数，1≤K≤128（1≤H≤80）
S.	高速计数器，C235～C255

解读：当驱动条件成立时，高速计数器的当前值与由 S1,S2 所组成的频率比较表格中的各行比较数值进行比较，如果相等，则与之组合使用的 DPLSY 指令的输出频率为比较表格中相应的频率。

3. 频率控制模式指令应用

1）频率控制表格的结构与数据设定

与表格高速比较模式一样，频率控制模式也必须在存储区中设置一个表格存储区。其表格形式与表格高速比较模式稍有不同，见表 12-13。

表 12-13　DHSZ 指令频率控制模式比较

比较值（32 位）	频率设定值（32 位）	表格计数器（D8131）
S1+1,S1	S1+3,S1+2	0
S1+5,S1+4	S1+7,S1+6	1
S1+9,s1+8	S1+11,S1+10	2
⋮	⋮	⋮
S1+[(n–1)×4+1], S1+(n–1)×4	S1+[(n–1)×4+3], S1+[(n–1)×4+2]	n–1

注：表中 n 为行数，n=S2。

（1）比较值（32 位）

比较值为 32 位数，每一个值占两个连续的存储单元，最多 128 个比较值。

（2）频率设定值

为 DPLSY 指令的频率输出值，32 位数，占两个存储单元。设定时，一般其高 16 位为 0。

（3）表格计数器（D8131）

频率控制模式的计数器为 D8131，其功能和动作与 D8130 类似，不再阐述。

2）频率控制模式指令执行

频率控制模式执行的动作：

（1）当高速计数器开始计数时，DPLSY 指令的输出频率为表中第一行频率设定值。

（2）如果计数器当前值等于表中第一行比较值时，则 DPLSY 指令输出频率为表中第二行频率设定值，同时表格计数器 D8131 加 1。

（3）如此，反复执行上述操作（2），当当前值与 n 行比较值相等时，则 DPLSY 指令的输出频率为表中第 n+1 行的频率设定值，直到所有行比较执行完毕。执行完毕后，完成标志继电器 M8133 置 ON，表格计数器自动为 0，并回到第一行重复运行。

（4）如果仅需运行一次，不要重复运行，则在最后一行比较值与频率设定值均设置为 K0。

4. 应用注意

（1）与频率控制模式指令 DHSZ 组合应用的脉冲输出指令 DPLSY 的格式是固定的，如图 12-30 所示。格式中仅脉冲输出口可为 Y0 或 Y1，其他数据是不能更改的。

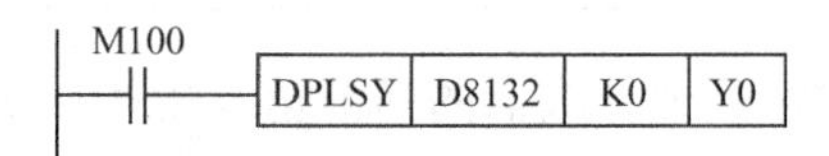

图 12-30　DPLSY 指令频率控制模式梯形图

（2）频率控制模式指令 DHSZ 在程序中只能编程 1 次，此外，若与高速计数器指令 DHS 配合使用，可以同时驱动指令在 6 个以下。

（3）该指令时在首次扫描周期内才完成比较表格的存储，在第二次扫描周期及以后才生效，执行动作也是从第二次扫描周期开始。为此，采用上升沿触发指令 PLS 来驱动 DPLSY 指令。

（4）当频率控制模式指令 DHSZ 的驱动条件断开时，脉冲输出马上停止，表格计数器 D8131 立即复位，因此，在执行过程中，不要断开驱动条件。同时，也不要在驱动中修改表格中数据。

（5）频率比较模式的比较表格可以通过程序向表格中写入数据，也可通过外围设备向表格中各寄存器写入数据。这时，特殊辅助继电器 D8135（高位），D8134（低位）为频率比较数据存储，而 D8132 为频率设定数据存储，它们都随表格计数器的计数变化而发生变化。

（6）使用频率控制模式时，不能对脉冲输出口 Y0，Y1 同时有脉冲输出。

【例 2】 频率控制模式见表 12-14，试画出高速计数器计数脉冲与输出频率关系图。编制频率控制模式程序梯形图。

表 12-14　频率控制模式比较

比较值（32 位）	频率设定值（32 位）
D301,D300	D303,D302
K100	K100
D305,D304	D307,D306
K400	K500
D309,D308	D311,D310
K600	K200
D313,D312	D315,D314
K800	K50
D317,D316	D319,D318
K0	K0

计数脉冲与输出频率特性图如图 12-31 所示。

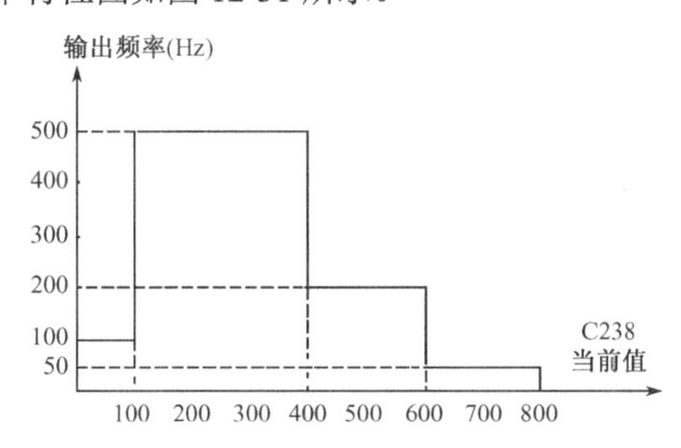

图 12-31　例 2 频率控制模式输出特性图

程序梯形图如图 12-32 所示。

12.2.6　脉冲密度指令 SPD

1. 旋转体转速的测量

旋转体转速的测量是工业控制中经常碰到的问题，一般常采用如图 12-33 所示方法。在旋转体的轴上安装一个码盘，码盘边上有许多小孔。码盘的边侧安装一个计数光电开关，当码盘随旋转体主轴转动时，光电开关便对透光的小孔进行计数。通过统计单位时间内脉冲的个数便可测量旋转体的转速。

假定码盘上一周小孔的个数为 n，测量时间为 t 毫秒，t 毫秒内得到脉冲的个数为 D，则转速 N 的计算公式为

$$N=\frac{60\times D}{n\times t}\times 10^{3}\,\mathrm{r/min}$$

也可以把旋转编码器直接套在旋转体的轴上，或通过机械减速机构与轴相连。这时，计算时，必须考虑到减速比和编码器每周脉冲数。

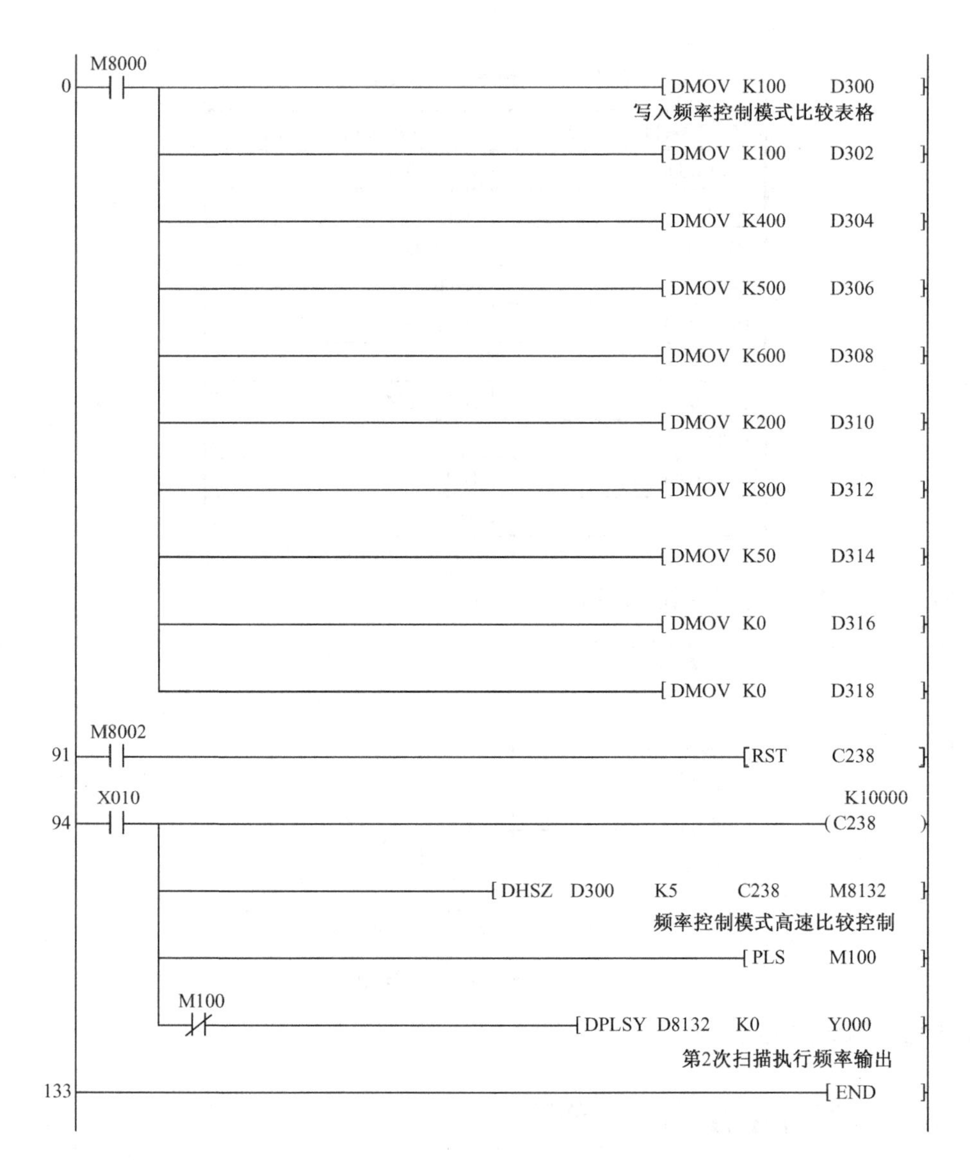

图 12-32　例 2 频率控制模式程序梯形图

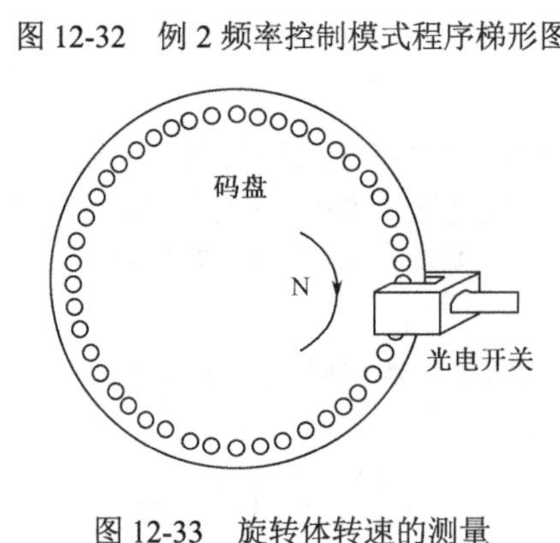

图 12-33　旋转体转速的测量

脉冲密度指令 SPD 可以完成上述的转速测量功能，所以，SPD 又称速度检测指令、转速测量指令等。

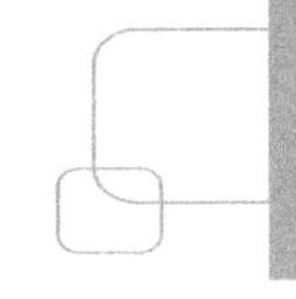

2. 指令格式

FNC 56:　【D】SPD　　　　　　　　　　　　程序步：7/13

可用软元件见表 12-15。

表 12-15　SPD 指令可用软元件

操作数	位元件				字元件									常数	
	X	Y	M	S	KnX	KnY	KnM	KnS	T	C	D	V	Z	K	H
S1.	●														
S2.					●	●	●	●	●	●	●	●	●	●	●
D.									●	●	●	●	●		

注：S1 指定为 X0～X5。

指令梯形图如图 12-34 所示。

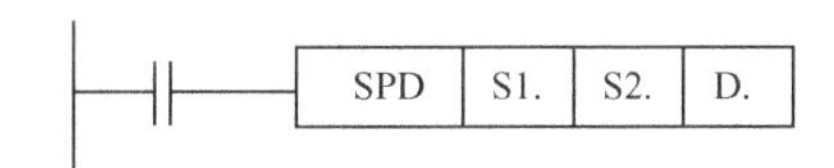

图 12-34　SPD 指令梯形图

操作数内容与取值如下：

操作数	内容与取值
S1.	计数脉冲输入口地址，X0～X5
S2.	测量计数脉冲规定时间数据或其存储字元件，单位 ms
D.	S2 时间里测量计数脉冲数的存储首址，占用 3 点

解读：当驱动条件成立时，把在 S2 时间里对 S1 输入的脉冲的计量值送到 D 中保存。

3. 指令应用

1）执行功能

16 位指令 SPD 在执行时，占有 D、D+1 和 D+2 三个寄存器，这三个寄存器作用为：

D：存储在测量时间里所测得脉冲个数。

D+1：存储在 SPD 执行时测量的脉冲个数当前值。

D+2：测量时间剩余时间存储，是一个倒计时的时间值。开始时为 S2，然后减小到 0。

SPD 指令的动作时序如图 12-35 所示。

32 位指令 DSPD 占用（D+1,D），（D+3,D+2），（D+5,D+4）六个 D 寄存器。

SPD 主要是用来测量规定时间内输入脉冲的密度，如果把规定的时间定为 1s，就可以测量输入脉冲的频率，如果经过适当的换算，就可用来测量旋转体的转速。

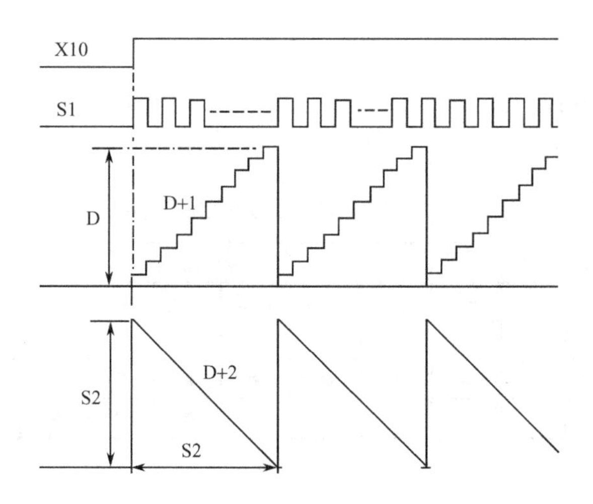

图 12-35　SPD 指令执行时序图

当驱动条件只要成立，SPD 指令执行就不断地重复测量。因此，它测量的是实际测量值；如果用来显示，显示的是当前值。

2）应用注意

（1）测量脉冲输入的 X0～X5 口不能与高速计数器、输入中断、脉冲捕捉等重复使用。

（2）输入脉冲的最大频率与一相高速计数器同样处理，如果与高速计数器、PLSY 指令和 PLSR 指令同时使用时，频率受到高速计数器使用总计频率限制（见表 12-4）

【例 3】　用码盘测量电机的转速，如图 12-36 所示，码盘每转发出 200 个脉冲，试编写 PLC 控制测量程序。

程序编制前，先设定一些参数和计算公式。取测量时间为 1s（1 000ms），代入公式得

$$N=\frac{60\times D}{n\times t}\times 10^3\text{r/min}$$

$$=\frac{60\times D}{200\times 1000}\times 10^3\text{r/min}=\frac{3\times D}{10}\text{r/min}$$

一般情况下，当编制程序涉及公式运算时，最好对运算公式进行一些化简处理，然后再编制程序，这样做可以使运算结果不超出数值处理范围。

转速测量程序梯形图如图 12-36 所示。

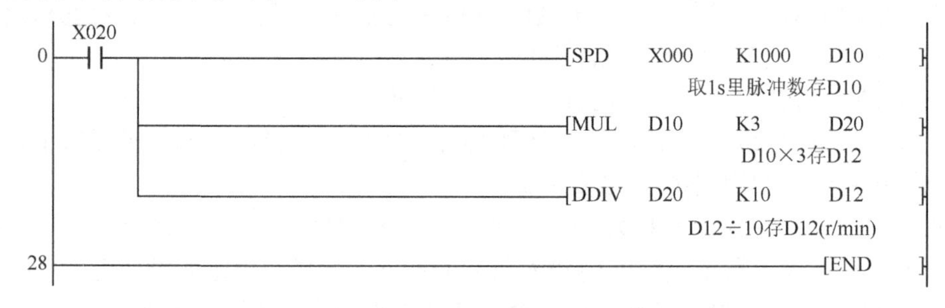

图 12-36　例 3 程序梯形图

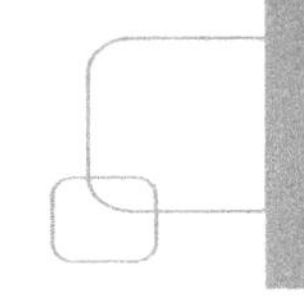

12.3　PLC 内部处理指令

12.3.1　输入/输出刷新指令 REF

1. 指令格式

FNC 50:　　REF 【P】　　　　　　　　程序步：5

可用软元件见表 12-16。

表 12-16　REF 指令可用软元件

操作数	位元件				字元件									常数	
	X	Y	M	S	KnX	KnY	KnM	KnS	T	C	D	V	Z	K	H
D	●	●													
n														●	●

指令梯形图如图 12-37 所示。

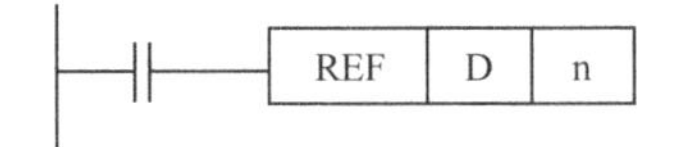

图 12-37　REF 指令梯形图

操作数内容与取值如下：

操作数	内容与取值
D	需刷新的位元件编号首址
n	要刷新位元件的点数，8≤n≤256，且为 8 的倍数

解读：当驱动条件成立时，在程序扫描过程中，将最新获得的 X 信息马上送入映像寄存器或将输出 Y 扫描结果马上送至输出锁存寄存器并立即输出控制。

2. 关于刷新的说明

当 PLC 投入运行后，在整个运行期间是按一定顺序周而复始的扫描工作方式工作的，即循环重复执行用户程序的输入处理、用户程序执行和输出处理 3 个阶段，如图 12-38 所示。

在输入采样阶段，PLC 进行输入刷新。在此期间，PLC 以扫描方式依次地读入所有输入状态和数据，并将它们存入 I/O 映像区中的相应映像寄存器内。在本次扫描周期内，即使输入状态和数据发生变化，I/O 映像区中的相应单元的状态和数据也不会改变。直至下一个扫描周期的输入采样阶段。

在用户程序执行阶段，PLC 按由上向下的顺序依次地扫描用户程序（梯形图）。在用户

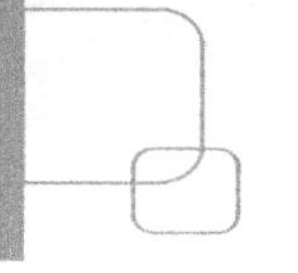

程序执行过程中，只有输入点在 I/O 映像区内的状态和数据不会发生变化，而其他输出点和软设备在 I/O 映像区或系统 RAM 存储区内的状态和数据都有可能发生变化。而且排在上面的梯形图，其程序执行结果会对排在下面的凡是用到这些线圈或数据的梯形图起作用；相反，排在下面的梯形图，其被刷新的逻辑线圈的状态或数据只能到下一个扫描周期才能对排在其上面的程序起作用。

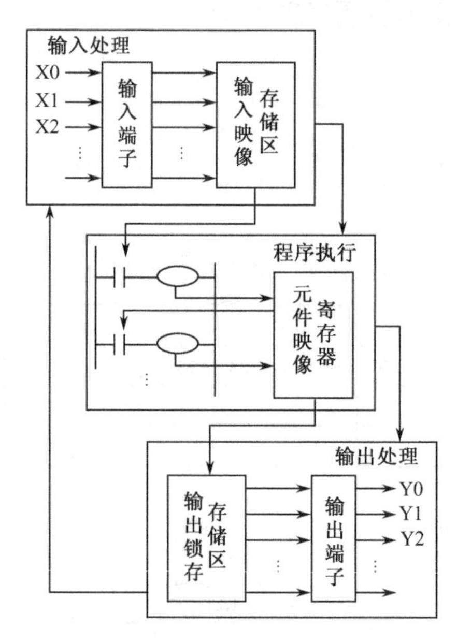

图 12-38　PLC 扫描工作方式图示

当扫描用户程序结束后，PLC 就进入输出刷新。在此期间，PLC 按照 I/O 映像区内对应的状态和数据集中刷新所有的输出锁存存储区，然后传送到各相应的输出端子，再经输出电路驱动相应的实际负载。

PLC 的这种集中采样输入刷新与输出刷新集中输出的方式是 PLC 的一大特点。外界信号状态的变换要到下一个扫描周期才能被 PLC 采样，输出端口状态要保存一个扫描周期才能改变，这样就从根本上提高了系统的抗干扰能力，提高了工作的可靠性。

但是，这种扫描方式也带来了响应滞后的问题，如果程序过长（扫描时间长），程序内含有循环程序、中断服务程序及子程序（程序执行时间长）及高速处理时，则实时响应就更差。在某些控制情况下，希望最新的输入信号能马上在程序运行中得到响应，而不是等到下一个扫描周期才输入。希望程序运行中的输出状态马上能及时输出控制，而不要等到 END 指令执行后才输出。这种需要及时处理的输入和输出可以利用输入输出刷新指令 REF 来完成。在程序中安排 REF 指令，可立即对 I/O 映像区刷新或立即对输出锁存寄存器进行刷新。这就是 REF 指令刷新的含义。

3. 指令执行功能 7

1）输入刷新

输入刷新指令为

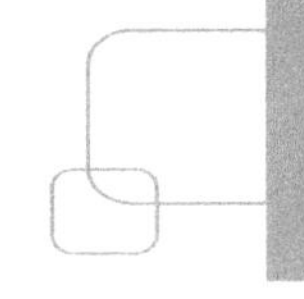

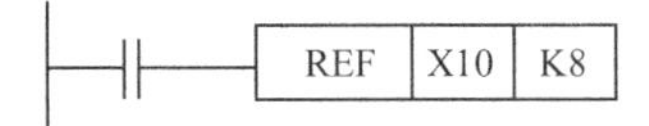

指令的执行功能：当 PLC 执行到该指令时，立即读取 X10～X17 这 8 个输入点的状态并同时送到输入映像寄存器（刷新），以供 PLC 程序执行时采用。

如果在指令执行前 10ms（输入滤波器的响应延迟时间，见 REFF 指令说明）时间输入状态已经置 ON，则执行该指令时，输入映像寄存器仍为 ON。

2）输出刷新

输出刷新指令为

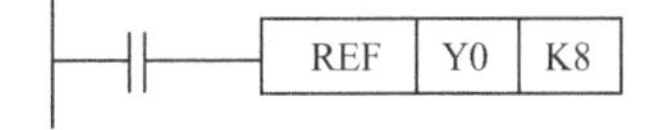

指令执行功能：当 PLC 执行到该指令时，立即将 Y0～Y7 的当前状态送到输出锁存区去并马上以此状态控制输出。

4. 指令应用

1）终址 D 与 n 编号

终址 D 的位元件只能是 X,Y。其编号的低位数一定为 0,如 X0,X10…Y0,Y10 等。
N 为刷新点数，必须为 8 的倍数，如 K8,K16,K24 等。除此以外的数都是错误的。

2）指令使用与执行

刷新指令可在程序任意地方使用，但常在循环程序、子程序和中断服务程序中使用。例如，根据外部中断信号，可以马上转入中断服务程序中，但在中断程序中的输出点的变化只是送入输出锁存区保存，要等到 END 指令执行后才能刷新输出。如果在中断服务子程序中应用 REF 指令进行输出刷新，则输出点的变化马上就可以控制输出。而循环程序、子程序及 CJ 指令转移等，因运行时间过长时，也经常用到 REF 指令。

PLC 是顺序扫描的，当执行 REF 后，映像区的状态被当前的状态所更新。因此，在 REF 前的指令已经执行完毕，那么在 REF 后的执行的值，将使用更新后的映像区的值。

3）关于输出响应时间

执行 REF 指令后，输出（Y）在下述响应时间后接通输出信号。
继电器输出型：约 10ms，在输出继电器响应时间后，输出触点动作。
晶体管输出型：Y0,Y1 为 15μs～30μs，其他输出响应时间为 0.2μs 以下。

12.3.2　输入滤波时间调整指令 REFF

1. 指令格式

FNC 51:　　REFF 【P】　　　　　　　程序步：3

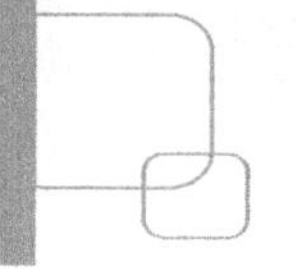

可用软元件见表 12-17。

表 12-17　REFF 指令可用软元件

操作数	位元件				字元件									常数	
	X	Y	M	S	KnX	KnY	KnM	KnS	T	C	D	V	Z	K	H
n											●			●	●

指令梯形图如图 12-39 所示。

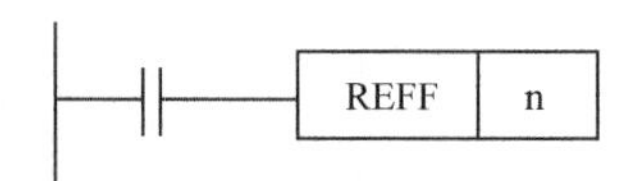

图 12-39　REFF 指令梯形图

操作数内容与取值如下：

操作数	内容与取值
n	(0～60)×1ms

解读：当驱动条件成立时，将输入口 X0～X17 的数字滤波器的滤波时间改为 n ms。

2. 关于输入滤波时间的说明

为了防止输入触点的振动和干扰噪声影响，通常会在 PLC 的输入口设置 RC 滤波器或数字滤波器。当信号通过 RC 滤波器时，就会将一些干扰信号衰减掉，保证了触点状态能正确的送入到映像存储区中。但是，这种滤波方式是需要一定时间的，也就是说，当触点状态改变时，在设定的滤波时间延迟后才能把变化送到映像寄存区。例如，滤波时间为 10ms，则输入刷新要经过 10ms 的延迟才把输入状态送到输入映像存储区。但对一些无触点的电子开关来说，它们没有抖动和干扰噪声，可以高速输入，而输入滤波时间的延迟影响了这些开关信号的高速输入。为此，许多 PLC 都设置了滤波时间调整指令或改变特殊数据寄存器的内容来调整输入滤波时间。

三菱 FX 系列 PLC 的输入口的滤波时间因型号不同而不同，见表 12-18。

表 12-18　FX 系列 PLC 滤波时间及调整方式

型号	可调整输入口	滤波时间	滤波时间调整方式	
			调整指令 REFF	修改 D8020
FX_{1S}	X0～X17	0～15ms	—	●
FX_{1N}		0～15ms	—	●
FX_{2N}，FX_{2NC}		0～60ms	●	●
FX_{3U}，FX_{3UC}		0～60ms	●	●

滤波时间的调整有两种方式：一是通过调整指令 REFF 在程序中调整，二是通过修改滤波时间存储特殊数据寄存器 D8020 的内容进行调整。FX_{1S},FX_{1N} 系列没有调整指令只能通过 MOV 指令修改 D8020 进行调整。

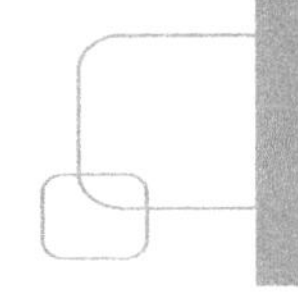

3. 指令执行功能

在程序中插入调整指令 REFF，则该指令被驱动执行后，其下面的程序执行时，输入口 X0～X17 按指令所指定的滤波时间进行输入状态的刷新，如图 12-40 所示。

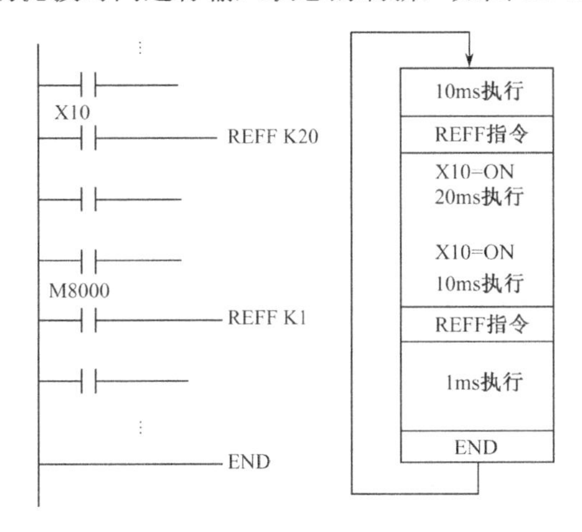

图 12-40　REFF 指令执行图

D8020 的初始值为 10ms，所以，在指令 REFF K20 执行前为 10ms。D8020 为滤波时间寄存器，可以通过 MOV 指令来修改它的内容，如果在程序中用 MOV 指令修改了 D8020 的内容，可以更改在执行 END 指令时被执行的输入滤波时间。

4. 指令应用

（1）当驱动条件为 ON 时，REFF 指令在每个扫描周期都执行，而指令 REFFP 仅在驱动条件由 OFF-ON 时执行。当驱动条件断开时，指令不执行，X0～X17 的输入滤波时间转换为初始值 10ms。

（2）不论是用指令 REFF 还是用指令 MOV 将滤波时间设为 0 时，实际上都不可能为 0。存在一定的滤波时间，见表 12-19。

表 12-19　滤波时间为 0 时实际值

型　号	输　入　口	最小滤波时间	附　注
FX_{1S}	X0,X1	10μs	
	X2～X17	50μs	
FX_{1N}	X0,X1	10μs	
	X2～X17	50μs	
FX_{2N},FX_{2NC}	X0,X1	20μs	
	X2～X17	50μs	
FX_{3U},FX_{3UC}	X0～X5	5μs	使用 5μs，有如下配置：
	X6,X7	50μs	① 接线长度确保 5M 以下；
	X10～X17	200μs	② 输入端口连接 1.5k 漏电阻

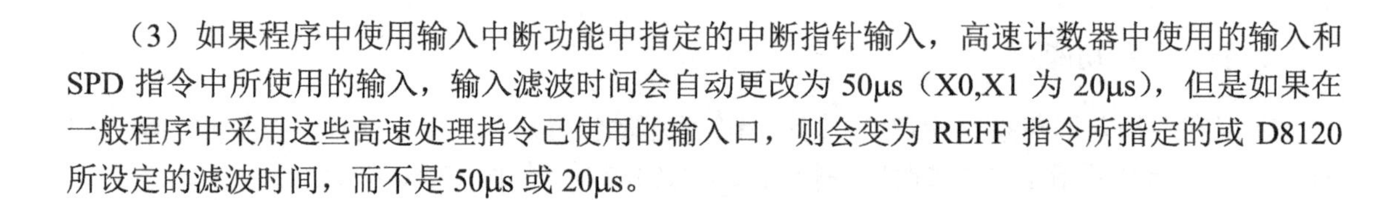
（3）如果程序中使用输入中断功能中指定的中断指针输入，高速计数器中使用的输入和 SPD 指令中所使用的输入，输入滤波时间会自动更改为 50μs（X0,X1 为 20μs），但是如果在一般程序中采用这些高速处理指令已使用的输入口，则会变为 REFF 指令所指定的或 D8120 所设定的滤波时间，而不是 50μs 或 20μs。

12.3.3 监视定时器刷新指令 WDT

1. 指令格式

FNC 07： WDT 【P】 程序步：1

指令梯形图如图 12-41 所示，该指令无操作数。

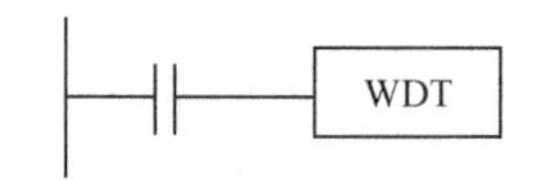

图 12-41 WDT 指令梯形图

解读：当驱动条件成立时，刷新监视定时器当前值，使当前值为 0。

2. 关于监视定时器的说明

在 PLC 内部有一个由系统自行启动运行的定时器，这个定时器称为监视定时器（俗称看门狗定时器或看门狗）。它的主要作用是监视 PLC 程序的运行周期时间，它随程序从 0 行开始启动计时，到 END 或 FEND 结束计时。如果计时时间一旦超过监视定时器的设定值，PLC 就出现看门狗出错（检测运行异常），然后 CPU 出错，LED 灯亮并停止所有输出。

FX 系列 PLC 的看门狗设定值为 200ms，一旦超过 200ms，看门狗就会出错，那么，在程序中有哪些情况会使程序的运行周期超过 200ms 呢？

（1）循环程序运行时间过长或死循环。看门狗最早就是为这类程序设计的。

（2）过多的中断服务程序和过多的子程序调用会延长程序运行周期时间。

（3）当采用定位、凸轮开关、链接。模拟量等较多特殊扩展设备的系统中，PLC 会执行的缓冲存储器的初始化而延长运行周期时间。

（4）执行多个 FROM/TO 指令，传送多个缓冲存储区数据会使 PLC 的运行周期时间延长。

（5）编写多个高速计数器，同时对高速进行计数时，运行周期时间会延长。

在上述情况中，有一些程序是异常的（如死循环），但大多数控制程序是正常的运行周期时间较长（远超过 200ms）的程序。为了使这类正常程序能够正常运行，一般采用了两种办法解决。一是改变监视定时器的设定值。二是利用看门狗指令对监视定时器不断刷新，让其当前值在不到 200ms 时复位为 0，又重新开始计时，从而达到在分段计时时不超过 200ms 的目的。

3. WDT 指令应用

1）分段监视

当一个程序运用周期时间较长时，可在程序中间插入 WDT 指令，进行分段监视，这时

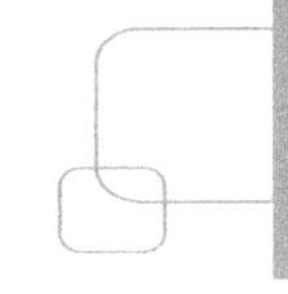

等于把一个运行时间较长的时间分成几段进行监视，每一段都不超过 200ms，如图 12-42 所示。

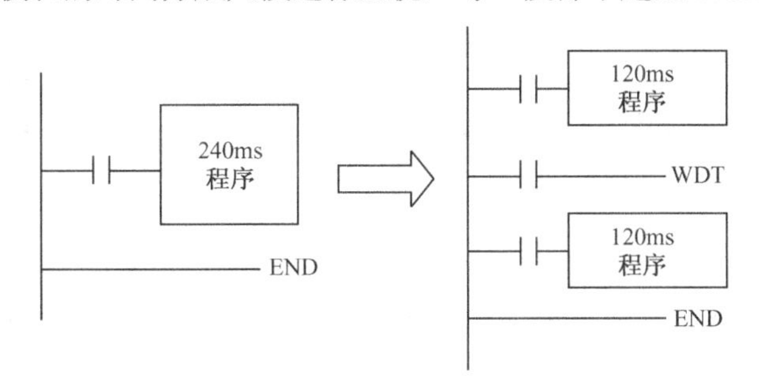

图 12-42　分段监视 WDT 应用

图中，WDT 是监视上面 120ms 程序的运算时间。执行 WDT 指令时，将定时器当前值复位为 0，重新开始对下面 120ms 程序的监视。因此，当程序运算时间较长时，可以在程序中反复使用 WDT 指令对定时器复位。

2）循环程序中插入

如果程序中循环程序（FOR-NEXT）运行时间超过 200ms，可在循环程序中插入 WDT 指令，等于在 FOR-NEXT 循环中进行分段监视，如图 12-43 所示。

4. 监视定时器定时值修改

第二种方法是直接修改监视定时器的设定值。FX 系列 PLC 的监视定时器设定值是由特殊数据寄存器 D8000 存储的，这是一个可改写的数据寄存器，其初始值为 200ms，可以通过 MOV 指令进行改写，如图 12-44 所示。

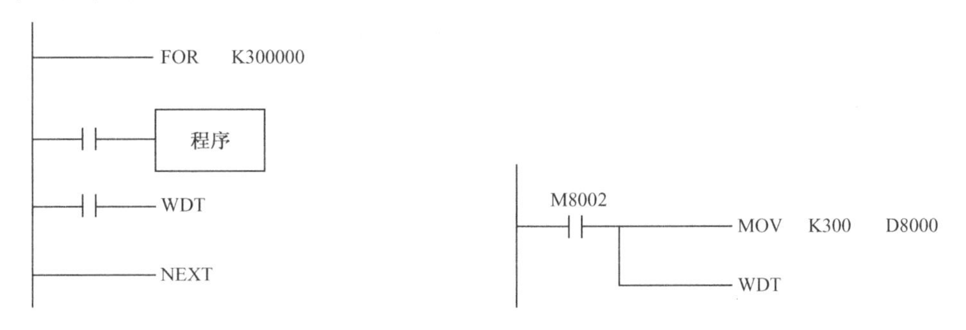

图 12-43　循环程序 WDT 应用　　　图 12-44　监视定时器定时值修改程序

图 12-44 中，把定时时间修改为 300ms。其下加了 WDT 指令，表示定时时间由这里开始启动监视，如果不加 WDT 指令，则修改后的监视定时时间要等到下一个扫描周期才开始生效。

监视定时器设定值范围最大为 32 767ms。如果设置过大会导致运算异常检测的延迟。所以，一般在运行没有问题情况下，请置于初始化值 200ms。

第 13 章　脉冲输出与定位指令

本章主要介绍脉冲输出和定位指令，这些指令常用于位置控制中。为帮助大家尽快地学习和掌握指令的运用，在介绍指令前，对位置控制的相关基础知识作了阐述。

13.1　位置控制预备知识

13.1.1　位置控制介绍

1. 位置控制的涵义

位置控制是指当控制器发出控制指令后，使运动件（如机床工作台）按指定速度，完成指定方向上的指定位移。位置控制是运动量控制的一种，又称定位控制、点位控制。

位置控制应用非常广泛，例如，机床工作台的移动、电梯的平层、定长处理、立体仓库的操作机取货、送货及各种包装机械、输送机械等。和模拟量控制、运动量控制一样，位置控制已成为当今自动化技术的一个重要内容。

在继电控制中，工作台的往复运动就是一种最简单的位置控制。它利用行程开关的位置来控制电机的正反转而达到工作台的位置往复移动。在这个控制中，运动件的速度是通过机械结构传动比的改变而达到的（是一种有级变速）而电动机的转速是不变的。其位置控制的精度也是非常低的（基本上不涉及精度的讨论）。

当步进电机和伺服电机被引入到位置控制系统作为执行器后，位置控制（包括其他运动量控制）的速度和精度都得到了很大的提高，能够满足更高的控制要求。同时，由于电子技术的迅速发展和成本的大幅降低，使位置控制的应用越来越普及，越来越广泛。这里所介绍的也是基于伺服电机和步进电机作为执行元件的位置控制。

步进电机是一种作为控制用的特种电机。它的旋转是以固定的角度（称为“步距角”）一步一步运行的，其特点是没有积累误差，所以广泛应用于各种定位控制中。步进电机的运行要有一电子装置进行驱动，这种装置就是步进电机驱动器，它是把控制系统发出的脉冲信号转化为步进电机的角位移。因为步进电机是受脉冲信号控制的，把这种定位控制系统称为数字量定位控制系统。

伺服电机按其使用的电源性质不同，可分为直流伺服电机和交流伺服电机两大类。目前，在位置控制中采用的主要是交流永磁同步电机。伺服电机是受模拟量信号控制的。因此，采用伺服电机做定位控制的称为模拟量控制系统。但是，电子技术和计算机技术的快速发展，特别是交流变频调速技术的发展，产生了交流伺服数字控制系统。交流伺服驱动器是一个带有 CPU 的智能装置，它不但可以接收外部模拟信号，也可以直接接收外部脉冲信号

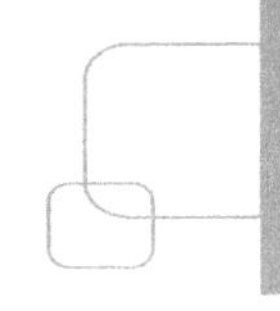

而完成定位控制功能。因此，目前在位置控制中，不论是步进电机，还是伺服电机，基本上都是采用脉冲信号控制的。

采用脉冲信号作为位置控制信号，其优点：(1) 系统的精度高，而且精度可以控制。只要减少脉冲当量就可以提高精度，而且精度可以控制。这是模拟量控制无法做到的。(2) 抗干扰能力强，只要适当提高信号电平，干扰影响就很小，而模拟量在低电平抗干扰能力较差。(3) 成本低廉、控制方便，位置控制只要一个能输出高速脉冲的装置即可，调节脉冲频率和输出脉冲数就可以很方便地控制运动速度和位移，程序编制简单方便。

2. 位置控制系统组成

采用步进电机或伺服电机为执行元件的位置控制系统框图如图 13-1 所示。

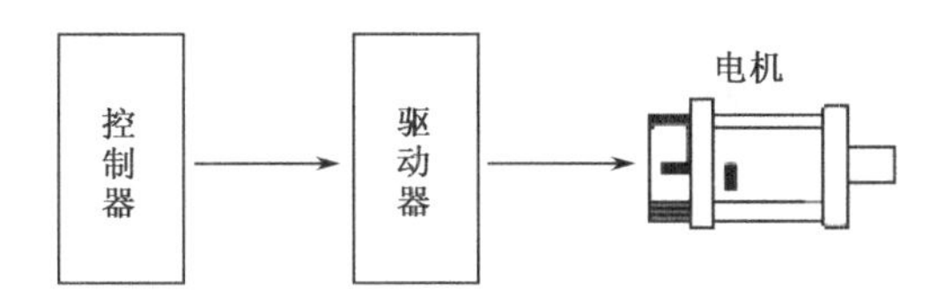

图 13-1　位置控制系统框图

PLC 控制步进或伺服驱动器进行位置控制大致有下列方式：通过数字 I/O 方式进行控制；通过模拟量输出方式进行控制；通过通信方式进行控制和通过高速脉冲方式进行控制。

图 13-1 中，控制器为发出位置控制命令的装置。其主要作用是通过编制程序下达控制指令，使步进电机或伺服电机按控制要求完成位移和定位。控制器可以是单片机、工控机、PLC 和定位模块等。驱动器又称放大器，作用是把控制器送来的信号进行功率放大，用于驱动电机运转。可以说，驱动器是集功率放大和位置控制为一体的智能装置。

使用 PLC 作为位置控制系统的控制器已成为当前应用的一种趋势。目前，PLC 都能提供一轴或多轴的高速脉冲输出及高速硬件计数器，许多 PLC 还设计多种脉冲输出指令和定位指令，是定位控制的程序编制十分简易方便。与驱动器的硬件连接也十分简单容易。特别是 PLC 的用户程序的可编性，使 PLC 在位置控制中如鱼得水、得心应手。

通过输出高速脉冲进行位置控制，这是目前比较常用的方式。PLC 的脉冲输出指令和定位指令都是针对这种方法设置和应用的。输出高速脉冲进行位置控制又有三种控制模式。

1）开环控制

当用步进电机进行位置控制时，由于步进电机没有反馈元件，因此，控制是一个开环控制，如图 13-2 所示。

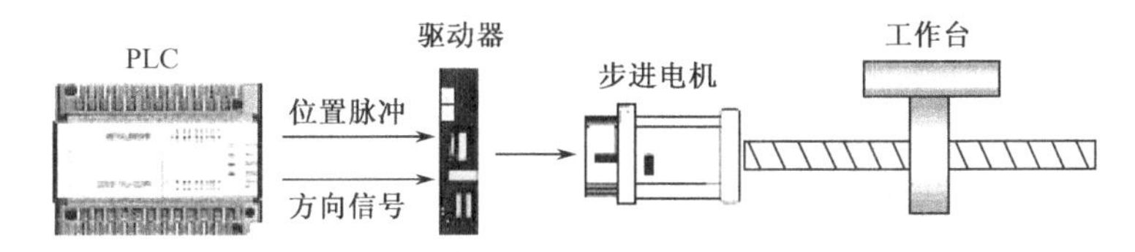

图 13-2　开环控制系统图

步进电机运行时，控制系统每发一个脉冲信号，通过驱动器就使步进电机旋转一个角度

（步距角）。若连续输入脉冲信号，则转子就一步一步地转过一个一个角度，故称步进电机。根据步距角的大小和实际走的步数，只要知道其初始位置，便可知道步进电机的最终位置。每输入一个脉冲，电机旋转一个步距角，电机总的回转角与输入脉冲数成正比例关系，所以，控制步进脉冲的个数，可以对电机精确定位。同样，每输入一个脉冲电机旋转一个步距角，当步距角大小确定后，电机旋转一周所需脉冲数是一定的，所以，步进电机的转速与脉冲信号的频率成正比。控制步进脉冲信号的频率，可以对电机精确调速。

步进电机作为一种控制用的特种电机，因其没有积累误差（精度为 100%）而广泛应用于各种开环控制。步进电机的缺点是控制精度较低，电机在较高速或大惯量负载时，会造成失步（电机运转时运转的步数，不等于理论上的步数，称为失步）。特别是步进电机不能过负载运行，哪怕是瞬间，都会造成失步，严重时停转或不规则原地反复动。

当用伺服电机做定位控制执行元件时，由于伺服电机末端都带有一个与电机同时运动的编码器。当电机旋转时，编码器就发出表示电机转动状况（角位移量）的脉冲个数。编码器是伺服系统的速度和位置控制的检测和反馈元件。根据反馈方式的不同，伺服定位系统又分为半闭环回路控制和闭环回路控制两种控制方式。

2）半闭环回路控制

半闭环回路控制如图 13-3 所示。

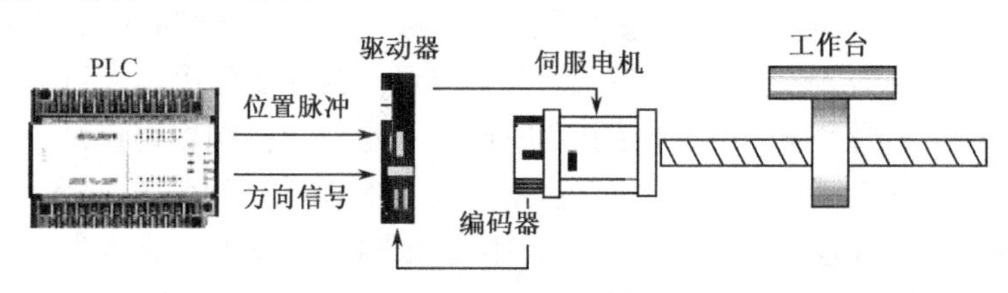

图 13-3　半闭环控制系统图

在系统中，PLC 只负责发送高速脉冲命令给伺服驱动器，而驱动器、伺服电机和编码器组成了一个闭环回路，其定位工作原理可用图 13-4 来说明。

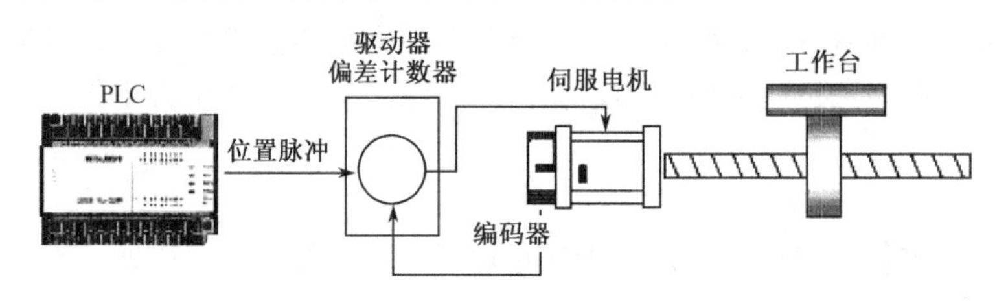

图 13-4　半闭环控制定位原理图

当 PLC 发出位置脉冲指令后，电机开始运转，同时，编码器也将电机运转状态（实际位移量）反馈至驱动器的偏差计数器中。当编码器所反馈的脉冲个数与位置脉冲指令的脉冲个数相等时，偏差为 0，电机马上停止转动，表示定位控制之位移量已经到达。

这种控制方式控制简单且精度足够（已经适合大部分的应用）。为什么称为半闭环呢？这是因为编码器反馈的不是实际经过传动机构的真正位移量（工作台），而且反馈也不是从输出（工作台）到输入（PLC）的闭环，所以称为半闭环。而它的缺点也是因为不能真正反

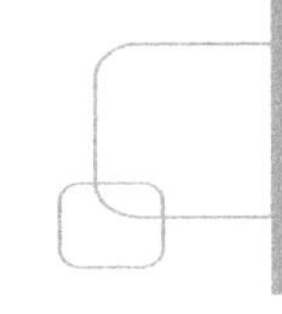

映实际经过传动机构的真正位移量，所以，当机构磨损、老化或不良，就没有办法给予检测或补偿。

和步进电机一样，伺服电机总的回转角与输入脉冲数成正比例关系，控制位置脉冲的个数，可以对电机精确定位；电机的转速与脉冲信号的频率成正比，控制位置脉冲信号的频率，可以对电机精确调速。

3）闭环回路控制

闭环回路控制如图 13-5 所示。

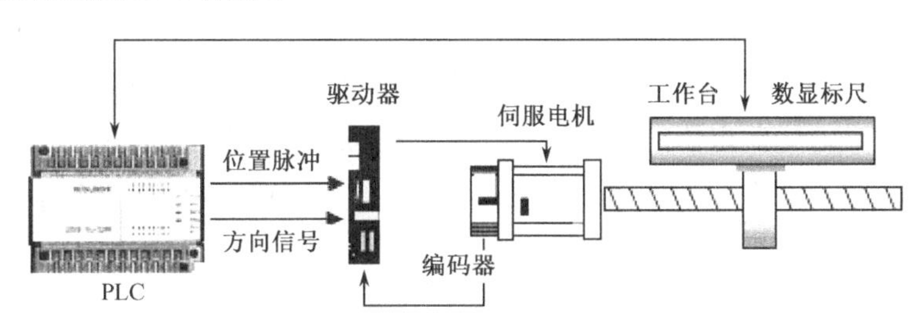

图 13-5　闭环控制系统图

在闭环回路控制中，除了装在伺服电机的编码器位移检测信号直接反馈到伺服驱动器外，还外加位移检测器装在传动机构的位移部件上，真正反映实际位移量，并将此信号反馈到 PLC 内部的高速硬件计数器，这样就可作更精确地控制，并且可避免上述半闭环回路的缺点。

在定位控制中，一般采用半闭环回路控制就已能满足大部分控制要求。除非是对精度要求特别高的定位控制才采用闭环回路控制。PLC 中的各种定位指令也是针对半闭环回路控制的。

13.1.2　定位控制分析

1. 相对定位和绝对定位

在定位控制中，经常碰到相对定位和绝对定位的概念。相对定位和绝对定位是针对起始位置的设置而言的。现用图 13-6 来说明。

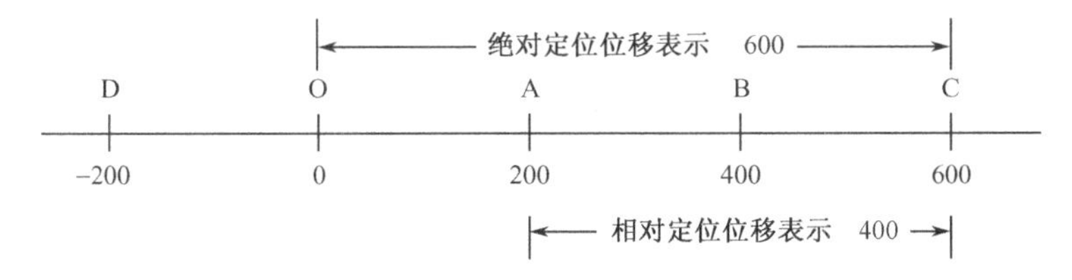

图 13-6　相对定位和绝对定位

假定工作台当前位置在 A 点，要求工作台移位后停在 C 点，即位移量应是多少呢？在 PLC 中，用两种方法来表示工作台的位移量。

1）相对位移

相对位移是指定位置坐标与当前位置坐标的位移量。由图可以看出，工作台的当前位置为 200，只要移动 400 就到达 C 点，因此，移动位移量为 400。也就是说，相对位移量与当前位置有关，当前位置不同，位移量也不一样。如果设定向右移动为正值（表示电机正转），则向左移动为负值（表示电机反转）。例如，从 A 点移到 D 点。相对位移量为–400。以相对位移量来计算的位移称相对位移，相对位移又称为增量式位移。

2）绝对位移

绝对位移是指定位位置与坐标原点（机械量点或电气量点）的位移量。同样，由当前位置 A 点移到 C 点时，绝对定位的位移量为 600，也就是 C 点的坐标值，可见，绝对定位仅与定位位置的坐标有关，而与当前位置无关。同样，如果从 A 点移动到 D 点，则绝对定位的位移量为–200。

在实际伺服系统控制中，这两种定位方式的控制过程是不一样的，执行相对定位指令时，每次执行的以当前位置为参考点进行定位移动，而执行绝对定位指令时，是以原点为参考点，然后再进行定位移动。

三菱 FX PLC 的相对定位指令为 DRVI，绝对定位指令 DRVA。将在下面进行介绍。

2. 单速定位运行模式分析

当电机驱动执行机构从位置 A 向位置 B 移动时，要经历升速、恒速和减速过程。如图 13-7 所示，其中涉及一些定位控制的基本知识。

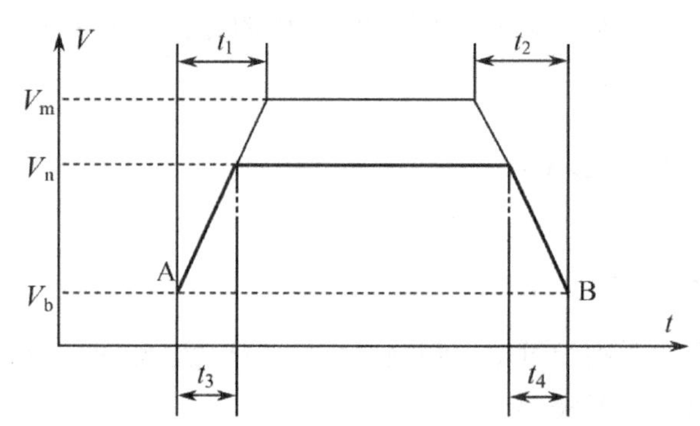

图 13-7　定位控制分析

V_m：电机运行的最高速度。

V_n：电机运行的实际速度，即运行速度。

V_b：基底速度，电机运行的启动速度，也即当电机从位置 A 向位置 B 移动时，并不是从 0 开始加速，而是从基底速度开始加速到运行速度。基底速度不能太高，一般小于最高速度的十分之一。

t_1：加速时间，指电机从当前位置加速到最高转速 V_m 的时间。

t_2：减速时间，指电机从 V_m 下降到当前位置的时间。

t_3,t_4：实际加减速时间。

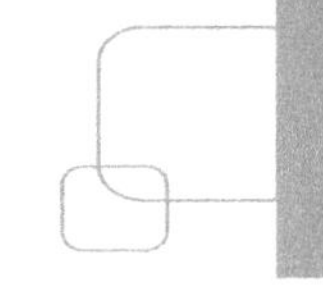

3. 原点回归运行模式分析

在定位控制中，常常涉及到机械原点问题。机械原点是指机械坐标系的基准点或参考点，一旦原点确定，坐标系上其他位置的尺寸均以与原点的距离来标记，也即绝对坐标。这样做的好处是，坐标系上的任一位置的尺寸是唯一的。在定位时，只要告诉绝对坐标，就能非常准确的定位，而且也马上知道该位置在哪里。

机械原点的确定涉及到原点回归问题，也就是说，在每次断电后，重复工作前，都先要做一次原点回归操作。这是因为每次断电后，机械所停止的位置不一定是原点，但 PLC 内部当前位置数据寄存器都已清零，这样就需要机械做一次原点操作而保持一致。

图 13-8 表示了原点回归动作示意。

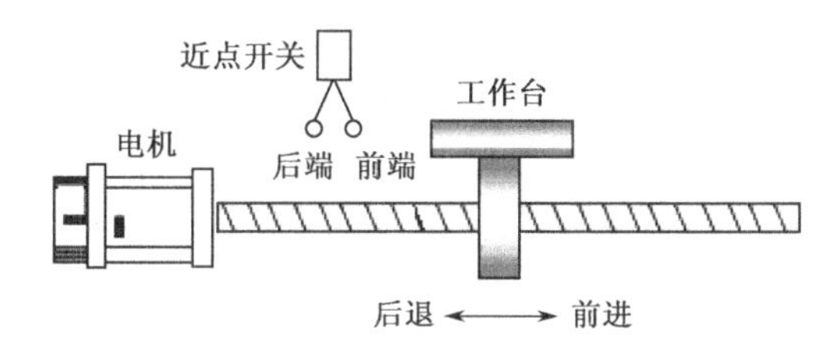

图 13-8　原点回归动作示意图

原点回归控制分析图如图 13-9 所示。

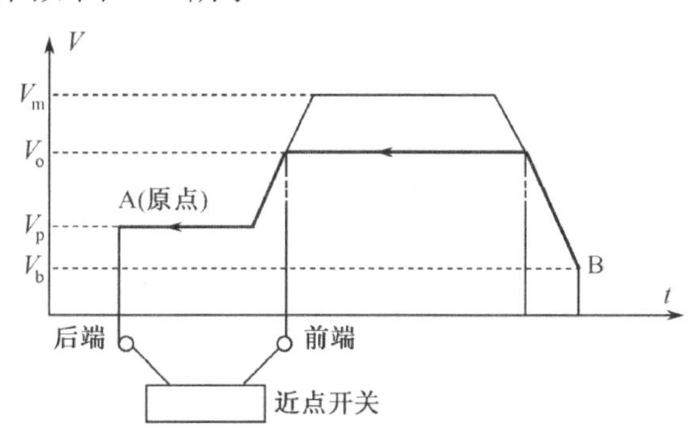

图 13-9　原点回归控制分析

原点回归控制分析如下：

（1）启动原点回归指令后，机械由当前位置加速至设定的原点回归速度 V_o。

（2）以原点回归速度快速向原点移动。一般原点回归速度比较大，这样可以较快的原点回归。

（3）当工作台碰到近点信号前端（近点开关 DOG 由 OFF 变为 ON 时），机械由原点回归速度 V_o 开始减速到爬行速度 V_p 为止。

（4）机械以爬行速度 V_p 继续向原点移动。爬行速度一般较低，目的是能在慢速下准确地停留在原点。

（5）当工作台碰到近点信号前端（近点开关 DOG 由 ON 变成 OFF）时，马上停止，停止位置即为回归的机械原点。

定位控制运行模式还有许多种，这里不做介绍，可参看相关资料。

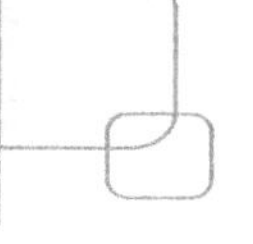

13.1.3 FX 系列 PLC 定位控制功能介绍

1. FX 系列 PLC 的定位功能

FX_{1S},FX_{1N} 和 FX_{2N} PLC 内置脉冲输出和定位指令见表 13-1。

表 13-1　FX 系列 PLC 的定位功能

型　号		FX_{1S},FX_{1N},FX_{1NC}	FX_{2N},FX_{2NC}
特点		主机中内置定位控制指令，独立 2 轴，可指定各轴的速度，因此，在单速定长进给控制等时可发挥最佳性价比	使用脉冲输出指令，独立 2 轴，可指定各轴最大 20kHz 的速度。当连接定位，脉冲输出用的特殊模块后，还可以用于使用了外部信号中断定位或者插补控制等复杂定位
控制轴数		独立 2 轴	独立 2 轴
最大输出频率		FX_{1S},FX_{1N}：100kHz FX_{1NC}：10kHz	20kHz
脉冲输出口		Y0，Y1	Y0，Y1
对应基本单元		晶体管输出型基本单元	晶体管输出型基本单元
脉冲输出指令	脉冲输出（PLSY）	○	○
	带加减速脉冲输出指令（PLSR）	○	○
	脉冲输出形式	脉冲串（方向由顺序程序控制）	脉冲串（方向由顺序程序控制）
定位指令	ABS 当前值读取（DABS）	○	×
	原点回归（ZRN）	○没有 DOG 搜索功能	×
	可变脉冲输出（PLSV）	○	×
	相对定位（DRVI）	○	×
	绝对定位（DRVA）	○	×
	脉冲输出形式	脉冲串	—

从表中可以看出，FX_{1S},FX_{1N} 不但具有脉冲输出指令，而且还具有定位功能指令，但 FX_{2N} 却不具备定位功能指令。因此，从定位控制来说，FX_{2N} 的定位控制性能差于 FX_{1S} 和 FX_{1N}。在某些简单的定位控制中（如定长切断，工作台往复运动等），FX_{1S},FX_{1N} 可直接与驱动器相接，完成控制功能，发挥最佳性价比。

2. FX_{2N} PLC 定位模块介绍

由于 FX_{2N} PLC 的输出脉冲频率仅 20kHz，且无内置定位指令功能，这就削弱了 FX_{2N} PLC 在定位控制中的应用。为此，三菱电机开发了与 FX_{2N}（同样，也能与 FX_{1N},FX_{3U} 等）配套的定位模块和专用定位单元。当 FX_{2N} PLC 与这些定位模块和专用定位单元配套使用时，就能发挥出更强大的定位功能。

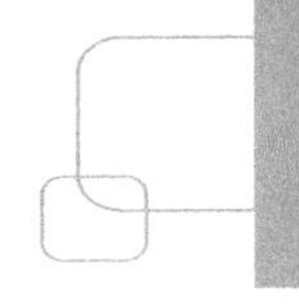

1）定位模块

定位模块有 FX_{2N}-1PG 和 FX_{2N}-10PG 两种，它们是作为特殊模块与 PLC 连接而完成定位控制功能的。可以用 PLC 是读/写指令 FROM/TO 对它们进行操作。

FX_{2N}-1PG 配置了各种定位运行模式，因此，最适合 1 轴的简易定位。此外，连接两台以上时，可以对多轴进行独立控制。

FX_{2N}-10PG 最高可输出 1MHz 的高速脉冲，可以在 1Hz～1MHz 范围内，以 1Hz 的间隔频率输出。从专用的启动端子，可以输出最短为 1ms 的脉冲串，在定位运行或 JOG 运行中，可以自由改变运行速度（强化位置，速度控制功能）。此外，配备了通过进给率成批改变速度的功能。支持近似 S 形的加减速功能、表格运行功能。通过最大 30kHz 的外部输入脉冲进行的同步比例运行功能。

2）定位专用单元

定位专用单元有 FX_{2N}-10GM 和 FX_{2N}-20GM 两种，它们和定位模块功能类似。但它们最大的特点是可以自己单独运行，即在没有 PLC 基本单元的情况，可以通过特定的编程语言（cod 编程）编制定位控制程序来控制电机的运行。

FX2N-10GM 作为 1 轴定位专用单元，配备了各种定位运行模式，可以连接带绝对位置检测功能的伺服驱动器，也可以连接手动脉冲发生器等。可以在没有 PLC 的情况下单独运行。

FX_{2N}-20GM 是具有直线插补、圆弧插补的真正 2 轴定位专用单元。配备了各种定位运行模式，可以连接带绝对位置检测功能的伺服驱动器，也可以连接手动脉冲发生器等，可以在没有 PLC 的情况下单独运行。

以上所介绍的仅是与定位指令相关的一些基础知识，如要真正掌握三菱定位控制系统设计和应用，还必须要进一步学习 FX 系列 PLC 功能指令应用、FX 系列 PLC 定位模块和专用定位单元、伺服电机和伺服驱动器，以及步进电机和步进驱动器等知识。

13.2　脉冲输出指令

13.2.1　概述

PLC 控制步进或伺服驱动器进行位置控制大致有下列 4 种方式：通过数字 I/O 方式进行控制；通过模拟量输出方式进行控制；通过通信方式进行控制和通过高速脉冲方式进行控制。通过输出高速脉冲进行位置控制，这是目前比较常用的方式。

1. 脉冲输出波形

用作位置控制的高速脉冲输出是一个连续输出的周期性脉冲串，如图 13-10 所示。图中，T 为脉冲周期，t 为脉冲 ON（导通）时间也称脉冲宽度。

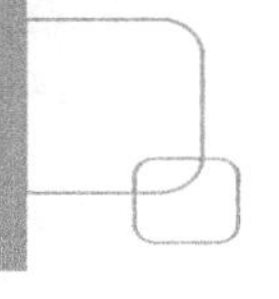

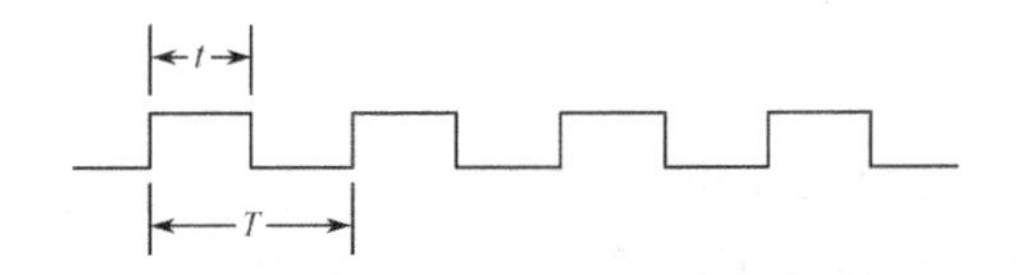

图 13-10　脉冲输出波形

一般把脉冲宽度与周期之比称为脉冲占空比。

$$f=\frac{1}{T}\qquad 占空比\ D=\frac{t}{T}$$

高速脉冲输出信号也有两种，一种是占空比为 50%的脉冲串，如图 13-10 所示。这种脉冲的 ON（导通）时间和 OFF（关闭）时间相等。这种波形的脉冲串多用于位置控制中。一种是占空比可以变化的脉冲串，当周期不变（频率不变）时，占空比的变化实际上就是脉冲宽度变化。因此，改变占空比就是改变脉冲的 ON 时间，所以把这种输出脉冲串称为脉宽调制脉冲串，如图 13-11 所示。脉宽调制脉冲多用在模拟量控制中。

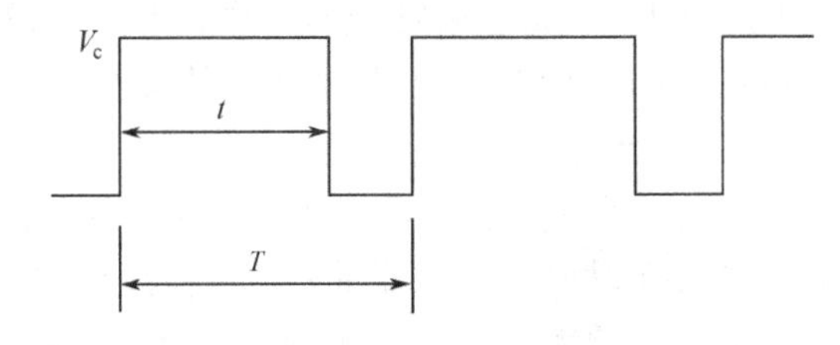

图 13-11　脉宽调制输出波形

设 T 为脉冲周期，t 为一个周期内脉冲导通时间，则其占空比 D 为 $D=t/T$，而脉冲序列平均值 V_L 为

$$V_L=\frac{v_c\times t}{T}=v_c\times D$$

可见，调节占空比 D 可调节输出平均值 V_L，且与 D 成正比例。这种模拟量输出方法经常用来调节电炉温度，设定一个脉冲序列周期 T 和给定温度值电压，由测温传感器检测到的炉温通过 A/D 模块送入 PLC，与给定温度值进行比较，其偏差在 PLC 内进行 PID 控制运算，运算的结果作为脉冲序列输出的 t 控制占空比，从而控制电阻丝的加热电压平均值，也可以说是控制其加热时间与停止加热时间之比达到控制炉温的目的。当炉温升高时，则 t 会变小，这样，其加热时间变小，而停止加热时间变长，炉温会回落。也可以说输出平均值 V_L 变小，平均电流变小，炉温回落。

2. 脉冲输出方式和定位控制系统结构

在小型 PLC 中，脉冲信号的输出也有两种方式。一种是通过 PLC 内置的高速脉冲输出口输出。各种品牌的 PLC 对此均有专门的说明。三菱 FX 系列 PLC 的 FX_{1S}/FX_{1N}/FX_{2N} PLC 规定了 Y0,Y1 为高速脉冲输出口，FX_{3U} PLC 规定了 Y0,Y1,Y2 为高速脉冲输出口。具有高速脉冲输出的 PLC，一般都开发有脉冲输出和定位指令，由这些指令来控制是否发出脉冲，脉冲的频率和脉冲数目直接控制驱动器进而控制电动机进行位置控制，如图 13-12 所示，PLC 的这些脉冲输出点一旦被指定为高速脉冲输出口，就不能再作他用。由于高速脉冲的频

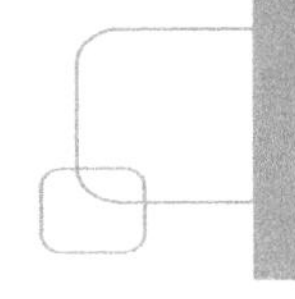

率都较高，所以，必须选用晶体管型输出的 PLC，否则将不能正常工作。

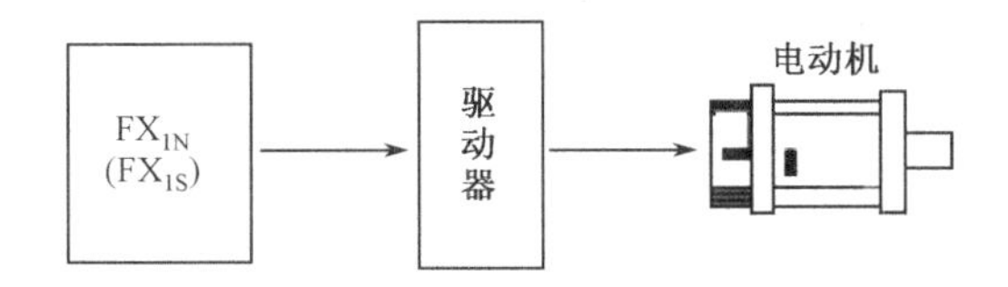

图 13-12　FX 系列 PLC 定位控制系统结构一

另外一种，脉冲输出方式是通过所开发的定位控制模块（1PG,10PG）和定位专用单元（10GM,20GM）输出高速脉冲。这两种控制模块，在实际应用上又有不同，位置控制模块为扩展模块，其本身并不具备单独控制功能，必须配合控制器（三菱 FX PLC）才能使用。PLC 通过指令对模块的数据（缓冲存储器 BFM）进行读写操作，进行各种位置运动的参数设置，完成位置控制功能，如图 13-13 所示。定位专用控制单元本身就是一个控制器，有自己的编程语言和编程软件，可直接进行位置控制，无须连接 PLC，如图 13-14 所示。但当进行多轴控制时，多个位置单元的位置控制的协调还须通过 PLC 进行。当然，PLC 也可以通过读写指令位置单元的各种数据进行读写操作，如图 13-15 所示。

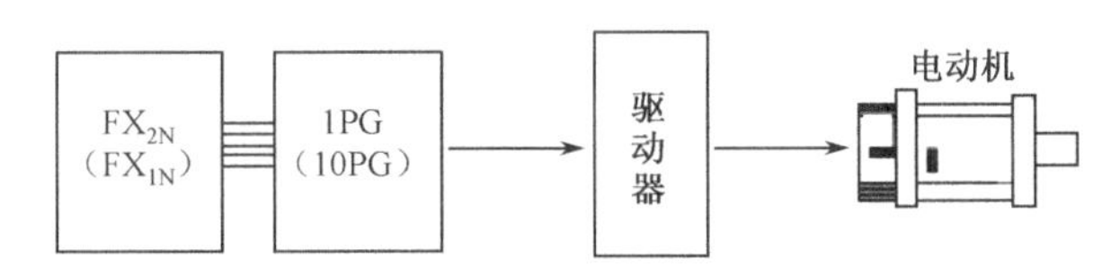

图 13-13　FX 系列 PLC 定位控制系统结构二

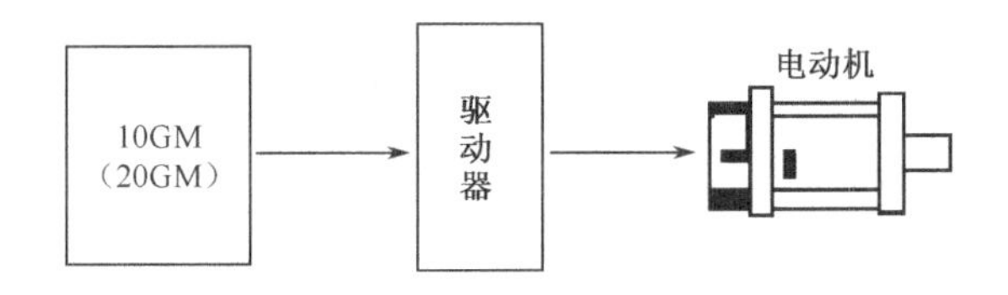

图 13-14　FX 系列 PLC 定位控制系统结构三

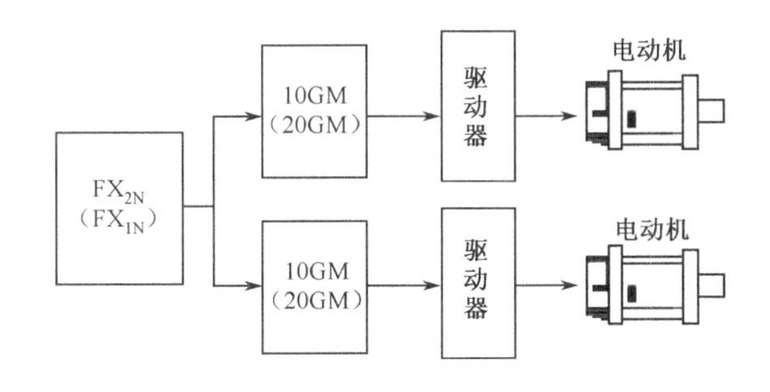

图 13-15　FX 系列 PLC 定位控制系统结构四

在某些简单的定位控制中（如单速定长切断、工作台往复运动等），FX_{1S},FX_{1N} PLC 可直接与驱动器相接，完成控制功能，发挥最佳性价比。

13.2.2 脉冲输出指令 PLSY

1. 指令格式

FUN 57：【D】PLSY　　　程序步：7/13

可用软元件见表 13-2。

表 13-2　PLSY 指令可用软元件

操作数	位元件				字元件									常数	
	X	Y	M	S	KnX	KnY	KnM	KnS	T	C	D	V	Z	K	H
S1.					●	●	●	●	●	●	●	●	●	●	●
S2.					●	●	●	●	●	●	●	●	●	●	●
D.		●													

梯形图如图 13-16 所示。

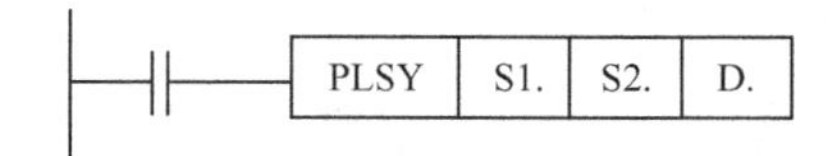

图 13-16　PLSY 指令格式

操作数内容与取值如下：

操作数	内容与取值
S1.	输出脉冲频率或其存储地址
S2.	输出脉冲个数或其存储地址
D.	指定脉冲串输出口，仅限 Y0 或 Y1

解读：当驱动条件成立时，从输出口 D 输出一个频率为 S1，脉冲个数为 S2，占空比为 50%的脉冲串。

2. 指令应用

1）关于输出频率 S1 和输出脉冲个数 S2

输出频率 S1：FX_{2N} 为 2～20kHz，FX_{1S},FX_{1N} 为 1～100kHz。

输出脉冲个数 S2：【16 位】1～32 767，【32 位】1～2 147 483 647。

脉冲个数 S2 必须在指令未驱动时进行设置。如指令执行过程中，改变脉冲个数，指令不执行新的脉冲个数数据，而是要等到再次驱动指令后才执行新的数据。而输出频率 S1 则不同，其在执行过程中，随 S1 的改变而马上改变。

PLSY 指令是一个既能输出频率，又能输出脉冲个数的指令，因此常在是位控制中作定位控制指令用，但必须配合旋转方向输出一起进行。

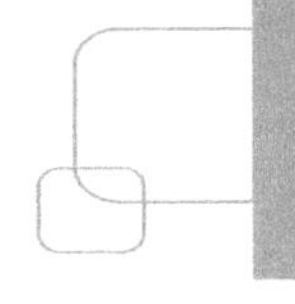

2）脉冲输出方式

指令驱动后，采用中断方式输出脉冲串，因此，不受扫描周期影响。如果在执行过程中指令驱动条件断开，输出马上停止，再次驱动后，又从最初开始输出。如果输出连续脉冲（S2=K0），则驱动条件断开，输出马上停止。

如果在脉冲执行过程中，当驱动条件不能断开时，又希望脉冲停止输出，则可利用驱动特殊继电器 M8145（对应 Y0）和 M8146（对应 Y1）来立即停止输出，见表 13-3。

如果希望监控脉冲输出，则可利用 M8147 和 M8148 的触点驱动相应显示，见表 13-3。

3）相关特殊软元件

脉冲输出指令在执行时，涉及到一些特殊继电器 M 和数据寄存器 D，它们的含义和功能见表 13-3 和表 13-4。

在学习和应用脉冲输出指令时，必须结合这些软元件一起理解。

表 13-3　相关特殊辅助继电器

编　号	内容含义
M8145	Y0 脉冲输出停止（立即停止）
M8146	Y1 脉冲输出停止（立即停止）
【M8147】	Y0 脉冲输出中监控（BUSY/READY）
【M8148】	Y1 脉冲输出中监控（BUSY/READY）
【M8029】	指令执行完成标志位，执行完毕 ON

表 13-4　相关特殊数据寄存器

编　号	位　数	出厂值	内容含义
D8140（低位）	32	0	Y0 输出位置当前值，应用脉冲指令 PLSY,PLSR 时，对脉冲输出值进行累加当前值
D8141（高位）			
D8142（低位）	32	0	Y1 输出位置当前值，应用脉冲指令 PLSY,PLSR 时，对脉冲输出值进行累加当前值
D8143（高位）			
D8136（低位）	32	0	Y0,Y1 输出脉冲合计数的累计值
D8137（高位）			

特殊数据寄存器的内容，均可用 DMOV 指令进行清零。

4）连续脉冲串的输出

把指令中脉冲个数设置为 K0，则指令的功能变为输出无数个脉冲串，如图 13-17 所示。如果停止脉冲输出，只要断开驱动条件或驱动 M8145（Y0 口）M8146（Y1 口）即可。

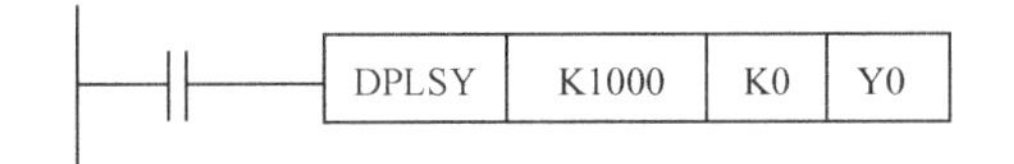

图 13-17　输出连续脉冲 PLSY 指令格式

5）PLC 选型与外接电路说明

如前所述，由于高速脉冲输出频率都比较高，必须选择晶体管型输出的 PLC 型号。这时，对 FX_{2N} PLC 来说，由于晶体管关断时间在输出电流较小会变长，所以，还需在输出回路上，增加如图 13-18 所示的虚拟电阻，并使晶体管输出电阻流达到 100mA。

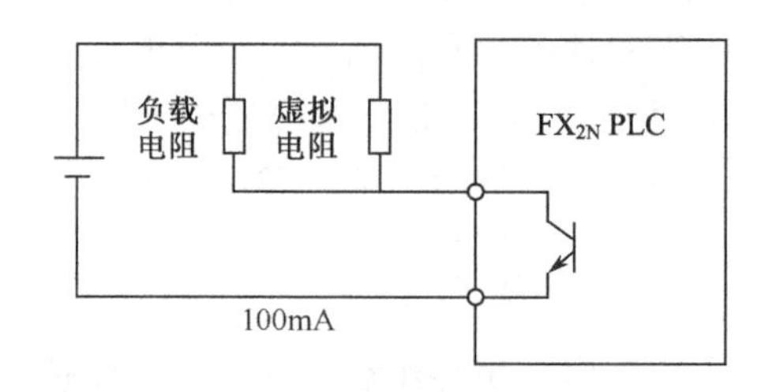

图 13-18　外接虚拟电阻电路

对于 FX_{1S},FX_{1N} 系列 PLC，即使不接虚拟电阻，在 DC5～24V（10～100mA）的条件下，也能输出 100kHz 下频率脉冲。

上面所述适用于 PLSY,PWM 和 PLSR 指令的应用。

3. 指令的使用限制

由表 13-4 可知，对指令 PLSY 和 PLSR 来说，其输出脉冲的当前值均为同一数据寄存器存储，同时，指令 PLSY,PLSR,PWM 均可以从 Y0 或 Y1 输出高速脉冲，因此，在实际使用时，高速脉冲输出指令的应用必须要受到一定程度的限制，例如，输出口限制，使用的次数的限制等，这里对高速脉冲指令 PLSY,PLSR 和 PWM 的应用限制统一作一个说明。

（1）对 PWM 指令来说，编程中只能使用一次，并且其所占用的高速脉冲输出口不能重复使用。也就是说，PWM 指令所指定的脉冲输出口不能再为其他指令所用。

（2）关于 PLSY 和 PLSR 指令的使用限制，则比较复杂，对于低于 V2.11 以下版本的 FX_{2N} 系列，PLSY 和 PLSR 指令在编程中只限于其中一个编程一次。而高于 V2.11 以上版本的 FX_{1S},FX_{1N},FX_{2N} 系列，在编程过程中，可同时使用两个 PLSY 或两个 PLSR 指令，在 Y0 和 Y1 得到两个独立的脉冲输出，也可同时使用一个 PLSY 和一个 PLSR 指令分别在 Y0,Y1 得到两个独立的输出脉冲。

（3）对 FX_{1S},FX_{1N} 系列 PLC,PLSY 指令可以在程序中反复使用，但必须注意，使用同一脉冲输出口的 PLSY 指令，不允许同时驱动两个或两个以上的 PLSY 指令，同时驱动会产生双线圈现象，无法正常工作。

（4）当 PLSY,PLSR 指令与 SPD 指令或与高速计数器同时使用的情况，处理脉冲频率的总和也受到限制，参见 12.1.3 节的表 12-4。

13.2.3　带加减速的脉冲输出指令 PLSR

1. 指令格式

FUN 59：【D】PLSR　　程序步：9/17

可用软元件见表 13-5。

表 13-5 PLSR 指令可用软元件

操作数	位元件				字元件									常数	
	X	Y	M	S	KnX	KnY	KnM	KnS	T	C	D	V	Z	K	H
S1.					●	●	●	●	●	●	●	●	●	●	●
S2.					●	●	●	●	●	●	●	●	●	●	●
S3.					●	●	●	●	●	●	●	●	●	●	●
D.		●													

梯形图如图 13-19 所示。

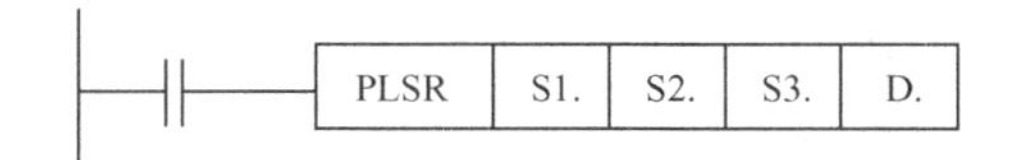

图 13-19 PLSR 指令格式

操作数内容与取值如下：

操 作 数	内容与取值
S1.	输出脉冲最高频率或其存储地址
S2.	输出脉冲数或其存储地址
S3.	加减速时间或其存储地址
D.	指定脉冲输出口，仅限 Y0 或 Y1

解读：当驱动条件成立时，从输出口 D 输出一最高频率为 S1，脉冲个数为 S2，加减速时间为 S3，占空比为 50%的脉冲串。

2. 步进电机的失步与过冲

在一些控制简单或要求低成本的运动控制系统中，常会用到步进电机。当步进电机以开环的方式进行位置控制时，负载位置对控制回路没有反馈，步进电机就必须正确响应每次励磁变化。如果励磁频率选择不当，步进电机就不能够移动到新的位置，即发生失步现象或过冲现象。失步就是漏掉了脉冲没有运动到指定的位置，过冲应该就是和失步相反，运动到超过了指定的位置。因此，在步进电机开环控制系统中，如何防止失步和过冲是开环控制系统能否正常运行的关键。

产生失步和过冲现象的原因很多，当失步和过冲现象分别出现在步进电机启动和停止的时候。则其原因一般是系统的极限启动频率比较低，而要求的运行速度往往比较高，如果系统以要求的运行速度直接启动，因为该速度已经超限，启动频率而不能正常启动，轻则发生失步，重则根本不能启动，产生堵转。系统运行起来后，如果达到终点时立即停止发送脉冲，令其立即停止，则由于系统惯性的作用，步进电机会转过控制器所希望的停止位置而发生过冲，为了克服步进电机失步和过冲现象，应该在启动停止时加入适当的加减速控制。通过一个加速和减速过程，以较低的速度启动而后逐渐加速到某一速度运行，再逐渐减速直至停止，可以减少甚至完全消除失步和过冲现象。

脉冲输出指令 PLSY 是不带加减速控制的脉冲输出。当驱动条件成立时，在很短的时间里脉冲频率上升到指定频率。如果指定频率大于系统的极限启动频率，则会发生失步和过冲现象。为此，三菱 FX 系列 PLC 又开发了带加减速控制的脉冲输出指令——PLSR。

在实际应用中，PLSR 指令在 FX_{2N} 系列和 FX_{1S},FX_{1N} 系列的应用是有差别的。下面就分开进行指令应用介绍。

3. FX_{2N} PLC 的 PLSR 指令应用

1）关于输出频率 S1 和输出脉冲个数 S2

输出频率 S1 的设定范围：10～20 000Hz，频率设定必须是 10 的整数倍。

输出脉冲数的设定范围：16 位运算为 110～32 767，32 位运算为 110～2 147 486 947。当设定值不满 110 时，脉冲不能正常输出。

2）脉冲输出方式

PLSR 指令与 PLSY 指令的区别在于 PLSR 指令在脉冲输出的开始及结束阶段可以实现加速和减速过程，其加速时间和减速时间一样，由 S3 指定。

S3 具体设定范围有下式决定：

$$5\times\frac{90\,000}{S1}\leqslant S3\leqslant 818\times\frac{S2}{S1}$$

按照上述公司计算时，其下限值不能小于 PLC 时间扫描时间最大值的 10 倍以上（扫描时间最大值可在特殊数据寄存器 D8012 中读取）其上限值不能超过 5 000ms。

FX_{2N} PLC 的 PLSR 指令的加减速时间是根据和所设定的时间进行 10 级均匀阶梯式的方式进行，如图 13-20 所示。

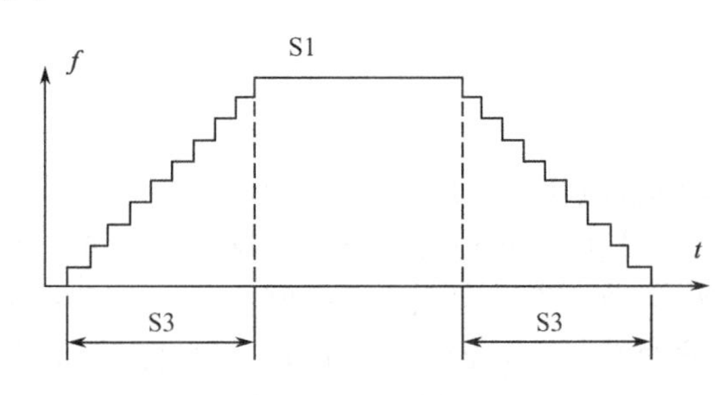

图 13-20　FX_{2N} PLC 的 PLSR 指令输出方式

如果图中的阶梯频率（为 S1 的 1/10）还会使步进电机产生失步和过冲现象，则应降低输出频率 S1。

4. FX_{1S},FX_{1N} 系列 PLSR 指令应用

1）关于输出频率 S1 和输出脉冲个数 S2

输出频率 S1 的设定范围为 10～100000Hz。

输出脉冲个数 S2 的设定范围：16 位运算为 110～32767，32 位运算为 110～2147486947。

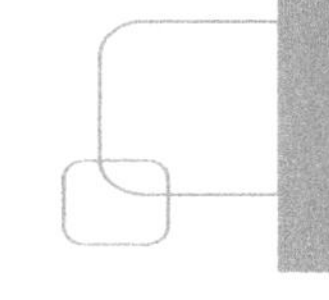

设定值低于 110 时，脉冲不能正常输出。

2）脉冲输出方式

FX_{1S},FX_{1N} 的 PLSR 指令的是一个线性的连续的加、减速过程，如图 13-21 所示。

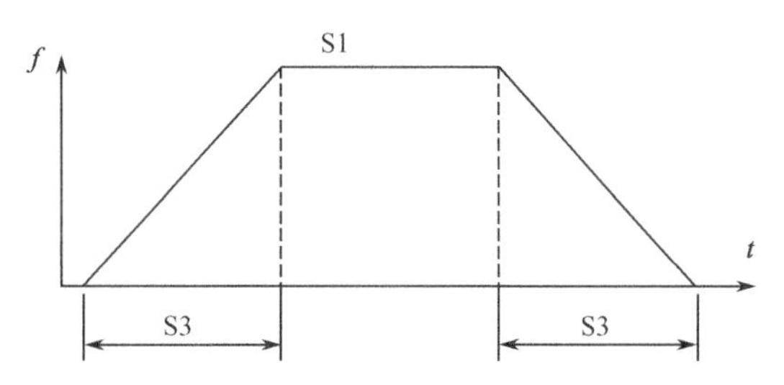

图 13-21　FX_{1S},FX_{1N} 系列 PLSR 指令输出方式

其加减速时间 S3 的设定范围为 50～5000ms。但实际上输出频率有一个最低值，由下面公式决定：

$$f_{\min}=\sqrt{\frac{S1\times1000}{2\times t}}$$

最低频率的含义是，在进行加减速控制时，其加速时间是指从最低频率升速到输出频率 S1 的时间，减速时间是指从输出频率 S1 降速到最低频率的时间，而从 0 到最低频率（启动时）和从最低频率到 0（停止时）为跳跃时间。试举例说明。

【例 1】　设 PLSR 指令的 S1 为 50 000Hz，加速时间为 100ms，则其最低频率 $f_{\min}$ 为

$$f_{\min}=\sqrt{\frac{S1\times1000}{2\times t}}=\sqrt{\frac{50000\times1000}{2\times100}}=500\text{Hz}$$

其实际脉冲输出方式如图 13-22 所示。

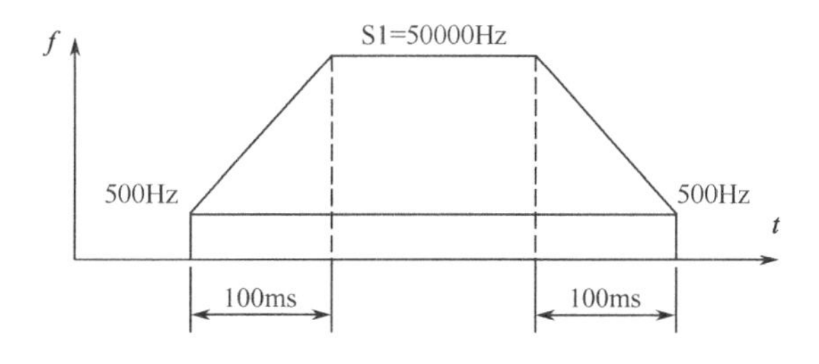

图 13-22　FX_{1S},FX_{1N} 的 PLSR 指令最低频率说明

5. 其他应用说明

PLSR 指令的其他应用说明：相关特殊软元件，必须选择晶体管输出型号，其使用次数限制等均与 PLSY 指令相同，这里不再赘述。但 PLSR 指令不存在输出无数个脉冲串的设定，应用时必须注意。

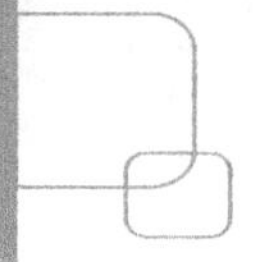

13.2.4 可变速脉冲输出指令 PLSV

1. 指令格式

FUN 157：【D】PLSV　　　　程序步：9/17

可用软元件见表 13-6。

表 13-6 PLSV 指令可用软元件

操作数	位元件				字元件									常数	
	X	Y	M	S	KnX	KnY	KnM	KnS	T	C	D	V	Z	K	H
S.					●	●	●	●	●	●	●	●	●	●	●
D1.		●													
D2.		●	●	●											

梯形图如图 13-23 所示。

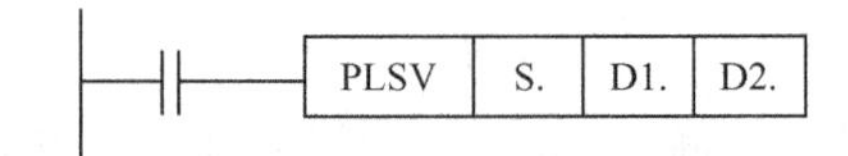

图 13-23 PLSV 指令梯形图

操作数内容与取值如下：

操作数	内容与取值
S.	脉冲输出频率或其存储地址【16 位】–32 768～+32 767，0 除外 【32 位】–100 000～+100 000，0 除外
D1.	输出脉冲端口，仅能 Y0 或 Y1
D2.	指定旋转方向的输出端口，ON：正转， OFF：反转

解读：当驱动条件成立时，从输出口 D1 输出频率为 S 的脉冲串，脉冲串所控制的电机转向信号由 D2 口输出，如 S 为正值，则 D2 输出为 ON，电机正转。如 S 为负值，则 D2 输出为 OFF，电机反转。

2. 指令应用

1）指令功能说明

现举例加以说明。

【例 2】 试说明指令 PLSV　K2500　　Y0　Y4 执行含义。

分析如下：

S1=K2500 表示输出脉冲串的频率，脉冲串由高速脉冲输出口 Y0 输出，输出频率为正值，此时，Y4 为 ON。

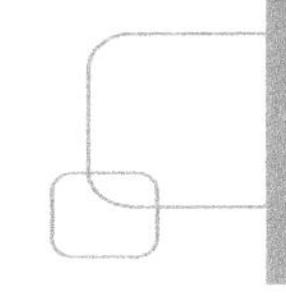

PLSV 指令中没有相关输出脉冲数量的参数设置，因而该指令本身不能用于精确定位，其最大的特点是在脉冲输出的同时可以修改脉冲输出频率，并控制运动方向。在实际应用中，用来实现运动轴的速度和方向调节，如运动的多段速控制等动态调整功能。

图 13-24 表示了其动态调整频率的时序。

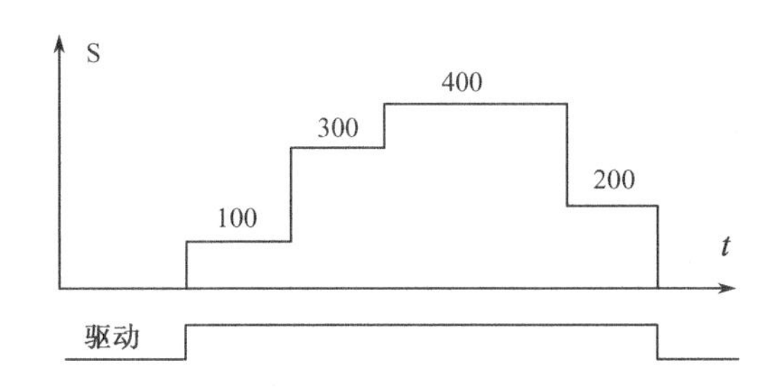

图 13-24　PLSV 指令运行时序

2）指令应用注意

（1）在脉冲输出过程中，如果将 S 变为 K0，则脉冲输出会马上停止。同样，如果驱动条件在脉冲输出过程中断开，则输出马上停止。如需再次输出，请在输出中标志位（M8147 或 M8148）处于 OFF，并经过 1 个扫描周期以上时间输出其他频率的脉冲。

（2）虽然 PLSV 指令为可随时改变脉冲的频率，但在脉冲输出过程中，最好不要改变输出脉冲的方向（由正频率变为负频率或相反），由于机械的惯性瞬间改变电机旋转方向可能会造成想不到的意外事故。如果要变更方向，可先将输出频率设为 K0，并设定电机充分停止时间，再输出不同方向的频率值。

（3）PLSV 指令的缺点是在开始、频率变化和停止时均没有加减速动作。这就影响了指令的使用，因此，常常把 PLSV 指令和斜坡指令 RAMP 配合使用，利用斜坡指令 RAMP 的递增，递减速功能来实现 PLSV 指令的加、减速，程序可如图 13-25 所示。

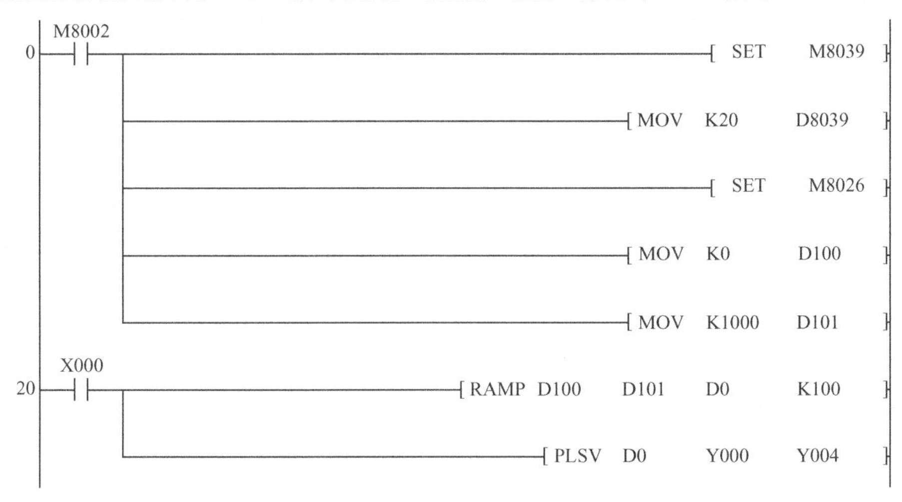

图 13-25　带加减速的 PLSV 指令应用

RAMP 指令的讲解见第 15 章 15.5.2 节，程序应用说明可参看 15.5.2 节中的例 5。

13.2.5 脉宽调制指令 PWM

1. 指令格式

FNC 58： PWM　　　　　程序步：7

可用软元件见表 13-7。

表 13-7 PWM 指令可用软元件

操作数	位元件				字元件									常数	
	X	Y	M	S	KnX	KnY	KnM	KnS	T	C	D	V	Z	K	H
S1.					●	●	●	●	●	●	●	●	●	●	●
S2.					●	●	●	●	●	●	●	●	●	●	●
D.		●													

梯形图如图 13-26 所示。

图 13-26 PWM 指令梯形图

操作数内容与取值如下：

操作数	内容与取值
S1.	输出脉冲的脉宽或其存储地址，S1=0～32767(ms)
S2.	输出脉冲周期或其存储地址，S2=1～3276(ms)
D.	脉冲输出口，仅限于 Y0 或 Y1

解读：当驱动条件成立时，从脉冲输出口 D 输出一周期为 S2，脉宽为 S1 的脉冲串。

2. 指令应用

（1）PWM 指令的输出脉冲频率比较低，其最小脉冲周期为 2ms，则其输出脉冲频率最高为 500Hz。实际上为了等到较宽的调制范围和调整精度，一般设置周期都远大于 2ms。

脉宽 S1 必须小于脉冲周期 S2，如果 S1 大于 S2，则会出现错误，指令不能执行。

脉冲串输出采用中断方式进行，不受 PLC 扫描周期影响。驱动条件一旦断开，输出立即中断，PLC 必须采用晶体管输出型的。

PWM 指令在程序中只能使用一次，PWM 所占用的高速脉冲输出口不能再为其他高速脉冲指令所用。

指令在执行中可以改变脉宽 S1 和周期 S2 的数值，一旦改变，指令会立即执行新的脉宽和周期。但在实际应用时，常常是周期 S2 不变，而变化脉宽 S1 来调整脉冲的占空比从而去控制模拟量的变化。

（2）PWM 指令多用在模拟量控制中，例如，把 PID 控制指令的输出作为 PWM 指令的

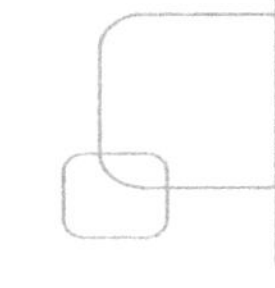

脉宽。然后用 PWM 指令的输出调制脉冲去控制一个执行器而完成控制任务。通常情况下，PWM 指令输出的调制脉冲是通过外接电子电路或器件（固态继电器）才能控制执行器。

图 13-27 为一用 PWM 输出脉宽调制信号，通过滤波电路去控制输出电压的变化，再用输出电压变化去控制执行器，从而控制模拟量的变化。电路中的滤波电路时间常数为 RC=1kΩ×470μF=470ms，此值要远大于 PWM 指令输出的脉冲周期 S2 才能达到控制效果。

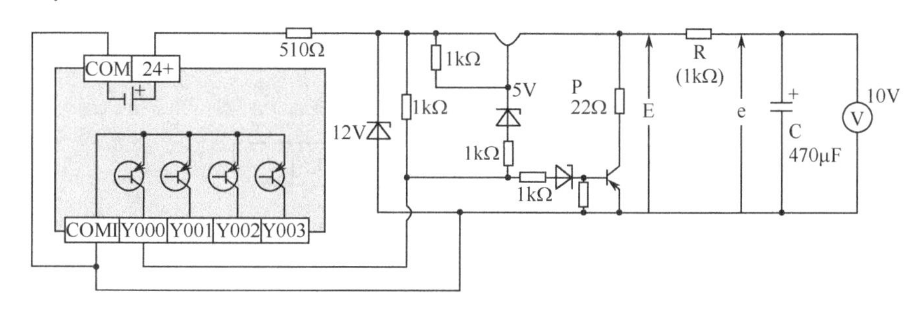

图 13-27　PWM 脉宽调压输出控制电路

13.3　定位指令

本节介绍的定位控制指令只能用于 FX_{1S} 和 FX_{1N}，对 FX_{2N} 并不适用。FX_{1S} 和 FX_{1N} 是三菱 FX PLC 中价格比较低廉的两种 PLC，使用定位指令就可以使 FX_{1S} 和 FX_{1N} 直接与伺服驱动器连接，通过发送脉冲的方式而实现一些简单的定位控制。

应用定位控制指令 PLC 必须是晶体管输出型。

13.3.1　原点回归指令 ZRN

在定位控制中，一般都要确定一个位置为原点，而定位运动控制，每次都是以原点位置作为运动位置的参考。当 PLC 在执行初始化运行或断电后再上电时，由于其当前值寄存器的内容会清零，而机械位置却不一定在原点位置，因此，有必要执行一次原点回归，使机械位置回归原点，从而保持机械原点和当前值寄存器内容一致，那么在以后的定位指令应用时，当前值寄存器中的值就表示机械的实际位置。

1. 指令格式

FNC 156：【D】ZRN　　　　程序步：9/17

可用软元件见表 13-8。

表 13-8　ZRN 指令可用软元件

操作数	位元件				字元件									常数	
	X	Y	M	S	KnX	KnY	KnM	KnS	T	C	D	V	Z	K	H
S1.					●	●	●	●	●	●	●	●	●	●	●

续表

操作数	位元件				字元件									常数	
	X	Y	M	S	KnX	KnY	KnM	KnS	T	C	D	V	Z	K	H
S2.					●	●	●	●	●	●	●	●	●	●	●
S3.	●	●	●	●											
D.		●													

梯形图如图 13-28 所示。

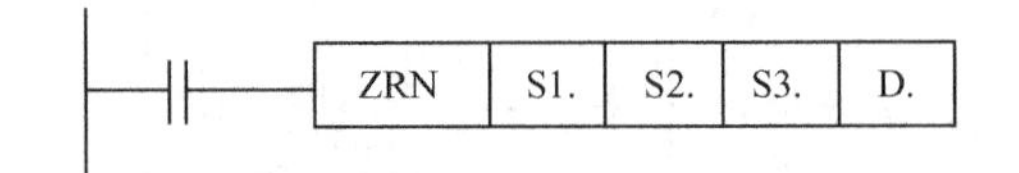

图 13-28　ZRN 指令梯形图

操作数内容与取值如下：

操作数	内容与取值
S1.	原点回归开始速度　【16 位】10～32767Hz 【32 位】10～1000000Hz
S2.	爬行速度　10～32767Hz
S3.	近点信号的输入端口
D.	脉冲输出端口，仅为 Y0 或 Y1

解读：当驱动条件成立时，机械以 S1 指定的原点回归速度从当前位置 B 向原点 A 移动，在碰到以 S3 指定的近点信号（OFF 变 ON 时）就开始减速，一直减到以 S2 指定爬行速度为止，并以爬行速度继续向原点移动，当近点信号由 ON 变 OFF 时，就立即停止 D 所指定的脉冲输出。结束原点回归动作工作过程，机械停止位置为电气原点 A，动作图示如图 13-29 所示。

现举例加以说明。

【例 1】　试说明指令 ZRN　K5000　K2000　X3　Y0 的原点回归工作过程。

由解读可知，原点回归速度为 5000Hz，爬行速度为 2000Hz，近点信号接在 X3 上，脉冲从 Y0 输出。其工作过程：开始以 5000Hz 速度回归碰到近点信号 X3 由 OFF 变为 ON 时，减速至 2000Hz 速度继续回归，当近点信号由 ON 变为 OFF 时，停止脉冲输出，停止原点回归并停止点为原点。

2. 相关特殊软元件

在学习和应用定位指令时（ZRN，DRVI，DRVA，PLSV 和 ABS），涉及到一些特殊继电器 M 和数据寄存器 D，它们的含义和功能见表 13-9 和表 13-10。实际应用中必须结合这些软元件一起理解。

表 13-9　相关特殊辅助继电器

编号	内容含义	适用机型
【M8140】	ZRN 指令时清零信号输出功能有效	FX_{1S},FX_{1N}

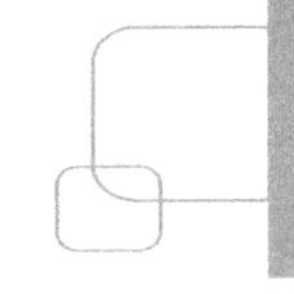

续表

编　号	内容含义	适用机型
【M8145】	Y0 脉冲输出停止指令（立即停止）	FX_{1S},FX_{1N},FX_{2N}
【M8146】	Y1 脉冲输出停止指令（立即停止）	
【M8147】	Y0 脉冲输出中监控（BUSY/READY）	
【M8148】	Y1 脉冲输出中监控（BUSY/READY）	
【M8029】	指令执行完成标志位，执行完毕 ON	

表 13-10　相关特殊数据寄存器

编　号	位数	出厂值	内容含义	适用机型
D8140（低位） D8141（高位）	32	0	Y0 输出定位指令的绝对位置当前值寄存器，用 PLSV,DRVI,DRVA 指令时，对应于旋转方向增减当前值	FX_{1S},FX_{1N}
D8142（低位） D8143（高位）	32	0	Y1 输出定位指令的绝对位置当前值寄存器，用 PLSV,DRVI,DRVA 指令时，对应于旋转方向增减当前值	
D8145	16	0	执行 ZRN,DRVI,DRVA 指令的基底速度，为在最高速度的 1/10 之下，超出范围，自动以最高速度的 1/10 运行	
D8146（低位） D8147（高位）	32	100000	执行 ZRN,DRVI,DRVA 指令的最高速度，设定范围为 0～100000Hz	
D8148	16	100	执行 ZRN,DRVI,DRVA 指令的时的加减速时间，设定范围 50～5000ms	

3. 指令应用

1）信号输出时序

原点回归指令在动作过程及动作完成会有一些相关信号自动完成，如图 13-29 所示。

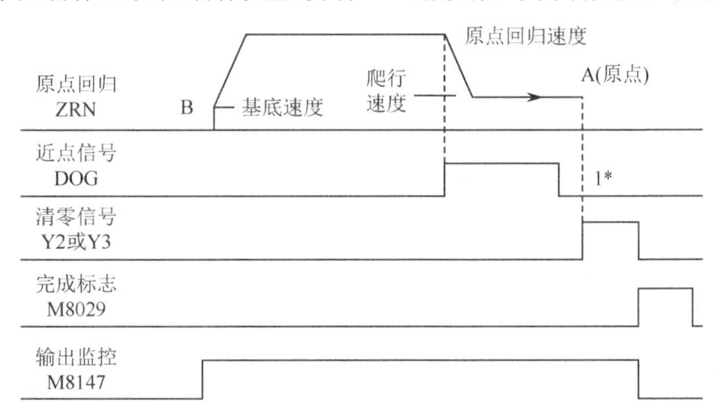

图 13-29　ZRN 指令信号时序

当近点信号（DOG）由 ON 变成 OFF 时，是采用中断方式使脉冲输出停止的，脉冲输出停止后，在 1ms 内发出清零信号，为图中 1*。同时，向当前值寄存器 D8140,D8141 或 D8142,D8143 中写入 0。

清零信号是指在完成原点回归的同时，由 PLC 向伺服驱动器发出一个清零信号，使两者保持一致。清零信号是由规定输出端口输出的，如果脉冲输出端口为 Y0，则清零输出端

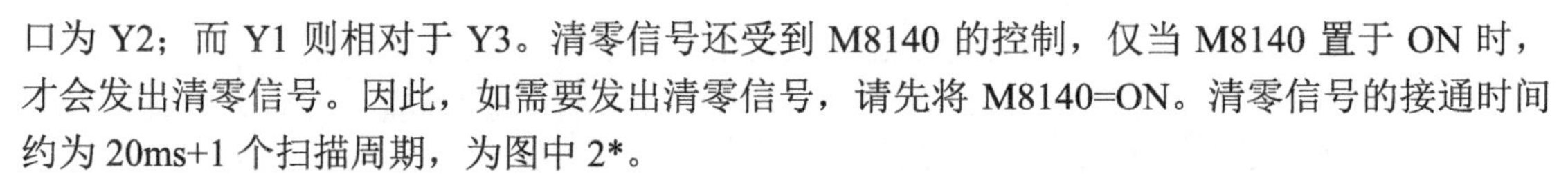

口为 Y2；而 Y1 则相对于 Y3。清零信号还受到 M8140 的控制，仅当 M8140 置于 ON 时，才会发出清零信号。因此，如需要发出清零信号，请先将 M8140=ON。清零信号的接通时间约为 20ms+1 个扫描周期，为图中 2*。

M8029 为指令执行完成标志位，当指令执行完成，清零信号由 OFF 变为 ON 时，M8029=ON，同时，脉冲输出监控信号 M8147（对应于 Y0 口输出）或 M8148（对应于 Y1 输出）由 ON 变为 OFF。

2）回归速度

原点回归有两种速度，开始时以原点回归速度回归，碰到近点信号后，减速至爬行速度回归，原点回归速度较高，这样可以较短时间里完成回归，但由于机械惯性，如果以高速停止，则会造成每次停止位置不一样，即原点不唯一，因而在快到原点时，降低速度，以爬行速度回归。一般爬行大大低于原点回归速度，但大于等于基底速度，故能较准确的停止在原点，由于原点回归的停止是不减速停止的，如果爬行速度太快，机械会由于惯性导致停止位置偏移，取值要适当取小一些，机械惯性越大，爬行速度应越小。

3）近点信号（DOG）

近点信号的通断时间非常重要，它接通时间不能太短，如果太短的话，就不能以原点回归速度降到爬行速度。同样，会导致停止位置的偏移。

ZRN 指令不支持 DOG 的搜索功能，机械当前位置必须在 DOG 信号的前面才能进行原点回归，如果机械当前位置在 DOG 信号中间或在 DOG 信号后面都不能完成原点回归功能。但 FX_{3U} 开发了具有搜索功能的原点回归指令 DSZR，不论当前位置处于何处，甚至在限位信号上都能完成原点回归功能，请参见第 17 章 17.3.3 节或 FX_{3U} 编程手册。近点信号的可用软元件为 X,Y,M,S。但实际使用时，一般为 X0～X7，最好是 X0,X1，因为指定这个端口为近点信号输入，PLC 是通过中断来处理 ZRN 指令的停止的。如果指定了 X10 以后的端口或者其他软元件时，由于受到顺控程序的扫描周期影响而使原点位置的偏差会较大。同时，如果一旦指定了 X0～X7 为近点信号时，不能和高速计数器、输入中断、脉冲捕抓，SPD 指令等重复使用。

4）指令的驱动和执行

原点回归指令驱动后，如果在原点回归过程中，驱动条件为 OFF 时，即接点断开，回归过程不再继续进行而马上停止，并且在监控输出 M8147 或 M8148 仍然处于 ON 时，将不接收指令的再次驱动，而指令执行结束标志 M8029 不动作。

原点回归指令驱动后，回归方向是朝当前值寄存器数值减少的方向移动。因此，在设计电机旋转方向与当前值寄存器数值变化关系时必须注意这点。

原点回归指令一般是在 PLC 重新上电应用，但如果是和三菱伺服驱动器 MR～H,MR～J2,MR～J3（带有绝对位置检测功能，驱动器内部常有电池）相连，由于每次断电后，伺服驱动器内部的当前位置能够保存，这时 PLC 可以通过绝对位置读取指令 DABS 将伺服驱动器内部当前位置读取到 PLC 的 D8140,D8141 中。这样，在重新上电后，就不需要再进行原点回归而只要在第一次开机时进行一次即可。

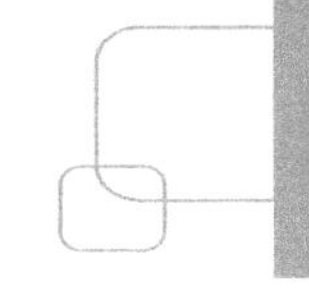

13.3.2　相对位置控制指令 DRVI

相对位置控制指令 DRVI 和绝对位置控制指令 DRVA 是目标位置设定方式不同的单速定位指令。其运行模式在 13.1.2 节定位控制分析中已做介绍，这里不再赘述。

不论 DRVI 还是 DRVA 指令，都必须要回答位置控制时的三个问题：一是位置移动方向（电机转动方向）；二是电机旋转的速度；三是位置移动的距离。在学习定位控制指令时，就从这三个方面进行理解。

1. 指令格式

FNC 158：【D】DRVI　　　　程序步：9/17

可用软元件见表 13-11。

表 13-11　DRVI 指令可用软元件

操作数	位元件				字元件									常数	
	X	Y	M	S	KnX	KnY	KnM	KnS	T	C	D	V	Z	K	H
S1.					●	●	●	●	●	●	●	●	●	●	●
S2.					●	●	●	●	●	●	●	●	●	●	●
D1.		●													
D2.		●	●	●											

梯形图如图 13-30 所示。

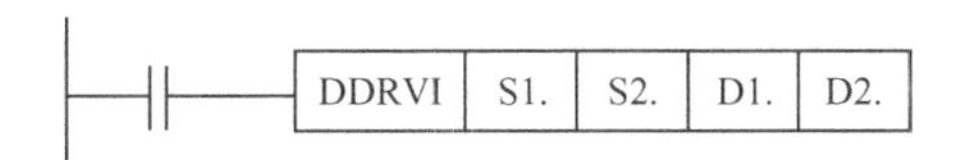

图 13-30　DRVI 指令梯形图

操作数内容与取值如下：

操作数	内容与取值
S1.	输出脉冲量　【16 位】–32 768～+32 767，0 除外 【32 位】–999 999～+999 999，0 除外
S2.	输出脉冲频率，【16 位】10～32 767Hz，【32 位】10～100 000Hz
D1.	输出脉冲端口，仅能 Y0 或 Y1
D2.	指定旋转方向的输出端口，ON：正转，　OFF：反转

解读：当驱动条件成立时，指令通过 D1 所指定的输出口发出定位脉冲，定位脉冲的频率（电机转速）由 S2 所表示的值确定；定位脉冲的个数（相对位置的移动量）由 S1 所表示的值确定，并且根据 S1 的正、负确定位置移动方向（电机的转向），如果 S1 为正，表示绝对位置大的方向（电机正转）移动，如 S1 为负，则向相反方向移动。移动方向由 D2 所指定的输出口向驱动器发出，正转 ON，反转 OFF。

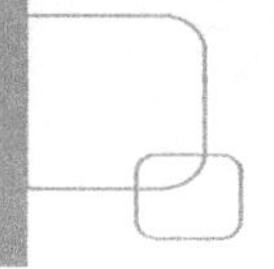

现举例加以说明。

【例 2】 试说明指令 DDRVI K5000 K10000 Y0 Y4 执行含义。

这是一条相对位置控制指令，分析如下：

S1=K5000 表示电机正转移动 5000 个脉冲当量的位移。S2=K10000 表示电机转速为 10000Hz。D1=Y0 表示脉冲由 Y0 输出。D2=Y4 表示由 Y4 口向驱动器输出电机转向信号，若 Y4=ON，电机正转。

【例 3】 编写相对位置控制指令，控制要求。

（1）电机以 20000Hz 转速向绝对位置为 K2000 脉冲当量处，电机当前位置为 K5000 脉冲当量处。

（2）脉冲输出端口为 Y0，方向输出端口为 Y5。

分析：电机定位位置为 K2000，小于当前位置 K5000，实际相对移动为 K3000，故 S1 为 K-3000。

编写指令为 DDRVI K-3000 K20000 Y0 Y5

2. 指令应用

1）运行模式分析

相对位置控制指令 DRVI 的运行模式为 13.1.2 节所介绍的单速定位运行模式，如图 13-31 所示。

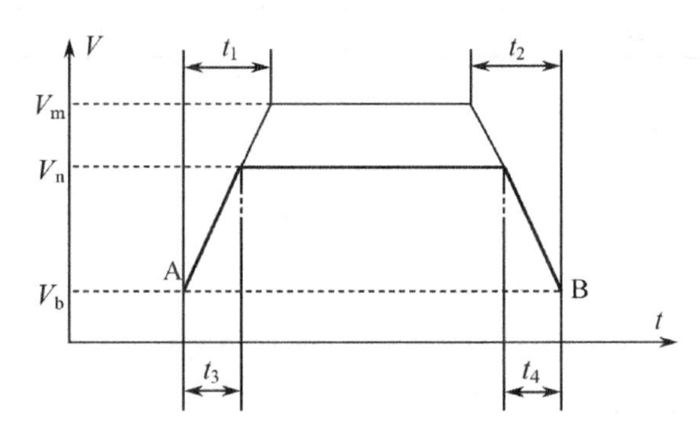

图 13-31 定位控制分析

现对运行相关参数进行说明：

（1）V_m：电机运行的最高速度。

为指令中 S2 为上限值，电机运行时 S2 指定的输出频率值必须小于该值，最高速度存于寄存器 D8147（高位），D8146（低位）中，其设定范围为 10～100 000Hz。出厂值为 100 000Hz。

（2）V_b：基底速度。

电机运行的启动速度，也即当电机从位置 A 向位置 B 移动时，并不是从 0 开始加速，而是从基底速度开始加速到运行速度。基底速度不能太高，一般小于最高速度的十分之一。当超过该范围时，自动将为最高速度的十分之一运行，控制步进电机时，设定速度需要考虑步进电机的共振区域和自动启动频率。

基底速度由寄存器 D8145 值所决定，出厂值为 0。

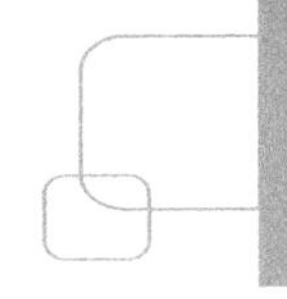

（3）t_1,t_2：加减速时间。

加速时间指电机从当前位置加速到最高转速 V_m 的时间。减速时间指电机从 V_m 下降到当前位置的时间。当输出脉冲频率小于最高速度时，实际加减速时间要小一些。如图 13-31 中 t_3,t_4。

加、减速时间不能单独设置，它们的数值由寄存器 D8148 所设定，设定范围 50～500ms，出厂值为 100ms。而 FX_{3U} PLC 中，加减速时间可分别设定。

2）运行速度

指令对运行速度（脉冲输出频率）有如下限制：最低速度≤【S2】<最高速度。最低速度（最低输出频率）由下式决定，即

$$最低输出频率=最高速度\div[2\times(加减速时间\ ms\div1000)]$$

由式中可知，最低输出频率仅与最高频率和加减速时间有关。例如，最高频率为 50 000Hz，加减速时间为 100ms，则可计算出最低输出频率为 500Hz。

在实际应用中，如果 S2 设定小于 500Hz（S2=300Hz），则电机按最低输出频率 500Hz 运行。

电机在加速初期和减速最终部分的实际输出频率也不能低于最低输出频率。

3）指令的驱动和执行

指令驱动后，如果驱动条件 OFF，则将减速停止，但完成标志位 M8029 并不动作（不为 ON），而脉冲输出中监控标志位（M8147 或 M8148）仍为 ON 时，不接受指令的再次驱动。

如果在指令执行中改变指令的操作内容，这种改变不能更改当前的运行，只能在下一次执行时才生效。

指令在执行过程中，输出的脉冲数以增量的方式存入当前值寄存器 D8141,D8140 或 D8143,D8142。正转时当前值寄存器数值增加，反转时则减少，所以相对位置控制指令又称增量式驱动指令。

相关特殊继电器 M 和数据寄存器 D，它们的含义和功能见表 13-9 和表 13-10。

13.3.3　绝对位置控制指令 DRVA

1. 指令格式

FUN 159：【D】DRVA　　　　程序步：9/17

可用软元件见表 13-12。

表 13-12　DRVA 指令可用软元件

操作数	位元件				字元件									常数	
	X	Y	M	S	KnX	KnY	KnM	KnS	T	C	D	V	Z	K	H
S1.					●	●	●	●	●	●	●	●	●	●	●
S2.					●	●	●	●	●	●	●	●	●	●	●
D1.		●													
D2.		●	●	●											

梯形图如图 13-32 所示。

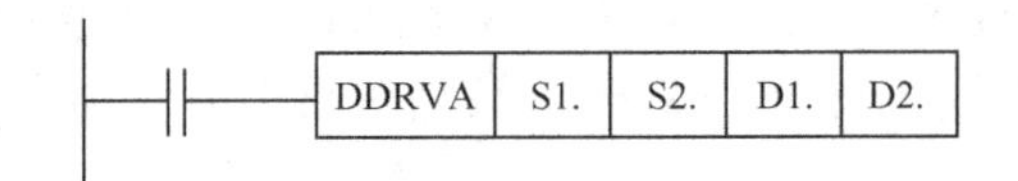

图 13-32　DRVA 指令梯形图

操作数内容与取值如下：

操　作　数	内容与取值
S1.	目标的绝对位置脉冲量　【16 位】−32768～+32767，0 除外 【32 位】−999999～+999999，0 除外
S2.	输出脉冲频率，【16 位】10～32767Hz，【32 位】10～100000Hz
D1.	输出脉冲端口，仅能 Y0 或 Y1
D2.	指定旋转方向的输出端口，ON：正转，OFF：反转

解读：当驱动条件成立时，指令通过 D1 所指定的输出口发出定位脉冲，定位脉冲的频率（电机转速）由 S2 所表示的值决定；S1 表示目标位置的绝对位置脉冲量（以原点为参考点）。电机的转向信号由 D2 所指定的输出口向驱动器发出，当 S1 大于当前位置值时，D2 为 ON，电机正转，反之，当 S1 小于当前位置值时，D2 为 OFF，电机反转。

现举例加以说明。

【例 4】　试说明指令 DDRVA　K25000　K10000　Y0　Y4 执行含义。

这是一条绝对位置控制指令，分析如下：

S1=K25000 表示电机移动到绝对位置 K25000 处，电机转速为 10000Hz，定位脉冲由 Y0 口输出，电机的转向信号由 Y4 口输出。如果当前位置值小于 K25000，Y4 口输出为 ON，电机正转到 K25000 处；如果当前位置值大于 K25000，Y4 口输出为 OFF，电机反转到 K25000 处。电机的转向无须编制程序，由指令自动完成。

2. 指令应用

1）运行模式分析

定位指令 DRVI 和 DRVA 都可以用来进行定位控制，其不同点在于 DRVI 是用于相对于当前位置的移动量来表示目标位置，而 DRVA 是用相对于原点的绝对位置值来表示目标位置。它们的运行模式、运行速度要求、指令的驱动和执行及相关软元件基本一致。请参见 DRVI 指令介绍，这里就不再赘述。

由于目标位置的表示方法不同，因此，它们的差异在于确定电机转向的方法也不同，DRVI 指令是通过输出脉冲数量的正、负来决定电机的转向。而 DVIA 指令的输出脉冲数量永远为正值，电机的转向则是通过与当前值比较后确定的。也就是说，应用 DRVI 指令时，必须在指令中说明电机转向，而应用 DRVA 指令时，则无须关心其转向的确定，只需关心目标位置的绝对数值，但不管是 DRVI 指令还是 DRVA 指令，一旦参数确定，电机的方向信号（D2）都是指令自动完成的，不需要在程序中另行考虑。

对 DRVA 指令来说，还有一点与 DRVI 指令不同的是，DRVI 指令中所指定的脉冲数量

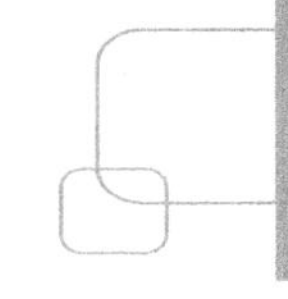

也就是 PLC 输出的数量，而 DRVA 指令中所指定的数量不是 PLC 实际发出脉冲的数量，其实际输出脉冲数是与指令驱动前当前值寄存器（D8141,D8140 或 D8143,D8142）相运算的结果。

2）指令的驱动和执行

指令驱动后，如果驱动条件 OFF，则将减速停止，但完成标志位 M8029 并不动作（不为 ON），而脉冲输出中监控标志位（M8147 或 M8148）仍为 ON 时，不接受指令的再次驱动。

如果在指令执行中改变指令的操作内容，这种改变不能更改当前的运行，只能在下一次执行时才生效。

指令在执行过程中，如果 S1 大于当前值，则电机正转，当前值寄存器数值增加，如果 S1 小于当前值，则电机反转，当前值寄存器数值减小。

13.3.4　绝对位置数据读取指令 ABS

1. 指令格式

FUN 155:【D】ABS　　　　程序步：13

可用软元件见表 13-13。

表 13-13　ABS 指令可用软元件

操作数	位元件				字元件									常数	
	X	Y	M	S	KnX	KnY	KnM	KnS	T	C	D	V	Z	K	H
S.	●	●	●	●											
D1.		●	●	●											
D2.						●	●	●	●	●	●	●	●		

梯形图如图 13-33 所示。

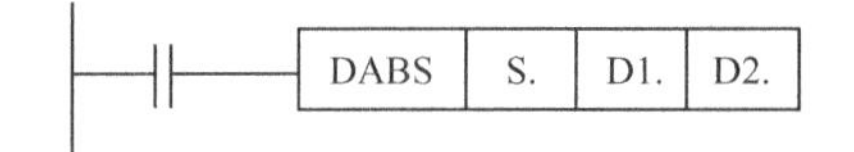

图 13-33　ABS 指令梯形图

操作数内容与取值如下：

操作数	内容与取值
S.	来自伺服驱动器输出控制信号指定输入口首址，占用 3 点
D1.	向伺服放大器输出控制信号的指定输出口首址，占用 3 点
D2.	PLC 保存绝对位置数据的存储地址

解读：当驱动条件成立时，将在伺服驱动器中保存的绝对位置数据通过输入，输出控制信号以通信方式传送到 PLC 的存储地址 D 中。

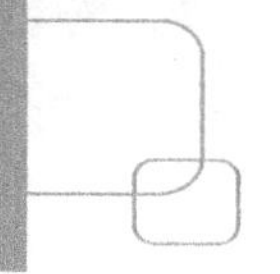

2. 指令应用

1）ABS 数据读取方式分析和指令应用说明

ABS 指伺服定位控制中的绝对编码器位置数据，即伺服控制中、运动中所在的位置数据，它被保存在当前值寄存器中。什么是 ABS 数据读取呢？就是当系统发生停电和故障时，运动会停在当前位置，而 PLC 中当前值寄存器已被清零，这样，在再次通电后，就希望能把运动当前绝对位置数据重新送回 PLC 的当前值存储器中，而取消所必需的回原点操作。

绝对编码器所发出的是一组二进制数的编码信号（纯二进制码或格雷码等）。因此，只要记下编码器的运转圈数（对零脉冲信号计数）和当前的编码值，就可以知道其绝对位置数据。而利用增量编码器也可以记录绝对位置数据，其所要记下的是编码器的圈数和相对于零脉冲的增量脉冲数，这种方式又称为伪绝对编码器。在目前定位控制中，三菱电机的伺服电机带有的都是增量编码器，因而采用的绝对位置数据读取就是这种伪绝对编码器方式。

ABS 数据在伺服驱动器通电后应立即传送到 PLC 的当前值寄存器中，这种传送是通过通信方式进行的，三菱 FX 系列 PLC 是通过绝对位置读取指令来完成 ABS 数据读取通信过程的。

ABS 数据的读取是在伺服驱动器与 PLC 之间进行的，而通信方式的读取是通过一系列 ON/OFF 控制的信号的时序完成的。ABS 指令必须对上述读取过程提出一定的外部设备连接和 ABS 指令应用要求，因此，ABS 指令实际上和 IST 指令、ROTC 指令一样，是一种应用宏指令。只有在符合 ABS 指令的应用条件下，才能通过指令完成 ABS 数据的读取功能。

什么是 ABS 指令的应用条件呢？

（1）ABS 指令是针对三菱 MR-H，MR-J2 和 MR-J3 型等伺服驱动器开发的，因此，也仅适用上述型号伺服驱动器。

（2）所应用的伺服电机必须带有增量式编码器。

（3）ABS 数据是通过内置电池保存在编码器计数器中，因此，驱动器必须配置相应的电池选件。如果没有电池选件，则编码器不能构成伪编码器方式，也不能保存 ABS 数据。

（4）按照有关驱动器的连接要求，对 PLC 与驱动器之间的输入，输出控制信号线进行正确连接。

（5）按照 ABS 数据传送要求，设置驱动器的相关参数为使用绝对位置系统。

（6）编写 ABS 数据读取程序。

综上所述，ABS 指令的应用涉及到伺服驱动器的硬件、软件知识，由于篇幅限制，关于 ABS 指令应用对驱动器的要求这里不作进一步阐述。读者可参见伺服驱动器的使用手册，和其他相关资料。

2）伺服驱动器与 PLC 的连接

ABS 指令的地址 S 和 D1 所占用的输入三点和输出三点是和伺服驱动器的 I/O 端点相连的，现以 FX_{1S}-20MT 和 MR-J2-A 型伺服驱动器接线为例说明，其接线如图 13-34 所示。

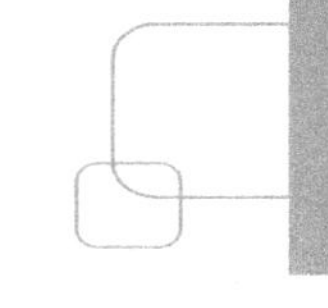

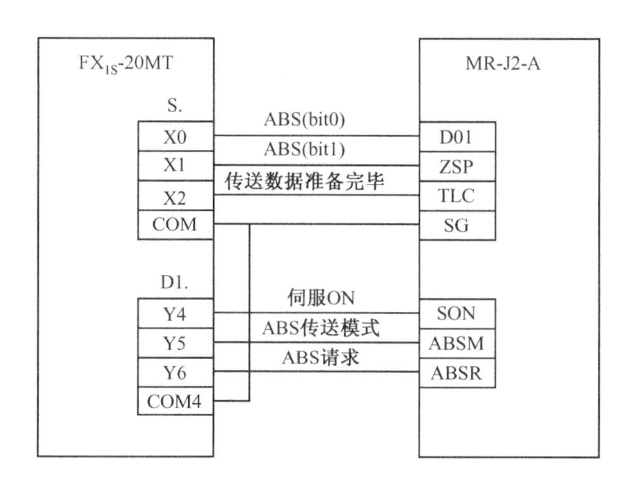

图 13-34　ABS 指令格式

3）ABS 指令绝对位置数据读取程序

典型的 ABS 指令读取程序如图 13-35 所示。

```
     M8000
0 ──┤ ├──┬──────────────────────[DABS   X010   Y010   D8140 ]
         │                  将ABS数值读出到当前值寄存器D8141, D8140
         │   M1                                          K50
         ├──┤/├─────────────────────────────────────( T0   )
         │                                       设读出超时为5s
         │   T0
         ├──┤ ├─────────────────────────────────────(M10   )
         │                                          超时告警
         │   M8029
         └──┤ ├───────────────────────────────[SET    M1   ]
                                                    读出结束
```

图 13-35　ABS 指令绝对位置数据读取程序

由于 PLC 向伺服驱动器读取 ABS 数据，因此，在两者通电顺序上，驱动器要优先于 PLC 上电，至少要同时上电，设计电源电路要注意这一点。

当 PLC 直接与驱动器相连时，指令的读取存储地址为当前值寄存器，因此，通常指定为 D8140 或 D8142。但如果 PLC 通过 1PG，10PG 与驱动器相连时，则应先将 ABS 数据读到某个数据寄存器中（如 D101,D100），再通过特殊模块写指令 TO 将 ABS 数据送到 1PG 或 10PG 相应的当前值缓冲存储器中。

由于 PLC 与伺服放大器的通信发生问题时，不能作为错误被检测，所以，程序中设计了超时判断通信是否正常的程序。当 ABS 数据读取完毕后，执行完成标志位 M8029 置 ON。

3. 指令应用注意

（1）在读取过程中，驱动条件为 OFF 时，读取操作将被中断。读取完毕后，驱动仍然要保持为 ON，如果读取完毕后，驱动置于 OFF，则伺服 ON 信号（SON）变为 OFF，伺服将不工作。

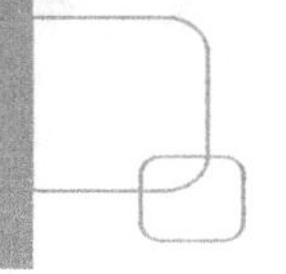

（2）本指令为32位指令，应用时请务必输入DABS。

（3）虽然可以通过ABS指令读出ABS数值（包括0在内），但设备初始运行时，也要进行一次原点回归操作，并对伺服电机给出清零信号，以保证绝对编码器的零信号与实际原点一致。

13.4 定位控制举例

13.4.1 步进电机定位控制

步进电机和伺服电机是目前最常用的两种定位控制执行器。步进电机是一种将电脉冲信号转换成相应的角位移和线位移的控制电机。给步进电机的定子绕组输入一个电脉冲信号，转子就转过一个角度（步距角）或前进一步。若连续输入脉冲信号，则转子就一步一步地转过一个一个角度，故称为步进电机。只要了解步距角的大小和实际走的步数，根据其初始位置，便可知道步进电机的最终位置，因此，广泛地用于定位系统中。

步进电机的运动方向与其内部绕组的通电顺序有关，改变输入脉冲信号的相序就可以改变电机转向。转速则与输入脉冲信号的频率成正比。改变脉冲信号的频率就可以在很宽的范围内改变电机转速，并能快速启动、制动和反转。

PLC控制步进电机运动常见的有下面两种控制方式：PLC直接输出脉冲控制和PLC通过步进电机驱动器进行控制。

1. PLC直接输出脉冲信号控制

这种控制方式是PLC的输出口Y直接和电机相连。图13-36为PLC与一个三相步进电机的连接图。

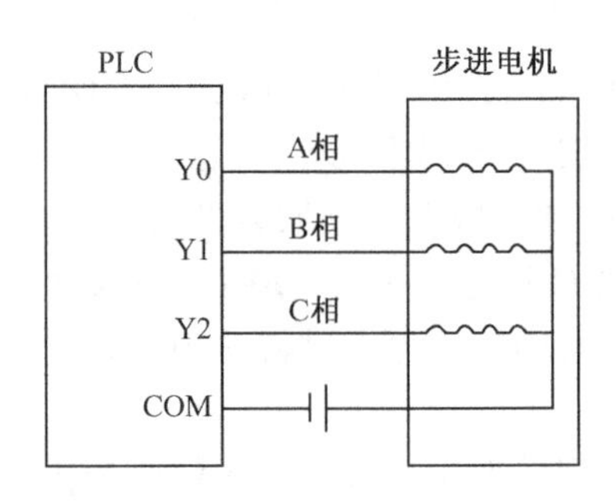

图13-36　PLC与步进电机连接示意图

这种方式下，PLC必须通过编制程序使PLC的脉冲输出口Y1,Y2,Y3的脉冲输出时序符合三相步进电机的旋转要求，例如，三相六拍步进电机要求的输出节拍是A-AB-B-BC-C-CA-A…本书第10章10.3.2节中例6和第15章15.2.2节中例2给出利用功能指令编制的程序。但是，这种控制方式不适用于精度较高的定位控制，在定位控制中也不常用，这里不作进一步介绍。

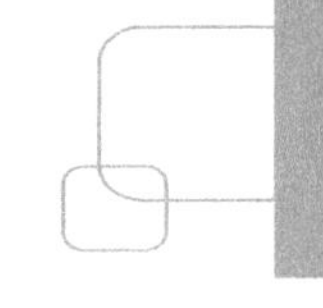

2. PLC 通过步进电机驱动器控制

一般情况下，PLC 是通过步进电机驱动器去控制步进电机的运行的，如图 13-2 所示。步进电机驱动器是一个集功率放大、脉冲分配和步进细分为一体的电子装置。它把 PLC 发出的脉冲信号转化为步进电机的角位移。这时 PLC 只管发出脉冲，通过控制脉冲的频率对步进电机进行精确调速，通过方向信号对步进电机进行换向。而且，三菱 FX 系列的脉冲输出指令 PLSY,PLSR 和定位指令 ZRN,DRVI,DRVA 均可应用，这对步进电机的定位控制程序编制带来了很大的方便。

图 13-37 是一个二相步进驱动器与 PLC 的连接示意图。

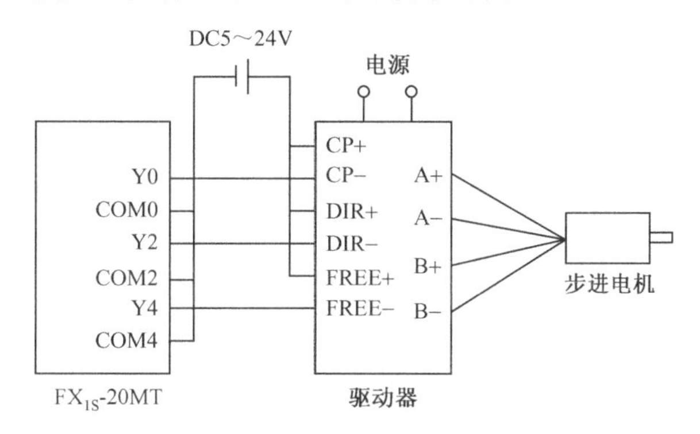

图 13-37　PLC、驱动器与步进电机连接示意图

图 13-37 中：

CP：步进脉冲信号。

DIR：步进方向信号。

FREE：脱机信号。

关于脱机信号与步进电机驱动器的细分知识请参考步进电机的相关资料。

【例 1】 PLC 通过步进电机驱动器控制步进电机运行的连接如图 13-37 所示。假设电机一周需要 1000 个脉冲，试编制如下控制步进电机运行程序。

控制要求：电机运转速度为 1r/s，电机正转 5 周，停止 2s。再反转 5 周，停止 2s，再正转 5 周……如此循环，直到按下停止按钮。

分析：

电机运行频率为 1r/s=1 000/s，频率为 K1 000。为了减少步进电机的失步和过冲，采用 PLSR 指令输出脉冲。指令的各操作数设置：输出脉冲最高频率为 K1000，输出脉冲个数为 K1 000×5=K5 000，加减速时间为 200ms，脉冲输出口为 Y0，Y2 为方向控制，其 ON 为正转，OFF 为反转。

程序编制时，由于 PLSR 指令在程序中只能使用一次，所以采用步进指令 SFC 设计。程序梯形图如图 13-38 所示，X2 为暂停按钮，其按下后，SFC 块中正在运行的状态继续运行，输出也得执行，但不发生转移。当又按下 X2 后，程序从下一个状态继续运行，而 X1 为停止按钮，其按下后，程序运行完反转 5 周后停止。M8029 为指令执行完成标志特殊辅助继电器，其作用在下节中阐述。

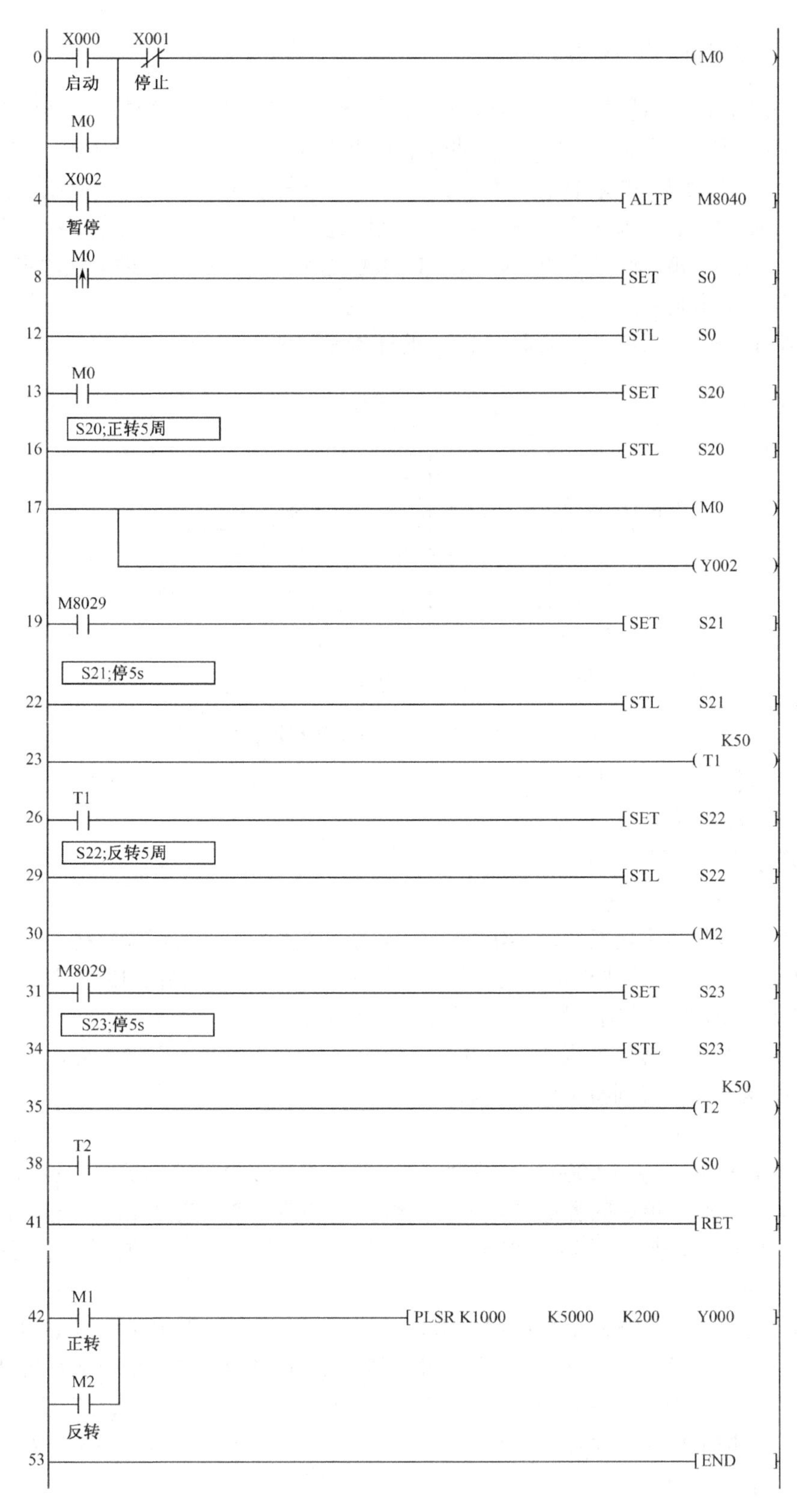

图 13-38 例 1 程序梯形图

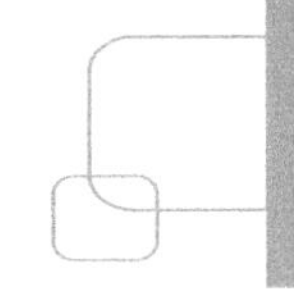

13.4.2　定位控制指令程序样例

定位控制有单轴（一个电机）和多轴（多个电机）之分，从控制角度来看，多轴不过是多个单轴的联合动作。因此，弄清楚定位指令在单轴运动的作用是定位控制程序编制的基础。下面仅就单轴定位控制中的一些问题进行讨论。

1. M8029 在程序中的应用

1）功能与时序

M8029 是指令执行完成标志特殊继电器，其功能是当指令的执行完成后，M8029 为 ON，其时序如图 13-39 所示。从图中可以看出，M8029 仅在指令执行完成后的一个扫描周期里接通（MTR 指令例外，参见第 10 章 10.6.2 节图 10-55）。

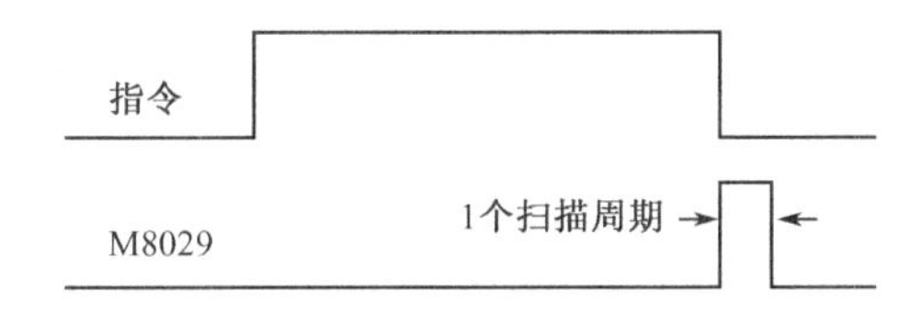

图 13-39　M8029 时序图

M8029 并不是所有功能指令的执行完成后标志，而仅是表 13-14 所示指令的执行完成标志。

表 13-14　特殊继电器 M8029 适用指令

指 令 分 类	适 用 指 令
数据处理	MTR,SORT
外部 I/O 设备	HKY,DSW,SEGL
方便	INCD,RAMP
脉冲输出	PLSY,PLSR
定位	ZRN,DRVI,DRVA,ABS

综观这些指令，它们的共同特点是指令的执行时间较长，且带有执行时间的不确定性。如果要想知道这些指令什么时候执行完毕，或者程序中某些数据处理或驱动要等指令执行完毕才能继续，这时，M8029 就可以发挥其功能作用。

M8029 仅在指令正常执行完成后才置 ON，如果指令执行过程中，因驱动条件断开而停止执行，则 M8029 不会置 ON，应用中必须注意这点。

2）在程序中的位置

由于 M8029 是多个指令的执行完成标志，当程序中有多个指令需要利用 M8029 时，每一个指令的标志是不相同的，因此，M8029 在程序中的位置就比较重要，试看下面图 13-40 的梯形图程序。

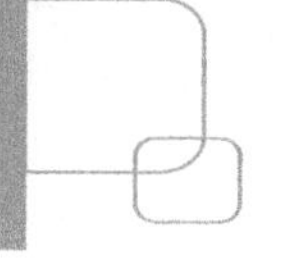


```
    M8000
0  ─┤ ├──────────────[DSW   X000   Y010   D10   K1 ]
    M8029①
10 ─┤ ├──────────────[MUL   D10    K10    D20      ]
    M0
18 ─┤ ├──────────────[PLSY  K1000  D20    Y000     ]
    M8029②
26 ─┤ ├──┬───────────[RST   M0                     ]
         └───────────[SET   Y020                   ]
```

图 13-40　M8029 错误位置程序梯形图

图 13-40 中，程序编制者的本意是 DSW 指令执行后，进行乘法运算，然后执行完指令 PLSY 后，输出 Y020，但实际运行时，DSW 指令执行完成后两个 M8029 指令同时 ON，Y020 已经有输出，这是错误一。第一个 M8029 作为 MUL 的驱动条件，MUL 指令可以在一个扫描周期里完成，但如果为脉冲输出和定位指令的驱动条件，由于这些指令不可能在一个扫描周期内完成，程序运行就会发生错误，这是错误二。

正确的程序是图 13-41，也可如图 13-42 所示那样。

```
    M8000
0  ─┤ ├──┬───────────────[DSW   X000   Y010   D10   K1 ]
         │  M8029
         └─┤ ├───────────[MUL   D10    K10    D20      ]
    M0
18 ─┤ ├──┬───────────────[PLSY  K1000  D20    Y000     ]
         │  M8029
         └─┤ ├──┬────────[RST   M0                     ]
                └────────[SET   Y020                   ]
```

图 13-41　M8029 正确位置程序梯形图一

```
    M8000
0  ─┤ ├──┬───────────────[DSW   X000   Y010   D10   K1 ]
         │  M8029
         └─┤ ├───────────[SET   M100                   ]
    M0
12 ─┤ ├──┬───────────────[PLSY  K1000  D20    Y000     ]
         │  M8029
         └─┤ ├──┬────────[RST   M0                     ]
                └────────[SET   M102                   ]
    M100
23 ─┤ ├──────────────────[MUL   D10    K10    D20      ]
    M102
31 ─┤ ├──────────────────(Y020                         )
```

图 13-42　M8029 正确位置程序梯形图二

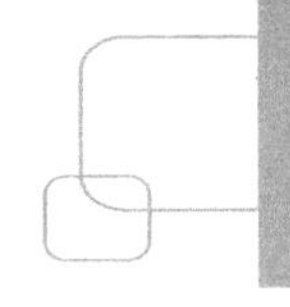

在程序编制中，M8029 的正确位置就是紧随其指令的正下方。这样，M8029 标志位随各自的指令而置 ON。

M8029 在程序中的作用是在一个指令执行完成后可以用 M8029 来启动下一个指令，完成一个驱动输出和进行必要的数据运算。

2. 定位控制指令程序样例

在单轴的定位控制中，不管运动多么复杂，其总是由一段一段的运动所衔接而成，类似于步进指令 SFC 程序，对每一段运动，可以用一条指令来完成。单轴的定位控制就是由一个一个的定位指令控制程序和完成其他控制要求的程序组合而成。在讲解定位控制样例时，不考虑控制系统的其他要求，单就定位指令的应用进行讨论。

图 13-43 为定位指令的典型应用程序，每一个定位指令后的 M8029 先复位本指令驱动条件，再驱动下一个定位指令。

```
    M10
0 ──┤ ├──┬──────────────────────[ 定 位 指 令 1 ]
         │ M8029
         └─┤ ├──┬───────────────[RST  M10 ]
                │                    自复位
                └───────────────[SET  M11 ]
                               驱动下一条定位指令
    M11
21──┤ ├──┬──────────────────────[ 定 位 指 令 2 ]
         │ M8029
         └─┤ ├──┬───────────────[RST  M11 ]
                │                    自复位
                └───────────────[SET  M12 ]
                               驱动下一条定位指令
```

图 13-43　定位控制指令程序样例一

在定位控制中，也经常采用步进指令 SFC 程序设计方法，这时，每一个状态执行一条定位指令，当状态发生转移时，上一个状态元件是自动复位的。因此，可直接利用 M8029 进行下一个状态的激活。但是，由于 SFC 程序，在进行状态转换时，有一个扫描周期是两种状态都处于激活的状态的，这就发生了同时驱动两条定位指令的错误，为避免这种情况，可利用 PLC 扫描数据集中刷新的特点，设计程序使下一条定位指令延迟一个扫描周期驱动。程序如图 13-44 所示。状态转移期间，S21 和 S22 都会激活，M31 也同时接通，但是其相应触点要等到状态转移扫描周期结束后到下一个扫描周期才接通，这就避免了定位指令 2 与定位指令 1 同时驱动的情况。

13.4.3　伺服电机定位控制

【例 2】　图 13-45 为利用定位指令编制的工作台循环往复运动的控制程序。

程序中，X10 启动按钮，X11 停止按钮，X12 急停按钮。

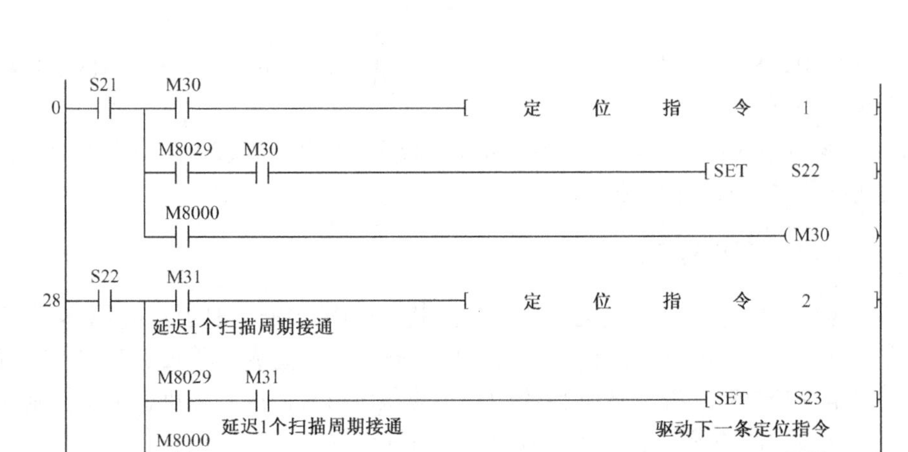

图 13-44　定位控制指令程序样例二

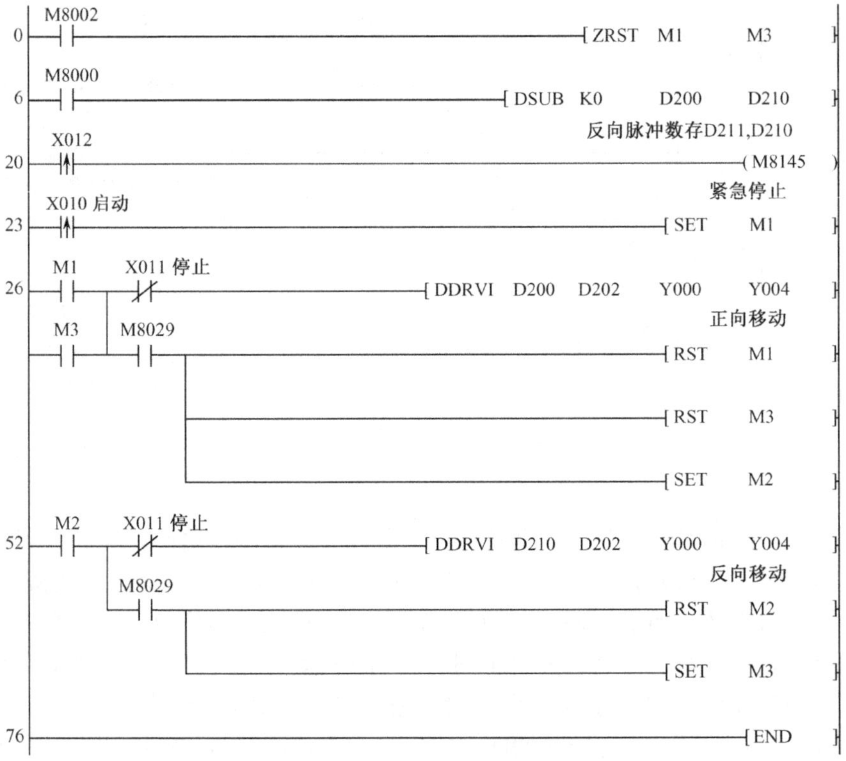

```
0   M8002 ──────────────────────────── [ZRST  M1    M3]
6   M8000 ──────────────────────────── [DSUB  K0    D200  D210]
                                        反向脉冲数存D211,D210
20  X012(↑) ───────────────────────── (M8145)
                                        紧急停止
23  X010启动(↑) ───────────────────── [SET   M1]
26  M1 ─┬─ X011停止(常闭) ──────────── [DDRVI D200  D202  Y000  Y004]
    M3 ─┘                               正向移动
         └─ M8029 ─┬────────────────── [RST   M1]
                   ├────────────────── [RST   M3]
                   └────────────────── [SET   M2]
52  M2 ─┬─ X011停止(常闭) ──────────── [DDRVI D210  D202  Y000  Y004]
        │                               反向移动
        └─ M8029 ─┬─────────────────── [RST   M2]
                  └─────────────────── [SET   M3]
76  ─────────────────────────────────── [END]
```

图 13-45　往复运动定位控制程序

最后，举一个定位控制实例。

【例 3】　图 13-46 为一个定位运行控制示意图，要求编制能单独进行原点回归、点动正转、点动反转、正转定位和反转定位控制的程序。

1）控制要求

（1）正转定位和反转定位使用绝对位置定位指令编写。

（2）输出频率为 100kHz，加减速时间为 200ms。

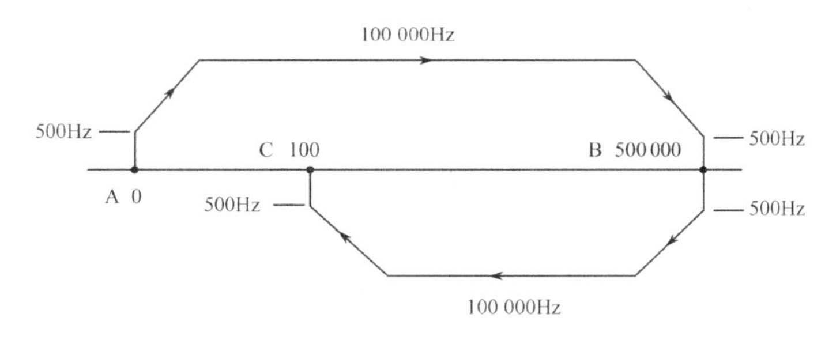

图 13-46　例 3 定位运行控制示意图

2）电路连接与 I/O 地址分配

PLC 与伺服驱动器的连接如图 13-47 所示，图中仅画出 PLC 与伺服驱动器之间的相关连接。PLC 的其余部分接线和伺服驱动器的其余部分接线均未画出。同时，伺服驱动器还必须进行参数设置，这里也不进行介绍，读者可参看其他相关资料。

由图中可以看出，输入口信号除 X6 为近点信号供原点回归外，其余输入信号均为按钮操作，也就是说各个定位控制操作均是独立的。

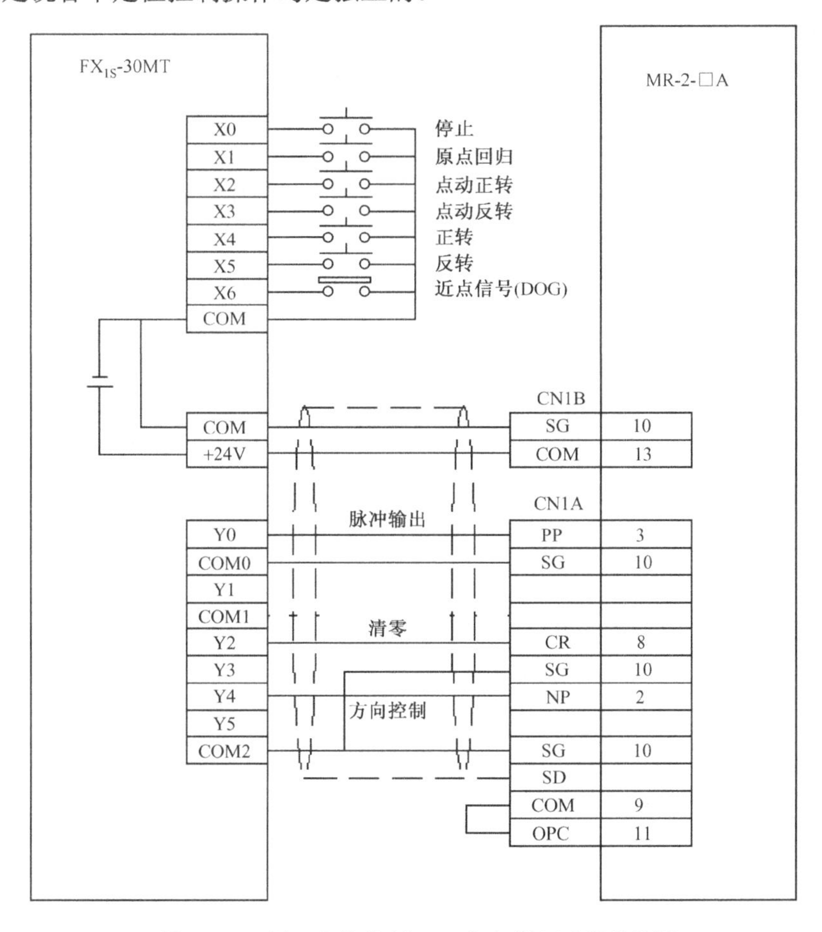

图 13-47　例 3 定位控制 PLC 与伺服驱动器接线图

3）程序梯形图与说明

定位控制程序梯形图如图 13-48 所示。必须说明是，程序中虽然使用了状态元件 S，但它不是步进指令 SFC 程序，在这里状态元件 S 仅作为一般继电器使用。如果采用步进指令 STL 编程，则在程序结束指令前必须加步进结束指令 RET。但就是采用步进指令 SFC 编程，程序中也没有状态转移发生，5 个定位控制是互相独立的，因此，可以说这仅仅是一个演示程序，演示 5 种定位控制动作过程。

程序中的相关说明如下：

※1 M5 的作用是如果有一个控制动作在进行，按下其他按钮是无效的，形成互锁。

※2 如果最高速度和加减速时间为初始值，就不需要该段初始化程序。

※3 M10，M12，M13 为定位指令执行完成标志位，可以用来驱动其他控制程序段。

※4 原点回归指令 ZRN 的最高速度为 50kHz，爬行速度为 5kHz，其基底速度为初始值 0，如欲另设基底速度，可在初始化中将设定值送到 D8145。

※5 自复位程序。M8147 为运行监视继电器，定位控制指令运行中，其常闭触点断开，运行结束后，接通进行自复位。但在正常情况下，应该采用 M8029 进行自复位，而不采用 M8147 进行自复位，因为 M8147 是紧随指令驱动而驱动的，当 M8147 未驱动时，不能确认定位指令是没有运行还是运行刚结束，而 M8029 则是执行结束标志，功能非常确定。

※6 点动正转利用相对定位指令完成。当发出脉冲数最大 K999999，保证能够点动到位。如果 K999999 还不能到位，必须再次进行点动操作。注意，点动指令是按住就动，松开就停，因此，在指令前串接 X2 或 X3。

※7 正转定位为执行到 B 点（500000 处）控制，绝对位置定位指令仅说明，执行结果为 B 点，与起点无关，本程序图示为从原点 A 到 B 点，显示正转，同样，反转定位为执行到 C 点（100 处），程序图示是从 B 点到 C 点，显示反转。

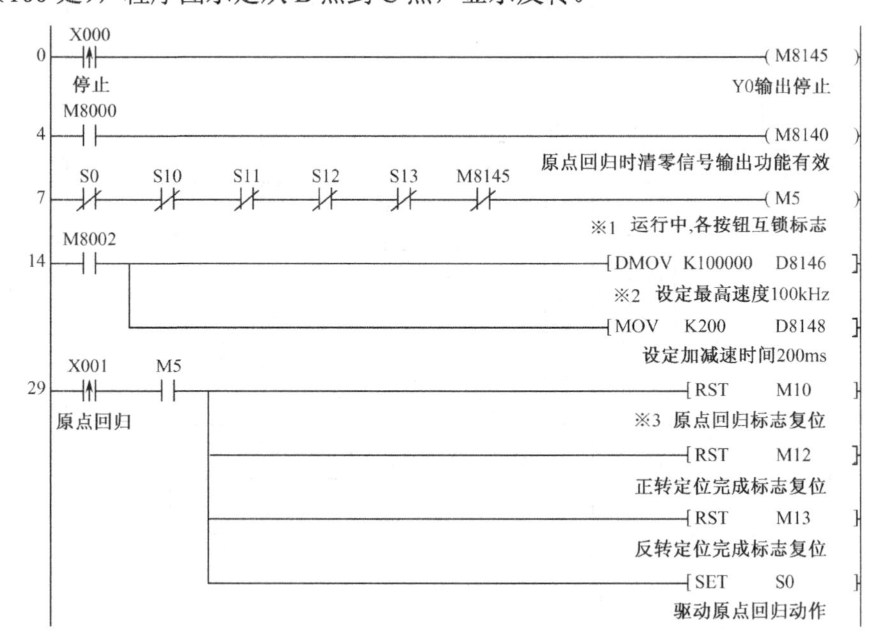

图 13-48 定位控制程序梯形图驱动原点回归动作

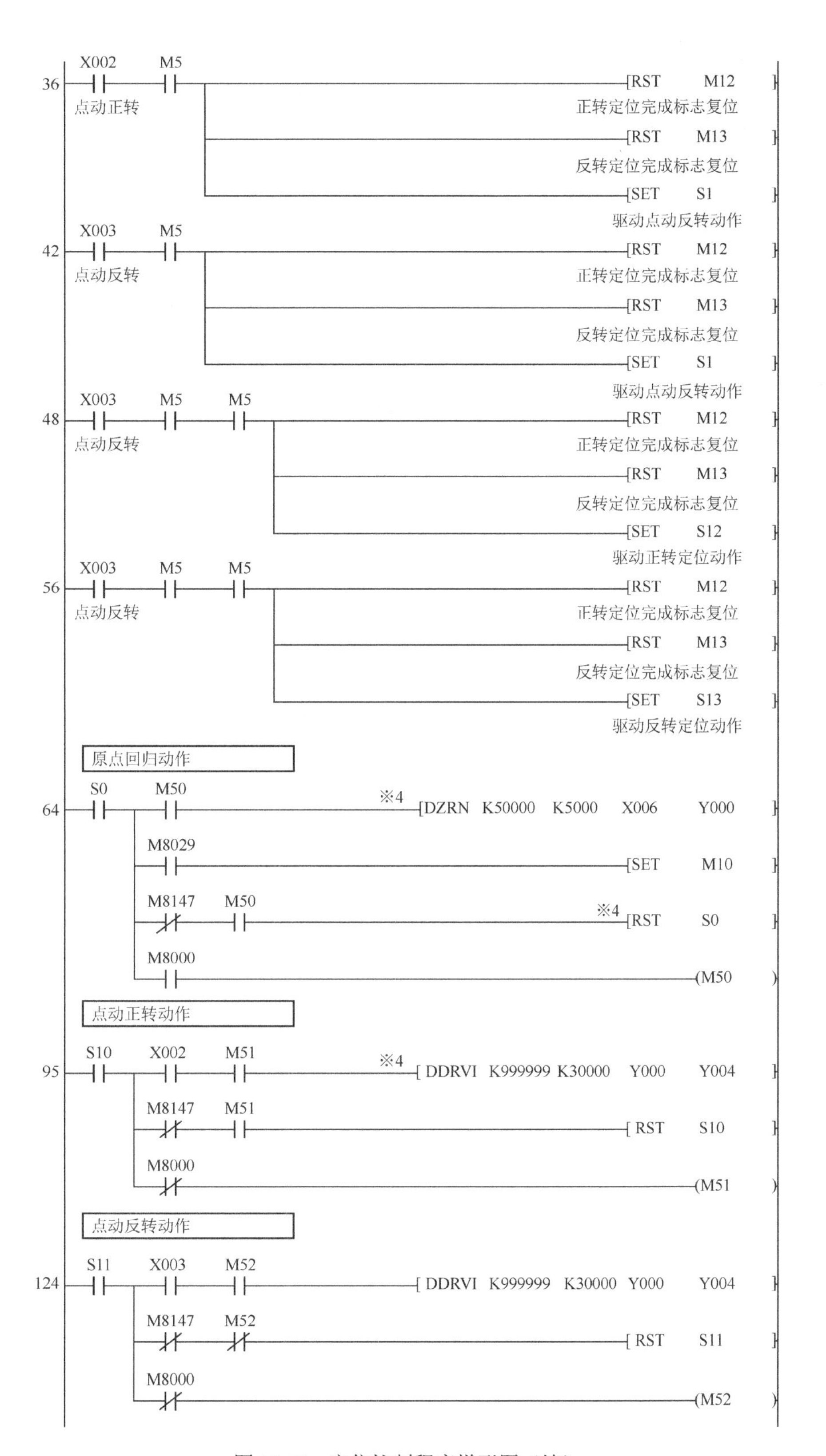

图 13-48　定位控制程序梯形图（续）

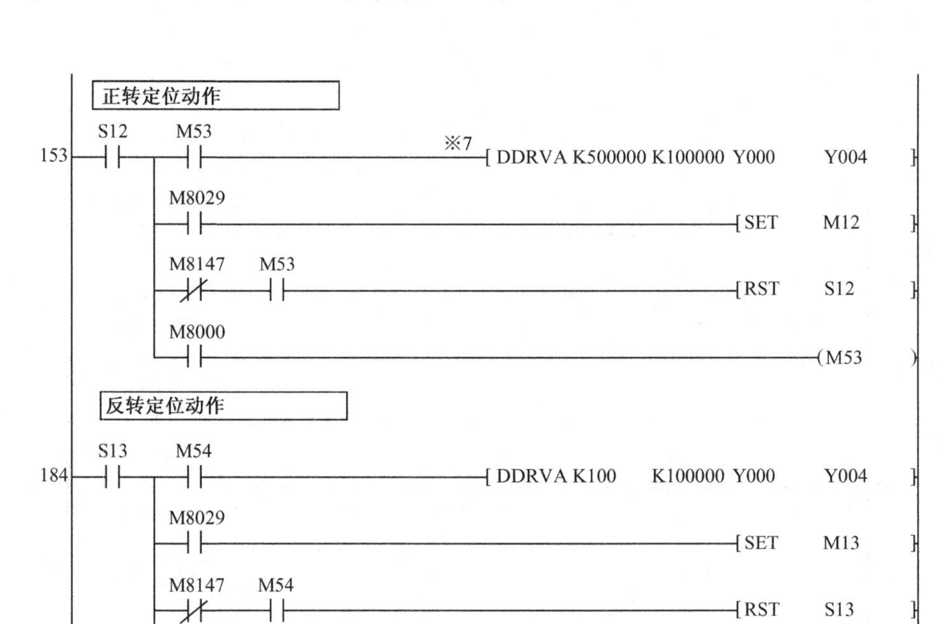

图 13-48　定位控制程序梯形图（续）

第 14 章　变频器通信指令

利用串行数据传送指令 RS 进行 PLC 和变频器通信的缺点是程序编制复杂，程序容量大，占用内存多，易出错，难调试。仿照特殊功能模块读写指令 FROM 和 TO 直接对特殊功能模块进行读写的形式，直接用指令对变频器的运行和参数的读写进行通信控制，而不去编制复杂的通信程序。变频器通信指令就是在这种情况下推出的。目前，已逐渐被越来越多的 PLC 生产厂家所采用。

14.1　通信指令应用预备知识

变频器通信指令较早是在台达 PLC 上出现的，针对其 A 系列变频器编制了“正转”“反转”“停止”“状态读取”4 个变频器专用通信指令，后来又增加了 MODRD 和 MODWR 两个专门进行变频器参数读写的指令。在与变频器通信控制中，运用专用通信指令特别方便，不需要考虑数据传送及回传地址，不需要考虑码制转换，程序编制也非常简单。

在 2005 年，三菱是在 FX 系列 PLC 的新产品 FX_{3U} PLC 及 FX_{3UC} PLC 中出现了变频器通信专用指令，但对市场占有率最高的产品 FX_{2N} PLC 却不能支持。为了弥补这个缺陷，三菱为 FX_{2N} PLC 和 FX_{2NC} PLC 做了补充程序的 ROM 盒，并开发了 4 条变频器通信指令，使 FX_{2N} PLC 也能够应用变频器专用指令进行通信控制。

变频器通信指令由于受到通信协议的限制，它们并不是对所有品牌变频器都适用的。一般地说，某品牌 PLC 的变频器通信指令仅能对该品牌的变频器进行通信控制，而不能对其他品牌的变频器进行通信控制。三菱 FX 系列 PLC 也不例外。这一点是和利用 RS 指令编制程序对变频器进行通信控制是不同的。FX_{2N} PLC 利用 RS 指令可以和有 RS-485 标准接口的任何品牌变频器进行通信控制。

14.1.1　技术支持及应用范围

1. 软件技术支持及版本确认

三菱开发的变频器通信指令其应用是有一定的技术支持条件的。首先，它只支持 FX_{2N} PLC 和 FX_{2NC} PLC，而对 FX_{1S} PLC 和 FX_{1N} PLC 是不支持的。其次，就是 FX_{2N} PLC 和 FX_{2NC} PLC 也不是所有版本的都支持，仅支持版本为 Ver3.00 及以上的 FX_{2N} PLC 和 FX_{2NC} PLC，低于 Ver3.00 的版本是不支持的。如果使用手持编程器或编程软件对 PLC 进行编程输入，它们的版本也是有要求的，见表 14-1。

表 14-1　软件技术支持

支持机型	FX_{2N},FX_{2NC}	
软件支持	机型	FX_{2N},FX_{2NC}：Ver.3.00 以上
	手持编程器	FX-20P：Ver.5.10 以上
	编程软件	GX Developer：Ver.7.0 以上 FXGP/Win：Ver.4.2 以上

因此，使用前，必须首先检查所使用的 PLC、手持编程器及编程软件的版本，看是否在技术支持范围内。

如何进行支持机型的版本确认呢？有两种方法。

1）监控特殊寄存器 D8001

可以通过监控特殊寄存器 D8001 的内容（十进制数）来确认 PLC 的版本，如图 14-1 所示。

2）阅读制造编号（贴于右侧面）

可以通过产品正面右侧标签上的“SERIAL”中记载的编号来确认，如图 14-2 所示。

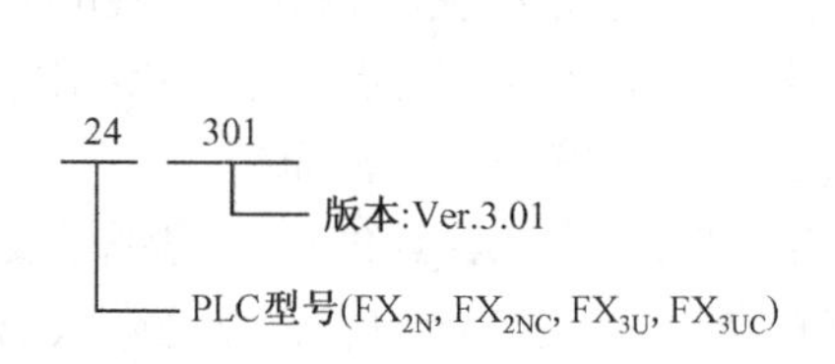

图 14-1　D8001 显示版本信息

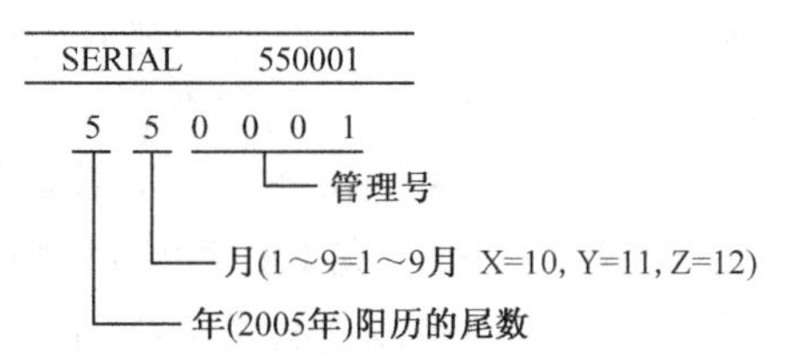

图 14-2　标签显示生产年月

凡 2001 年 5 月以后生产的（编号 15****）均确认。

2. 硬件支持

在硬件上，要在 FX_{2N} 或 FX_{2NC} 的基本单元上增加功能扩展用存储器盒和通信设备选件，其组合模式见表 14-2。

表 14-2　硬件技术支持

PLC	硬件支持组合模式	通信距离
FX_{2N}	(FX_{2N}-ROM-E1)+(FX_{2N}-485-BD)	50M
	(FX_{2N}-ROM-E1)+(FX_{2N}-CNV-BD)+FX_{2NC}-485ADP	500M
FX_{2NC}	(FX_{2NC}-ROM-CE1)+(FX_{2NC}-485ADP)	500M

注：（1）FX_{2N}-ROM-E1：FX_{2N} 内置功能扩展用存储器盒。

（2）FX_{2NC}-ROM-CE1：FX_{2NC} 内置功能扩展用存储器板。

（3）FX_{2N}-485BD：RS-485 通信功能扩展板。

（4）FX_{2NC}-485ADP：RS-485 通信特殊适配器。

（5）FX_{2N}-CNV-BD：特殊适配器功能扩展板。

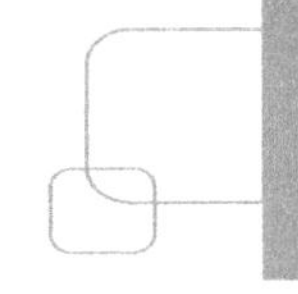

3. 通信规格和可应用变频器

采用变频器通信指令进行变频器通信控制时，其通信规格见表 14-3。

表 14-3　三菱变频器通信规格

项　目	规　格	备　注
连接台数	最大 8 台	
传送规格	RS-485 标准	
最大距离	485APD：500M 以下 485BD：50M 以下	根据所用的通信设备不同，距离也发生变化
通信协议	三菱变频器专用通信协议	
控制顺序	启停同步	
通信方式	半双工双向	
波特率	4800/9600/19200bps	选其中之一
字符格式	ASCII	
起始位	无	
数据位	7 位	
奇偶校验	偶校验	
停止位	1 位	

变频器通信指令所能通信控制的变频器也受到限制，并不是所有三菱系列的变频器都可以应用，仅限于 A500 系列、E500 系列和 S500 系列变频器，其他的 500 系列及 700 系列变频器均不能应用。

14.1.2　通信参数设定

在第 11 章 11.5.1 节中曾介绍过串行异步通信指令，变频器通信指令所采用的也是串行异步通信，其接口标准为 RS-485 接口标准。而通信格式则是 PLC 和变频器所必须共同遵守的通信约定，对变频器来说，就是其通信参数的设定，对 FX_{2N} PLC 来说，则是通信格式字的确定和写入。

1. 变频器通信参数设定

变频器通信参数必须在通信之前设定好，变频器通信参数一旦确定，PLC 的通信格式字也就确定。由于通信指令仅应用于 FR-S500、FR-E500、FR-A500 这 3 个系列的变频器，表 14-4、表 14-5、表 14-6 列出这 3 个系列变频器的通信参数供查用。

表 14-4　三菱变频器 S500 系列通信参数表

参数编号	参数名称	设定值	内　容
n1	变频器站号	00～31	最多可以连接 8 台

续表

参数编号	参数名称	设定值	内容
n2	波特率	48	4 800bps
		96	9 600bps
		192	19 200bps
n3	数据长度/停止位	10	数据长度 7 位，停止位 1 位
n4	奇偶校验	2	2：偶校验
n6	通信检查的时间间隔	—	通信检查终止
n7	设定等待时间	—	在通信数据中设定
n10	连接启动模式	1	计算机连接
n11	有无 CR,LF 指令	1	CR，有；LF，无
Pr79	运行模式	0	上电时外部运行模式

表 14-5　三菱变频器 E500 系列通信参数表

参数编号	参数名称	设定值	内容
Pr117	变频器站号	00～31	最多可以连接 8 台
Pr118	波特率	48	4 800bps
		96	9 600bps
		192	19 200bps
Pr119	数据长度/停止位	10	数据长度 7 位，停止位 1 位
Pr120	奇偶校验	2	2：偶校验
Pr123	设定等待时间	9 999	在通信数据中设定
Pr124	有无 CR,LF 指令	1	CR，有；LF，无
Pr79	运行模式	0	上电时外部运行模式
Pr122	通信检查的时间间隔	9 999	通信检查终止

表 14-6　三菱变频器 A500 系列通信参数表

参数编号	参数名称	设定值	内容
Pr117	变频器站号	00～31	最多可以连接 8 台
Pr118	波特率	48	4 800bps
		96	9 600bps
		192	19 200bps
Pr119	数据长度/停止位	10	数据长度 7 位，停止位 1 位
Pr120	奇偶校验	2	2：偶校验
Pr123	设定等待时间	9 999	在通信数据中设定
Pr124	有无 CR,LF 指令	1	CR，有；LF，无
Pr79	运行模式	0	上电时外部运行模式
Pr122	通信检查的时间间隔	9 999	通信检查终止

2．PLC 通信参数设定

PLC 通信参数设定是指通信格式字的写入。在进行通信前，首先要把通信格式字写入到

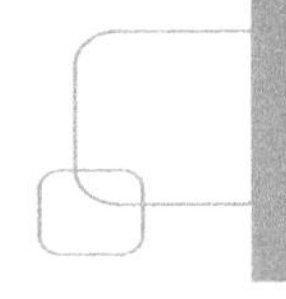

PLC 的特殊数据寄存器 D8120 中，写入的方法有两种。

1）利用 MOV 指令写入

采用这种方法，需要根据变频器的通信参数设置和三菱 FX 系列 PLC 的通信格式字的设置表（见表 11-23）写出通信格式字。详细写出过程请参看第 11 章 11.5.2 节串行数据传送指令 RS 中的讲解。这里不再赘述。然后，在程序中，编制程序行写入。

2）利用编程软件设定

这种方法是利用编程软件，填写通信参数（必须与变频器通信参数一致），然后，随着程序的写入，通信格式字也自动地写入到 D8120 中去，无须在程序中编制。

其具体方法：

（1）打开编程软件 GX。

（2）双击“工程列表”中之“参数”按钮。

（3）双击“参数”中之“PLC 参数”按钮。

（4）出现“FX 参数设置”对话框，单击“PLC 系统（2）”按钮。

（5）在“通信设置操作”打“✓”，填入正确地通信参数。

（6）单击“结束设置”按钮。操作完成。

14.1.3　通信功能相关软元件

1. 相关特殊辅助继电器

使用变频器通信指令通信控制变频器时，涉及的特殊辅助继电器见表 14-7。

表 14-7　通信功能相关特殊辅助继电器

编　号	名　称	内　容	R/W
M8029	指令执行结束	EXTR 指令执行结束时，一个扫描周期内为 ON，即使 M8156 为 ON，只要指令执行结束就为 ON	R
M8104	确认扩展 ROM 盒	按了扩展 ROM 时为 ON	R
M8154	不使用		R
M8155	正在使用通信口	正采用 EXTR 指令，只用通信时为 ON	R
M8156	通信出错或是参数出错	采用 EXTR 指令，发生通信出错时为 ON	R
M8157	通信出错的锁定	发生通信出错时为 ON，从 STOP 切换到 ON 时清除	R

2. 相关特殊数据寄存器

使用变频器通信指令通信控制变频器时，涉及的特殊辅助寄存器见表 14-8。

表 14-8　通信功能相关特殊数据寄存器

编　号	名　称	内　容	R/W
D8104	扩展 ROM 盒的种类代码	保存扩展 ROM 盒的代码（为 K1）	R

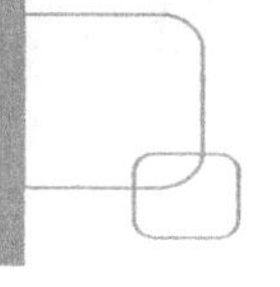

续表

编　号	名　称	内　容	R/W
D8105	扩展 ROM 盒的版本	保存扩展 ROM 盒的版本（如 K100=ver.1.00）	R
D8154	变频器的响应等待时间	设定变频器的响应等待时间	R/W
D8155	通信口使用中指令的步编号	保存正在使用通信口的 EXTR 指令的步编码	R
D8156	出错代码	采用 EXTR 指令，发生通信错误时，保存出错代码，从 STOP 切换到 RUN 时清除	R
D8157	发生错的步编码的锁存	发生通信出错时，指令的步编码号被保存，没有出错时为 K-1	R

相关软元件中，比较重要的有 3 个：

（1）M8029，这是指令执行结束的标志位。在程序中凡是在执行变频通信指令时，执行结束时为 ON，且维持一个扫描周期，若指令不执行，M8029 不予理睬。

（2）M8156，通信发生错误时为 ON，可利用它作为是否发生错误的指示，其出错代码存 D8156。

（3）D8120，通信格式字，在使用指令前必须首先设置。

14.2　变频器通信指令

14.2.1　变频器通信指令介绍

FX_{2N}（FX_{2NC}）PLC 与变频器之间采用 EXTR（FNC.180）指令进行通信，指令梯形图如图 14-3 所示。

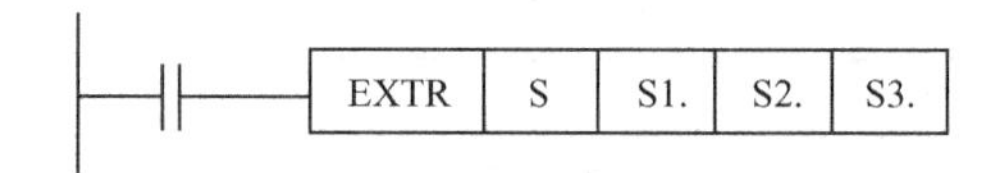

图 14-3　EXTR 指令梯形图

指令格式中各数据项说明如下：

1）功能编号 S

这是变频器通信指令的功能编号。

根据数据通信的方向分为 4 种类型的功能，编号为 K10～K13，见表 14-9。

表 14-9　变频器专用通信指令

功 能 号	助 记 符	编　号	操 作 功 能	通 信 方 向
FNC 180	EXTR	K10	变频运行监视	变频器→PLC
		K11	变频运行控制	PLC→变频器
		K12	变频器参数读出	变频器→PLC
		K13	变频器参数写入	PLC→变频器

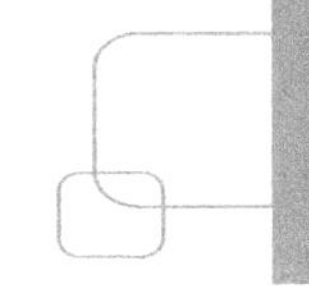

2）变频器站号 S1

三菱变频器通信规格（见表 14-3）规定了 PLC 与变频器应用通信指令进行通信控制时，最多可以连接 8 台变频器。当 PLC 与多台变频器连接时，必须对每台变频器设置通信地址，这就是变频器站号。编号为 K0～K31，可任意选取，但不能重复。当与某台变频器通信时，站号必须与变频器通信参数中所设置的站号一致。

3）变频器功能代码 S2

当 PLC 与变频器进行通信控制时必须要告诉变频器做什么？怎么做？而功能代码就表示做什么，即通信控制操作功能，它是由代码（2 位十六进制数）来表示的。每个代码所表示的操作功能是由三菱变频器专用通信协议规定的，三菱 500 系列变频器专用通信协议基本一致，仅在个别地方有些差异。

操作功能代码由两个表格组成：一个是“参数字址定义表”；另一个是“参数数据读出和写入指令代码表”。应用通信指令时，必须根据控制要求去查询相应的指令代码，再填入 S2 中。本书附录 F 和附录 G 供读者参考使用，其他系列变频器请参考相关使用手册。

4）操作数据 S3

操作数据是指通信指令的具体操作内容或其存储地址。当进行运行监视和参数读出时，是从变频器内取出数据传送到指定的 PLC 的数据寄存器 D 中（或组合位元件中），当进行运行控制和参数写入时，是将指定的数据值传送给变频器进行运行控制或修改相应参数的内容。

14.2.2　变频器运行监视指令 EXTR　K10

1. 指令格式

FNC 180：　EXTR　K10　　　　　　　　程序步：9

可用软元件见表 14-10。

表 14-10　EXTR　K10 指令可用软元件

操作数	位元件				字元件									常数	
	X	Y	M	S	KnX	KnY	KnM	KnS	T	C	D	V	Z	K	H
S1.											●			●	●
S2.											●			●	●
D.						●	●	●			●				

指令梯形图如图 14-4 所示。

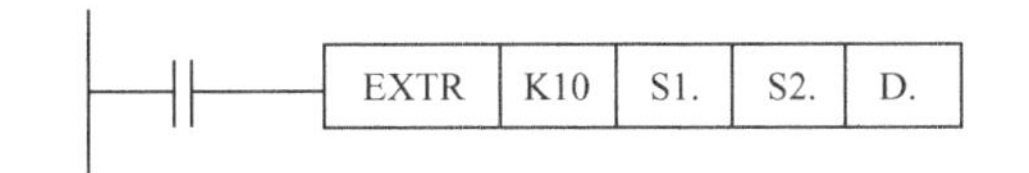

图 14-4　EXTR　K10 指令梯形图

操作数内容与取值如下：

操 作 数	内容与取值
S1.	变频器站号或站号存储地址，0～31
S2.	功能操作指令代码或代码存储地址，十六进制表示
D.	读出值的保存地址字软元件

解读：当驱动条件成立时，按指令代码 S2 的要求，将站址为 S1 的变频器的运行监视数据读到 PLC 的 D 中。

2. 指令应用

（1）变频器运行监视常用指令代码见表 14-11。

表 14-11 变频器运行监视常用指令代码

功能操作指令代码（十六进制）	读 出 内 容	对应变频器		
		A500	E500	S500
H7B	运行模式（内/外）	●	●	●
H6F	输出频率	●	●	●
H70	输出电流	●	●	●
H71	输出电压	●	●	—
H72	特殊监控	●	—	—
H73	特殊监控的选择编号	●	—	—
H74	异常内容	●	●	●
H75	异常内容	●	●	●
H76	异常内容	●	●	—
H77	异常内容	●	●	—
H7A	变频器状态监控	●	●	●
H6E	输出设定频率（EEPROM）	●	●	●
H6D	输出设定频率（RAM）	●	●	●

（2）指令应用。

在所有变频器通信指令应用说明中，均以三菱 E500 系列变频器为控制对象进行通信指令的解说。关于变频器通信参数的设置及 PLC 通信格式字的输入这里不再赘述，读者可参阅参考文献[1]。

【例 1】 试说明如图 14-5 所示程序行执行功能。

图 14-5 变频器运行监视指令例

查指令代码 H6F 为输出频率，该程序执行功能是当 M0 接通时，将 01 号站址的变频器

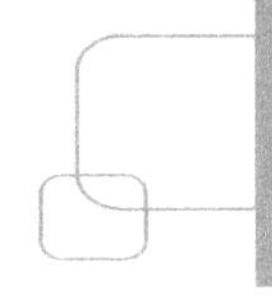

运行频率读到 PLC 的数据寄存器 D100 寄存器中。注意，读出的频率单位是十六进制数，频率单位为 0.01Hz。例如，读出数据为 H09F6=K2550，实际频率为 2550÷100=25.5Hz。

【例 2】　设计要求：监示站址为 01 号的变频器的运行状态（是否运行、正、反转）、输出频率是否到达设定频率、是否超过设定频率和故障显示（过载，发生异常），并读出运行频率存 D20。

分析：

查附录 F。

变频器运行监视指令：EXTR K10

状态监视功能码：H7A

频率读出功能码：H6F

变频器状态监视字位内容见表 14-12。

表 14-12　变频器运行监视字位内容

运行监视字位	ON 时内容	运行监视字位	ON 时内容
b0	运行中	b5	—
b1	正转	b6	超过设定频率
b2	反转	b7	发生异常
b3	到达设定频率	b8～b15	—
b4	过载		

通信程序梯形图如图 14-6 所示。

```
   M8000
0 ─┤ ├─┬──────────────[EXTR  K10   K1   H7A   K2M100 ]
       │                     读出变频器状态送M100～M107
       │ M100
       ├─┤ ├──────────────────────────────────( Y000 )
       │                                   变频器运行中
       │ M101
       ├─┤ ├──────────────────────────────────( Y001 )
       │                                         正转中
       │ M102
       ├─┤ ├──────────────────────────────────( Y002 )
       │                                         反转中
       │ M103
       ├─┤ ├──────────────────────────────────( Y003 )
       │                                       频率到达
       │ M104
       ├─┤ ├──────────────────────────────────( Y004 )
       │                                           过载
       │ M106
       ├─┤ ├──────────────────────────────────( Y006 )
       │                                   超过设定频率
       │ M107
       ├─┤ ├──────────────────────────────────( Y007 )
       │                                           异常
       └──────────────────[EXTR  K10   K1   H6F   D100   ]
                                            输出频率送D100
```

图 14-6　运行监视通信程序

14.2.3 变频器运行控制指令 EXTR K11

1. 指令格式

FNC 180： EXTR K11 程序步：9

可用软元件见表 14-13。

表 14-13 EXTR K11 指令可用软元件

操作数	位元件				字元件									常数	
	X	Y	M	S	KnX	KnY	KnM	KnS	T	C	D	V	Z	K	H
S1.											●			●	●
S2.											●			●	●
S3.					●	●	●	●			●			●	●

指令梯形图如图 14-7 所示。

图 14-7 EXTR K11 指令梯形图

操作数内容与取值如下：

操作数	内容与取值
S1.	变频器站号或站号存储地址，0～31
S2.	功能操作指令代码或代码存储地址，十六进制表示
S3.	写入到变频器中数值或数值存储地址字软元件

解读： 当驱动条件成立时，按指令代码 S2 的要求，将要求的控制内容 S3 写入到站址为 S1 的变频器中，控制变频器的运行。

2. 指令应用

变频器运行控制常用指令代码见表 14-14。

表 14-14 变频器运行控制常用指令代码

功能操作指令代码（十六进制）	控制内容	对应变频器		
		A500	E500	S500
HFB	运行模式	●	●	●
HF3	特殊监控的选择	●	—	—
HFA	运行指令	●	●	●
HEE	写入设定频率（EEPROM）	●	●	—
HED	写入设定频率（RAM）	●	●	●
HFD	变频器复位	●	●	●

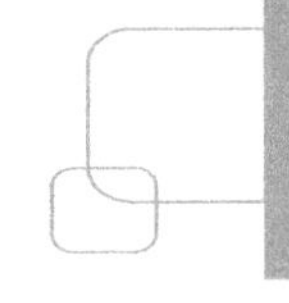

续表

功能操作指令代码（十六进制）	控 制 内 容	对应变频器		
		A500	E500	S500
HF4	异常内容的成批清除	●	●	●
HFC	参数全部清除	●	●	●
HFC	用户清除	●	—	—

【例 3】　试说明如图 14-8 所示程序行执行功能。

图 14-8　变频器运行控制指令例

HFA：运行控制　　H04：反转

程序行执行功能是 M0 接通时，对 5 号站址的变频器进行反转运行控制。

【例 4】　设计要求：通信控制站址为 02 的变频器正转、反转及停止运行。M0 正转，M1 反转，M2 停止。

分析：

查附录 F。

变频器运行控制指令：EXTR　K11

控制功能码：HFA

控制内容：H00 停止、H02 正转、H04 反转

通信程序如图 14-9 所示，这是一个巧妙利用组合位元件进行控制的例子。当驱动 EXTR K11 通信指令时，指令的功能是按位元件 K2M20 所组成的 8 位二进制数来控制站号为 02 的变频器的运行。位元件组合 K2M20 所组成的 8 位二进制数为“0000 0010”即 H02 为正转，这时仅 M21 接通。位元件组合 K2M20 所组成的 8 位二进制数为“0000 0100”即 H04 为反转，这时仅 M22 接通。位元件组合 K2M20 所组成的 8 位二进制数为“0000 0000”即 H00 为停止，这时位元件全都断开。这样只要一条指令就可以控制变频器的 3 种运行状态。

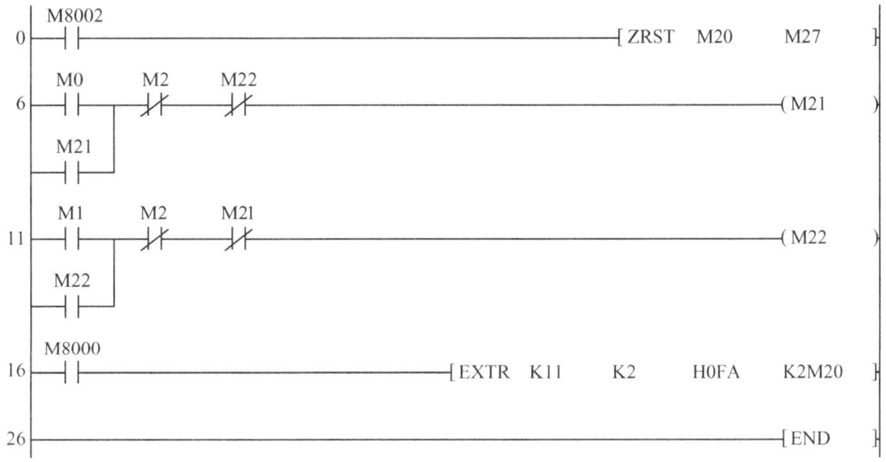

```
0   M8002 ─┤ ├──────────────────[ZRST  M20  M27]
6   M0 ─┤ ├─┬─ M2 ─┤/├─ M22 ─┤/├──────(M21)
    M21 ─┤ ├─┘
11  M1 ─┤ ├─┬─ M2 ─┤/├─ M21 ─┤/├──────(M22)
    M22 ─┤ ├─┘
16  M8000 ─┤ ├──────────[EXTR  K11  K2  H0FA  K2M20]
26  ──────────────────────────────────[END]
```

图 14-9　运行控制通信程序

程序中，M0 为正转启动，M1 为反转启动，M2 为停止。

通信程序梯形图如图 14-9 所示。

【例 5】 在运行中改变站址为 00 的变频器的速度。

设计要求：变频器初始运行速度为 50Hz，当 X1 接通时，切换到 30Hz 运行，当 X2 接通时，切换到 20Hz 速度运行。

通信程序梯形图如图 14-10 所示。

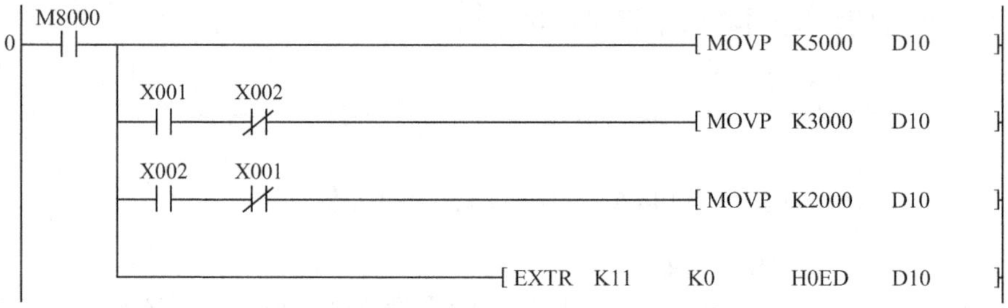

```
   M8000
0 ─┤ ├──┬──────────────────────────[ MOVP  K5000  D10 ]
        │ X001   X002
        ├─┤ ├───┤/├────────────────[ MOVP  K3000  D10 ]
        │ X002   X001
        ├─┤ ├───┤/├────────────────[ MOVP  K2000  D10 ]
        │
        └─────────────[ EXTR  K11  K0  H0ED  D10 ]
```

图 14-10 频率改变通信程序

14.2.4 变频器参数读出指令 EXTR K12

1. 指令格式

FNC 180： EXTR K12　　　　程序步：9

可用软元件见表 14-15。

表 14-15 EXTR K10 指令可用软元件

操作数	位元件				字元件									常数	
	X	Y	M	S	KnX	KnY	KnM	KnS	T	C	D	V	Z	K	H
S1.											●			●	●
S2.											●			●	●
D.						●	●	●			●				

指令梯形图如图 14-11 所示。

操作数内容与取值如下：

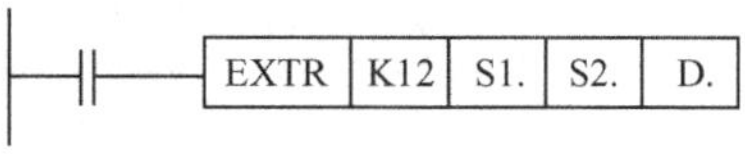

```
──┤ ├──[ EXTR | K12 | S1. | S2. | D. ]
```

图 14-11 EXTR K12 指令梯形图

操 作 数	内容与取值
S1.	变频器站号或站号存储地址，0～31
S2.	变频器的参数编号或编号存储地址，十进制表示
D.	变频器参数读出内容存储地址

解读：当驱动条件成立时，将站址为 S1 的变频器的编号为 S2 所表示的参数内容读出并存入到 PLC 的数据寄存器 D 中。

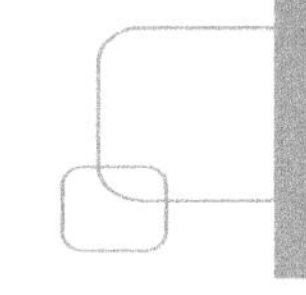

2. 指令应用

参数编号查看附录 F。在这里要注意两点：

（1）参数编号是以十进制数表示的，而不是以十六进制表示的，查看附录 G，功能操作指令代码是以十六进制表示的，查看附录 F。

（2）部分参数是不能读出的。

【例 6】　试说明如图 14-12 所示程序行执行功能。

图 14-12　变频器参数读出指令例

查看附录 G，K7 为加速时间（Pr.7），程序行执行功能是 M0 接通时，将 3 号站址的变频器的加速时间存入到 PLC 的 D100 寄存器中。

【例 7】　试编写读出站号为 06 的变频器 PID 控制时的 P,I,D 参数值。

通信程序梯形图如图 14-13 所示。

```
0   X001                                   [SET   M0              ]
                                                  开始读取
2   M0         [EXTR  K12   K6    K129   D100 ]
                                          读P送D100
               [EXTR  K12   K6    K130   D102 ]
                                          读I送D102
               [EXTR  K12   K6    K134   D104 ]
                                          读D送D104
        M8029                              [RST   M0              ]
                                                  准备下一次读
32                                         [END                   ]
```

图 14-13　变频器参数读出程序梯形图

14.2.5　变频器参数写入指令 EXTR　K13

1. 指令格式

FNC 180：　EXTR　K13　　　　　　　　程序步：9

可用软元件见表 14-16。

表 14-16　EXTR　K10 指令可用软元件

操作数	位元件				字元件									常数	
	X	Y	M	S	KnX	KnY	KnM	KnS	T	C	D	V	Z	K	H
S1.											●			●	●
S2.											●			●	●
S3.											●			●	●

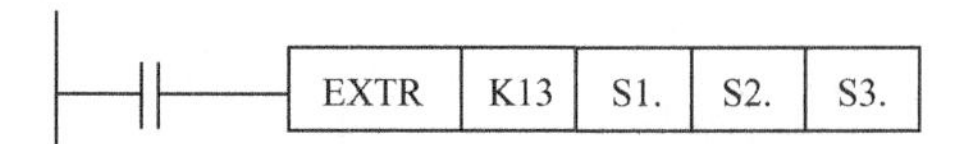

图 14-14　EXTR　K13 指令梯形图

指令梯形图如图 14-14 所示。
操作数内容与取值如下：

操 作 数	内容与取值
S1.	变频器站号或站号存储地址，0～31
S2.	变频器的参数编号或编号存储地址，十进制表示
S3.	写入到变频器参数 S2 的数值或数值存储地址

解读：当驱动条件成立时，将站址为 S1 的变频器的参数编号为 S2 的参数内容修改为 S3 的值。

2. 指令应用

参数编号查看附录 G。

【例 8】　试说明如图 14-15 所示程序行执行功能。

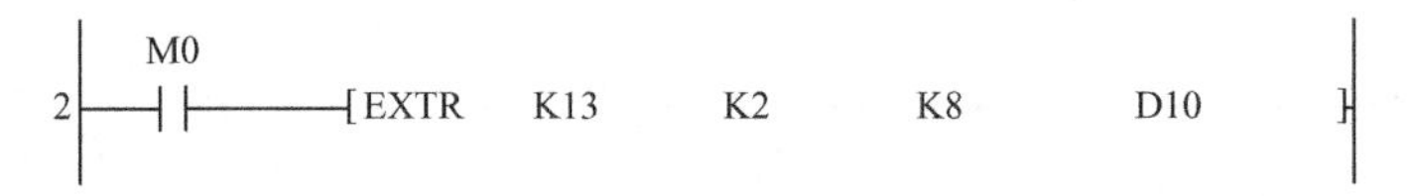

图 14-15　变频器参数写入指令例

查看附录 G，K8 为减速时间（Pr.8），程序行执行功能是 M0 接通时，对 2 号站址的变频器，设定其减速时间为寄存器 D10 的数值。

【例 9】　设计要求：向站址为 05 的变频器写入下列参数。

上限频率：120Hz　　　下限频率：5Hz
加速时间：1s　　　　减速时间：1s

分析：

复位功能码：HFD　　内容：H9696
运行模式功能码：HFB　　内容：通信 H02
上限频率参数代码：K1　　内容：12000
下限频率参数代码：K2　　内容：500
加速时间参数代码：K7　　内容：10
减速时间参数代码：K8　　内容：10

通信程序梯形图如图 14-16 所示。

与 RS 指令设计通信程序相比，变频器通信指令程序设计思路非常清楚，程序设计简单。易学易懂易掌握，是一个值得推荐的好方法。关于 FX_{3U} 的变频器专用通信指令的进一步学习可参看 FX_{3U} PLC 编程手册和 FX 系列用户通信手册等有关资料。

但是变频器通信指令并不能完全代替 RS 指令，因为变频器通信指令仅对某些特定的变频器而言，一般为同一 PLC 品牌之变频器，而不能对所有变频器实行通信控制，更不能对其他类型控制设备应用。而 RS 指令法，则是面对所有具有 RS-485 标准接口的变频器和控制设备的，所以，当使用变频器通信指令所指定的变频器时，最好采用变频器通信指令进行

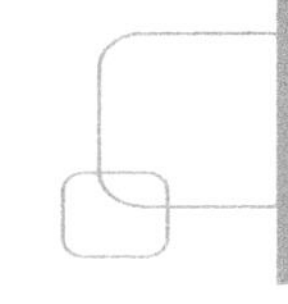

程序设计。由于 RS 指令与变频器通信指令不能在同一通信程序中一起使用，当控制设备既有指定变频器也有其他变频器时，变频器通信指令也不能采用，而 RS 指令法是可以的。

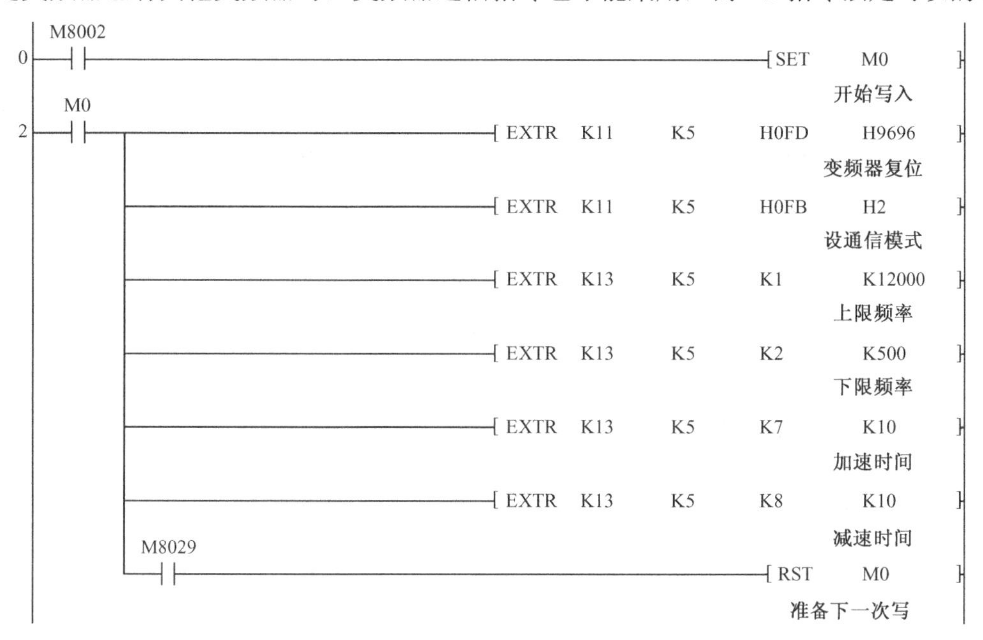

图 14-16　参数写入通信程序

目前，越来越多的 PLC 都涉及变频器专用指令，同时，也保留了 RS 指令，使 PLC 在通信控制上应用更方便、更广泛。

14.2.6　变频器通信指令应用注意与错误代码

1. 指令应用注意

变频器通信指令在应用中应注意：

1）通信的时序

驱动条件处于上升沿时，通信开始执行，通信执行后，即使驱动条件关闭，通信会执行完毕，驱动条件一直为 ON 时，执行反复通信。

2）与其他通信指令的合用

变频器通信指令不能与 RS 指令合用，在设计通信程序时如果用了变频器通信指令，就不能再用 RS 指令了。

3）不能在以下程序流程中使用

变频器通信指令不能在 CJ-P（条件跳跃）、FOR-NEXT（循环）、P-SRET（子程序）和 I-IRET（中断）中使用。

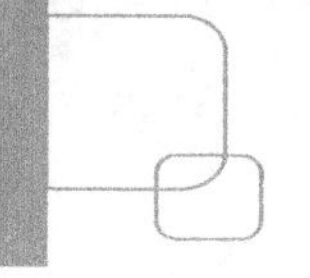

4）在顺控程序 STL 指令的状态内编程

如果在 SFC 程序 STL 指令的状态内编制通信指令程序，那么在与变频器的通信结束前，就不能使状态变为 OFF。如果在通信过程中断开状态，则通信指令会变为中途停止状态，也不会转移到其他的通信指令，因此，在 STL 指令的状态里含有通信指令时，请利用指令结束标志位 M8029 进行状态转移的反馈条件，保证通信未结束不能进行状态转移，程序如图 14-17 所示。

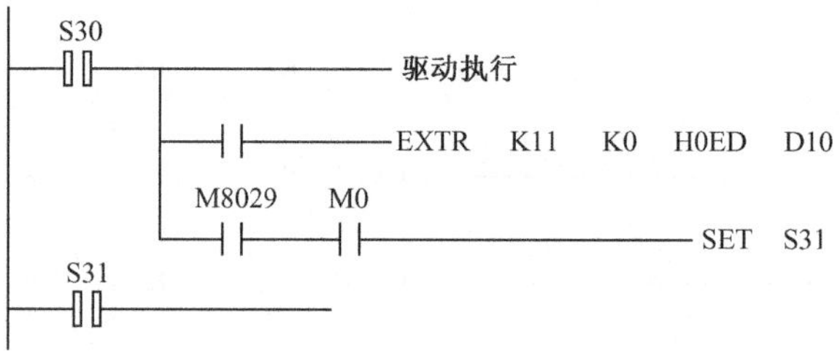

图 14-17 STL 指令状态内通信指令应用

但如果在通信过程中，状态断开又再次接通后，可以完成剩余的通信。

5）ZRST 指令的应用

请在 M8155（通信口正在使用中）的 OFF 条件下，应用 ZRST 指令对该状态元件的成批复位，程序如图 14-18 所示。

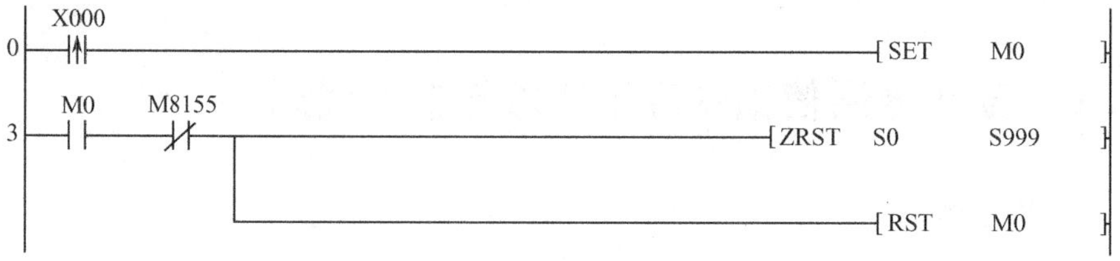

图 14-18 ZRST 指令的指令应用

6）同时驱动

变频器通信指令可以多次编写，也可以同时驱动。同时驱动多个指令时，等一条通信指令结束后才执行下一条通信指令。

即使通信指令的驱动条件为 ON，但如果由于其他的通信指令而使通信端口使用中标志位 M8155 为 ON，那未在 M8155 从 ON 变为 OFF 之前，该指令会保持待机。通信口开放后等待 15ms，然后依次执行下一步后的驱动的通信指令。

7）通信结束标志继电器 M8029

在于变频器进行通信时，如果用脉冲信号驱动了其他通信指令的触点时，通信不能执行。

当一个变频器通信指令执行完毕后，M8029 变 ON，且保持一个扫描周期。当执行多个

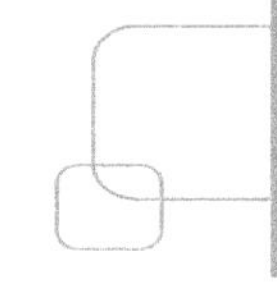

变频器通信指令时，在全部指令通信完成前，务必保持触发条件为 ON，直到全部通信结束，利用 M8029 将触发条件复位。

2. 通信错误代码

1）通信状态观察

在使用通信指令对变频器进行通信控制，是否发生通信故障可由 FX_{2N}-485BD 通信板的 RD 和 SD 的 LED 指示灯的状态进行观察，见表 14-17。

表 14-17 通信状态显示

RD 指示灯	SD 指示灯	通 信 状 态
闪烁	闪烁	正在执行数据的发送和接收
闪烁	灯灭	正在执行数据的接收，发送失败
灯灭	闪烁	正在执行数据的发送，接收失败
灯灭	灯灭	数据发送和接收都失败

2）通信错误代码

发生通信故障时，错误标志位 M8156 置 ON，且在 D8156 中保存错误代码，错误代码见表 14-18。

表 14-18 错误代码表

错 误 代 码	错 误 内 容	变频器的动作
0	正常结束，无错	
1	变频器没有响应	
2	超时出错，与 M8156 连动，发送中 OFF，代码相同	
3	有来自非指定站点的响应	
4	变频器返回数据的求和不一致	
5	在参数的读写中，指定了不恰当参数编号，同时，在 D8067 中，出错代码为“K6702”	
6	变频器通信口被占用，在 D8067 中，出错代码为“K6762”	
256	PLC NAK 出错，在 PLC 发出的通信数据中，超出允许重试次数仍然有误	超出允许重试次数，连续出错时，报警停止
257	奇偶性出错，相对奇偶性的指定，内容有错	
258	和校验出错，求和校验码不一致	
259	协议出错，变频器收到数据语法有错，或在规定的时间内没有完成接收，或者是 CR，LF 与参数设置不一致	
260	帧出错，停止位长度与初始设定值不同	
261	溢出错，尚未完成数据接收，又接到下一个数据	
263	字符出错，收到十六进制符和控制码之外的字符	变频器没有接收到要接收的数据，但是也没有报警停止
266	模式出错，在 PLC 连接运行模式时，或变频器运行中执行了参数的写入	
267	指令代码出错，指定了不存在的指令代码	
268	数据范围出错，写入参数，运行频率时，指定了允许设定范围外的数据	

第15章　方便指令

方便指令是三菱FX系列PLC专门为某些特定机械设备开发的功能指令，因此，它们的应用对外部设备PLC的I/O口和PLC内部软元件都有一些规定，只有在满足这些规定的条件下，才能显示出程序设计的方便。其中IST指令应用最多，也是三菱FX系列PLC最有特色的一个指令，而其他方便指令由于应用较少，几乎变成了“休眠”指令。

定时器指令和信号输出指令应该说不属于方便指令的范围，定时器指令是时间控制指令，ALT指令是数据处理指令，RAMP指令则应属于脉冲控制指令，把它们放在这一章，只是依据惯例而已。

15.1　状态初始化指令

15.1.1　多种工作方式SFC的编程

1. 自动化设备的多种工作方式

在工业生产中，有很多生产设备是根据某种特定要求而设计制造的，例如，动力头、机械手、各式各样的非标设备和生产线专用机械等。这些工业专用设备是机械、电动、气动、液压和电气控制相结合的一体化产品，它们的共同特点是自动化程度高，半自动化或全自动化地完成特定的控制任务，无须人工干预。从控制的角度来看，它们基本上都属于顺序控制系统，有的是单流程顺序控制，有的是有分支的顺序控制。因此，都可以成为PLC的应用控制对象。

在工作方式上，它们也有控制的共同点，这些共同点可以通过如图15-1所示的钻孔动力头控制进行说明。

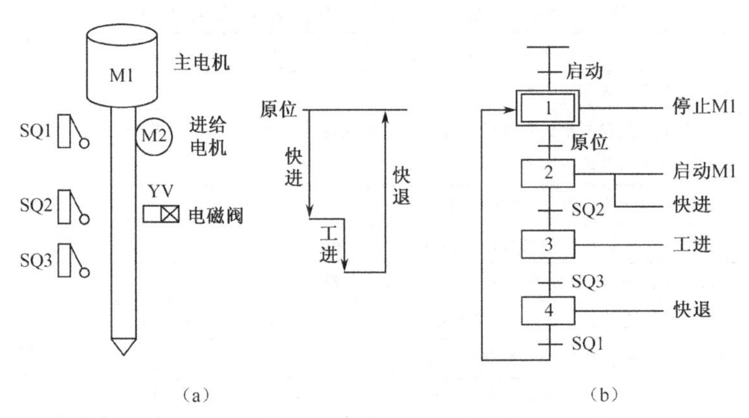

图15-1　钻孔动力头控制示意图及SFC

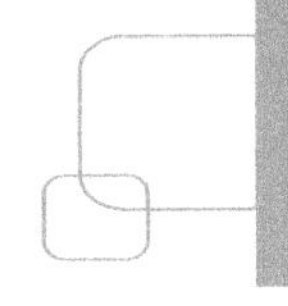

图中，M1 为主电机，M2 为钻头快进快退电机，YV 为钻头工进电磁阀。其控制原理与控制流程要求如图 15-1（a）所示，顺序控制流程如图 15-1（b）所示，控制流程比较简单，不再做详细说明。

钻孔动力头虽然简单，但却可以说明以它为代表的工业自动化专用生产设备的控制方式，下面分别给予介绍。

1）原点回归工作方式

原点是指设备的最初机械位置，一般的设备都是从原点开始作为一个控制周期的出发点，实际生产中，如果在工作过程中发生了断电等特殊情况，控制可能会停留在中途位置，等到再来电时，也需要一个回原点的控制方式。

在机械设备中，原点大多以位置的开关信号表示，有的还要考虑到执行元件的状态情况，例如，压力等模拟量参数是否到达，各执行器是否处于复位状态等。

在本例中，原点是指钻孔起始位置，这时，钻杆没有任何进给，限位开关 SQ1 受压闭合。很明显，如果设备在三维空间运动，原点至少有 3 个方向的限位开关表示。

如果设备不处于原点位置，则必须通过回原点的程序使设备回到原点位置。

2）手动工作方式

手动是指用手按动按钮使控制流程中各个执行器负载能单独接通和断开。

在自动设备中，手动方式也是一种不可缺少的工作方式。在正式生产前，可以用手动试一试各个负载是否能正常工作。在部分设备中，中途停止时，可以用手动方式继续完成一个周期的工作等。

在本例中，手动是指对主电机 M1、进给电机 M2 和工步进给电磁阀 YV 的控制。单独手动时，除了试验负载是否正常工作外，还要试验是否能完成控制动作要求。

3）单步运行工作方式

单步运行是指在顺序控制中，每按动一次按钮，控制运行就前进一个状态工步。在正常生产中，这是没有必要的工作方式。但在对设备进行调试却是非常必要的。

单步运行时主要是观察控制顺序是否正常，每一个状况工步内的动作是否符合要求，状态能否正确转移等。

4）单周期运行工作方式

单周期是指仅运行一个工作周期，例如，本例中，如果一个工件钻孔完毕，必须用人工进行装卸，则只能运行一个周期回到原位等待启动指令，所以，单周期运行是一种半自动工作方式。

在单周期运行期间，若中途按下停止按钮，则停止运动，若再按启动按钮，应从断开处继续运行，直到完成一个工作周期为止。

5）自动运行工作方式

如果把半自动运行工作方式中人工装卸料换成由设备自动进行装卸料（当然要增加设备

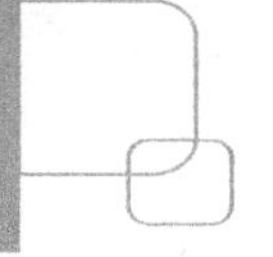

机构，还要改变控制流程），就变成了反复循环运行的自动工作方式。

和半自动不一样，若在中途按动停止按钮，则会继续完成一个工作周期回到原点才停止。

这里，是以钻孔动力头为例来说明自动化生产设备的 5 种工作方式。实际上并不是所有自动化设备都需要多种工作方式的，简单设备仅需要半自动或全自动工作方式。

2. 多种工作方式的编程

如果一个负载的系统要求上述 5 种工作方式，那么如何对这 5 种工作方式编程，并把它们融合到一个程序中，这是程序编制的一个难点。

分析一下这 5 种工作方式的控制要求，就会发现单步、单周期和自动工作方式的控制过程是一样的，都是系统的运行控制，只不过控制方式不同而已。因此，实际上需要编程的是手动程序、原点回归程序、自动程序和用于它们之间切换的公用程序，如果利用 SFC 对多控制方式系统进行编程，则其程序结构如图 15-2 所示。

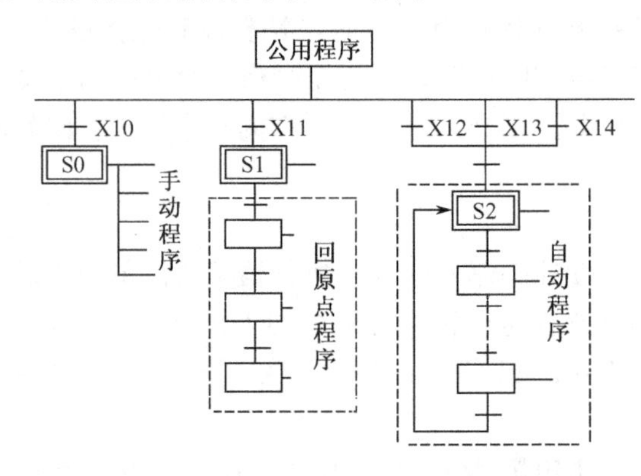

图 15-2　多种工作方式程序结构示意图

图中 X10～X14 为 5 种工作方式的选择开关，这 5 个选择开关是互为相斥的，每次只能有一个为 ON，在外部硬件上是用波段开关来保证 5 个选择中不可能有两个或两个以上同时为 ON。

手动程序比较简单，它是用于负载相对应的按钮来单独控制各个负载的动作，设计中为了保证系统的安全运行，必须增加一些相互之间的互锁和连锁。

原点回归程序也比较简单，只要按顺序进行位置方向上的回归即可。设计中必须注意，如果回归动作是双向动作（左右行、上下行、前后行等）中的一个，必须先停止相反方向运动，再进行回归运动。注意，回归原点后，必须发出信号，表示原点位置条件满足，并为进入自动程序段做好准备。

自动程序的设计则比较复杂。当然，再复杂的程序也可以设计，但复杂所耗费的设计时间和精力则相当多。就这种多方式控制系统开发出一种通用的简便的设计方法，这是众多 PLC 生产商和广大用户所关心的问题。

三菱 FX 系列 PLC 的状态初始化指令 IST 就是生产商为多种方式控制系统开发的一种方便指令。IST 指令和步进指令 STL 结合使用，专门用来自动设置具有多种工作方式控制系统的初始状态和相关特殊辅助继电器状态，用户不必去考虑这些初始化状态的激活和多种方式之间的切换，专心设计手动、原点回归和自动程序，简化了设计工作，节省了大量时间。

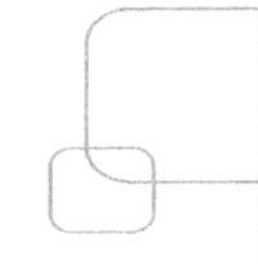

和前面所讲的功能指令不同，IST 指令是一个应用指令宏。“宏”是指带有一定条件的简化，因此，应用 IST 指令必须要有满足指令所要求的外部接线规定、内部软元件应用条件才能达到 IST 指令所代表的多方式控制的功能。

15.1.2　状态初始化指令 IST

1. 指令格式

FNC 60:　IST　　　　程序步：7

可用软元件见表 15-1。

表 15-1　IST 指令可用软元件

操作数	位元件				字元件									常数	
	X	Y	M	S	KnX	KnY	KnM	KnS	T	C	D	V	Z	K	H
S.	●	●	●												
D1.				●											
D2.				●											

梯形图如图 15-3 所示。

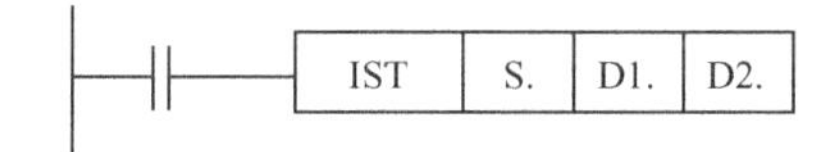

图 15-3　IST 指令梯形图

操作数内容与取值如下：

操作数	内容与取值
S.	多种工作方式的选择开关输入位元件起始地址
D1.	自动程序 SFC 中的最小状态元件编号
D2.	自动程序 SFC 中的最大状态元件编号（D1<D2）

解读：在驱动条件成立时，在规定的多种方式输入情况下，指令完成对多种工作方式控制系统的初始化状态和特殊辅助继电器的自动设置。

2. 指令功能和 PLC 外部接线

IST 指令是一个应用指令宏，使用时对 PLC 外部电路的连接和内部软元件都有一定的要求，现以图 15-4 所示指令应用梯形图进行说明。

图 15-4　IST 指令应用梯形图

源址操作数 X10 规定了占用 PLC 的输入口是以 X10 为起始地址的连续 8 个点，即占用 X10～X17，而且这 8 个口的功能分配规定见表 15-2。

表 15-2　IST 指令 PLC 源址规定功能表

源　址	应　用　例	规定开关功能	源　址	应　用　例	规定开关功能
S	X10	手动	S+4	X14	自动
S+1	X11	原点回归	S+5	X15	原点回归启动
S+2	X12	单步	S+6	X16	启动
S+3	X13	单周期	S+7	X17	停止

为保证 X10～X14 不同时为 ON，必须使用波段开关，PLC 的外部接线如图 15-5 所示。由图中可以看出，X10～X14 使用波段开关接入，X15～X17 为按钮接入，但它们所表示的操作功能已由 IST 指令所规定，不可随意变动。其余的输入口为“手动操作负载按钮”和“输入开关及其他”用，它们的地址可任意分配，一旦分配好，则梯形图程序必须按照分配地址编程。

IST 指令的外部接线及操作都是规定的，因此，只要是应用 IST 指令给多方式控制系统编程，其控制面板设计也是一致的，如图 15-6 所示。

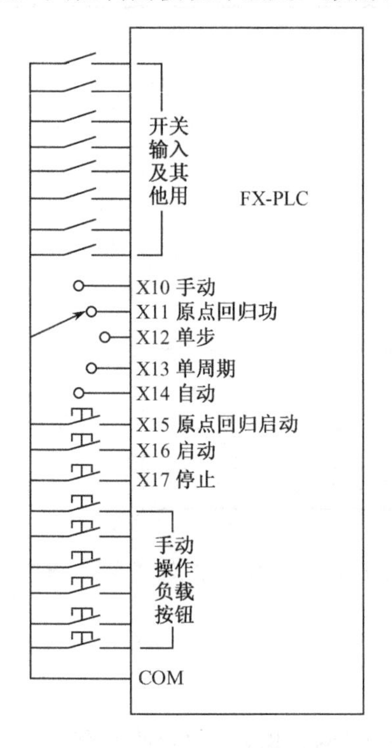

图 15-5　IST 指令外部接线图

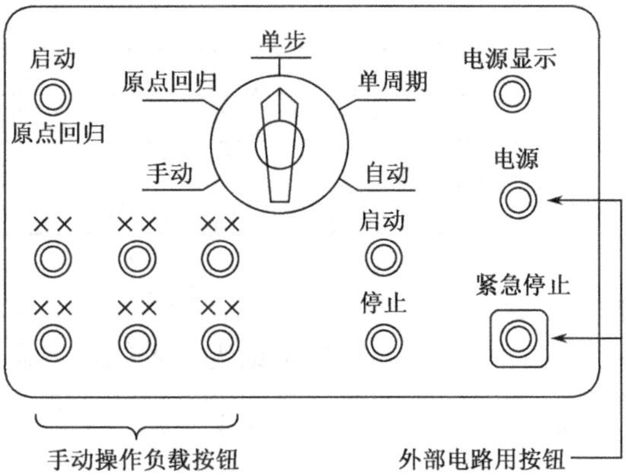

图 15-6　IST 指令控制面板图

操作面板上各按钮的操作及工作内容见表 15-3。

表 15-3　面板操作及工作内容

选择开关位置	操 作 按 钮	工 作 内 容
手动	手动操作××	手动操作相应负载动作

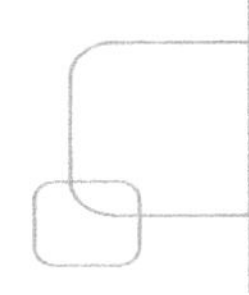

续表

选择开关位置	操作按钮	工作内容
原点回归	原点回归启动	做原点回归工作
单步	启动	每按动一次启动按钮，顺序前进一个工步
单周期	启动	工作一个周期后，结束在原点位置
	停止	中途按下停止按钮，停止在该工步，再次启动后会在刚才停止的工步继续运行，直到一个周期结束，在原点停止
自动	启动	进行自动的连续
	停止	按下停止按钮，运行一个周期后才结束运行，停止在原点位置
任意	电源	接通 PLC 电源
	紧急停止	断开 PLC 电源

注：电源和紧急停止的电路可参考第 4 章图 4-45。

3. 软元件应用和程序结构

IST 指令对编程软元件的使用也做了相应的规定，状态元件的使用规定和特殊辅助继电器的使用功能见表 15-4。

表 15-4　IST 指令软元件指定及功能表

状态元件		特殊辅助继电器		
编号	指定功能	编号	功能	备注
S0	手动方式初始状态元件	M8040	状态转移禁止	IST 指令自动控制
S1	原点回归方式初始状态元件	M8041	自动方式开始状态转移	
S2	自动方式初始状态元件	M8042	启动脉冲	
S3～S9	其他流程初始状态元件	M8043	原点回归方式结束	用户程序驱动
S10～S19	原点回归方式专用状态元件	M8044	原点标志	
S20～S899	自动方式及其他流程用状态元件	M8045	禁止所有输出复位	
		M8047	STL 监控有效	IST 指令自动控制

由表 15-4 可以看出，对于状态元件的使用必须符合下面要求。

（1）S0,S1,S2 规定了为手动、原回归和自动 3 种方式 SFC 对应的初始状态元件，不能为其他流程所用。

（2）在原点回归的 SFC 中，状态元件只能使用 S10～S19，而 S10～S19 也不能为其他流程 SFC 所用。

（3）S20 以后的状态元件，由 IST 指令的终址 D1 和 D2 确定自动方式的 SFC 的最小编号和最大编号状态元件。

在特殊辅助继电器中，IST 指令自动控制是指这些继电器的 ON/OFF 处理是 IST 指令自动执行的，用户程序驱动是指用户根据需要可以进行 ON/OFF。这点在下面的程序程式中给予说明。

使用 IST 指令用于多种方式控制系统时，由于初始化状态的激活，各种工作方式之间的切换，都是由指令去自动完成的，因此，只要编写公用程序、手动方式程序、原点回归程序和自动运行程序即可，而这些程序编写都有一定的程式可循。

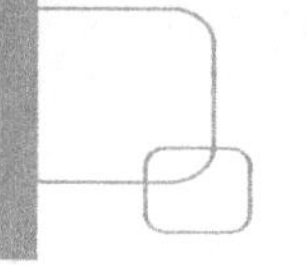

1）公用程序（梯形图快程序）

公用程序为驱动原点标志 M8044（含义是确保开始运行前在原点位置，并作为自动方式的运行条件），输入 IST 指令，程序如图 15-7 所示。

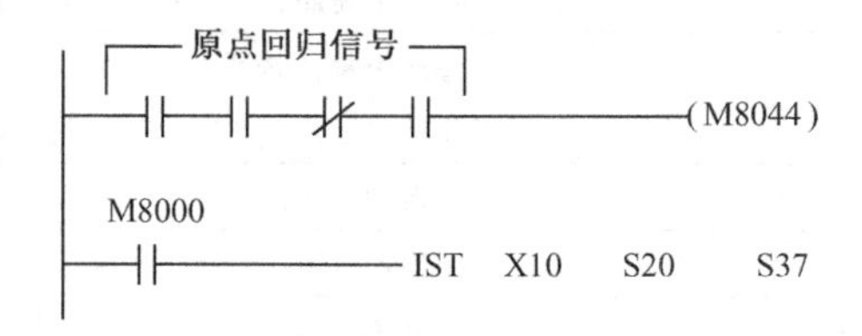

图 15-7 IST 指令公用程序程式

2）手动和原点回归程序

手动方式和原点回归方式程序程式如图 15-8 所示。

在原点回归方式程序中，必须使用状态 S10～S19。原点回归结束后，驱动 M8043，并执行 S1×状态自复位。

如果无原点回归方式，则不需要编程，但是在运行自动程序前，需要先将 M8043 置位一次。

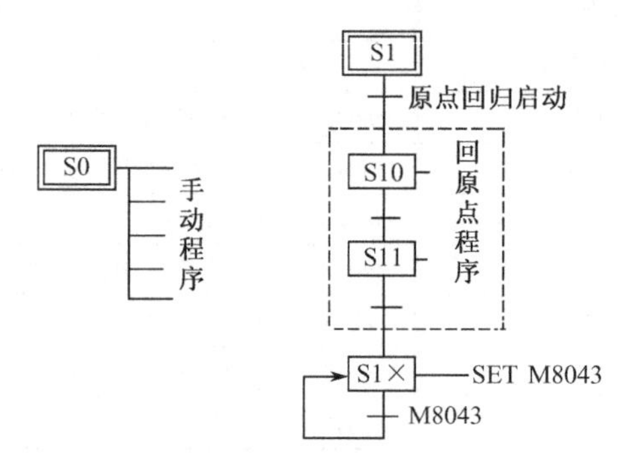

图 15-8 IST 指令手动和原点回归程序程式

3）自动程序程式

自动程序程式如图 15-9 所示，在自动程序程式中利用 M8044 和 M8041 作为状态转移条件，因此，如果系统位置不在原点，即使在单步/单周期/自动方式下按下启动按钮程序也不运行。

4）程序结构

在上述程序设计好后，IST 指令对整体程序的结构也有一定的要求。

整体程序是上述 4 个程序的依次叠加，注意，IST 指令必须安排在程序开始的地方，而 SFC 程序必须放在它的后面。在程序中，IST 指令只能使用一次。

整体程序结构顺序如图 15-10 所示，相应的 STL 指令程序如图 15-11 所示，梯形图程序如图 15-12 所示。

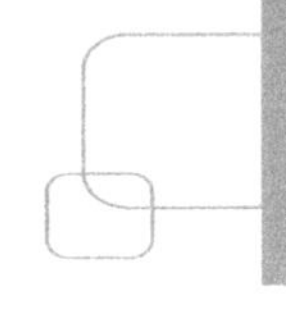

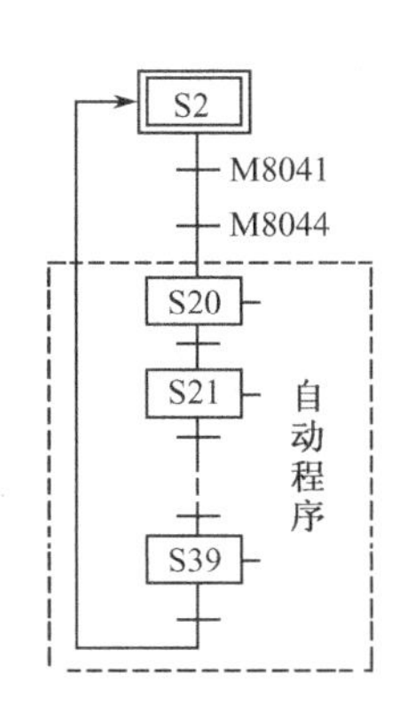

图 15-9　IST 指令自动程序程式

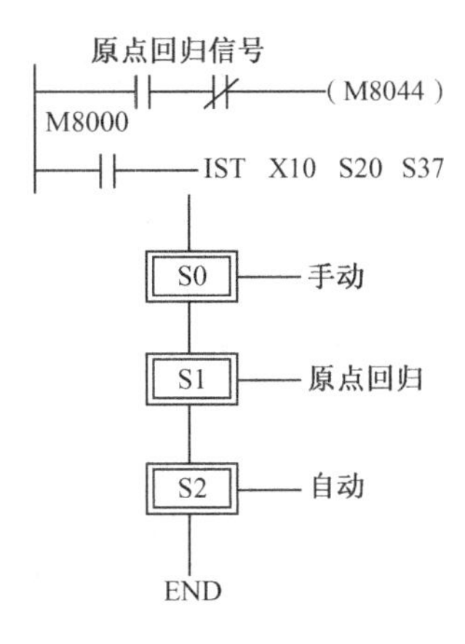

图 15-10　IST 指令程序结构

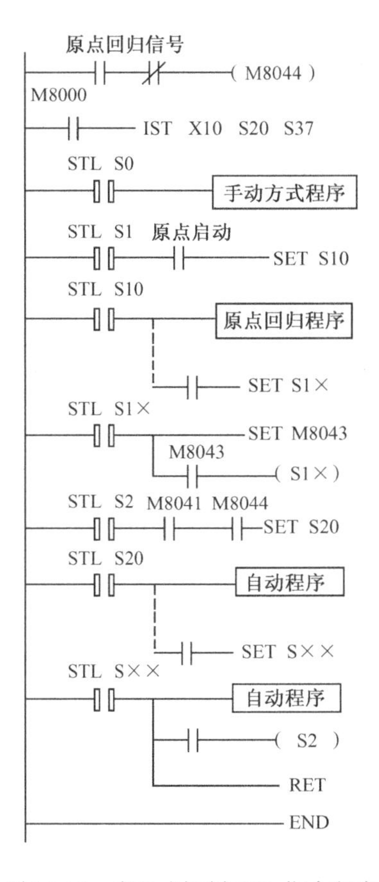

图 15-11　多方式控制 STL 指令程序

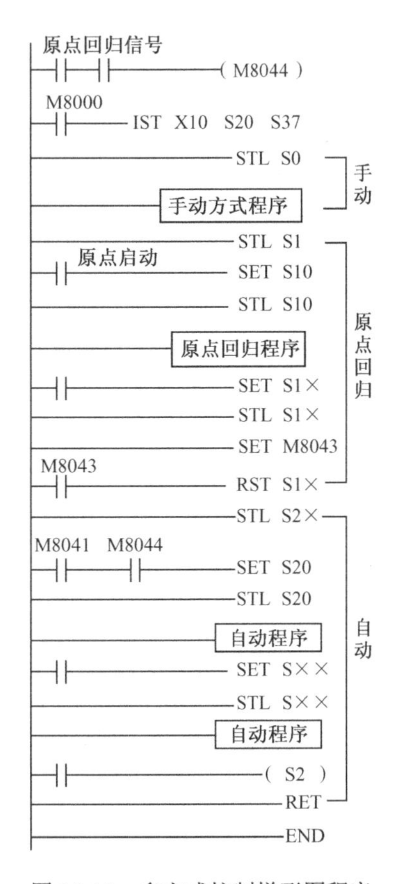

图 15-12　多方式控制梯形图程序

由梯形图程序可见，它是 4 个程序的依次叠加，它没有操作方式选择程序，没有手动/原点回归/自动方式的转换程序。只要严格按照指令的外部接线和内部软元件的使用规定，就不需要进行以上程序的设计，为程序设计提供了极大的方便，故三菱又称“方便指令”。

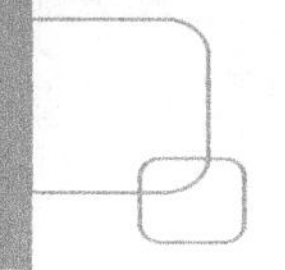

4. 指令内部控制等阶梯形图

IST 指令是如何完成控制任务的，这可用图 15-13 所示的内部控制等阶梯形图来说明。这个梯形图仅是一个控制过程说明，有些指令（如 PLS M8042）仅是等阶表示而已，实际上是不能编写这样的程序。程序主要是通过操作面板上的选择开关盒按钮对特殊继电器进行巧妙的操作来完成控制任务。有兴趣的读者可以通过图示程序的分析了解各种控制过程，这里不再作说明。

图 15-13　指令内部控制等阶梯形图

15.1.3　IST 指令应用处理

1. 空工作方式的处理

在实际应用中，某些设备并不都需要 5 种工作方式，如果仍然应用 IST 指令进行控制，则应将不需要的工作方式的控制输入断开，但是该控制输入接口不能再作他用。例如，如果 X10～X14 为 5 种工作方式的输入接口，实际中不需要手动操作和原点回归这两种工作方式，则将 X10,X11 两个输入口断开，但 X10,X11 已经被 IST 指令所占用，不能再作其他用途。

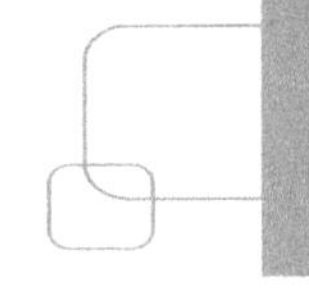

2．不连续地址的应用

IST 指令对源址 S 所表示的是 8 个连续编号的输入地址。如果这样的分配在实际设计中存在困难，也可以使用不连续的 8 个输入地址，这时，应把 IST 指令的源址 S 指定为辅助继电器 M，例如，M0～M7，M10～M17 等，并在公用程序中用相应的不连续的地址分配输入去驱动继电器 M，梯形图程序如图 15-14 所示，其外部接线如图 15-4（b）所示。

注意：IST 指令中源址为 M0，M0～M7 的功能定义按指令规定执行，见表 15-2。

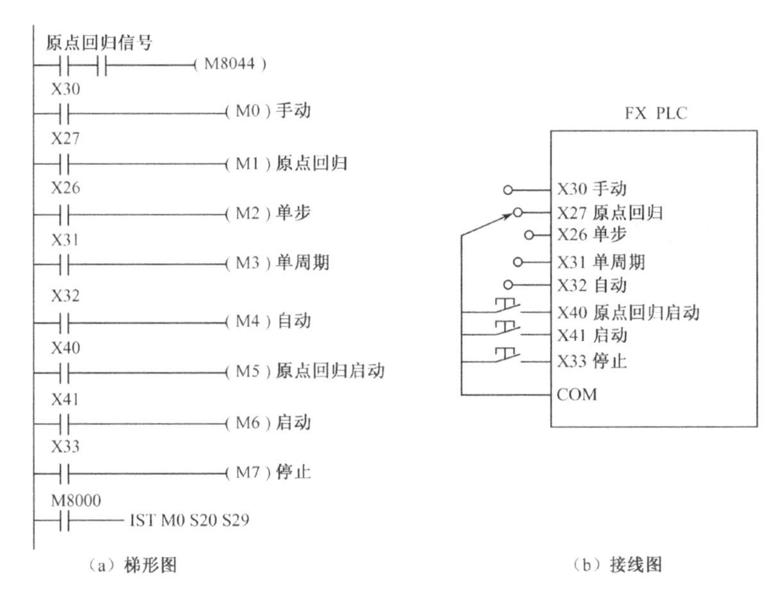

图 15-14　不连续输入地址梯形图和接线图

图 15-15 为仅有原点回归方式和自动方式的例子，且原点回归启动和自动方式启动合二为一，更为简便，图 15-16 为仅有手动/自动方式的例子。

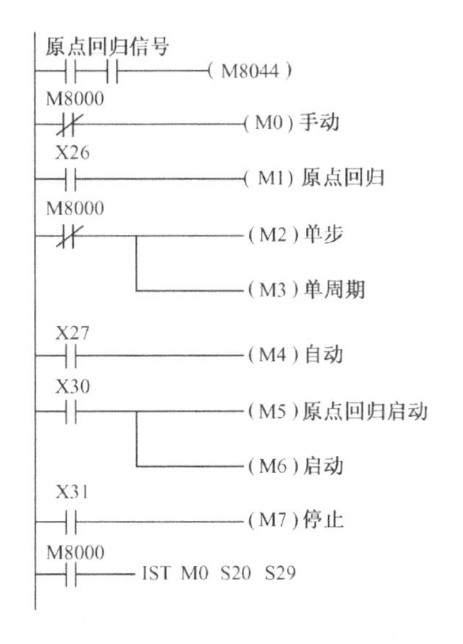

图 15-15　仅原点回归和自动方式梯形图

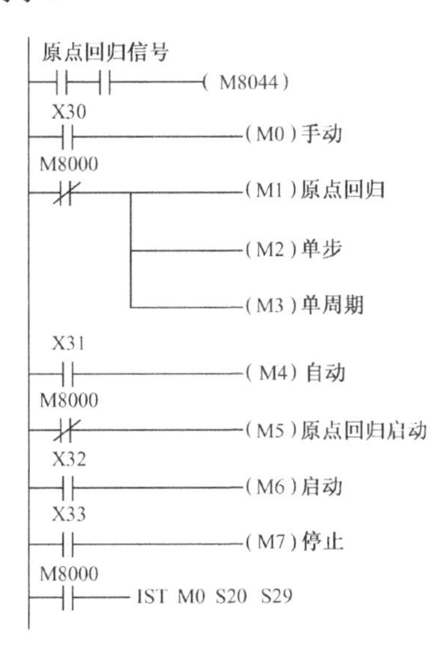

图 15-16　仅手动和自动方式梯形图

3. 特殊辅助继电器 M8043 的使用

M8043 是原点回归结束后需置位的特殊辅助继电器，由用户完成置 ON 动作，所以，在原点回归程序最终状态时将 M8043 置 ON，然后利用其触点复位最终状态，如图 15-8 所示。如果原点回归完成 M8043 不置 ON，则在各种工作方式之间进行切换时所有输出都变为 OFF。因此，只有在原点回归工作完成之后并 M8043 置 ON，才可以进行其他方式的运行。

M8043 置 ON 后，在设备运行过程中，可以随意在单步/单周期/自动方式内进行切换。也可以在手动/原点回归/自动方式之间进行切换，但为安全起见，在对所有输出复位一次后，切换后的方式设置才有效。

在某些控制系统中，不需要原点回归方式，也不设计原点回归程序，这时，必须在手动和自动运行前设计将 M8043 置 ON 一次的程序。

15.1.4 状态初始化指令 IST 应用实例

在第 4 章 4.4.3 节中，曾举大小球分拣控制系统作为选择性分支 SFC 编程实例，这里仍然以该例说明 IST 指令的程序编制。图 15-17 为一大小球分拣控制系统工作示意图。

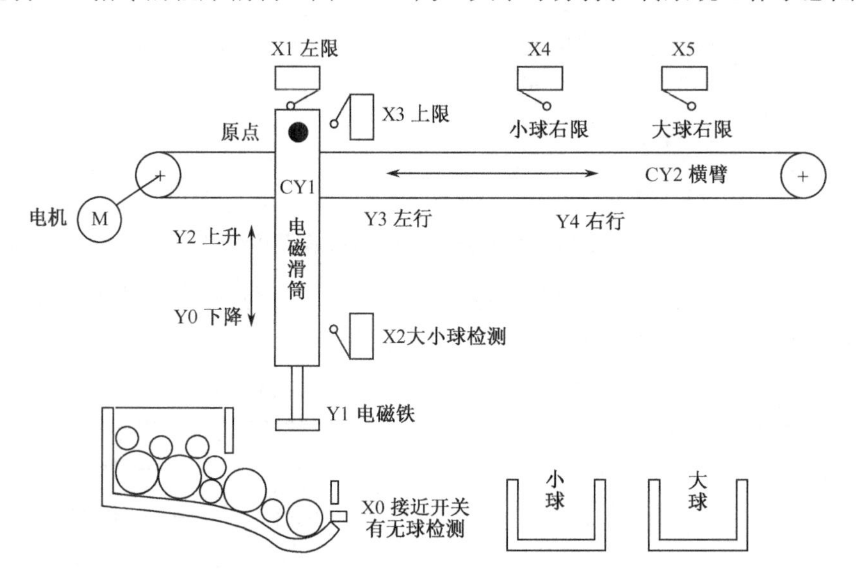

图 15-17　大小球分拣系统示意图

（1）CY1 为电磁滑筒，CY2 为机械横臂。电磁铁 Y1 可在电磁滑筒 CY1 内上下滑动，CY1 可在机械横臂 CY2 上左右移动。

（2）图中黑点为原点位置。工作一个周期（分拣一个球）后仍然要回到该位置等待下次动作。

（3）X2 为大小球检测开关。若是大球，则电磁铁下降时不能碰到 X2,X2 不动作；若是小球，则电磁铁下降后会碰到 X2,X2 动作。

（4）X0 为球检测传感开关。只要盘中有球，不管大球小球，它都会感应动作。

（5）X3 为上限开关，是电磁铁 Y1 在电磁滑筒内上升的极限位置。X1 为左限开关，是

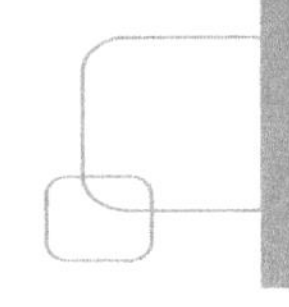

电磁滑筒在横臂上向左移动的极限位置。当这两个开关都动作时，表示了系统正处于原点位置，原点显示 Y7 灯亮。

（6）电磁铁 Y1 在电磁滑筒内滑动下限由时间控制。当电磁铁开始下滑时，滑动 2s 表示已经到达吸球位置（小球）。如果是大球，则会压住大球零点几秒钟时间。

（7）电磁铁 Y1 在吸球和放球时都需要 1s 时间完成。

1. 控制要求

（1）铁球有大、小两种，要求系统能自动识别大、小球，并拣出后分别放到相应的大小容器中。

（2）要求有 5 种工作方式：

① 手动方式：能够在操作面板上对电磁铁 Y1 在电磁滑筒 CY1 内上下滑动，电磁滑筒在机械横臂上左右移动，电磁铁的吸球和放球进行单独操作。

② 原点回归工作方式：按下原点回归按钮，系统能自动回到原点位置。原点位置条件是电磁铁位于电磁滑筒最上方，电磁滑筒位于机械横臂最左方和电磁铁处于放球状态。

③ 单步工作方式：从原点位置开始，按一次启动按钮，系统就转换到下一步，完成该步的任务后，自动停止工作并停留在该步，再按一次按钮又转换到下一步，直到回到原点位置。

④ 单周期工作方式：按下启动按钮后，系统从原点位置出发，完成一次分拣任务，并回到原点位置。如果在运行过程中按下停止按钮，运行马上停止，再次启动，应从停止地方继续运行，直到完成一次分拣任务。

⑤ 自动工作方式：按下启动按钮后，系统从原点位置出发，自动地循环进行大小球分拣工作，直到按下停止按钮。运行中任意时间按下停止按钮，系统会把一次分拣任务全部完成，停在原点位置。

（3）在单步/单周期/自动方式中，如果检测传感开关检测到无球时则系统不工作，处于待命状态。

2. I/O 地址分配

I/O 地址分配见表 15-5。

表 15-5　大小球检测分拣系统 I/O 地址分配表

输　入				输　出	
地　址	功　能	地　址	功　能	地　址	功　能
X0	检测开关	X14	自动	Y0	电磁铁吸放
X1	左限开关	X15	原点回归启动	Y1	电磁铁下降
X2	下限开关	X16	启动	Y2	电磁铁上升
X3	上限开关	X17	停止	Y3	电磁滑筒左行
X4	小球右限开关	X20	手动吸球	Y4	电磁滑筒右行
X5	大球右限开关	X21	手动放球		
X10	手动	X22	手动下降		
X11	原点回归	X23	手动上升		
X12	单步	X24	手动左行		
X13	单周期	X25	手动右行		

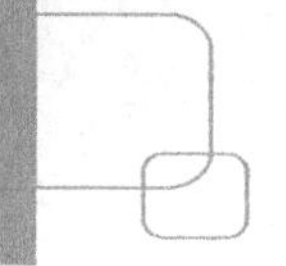

3. 梯形图程序

1）公用程序

公用程序如图 15-18 所示。

```
X1   X3   Y0
─┤├──┤├──┤/├────────────(M8044)
M8000
─┤├──────────IST  X10  S20  S30
```

图 15-18　公用程序

2）手动程序

手动程序 SFC 及梯形图如图 15-19 所示。在左行、右行中连锁了 X3，保证了电磁铁升起后才能进行手动左行、右行，以防止电磁铁在低位移动碰到物体。

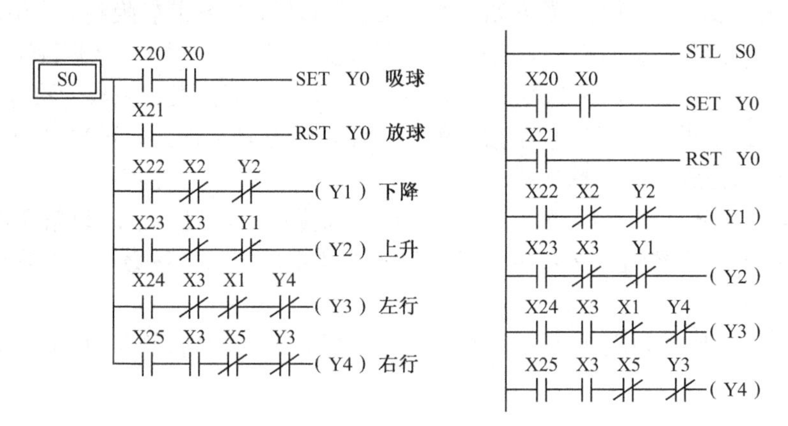

图 15-19　手动程序

3）原点回归程序

原点回归程序 SFC 及梯形图如图 15-20 所示。

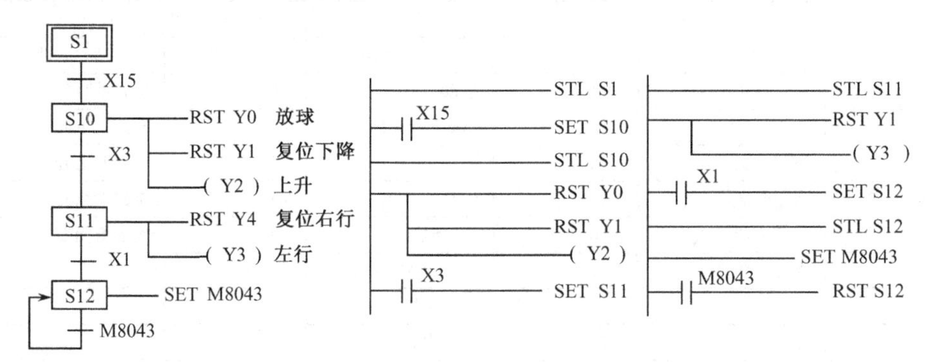

图 15-20　原点回归程序

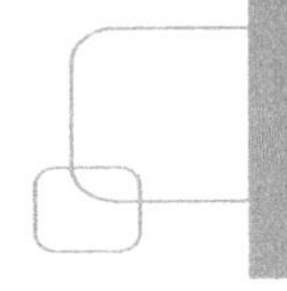

4）自动程序

自动程序 SFC 如图 15-21 所示。

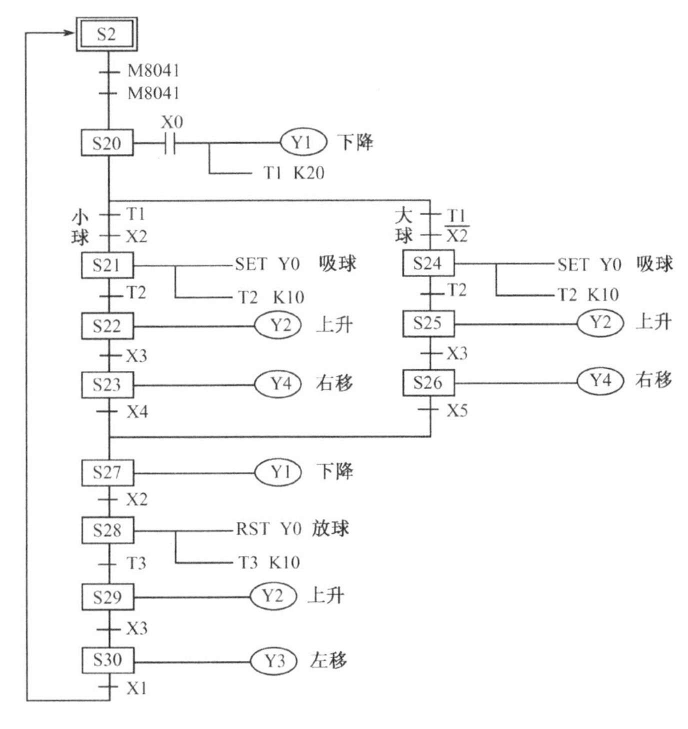

图 15-21　自动程序 SFC

将公用程序、手动程序、原点回归程序和自动程序按顺序进行叠加就是一个完整的 IST 指令多方式控制大小球分拣系统的梯形图程序，梯形图程序如图 15-22 所示。

```
0   X001  X003  Y000(常闭)                      (M8044)  公用程序
5   M8000                                       [IST  X010  S20  S30]
13                                              [STL  S0]  手动程序
14  X020  X000                                  [SET  Y000]
17  X021                                        [RST  Y000]
19  X022  X002(常闭)  Y002(常闭)                 (Y001)
23  X023  X001(常闭)  Y001(常闭)                 (Y002)
27  X024  X003  X001(常闭)  Y004(常闭)           (Y003)
32  X025  X003  X001(常闭)  Y003(常闭)           (Y004)
```

图 15-22　自动程序梯形图

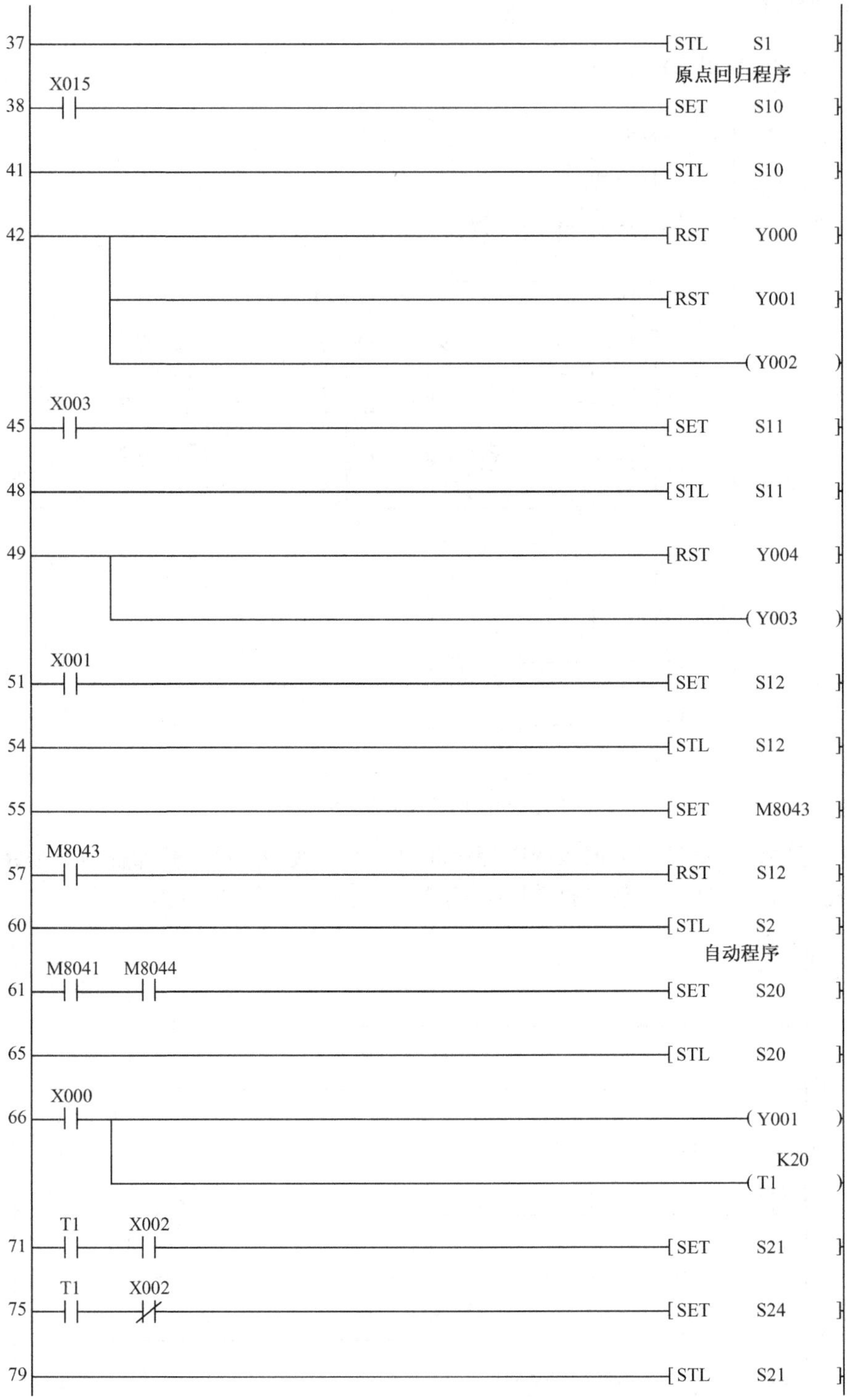

```
37 ──────────────────────────────────[STL    S1     ]
                                      原点回归程序
    X015
38 ─┤├───────────────────────────────[SET    S10    ]

41 ──────────────────────────────────[STL    S10    ]

42 ──┬───────────────────────────────[RST    Y000   ]
     ├───────────────────────────────[RST    Y001   ]
     └───────────────────────────────( Y002         )
    X003
45 ─┤├───────────────────────────────[SET    S11    ]

48 ──────────────────────────────────[STL    S11    ]

49 ──┬───────────────────────────────[RST    Y004   ]
     └───────────────────────────────( Y003         )
    X001
51 ─┤├───────────────────────────────[SET    S12    ]

54 ──────────────────────────────────[STL    S12    ]

55 ──────────────────────────────────[SET    M8043  ]
    M8043
57 ─┤├───────────────────────────────[RST    S12    ]

60 ──────────────────────────────────[STL    S2     ]
                                      自动程序
    M8041  M8044
61 ─┤├─────┤├────────────────────────[SET    S20    ]

65 ──────────────────────────────────[STL    S20    ]
    X000
66 ─┤├─┬─────────────────────────────( Y001         )
       │                                K20
       └─────────────────────────────( T1           )
    T1     X002
71 ─┤├─────┤├────────────────────────[SET    S21    ]
    T1     X002
75 ─┤├─────┤/├───────────────────────[SET    S24    ]

79 ──────────────────────────────────[STL    S21    ]
```

图 15-22　自动程序梯形图（续）

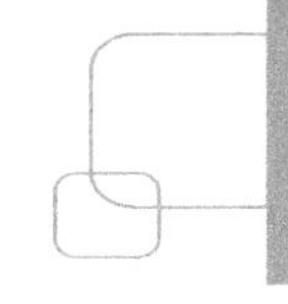

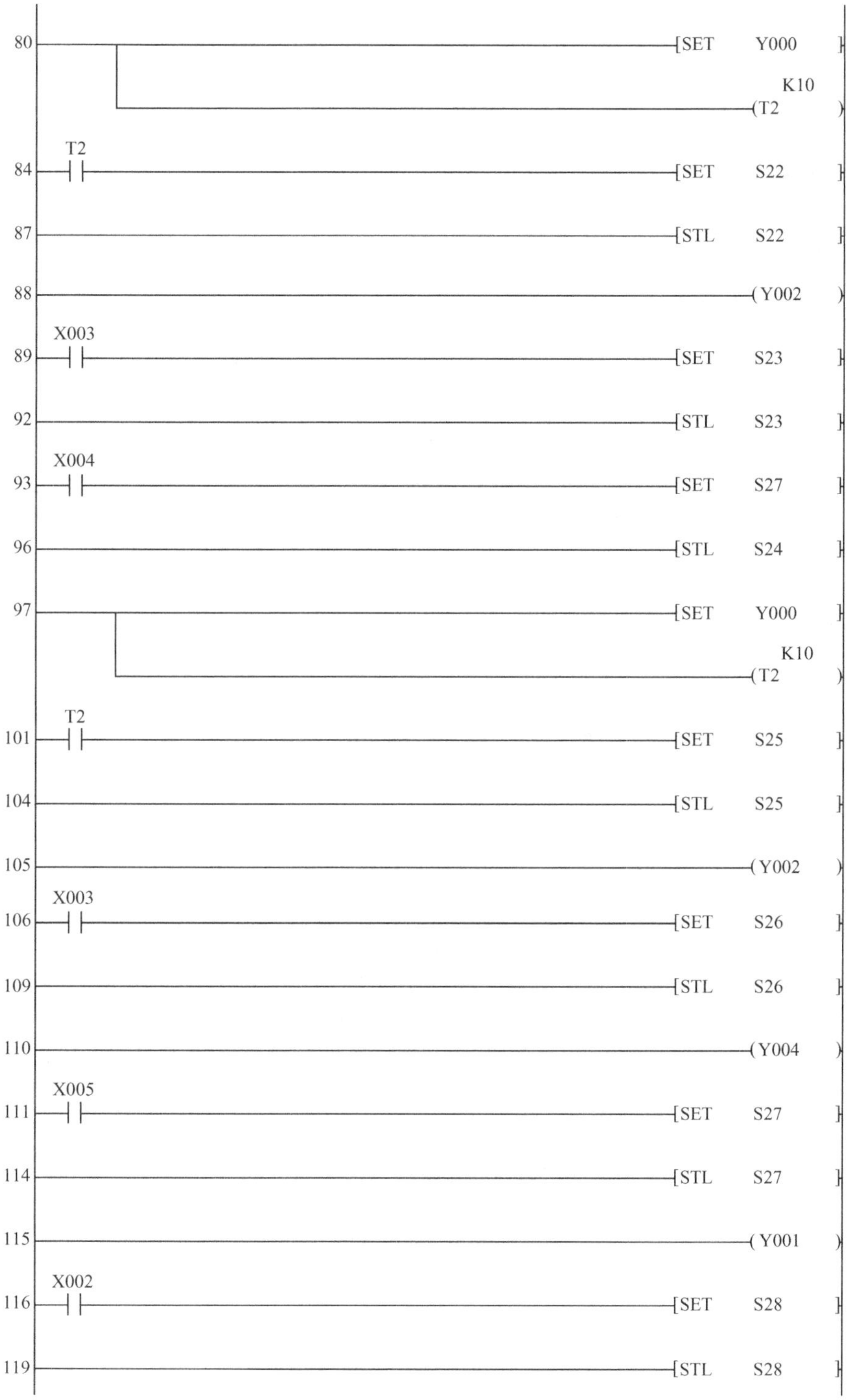

```
80  ──────────────────────┬──────────[SET   Y000 ]
                          │                K10
                          └──────────(T2        )
     T2
84  ─┤├──────────────────────────────[SET   S22  ]
87  ─────────────────────────────────[STL   S22  ]
88  ─────────────────────────────────(Y002      )
     X003
89  ─┤├──────────────────────────────[SET   S23  ]
92  ─────────────────────────────────[STL   S23  ]
     X004
93  ─┤├──────────────────────────────[SET   S27  ]
96  ─────────────────────────────────[STL   S24  ]
97  ──────────────────────┬──────────[SET   Y000 ]
                          │                K10
                          └──────────(T2        )
     T2
101 ─┤├──────────────────────────────[SET   S25  ]
104 ─────────────────────────────────[STL   S25  ]
105 ─────────────────────────────────(Y002      )
     X003
106 ─┤├──────────────────────────────[SET   S26  ]
109 ─────────────────────────────────[STL   S26  ]
110 ─────────────────────────────────(Y004      )
     X005
111 ─┤├──────────────────────────────[SET   S27  ]
114 ─────────────────────────────────[STL   S27  ]
115 ─────────────────────────────────(Y001      )
     X002
116 ─┤├──────────────────────────────[SET   S28  ]
119 ─────────────────────────────────[STL   S28  ]
```

图 15-22　自动程序梯形图（续）

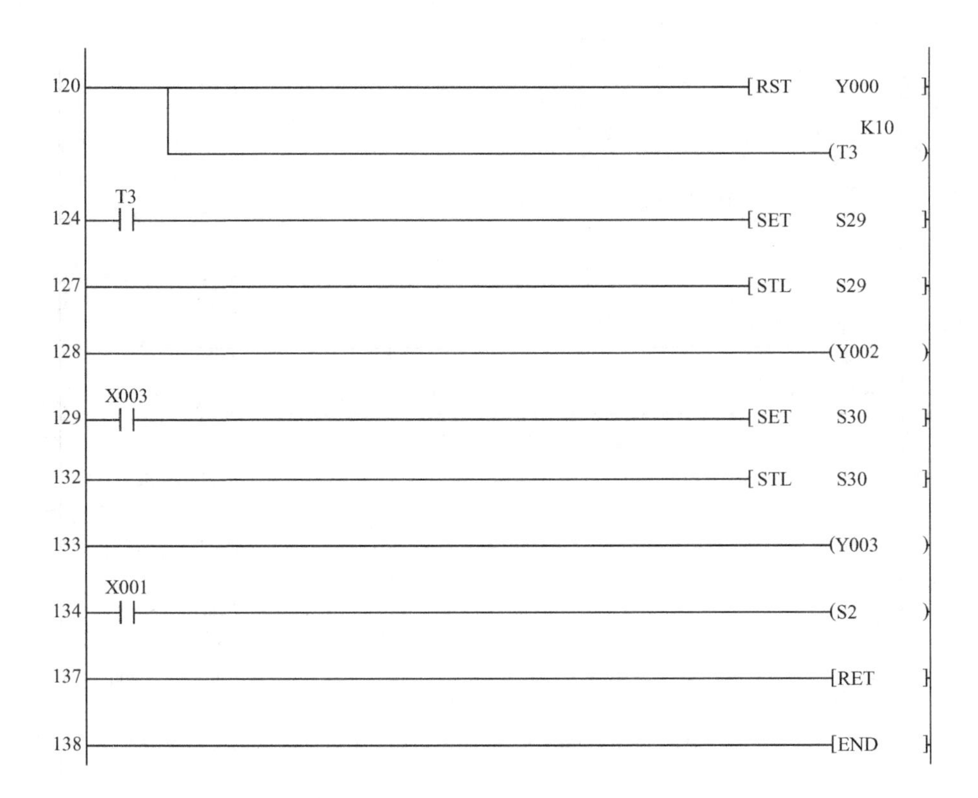

图 15-22 自动程序梯形图（续）

15.2 凸轮控制指令

FX 系列 PLC 模仿机械凸轮组的指令有绝对式凸轮控制指令 ABSD 和增量式凸轮控制指令 INCD 两条。两条指令都可以有多个输出，但 ABSD 指令多个输出的区域可以重叠，其上升点、下降点的数据以起始脉冲为参照值；而 INCD 指令的多个输出只能依次出现，类似于脉冲宽度可调的选通扫描时序输出，前一个输出的结束为后一个输出的参照值。

15.2.1 凸轮控制和凸轮控制器

1. 凸轮和凸轮控制

在自动化和半自动化的机械设备中，凸轮是一种常见的机械零件，在这里，不讨论组成凸轮机构的具有曲线轮廓的凸轮，仅讨论绕固定轴旋转的具有变化直径的凸轮，如图 15-23（a）所示，如果在凸轮的凸起部分（又称凸面）安装一个行程开关 X1，且安装保证当凸起部分压紧 X1 时，能使 X1 动作，而离开凸轮凸起部分，使 X1 复位，那么在凸轮顺时针方向匀速旋转时，X1 的常开触点就会形成如图 15-23（b）所示的输出开关动作时序。

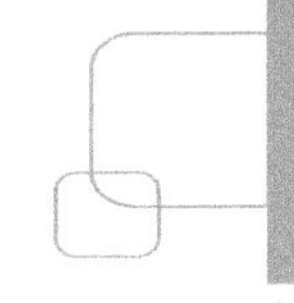

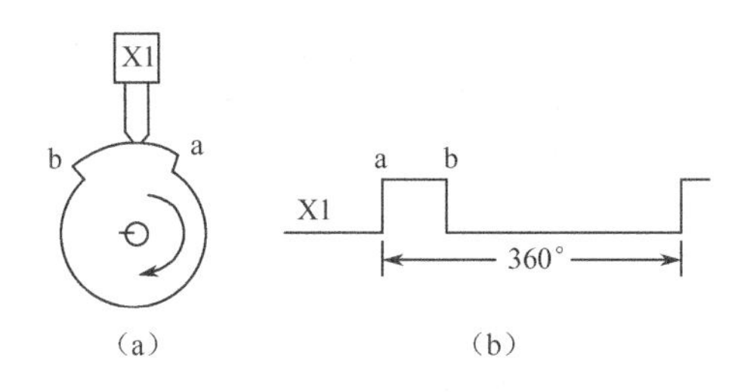

图 15-23　凸轮控制及其输出时序图

把使 X1 开始动作的点，（图 15-23 中 a 点）称为上升点，它对应输出脉冲波的上升沿，而把对应于使 X1 复位的点（图 15-23 中 b 点）称为下降点，它对应于输出脉冲波的下降沿。凸轮旋转一圈的角度是 360°，输出脉冲的宽度与凸轮凸起部分对应的角度有关，而输出脉冲的位置则与其上升点的位置有关（凸起部分在整个凸轮中的相对位置有关）。

在凸轮上可以有一个凸面，也可以有多个凸面，多个凸面则在不同的时间段形成输出，图 15-24 是一个具有 3 个凸面的凸轮及其输出脉冲波形时序图。

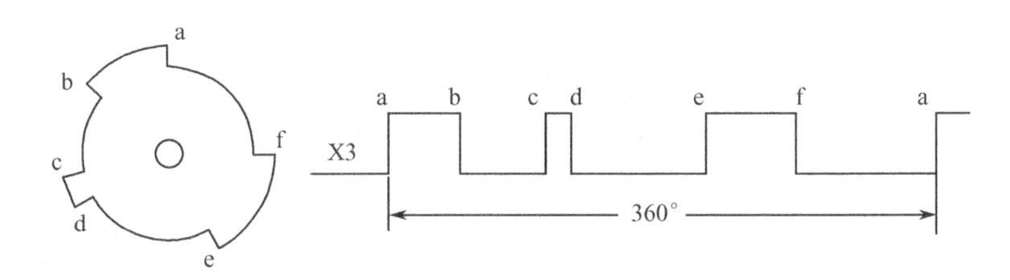

图 15-24　3 个凸面凸轮控制及其输出时序图

上面讨论的是单个凸轮与行程开关结合输出控制的状态，在许多机械设备中，会碰到多工位控制的生产机械，例如，在薄膜塑料加热封口设备——全自动果冻充填封口机中，一个果冻要经过放杯、加料、一次封口、二次封口、剪切成形 5 个工位，在连续生产中，这 5 个工位在一个周期里是同步工作的，但其工作的起始时间和复位时间是各不相同的。对这种多工位的生产机械就可以用多个凸轮组成或一个凸轮组来解决。

图 15-25 表示了一个由 3 个凸轮组成的凸轮组情况，3 个凸轮都固定在同一根轴上，每个凸轮的凸起位置及它们之间的相对位置如图 15-25 所示，3 个凸轮凸起部分都压紧一个行程开关。

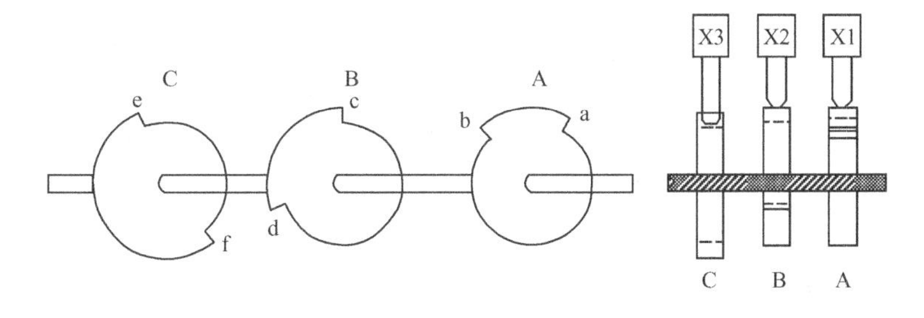

图 15-25　凸轮组控制

当中心轴带动 3 个凸轮同时顺时针旋转时，其相应的输出 X1,X2,X3 便产生如图 15-26 所示的工作时序图。

其行程开关的输出可以重叠也可以不重叠。可以根据控制要求做出不同的凸面，也可以通过调整凸轮在中心轴上的位置来控制上升点时间，设计非常灵活，这种凸轮组设计在半自动和自动专用机械中得到了广泛应用。

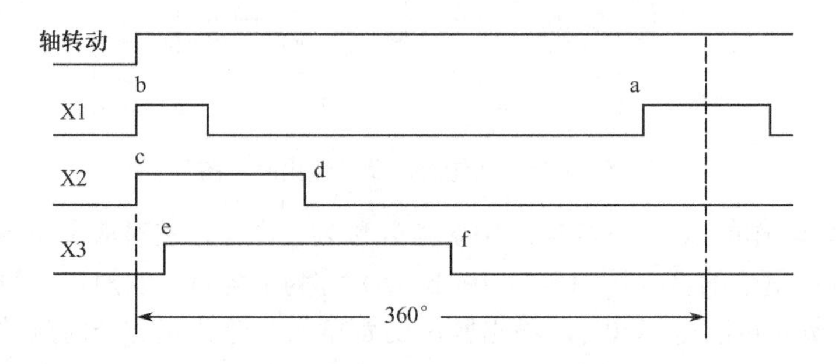

图 15-26　凸轮组控制输出时序图

2．凸轮控制器

凸轮控制器就是根据上述凸轮组控制原理所生产的一种开关控制电器，主要用于起重设备中的中、小型绕线式异步电机的启动、调速、换向、停止和制动。

与上述凸轮组控制不同的是，凸轮控制器是人工操作的，多个连接在一条主轴上的凸轮同时动作，分别根据各自的凸轮结构去接通或断开其相连的触点，以实现在一个复杂电路中对多个触点进行同时控制。另一个不同点是，凸轮控制器是一个有级操作，它在操作范围内（一般是一周）有若干个固定位置，操作仅在这些位置中变动（类似于选择开关）。

凸轮控制器的触点在每个位置的接通情况是不一样的，所以，它的触点不能用普通的常开/常闭方式来表现，而是用它特有的电气接线图来表示，如图 15-27 所示。

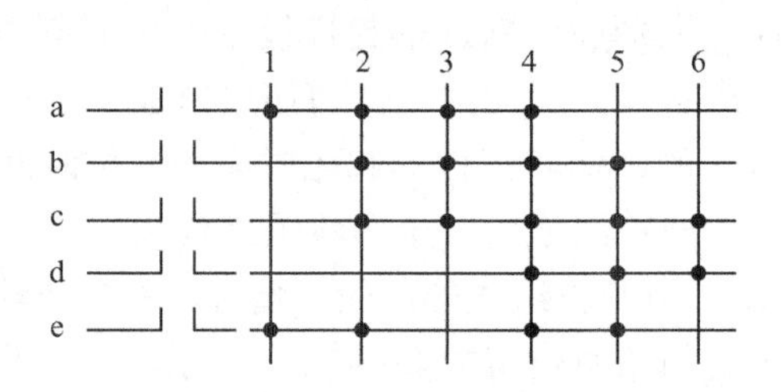

图 15-27　凸轮控制器电气接线图

这是一个 5 触点 6 位置的凸轮控制器，图中行为触点 a, b, c, d, e，列为位置 1,2,3,4,5,6。行和列的交叉处有黑点，表示该行触点在该列位置上是闭合的，而无黑点则表示该行触点在该列位置上是断开的。例如，触点 d（在第 4 行）在位置 4,5,6 是闭合的，而在位置 1,2,3 是断开的，以此类推。

15.2.2　绝对方式凸轮控制指令 ABSD

1．指令格式

FNC 62：【D】　ABSD　　　　　　　　　　程序步：9/17

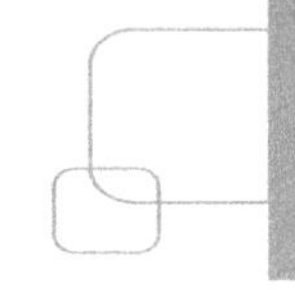

可用软元件见表 15-6。

表 15-6　ABSD 指令可用软元件

操作数	位元件				字元件									常数	
	X	Y	M	S	KnX	KnY	KnM	KnS	T	C	D	V	Z	K	H
S1.					●	●	●	●	●	●	●				
S2.										●					
D.		●	●	●											
n														●	●

梯形图如图 15-28 所示。

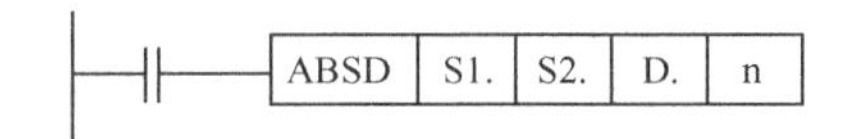

图 15-28　ABSD 指令梯形图

操作数内容与取值如下：

操作数	内容与取值
S1.	说明输出 n 个位元件为 ON 的数据存储字元件首址，占用 2n 个点
S2.	与 S1 数据进行比较的计数器编号
D.	n 个输出位元件首址，占用 n 个点
n	输出位元件的个数，1≤n≤64

解读：在驱动条件成立时，将 S1 所存储的数据与计数器 S2 的当前值比较，对 n 个输出位元件 D 进行 ON/OFF 控制。

2. 指令应用

1）指令执行功能

指令的执行功能类似于上面所讲的凸轮组控制输出，现对图 15-29 所示的 ABSD 指令应用梯形图给予说明。

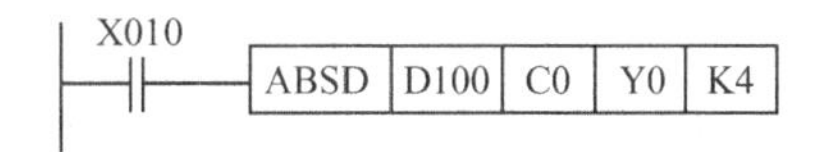

图 15-29　ABSD 指令应用梯形图

指令的操作数 K4 表示有 4 个凸轮，Y0 为这些凸轮所关联的行程开关输出，4 个凸轮的开关分别为 Y0～Y3。而这些凸轮的上升点位置和下降点位置则是由以 D100 为首址的 8 个数据寄存器内容所决定的，它与输出 Y0～Y4 的关系见表 15-7。

表 15-7 ABSD 指令输出位元件数据对应存储表

输出位元件编号	上升点		下降点	
	存储地址	数据	存储地址	数据
Y0	D100	40	D101	140
Y1	D102	100	D103	200
Y2	D104	160	D105	60
Y3	D106	240	D107	280

指令执行时，输出为位元件的上升点和下降点数据的参照点是计数器 C0 的当前值，如果 C0 是一个凸轮旋转一周输入 360 个脉冲的计数器，那么计数器的当前值为 40 时，Y0 就 ON，当前值为 140 时，Y0 就 OFF，这样，就会得到如图 15-30 所示的输出位元件时序图。

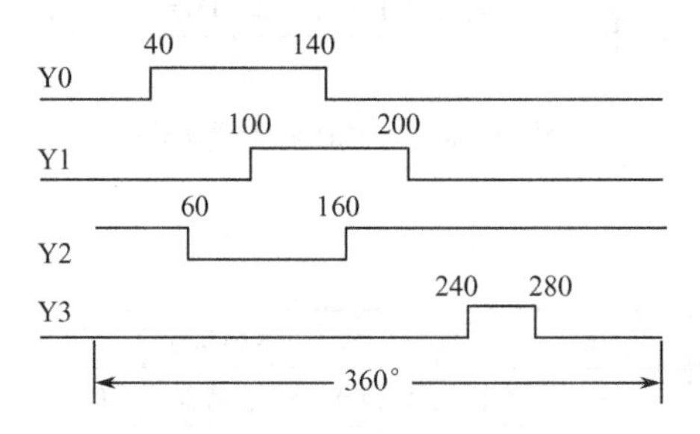

图 15-30 ABSD 指令时序图

其对应的机械凸轮如图 15-31 所示。

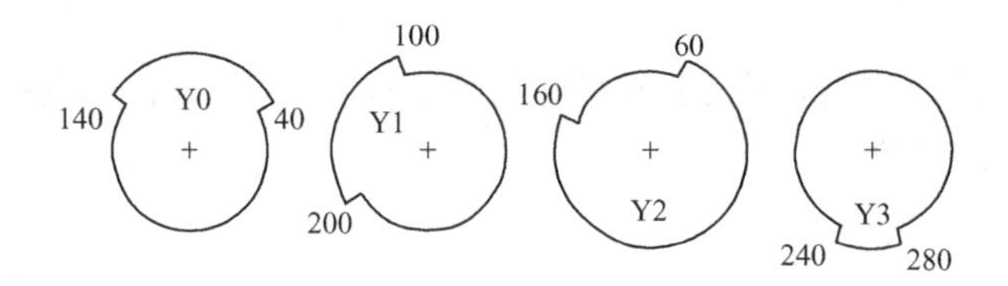

图 15-31 ABSD 指令输出对应凸轮

对比一下，输出 ON 的时间相当于机械凸轮的凸面长度，要改变凸面的长度或者要改变凸面在凸轮中相对位置，只要改变其上升点和下降点数据即可。用指令程序来代替实物凸轮的功能称为电子凸轮。

在实际应用中，凸轮组的运动是周期性的，因此，电子凸轮的输出也必须是周期性的。一般采用编码器或电子码盘作为计数输入，由机械结构来保证它与机械的其他部分同步。编码器或电子码盘输入的脉冲由 ABSD 指令所指定的计数器进行计数。当计数当前值满一个周期的设定值，必须对计数器进行复位处理，而进入下一个周期的计数，其梯形图程序如图 15-32 所示。

2）指令应用

（1）ABSD 指令可以是 16 位运算数据，也可以是 32 位运算数据，当应用 32 位运算指

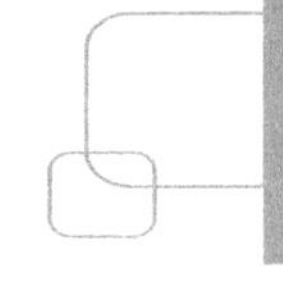

令 DABSD 时，其源址 S1 所占用的点数为 4n 个点。输出点的上升点、下降点对应数据存储地址见表 15-8。

```
     X010
 0 ──┤├──────────────────────[ABSD  D100   C0   Y000   K4 ]
     C0      X000
10 ──┤├──────┤/├─────────────────────────────[RST   C0    ]
     X000 脉冲输入                                    K360
14 ──┤├──────────────────────────────────────(C0          )
                                              周期360个脉冲
```

图 15-32　ABSD 指令梯形图程序

表 15-8　DABSD 指令输出位元件数据对应存储表

输出位元件编号	上升点		下降点	
	存储地址	数据	存储地址	数据
D	S+1,S	××	S+3,S+2	××
D+1	S+5,S+4	××	S+7,S+6	××
D+2	S+9,S+8	××	S+11,S+10	××
⋮	⋮	⋮	⋮	⋮
D+n-1	S+4n+1,S+4n	××	S+4n+3,S+4n+2	××

在 32 位运算 DABSD 指令中，也可以指定高速计数器，但是此时对于计数器的当前值，在输出时会由于扫描周期的影响而造成响应延迟。如果需要响应及时，可使用 DHSZ 指令的表格高速比较模式的高速比较功能，构成电子凸轮开关，详见第 12 章 12.2.4 节所述。

（2）组合位元件也可用于上升点、下降点存储地址。但对组合位元件有如下规定：位元件的起始编号只能是 0、16、32、64，而其组合在 ABSD 指令仅为 K4，DABSD 指令仅为 K8。例如，K4M0、K4M16 都可以作为 ABSD 指令的源址 S1，而 K3M0、K4M2 则不能。

（3）ABSD 指令在程序中只能使用一次。在使用过程中，即使驱动条件断开，输出也不会改变。

3）指令应用实例

电子凸轮控制常用在多个工位同时动作的半自动、自动单机设备上，也可以用在简易的定位控制上，在食品、包装、冲压加工、纺织等都可以用电子凸轮控制代替传统的凸轮组控制部件。

【例 1】　图 15-33 为全自动果冻充填封口机的示意图，其放杯、充填、热封一、热封二、成形的动作均由气缸控制，在一个周期内，各个气缸动作的时序图如图 15-34 所示，光电码盘的缺口为一周 180 个，试编制 ABSD 指令控制梯形图程序。

控制梯形图程序如图 15-35 所示。

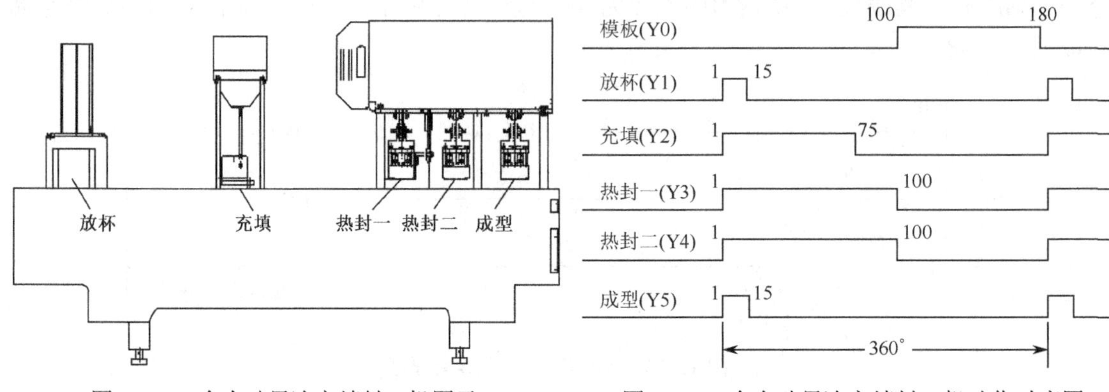

图 15-33　全自动果冻充填封口机图示

图 15-34　全自动果冻充填封口机动作时序图

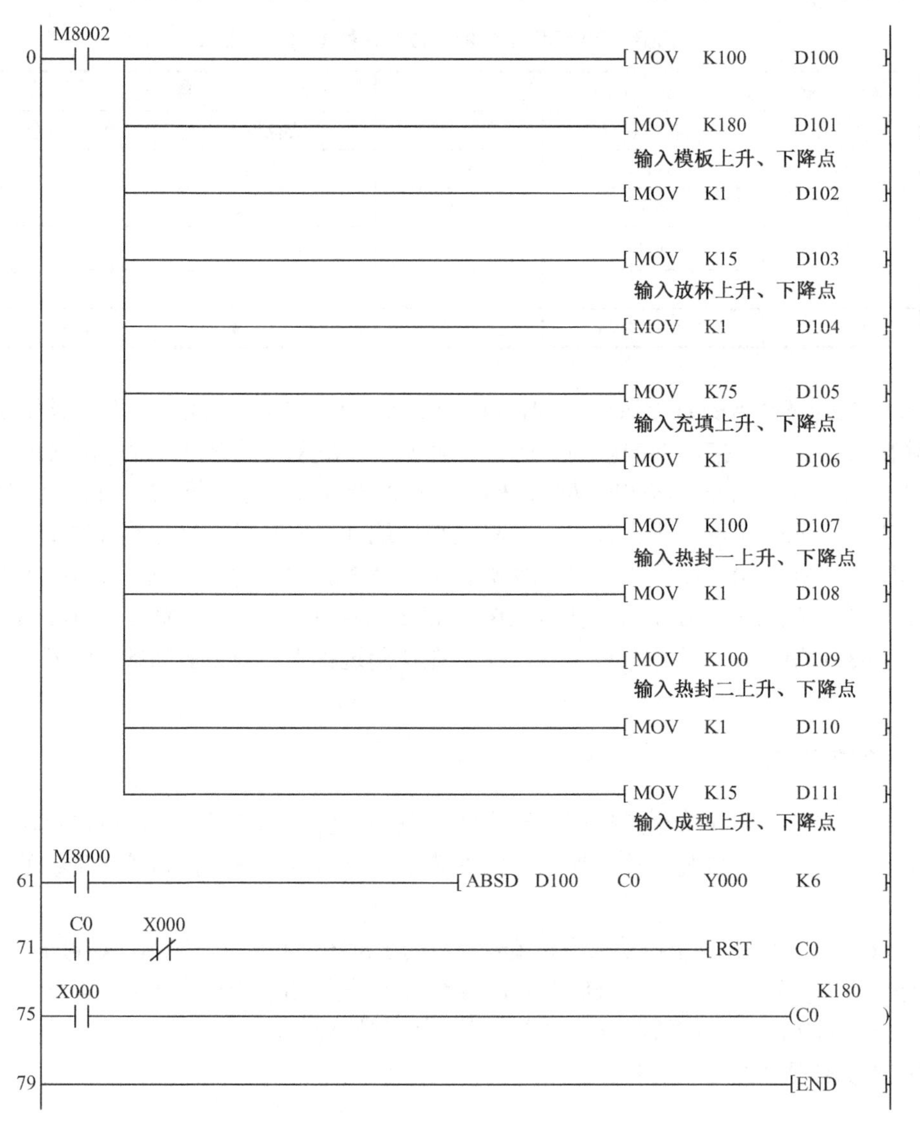

图 15-35　例 1 程序梯形图

【例 2】　图 15-36 为一个三相六拍步进电机脉冲系列，要求应用 ABSD 指令编制输出符合要求的脉冲系列梯形图程序。

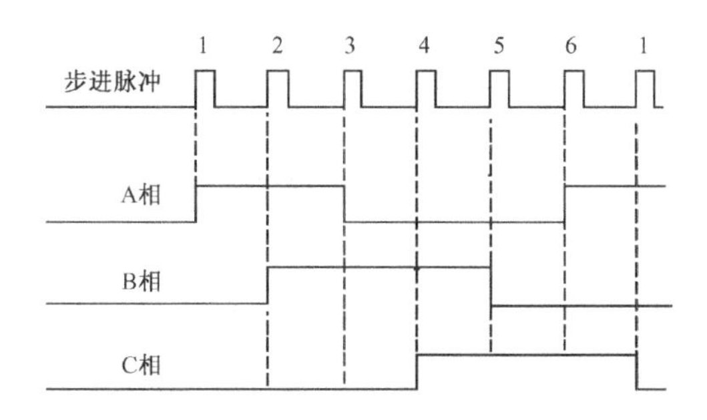

图 15-36　三相六拍步进电机脉冲序列

梯形图程序如图 15-37 所示，程序中只是说明了用 ABSD 指令输出三相六拍脉冲的功能，至于步进电机的转向控制、输出频率控制（低速、高速控制），程序中均未涉及。

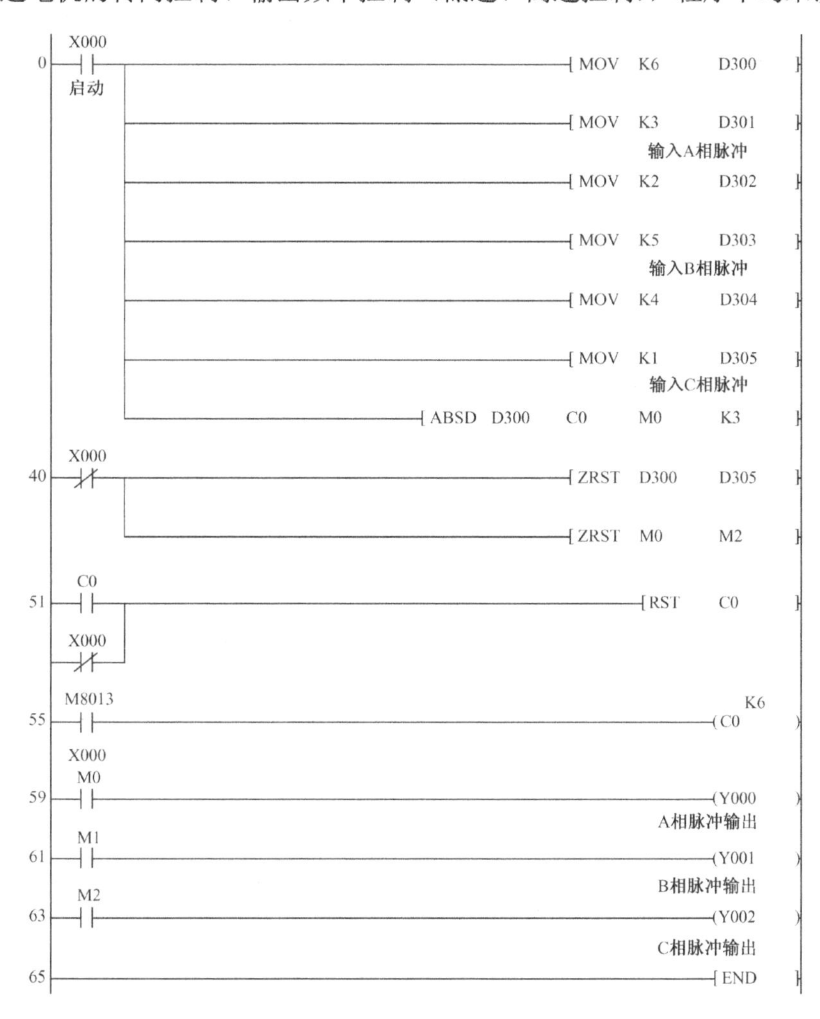

图 15-37　三相六拍步进电机程序梯形图

15.2.3 增量方式凸轮控制指令 INCD

1. 指令格式

FNC 63：　INCD　　　　　　　　程序步：9

可用软元件见表 15-9。

表 15-9 DECO 指令可用软元件

操作数	位元件				字元件									常数	
	X	Y	M	S	KnX	KnY	KnM	KnS	T	C	D	V	Z	K	H
S1.					●	●	●	●	●	●	●				
S2.										●					
D.		●	●	●											
n														●	●

梯形图如图 15-38 所示。

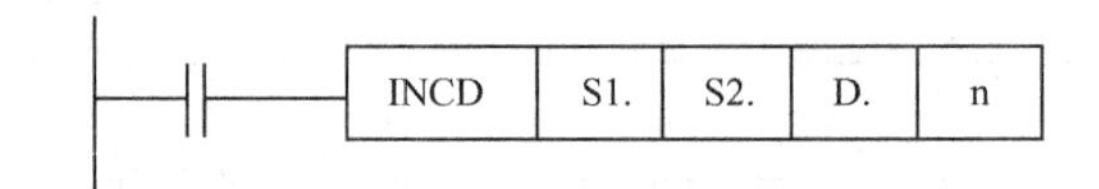

图 15-38 INCD 指令梯形图

操作数内容与取值如下：

操作数	内容与取值
S1.	说明输出 n 个位元件为 ON 的数据存储字元件首址，占用 n 个点
S2.	与 S1 数据进行比较的计数器编号，占用 2 个点
D.	n 个输出位元件首址，占用 n 个点
n	输出位元件的个数，1≤n≤64

解读：在驱动条件成立时，将 S1 所存储的数据与计数器 S2 的当前值比较，对 n 个输出位元件 D 进行 ON/OFF 控制。

2. 指令应用

1）指令执行功能

INCD 指令和 ABSD 指令一样，也是一个提供多输出的指令，但它与凸轮控制没有关系，它的执行功能可通过图 15-39 的应用指令来说明。

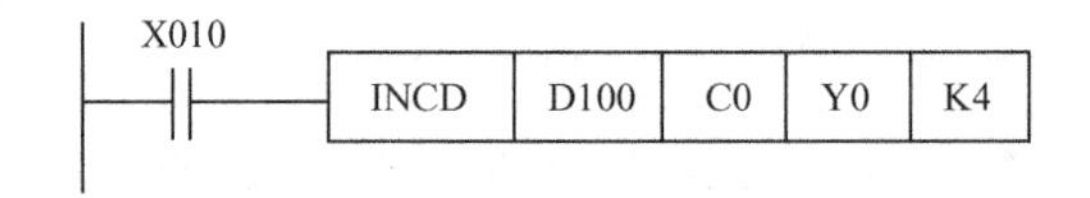

图 15-39 INCD 指令应用梯形图

指令中 n=K4，表示有 4 个输出 Y0～Y3，与其相对应的数据存储为 D100～D103，见表 15-10。

表 15-10　INCD 指令输出位元件数据对应存储表

输出位元件编号	存储地址	数　据
Y0	D100	20
Y1	D101	30
Y2	D102	10
Y3	D103	40

在驱动条件 X10 为 ON 期间，输出 Y0～Y3 的时序如图 15-40 所示。

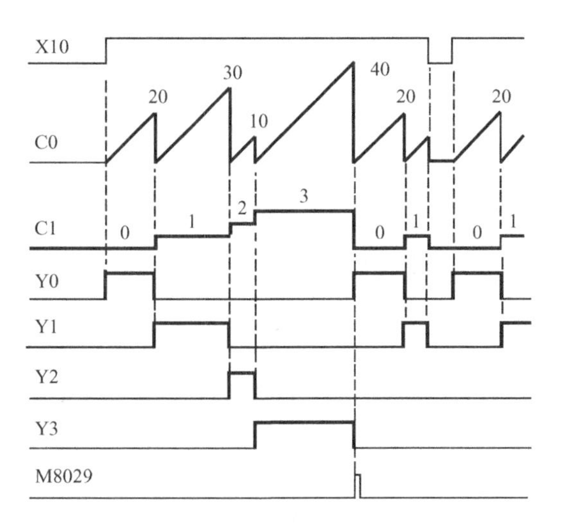

图 15-40　INCD 指令执行时序图

通过时序图可以得到如下说明。

（1）在驱动条件 X10 接通期间，指令的输出是按照顺序轮流输出，输出区间不能重叠，任何时刻只能有一个输出。如果把每个输出的时间设为一致，则 INCD 指令所得到的输出是一组选通扫描信号（关于选通扫描的知识可参看第 3 章 3.2.3 节和第 11 章 11.2.3 节）。

（2）每个输出的时间与其对应的存储数据决定（见表 15-10）驱动条件成立后第一个输出马上成立，并且计数器 C0 开始计数，当计数当前值等于 20 时（第一个输出所设定数据），第一个输出马上复位，同时第二个输出成立，计数器清零，重新开始计数。当前值等于 30 时，重复上述动作，直至所有输出顺序执行完毕。

（3）在驱动条件成立期间，指令的功能是反复循环顺序执行所有输出。如果在执行过程中，驱动条件断开，则马上停止执行，所有输出均复位。

（4）所有输出完成一次后，标志位 M8029 为 ON，执行结束一个扫描周期。

2）相关计数器

INCD 指令涉及两个计数器，S2 及 S2+1，实例中为 C0 和 C1。这两个计数器的作用是不同的，C0 为当前值监控计数器，配合 S1 中的数据控制输出的时间和顺序。C1 为输出步序计数器，其当前值开始为 0，每一个顺序输出就加 1，由 n 指定的全部顺序输出完毕后，C1 当前值复位为 0，因此，C1 的当前值在 0～（n−1）间变化。利用 C1 可以监控当前是哪一个步序输出。

和 ABSD 指令相同，INCD 指令在程序中只能使用一次，如果源址 S1 使用组合位元件，其相关规定也与 ABSD 指令相同。

【例 3】　图 15-41 为 3 个选通信号轮流输出的扫描程序时序图，扫描时间为 100ms，梯形图如图 15-42 所示。

X10
M0
M1
M2
M8029

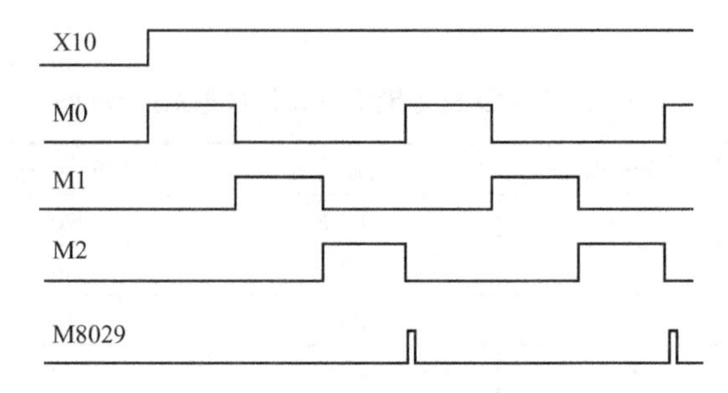

图 15-41　INCD 指令选通扫描程序时序图

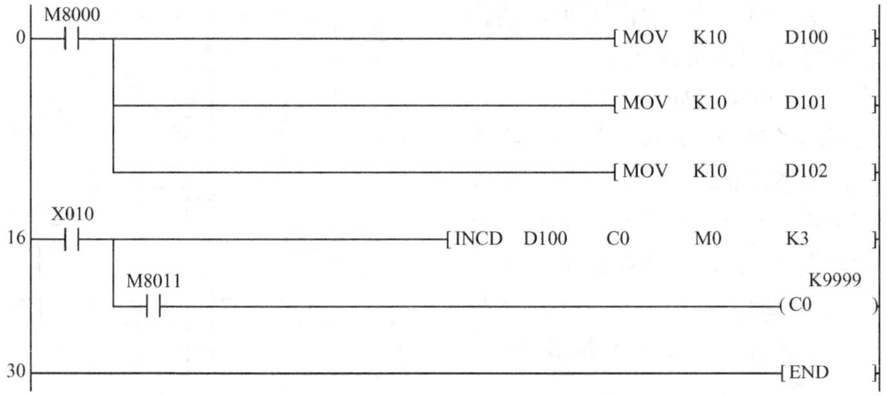

M8000
0
MOV K10 D100
MOV K10 D101
MOV K10 D102
X010
16
INCD D100 C0 M0 K3
M8011
K9999
C0
30
END

图 15-42　INCD 指令选通扫描程序梯形图

【例 4】　某控制场合需要两台电机轮流工作，以有效地保护电机，延长使用寿命。现有两台电机，其运行控制是 1#电机运行 24h 后，自动切换到 2#电机运行；2#电机运行 24h 后，自动切换到 1#电机运行……如此反复循环，试编制控制程序。

控制程序梯形图如图 15-43 所示。

M8002
0
MOV K1440 D10
存24h
MOV K1440 D11
存24h
启动
停止
X000
X001
11
Y010
运行显示
Y010
INCD D10 C0 M0 K2
M8014 分钟时钟
K2000
C0
M0
Y001
28
Y000
1#电机
M1
Y000
30
Y001
2#电机
32
END

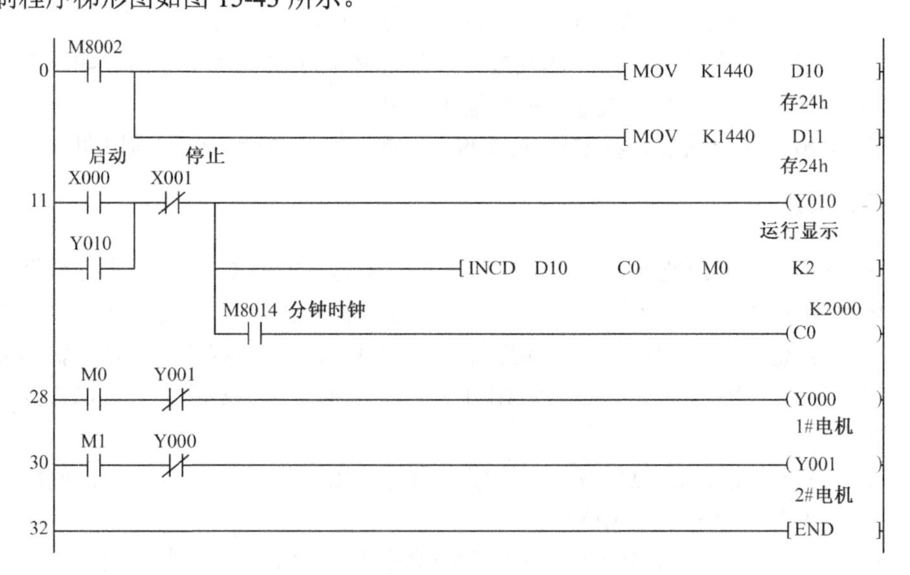

图 15-43　两台电机轮流运行程序梯形图

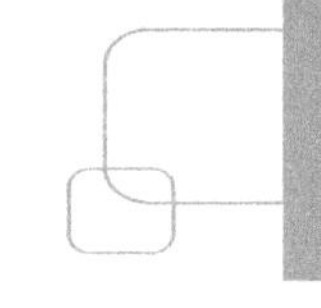

15.3 旋转工作台控制指令

15.3.1 旋转工作台控制介绍

旋转工作台控制指令 ROTC 又称回转体控制指令，和 IST 指令一样，它也是一种方便指令。在应用指令时，必须按照指令所规定的外部条件和内部软元件使用条件来编写指令程序，因此，有必要先对旋转工作台的控制要求和控制过程进行简单的说明。

图 15-45 为旋转工作台控制示意图，旋转工作台工件若干个（图中为 10 个，编号 0～9），在工作台左侧有两台作业口，它们是固定的，用来对工件进行处理和加工的，例如，机械手抓走工件或动力头对工件加工等。0 号作业口只能对 0 号位置工件进行处理，而 1 号作业口只能对 1 号位置工件进行处理，针对工作台运动，设 3 个传感开关，一个是原点检测开关 X2，当开关闭合时，表示旋转工作台处于原点位置，这时，作业口对准各自工件，工件编号如图 15-45 所示放置，另两个是工作台旋转方向检测开关，它们向 PLC 的 X0，X1 输入一对相位差为 90° 的脉冲信号，如图 15-44 所示。两个脉冲输入频率相等，相位相差 90°。当工作台正转时，为加计数信号，反转时为减计数信号，这两个开关一般采用双向旋转编码器的输入，编码器 Z 相还可用于原点检测开关信号。

旋转工作台指令 ROTC 可以实现工作台工件的最佳路径控制功能，如图 15-45 所示，工作台上有 10 个工件位置，假如工件被放置于 6 号位置上，要求迅速准确送到 0 号位置供 0 号作业口进行处理。ROTC 指令则会作如下控制，先使工作台高速逆时针旋转 2 个工作位置（到达 8 号工位），然后以低速转至 0 号工位停止。在这个控制过程中，ROTC 指令会自动识别到达作业口的最佳路径（最短回转距离），然后以高速（提高效率）和低速（防止惯性，准确定位）到达指定的作业口。

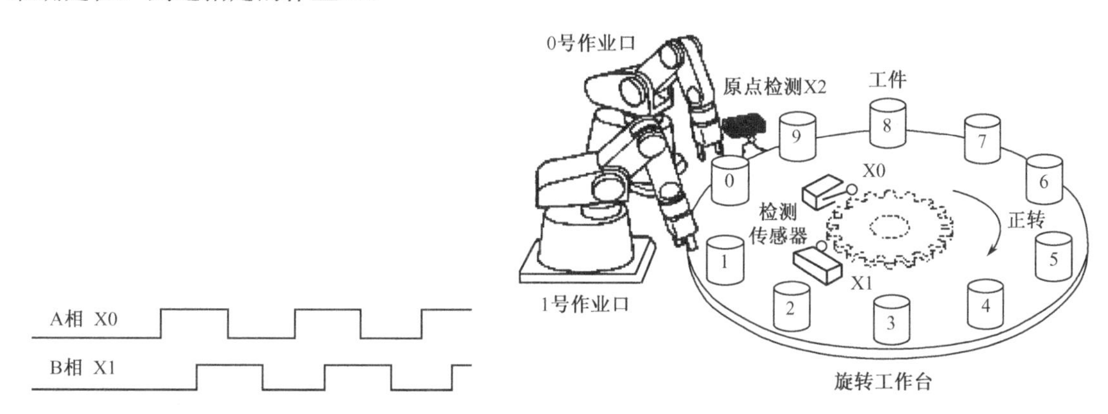

图 15-44　工作台转向检测脉冲输入时序图

图 15-45　旋转工作台控制示意图

图 15-46 为 ROTC 指令外部机械结构示意图。旋转工作台指令可以用于机械手工件装卸，数控机床的自动换刀和仓库自动进出料等多种控制场合。

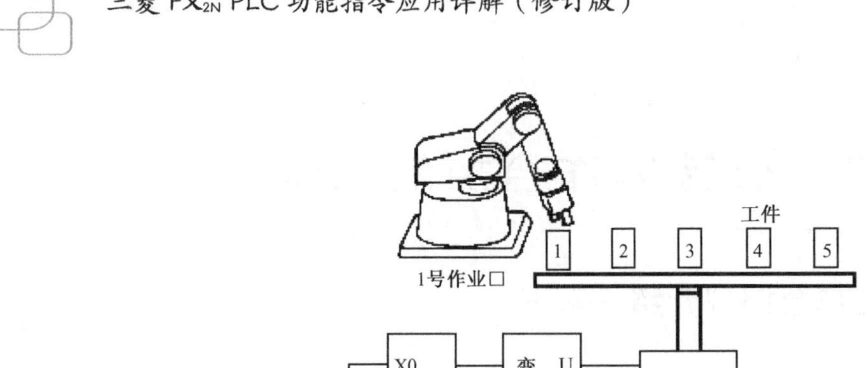

图 15-46　工作台机械结构示意图

15.3.2　旋转工作台控制指令 ROTC

1. 指令格式

FNC 68:　　ROTC　　　　　　　　　　程序步：9

可用软元件见表 15-11。

表 15-11　ROTC 指令可用软元件

操作数	位元件				字元件									常数	
	X	Y	M	S	KnX	KnY	KnM	KnS	T	C	D	V	Z	K	H
S.											●				
m1														●	●
m2														●	●
D.		●	●	●											

梯形图如图 15-47 所示。

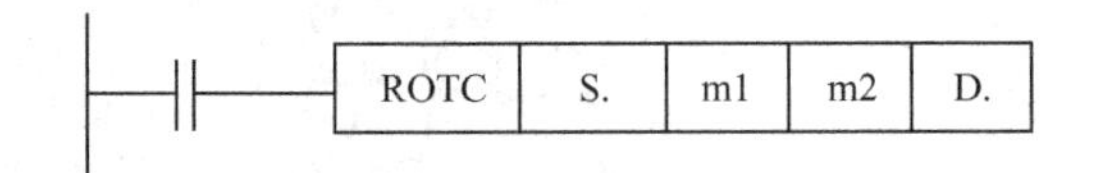

图 15-47　ROTC 指令梯形图

操作数内容与取值如下：

操作数	内容与取值
S.	内部计数器用存储器地址，占用 3 个点
m1	圆盘中工作台的分度数，m1=2～32 767
m2	工作台低速运行区间的分度值，m2=2～32 767，m2=m1
D.	指令信号输入驱动输出的位元件首址，占用 8 个点

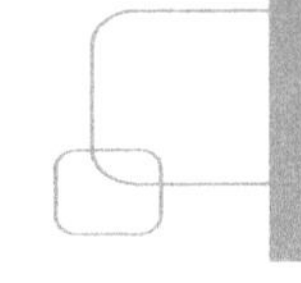

解读：在驱动条件成立时，自动地将指定位置的工件以最佳路径通过高速和低速运转方式送到指定的作业口。

2. 指令应用

1）关于操作数的设定

ROTC 指令对设备结构有一定要求，对指令的操作数设定也有一定的要求，现以图 15-48 所示应用实例说明。

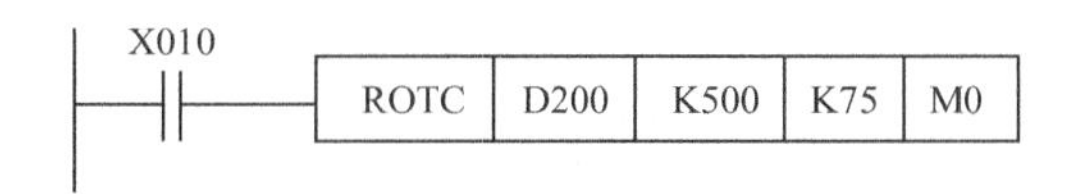

图 15-48　ROTC 指令应用梯形图

源址 S 占用 3 个 D 寄存器，具体内容见表 15-12。

表 15-12　ROTC 指令源址 S 设定

寄存器地址	指令应用实例	内　容	说　明
S	D200	计数器	用指令内部设定
S+1	D201	指定作业口编号	用 MOV 指令设定
S+2	D202	指定工件编号	

（1）关于源址 S 的设定。

D200 为计数器寄存器，需要预先进行清零后才开始工作，运行中，若碰到零点信号为 ON，则 D200 自动清零。在使用 ROTC 指令时，必须要先告诉指令，设定作业口编号和工件位置编号，它们是用 MOV 指令输入的，工件位置编号和作业口编号与分度值 m1 有关，详见下面分析。

（2）关于分度数 m1 的设定。

分段值 m1 是指工作台转动一周划分的等分数，它等于方向检测开关在一周内向 PLC 输入的脉冲数，例如，用编码器作为方向检测开关，则编码器一周内发生的脉冲数就是分度数。

分度数是确定作业口编号、工件位置编号和低速运行区间分度值 m2 的基数，先举例说明。

【例 1】　如果编码器一周输出 500 个脉冲，工作台上均匀放置 20 个工件，两台作业口，一台对准 0 号工件，一台对准 1 号工件，低速运行为 2 个工件间距，试写出工件编号数和作业口编号数。

由题意 m1=K500。

工件间距：K500÷20=K25，则工件 0～19 的编号为 0,25,50,75,100,125,…,475。

0 号作业口对准 0 号工件，其编号为 0；1 号作业口对准 1 号工件，其作业口编号为 25。在实际应用中，作业口可以对准任一工件位置，其编号为该工件位置编号。

（3）关于低速运行间距分度值 m2 的设定。

m2 为工作台在低速区间运行的分度值，一般取 1.5～2 个工作区间，如上例 20 个工件取 2 个工件区间作为低速运行的区间，则 m2=2×25=K50，就是说，当工作台高速运转至离作业口还剩 2 个工件区间时（K50 个脉冲处），开始低速运行，以保证工件准确地停在指定的作业口。

（4）关于位元件 D 的设定。

ROTC 指令在执行时，指定了 3 个输入信号和 5 个输出信号的位元件，见表 15-13。

表 15-13　ROTC 指令位址 D 设定

	位元件地址	指令应用例	工 作 内 容	说　明
信号输入	D	M0	A 相信号输入	应用指令前要编制由输入口驱动程序
	D+1	M1	B 相信号输入	
	D+2	M2	原点信号	
驱动输出	D+3	M3	高速正转	编制驱动输出口程序：X10 为 ON，指令自动分配输出驱动；X10 为 OFF，全部输出关断
	D+4	M4	低速正转	
	D+5	M5	停止	
	D+6	M6	高速反转	
	D+7	M7	低速反转	

由于方向检测开关信号必须有输入口输入，指令要求该信号必须送至 D～D+2（表中M0～M2），所以，在指令使用前，必须编制如图 15-49 所示驱动程序。

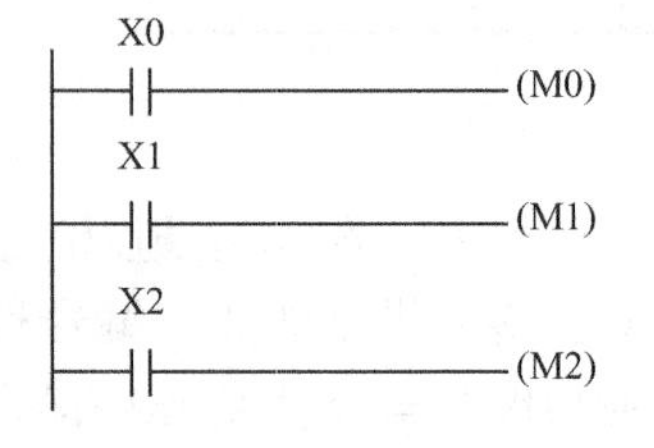

图 15-49　ROTC 指令输入信号驱动内部解点梯形图

方向检测信号可以由任意输入口输入，但通常都确定为 X0,X1,X2。5 个输出信号是控制工作台电机正反转和速度变化的，同样，它们也要通过编制程序驱动输出口 Y，再由外接电路驱动电机运转。

2）指令应用

ROTC 指令和初始状态指令 IST 一样，都可以称为方便指令，它们的共同特点是，只要满足指令所规定的外部条件和内容软元件设置条件，指令会自动地完成一系列顺序动作，不需要设计复杂程序。不同的是，IST 指令针对的是设备的工作方式控制，适应性较广，对硬件结构没有特殊要求，而 ROTC 指令仅适用于旋转工作台，仅适用于最佳路径置工件于作业口，两种指令在程序中仅只能使用一次。

具体应用程序编制可参看下面例子。

【例 2】　某一旋转工作台上有 10 个工件，有 2 个作业口，0 号作业口对准 0 号工件，1 号作业口对准 3 号工件。PLC 外接一位数字开关，选择 0～9 号工件，外接一位选择开关选择作业口，低速运行区间为 1.5 个工件间距，采用每周输出 100 个脉冲的双相旋转编码器作为旋转工作台的计数输入，试编制 ROTC 指令控制程序。

I/O 地址分配见表 15-14。程序梯形图如图 15-50 所示。

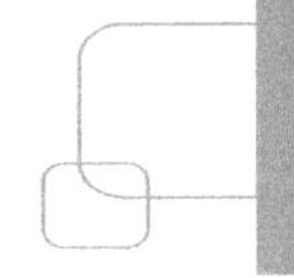

表 15-14　ROTC 指令例 2 I/O 地址分配表

输　入		输　出	
地址	功能	地址	功能
X0	A 相信号输入	Y0	高速正转
X1	B 相信号输入	Y1	高速反转
X2	原点信号	Y2	低速正转
X3	作业口选择	Y3	低速反转
X4	数字开关输入		
X5			
X6			
X7			
X10	启动		
X11	停止		

```
 0  M8002 ─┤├─────────────────────────────[RST   D100]
                                           计数寄存器清零
 4  X000 ─┤├──────────────────────────────(M0)
                                           A相脉冲输入
 6  X001 ─┤├──────────────────────────────(M1)
                                           计数寄存器清零
 8  X002 ─┤├──────────────────────────────(M2)
    启动        停止                        计数寄存器清零
10  X010 ─┤├─┬─ X011 ─┤/├─────────────────(M100)
    M800 ─┤├─┘
14  M100 ─┤├─┬────────────────────────────[BIN   K1 X004  D100]
             │                               指定工件号
             ├────────────────────[MUL  D103   K10    D102]
             │                             工件编号存D103
             ├─ X003 ─┤├──────────────────[MOV   K0     D101]
             │                               取0号作业口
             └────────────────────────────[MOV   K30    D101]
                                             取3号作业口
41  M100 ─┤├─────────────[ROTC D100   K100   K15    M0]
    M8002
51  M3 ─┤├── Y001 ─┤/├── Y003 ─┤/├────────[RST]
                                           高速正转
55  M4 ─┤├── Y001 ─┤/├── Y003 ─┤/├────────(Y002)
                                           低速正转
59  M6 ─┤├── Y000 ─┤/├── Y002 ─┤/├────────(Y003)
                                           高速反转
63  M7 ─┤├── Y000 ─┤/├── Y002 ─┤/├────────(Y001)
                                           低速反转
67 ───────────────────────────────────────(END)
```

图 15-50　ROTC 指令例 2 程序梯形图

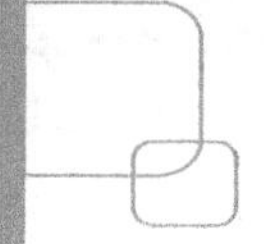

15.4　定时器指令

15.4.1　示教定时器指令 TTMR

1. 指令格式

FNC 64:　　TTMR　　　　　　　　　　程序步：5

可用软元件见表 15-15。

表 15-15　TTMR 指令可用软元件

操作数	位元件				字元件									常数	
	X	Y	M	S	KnX	KnY	KnM	KnS	T	C	D	V	Z	K	H
D.											●				
n											●			●	●

梯形图如图 15-51 所示。

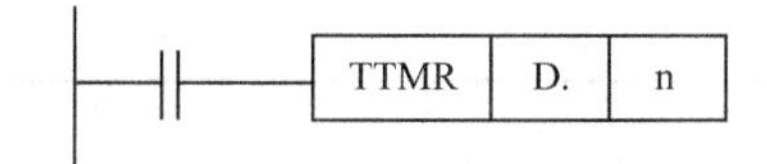

图 15-51　TTMR 指令梯形图

操作数内容与取值如下：

操作数	内容与取值
D.	保存驱动为 ON 时间的存储器地址，占用两个点
n	时间计时的倍率或其存储器地址，n=k0～k2

解读：在驱动条件为 ON 时，测量驱动条件闭合的时间，其测量时的当前值存储在 D+1，而测量结果存储于 D 中。

2. 指令应用

（1）执行功能。

指令的执行可以用图 15-52 来说明。当 X10 为 ON 时，开始对其计时；当 X10 为 OFF 时，计时结束。计时结果存储在单元 D 中，而当前值存储单元 D+1 则复位为 0。当 X10 为 ON 再一次开始计时时，D 从 0 开始计时。

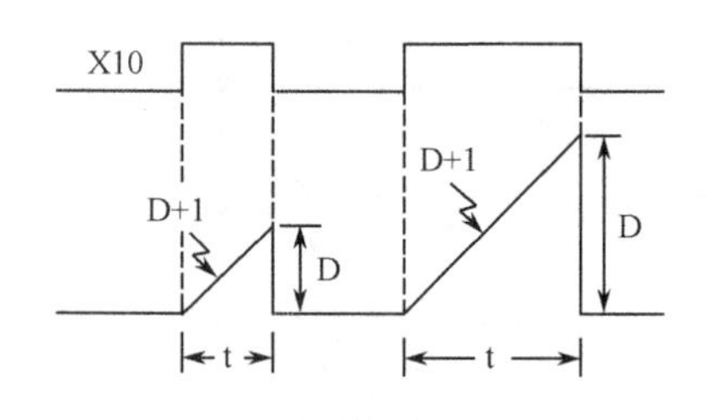

图 15-52　TTMR 指令功能示意图

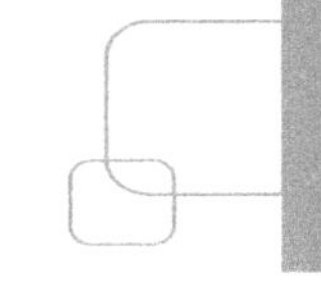

计时单位为秒，但其计时精度与 n 设定有关，表 15-16 表示 n 与计时精度的关系。

表 15-16　n 与计时精度的关系

N	计 时 精 度	计时值 D
K0	1s	t×1
K1	0.1s	t×10
K2	0.01s	t×100

（2）与 TTMR 指令类似的功能的指令有 HOUR 指令（FNC 169），TTMR 指令计时单位为秒，而 HOUR 指令计时单位为小时。关于 HOUR 指令的详解见第 16 章 16.1.6 节。

（3）指令应用。

【例 1】　图 15-53 程序可以对 X0 的多次闭合时间进行累加统计，统计结果存于 D10。

```
    X000
0 ──┤ ├──┬──────────────────[TTMR  D0    K1   ]
         └──────────────────[PLF   M0         ]
    M0
8 ──┤ ├─────────────────────[ADD   D0    D10   D10 ]
16 ─────────────────────────[END              ]
```

图 15-53　按钮闭合时间统计程序梯形图

【例 2】　利用 TTMR 指令，可以很方便地修改 PLC 中多个定时器的设定值，图 15-54 为对 10 个定时器 T0～T9 进行修改的程序梯形图。

BCD 指令为从外接一位数字开关中输入要选择的定时器编号，X0 为修正值按钮，由于 T0～T9 为 100ms 计数器，所以，在示教定时器指令中为 K1，这时，D10 的值为按 100ms 精度的计时值。若 n 为 K0，则应乘以 10 后再写入定时器设定值。由于定时值的大小与按钮为 ON 的时间有关，而按钮为 ON 的时间很难掌握，所以这种方法定时的精度较差。

3.　PLC 内部定时器定时值的调整

在早期的 PLC 应用中，如何调整 PLC 内部定时器定时值是一个较为棘手的问题，为解决这个问题就产生了相应的外部设备和应用指令配合进行定时值调整的各种方法。三菱 FX 系列 PLC 有下面 3 种方法，见表 15-17。

表 15-17　PLC 内部定时器定时值调整列表

外 部 设 备	应 用 指 令	特　点
模拟电位器	VRRD	价格高、方便
数字开关	BIN,DSW	准确、占用 I/O 端口多
按钮	TKY,HKY，TTMR	便宜、精度差

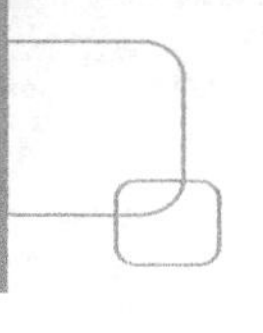


```
    M0                                              D100
0  ─┤├──────────────────────────────────────────(T0        )
    M1                                              D101
4  ─┤├──────────────────────────────────────────(T1        )
    M2                                              D102
8  ─┤├──────────────────────────────────────────(T2        )
    M3                                              D103
12 ─┤├──────────────────────────────────────────(T3        )
    M4                                              D104
16 ─┤├──────────────────────────────────────────(T4        )
    M5                                              D105
20 ─┤├──────────────────────────────────────────(T5        )
    M6                                              D106
24 ─┤├──────────────────────────────────────────(T6        )
    M7                                              D107
28 ─┤├──────────────────────────────────────────(T7        )
    M8                                              D108
32 ─┤├──────────────────────────────────────────(T8        )
    M9                                              D109
36 ─┤├──────────────────────────────────────────(T9        )
    M8000
40 ─┤├──────────────────────────[BIN    K1X010    Z0      ]
                                        选择定时器
    X000
46 ─┤├──┬───────────────────────[TTMR   D10       K1      ]
        │                               取设定时间
        └───────────────────────────[PLF          M100    ]
    M100
54 ─┤├──────────────────────────[MOV    D10       D100Z0  ]
                                      写入定时器设定值
64 ─────────────────────────────────────────────[END      ]
```

图 15-54　多个定时器设定值修改程序梯形图

如今，由于自动化技术的迅猛发展，特别是触摸屏的大力推广及普及使用，直接通过软件在触摸屏上对 PLC 内部定时器的定时值进行修改已变得十分方便和简单，而表 5-17 中所列的各种方法现在很少采用，与其相关联的这些指令也就慢慢地变成“休眠”指令，不再需要关注和学习了。

15.4.2　特殊定时器指令 STMR

1. 指令格式

FNC 65:　STMR　　　　程序步：7

可用软元件见表 15-18。

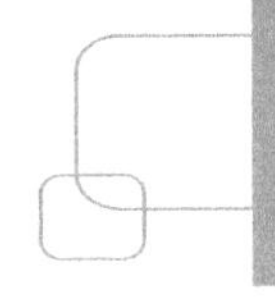

表 15-18　STMR 指令可用软元件

操作数	位元件				字元件									常数	
	X	Y	M	S	KnX	KnY	KnM	KnS	T	C	D	V	Z	K	H
S.									●						
m											●			●	●
D.		●	●	●											

梯形图如图 15-55 所示。

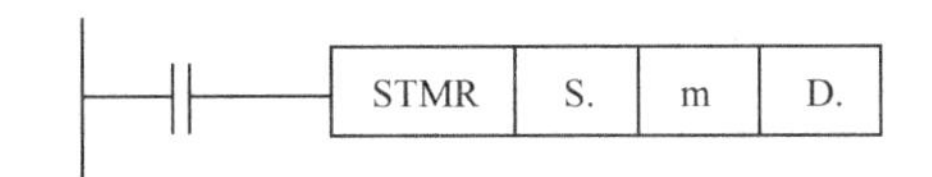

图 15-55　STME 指令梯形图

操作数内容与取值如下：

操 作 数	内容与取值
S.	指令使用的定时器编号，S=T0～T199（100ms 定时器）
m	定时器的设定值或其存储器地址，m=1～32767
D.	输出位元件起始地址，占用 4 个点

解读：在驱动条件成立时，可以获得以 S 所指定定时器定时值 m 为参考的断电延时断开、单脉冲、通电延时断开和通电延时接通及断电延时断开等 4 种辅助继电器输出触点。

2. 指令应用

1）执行功能

FX 系列 PLC 内部定时器的触点为通电延时接通，但在实际应用中，也需要其他方式的触点，例如，断电延时断开触点，通电延时断开触点等，遇到这种情况常常自编程序解决。STMR 指令则是一个可以同时输出以上几种定时触点的多路输出功能指令。

STMR 指令的执行功能可以由图 15-56 所示的时序图说明，虚线左侧部分是驱动条件接通时间大于定时器定时时间的时序图，而虚线右侧部分则是驱动条件接通时间小于定时器定时时间的时序图。可以看出除 M1 为一单脉冲定时器输出外，其余 M0,M2,M3 均可作为定时器的延时触点使用。

2）指令应用

指令中所指定的定时器的编号不能在程序中重复使用，如果重复使用，该定时器不能正常工作，指令中占用 4 点位元件也不能与程序中其他控制使用。

当驱动条件断开时，定时器被即时复位。

【例 3】　STMR 指令虽然有多种输出功能，但在实际应用中很少用到，利用 M3 的常闭触点作为指令的驱动，可以得到 M1 和 M2 轮流输出的闪烁程序，如图 15-57 所示。利用这

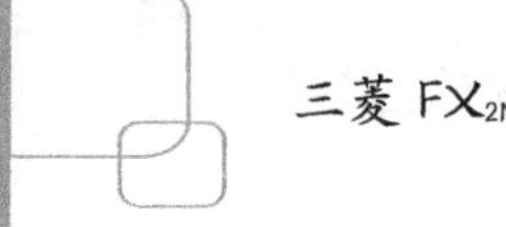

个程序可以控制十字路口晚上 21:00 到早晨 6:30 期间无人值班时红绿灯轮流转换。程序中 M8013 为 1s 周期的振荡器，红绿灯转换时间为 50s，红灯亮时每秒闪烁 1 次，而绿灯不闪烁。

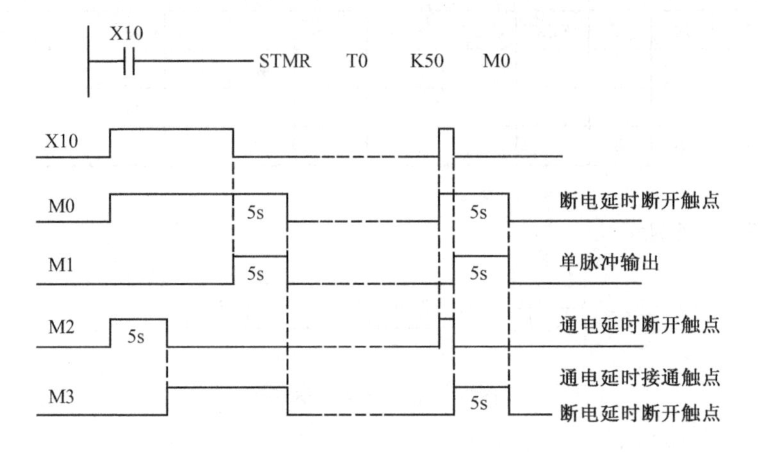

图 15-56　STME 指令输出时序图

```
     X000     M3
0 ──┤├──────┤/├──────────────────[STMR   T0     K500    M0  ]
     M1       M8013
9 ──┤├──────┤├─────────────────────────────────(Y001      )
                                                 红灯
     M2
12──┤├─────────────────────────────────────────(Y002      )
                                                 绿灯
14─────────────────────────────────────────────[END        ]
```

图 15-57　STME 指令输出闪烁程序

15.5　信号输出指令

15.5.1　交替输出指令 ALT

1．指令格式

FNC 66:　ALT 【P】　　　　　　　　程序步：3

可用软元件见表 15-19。

表 15-19　ALT 指令可用软元件

操作数	位元件				字元件									常数	
	X	Y	M	S	KnX	KnY	KnM	KnS	T	C	D	V	Z	K	H
D.		●	●	●											

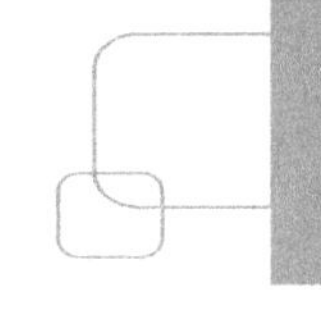

梯形图如图 15-58 所示。

解读：在驱动条件成立时，D 中指定的位元件执行 ON/OFF 反转一次。

2. 指令应用

（1）指令的执行可以用如图 15-59 所示的时序图来表示。

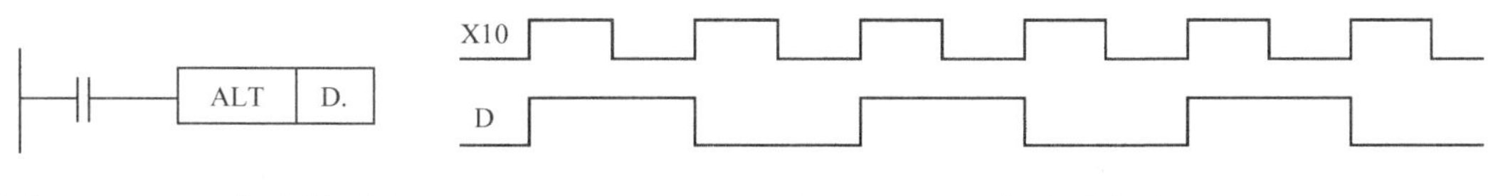

图 15-58　ALT 指令梯形图　　　　图 15-59　ALT 指令时序图

由时序图可以看出，位元件 D 的动作频率是驱动条件 X10 频率的二分之一。在数字电路中，这称为分频电路，因此，ALT 指令是一个分频指令。如果连续使用 ALT 指令，则可以对 X10 频率进行二分频，四分频等，图 15-60 是一个四分频的梯形图与时序图。

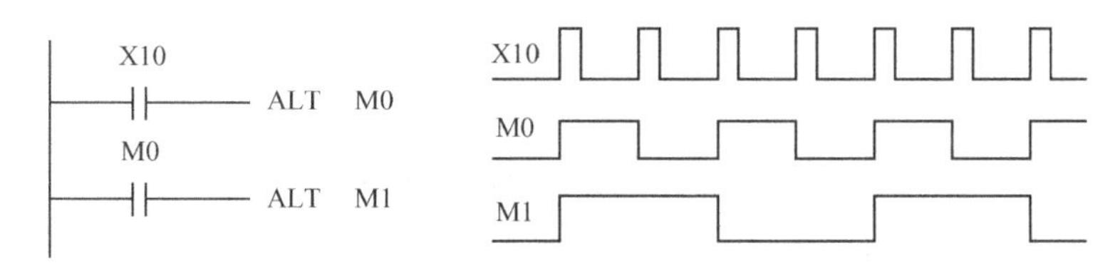

图 15-60　四分频梯形图与时序图

（2）在驱动条件 ON 期间，ALT 每个扫描周期都要执行一次，因此，希望通过驱动条件每 ON/OFF 一次，使位元件 D 反转一次时，使用脉冲执行型指令 ALTP 或用边沿触发指令驱动。

（3）ALT 指令的应用由下面的例子说明。

【例 1】 用一个按钮控制一台电动机的启动和停止反复动作，控制梯形图如图 15-61 所示。

【例 2】 用一个按钮控制一台电动机的正反转，控制梯形图如图 15-62 所示。

这个例子表示了用 ALT 指令来控制一个物体的两种状态的切换，实际上它也可以用来控制两个物体运动之间的切换，如下例。

图 15-61　一个按钮控制电动机运行和停止　　　　图 15-62　一个按钮控制电动机正反转

【例 3】 如图 15-63 为控制两台生产线（如包装生产线）轮流工作的程序。这时，只需要一个生产工人就可以轮流在两台生产线上进行包装工作。

【例 4】 图 15-64 是一个毫秒计的计时程序，X1 为开始计时，X2 为结束计时，T246 为 1ms 定时器。

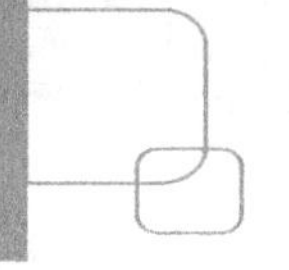

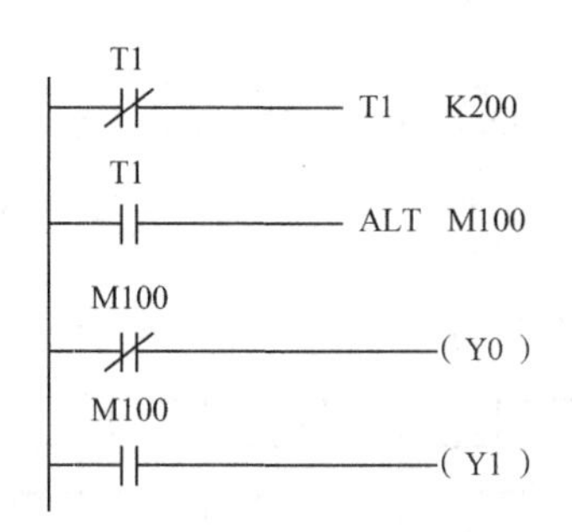

图 15-63　一个按钮控制两台生产线

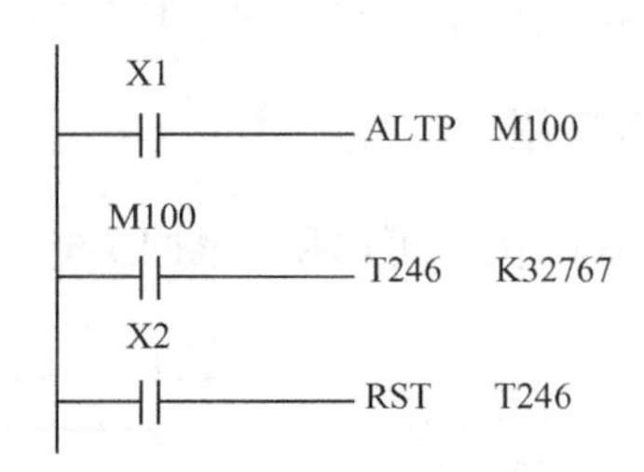

图 15-64　ALT 指令之毫秒计

15.5.2　斜坡信号指令 RAMP

1. 指令格式

FNC 67：　RAMP　　　　　　　　　程序步：9

可用软元件见表 15-20。

表 15-20　RAMP 指令可用软元件

操作数	位元件				字元件									常数	
	X	Y	M	S	KnX	KnY	KnM	KnS	T	C	D	V	Z	K	H
S1.											●				
S2.											●				
D.											●				
n														●	●

梯形图如图 15-65 所示。

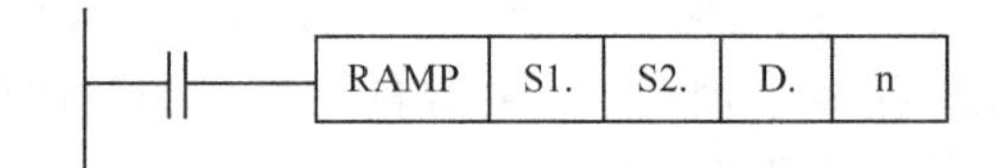

图 15-65　RAMP 指令梯形图

操作数内容与取值如下：

操作数	内容与取值
S1.	斜坡初始值指定存储地址
S2.	斜坡结束值指定存储地址
D.	斜坡输出当前值存储地址，占用两个点
n	完成斜边输出的扫描周期数或其存储器地址，n 不能为 0

解读：在驱动条件成立时，按照 n 所指定的扫描周期数内，D 由 S1 指定的初始值变化到 S2 所指定的结束值。

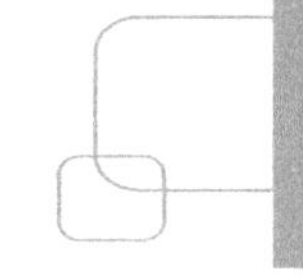

2. 指令应用

1）指令执行功能

指令的执行功能可通过图 15-66 来说明，根据 S1 和 S2 的大小分为两种情况，当 S2＞S1 时，为缓慢上升，如图 15-66（a）所示，当 S2＜S1 时，为缓慢下降，如图 15-66（b）所示。

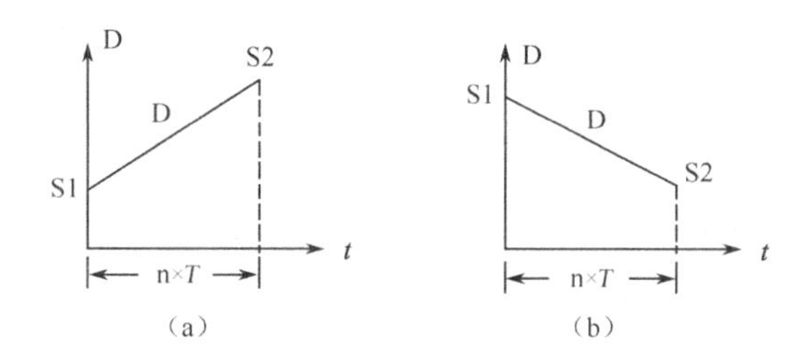

图 15-66　RAMP 指令执行功能图示

指令在执行时，其由初始值（S1）变化至结束值（S2）的当前值存于 D 中，而其执行的扫描周期 T 的次数存于（D+1）中，由图中可以看出，是在 n×T 时间里完成指令功能的。

如果在执行过程中断开指令的驱动，则变为执行中断状态，这时 D 的当前值得以保持，而执行扫描周期次数的（D+1）则被清零，再将驱动置 ON，D 的当前值也被清除，又重新从初始值 S1 开始执行。

2）相关特殊软元件

与 RAMP 指令相关的几个特殊辅助继电器和数据寄存器见表 15-21。

表 15-21　相关特殊软元件

编　号	名　称	功能和用途
M8026	RAMP 模式标志位	ON：执行保持模式，OFF：执行重复模式
M8029	执行结束标志位	指令执行结束 D=S2 时置 ON
M8039	恒定扫描模式标志位	为 ON 时，程序执行恒定的扫描周期
D8039	恒定扫描时间存储	指定恒定扫描周期时间

3）两种工作模式

当指令的驱动时间大于指令的执行时间时，RAMP 指令有两种工作模式，两种工作模式下的执行结果是不一样的，两种工作模式由标志位 M8026 状态决定。

（1）M8026=OFF 时，为重复执行模式。

重复执行模式的时序如图 15-67（a）所示，在这种模式下，当前值 D 在一次斜坡结束后马上又复位到 0，重复执行 RAMP 指令，进行下一次斜坡，如此反复直到驱动断开，保持当前值不变，而（D+1）则随之变化，但驱动断开后马上为 0。当驱动又接通时，D 和（D+1）均又从 0 开始，结束标志 M8029 则在每一次斜坡结束，当 D=S2 时，导通一个扫描周期。

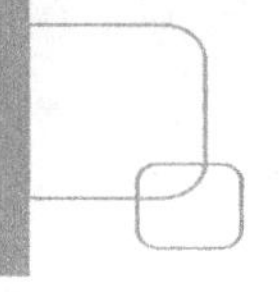

（2）M8026=ON 为保持模式。

保持模式时序图如图 15-67（b）所示。在这种模式下，当前值（D）和存储扫描周期 T 的次数（D+1）在第一次到达结束之后均保持不变，但驱动断开时，当前值 D 仍保持不变，而（D+1）则为 0，直到驱动再次接通时，D 和（D+1）都从 0 开始变化，结束标志 M8029 则在一次斜坡结束后，当 D=S2 时导通，直到驱动断开后才断开。

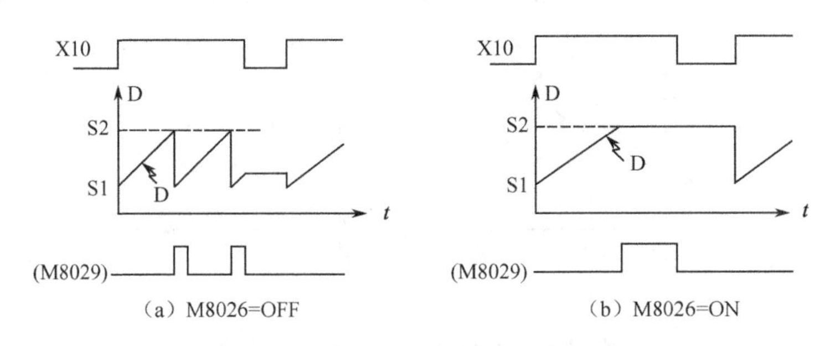

图 15-67　RAMP 指令执行两种模式时序图

4）恒定扫描模式

在实际使用时，常常希望在一定时间里（一般为整数，如 5s,10s 等）完成斜坡上升（或下降）的过程，而 RAMP 指令的斜坡执行时间与扫描周期 T 有关（等于 n 个 T），T 又难以正确估计，这时，可以采用恒定扫描时间和定时器中断方式处理。

关于恒定扫描的基本知识及程序梯形图请参看第 11 章 11.2.2 节。

恒定扫描时间如确定为 t，则 RAMP 指令的斜坡执行时间为 t×n。这样，只要确定斜坡执行时间 T，则 n=T÷t，若要求斜坡执行时间为 10s，恒定扫描时间为 50ms，则 n=10×1000÷50=200。

也可以采用定时器中断方式处理 RAMP 指令，在第 6 章 6.4.3 节的【例 6】中，采用了 10ms 的定时中断，每个 10ms 定时中断执行 RAMP 指令一次，其 n=1000，则斜坡执行时间为 10ms×1000=10s。

5）指令应用

斜坡指令 RAMP 的终址 D 是一个缓慢上升或缓慢下降的过程，因此，在实际应用中，常与其他指令或程序配合，应用于电机或步进电机软启动及软停止中，也可以作为模拟量控制的执行器控制模拟量（如流量、压力等）缓慢上升或下降过程。

【例 5】　在步进电机控制中，斜坡指令常与 PLSY 指令一起使用来控制步进电机的软启停，图 15-68 为软启停程序梯形图。

【例 6】　某控制系统执行器为 0～10V 电压控制，试编制在 10s 内电压缓慢上升控制该执行器梯形图程序，程序中模拟量输入模块为 FX_{2N}-2DA，其位置编号 1#，输出数据 D100。

程序梯形图如图 15-69 所示。

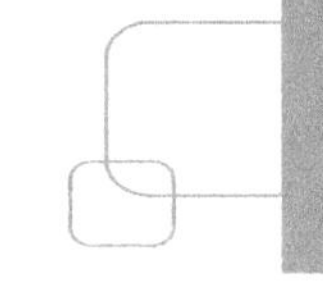

```
     M8002
 0 ──┤├──┬──────────────────────────[SET   M8039      ]
         │                           置恒定扫描
         ├──────────────────────[MOV   K20    D8039   ]
         │                           扫描周期20ms
         └──────────────────────────[SET   M8026      ]
                                     取RAMP为保持模式
     X001    X000
10 ──┤├──────┤/├────────────────────[PLS   M10        ]
     启动    停止                    送软启动参数
     M10
14 ──┤├──┬──────────────────────[MOV   K0     D10     ]
         ├──────────────────────[MOV   K1000  D11     ]
         ├──────────────────────────[SET   M0         ]
         └──────────────────────────[SET   M1         ]
     X000    X001
27 ──┤├──────┤/├────────────────────[PLS   M11        ]
                                     送软停止参数
     M11
31 ──┤├──┬──────────────────────[MOV   K1000  D10     ]
         ├──────────────────────[MOV   K0     D11     ]
         ├──────────────────────────[SET   M0         ]
         └──────────────────────────[SET   M2         ]
     M0
44 ──┤├──┬──────────────[RAMP  D10   D11   D0   K100  ]
         │                           软启停
         │  M8029
         └──┤├──┬───────────────────[PLS   M3         ]
                │                    发软启或软停完毕信号
                └───────────────────[RST   M0         ]
                                     等待下一次软启停
     M1      M2      M3
58 ──┤├──────┤├──────┤├─────────[ZRST  M1     M2      ]
                                     一次软启停结束
     M1
66 ──┤├─────────────────────[PLSY  D0    K0    Y000   ]
                                     送步进电机信号
74 ─────────────────────────────────[END              ]
```

图 15-68　步进电机软启停控制程序梯形图

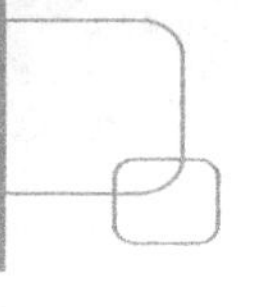


```
    M8002
0 ──┤ ├──┬──────────────────────[SET  M8039 ]
         │                         置恒定扫描
         ├──────────────────────[MOV  K40    D8039 ]
         │                         扫描周期40ms
         ├──────────────────────[SET  M8026 ]
         │                         取RAMP为保持模式
         ├──────────────────────[MOV  K0     D101 ]
         │                         0V数字量
         └──────────────────────[MOV  K4000  D102 ]
                                   10V数字量
    X001    X000
20──┤ ├──┬──┤/├─────────────────(M10 )
    M10  │
  ──┤ ├──┘            取高4位
    M10
24──┤ ├──┬──────[RAMP D101  D102  D100   K250 ]
         │                         送缓慢上升信号
         ├──────────────────────[MOV  D100   K4M200 ]
         │                         取输出数字量
         ├──────[T0   K1    K16   K2M200 K1 ]
         │                         取低8位送BFM#16低8位
         ├──────[T0   K1    K17   H4     K1 ]
         ├──────[T0   K1    K17   H0     K1 ]
         │                         保持低8位
         ├──────[T0   K1    K16   K1M208 K1 ]
         │                         取高4位送BFM#16之b8～b11
         ├──────[T0   K1    K17   H2     K1 ]
         └──────[T0   K1    K17   H0     K1 ]
                                   通道CH1转换
93──────────────────────────────[END ]
```

图 15-69　模拟量斜坡输出控制程序梯形图

第 16 章　时钟处理指令

时钟处理指令是对时间数据（时、分、秒）和 PLC 内部实时时钟进行处理的指令，包括时间数据的比较、运算和累计及 PLC 内部实时时钟的读/写。

16.1　时钟数据运算指令

16.1.1　关于 PLC 的时间控制

三菱 FX 系列 PLC 对时间的描述有 3 种：内部时钟、定时器和实时时钟，分别叙述如下。

1．内部时钟

内部时钟是指 4 个特殊辅助继电器 M8011～M8014，这 4 个继电器的触点依规定的周期自动地进行通断操作，相当于发出一系列周期固定的时钟脉冲信号，它们相应的周期见表 16-1。

表 16-1　内部时钟周期

时　钟	周　期	脉冲波形
M8011	10ms	10ms
M8012	100ms	100ms
M8013	1s	1s
M8014	1min	1min

内部时钟继电器均为触点利用型特殊继电器，在程序中只能利用其触点去驱动其他软元件或指令，程序中不能出现其线圈。只要 PLC 上电，不管程序是否用到内部时钟，也不管 PLC 是处于运行状态还是停止状态，内部时钟都一直在工作。

利用内部时钟和计数器相配合，可以设计不同时间的闪烁电路和长时间延时定时器，图 16-1 和图 16-2 为 0.5s 闪烁和 20h 延时的梯形图。

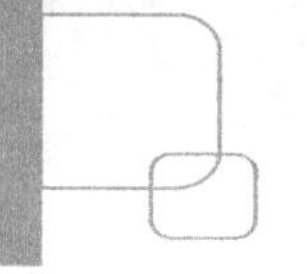

图 16-1　0.5s 闪烁程序梯形图

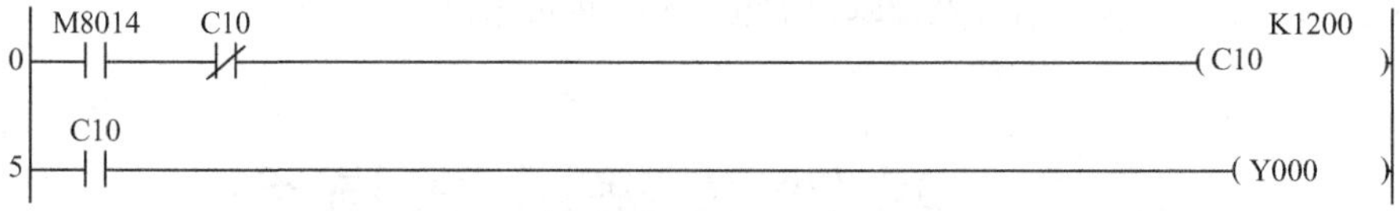

图 16-2　延时 20h 程序梯形图

2．定时器

定时器 T 是 PLC 的重要编程元件，在第 3 章中已专门作了介绍，这里不再赘述。

定时器 T 可以组成多种多样的控制电路，其定时时间可以任意设定，也可以在程序中随时改变。

定时器 T 还有一个很重要的功能：它可以根据设定值是否达到而使用其触点，它还可以利用当前值作为数值数据进行控制操作。

【例 1】　试编写 3 台电机每隔 10s 顺序启动程序。

程序梯形图如图 16-3 所示。

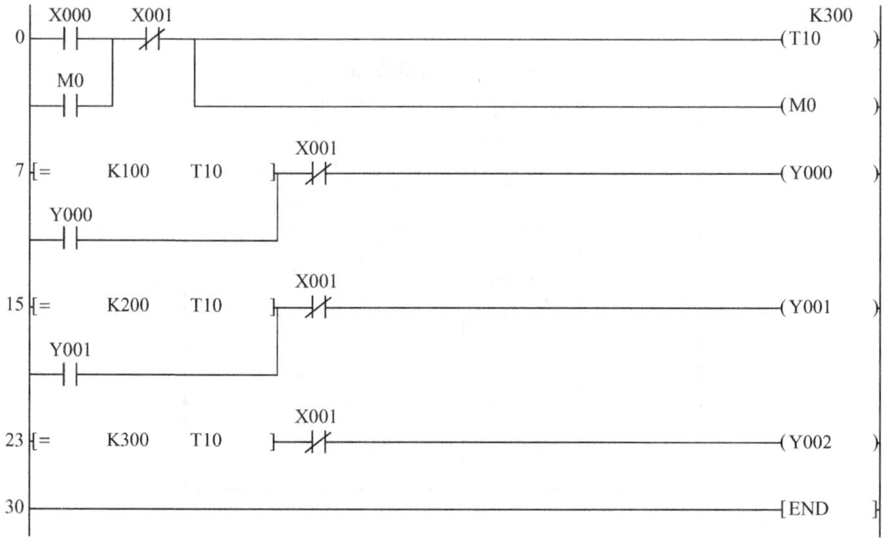

图 16-3　定时器当前值应用梯形图

3．实时时钟

三菱 FX 系列 PLC 在特殊数据寄存器 D8013～D8019 中专门存放公元年、月、日、时、

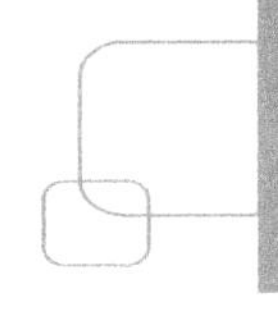

分、秒及星期的数据，一般用来存放公元时间的当前值，称为实时时钟数据，实时时钟由PLC 内部电池供电运作，随着实时时间一秒一秒地变化，实时时钟数据存储方式见表 16-2。

表 16-2 实时时钟存储表

特殊数据寄存器	内 容	设 定 范 围	说 明
D8013	秒	0～59	
D8014	分	0～59	
D8015	时	0～23	
D8016	日	1～31	
D8017	月	1～12	
D8018	年	00～99	表示年份：1980～2079
D8019	星期	0～6	0（日）～6（六）

与实时时钟数据相关的特殊辅助继电器见表 16-3。

表 16-3 实时时钟特殊辅助继电器

特殊辅助继电器	名 称	动 作 功 能
M8015	时钟停止及校时	ON 时，时钟停止，在 ON→OFF 的边沿写入时间，再次动作
M8016	显示时间停止	ON 时，停止显示时间（计时仍动作）
M8017	±30s 的修正	在 OFF→ON 的边沿对秒进行修正（秒为 0～29 时，秒变为 0，为 30～59s 时，进位到分钟，秒为 0）
M8018	安装检测	一直为 ON
M8019	RTC 出错	校验时间时，当实时时钟特殊数据寄存器的数据超出设定范围时为 ON

实时时钟数据在使用时如发现时间不准，可以通过下列几种方法进行校准。

1）通过程序校准

可以通过以下程序进行时间校准，例如，设定为 2011 年 12 月 10 日 12 时 0 分 0 秒，星期六，程序梯形图如图 16-4 所示。

为保证时间准确，在校准时间前 2～3min 将程序写入 PLC 开始运行 PLC，并使 X0 为ON，当到达校准时间，马上断开 X0，时间被设定，开始计时。如果校准前 X0 没有接通，M8015 为 OFF 状态，则时间不能校准，而在 M8015ON→OFF 断开的瞬间输入校准时间。

为确保时间数据的准确，如果输入了超出设定范围的时间数据，则不能进行校准。

M8017 为±30s 修正，当 X1 从 OFF 变为 ON 时，即刻对实时时钟的秒进行修正，修正结果见表 16-3。

2）通过编程软件 GX-Developer 校准

在编程软件中校准实时时间的方法：

（1）开始更改时间前，强制置位 M8015。

（2）在编程软件的软元件监控功能中，使用数据寄存器当前值更改功能，对实时时钟数据寄存器 D8013～D8019 写入相应的校准时间年、月、日、时、分、秒、星期。

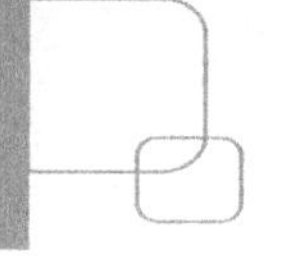

（3）到达校准时间时，强制复位 M8015，时间被校准，并开始计时动作。

```
    X000
 0 ─┤├──┬──────────────────────────(M8015    )
        │                           允放时间校准
        └──────────────────────────[PLF   M0 ]
    M0
 5 ─┤├──┬──────────────────[MOV  K0   D8013  ]
        │                             秒
        ├──────────────────[MOV  K0   D8014  ]
        │                             分
        ├──────────────────[MOV  K12  D8015  ]
        │                             时
        ├──────────────────[MOV  K10  D8016  ]
        │                             日
        ├──────────────────[MOV  K12  D8017  ]
        │                             月
        ├──────────────────[MOV  K11  D8018  ]
        │                             年
        └──────────────────[MOV  K6   D8019  ]
    X001                              星期
41 ─┤├─────────────────────────────(M8017    )
                                    ±30s修正
44 ────────────────────────────────[END      ]
```

图 16-4　实时时钟程序校准梯形图

3）通过指令 TWR 校准

FX 系列 PLC 设有专门的实时时钟校准指令 TWR，关于指令 TWR 的介绍及如何对实时时钟进行校准，参见本章 16.2.2 节，这里不再赘述。

16.1.2　时钟数据比较指令 TCMP

1. 指令格式

FNC 160:　　TCMP 【P】　　　　　　　　程序步：11

可用软元件见表 16-4。

表 16-4　TCMP 指令可用软元件

操作数	位元件				字元件									常数	
	X	Y	M	S	KnX	KnY	KnM	KnS	T	C	D	V	Z	K	H
S1.					●	●	●	●	●	●	●	●	●	●	●
S2.					●	●	●	●	●	●	●	●	●	●	●
S3.					●	●	●	●	●	●	●	●	●	●	●
S.									●	●	●				
D.		●	●	●											

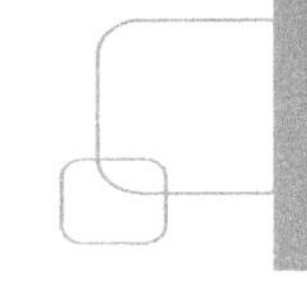

指令梯形图如图 16-5 所示。

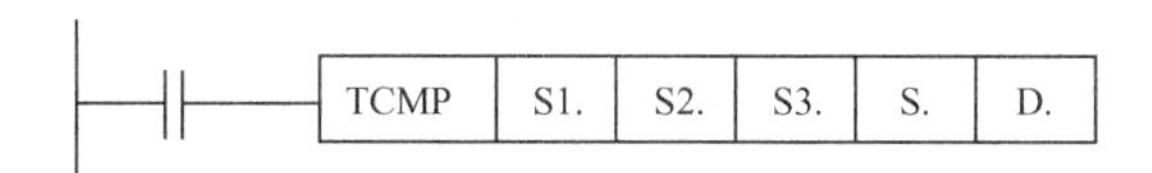

图 16-5　TCMP 指令梯形图

操作数内容与取值如下：

操 作 数	内容与取值
S1.	指定比较基准时间的“时”或其存储字元件地址，0～23
S2.	指定比较基准时间的“分”或其存储字元件地址，0～59
S3.	指定比较基准时间的“秒”或其存储字元件地址，0～59
S.	指定时间数据（时、分、秒）的字元件首址，占用 3 点
D.	根据比较结果 ON/OFF 位元件首址，占用 3 点

解读：当驱动条件成立时，将指定的时间数据 S（时）、S+1（分）、S+2（秒）与基准时间 S1（时）、S2（分）、S3（秒）进行比较，并根据比较结果驱动位元件 D,D+1,D+2 中的一个。

2. 指令应用

TCMP 指令的理解和 CMP,ECMP 等指令一样，只不过这里比较的是时间（时、分、秒）而已。

图 16-6 为该指令的应用说明图。

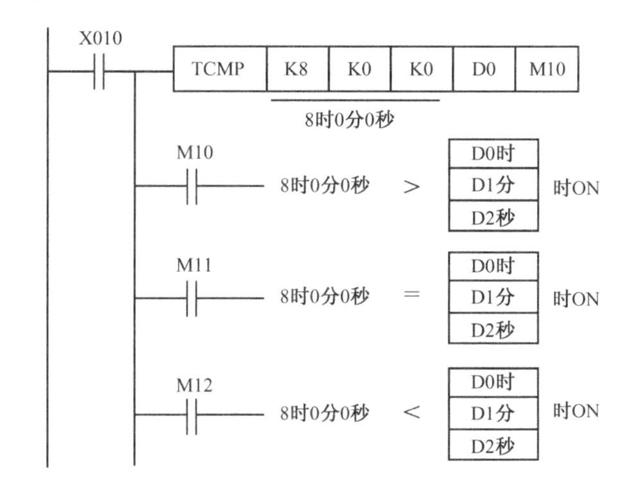

图 16-6　TCMP 指令应用说明

指令执行后即使驱动条件 X10 断开，D,D+1,D+2 均会保持当前状态，不会随 X10 断开而改变。

时间比较的准则：时、分、秒数值大的为大。仅在时、分、秒完全一样为相等，例如，图中，D0 时、D1 分、D2 秒在 0 时 0 分 0 秒到 7 时 59 分 59 秒之间为小于 8 时 0 分 0 秒，

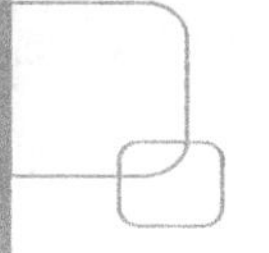

而 8 时 0 分 1 秒到 23 时 59 分 59 秒则大于 8 时 0 分 0 秒，仅在 8 时 0 分 0 秒为相等。

TCMP 指令占用较多的软元件，使用时，不要与其他程序段共享。

时钟比较指令一般都是与 PLC 的内置实时时钟进行比较，已达到规定时间进行预先设置的控制，因此，在与实时时钟比较时，首先要把实时时钟通过时钟数据读取指令 TRD 将实时时钟值送到 S,S+1,S+2 中去，然后再应用 TCMP 指令进行操作，实际应用见 16.3 节应用实例。

16.1.3 时钟数据区间比较指令 TZCP

1. 指令格式

FNC 161：　TZCP 【P】　程序步：9

可用软元件见表 16-5。

表 16-5　TZCP 指令可用软元件

操作数	位元件				字元件									常数	
	X	Y	M	S	KnX	KnY	KnM	KnS	T	C	D	V	Z	K	H
S1.									●	●	●				
S2.									●	●	●				
S.									●	●	●				
D.		●	●	●											

指令梯形图如图 16-7 所示。

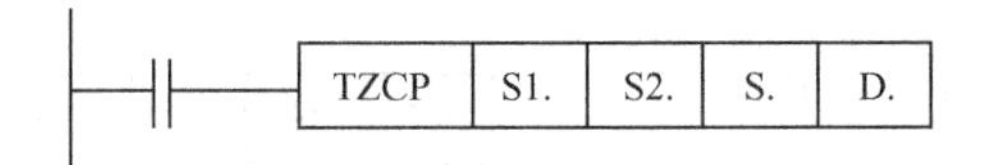

图 16-7　TZCP 指令梯形图

操作数内容与取值如下：

操作数	内容与取值
S1.	指定时间比较的下限时间的"时"的字元件地址，占用 3 点
S2.	指定时间比较的上限时间的"时"的字元件地址，占用 3 点
S.	指定时间数据的"时"的字元件地址，占用 3 点
D.	根据比较结果 ON/OFF 位元件首址，占用 3 点

解读：当驱动条件成立时，将指定的时间数据 S（时）、S+1（分）、S+2（秒）与上、下限比较基准时间 S1（时）、S1+1（分）、S1+2（秒）及 S2（时）、S2+1（分）、S2+2（秒）进行比较，并根据比较结果置 D,D+1,D+2 位元件中一个为 ON。

2. 指令应用

TZCP 指令与 ZCP，EZCP 指令功能类似，TZCP 指令比较的是时间数据。

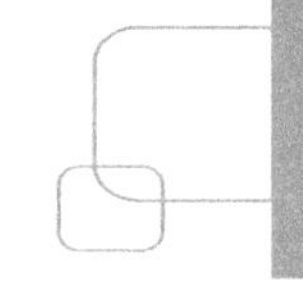

图 16-8 表示了它的执行功能。

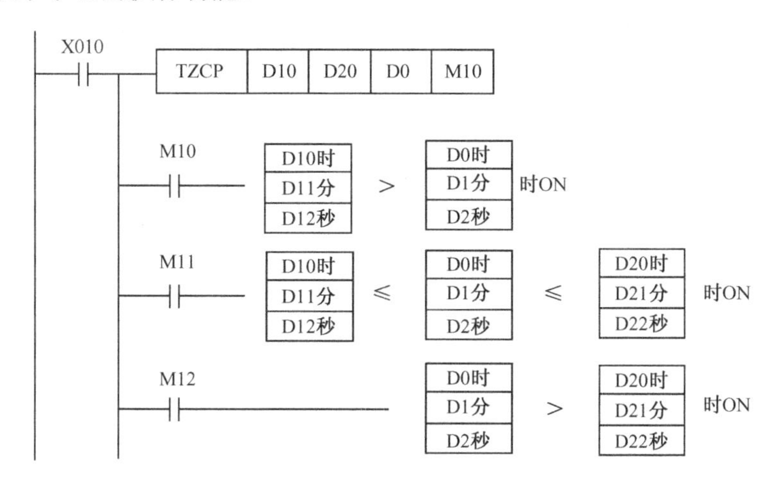

图 16-8　TZCP 指令应用说明

16.1.4　时钟数据加法指令 TADD

1．指令格式

FNC 162:　　TADD 【P】　　　　　　　　程序步：7

可用软元件见表 16-6。

表 16-6　TADD 指令可用软元件

操作数	位元件				字元件									常数	
	X	Y	M	S	KnX	KnY	KnM	KnS	T	C	D	V	Z	K	H
S1.									●	●	●				
S2.									●	●	●				
D.									●	●	●				

指令梯形图如图 16-9 所示。

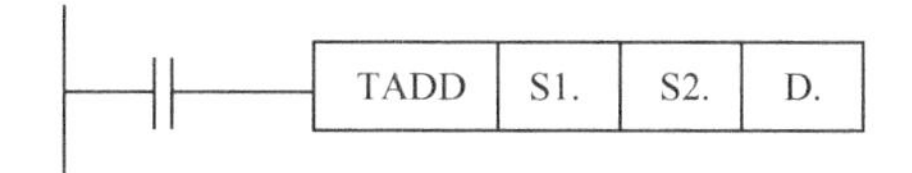

图 16-9　TADD 指令梯形图

操作数内容与取值如下：

操作数	内容与取值
S1.	参与加法运算的时间数据的“时”的字元件地址，占用 3 点
S2.	参与加法运算的时间数据的“时”的字元件地址，占用 3 点
D.	存放 S1+S2 和的时间数据的“时”的字元件地址，占用 3 点

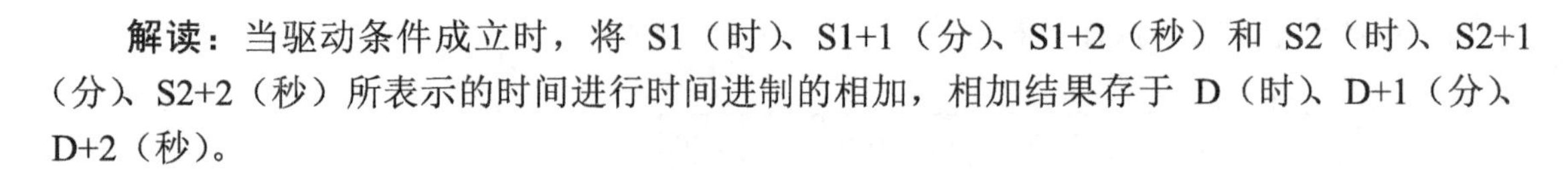

解读：当驱动条件成立时，将 S1（时）、S1+1（分）、S1+2（秒）和 S2（时）、S2+1（分）、S2+2（秒）所表示的时间进行时间进制的相加，相加结果存于 D（时）、D+1（分）、D+2（秒）。

2．指令应用

两个时间数据相加，其进制不是十进制，而是六十进制（分、秒）和二十四进制（时）举例说明。

【例 2】 3 时 10 分 20 秒 ＋8 时 40 分 10 秒。

```
   3 时 10 分 20 秒
 ＋8 时 40 分 10 秒
──────────────────
  11 时 50 分 30 秒
```

【例 3】 10 时 48 分 50 秒 ＋8 时 40 分 23 秒。

```
  10 时 48 分 50 秒
 ＋8 时 40 分 23 秒
──────────────────
  19 时 29 分 13 秒
```

【例 4】 10 时 18 分 50 秒 ＋18 时 30 分 23 秒。

```
  10 时 18 分 50 秒
 +18 时 30 分 13 秒
──────────────────
   4 时 49 分 03 秒
```

当运算结果超过 24h 时，进位标志位 M8022 为 ON。当计算结果为 0 时 0 分 0 秒时，零位标志位 M8020 为 ON。

16.1.5　时钟数据减法指令 TSUB

1．指令格式

FNC 163：　TSUB 【P】　　　　程序步：7

可用软元件见表 16-7。

表 16-7　TSUB 指令可用软元件

操作数	位元件				字元件									常数	
	X	Y	M	S	KnX	KnY	KnM	KnS	T	C	D	V	Z	K	H
S1.									●	●	●				
S2.									●	●	●				
D.									●	●	●				

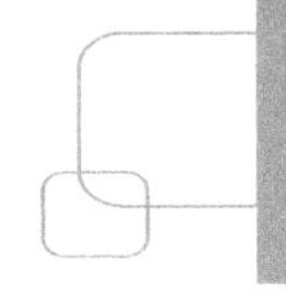

指令梯形图如图 16-10 所示。

图 16-10　TSUB 指令梯形图

操作数内容与取值如下：

操　作　数	内容与取值
S1.	参与减法运算的时间数据的“时”的字元件地址，占用 3 个点
S2.	参与减法运算的时间数据的“时”的字元件地址，占用 3 个点
D.	存放 S1-S2 的时间数据的“时”的字元件地址，占用 3 个点

解读：当驱动条件成立时，将 S1（时）、S1+1（分）、S1+2（秒）的时间数据减去 S2（时）、S2+1（分）、S2+2（秒）的时间数据，其结果存放于 D（时）、D+1（分）、D+2（秒）。

2. 指令应用

时间相减，借 1 当 60（分、秒）和借 1 当 24（时），若不够减时，不能为负时间数据，而是借 1 当 24，再减为答案，见下例。

【例 5】　10 时 40 分 20 秒 – 8 时 25 分 10 秒。

10 时 40 分 20 秒
– 8 时 25 分 10 秒
2 时 15 分 10 秒

【例 6】　10 时 28 分 50 秒 – 8 时 40 分 53 秒。

10 时 28 分 50 秒
– 8 时 40 分 53 秒
1 时 47 分 57 秒

【例 7】　10 时 18 分 50 秒 –18 时 30 分 23 秒。

10 时 52 分 50 秒
–18 时 30 分 13 秒
16 时 22 分 37 秒

当运算结果小于 0 时（不够减），借位标志位 M8021 为 ON；当运算结果为 0 时（两个时间数据完全相等）零位标志位 M8020 为 ON。

16.1.6 计时器指令 HOUR

1. 指令格式

FNC169 ： 【D】HOUR　　　　　　　　程序步：7/13

可用软元件见表 16-8。

表 16-8 HOUR 指令可用软元件

操作数	位元件				字元件									常数	
	X	Y	M	S	KnX	KnY	KnM	KnS	T	C	D	V	Z	K	H
S.					●	●	●	●	●	●	●	●	●	●	●
D1.											●				
D2.		●	●	●											

指令梯形图如图 16-11 所示。

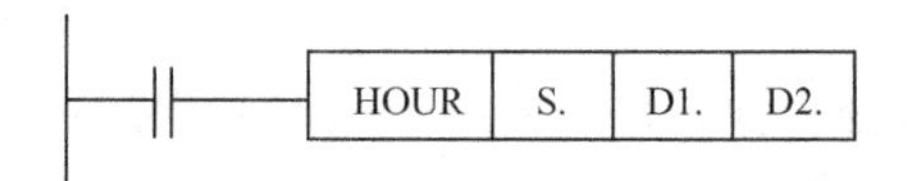

图 16-11 HOUR 指令梯形图

操作数内容与取值如下：

操作数	内容与取值
S.	检测 D2 为 ON 的时间设定数据或其存储字元件地址（单位：时）
D1.	时间运行当前值存储地址（单位：时）
D2.	输出为 ON 的位元件地址

解读：当驱动条件成立时，对驱动条件闭合的时间进行累加检测，当累加时间超过了 S 所设定的时间，D2 输出为 ON。

2. 指令应用

HOUR 指令实际上是一个以小时为单位的计时器，它针对驱动触点进行计时，计时的当前值占用两个存储单元，其中 D1 存计时时间小时数，不满 1h 的计时时间以秒为单位存储在 D1+1。指令要求 D1,D1+1 均为停电保持寄存器（D200～D7999），这样，在断开电源后，计时数据仍能得到保存，而再次通电后，仍然可以继续计时。

指令应用说明如图 16-12 所示。

图 16-12 HOUR 指令应用梯形图

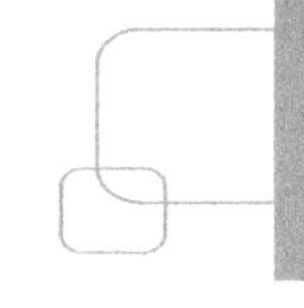

指令执行功能是当 X10 闭合的时间达到 100h 零 1s 时，Y3 输出为 ON。

如果 X10 的闭合时间超过了 100h，则计时器当前值仍继续计时，直到达到最大值 32767h 或 X10 断开为止。停止计时后，如果需要重新开始测量，必须清除 D200,D201 的当前值，并使 Y3 复位。

【例 8】 某控制场合，需要两台电机轮流工作，以有效地保护电机，延长使用寿命。现有两台电机，其运行控制是 1#电机运行 24h 后，自动切换到 2#电机运行，2#电机运行 24h 后，自动切换到 1#电机运行……如此反复循环，试编制控制程序，该控制已在第 15 章 15.2.3 节中用 INCD 指令编写过，读者可比较哪种方便。

控制程序梯形图如图 16-13 所示。

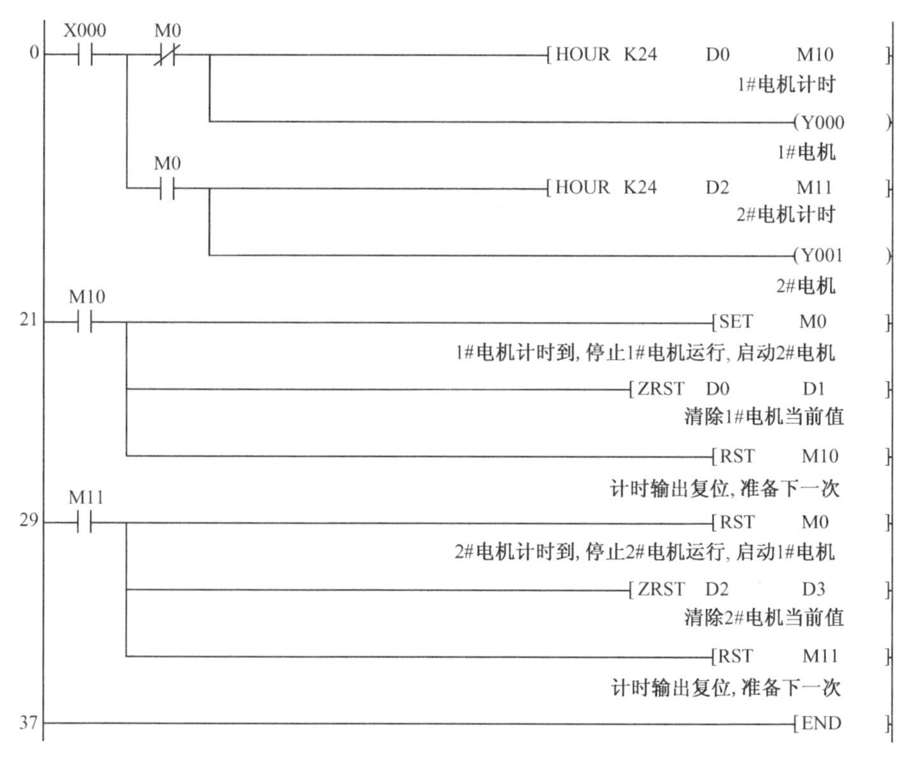

图 16-13 例 8 程序梯形图

16.2 时钟数据读/写指令

16.2.1 时钟数据读出指令 TRD

1. 指令格式

FNC 166: TRD 【P】 程序步：3

可用软元件见表 16-9。

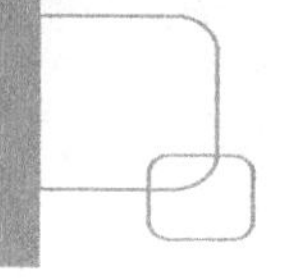

表 16-9 TRD 指令可用软元件

操作数	位元件				字元件									常数	
	X	Y	M	S	KnX	KnY	KnM	KnS	T	C	D	V	Z	K	H
D.									●	●	●				

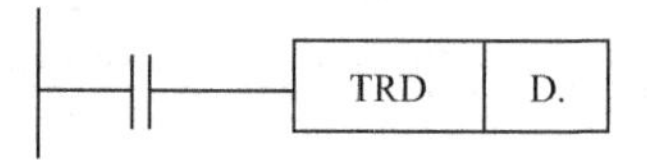

图 16-14 TRD 指令梯形图

指令梯形图如图 16-14 所示。

解读： 当驱动条件成立时，将 PLC 中的特殊寄存器 D8013～D8019 的实时时间数据传送到数据寄存器 D～D+6 中。

2．指令应用

实时时间数据与传送终址的对应关系见表 16-10。

表 16-10 实时时间数据与传送终址的对应关系

内容	设定范围	特殊数据寄存器	传送终址
年	0～99	D8018	D
月	1～12	D8017	D+1
日	1～31	D8016	D+2
时	0～23	D8015	D+3
分	0～59	D8014	D+4
秒	0～59	D8013	D+5
星期	0（日）～6（六）	D8019	D+6

注：年的设定为公历年的后两位数，对应于 1980—2079 年。

16.2.2 时钟数据写入指令 TWR

1．指令格式

FNC 167： TWR 【P】 程序步：3

可用软元件见表 16-11。

表 16-11 TWR 指令可用软元件

操作数	位元件				字元件									常数	
	X	Y	M	S	KnX	KnY	KnM	KnS	T	C	D	V	Z	K	H
S.									●	●	●				

指令梯形图如图 16-15 所示。

解读： 当驱动条件成立时，将设定的时钟数据存储 S～S+6 写入 PLC 的特殊时钟寄存器 D8013～D8019 中，指令执行后，PLC 的实时时钟数立刻被更改，其对应关系见表 16-10。

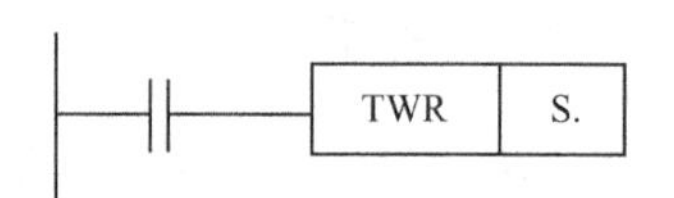

图 16-15 TWR 指令梯形图

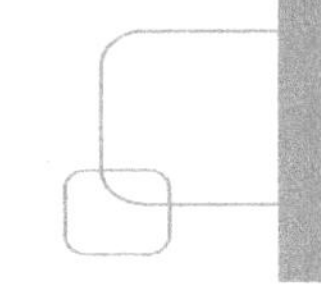

2. 指令应用

（1）TWR 指令是 TRD 指令的反向操作指令，当 PLC 的实时时间数据需要校准时，可利用该指令进行校准。当驱动条件成立时，马上就将校准的实时时间数据送入 PLC，因此，先将快几分钟的时间数据送到 S～S+6 中，等到变成正确时间后才执行指令。

时间校准时，应使用脉冲执行型 TWRP 指令。TWRP 指令对实时时钟数据的修正不需要驱动特殊继电器 M8015（见本章 6.1 节所述）。

图 16-16 为实时时间设定的程序梯形图，设定实时时间为 2011 年 1 月 8 日（星期六）13 时 10 分 25 秒。

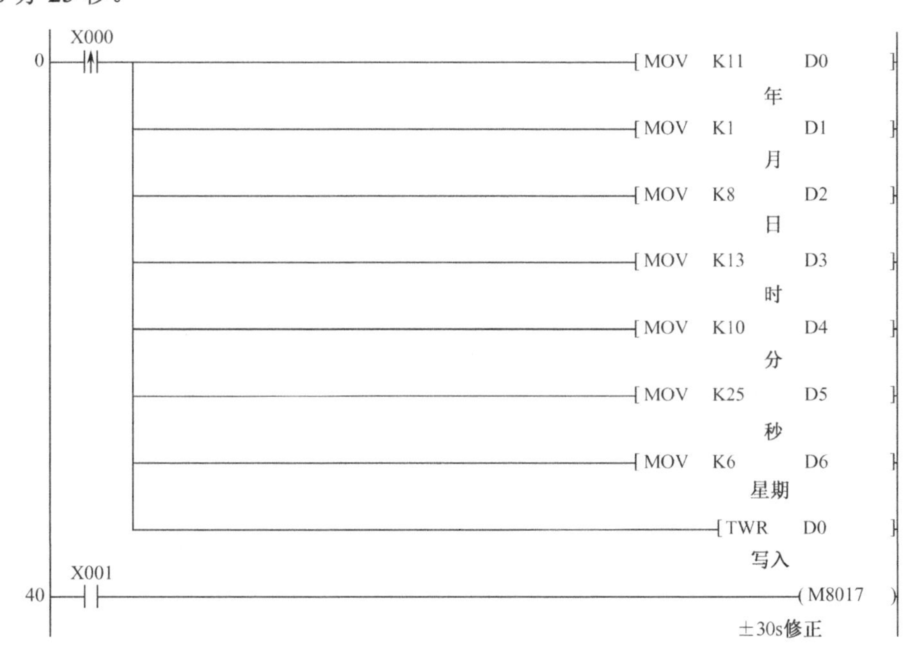

图 16-16　实时时钟设定的程序梯形图

（2）PLC 通常用两位数据来表示实时时钟数据的公元年份，但也可以改变为用 4 位数据来表示，例如，2011 年，2 位数据表示为 11，而 4 位数据表示为 2011，更为直观。这时，需在程序中增加如图 16-17 所示的程序行。

图 16-17　4 位数据表示实时时钟数据程序行

PLC 仅在 RUN 后的一个周期内执行上述程序行，当 PLC 第一次扫描到 END 指令后，才由 2 位数切换成 4 位数，传送 K2000 到 D8018 仅表示切换为 4 位数据显示，而对当前时间没有影响。

（3）TWR 指令通常用来写入实时时间数据，作为 PLC 的标准时间用来显示和控制，但 TWR 指令也可以写入任意实时时钟数据，只要输入数据符合规定就行，不一定是标准的时间数据，这时，TWR 指令可作特长时间定时器用，详见 16.3 节例 4。

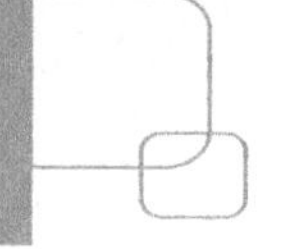

16.3 时钟数据程序实例

时钟数据指令的应用常和 PLC 的实时时钟结合起来运用，用于在固定的时间执行某种功能，现举几例加以说明。

【例 1】 某工厂上下班有 4 个响铃时刻，上午 8 点，中午 12 点，下午 1:30，下午 5:30，每次铃响 1min，试编制响铃程序。

程序梯形图如图 16-18 所示。

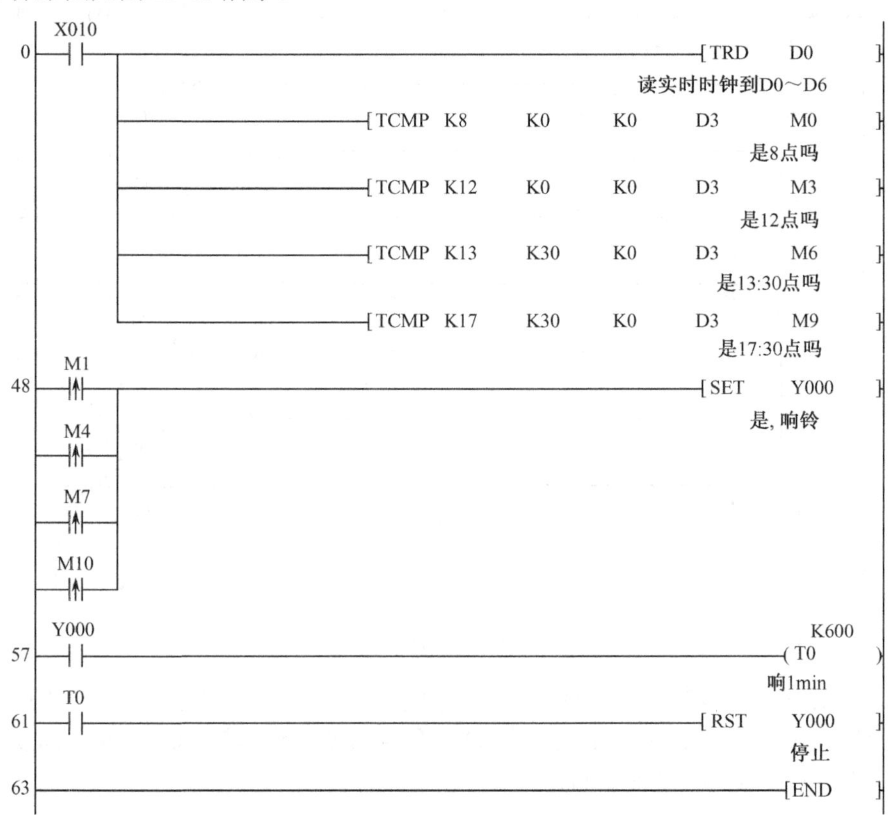

图 16-18 例 1 程序梯形图

【例 2】 某交通指示灯要求在 23:00 到早上 5:30 之间关闭，试编写控制程序。

程序梯形图如图 16-19 所示。

【例 3】 某工艺流程要求在 12 月 14 日 23:59 关闭 PLC 的所有输出，试编写控制程序。

程序梯形图如图 16-20 所示。

【例 4】 某控制系统要求：开时计时，5 日后停止 M0，10 日后停止 M1，20 日后停机检测，试编写控制程序。

程序梯形图如图 16-21 所示。

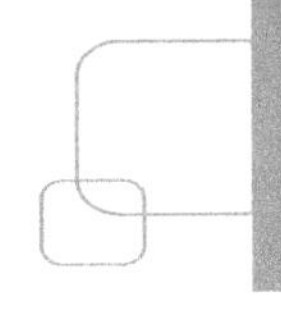

```
     M8000
0  ──┤ ├──┬────────────────────[ MOV   K5    D10  ]
          │                     输入比较下限时间5:30
          ├────────────────────[ MOV   K30   D11  ]
          ├────────────────────[ MOV   K0    D12  ]
          ├────────────────────[ MOV   K23   D20  ]
          │                     输入比较上限时间23:00
          ├────────────────────[ MOV   K0    D21  ]
          └────────────────────[ MOV   K0    D22  ]
     M8000
31 ──┤ ├──┬────────────────────[ TRD   D0  ]
          │                     读实时时钟数据到D0~D6
          └────────[ TZCP  D10   D20   D3   M10  ]
                                时间区间比较
     M10
44 ──┤ ├──┬────────────────────[ RST   Y000  ]
     M12  │                     23:00 ~ 5:30关闭
   ──┤ ├──┘
     M11
47 ──┤ ├───────────────────────[ SET   Y000  ]
49 ────────────────────────────[ END  ]
```

图 16-19　例 2 程序梯形图

```
     M8000
0  ──┤ ├──┬────────────────────[ MOV   K12   D111  ]
          │                     输入设定时间12月14日23点59分0秒
          ├────────────────────[ MOV   K14   D112  ]
          ├────────────────────[ MOV   K23   D113  ]
          ├────────────────────[ MOV   K59   D114  ]
          └────────────────────[ MOV   K0    D115  ]
     M8000
26 ──┤ ├──┬────────────────────[ TRD   D120  ]
          │                     读实时时间
          ├────────────────────[ CMP   D111   D121   M100  ]
          │                     是12月吗?
          │  M101
          ├──┤ ├───────────────[ CMP   D112   D122   M103  ]
          │                     是, 是14日吗?
          │  M104
          ├──┤ ├───────────────[ CMP   D113   D123   M107  ]
          │                     是, 是23点吗?
          │  M108
          ├──┤ ├───────────────[ CMP   D114   D124   M110  ]
          │                     是, 是59分吗?
          │  M111
          └──┤ ├───────────────[ CMP   D115   D125   M113  ]
     M114
73 ──┤ ├───────────────────────[ SET   M502  ]
     M502
75 ──┤ ├───────────────────────[ SET   M8034  ]
                                是12月14日23点59分关闭PLC输出
78 ────────────────────────────[ END  ]
```

图 16-20　例 3 程序梯形图

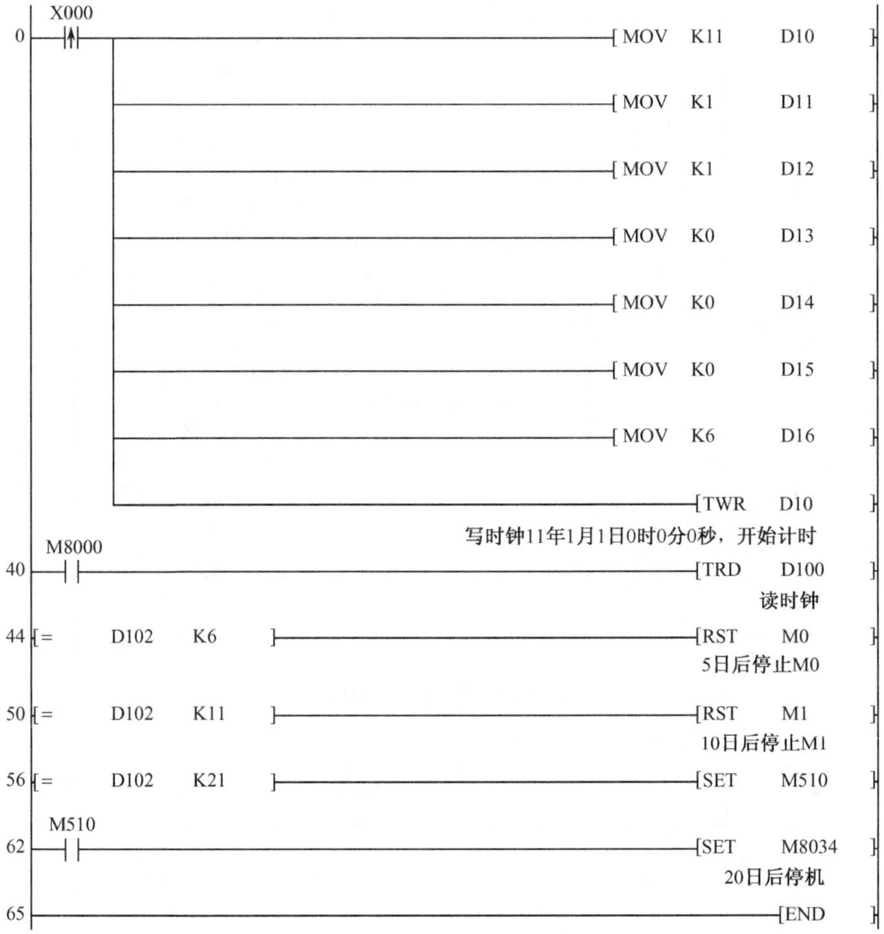

```
     X000
0 ──┤↑├──┬──────────────────────────[MOV  K11   D10  ]
         ├──────────────────────────[MOV  K1    D11  ]
         ├──────────────────────────[MOV  K1    D12  ]
         ├──────────────────────────[MOV  K0    D13  ]
         ├──────────────────────────[MOV  K0    D14  ]
         ├──────────────────────────[MOV  K0    D15  ]
         ├──────────────────────────[MOV  K6    D16  ]
         └──────────────────────────[TWR  D10        ]
                        写时钟11年1月1日0时0分0秒，开始计时
     M8000
40 ──┤ ├────────────────────────────[TRD  D100       ]
                                          读时钟
44 [=    D102    K6  ]──────────────[RST  M0         ]
                                          5日后停止M0
50 [=    D102    K11 ]──────────────[RST  M1         ]
                                          10日后停止M1
56 [=    D102    K21 ]──────────────[SET  M510       ]
     M510
62 ──┤ ├────────────────────────────[SET  M8034      ]
                                          20日后停机
65 ─────────────────────────────────[END             ]
```

图 16-21　例 4 程序梯形图

第 17 章　FX_{3U} PLC 新增功能指令简介

这一章对 FX_{3U} PLC 全部新增的功能指令做了简单的介绍和说明，使读者对这些新增的功能指令有一个大致的了解。由于篇幅限制，对这些新增功能指令没有进行详细的功能和应用说明。

17.1　传送、移位和数值运算指令

17.1.1　传送指令

1. 变址寄存器的保存与恢复指令 ZPUSH 和 ZPOP

在三菱 FX 系列 PLC 中，变址寄存器一共只有 16 个（V0～V7,Z0～Z7），变址寄存器主要用做变址寻址用，因此，在一些大型或特殊处理的程序中，变址寄存器可能会不够用，例如，在主程序中已经用了 15 个变址寄存器，而在子程序中还需要用到 4 个变址寄存器，这就超过变址寄存器的数量，而应用变址寄存器的保存与恢复指令可解决这个问题。解决的办法是，当进入子程序（或其他程序段）时，先用 ZPUSH 指令将主程序所有变址寄存器的内容暂且存储在指定存储区，当子程序执行时，可以重复使用变址寄存器，当子程序执行完毕返回主程序前，再用 ZPOP 指令将主程序中所有的变址寄存器内容恢复原值，然后再返回到主程序继续运行，其操作类似于堆栈的进栈和出栈。

变址寄存器的保存与恢复指令见表 17-1。

表 17-1　变址寄存器的保存与恢复指令

功 能 号	助 记 符	指 令 格 式	功 能 简 述
FNC102	ZPUSH	ZPUSH D	保存变址寄存器 V0～V7 和 Z0～Z7 的当前值
FNC103	ZPOP	ZPOP D	将 ZPUH 指令保存的变址寄存器的恢复原值

2. 读出软元件注释数据指令 COMRD

在 GX Developer 编程软件中，将软元件的注释读出以 ASCII 码保存到以 D 为首址的存储区中。读出软元件注释数据见表 17-2。

表 17-2　读出软元件注释数据指令

功 能 号	助 记 符	指 令 格 式	功 能 简 述
FNC182	COMRD	─┤├─ COMRD S. D.	将被编程的软元件注释读出

17.1.2　移位指令

1．移位读出（先入后出）指令 POP

在 8.3 节中，介绍了移位读写指令，其中移位读出有两种方式：先入先出和先入后出（相关知识参看 8.3.2 节），指令 SFRD 为先入先出指令，而 POP 指令则为先入后出指令，见表 17-3。

表 17-3　移位读出（先入后出）指令

功 能 号	助 记 符	指 令 格 式	功 能 简 述
FNC212	POP	─┤├─ POP S. D. n	将用 SFWR 写入的指令按先入后出、后入先出的顺序读出

2．字元件带进位移位指令 SFR，SFL

这两条指令移位功能和 ROR、ROL 类似，不同之处是，ROR、ROL 是循环移位，而 SFR、SFL 为非循环移位，其移位移出位数舍弃，移动后留下的空位以“0”补充。同样，移出最后一位的位值传送至进位标志位 M8022，而且 n 的值可用软元件除 K、H 外还可以用字元件数据，n 的取值可大于 16，关于 ROR、ROL 指令参看 8.1 节。字元件带进位移位指令见表 17-4。

表 17-4　字元件带进位移位指令

功 能 号	助 记 符	指 令 格 式	功 能 简 述
FNC213	SFR	─┤├─ SFR D. n	字元件右移
FNC214	SFL	─┤├─ SFL D. n	字元件左移

17.1.3　数值运算指令

相对于 FX_{2N} PLC，FX_{3U} PLC 在浮点数运算上增加了 12 条运算指令，关于这些指令的详细内容可参看编程手册，这里不再赘述。

表 17-5 中浮点数均指二进制浮点数。

表 17-5　二进制浮点数运算新增指令

功 能 号	助 记 符	指 令 格 式	功 能 简 述
FNC112	EMOV	─┤├─ EMOV S. D.	二进制浮点数数据传送

续表

功能号	助记符	指令格式	功能简述
FNC116	ESTR	ESTR S1. S2. D.	将二进制浮点数转换成用 ASCII 码表示的字符串
FNC117	EVAL	EVAL S. D.	将用 ASII 码保存的浮点数字符串转换成二进制浮点数
FNC124	EXP	EXP S. D.	二进制浮点数指数运算
FNC125	LOGE	LOGE S. D.	二进制浮点数自然对数运算
FNC126	LOG10	LOG10 S. D.	二进制浮点数常用对数运算
FNC128	ENEG	ENEG D.	二进制浮点数符号翻转
FNC133	ASIN	ASIN S. D.	二进制浮点数 SIN^{-1} 运算
FNC134	ACOS	ACOS S. D.	二进制浮点数 COS^{-1} 运算
FNC135	ATAN	ATAN S. D.	二进制浮点数 TAN^{-1} 运算
FNC136	RAD	RAD S. D.	二进制浮点数角度变弧度转换
FNC137	DEG	DEG S. D.	二进制浮点数弧度变角度转换

17.2　数据处理指令

17.2.1　十进制与十进制 ASCII 码表示转换指令

这两个指令是对十进制数与以 ASCII 码保存的十进制数（30H～39H）之间进行转换。

十进制数为带符号位的二进制数的十进制表示，而 ASCII 码表示的十进数则是用 ASCII 码来表示十进制符号，见表 17-6、表 17-7。

表 17-6　十进制数与十进制 ASCII 码表示

十进制数		ASCII 码表示
整数	1235	31H,32H,33H,35H
小数	–12.35	2DH,31H,32H,2EH,33H,35H

表 17-7　十进制与十进制 ASCII 码转换指令

功能号	助记符	指令格式	功能简述
FNC260	DABIN	DABIN S. D.	用 ASCII 码表示的十进制数转换成十进制数

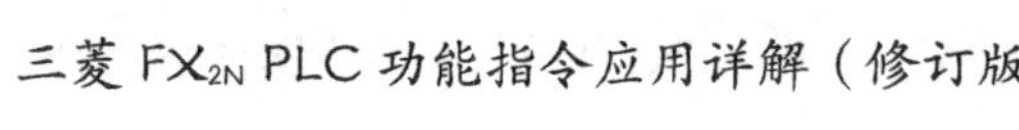

续表

功 能 号	助 记 符	指 令 格 式	功 能 简 述
FNC261	BINDA	BINDA S. D.	十进制数转换成用 ASCII 码表示的十进制数

17.2.2 数据的结合与分离指令

在计算机技术中，字是指 16 位二进制数的整体单元，字节是指 8 位二进制数的整体单元，数位是指 4 位二进制数的整体单元。FX 系列 PLC 是以字为基本存储单元的。但在实际应用中，常需要把一个字的两个字节（高字节、低字节）分别取出后再做处理，这种操作称为字的字节数据分离。反过来，如果把两个字节的数据合并成一个字的操作称为字节数据的结合。同样，如果把一个字按照其数位数据（一个字为 4 个数位）分别取出的操作则为字的数位分离，而把 4 个数位合并成一个字的操作称为数位的结合，图 17-1 表示了字节的分离和结合的操作。

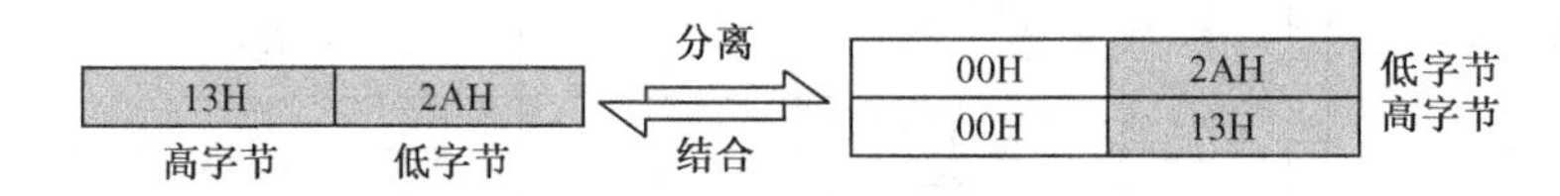

图 17-1　字的字节分离与结合操作图示

由图中可以看出，一个字分离成的两个字节按低字节、高字节顺序存放在两个寄存器，寄存器的高位字节均为 0。数位的分离与结合与字节类似，一个字分离出的 4 个数位分别存储在 4 个寄存器的低 4 位，寄存器的其余 12 位均为 0。

上述分离和结合的操作在 FX_{2N} PLC 中是通过编制分离和结合的程序来完成的，而 FX_{3U} PLC 的分离和结合则是通过指令来完成的，这就是 FX_{3U} PLC 新增加的数据结合与分离指令，见表 17-8。

WSUM 指令为求和指令，其功能是算出 n 个数据和值。

表 17-8　数据的结合与分离指令

功 能 号	助 记 符	指 令 格 式	功 能 简 述
FNC140	WSUM	WSUM S. D. n	将 n 个数据的值进行求和计算
FNC141	WTOB	WTOB S. D. n	将连续的 n/2 按照字节进行分离
FNC142	BTOW	BTOM S. D. n	将连续的 n 个字的低 8 位字节结合在 n/2 个字中
FNC143	UNI	UNI S. D. n	将连续的 n/4 个字按照数位进行分离
FNC144	DIS	DIS S. D. n	将连续的 n 个字的低 4 位数位结合在 n/4 个字中

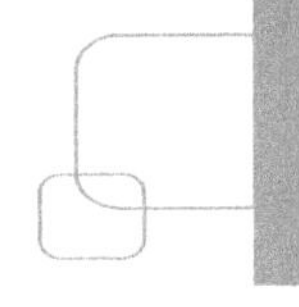

17.2.3　数据表处理指令

1. 数据区数据的删除与插入指令 FDEL、FINS

在一个连续的数据存储区中按照指定的位置去删除其中一个数据和插入一个数据的指令见表 17-9。

表 17-9　数据区数据的删除与插入指令

功 能 号	助 记 符	指 令 格 式	功 能 简 述
FNC210	FDEL	FDEL S. D. n	删除数据存储区中指定位置的数据
FNC211	FINS	FINS S. D. n	在数据存储区中指定位置插入一个数据

2. 输出值控制指令 LIMIT，BAND，ZONE

输出值控制指令又称数据表处理指令。实际上，它与区间比较指令 ZCP 十分类似（ZCP 指令见第 7 章 7.2.2 节）。有一个上限值，有一个下限值，输入值与这两个值进行比较，根据比较结果控制输出。ZCP 指令控制的是位元件的 ON/OFF，而输出值控制指令的是字元件的输出值。

输出值控制指令见表 17-10，其详细介绍见表 17-11。

表 17-10　输出值控制指令

功 能 号	助 记 符	指 令 格 式	功 能 简 述
FNC256	LIMIT	LIMTT S1. S2. S3. D.	输出值上下限限位控制
FNC257	BAND	BAND S1. S2. S3. D.	输出值死区控制
FNC258	ZONE	ZONE S1. S2. S3. D.	输出值区域控制

表 17-11　输出值控制指令详述

指　令	输出值控制	执行功能图示
LIMIT	下限值>输入值 → 输出值=下限值 下限值≤输入值≤上限值 → 输出值=输入值 输入值>上限值 → 输出值=上限值	输出值 上限值 下限值 输入值 下限值　上限值
BAND	下限值>输入值 → 输出值=输入值–下限值 下限值≤输入值≤上限值 → 输出值=0 输入值>上限值 → 输出值=输入值–上限值	输出值 下限值 输入值 上限值

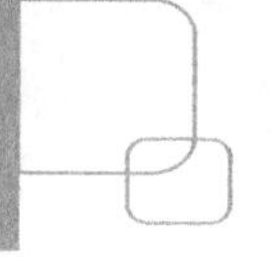

续表

指　　令	输出值控制	执行功能图示
ZONE	输入值<0　→　输出值=输入+负偏差值 输入值=0　→　输出值=0 输入值>0　→　输出值=输入+正偏差值	输出值 正偏差 输入值 负偏差

3. 线性折线输出指令

线性折线输出指令又称定坐标指令。在工程控制中，传感器的输出电信号与被测参数之间常常呈非线性关系，这时，为了保证系统的参数具有线性输出，就必须对输入参数的非线性进行“线性化”处理，其中一个方法称为线性插值法。其方法是把一个非线性函数分成若干个区间，在每个区间内用一段直线来代替这段非线性曲线，这样，就把一个非线性关系变成了由若干段折线组成的线性关系，如图 17-2 所示。

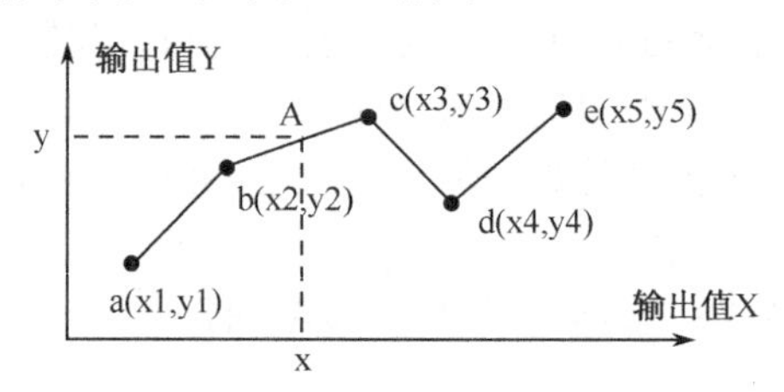

图 17-2　非线性关系的“线性化”处理

在图 17-2 中，把各段折线的端点取作坐标点（各坐标点的数值是通过测试得到的）。每输入一个值，都会落在某个区间内，由此区间的直线可计算相应的输出值（如图中的 A 点）。PLC 是通过编制程序来完成上述过程的，首先，要在 PLC 内存入各个坐标点的参数；其次，要判断输入值落入哪个区间；最后，再根据该区间的直线段方程计算出输出值。当折线段较多时，程序编制比较冗长、烦琐、容易出错，且占用存储量较大。

定坐标指令 SCL（SCL2）则弥补了上面的不足，使用定坐标指令同样要把各坐标点输入到指定的存储区，但是只要在指令中指定一个输入值，指令会自动在输入值所在区间搜索，然后根据该区间直线自动算出输出值并送到指定存储器中，不再需要编制任何程序，一步到位，十分方便。

SCL 和 SCL2 这两条指令所完成的功能是一样的（见表 17-12），不同点是它们组成坐标存储的方式不同，SCL 指令的坐标点是按照（x1,y1），(x2,y2）…的顺序来存储的，而 SCL 指令是按照 x1,x2…,y1,y2…的顺序来存储的。

表 17-12　线性折线输出指令

功 能 号	助 记 符	指 令 格 式	功 能 简 述
FNC256	SCL	SCL　S1.　S2.　D.	根据指定的线性折线，完成输出值的计算
FNC257	SCL2	SCL2　S1.　S2.　D.	根据指定的线性折线，完成输出值的计算

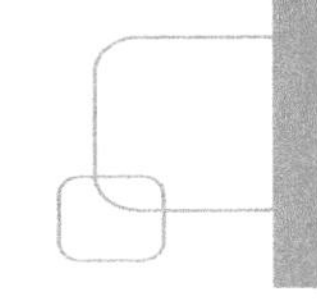

17.2.4　数据块处理指令

数据块是指在存储器中由 n 个编号相连的数据存储单元组成的存储区。数据块操作指令则是对两个具有相同数据个数 n 的数据块进行的操作。

数据块加减运算指令是分别对两个数据块中相对应的存储单元进行加减运算并将结果送入终址数据块中相对应的存储单元。

数据块比较指令和触点型比较指令类似，它是对两个数据块中相对应的单元分别进行比较。比较的结果只能是“0”（不成立），“1”（成立），并送至终址数据块中相对应的存储单元。数据块处理指令见表 17-13。

表 17-13　数据块处理指令

功能号	助记符	指令格式	功能简述
FNC192	BK+	BK+ S1. S2. D. n	数据块加减法运算
FNC193	BK－	BK－ S1. S2. D. n	数据块加减法运算
FNC194	BKCMP=	BKCMP＝ S1. S2. D. n	数据块的=比较
FNC195	BKCMP>	BKCMP＞ S1. S2. D. n	数据块的>比较
FNC196	BKCMP<	BKCMP＜ S1. S2. D. n	数据块的<比较
FNC197	BKCMP<>	BKCMP＜＞ S1. S2. D. n	数据块的<>比较
FNC198	BKCMP<=	BKCMP＜＝ S1. S2. D. n	数据块的<=比较
FNC199	BKCMP>=	BKCMP＞＝ S1. S2. D. n	数据块的>=比较

17.2.5　字符串控制指令

由字母、符号等组成的数据为字符串。计算机一个非常重要的功能就是能对文字信息进行处理。文字信息处理对工程控制也是很重要的，在数据通信中，很多通信协议的数据格式允许传输字符串信息，在工程中控制的显示、打印等场合也希望能够用文字信息来表示控制过程及状态、控制输出和说明等。

目前，大部分字符信息处理都采用 ASCII 码作为字符的编码（见 10.1.2 节），因此，字符的操作都是用 ASCII 码码值进行的。在 FX_{2N} PLC 中，仅有两个处理 ASCII 的指令 ASC 和 PR（见 11.2.7 节和 11.2.8 节），它们仅仅是从计算机键盘上输入 ASCII 码的字符和输出 ASCII 码字符到打印机去打印。还有两个指令 ASCI 和 HEX（见 11.5.3 节和 11.5.4 节），是专门用于十六进制数 0～F 和 ASCII 码之间的转换，而对于字符串的操作则是一个空白，FX_{3U} PLC 的字符串操作指令填补了这个空白。

字符串操作指令共有 10 条，可对字符串进行传送、检索截取、合并、替换和长度检测等，还可以进行浮点数与其 ASCII 码表示之间的转换。字符串控制指令见 17-14。

表 17-14　字符串控制指令

功 能 号	助 记 符	指 令 格 式	功 能 简 述
FNC200	STR	STR S1. S2. D.	十进制小数转换成 ASCII 码字符表示
FNC201	VAL	VAL S. D1. D2.	十进制小数 ASCII 码表示转换成十进制小数
FNC202	$+	S+ S1. S2. D.	将两个字符串结合成一个字符串
FNC203	LEN	LEN S. D.	检测字符串的字符的个数
FNC204	RIGHT	RIGHT S. D. n	从字符串的右侧取出 n 个字符
FNC205	LEFT	LEFT S. D. n	从字符串的左侧取出 n 个字符
FNC206	MIDR	MIDR S1. D. S2.	从字符串中间指定位置取出 n 个字符
FNC207	MIDW	MIDW S1. D. S2.	用指定字符串中指定字符替换另一个字符串的指定字符
FNC208	INSTR	INSTR S1. S2. D. n	从指定字符串中检索出指定的字符串
FNC209	$MOV	SMOV S. D.	字符串的传送

17.2.6　其他数据处理指令

1. 数据排序指令 SORT2

FX_{2N} PLC 有数据排序指令 SORT,SORT 指令只能对数据进行升序排列，且只有 16 位运算，因而如果需要降序排列或处理 32 位数据，SORT 指令无此功能。

SORT2 指令是 SORT 指令的改进，且完全兼容 SORT 指令的功能。通过对特殊辅助继电器 M8165 的状态设定，SORT 指令可以进行升序排列（M8165=0），还可以进行降序排列（M8165=1），不但可以 16 位应用，还可以对 32 位数据进行处理。

SORT 指令的行（m1）、列（m2）只能使用常数 K，H，因此表格是确定的，而 SORT2 指令的行（m1），除常数外还可以使用寄存器，这样在实际应用中，可以很方便地增加或减少参与排序的行数。

数据排序指令见表 17-15。

表 17-15　数据排序指令

功 能 号	助 记 符	指 令 格 式	功 能 简 述
FNC149	SORT2	SORT2 S m1 m2 D n	

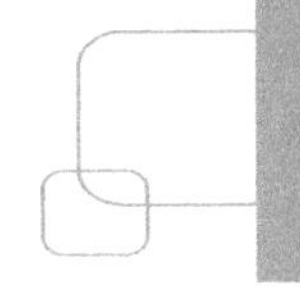

2. 随机数发生指令 RND

随机数是随机产生的数，随机数本身没有任何规律可循，一般都用物理方法产生。计算机也可以产生随机数，它是通过一个固定的公式计算出一系列的数，但因周期很长，可以看做是随机数，一般称为伪随机数。RND 指令就是一个伪随机数发生器，应用指令可产生 0～32767 的伪随机数。

随机数发生指令见表 17-16。

表 17-16　随机数发生指令

功能号	助记符	指令格式	功能简述
FNC184	RND	⊣⊢—[RND D.]	产生 0～32767 的伪随机数

17.3　外部设备指令

17.3.1　通信指令

1. 串行异步通信指令 RS2

RS2 指令和 RS 指令一样，都是串行异步无协议通信指令，进行 PLC 与其他设备之间的通信数据的发送和接收。其用法也一样，不同之处在于 RS 指令仅限于通信口 1，RS2 指令可以进行通信口 1 和通信口 2 的选择。通信格式字的设置稍有差别，通信相关软件编号不一样，数据格式在帧头（起始码）、帧尾（停止码）、附加和校验方面也有差别。

串行异步通信指令见表 17-17。

表 17-17　串行异步通信指令

功能号	助记符	指令格式	功能简述
FNC87	RS2	⊣⊢—[RS2 S. m D. n nl]	在通信口 1 或通信口 2 进行无协议通信的数据发送和接收

2. CRC 校验码指令 CRC

CRC 又称循环冗余校验码，它是数据通信中最常用的一种校验码，广泛地被各种通信协议所采用，例如，Modus 通信协议之 RTU 方式的校验码就是 CRC 校验码。

在 FX_{2N} PLC 中，只有 CCD 校验码指令，没有 CRC 校验码指令，在需要用到 CRC 校验码时，只好编制 CRC 子程序来完成，而 CRC 校验码程序又比较复杂，一般人难以编写。FX_{3U} PLC 新增了 CRC 校验码指令，可以直接应用指令生成 CRC 校验码保存到指定的存储单元。

CRC 校验码指令见表 17-18。

表 17-18　CRC 校验码指令

功　能　号	助　记　符	指 令 格 式	功 能 简 述
FNC188	CRC	CRC　S.　D.　n	生成指定 n 点数据的 CRC 校验码

17.3.2　特殊功能模块 BFM 分割读/写指令

这两个指令和第 11 章 11.4 节中所介绍的 FROM/TO 指令功能一致，都是从特殊功能模块的缓冲存储 BFM 中读取或写入数据的指令，但 FROM/TO 指令如果一次读/写数据太多，会使运算周期变长，看门狗定时器出错。而分割指令 RBFM 和 WBFM 可以将多个数据分割成几个运算周期分批进行读/写，这就避免了看门狗定时器出错，特别是对通信功能模块的数据发送和接收，用该指令进行分批传送，能减少通信差错，十分方便。

特殊功能模块 BFM 分割读写指令见表 17-19。

表 17-19　特殊功能模块 BFM 分割读/写指令

功　能　号	助　记　符	指 令 格 式	功 能 简 述
FNC278	RBFM	RBFM　m1　m2.　D.　n1　n2	从特殊功能模块分批读取 BFM 的数据
FNC279	WBFM	WBFM　m1　m2.　D.　n1　n2	将数据分批写入到特殊功能模块的 BFM 中

17.3.3　定位指令

1. 带搜索功能的原点回归指令 DSZR

第 13 章 13.3.1 节中介绍了原点回归指令 ZRN。相比 ZRN 指令，原点回归指令 DSZR 主要增加了以下两个功能。

1）DOG 搜索功能

如图 17-3 所示，对 ZRN 指令来说，其开始位置只能在位置 A 进行原点回归动作。如果在位置 B（DOG 区内）、位置 C（过 DOG 区）和位置 D（限位开关处）则不能进行原点回归。而 DSZR 指令具有自动搜索 DOG 近点信号功能，不论是在 B,C 和 D 处，指令执行后，都能朝左方向前进，当检测到左限位开关后，会自动换向，向右运行，运行中检测到近点信号（DOG 前端信号），会自动停止，然后以爬行速度回归原点。开始位置在 A 点时，DSZR 指令和 ZRN 指令动作一致。

2）增加零点信号，提高原点定位精度

ZRN 指令原点回归是当检测到 DOG 后端信号时，在 1ms 内停止，原点的定位精度与 DOG 开关的动作精度关系很大，因此，只能用于定位精度不高的场合。而 DSZR 指令在 DOG 后增加了零点信号，检测到 DOG 后端后，再坚持到第一个零点信号后才在 1ms 内停止。如果用编码器的零位脉冲作为零点检测信号，则原点定位精度可以得到很大提高。

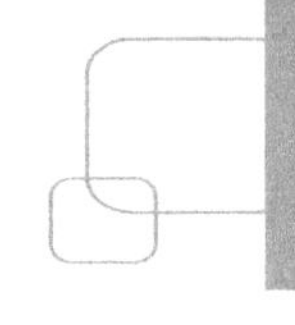

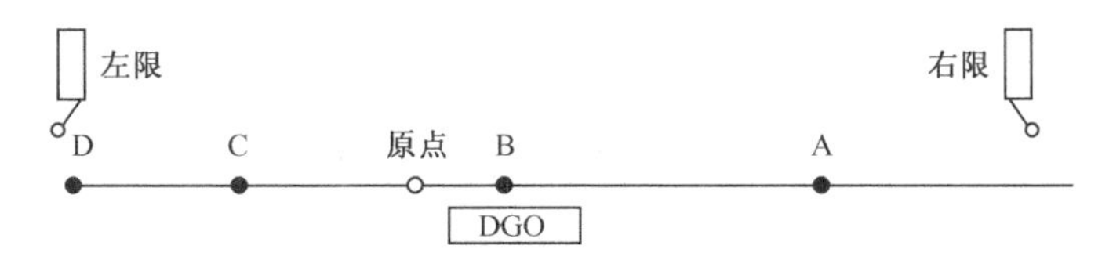

图 17-3 搜索功能图示

带搜索功能的原点回归指令见表 17-20。

表 17-20 带搜索功能的原点回归指令

功能号	助记符	指令格式	功能简述
FNC150	DSZR	DSZR S1. S2. D1. D2.	带搜索功能的原点回归

2. 中断定位指令 DVIT

DVIT 指令为 FX_{3U} PLC 新增的中断定位指令，在定位控制的运动过程中，如果有中断请求信号（高速输入中断与特殊辅助继电器中断），则定位控制运动会中断原来的运动，执行中断定位指令 DVIT 的控制功能，使运动重新定位。中断定位指令见表 17-21。

表 17-21 中断定位指令

功能号	助记符	指令格式	功能简述
FNC151	DVIT	DVIT S1. S2. D1. D2.	在中断信号下执行定位控制

3. 表格定位指令 TBL

表格定位是指实现用编程软件对所用到的脉冲输出口 Y 编制一张表格，这张表格有 100 行，表示可编制 100 个定位控制运动。每一行代表一个定位控制运动，要求输入定位控制命令（仅限于 DVIT,PLSY,DRVI 和 DRVA)、脉冲输出数目和脉冲频率。这张表格将随同程序一起写入 PLC 中。

表格定位指令的应用和子程序调用十分相似。在定位控制中，应用表格定位指令调用定位表格中的某一行，就可完成该行所编制的定位控制运动。而且定位表格中的输出脉冲数和脉冲频率还可以通过外部设备随时进行修改，十分方便。

表格定位控制特别适合于多轴、多种运动方式的定位控制中，表格定位指令见表 17-22。

表 17-22 表格定位指令

功能号	助记符	指令格式	功能简述
FNC152	TBL	TBL D n	按事先编制好的定位表格进行定位控制

17.3.4 变频器控制指令

FX_{2N} PLC 中原本没有变频器通信控制指令，在增加了扩展用存储器盒 FX_{2N}-ROM-E1 和

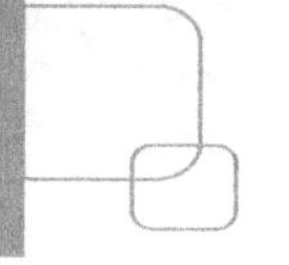

通信设备选件 FX_{2N}-485-BD 后，增加了 4 条变频器通信控制指令（详见第 14 章），FX_{3U} PLC 则把这 4 个指令用功能指令的形式固定下来，其控制功能和第 14 章所述指令一样，同时，FX_{3U} PLC 还增加了一条变频器参数成批写入指令 IVBWR，该指令可以一次写入 n 个不同编号的参数值。

变频器控制指令见表 17-23。

表 17-23　变频器控制指令

功 能 号	助 记 符	指 令 格 式	功 能 简 述
FNC270	IVCK	IVCK S1. S2. D n	变频器的运行监控
FNC271	IVDR	IVDR S1. S2. S3. n	变频器的运行控制
FNC272	IVRD	IVRD S1. S2. D n	变频器的参数读取
FNC273	IVWR	IVWR S1. S2. S3. n	变频器的参数写入
FNC274	IVBWR	IVBWR S1. S2. S3. n	变频器的参数成批写入

17.4　其他指令

17.4.1　扫描周期脉冲输出指令

DUTY 指令可生产一个以扫描周期为单位计算的定时时钟脉冲，其定位时钟仅限于 M8330～M8334 输出，如图 17-4 所示，扫描周期脉冲输出指令见表 17-24。

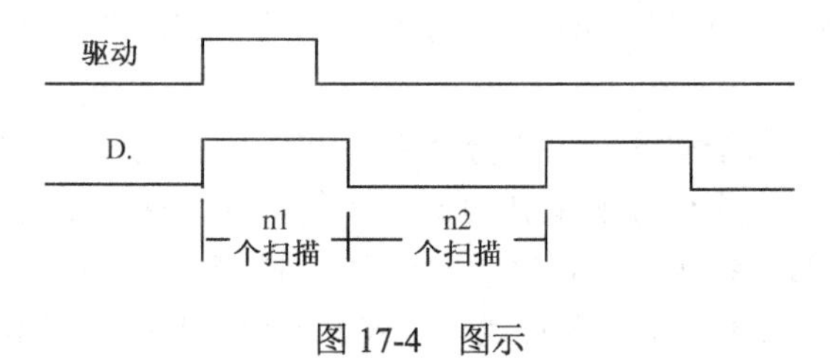

图 17-4　图示

表 17-24　扫描周期脉冲输出指令

功 能 号	助 记 符	指 令 格 式	功 能 简 述
FNC186	DUTY	DUTY n1 n2 D.	生产以扫描周期为单位计算的定时时钟脉冲

17.4.2　高速计数器指令

FX_{3U} PLC 新增加了两条关于高速计数的指令。HCMOV 指令为高速计数器传送指令。

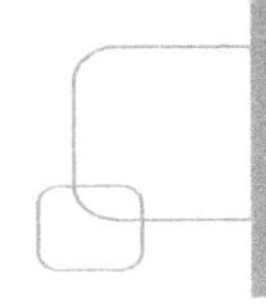

其功能是把高速计数器（C235～C255）或环形计数器（D8099,D8399）的当前值传送到 D 中，HSCT 为高速计数器比较指令，这条指令用于替代 DHSZ 指令的表格高速比较模式的功能（见 12.2.4 节所述），但表格形式不同，比 DHSZ 指令的表格高速比较模式应用更为方便灵活。

高速计数器指令见表 17-25。

表 17-25　高速计数器指令

功能号	助记符	指令格式	功能简述
FNC189	HCMOV	DHCMOV S D n	传送高速计数器或环形计数器的当前值
FNC280	HSCT	DHSCT S1. m S2. D. n	计数器当前值与预先设定的表格比较控制多路输出

17.4.3　时钟指令

将（时、分、秒）单位的时间（时刻）数据转换成秒单位数据的指令。

例如，4 时 29 分 31 秒转换成 16 171 秒。

将秒单位的时间（时刻）数据转换成（时、分、秒）单位数据的指令。

例如，45235 秒转换成为 12 时 35 分 25 秒。

时钟指令见表 17-26。

表 17-26　时钟指令

功能号	助记符	指令格式	功能简述
FNC164	HTOS	HTOS S. D.	（时、分、秒）→秒单位
FNC165	STOH	STOH S. D.	秒单位→（时、分、秒）

17.4.4　扩展文件寄存器控制指令

在所使用的软元件中，FX3U PLC 增加了文件寄存器 R 和扩展文件寄存器 ER。文件寄存器 R 的存储位置为内置 RAM（电池后备的区域），而扩展文件寄存器 ER 的存储位置是在 PLC 附加的扩展存储器盒中，文件寄存器 R 和数据寄存器 D 一样用 BMOV 指令进行读写操作（见第 7 章 7.1.4 节介绍）。扩展文件寄存器是用专门的扩展文件寄存器控制指令进行读写操作。

扩展文件寄存器控制指令见表 17-27。

表 17-27　扩展文件寄存器控制指令

功能号	助记符	指令格式	功能简述
FNC290	LOADR	LOADR S. n	读出扩展文件寄存器数据

续表

功 能 号	助 记 符	指 令 格 式	功 能 简 述
FNC291	SAVER	SAVER S. n D.	成批数据写入扩展文件寄存器
FNC292	INITR	INTTR S. n	扩展寄存器的初始化
FNC293	LOGR	LOGR S. M D1. n D2.	登录到扩展文件寄存器
FNC294	RWER	RWER S. n	扩展文件寄存器的删除、写入
FNC295	INITER	INITER. S. n	扩展文件寄存器的初始化

附录 A　特殊辅助继电器和特殊数据寄存器

说　明

根据 FX 系列 PLC 的不同机型，即使是相同元件地址号的特殊软元件，其功能内容也会有所不同，请予以注意。

【M】：触点利用型特殊辅助继电器，由 PLC 自行驱动其线圈，用户只能利用其触点。用户程序中不能出现其线圈，只能使用其触点。

M：线圈驱动型特殊辅助继电器，用户可以在程序中驱动其线圈，也可以使用它们的触点。

【D】：ROM 型的特殊数据寄存器，除有说明外，一般不能在程序中对其进行写入操作。

D：RAM 型的特殊数据寄存器，可以在程序中进行写入操作。

凡未定义及未作记录的特殊辅助继电器和特殊数据寄存器，均不能在程序中使用。

PC 状态（M）

地　址	名　称	功　能	适用机型	
			FX_{1S},FX_{1N}	FX_{2N},FX_{2NC}
【M8000】	运行监视继电器	RUN M8000	●	●
【M8001】	运行监视继电器	RUN M8001	●	●
【M8002】	初始脉冲继电器	RUN M8002　1个扫描周期	●	●
【M8003】	初始脉冲继电器	RUN M8003　1个扫描周期	●	●
【M8004】	错误发生	当 M8060～M8067 中任意一个处于 ON 是动作（除 M8062 除外）	●	●
【M8005】	电池电压过低	当电池电压异常过低时动作	—	●
【M8006】	电池电压过低锁存	当电池电压异常过低后锁存状态	—	●
【M8007】	瞬停检测　※1	即使 M8007 动作，若在 D8008 时间范围内则 PC 继续运行	—	●

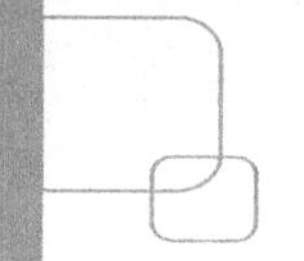

PC 状态（M）（续）

地　址	名　称	功　能	适用机型	
			FX_{1S},FX_{1N}	FX_{2N},FX_{2NC}
【M8008】	停电检测中　※1	当 M8008ON→OFF 时，M8000 变为 OFF	—	●
【M8009】	DC24V 失电	当扩展单元，扩展模块出现 DC24V 失电时动作	—	●

※1：停电检测时间（D8008）的变更。下同。

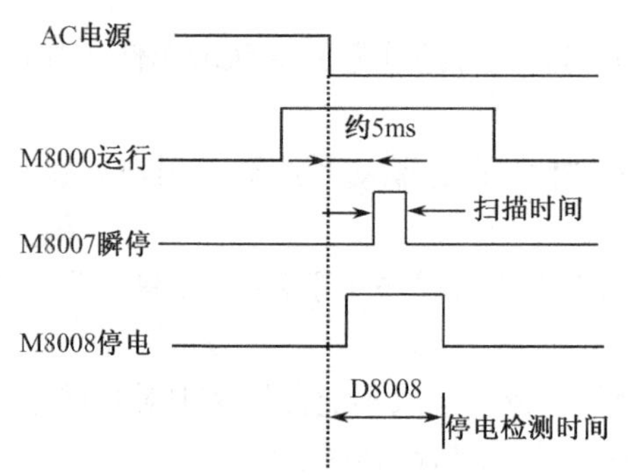

可编程控制器的电源为 AC200，可以利用顺控程序更改 D8008 的内容，在 10～100ms 范围内对停电检测时间进行调整。

DC24V 电源类型的设定方法和详细情况请参照 7-2 项。

PC 状态（D）

地　址	名　称	内　容	适用机型	
			FX_{1S},FX_{1N}	FX_{2N},FX_{2NC}
【D8000】	监视定时器	初始值如右列所述（1ms 为单位）（当电源 ON 时，由系统 ROM 传送）利用程序进行更改必须在 END，WDT 指令执行后方才有效	200ms	
【D8001】	PC 类型和系统版本号	2 4 1 0 0 BCD转换值 右述　版本号V1.00	FX_{1S}：22 FX_{1N}：26	24
【D8002】	寄存器容量	2…2K 步；4…4K 步；8…8K 步	●	
【D8003】	寄存器类型　※2	保存不同 RAM/EEPROM/内置 EPROM/存储盒和存储器保护开关的 ON/OFF 状态	●	●
【D8004】	错误 M 地址号	8 0 6 0 BCD转换值 8060～8068(M8004 CN 时)	●	●
【D8005】	电池电压	3 6 BCD转换值（0.1V 单位） 电池电压的当前值（例如，3.6V）	—	●
【D8006】	电池电压过低检测电平	初始值 3.0V（0.1V 为单位）（当电源 ON 时，由系统 ROM 传送）	—	●
【D】8007	瞬停检测	保存 M8007 的动作次数。当电源切断时该数值被清除	—	●
【D】8008	停电检测时间　※1	AC 电源型：初始值 10ms 详细情况另行说明	—	●

续表

地　址	名　称	内　容	适用机型	
			FX_{1S},FX_{1N}	FX_{2N},FX_{2NC}
【D】8009	DC24V 失电单元地址号	保存 M8007 的动作次数，当电源切断时该数值将被清除	—	●

※2：存储器种类（D8003）的内容（下同）：

00H=选配件 RAM 存储器；

01H=选配件 EPROM 存储器；

02H=选配件 EEPROM 存储器，FX_{1N}-EEPROM-8L（程序保护功能 OFF）；

0AH=选配件 EEPROM 存储器，FX_{1N}-EEPROM-8L（程序保护功能 ON）；

10H=可编程控制器内置存储器。

时钟（M）

地　址	名　称	功　能	适用机型	
			FX_{1S},FX_{1N}	FX_{2N},FX_{2NC}
【M8010】			●	●
【M8011】	10ms 时钟	以 10ms 的频率周期振荡	●	●
【M8012】	100ms 时钟	以 100ms 的频率周期振荡	●	●
【M8013】	1s 时钟	以 1s 的频率周期振荡	●	●
【M8014】	1min 时钟	以 1min 的频率周期振荡	●	●
M8015		时钟停止和预置实时时钟用	●	●
M8016		时间读取显示停止，实时时钟用	●	●
M8017		±30s 修正，实时时钟用	●	●
【M8018】		安装检测，实时时钟用	●常时 ON	
M8019		实时时钟（RTC）出错，实时时钟用	●	●

时钟（D）

地　址	名　称	内　容	适用机型	
			FX_{1S},FX_{1N}	FX_{2N},FX_{2NC}
【D8010】	当前扫描值	由底 0 步开始的累计执行时间（0.1ms 为单位）	● 显示值中包据 M8039 驱动时恒定扫描运行的等待时间	
【D8011】	最小扫描值	扫描时间的最小值（0.1ms 为单位）		
【D8012】	最大扫描值	扫描时间的最大值（0.1ms 为单位）		
【D8013】	秒	0～59s（实时时钟用）	●	●
【D8014】	分	0～59min（实时时钟用）	●	●
【D8015】	时	0～23h（实时时钟用）	●	●
【D8016】	日	1～31 日（实时时钟用）	●	●
【D8017】	月	1～12 月（实时时钟用）	●	●
【D8018】	年	公历两位（0～99）（实时时钟用）	●	●
【D8019】	星期	0（日）～6（六）（实时时钟用）	●	●

D8013～D8019 的时钟数据停电保持，另外 D8018（年）数据可以切换至 1980—2079 年的公历 4 位。

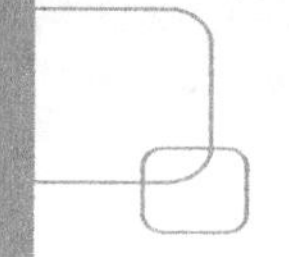

标志（M）

地　址	名　称	功　能	适用机型	
			FX1S,FX1N	FX2N,FX2NC
【M8020】	零	加减运算结果为 0 时	●	●
【M8021】	借位	减法运算结果小于负的最大值时	●	●
【M8022】	进位	加法运算结果发生进位时，换位结果溢出发生时	●	●
【M8023】				
M8024		BMOV 方向指定（FNC15）	—	●
M8025		HSC 模式（FNC53～55）	—	●
M8026		RAMP 模式（FNC67）	—	●
M8027		PR 模式（FNC77）	—	●
M8028	（FX1S）	100ms/10ms 定时器切换	●	●
M8028	（FX2N,FX2NC）	在执行 FROM/TO（FNC78,79 指令过程中中断允许）	—	●
【M8029】	指令执行完成	当 DSW（FNC72）等操作完成时动作	●	●

标志（D）

地　址	名　称	内　容	适用机型	
			FX1S,FX1N	FX2N,FX2NC
【D8020】	输入滤波调整	X000～X007 的输入滤波数字 0～60（初始值为 10ms）	●	●
【D8021】				
【D8022】				
【D8023】				
【D8024】				
【D8025】				
【D8026】				
【D8027】				
【D8028】		Z0（Z）寄存器的内容 ※	●	●
【D8029】		V0（V）寄存器的内容 ※	●	●

※：Z1～Z7,V1～V7 的内容保存于 D8182～D8195 中。

PC 模式（M）

地　址	名　称	功　能	适用机型	
			FX1S,FX1N	FX2N,FX2NC
M8030 ※4	电池 LED 熄灯指令	驱动 M8030 后，即使电池电压过低，PC 面板指示灯也不会亮灯	—	●
M8031 ※4	非保持存储器全部消除	驱动此 M 时，可以将 Y,M,S,T,C 的 ON/OFF 影响存储器和 T,C,D 的当前值全部清零，特殊寄存器和文件寄存器不清除	●	●
M8032 ※4	保持存储器全部清除		●	●
M8033	存储器保持停止	当可编程控制器 RUN→STOP 时，将影响存储器和数据存储器中的内容保留下来	●	●

续表

地　址	名　称	功　能	适用机型	
			FX1S,FX1N	FX2N,FX2NC
M8034　※4	所有输出禁止	将PC的外部输出接点全部置于OFF状态	●	●
M8035　※5	强制运行模式	详细情况参阅编程手册7-2项	●	●
M8036　※5	强制运行指令		●	●
M8037　※5	强制停止指令		●	●
【M8038】　※5	参数设定	通信参数设定标志（简易PC间链接设定用）	●	●
M8039	恒定扫描模式	当M8039变为ON时，PC直至D8039指定的扫描时间到达后，此案执行循环运算	●	●

※4：在END指令执行时处理。下同。

※5：RUN→STOP时清除。下同。

PC模式（D）

地　址	名　称	内　容	适用机型	
			FX1S,FX1N	FX2N,FX2NC
【D8030】				
【D8031】				
【D8032】				
【D8033】				
【D8034】				
【D8035】				
【D8036】				
【D8037】				
【D8038】				
【D8039】	恒定扫描时间	初始值0ms（以1ms为单位）（当电源ON时，由系统ROM传送）能够通过程序进行更改	●	●

步进阶梯（M）

地　址	名　称	功　能	适用机型	
			FX1S,FX1N	FX2N,FX2NC
M8040	转移禁止	M8040驱动时禁止状态之间的转移	●	●
M8041　※5	转移开始	自动运行时能够进行初始状态开始的转移	●	●
M8042	启动脉冲	对应启动输入脉冲的输出	●	●
M8043　※5	回归完成	在原点回归模式的结束状态时动作	●	●
M8044　※5	原点条件	检测出机械原点时动作	●	●
M8045	所有复位输出禁止	在模式切换时，所有输出复位禁止	●	●
M8046　※4	STL状态动作	M8047动作中时，当S0～S899中有任何元件变为ON时动作	●	●

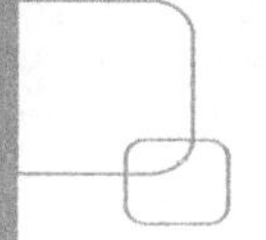

续表

地　址	名　称	功　能	适用机型	
			FX_{1S},FX_{1N}	FX_{2N},FX_{2NC}
M8047　※4	STL 监控有效	驱动 M 时，D8040～D8047 有效	●	●
M8048　※4	信号报警器动作	M8049 动作中时，当 S900～S999 中任何元件变为 ON 时动作	—	●
M8049　※4	信号报警器有效	驱动此 M 时，D8049 的动作有效	—	●

步进阶梯（D）

地　址	名　称	内　容	适用机型	
			FX_{1S},FX_{1N}	FX_{2N},FX_{2NC}
【D8040】	ON 状态地址号 1　※4	将状态 S0～S899 的动作中的状态最小地址号保存入 D8040 中，将紧随其后的 ON 状态地址号保存入 D8041 中，以下依次顺序保存 8 点元件，将其中最大元件保存入 D8047 中	●	●
【D8041】	ON 状态地址号 2　※4		●	●
【D8042】	ON 状态地址号 3　※4		●	●
【D8043】	ON 状态地址号 4　※4		●	●
【D8044】	ON 状态地址号 5　※4		●	●
【D8045】	ON 状态地址号 6　※4		●	●
【D8046】	ON 状态地址号 7　※4		●	●
【D8047】	ON 状态地址号 8　※4		●	●
【D8048】				
【D8049】	※4 ON 状态最小地址号	保持处于 ON 状态中报警继电器 S900～S999 的最小地址号	—	●

中断禁止（M）

地　址	名　称	功　能	适用机型	
			FX_{1S},FX_{1N}	FX_{2N},FX_{2NC}
M8050	（输入中断）I00□禁止	执行 FNC04（EI）指令后，即使中断许可，但是当此 M 动作时，对应的输入中断和定时器中断将无法单独动作， 例如，当 M8050 处于 ON 时，禁止中断 I00□	●	●
M8051	（输入中断）I10□禁止		●	●
M8052	（输入中断）I20□禁止		●	●
M8053	（输入中断）I30□禁止		●	●
M8054	（输入中断）I40□禁止		●	●
M8055	（输入中断）I50□禁止		●	●
M8056	（定时器中断）I6□□禁止		—	●
M8057	（定时器中断）I7□□禁止		—	●
M8058	（定时器中断）I8□□禁止		—	●
M8059	计数器中断禁止	禁止来自 I010～I060 的中断	—	●

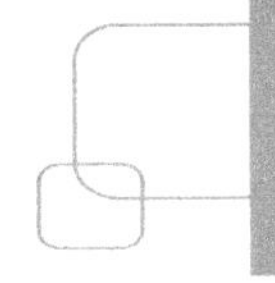

错误检测（M）

地址	名称	PROG-E LED	PLC 状态	适用机型	
				FX_{1S},FX_{1N}	FX_{2N},FX_{2NC}
【M8060】	I/O 构成错误			—	●
【M8061】	PC 硬件错误				
【M8062】	PC/PP 通信错误				
【M8063】	并连连接出错　※6　RS-232C 通信错误				
【M8064】	参数错误				
【M8065】	语法错误				
【M8066】	回路错误				
M 8067	运算错误　※6				
M 8068	运算错误锁存				
M 8068	I/O 总线检测　※7				
【M8109】	输出刷新错误				

当 M8060～M8067 中任意一个处于 ON 时，将其中最小地址号保存入 D8004 中，M8004 动作。

※6：当可编程控制器 STOP→RUN 时清除，但是请注意 M8068、D8068 无法清除。下同。

※7：驱动 M8069 时执行 I/O 总线检测，当发生错误时，将错误代码 6103 写入 D8061 中，且 M8061 变为 ON。下同。

错误检查时间

错 误 项 目	电源 OFF→ON	电源接通后首次 STOP→RUN 时	其　他
M8060 I/O 构成错误	检查	检查	运算中
M8061 PC 硬件错误	检查	—	运算中
M8062 PC/PP 通信错误	—	—	接收 PP 来的信号
M8063 链接通信错误	—	—	接收来自对方站的信号
M8064 参数错误 M8065 语法错误 M8066 回路错误	检查	检查	程序变更时（STOP） 程序传送时（STOP）
M8067 运算错误 M8068 运算错误锁存	—	—	运算中（RUN）

错误检测（D）

地　址	内　容	适用机型	
		FX_{1S},FX_{1N}	FX_{2N},FX_{2NC}
【D8060】	I/O 构成错误的未安装 I/O 起始地址号　※8	—	●
【D8061】	PC 硬件错误的错误代码序号	●	●
【D8062】	PC/PP 通信错误的错误代码序号	—	●
【D8063】	并连连接通信错误的错误代码序号 RS-232C 通信错误的错误代码序号※6	●	●
【D8064】	参数错误的错误代码序号	●	●
【D8065】	语法错误的错误代码序号	●	●
【D8066】	回路错误的错误代码序号	●	●

续表

地　址	内　容	适用机型	
		FX_{1S},FX_{1N}	FX_{2N},FX_{2NC}
【D8067】	运算错误的错误代码序号　※6	●	●
D8068	锁存发生运算错误的步序号	●	●
【D8069】	M8065～7 的错误发生的步序号　※6	●	●
【D8109】	发生输出刷新错误的 Y 地址号	—	●

※8：被编入程序的 I/O 地址号的单元和模块未被安装时，在 M8060 动作的同时，将该单元的起始元件地址号写入 D8060 中。下同。

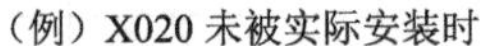
（例）X020 未被实际安装时

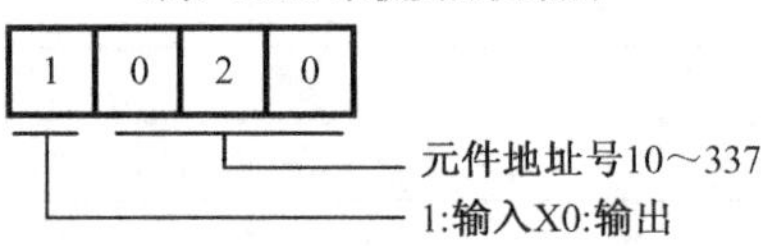

错误检测用特殊元件的动作关系

用于错误检测的特殊辅助继电器和特殊数据寄存器按照以下关系动作，这些辅助继电器和数据寄存器的内容情况，可以通过外围设备进行监控，或使用 PC 诊断功能得知。

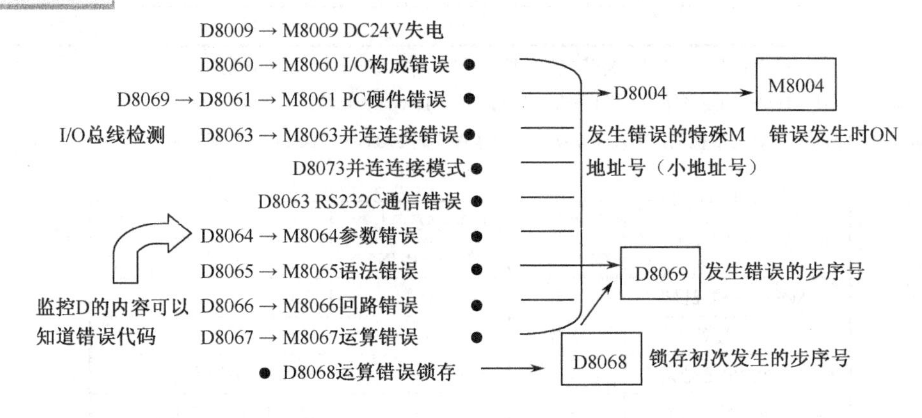

并连链接功能（M）

地　址	名　称	适 用 机 型	
		FX_{1S},FX_{1N}	FX_{2N},FX_{2NC}
M 8070	并连链接主站时驱动　※9	●	●
M 8071	并连链接子站时驱动　※9	●	●
M 8072	并连链接运行中 ON	●	●
M 8073	并连链接 M8070/M8071 设定不良时 ON	●	●

※9：STOP→RUN 时清除。

并连链接功能（D）

地　址	内　容	适 用 机 型	
		FX_{1S},FX_{1N}	FX_{2N},FX_{2NC}
【D8070】	并连链接错误判断时间为 500ms	●	●
【D8071】			
【D8072】			
【D8073】			

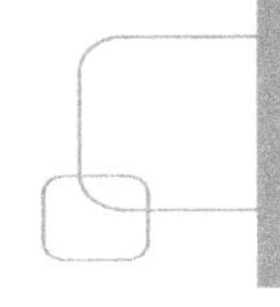

采样跟踪（M）

地 址	名 称	适用机型	
		FX1S,FX1N	FX2N,FX2NC
【M8074】			
【M8075】	采样跟踪准备开始指令	—	●
【M8076】	采样跟踪准备完成执行开始指令	—	●
【M8077】	取样跟踪执行中监控	—	●
【M8078】	取样跟踪执行完成监控	—	●
【M8079】	跟踪次数超过 512 次时为 ON	—	●
【M8080】			
【M8081】			
【M8082】			
【M8083】			
【M8084】			
【M8085】			
【M8086】			
【M8087】			
【M8088】			
【M8089】			
【M8090】			
【M8091】			
【M8092】			
【M8093】			
【M8094】			
【M8095】			
【M8096】			
【M8097】			
【M8098】			

当 M8075 变成 ON 后，依次对 D8080～D8098 指定的元件的 ON/OFF 状态和数据内容进行采样检测，并将其保存至可编程控制器内的特殊存储器中。当取样追踪数据超过 512 次时，依次用新数据覆盖旧的数据。当 M8076 变成 ON 后，进行 D8075 指定的取样次数的采样处理直至该操作完成。采样周期取决于 D8076 的内容，详细情况请参照后文所述的时间图。

采样跟踪（D）

地 址	名 称	适用机型	
		FX1S,FX1N	FX2N,FX2NC
【D8074】	采样剩余次数	—	●
D8075	采样次数的设定（1～512）	—	●
D8076	采样周期[注 1]	—	●

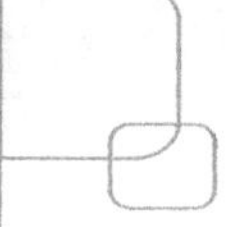

续表

地　址	名　称	适 用 机 型	
		FX_{1S},FX_{1N}	FX_{2N},FX_{2NC}
D8077	触发指定[注 2]	—	●
D8078	触发条件元件地址号设定[注 3]	—	●
【D8079】	采样数据指针	—	●
D8080	位元件地址号 NO.0	—	●
D8081	位元件地址号 NO.1	—	●
D8082	位元件地址号 NO.2	—	●
D8083	位元件地址号 NO.3	—	●
D8084	位元件地址号 NO.4	—	●
D8085	位元件地址号 NO.5	—	●
D8086	位元件地址号 NO.6	—	●
D8087	位元件地址号 NO.7	—	●
D8088	位元件地址号 NO.8	—	●
D8089	位元件地址号 NO.9	—	●
D8090	位元件地址号 NO.10	—	●
D8091	位元件地址号 NO.11	—	●
D8092	位元件地址号 NO.12	—	●
D8093	位元件地址号 NO.13	—	●
D8094	位元件地址号 NO.14	—	●
D8095	位元件地址号 NO.15	—	●
D8096	字元件地址号 NO.0	—	●
D8097	字元件地址号 NO.1	—	●
D8098	字元件地址号 NO.2		

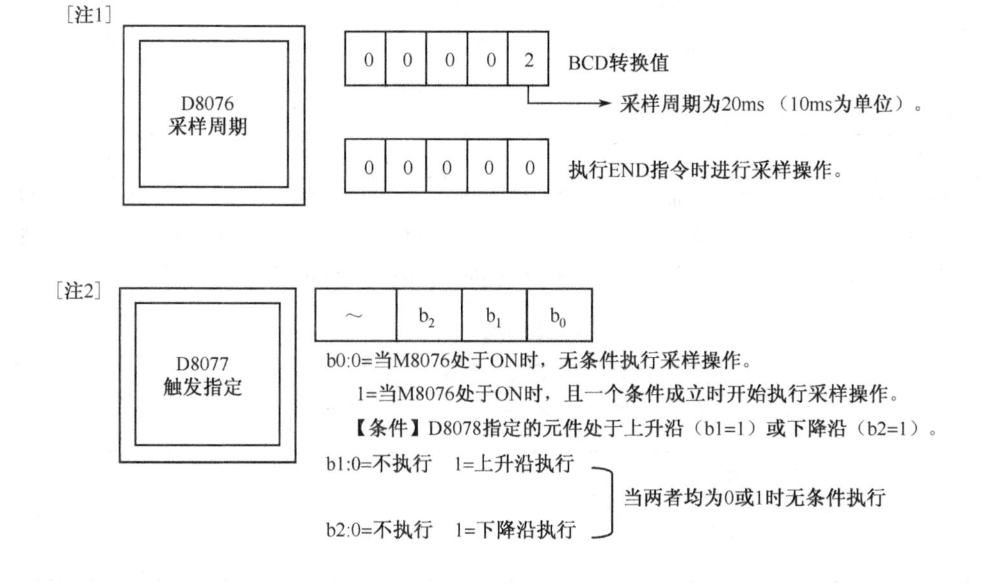

[注3]

通过外围设备指定X, Y, M, S, T, C等的元件地址号。
监控此数据寄存器内容时为特殊地址号。

《时间图例》D8075=10次采样 D8076=20ms周期
D8077=上升沿条件指定 D8078=Y010指定

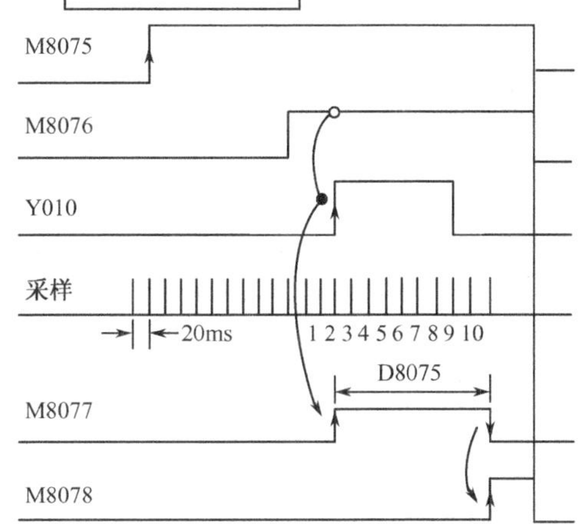

当准备开始指令M8075变成ON后，连续执行取样操作。

当准备完成(执行开始)M8076为ON，且指定条件Y010由OFF→ON转变时，执行中监控M8077位置。

随后执行由D8075指定次数的采样操作直至动作完成，此时M8077复位，执行完成监控M8078置位。

当8075为OFF时M8078复位。

高速环形计数器（M）

地 址	名 称	适用机型	
		FX_{1S},FX_{1N}	FX_{2N},FX_{2NC}
M 8099	高速环形计数器动作 ※10	—	●

※10：当M8099动作后，随着END指令的执行，高速环形计数器D8099动作。下同。

高速环形计数器（D）

地 址	内 容	适用机型	
		FX_{1S},FX_{1N}	FX_{2N},FX_{2NC}
D 8099	0～32797（0.1ms为单位）上升动作环形计数器 ※10	—	●

存储器容量（D）

地 址	内 容	适用机型	
		FX_{1S},FX_{1N}	FX_{2N},FX_{2NC}
【D8102】	2…2K步 4…4K步 8…8K步 16…16K步	●	●

输出刷新（M）

地 址	名 称	适用机型	
		FX_{1S},FX_{1N}	FX_{2N},FX_{2NC}
【M8109】	输出刷新错误	—	●

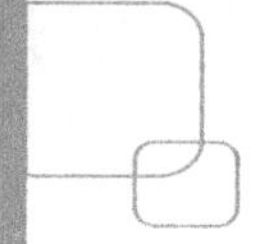

输出刷新（D）

地　址	内　容	适 用 机 型	
		FX1S,FX1N	FX2N,FX2NC
【D8109】	输出刷新错误发生的输出地址号保存 0，10，20，….	—	●

通信●链接用（M）

地　址	名　称	适用机型	
		FX1S,FX1N	FX2N,FX2NC
【M8120】			
【M8121】	RS-232C 发送等待中　※9	●	●
M 8122	RS-232C 发送标志　※9	●	●
M 8123	RS-232C 接收完成标志　※9	●	●
【M8124】	RS-232C 载波接收中	—	●
【M8125】			
【M8126】	全局信号	—	●
【M8127】	请求式握手信号	—	●
M 8128	请求式错误标志	—	●
M 8129	请求式字/字节切换或超时判断	—	●

地　址	名　称	适 用 机 型	
		FX1S,FX1N	FX2N,FX2NC
【M8180】			
【M8181】			
【M8182】			
【M8183】	数据传送可编程控制器出错（主站）	—	●
【M8184】	数据传送可编程控制器出错（1 号站）	—	●
【M8185】	数据传送可编程控制器出错（2 号站）	—	●
【M8186】	数据传送可编程控制器出错（3 号站）	—	●
【M8187】	数据传送可编程控制器出错（4 号站）	—	●
【M8188】	数据传送可编程控制器出错（5 号站）	—	●
【M8189】	数据传送可编程控制器出错（6 号站）	—	●
【M8190】	数据传送可编程控制器出错（7 号站）	—	●
【M8191】	数据传送可编程控制器执行中	—	●
【M8192】			
【M8193】			
【M8194】			
【M8195】			
【M8196】			
【M8197】			
【M8198】			
【M8199】			

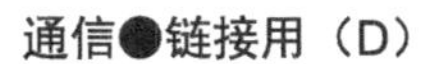

通信●链接用（D）

地　址	内　容	适用机型	
		FX_{1S},FX_{1N}	FX_{2N},FX_{2NC}
D 8120	通信格式　※11	●	●
D 8121	站号设定　※11	●	●
【D8122】	RS-232C 传送数据剩余数　※9	●	●
【D8123】	RS-232C 接收数据数　※9	●	●
D 8124	起始符（8 位）初始值 STX	●	●
D 8125	终止符（8 位）初始值 STX	●	●
【D8126】			
D 8127	请求式用起始地址号指定	●	●
D 8128	请求式数据量指定	●	●
D 8129	超时判断时间　※11	●	●

※11：停电保持。下同。

地　址	内　容	适用机型	
		FX_{1S},FX_{1N}	FX_{2N},FX_{2NC}
【D8170】			
【D8171】			
【D8172】			
【D8173】	该本站站号设定状态	—	●
【D8174】	通信子站设定状态	—	●
【D8175】	刷新范围设定状态	—	●
D 8176	该本站站号设定	—	●
D 8177	通信子站数设定	—	●
D 8178	刷新范围设定	—	●
D 8179	重试次数	—	●
D 8180	监视时间	—	●

地　址	内　容	适用机型	
		FX_{1S},FX_{1N}	FX_{2N},FX_{2NC}
【D8200】			
【D8201】	当前连接扫描时间	●	●
【D8202】	最大连接扫描时间	●	●
【D8203】	数据传送可编程控制器错误计数值（主站）	●	●
【D8204】	数据传送可编程控制器错误计数值（站号 1）	●	●
【D8205】	数据传送可编程控制器错误计数值（站号 2）	●	●
【D8206】	数据传送可编程控制器错误计数值（站号 3）	●	●
【D8207】	数据传送可编程控制器错误计数值（站号 4）	●	●
【D8208】	数据传送可编程控制器错误计数值（站号 5）	●	●

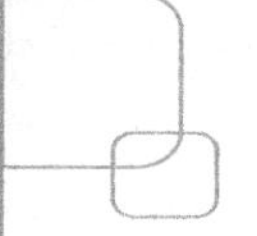

续表

地址	内容	适用机型	
		FX_{1S},FX_{1N}	FX_{2N},FX_{2NC}
【D8209】	数据传送可编程控制器错误计数值（站号 6）	●	●
【D8210】	数据传送可编程控制器错误计数值（站号 7）	●	●
【D8211】	数据传送错误代码（主站）	●	●
【D8212】	数据传送错误代码（站号 1）	●	●
【D8213】	数据传送错误代码（站号 2）	●	●
【D8214】	数据传送错误代码（站号 3）	●	●
【D8215】	数据传送错误代码（站号 4）	●	●
【D8216】	数据传送错误代码（站号 5）	●	●
【D8217】	数据传送错误代码（站号 6）	●	●
【D8218】	数据传送错误代码（站号 7）	●	●
【D8219】			

高速平台●定位（M）

地址	名称	适用机型	
		FX_{1S},FX_{1N}	FX_{2N},FX_{2NC}
M8130	FNC55（HSZ）指令平台比较模式	—	●
【M8131】	同上执行完成标志	—	●
M8132	FNC55（HSZ),FNC57（PLSY）速度模型模式	—	●
【M8133】	同上执行完成标志	—	●
【M8134】			
【M8135】			
【M8136】			
【M8137】			
【M8138】			
【M8139】			
M8140	FNC156（ZRN）CLR 信号输出功能有效	●	—
【M8141】			
【M8142】			
【M8143】			
【M8144】			
【M8145】	Y000 脉冲输出停止指令	●	—
【M8146】	Y001 脉冲输出停止指令	●	—
【M8147】	Y000 脉冲输出中监控（Busy/Ready）	●	—
【M8148】	Y001 脉冲输出中监控（Busy/Ready）	●	—
【M8149】		●	—

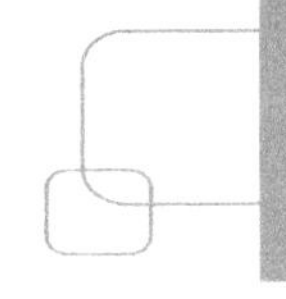

高速平台●定位台（D）

地　址	内　容		适用机型	
			FX_{1S},FX_{1N}	FX_{2N},FX_{2NC}
【D8130】	高速比较平台计数器 HSZ		—	●
【D8131】	速度模型平台计数器 HSZ,PLSY		—	●
【D8132】	速度模型频率	低位	—	●
【D8133】	FNC55（HSZ),FNC57（PLSY）	空		
【D8134】	速度模型目标脉冲数	低位	—	●
【D8135】	FNC55,FNC57（PLSY）	高位		
D 8136	向 Y000,Y001 输出的脉冲合计数的累计值	低位	●	●
D 8137		高位		
【D8138】				
【D8139】				
D 8140	FNC57（PLSY），FNC59（PLSR），向 Y000 输出的脉冲数的累计或使用定位指令时的当前地址	低位	●	●
D 8141		高位		
D 8142	FNC57（PLSY),FNC59（PLSR),向 Y001 输出的脉冲数的累计或使用定位指令时的当前地址	低位	●	●
D 8143		高位		
【D8144】				
D 8145	FNC156（ZRN),FNC158（DRVI),FNC159（DRVA）执行时的偏置速度		●	—
D 8146	FNC156（ZRN),FNC158（DRVI),	低位	●	—
D 8147	FNC159（DRVA）执行时的最高速度	高位		
D 8148	FNC156（ZRN),FNC158（DRVI),FNC159（DRVA）执行的加减速时间		●	—
【D8149】				

扩充功能（M）

地　址	名　称	适用机型	
		FX_{1S},FX_{1N}	FX_{2N},FX_{2NC}
【M8158】			
【M8159】			
M 8160	FNC17（XCH）的 SWAP 功能	—	●
M 8161	8 位处理模式　※12	●	●
M 8162	高速并连连接模式	●	●
【M8163】			
M 8164	FNC79,80（FROM/TO）传输电视可变模式	—	●
【M8165】			
【M8166】			
M 8167	FNC71（HEY）HEX 数据处理功能	—	●
M 8168	FNC13（SMOV）的 HEX 处理功能	—	●
【M8169】			

※12：适用于 FNC76（ASC),FNC80（RS),FNC82（ASCI),FNC83（HEX),FNC84（CCD）指令。下同。

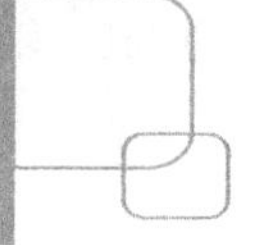

扩充功能（D）

地　址	内　容	适用机型	
		FX_{1S},FX_{1N}	FX_{2N},FX_{2NC}
D 8158	FX_{1N}-5DM 用　控制元件（D）	●	—
D 8158	FX_{1N}-5DM 用　控制元件（M）	●	—
【D8160】			
【D8161】			
【D8162】			
【D8163】			
D 8164	FNC79、80（FROM/TO）传送点数指定	—	●
【D8165】			
【D8166】			
【D8167】			
【D8168】			
【D8169】			

脉冲捕捉（M）

地　址	名　称	适用机型	
		FX_{1S},FX_{1N}	FX_{2N},FX_{2NC}
M 8170	输入 X000 时脉冲捕捉 ※9	●	●
M 8171	输入 X001 时脉冲捕捉 ※9	●	●
M 8172	输入 X002 时脉冲捕捉 ※9	●	●
M 8173	输入 X003 时脉冲捕捉 ※9	●	●
M 8174	输入 X004 时脉冲捕捉 ※9	●	●
M 8175	输入 X005 时脉冲捕捉 ※9	●	●
【M8176】			
【M8177】			—
【M8178】			—
【M8179】			—

变址寄存器当前值（D）

地　址	名　称	适用机型	
		FX_{1S},FX_{1N}	FX_{2N},FX_{2NC}
【D8028】	Z0（Z）寄存器的内容	●	●
【D8029】	V0（V）寄存器的内容	●	●
【D8082】	Z1 寄存器的内容	●	●
【D8083】	V1 寄存器的内容	●	●
【D8084】	Z2 寄存器的内容	●	●
【D8085】	V2 寄存器的内容	●	●

续表

地　址	名　称	适用机型	
		FX_{1S},FX_{1N}	FX_{2N},FX_{2NC}
【D8086】	Z3 寄存器的内容	●	●
【D8087】	V3 寄存器的内容	●	●
【D8088】	Z4 寄存器的内容	●	●
【D8089】	V4 寄存器的内容	●	●
【D8090】	Z5 寄存器的内容	●	●
【D8091】	V5 寄存器的内容	●	●
【D8092】	Z6 寄存器的内容	●	●
【D8093】	V6 寄存器的内容	●	●
【D8094】	Z7 寄存器的内容	●	●
【D8095】	V7 寄存器的内容	●	●
【D8096】			
【D8097】			
【D8098】			
【D8099】			

内部增/减计数器计数方向（M）

地　址	对象计数器地址号	名　称	适用机型	
			FX_{1S},FX_{1N}	FX_{2N},FX_{2NC}
M　8200	C200	当 M8□□□动作后对应的 C□□□变成减型计数模式，不驱动 M8□□□时，计数器以增型计数方式进行计数	●	●
M　8201	C201		●	●
M　8202	C202		●	●
M　8203	C203		●	●
M　8204	C204		●	●
M　8205	C205		●	●
M　8206	C206		●	●
M　8207	C207		●	●
M　8208	C208		●	●
M　8209	C209		●	●
M　8210	C210		●	●
M　8211	C211		●	●
M　8212	C212		●	●
M 8213	C213	当 M8□□□动作后对应的 C□□□变成减型计数模式，不驱动 M8□□□时，计数器以增型计数方式进行计数	●	●
M 8214	C214		●	●
M 8215	C215		●	●
M 8216	C216		●	●
M 8217	C217		●	●
M 8218	C218		●	●
M 8219	C219		●	●

续表

地 址	对象计数器地址号	名 称	适用机型	
			FX_{1S},FX_{1N}	FX_{2N},FX_{2NC}
M 8220	C220	当 M8□□□动作后对应的 C□□□变成减型计数模式，不驱动 M8□□□时，计数器以增型计数方式进行计数	●	●
M 8221	C221		●	●
M 8222	C222		●	●
M 8223	C223		●	●
M 8224	C224		●	●
M 8225	C225		●	●
M 8226	C226		●	●
M 8227	C227		●	●
M 8228	C228		●	●
M 8229	C229		●	●
M 8230	C230		●	●
M 8231	C231		●	●
M 8232	C232		●	●
M 8233	C233		●	●
M 8234	C234		●	●

高速计数器计数方向及监控（M）

地 址	地 址	对象计数器地址号	名 称	适用机型	
				FX_{1S},FX_{1N}	FX_{2N},FX_{2NC}
单相单输入	M 8235	C235	当 M8□□□动作后对应的 C□□□变成减型计数模式，不驱动 M8□□□时，计数器以增型计数方式进行计数	●	●
	M 8236	C236		●	●
	M 8237	C237		●	●
	M 8238	C238		●	●
	M 8239	C239		●	●
	M 8240	C240		●	●
	M 8241	C241		●	●
	M 8242	C242		●	●
	M 8243	C243		●	●
	M 8244	C244		●	●

高速计数器计数方向及监控 （M）

地 址	地 址	对象计数器地址号	名 称	适用机型	
				FX_{1S},FX_{1N}	FX_{2N},FX_{2NC}
	M 8245	C245		●	●
两相单输入	【M8246】	C246	当两相单输入计数器和两相双输入计数器的 C□□□处于减型计数模式时，其对应 M8□□□变成 ON，增型计数模式时为 OFF	●	●
	【M8247】	C247		●	●
	【M8248】	C248		●	●
	【M8249】	C249		●	●
	【M8250】	C250		●	●

续表

地　址	地　址	对象计数器地址号	名　称	适用机型	
				FX_{1S},FX_{1N}	FX_{2N},FX_{2NC}
两相双输入	【M8251】	C251		●	●
	【M8252】	C252		●	●
	【M8253】	C253		●	●
	【M8254】	C254		●	●
	【M8255】	C255		●	●

未定义，使用禁止（M),（D)

未定义及未作记录的特殊辅助继电器和特殊数据寄存器，属于制造厂商专用用于系统处理的元件，因此，请勿在顺控程序中使用。

附录 B 错误代码一览表

当可编程控制器的程序发生错误时，保存特殊数据寄存器 D8060～D8067 中的错误代码和处理方法如下所述。

区　　分	错误代码	错误内容	处理方法
I/O 构成错误 M8060（D8060）运行继续	1020	未实际安装的 I/O 起始元件地址号为“I020” 1=输入 X（0=输出 Y） 020=元件地址号	对未被实际安装的输入继电器，输出继电器地址号进行编程。可编程控制器将继续运行，但如果的确是程序错误，对其进行修正
PC 硬件错误 M8061（D8061）运行停止	0	无异常	检查增设电缆的连接是否正确
	6101	RAM 出错	
	6102	运算回来错误	
	6103	I/O 总线错误（驱动 M8069 时）	
	6104	增设单元 24V 电压失电（M8069ON 时）	
	6105	监视定时器出错	
PC/PP 通信出错 M8062（D8062）运行继续	0000	无异常	检查编程面板（PP）或编程用接口所连接的设备和可编程控制器之间的连接是否正确
	6201	奇偶校验错误、溢出错误、帧错误	
	6202	通信字符不良	
	6203	通信数据和数不一致	
	6204	数据格式不良	
	6205	指令不良	
并连连接通信出错 M8063（D8063）运行继续	0	无异常	检查双方可编程控制器的电源是否处于 ON，或适配器和可编程控制器之间的连接和链接适配器之间的连接是否正确
	6301	奇偶校验错误、溢出错误、帧错误	
	6302	通信字符不良	
	6303	通信数据和数不一致	
	6304	数据格式不良	
	6305	指令不良	
	6306	监视定时器超时	
	6307～6311	无	
	6312	并连连接字符错误	
	6313	并连连接和数错误	
	6314	并联连接格式错误	
参数出错 M8064（D8064）运行停止	0000	无异常	停止可编程控制器的运行，利用参数模式设定正确值
	6401	程序和数不一致	
	6402	存储器容量设定不良	
	6403	保存区域设定不良	
	6404	指令区域设定不良	
	6405	文件寄存器区域设定不良	
	6409	其他设定不良	

区　分	错误代码	错误内容	处理方法
语法错误 M8065（D8065）运行停止	0000	无异常	检查编写程序时的各个指令的使用是否正确，发送错误时在程序模式中修正指令
	6501	指令、元件符号、元件地址号的组合不良	
	6502	设定值没有 OUT T,OUT C	
	6503	OUT T,OUT C 后没有设定值； 应用指令的操作数不足	
	6504	标号重复； 中断输入和高速计数器输入重复	
	6505	元件地址号范围溢出	
	6506	使用未定义指令	
	6507	标号（P）定义不良	
	6508	中断输入（I）定义不良	
	6509	其他	
	6510	MC 嵌套序号大小关系错误	
	6511	中断输入和高速计数器输入重复	
回路故障 M8066（D8066）运行停止	0000	无异常	作为回路块整体的指令组合不正确或配对指令的关系不正确时会引起本故障，在程序模式中修正指令，使其相互关系恢复正确
	6601	LD,LDI 的连续使用次数在 9 次以上	
	6602	LD,LDI 指令，无线圈；LD,LDI 和 ANB,ORB 的关系不正确； STL,RET,MCR,P（指针）,I（中断）,EI,DI,SRET,IRET,FOR,NEXT,FEND,END 未与母线连接；遗忘 MPP	
	6603	MPS 的连续使用次数在 12 次以上	
	6604	MPS 和 MRD,MPP 的关系错误	
	6605	STL 的连续使用次数在 9 次以上； 在 STL 中有 MC,MCR,I（中断）,SRET； 在 STL 外有 RET，无 RET	
	6606	P（指针）,I（中断）； 无 SRET,IRET； 在主程序中有 I（中断）,SRET,IRET； 在子程序和中断程序中有 STL,RET,MC,MCR	
	6607	FOR 和 NEXT 的关系不正确（嵌套在 6 重以上），在 FOR～NEXT 之间有 STL,RET,MC,MCR,IRET,SRET,FEND,END	
	6608	MC 和 MCR 之间的关系不正确； 无 MCR NO； MC～MCR 之间有 SRET,IRET,I（中断）	
	6609	其他	
	6610	LD,LDI 的连续使用次数在 9 次以上	
回路故障 M8066（D8066)运行停止	6611	相对于 LD,LDI 指令，ANB,ORB 指令的数量过多	
	6612	相对于 LD,LDI 指令，ANB,ORB 指令的数量少	
	6613	MPS 连续使用次数在 12 次以上	
	6614	遗忘 MPS	

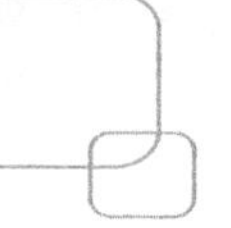

续表

区　分	错误代码	错误内容	处理方法
回路故障 M8066（D8066）运行停止	6615	遗忘 MPP	作为回路块整体的指令组合不正确或配对指令的关系不正确时会引起本故障。请在程序模式中修正指令，使其相互关系恢复正确
	6616	MPS-MRD,MPP 之间的线圈遗漏或关系不良	
	6617	应该由母线开始的指令 STL,RET,MCR,P,I,DI,EI,FOR,NEXT,SRET,IRET,FEND,END 未能与母线连接	
	6618	只能在主程序内使用的指令出现在主程序外的其他程序中（中断，子程序）STL,MC,MCR	
	6619	在 FOR-NEXT 之间有无法使用的指令 STL,RET,MC,MCR,I,IRET	
	6620	FOR-NEXT 嵌套超出	
	6621	FOR-NEXT 数量关系不良	
	6622	无 NEXT 指令	
	6623	无 MC 指令	
	6624	无 MCR 指令	
	6625	STL 的连续使用次数在 9 次以上	
	6626	在 STL-RET 之间有无法使用的指令 MC,MCR,I,SRET,IRET	
	6627	无 RET 指令	
	6628	在主程序中无法使用的指令出现在主程序中 I,SRET,IRET	
	6629	无 P,I	
	6630	无 SRET,IRET 指令	
	6631	SRET 处于无法使用的位置	
	6632	FEND 处于无法使用的位置	
运算错误 M8067（D8067）运行继续	0000	无异常	在运算中错误发生时，请修改程序或检查应用指令的操作数的内容。即使没有发生语法或回路错误，仍然有下述原因导致运算错误。（例）T200Z 本身没有错误，但是作为运算结果 Z=100 时，其变为 T300，则产生元件地址号超出错误
	6701	CJ,CALL 没有对象 在 END 指令后有标号 在 FOR～NEXT 之间和常规程序之间有单独的标号存在	
	6702	CALL 的嵌套程序在 6 次以上	
	6703	中断的嵌套程度在 3 次以上	
	6704	FOR～NEXT 的嵌套程度在 6 次以上	
	6705	应用指令的操作数在对象元件之外	
	6706	应用指令的操作数的元件地址号范围和数值超出	
	6707	向未作文件寄存器的参数设定的寄存器进行了存取操作	
	6708	FROM/TO 指令错误	
	6709	其他（遗忘 IRET,SRET,FOR～NEXT 的关系不正确等）	
	6730	采样时间（Ts）在对象范围以外（Ts<0）	PID 运算停止
	6732	输入滤波常数（a）在对象范围以外（a<0 或 100=α）	
	6733	比例增益（Kp）在对象范围以外（Kp<0）	

续表

区　分	错误代码	错误内容	处理方法	
运算错误 M8067（D8067）运行继续	6734	积分时间（TI）在对象范围以外（TI<0）	PID 运算停止	在控制一参数的设定值和 PID 运算中发生数据错误。检查参数的内容
	6735	微分增益（KD）在对象范围以外（KD<0 或 201=KD）		
	6736	微分时间（TD）在对象范围以外（TD<0）		
	6740	采样时间（Ts）≤运算周期	将运算数据作为最大值继续运算	
	6742	测定值变化量溢出（△PV<–32 768 或 32 767<△PV）		
	6743	偏差值溢出（EV<–32 768 或 32 767<EV）		
	6744	积分计算值溢出（在–32 768～32 767 范围以外）		
	6745	微分增益（KP）溢出导致微分值溢出		
	6746	微分计算值溢出（在–32 768～32 767 范围以外）		
	6747	PID 运算结果溢出（在–32 768～32 767 范围以外）		
	6750	自动调谐结果不良	自动调谐结束	自动调谐开始时的测定值和目标值的差值在 150 一下或者自动调谐开始时的测定值和目标值的差值在 1/3 以上而结束。在确认测定值和目标值后，再次执行自动调谐操作
	6751	自动调谐动作方向不一致	自动调谐继续	由自动调谐开始时的测定值判断出的动作方向与自动调谐用输出的实际动作方向不一致。修正目标值、自动调谐输出值、测定值的关系后，再次执行自动调谐操作
	6752	自动调谐动作不良	自动调谐继续	因自动调谐中的设定值上下变化，导致自动调谐无法正常动作。将采样时间设置得比输出变化周期更长，或者设置更大的输入滤波常数。在更改设定后，再次执行自动调谐操作

附录C 功能指令一览表（按功能号顺序）

序	功能号	助记符	名称	适用机型		参看章节
				FX_{1S},FX_{1N}	FX_{2N},FX_{2NC}	
1	FNC 00	CJ	条件转移指令	●	●	6.2.1
2	FNC 01	CALL	子程序调用指令	●	●	6.3.1
3	FNC 02	SRET	子程序返回指令	●	●	6.3.1
4	FNC 03	IRET	中断返回指令	●	●	6.4.1
5	FNC 04	EI	开中断指令	●	●	6.4.1
6	FNC 05	DI	关中断指令	●	●	6.4.1
7	FNC 06	FEND	主程序结束指令	●	●	6.1.2
8	FNC 07	WDT	监视定时器刷新指令	●	●	12.3.3
9	FNC 08	FOR	循环开始指令	●	●	6.5.1
10	FNC 09	NEXT	循环结束指令	●	●	6.5.1
11	FNC 10	CMP	比较指令	●	●	7.2.1
12	FNC 11	ZCP	区间比较指令	●	●	7.2.2
13	FNC 12	MOV	传送指令	●	●	7.1.1
14	FNC 13	SMOV	移位传送指令	—	●	7.1.2
15	FNC 14	CML	取反传送指令	—	●	7.1.3
16	FNC 15	BMOV	成批传送指令	●	●	7.1.4
17	FNC 16	FMOV	多点传送指令	—	●	7.1.5
18	FNC 17	XCH	交换指令	—	●	7.4.1
19	FNC 18	BCD	BIN→BCD 转换指令	●	●	10.2.1
20	FNC 19	BIN	BCD→BIN 转换指令	●	●	10.2.1
21	FNC 20	ADD	BIN 加法运算指令	●	●	9.2.1
22	FNC 21	SUB	BIN 减法运算指令	●	●	9.2.1
23	FNC 22	MUL	BIN 乘法运算指令	●	●	9.2.1
24	FNC 23	DIV	BIN 除法运算指令	●	●	9.2.1
25	FNC 24	INC	加 1 指令	●	●	9.2.2
26	FNC 25	DEC	减 1 指令	●	●	9.2.2
27	FNC 26	WAND	逻辑字与指令	●	●	9.4.1
28	FNC 27	WOR	逻辑字或指令	●	●	9.4.2
29	FNC 28	WXOR	逻辑字异或指令	●	●	9.4.3
30	FNC 29	NEG	求补码指令	—	●	9.4.4
31	FNC 30	ROR	循环右移指令	—	●	8.1.1
32	FNC 31	ROL	循环左移指令	—	●	8.1.2
33	FNC 32	RCR	带进位循环右移指令	—	●	8.1.3
34	FNC 33	RCL	带进位循环左移指令	—	●	8.1.4

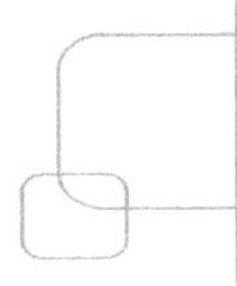

续表

序	功 能 号	助 记 符	名 称	适 用 机 型		参看章节
				FX_{1S},FX_{1N}	FX_{2N},FX_{2NC}	
35	FNC 34	SFTR	位右移指令	●	●	8.2.1
36	FNC 35	SFTL	位左移指令	●	●	8.2.2
37	FNC 36	WSFR	字右移指令	—	●	8.2.3
38	FNC 37	WSFL	字左移指令	—	●	8.2.4
39	FNC 38	SFWR	移位写入指令	●	●	8.3.1
40	FNC 39	SFRD	移位读出指令	●	●	8.3.2
41	FNC 40	ZRST	区间复位指令	●	●	10.6.6
42	FNC 41	DECO	译码指令	●	●	10.3.2
43	FNC 42	ENCO	编码指令	●	●	10.3.3
44	FNC 43	SUM	位“1”总和指令	—	●	10.4.1
45	FNC 44	BON	位“1”判别指令	—	●	10.4.2
46	FNC 45	MEAN	求平均值指令	—	●	10.6.5
47	FNC 46	ANS	信号报警设置指令	—	●	10.5.2
48	FNC 47	ANR	信号报警复位指令	—	●	10.5.3
49	FNC 48	SQR	BIN 开方指令	—	●	9.2.3
50	FNC 49	FLT	整数→二进制浮点数转换指令	—	●	9.3.1
51	FNC 50	REF	输入输出刷新指令	●	●	12.3.1
52	FNC 51	REFF	输入滤波时间调整指令	—	●	12.3.2
53	FNC 52	MTR	数据采集指令	●	●	10.6.2
54	FNC 53	HSCS	高速比较置位指令	●	●	12.2.1
55	FNC 54	HSCR	高速比较复位指令	●	●	12.2.2
56	FNC 55	HSZ	高速区间比较指令	—	●	12.2.3
57	FNC 56	SPD	脉冲密度指令	●	●	12.2.6
58	FNC 57	PLSY	脉冲输出指令	●	●	13.2.2
59	FNC 58	PWM	脉宽调制指令	●	●	13.2.5
60	FNC 59	PLSR	带加减速的脉冲输出指令	●	●	13.2.3
61	FNC 60	IST	状态初始化指令	●	●	15.1.2
62	FNC 61	SER	数据检索指令	—	●	10.6.3
63	FNC 62	ABSD	绝对方式凸轮控制指令	●	●	15.2.2
64	FNC 63	INCD	增量方式凸轮控制指令	●	●	15.2.3
65	FNC 64	TTMR	示教定时器指令	—	●	15.4.1
66	FNC 65	STMR	特殊定时器指令	—	●	15.4.2
67	FNC 66	ALT	交替输出指令	●	●	15.5.1
68	FNC 67	RAMP	斜坡信号指令	●	●	15.5.2
69	FNC 68	ROTC	旋转工作台控制指令	—	●	15.3.2
70	FNC 69	SORT	数据排序指令	—	●	10.6.4
71	FNC 70	TKY	十键输入指令	—	●	11.2.1
72	FNC 71	HKY	十六键输入指令	—	●	11.2.2
73	FNC 72	DSW	数字开关指令	●	●	11.2.3

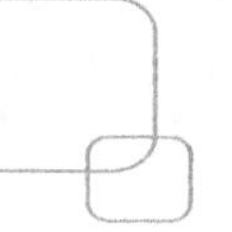

续表

序	功能号	助记符	名称	适用机型		参看章节
				FX_{1S},FX_{1N}	FX_{2N},FX_{2NC}	
74	FNC 73	SEGD	7 段码显示指令	—	●	11.2.4
75	FNC 74	SEGL	7 段码锁存显示指令	●	●	11.2.5
76	FNC 75	ARWS	方向开关指令	—	●	11.2.6
77	FNC 76	ASC	ASCII 码输入指令	—	●	11.2.7
78	FNC 77	PR	ASCII 码输出指令	—	●	11.2.8
79	FNC 78	FROM	特殊功能模块读指令	●（FX_{1N}）	●	11.4.2
80	FNC 79	TO	特殊功能模块写指令	●（FX_{1N}）	●	11.4.3
81	FNC 80	RS	串行数据传送指令	●	●	11.5.2
82	FNC 81	PRUN	并行数据位传送指令	●	●	11.5.7
83	FNC 82	ASCI	HEX→ASCII 变换指令	●	●	11.5.3
84	FNC 83	HEX	ASCII→HEX 变换指令	●	●	11.5.4
85	FNC 84	CCD	校验码指令	●	●	11.5.5
86	FNC 85	VRRD	模拟电位器数据读指令	●	●	11.3.2
87	FNC 86	VRSC	模拟电位器开关设定指令	●	●	11.3.3
88	FNC 88	PID	PID 控制指令	●	●	11.6.2
89	FNC 110	ECMP	浮点数比较指令	●	●	7.2.3
90	FNC 111	EZCP	浮点数区间比较指令	●	●	7.2.3
91	FNC 118	EBCD	十进制浮点数→二进制浮点数指令	—	●	9.3.1
92	FNC 119	EBIN	二进制浮点数→十进制浮点数指令	—	●	9.3.1
93	FNC 120	EADD	浮点数加法指令	—	●	9.3.2
94	FNC 121	ESUB	浮点数减法指令	—	●	9.3.2
95	FNC 122	EMUL	浮点数乘法指令	—	●	9.3.2
96	FNC 123	EDIV	浮点数除法指令	—	●	9.3.2
97	FNC 127	ESQR	浮点数开平方指令	—	●	9.3.3
98	FNC 129	INT	二进制浮点数→整数转换指令	—	●	9.3.1
99	FNC 130	SIN	浮点数正弦指令	—	●	9.3.4
100	FNC 131	COS	浮点数余弦指令	—	●	9.3.4
101	FNC 132	TAN	浮点数正切指令	—	●	9.3.4
102	FNC 147	SWAP	上下字节交换指令	—	●	7.4.2
103	FNC 155	ABS	绝对位置数据读出指令	●	●	13.3.4
104	FNC 156	ZRN	原点回归指令	●	●	13.3.1
105	FNC 157	PLSV	可变度脉冲输出指令	●	●	13.2.4
106	FNC 158	DRVI	相对位置控制指令	●	●	13.3.2
107	FNC 159	DRVA	绝对位置控制指令	●	●	13.3.3
108	FNC 160	TCMP	时钟数据比较指令	●	●	16.1.2
109	FNC 161	TZCP	时钟数据区间比较指令	●	●	16.1.3
110	FNC 162	TADD	时钟数据加法指令	●	●	16.1.4
111	FNC 163	TSUB	时钟数据减法指令	●	●	16.1.5
112	FNC 166	TRD	时钟数据读出指令	●	●	16.2.1

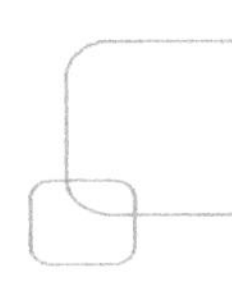

续表

序	功能号	助记符	名称	适用机型		参看章节
				FX_{1S},FX_{1N}	FX_{2N},FX_{2NC}	
113	FNC 167	TWR	时钟数据写入指令	●	●	16.2.2
114	FNC 169	HOUR	计时器指令	●	●	16.1.6
115	FNC 170	GRY	BIN→GRY 指令	—	●	10.2.2
116	FNC 171	GBIN	GRY→BIN 指令	—	●	10.2.2
117	FNC 176	RD3A	模拟块读指令	●（FX_{1N}）	—	—
118	FNC 177	WR3A	模拟块写指令	●（FX_{1N}）	—	—
119	FNC 180	EXTR K10	变频器运行监示	—	●	14.2.2
120	FNC 180	EXTR K11	变频器运行控制	—	●	14.2.3
121	FNC 180	EXTR K12	变频器参数读出	—	●	14.2.4
122	FNC 180	EXTR K13	变频器参数写入	—	●	14.2.5
123	FNC 224	LD=	起始触点比较指令	●	●	7.3.1
124	FNC 225	LD>	起始触点比较指令	●	●	7.3.1
125	FNC 226	LD<	起始触点比较指令	●	●	7.3.1
126	FNC 228	LD<>	起始触点比较指令	●	●	7.3.1
127	FNC 229	LD<=	起始触点比较指令	●	●	7.3.1
128	FNC 230	LD>=	起始触点比较指令	●	●	7.3.1
129	FNC 232	AND=	串接触点比较指令	●	●	7.3.2
130	FNC 233	AND>	串接触点比较指令	●	●	7.3.2
131	FNC 234	AND<	串接触点比较指令	●	●	7.3.2
132	FNC 236	AND>	串接触点比较指令	●	●	7.3.2
133	FNC 237	AND<=	串接触点比较指令	●	●	7.3.2
134	FNC 238	AND>=	串接触点比较指令	●	●	7.3.2
135	FNC 240	OR=	并接触点比较指令	●	●	7.3.3
136	FNC 241	OR>	并接触点比较指令	●	●	7.3.3
137	FNC 242	OR<	并接触点比较指令	●	●	7.3.3
138	FNC 244	OR<>	并接触点比较指令	●	●	7.3.3
139	FNC 245	OR<=	并接触点比较指令	●	●	7.3.3
140	FNC 246	OR>=	并接触点比较指令	●	●	7.3.3

附录D 功能指令一览表（按功能分类）

序	功能号	助记符	名称	适用机型		参看章节
				FX_{1S},FX_{1N}	FX_{2N},FX_{2NC}	
程序流程	FNC 00	CJ	条件转移指令	●	●	6.2.1
	FNC 01	CALL	子程序调用指令	●	●	6.3.1
	FNC 02	SRET	子程序返回指令	●	●	6.3.1
	FNC 03	IRET	中断返回指令	●	●	6.4.1
	FNC 04	EI	开中断指令	●	●	6.4.1
	FNC 05	DI	关中断指令	●	●	6.4.1
	FNC 06	FEND	主程序结束指令	●	●	6.1.2
	FNC 08	FOR	循环开始指令	●	●	6.5.1
	FNC 09	NEXT	循环结束指令	●	●	6.5.1
传送与比较	FNC 10	CMP	比较指令	●	●	7.2.1
	FNC 11	ZCP	区间比较指令	●	●	7.2.2
	FNC 12	MOV	传送指令	●	●	7.1.1
	FNC 13	SMOV	移位传送指令	—	●	7.1.2
	FNC 14	CML	取反传送指令	—	●	7.1.3
	FNC 15	BMOV	成批传送指令	●	●	7.1.4
	FNC 16	FMOV	多点传送指令	—	●	7.1.5
	FNC 110	ECMP	浮点数比较指令	●	●	7.2.3
	FNC 111	EZCP	浮点数区间比较指令	●	●	7.2.3
	FNC 224	LD=	起始触点比较指令	●	●	7.3.1
	FNC 225	LD>	起始触点比较指令	●	●	7.3.1
	FNC 226	LD<	起始触点比较指令	●	●	7.3.1
	FNC 228	LD<>	起始触点比较指令	●	●	7.3.1
	FNC 229	LD<=	起始触点比较指令	●	●	7.3.1
	FNC 230	LD>=	起始触点比较指令	●	●	7.3.1
	FNC 232	AND=	串接触点比较指令	●	●	7.3.2
	FNC 233	AND>	串接触点比较指令	●	●	7.3.2
	FNC 234	AND<	串接触点比较指令	●	●	7.3.2
	FNC 236	AND>	串接触点比较指令	●	●	7.3.2
	FNC 237	AND<=	串接触点比较指令	●	●	7.3.2
	FNC 238	AND>=	串接触点比较指令	●	●	7.3.2
	FNC 240	OR=	并接触点比较指令	●	●	7.3.3
	FNC 241	OR>	并接触点比较指令	●	●	7.3.3
	FNC 242	OR<	并接触点比较指令	●	●	7.3.3
	FNC 244	OR<>	并接触点比较指令	●	●	7.3.3

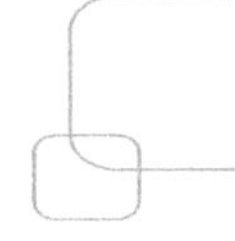

续表

序	功 能 号	助 记 符	名 称	适 用 机 型		参看章节
				FX_{1S},FX_{1N}	FX_{2N},FX_{2NC}	
传送与比较	FNC 245	OR<=	并接触点比较指令	●	●	7.3.3
	FNC 246	OR>=	并接触点比较指令	●	●	7.3.3
	FNC 17	XCH	交换指令	—	●	7.4.1
	FNC 147	SWAP	上下字节交换指令	—	●	7.4.2
移位	FNC 30	ROR	循环右移指令	—	●	8.1.1
	FNC 31	ROL	循环左移指令	—	●	8.1.2
	FNC 32	RCR	带进位循环右移指令	—	●	8.1.3
	FNC 33	RCL	带进位循环左移指令	—	●	8.1.4
	FNC 34	SFTR	位右移指令	●	●	8.2.1
	FNC 35	SFTL	位左移指令	●	●	8.2.2
	FNC 36	WSFR	字右移指令	—	●	8.2.3
	FNC 37	WSFL	字左移指令	—	●	8.2.4
	FNC 38	SFWR	移位写入指令	●	●	8.3.1
	FNC 39	SFRD	移位读出指令	●	●	8.3.2
数值运算	FNC 20	ADD	BIN 加法运算指令	●	●	9.2.1
	FNC 21	SUB	BIN 减法运算指令	●	●	9.2.1
	FNC 22	MUL	BIN 乘法运算指令	●	●	9.2.1
	FNC 23	DIV	BIN 除法运算指令	●	●	9.2.1
	FNC 24	INC	加 1 指令	●	●	9.2.2
	FNC 25	DEC	减 1 指令	●	●	9.2.2
	FNC 48	SQR	BIN 开方指令	—	●	9.2.3
	FNC 49	FLT	整数→二进制浮点数转换指令	—	●	9.3.1
	FNC 129	INT	二进制浮点数→整数转换指令	—	●	9.3.1
	FNC 118	EBCD	十进制浮点数→二进制浮点数指令	—	●	9.3.1
	FNC 119	EBIN	二进制浮点数→十进制浮点数指令	—	●	9.3.1
	FNC 120	EADD	浮点数加法指令	—	●	9.3.2
	FNC 121	ESUB	浮点数减法指令	—	●	9.3.2
	FNC 122	EMUL	浮点数乘法指令	—	●	9.3.2
	FNC 123	EDIV	浮点数除法指令	—	●	9.3.2
	FNC 127	ESQR	浮点数开平方指令	—	●	9.3.3
	FNC 129	INT	二进制浮点数→整数转换指令	—	●	9.3.1
	FNC 130	SIN	浮点数正弦指令	—	●	9.3.4
	FNC 131	COS	浮点数余弦指令	—	●	9.3.4
	FNC 132	TAN	浮点数正切指令	—	●	9.3.4
	FNC 26	WAND	逻辑字与指令	●	●	9.4.1
	FNC 27	WOR	逻辑字或指令	●	●	9.4.2
	FNC 28	WXOR	逻辑字异或指令	●	●	9.4.3
	FNC 29	NEG	求补码指令	—	●	9.4.4

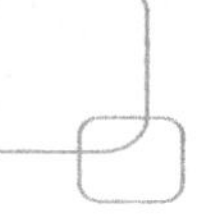

续表

序	功 能 号	助 记 符	名 称	适 用 机 型		参看章节
				FX_{1S},FX_{1N}	FX_{2N},FX_{2NC}	
数据处理	FNC 18	BCD	BIN→BCD 转换指令	●	●	10.2.1
	FNC 19	BIN	BCD→BIN 转换指令	●	●	10.2.1
	FNC 170	GRY	BIN→GRY 指令	—	●	10.2.2
	FNC 171	GBIN	GRY→BIN 指令	—	●	10.2.2
	FNC 41	DECO	译码指令	●	●	10.3.2
	FNC 42	ENCO	编码指令	●	●	10.3.3
	FNC 43	SUM	位“1”总和指令	—	●	10.4.1
	FNC 44	BON	位“1”判别指令	—	●	10.4.2
	FNC 46	ANS	信号报警设置指令	—	●	10.5.2
	FNC 47	ANR	信号报警复位指令	—	●	10.5.3
	FNC 52	MTR	数据采集指令	●	●	10.6.2
	FNC 61	SER	数据检索指令	—	●	10.6.3
	FNC 69	SORT	数据排序指令	—	●	10.6.4
	FNC 45	MEAN	求平均值指令	—	●	10.6.5
	FNC 40	ZRST	区间复位指令	●	●	10.6.6
外部设备	FNC 70	TKY	十键输入指令	—	●	11.2.1
	FNC 71	HKY	十六键输入指令	—	●	11.2.2
	FNC 72	DSW	数字开关指令	●	●	11.2.3
	FNC 73	SEGD	7 段码显示指令	—	●	11.2.4
	FNC 74	SEGL	7 段码锁存显示指令	●	●	11.2.5
	FNC 75	ARWS	方向开关指令	—	●	11.2.6
	FNC 76	ASC	ASCII 码输入指令	—	●	11.2.7
	FNC 77	PR	ASCII 码输出指令	—	●	11.2.8
	FNC 85	VRRD	模拟电位器数据读指令	●	●	11.3.2
	FNC 86	VRSC	模拟电位器开关设定指令	●	●	11.3.3
	FNC 78	FROM	特殊功能模块读指令	●（FX_{1N}）	●	11.4.2
	FNC 79	TO	特殊功能模块写指令	●（FX_{1N}）	●	11.4.3
	FNC 80	RS	串行数据传送指令	●	●	11.5.2
	FNC 82	ASCI	HEX→ASCII 变换指令	●	●	11.5.3
	FNC 83	HEX	ASCII→HEX 变换指令	●	●	11.5.4
	FNC 84	CCD	校验码指令	●	●	11.5.5
	FNC 81	PRUN	并行数据位传送指令	●	●	11.5.7
	FNC 88	PID	PID 控制指令	●	●	11.6.2
高速处理和PLC控制	FNC 53	HSCS	高速比较置位指令	●	●	12.2.1
	FNC 54	HSCR	高速比较复位指令	●	●	12.2.2
	FNC 55	HSZ	高速区间比较指令	—	●	12.2.3
	FNC 56	SPD	脉冲密度指令	●	●	12.2.6
	FNC 50	REF	输入输出刷新指令	●	●	12.3.1
	FNC 51	REFF	输入滤波时间调整指令	—	●	12.3.2
	FNC 07	WDT	监视定时器刷新指令	●	●	12.3.3

续表

序	功能号	助记符	名称	适用机型		参看章节
				FX_{1S},FX_{1N}	FX_{2N},FX_{2NC}	
脉冲输出和定位	FNC 57	PLSY	脉冲输出指令	●	●	13.2.2
	FNC 59	PLSR	带加减速的脉冲输出指令	●	●	13.2.3
	FNC 58	PWM	脉宽调制指令	●	●	13.2.5
	FNC 156	ZRN	原点回归指令	●	—	13.3.1
	FNC 158	DRVI	相对位置控制指令	●	—	13.3.2
	FNC 159	DRVA	绝对位置控制指令	●	—	13.3.3
	FNC 157	PLSV	可变度脉冲输出指令	●	—	13.2.4
	FNC 155	ABS	绝对位置数据读出指令	●	—	13.3.4
变频器通信	FNC 180	EXTR K10	变频器运行监示	—	●	14.2.2
	FNC 180	EXTR K11	变频器运行控制	—	●	14.2.3
	FNC 180	EXTR K12	变频器参数读出	—	●	14.2.4
	FNC 180	EXTR K13	变频器参数写入	—	●	14.2.5
方便指.令	FNC 60	IST	状态初始化指令	●	●	15.1.2
	FNC 62	ABSD	绝对方式凸轮控制指令	●	●	15.2.2
	FNC 63	INCD	增量方式凸轮控制指令	●	●	15.2.3
	FNC 68	ROTC	旋转工作台控制指令	—	●	15.3.2
	FNC 64	TTMR	示教定时器指令	—	●	15.4.1
	FNC 65	STMR	特殊定时器指令	—	●	15.4.2
	FNC 66	ALT	交替输出指令	●	●	15.5.1
	FNC 67	RAMP	斜坡信号指令	●	●	15.5.2
时钟处理	FNC 160	TCMP	时钟数据比较指令	●	●	16.1.2
	FNC 161	TZCP	时钟数据区间比较指令	●	●	16.1.3
	FNC 162	TADD	时钟数据加法指令	●	●	16.1.4
	FNC 163	TSUB	时钟数据减法指令	●	●	16.1.5
	FNC 169	HOUR	计时器指令	●	●	16.1.6
	FNC 166	TRD	时钟数据读出指令	●	●	16.2.1
	FNC 167	TWR	时钟数据写入指令	●	●	16.2.2

附录 E　功能指令一览表（按助记符分类）

序	功能号	助记符	名　称	适用机型		参看章节
				FX_{1S},FX_{1N}	FX_{2N},FX_{2NC}	
A	FNC 155	ABS	绝对位置数据读出指令	●	—	13.3.4
	FNC 62	ABSD	绝对方式凸轮控制指令	●	●	15.2.2
	FNC 20	ADD	BIN 加法运算指令	●	●	9.2.1
	FNC 66	ALT	交替输出指令	●	●	15.5.1
	FNC 232	AND=	串接触点比较指令	●	●	7.3.2
	FNC 233	AND>	串接触点比较指令	●	●	7.3.2
	FNC 234	AND<	串接触点比较指令	●	●	7.3.2
	FNC 236	AND>	串接触点比较指令	●	●	7.3.2
	FNC 237	AND<=	串接触点比较指令	●	●	7.3.2
	FNC 238	AND>=	串接触点比较指令	●	●	7.3.2
	FNC 47	ANR	信号报警复位指令	—	●	10.5.3
	FNC 46	ANS	信号报警设置指令	—	●	10.5.2
	FNC 75	ARWS	方向开关指令	—	●	11.2.6
	FNC 76	ASC	ASCII 码输入指令	—	●	11.2.7
	FNC 82	ASCI	HEX→ASCII 变换指令	●	●	11.5.3
B	FNC 18	BCD	BIN→BCD 转换指令	●	●	10.2.1
	FNC 19	BIN	BCD→BIN 转换指令	●	●	10.2.1
	FNC 15	BMOV	成批传送指令	●	●	7.1.4
	FNC 44	BON	位“1”判别指令	—	●	10.4.2
C	FNC 01	CALL	子程序调用指令	●	●	6.3.1
	FNC 84	CCD	校验码指令	●	●	11.5.5
	FNC 00	CJ	条件转移指令	●	●	6.2.1
	FNC 14	CML	取反传送指令	—	●	7.1.3
	FNC 10	CMP	比较指令	●	●	7.2.1
	FNC 131	COS	浮点数余弦指令	—	●	9.3.4
D	FNC 25	DEC	减 1 指令	●	●	9.2.2
	FNC 41	DECO	译码指令	●	●	10.3.2
	FNC 05	DI	关中断指令	●	●	6.4.1
	FNC 23	DIV	BIN 除法运算指令	●	●	9.2.1
	FNC 159	DRVA	绝对位置控制指令	●	—	13.3.3
	FNC 158	DRVI	相对位置控制指令	●	—	13.3.2
	FNC 72	DSW	数字开关指令	●	●	11.2.3

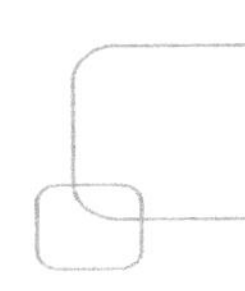

续表

序	功 能 号	助 记 符	名 称	适用机型		参看章节
				FX_{1S},FX_{1N}	FX_{2N},FX_{2NC}	
E	FNC 120	EADD	浮点数加法指令	—	●	9.3.2
	FNC 118	EBCD	十进制浮点数→二进制浮点数指令	—	●	9.3.1
	FNC 119	EBIN	二进制浮点数→十进制浮点数指令	—	●	9.3.1
	FNC 110	ECMP	浮点数比较指令	●	●	7.2.3
	FNC 123	EDIV	浮点数除法指令	—	●	9.3.2
	FNC 04	EI	开中断指令	●	●	6.4.1
	FNC 122	EMUL	浮点数乘法指令	—	●	9.3.2
	FNC 42	ENCO	编码指令	●	●	10.3.3
	FNC 127	ESQR	浮点数开平方指令	—	●	9.3.3
	FNC 121	ESUB	浮点数减法指令	—	●	9.3.2
	FNC 180	EXTR K10	变频器运行监视	—	●	14.2.2
	FNC 180	EXTR K11	变频器运行控制	—	●	14.2.3
	FNC 180	EXTR K12	变频器参数读出	—	●	14.2.4
	FNC 180	EXTR K13	变频器参数写入	—	●	14.2.5
	FNC 111	EZCP	浮点数区间比较指令	●	●	7.2.3
F	FNC 06	FEND	主程序结束指令	●	●	6.1.2
	FNC 49	FLT	整数→二进制浮点数转换指令	—	●	9.3.1
	FNC 16	FMOV	多点传送指令	—	●	7.1.5
	FNC 08	FOR	循环开始指令	●	●	6.5.1
	FNC 78	FROM	特殊功能模块读指令	●（FX_{1N}）	●	11.4.2
G	FNC 170	GRY	BIN→GRY 指令	—	●	10.2.2
	FNC 171	GBIN	GRY→BIN 指令	—	●	10.2.2
H	FNC 83	HEX	ASCII→HEX 变换指令	●	●	11.5.4
	FNC 71	HKY	十六键输入指令	—	●	11.2.2
	FNC 169	HOUR	计时器指令	●	●	16.1.6
	FNC 53	HSCS	高速比较置位指令	●	●	12.2.1
	FNC 54	HSCR	高速比较复位指令	●	●	12.2.2
	FNC 55	HSZ	高速区间比较指令	—	●	12.2.3
I	FNC 24	INC	加 1 指令	●	●	9.2.2
	FNC 63	INCD	增量方式凸轮控制指令	●	●	15.2.3
	FNC 129	INT	2 进制浮点数→整数转换指令	—	●	9.3.1
	FNC 03	IRET	中断返回指令	●	●	6.4.1
	FNC 60	IST	状态初始化指令	●	●	15.1.2
L	FNC 224	LD=	起始触点比较指令	●	●	7.3.1
	FNC 225	LD>	起始触点比较指令	●	●	7.3.1
	FNC 226	LD<	起始触点比较指令	●	●	7.3.1
	FNC 228	LD<>	起始触点比较指令	●	●	7.3.1
	FNC 230	LD>=	起始触点比较指令	●	●	7.3.1
	FNC 229	LD<=	起始触点比较指令	●	●	7.3.1

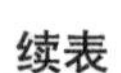
续表

序	功能号	助记符	名称	适用机型		参看章节
				FX_{1S},FX_{1N}	FX_{2N},FX_{2NC}	
M	FNC 45	MEAN	求平均值指令	—	●	10.6.5
	FNC 12	MOV	传送指令	●	●	7.1.1
	FNC 52	MTR	数据采集指令	●	●	10.6.2
	FNC 22	MUL	BIN 乘法运算指令	●	●	9.2.1
N	FNC 29	NEG	求补码指令	—	●	9.4.4
	FNC 09	NEXT	循环结束指令	●	●	6.5.1
O	FNC 240	OR=	并接触点比较指令	●	●	7.3.3
	FNC 241	OR>	并接触点比较指令	●	●	7.3.3
	FNC 242	OR<	并接触点比较指令	●	●	7.3.3
	FNC 244	OR<>	并接触点比较指令	●	●	7.3.3
	FNC 246	OR>=	并接触点比较指令	●	●	7.3.3
	FNC 245	OR<=	并接触点比较指令	●	●	7.3.3
P	FNC 88	PID	PID 控制指令	●	●	11.6.2
	FNC 59	PLSR	带加减速的脉冲输出指令	●	●	13.2.3
	FNC 157	PLSV	可变度脉冲输出指令	●	—	13.2.4
	FNC 57	PLSY	脉冲输出指令	●	●	13.2.2
	FNC 77	PR	ASCII 码输出指令	—	●	11.2.8
	FNC 58	PWM	脉宽调制指令	●	●	13.2.5
	FNC 81	PRUN	并行数据位传送指令	●	●	11.5.7
R	FNC 30	ROR	循环右移指令	—	●	8.1.1
	FNC 31	ROL	循环左移指令	—	●	8.1.2
	FNC 32	RCR	带进位循环右移指令	—	●	8.1.3
	FNC 33	RCL	带进位循环左移指令	—	●	8.1.4
	FNC 80	RS	串行数据传送指令	●	●	11.5.2
	FNC 50	REF	输入输出刷新指令	●	●	12.3.1
	FNC 51	REFF	输入滤波时间调整指令	—	●	12.3.2
	FNC 68	ROTC	旋转工作台控制指令	—	●	15.3.2
	FNC 67	RAMP	斜坡信号指令	●	●	15.5.2
S	FNC 73	SEGD	7 段码显示指令	—	●	11.2.4
	FNC 74	SEGL	7 段码锁存显示指令	●	●	11.2.5
	FNC 61	SER	数据检索指令	—	●	10.6.3
	FNC 39	SFRD	移位读出指令	●	●	8.3.2
	FNC 35	SFTL	位左移指令	●	●	8.2.2
	FNC 34	SFTR	位右移指令	●	●	8.2.1
	FNC 38	SFWR	移位写入指令	●	●	8.3.1
	FNC 130	SIN	浮点数正弦指令	—	●	9.3.4
	FNC 13	SMOV	移位传送指令	—	●	7.1.2
	FNC 69	SORT	数据排序指令	—	●	10.6.4

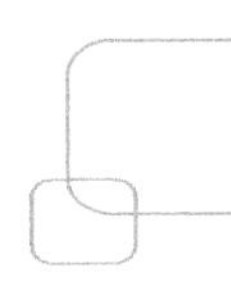

续表

序	功能号	助记符	名　称	适用机型		参看章节
				FX_{1S},FX_{1N}	FX_{2N},FX_{2NC}	
S	FNC 56	SPD	脉冲密度指令	●	●	12.2.6
	FNC 48	SQR	BIN 开方指令	—	●	9.2.3
	FNC 02	SRET	子程序返回指令	●	●	6.3.1
	FNC 65	STMR	特殊定时器指令	—	●	15.4.2
	FNC 21	SUB	BIN 减法运算指令	●	●	9.2.1
	FNC 43	SUM	位“1”总和指令	—	●	10.4.1
	FNC 147	SWAP	上下字节交换指令	—	●	7.4.2
T	FNC 162	TADD	时钟数据加法指令	●	●	16.1.4
	FNC 132	TAN	浮点数正切指令	—	●	9.3.4
	FNC 160	TCMP	时钟数据比较指令	●	●	16.1.2
	FNC 70	TKY	十键输入指令	—	●	11.2.1
	FNC 79	TO	特殊功能模块写指令	●（FX_{1N}）	●	11.4.3
	FNC 166	TRD	时钟数据读出指令	●	●	16.2.1
	FNC 163	TSUB	时钟数据减法指令	●	●	16.1.5
	FNC 64	TTMR	示教定时器指令	—	●	15.4.1
	FNC 167	TWR	时钟数据写入指令	●	●	16.2.2
	FNC 161	TZCP	时钟数据区间比较指令	●	●	16.1.3
V	FNC 85	VRRD	模拟电位器数据读指令	●	●	11.3.2
	FNC 86	VRSC	模拟电位器开关设定指令	●	●	11.3.3
W	FNC 26	WAND	逻辑字与指令	●	●	9.4.1
	FNC 07	WDT	监视定时器刷新指令	●	●	12.3.3
	FNC 27	WOR	逻辑字或指令	●	●	9.4.2
	FNC 37	WSFL	字左移指令	—	●	8.2.4
	FNC 36	WSFR	字右移指令	—	●	8.2.3
	FNC 28	WXOR	逻辑字异或指令	●	●	9.4.3
X	FNC 17	XCH	交换指令	—	●	7.4.1
Z	FNC 11	ZCP	区间比较指令	●	●	7.2.2
	FNC 156	ZRN	原点回归指令	●	—	13.3.1
	FNC 40	ZRST	区间复位指令	●	●	10.6.6

附录F　三菱FR-E500变频器通信协议的参数字址定义

<table>
<tr><th>编号</th><th colspan="2">项　目</th><th>指令代码</th><th>说　　明</th><th>数据位数
（数字代FF=1）</th></tr>
<tr><td rowspan="2">1</td><td rowspan="2">操作模式</td><td>读出</td><td>H78</td><td>H0001：外部操作
H0002：通信操作</td><td rowspan="2">4位</td></tr>
<tr><td>写入</td><td>HFB</td><td>H0001：外部操作
H0002：通信操作</td></tr>
<tr><td rowspan="4">2</td><td rowspan="4">监视</td><td>输出频率
[速度]</td><td>H6F</td><td>H0000～HFFFF：输出频率（十六进制）最小单位0.01Hz
[Pr.37=0.01～9998时，转度（十六进制）单位r/min]</td><td>4位
（6位）</td></tr>
<tr><td>输出电流</td><td>H70</td><td>H0000～HFFFF：输出电流（十六进制）最小单位0.01A</td><td>4位</td></tr>
<tr><td>输出电压</td><td>H71</td><td>H0000～HFFFF：输出电压（十六进制）最小单位0.1V</td><td>4位</td></tr>
<tr><td>报警定义</td><td>H74～H77</td><td>H0000～HFFFF：最近的两次报警记录
报警定义表示例子（指令代码H74时）
b15 … b8 b7 … b0
0 0 1 1 0 0 0 0 | 1 0 1 0 0 0 0 0
前一次报警(H30)　最近一次报警(HA0)
报警代码
<table>
<tr><th>代码</th><th>说明</th><th>代码</th><th>说明</th></tr>
<tr><td>H00</td><td>没有报警</td><td>H70</td><td>BE</td></tr>
<tr><td>H10</td><td>0C1</td><td>H80</td><td>GF</td></tr>
<tr><td>H11</td><td>0C2</td><td>H81</td><td>LF</td></tr>
<tr><td>H12</td><td>0C3</td><td>H90</td><td>0HT</td></tr>
<tr><td>H20</td><td>0V1</td><td>HA0</td><td>0PT</td></tr>
<tr><td>H21</td><td>0V2</td><td>HB0</td><td>PE</td></tr>
<tr><td>H22</td><td>0V3</td><td>HB1</td><td>PUE</td></tr>
<tr><td>H30</td><td>THT</td><td>HB2</td><td>RET</td></tr>
<tr><td>H31</td><td>THM</td><td>HF3</td><td>E.3</td></tr>
<tr><td>H40</td><td>FIN</td><td>HF6</td><td>E.6</td></tr>
<tr><td>H60</td><td>0LT</td><td>HF7</td><td>E.7</td></tr>
</table>
</td><td>4位</td></tr>
<tr><td>3</td><td colspan="2">运行指令</td><td>HFA</td><td>b7 … b0
0 0 0 0 0 0 1 0
【例】正转 H02 反转 H04
停止 H00
b0: —
b1: 正转
b2: 反转
b3: —
b4: —
b5: —
b6: —
b7: —</td><td>2位</td></tr>
</table>

续表

<table>
<tr><th>编号</th><th colspan="2">项　目</th><th>指令代码</th><th>说　　明</th><th>数据位数
（数字代FF=1）</th></tr>
<tr><td>4</td><td colspan="2">变频器
状态监示</td><td>H7A</td><td>b7 ... b0
| 0 | 0 | 0 | 0 | 0 | 0 | 1 | 0 |
【例】 正转运行中 H02
报警停止 H80
b0: 运转中
b1: 正转
b2: 反转
b3: 频率达到
b4: 过载
b5: —
b6: 频率超过
b7: 报警</td><td>2位</td></tr>
<tr><td rowspan="4">5</td><td colspan="2">设定频率读出（E²PROM）</td><td>H6E</td><td rowspan="2">读出设定频率（RAM或E²PROM）。
H0000～H9C40：单位0.01Hz（十六进制）</td><td rowspan="2">4位
（6位）</td></tr>
<tr><td colspan="2">设定频率读出（RAM）</td><td>H6D</td></tr>
<tr><td colspan="2">设定频率写入（E²PROM）</td><td>HEE</td><td rowspan="2">H0000～H9C40：单位0.01Hz（十六进制）
（0～400.00Hz）
频繁改变运行频率时，请写入到变频器的RAM
（指令代码：HED）</td><td rowspan="2">4位
（6位）</td></tr>
<tr><td colspan="2">设定频率写入（RAM）</td><td>HED</td></tr>
<tr><td>6</td><td colspan="2">变频器复位</td><td>HFD</td><td>H9696：复位变频器
当变频器在通信开始由计算机复位时，变频器不能发送回应答数据给计算机</td><td>4位</td></tr>
<tr><td>7</td><td colspan="2">异常内容全部清除</td><td>HF4</td><td>H9696：异常履历全部清除</td><td>4位</td></tr>
<tr><td>8</td><td colspan="2">参数全部清除</td><td>HFC</td><td>所有的参数返回到出厂设定值。
根据设定的数据不同有四种清除操作方式：
<table>
<tr><th>数据</th><th>通信Pr.</th><th>校准</th><th>其他Pr.*</th><th>HEC
HFF</th></tr>
<tr><td>H9696</td><td>○</td><td>×</td><td>○</td><td>○</td></tr>
<tr><td>H9966</td><td>○</td><td>○</td><td>○</td><td>○</td></tr>
<tr><td>H5A5A</td><td>×</td><td>×</td><td>○</td><td>○</td></tr>
<tr><td>H55AA</td><td>×</td><td>○</td><td>○</td><td>○</td></tr>
</table>
当执行H9696 或H9966时，所有参数被清除，与通信相关的参数设定值也返回到出厂设定值，当重新操作时，需要设定参数。
* Pr.75不被清除</td><td>4位</td></tr>
<tr><td>9</td><td colspan="2">参数写入</td><td>H80～HFD</td><td rowspan="2">参考数据代码表（173页），写入、读出必要的参数</td><td rowspan="2">4位</td></tr>
<tr><td>10</td><td colspan="2">参数读出</td><td>H00～H7B</td></tr>
<tr><td rowspan="2">11</td><td rowspan="2">网络参数其他设定</td><td>读出</td><td>H7F</td><td rowspan="2">H00～H6C,H80～HEC参数值可以改变。
H00：Pr.0～Pr.96值可读写；
H01: Pr.117～Pr.158，Pr.901～Pr.905值可读写；
H02: Pr.160～Pr.192和Pr.232～Pr.251值可读写；
H03: Pr.338～Pr.340 的值可读写（通信选件插上时），Pr.342 的内容可读出、写入，Pr.345～Pr.348 的值可读写。（FR-E5ND插上时）；
H05: Pr.500～Pr.502值可读写（通信选件插上时）；
H09: Pr.990,Pr.991值可读写</td><td rowspan="2">2位</td></tr>
<tr><td>写入</td><td>HFF</td></tr>
</table>

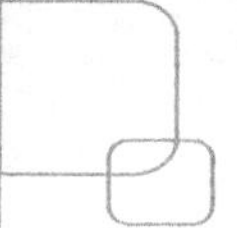
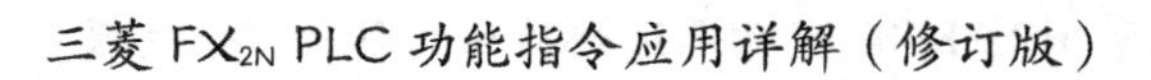

续表

<table>
<tr><th>编号</th><th colspan="2">项　目</th><th>指令代码</th><th>说　　明</th><th>数据位数
（数字代 FF=1）</th></tr>
<tr><td rowspan="2">12</td><td rowspan="2">第二参数更改（代码 HFF=1）</td><td>读出</td><td>H6C</td><td rowspan="2">设定偏置・增益（数据代码 H5E～H61，HDE～HE1）的参数的情况：
H00：补偿/增益；
H01：模拟；
H02: 端子的模拟值</td><td rowspan="2">2 位</td></tr>
<tr><td>写入</td><td>HEC</td></tr>
</table>

附录G　三菱FR-E500参数数据读出和写入指令代码表

功　能	参 数 号	名　称	数据代码		网络参数扩展设定（数据代码7F/FF）
			读 出	写 入	
基本功能	0	转矩提升	00	80	0
	1	上限频率	01	81	0
	2	下限频率	02	82	0
	3	基波频率	03	83	0
	4	3速设定（高速）	04	84	0
	5	3速设定（中速）	05	85	0
	6	3速设定（低速）	06	86	0
	7	加速时间	07	87	0
	8	减速时间	08	88	0
	9	电子过电流保护	09	89	0
标准运行功能	10	直流制动动作频率	0A	8A	0
	11	直流制动动作时间	0B	8B	0
	12	直流制动电压	0C	8C	0
	13	启动频率	0D	8D	0
	14	适用负荷选择	0E	8E	0
	15	点动频率	0F	8F	0
	16	点动加减速时间	10	90	0
	18	高速上限频率	12	92	0
	19	基波频率电压	13	93	0
	20	加减速基准频率	14	94	0
	21	加减速时间单位	15	95	0
	22	失速防止动作水平	16	96	0
	23	倍速时失速防止动作水平补正系数	17	97	0
	24	多段速度设定（速度4）	18	98	0
	25	多段速度设定（速度5）	19	99	0
	26	多段速度设定（速度6）	1A	9A	0
	27	多段速度设定（速度7）	1B	9B	0
	29	加减速曲线	1D	9D	0
	30	再生功能选择	1E	9E	0
	31	频率跳变1A	1F	9F	0
	32	频率跳变1B	20	A0	0
	33	频率跳变2A	21	A1	0
	34	频率跳变2B	22	A2	0
	35	频率跳变3A	23	A3	0
	36	频率跳变3B	24	A4	0
	37	旋转速度显示	25	A5	0
	38	5V（10V）输入时频率	26	A6	0
	39	20mA输入时频率	27	A7	0

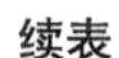

续表

功　能	参 数 号	名　称	数据代码		网络参数扩展设定（数据代码 7F/FF）
			读 出	写 入	
输出端子功能	41	频率到达动作范围	29	A9	0
	42	输出频率检测	2A	AA	0
	43	反转时输出频率检测	2B	AB	0
第二功能	44	第二加减速时间	2C	AC	0
	45	第二减速时间	2D	AD	0
	46	第二转矩提升	2E	AE	0
	47	第二 V/F（基波频率）	2F	AF	0
	48	第二电子过流保护	30	B0	0
显示功能	52	操作面板/PU 主显示数据选择	34	B4	0
	55	频率监视基准	37	B7	0
	56	电流监视基准	38	B8	0
再启动	57	再启动惯性运行时间	39	B9	0
	58	再启动上升时间	3A	BA	0
附加功能	59	遥控设定功能选择	3B	BB	0
动作选择功能	60	最短加减速模式	3C	BC	0
	61	基准电流	3D	BD	0
	62	加速时电流基准值	3E	BE	0
	63	减速时电流基准值	3F	BF	0
	65	再试选择	41	C1	0
	66	失速防止动作降低开始频率	42	C2	0
	67	报警发生时再试次数	43	C3	0
	68	再试等待时间	44	C4	0
	69	再试次数显示的消除	45	C5	0
	70	特殊再生制动使用率	46	C6	0
	71	适用电机	47	C7	0
	72	PWM 频率选择	48	C8	0
	73	0～5V/0～10V 选择	49	C9	0
	74	输入滤波时间常数	4A	CA	0
	75	复位选择/PU 脱落检测/PU 停止选择	4B	CB	0
	77	参数写入禁止选择	4D	CD	0
	78	逆转防止选择	4E	CE	0
	79	操作模式选择	4F	CF	0
通用磁通矢量控制	80	电机容量	50	D0	0
	82	电机励磁电流	52	D2	0
	83	电机额定电压	53	D3	0
	84	电机额定频率	54	D4	0
	90	电机常数（R1）	5A	DA	0
	96	自动调整设定/状态	60	E0	0

续表

功 能	参数号	名　　称	数 据 代 码		网络参数扩展设定（数据代码 7F/FF）
			读 出	写 入	
通信功能	117	站号	11	91	1
	118	通信速度	12	92	1
	119	停止位字长	13	93	1
	120	有无奇偶校验	14	94	1
	121	通信再试次数	15	95	1
	122	通信校验时间间隔	16	96	1
	123	等待时间设定	17	97	1
	124	有无 CR,LF 选择	18	98	1
PID 控制	128	PID 动作选择	1C	9C	1
	129	PID 比例常数	1D	9D	1
	130	PID 积分时间	1E	9E	1
	131	上限	1F	9F	1
	132	下限	20	A0	1
	133	PU 操作时的 PID 目标设定值	21	A1	1
	134	PID 微分时间	22	A2	1
附 功 加 能	145	参数单元语言切换	2D	AD	1
	146	厂家设定用参数，请不要设定			
电流检测	150	输出电流检测水平	32	B2	1
	151	输出电流检测周期	33	B3	1
	152	零电流检测水平	34	B4	1
	153	零电流检测周期	35	B5	1
辅助功能	156	失速防止动作选择	38	B8	1
	158	AM 端子功能选择	3A	BA	1
附加功能	160	用户参数组读选择	00	80	2
监视器初始化	171	实际运行计时器清零	0B	8B	2
用户功能	173	用户第一组参数注册	0D	BD	2
	174	用户第一组参数删除	0E	BE	2
	175	用户第二组参数注册	0F	BF	2
	176	用户第二组参数删除	10	90	2
端子安排功能	180	RL 端子功能选择	14	94	2
	181	RM 端子功能选择	15	95	2
	182	RH 端子功能选择	16	96	2
	183	MRS 端子功能选择	17	97	2
	190	RUN 端子功能选择	1E	9E	2
	191	FU 端子功能选择	1F	9F	2
	192	A,B,C 端子功能选择	20	A0	2

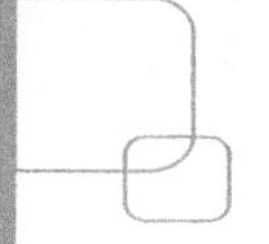

续表

功　能	参 数 号	名　称	数据代码		网络参数扩展设定
			读 出	写入	（数据代码 7F/FF）
多段速度运行	232	多段速度设定　（速度 8）	28	A8	2
	233	多段速度设定　（速度 9）	29	A9	2
	234	多段速度设定　（速度 10）	2A	AA	2
	235	多段速度设定　（速度 11）	2B	AB	2
	236	多段速度设定　（速度 12）	2C	AC	2
	237	多段速度设定　（速度 13）	2D	AD	2
	238	多段速度设定　（速度 14）	2E	AE	2
	239	多段速度设定　（速度 15）	2F	AF	2
辅助功能	240	Soft-PWM 设定	30	B0	2
	244	冷却风扇动作选择	34	B4	2
	245	电机额定滑差	35	B5	2
	246	滑差补正响应时间	36	B6	2
	247	恒定输出领域滑差补正选择	37	B7	2
停止选择功能	250	停止方式选择	3A	BA	2
附加功能	251	输出欠相保护选择	3B	BB	2
网络计算机功能	338*	操作指令权	26	A6	3
	339*	速度指令权	27	A7	3
	340*	网络启动模式选择	28	A8	3
	342	E^2PROM 写入有无	2A	AA	3
	345**	装置网络地址启动数据	2D	AD	3
	346**	装置网络速率启动数据	2E	AE	3
	347**	装置网络地址启动数据（上位码）	2F	AF	3
	348**	装置网络速率启动数据（上位码）	30	B0	3
附加功能	500*	通信报警实施等待时间	00	80	5
	501*	通信异常发生次数显示	01	81	5
	520*	异常时停止模式选择	02	82	5
校准功能	901	AM 端子校准	5D	DD	1
	902	频率设定电压偏置	5E	DE	1
	903	频率设定电压增益	5F	DF	1
	904	频率设定电流偏置	60	E0	1
	905	频率设定电流增益	61	E1	1
	990	蜂鸣器控制	5A	DA	9
	991	LCD 对比度	5B	DB	9

* 信选件插上。

**FR-E5ND 插上时。

参 考 文 献

[1] 李金城．PLC 模拟量与通信控制应用实践[M]．北京：电子工业出版社，2011．

[2] 三菱电机．FX_{1S}、FX_{1N}、FX_{2N}、FX_{2NC} 编程手册．2002．

[3] 三菱电机．FX_{3U}、FX_{3UC} 编程手册（基本、应用指令说明书）．2005．

[4] 三菱电机．FX 系列特殊功能模块用户手册．2001．

[5] 三菱电机．FX 系列可编程控制器用户手册（通信篇）．2006．

[6] 三菱电机．FX_{3G}、FX_{3U}、FX_{3UC} 系列可编程控制器用户手册（定位控制篇）．2009．

[7] 龚仲华．三菱 FX 系列 PLC 应用技术[M]．北京：人民邮电出版社，2010．

[8] 程子华，刘小明．PLC 原理与编程案例分析[M]．北京：国防工业出版社，2010．

反侵权盗版声明